はしがき

この『ＪＲ電車編成表2024冬』は、2023年10月１日現在、各社の配置区別編成表、2023(令和05)年度上期の新製・廃車・転配・改造実績などをまとめて掲載しています。

ＪＲ北海道では、５月20日から室蘭本線にて営業運転を開始した737系に増備車６編成12両が加わっています。この737系の次なる働きの場が気になるところです。一方、721系から最初の廃車となる１編成３両が出ています。

ＪＲ東日本では、引き続き横須賀線、総武快速線用E235系が11両編成６本、４両編成６本の90両、東北新幹線用Ｅ５系４編成40両と、新型車両や廃車となる車両を牽引するE493系１編成２両の増備がありました。廃車車両は、「草津」等に活躍した651系５編成35両、横須賀線、総武快速線用E217系が11両３本、４両編成２本の41両、211系が４両編成２本の８両、205系は相模線用、日光線用各１編成の８両、事業用のクモヤ143形２両、そして新幹線車両はＥ２系が５編成50両です。この結果、東京総合車両センターに配置であったクモヤ143形が消滅となっています。改造工事では、ワンマン運転化工事に、山手線用E235系、京浜東北線用E233系が加わったほか、横浜線、南武線E233系でも本体工事が始まっています。

このほかの話題としては、「成田エクスプレス」用E259系が、長く親しまれてきた「Ｎ'ＥＸ」マークを、「新生E259系としての進化」をコンセプトとして塗装を一新したほか、「ひたち」「ときわ」用E657系が、旧653系「フレッシュひたち」をイメージして３編成が、ブルーオーシャン色、イエロージョンキル色、オレンジパーシモン色の帯に変更、すでに変更のグリーンレイク色、スカーレットブロッサム色と合わせて５種類が勢揃い、常磐線に新風を吹き込んでいます。また、これまで「いなほ」用として新潟地区にて活躍してきたE653系７両編成１本が、水色に変更、首都圏の波動用として車両移動しました。また、新潟地区にて弥彦線、越後線にて活躍していたE127系が、南武線支線の尻手～浜川崎間に転属、９月13日から営業運転を開始しています。

なお、６月22日の組織変更にて、横浜支社、八王子支社、高崎支社、水戸支社、千葉支社所属の車両は首都圏本部に移動、車体標記は「都」に。盛岡支社所属の車両は東北本[illegible]っています。ただし、車[illegible]記は変更はしていません。

ＪＲ東海は、在来線の315系が一気に８両編成８本80両が増備となった一方、東海道・山陽新幹線はＮ700Ｓが２編成32両の増備に留まっています。これを受けて、中央線用211系は４両編成６本の42両が一気に廃車となり、３両編成は消滅、４両編成もまもなく定期運行が終わるかと思われます。廃車車両はほかに311系が２編成８両と新幹線Ｎ700Ａ　Ｘ編成３本の48両です。転属車両は313系４両編成１本で、神領車両区から大垣車両区に変わっています。

ＪＲ西日本は、東海道・山陽新幹線Ｎ700Ｓが１編成16両増備となりましたが、在来線はこの間の増備はありませんでした。廃車車両は七尾線用415系３編成９両、北陸本線用413系１編成３両、湖西線、草津線用117系が２編成12両、岡山地区117系が３編成12両、湖西線、草津線用113系が６編成24両、大和路線用201系が１編成６両、宇部線用105系が４両、そして広島支所、岡山電車支所所属のクモヤ145形が２両です。この結果、415系、413系は配置車両が消滅、117系は岡山地区から消えました。この117系消滅は、2022年度下期に岡山地区に配属となった227系500代が、７月22日からの営業運転に伴う事柄で、本書ではこの改正にて充当車両が変更となった普通列車に関して、普通列車編成両数表 Vol.44に準拠した編成両数表を掲載しています。

なお、ＪＲ西日本では、北陸新幹線金沢～敦賀間の開業日が2024年３月16日と発表されています。これを受けて下期には、車両の動きに大きな変動があるかと思われます。

ＪＲ九州は、西九州新幹線用Ｎ700Ｓが１編成６両増備、在来線は保留車となっていた南福岡車両区の783系が１編成４両、大分・鹿児島車両センターの415系が４編成＋２両の18両廃車となっています。

以上を踏まえたＪＲ電車の総両数は22,618両と前回版よりも62両の減少となっています。

末尾ながら、ご協力を賜りました各社各位には厚く御礼申し上げます。

2023年10月　ジェー・アール・アール

●表 紙 写 真：ＪＲ南武線の尻手～浜川崎間(通称：浜川崎支線)に投入されたE127系。もともとは新潟エリアを走っていた車両で、２両編成、ワンマン対応に適応しやすかった。2023.8.4　鎌倉車両センター中原支所

●裏表紙写真：伯備・山陰本線の特急「やくも」に使用されている381系は、いよいよその活躍の時を終えようとしている。日本で唯一の寝台特急285系との競演も、目に焼き付けておきたいシーンだ。2007.3.29　出雲車両支部

目　次

※年月日の年表記は、西暦(下２ケタ：～99は1900年代／00～23は2000年代)です。

ＪＲ電車 編成表

編成表は、2023（令和５）年10月１日現在のＪＲグループのすべての電車を、各配置区所別に、使用方別に、実際に動く編成の単位で、基本的には特急用車・急行用車・普通用車の順にまとめている。

最近の車両は、編成単位で管理されている場合が大半のため、編成番号も合わせて表示している。ただし、編成番号は掲示のない区所もある。

編成表について

編成表は、左側を奇数向きの車両、右側を偶数方向きの車両を基本として掲載している。

電車の運転範囲とともに、運転上の車両の向きを表記したほか、

号車札（太字は座席指定車）等を掲げている編成については、それも併記している。

編成図には、パンタグラフの位置や冷房（空調）装置、機器なども示している。

パンタグラフ　◇　（ＰＳ26など、⑯＝ＰＳ16系、㉑＝ＰＳ21系、㉓＝ＰＳ23Ａ、㉔＝ＰＳ24系）

◇　（ＰＳ102Ｂ、ＰＳ27などの下枠交差式）　＜〔　＞〕（シングルアーム式）

冷房装置（空調装置）

[2]　分散式［[2]　[5]　[6]など搭載個数も記載］（ＡＵ12Ｓ、ＡＵ13Ｅ、ＡＵ15など）

■　集中式　（ＡＵ71Ａ、ＡＵ72、ＡＵ75 など ）

[上]　床置式　（ＡＵ41など）

[下]　床下式　（ＡＵ33など）〔床下装備の車両は、この表示を省略している箇所もある〕

補助電源装置［基本的に冷房用電源について記載］

[21]　ＭＨ129-ＤＭ88などの210kVA

[19]　ＤＭ106（190kVA）

[16]　ＭＨ135-ＤＭ92などの160kVA

[15]　ＭＨ93Ａ-ＤＭ55Ａなどの150kVA

[12]　ＤＭ108（120kVA）

[11]　ＭＨ128-ＤＭ85などの110kVA

[7]　ＭＨ94-ＤＭ58などの70kVA

[SC]　インバータ方式、ＣＶＴなど（容量は記載せず）

[DD]　ＤＣ-ＤＣコンバータ

[AC]　主変圧器３次巻線から

[DC]　直流1500Ｖをダイレクトに

コンプレッサー　C_1　ＭＨ80Ａ-Ｃ1000（1000L/min）

C_2　ＭＨ113Ａ-Ｃ2000M、ＭＨ3058Ａ-Ｃ2000Mなど（2000L/min）

CP　その他機器

■印 は、トイレ設備（奇数向き寄り、偶数向き寄りの位置に合わせて表示）〔循環式。□ はカセット式〕

自印 は、自動販売機設置

弱印 は、冷房（エアコン）使用時、弱冷房車〔冷房車の設定温度に対して、２度ほど設定温度が高い〕

▽㊲ は線路設備モニタリング装置搭載車（JR東日本）。ⓣ はレール塗油器搭載車。♿は車イス対応スペース（ベビーカースペースも含む）

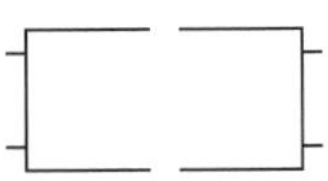
印 は、貫通幌を示し、どちら側に備えているかも表現している。

それぞれの区所ごとの特徴については ▽ 印以下で便宜上定めた特例とともに解説している。

各系列に車体塗色を示している。ただし、特急用車、急行用車で、以下に示す塗色は本文では省略してある。

特急用車	583系	青15号、クリーム色 1号
	185系	クリーム色10号、緑14号
	その他の特急用車	赤 2号、クリーム色 4号
急行用車	交直流用	赤13号、クリーム色 4号
	直流用	緑 2号、黄かん色

また、本文に「湘南色」、「スカ色」と示した車両の塗色は

湘南色	緑 2号、黄かん色
スカ色	青15号、クリーム色 1号

北海道旅客鉄道　札幌運転所　札サウ　432両

785系　←室蘭　　札幌→

	←1	2 ⊃	⊂ 3	4	5→				
すずらん	クモハ785	クハ784	クモハ785	モハ785	クハ784	4号車組込月日	パンタグラフシングルアーム化	リニューアル工事	ATS-DN設置
		ACC2			ACC2		T_Ac'		
	●● ●●	○○ ○○	●● ●●	●● ●●	○○ ○○				
NE 501	**103**	**3**	**101**	**501**	**1**	02.02.28	04.08.04	07.05.22NH	11.07.26NH
NE 502	**104**	**4**	**102**	**502**	**2**	02.03.05	05.08.27	05.12.23NH	10.05.14NH

▽1990(H02).09.01改正から運転開始(「スーパーホワイトアロー」)
５両編成は2002(H14).02.18の3003Mから
▽2007(H19).10.01から、「スーパーカムイ」運転開始
▽2016(H28).03.26改正にて、快速「エアポート」への充当はなくなる
▽2017(H29).03.04改正にて「カムイ」(改正前：「スーパーカムイ」)充当終了。
現在、「すずらん」に789系1000代とともに充当

▽ＶＶＶＦインバータ制御
▽パンタグラフはN-ＰＳ785Ｓ
▽主電動機N-ＭＴ785(190kW)。主変換装置N-ＣＩ785
４号車はN-ＭＴ731(230kW)。N-ＣＩ785-2Ａ(モハ785はN-ＣＩ785-1Ａ)
▽トイレは洋式・男子トイレを設置。４号車は車イス対応

▽前照灯をシールドビームからＨＩＤ(高輝度放電灯)へ変更
施工月日など詳しくは、2002冬号までを参照
▽車両用窓硝子破損防止対策(ポリカーボネイト取付)〔２重窓化〕工事実施
施工月日は2002冬号までを参照
▽スタビライザー取付は、先頭部に取付た雪除け風洞取付工事
施工月日は2005夏号までを参照
▽貫通扉デフロスター取付工事実施
NE501=03.12.17、NE502=03.11.27
▽床下機器カバー取付工事は全編成完了済み
▽リニューアル工事
ＶＶＶＦインバータ装置をN-ＣＩ785-2Ａへ変更
主抵抗器撤去および抵抗器カバー撤去、座席取替え(自由席車)、
蛍光灯を昼光色へ統一、自動ドアタッチセンサー方式へ統一、
トイレを真空式へ変更(男子用含む)、ドア開閉チャイム取付、転落防止幌取付など
▽⊂ ⊃ 印は中間運転台撤去車
NE501=07.06.01、NE502=08.03.01
▽避難はしご取付(運転室に設置)
NE501=13.01.05、NE502=12.12.28

▽札幌運転所は、1965(S40).09.01　札幌運転区として開設。1987(S62).04.01　札幌運転所と改称

配置両数		
789系		
M	モハ789	6
Mu	モハ789	6
M_2	モハ789	6
M_1	モハ788	6
M_3	モハ788	6
Tc_1	クハ789	6
Tc_2	クハ789	6
Tc′	クハ789	6
Thsc	クロハ789	6
T_A	サハ789	6
T	サハ788	6
	計	66
785系		
Mc	クモハ785_1	4
Mu′	モハ785	2
T_Ac'	クハ784	4
	計	10
737系		
Mc	クモハ737	13
Tc′	クハ737	13
	計	26
735系		
M	モハ735	2
Tc_1	クハ735_1	2
Tc_2	クハ735_2	2
	計	6
733系		
M	モハ733	43
Tc_1	クハ733	32
Tc_2	クハ733	32
T	サハ733	11
Tu	サハ733	11
	計	129
731系		
M	モハ731_1	21
Tc_1	クハ731_2	21
Tc_2	クハ731_1	21
	計	63
721系		
Mc	クモハ721	19
M′	モハ721	29
M	モハ721	8
M_1	モハ721	6
M_2	モハ721	1
Tc	クハ721	19
Tc_1	クハ721	13
Tc_2	クハ721	14
Tcu_1	クハ721	1
T	サハ721	11
Tu	サハ721	11
	計	132

789系 ←旭川・室蘭　　　札幌→

カムイ
すずらん

編成	←1 クハ 789 (C_2)	2 モハ 789自 (AC)	3 サハ 788	4 モハ 789 (AC)	5→ クハ 789 (C_2)	新製月日	ATS-DN設置	避難はしご取付
HL-1001	1001	1001	1001	2001	2001	07.06.01川重	10.02.10NH	12.12.20
HL-1002	1002	1002	1002	2002	2002	07.07.03川重	10.03.29NH	12.12.26
HL-1003	1003	1003	1003	2003	2003	07.07.03川重	11.05.27NH	12.12.21
HL-1004	1004	1004	1004	2004	2004	07.09.03川重	11.01.18NH	12.12.28
HL-1006	1006	1006	1006	2006	2006	07.09.10川重	11.03.04NH	12.12.27
HL-1007	1007	1007	1007	2007	2007	07.09.18川重	10.10.08NH	12.12.22

▽2007(H19).10.01から営業運転開始
▽2016(H28).03.26改正にて、快速「エアポート」への充当はなくなる
▽2017(H29).03.04改正にて、「スーパーカムイ」は「カムイ」と列車名変更
▽789系諸元／主電動機：N-ＭＴ731(230kW)。主変換装置：N-ＣＩ789Ａ
　台車：N-ＤＴ789Ａ、N-ＴＲ789Ａ
　主変圧器：N-ＴＭ789Ａ-ＡＮ
　パンタグラフ：シングルアーム式はN-ＰＳ785
　空調装置：N-ＡＵ789Ａ-1・N-ＡＵ789Ａ-2(冷房=30,000kcal/h)
　前照灯：ＨＩＤ(高輝度放電灯)
▽４号車トイレは車イス対応大型トイレ
▽避難はしごは運転室側に設置

←旭川　　　札幌→

ライラック

編成	←1 クロハ 789 (C_2)	2 モハ 788 (AC)	3 サハ 789	4 モハ 789	5 モハ 788 (AC)	♿6→ クハ 789 (C_2)		新製月日	斜字車両増備月日	転用化改造	転入月日	編成テーマ
HE-101	101	101	*101*	201	201	201	HE-201	02.09.03	05.12.25	17.09.05NH	16.08.25	オホーツク
HE-102	102	102	*102*	202	202	202	HE-202	02.09.17	05.12.24	17.04.26NH	17.04.27	札幌
HE-103	103	103	*103*	203	203	203	HE-203	02.09.20	05.12.20		16.11.23	宗谷
HE-104	104	104	*104*	204	204	204	HE-204	02.10.02	05.12.20		17.01.15	上川
HE-105	*105*	*105*	*105*	205	205	205	HE-205	02.10.03	05.12.19		16.06.13	空知
HE-106	106	106	106	206	206	206	HE-206	11.04.20	←		16.09.30	旭川

▽2017(H29).03.04改正から、「ライラック」運転開始
▽転用に際して、保安装置を青函トンネル対応から変更。転用化改造月日空欄の編成も転入時に実施
▽編成右に編成テーマを表示。テーマに沿って４種のデザインをラッピング
　オホーツク＝クリオネ、玉ねぎ、毛ガニ・タラバガニ、オジロワシ・エゾシカ
　札幌＝カンガルー・キリン、ライオン・カバ、時計台、クラーク像
　宗谷＝レブンアツモリソウ、利尻山、サロベツ原野、宗谷岬
　上川＝大雪山の山並み、ラベンダー畑、美瑛の丘風景、羊
　空知＝ヒマワリ、菜の花、炭坑関連施設、稲穂
　旭川＝旭橋、フラミンゴ・オランウータン、オオカミ・ホッキョクギツネ、ホッキョクグマ・ペンギン
▽臨時列車「ライラック旭山動物園号」は、HE-106(旭川)編成を充当することが多い
▽2017.03.09～11の実地調査を踏まえた運用は(数字は号数)、
　札幌→01→旭川→14→札幌→13→旭川→24→札幌→23→旭川→36→札幌→37→旭川
　旭川→02→札幌→03→旭川→16→札幌→15→旭川→26→札幌→27→旭川→40→札幌→41→旭川→48→札幌
　旭川→04→札幌→05→旭川→18→札幌　　札幌→25→旭川→38→札幌→39→旭川
　旭川→10→札幌→11→旭川→22→札幌→21→旭川→34→札幌→35→旭川
▽４号車トイレは車イス対応大型トイレ
▽主要諸元は1000代に準拠
▽機器取替　HE-104・204=19.09.24NH(グリーン車シート、革張りからモケットに取替え)
　HE-105・205=20.08.28NH
　HE-102・202=21.01.13NH
　HE-103・203=21.09.21NH
　HE-101・201=22.10.03NH

札サウ －3

733系 ←滝川・苫小牧・新千歳空港　　　　北海道医療大学・手稲・小樽→

函館本線
千歳線
札沼線

	←₄1♿ クハ 733	₅2 モハ 733 (AC)	₆3→ クハ 733 (C₂)	新製月日	避難はしご取付
B101	101	101	201	12.03.10川重	12.12.05
B102	102	102	202	12.03.13川重	13.01.30
B103	103	103	203	12.03.15川重	12.12.12
B104	104	104	204	12.03.17川重	12.12.15
B105	105	105	205	12.05.10川重	13.01.24
B106	106	106	206	12.05.11川重	12.12.16
B107	107	107	207	12.05.12川重	12.12.25
B108	108	108	208	12.05.13川重	12.12.16
B109	109	109	209	12.08.22川重	12.12.08
B110	110	110	210	12.08.13川重	13.02.05
B111	111	111	211	12.08.20川重	12.12.14
B112	112	112	212	12.08.21川重	12.12.01
B113	113	113	213	13.09.18川重	←
B114	114	114	214	13.09.19川重	←
B115	115	115	215	13.10.16川重	←
B116	116	116	216	13.10.17川重	←
B117	117	117	217	13.10.18川重	←
B118	118	118	218	13.11.09川重	←
B119	119	119	219	13.11.10川重	←
B120	120	120	220	14.11.11川重	←
B121	121	121	221	14.11.12川重	←

	←1♿ クハ 733	2 モハ 733 (AC)	3♿ サハ 733 (C₂)	**4 サハ 733**	5 モハ 733 (AC)	♿6→ クハ 733 (C₂)		新製月日	Wi-Fi設置工事
B3101	3101	3101	3101	**3201**	3201	3201	B3201	14.06.24川重	18.12.13NH
B3102	3102	3102	3102	**3202**	3202	3202	B3202	14.07.04川重	19.03.19NH
B3103	3103	3103	3103	**3203**	3203	3203	B3203	14.08.06川重	19.07.08NH
B3104	3104	3104	3104	**3204**	3204	3204	B3204	14.08.07川重	19.08.21NH
B3105	3105	3105	3105	**3205**	3205	3205	B3205	14.10.18川重	19.12.05NH
B3106	3106	3106	3106	**3206**	3206	3206	B3206	15.06.17川重	20.06.04NH
B3107	3107	3107	3107	**3207**	3207	3207	B3207	15.07.02川重	19.09.11ｻｳ
B3108	3108	3108	3108	**3208**	3208	3208	B3208	18.05.08川重	19.06.13ｻｳ
B3109	3109	3109	3109	**3209**	3209	3209	B3209	18.05.10川重	19.07.23ｻｳ
B3110	3110	3110	3110	**3210**	3210	3210	B3210	18.06.05川重	19.10.15ｻｳ
B3111	3111	3111	3111	**3211**	3211	3211	B3211	18.06.07川重	19.11.11ｻｳ

▽2012(H24).06.01から営業運転開始(3000代は2014.07.19から営業運転開始)
▽733系諸元／車体：軽量ステンレス製。帯色は萌黄色。主電動機：N-MT731A(230kW)。
主変換装置：N-CI733-1(B109～112=N-CI733-2)
台車：N-DT733、N-TR733。主変圧器：N-TM733-1-AN
パンタグラフ：N-PS785。電動空気圧縮器：N-MH1785(C2000ML)
空調装置：N-AU733(冷房=30,000kcal/h、暖房=20kW)。前照灯：HID(高輝度放電灯)
押しボタン式半自動扉回路装備。室内灯：3000代はLED。トイレは車イス対応
▽客室は片側3扉のオールロングシート
▽731系・721系・735系との連結運転可能
▽避難はしごは先頭車中央ドア付近の壁に設置(B101～112編成。B113編成以降は新製時)
▽B113編成以降は前面、側面の行先表示器をフルカラーLED方式へ変更
▽6両固定編成は、快速「エアポート」を中心に充当。4号車(太字)は座席指定車(uシート)
▽快速「エアポート」用6両編成にて、無料公衆無線LANサービス(Wi-Fi)サービス実施
▽2020(R02).03.14改正にて快速「エアポート」は改正前の15分間隔から12分間隔に増発。合わせて特別快速も設定

731系 ←滝川・苫小牧　　　　北海道医療大学・手稲・小樽→

函館本線
千歳線
札沼線

←41	52	♿63→
クハ	モハ	クハ
731	731	731
	AC	C2

				新製月日	使用開始	ポリカーボネイト取付	貫通扉デフロスター取付	パンタグラフシングルアーム化	ATS-DN設置	避難はしご取付	機器取替
G101	101	101	201	96.12.12	96.12.24	02.12.12	03.11.27	05.06.12	10.10.06NH	12.11.29	18.03.12NH
G102	102	102	202	96.12.10	96.12.27	02.07.09	03.12.24	04.12.27	12.07.04NH	12.11.18	16.05.23NH
G103	103	103	203	96.12.13	96.12.24	02.07.15	03.12.26	05.09.18	10.11.29NH	12.11.10	18.08.17NH
G104	104	104	204	96.12.14	97.01.－	02.08.05	03.12.10	05.09.11	10.12.24NH	12.11.20	19.05.22NH
G105	105	105	205	98.02.23	98.02.28	02.11.28	03.12.01	05.10.26	11.04.18NH	12.11.04	18.10.31NH
G106	106	106	206	98.02.24	98.03.03	02.11.17	03.12.08	05.02.25	11.03.09NH	12.11.09	18.10.02NH
G107	107	107	207	98.02.24	98.03.04	02.08.09	03.11.29	04.10.23	11.08.19NH	12.11.17	19.03.14NH
G108	108	108	208	98.03.22	98.03.31	02.08.13	03.11.29	05.04.14	11.09.28NH	12.11.02	19.01.25NH
G109	109	109	209	98.03.23	98.03.30	02.08.18	03.12.05	05.04.25	12.01.27NH	12.11.19	19.10.25NH
G110	110	110	210	98.03.24	98.04.01	02.09.14	03.11.29	05.07.12	12.03.09NH	12.11.10	19.08.27NH
G111	111	111	211	98.12.16	98.12.19	02.10.31	03.12.05	05.08.16	12.05.31NH	12.11.18	20.01.31NH
G112	112	112	212	98.12.17	98.12.30	02.09.06	03.11.27	05.01.22	12.11.08NH	12.11.27	16.10.06NH
G113	113	113	213	98.12.18	99.01.14	02.10.09	03.12.01	05.07.31	13.03.23NH	12.11.17	16.12.12NH
G114	114	114	214	98.12.19	99.01.12	02.11.01	03.11.28	05.08.28	13.05.14NH	12.11.09	17.03.01NH
G115	115	115	215	99.12.20	99.12.26	02.10.06	03.12.27	04.11.08	10.10.19NH	12.11.19	18.05.22NH
G116	116	116	216	99.12.20	99.12.26	02.10.10	03.12.01	05.03.13	10.06.21NH	12.11.07	17.08.17NH
G117	117	117	217	99.12.21	00.01.01	02.10.14	03.12.05	05.06.26	10.08.25NH	12.11.13	19.04.11NH
G118	118	118	218	99.12.13	99.12.25	02.11.04	03.12.10	04.12.18	12.08.30NH	12.11.09	17.12.04NH
G119	119	119	219	99.12.13	99.12.25	02.11.10	03.11.28	05.07.21	10.09.13NH	12.11.06	20.03.31NH
G120	120	120	220	06.03.06	06.03.17	新製時	←	←	13.01.19NH	12.11.12	
G121	121	121	221	06.03.05	06.03.17	新製時	←	←	13.02.16NH	12.11.12	

▽731系は1996(H08).12.24から営業運転開始。
ほしみ 7:39発 139M(←岩見沢方 G101＋G103)
1997(H09).03.22ダイヤ改正から キハ201系とのＥＣ·ＤＣ協調運転開始

▽諸元／車体：軽量ステンレス製。帯色は萌黄色(ＪＲ北海道コーポレートカラー)、赤色。前面は赤帯のみ
主電動機：Ｎ-ＭＴ731(230kW)。主変換装置：Ｎ-ＣＩ731
台車：Ｎ-ＤＴ731、Ｎ-ＴＲ731。主変圧器：Ｎ-ＴＭ731
パンタグラフ：Ｎ-ＰＳ721Ｂ(シングルアーム式はＮ-ＰＳ785)
空調装置：Ｎ-ＡＵ731(冷房=30,000kcal/h、暖房=20kW)。前照灯：ＨＩＤ(高輝度放電灯)
押しボタン式半自動扉回路装備。トイレは車イス対応大型トイレ
▽自動幌装置を装備
▽車両用窓硝子破損防止対策(ポリカーボネイト取付)工事は2002(H14)年度にて完了
▽G120·121 編成のトイレ設備はバリアフリー化(コンパクトトイレ)。車端幌を装備
▽避難はしごは先頭車中央ドア付近の壁に設置
▽機器取替は、主変換装置(ＣＩ)・補助電源などの取替えのほか、座席モケットを変更

▽721系・731系
運転室助士席側前面硝子をポリカーボネイト化、デフロスター取付開始
2006(H18)年度に完了(前面窓硝子破損防止対策)

▽1997(H09).10.01改正から優先席を711系・721系・731系に設置
▽1992(H04).07.01から721系・731系・711系は終日車内禁煙

▽2012(H24).06.01に札沼線桑園～北海道医療大学間(学園都市線札幌～北海道医療大学間)電化

721系 ←旭川・苫小牧・新千歳空港　　　　北海道医療大学・手稲・小樽→

【帯萌黄色】

函館本線
千歳線
札沼線

編成	←41 クハ721	52 モハ721 AC	63→ クモハ721 C2	ATS-DN設置	避難はしご取付
F 1	1	1	1	11.06.27NH	12.12.03
F 2	2	2	2	12.09.12NH	12.12.11
F 3	3	3	3	12.10.10NH	12.12.28
F 4	4	4	4	12.10.16NH	12.11.22
F 5	5	5	5	12.12.26NH	12.12.27
F 6	6	6	6	12.01.12NH	12.12.22
F 8	8	8	8	11.01.31NH	12.12.19
F 9	9	9	9	12.06.27NH	12.12.17
F 10	10	10	10	設置済	12.12.10
F 11	11	11	11	10.02.17NH	13.01.05
F 12	12	12	12	10.05.12NH	13.01.06
F 13	13	13	13	10.01.15NH	13.01.12
F 14	14	14	14	12.08.03NH	12.12.07

編成	←41♿ クハ721	52 モハ721 AC	♿63→ クモハ721 C2	130km/h対応改造	クモハ721車イススペース	ATS-DN設置	避難はしご取付
F3015	3015	3015	3015	02.03.30	03.12.26	09.12.17NH	13.02.12
F3017	3017	3017	3017	01.07.26	04.03.15	11.06.20NH	12.12.04
F3018	3018	3018	3018	01.12.05	04.01.23	12.12.06NH	13.01.31
F3019	3019	3019	3019	01.11.28	04.03.31	11.11.04NH	13.01.09
F3020	3020	3020	3020	02.03.28	04.02.26	10.03.25NH	12.11.27
F3021	3021	3021	3021	02.03.07	04.01.14	10.08.09NH	12.12.13

編成	←41♿ クハ721	52 モハ721 AC	♿63→ クハ721 C2	改造月日	ATS-DN設置	保全工事+VVVF化	避難はしご取付
F2107	2107	2107	2207	10.07.09	10.07.09NH	10.07.09NH	12.11.30

編成	←41 クハ721 C2	52 モハ721 AC	♿63→ クハ721	2号車新製 1・3号車改番(旧編成番号)	1号車 半室uシート普通車化	ATS-DN設置	避難はしご取付	
F5001	5001	5001	5002	03.12.11(F1006+F1005)	03.12.10	12.04.13NH	13.01.08	16.03.09NH=機器取替

編成	←41 クハ721	52 モハ721	♿63→ クハ721	4号車 半室uシート	130km/h対応改造	uシート全車化	ATS-DN設置	避難はしご取付	
F1009	**1009**	1009	2009	00.12.15	02.01.25	13.09.12	12.08.27NH	13.01.14	16.01.22NH=機器取替

① ▽721系は軽量ステンレス製、帯の色はコーポレートカラーの萌黄色
▽721系は３扉車、転換式クロスシート車
主電動機 N-MT721(150kW)。パンタグラフ N-PS721。空調装置 N-AU721
主変圧器 N-TM721。電気指令式発電ブレーキ
▽F 9編成(2次車)以降、座席モケットを赤からこげ茶色へ、出入台と室内色彩は青から水色へ変更
側面形式車号銘板の色を黒から緑色に変更、などの特徴がある
▽避難はしごは、クハは運転席背面側１人掛け座席を撤去して、クモハは機器室に設置

721系 ←滝川・苫小牧・新千歳空港　　　　北海道医療大学・手稲・小樽→

【帯萌黄色】

函館本線
千歳線
札沼線

	←1 クハ721	♿2 モハ721 (AC)	3 サハ721 (C2)	**4 サハ721**	5 モハ721 (AC)	6→ クハ721 (C2)		130km/h対応改造	半室uシート	全室uシート	ATS-DN設置	保全工事+VVVF化
F3101	3101	3101	3101	**3201**	3201	3201	**F3201**	01.12.21	00.11.02	04.02.12	10.06.24NH	13.04.05NH
F3102	3102	3102	3102	**3202**	3202	3202	**F3202**	01.06.28	00.11.18	03.11.18	11.07.08NH	13.12.10NH
F3103	3103	3103	3103	**3203**	3203	3203	**F3203**	02.02.15	00.11.24	04.01.22	12.01.14NH	12.01.14NH
F3123	3122	3123	3123	**3222**	3222	3222	**F3222**	01.10.31 (01.11.02)	00.11.12	03.10.17	11.02.01NH	11.01.28NH

	←1 クハ721	2 モハ721 (AC)	♿3 サハ721 (C2)	**4 サハ721**	5 モハ721 (AC)	♿6→ クハ721 (C2)		3・4号車新製 1・2・5・6号車改番(旧編成番号)	ATS-DN設置	
F4101	4101	4101	4101	**4201**	4201	4201	**F4201**	03.10.30(F1003+F1004)	10.09.27NH	※
F4102	4102	4102	4102	**4202**	4202	4202	**F4202**	03.11.14(F1005+F1006)	12.02.22NH	※
F4103	4103	4103	4103	**4203**	4203	4203	**F4203**	03.11.29(F1007+F1008)	12.05.11NH	※
F4104	4104	4104	4104	**4204**	4204	4204	**F4204**	03.12.25(F1002)	10.08.13NH	※

	←1 クハ721	2 モハ721	♿3 サハ721	**4 サハ721**	5 モハ721	♿6→ クハ721		2〜5号車新製 1・6号車改番(旧編成番号)	1号車 半室uシート普通車化	ATS-DN設置
F5101	5101	5101	5101	**5201**	5201	5201	**F5201**	03.10.09(F1001)	03.10.06	12.04.02NH※
F5102	5102	5102	5102	**5202**	5202	5202	**F5202**	03.11.19(F1004+F1003)	03.11.17	10.04.28NH※
F5103	5103	5103	5103	**5203**	5203	5203	**F5203**	03.12.20(F1008+F1007)	03.12.18	12.06.19NH※

② ▽F 1〜 8編成(1次車)は、座席モケット色を赤からこげ茶へ変更
F 1=06.10.15　F 2=05.12.16　F 3=06.04.22　F 4=06.02.17　F 5=06.06.15　F 6=05.03.25
F 7=06.08.17　F 8=06.05.22
▽側面形式車号銘板の色はF19編成(旧)以降白へと変更
▽F1000・4000・5000代の編成は、VVVFインバータ制御採用
主変換装置 N-CI721A。主電動機 N-MT785A(215kW)。パンタグラフ N-PS721B
5000代は主変換装置 N-CI721-2。主電動機 N-MT731(230kW)。パンタグラフはシングルアーム式。回生ブレーキ付き
▽F2107、3123、3222編成は、主変換装置をN-CI721-3へ、主電動機をN-MT721A(250kW)へ、
主変圧器をN-TM721A-ANへ、回生ブレーキ付き電気ブレーキなどに変更の保全工事車
▽太字の編成番号の編成は、おもに快速「エアポート」に充当
また 130km/h対応改造により、F15〜F 203編成は3000代へ改番
▽号車番号は快速「エアポート」で表示
4号車は座席指定車(uシート)。uシート工事により座席番号変更。座席指定は小樽〜札幌〜新千歳空港間
▽4000代、5000代の3号車トイレは車イス対応大型トイレ
▽uシートは指定席のグレードアップ工事車。座席をリクライニングシートへ変更
施工車は車号を太字にて区分。施工は苗穂工場。営業開始は2000.11. 7。編成はF22+F23(旧)
▽uシート全車化(太字)のF1009編成は、2003(H15).09.15から営業開始
▽ポリカーボネイト取付は、車両用窓硝子破損防止対策(ポリカーボネイト取付)施工車
また、F1001以降の車両は130km/h対応改造施工時に実施(F 1〜14編成は、2005冬号までを参照)
▽前照灯はシールドビームからHID(高輝度放電灯)へ、パンタグラフはシングルアーム(N-PS785)へ変更
以上の取付実績は、2010冬号までを参照
▽避難はしごは、6両編成は運転室に設置
F3103+3203=12.11.08　F3123+3222=12.11.09　F3101+3201=12.11.02　F3102+3202=13.04.05
F4103+4203=12.11.05　F4104+4204=12.11.12　F5101+5201=12.11.06　F5102+5202=12.11.16
▽※印の編成は重要機器取替[主変換装置、補助電源取替のほか座席モケット変更]施工
F4101+F4201=18.09.21NH　F4102+F4202=17.05.11NH
F4103+F4203=18.03.09NH　F4104+F4204=17.11.01NH
F5101+F5201=17.06.16NH　F5102+F5202=17.09.20NH　F5103+F5203=16.08.17NH
▽Wi-Fi設置工事
F3101+F3201=20.01.20NH　F3102+F3202=18.10.24NH　F3103+F3203=19.02.01NH　F3123+F3222=20.01.31NH
F4101+F4201=20.02.06NH　F4102+F4202=20.05.18NH　F4103+F4203=20.03.09NH　F4104+F4204=20.08.04NH
F5101+F5201=19.10.10NH　F5102+F5202=20.01.23NH　F5103+F5203=20.07.06NH　設置完了

735系 ←滝川・苫小牧　　北海道医療大学・手稲・小樽→

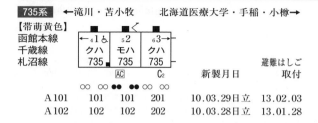

【帯萌黄色】
函館本線
千歳線
札沼線

	←₄1♿	₅2	₆3→		避難はしご
	クハ	モハ	クハ		
	735	735	735		
		AC	C₂	新製月日	取付
	○○　○○	●●　●●	○○　○○		
A101	101	101	201	10.03.29日立	13.02.03
A102	102	102	202	10.03.28日立	13.01.28

▽2012(H24).05.01から営業運転開始
▽735系諸元／車体：アルミ合金(ダブルスキン構造)。帯色は萌黄色(前面)。
主電動機：N-MT735(230kW)。主変換装置：N-CI735
台車：N-DT735、N-TR735。主変圧器：N-TM735-AN
パンタグラフ：N-PS785。電動空気圧縮器：N-MHI785(C2000ML)
空調装置：N-AU735(冷房=30,000kcal/h、暖房=20kW)。前照灯：HID(高輝度放電灯)
押しボタン式半自動扉回路装備。トイレは車イス対応大型トイレ
▽既存車より約10cmの低床化を実現、乗降口をノンステップ化
▽速度 0km/hまで回生ブレーキが有効な全電気ブレーキを採用
▽客室は片側3扉のオールロングシート
▽731系・721系との連結運転可能
▽避難はしごは、先頭車中央ドア付近の壁に設置

737系 ←室蘭　　苫小牧・札幌→

【帯萌黄色】
室蘭本線
千歳線

	←1	♿2→	
	クモハ	クハ	
	737	737	
	AC	CP	新製月日
	●●　●●	○○　○○	
C 1	1	1	22.12.13日立
C 2	2	2	22.12.14日立
C 3	3	3	23.03.09日立
C 4	4	4	23.03.09日立
C 5	5	5	23.03.11日立
C 6	6	6	23.03.11日立
C 7	7	7	23.03.11日立
C 8	8	8	23.06.05日立
C 9	9	9	23.06.05日立
C 10	10	10	23.06.05日立
C 11	11	11	23.06.06日立
C 12	12	12	23.06.06日立
C 13	13	13	23.06.06日立

▽737系は、2023(R05).05.20から営業運転開始
千歳線苫小牧～札幌間は、札幌06:10発室蘭行2724M、東室蘭20:27発札幌行2819M
▽737系諸元／車体：アルミ合金(ダブルスキン構造)、片側2扉、ロングシート。帯色は萌黄色
定員：クモハ737=136(49)、クハ787=133(44)
主電動機：N-MT737(190kW)。主変換装置：N-CI737
台車：N-DT737、N-TR737。主変圧器：N-TM735-N
パンタグラフ：N-PS785。電動空気圧縮機：N-MHI785。補助電源：N-APS785
空調装置：N-AU733A(冷房=30,000kcal/h、暖房=20kW)
押しボタン式半自動回路装備。トイレは車イス対応大型トイレ(真空式)

北海道旅客鉄道　函館運輸所　函ハコ　　16両

733系　←函館　　新函館北斗→

函館本線
はこだてライナー

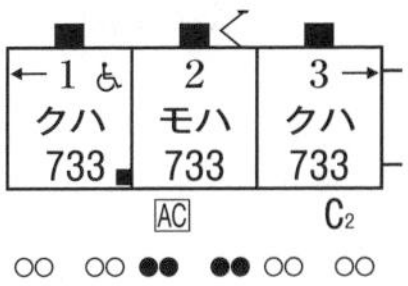

				新製月日
B1001	1001	1001	2001	15.10.15川重
B1002	1002	1002	2002	15.10.21川重
B1003	1003	1003	2003	15.11.03川重
B1004	1004	1004	2004	15.11.05川重

▽733系1000代は100代に準拠した性能
　車体：軽量ステンレス製。帯色は
　　　　ライトパープル、萌黄色。
　　　　前面はライトパープルのみ
▽室内灯はＬＥＤ
▽押しボタン式半自動扉回路装備
▽トイレは車イス対応大型トイレ
▽2016(H28).03.26から営業運転を開始
▽基本的に3両編成にて運転

配置両数

789系			
M3J	モ	ハ788	2
Tc′	ク	ハ789	2
		計 —	4
733系			
M	モ	ハ733	4
Tc	ク	ハ733	4
Tc′	ク	ハ733	4
		計 —	12

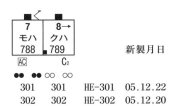

789系　←函館　　→

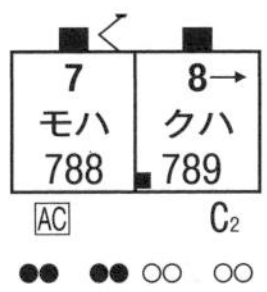

			新製月日
301	301	HE-301	05.12.22
302	302	HE-302	05.12.20

▽営業運転開始は2002(H14).12.01
▽2016(H28).03.21限りで「スーパー白鳥」運転終了

東北・北海道新幹線編成表

北海道旅客鉄道　H編成－3本(30両)

H5系　←東京・新青森　　　　新函館北斗→

	←1	2	3	4	5	6	7	8	9	10→	配置	新製月日	Wi-Fi 設置工事
はやぶさ やまびこ	$T_{1}c$	M_{2}	M_{1}	M_{2}	$M_{1}k$	M_{2}	M_{1}	M_{2}	$M_{1}s$	Tsc			
	H523■	H526	H525■	H526	H525■	H526	H525■	H526	H515■	H514			
	CP	MTr	SC	MTr	SC CP	MTr	SC	MTr	SC	CP			
	29名	98名	85名	98名	59名	98名	85名	98名	55名	18名			
H 1	1	101	1	201	401	301	101	401	1	1	新幹線	14.11.01川重	20.01.18
H 3	3	103	3	203	403	303	103	403	3	3	新幹線	15.05.23川重	19.12.19
H 4	4	104	4	204	404	304	104	404	4	4	新幹線	15.08.03日立	18.12.22

▽2016(H28)年03月26日、北海道新幹線新青森～新函館北斗間開業とともに営業運転開始
▽2023(R05).03.18改正での充当列車は、
　東京～新函館北斗間　「はやぶさ」39号、10·28号
　東京～新青森間　「はやぶさ」21号、42号
　仙台～新函館北斗間　「はやぶさ」95号
　東京～仙台間　「やまびこ」223号
▽H５系は2016(H28).03.26から営業運転開始。最初の充当編成は、
　新函館北斗発「はやぶさ」10号はH 3編成、仙台発「はやぶさ」95号はH 4編成
▽♥ＡＥＤ(自動体外式除細動器)は、５号車に設置　▽MTr：主変圧器
▽東北新幹線宇都宮～盛岡間にて 320km/h運転
▽電源コンセント。グリーン車、グランクラスは各座席肘掛部に設置。普通車はＡＥ席側窓下部、ＢＣＤ席前座席脚台に設置
▽2017(H29).07.01から2018.02頃までに、２・４・６・８号車１ＤＥ席と９号車、グリーン車デッキスペースに
　車内荷物置場を設置。表示の定員(座席数)は荷物置場設置車
　H 1=18.02.12　H 2=18.01.23　H 3=18.01.20　H 4=17.08.21
▽１・３・５・７号車１ＤＥ席に荷物置場設置
　H 1=22.02.16　H 3=22.12.22　H 4=23.03.10
▽３・５号車に設置となっていた公衆電話機、テレカ販売機撤去工事
　H 1=22.02.16　H 2=21.11.08　H 3=21.10.22　H 4=22.03.02　完了
▽2018(H30).12頃から、無料公衆無線LANサービス(Wi-Fi)サービスを開始
▽５・９号車トイレに車イス対応大型トイレを設置
▽列車公衆電話サービスは2021(R03).06.30をもって終了
▽H2編成は、2022(R04).03.16、福島県沖を震源とする地震にて、福島～白石蔵王間(「やまびこ」223号)を走行中に脱線、
　09.16廃車となった

▽配置区所名は、函館新幹線総合車両所(2015.07.31、新幹線準備運輸車両所から改称)
　車両基地は、新函館北斗駅に隣接

東北・上越新幹線編成表

東日本旅客鉄道　Ｊ編成－12本(120両)

E2′系　←東京　　　　仙台・盛岡→

やまびこ なすの	←1	2	3	4	5	♥6	7	8	9	10→	配置	新製月日
	T_{1c}	M_2	M_1	M_2	M_{1k}	M_2	M_1	M_2	M_{1s}	T_{2c}		
	E223■	E226	E225■	E226	E225■	E226	E225■	E226	E215■	E224		
	CP	MTr SC	SC CP	MTr SC	SC CP		SC CP	MTr SC	SC CP	+		
	54名	100名	85名	100名	75名	100名	85名	100名	51名	64名		
Ｊ 60	1010	1110	1010	1210	1410	1310	1110	1410	1010	1110	新幹線	03.12.24川重
Ｊ 64	1014	1114	1014	1214	1414	1314	1114	1414	1014	1114	新幹線	03.06.11日立
Ｊ 66	1016	1116	1016	1216	1416	1316	1116	1416	1016	1116	新幹線	05.04.06日車
Ｊ 67	1017	1117	1017	1217	1417	1317	1117	1417	1017	1117	新幹線	05.06.07日立
Ｊ 68	1018	1118	1018	1218	1418	1318	1118	1418	1018	1118	新幹線	05.07.10日立
Ｊ 69	1019	1119	1019	1219	1419	1319	1119	1419	1019	1119	新幹線	05.12.05川重
Ｊ 70	1020	1120	1020	1220	1420	1320	1120	1420	1020	1120	新幹線	10.02.19日立
Ｊ 71	1021	1121	1021	1221	1421	1321	1121	1421	1021	1121	新幹線	10.03.11日車
Ｊ 72	1022	1122	1022	1222	1422	1322	1122	1422	1022	1122	新幹線	10.04.12日立
Ｊ 73	1023	1123	1023	1223	1423	1323	1123	1423	1023	1123	新幹線	10.05.10川重
Ｊ 74	1024	1124	1024	1224	1424	1324	1124	1424	1024	1124	新幹線	10.06.07川重
Ｊ 75	1025	1125	1025	1225	1425	1325	1125	1425	1025	1125	新幹線	10.09.27日車

▽ＤＳ-ＡＴＣ搭載。Ｊ52編成以降は新製時より装備(改造実績は、2010冬号までを参照)
▽先頭車＋グリーン車にフルアクティブサスペンション、
　中間の普通車にセミアクティブサスペンションを取付(改造実績は、2010冬号までを参照)
▽Ｊ52編成以降、９号車トイレは温水洗浄便座
▽Ｊ70編成以降は、2009 ～ 2010(H21 ～ 22)年度増備車。行先表示はＬＥＤ(フルカラー)に変更
▽無料Wi-Fi「JR-EAST FREE Wi-Fi」サービス開始
▽９号車トイレに車イス対応大型トイレを設置
▽列車公衆電話サービスは2021(R03).06.30をもって終了
▽2023(R05).03.18改正にて、上越新幹線での定期運転終了

▽Ｅ２系諸元／主電動機：誘導電動機ＭＴ205(300ｋＷ)
　　　　　　　ＶＶＶＦインバータ制御：ＣＩ４Ａ
　　　　　　　空調装置：冷房25,000kcal/h、暖房20kW×２、パンタグラフ：ＰＳ205、MTr：主変圧器
▽10号車の＋ は分割併合装置を装備
▽Ｊ66編成、東北新幹線開業当初の200系カラーとなって、2022.06.09、仙台発「やまびこ」124号から運行開始

東北・北海道新幹線編成表

東日本旅客鉄道　U編成－50本（500両）

E5系　←東京　　　　仙台・新青森・新函館北斗→

はやぶさ　はやて　やまびこ　なすの

編成	←1	2	3	4	5	6	7	8	9	10→	配置	新製月日	車内荷物置場設置	Wi-Fi設置工事
	T_1c	M_2	M_1	M_2	M_1k	M_2	M_1	M_2	M_1s	Tsc				
	E523■	E526	E525■	E526	E525■	E526	E525■	E526	E515■	E514				
	CP	MTr	SC	MTr	SC CP	MTr	SC	MTr	SC	CP				
	29名	98名	85名	98名	59名	98名	85名	98名	55名	18名				
U 1	1	101	1	201	401	301	101	401	1	1	新幹線	09.06.15(13頁)	17.11.30	19.04.12
U 2	2	102	2	202	402	302	102	402	2	2	新幹線	10.12.13川重	17.09.21	18.11.01
U 3	3	103	3	203	403	303	103	403	3	3	新幹線	11.01.31日立	17.09.28	19.02.23
U 4	4	104	4	204	404	304	104	404	4	4	新幹線	11.02.18日立	17.10.15	19.02.15
U 5	5	105	5	205	405	305	105	405	5	5	新幹線	11.08.19日立	17.10.05	18.11.22
U 6	6	106	6	206	406	306	106	406	6	6	新幹線	11.09.27川重	17.10.12	18.08.20
U 7	7	107	7	207	407	307	107	407	7	7	新幹線	11.10.13日立	17.09.03	18.12.16
U 8	8	108	8	208	408	308	108	408	8	8	新幹線	11.11.14川重	17.10.22	18.12.25
U 9	9	109	9	209	409	309	109	409	9	9	新幹線	11.12.05川重	17.10.26	19.01.22
U 10	10	110	10	210	410	310	110	410	10	10	新幹線	12.01.30日立	17.09.26	18.12.20
U 11	11	111	11	211	411	311	111	411	11	11	新幹線	12.02.17川重	17.10.29	18.06.18
U 12	12	112	12	212	412	312	112	412	12	12	新幹線	12.04.02川重	17.11.19	18.08.06
U 13	13	113	13	213	413	313	113	413	13	13	新幹線	12.04.26日立	17.09.24	18.10.20
U 14	14	114	14	214	414	314	114	414	14	14	新幹線	12.05.31川重	17.10.19	18.07.12
U 15	15	115	15	215	415	315	115	415	15	15	新幹線	12.06.11日立	17.08.09	18.12.06
U 16	16	116	16	216	416	316	116	416	16	16	新幹線	12.07.26日立	17.11.13	18.09.06
U 17	17	117	17	217	417	317	117	417	17	17	新幹線	12.08.24川重	17.12.01	18.06.19
U 18	18	118	18	218	418	318	118	418	18	18	新幹線	12.09.14川重	17.12.14	18.05.27
U 19	19	119	19	219	419	319	119	419	19	19	新幹線	12.10.12川重	17.12.26	18.10.12
U 20	20	120	20	220	420	320	120	420	20	20	新幹線	12.11.22日立	17.11.09	18.11.09
U 21	21	121	21	221	421	321	121	421	21	21	新幹線	12.12.25川重	17.11.12	18.06.23
U 22	22	122	22	222	422	322	122	422	22	22	新幹線	13.01.31日立	17.09.14	19.02.07
U 23	23	123	23	223	423	323	123	423	23	23	新幹線	13.02.22川重	17.11.16	18.05.22
U 24	24	124	24	224	424	324	124	424	24	24	新幹線	13.03.28日立	17.11.23	18.09.08
U 25	25	125	25	225	425	325	125	425	25	25	新幹線	13.04.10川重	17.08.23	18.11.21
U 26	26	126	26	226	426	326	126	426	26	26	新幹線	13.05.30日立	17.10.01	18.07.24
U 27	27	127	27	227	427	327	127	427	27	27	新幹線	13.06.07川重	17.09.07	18.06.02
U 28	28	128	28	228	428	328	128	428	28	28	新幹線	13.07.26日立	17.08.31	18.11.15
U 29	29	129	29	229	429	329	129	429	29	29	新幹線	15.12.07川重	17.09.10	18.09.20
U 30	30	130	30	230	430	330	130	430	30	30	新幹線	16.01.15日立	17.07.18	18.11.09
U 31	31	131	31	231	431	331	131	431	31	31	新幹線	16.02.01川重	17.07.27	18.09.13
U 32	32	132	32	232	432	332	132	432	32	32	新幹線	17.02.03日立	17.06.30	19.02.26
U 33	33	133	33	233	433	333	133	433	33	33	新幹線	17.01.16川重	17.07.05	18.12.12
U 34	34	134	34	234	434	334	134	434	34	34	新幹線	17.10.13日立	←	18.06.06
U 35	35	135	35	235	435	335	135	435	35	35	新幹線	17.07.19川重	←	18.11.05
U 36	36	136	36	236	436	336	136	436	36	36	新幹線	17.08.25川重	←	18.10.24
U 37	37	137	37	237	437	337	137	437	37	37	新幹線	17.09.21川重	←	18.06.29
U 38	38	138	38	238	438	338	138	438	38	38	新幹線	18.02.09川重	←	18.06.15
U 39	39	139	39	239	439	339	139	439	39	39	新幹線	18.08.24日立	←	18.10.16
U 40	40	140	40	240	440	340	140	440	40	40	新幹線	19.01.11日立	←	19.01.28
U 41	41	141	41	241	441	341	141	441	41	41	新幹線	18.03.23川重	←	18.07.05
U 42	42	142	42	242	442	342	142	442	42	42	新幹線	19.02.04日立	←	19.03.18
U 43	43	143	43	243	443	343	143	443	43	43	新幹線	19.03.04川重	←	19.03.10
U 44	44	144	44	244	444	344	144	444	44	44	新幹線	19.05.29日立	←	←
U 45	45	145	45	245	445	345	145	445	45	45	新幹線	20.02.25日立	←	←
U 46	46	146	46	246	446	346	146	446	46	46	新幹線	21.09.21川重	←	←
U 47	47	147	47	247	447	347	147	447	47	47	新幹線	23.04.25川車	←	←
U 48	48	148	48	248	448	348	148	448	48	48	新幹線	23.06.26川車	←	←
U 49	49	149	49	249	449	349	149	449	49	49	新幹線	23.07.06日立	←	←
U 50	50	150	50	250	450	350	150	450	50	50	新幹線	23.09.04日立	←	←

東北・北海道新幹線編成表

▽Ｅ４系は2021(R03).10.01をもって定期運行終了。2022(R04).03.30、P82編成の廃車にて消滅

E5系
▽2011(H23).03.05から営業運転開始
▽♥ＡＥＤ(自動体外式除細動器)は、５号車に設置　▽MTr：主変圧器
▽Ｕ 1編成／１～５号車は日立、６～10号車は川重製。2013(H25).02.28に量産先行車Ｓ11編成から量産改造
▽2013(H25).03.16から、東北新幹線宇都宮～盛岡間にて 320km/h運転開始
▽2016(H28).03.26 北海道新幹線新青森～新函館北斗間開業とともに、運転区間は新函館北斗まで延伸
▽2016(H28).03.26　東京発最初の新函館北斗行「はやぶさ」1号はＵ30編成。
▽電源コンセント。グリーン車、グランクラスは各座席肘掛部に設置。普通車は側窓下部に設置。
　なおＵ29以降はＢＣＤ席とも前座席脚台にも設置
▽2017(H29).07.01から2018.02頃までに、２・４・６・８号車１ＤＥ席と９号車、グリーン車デッキスペースに
　車内荷物置場を設置。太字の表示の定員(座席数)は荷物置場設置による変更車
▽無料Wi-Fi「JR-EAST FREE Wi-Fi」サービス実施
▽５・９号車のトイレに車イス対応大型トイレ設置
▽列車公衆電話サービスは2021(R03).06.30をもって終了
▽荷物置場増設工事(1・3・5・7号車１ＤＥ席を撤去、荷物置場とする工事)
　Ｕ 1=21.11.21、Ｕ 2=21.11.01、Ｕ 3=21.03.16、Ｕ 4=21.01.29、Ｕ 5=22.01.28、Ｕ 6=21.02.08、Ｕ 7=20.11.11、Ｕ 8=21.09.27、
　Ｕ 9=20.12.09、Ｕ10=21.03.29、Ｕ11=21.04.16、Ｕ12=22.02.02、Ｕ13=21.10.19、Ｕ14=20.11.28、Ｕ15=21.07.27、Ｕ16=20.12.24、
　Ｕ17=20.12.03、Ｕ18=21.11.26、Ｕ19=21.12.22、Ｕ20=21.06.18、Ｕ21=21.12.18、Ｕ22=21.11.13、Ｕ23=21.11.17、Ｕ24=22.01.19、
　Ｕ25=22.01.08、Ｕ26=21.11.30、Ｕ27=22.02.12、Ｕ28=21.11.05、Ｕ29=21.03.29、Ｕ30=22.01.23、Ｕ31=22.01.14、Ｕ32=20.12.04、
　Ｕ33=21.12.27、Ｕ34=21.12.05、Ｕ35=20.11.17、Ｕ36=21.08.21、Ｕ37=21.08.27、Ｕ38=21.11.09、Ｕ39=21.10.28、Ｕ40=20.12.19、
　Ｕ41=20.11.05、Ｕ42=21.02.24、Ｕ43=21.02.13、Ｕ44=21.03.06、Ｕ45=21.07.08、Ｕ46編成以降対象外
▽山形新幹線車両　連結運転対応工事
　Ｕ 1=23.01.11、Ｕ 2=22.10.27、Ｕ 3=22.10.24、Ｕ 4=22.10.27、Ｕ 5=22.11.10、Ｕ 6=22.11.02、Ｕ 7=22.11.04、Ｕ 8=22.10.14、
　Ｕ 9=22.10.07、Ｕ10=22.10.03、Ｕ11=22.10.31、Ｕ12=22.10.11、Ｕ13=22.11.08、Ｕ14=22.11.03、Ｕ15=22.10.05、Ｕ16=22.10.28、
　Ｕ17=22.10.06、Ｕ18=22.10.25、Ｕ19=22.11.14、Ｕ20=22.10.21、Ｕ21=22.11.02、Ｕ22=22.12.08、Ｕ23=22.11.15、Ｕ24=22.10.26、
　Ｕ25=22.11.07、Ｕ26=22.10.04、Ｕ27=22.10.13、Ｕ28=22.10.13、Ｕ29=22.12.08、Ｕ30=22.10.24、Ｕ31=22.10.12、Ｕ32=22.10.26、
　Ｕ33=22.10.17、Ｕ34=22.12.20、Ｕ35=22.11.04、Ｕ36=22.10.18、Ｕ37=23.01.05、Ｕ38=22.11.17、Ｕ39=22.11.08、Ｕ40=22.10.21、
　Ｕ41=22.10.20、Ｕ42=23.01.13、Ｕ43=23.01.31、Ｕ44=22.11.10、Ｕ45=23.01.12、Ｕ46=23.05.16、Ｕ47=23.04.25川重、
　Ｕ48=23.06.26川重、Ｕ49=23.07.06日立、Ｕ50=23.09.04日立

▽2007(H19).03.18改正から全車禁煙
▽♥印はＡＥＤ(自動体外式除細動器)設置箇所

▽東北・上越新幹線は、1991(H03).06.20、東京～上野間開業により東京乗入れ開始

▽2004(H16).04.01から仙台総合車両所は「新幹線総合車両センター」と区所名変更
　車体標記の仙セシ、工場名略号のＳＤは変更なし
　新潟新幹線第一運転所は「新潟新幹線車両センター」と区所名変更
　車体標記のニイーは「新ニシ」と変更
▽2019(H31).04.01　新幹線統括本部発足にて車体標記を下記に変更
　新幹線総合車両センターは幹セシ、新潟新幹線車両センターは幹ニシ、長野新幹線車両センターは幹ナシ、
　山形車両センターは山形新幹線車両センターと変更、幹カタに、
　秋田車両センターは区所名変更はないが、新幹線車両のみ幹アキと変更
▽2021(R03).04.01　秋田車両センター新幹線部門、組織改正にて秋田新幹線車両センターと変更

北陸・上越新幹線編成表

東日本旅客鉄道　F編成ー 39本(468両)

E7系　←東京　　　　新潟・長野・上越妙高・金沢→

かがやき　はくたか　あさま　つるぎ　とき　たにがわ

	←1	2	3	4	5	6	7	8	9	10	11	12→		
	$T_{1}c$	M_{2}	M_{1}	M_{2}	M_{1}	M_{2}	$M_{1}k$	M_{2}	M_{1}	M_{2}	$M_{1}s$	Tsc		
	E723	E726	E725	E726	E725	E726	E725	E726	E725	E726	E715	E714		
	CP	MTr SC	SC	MTr SC	SC	MTr SC	SC CP	MTr SC	SC	MTr SC	SC	CP		
	48名	98名	83名	98名	83名	88名	56名	98名	83名	98名	63名	18名	配置	新製月日
F 3	3	103	3	203	103	303	403	403	203	503	3	3	長野	14.01.30日立
F 4	4	104	4	204	104	304	404	404	204	504	4	4	長野	14.02.24川重
F 5	5	105	5	205	105	305	405	405	205	505	5	5	長野	14.03.18川重
F 6	6	106	6	206	106	306	406	406	206	506	6	6	長野	14.06.02川重
F 9	9	109	9	209	109	309	409	409	209	509	9	9	長野	14.08.27J横浜
F 11	11	111	11	211	111	311	411	411	211	511	11	11	長野	14.10.06J横浜
F 12	12	112	12	212	112	312	412	412	212	512	12	12	長野	14.11.10J横浜
F 13	13	113	13	213	113	313	413	413	213	513	13	13	長野	14.12.19日立
F 15	15	115	15	215	115	315	415	415	215	515	15	15	長野	15.02.06川重
F 17	17	117	17	217	117	317	417	417	217	517	17	17	長野	15.03.06川重
F 19	19	119	19	219	119	319	419	419	219	519	19	19	長野	17.04.03川重
F 20	20	120	20	220	120	320	420	420	220	520	20	20	新潟	18.10.31川重
F 21	21	121	21	221	121	321	421	421	221	521	21	21	新潟	18.11.20日立
F 22	22	122	22	222	122	322	422	422	222	522	22	22	新潟	18.12.05川重
F 23	23	123	23	223	123	323	423	423	223	523	23	23	新潟	19.09.24日立
F 24	24	124	24	224	124	324	424	424	224	524	24	24	新潟	19.10.16日立
F 25	25	125	25	225	125	325	425	425	225	525	25	25	新潟	19.11.11日立
F 26	26	126	26	226	126	326	426	426	226	526	26	26	新潟	19.12.23日立
F 27	27	127	27	227	127	327	427	427	227	527	27	27	新潟	20.01.24日立
F 28	28	128	28	228	128	328	428	428	228	528	28	28	新潟	22.01.25J横浜
F 29	29	129	29	229	129	329	429	429	229	529	29	29	新潟	20.11.09川重
F 30	30	130	30	230	130	330	430	430	230	530	30	30	新潟	20.12.03川重
F 31	31	131	31	231	131	331	431	431	231	531	31	31	新潟	21.02.26日立
F 32	32	132	32	232	132	332	432	432	232	532	32	32	新潟	21.05.11川重
F 33	33	133	33	233	133	333	433	433	233	533	33	33	新潟	21.08.17日立
F 34	34	134	34	234	134	334	434	434	234	534	34	34	新潟	21.10.06日立
F 35	35	135	35	235	135	335	435	435	235	535	35	35	新潟	21.11.09J横浜
F 36	36	136	36	236	136	336	436	436	236	536	36	36	新潟	21.10.21川車
F 37	37	137	37	237	137	337	437	437	237	537	37	37	新潟	22.08.03日立
F 38	38	138	38	238	138	338	438	438	238	538	38	38	新潟	22.12.06川車
F 39	39	139	39	239	139	339	439	439	239	539	39	39	新潟	23.01.30川車
F 40	40	140	40	240	140	340	440	440	240	540	40	40	長野	21.05.12日立
F 41	41	141	41	241	141	341	441	441	241	541	41	41	長野	21.06.04日立
F 42	42	142	42	242	142	342	442	442	242	542	42	42	長野	21.06.07川重
F 43	43	143	43	243	143	343	443	443	243	543	43	43	長野	21.08.02J横浜
F 44	44	144	44	244	144	344	444	444	244	544	44	44	長野	22.01.14日立
F 45	45	145	45	245	145	345	445	445	245	545	45	45	長野	22.11.21日立
F 46	46	146	46	246	146	346	446	446	246	546	46	46	長野	23.03.28川車
F 47	47	147	47	247	147	347	447	447	247	547	47	47	長野	23.01.11日立

東北新幹線編成表

事業用車（東北・北海道・上越・北陸・秋田・山形新幹線用） 16両

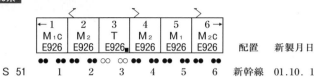

E926系

	←1	2	3	4	5	6→		
	M$_1$c	M$_2$	T	M$_2$	M$_1$	M$_2$c		
	E926	E926	E926■	E926	E926	E926	配置	新製月日
	●● ●●	●● ●●	○○ ○○	●● ●●	●● ●●	●● ●●		
S 51	1	2	3	4	5	6	新幹線	01.10. 1

▽E954系は、2009(H21).09.07 廃車
▽E955系は、2008(H20).12.12 廃車

試験車両（東北新幹線）

E956形 ←東京　　新青森→

	←1	2	3	4	5	6	7	8	9	10→		
ALFA-X	M$_1$c	M$_2$	M$_1$	M$_2$	M$_1$	M$_2$	M$_1$	M$_2$s	M$_2$s	M$_1$c		
	E956	E956	E956	E956	E956	E956	E956	E956	E956	E956		
	SC CP	CP	SC	CP	SC	CP	SC	CP	CP	SC		
	●● ●●	●● ●●	●● ●●	●● ●●	●● ●●	●● ●●	●● ●●	●● ●●	●● ●●	●● ●●	配置	新製月日
S 13	1	2	3	4	5	6	7	8	9	10	新幹線	19.05.13川重(1-6)・日立(7-10)

▽アルミ合金製
　５号車は側窓なし、３・７号車は側窓小
　動揺防止制御装置、車体傾斜装置(最大車体傾斜角度２度)、上下制振装置(一部)
▽2019(R01).05.12から試験走行開始

E7系

▽2014(H26).03.15から営業運転開始。当初は「あさま」に充当
▽最高速度 260km/h(車両性能の最高速度は275km/h)
　2023(R05).03.18改正から、上越新幹線大宮～新潟間の最高速度は275km/hに引上げ
▽ＡＥＤ(自動体外式除細動器)は、７号車に設置　MTr：主変圧器
▽２・４・６・８・10号車は、2015.10.05から12月下旬までに、１ＤＥ席を撤去、荷物置場を設置。これにより各車両の定員は2名減少
▽Ｆ28およびＦ32以降の編成から、７号車車イススペース４席設置。１・３・５・７・９号車１ＤＥ席に荷物置場設置。
　このため座席数は１号車48名、３・５・９号車83名、７号車52名に変更

▽北陸新幹線長野～金沢間開業とともに、
　「かがやき」（東京～金沢間速達タイプ）、「はくたか」（東京～金沢間停車タイプ）、
　「つるぎ」（富山～金沢間シャトルタイプ）を設定
　当日の充当列車に関して詳しくは、JR東日本アプリ 列車走行位置(新幹線・特急) 北陸新幹線を参照
▽北陸新幹線　ＪＲ東日本の管轄は高崎～上越妙高間。ただし、運転士・車掌は東京～長野間乗務
▽2018(H30).07.08から、無料公衆無線LANサービス(Wi-Fi)サービスを開始
▽車内公衆無線LANサービス(Wi-Fi)施工済み編成は、
　Ｆ 1=19.02.19、Ｆ 2=19.02.21、Ｆ 3=19.02.26、Ｆ 6=18.11.06、Ｆ 7=18.11.16、Ｆ 8=18.07.12、Ｆ 9=19.01.24、
　Ｆ10=18.12.06、Ｆ11=19.02.06、Ｆ12=19.03.03、Ｆ13=18.12.14、Ｆ14=18.12.21、Ｆ15=19.01.19、Ｆ16=18.10.26、
　Ｆ18=19.02.16、Ｆ19=19.03.08、Ｆ20編成以降は新製時から装備
▽７・11号車トイレに車イス対応大型トイレを設置
▽列車公衆電話サービスは2021(R03).06.30をもって終了
▽Ｆ 1・2・7・8・10・14・16・18編成は、2019(R01).10.13、ＪＲ東日本長野新幹線車両センターにて、千曲川氾濫にて被災、
　Ｆ10編成は2020(R02).01.14、Ｆ 7編成は20.03.05、残るＦ 1・2・8・14・16・18編成は2020.03.31廃車
▽荷物置場増設工事(1・3・5・7・9号車１ＤＥ席を撤去、荷物置場とする工事)
　Ｕ 3=22.04.15、Ｆ 4=22.04.22、Ｆ 5=21.12.17、Ｆ 6=22.01.21、Ｆ 9=22.01.29、Ｆ11=22.05.20、Ｆ12=21.12.03、Ｆ13=22.05.13、
　Ｆ15=21.11.26、Ｕ17=22.02.11、Ｆ19=22.04.29、Ｆ20=22.03.18、Ｆ21=22.01.28、Ｆ22=21.12.24、Ｆ23=22.03.11、Ｆ24=22.05.27、
　Ｆ25=22.03.25、Ｆ26=22.03.04、Ｕ27=22.02.04、Ｆ28=22.02.25、Ｆ29=22.02.18、Ｆ30=22.01.14
　Ｆ31編成以降は新製時から設置　以上にて対象編成完了

▽Ｆ20～22編成は、当面は上越新幹線限定にて使用予定。Ｆ21・22編成は「とき」色。
　営業運転開始日の2019(H31).03.16は、Ｆ21編成は「たにがわ」402号、Ｆ22編成は「とき」308号から運行開始
　Ｆ21=21.03.07、Ｆ22=21.03.10　とき色ラッピングを撤去、ほかの編成と同色に変更
▽Ｆ23～27編成は、2020(R02).12.25、長野新幹線車両センター、仕業交番検査庫復旧を踏まえて、
　2021(R03).01.01に新潟新幹線車両センターから転属

東日本旅客鉄道 山形新幹線車両センター 幹カタ 154両

E3系 ←東京 山形・新庄→

つばさ なすの

	←11	♥12	13	14	15	16	17→	
	M_1sc	M_2	T_1	M_2	T_2	M_1	M_2c	
	E311■	E326	E329■	E326	E328■	E325■	E322	
	+ SC C_2	MTr SC	C_2	MTr SC		SC C_2	MTr SC	
	●● ●●	●● ●●	○○ ○○	●● ●●	○○ ○○	●● ●●	●● ●●	
	23名	67名	60名	68名	64名	64名	56名	
L 53	1003	1003	1003	1103	1003	1003	1003	05.08.02東急 新製 15.11.24新塗装化
L 54	1004	1004	1004	1104	1004	1004	1004	14.07.30川重 改造・新塗装化
	〔25〕	〔25〕	〔25〕	〔24〕	〔9-24〕	〔25〕	〔25〕	〔旧車号〕
L 55	1005	1005	1005	1105	1005	1005	1005	15.01.13J横浜 改造・新塗装化
	〔26〕	〔26〕	〔26〕	〔23〕	〔9-23〕	〔26〕	〔26〕	〔旧車号〕

E3系 ←東京 山形・新庄→

つばさ なすの

	←11	12	♥13	14	15	16	17→	新製月日	新塗装化
	M_1sc	M_2	T_1	M_2	T_2	M_1	M_2c		
	E311■	E326	E329■	E326	E328■	E325■	E322		
	+ SC C_2	MTr SC	C_2	MTr SC		SC C_2	MTr SC		
	●● ●●	●● ●●	○○ ○○	●● ●●	○○ ○○	●● ●●	●● ●●		
	23名	67名	60名	68名	64名	60名	52名		
L 61	2001	2001	2001	2101	2001	2001	2001	08.10.09川重	16.07.06
L 62	2002	2002	2002	2102	2002	2002	2002	08.12.09川重	16.10.27
L 63	2003	2003	2003	2103	2003	2003	2003	09.01.07川重	15.11.24
L 64	2004	2004	2004	2104	2004	2004	2004	09.02.17川重	14.04.25
L 65	2005	2005	2005	2105	2005	2005	2005	09.03.03川重	14.06.06
L 66	2006	2006	2006	2106	2006	2006	2006	09.03.25川重	14.10.22
L 67	2007	2007	2007	2107	2007	2007	2007	09.03.28東急	14.11.12
L 68	2008	2008	2008	2108	2008	2008	2008	09.04.14川重	14.12.05
L 69	2009	2009	2009	2109	2009	2009	2009	09.05.19川重	15.02.23
L 70	2010	2010	2010	2110	2010	2010	2010	09.06.30川重	15.04.06
L 71	2011	2011	2011	2111	2011	2011	2011	09.07.22川重	15.04.24
L 72	2012	2012	2012	2112	2012	2012	2012	10.03.25川重	15.09.18

配置両数

E３系		
M_1sc	E311 1000	3
	E311 2000	12
M_2c	E322 1000	3
	E322 2000	12
M	E325 1000	3
	E325 2000	12
M_2	E326 1000	3
	E326 1100	3
	E326 2000	12
	E326 2100	12
T_2	E328 1000	3
	E328 2000	12
T_1	E329 1000	3
	E329 2000	12
	計	105
E８系		
Msc	E811	1
Mc	E821	1
M_1	E825	1
M_2	E825 100	1
M_3	E827	1
T_1	E828	1
T_2	E829	1
	計	7
719系		
Mc	クモハ719 50	12
Tc′	ク ハ718 50	12
	計	24
701系		
Mc	クモハ701 55	9
Tc′	ク ハ700 55	9
	計	18

▽Ｅ３系諸元／主電動機：ＭＴ205(300kW)〔誘導電動機〕。ＶＶＶＦインバータ制御：ＣＩ５Ａ
　パンタグラフ：シングルアーム式ＰＳ206。SC：ＳＣ206Ａ。C_2：ＭＨ1114-ＴＣ2000Ａ
　空調装置： ＡＵ217(冷房19,000kcal/h、暖房16kW)×２　ＤＳ-ＡＴＣ搭載
▽Ｅ３系1000代は、1999(H11).12.04の山形新幹線新庄延伸開業とともに営業運転開始
　営業初日、Ｌ51編成は「つばさ」111号(東京 6:32発)、Ｌ52編成は「つばさ」116号(新庄 6:21発初列車)
▽Ｅ３系2000代は、2008(H20).12.20の「つばさ」112号から営業運転開始
▽2022(R04).03.12改正から、全車指定席に変更
▽+印は収納式電気連結器装備、他形式との連結運転時に使用。東北新幹線区間ではドアステップを使用
▽♥印はＡＥＤ(自動体外式除細動器)設置箇所
▽Ｌ53～54編成とＬ61～72編成、11号車トイレは温水洗浄便座
▽11号車トイレに車イス対応大型トイレを設置
▽列車公衆電話サービスは2021(R03).06.30をもって終了
▽新塗装は、山形の県花「おしどり」がモチーフの「おしどりパープル」、
　蔵王の雪の白をイメージした「蔵王ビアンゴ」を基調に、
　帯の色は山形の県花「紅花」の生花の黄色から染料の赤色へ変化するグラデーション。
　2014(H26).04.26から営業運転開始。Ｌ64編成
▽車内Ｗi-Ｆi設備設置の編成は、
　L53=19.05.24　L54=19.10.11　L55=19.10.25　L61=19.08.22　L62=19.04.11　L63=19.07.25　L64=19.05.30　L65=19.08.01
　L66=19.04.04　L67=19.04.25　L68=19.03.01　L69=19.05.10　L70=19.03.14　L71=19.04.18　L72=19.08.29　R18=19.12.06
▽東北新幹線Ｈ５系との連結運転対応工事
　Ｌ53=21.03.30、Ｌ54=21.03.19、Ｌ55=21.03.12、Ｌ61=22.11.30、Ｌ62=22.11.30、Ｌ63=22.12.06、Ｌ64=22.12.09、Ｌ65=22.11.30、
　Ｌ66=22.11.28、Ｌ67=22.11.28、Ｌ68=22.12.05、Ｌ69=22.12.06、Ｌ70=22.11.28、Ｌ71=22.12.06、Ｌ72=22.11.28
▽Ｌ66編成、山形新幹線開業30周年記念のさくらんぼラッピングとなって、2022.06.09、山形発「つばさ」138号から運行開始
▽Ｌ65編成は、2023.02.09、シルバーをベースとした旧塗装に変更。02.11から営業運転開始

E８系 ←東京　　　　　　　　　　　　山形・新庄→

	11	♥12	13	14	15	16	17		
つばさ	Msc	T1	M1	M2	M3	T1	Mc		
	E811	E828	E825	E825	E827	E828	E821		
	+SC CP	MTr	CP		CP	MTr	SC	新製月日	
	●● ●●	○○ ○○	●● ●●	●● ●●	●● ●●	○○ ○○	●● ●●	１～４号車	５～７号車
	26名	34名	66名	62名	62名	58名	42名		
G 1	1	1	1	101	1	1	1	23.03.01川車	23.03.01日立

▽Ｈ８系は、2024(R06)春から営業運転開始を計画

719系 ←新庄・山形　　　　　　　　　　　　　　　　　　福島→

奥羽本線

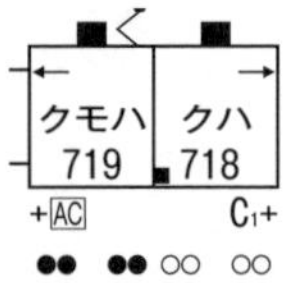

編成	クモハ719	クハ718	新製月日	ワンマン改造	パンタグラフ シングルアーム化	ＥＢ装置 取付	セラジェット装置 取付(Tc′)	ワンマン装置 老朽取替	
Y 1	5001	5001	91.09.04	95.09.30	01.11.18	95.09.30	12.01.19	15.03.06	
Y 2	5002	5002	91.09.05	95.09.30	01.12.10	95.09.30	12.01.13	15.03.10	
Y 3	5003	5003	91.10.13	95.10.31	01.10.19	95.10.31	12.02.20	15.03.05	
Y 4	5004	5004	91.10.13	95.10.31	01.10.15	95.10.31	12.01.30	15.03.14	
Y 5	5005	5005	91.10.13	95.10.31	01.12.13	95.10.31	12.01.24	15.03.03	
Y 6	5006	5006	91.10.14	95.11.30	01.11.25	95.11.30	12.01.16	15.03.11	
Y 7	5007	5007	91.10.14		01.09.17	10.06.21	12.03.08		
Y 8	5008	5008	91.10.14		01.10.25	10.03.04	12.03.05		
Y 9	5009	5009	91.10.22		01.12.27	10.03.11	12.02.27		
Y 10	5010	5010	91.10.22		01.12.03	10.02.19	12.03.12		
Y 11	5011	5011	91.10.22		01.11.08	11.01.07	12.02.23		←22.12.16　ＡＴＳ－Ｐ車上装置更新
Y 12	5012	5012	91.10.22		01.10.29	11.01.31	12.03.01		

▽719系5000代は、軌間が新幹線と同じ1435㎜。軽量ステンレス製
台車形式はＤＴ60、ＴＲ245。ＡＴＳ－Ｐ のみ装備。空調装置はＡＵ710Ａ
ステップはなし、すそ部はフラット。電気連結器、自動解結装置(+印)装備
押しボタン式半自動扉回路装備
▽ステンレス車。帯の色は山形県を代表する紅花をイメージする橙色と白、緑色(前面は緑色)
▽福島～山形間が1435㎜軌間と変わった 1991(H03).11.05改正から営業運転開始
▽1995(H07).12.01改正からワンマン運転開始。ワンマン運転は改造のＹ 1～ 6編成を充当
▽最長編成は４両編成。福島～米沢間は２両編成で運転
▽セラジェット装置は砂撒き器
▽転落防止用外幌取付済み(実績は2015冬号までを参照)

701系 ←新庄・山形　　　　　　　　　　　　米沢→

奥羽本線

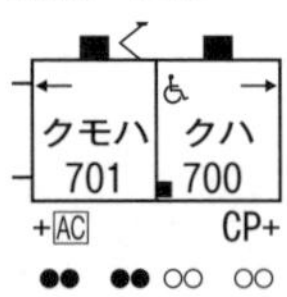

編成	クモハ701	クハ700	新製月日	パンタグラフ シングルアーム化	機器更新	ワンマン装置 老朽取替
Z 1	5501	5501	99.10.28TZ	01.09.25	13.08.09	15.02.16
Z 2	5502	5502	99.11.04TZ	01.11.05	13.10.11	15.02.18
Z 3	5503	5503	99.11.09TZ	01.11.21	13.12.02	15.02.19
Z 4	5504	5504	99.10.18川重	01.11.01	14.07.29	15.02.17
Z 5	5505	5505	99.10.18川重	01.10.15	14.09.30	15.02.25
Z 6	5506	5506	99.10.18川重	01.11.12	15.07.31	15.02.18
Z 7	5507	5507	99.11.02川重	01.10.22	15.09.30	15.02.19
Z 8	5508	5508	99.11.02川重	01.12.06	16.10.01	15.02.16
Z 9	5509	5509	99.11.12川重	01.11.29	16.08.05	15.02.17

▽701系5500代は、軌間が新幹線と同じ1435㎜。台車はＤＴ63Ａ、ＴＲ252。ＡＴＳ－Ｐ のみ装備
主電動機ＭＴ65Ａ。主変換装置ＣＩ10Ａ。主変圧器ＴＭ29。電動空気圧縮機MH1112-C1600MF
空調装置ＡＵ723(30,000kcal/h)。
座席はロングシート。ステップはなし、裾部はフラット
押しボタン式半自動扉回路装備
ワンマン運転設備あり。電気連結器、自動解結装置(+印)装備
軽量ステンレス製。車体帯色は、719系5000代と同様に上から紅花色、白、緑色(前面は緑色)
▽701系・719系は、パンタグラフをシングルアームへ変更
形式は701系がＰＳ106Ｂ、719系がＰＳ108。合わせてスノウプラウ取付、凍結防止装置取付工事を併工している
▽転落防止用外幌取付済み(実績は2015冬号までを参照)

▽山形電車区は、1992(H04).07.01 山形運転所の検修部門が分離して発足
▽1998(H10).04.01　東北地域本社は仙台支社と組織変更
▽2004(H16).04.01　山形電車区から山形車両センターと区所名変更
▽2019(H31).04.01　新幹線統括本部発足に伴って山形車両センターから区所名変更

東日本旅客鉄道 秋田新幹線車両センター　幹アキ　168両

E6系　←東京、秋田　　盛岡・大曲→

	←11	12	13	14	15	16	17→	
こまち はやぶさ やまびこ	M1sc E611	Tk E628	M1 E625	M1 E625	M1 E627	T E629	M1c E621	新製月日
	SC CP	MTr	SC	SC	SC	MTr	SC CP	
なすの	●● ●●	○○ ○○	●● ●●	●● ●●	●● ●●	○○ ○○	●● ●●	
	22名	34名	58名	60名	68名	60名	30名	
Z 1	1	1	1	101	1	1	1	10.07.08(11~14=川重,15~17=日立)
Z 2	2	2	2	102	2	2	2	12.11.19川重
Z 3	3	3	3	103	3	3	3	12.12.03川重
Z 4	4	4	4	104	4	4	4	12.12.18日立
Z 5	5	5	5	105	5	5	5	13.02.14日立
Z 6	6	6	6	106	6	6	6	13.03.14川重
Z 7	7	7	7	107	7	7	7	13.04.26川重
Z 8	8	8	8	108	8	8	8	13.05.18川重
Z 9	9	9	9	109	9	9	9	13.06.22川重
Z 10	10	10	10	110	10	10	10	13.06.27日立
Z 11	11	11	11	111	11	11	11	13.07.12川重
Z 12	12	12	12	112	12	12	12	13.07.10日立
Z 13	13	13	13	113	13	13	13	13.08.24川重
Z 14	14	14	14	114	14	14	14	13.08.30日立
Z 15	15	15	15	115	15	15	15	13.09.14川重
Z 16	16	16	16	116	16	16	16	13.09.27日立
Z 17	17	17	17	117	17	17	17	13.10.09川重
Z 18	18	18	18	118	18	18	18	13.10.25日立
Z 19	19	19	19	119	19	19	19	13.11.01川重
Z 20	20	20	20	120	20	20	20	13.11.30日立
Z 21	21	21	21	121	21	21	21	13.12.11川重
Z 22	22	22	22	122	22	22	22	14.01.21川重
Z 23	23	23	23	123	23	23	23	14.02.13日立
Z 24	24	24	24	124	24	24	24	14.04.03日立

配置両数		
E6系		
M1sc	E611	24
M1c	E621	24
M1	E625	24
	E625 1	24
M1	E627	24
TK	E628	24
T	E629	24
	計	168

▽E6系は、2013(H25).03.16から営業運転を開始。東北新幹線宇都宮～盛岡間にて 300km/h運転を実施
　2014(H26).03.15から同区間にて 320km/h運転開始
▽「こまち」は、途中、大曲にて進行方向が変わる
▽Z1編成は、2014.02.27量産化改造(旧S12編成)　▽MTr：主変圧器
▽2018(H30).05.24から、無料公衆無線LANサービス(Wi-Fi)サービスを開始

	荷物置場設置 11号車	12･15･17号車	14・16号車	Wi-Fi対応
Z 1	18.07.21	18.07.21	21.07.01	19.01.22
Z 2	18.02.08	18.02.07	21.07.07	18.09.30
Z 3	18.02.03	18.02.02	21.04.07	19.01.10
Z 4	18.03.01	18.02.28	21.08.21	18.12.17
Z 5	18.02.16	18.02.15	21.10.29	19.01.31
Z 6	18.07.04	18.07.03	22.01.15	18.07.10
Z 7	18.06.28	18.06.27	22.02.01	19.03.19
Z 8	18.03.14	18.03.13	22.01.09	施工済
Z 9	18.04.12	18.04.11	21.08.27	18.12.26
Z 10	18.04.24	18.04.23	21.04.19	18.07.30
Z 11	18.01.18	18.03.02	21.10.05	18.08.23
Z 12	18.01.13	18.03.05	21.07.13	18.08.30
Z 13	18.06.15	18.06.14	21.06.25	19.03.08
Z 14	18.01.24	18.03.28	21.07.19	19.01.18
Z 15	18.01.29	18.02.01	22.01.21	19.03.28
Z 16	18.03.27	18.03.26	21.10.11	施工済
Z 17	18.06.10	18.06.09	21.10.17	18.10.11
Z 18	18.05.14	18.05.13	21.11.10	18.10.31
Z 19	18.08.06	18.06.05	21.04.13	18.11.29
Z 20	18.06.19	18.06.18	21.12.21	18.11.12
Z 21	18.04.08	18.04.07	21.05.14	19.01.31
Z 22	18.05.10	18.05.09	21.11.04	18.12.28
Z 23	18.06.24	18.06.23	21.04.25	19.02.13
Z 24	18.04.19	18.04.18	21.10.23	18.07.26

▽12号車トイレに車イス対応大型トイレを設置
▽列車公衆電話サービスは2021(R03).06.30をもって終了

▽1971(S46).03.05開設。1987(S62).03.01　秋田運転区から
　南秋田運転所と改称
▽2004(H16).04.01　秋田車両センターに区所名に変更
▽2019(H31).04.01　新幹線統括本部発足にて、新幹線車両
　のみ同所属となり
　　車体標記は　幹アキ　と変更
▽2021(R03).04.01　秋田車両センター新幹線部門、
　組織改正にて秋田新幹線車両センターと変更

東日本旅客鉄道 秋田総合車両センター 南秋田センター 北アキ 138両

701系 ←盛岡(、秋田) 大曲→

田沢湖線

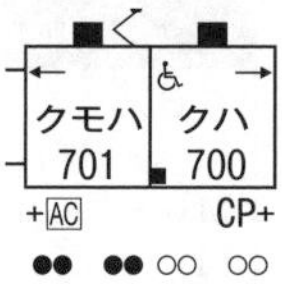

編成		新製月日	セラジェット方式 砂マキ装置取付	雪害対策 スノウプラウ取付	機器更新	行先表示器 LED化
N5001	<5001 5001>	96.12.12TZ	06.04.21	08.09.10	13.08.19AT	13.08.19AT
N5002	<5002 5002>	96.12.12TZ	06.03.25	08.09.30	13.11.06AT	13.11.06AT
N5003	<5003 5003>	97.01.17TZ	06.01.27	08.10.29	14.06.04AT	14.06.04AT
N5004	<5004 5004>	97.01.17TZ	06.04.28	08.11.17	14.08.08AT	14.08.08AT
N5005	<5005 5005>	97.02.21TZ	05.11.28	09.03.06	16.06.01AT	16.06.01AT
N5006	<5006 5006>	97.03.18TZ	05.11.10	08.12.02	16.11.11AT	16.11.11AT
N5007	<5007 5007>	96.12.26川重	06.09.15	09.03.27	14.11.21AT	14.11.21AT
N5008	<5008 5008>	96.12.26川重	06.01.10	08.12.18	15.06.01AT	15.06.01AT
N5009	<5009 5009>	96.12.26川重	06.02.10	09.02.20	15.08.10AT	15.08.10AT
N5010	<5010 5010>	96.12.26川重	06.10.06	09.02.06	15.11.11AT	15.11.11AT

▽1997(H09).03.22から営業運転開始。ワンマン運転も合わせて一部列車で開始
▽奥羽本線大曲～秋田間は、秋田新幹線(標準軌レール)を回送運転(車庫入出区関連)

▽軽量ステンレス製。軌間は1435㎜、台車はＤＴ63、ＴＲ248
パンタグラフはシングルアーム式(ＰＳ106)。ＡＴＳ-Ｐ装備
座席は、ドア間にクロスシートを千鳥状配置のほかはロングシート
ほかの諸元は 701系 100代に準拠(機器更新車も準拠)。車体帯色は、上から青紫、白、ピンク
▽機器更新車は、施工時にクモハ701の屋根上の抵抗器撤去
▽Ｎ5001･5002･5008･5009編成は、機器更新施工に合わせて、ワンマン運賃表示器改造も実施
▽押しボタン式半自動扉回路装備

▽2021(R03).04.01 秋田車両センター在来線部門、
組織改正にて 秋田総合車両センター南秋田センターと変更
▽2022(R04).10.01、東北本部発足。車両の管轄は秋田支社から東北本部に変更。
車体標記は「秋」から「北」に変更。但し車体の標記は、現在、変更されていない

配置両数

E751系		
M_1	モ ハE751	3
M_2	モ ハE750	3
Tc	ク ハE751	3
Thsc	クロハE750	3
	計	12
583系		
T_{NC}	クハネ583	1
	計	1
EV-E801系		
Mc	EV-E801	6
TAc	EV-E800	6
	計	12
701系		
Mc	クモハ701	41
	クモハ701 5000	10
Tc′	ク ハ700	41
	ク ハ700 5000	10
T	サ ハ701	11
	計	113

E751系 ←秋田　青森→

つがる

	2	2	2	2					
	←1	2	3	4→			ATS-Ps	ATS-P取付	
	クロハ E750	モハ E751	モハ E750	クハ E751					
	CP	AC SC		CP	新製月日	雪害対策工事	取付工事	・機器更新	方転月日
A 101	1	101	101	1	99.12.09東急	06.12.01KY	08.04.02KY	20.07.16AT	11.02.03
A 102	2	102	102	2	00.01.12東急	06.12.26KY	06.12.26KY	20.12.07AT	11.02.10
A 103	3	103	103	3	00.01.27近車	06.11.16KY	08.04.23KY	21.07.05AT	11.02.17

▽2000(H12).03.11から営業運転開始
▽E751系諸元／主電動機：ＭＴ72(145kW)、主変換装置：ＣＩ８Ｃ(ＩＧＢＴ)
台車：ＤＴ64Ａ、ＴＲ249Ａ
補助電源装置：ＳＣ64
電動空気圧縮機：MH1128-C1200EA、主変圧器ＴＭ30
パンタグラフ：ＰＳ107(シングルアーム式)
空調装置：ＡＵ728(19,000kcal/h)×２
最高速度：130km/h
▽車イス対応トイレは１号車に設置
▽雪害対策工事の内容／スノウプラウ形状変更・床下機器に保護板取付など
▽軸箱改造／Ａ101=10.12.13、Ａ102=11.02.03～06、Ａ103=11.02.07～10
▽ＡＴＳ-Ｐsを装備　▽2011(H23).04.21で４両化改造工事を完了

▽「つがる」への充当開始は、2011(H23).04.23　▽Ｅ751系は、2016(H28).03.26　青森車両センターから転入

583系 ←弘前　秋田→

8
←6
クハネ 583
21 C2
p17

▽583系は、2017(H29).04.08、団体列車「さよなら583系」(秋田～弘前間)をもってラストラン。
また翌04.09、秋田駅にて車内見学会を開催
▽車号太字は、リニューアル(延命)工事完了車　▽2014.03.24　走行中ドア誤開扉対策改造実施
▽2012.06.26　ＪＲ西日本乗入れ対応ＡＴＳ-Ｐ改造

EV-E801系 ←男鹿　秋田→

奥羽本線
男鹿線

	←	♿ →	
	EV-E801	EV-E800	
	+AC CP	Lib +	新製月日
G 1	1	1	17.12.19日立←21.06.21AT 量産化改造
G 2	2	2	20.11.10日立
G 3	3	3	20.11.10日立
G 4	4	4	20.11.23日立
G 5	5	5	20.11.23日立
G 6	6	6	20.11.23日立
	赤色	青色	=車体色

▽架線式蓄電池電車「ＡＣＣＵＭ(アキュム)」
▽2017(H29).03.04から営業運転を開始。
交流電化区間では停車中に架線から蓄電池に充電。力行時は架線から電力を使用
非電化区間では力行時に蓄電池から電力を使用、減速時に生じた電力は蓄電池に充電
車体はアルミダブルスキン構造。主電動機はＭＴ80(95kW)×４。主変圧器はＴＭ35。
主変換装置はＣＩ26。蓄電池はＭＢ４(リチウムイオンバッテリ、容量360kWh)
ＣＰはMH3137-C1000F。空調装置はＡＵ740(42,000kcal/h)。パンタグラフはＰＳ110。
座席はロングシート[EV-E801=132(40)、EV-E800=130(40)]　補助電源はSC117(Mc)　押しボタン式半自動扉回路装備
▽2021(R03).03.13改正から、男鹿線列車は EV-E801系に統一(キハ40・48形は引退)

701系 ←青森・秋田　　　　　　　　　　　　　　蟹田・酒田・新庄→

奥羽本線
羽越本線
津軽線

編成	クモハ 701 (+AC ●●)	サハ 701 (●● ○○)	クハ 700 (○○ ○○ ○○ CP+)	新製月日	パンタグラフ PS109へ変更 (Sアーム式)	雪害対策 スノウプラウ取付	ATS-Ps 取付	EB装置取付	機器更新
N 1	< 1	1	1>	93.03.23川重	06.12.18	06.12.19	06.12.18	08.10.07AT	施工済
N 2	< 2	2	2>	93.03.23川重	06.12.05	06.12.05	06.12.05	08.11.12AT	12.10.22AT
N 3	< 3	3	3>	93.03.29川重	07.06.19	07.06.19	07.06.19	11.08.05AT	11.08.05AT
N 4	< 4	4	4>	93.03.29川重	07.09.07	07.09.07	07.09.07	09.06.24AT	12.05.02AT=LED
N 6	< 6	6	6>	93.04.27川重(T=5.3.23川重)	07.10.12	07.10.12	07.10.12	09.04.16AT	13.03.30AT
N 7	< 7	7	7>	93.04.27川重(T=5.3.23川重)	06.03.27	08.04.22	08.04.22	10.04.27AT	10.04.27AT
N 8	< 8	8	8>	93.04.27川重(T=5.3.29川重)	06.07.29	08.06.06	08.06.06	10.08.04AT	12.06.07AT=LED
N 9	< 9	9	9>	93.06.29川重(T=5.3.29川重)	08.02.06	08.05.27	08.05.27	11.04.11AT	11.10.15AT=LED
N 10	< 10	10	10>	93.06.29川重(T=5.3.29川重)	08.03.24	08.03.24	08.03.24	11.06.28AT	11.12.29AT=LED
N 13	< 13	13	13>	93.08.09川重	06.07.08	07.11.09	07.11.09	10.06.28AT	12.08.10AT
N101	< 101	101	101>	94.11.28TZ	07.04.20	08.07.16	07.04.20	11.06.17AT	11.06.17AT

編成	クモハ 701 (+AC ●●)	クハ 700 (●● ○○ ○○ CP+)	新製月日	パンタグラフ PS109へ変更 (Sアーム式)	雪害対策 スノウプラウ取付	ATS-Ps 取付	機器更新	行先表示器 LED化	ワンマン 運賃表示器 液晶化
N 11	< 11	㋲ 11>	93.07.14川重	06.10.06	08.06.20	08.06.20	10.10.15AT	10.10.15AT	18.03.23AT
N 12	< 12	㋲ 12>	93.07.14川重	06.11.01	07.10.26	07.10.26	10.12.02AT	10.12.02AT	18.03.31AT
N 14	< 14	14>	93.03.30TZ	07.12.29	07.12.29	07.12.29	11.12.16AT	11.12.16AT	11.12.16AT
N 15	< 15	15>	93.06.30TZ	07.03.30	07.03.30	07.03.30	11.01.26AT	11.01.26AT	11.01.26AT
N 16	< 16	㋲ 16>	93.09.02TZ	07.02.20	07.02.20	07.02.20	10.12.20AT	10.12.20AT	10.12.20AT
N 17	< 17	㋲ 17>	93.10.27TZ	06.12.28	06.12.28	06.12.28	09.04.08AT	14.11.08AT	14.11.08AT
N 18	< 18	㋲ 18>	93.05.25川重	07.09.28	07.09.28	07.09.28	11.08.22AT	11.08.22AT	11.08.22AT
N 19	< 19	19>	93.05.25川重	07.08.17	07.08.17	07.08.17	11.04.06AT	11.04.06AT	11.04.06AT
N 20	< 20	20>	93.05.25川重	07.11.15	07.11.15	07.11.15	11.12.02AT	11.12.02AT	11.12.02AT
N 21	< 21	21>	93.05.25川重	05.09.16	08.01.31	08.01.31	12.03.15AT	13.01.29AT	13.01.29AT
N 22	< 22	22>	93.06.29川重	07.07.18	07.07.18	07.07.18	11.03.18AT	11.03.18AT	11.03.18AT
N 23	< 23	23>	93.06.29川重	05.11.18	08.03.29	08.03.29	09.12.17AT	09.12.17AT	12.08.17AT
N 24	< 24	24>	93.07.14川重	06.02.27	08.07.31	07.08.23	10.04.07AT	10.04.07AT	施工済
N 25	< 25	25>	93.07.14川重	05.10.28	08.01.18	08.01.18	12.03.30AT	12.12.28AT	12.12.28AT
N 26	< 26	26>	93.07.26川重	07.01.13	07.01.13	07.01.13	12.01.25AT	12.08.02AT	12.08.02AT
N 27	< 27	㋲ 27>	93.07.26川重	06.01.30	08.04.11	08.04.11	12.11.07AT	12.11.07AT	12.11.07AT
N 28	< 28	28>	93.07.26川重	06.11.15	06.11.22	06.11.22	12.02.28AT	14.11.29AT	14.11.29AT
N 29	< 29	29>	93.08.09川重	05.10.11	07.06.28	07.06.28	09.11.19AT	13.10.11AT	13.10.11AT
N 30	< 30	30>	93.08.09川重	07.05.16	07.05.16	07.05.16	11.02.10AT	11.02.10AT	11.02.10AT
N 31	< 31	31>	93.08.24川重	06.06.15	07.01.24	07.01.24	10.05.28AT	14.06.02AT	10.05.28AT
N 32	< 32	32>	93.08.24川重	05.12.29	07.03.09	07.03.09	12.02.09AT	13.12.06AT	13.12.06AT
N 33	< 33	33>	93.08.24川重	08.03.04	08.03.04	08.03.04	09.07.10AT	13.05.17AK	施工済
N 34	< 34	34>	93.08.24川重	06.09.13	07.12.07	07.12.07	10.07.20AT	14.07.14AT	10.07.20AT
N 35	< 35	35>	93.09.11川重	05.08.25	08.02.19	08.02.19	09.08.10AT	13.07.17AK	13.07.17AK
N102	< 102	102>	94.11.01TZ	07.04.20	07.04.20	04.02.25KY	11.05.19AT	11.05.19AT	帯色変更=07.04.20AT
N103	< 103	103>	94.11.01TZ	10.11.22	10.11.22	03.11.21KY	12.07.09AT	11.11.22AT	帯色変更=10.11.22AT
N104	< 104	104>	94.10.25TZ	10.12.17	10.12.17	04.01.31KY	12.12.13AT	10.12.17AT	帯色変更=10.12.17AT

701系 ←青森・秋田　　　　蟹田・酒田・新庄→

奥羽本線
羽越本線
津軽線

編成	クモハ 701 +AC ●●	クハ 700 CP+ ●●○○ ○○	新製月日	パンタグラフ変更 +セミクロスシート化	パンタグラフ PS109へ変更 (Sアーム式)	ATS-Ps 取付	雪害対策 スノウプラウ取付	機器更新	行先表示器 LED化
N 36	< 36	**36**>	93.09.11川重	00.11.27TZ	08.08.21	08.08.20	07.11.22	10.11.02AT	10.11.02AT=運賃表示器
N 37	< 37	**37**>	93.09.11川重	00.11.29TZ	08.10.15	07.02.27	07.02.27	11.10.27AT	11.10.27AT=運賃表示器
N 38	< 38	**38**>	93.09.11川重	00.12.26TZ	08.07.16	07.04.20	07.04.20	11.06.29AT	11.06.29AT=運賃表示器

701系

▽701系／軽量ステンレス製。帯の色は側窓下はパープル。前面はディープパープル(上)とパープル
　空調装置はＡＵ710Ａ(38,000kcal/h)。ＶＶＶＦインバータ制御
　主変換装置はＣＩ 1。機器更新車はＣＩ19(IGBT)へ変更、また主変圧器はＴＭ32へ取替え
　ＣＰはMH1112-C1600MF(新型)　台車はＤＴ61、ＴＲ264Ａ
　パンタグラフはＰＳ109(シングルアーム式)
　座席はセミバケットタイプのロングシート。 100代は補助電源装置をＳＩＶ(SC49)と変更
　押しボタン式半自動扉回路装備
▽０代と100代車の見分け方／後部標識灯の位置が、０代は前面帯下部に、100代は上部にある
▽クハ700 のトイレは洋式。汚物処理装置装備。トイレ前に車イススペースあり
▽電気連結器、自動解結装置(+印)・半自動(タッチ式)回路装備
▽２両編成はワンマン運転対応設備あり
▽ＥＢ装置取付は非ワンマン車(３両編成)が対象。２両編成のワンマン車は施工済み
▽車号太字がセミクロスシート改造車
▽< > 印は、スノウプラウ取付車
▽セラジェット方式砂マキ装置取付実績は、2010冬号までを参照
▽機器更新車は、施工時にクモハ701の屋根上の抵抗器撤去
▽行先表示器ＬＥＤ化は、編成図に記載のほかに以下の編成も実施(施工は先頭車のみ)
　N 1=12.08.10、N 2=12.10.22、N 3=11.08.05、N 5=13.10.29AT、N 6=13.03.30、N11=10.10.15、
　N12=10.12.02、N26=12.08.02、N101=11.03.09
▽ワンマン運賃表示器液晶化工事は、編成図に記載(運賃表示器を含む)のほかに
　N 2=12.10.22、N 6=13.03.30、N102=10.03.19
▽新型半自動ドアスイッチに取替え
　N 1=16.08.19、N 2=16.10.24、N 3=15.07.24、N 4=17.05.24、N 5=17.05.24、N 6=16.12.24、N11=18.10.26、N12=18.11.15、
　N16=21.01.29、N18=15.07.10、N19=15.04.20、N21=15.05.25、N22=18.07.27、N23=17.06.12、N25=17.04.28、N29=17.05.24、
　N33=16.06.23　N35=20.10.08、N37=15.04.09、N101=15.05.25、N102=15.06.18、N103=16.07.28、N104=16.05.01
▽ＡＴＳ-Ｐ取付
　N 2=20.10.29AT、N 3=23.07.05AT、N 4=21.05.11AT、N 6=20.12.24AT、N 7=21.10.25AT、N13=21.12.10AT、N14=23.06.16AT、
　N16=22.05.31AT、N18=23.07.25AT、N21=21.11.16AT、N23=21.06.18AT、N24=21.11.01AT、N25=20.11.27AT、N27=21.11.25AT、
　N29=21.06.25AT、N31=22.02.18AT、N32=21.07.30AT、N34=22.04.04AT、N35=21.10.08AT、N37=21.12.18AT、N38=21.04.27AT
▽㋲は線路設備モニタリング装置搭載車　クハ700-18=19.07.23AT(軌道変位)、クハ700-27=21.11.25AT(軌道材料[予備])
　クハ700-16=22.05.31AT(軌道変位[予備])、クハ700-17=19.11.01(軌道材料)
　クハ700-11=22.11.04AT(軌道材料[予備])、クハ700-12=22.12.09AT(軌道変位[予備])

▽N11 ～ 13編成は、3両編成を2両編成に組替えワンマン化
　ワンマン対応化工事　N11=18.03.23　N12=18.03.31　N13=18.02.18
　サハ701 2両化出場は、サハ700-11=18.01.23　12=18.02.02　13=18.02.16
▽N13編成は2019(R01).11.20　３両編成に復帰。サハ701-11・12は2019(H31).03.05廃車。N05編成は2020(R02).03.14廃車
▽N36編成、「クレヨンしんちゃん」ラッピングとなって、2022.08.23から運行開始

▽営業運転開始は、1993(H05).06.21で秋田 6:18発の1631から。編成は青森方からＮ 1＋Ｎ 2＋N14の８両編成
▽ワンマン運転開始／ 1993(H05).08.23から奥羽本線院内～秋田～八郎潟間
　羽越本線羽後本荘～秋田間
　1993(H05).12.01から奥羽本線八郎潟～大館間
　羽越本線酒田～羽後本荘間
　1994(H06).02.01から奥羽本線大館～青森間
▽2009(H21).03.14改正にて、東北本線浅虫温泉～青森間の運用は消滅

〔参考〕青い森鉄道　運輸管理所　配置両数　青い森 701系=18両　青い森 703系=4両　合計22両

青い森 701系　←青森　　　目時・盛岡→

18両
青い森鉄道
IGRいわて銀河鉄道

青い森 701	青い森 700	新製月日	機器更新	新帯色変更	運転状況記録装置	セミクロス改造
+AC	CP					
●●	●●○○ ○○					
1	1	96.02.06川重〔02.12.01改番=Mc701Tc700-1037〕	15.09.26	10.09.11	12.03.30	22.10.01アコモ改造
2	**2**	94.10.31川重〔10.12.04改番=Mc701Tc700-1001〕	10.07.26	11.10.25	13.02.12	12.10.15
3	**3**	94.10.31川重〔10.12.04改番=Mc701Tc700-1002〕	10.10.13	11.09.27	13.03.22	11.10.02
4	**4**	94.11.01川重〔10.12.04改番=Mc701Tc700-1003〕	10.05.10	11.07.30	13.12.12	13.10.04
5	5	94.11.01川重〔10.12.28改番=Mc701Tc700-1004〕	10.12.27	11.06.30	13.11.29	22.07.08アコモ改造
6	6	94.11.09川重〔10.12.04改番=Mc701Tc700-1005〕	10.11.18	11.07.20	12.03.23	18.02.12アコモ改造
7	7	94.11.09川重〔10.12.04改番=Mc701Tc700-1006〕	10.06.16	11.08.18	12.11.20	23.03.25アコモ改造
8	8	94.11.10川重〔10.12.04改番=Mc701Tc700-1007〕	10.09.02	11.08.31	12.12.27	23.07.09アコモ改造

青い森 701	青い森 700	新製月日	機器更新	運転状況記録装置	新塗色変更	アコモ改造
+AC	CP					
●●	●●○○ ○○					
101	**101**	02.09.12川重	15.12.24KY	13.11.21	10.08.31IGR運輸管理所	16.09.07

▽青い森 701系 0代は、2002(H14).12.01の開業とともにＪＲ東日本より譲受
旧 701系1000代は2003(H15).05.24に帯色をＪＲ色から変更。2010(H22).09.11にＩＧＲ運輸管理所にて新塗色へ変更
▽青い森 701系 100代は、ＩＧＲ7000系 100代と同諸元(= 701系1500代)

▽諸元／ＶＶＶＦインバータ制御。空調装置はＡＵ710Ａ(38,000kcal/h)。ＣＰはMH1112-C1600MF。パンタグラフはＰＳ105
座席はセミバケットタイプのロングシート。トイレは洋式、トイレ前に車イススペース。軽量ステンレス製
▽電気連結器、自動解結装置(+印)装備
▽押しボタン式半自動扉回路装備
▽ワンマン運転対応設備あり
▽機器更新工事により、ブレーキ装置は発電ブレーキから回生ブレーキに変更。これに伴い、屋根上抵抗器を撤去
▽主変換装置・主変圧器をE721系ベース〔ＣＩ19[101=ＣＩ19Ａ]、ＴＭ32[101=ＴＭ32Ａ]〕に変更
▽車庫は、旧青森運転所東派出所があった場所
▽ＡＴＳ-Ｐs取付実績は、2013冬号までを参照
▽車号太字は、セミクロスシート車
▽アコモ改造にて座席モケット張替(色は701-2～4編成と同じ)

青い森 703系　←青森　　　目時・盛岡→

4両
青い森鉄道
IGRいわて銀河鉄道

青い森 703	青い森 702	新製月日
+AC	SC CP	
●●	●●○○ ○○	
11	**11**	13.12.04JT
12	**12**	13.12.04JT

▽諸元／軽量ステンレス製
車体はＪＲ東日本E721系に準拠。セミクロスシート車
ＶＶＶＦインバータ制御(主変換装置=A-CI14、主変圧器=ATM32、主電動機=A-MT76)
ＣＰはA-MH1112-C1600MF、パンタグラフはA-PS109、トイレは車イス対応大型トイレ
▽2014(H26).03.15から営業運転開始

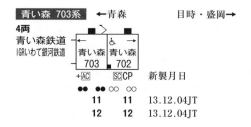

▽2002(H14)12.01　ＪＲ東北本線目時～八戸間を承継して開業。2010(H22)12.04　ＪＲ東北本線八戸～青森間を承継

〔参考〕 ＩＧＲいわて銀河鉄道

配置両数　ＩＧＲ7000系=14両　　合計**14**両

ＩＧＲ7000系　←八戸・目時　　盛岡・北上→

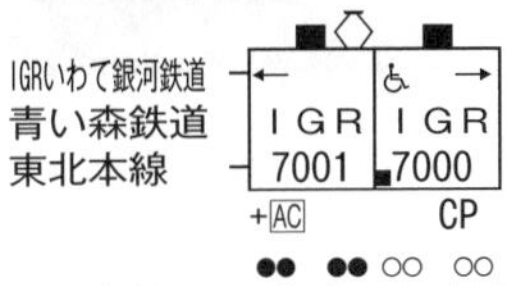

		新製月日	帯色をＪＲ色→ＩＧＲ色化	ＡＴＳ-Ｐs 取付	機器更新
定員= 135(54)	133(48)				
1	1	96.02.06川重〔02.12.01改番=Mc701Tc700-1038〕	03.05.24運輸管理所	09.09.08運輸管理所	14.09.11
2	2	96.02.07川重〔02.12.01改番=Mc701Tc700-1039〕	03.05.24運輸管理所	09.07.31運輸管理所	14.12.15
3	**3**	96.02.07川重〔02.12.01改番=Mc701Tc700-1040〕	03.05.24運輸管理所	10.03.10運輸管理所	15.10.14
4	4	96.02.08川重〔02.12.01改番=Mc701Tc700-1041〕	03.05.24運輸管理所	09.11.23運輸管理所	14.07.28

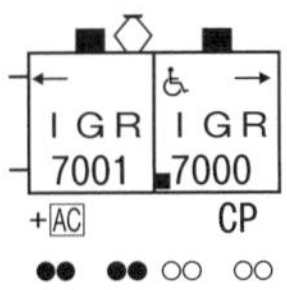

		新製月日	ＡＴＳ-Ｐs 取付	機器更新	
定員= 133(56)	125(46)				
101	101	02.09.12川重	10.03.20運輸管理所	15.02.14	
102	102	02.09.12川重	10.01.29運輸管理所	15.08.26	21.03.09←フルラッピング
103	103	02.09.12川重	09.12.25運輸管理所	14.10.29	

▽ＩＧＲ7000系 0代について
　元ＪＲ東日本701系1000代。2002(H14).12.01開業とともに譲受
　主電動機ＭＴ65。主変圧器ＴＭ26。主変換装置ＣＩ１Ｂ
　ＣＰMH1112-C1600MF。パンタグラフＰＳ105
　座席はセミバケットタイプのロングシート
▽ＩＧＲ7000系 100代について
　701系1500代に準拠。開業時に投入
　主電動機ＭＴ65Ａ。主変圧器ＴＭ29。主変換装置ＣＩ10Ａ
　ブレーキ方式も、発電ブレーキ併用電気指令式空気ブレーキから回生ブレーキ併用電気指令式空気ブレーキと変更
　座席はセミクロスシート(クロスシートは千鳥状配置)
　トイレは車イス対応タイプ。車体は軽量ステンレス製
▽押しボタン式半自動扉回路装備
▽機器更新はＪＲ東日本郡山総合車両センターにて施工。
　機器更新工事により、ブレーキ装置は発電ブレーキから回生ブレーキに変更。
　これに伴い屋根上抵抗器を撤去。
　主変換装置をＣＩ19【ＩＧＢＴ】、主変圧器をＴＭ32へ変更(E721系に準拠)。
　またパンタグラフをシングルアーム式(＜)ＰＳ109へ変更、
　雪害対策スノウプラウを取付
▽運転状況記録装置装備(2011年度施工。実績は2014夏号参照)
▽102編成 ラッピング、東側側面・八戸方面前面は滝沢市の観光・物産をテーマにしたイラスト。
　西側側面・盛岡方面前面は銀河をイメージしたイラストをデザイン
▽車号を太字とした編成は、2022.02.14 にフルラッピング
　IGR700-3=縄文遺跡ラッピング(一戸町)、IGR7001-3=浄法寺塗・塗掻きラッピング(二戸市)
▽車庫はＪＲ東日本盛岡車両センター構内に隣接

▽2002(H14)12.01　ＪＲ東北本線盛岡～目時間を承継して開業

盛岡車両センター　北モリ

30両

701系　←いわて沼宮内・盛岡　　　　　　　　　　　　一ノ関→

東北本線
IGRいわて銀河鉄道

クモハ701	クハ700	新製月日	セラジェット方式砂マキ装置取付	ATS-Ps取付	機器更新	行先表示器LED化
+AC	CP+					
●●	●●○○ ○○					
1008	1008	94.11.10川重	04.08.17モリ	07.03.05モリ	12.08.23KY	17.03.26
1009	1009	94.11.22川重	03.11.27アオ	06.10.20モリ	11.12.17KY	17.03.09
1010	1010	94.11.22川重	03.09.12モカ	07.05.16KY	13.04.03KY	17.03.28
1011	1011	94.11.23川重	02.01.16アオ	06.10.30モリ	11.10.19KY	17.03.10
1012	1012	94.11.23川重	02.02.27アオ	07.07.25モリ	12.04.18KY	17.03.26
1013	1013	94.11.29川重	05.02.03モリ	06.10.11モリ	12.06.25KY	17.03.28
1014	1014	94.11.29川重	02.02.09アオ	07.08.27モリ	12.02.20KY	17.03.16
1015	1015	94.11.30川重	05.01.21モリ	06.12.08モリ	12.10.22KY	17.03.17
1021	㋲1021	95.02.16TZ	04.01.09モリ	07.08.13モリ	13.02.06KY	17.03.22
1031	㋲1031	95.12.07TZ	03.11.12モリ	07.03.13モリ	12.12.13KY	17.03.11
1032	1032	95.12.07TZ	03.07.03モリ	07.02.27KY	13.06.25KY	17.03.06
1034	1034	96.01.26TZ	04.02.18モリ	06.12.05KY	13.09.25KY	17.03.16
1035	1035	96.01.26TZ	03.11.04モリ	07.07.06KY	13.11.18KY	17.03.10
1036	1036	96.01.29TZ	03.12.22モリ	06.10.02モリ	13.07.24KY	17.03.07
1042	1042	96.03.04TZ	03.03.19モリ	07.10.04KY	14.01.16KY	17.03.08

配置両数		
701系		
Mc	クモハ701	15
Tc′	クハ700	15
	計	30

▽701系1000代について
軽量ステンレス製
帯の色は窓下、上部ともブルーバイオレット、前面はライトバイオレット(上)、ブルーバイオレットの２色
ＶＶＶＦインバータ制御
空調装置はＡＵ710Ａ(38,000kcal/h)
ＣＰはMH1112-C1600MF
パンタグラフはＰＳ105
座席はセミバケットタイプのロングシート
トイレは洋式(汚物処理装置装備)、トイレ前に車イススペース
▽電気連結器、自動解結装置(＋印)装備
▽押しボタン式半自動扉回路装備
▽ワンマン運転対応設備あり
▽吊り手増設工事は対象車両完了。実績は、2012冬号までを参照
▽㋲は線路設備モニタリング装置搭載(クハ700-1021=20.04.15KY、1031=19.11.05)
クハ700-1015は19.11.12、1010は20.05.22撤去

▽2002(H14).12.01の東北新幹線八戸開業により、再度電車基地となる
参考：2000(H12).04.01に盛岡客車区から「盛岡運転所」へ改称(車体標記「盛モカ」→「盛モリ」へ)
▽2004(H16).04.01に盛岡運転所から現在の区所名に変更
▽2023(R05).06.22、車両の管轄は盛岡支社から東北本部に変更。
車体標記は「盛」から「北」に変更。但し車体の標記は、現在、変更されていない

東日本旅客鉄道 仙台車両センター 北セン 246両

E721系 ←一ノ関・山形・仙台・会津若松　　喜多方、原ノ町・新白河→

東北本線
常磐線
磐越西線

編成	クモハ E721 (+AC)	クハ E720 (SC CP+)	新製月日	前照灯（標識灯）LED化	ワンマン対応工事	簡易型前方カメラ取付
P 2	2	2	07.01.17川重	16.12.21		21.12.03
P 3	3	3	07.01.17川重	16.09.07		21.10.13
P 4	4	4	07.01.17川重	17.01.30		21.11.02
P 6	6	6	06.12.18東急	16.10.18		21.12.01
P 7	7	7	07.01.15東急	16.11.21		21.12.08
P 8	8	8	07.02.06川重	17.01.04		21.09.23
P 9	9	9	07.02.06川重	16.09.05		21.10.08
P 10	10	10	07.02.23川重	16.11.01	17.03.22	21.11.05
P 11	11	11	07.02.23川重	16.10.17	17.01.26	21.11.26
P 12	12	**12**	07.01.15東急	16.10.28	17.02.21	21.10.21→「あいづ」（20.02.07KY）
P 13	13	13	07.01.15東急	16.12.01	17.02.17	21.10.12
P 14	14	14	07.02.28川重	19.09.05	17.03.29	21.09.22
P 15	15	15	07.02.28川重	16.10.25	17.03.10	21.11.22
P 16	16	16	07.03.08川重	16.12.28	17.02.19	21.11.19
P 17	17	17	07.03.08川重	16.09.01	16.12.28	21.11.15
P 18	18	18	07.03.23川重	16.12.28	17.02.07	21.09.16
P 20	20	20	07.03.23川重	16.12.19		21.11.10
P 21	21	21	07.03.23川重	16.10.21		21.10.07
P 22	22	22	07.04.17川重	16.12.09		21.11.17
P 23	23	23	07.04.17川重	16.12.15		21.10.06
P 24	24	24	07.04.27川重	16.11.25		21.10.28
P 25	25	25	07.04.27川重	17.10.06		21.11.09
P 26	26	26	07.04.27川重	17.11.10		21.11.24
P 27	27	27	07.04.27川重	17.12.08		21.12.09
P 28	28	28	07.05.31川重	17.10.31		21.11.03
P 29	29	29	07.05.31川重	17.10.12		21.10.14
P 30	30	30	07.05.31川重	17.11.01		21.12.15
P 31	31	31	07.05.31川重	17.10.12		21.11.21
P 32	32	32	07.07.06川重	17.10.13		21.09.29
P 33	33	33	07.07.06川重	17.11.01		21.09.30
P 34	34	34	07.08.30東急	17.11.06		21.12.21
P 35	35	35	07.08.30東急	17.10.30		21.12.13
P 36	36	36	07.09.26東急	17.11.02		21.12.22
P 37	37	37	07.09.26東急	17.11.02		21.10.18
P 38	38	38	07.11.02川重	17.10.19		21.10.22
P 39	39	39	07.11.02川重	17.10.27		21.11.30

編成	クモハ E721 (+AC)	クハ E720 (SC CP+)	新製月日		ワンマン運賃表示器LED化	簡易型前方カメラ取付
P 40	40	40	10.09.13川重	17.10.19	18.11.30	21.11.04
P 41	41	41	10.09.13川重	17.11.10	18.12.03	21.10.15
P 42	42	42	10.09.13川重	17.10.16	18.12.04	21.10.01
P 43	43	43	10.09.14川重	17.10.11	18.11.30	21.11.18
P 44	44	44	10.09.14川重	15.10	18.12.03	21.10.20

▽P1･19編成は、2011(H23).03.11に仙台発原ノ町行き 244Mで運行中、常磐線新地駅にて東日本大震災に遭遇、大津波で被災。2011(H23).03.12に廃車

▽P12編成は、快速「あいづ」（20.03.14改正～）に充当。クハE720-12の半室が指定席(回転式リクライニングシート装備) 02.22 ～ 03.13までは自由席にて運行した

配置両数			
E721系			
Mc	クモハE721		65
M	モ ハE721		19
Tc′	ク ハE720		65
T	サ ハE721		19
	計		168
719系			
Mc	クモハ719		1
TDc′	ク シ718		1
	計		2
701系			
Mc	クモハ701		34
M	モ ハ701		4
Tc′	ク ハ700		34
T′	サ ハ700		4
	計		76

E721系 ←仙台　　　　　　　　　　名取・仙台空港→

東北本線
仙台空港線

	クモハ E721 (+AC) ●● ●●	クハ E720 (SC CP+) ○○ ○○	新製月日	前照灯(標識灯) LED化	簡易型前方カメラ取付
P501	501	501	06.02.17川重	17.10.16	21.10.04
P502	502	502	06.09.30川重	17.11.02	21.12.29
P503	503	503	06.09.30川重	17.11.17	21.11.12
P504	504	504	06.10.25東急	17.10.17	21.09.28
P505	505	505	06.12.18東急	16.10.18	21.11.16←20.04.30KY P5編成から改造

〔参考〕 仙台空港鉄道　所有

←仙台・名取　　　　　　　　　　仙台空港→

仙台空港線
東北本線

	SAT 721 (+AC) ●● ●●	SAT 720 (SC CP+) ○○ ○○	新製月日	前照灯(標識灯) LED化	簡易型前方カメラ取付
SA101	101	101	06.11.20川重	17.10.12	22.02.21
SA102	102	102	06.11.20川重	17.10.20	22.02.25
SA103	103	103	06.11.20川重	17.10.26	22.03.01

▽仙台空港鉄道所有車両は両数に含めず
　P501 ～ 505編成と共通運用

←一ノ関・山形　　　　　　　　　　仙台・原ノ町・郡山→

東北本線
仙山線
常磐線

	クモハ E721 (+AC) ●● ●●	サハ E721 (SC CP) ○○ ○○	モハ E721 (AC) ●● ●●	クハ E720 (SC CP+) ○○ ○○	新製月日	簡易型前方カメラ取付
P4- 1	1001	1001	1001	1001	16.10.21Ｊ横浜	21.02.25
P4- 2	1002	1002	1002	1002	16.10.26Ｊ横浜	21.03.10
P4- 3	1003	1003	1003	1003	16.11.11Ｊ横浜	21.03.17
P4- 4	1004	1004	1004	1004	16.11.16Ｊ横浜	21.02.17
P4- 5	1005	1005	1005	1005	16.11.28Ｊ横浜	21.02.04
P4- 6	1006	1006	1006	1006	16.12.01Ｊ横浜	21.01.25
P4- 7	1007	1007	1007	1007	16.12.06Ｊ横浜	21.02.09
P4- 8	1008	1008	1008	1008	16.12.14Ｊ横浜	21.02.19
P4- 9	1009	1009	1009	1009	16.12.27Ｊ横浜	21.02.01
P4-10	1010	1010	1010	1010	16.12.26Ｊ横浜	21.02.18
P4-11	1011	1011	1011	1011	17.01.16Ｊ横浜	21.01.29
P4-12	1012	1012	1012	1012	17.01.19Ｊ横浜	21.03.01
P4-13	1013	㋲1013	1013	1013	17.01.27Ｊ横浜	21.03.02←線路設備モニタリング装置(軌道変位予備)(21.07.26KY)
P4-14	1014	㋲1014	1014	1014	17.02.10Ｊ横浜	21.03.03←線路設備モニタリング装置取付(19.07.12KY)
P4-15	1015	㋲1015	1015	1015	17.02.10Ｊ横浜	21.02.08←線路設備モニタリング装置取付(19.10.10KY)
P4-16	1016	㋲1016	1016	1016	17.02.10Ｊ横浜	21.03.30←線路設備モニタリング装置取付(19.03.19KY)
P4-17	1017	㋲1017	1017	1017	17.02.17Ｊ横浜	21.03.29←線路設備モニタリング装置取付(20.08.03KY)
P4-18	1018	㋲1018	1018	1018	17.03.01Ｊ横浜	21.02.10←線路設備モニタリング装置(軌道材料予備)(21.09.24KY)
P4-19	1019	1019	1019	1019	17.03.22Ｊ横浜	21.03.31

▽2016(H28).11.30から営業運転を開始。
▽座席配置はセミクロスシート。ただし中間車は車端側ロングシート

▽721系1000代諸元　主電動機：ＭＴ76、主変圧器：ＴＭ32、主変換装置：ＣＩ14、ＣＰ：MH1112-C1600MF、
　パンタグラフ：ＰＳ109、空調装置：ＡＵ730-G2(42,000kcal/h)、補助電源：ＳＣ84(Ｔc'・Ｔ)、
　台車：ＤＴ72Ａ・ＴＲ256Ａ・ＴＲ256Ｂ、定員：Mc=138(56)、Ｍ・Ｔ=152(62)、Ｔc'=132(50)、
　室内照明・前照灯・前面行先表示器・側面行先表示器にＬＥＤを採用
　押しボタン式半自動扉回路装備。車体は軽量ステンレス製
▽P40 ～ 44編成は、新製時からワンマン運転機器を装備。
　P10 ～ 18編成は磐越西線への乗入れ開始となった2017(H29).03.04改正に合わせて改造(ワンマン運賃表示器ＬＥＤ化も含む)

E721系

▽E721系／軽量ステンレス製。帯色は、上から赤、白、緑色(フレッシュグリーン)。
主電動機ＭＴ76(125kW)。パンタグラフＰＳ109(シングルアーム)。
ＶＶＶＦインバータ制御。主変圧器ＴＭ32。主変換装置ＣＩ14
空調装置ＡＵ730(42,000kcal/h)。台車ＤＴ72、ＴＲ256〔Ｔ〕。
ワンマン運転対応(Ｐ501=18.11.15、ほかは新製時)。トイレは車イス対応大型トイレ

▽500代は仙台空港乗入れ対応車(ワンマン対応)
細帯色は、仙台空港アクセス線のラインカラーに合わせて青帯。０代は赤帯にて識別

▽営業運転開始は、０代＝2007(H19).02.01(東北本線)。500代＝2007(H19).03.18

▽SC 形式はＳＣ84。CP 形式はMH1112-C160MF× 2(容量は1600L/min)
Ｐ35編成以降は、CPは１基搭載へ変更
Ｐ35 ～ 39編成の１基取外しは、Ｐ35=10.05.19・Ｐ36=10.05.20・Ｐ37=10.05.24・Ｐ38=10.05.31・Ｐ39=10.06.01

▽2017(H29).10.14改正にて、黒磯までの運転はなくなり、南限は新白河までと変更
(交直切替が黒磯駅構内から黒磯～高久間車上切替となったため)

▽仙台空港線は、東日本大震災による大津波で被災、不通となっていたが、
2011(H23).07.23 名取～美田園間復旧により、仙台～美田園間にて運転再開、
2011(H23).10.01 美田園～仙台空港間復旧により、全線にて運転を再開している

▽2016(H28).12.10 相馬～浜吉田間運転再開。これにより常磐線小高～岩沼間にて直通運転再開

▽2017(H29).04.01 浪江～小高間運転再開。常磐線の不通区間は竜田～浪江間となる

▽2017(H29).10.21 竜田～富岡間運転再開。常磐線の不通区間は富岡～浪江間となる

▽2020(R02).03.14 富岡～浪江間運転再開にて、常磐線は全線復旧。なお仙台車セ車両は、南は原ノ町までの運転となる

▽1963(S38).10.01開設。1987(S62).04.01　仙台運転所から仙台電車区と改称

▽1998(H10).04.01　東北地域本社は仙台支社と組織変更

▽2004(H16).04.01　仙台電車区から現在の区所名に変更

▽2022(R04).10.01、仙台支社は東北本部と組織変更。
車体標記は「仙」から「北」に変更。但し車体の標記は、現在、変更されていない

719系 ←会津若松　　喜多方・郡山→

磐越西線
フルーティア

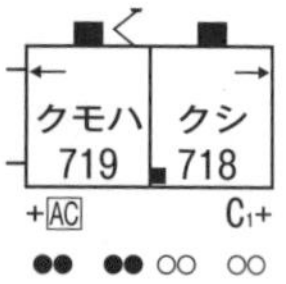

	クモハ719	クシ718	改造月日	簡易型前方カメラ取付
S 27	701	701	15.03.06KY	21.01.26

▽福島県の観光拡大を目的として、カフェ＆スイーツ列車をコンセプトに
　719系を改造した磐越西線リゾート列車。「フルーティアふくしま」として運転。
▽磐越西線にて、単独の２両編成にて運転のほか、E721系と併結運転

▽719系／軽量ステンレス車。帯は緑に細い白と赤のライン。空調装置はＡＵ710Ａ
▽電気連結器、自動解結装置(+印)装備　　▽押しボタン式半自動扉回路装備

701系

▽701系は 1995(H07).03.24から黒磯～郡山間・小牛田～一ノ関間、利府線にて営業運転開始
　1998(H10).03.14からは郡山～藤田間にて、2001(H13).04.01からは藤田～白石間にてワンマン運転を実施
▽2001(H13).04.01から仙山線作並まで乗入れ開始。阿武隈急行(福島～梁川間2913M・2920M)へも乗入れ開始
　現在の運転区間は表示の通り

▽701系1000代について
　軽量ステンレス製、帯の色は上段＝赤、中段＝白、下段＝グリーン、前面はグリーン
　ＶＶＶＦインバータ制御、空調装置はＡＵ710Ａ(38,000kcal/h)、ＣＰはMH1112-C1600MF
　パンタグラフはＰＳ105、座席はセミバケットタイプのロングシート
　トイレは洋式(汚物処理装置装備)、トイレ前に車イススペース
▽電気連結器、自動解結装置(+印)装備　　▽押しボタン式半自動扉回路装備
▽２両編成はワンマン運転対応設備あり
▽1500代は発電ブレーキから回生ブレーキとなったため、屋根上の抵抗器を廃止
　ＶＶＶＦインバータ制御もＩＧＢＴと変更
　主変換装置はＣＩ１からＣＩ10へ、Ｆ 2-508編成からはＣＩ10Ａへ変更
▽*印のＦ 2-508編成は2000.12.14改番(旧車号:クモハ701・クハ700-1033)

▽701系 100代について
　パンタグラフはＰＳ104(下枠交差型)。2002(H14)年度ＰＳ105へ変更
　帯色は、側窓下はパープル・前面はディープパープル(上)とパープルを仙台地区カラーへ変更
　仙台区配置の1000代・1500代に合わせてドア再開閉回路および変換スイッチ取付
　2002.12.01からワンマン運転開始
　Ｆ2-105編成は、2014.03.31センにて、前面・側面行先表示器ＬＥＤ化
▽ワンマン運賃表が液晶画面へ変更
▽転落防止用外幌は、Ｆ2-509 ～Ｆ2-518編成は新製時から装備
▽機器更新工事により、ブレーキ装置は発電ブレーキから回生ブレーキに変更
　これに伴い、屋根上抵抗器を撤去。主変換装置・主変圧器をE721系ベースに変更。ＣＩ19(IGBT)、ＴＭ32へ
▽トイレ給水管凍結防止対策工事を、2008 ～ 2011(H20 ～ 23)年度に対象車両にて実施
▽半自動ドアスイッチ改良工事
　F2-18=17.09.13、F2-19=14.12.17、F2-20=17.09.16、F2-22=15.01.16、F2-23=14.12.19、F2-24=15.01.13、
　F2-25=17.09.21、F2-26=15.01.31、F2-27=15.01.06、F2-28=15.01.09、F2-105=15.03.17、F2-106=15.03.25、
　F2-501=15.03.20、F2-502=15.10.16、F2-503=15.11.26、F2-504=15.11.06、F2-505=15.08.12、F2-506=15.09.18、
　F2-507=15.08.20、F2-508=15.08.07、F2-509=15.09.04、F2-510=15.09.25、F2-511=15.08.27、F2-512=15.07.08、
　F2-513=15.06.18、F2-514=15.09.10、F2-515=15.07.02、F2-516=15.06.26、F2-517=15.06.10、F2-518=15.09.30、
　F4-16=15.12.11、F4-17=16.02.19、F4-29=16.01.22、F4-30=17.02.13
▽ワンマンドアスイッチE721系タイプに取替え
　F2-18=18.12.18、F2-19=18.09.13、F2-20=18.02.22、F2-22=18.11.29、F2-23=18.06.25、F2-24=18.11.01、F2-25=18.05.30、
　F2-26=18.10.03、F2-27=18.07.23、F2-28=18.08.23、F2-105=18.03.08、F2-106=18.02.01、F2-501=19.02.04、F2-502=19.10.17、
　F2-503=19.06.28、F2-504=19.11.06、F2-505=19.05.20、F2-506=19.09.25、F2-507=19.04.05、F2-508=19.06.07、F2-509=19.12.26、
　F2-510=20.06.10、F2-511=19.07.17、F2-512=19.08.08、F2-513=20.10.16、F2-514=21.01.22、F2-515=20.11.11、F2-516=20.08.28、
　F2-517=20.12.16、F2-518=20.09.16
▽簡易型前方カメラ取付
　F4-16=21.02.17、F4-17=21.02.18、F4-29=21.02.08、F4-30=21.02.03、
　F2-18=21.02.26、F2-19=21.02.05、F2-20=21.03.09、F2-22=21.02.24、F2-23=21.01.28、F2-24=21.03.15、F2-25=21.03.08、
　F2-26=21.02.13、F2-27=21.02.19、F2-28=21.01.15、F2-105=21.03.04、F2-106=21.02.25、F2-501=21.01.19、F2-502=21.03.01、
　F2-503=21.02.05、F2-504=21.03.02、F2-505=21.03.09、F2-506=21.03.04、F2-507=21.02.24、F2-508=21.02.01、F2-509=21.02.03、
　F2-510=21.03.11、F2-511=21.02.02、F2-512=21.02.22、F2-513=21.03.29、F2-514=21.03.18、F2-515=21.02.13、F2-516=21.02.04、
　F2-517=21.03.05、F2-518=21.03.08

701系 ←一ノ関・利府・仙台　　　原ノ町・新白河→

東北本線
常磐線

クモハ701（+AC） サハ700（CP） モハ701（AC） クハ700（CP+）

	クモハ701	サハ700	モハ701	クハ700	新製月日	ATS-Ps取付	転落防止用外幌取付	前面・側面行先表示灯LED化	機器更新	ドアチャイム取付
F4-16	1016	1001	1001	1016	94.12.19川重	01.10.26SD	08.07.14KY	10.02.26セン	11.09.30KY	17.01.30
F4-17	1017	1002	1002	1017	94.12.20川重	01.10.19SD	08.10.15KY	10.03.05セン	11.12.02KY	16.09.23
F4-29	1029	1003	1003	1029	95.11.13川重	02.08.05KY	09.12.28KY	10.03.15セン	12.07.30KY	17.01.21
F4-30	1030	1004	1004	1030	95.11.14川重	02.03.06KY	11.11.09セン	10.03.16セン	12.06.04KY	17.02.09

クモハ701（+AC） クハ700（CP+）

	クモハ701	クハ700	新製月日	ATS-Ps取付	ワンマン共通化改造（常磐線）	転落防止用外幌取付	機器更新	ワンマン装置老朽取替	ワンマン運賃表示器 LED化
F2-18	1018	1018	95.01.10TZ	02.05.02KY	07.01.25[LED]	07.12.28KY	17.01.25KY	17.01.25KY	17.01.25
F2-19	1019	1019	95.01.10TZ	02.10.09KY	07.02.27[LED]	08.12.18KY	11.02.10KY	13.02.22セン	18.03.28
F2-20	1020	1020	95.02.16TZ	02.09.04KY	07.02.09[LED]	08.03.19KY	17.04.14KY	16.12.20セン	16.12.22
F2-22	1022	1022	95.02.15TZ	01.10.05SD	06.12.07[LED]	08.03.03KY	11.04.13KY	15.01.17セン	18.03.20
F2-23	1023	1023	95.09.04TZ	01.10.22KY	07.01.30[LED]	07.12.12KY	10.03.30KY	14.12.19セン	18.02.22
F2-24	1024	1024	95.09.04TZ	03.06.05KY	06.12.05[LED]	08.06.03KY	11.07.26KY	15.01.14セン	18.04.01
F2-25	1025	1025	95.10.02TZ	02.01.25KY	07.01.22[LED]	08.01.31KY	17.03.03KY	16.12.22セン	16.12.20
F2-26	1026	1026	95.10.02TZ	01.11.26KY	07.02.19[LED]	08.01.16KY	14.04.30KY	15.01.30セン	18.03.27
F2-27	1027	1027	95.10.24TZ	02.02.08KY	07.01.09[LED]	08.04.22KY	11.06.20KY	15.01.07セン	18.03.30
F2-28	1028	1028	95.10.24TZ	02.03.30KY	07.01.11[LED]	08.04.04KY	11.05.16KY	15.01.09セン	18.04.02

クモハ701（+AC） クハ700（CP+）

	クモハ701	クハ700	新製月日	ATS-Ps取付	ワンマン共通化工事	転落防止用外幌取付	機器更新	ワンマン装置老朽取替	ワンマン運賃表示器 LED化
F2-501	1501	1501	98.02.03川重	01.09.21KY	06.12.20[LED]	11.11.01セン	14.09.09KY	12.11.01KY	18.03.22
F2-502	1502	1502	98.02.03川重	01.08.09KY	06.12.06[LED]	11.11.07セン	15.01.15KY	12.11.27KY	18.02.26
F2-503	1503	1503	98.02.04川重	01.08.29KY	07.02.20[LED]	11.11.08セン	13.02.28KY	13.02.28KY	18.03.22
F2-504	1504	1504	98.02.04川重	01.09.06KY	07.02.13[LED]	11.11.02セン	13.03.22KY	13.03.22KY	18.03.26
F2-505	1505	1505	98.02.05川重	01.07.27KY	07.02.06[LED]	10.09.27KY	15.03.09KY	13.02.04KY	18.03.28
F2-506	1506	1506	98.02.05川重	01.10.31KY	07.01.29[LED]	07.11.27KY	13.04.18KY	13.04.18KY	18.03.23
F2-507	1507	1507	98.03.27TZ	01.10.02KY	07.01.18[LED=Mc]	10.11.08KY	13.06.26KY	15.02.04セン	18.03.28
F2-508	1508	1508	*95.12.08TZ	01.10.12SD	07.02.05	09.10.22KY	14.04.04KY	15.03.20セン	18.03.30
F2-509	1509	1509	01.02.21川重	Ps	07.01.10	製造時取付済み	13.12.04KY	15.03.19セン	18.03.29
F2-510	1510	1510	01.02.21川重	Ps	07.01.23	製造時取付済み	14.10.24KY	12.12.28KY	18.03.20
F2-511	1511	1511	01.02.22川重	Ps	06.12.11	製造時取付済み	13.08.21KY	15.03.17セン	18.04.05
F2-512	1512	1512	01.02.22川重	Ps	07.01.26	製造時取付済み	13.10.09KY	15.03.18セン	18.03.23
F2-513	1513	1513	01.02.22川重	Ps	01.02.22	製造時取付済み	14.07.08KY	12.09.07KY	15.09.15
F2-514	1514	1514	01.03.14川重	Ps	01.03.14	製造時取付済み	14.05.19KY	12.10.10KY	15.11.04
F2-515	1515	1515	01.03.14川重	Ps	01.03.14	製造時取付済み	12.11.13KY	12.11.13KY	15.10.13
F2-516	1516	1516	01.03.21川重	Ps	01.03.21	製造時取付済み	14.01.31KY	13.03.14セン	15.07.14
F2-517	1517	1517	01.03.21川重	Ps	01.03.21	製造時取付済み	13.01.10KY	13.01.10KY	15.11.20
F2-518	1518	1518	01.03.21川重	Ps	01.03.21	製造時取付済み	12.09.21KY	12.09.21KY	18.03.29

クモハ701（+AC） クハ700（CP+）

	クモハ701	クハ700	新製月日	帯色変更	ワンマン整備	パンタグラフ PS105へ	ATS-Ps取付	転落防止用外幌取付	ワンマン装置老朽取替	ワンマン運賃表示器 LED化
F2-105	105	105	94.11.28TZ	13.03.27	01.11.21	02.10.01	03.09.29KY	14.03.20セン	15.03.16セン	15.03.16
F2-106	106	106	95.01.09TZ	00.08.07	01.11.29	02.10.16	04.03.25KY	09.10.07KY	13.03.07セン	15.03.12

▽F2-105／機器更新=13.01.22AT
　F2-106／　〃　=14.02.26KY

東日本旅客鉄道 仙台車両センター 宮城野派出所 北セン 68両

205系 ←石巻・高城町　　　　仙台・あおば通→

配置両数			
205系			
M	モ	ハ205	17
M′	モ	ハ204	17
Tc	ク	ハ205	17
Tc′	ク	ハ204	17
		計	68

仙石線

	クハ205	モハ205	モハ204 (SC C2)	クハ204	改造月日	パンタグラフ PS33C	ATACS 改造	電車暖房 強化改造
M- 1	㋲3101	3101	3101	3101	02.10.10TZ	05.03.23	07.03.31	11.01.15
[ID-01]	〔T=160・M= 53・M′ =53・T= 34〕							
M- 6	3106	3106	3106	3106	03.02.02KY	05.03.31	07.07.24	09.06.11
[ID-06]	〔T= 41・M= 68・M′ =68・T= 46〕							
M-10	3110	3110	3110	3110	03.05.29KY	05.11.05	08.07.11	10.07.02
[ID-10]	〔T= 53・M= 80・M′ =80・T= 54〕							
M-11	3111	3111	3111	3111	03.08.06TZ	05.12.08	08.06.11	10.04.14
[ID-11]	〔T=200・M= 83・M′ =83・T=201〕							
M-13	㋲3113	3113	3113	3113	03.08.29TZ	05.11.20	08.02.28	10.05.21
[ID-13]	〔T= 51・M= 89・M′ =89・T= 52〕							
M-15	㋲3115	3115	3115	3115	03.12.11TZ	05.10.06	08.10.09	08.10.09
[ID-15]	〔T=204・M= 17・M′ =17・T=205〕							
M-17	㋲3117	3117	3117	3117	04.03.31TZ	05.12.12	07.05.24	11.07.08
[ID-17]	〔T= 19・M= 29・M′ =29・T= 20〕							
M-19	3119	3119	3119	3119	09.10.20KY	09.10.20	09.10.20	完了
[ID-19]	〔1203・M= 19・M′ =19・1203〕							

	クハ205	モハ205	モハ204	クハ204	改造月日	パンタグラフ PS33C	ATACS 改造	電車暖房 強化改造
M-12	3112	3112	3112	3112	03.09.12KY	05.12.11	07.10.26	10.08.06
[ID-12]	〔T=162・M= 86・M′ =86・T=163〕							
M-14	3114	3114	3114	3114	03.11.06KY	05.11.04	07.09.27	10.10.19
[ID-14]	〔T= 57・M= 92・M′ =92・T= 58〕							
M-16	3116	3116	3116	3116	04.03.29KY	05.10.17	07.11.28	10.12.02
[ID-16]	〔T=166・M= 20・M′ =20・T=167〕							
M-18	3118	3118	3118	3118	04.03.29KY	05.11.23	07.04.05	11.07.23
[ID-18]	〔T=202・M= 14・M′ =14・T=203〕							

2WAY シート

	クハ205	モハ205	モハ204	クハ204	改造月日	パンタグラフ PS33C	ATACS 改造	電車暖房 強化改造
M- 2	**3102**	3102	3102	3102	02.10.31KY	05.09.05	07.03.31	09.10.29
[ID-02]	〔T= 33・M= 56・M′ =56・T= 38〕							
M- 3	**3103**	3103	3103	3103	02.11.09TZ	05.03.28	08.12.19	08.12.19
[ID-03]	〔T= 35・M= 59・M′ =59・T= 36〕							
M- 4	**3104**	3104	3104	3104	02.11.27KY	05.03.18	09.03.03	09.03.03
[ID-04]	〔T= 37・M= 62・M′ =62・T= 42〕							
M- 5	**3105**	3105	3105	3105	02.12.14TZ	05.03.19	07.06.20	11.06.24
[ID-05]	〔T= 39・M= 65・M′ =65・T= 40〕							
M- 8	**3108**	3108	3108	3108	03.03.18KY	05.10.07	09.08.05	09.08.05
[ID-08]	〔T= 49・M= 74・M′ =74・T= 50〕							

▽2002(H14).11.05から使用開始(編成はM－ 1)。本使用は2002(H14).12.01から
▽〔 〕内は旧車号。T=サハ、M·M′ =モハ
M-19編成の先頭車は、クハ205·204から再改造
▽車体塗色は青系の帯
２ＷＡＹシート編成は、石巻方から車両順に赤系、オレンジ系、ワイン系、緑系の帯と各車異なる
▽２ＷＡＹシート車(極太字)は、ロングとクロスシートをラッシュ帯、日中帯などで変更できる
クロスシート時は、ドア間２人掛けシートが左右に３列ずつとなる。座席数は36名
▽SC はＳＣ63(160kVA)。く 印はＰＳ33Ｃパンタグラフ。■ トイレ設備(車イス対応大型トイレ)。♿ 車イス対応設備
押しボタン式半自動扉回路装備
▽Ｍ８編成はマンガ列車「マンガッタンライナー」
石ノ森章太郎作の「サイボーグ009」などのマンガキャラクターが車体に描かれている
2003(H15).03.22から営業運転開始
▽Ｍ２編成は「マンガッタンライナーⅡ」(2008[H20].09.13 ～)
▽～線の車両は 、客用扉窓が大きい車両(川越区からの転入車。ほかは山手〔東京〕区からの転入車)
▽Ｍ９編成は2011(H23).03.11、石巻発あおば通行き1426Ｓにて運行中、仙石線野蒜～東名間にて、
東日本大震災に遭遇、大津波により被災。2011(H23).03.12廃車。Ｍ７編成は石巻駅構内にて被災、2014(H26).12.25廃車

▽ＡＴＡＣＳ(アタックス)とは、無線による列車制御システムのことで、2011(H23).10.10から、あおば通～東塩釜間にて使用開始
ＡＴＡＣＳ：Advanced Train Administration Communications System
なお導入開始は2011(H23).03.27を予定していたが、東日本大震災および台風15号により、延期となっていた
▽編成番号は、前面窓向かって右上部に表示。ちなみに[ ]内の編成番号は右下部に表示
▽㊡は線路設備モニタリング装置取付車　クハ205-3101=19.11.26KY　3117=20.02.14KY　3113=22.06.14KY　3115=22.11.24KY

▽2000(H12).03.11に仙台～陸前原ノ町間が地下化。仙台駅東口側に延伸、あおば通駅(地下駅)開業

▽2011(H23).03.11の14時46分頃、東日本大震災発生により仙石線不通に
運転再開は、2011(H23).03.28にあおば通～小鶴新田間
しかしながら、2011(H23).04.07の23時32分頃発生の地震により同区間は再度不通となる
2011(H23).04.15、あおば通～小鶴新田間にて再度運転再開
2011(H23).04.17、小鶴新田～東塩釜間にて運転再開
2011(H23).05.28、東塩釜～高城町間にて運転再開
2011(H23).07.16、矢本～石巻間にて運転再開(気動車で運行)
2012(H24).03.17、陸前小野～矢本間にて運転再開(気動車で運行)
したがって、205系はあおば通～高城町間の運転
▽2015(H27).05.30　高城町～陸前小野間にて運転再開。これにより仙石線全線復旧。合わせて仙石東北ライン開業

▽1991(H03).03.16、陸前原ノ町駅構内から現在地(福田町)移転に伴い、陸前原ノ町電車区から宮城野電車区と変更
▽1998(H10).04.01、東北地域本社は仙台支社と組織変更
▽2003(H15).10.01、宮城野電車区検修部門を仙台電車区宮城野派出所と変更。車体表記も仙ミノから変更
宮城野電車区運転部門は宮城野運輸区となっている
▽2004(H16).04.01、仙台電車区宮城野派出所から現在の区所名に変更
▽2022(R04).10.01、仙台支社は東北本部と組織変更。
車体標記は「仙」から「北」に変更。但し車体の標記は、現在、変更されていない

東日本旅客鉄道 新潟車両センター 新ニイ 234両

E653系 ←新潟 酒田・秋田→

いなほ

	←7	6	5	♿4	3	2	1→		
	クハ	モハ	モハ	サハ	モハ	モハ	クロ		
	E653	E652	E653	E653	E652	E653	E652		
	+CP	SC			SC		CP+	新製月日	転用改造
U101	1001	1001	1001	1001	1002	1002	1001	97.07.22日立	13.06.25KY
U103	1003	1005	1005	㋲1003	1006	1006	1003	97.08.07近車	13.10.31KY
U104	1004	1007	1007	㋲1004	1008	1008	1004	97.08.26東急	14.01.09KY
U105	1005	1009	1009	1005	1010	1010	1005	98.11.04日立	14.03.18KY
U106	1006	1011	1011	1006	1012	1012	1006	98.11.18近車	14.06.19KY
U107	1007	1013	1013	1007	1014	1014	1007	98.11.24東急	14.09.01KY

▽Ｅ653系諸元／主電動機：ＭＴ72(145kW)。主変換装置：ＣＩ８(ＩＧＢＴ)
台車：ＤＴ64、ＴＲ249。補助電源装置：ＳＣ57(210kVA)
電動空気圧縮機：MH3114-C1500E
パンタグラフ：ＰＳ32(シングルアーム式)
空調装置：ＡＵ724(16,000kcal/h)×２

▽転用改造にて、クハE652形はクロE652形1000代へ、ほかは1000代に改造
▽2013(H25).09.28から営業運転開始。「いなほ」７・８号に充当
▽機器更新
U101＝16.07.17AT　U102＝16.12.26AT　U103＝17.03.09AT　U104＝17.07.12AT　U105＝16.10.19AT
U106=17.10.19AT(瑠璃色)　U107=17.12.26AT(ハマナス色)
▽瑠璃色編成は17.10.27「いなほ」３号、ハマナス色編成は17.12.29「いなほ」85号から充当開始
▽2014(H26).03.15改正からの充当列車は、「いなほ」1･5･7･9･13･2･6･8･10･14号
▽2014(H26).07.12から「いなほ」の定期列車はE653系で統一
▽車イス対応トイレは４号車に設置
▽㋲は線路設備モニタリング装置搭載車(サハE653-1004=20.10.20、サハE653-1003=22.12.09AT[予備])

配置両数

E653系		
M1	モハE653	16
M2	モハE652	16
Tc	クハE653	10
Tc′	クハE652	4
Tsc′	クロE652	6
T	サハE653	6
	計	58
E129系		
Mc	クモハE129	61
Mc′	クモハE128	61
M	モハ129	27
M′	モハ128	27
	計	176

▽ＡＴＳ-Ｐ使用開始。2018(H30).04.15　新潟駅第Ｉ期高架化に伴い新潟駅構内

▽1963(S38).07.10開設。1986(S61).11.01　新潟運転所から上沼垂運転区と改称
▽2004(H16).04.01　上沼垂運転区から現在の区所名に変更

E653系 ←新潟　　　　　　　　　　　　　酒田・直江津・新井→

しらゆき
いなほ

	4	3	2	1	新製月日	転用改造	機器更新
	←クハ E653 +CP	モハ E652 SC	モハ E653	クハ E652 + →			
H201	1101 〔101〕	1101 〔17〕	1101 〔17〕	1101 〔101〕	98.11.18近車	15.02.26KY	17.04.25AT
H202	1102 〔102〕	1102 〔18〕	1102 〔18〕	1102 〔102〕	98.11.24東急	15.02.26KY	18.05.04AT
H203	1103 〔103〕	1103 〔19〕	1103 〔19〕	1103 〔103〕	98.11.25日立	15.03.04KY	18.07.03AT
H204	1104 〔8〕	1104 〔16〕	1104 〔16〕	1104 〔8〕	98.11.25日立	15.02.26KY	18.02.28AT

▽2015(H27).03.14から「しらゆき」にて運転開始
▽2021(R03).03.13改正、快速「信越」（新潟～直江津間）がデビュー。
乗車整理券にて利用出来た快速「らくらくトレイン信越」、快速「おはよう信越」は廃止
▽2022(R04).03.12改正にて、快速「信越」は廃止。「いなほ」3号、10号（新潟～酒田間）に充当開始
▽転用改造時に１号車に車イス対応席を設置。
〔 〕内は旧車号

E129系 ←吉田・新潟　　　　東三条・村上・長岡・水上・直江津→

信越本線
羽越本線
白新線
越後線・弥彦線
上越線

	←2 クモハ E129 (+)	♿ 1→ クモハ E128 (−− SC CP+)	新製月日
	○○ ●●	●● ○○	
A 1	101	101	14.10.17J新津
A 2	102	102	14.10.17J新津
A 3	103	103	14.10.17J新津
A 4	104	104	14.10.23J新津
A 5	105	105	14.11.07J新津
A 6	106	106	14.11.21J新津
A 7	107	107	14.12.08J新津
A 8	108	108	14.12.22J新津
A 9	109	109	15.01.15J新津
A10	110	110	15.01.28J新津
A11	111	111	15.02.27J新津
A12	112	112	15.02.27J新津
A13	113	113	15.04.20J新津
A14	114	114	15.04.20J新津
A15	115	115	15.05.21J新津
A16	116	116	15.05.21J新津
A17	117	117	15.06.18J新津
A18	118	118	15.06.18J新津
A19	119	119	15.07.16J新津
A20	120	120	15.07.16J新津
A21	121	121	15.08.20J新津
A22	122	122	15.08.20J新津
A31	131	131	17.12.11J新津
A32	132	132	17.12.26J新津

	← クモハ E129 (+)	♿ → クモハ E128 (−− SC CP+)	
	○○ ●●	●● ○○	
A23	123	123	15.09.15J新津
A24	124	124	15.09.15J新津
A25	125	125	15.10.16J新津
A26	126	126	15.10.16J新津
A27	127	127	15.11.11J新津
A28	128	128	15.11.11J新津
A29	129	129	15.12.02J新津
A30	130	130	16.02.01J新津
A33	133	133	22.02.21J新津
A34	134	134	22.02.21J新津

▽E129系は、2014(H26).12.06から営業運転開始
▽2015(H27).07.25から、運転区間を柏崎まで拡大(1346M～1321M)
▽E129系諸元／軽量ステンレス製。帯色は、稲穂をイメージした黄金イエローと
　朱鷺をイメージした朱鷺色ピンク
　主電動機：ＭＴ75Ｂ(140kW)。制御装置：ＳＣ102
　SC：ＳＣ103(210kVA)。CP：MH3108-C1200M系。
　台車：ＤＴ71系、ＴＲ255系
　パンタグラフ：ＰＳ33Ｇ
　空調装置：ＡＵ725系(42,000kcal/h)
　押しボタン式半自動扉回路装備
　トイレは車イス対応大型トイレ
▽号車表示は、「いなほ」「しらゆき」に合わせて表示
▽座席配置。1・2号車、3・4号車間にあたるドア間がクロスシート。
　２両編成の場合は1・2号車の運転室側のドア間はロングシート。
　４両編成の場合は1・4号車の運転室側、2・3号車間のドア間がロングシート
▽㋲は線路設備モニタリング装置搭載車
　(モハE128- 9=新製時、3=19.09.13、7=19.10.05)

E129系 ←吉田・新潟　　　　　　　　　　　　東三条・村上・長岡・水上・直江津→

信越本線
羽越本線
白新線
越後線・弥彦線
上越線

	←4	3	2	♿ 1→	
	クモハ	モハ	モハ	クモハ	
	E129	E128	E129	E128	
	+	--	CP	-- SC CP+	
	○○	●●●●	○○○○	●●●● ○○	
B 1	1	1	1	1	16.01.28 J 新津
B 2	2	2	2	2	16.01.29 J 新津
B 3	3	㋲ 3	3	3	16.02.01 J 新津
B 4	4	4	4	4	16.02.05 J 新津
B 5	5	5	5	5	16.02.15 J 新津
B 6	6	6	6	6	16.02.19 J 新津
B 7	7	㋲ 7	7	7	16.02.26 J 新津
B 8	8	8	8	8	16.03.04 J 新津
B 9	9	㋲ 9	9	9	16.03.10 J 新津
B10	10	10	10	10	16.03.17 J 新津
B11	11	11	11	11	16.03.24 J 新津
B12	12	12	12	12	16.03.31 J 新津
B13	13	13	13	13	16.06.09 J 新津
B14	14	14	14	14	16.06.21 J 新津
B15	15	15	15	15	16.07.01 J 新津
B16	16	16	16	16	16.07.13 J 新津
B17	17	17	17	17	16.07.27 J 新津
B18	18	18	18	18	16.08.05 J 新津
B19	19	19	19	19	16.08.22 J 新津
B20	20	20	20	20	16.09.01 J 新津
B21	21	21	21	21	16.09.13 J 新津
B22	22	22	22	22	16.09.26 J 新津
B23	23	23	23	23	17.01.27 J 新津
B24	24	24	24	24	17.02.06 J 新津
B25	25	25	25	25	17.02.14 J 新津
B26	26	26	26	26	18.02.23 J 新津
B27	27	27	27	27	22.03.01 J 新津

東日本旅客鉄道 勝田車両センター 都カツ　726両

E653系 ←いわき　上野→

	7	6	5	4	3	2	1	新製月日	1000代改造	機器更新 国鉄色に	転入月日
	←7 クハ E653 +CP	6 モハ E652 SC	5 モハ E653	♿ 4 サハ E653	3 モハ E652 SC	2 モハ E653	1→ クロ E652 CP+				
K70	1008 [104]	1015	1015	1008	1016 [20]	1016 [20]	1008 [104]	98.11.25日立 [05.02.27日立]	13.06.25KY	18.11.07AT	18.11.07

	7	6	5	4	3	2	1	新製月日	1000代改造	機器更新	水色塗装
	←7 クハ E653 +CP	6 モハ E652 SC	5 モハ E653	♿ 4 サハ E653	3 モハ E652 SC	2 モハ E653	1→ クロ E652 CP+				
K71	1002	1003	1003	1002	1004	1004	1002	97.08.04日立	13.08.28KY	16.12.26AT	23.08.25AT(08.29転入)

▽E653系は、臨時列車、団体列車を中心に運行。常磐線以外の線区を走行することもある
▽車体：アルミニウム合金ダブルスキン構造
▽車イス対応トイレは４号車に設置

配置両数－①

E657系		
M1	モハE657	19
	モハE657-100	19
	モハE657-200	19
M2	モハE656	19
	モハE656-100	19
	モハE656-200	19
Tc	クハE657	19
Tc′	クハE656	19
Ts	サロE657	19
T1	サハE657	19
	計	190
E653系		
M1	モハE653	4
M2	モハE652	4
Tc	クハE653	2
Tc′	クロE652	2
T	サハE653	2
	計	14

事業用車　3両

Mzc	クモヤE491-	1
M′z	モヤE490-	1
Tzc′	クヤE490-	1

▽1961(S36).04.01開設
▽2014(H16).04.01、勝田電車区から勝田車両センターに区所名変更
▽2023(R05).06.22、車両の管轄は水戸支社から首都圏本部に変更。
車体標記は「水」から「都」に変更。但し車体の標記は、現在、変更されていない

E657系 ←仙台・いわき・勝田　　　　上野・品川→

ひたち
ときわ

	←10 クハ E657	9 モハ E656	8 モハ E657	7 モハ E656	6 モハ E657	5 サロ E657	4 サハ E657	3 モハ E656	2 モハ E657	1→ クハ E656	新製月日	無線LAN
	CP==SC	--		SC			CP	SC	--	== CP		
K 1	1	1	1	101	101	1	1	201	201	1	11.05.27(1-5=近車·6-10=日立)	20.06.09
K 2	2	2	2	102	102	2	2	202	202	2	11.10.19(1-5=近車·6-10=日立)	20.05.26
K 3	3	3	3	103	103	3	3	203	203	3	11.11.18近車	20.07.02
K 4	4	4	4	104	104	4	4	204	204	4	11.12.23日立	20.07.07
K 5	5	5	5	105	105	5	5	205	205	5	12.01.19近車	20.06.30
K 6	6	6	6	106	106	6	6	206	206	6	12.01.26日立	20.07.21
K 7	7	7	7	107	107	7	7	207	207	7	12.04.11近車	20.07.16
K 8	8	8	8	108	108	8	8	208	208	8	12.02.24日立	20.07.14
K 9	9	9	9	109	109	9	9	209	209	9	12.08.27総車	20.05.19
K10	10	10	10	110	110	10	10	210	210	10	12.09.24総車	20.06.25
K11	11	11	11	111	111	11	11	211	211	11	12.10.29総車	20.04.24
K12	12	12	12	112	112	12	12	212	212	12	12.06.21日立	20.05.21
K13	13	13	13	113	113	13	13	213	213	13	12.08.10近車	20.06.23
K14	14	14	14	114	114	14	14	214	214	14	12.09.07近車	20.04.28
K15	15	15	15	115	115	15	15	215	215	15	12.10.12近車	20.07.09
K16	16	16	16	116	116	16	16	216	216	16	12.11.18近車	20.04.22
K17	17	17	17	117	117	17	17	217	217	17	14.11.05J横浜	20.05.12
K18	18	18	18	118	118	18	18	218	218	18	19.11.14J横浜	20.06.04
K19	19	19	19	119	119	19	19	219	219	19	19.12.12J横浜	20.06.17

▽2012(H24).03.17から営業運転開始
▽E657系諸元／車体：アルミ合金ダブルスキン構造
主電動機：ＭＴ75Ｂ(140kW)、主変圧器：ＴＭ33、主変換装置：ＣＩ22(ＩＧＢＴ)
台車：ＤＴ78系、ＴＲ263系、補助電源装置：ＳＣ95(260kVA)
電動空気圧縮機：MH3130-C1600S1。パンタグラフ：ＰＳ37Ａ(シングルアーム式)
空調装置：ＡＵ734(36,000kcal/h)。
フルアクティブ振動制御装置を先頭車、グリーン車が搭載。車体間ダンパ装置搭載
連結器は、－：半永久、＝：半永久(衝撃吸収緩衝器付)、最高速度 130km/h
各座席にパソコン対応大型テーブルとパソコン対応コンセント設置
Wi-Fi設備完備
▽車イス対応トイレは５号車に設置
▽前面ＦＲＰ強化工事
Ｋ 1=15.11.13　Ｋ 2=15.12.05　Ｋ 3=16.01.29　Ｋ 4=15.07.31　Ｋ 5=15.08.21　Ｋ 6=15.09.11
Ｋ 7=15.03.27　Ｋ 8=15.10.02　Ｋ 9=15.12.11　Ｋ10=15.12.18　Ｋ11=15.11.20　Ｋ12=16.01.20
Ｋ13=16.02.05　Ｋ14=16.01.22　Ｋ15=16.02.19　Ｋ16=15.10.23　Ｋ17=16.02.26
▽座席表示システム改造(Ｋ18・19編成は新製時から)
Ｋ 1=15.01.29　Ｋ 2=15.02.10　Ｋ 3=15.02.05　Ｋ 4=15.02.12　Ｋ 5=15.02.09　Ｋ 6=15.02.24　Ｋ 7=15.02.04
Ｋ 8=15.02.19　Ｋ 9=15.02.26　Ｋ10=15.02.27　Ｋ11=15.02.13　Ｋ12=15.02.20　Ｋ13=15.02.25　Ｋ14=15.09.07
Ｋ15=15.02.17　Ｋ16=15.02.06　Ｋ17=15.02.23
▽2015(H27).03.14改正にて、列車名を「スーパーひたち」「フレッシュひたち」から「ひたち」「ときわ」に改称。
合わせて、上野東京ライン開業により運転区間を品川まで延伸
▽常磐線全線復旧を踏まえ、2020(R02).03.14改正から仙台まで運転区間延伸。
仙台まで運転の列車は、「ひたち」3・13・19号、14・26・30号の３往復
▽運転区間は、「ひたち」が品川・上野～いわき・仙台間、「ときわ」は品川・上野～土浦・勝田・高萩間にて運転
▽Ｋ17編成は、2022(R04).12.22KYにて旧「フレッシュひたち」グリーンレイク色に変更。12.26から営業運転開始
Ｋ12編成は、2023(R05).02.06KYにて旧「フレッシュひたち」スカーレットブロッサム色に変更。02.12から営業運転開始
Ｋ 1編成は、2023(R05).06.08KYにて旧「フレッシュひたち」ブルーオーシャンに変更
Ｋ 2編成は、2023(R05).04.27KYにて旧「フレッシュひたち」イエロージョンキルに変更
Ｋ 3編成は、2023(R05).09.27KYにて旧「フレッシュひたち」オレンジパーシモン色に変更
編成番号を太字にして区別

E491系

← →

電気・軌道検測車 East i-E	クモヤ E491	モヤ E490	クヤ E490
	⩟□ SC	＞2＞	□⩟ SCCP
	●● ●●	●● ●●	∞ ∞
	1	1	1
	(信号·通信)	(電力)	(軌道)

▽E491系諸元／主電動機：ＭＴ72Ａ(145kW)、主変換装置：ＣＩ 8D(ＩＧＢＴ)
SC：ＳＣ73(160kVA)〔走行用·Mzc〕、ＳＣ74(100kVA)〔測定用·Ｔzc′〕
CP：ＭＨ3114-Ｃ1500ＥＢ
冷房装置：ＡＵ403-Ｇ2(先頭車１基)とＡＵ405(中間車２基)
パンタグラフ：＞=ＰＳ32Ａ　⩟=ＰＳ96Ａ
台車：Mzc=ＤＴ68(前)、ＤＴ68Ａ　Mz=ＤＴ65
Ｔzc′=ＴＲ253(前)、ＴＲ253Ａ
保安装置：D-ＡＴＣ、ＡＴＣ10、ＡＴＳ-Ｐ、ＡＴＳ-Ｐs
▽車両の愛称はＥast i-Ｅ(イースト·アイ·ダッシュイー)
▽ＡＴＡＣＳ車上装置取付(クモヤE491・クヤE490)=19.04.26KY
▽電力モニタリング装置取付(モヤE490・クヤE490)=20.03.10KY

▽「ＴＲＹ-Ｚ」の愛称で親しまれたＥ991系は、各種試験走行を終了したため1999(H11).03.27 廃車
▽1996(H08).06.26、最高速度 180km/hの狭軌スピード記録を樹立している

配置両数－②

E531系			
M$_1$	モ	ハE531	33
	モ	ハE531$_{1000}$	26
	モ	ハE531$_{2000}$	26
	モ	ハE531$_{3000}$	7
M$_2$	モ	ハE530	26
	モ	ハE530$_{1000}$	33
	モ	ハE530$_{2000}$	26
	モ	ハE530$_{4000}$	7
Tc	ク	ハE531	25
	ク	ハE531$_{1000}$	33
	ク	ハE531$_{4000}$	7
Tc′	ク	ハE530	26
	ク	ハE530$_{2000}$	33
	ク	ハE530$_{5000}$	7
T	サ	ハE531	48
	サ	ハE531$_{2000}$	11
	サ	ハE531$_{3000}$	7
T′	サ	ハE530	26
Tsd	サ	ロE531	26
Tsd′	サ	ロE530	26
		計	459
E501系			
M$_1$	モ	ハE501	12
M$_2$	モ	ハE500	12
Tc	ク	ハE501	4
	ク	ハE501$_1$	4
Tc′	ク	ハE500	4
	ク	ハE500$_1$	4
T	サ	ハE501	16
T′	サ	ハE500	4
		計	60

▽常磐線いわき～原ノ町間　東日本大震災にて被災から運転再開まで歩み
2011(H23).04.17　常磐線いわき～四ツ倉間運転再開
2011(H23).05.14　常磐線四ツ倉～久ノ浜間運転再開
2011(H23).10.10　常磐線久ノ浜～広野間運転再開
2014(H26).06.01　常磐線広野～竜田間運転再開
2017(H29).10.21　常磐線竜田～富岡間運転再開
2020(R02).03.14　常磐線富岡～浪江間運転再開。これにて全線復旧
2017(H29).04.01　常磐線浪江～小高間運転再開
2016(H28).07.12　常磐線小高～原ノ町運転再開

▽ＡＴＳ-Ｐ 使用開始について
1989(H01).10.31　常磐線上野～日暮里間
1991(H03).02.17　常磐線日暮里～取手間
1991(H03).02.19　常磐線取手～土浦間
2001(H13).05.30　常磐線土浦～勝田間
2003(H15).11.20　常磐線勝田～大津港間
2003(H15).11.27　常磐線大津港～いわき間
2009(H21).01.16　水戸線小山～友部間

E501系 ←いわき　　　　水戸・土浦→

常磐線

	←10♿ クハ E501■	9 サハ E501	弱 8 モハ E501 (パンタ)	7 モハ E500 SC	6 サハ E500 CP	5 サハ E501	4 サハ E501	3 モハ E501 (パンタ)	2 モハ E500 SC	♿ 1→ クハ ■E500 CP	新製月日	機器更新	パンタグラフシングルアーム化
	∞ ∞	∞ ∞	●● ●●	●● ●●	∞ ∞	∞ ∞	∞ ∞	●● ●●	●● ●●	∞ ∞			
K701	**1**	**2**	**2**	**2**	**1**	**3**	**4**	**3**	**3**	**1001**	95.05.23川重	12.01.20KY	15.11.27
	9/19	9/19	9/20	9/20	9/21	9/21	9/21	9/22	9/22	9/22			
K702	**2**	**6**	**5**	**5**	**2**	**7**	**8**	**6**	**6**	**1002**	97.02.20川重	12.11.05KY	15.10.29
	9/25	9/25	9/26	9/26	9/27	9/27	9/27	9/29	9/29	9/29			
K703	**3**	**10**	**8**	**8**	**3**	**11**	**12**	**9**	**9**	**1003**	97.03.06川重	12.03.27KY	15.12.24
	10/10	10/10	10/11	10/11	10/12	10/12	10/12	10/13	10/13	10/13			
K704	**4**	**14**	**11**	**11**	**4**	**15**	**16**	**12**	**12**	**1004**	97.03.18東急	11.01.26KY	15.02.13
	10/23	10/23	10/24	10/24	10/25	10/25	10/25	10/26	10/26	10/26			

	←5♿ クハ E501	弱 4 サハ E501	3 モハ E501 (パンタ)	2 モハ E500 SC	♿ 1→ クハ ■E500 CP	新製月日	機器更新	パンタグラフシングルアーム化
	∞ ∞	∞ ∞	●● ●●	●● ●●	∞ ∞			
K751	**1001**	**1**	**1**	**1**	**1**	95.03.28東急	11.08.21KY	14.12.25
	9/14	9/14	9/13	9/13	9/13			
K752	**1002**	**5**	**4**	**4**	**2**	97.02.21川重	11.05.21KY	14.12.27
	10/ 2	10/ 2	10/ 3	10/ 3	10/ 3			
K753	**1003**	**9**	**7**	**7**	**3**	97.03.07川重	11.04.25KY	14.12.05
	10/17	10/17	10/16	10/16	10/16			
K754	**1004**	**13**	**10**	**10**	**4**	97.03.19東急	11.09.01KY	14.12.24
	9/11	9/11	9/12	9/12	9/12			

▽営業運転開始日は 1995(H07).12.01

▽E501系諸元／軽量ステンレス製。帯色は、上から白、エメラルドグリーン
主電動機：ＭＴ70(120kW)、主変換装置：ＣＩ 3
SC：ＳＣ45(210kVA)、CP：MH3096-C1600S
パンタグラフ：ＰＳ29(新製時[現在：ＰＳ37Ａ])、空調装置：ＡＵ720Ａ(42,000kcal/h)
▽2003(H15).10.01から車内自動放送を開始
▽2006(H18).09.11から側窓枠一部開閉化改造を開始
編成車号下に施工月日を掲載。対象完了
▽トイレ設備（■）取付工事
K701=07.02.21・K702=06.10.26・K703=06.11.20・K704=06.10.03
K751=07.01.31・K752=06.11.09・K753=06.12.06・K754=07.01.22
▽車号太字は機器更新車
更新工事により、主変換装置はＣＩ17、補助電源装置を取替え、ブレーキ制御装置取替え
また、電気連結器撤去およびＡＴＳ-S_NをＡＴＳ-Psに変更
▽2007(H19).02.21限りにて、上野駅乗入れ終了(最終=K703＋K753)
▽水戸線に乗入れていた５両編成は、2019(H31).03.16改正にて運用消滅。常磐線のみの運行となる
▽５両編成は、2023(R05).03.18改正から、水戸～いわき間、521Ｍ～530Ｍの1往復のみの運転に

▽1997(H09).03.22ダイヤ改正から終日全区間全車禁煙となった

E531系
▽室内灯ＬＥＤ化(グリーン車のぞく)
K401=22.10.30　K402=22.10.05　K403=23.04.27　K404=23.02.15　K405=22.12.08　K406=22.11.09　K407=22.10.27　K408=22.09.28
K409=23.06.22　K411=23.08.19　K412=23.02.01　K413=23.06.08　K414=23.07.07　K415=23.05.12
K417=23.08.03　K419=23.09.27　K420=23.07.20(1・2未施工)　K421=23.09.14(1～3未施工)
K551=22.10.18　K552=22.11.16　K553=22.11.25　K554=23.02.28　K555=23.05.19　K556=23.03.15　K557=22.12.27
▽前照灯ＬＥＤ化(*印=編成完了日)
K401=19.03.07*　K402=19.01.31　K403=19.03.08　K404=19.02.28　K405=18.11.24　K406=19.01.30　K407=19.02.04　K408=18.11.21
K409=19.11.27　K410=19.01.25　K411=19.02.26　K412=18.11.20　K413=19.01.28　K414=18.11.22　K415=18.11.24　K416=19.02.05
K417=19.02.01　K418=19.12.25　K419=19.12.03　K420=19.03.08　K421=19.03.28　K422=19.12.22　K423=21.02.17
K451=19.02.15　K452=18.12.22　K453=19.01.05　K454=19.01.16　K455=18.12.22　K456=18.11.19　K457=18.12.25　K458=18.11.26
K459=19.01.04　K460=18.11.29　K461=18.11.22　K462=18.12.22　K463=19.01.08　K464=19.01.31　K465=19.01.31　K466=18.12.28
K467=19.01.16　K468=18.11.21　K469=21.01.26　K470=23.03.01　K471=23.03.23
K551=21.02.02　K552=21.01.21　K553=21.01.18　K554=21.02.01　K555=21.02.02　K556=21.02.03　K557=21.02.13

E531系 ←原ノ町・勝田　　　　小山・白河・上野・品川→

常磐線
水戸線
東北本線

付属	←15♿ クハ E531 +	弱14 サハ E531 --	13 モハ E531	12 モハ E530 --SC	♿11→ クハ E530 -- CP+	新製月日	ワンマン化	機器更新	ATS-Ps 取付	
	○○	○○ ○○	○○ ●●	●● ●●	●● ○○ ○○					
K451	**1001**	**2**	**1**	1001	2001	05.03.08東急	20.09.14AT	23.03.28KY	08.06.12KY	赤電
K452	**1002**	**4**	**2**	1002	2002	05.05.11川重	22.01.28KY	(23.05.18AT)	08.07.15KY	
K453	**1003**	**6**	**3**	1003	2003	05.05.22東急	20.11.11AT		08.09.24KY	
K454	**1004**	**8**	**4**	1004	2004	05.05.27川重	21.10.12KY	23.06.12KY	08.10.28KY	
K455	**1005**	**10**	**5**	1005	2005	05.06.10東急	21.03.09KY	(22.08.16KY)	08.11.28KY	
K456	**1006**	**12**	**6**	1006	2006	05.07.01東急	21.01.19AT	(23.01.17KY)	09.02.12KY	
K457	**1007**	**14**	**7**	1007	2007	06.03.04NT	20.08.31KY	23.08.28KY		
K458	**1008**	**16**	**8**	1008	2008	06.03.25NT	20.07.13KY	21.10.05KY		
K459	**1009**	**18**	**9**	1009	2009	06.04.08NT	21.08.10AT			
K460	**1010**	**20**	**10**	1010	2010	06.05.02NT	21.03.30KY			
K461	**1011**	**22**	**11**	1011	2011	06.06.01NT				
K462	**1012**	**23**	**12**	1012	2012	06.06.17NT	20.12.16セン	21.07.27KY		
K463	**1013**	**24**	**13**	1013	2013	06.10.07NT	22.01.28アオ	22.09.29KY		
K464	**1014**	**25**	**14**	1014	2014	06.10.13NT	21.05.27KY	21.12.09KY		
K465	**1015**	**26**	**15**	1015	2015	06.10.21NT	21.12.02KY	(22.07.21KY)		
K466	**1016**	**27**	**16**	1016	2016	06.10.27NT	21.10.07アオ	22.11.07KY		
K467	**1017**	**28**	**17**	1017	2017	10.06.17NT	22.03.28KY			
K468	**1018**	**29**	**18**	1018	2018	10.07.23NT	21.04.26KY			
K469	**1019**	**31**	**19**	1019	2019	14.12.19J横浜	23.08.03AT			
K470	**1020**	**32**	**20**	1020	2020	15.01.28J横浜	23.03.02KY			
K471	**1021**	**33**	**21**	1021	2021	15.01.28J横浜	23.03.22KY			
K472	**1022**	**34**	**22**	1022	2022	15.02.20J横浜	23.02.24KY			
K473	**1023**	**35**	**23**	1023	2023	15.02.20J横浜	22.10.31KY			
K474	**1024**	**36**	**24**	1024	2024	15.03.11J横浜	22.11.21KY			
K475	**1025**	**37**	**25**	1025	2025	15.03.11J横浜	22.12.19KY			
K476	**1026**	**38**	**26**	1026	2026	17.07.06J新津	23.02.14KY			
K477	**1027**	**39**	**27**	1027	2027	17.07.20J新津	23.03.16KY			
K478	**1028**	**43**	**28**	1028	2028	19.07.24J横浜	23.04.17KY			
K479	**1029**	**44**	**29**	1029	2029	19.07.24J横浜	23.05.29KY			
K480	**1030**	**45**	**30**	1030	2030	20.02.05J横浜	23.07.11KY			
K481	**1031**	**46**	**31**	1031	2031	20.02.05J横浜	23.09.07KY			
K482	**1032**	**47**	**32**	1032	2032	20.03.04J横浜				
K483	**1033**	**48**	**33**	1033	2033	20.03.04J横浜				

	← クハ E531 +	サハ E531 --	モハ E531	モハ E530 --SC	クハ E530 → -- CP+	新製月日	ワンマン化
K551	**4001**	㋲**3001**	**3001**	4001	5001	15.10.16J横浜	20.03.19KY
K552	**4002**	**3002**	**3002**	4002	5002	15.11.06J横浜	19.12.26KY
K553	**4003**	**3003**	**3003**	4003	5003	15.12.02J横浜	20.02.07KY
K554	**4004**	**3004**	**3004**	4004	5004	16.03.09J横浜	20.01.23KY
K555	**4005**	㋲**3005**	**3005**	4005	5005	17.02.28J新津	20.03.05KY
K556	**4006**	**3006**	**3006**	4006	5006	17.03.10J新津	20.01.30KY
K557	**4007**	**3007**	**3007**	4007	5007	17.03.24J新津	20.05.14KY

▽2015(H27).03.14改正にて上野東京ライン開業。運転区間を品川まで延伸
▽K551 ～ 557編成は、2017(H29).10.14から東北本線黒磯～新白河・白河間にても充当開始。
　なお、同編成は水戸線のほか、常磐線、上野東京ラインでも使用
▽2020(R02).03.14改正から、５両編成は常磐線全線復旧に対応、運転区間を原ノ町まで延伸
▽ワンマン化改造に合わせて車側カメラを搭載。また2019年度増備のK480 ～ 483編成は新製時に車側カメラを装備
　ワンマン運転区間は、2023(R05).03.18改正から、常磐線水戸以北に拡大
▽K451編成は、勝田車両センター開設60周年を記念、最初に配置となった401系「赤電」をモチーフとしたラッピングを施工。
　2021(R03)11.05、勝田発782Mから運行開始。「赤電」は10両基本編成でも実施(K423編成=23.03.23KY、23.04.15運行開始)
▽機器更新　K402=CP・BCUのみ、K405=CPのみ、K406=戸閉のみ、K410=CP・SIVのみ、K413=戸閉・SIV・CI・BCUのみ、
　K414=CP・BCUのみ、K455=CP・SIV・CI・BCUのみ、K456=戸閉・SIV・CI・BCUのみ、K465=CP・SIV・CI・BCUのみ
　K452=戸閉・CI・BCUのみ)

E531系 ←高萩・勝田　　　上野・品川→

常磐線

	←10♿ クハ E531	9 サハ E531	弱 8 モハ E531	7 モハ E530	6 サハ E530	5 サロ E531	4 サロ E530	3 モハ E531	2 モハ E530	♿ 1→ クハ E530	新製月日	グリーン車	機器更新
基本	+	--		--SC	-- CP	--			--SC	-- CP			
K401	**1**	**1**	2001	2001	2001	1	1	1001	**1**	**1**	05.03.16東急	06.11.20東急	21.02.22AT
K402	**2**	**3**	2002	2002	2002	5	5	1002	**2**	**2**	05.05.13川重	06.12.04東急	(22.08.25KY)
K403	**3**	**5**	2003	2003	2003	9	9	1003	**3**	**3**	05.05.19東急	06.12.22川重	
K404	**4**	**7**	2004	2004	2004	13	13	1004	**4**	**4**	05.05.27川重	07.01.19川重	21.03.22KY
K405	**5**	**9**	2005	2005	2005	17	17	1005	**5**	**5**	05.06.17川重	07.01.31東急	(22.06.13KY)
K406	**6**	㋲ **11**	2006	2006	2006	21	21	1006	**6**	**6**	05.06.23東急	07.02.15東急	(22.10.05KY)
K407	**7**	**13**	2007	2007	2007	2	2	1007	**7**	**7**	06.03.08NT	06.11.22東急	23.02.28KY
K408	**8**	**15**	2008	2008	2010	6	6	1008	**8**	**8**	06.03.29NT	06.12.06東急	22.12.13KY
K409		**17**	2009	2009	2013	10	10	1009	**9**	**9**	06.04.21NT	06.12.25川重	
K410	**10**	**19**	2010	2010	2016	14	14	1010	**10**	**10**	06.05.17NT	07.03.26川重	(22.03.29KY)
K411	**11**	㋲ **21**	2011	2011	2019	18	18	1011	**11**	**11**	06.06.09NT	07.02.01東急	22.01.24KY
K412	**12**	2001	2012	2012	2008	3	3	1012	**12**	**12**	*06.06.23NT	06.11.23東急	21.01.12KY
K413	**13**	2002	2013	2013	2009	4	4	1013	**13**	**13**	*06.07.04NT	06.11.24東急	(23.02.15KY)
K414	**14**	2003	2014	2014	2011	7	7	1014	**14**	**14**	*06.07.13NT	06.12.13東急	22.06.14KY
K415	**15**	2004	2015	2015	2012	8	8	1015	**15**	**15**	*06.07.22NT	06.12.14東急	20.06.22KY
K416	**16**	2005	2016	2016	2014	11	11	1016	**16**	**16**	*06.08.02NT	06.12.27川重	21.11.15AT
K417	**9**	2006	2017	2017	2015	12	12	1017	**17**	**17**	*06.08.12NT	06.12.28川重	21.06.08KY
K418	**18**	2007	2018	2018	2017	15	15	1018	**18**	**18**	*06.08.23NT	07.01.24川重	23.08.07KY
K419	**19**	2008	2019	2019	2018	16	16	1019	**19**	**19**	*06.09.01NT	07.01.25川重	21.08.30KY
K420	**20**	2009	2020	2020	2020	19	19	1020	**20**	**20**	*06.09.09NT	07.02.05東急	23.06.23AT
K421	**21**	2010	2021	2021	2021	20	20	1021	**21**	**21**	*06.09.20NT	07.02.06東急	23.05.09KY
K422	**22**	2011	2022	2022	2022	22	22	1022	**22**	**22**	*06.09.30NT	07.02.19東急	22.03.03AT
K423	**23**	**30**	2023	2023	2023	23	23	1023	**23**	**23**	14.10.03J横浜	14.10.03J横浜	赤電
K424	**24**	**40**	2024	2024	2024	24	24	1024	**24**	**24**	17.07.27J新津	17.07.27J横浜	
K425	**25**	**41**	2025	2025	2025	25	25	1025	**25**	**25**	17.08.09J新津	17.08.09J横浜	
K426	**26**	**42**	2026	2026	2026	26	26	1026	**26**	**26**	17.08.23J新津	17.08.23J横浜	

▽E531系は2005(H17).07.09から営業運転開始
▽E531系は車体幅拡幅車(2800mm→2950mm)。ＴＩＭＳ(列車情報管理装置)を装備。最高速度130km/h
▽E531系諸元／軽量ステンレス製。帯色は青色(415系常磐色から継承)
　床面高さを415系の1225mmから1130mmと低くしている
　主電動機：ＭＴ75、ＭＴ75Ａ(140kW)。パンタグラフ：ＰＳ37Ａ(シングルアーム)〔M_1〕
　主変換装置：ＳＩ13系(ＩＧＢＴ)〔M_1・M_2〕。主変圧器：ＴＭ31〔M_1〕
　台車：ＤＴ71、ＴＲ255〔Tc〕、ＴＲ255Ａ〔Tc〕、ＴＲ255Ｂ〔Ｔ〕。
　空調装置：ＡＵ726Ａ または ＡＵ726Ｂ(50,000kcal/h)。列車情報装置、ドアチャイム設置
　押しボタン式半自動扉回路装備
　保安装置：ＡＴＳ-Ｐ(K407·457編成以降は ＡＴＳ-Ｐsを新製時から搭載)
　最高速度：130km/h
　SC：ＳＣ81(ＩＧＢＴ)・280kVA(140kVA×2)。CP形式：MH3124-C1600SN3(容量は1600L/min)
▽Ｅ531系3000代は準耐寒耐雪構造。スノープラウを装備。2017(H29).10.14から東北本線黒磯～新白河・白河間でも充当開始
▽座席はセパレートタイプのロングシート(ドア間２＋３＋２人、車端３人掛け)、ただし、車号太字の車両はセミクロスシート
▽+印は自動分併、－印は半永久連結器を装備
▽トイレ(真空式汚物処理装置)：５号車は洋式、１・10・11号車は車イス対応大型トイレ
▽ＡＴＳ-Ps取付工事　対象はＫ451～456・401～406編成。ほかは新製時から装備
▽グリーン車の組込作業は、Ｋ410編成が勝田車両センターにて実施。ほかは郡山総合車両センターにて実施。
　組込実績は、2008冬号までを参照
▽＊印編成の新製月日
　９号車　Ｋ412=05.03.16東急　Ｋ413=05.03.16東急　Ｋ414=05.05.13川重　Ｋ415=05.05.13川重
　　Ｋ416=05.05.19東急　Ｋ417=05.05.19東急　Ｋ418=05.05.27川重　Ｋ419=05.05.27川重
　　Ｋ420=05.06.17川重　Ｋ421=05.06.17川重　Ｋ422=05.06.23東急
　６号車　Ｋ412=06.03.08NT　Ｋ413=06.03.08NT　Ｋ414=06.03.29NT　Ｋ415=06.03.29NT
　　Ｋ416=06.04.21NT　Ｋ417=06.04.21NT　Ｋ418=06.05.17NT　Ｋ415=06.05.17NT
　　Ｋ420=06.06.09NT　Ｋ421=06.06.09NT　Ｋ422=05.06.23東急(07.03.05KY=Ｔ2012)
▽Ｋ417編成 クハE531-17が2021.03.26未明、常磐線土浦～羽鳥間踏切事故のため、一部編成の車両組替え発生中。
　組替中の編成はＫ409・417・461編成(新製月日は所定編成参照)
▽下部オオイ取替え(実績は2015冬号までを参照)
▽ＡＴＳ-Ps取付実績は、Ｋ401～406・451～456編成が対象。ほかの車両は新製時から取付
▽㋲は線路設備モニタリング装置搭載(サハE531-11=17.04.26KY、21=19.04.08KY、3005=20.08.03KY、3001=22.12.08KY)

東日本旅客鉄道 京葉車両センター 都ケヨ 610両

E233系 ←勝浦・成東・上総湊・蘇我　　東京→

京葉線・外房線・内房線

	←10♿	9	8	7	6	5	弱 4	3	2	♿ 1→	
	クハE233	モハE233	モハE232	サハE233	サハE233	モハE233	モハE232	モハE233	モハE232	クハE232	
	CP--	--SC	--		CP--	--SC	--	--	--	CP	新製月日
	○○ ○○	●● ●●	●● ●●	○○ ○○	○○ ○○	●● ●●	●● ●●	●● ●●	●● ●●	○○ ○○	
501	5001	5401	5401	5001	5501	5001	5001	5201	5201	5001	10.03.05NT
502	5002	5402	5402	㋲5002	5502	5002	5002	5202	5202	5002	10.03.19NT
503	5003	5403	5403	5003	5503	5003	5003	5203	5203	5003	10.04.05NT
504	5004	5404	5404	5004	5504	5004	5004	5204	5204	5004	10.04.23NT
505	5005	5405	5405	5005	5505	5005	5005	5205	5205	5005	10.05.20NT
506	5006	5406	5406	5006	5506	5006	5006	5206	5206	5006	10.06.02NT
507	5007	5407	5407	5007	5507	5007	5007	5207	5207	5007	10.07.07NT
508	5008	5408	5408	5008	5508	5008	5008	5208	5208	5008	10.08.16NT
509	5009	5409	5409	5009	5509	5009	5009	5209	5209	5009	10.08.27NT
510	5010	5410	5410	5010	5510	5010	5010	5210	5210	5010	10.09.17NT
511	5011	5411	5411	5011	5511	5011	5011	5211	5211	5011	10.10.07NT
512	5012	5412	5412	5012	5512	5012	5012	5212	5212	5012	10.11.17NT
513	5013	5413	5413	5013	5513	5013	5013	5213	5213	5013	11.01.07NT
514	5014	5414	5414	5014	5514	5014	5014	5214	5214	5014	11.02.22NT
515	5015	5415	5415	5015	5515	5015	5015	5215	5215	5015	11.03.08NT
516	5016	5416	5416	㋣5016	5516	5016	5016	5216	5216	5016	11.03.23NT
517	5017	5417	5417	㋣5017	5517	5017	5017	5217	5217	5017	11.04.07NT
518	5018	5418	5418	㋣5018	5518	5018	5018	5218	5218	5018	11.05.24NT
519	5019	5419	5419	㋣5019	5519	5019	5019	5219	5219	5019	11.06.30NT
520	5020	5420	5420	㋲5020	5520	5020	5020	5220	5220	5020	11.07.14NT

配置両数

E233系			
M	モ	ハE233	72
M′	モ	ハE232	72
Tc	ク	ハE233	24
Tc	ク	ハE233₅₅	4
Tc′	ク	ハE232	24
Tc′	ク	ハE232₅₅	4
T	サ	ハE233	40
	計		240
E231系			
M	モ	ハE231	68
M′	モ	ハE230	68
Tc	ク	ハE231	34
Tc′	ク	ハE230	34
T	サ	ハE231	68
	計		272
209系			
M	モ	ハ209	24
M′	モ	ハ208	24
Tc	ク	ハ209	12
Tc′	ク	ハ208	12
T	サ	ハ209	26
	計		98

E233系 ←上総一ノ宮・成東・蘇我　　東京→

京葉線・外房線・東金線

	←10♿	9	8	7→	←6	5	弱 4	3	2	♿ 1→	
	クハE233	モハE233	モハE232	クハE232	+ クハE233	モハE233	モハE232	モハE233	モハE232	クハE232	
	CP--	--SC	--	CP+	+ CP--	--SC	--	--	--	CP	新製月日
	○○ ○○	●● ●●	●● ●●	○○ ○○	○○ ○○	●● ●●	●● ●●	●● ●●	●● ●●	○○ ○○	
F51	5021	5601	5601	5501							10.11.29NT
551					5501	5021	5021	5221	5221	5021	10.12.08NT
F52	5022	5602	5602	5502							11.01.26NT
552					5502	5022	5022	5222	5222	5022	11.02.01NT
F53	5023	5603	5603	5503							11.04.21NT
553					5503	5023	5023	5223	5223	5023	11.04.28NT
F54	5024	5604	5604	5504							11.05.31NT
554					5504	5024	5024	5224	5224	5024	11.06.15NT

▽営業運転開始は2010(H22).07.01
▽E233系諸元／軽量ステンレス製、帯の色は赤
主電動機：ＭＴ75(140kW)。ＶＶＶＦインバータ制御：ＳＣ85(ＭＭ４個一括２群制御)
SC：ＳＣ86(容量 260kVA)。CP形式：MH3124-C1600N3(容量は1600L/min)
台車：ＤＴ71Ａ、ＤＴ71Ｂ(600代)、ＴＲ255(Tc·Ｔ)、ＴＲ255Ａ(Tc)
パンタグラフ：ＰＳ33Ｄ(シングルアーム)。押しボタン式半自動扉回路装備
空調装置：ＡＵ726Ａ-G4、ＡＵ726Ｂ(50,000kcal/h)。ほかに空気清浄機取付
▽2010(H22).08.01から、車内温度保持のため、各車両４箇所のドアのうち３箇所を閉める3/4ドア閉扉機能を使用開始
▽㋲は線路設備モニタリング装置搭載(サハE233-5020=17.07.24　5002=20.03.13[予備編成])
▽室内灯ＬＥＤ化(編成完了日)　501=22.10.31　502=22.11.04　503=22.11.09　F51=23.07.13　F52=23.05.24　F53=23.09.19　F54=23.08.22　551=23.07.14(5・6)・23.07.18(1・2)　552=23.06.28　553=23.09.21　554=23.08.22

▽京葉線のＡＴＳはＡＴＳ-Ｐ
▽1990(H02).06から、冷房使用時は４号車「弱冷房車」

209系 ←東京・新習志野・南船橋　　府中本町→

武蔵野線
京葉線

編成	←1 ♿ クハ 209	2 モハ 209	3 モハ 208	弱 4 サハ 209	5 サハ 209	6 モハ 209	7 モハ 208	♿ 8→ クハ 208	新製月日	ATS-Pなど	武蔵野線 転用改造	機器更新
	CP		SC CP				SC CP					
	○○ ○○	●● ●●	●● ●●	○○ ○○	○○ ○○	●● ●●	●● ●●	○○ ○○				
M71	513	525	525	550	549	526	526	513	00.01.27NT	09.01.27TK	10.11.26NN	17.12.12AT
M72	514	527	527	554	553	528	528	514	00.02.10NT	08.11.06TK	11.03.28NN	17.02.23AT
M73	515	529	529	558	557	530	530	515	00.02.28NT	08.09.20TK	10.09.17NN	18.02.02AT
M74	516	531	531	562	561	532	532	516	00.03.13NT	09.12.08TK	18.03.28AT	18.03.28AT
M75	512	523	523	546	545	524	524	512	00.01.13NT	新製時	19.03.01AT	19.03.01AT
M76	510	519	519	538	537	520	520	510	99.12.06NT	新製時	19.04.16AT	19.04.16AT
M77	511	521	521	542	541	522	522	511	99.12.20NT	新製時	19.06.26AT	19.06.26AT

編成	←1 ♿ クハ 209	2 モハ 209	3 モハ 208	弱 4 サハ 209	5 サハ 209	6 モハ 209	7 モハ 208	♿ 8→ クハ 208	新製月日	武蔵野線 転用改造	機器更新
	CP		SC CP				SC CP				
	○○ ○○	●● ●●	●● ●●	○○ ○○	○○ ○○	●● ●●	●● ●●	○○ ○○			
M81	506	511	511	522	521	512	512	506	99.02.08NT	18.05.29AT	18.05.29AT
M82	507	513	513	526	525	514	514	507	99.03.01NT	18.08.27AT	18.08.27AT
M83	509	517	517	534	533	518	518	509	99.03.31NT	18.10.10AT	18.10.10AT
M84	508	515	515	530	529	516	516	508	99.03.16NT	18.12.07AT	18.12.07AT

▽209系は、2010(H22).12.04から営業運転開始
▽武蔵野線E231系と共通運用。帯色は上から朱色、白、茶色

209系 ←上総一ノ宮・上総湊・君津・蘇我　　東京→

【赤帯14号】
京葉線
外房線
内房線

編成	←10 ♿ クハ 209	9 サハ 209	8 モハ 209	7 モハ 208	6 サハ 209	5 サハ 209	弱 4 サハ 209	3 モハ 209	2 モハ 208	♿ 1→ クハ 208	新製月日	帯替え＋ ATS-Pなど	機器更新
	CP			SC CP					SC CP				
	○○ ○○	○○ ○○	●● ●●	●● ●●	○○ ○○	○○ ○○	○○ ○○	●● ●●	●● ●●	○○ ○○			
34	517	565	533	533	566	567	568	534	534	517	00.03.29NT	09.01.13TK	16.12.16AT

▽34編成は、京葉線E233系10両固定編成と共通運用
▽ＥＢ装置は、209系以降は新製時から装備
▽改良型補助排障器の取替実績は、2017冬までを参照

▽パンタグラフ　M81 ～ 84編成はＰＳ28Ｂ、ほかはＰＳ33Ａ

▽1986(S61).03.03 津田沼電車区新習志野派出所として発足→1986.09.01 習志野電車区新習志野派出所→1989.10.01 京葉準備電車区→1990(H02).03.10 京葉電車区
▽2014(H16).04.01、京葉電車区から京葉車両センターに区所名変更
▽2023(R05).06.22、車両の管轄は千葉支社から首都圏本部に変更。
車体標記は「千」から「都」に変更。但し車体の標記は、現在、変更されていない

E231系 ←東京・新習志野・南船橋　　　　府中本町→

武蔵野線
京葉線

	←1 ♿ クハ E231	2 モハ E231	3 モハ E230	弱冷 4 サハ E231	5 サハ E231	6 モハ E231	7 モハ E230	♿ 8→ クハ E230				
	-	--	-SC CP	--	--	--SC CP--			新製月日	機器更新	転入月日	
	○○ ○○	●● ●●	●● ●●	○○ ○○	○○ ○○	●● ●●	●● ●●	○○ ○○				
MU 1	901	901	901	901	903	902	902	901	98.10.20東急 5-8=NT	20.07.09OM	20.07.09	
MU 2	22	43	43	14	㊝64	44	44	22	01.01.30NT	17.07.12ｱｵ	17.09.14	
MU 3	23	45	45	68	69	46	46	23	01.02.18NT	18.10.31OM	18.10.31	
MU 4	24	47	47	71	72	48	48	24	01.03.02NT	19.03.25OM	19.03.25	
MU 5	28	55	55	83	84	56	56	28	01.04.03NT	18.11.22NN	18.11.22	
MU 6	29	57	57	86	87	58	58	29	01.04.16NT	19.05.28OM	19.05.28	
MU 7	30	59	59	89	90	60	60	30	01.05.02NT	16.03.09TK	19.07.23	
MU 8	35	69	69	104	105	70	70	35	01.07.18NT	16.06.20TK	19.10.23	
MU 9	36	71	71	107	108	72	72	36	01.08.03NT	16.07.14TK	19.11.28	
MU 10	32	63	63	95	96	64	64	32	01.06.04NT	16.08.12TK	20.02.10	
MU 11	57	106	106	163	164	107	107	57	02.11.15NT	19.08.21OM	19.08.21	
MU 12	25	49	49	74	75	50	50	25	01.03.21NT	19.02.01NN	19.02.01	
MU 13	33	65	65	98	99	66	66	33	01.06.19NT	16.09.15TK	20.03.03	
MU 14	40	79	79	119	120	80	80	40	02.10.02NT	20.01.14AT	20.01.14	
MU 15	42	83	83	125	126	84	84	42	02.11.01NT	20.02.12AT	20.02.12	
MU 16	37	73	73	110	111	74	74	37	02.08.24NT	16.10.24TK	19.12.26	
MU 17	39	77	77	116	117	78	78	39	01.09.17NT	16.12.12TK	20.06.26	
MU 18	41	81	81	122	123	82	82	41	01.10.17NT	17.01.17TK	19.09.18	
MU 19	31	61	61	92	93	62	62	31	01.05.21NT	15.12.16TK	20.09.08	
MU 20	34	67	67	101	102	68	68	34	01.07.04NT	17.02.16TK	20.03.18	
MU 21	38	75	75	113	114	76	76	38	02.09.03NT	17.03.27TK	19.10.31	
MU 22	20	39	39	65	59	40	40	20	00.12.22NT	19.11.05NN	20.10.06	
MU 31	9	17	17	26	㊝27	18	18	9	00.07.01NT	18.01.24OM	18.01.24	
MU 32	13	25	25	38	39	26	26	13	09.09.05NT	18.03.15OM	18.03.15	
MU 33	18	35	35	53	54	36	36	18	00.11.22NT	18.08.17OM	18.08.17	
MU 34	19	37	37	56	57	38	38	19	00.12.08NT	18.09.19OM	18.09.19	
MU 35	1	1	1	2	3	2	2	1	00.02.04東急	19.07.16NN	19.07.16	
MU 36	2	3	3	5	6	4	4	2	00.02.09東急	19.08.19AT	19.08.19	
MU 37	3	5	5	8	9	6	6	3	00.02.23東急	19.07.04OM	19.07.04	
MU 38	4	7	7	11	12	8	8	4	00.04.12NT	19.09.30AT	19.09.30	19.10.02回着
MU 39	15	29	29	44	45	30	30	15	00.10.05NT	19.03.14NN	19.03.14	
MU 41	80	140	140	218	219	141	141	80	06.10.20東急	22.06.28AT	20.05.22	
MU 42	81	142	142	221	222	143	143	81	06.11.08東急	22.08.31AT	20.03.04	
MU 43	82	144	144	224	225	145	145	82	06.11.22東急	21.09.09AT	20.08.20	

▽転入に合わせて帯色を変更など転用改造実施
▽2017(H29).11.01 702E「しもうさ大宮号」から営業運転を開始
▽車体は軽量ステンレス製。帯色は上から朱色、白、茶色
▽編成番号　MU 1～22=新製時は三鷹区配置、MU31～39=新製時は習志野区配置、MU41～43=三鷹区増備車
　以上が京葉車両センター転入までの車歴にて区分
▽松戸区から転入のMU22編成、4号車の新製月日は01.01.30NT
▽㊝は線路設備モニタリング装置搭載(サハE231-64=17.09.14AT、27=21.05.12TK)
▽パンタグラフ　MU 1編成はＰＳ33、MU 6・8・41～43編成はＰＳ33Ｄ、ほかはＰＳ33Ｂ
▽室内灯ＬＥＤ化(編成完了日)
　MU 2=23.01.30、MU 3=23.01.26、MU 4=23.01.12、MU 5=23.01.24、MU 6=23.01.18、MU 7=23.02.13、MU 8=23.06.22
　MU 9=23.08.10　MU10=23.07.11(1・7・8)　MU11=23.09.18　MU14=23.09.20　MU16=23.07.25(1・2)

東日本旅客鉄道 幕張車両センター　都マリ　401両

255系　←安房鴨川・銚子・君津　　東京→

わかしお さざなみ しおさい	←9 クハ 255	8 モハ 255	7 モハ 254	6 サハ 255	5 サハ 254	4 サロ 255	3 モハ 255	2 モハ 254	1→ クハ 254		
	--	C_2--SC	--	--		--	C_2--SC	--	C_2	新製月日	機器更新
	○○ ○○	●● ●●	●● ●●	○○ ○○	○○ ○○	○○ ○○	●● ●●	●● ●●	○○ ○○		
Be01	1	1	1	1	1	1	2	2	1	93.03.30	16.03.090M
Be02	2	3	3	2	2	2	4	4	2	93.04.15	15.11.160M
Be03	3	5	5	3	3	3	6	6	3	94.10.29	16.06.230M
Be04	4	7	7	4	4	4	8	8	4	94.11.24	15.07.140M
Be05	5	9	9	5	5	5	10	10	5	94.11.30	15.02.060M

▽255系諸元／空調装置：ＡＵ812(28,000kcal/h)。SC：ＳＣ39(190kVA)
　　　　ＶＶＶＦインバータ制御。パンタグラフ：ＰＳ26Ａ
▽機器更新車は、制御装置をＳＣ38(GTO)からＳＣ111系(IGBT=ＭＭ４個一括２群制御)に変更

▽営業運転開始は 1993(H05).07.02
　当日、Ｂe01は「ビューわかしお」、Ｂe02は「ビューさざなみ」
▽255系を使用した列車は、2005(H17).12.10改正から、「ビューわかしお」は「わかしお」、
　「ビューさざなみ」は「さざなみ」へ
　列車名が変更となったほか、「しおさい」にも充当開始
▽2015(H27).03.14改正にて、「さざなみ」での運行消滅
▽2018(H30).03.17改正にて、「さざなみ」運用復活
▽2023(R05).03.18改正　充当列車は、
　「しおさい」1・3・5・7・9・11・13号、2・6・8・10・12・14号
　「わかしお」3・11・19号、2・12・20号
　「さざなみ」6号

▽４号車グリーン車は全室禁煙(2000.12.02ダイヤ改正から)
▽2005(H17).12.10改正から全車禁煙
▽５号車に多目的室、車イス対応トイレがある
▽Ｂe01はビデオ巡回装置取付(1996.11.210F)
▽側面行先表示器をＬＥＤ化
　Ｂe01=05.10.28　Ｂe02=05.11.02　Ｂe03=05.10.25
　Ｂe04=05.10.31　Ｂe05=05.11.01
▽外幌取付実績は、2010冬号までを参照
▽改良型下部オオイ(スカート)に取替えた車両(対象車両完了)は、
　クハ255- 1=10.03.16・2=10.03.25・3=10.08.31・4=10.08.25・5=10.09.09
　クハ254- 1=10.03.15・2=10.03.24・3=10.09.01・4=10.08.26・5=10.09.10

配置両数

255系		
M_1	モハ255	10
M_2	モハ254	10
Tc	クハ255	5
Tc′	クハ254	5
T_1	サハ255	5
T_2	サハ254	5
Ts	サロ255	5
	計	45
E257系		
M	モハE257$_{5}$	10
	モハE257$_{15}$	10
M′	モハE256$_{5}$	10
Tc	クハE257$_{5}$	10
Tc′	クハE256$_{5}$	10
	計	50
209系		
M	モハ209	78
M′	モハ208	78
Tc	クハ209	63
Tc′	クハ208	63
	計	282
E131系		
Mc	クモハE131	12
Tc′	クハE130	12
	計	24

E257系 ←館山・安房鴨川・銚子　　東京→

わかしお
さざなみ
しおさい

	←5	4	3	2	1→		
	クハ	モハ	モハ	モハ	クハ		改良型
	E257	E257	E256	E257	E256	新製月日	下部オオイ へ
	+ CP--		--SC		--SC CP+		
NB01	501	501	501	1501	501	04.07.16日立	10.07.280M
NB02	502	502	502	1502	502	04.07.16日立	11.01.310M
NB03	503	503	503	1503	503	04.08.05日立	10.06.030M
NB04	504	504	504	1504	504	04.08.05日立	10.11.190M
NB05	505	505	505	1505	505	04.08.26日立	10.02.030M
NB15	515	515	515	1515	515	05.09.02日立	10.06.05マリ
NB16	516	516	516	1516	516	05.09.02日立	10.12.230M
NB17	517	517	517	1517	517	05.10.07日立	10.02.27マリ
NB18	518	518	518	1518	518	05.10.07日立	10.02.07マリ
NB19	519	519	519	1519	519	05.10.28日立	11.04.050M

▽E257系諸元／車体：アルミニウム合金ダブルスキン構造
VVVFインバータ制御：ＳＣ78·79(IGBT)
主電動機：ＭＴ72Ｂ(145kW)。台車：ＤＴ64Ｂ、ＴＲ249Ｄ、ＴＲ249Ｅ
空調装置：ＡＵ302Ａ(42,000kcal/h)〔床下装備〕
ＴＩＭＳ(列車情報管理装置)を装備
パンタグラフ形式：ＰＳ37(シングルアーム式)
補助電源装置：ＳＣ80(210kVA)〔静止型インバータ〕
電動空気圧縮機：MH3122-C1400S
電気連結器、自動解結装置(+印)装備
▽２号車に車イス対応トイレ
▽NB18にビデオ巡回装置取付(2009.02.260M)=23.003.29撤去

▽営業運転開始は、2004(H16).10.16
▽2023(R05).03.18改正　充当列車は、
「わかしお」1・7・9・13号、4・6・16・18・22・24号、
10両編成は、「わかしお」5・15・17・21・23号、4・6・16・18・22・24号
「さざなみ」1・3・5・7・9号、2・4号
「しおさい」4号
▽「ホームライナー千葉」は、2019(H31).03.16改正にて運転終了
▽2005(H17).12.10改正から全車禁煙

209系 ←　　千葉・両国→

房総各線

	←6	5	4	3	2	1→			
	クハ	モハ	モハ	モハ	モハ	クハ	2200代		パンタグラフ
	209	209	208	209	208	208	改造月日		ＰＳ33Ｆ化
		--	--SC CP		--SC CP--				
Ｊ１	2202	2203	2203	2204	2204	Ⓣ2202	09.07.06TK	〔Tc25+MM′49+MM′50+Tc′25〕	12.03.22

▽Ｊ１編成は、2018(H30).01.06、サイクルトレイン「Ｂ.Ｂ.ＢＡＳＥ」(ビー・ビー・ベース)にて運行開始。
４号車はフリースペース。ほかの５両は座席と自転車を装着できるサイクルラックを備えた車両(17.09.280M出場)

E131系 ←上総一ノ宮・安房鴨川・鹿島神宮　　成田・木更津・(幕張)→

外房線
内房線
成田線
鹿島線

	←2	♿1→	
	クモハ	クハ	
	E131	E130	
	+SC --	CP+	
R01	1	1	20.07.16 J 新津
R02	2	2	20.07.16 J 新津
R03	3	3	20.08.24 J 新津
R04	4	4	20.08.24 J 新津
R05	5	5	20.10.06 J 新津
R06	6	6	20.10.06 J 新津
R07	7	7	20.11.20 J 新津
R08	8	8	20.11.20 J 新津
R09	9	9	21.02.08 J 新津
R10	10	10	21.02.08 J 新津
R11	81	81	21.02.24 J 新津
R12	82	82	21.03.15 J 新津

▽E131系は、2021(R03).03.13から営業運転開始(ワンマン運転)
▽諸元／軽量ステンレス製(sustina)。車体幅 2,950mm(拡幅車体)。
　房総の海と菜の花をイメージした青と黄色の帯、前面は海の波しぶきを思わせる水玉模様
　主電動機：ＭＴ83(150kW。全閉外扇型誘導電動機)
　制御装置：ＳＣ123(ＳｉＣ半導体素子[ＶＶＶＦ]・２ＭＭ制御×１群構成)
　SC：ＳＣ124(160kVA)。CP：MH3139-C1000EF-D15MA
　パンタグラフ：ＰＳ33Ｈ。台車：ＤＴ80系、ＴＲ273系
　空調装置；ＡＵ737A-G2(50,000kcal/h)。室内灯：ＬＥＤ
　各車両に車イス(ベビーカー)対応フリースペースを設置
　座席は一部セミクロスシート(定員　Mc=142名[80代=137名]、Ｔc=135名[80代=130名])。トイレは車イス対応大型トイレ
　ワンマン運転対応(乗降確認カメラ装備)
▽Ｒ11編成は線路設備モニタリング装置搭載．Ｒ12編成はその予備編成
▽幕張～木更津間は回送

▽ＡＴＳ-Ｐ 使用開始について
1991(H03).03.19　成田線成田～成田空港間
1993(H05).10.24　総武快速線錦糸町～市川間
1993(H05).10.31　総武快速線市川～千葉間、横須賀線東戸塚～大船間、横浜駅構内
1994(H06).02.06　大崎～東戸塚間(大崎駅構内は1992.12.18)
1994(H06).03.06　横須賀線大船～久里浜間
1994(H06).03.27　品川駅構内(横須賀線品川～大崎間)
1994(H06).10.28　総武本線・成田線千葉～成田間
2000(H12).02.06　外房線千葉～蘇我間
2000(H12).08.17　外房線蘇我～上総一ノ宮間
2001(H13).02.04　内房線千葉～巌根間
2001(H13).03.18　内房線巌根～君津間
2000(H12).12.17　総武本線佐倉～成東間
2004(H16).02.29　総武本線錦糸町～東京～横須賀線品川間(ＡＴＣから変更)

▽1972(S47).07.05開設
▽2004(H16).10.16 幕張電車区から幕張車両センターと区所名称を変更
　また同日、幕張電車区木更津支区は千葉運転区木更津支区と改称となった
▽2007(H19).03.18、千葉運転区木更津支区は幕張車両センター木更津派出と変更
▽2023(R05).06.22、車両の管轄は千葉支社から首都圏本部に変更。
　車体標記は「千」から「都」に変更。但し車体の標記は、現在、変更されていない

209系　←安房鴨川・銚子・成東　　千葉→

【青と黄帯】
房総各線

	←6 クハ 209	5 モハ 209	4 モハ 208	3 モハ 209	2♿ モハ 208	1→ クハ 208	改造月日	〔旧車号〕	ホームドア
	+	--	--SC CP		--SC CP--	+			
	○○ ○○	●● ●●	●● ●●	●● ●●	●● ●●	○○ ○○			
C602	2102	2103	2103	2104	2104	2102	09.07.29OM	〔Tc69+MM′137+MM′138+Tc′69〕	
C603	2103㊎	2105	2105	2106	2106	2103	09.08.27TK	〔Tc41+MM′ 81+MM′ 82+Tc′41〕	20.10.23
C604	2104	2107	2107	2108	2108	2104	09.09.26OM	〔Tc42+MM′ 83+MM′ 84+Tc′42〕	
C606	2106	2111	2111	2112	2112	2106	09.11.18OM	〔Tc44+MM′ 87+MM′ 88+Tc′44〕	20.09.04
C607	2107	2113	2113	2114	2114	2107	09.12.21TK	〔Tc45+MM′ 89+MM′ 90+Tc′45〕	
C608	2108	2115	2115	2116	2116	2108	10.02.01OM	〔Tc46+MM′ 91+MM′ 92+Tc′46〕	
C610	2110	2119	2119	2120	2120	2110	10.11.19TK	〔Tc49+MM′ 97+MM′ 98+Tc′49〕	
C615	2115	2129	2129	2130	2130	2115	12.10.31TK	〔Tc56+MM′111+MM′112+Tc′56〕	
C617	2117	2133	2133	2134	2134	2117	10.06.21OM	〔Tc59+MM′117+MM′118+Tc′59〕	
C621	2121㊎	2141	2141	2142	2142	2121	11.10.13AT	〔Tc71+MM′141+MM′142+Tc′71〕	
C622	2122	2143	2143	2144	2144	2122	11.07.25TK	〔Tc58+MM′115+MM′116+Tc′58〕	
C623	2123	2145	2145	2146	2146	2123	10.07.03TK	〔Tc62+MM′123+MM′124+Tc′62〕	
C624	2124	2147	2147	2148	2148	2124	10.04.07OM	〔Tc63+MM′125+MM′126+Tc′63〕	
C625	2125	2149	2149	2150	2150	2125	10.07.28NN	〔Tc65+MM′129+MM′130+Tc′65〕	

▽「房総各線」とは内房線、外房線、総武本線、成田線、鹿島線、東金線のこと
▽運転は６両・４両単独編成のほか、10両・８両編成がある

▽2009(H21).10.01から営業運転開始
▽2010(H22).12.04改正から鹿島線、成田線(成田～成田空港間)にも入るようになっている
▽2021(R03).03.13改正にて、鹿島線にE131系投入を受けて、209系の乗入れは終了
▽209系諸元／軽量ステンレス製、帯の色は青と黄色
主電動機：ＭＴ68(95kW)、制御装置：ＳＣ88Ａ(ＭＭ４個並列駆動×２群制御)
パンタグラフ形式：ＰＳ28Ａ、空調装置：ＡＵ720Ａ(42,000kcal/h)
SC：ＳＣ92(210kVA)。CP形式：MH3096-C1600S(1600NL/min)。最高速度：110km/h
電気連結器、自動分併装置(+印)装備。押しボタン式半自動扉回路装備
▽改造に際して、ＶＶＶＦインバータなどを変更したほか、
スカート大型化、前面・側面の行先表示器ＬＥＤ化、運行表示器ＬＥＤ表示４桁化などを図る
▽座席は中間車はロングシート、先頭車はセミクロスシート
▽トイレは、６両編成、４両編成とも２号車の１号車寄り(東京湾の反対側)
▽斜字の車両のドアは空気式、ほかは電気式
▽㊎は線路設備モニタリング装置搭載(クハ209-2103=20.10.23OM)
モニタリング装置予備搭載　クハ209-2121=23.01.20、クハ209-2158=22.11.11
▽編成番号太字の編成は、ホームドア対応工事施工車。
ホームドア対応工事完了に伴い、2020(R02).03.19、空港第２ビル駅にて昇降式ホーム柵使用開始

209系 ←安房鴨川・銚子・成東　　　　　　　　千葉→

【青と黄帯】
房総各線

	←4 クハ 209	3 モハ 209	2 ♿ モハ 208	1→ クハ 208	改造月日	〔旧車号〕	ホームドア
	+	--	--SC CP--	+			
	○○ ○○	●● ●●	●● ●●	○○ ○○			
C401	2127	2153	2153	2127	10.02.02NN	〔Tc28+MM′151+Tc′28〕	20.03.04OM
C402	2128	2154	2154	2128	09.12.09NN	〔Tc76+MM′152+Tc′76〕	21.06.16
C403	2129	2155	2155	2129	09.10.08NN	〔Tc34+MM′149+Tc′34〕	19.10.25
C404	2130	2156	2156	2130	09.08.04NN	〔Tc75+MM′150+Tc′75〕	22.02.04
C405	2131	2157	2157	2131	09.07.07OM	〔Tc20+MM′147+Tc′20〕	22.02.10
C406	2132	2158	2158	2132	11.06.14OM	〔Tc74+MM′148+Tc′74〕	21.08.18
C407	*2001*	2159	2159	*2001*	11.01.19AT	〔Tc12+MM′153+Tc′12〕	21.12.24
C408	2133	2160	2160	2133	10.11.19AT	〔Tc77+MM′154+Tc′77〕	21.03.19
C409	*2002*	2161	2161	*2002*	09.08.11KY	〔Tc15+MM′155+Tc′15〕	21.11.03
C410	2134	2162	2162	2134	09.07.07KY	〔Tc78+MM′156+Tc′78〕	20.12.03
C411	2135	2163	2163	2135	11.05.11AT	〔Tc17+MM′157+Tc′17〕	21.07.15
C412	2136	2164	2164	2136	11.04.13AT	〔Tc79+MM′158+Tc′79〕	19.08.24
C413	2137	2165	2165	2137	09.10.09AT	〔Tc21+MM′ 57+Tc′21〕	21.01.27
C414	2138	2166	2166	2138	10.01.08AT	〔Tc29+MM′ 58+Tc′29〕	19.11.19OM
C415	2139	2167	2167	2139	10.04.09AT	〔Tc22+MM′ 61+Tc′22〕	20.01.31OM
C416	2140	2168	2168	2140	10.08.12AT	〔Tc31+MM′ 62+Tc′31〕	20.09.17
C417	2141	2169	2169	2141	09.06.10NN	〔Tc24+MM′ 73+Tc′24〕	19.08.20OM
C418	2142	2170	2170	2142	09.10.16KY	〔Tc37+MM′ 74+Tc′37〕	19.10.22OM
C419	2143	2171	2171	2143	10.06.08KY	〔Tc27+MM′ 77+Tc′27〕	20.11.06
C420	2144	2172	2172	2144	10.11.11KY	〔Tc39+MM′ 78+Tc′39〕	19.12.27
C421	2145	2173	2173	2145	11.01.13KY	〔Tc30+MM′ 79+Tc′30〕	20.10.14
C422	2146	2174	2174	2146	11.03.10KY	〔Tc40+MM′ 80+Tc′40〕	19.12.23
C423	2147	2175	2175	2147	11.07.29AT	〔Tc32+MM′159+Tc′32〕	20.02.06
C424	2148	2176	2176	2148	11.06.15AT	〔Tc80+MM′160+Tc′80〕	20.04.20
C425	*2003*	2177	2177	*2003*	09.12.01KY	〔Tc11+MM′ 71+Tc′11〕	19.09.19OM
C426	2149	2178	2178	2149	10.02.09KY	〔Tc36+MM′ 72+Tc′36〕	19.12.19OM
C427	*2004*	2179	2179	*2004*	11.05.19KY	〔Tc 8+MM′ 99+Tc′ 8〕	19.05.14
C428	2150	2180	2180	2150	11.06.23KY	〔Tc50+MM′100+Tc′50〕	19.04.19
C429	*2005*	2181	2181	*2005*	11.02.21NN	〔Tc14+MM′101+Tc′14〕	19.06.03
C430	2151	2182	2182	2151	10.12.18NN	〔Tc51+MM′102+Tc′51〕	20.08.06
C431	*2006*	2183	2183	*2006*	10.08.10KY	〔Tc 6+MM′107+Tc′ 6〕	20.08.13
C432	2152	2184	2184	2152	10.09.28KY	〔Tc54+MM′108+Tc′54〕	20.01.07
C433	*2007*㋲	2185	2185	*2007*	10.08.30OM	〔Tc10+MM′109+Tc′10〕	20.03.30
C434	2153	2186	2186	2153	11.09.09KY	〔Tc55+MM′110+Tc′55〕	20.03.09
C435	2154	2187	2187	2154	10.08.25AT	〔Tc18+MM′121+Tc′18〕	19.09.24
C436	2155	2188	2188	2155	10.09.15AT	〔Tc61+MM′122+Tc′61〕	19.07.24
C437	*2008*	2189	2189	*2008*	10.04.02KY	〔Tc 9+MM′143+Tc′ 9〕	19.07.19OM
C438	2156	2190	2190	2156	11.03.29NN	〔Tc72+MM′144+Tc′72〕	20.08.19
C439	2157	2191	2191	2157	11.08.02NN	〔Tc19+MM′127+Tc′19〕	20.05.14
C440	2158㋲	2192	2192	2158	11.06.27NN	〔Tc64+MM′128+Tc′64〕	19.06.21
C441	*2009*	2193	2193	*2009*	10.03.26NN	〔Tc16+MM′133+Tc′16〕	19.11.26
C442	2159	2194	2194	2159	10.11.02NN	〔Tc67+MM′134+Tc′67〕	20.07.29

							4両編成化(ホームドア対応)	
C443	2105	2110	2110	2105	12.07.11TK	〔Tc43+MM′ 86+Tc′43〕	21.03.17	
C444	2111	2122	2122	2111	12.08.07TK	〔Tc33+MM′ 66+Tc′33〕	21.03.06	(21.01.15)
C445	2113	2126	2126	2113	12.06.18OM	〔Tc52+MM′104+Tc′52〕	21.03.03	(20.11.21)
C446	2114	2128	2128	2114	12.07.13NN	〔Tc53+MM′106+Tc′53〕	21.03.24	(20.12.24)
C447	2116	2132	2132	2116	12.09.27AT	〔Tc57+MM′114+Tc′57〕	21.03.10	(21.01.07)
C448	2120	2140	2140	2120	12.09.05TK	〔Tc76+MM′146+Tc′73〕	21.02.26	(21.02.18)

高崎車両センター　都タカ

123両

配置両数		
211系		
Mc	クモハ211	34
M′	モ　ハ210	34
Tc′	ク　ハ210	34
T	サ　ハ211	20
	計	122
115系		
Mc	クモハ115	1
	計	1

211系　←水上・小山・大前・新前橋・横川　高崎→

【湘南帯】
上越線
両毛線
吾妻線
信越本線

19C2

	クモハ 211	モハ 210	クハ 210	新製月日	パンタグラフ PS33E	半自動スイッチ 取付工事	ミュージェット 取付工事
A 4	3004	3004	3004	86.02.17日立	09.11.09	12.05.13	16.12.010M
A 5	3005	3005	3005	86.02.17日立	09.10.16	12.05.13	16.12.010M
A 6	3006	3006	3006	86.02.21近車	09.08.20	12.05.19	16.08.120M
A 7	3007	3007	3007	86.02.27近車	09.08.21	12.05.19	16.08.120M
A 8	3008	3008	3008	86.02.27近車	09.10.13	12.04.22	17.01.310M
A11	3011	3011	3011	86.03.07川重	09.10.05	12.04.15	16.12.200M
A12	3012	3012	3012	86.03.12川重	09.10.06	12.04.15	16.12.200M
A14	3014	3014	3014	86.03.20近車	09.10.14	12.04.22	17.01.310M
A15	3015	3015	3015	86.04.01近車	09.10.08	12.05.06	17.06.290M
A19	3019	3019	3019	86.04.22日車	09.11.12	12.04.13	17.08.180M
A21	3021	3021	3021	86.04.22日車	09.11.10	12.04.13	17.08.180M
A22	3022	3022	3022	86.06.26日立	09.12.01	12.04.24	16.09.010M
A29	3029	3029	3029	88.04.26川重	09.12.01	12.04.24	16.09.010M
A47	3047	3047	3047	90.04.12川重	09.10.09	12.05.06	17.06.290M

▽211系は軽量ステンレス製。電気連結器、自動解結装置(+印)を装備。座席はロングシート
▽リニューアル工事、ＥＢ装置取付実績は、2016夏までを参照
▽パンタグラフはシングルアーム式ＰＳ33Ｅに取替え
▽半自動スイッチ取付工事により、車内押しボタンスイッチ式の改良型に変更
▽砂マキ器取付は、ミュージェット式を装着
▽㊰は線路モニタリング装置搭載(サハ211-3065=19.03.130M)
▽上越線水上まで、吾妻線、信越本線横川までの充当開始は、2016(H28).08.22 ～。当初は４両編成
　３・４両編成は、砂マキ器取付車から営業運転に復活

▽運用は、４両編成は単独仕業、３両編成は６両編成での運転が基本のため、６両編成のＣ編成を下記に掲載する

[参考]　Ｃ編成

	クモハ 211	モハ 210	クハ 210	クモハ 211	モハ 210	クハ 210	
C02	3007	3007	3007	3006	3006	3006	A 7＋A 6
C04	3005	3005	3005	3004	3004	3004	A 5＋A 4
C06	3021	3021	3021	3019	3019	3019	A21＋A19
C08	3029	3029	3029	3022	3022	3022	A29＋A22
C13	3014	3014	3014	3008	3008	3008	A14＋A 8
C15	3047	3047	3047	3015	3015	3015	A47＋A15
C17	3012	3012	3012	3011	3011	3011	A12＋A11

115系　←水上・大前・小山・横川　高崎→

【湘南色】

16C2

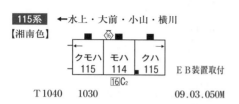

	クモハ 115	モハ 114	クハ 115	EB装置取付
T1040	1030			09.03.050M

▽2018(H30).03.16限りにて定期運用消滅。03.21に団体専用列車「ありがとう115系」にてラストラン。
　当日の編成はＴ1022＋Ｔ1032の６両編成。運転は高崎～横川間往復と高崎～水上間往復

211系 ←水上・小山・大前・新前橋・横川　　　　高崎→

【湘南帯】
上越線
両毛線
吾妻線
信越本線

	クモハ 211	モハ 210	サハ 211	クハ 210	新製月日	パンタグラフ PS33E	半自動スイッチ 取付工事	ミュージェット 取付工事
		19C2						
A 9	3009	3009	3020	3009	86.03.18日車	09.09.15	12.04.20	17.03.100M
A25	3025	3025	3049	3025	88.03.31川重	09.06.23	12.04.14	16.08.020M
A26	3026	3026	3051	3026	88.03.31川重	09.10.29	12.04.29	17.02.200M
A27	3027	3027	3053	3027	88.04.19川重	09.07.06	12.05.09	16.11.290M
A28	3028	3028	3055	3028	88.04.19川重	09.06.24	12.05.12	16.07.290M
A30	3030	3030	3059	3030	88.12.16東急	09.08.10	12.05.01	16.11.110M
A51	3051	3051	3104	3051	90.04.26川重	09.09.08	12.04.24	16.09.060M
A52	3052	3052	3103	3052	90.04.26川重	09.09.09	12.04.24	16.09.070M
A56	3056	3056	3114	3056	91.09.05川重	09.08.26	12.04.21	16.10.070M
A57	3057	3057	3113	3057	91.09.05川重	09.08.27	12.04.21	16.09.300M
A58	3058	3058	3118	3058	91.09.12川重	09.07.29	12.05.13	16.10.280M
A59	3059	3059	3117	3059	91.09.12川重	09.07.30	12.05.13	16.10.250M
A60	3060	3060	3122	3060	91.09.25川重	09.09.17	12.04.22	設置済
A61	3061	3061	3121	3061	91.09.25川重	09.09.18	12.04.22	設置済

	クモハ 211	モハ 210	サハ 211	クハ 210	新製月日	パンタグラフ PS33E	半自動スイッチ 取付工事	2パン化	ミュージェット 取付工事
		19C2							
A31	3031	3031	3061	3031	88.12.16東急	09.01.23	12.04.27	09.01.23	17.05.110M
A32	3032	3032	3063	3032	89.01.12東急	09.01.13	12.05.07	09.12.13	17.10.120M
A33	3033	3033	㊦3065	3033	89.01.12東急	09.02.27	12.04.19	09.02.27	17.08.250M
A34	3034	3034	3067	3034	89.01.26東急	08.11.07	12.04.28	08.11.07	17.05.260M
A36	3036	3036	3071	3036	89.07.10川重	08.10.10	12.04.30	08.10.10	17.09.260M
A37	3037	3037	3073	3037	89.08.12川重	08.10.24	12.05.30	08.10.24	17.05.180M

▽東北・高崎・上越線系統のＡＴＳ-Ｐ 使用開始について
1989(H01).05.20　東北本線上野～尾久間
1993(H05).10.03　東北本線尾久～蓮田間(大宮駅構内は1992.09.26から)
　高崎線大宮～宮原間
1994(H06).02.03　東北貨物線池袋～大宮間(赤羽駅構内は1994.04.24から)
1997(H09).11.01　高崎線宮原～籠原間
2001(H13).02.16　高崎線籠原～高崎間
2000(H12).11.09　上越線高崎～新前橋間
2002(H14).04.21　上越線新前橋～渋川間
2009(H21).03.22　上越線渋川～水上間
2002(H14).05.22　両毛線新前橋～前橋間
2008(H20).01.27　両毛線前橋～桐生間
2009(H21).10.01　両毛線桐生～小山間
2008(H20).03.30　信越本線高崎～横川間
2010(H22).01.24　吾妻線渋川～大前間

▽1997(H09).03.22ダイヤ改正から終日全車禁煙(全区間)

▽1959(S34).04.20開設
▽2005(H17).12.10に、新前橋電車区検修部門が独立、高崎車両センター発足
旧高崎車両センターは、高崎車両センター高崎支所へ
また、籠原運輸区の検修部門は、高崎車両センター籠原派出所へ
新前橋電車区運転部門は、高崎車掌区の一部を統合、新前橋運輸区へ組織改正
▽2023(R05).06.22、車両の管轄は高崎支社から首都圏本部に変更。
車体標記は「高」から「都」に変更。但し車体の標記は、現在、変更されていない

東日本旅客鉄道 大宮総合車両センター 東大宮センター 都オオ 236両

651系 ←長野原草津口・前橋・新前橋　　新宿・上野→

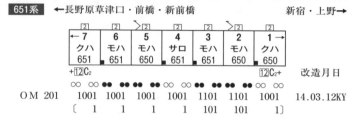

	←7	6	5	4	3	2	1→	
	クハ	モハ	モハ	サロ	モハ	モハ	クハ	
	651	651	650	651	651	650	650	
	+12C2						12C2+	改造月日
OM 201	1001	1001	1001	1001	1101	1101	1001	14.03.12KY
	〔1	1	1	1	101	101	1〕	

▽2014(H26).03.15から、東北・高崎線にて営業運転開始
▽指定席の表示は、「スワローあかぎ」にて表示
▽空調装置 AU711。パンタグラフ PS33D。電気連結器、自動解結装置(+印)装備
▽〔 〕内は旧車号。 651系を直流専用化改造
▽㋲は線路設備モニタリング装置搭載車(サロ651-1004=18.08.27KY　1002=19.12.12(材料予備))
▽車イス対応トイレは3号車に設置
▽2023(R05).03.18改正にて定期運転消滅

253系 ←新宿　　東武日光・鬼怒川温泉→

日光 きぬがわ	←6	5	4	3	2	1→		
	クハ	サハ	モハ	モハ	モハ	クモハ		
	253	253	253	252	253	252		
	--	--		--SCCP++		--SCCP	新製月日	改造月日
OM-N01	**1001**	**1001**	**1101**	**1001**	**1001**	**1001**	02.04.16東急	11.03.310M
OM-N02	**1002**	**1002**	**1102**	**1002**	**1002**	**1002**	02.04.25東急	10.12.23東急

▽2011(H23).06.04から営業運転開始

▽諸元／主電動機：MT74A(120kW)。制御装置：SC96〔IGBT〕
　補助電源：SC97。CP：MH3094-C2000ML。台車：DT69、TR254
　パンタグラフ形式：PS26。最高速度：130km/h
　空調装置：AU812-G3 (冷房時28,000kcal/h、暖房時21,000kcal/h)
▽車イス対応大型トイレは2号車に設置

▽1969(S44).04.25　尾久客車区東大宮派出所として開設
　2001(H13).04.01　大宮支社発足に合わせて小山電車区東大宮派出所と改称
　2004(H16).06.01　小山車両センター東大宮派出所と改称
▽小山車両センター東大宮派出所としてこれまでは車両を留置であったが、
　2006(H18).03.18 から大宮総合車両センター東大宮センターとして車両を配置
▽2013(H25).03.16、田町車両センターから251系・185系・183系など転入
　検修棟開設式実施(交番検査や臨時修繕などの検修業務)
▽2022(R04).10.01、首都圏本部発足。車両の管轄は大宮支社から首都圏本部に変更。
　車体標記は「宮」から「都」に変更。但し車体の標記は、現在、変更されていない

配置両数

E257系		
M	モハE257$_{2000}$	13
	モハE257$_{2100}$	13
	モハE257$_{2500}$	4
	モハE257$_{3000}$	13
	モハE257$_{3500}$	4
M	モハE257$_{5000}$	3
	モハE257$_{5100}$	3
	モハE257$_{5500}$	5
	モハE257$_{6000}$	3
	モハE257$_{6500}$	5
M′	モハE256$_{2000}$	13
	モハE256$_{2100}$	13
	モハE256$_{2500}$	4
M′	モハE256$_{5000}$	3
	モハE256$_{5100}$	3
	モハE256$_{5500}$	5
Tc	クハE257$_{2100}$	13
	クハE257$_{2500}$	4
Tc	クハE257$_{5100}$	3
	クハE257$_{5500}$	5
Tc′	クハE256$_{2000}$	13
	クハE256$_{2500}$	4
Tc′	クハE256$_{5000}$	3
	クハE256$_{5500}$	5
T	サハE257$_{2000}$	13
T	サハE257$_{5000}$	3
Ts	サロE257$_{2000}$	13
Ths	サロハE257	3
	計	189
253系		
M′c	クモハ252	2
M_2	モハ253	2
M_3	モハ253	2
M′	モハ252	2
Tc′	クハ253	2
T	サハ253	2
	計	12
E261系		
Ms	モロE261	2
Ms_1	モロE261	4
Ms_2	モロE260	4
Tsc	クロE261	2
Tsc′	クロE260	2
TD	サシE261	2
	計	16
185系		
M	モハ185	4
M′	モハ184	4
Tc	クハ185	2
Tc′	クハ185	2
	計	12
651系		
M_1	モハ651	1
M_2	モハ651	1
M_1'	モハ650	1
M_2'	モハ650	1
Tc	クハ651	1
Tc′	クハ650	1
Ts	サロ651	1
	計	7

E261系 ←東京・新宿　　　　　　　　　　伊豆急下田→

サフィール踊り子	←8	7	6	5	4	3	2	1→	
	クロ	モロ	モロ	モロ	サシ	モロ	モロ	クロ	
	E261	E261	E260	E261	E261	E261	E260	E260	
	SC=-	CP --	--			-- CP	--	-=SC	新製月日
	○○ ○○	●● ●●	●● ●●	●● ●●	○○ ○○	●● ●●	●● ●●	○○ ○○	
ＲＳ01	1	201	1	1	1	101	101	1	19.11.21川重+日立
ＲＳ02	2	202	2	2	2	102	102	2	19.11.27川重+日立

▽2020(H02).03.14から営業運転開始
▽E261系諸元／アルミニウム合金ダブルスキン構造
　主電動機：ＭＴ79(140kW)、制御装置：ＳＣ121
　空調装置：ＡＵ302Ａ(床下集中式、冷房36,000kcal/h、暖房17,200kcal/h)、パンタグラフ：ＰＳ33Ｈ
　台車：ＤＴ88、ＴＲ272、ＴＲ272Ａ
　補助電源装置：ＳＣ106Ａ(260kVA)、電動空気圧縮機：MH3130-C1600F
　座席：回転式リクライニングシート。シートピッチ=１号車 プレミアムグリーン車1250㎜、
　５～８号車グリーン車1160㎜、２・３号車はソファ（個室４・６名)、４号車はカフェテリア
　先頭車運転室背面席は、８号車１ＡＢＣ席、１号車１ＡＢ席
　ＩＮＴＥＲＯＳ情報装置搭載
▽車両メーカー　１～3号車は川重、4～8号車は日立
▽車イス対応大型トイレは５号車に設置

E257系 ←東京・新宿　　　　熱海・修善寺・伊豆急下田→

	←9	8	7	6	5	4	3	2	1→	新製月日	機器更新 転用改造
	クハ	モハ	モハ	モハ	サハ	サロハ	モハ	モハ	クハ		
	E257■	E257	E256■	E257	E257■	E257■	E257	E256■	E256		
	+ CP		SC		CP			SC	CP+		
	○○ ○○	●● ●●	●● ●●	●● ●●	○○ ○○	○○ ○○	●● ●●	●● ●●	○○ ○○		
ＯＭ91	5105	5005	5005	6005	5005	5005	5105	5105	5005	02.01.10日立	21.05.24NN
	〔105	5	5	1005	5	5	105	105	5〕		
ＯＭ92	5107	5007	5007	6007	5007	5007	5107	5107	5007	01.12.07東急	21.08.20NN
	〔107	7	7	1007	7	7	107	107	7〕		
ＯＭ93	5111	5011	5011	6011	5011	5011	5111	5111	5011	02.05.10東急	21.12.17NN
	〔111	11	11	1011	11	11	111	111	11〕		

←長野原草津口・高崎　　　　新宿・上野→

草津・四万
あかぎ

	←5	4	3	2	1→	新製月日	改造月日
	クハ	モハ	モハ	モハ	クハ		
	E257■	E257	E256■	E257■	E256		
	+CP−	− −−	SC −−	−−	SC CP+		
	○○ ○○	●● ●●	●● ●●	●● ●●	○○ ○○		
ＯＭ51	5508	5508	5508	6508	5508	04.09.08近車	21.08.16AT
	〔508	508	508	1508	508〕		
ＯＭ52	5509	5509	5509	6509	5509	04.09.16日立	21.05.18AT
	〔509	509	509	1509	509〕		
ＯＭ53	5510	5510	5510	6510	5510	04.09.16日立	21.10.07AT
	〔510	510	510	1510	510〕		
ＯＭ54	5511	5511	5511	6511	5511	05.07.22東急	22.01.12AT
	〔511	511	511	1511	511〕		
ＯＭ55	5512	5512	5512	6512	5512	05.07.22東急	22.04.01AT
	〔512	512	512	1512	512〕		

▽E257系　ＯＭ編成は波動用。表示の運転区間、号車表示は便宜上
▽2023(R05).03.18改正から、５両編成は「草津・四万」「あかぎ」への充当開始。ＮＣ編成と共通運用

E257系 ←東京・新宿　　　熱海・修善寺・伊豆急下田→

踊り子
湘南

	←9	8	7	6	5	4	3	2	1→		
	クハ	モハ	モハ	モハ	サハ	サロ	モハ	モハ	クハ		機器更新
	E257	E257	E256	E257	E257	E257	E257	E256	E256		
	+ CP		SC		CP			SC	CP+	新製月日	転用改造
	∞ ∞	●● ●●	●● ●●	●● ●●	∞ ∞	∞ ∞	●● ●●	●● ●●	∞ ∞		
NA01	2101	2001	2001	3001	2001	2001	2101	2101	2001	01.05.29日立	20.07.28NN
	〔101	1	1	1001	1	Ths 1	101	101	1〕		
NA02	2102	2002	2002	3002	2002	2002	2102	2102	2002	01.06.06近車	21.01.22NN
	〔102	2	2	1002	2	Ths 2	102	102	2〕		
NA03	2103	2003	2003	3003	2003	2003	2103	2103	2003	01.06.22東急	19.04.04AT
	〔103	3	3	1003	3	Ths 3	103	103	3〕		
NA04	2104	2004	2004	3004	2004	2004	2104	2104	2004	01.12.07日立	19.10.01NN
	〔104	4	4	1004	4	Ths 4	104	104	4〕		
NA05	2106	2006	2006	3006	2006	2006	2106	2106	2006	01.12.26近車	20.04.24AT
	〔106	6	6	1006	6	Ths 6	106	106	6〕		
NA06	2108	2008	2008	3008	2008	2008	2108	2108	2008	02.02.06近車	19.10.15JT
	〔108	8	8	1008	8	Ths 8	108	108	8〕		
NA07	2109	2009	2009	3009	2009	2009	2109	2109	2009	02.04.08日立	19.12.06AT
	〔109	9	9	1009	9	Ths 9	109	109	9〕		
NA08	2110	2010	2010	3010	2010	2010	2110	2110	2010	02.04.09東急	19.08.28AT
	〔110	10	10	1010	10	Ths10	110	110	10〕		
NA09	2112	2012	2012	3012	2012	2012	2112	2112	2012	02.05.30日立	19.02.27NN
	〔112	12	12	1012	12	Ths12	112	112	12〕		
NA10	2113	2013	2013	3013	2013	2013	2113	2113	2013	02.06.10東急	19.06.25NN
	〔113	13	13	1013	13	Ths13	113	113	13〕		
NA11	2114	2014	2014	3014	2014	2014	2114	2114	2014	02.07.18日立	20.04.14NN
	〔114	14	14	1014	14	Ths14	114	114	14〕		
NA12	2115	2015	2015	3015	2015	2015	2115	2115	2015	02.08.07近車	20.10.26NN
	〔115	15	15	1015	15	Ths15	115	115	15〕		
NA13	2116	2016	2016	3016	2016	2016	2116	2116	2016	02.09.04近車	20.01.10NN
	〔116	16	16	1016	16	Ths16	116	116	16〕		

踊り子
湘南
草津・四万
あかぎ

	←14	13	12	11	10→		
	クハ	モハ	モハ	モハ	クハ		
	E257	E257	E256	E257	E256		
	+CP-	-	-- SC --		--SC CP+	新製月日	改造月日
	∞ ∞	●● ●●	●● ●●	●● ●●	∞ ∞		
NC31	2506	2506	2506	3506	2506	04.08.26日立	20.09.29AT
	〔506	506	506	1506	506〕		
NC32	2507	2507	2507	3507	2507	04.09.08近車	20.07.06AT
	〔507	507	507	1507	507〕		
NC33	2513	2513	2513	3513	2513	05.08.26東急	21.01.25AT
	〔513	513	513	1513	513〕		
NC34	2514	2514	2514	3514	2514	04.09.08近車	21.03.04AT
	〔514	514	514	1514	514〕		

▽2020(R02).03.14改正から９両編成は「踊り子」に充当開始
　充当は、「踊り子」1・7・15号、4・6・18号
▽2021(R03).03.13から、「踊り子」全列車と新規登場の「湘南」に充当開始。
　ＮＣ編成は、熱海から伊豆箱根鉄道修善寺まで乗入れ、ＮＡ編成は伊豆急行伊豆急下田まで乗入れ
▽2023(R05).03.18改正から、ＮＣ編成は「草津・四万」「あかぎ」への充当開始。ＯＭ編成50代と共通運用
▽E257系諸元/VVVFインバータ制御：機器更新(IGBT)
　主電動機：MT72A、台車：DT64系、TR249系
　空調装置：AU302(冷房36,000KCAL/h、床下集中式)
　パンタグラフ：PS36、
　補助電源装置：SC69・70(210Kva)、電動空気圧縮機：MH3112-C1400S
　TIMS(列車情報管理装置)搭載
　車体：アルミニウム合金ダブルスキン構造
　トイレ：５・11号車トイレは車イス対応大型トイレ

185系 ←東京　　　　伊東・伊豆急下田→

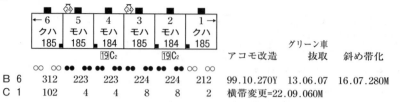

	←6	5	4	3	2	1→			
	クハ	モハ	モハ	モハ	モハ	クハ		グリーン車	
	185	185	184	185	184	185	アコモ改造	抜取	斜め帯化
			19C2		19C2				
B 6	312	223	223	224	224	212	99.10.270Y	13.06.07	16.07.280M
C 1	102	4	4	8	8	2	横帯変更=22.09.060M		

▽2021(R03).03.12にて定期運用消滅。現在は臨時列車を中心に運転。表示の運転区間は便宜上
▽アコモ改造車は、OM編成の車体塗装は、クリーム色をベースに上毛三山をモチーフとしたブロックパターン
A～C編成の車体塗装は、湘南色のブロックパターン
普通車座席をリクライニングシートと変更するとともに室内の化粧板、床を張替え
▽車端幌は、全車取付完了
▽新C 1編成は、旧C 1・2編成を6両編成に組成変更(横帯)

東日本旅客鉄道 小山車両センター　都ヤマ　968両

EV-E301系　←烏山　　　　宝積寺・宇都宮→

東北本線
烏山線

	＜■＞	■	
	←2	♿1→	
	EV-E301	EV-E300	製造月日
	∞ ●●	●● ∞	
V 1	1	1	14.01.23J横浜
V 2	2	2	17.02.27J横浜
V 3	3	3	17.02.24J横浜
V 4	4	4	17.02.24J横浜

▽2014(H26).03.15から営業運転開始
▽愛称は、「ACCUM(アキュム)」
▽大容量の蓄電池を用いて駆動する国内最初の営業用電車
▽ワンマン運転機器装備。押しボタン式半自動扉回路装備
▽VVVFインバータ制御　　▽台車は、DT79、TR255D
▽V01編成は、量産化改造(17.02.270M)にて、LED前照灯を2灯式から多灯式に変更

配置両数

E233系		
M	モ ハE233$_{30}$	16
	モ ハE233$_{32}$	16
	モ ハE233$_{34}$	16
	モ ハE233$_{36}$	18
M′	モ ハE232$_{30}$	16
	モ ハE232$_{34}$	16
	モ ハE232$_{36}$	18
	モ ハE232$_{38}$	16
Tc	ク ハE233$_{30}$	16
	ク ハE233$_{35}$	18
Tc′	ク ハE232$_{30}$	16
	ク ハE232$_{35}$	18
T	サ ハE233$_{30}$	18
Tsd	サ ロE233$_{30}$	16
Tsd′	サ ロE232$_{30}$	16
	計	250
E231系		
M	モ ハE231$_{10}$	84
	モ ハE231$_{15}$	49
M′	モ ハE230$_{10}$	84
	モ ハE230$_{35}$	49
Tc	ク ハE231$_{60}$	49
	ク ハE231$_{80}$	35
Tc′	ク ハE230$_{60}$	35
	ク ハE230$_{80}$	49
T	サ ハE231$_{10}$	49
	サ ハE231$_{30}$	35
	サ ハE231$_{60}$	49
Tsd	サ ロE231$_{10}$	49
Tsd′	サ ロE230$_{10}$	49
	計	665
E131系		
Mc	クモハE131	15
M_1	モ ハE131	15
Tc′	ク ハE130	15
	計	45
EV-E301系		
Mc	EV-E301	4
Mc′	EV-E300	4
	計	8

▽1966(S41).07.11開設
▽1998(H10).04.01　東京地域本社は東京支社と組織変更
▽2001(H13).04.01　大宮支社発足
▽2004(H16).06.01　小山電車区から小山車両センターに改称
▽2022(R04).10.01、首都圏本部発足。車両の管轄は大宮支社から首都圏本部に変更。
車体標記は「宮」から「都」に変更。但し車体の標記は、現在、変更されていない

E131系　←黒磯　　　　宇都宮・小金井→
　　　　　←宇都宮　　　　　　　日光→

東北本線
日光線

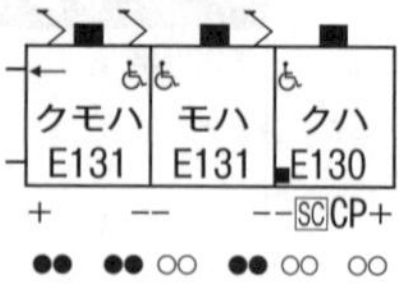

TN 1	601	601	601	21.08.06 J 新津
TN 2	602	602	602	21.08.05 J 新津
TN 3	603	603	603	21.08.18 J 新津
TN 4	604	604	604	21.08.17 J 新津
TN 5	605	605	605	21.09.02 J 新津
TN 6	606	606	606	21.09.01 J 新津
TN 7	607	607	607	21.09.29 J 新津
TN 8	608	608	608	21.09.27 J 新津
TN 9	609	609	609	21.10.18 J 新津
TN10	610	610	610	21.10.15 J 新津
TN11	611	611	611	21.11.15 J 新津
TN12	612	612	612	21.11.12 J 新津
TN13	613	613	613	22.01.07 J 新津
TN14	681	614	681	22.02.01 J 新津
TN15	682	615	682	22.02.09 J 新津

▽E131系は、2022(R04).03.12から営業運転開始。ワンマン運転も合わせて実施。
運用は、日光線と東北本線宇都宮～黒磯間共通化。東北本線ではラッシュ時を中心に6両運転
▽諸元／軽量ステンレス製(sustina)。車体幅 2,950mm(拡幅車体)
火焔太鼓の山車をイメージした黄色と茶色の帯
主電動機：ＭＴ83(150kW。全閉外扇型誘導電動機)
制御装置：ＳＣ126・ＳＣ127(ＳｉＣ半導体素子[ＶＶＶＦ]・２ＭＭ制御×１群構成)
SC：ＳＣ124(160kVA)。CP：MH3139-C1000EF系
パンタグラフ：ＰＳ33H。台車：ＤＴ80系、ＴＲ273系
空調装置：ＡＵ737系(50,000kcal/h)。室内灯：ＬＥＤ
各車両に車イス(ベビーカー)対応フリースペースを設置
座席はロングシート。トイレは車イス対応大型トイレ
定員はクモハ=142名(680代=136名)、クハ=135名(680代=130名)、モハ=160名
ワンマン運転対応(乗降確認カメラ装備)
モハ、クハ屋根上に発電ブレーキ抵抗器搭載
セラミック噴射装置(砂撒き器)をクハに搭載

E233系・E231系
▽室内灯ＬＥＤ化
U107=23.09.28
U220=23.02.28、U223=23.01.12、U226=22.11.11、U230=23.01.25、U233=22.11.25、U234=22.10.13、
U618=22.11.03、U620=23.03.01、U622=22.11.24、U625=22.12.26、U627=22.10.12、U633=23.03.17
▽前照灯灯ＬＥＤ化
U218=23.03.06、U219=23.03.21、U220=23.02.28、U221=23.03.03、U222=23.01.31、U223=23.03.02、U224=23.02.06、U225=23.02.01、
U226=23.02.28、U227=23.03.10、U228=23.03.27、U517=21.03.16、U523=21.03.17、U525=21.03.19、U527=23.03.09、U531=23.03.09、
U532=23.03.01、U536=23.03.20、U537=23.03.17、U538=23.03.06、U539=23.03.03、U540=23.02.24、U585=23.03.20、U587=21.03.22、
U588=23.03.28、U619=23.02.08、U620=23.03.01、U624=23.03.15、U626=23.02.21、U628=21.03.18、U629=23.01.30、U630=23.03.07、
U631=23.02.02、U632=23.02.27、U633=23.03.16
▽機器更新工事　下記編成の中間付随車の施工(付属編成の施工月日は編成表を参照)は、
Ｕ501=18.12.14、Ｕ502=19.01.17、Ｕ503=18.09.06、Ｕ504=19.07.26、Ｕ505=19.05.16、Ｕ507=18.02.05、Ｕ508=17.09.08、
Ｕ509=19.02.07、Ｕ510=19.06.28、Ｕ520=18.04.27、Ｕ521=19.11.22、Ｕ523=17.08.31、Ｕ524=17.12.25、Ｕ526=17.04.28、
Ｕ527=18.06.28、Ｕ528=18.05.24、Ｕ529=17.05.26、Ｕ530=20.01.24、Ｕ531=19.08.30、Ｕ532=18.01.19、Ｕ533=18.07.05、
Ｕ534=18.10.19、Ｕ535=17.06.22、Ｕ536=19.05.31、Ｕ537=17.10.25、Ｕ538=19.10.09、Ｕ539=18.11.02、Ｕ540=17.07.14、
Ｕ541=19.09.06　またU584～591編成は一緒に施工。但し * 印の編成は戸閉装置のみ

E233系 ←宇都宮・前橋　　　　上野・東京・逗子・伊東・沼津→

【湘南帯】
東北本線
高崎線
東海道本線
湘南新宿ライン

	←10♿	9	弱 8	7	6	5	4	3	2	♿1→	
	クハE233	モハE233	モハE232	モハE233	モハE232	サロE233	サロE232	モハE233	モハE232	クハE232	
	+	--	--SC CP--	--	CP	--	--	--SC CP--			新製月日
基本	○○ ○○	●● ●●	●● ●●	●● ●●	●● ●●	○○ ○○	○○ ○○	●● ●●	●● ●●	○○ ○○	
U618	**3018**	**3218**	3018	3418	3818	3018	3018	3018	**3418**	**3018**	12.06.01NT(G=総車)
U619	**3019**	**3219**	3019	3419	3819	3019	3019	3019	**3419**	**3019**	12.06.19NT(G=川重)
U620	**3020**	**3220**	3020	3420	3820	3020	3020	3020	**3420**	**3020**	12.07.06NT(G=川重)
U621	**3021**	**3221**	3021	3421	3821	3021	3021	3021	**3421**	**3021**	12.07.26NT(G=川重)
U622	**3022**	**3222**	3022	3422	3822	3022	3022	3022	**3422**	**3022**	12.08.17NT(G=川重)
U623	**3023**	**3223**	3023	3423	3823	3023	3023	3023	**3423**	**3023**	12.09.05NT(G=川重)
U624	**3024**	**3224**	3024	3424	3824	3024	3024	3024	**3424**	**3024**	12.09.24NT(G=川重)
U625	**3025**	**3225**	3025	3425	3825	3025	3025	3025	**3425**	**3025**	12.10.12NT(G=川重)
U626	**3026**	**3226**	3026	3426	3826	3026	3026	3026	**3426**	**3026**	12.10.31NT(G=川重)
U627	**3027**	**3227**	3027	3427	3827	3027	3027	3027	**3427**	**3027**	12.11.12NT(G=川重)
U628	**3028**	**3228**	3028	3428	3828	3028	3028	3028	**3428**	**3028**	12.12.06NT(G=川重)
U629	**3029**	**3229**	3029	3429	3829	3029	3029	3029	**3429**	**3029**	12.12.25NT(G=総車)
U630	**3030**	**3230**	3030	3430	3830	3030	3030	3030	**3430**	**3030**	13.01.17NT(G=総車)
U631	**3031**	**3231**	3031	3431	3831	3031	3031	3031	**3431**	**3031**	13.02.04NT(G=総車)
U632	**3032**	**3232**	3032	3432	3832	3032	3032	3032	**3432**	**3032**	13.02.22NT(G=総車)
U633	**3033**	**3233**	3033	3433	3833	3033	3033	3033	**3433**	**3033**	13.03.05NT(G=総車)

▽室内灯ＬＥＤ化　U626=21.01.28、U631=21.01.27

	←15♿	14	13	12	♿11→	
	クハE233	サハE233	モハE233	モハE232	クハE232	
付属	--	CP--	--SC CP--		+	新製月日
	○○ ○○	○○ ○○	●● ●●	●● ●●	○○ ○○	
U218	**3518**	**3018**	3618	3618	3518	12.05.21NT
U219	**3519**	**3019**	3619	3619	3519	12.06.06NT
U220	**3520**	**3020**	3620	3620	3520	12.06.25NT
U221	**3521**	**3021**	3621	3621	3521	12.07.12NT
U222	**3522**	**3022**	3622	3622	3522	12.08.01NT
U223	**3523**	**3023**	3623	3623	3523	12.08.23NT
U224	**3524**	**3024**	3624	3624	3524	12.09.11NT
U225	**3525**	**3025**	3625	3625	3525	12.09.28NT
U226	**3526**	**3026**	3626	3626	3526	12.10.18NT
U227	**3527**	**3027**	3627	3627	3527	12.11.06NT
U228	**3528**	**3028**	3628	3628	3528	12.11.26NT
U229	**3529**	**3029**	3629	3629	3529	12.12.12NT
U230	**3530**	**3030**	3630	3630	3530	13.01.05NT
U231	**3531**	**3031**	3631	3631	3531	13.01.22NT
U232	**3532**	**3032**	3632	3632	3532	13.02.08NT
U233	**3533**	㋲**3033**	3633	3633	3533	14.12.05J横浜
U234	**3534**	㋲**3034**	3634	3634	3534	14.12.10J横浜
U235	**3535**	**3035**	3635	3635	3535	15.01.09J横浜

▽東北・高崎線　ＡＴＳ−Ｐ使用開始について
1989(H01).05.20　東北本線上野〜尾久間
1993(H05).10.03　東北本線尾久〜蓮田間(大宮駅構内は1992.09.26から)
　高崎線大宮〜宮原間
1994(H06).02.03　東北貨物線池袋〜大宮間(赤羽駅構内は1994.04.24から)
1998(H10).03.13　東北本線蓮田〜小金井間
2001(H13).12.08　東北本線小金井〜宇都宮間
2005(H17).03.11　東北本線宇都宮〜黒磯間
1997(H09).11.01　高崎線宮原〜籠原間
2001(H13).02.16　高崎線籠原〜高崎間
2000(H12).11.09　上越線高崎〜新前橋間

▽営業運転開始は、2012(H24).09.01
▽付属編成、15両編成にて運転の場合は、宇都宮・籠原〜熱海間にて運転。
５両単独編成では宇都宮〜黒磯間でも運転
▽E233系諸元／軽量ステンレス製、湘南色の帯
主電動機：ＭＴ75(140kW)。ＶＶＶＦインバータ制御：ＳＣ98(ＭＭ４個一括２群制御)
SC：ＳＣ86Ｂ(260kVA)。CP形式：MH3124-C1600SN3B(容量は1600L/min)
台車：ＤＴ71系、ＴＲ255系。パンタグラフ：ＰＳ33Ｄ(シングルアーム)。押しボタン式半自動扉回路装備
空調装置：ＡＵ726系(50,000kcal/h)。ほかに空気清浄機取付。グリーン車はＡＵ729系(20,000kcal/h×２)
▽ロングシート部の座席はセパレートタイプ(ドア間２＋３＋２人、車端３人掛け)
車号太字の車両はセミクロスシート車。グリーン車は回転式リクライニングシート
▽車イス対応トイレ大型トイレは１・10号車とU584 〜 591編成の６号車
▽㋲は線路設備モニタリング装置搭載(サハE233-3034=18.02.13)、3033=19.07.09OM[モニタリング台座取付])
▽室内灯ＬＥＤ化(グリーン車は除く)
U624=22.02.28　U629=22.02.24　U632=22.02.23
▽U618 〜 633・218 〜 232編成は、2015(H27).03.14 高崎車両センターから転入

E231系 ←宇都宮・小金井・前橋　　　　上野・東京・逗子・伊東・沼津→

【湘南帯】
東北本線
高崎線
東海道本線
湘南新宿ライン

	←10 ♿ クハ E231	9 サハ E231	弱冷 8 モハ E231	7 モハ E230	6 サハ E231	5 サロ E231	4 サロ E230	3 モハ E231	2 モハ E230	♿ 1→ クハ E230	新製月日	4·5号車 新製月日	機器更新
	+	--	--	--SCCP--		--	--	--SCCP--					
基本	○○	○○ ○○	○○ ●●	●● ●●	●● ○○	○○ ○○	○○ ○○	○○ ●●	●● ●●	●● ○○ ○○			
U501	6001	1001	1001	1001	6001	1031	1031	1501	**3501**	**8001**	00.03.08東急	05.03.15東急	16.08.16OM
U502	6002	1004	1003	1003	6002	1034	1034	1502	**3502**	**8002**	00.03.15東急	05.06.03川重	16.09.15OM
U503	6003	1007	1005	1005	6003	1035	1035	1503	**3503**	**8003**	00.03.29東急	05.06.03川重	16.10.20OM
U504	6004	1010	1007	1007	6004	1037	1037	1504	**3504**	**8004**	00.05.21川重	05.06.07川重	16.11.10TK
U505	6005	1013	1009	1009	6005	1038	1038	1505	**3505**	**8005**	00.06.10川重	05.06.15川重	17.03.10TK
U506	6006	1016	1011	1011	6006	1039	1039	1506	**3506**	**8006**	00.06.21東急	05.06.15川重	17.06.05OM
U507	6007	1019	1013	1013	6007	1041	1041	1507	**3507**	**8007**	00.07.05東急	05.06.21川重	17.01.22TK
U508	6008	1022	1015	1015	6008	1026	1026	1508	**3508**	**8008**	00.08.08東急	05.03.02東急	16.07.05OM
U509	6009	1025	1017	1017	6009	1023	1023	1509	**3509**	**8009**	00.08.29東急	04.09.22川重	16.06.03OM
U510	6010	1028	1019	1019	6010	1025	1025	1510	**3510**	**8010**	00.09.13東急	04.09.27川重	16.04.28OM
U511	6011	1031	1021	1021	6011	1004	1004	1511	**3511**	**8011**	00.10.04東急	04.03.12東急	17.05.01OM
U512	6012	1034	1022	1022	6012	1002	1002	1512	**3512**	**8012**	00.10.18東急	04.03.10東急	17.10.13OM
U513	6013	1037	1023	1023	6013	1007	1007	1513	**3513**	**8013**	00.11.15東急	04.03.26川重	17.09.11OM
U514	6014	1040	1024	1024	6014	1008	1008	1514	**3514**	**8014**	00.11.28東急	04.03.30川重	17.12.15OM
U515	6015	1043	1025	1025	6015	1011	1011	1515	**3515**	**8015**	00.12.06東急	04.06.21東急	17.08.29TK
U516	6016	1046	1026	1026	6016	1015	1015	1516	**3516**	**8016**	00.12.20東急	04.06.29川重	17.11.14OM
U517	6017	1049	1027	1027	6017	1005	1005	1517	**3517**	**8017**	00.11.09川重	04.03.16東急	17.07.06OM
U518	6018	1052	1028	1028	6018	1010	1010	1518	**3518**	**8018**	00.11.22川重	04.06.21東急	17.08.09OM
U519	6019	1055	1029	1029	6019	1016	1016	1519	**3519**	**8019**	00.12.13川重	04.06.29川重	18.01.23OM
U520	6020	1058	1030	1030	6020	1012	1012	1520	**3520**	**8020**	01.03.27東急	04.06.23東急	15.11.12TK
U521	6021	1061	1032	1032	6021	1009	1009	1521	**3521**	**8021**	01.05.16東急	04.03.30川重	16.02.18TK
U522	6022	1064	1034	1034	6022	1017	1017	1522	**3522**	**8022**	01.05.30川重	04.07.01川重	18.03.28TK
U523	6023	1067	1036	1036	6023	1013	1013	1523	**3523**	**8023**	01.06.06東急	04.06.23東急	15.12.22TK
U524	6024	1070	1038	1038	6024	1014	1014	1524	**3524**	**8024**	01.06.27東急	04.06.23東急	15.11.27TK
U525	6025	1073	1040	1040	6025	1019	1019	1525	**3525**	**8025**	01.07.13東急	04.09.09東急	18.02.23OM
U526	6026	1076	1041	1041	6026	1022	1022	1526	**3526**	**8026**	01.07.24東急	04.09.22川重	16.01.13TK
U527	6027	1079	1042	1042	6027	1024	1024	1527	**3527**	**8027**	01.08.21東急	04.09.22川重	16.02.03TK
U528	6028	1082	1043	1043	6028	1020	1020	1528	**3528**	**8028**	01.08.31東急	04.09.09東急	16.03.03TK
U529	6029	1085	1044	1044	6029	1003	1003	1529	**3529**	**8029**	01.10.04川重	04.03.12東急	16.06.06TK
U530	6030	1088	1046	1046	6030	1001	1001	1530	**3530**	**8030**	01.10.24川重	04.03.10東急	16.04.06TK
U531	6031	1091	1047	1047	6031	1006	1006	1531	**3531**	**8031**	01.11.14川重	04.03.26川重	16.03.25TK
U532	6032	1094	1048	1048	6032	1021	1021	1532	**3532**	**8032**	01.11.28川重	04.09.13東急	16.05.12TK
U533	6033	1097	1049	1049	6033	1028	1028	1533	**3533**	**8033**	01.12.11川重	05.03.04東急	16.07.27TK
U534	6034	1100	1050	1050	6034	1030	1030	1534	**3534**	**8034**	02.03.13東急	05.03.15川重	16.12.15TK
U535	6035	1103	1052	1052	6035	1032	1032	1535	**3535**	**8035**	02.03.29東急	05.03.17川重	16.11.25TK
U536	6036	1106	1054	1054	6036	1027	1027	1536	**3536**	**8036**	02.07.03東急	05.03.02東急	16.08.18TK
U537	6037	1109	1056	1056	6037	1029	1029	1537	**3537**	**8037**	02.07.24東急	05.03.04東急	16.09.26TK
U538	6038	1112	1059	1059	6038	1033	1033	1538	**3538**	**8038**	02.10.16川重	05.03.17川重	16.12.27TK
U539	6039	1115	1062	1062	6039	1036	1036	1539	**3539**	**8039**	02.11.22川重	05.06.07川重	17.02.22TK
U540	6040	1118	1065	1065	6040	1040	1040	1540	**3540**	**8040**	02.12.25川重	05.06.21川重	17.03.29TK
U541	6041	1121	1068	1068	6041	1018	1018	1541	**3541**	**8041**	03.02.06川重	04.07.01川重	16.07.07TK
U584	6042	1126	1104	1104	6042	1084	1084	1584	**3584**	**8084**	06.02.01東急	←	22.10.24OM*
U585	6043	1127	1106	1106	6043	1085	1085	1585	**3585**	**8085**	06.02.24東急	←	22.05.18OM
U586	6044	1128	1108	1108	6044	1086	1086	1586	**3586**	**8086**	06.03.15東急	←	22.06.24OM*
U587	6045	1129	1110	1110	6045	1087	1087	1587	**3587**	**8087**	06.04.05東急	←	22.08.17OM*
U588	6046	1130	1112	1112	6046	1088	1088	1588	**3588**	**8088**	06.04.21東急	←	22.11.29OM
U589	6047	1131	1114	1114	6047	1089	1089	1589	**3589**	**8089**	06.05.12東急	←	22.02.04OM
U590	6048	1132	1116	1116	6048	1090	1090	1590	**3590**	**8090**	06.06.14東急	←	22.03.02OM*
U591	6049	1133	1117	1117	6049	1091	1091	1591	**3591**	**8091**	06.06.23東急	←	22.04.18OM

▽グリーン車の編成替え　U508←06.07.15→U529　U509←06.05.05→U530　U510←06.09.23→U531
▽改良型補助排障器の取替え　実績は2015夏号までを参照　▽レール塗油器装着編成は、U590·591

E231系 ←宇都宮・小金井・籠原　　上野・東京・逗子・熱海→

【湘南帯】
東北本線
高崎線
東海道本線
湘南新宿ライン

	←15♿ クハ E231	14 サハ E231	13 モハ E231	12 モハ E230	♿11→ クハ E230	新製月日	機器更新	機器更新 中間付随車
	+	--	--	--SC CP--	+			
付属	○○	○○ ○○	○○ ●●	●● ●●	●● ○○ ○○			
U 2	**8001**	**3001**	1002	1002	6001	00.03.08東急	18.06.22KY	←
U 4	**8002**	**3002**	1004	1004	6002	00.03.15東急	18.02.05KY	←
U 6	**8003**	**3003**	1006	1006	6003	00.03.29東急	17.09.25KY	←
U 8	**8004**	**3004**	1008	1008	6004	00.05.21川重	17.11.08KY	←
U 10	**8005**	**3005**	1010	1010	6005	00.06.10川重	17.12.20KY	←
U 12	**8006**	**3006**	1012	1012	6006	00.06.21東急	18.05.07KY	←
U 14	**8007**	**3007**	1014	1014	6007	00.07.05東急	18.03.19KY	←
U 16	**8008**	**3008**	1016	1016	6008	00.08.08東急	15.10.15TK	19.07.05
U 18	**8009**	**3009**	1018	1018	6009	00.08.29東急	15.11.30OM	19.06.11
U 20	**8010**	**3010**	1020	1020	6010	00.09.13東急	15.11.12KY	19.01.25
U 31	**8011**	**3011**	1031	1031	6011	01.03.27東急	16.01.22OM	19.09.26
U 33	**8012**	**3012**	1033	1033	6012	01.05.16東急	16.01.14KY	17.11.17
U 35	**8013**	**3013**	1035	1035	6013	01.05.30川重	16.04.08KY	17.04.24
U 37	**8014**	**3014**	1037	1037	6014	01.06.06東急	16.02.24OM	19.08.16
U 39	**8015**	**3015**	1039	1039	6015	01.06.27東急	16.02.18KY	18.12.07
U 45	**8016**	**3016**	1045	1045	6016	01.10.04川重	16.03.28OM	18.10.25
U 51	**8017**	**3017**	1051	1051	6017	02.03.13東急	16.07.28KY	17.05.31
U 53	**8018**	**3018**	1053	1053	6018	02.03.29東急	16.11.01KY	19.11.05
U 55	**8019**	**3019**	1055	1055	6019	02.07.03東急	17.02.01OM	17.08.25
U 57	**8020**	**3020**	1057	1057	6020	02.07.24東急	16.06.16KY	17.11.02
U 58	**8021**	**3021**	1058	1058	6021	02.08.09東急	16.09.06KY	18.07.25
U 60	**8022**	**3022**	1060	1060	6022	02.10.16川重	16.12.13KY	17.09.14
U 61	**8023**	**3023**	1061	1061	6023	02.10.29川重	17.04.06KY	18.08.25
U 63	**8024**	**3024**	1063	1063	6024	02.11.22川重	17.03.02KY	18.06.25
U 64	**8025**	**3025**	1064	1064	6025	02.12.05川重	17.01.24KY	19.11.29
U 66	**8026**	**3026**	1066	1066	6026	02.12.25川重	17.05.18KY	←
U 67	**8027**	**3027**	1067	1067	6027	03.01.08川重	17.06.28KY	←
U 69	**8028**	**3028**	1069	1069	6028	03.02.06川重	17.08.07KY	←
U105	**8063**	**3063**	1105	1105	6063	06.02.01東急	22.05.27OM(戸閉のみ)	
U107	**8064**	**3064**	1107	1107	6064	06.02.24東急	22.07.07OM(戸閉のみ)	
U109	**8065**	**3065**	1109	1109	6065	06.03.15東急	22.07.25OM(戸閉のみ)	
U111	**8066**	**3066**	1111	1111	6066	06.04.05東急	22.09.02OM(戸閉のみ)	
U113	**8067**	**3067**	1113	1113	6067	06.04.21東急	22.09.26OM(戸閉のみ)	
U115	**8068**	**3068**	1115	1115	6068	06.05.12東急	22.11.04OM(戸閉のみ)	
U118	**8069**	**3069**	1118	1118	6069	07.03.30東急	22.11.17OM(戸閉のみ)	

▽E231系は 2000(H12).06.21から営業運転開始
2001(H13).09.01から高崎線でも運用開始
2001(H13).12.01から湘南新宿ラインに登場
2015(H27).03.14にて上野東京ライン開業、E231系・E233系の運用を共通化
▽2022(R04).03.12改正にて、黒磯までの運転終了。宇都宮までと変更
▽グリーン車は、2004(H16).07.01から営業運転開始。ただし2004(H16).10.15までは普通車扱い
最初の投入編成は、U508編成。営業最初は 524M(小金井　5:24発→ 6:47着 上野)
▽高崎線は、2005(H17).03 のグリーン車組込により、グリーン車なしの編成は基本的に運用終了
東北本線も2005(H17).06.30にてグリーン車組込は終了。対象完了
▽4・5号車の組込月日は、2007夏号までを参照

▽E231系諸元／軽量ステンレス製、湘南色の帯。車体幅拡幅車(2800mm→2950mm)。ＴＩＭＳ(列車情報管理装置)を装備
主電動機：ＭＴ73(95kW)、パンタグラフ：ＰＳ33Ｂ(シングルアーム)
空調装置：ＡＵ725Ａ(42,000kcal/h)。グリーン車はＡＵ729(20,000kcal/h×２)
台車：ＤＴ61Ｇ、ＴＲ246Ｍ(Ｔc)、ＴＲ246Ｐ(Ｔc)、ＴＲ246Ｎ(Ｔ)
ＶＶＶＦインバータ制御：ＳＣ59Ａ(ＩＧＢＴ)。押しボタン式半自動扉回路装備
SC容量：210kVA、形式はＳＣ66(ＩＧＢＴ)。CP形式＝MH3119-C1600S１(容量は1600L/min)
▽座席はセパレートタイプのロングシート(ドア間２＋３＋２人、車端３人掛け)
ただし、車号太字の車両はセミクロスシート
▽+印は自動分併、－印は半永久連結器を装備
▽トイレは、1·11号車が車イス対応、６号車は和式

東日本旅客鉄道 さいたま車両センター 都サイ

820両

E233系 ←大宮・南浦和　　　　横浜・大船→

【青色帯】
京浜東北線
根岸線

編成	←10♿ クハ E233	9 サハ E233	8 モハ E233	7 モハ E232	6 サハ E233	5 モハ E233	弱 4 モハ E232	3 モハ E233	2 モハ E232	♿ 1→ クハ E232	新製月日	ホームドア対応改造	前照灯LED化
	--	--		--SC CP--			--SC CP--	--	CP--				
	○○ ○○	○○ ○○	●● ●●	●● ●●	○○ ○○	●● ●●	●● ●●	●● ●●	●● ●●	○○ ○○			
101	1001	1201	1401	1401	1001	1001	1001	1201	1201	1001	07.09.01東急	15.09.01	15.09.08
102	1002	1202	1402	1402	1002	1002	1002	1202	1202	1002	07.09.20東急	15.09.29	16.02.23
103	1003	1203	1403	1403	1003	1003	1003	1203	1203	1003	07.10.09東急	15.10.20	15.09.14
104	1004	1204	1404	1404	1004	1004	1004	1204	1204	1004	07.11.05東急	15.11.24	16.02.13
105	1005	1205	1405	1405	1005	1005	1005	1205	1205	1005	07.12.26東急	16.06.28	16.02.13
106	1006	1206	1406	1406	1006	1006	1006	1206	1206	1006	08.01.28川重	16.02.02	18.01.04
107	1007	1207	1407	1407	1007	1007	1007	1207	1207	1007	08.01.10東急	16.02.16	18.02.05
108	1008	1208	1408	1408	1008	1008	1008	1208	1208	1008	08.02.13川重	15.06.16	17.12.22
109	1009	㋲1209	1409	1409	1009	1009	1009	1209	1209	1009	08.02.25東急	16.04.19	18.01.11
110	1010	1210	1410	1410	1010	1010	1010	1210	1210	1010	08.02.28川重	15.08.04	17.12.05
111	1011	1211	1411	1411	1011	1011	1011	1211	1211	1011	08.03.13東急	15.07.21	18.01.12
112	1012	1212	1412	1412	1012	1012	1012	1212	1212	1012	08.03.18NT	15.10.27	18.01.05
113	1013	1213	1413	1413	1013	1013	1013	1213	1213	1013	08.04.01NT	15.12.01	18.01.31
114	1014	1214	1414	1414	1014	1014	1014	1214	1214	1014	08.04.14NT	15.12.08	17.12.13
115	1015	1215	1415	1415	1015	1015	1015	1215	1215	1015	08.04.28NT	16.01.26	18.03.02
116	1016	1216	1416	1416	1016	1016	1016	1216	1216	1016	08.05.14NT	16.01.19	18.03.01
117	1017	1217	1417	1417	1017	1017	1017	1217	1217	1017	08.05.28NT	15.09.22	18.01.04
118	1018	1218	1418	1418	1018	1018	1018	1218	1218	1018	08.06.10NT	15.06.02	17.12.18
119	1019	1219	1419	1419	1019	1019	1019	1219	1219	1019	08.06.24NT	16.03.08	18.02.13
120	1020	1220	1420	1420	1020	1020	1020	1220	1220	1020	08.07.07NT	15.06.09	18.01.10
121	1021	1221	1421	1421	1021	1021	1021	1221	1221	1021	08.07.22NT	16.03.15	17.12.05
122	1022	1222	1422	1422	1022	1022	1022	1222	1222	1022	08.08.05NT	15.12.22	17.12.06
123	1023	1223	1423	1423	1023	1023	1023	1223	1223	1023	08.08.21NT	15.07.28	17.12.14
124	1024	1224	1424	1424	1024	1024	1024	1224	1224	1024	08.09.04NT	15.09.15	18.01.31
125	1025	1225	1425	1425	1025	1025	1025	1225	1225	1025	08.09.19NT	15.09.08	17.12.11
126	1026	1226	1426	1426	1026	1026	1026	1226	1226	1026	08.10.06NT	15.10.06	18.02.06
127	1027	1227	1427	1427	1027	1027	1027	1227	1227	1027	08.10.21NT	16.07.20	18.03.23
128	1028	1228	1428	1428	1028	1028	1028	1228	1228	1028	08.08.25東急	15.11.17	18.03.13
129	1029	1229	1429	1429	1029	1029	1029	1229	1229	1029	08.09.03東急	15.12.15	17.12.08
130	1030	1230	1430	1430	1030	1030	1030	1230	1230	1030	08.11.05NT	16.01.12	18.03.14
131	1031	1231	1431	1431	1031	1031	1031	1231	1231	1031	08.11.18NT	16.03.01	16.08.12
132	1032	1232	1432	1432	1032	1032	1032	1232	1232	1032	08.09.11東急	15.05.15	16.11.15
133	1033	1233	1433	1433	1033	1033	1033	1233	1233	1033	08.10.01東急	15.05.26	16.07.29
134	1034	1234	1434	1434	1034	1034	1034	1234	1234	1034	08.12.03NT	15.06.30	16.11.08
135	1035	1235	1435	1435	1035	1035	1035	1235	1235	1035	08.12.16NT	15.06.23	16.11.04
136	1036	1236	1436	1436	1036	1036	1036	1236	1236	1036	08.11.04東急	15.07.07	16.10.25
137	1037	1237	1437	1437	1037	1037	1037	1237	1237	1037	08.11.13東急	15.11.12	16.11.05
138	1038	1238	1438	1438	1038	1038	1038	1238	1238	1038	09.01.14NT	15.07.07	16.10.27
139	1039	1239	1439	1439	1039	1039	1039	1239	1239	1039	09.01.27NT	15.07.14	16.11.29
140	1040	1240	1440	1440	1040	1040	1040	1240	1240	1040	08.12.01東急	16.05.24	16.11.22
141	1041	1241	1441	1441	1041	1041	1041	1241	1241	1041	08.12.08東急	15.11.04	16.12.02
142	1042	1242	1442	1442	1042	1042	1042	1242	1242	1042	09.02.10NT	15.10.13	15.08.10
143	1043	1243	1443	1443	1043	1043	1043	1243	1243	1043	09.02.24NT	16.09.27	16.10.31
144	1044	1244	1444	1444	1044	1044	1044	1244	1244	1044	08.12.25東急	16.10.18	16.11.14
145	1045	1245	1445	1445	1045	1045	1045	1245	1245	1045	09.01.13東急	16.08.23	16.10.26
146	1046	1246	1446	1446	1046	1046	1046	1246	1246	1046	09.03.09NT	16.02.09	16.11.02
147	1047	1247	1447	1447	1047	1047	1047	1247	1247	1047	09.04.01NT	16.03.22	16.07.25
148	1048	1248	1448	1448	1048	1048	1048	1248	1248	1048	09.03.19東急	15.07.－TK	15.07.27
149	1049	1249	1449	1449	1049	1049	1049	1249	1249	1049	09.03.30東急	15.08.－TK	16.11.25
150	1050	1250	1450	1450	1050	1050	1050	1250	1250	1050	09.04.14NT	16.05.10	16.07.27
151	1051	1251	1451	1451	1051	1051	1051	1251	1251	1051	09.04.28NT	15.10.02	16.08.12
152	1052	㋲1252	1452	1452	1052	1052	1052	1252	1252	1052	09.05.15NT	15.11.04	16.08.02
153	1053	1253	1453	1453	1053	1053	1053	1253	1253	1053	09.04.14川重	15.12.03	16.10.24
154	1054	1254	1454	1454	1054	1054	1054	1254	1254	1054	09.04.28東急	16.09.13	16.10.19
155	1055	1255	1455	1455	1055	1055	1055	1255	1255	1055	09.05.29NT	16.01.22	16.11.11
156	1056	1256	1456	1456	1056	1056	1056	1256	1256	1056	09.06.11NT	16.11.08	16.11.22

E233系 ←大宮・南浦和　　　　　　　　　　　　横浜・大船→

【青色の帯】
京浜東北線
根岸線

編成	←10♿ クハ E233	9 サハ E233	8 モハ E233	7 モハ E232	6 サハ E233	5 モハ E233	弱 4 モハ E232	3 モハ E233	2 モハ E232	♿ 1→ クハ E232	新製月日	ホームドア 対応改造	前照灯 LED化
	--	--	--SC CP--			--SC CP--		--	CP--				
157	1057	1257	1457	1457	1057	1057	1057	1257	1257	1057	09.05.20川重	16.02.25	16.10.31
158	1058	1258	1458	1458	1058	1058	1058	1258	1258	1058	09.06.11川重	16.11.15	16.11.26
159	1059	1259	1459	1459	1059	1059	1059	1259	1259	1059	09.06.25NT	16.10.25	16.11.17
160	1060	1260	1460	1460	1060	1060	1060	1260	1260	1060	09.07.09NT	15.08.11	16.08.02
161	1061	1261	1461	1461	1061	1061	1061	1261	1261	1061	09.06.29川重	16.11.22	16.11.05
162	1062	1262	1462	1462	1062	1062	1062	1262	1262	1062	09.07.08川重	16.03.29	16.10.31
163	1063	1263	1463	1463	1063	1063	1063	1263	1263	1063	09.07.24NT	16.09.20	16.08.04
164	1064	1264	1464	1464	1064	1064	1064	1264	1264	1064	09.08.06NT	16.12.06	16.11.15
165	1065	1265	1465	1465	1065	1065	1065	1265	1265	1065	09.07.22川重	16.05.17	16.12.12
166	1066	1266	1466	1466	1066	1066	1066	1266	1266	1066	09.06.18東急	16.06.07	16.11.08
167	1067	1267	1467	1467	1067	1067	1067	1267	1267	1067	09.08.25NT	16.04.26	16.10.25
168	1068	1268	1468	1468	1068	1068	1068	1268	1268	1068	09.09.08NT	16.04.05	16.12.01
169	1069	1269	1469	1469	1069	1069	1069	1269	1269	1069	09.08.18川重	16.07.27	16.11.28
170	1070	1270	1470	1470	1070	1070	1070	1270	1270	1070	09.09.18NT	16.07.05	18.02.06
171	1071	1271	1471	1471	1071	1071	1071	1271	1271	1071	09.10.06NT	16.06.21	18.01.12
172	1072	1272	1472	1472	1072	1072	1072	1272	1272	1072	09.09.01川重	16.11.29	17.12.12
173	1073	1273	1473	1473	1073	1073	1073	1273	1273	1073	09.09.14川重	16.08.09	18.02.08
174	1074	1274	1474	1474	1074	1074	1074	1274	1274	1074	09.10.21NT	16.10.11	18.03.01
175	1075	1275	1475	1475	1075	1075	1075	1275	1275	1075	09.11.05NT	16.11.01	18.01.13
176	1076	1276	1476	1476	1076	1076	1076	1276	1276	1076	09.10.02川重	16.10.04	18.02.01
178	1078	1278	1478	1478	1078	1078	1078	1278	1278	1078	09.11.18NT	16.05.31	18.01.12
179	1079	1279	1479	1479	1079	1079	1079	1279	1279	1079	09.12.03NT	16.06.14	18.03.23
180	1080	1280	1480	1480	1080	1080	1080	1280	1280	1080	09.07.27東急	16.04.13	18.02.01
181	1081	1281	1481	1481	1081	1081	1081	1281	1281	1081	09.12.21NT	16.07.12	18.01.13
182	1082	1282	1482	1482	1082	1082	1082	1282	1282	1082	10.01.12NT	16.08.02	18.03.09
183	1083	1283	1483	1483	1083	1083	1083	1283	1283	1083	10.01.25NT	16.08.30	18.02.06

▽営業運転開始は2007(H19).12.22。102編成が南浦和 8:17発 823Ａから運用
以降、104編成が12月23日の823Ａ、12月24日には101編成が823Ａ・103編成が1527Ａから運用開始
▽E233系諸元／軽量ステンレス製、帯の色は青色
主電動機：ＭＴ75(140kW)。ＶＶＶＦインバータ制御：ＳＣ85Ａ(ＭＭ４個一括２群制御)
SC：ＳＣ86Ａ(容量 260kVA)。CP形式：MH3124-C1600SN3(容量は1600L/min)
台車：ＤＴ71系、ＴＲ255系。パンタグラフ：ＰＳ33Ｄ(シングルアーム)
空調装置：ＡＵ726系(50,000kcal/h)、ほかに空気清浄機取付。押しボタン式半自動扉回路装備
▽座席はセパレートタイプ(ドア間２＋３＋２人、車端３人掛け)。腰掛け幅は 460mm(201系は430mm)
▽2011(H23).08.01から、車内温度を保持のため、各車両４箇所のドアのうち３箇所を閉める3/4ドア開閉機能使用開始
(この場合、ドアが開いているのは大船方から２番目のドア)
▽室内灯ＬＥＤ化
101=15.02.20　102=16.03.11　103=16.03.16　104=18.03.23　105=21.02.04　106=21.02.18　107=21.02.19　108=21.03.04
109=21.12.07　110=21.10.19　111=22.01.07　112=22.01.20　113=21.12.22　114=22.03.17　115=22.03.16　116=22.09.29
117=22.09.01　128=23.05.17　129=23.05.09　130=23.06.13　131=23.05.15　132=23.06.22
133=23.07.06　134=23.07.24　135=23.08.14　138=23.08.22
ほかに予備灯のみＬＥＤ化した編成も在籍
▽前照灯は全編成ＬＥＤ化
▽㊏は線路設備モニタリング装置搭載車(サハE233-1209=13.05TK、1252=15.11TK)
▽長編成ワンマン運転改造工事
146=23.07.21　151=23.09.12　152=23.09.30(編成完了日)　159=23.08.19(編成完了日)

▽1962(S37).04.16　浦和電車区開設
▽東京地域本社は 1998(H10).04.01に東京支社と組織変更
▽2001(H13).04.01に大宮支社発足
▽浦和電車区は、2015(H27).03.14　運転部門がさいたま運転区、検修部門がさいたま車両センターと変更
▽2022(R04).10.01、首都圏本部発足。車両の管轄は大宮支社から首都圏本部に変更。
車体標記は「宮」から「都」に変更。但し車体の標記は、現在、変更されていない

▽Ｄ-ＡＴＣは2003(H15).12.21に南浦和～鶴見間にて使用開始
2008(H20).08.14には大宮～南浦和間、鶴見～横浜～大船間の全区間に拡大

配置両数

E233系		
M	モハE233 1000	82
	モハE233 1200	82
	モハE233 1400	82
M′	モハE232 1000	82
	モハE232 1200	82
	モハE232 1400	82
Tc	クハE233 1000	82
Tc′	クハE232 1000	82
T	サハE233 1000	82
	サハE233 1200	82
	計	820

東日本旅客鉄道　川越車両センター　都ハエ　430両

E233系　←海老名・新木場(りんかい線)・大崎・新宿　　　赤羽・大宮・川越→

【緑色帯】
埼京線
川越線
東京臨海高速鉄道
(りんかい線)

	←10♿	9	8	7	6	5	弱 4	3	2	♿ 1→			
	クハ E233	モハ E233	モハ E232	サハ E233	サハ E233	モハ E233	モハ E232	モハ E233	モハ E232	クハ E232			
	=-		--SC CP	--			--SC CP	--	CP-=		新製月日	ATACS 車両改造	相鉄線 乗入れ対応
	○○ ○○	●● ●●	●● ●●	○○ ○○	○○ ○○	●● ●●	●● ●●	●● ●●	●● ●●	○○ ○○			
101	7001	7401	7401	7201	7001	7001	7001	7201	7201	7001	13.03.26新津	15.05.15	19.03.07
102	7002	7402	7402	7202	7002	7002	7002	7202	7202	7002	13.04.11新津	15.06.12	19.11.01
103	7003	7403	7403	7203	7003	7003	7003	7203	7203	7003	13.04.18新津	15.06.26	19.04.05
104	7004	7404	7404	7204	7004	7004	7004	7204	7204	7004	13.05.07新津	15.07.10	18.12.21
105	7005	7405	7405	7205	7005	7005	7005	7205	7205	7005	13.05.16新津	15.07.25	19.07.04
106	7006	7406	7406	7206	7006	7006	7006	7206	7206	7006	13.05.29新津	15.08.07	19.10.24
107	7007	7407	7407	7207	7007	7007	7007	7207	7207	7007	13.06.11新津	15.08.28	18.12.06
108	7008	7408	7408	7208	7008	7008	7008	7208	7208	7008	13.06.24新津	15.09.11	19.06.13
109	7009	7409	7409	7209	7009	7009	7009	7209	7209	7009	13.07.08新津	15.09.26	19.11.11
110	7010	7410	7410	7210	7010	7010	7010	7210	7210	7010	13.07.23新津	15.10.09	19.06.24
111	7011	7411	7411	7211	7011	7011	7011	7211	7211	7011	13.08.06新津	15.10.23	19.10.08
112	7012	7412	7412	7212	7012	7012	7012	7212	7212	7012	13.08.23新津	15.11.06	19.07.30
113	7013	7413	7413	7213	7013	7013	7013	7213	7213	7013	13.09.05新津	15.11.20	19.09.30
114	7014	7414	7414	7214	7014	7014	7014	7214	7214	7014	13.09.20新津	15.12.04	19.09.20
115	7015	7415	7415	7215	7015	7015	7015	7215	7215	7015	13.10.03新津	15.12.18	19.08.27
116	7016	7416	7416	7216	7016	7016	7016	7216	7216	7016	13.10.17新津	16.01.08	19.05.27
117	7017	7417	7417	㊝7217	7017	7017	7017	7217	7217	7017	13.10.31新津	16.01.22	19.07.22
118	7018	7418	7418	7218	7018	7018	7018	7218	7218	7018	13.11.14新津	16.02.05	19.07.12
119	7019	7419	7419	7219	7019	7019	7019	7219	7219	7019	13.11.28新津	16.02.19	19.05.15
120	7020	7420	7420	7220	7020	7020	7020	7220	7220	7020	13.12.12新津	16.03.04	19.02.05
121	7021	7421	7421	7221	7021	7021	7021	7221	7221	7021	14.01.07新津	16.03.18	19.03.15
122	7022	7422	7422	7222	7022	7022	7022	7222	7222	7022	13.07.18JT	16.04.08	19.11.26
123	7023	7423	7423	7223	7023	7023	7023	7223	7223	7023	13.08.02JT	16.04.22	19.01.25
124	7024	7424	7424	7224	7024	7024	7024	7224	7224	7024	13.08.21JT	16.05.13	19.11.19
125	7025	7425	7425	7225	7025	7025	7025	7225	7225	7025	13.09.04JT	16.05.27	19.10.16
126	7026	7426	7426	7226	7026	7026	7026	7226	7226	7026	13.09.18JT	16.06.10	19.08.09
127	7027	7427	7427	7227	7027	7027	7027	7227	7227	7027	13.10.02JT	16.07.01	19.09.12
128	7028	7428	7428	7228	7028	7028	7028	7228	7228	7028	13.10.16JT	16.07.15	19.06.04
129	7029	7429	7429	7229	7029	7029	7029	7229	7229	7029	13.10.30JT	16.07.28	19.09.04
130	7030	7430	7430	7230	7030	7030	7030	7230	7230	7030	13.12.11JT	16.08.12	19.04.18
131	7031	7431	7431	7231	㊝7031	7031	7031	7231	7231	7031	13.12.25JT	16.09.02	19.03.26
132	7032	7432	7432	7232	7032	7032	7032	7232	7232	7032	19.01.30JT	←	←
133	7033	7433	7433	7233	7033	7033	7033	7233	7233	7033	19.02.07JT	←	←
134	7034	7434	7434	7234	7034	7034	7034	7234	7234	7034	19.03.20JT	←	←
135	7035	7435	7435	7235	7035	7035	7035	7235	7235	7035	19.04.19JT	←	←
136	7036	7436	7436	7236	7036	7036	7036	7236	7236	7036	19.05.15JT	←	←
137	7037	7437	7437	7237	7037	7037	7037	7237	7237	7037	19.05.31JT	←	←
138	7038	7438	7438	7238	7038	7038	7038	7238	7238	7038	19.06.21JT	←	←

▽2013(H25).06.01から営業運転開始
　大宮駅にて出発式開催、大宮10:20発新宿行き(1008K)。101編成
▽2019(R01).11.30改正から、相模鉄道との相互直通運転開始。ＪＲ車両の乗入れは海老名まで
▽E233系諸元／軽量ステンレス製、帯の色は緑色
　主電動機：ＭＴ75(140kW)。ＶＶＶＦインバータ制御：ＳＣ85系(ＭＭ４個一括２群制御)
　SC：ＳＣ86系(容量 260kVA)。CP形式：MH3124-C1600SN3(容量は1600L/min)
　台車：ＤＴ71系、ＴＲ255系
　パンタグラフ：ＰＳ33Ｄ(シングルアーム)。室内灯：ＬＥＤ
　空調装置：ＡＵ726系(50,000kcal/h)、ほかに空気清浄機取付。押しボタン式半自動扉回路装備
▽座席はセパレートタイプ(ドア間２＋３＋２人、車端３人掛け)。腰掛け幅は 460mm
▽3/4ドア開閉機能装備(４箇所のドアのうち３箇所を閉める)
▽ホーム検知装置、移動禁止システム、非常はしごを装備。客室照明はＬＥＤ
▽㊝は線路設備モニタリング装置搭載(サハE233-7031=18.03.20　7217=20.08.11TK[予備編成化])
▽JT=Ｊ-ＴＲＥＣ(総合車両製作所)。新津=新津車両製作所

▽2017(H29).11.04、埼京線池袋～大宮間にて無線式列車制御システム(ＡＴＡＣＳ)を使用開始
　101 ～ 138編成 ＝ ID31 ～ 68。東京臨海高速鉄道の車両は ID71～、相鉄12000系は ID91 ～

209系 ←南古谷・川越 高麗川・八王子→

川越線
八高線

	←4♿	3	2	♿1→				
	クハ 209	モハ 209	モハ 208	クハ 208				
			SC CP		新製月日	機器更新	転入月日	ワンマン化
	○○	○○ ●●	●● ●●	●● ○○ ○○				
51	3501	3501	3501	㋲3501	98.11.09NT	18.01.15KY	18.01.15	21.03.290M
	〔 501	502	502	501〕				
52	3502	3502	3502	㋲3502	98.11.24NT	18.03.19KY	18.03.19	21.06.280M
	〔 502	504	504	502〕				
53	3503	3503	3503	㋲3503	98.12.09NT	18.06.07KY	18.06.07	21.10.260M
	〔 503	506	506	503〕				
54	3504	3504	3504	3504	99.01.05NT	18.07.05KY	18.07.05	21.01.220M
	〔 504	508	508	504〕				
55	3505	3505	3505	㋲3505	99.01.22NT	18.09.19KY	18.09.19	21.07.300M
	〔 505	510	510	505〕				

▽209系3500代は軽量ステンレス製、帯色は上が黄緑色、下部は朱色
▽押しボタン式半自動扉回路装備
▽㋲は線路モニタリング装置搭載(クハ209-3501=21.03.29[材料予備]、3502=18.02.19[軌道材料]、3503=18.06.11[慣性正矢]、3505=21.06.28[慣性予備])

配置両数

E233系		
M	モハE233$_{7000}$	38
	モハE233$_{7200}$	38
	モハE233$_{7400}$	38
M′	モハE232$_{7000}$	38
	モハE232$_{7200}$	38
	モハE232$_{7400}$	38
Tc	クハE233$_{7000}$	38
Tc′	クハE232$_{7000}$	38
T	サハE233$_{7000}$	38
	サハE233$_{7200}$	38
	計	380
E231系		
M	モハE231	6
M′	モハE230	6
Tc	クハE231	6
Tc′	クハE230	6
	計	24
209系		
M	モハ209	5
M′	モハ208	5
Tc	クハ209	5
Tc′	クハ208	5
	計	20

事業用車 6両

Mz	モヤ209	2
M′z	モヤ208	2
Tzc	クヤ209	1
Tzc′	クヤ208	1

E231系 ←南古谷・川越　　　　高麗川・八王子→

川越線
八高線

	←4♿	3	2	♿1→				
	クハ	モハ	モハ	クハ				
	E231	E231	E230	E230	新製月日	機器更新	転入月日	ワンマン化
			SC CP					
41	3001	3001	3001	3001	00.04.27NT	17.11.24AT	17.11.24	20.09.03OM
	〔5	10	10	5〕				
42	3002	3002	3002	3002	00.05.17NT	17.12.09AT	17.12.09	21.07.03OM
	〔6	12	12	6〕				
43	3003	3003	3003	3003	00.06.01NT	19.09.14AT	19.09.14	20.12.07OM
	〔7	14	14	7〕				
44	3004	3004	3004	3004	00.06.15NT	19.09.02AT	19.09.02	20.10.27OM
	〔8	16	16	8〕				
45	3005	3005	3005	3005	00.10.23NT	18.09.27AT	18.09.27	21.05.31OM
	〔16	32	32	16〕				
46	3006	3006	3006	3006	00.11.08NT	18.10.18AT	18.10.18	21.09.27OM
	〔17	34	34	17〕				

▽E231系は軽量ステンレス製、帯色は上が黄緑色、下部は朱色
▽E231系は2018(H30).02.19から営業運転開始
▽機器更新　施工月日は盛岡車両センター青森派出所にて行われた車両もあるが、
　最終的工事完了の施工場所、完了日を掲載している
▽押しボタン式半自動扉回路装備
▽ワンマン化改造車は車側(乗降確認)カメラを搭載
▽2022(R04).03.12改正から、209系3500代とともにワンマン運転開始

▽E231系・209系は共通運用
▽南古谷発着は、2009(H21).03.14改正からで573H(5:11発),575H(5:40発),677H(6:56発)と変更
▽205系3000代は、2018(H30).07.16をもって運用離脱、07.25 廃車にて消滅
▽川越線川越～八高線八王子間の中間駅にて押しボタン式半自動扉は常時使用

209系 ←新宿　　　　宇都宮・高崎・川越→

試験車
(MUE-Train)

	←7	6	5	3	2	1→
	クヤ	モヤ	モヤ	モヤ	モヤ	クヤ
	209	209	208	209	208	208
			SC CP		SC CP	
Mue	2	3	3	4	4	2

▽運転区間は便宜上の表記
▽主電動機はＭＴ68、SCはＳＣ37(210kVA)、
　CP式はMH3096-C1600S(1600L/min)、
　パンタグラフはＰＳ33Ｄ、空調装置はＡＵ720Ａ
▽最近の工場入場は11.07.22 ～ 08.31TK

▽ＡＴＳ-Ｐ使用開始　川越線大宮～川越間＝1997(H09).12.13
　　　　　　　　　　八高線八王子～高麗川間＝2001(H13).04.21(八王子·高麗川構内除く)

▽1985(S60).09.30　川越電車区開設(1985.07.01　川越準備電車区発足)
▽2001(H13).04.01　大宮支社発足
▽2004(H16).06.01　川越電車区から改称
▽2022(R04).10.01、首都圏本部発足。車両の管轄は大宮支社から首都圏本部に変更。
　車体標記は「宮」から「都」に変更。但し車体の標記は、現在、変更されていない

東日本旅客鉄道　松戸車両センター　都マト　465両

E233系　←取手・松戸　　　　綾瀬・北千住・代々木上原・唐木田・伊勢原→

【青緑帯】
常磐線
各駅停車
地下鉄
千代田線
小田急電鉄線

	←10	9 ♿	8	7	6	5	弱 4	3	♿ 2	1→			
	クハ	モハ	モハ	サハ	モハ	モハ	サハ	モハ	モハ	クハ		小田急乗入れ	モニター
	E233	E233	E232	E233	E233	E232	E233	E233	E232	E232	新製月日	対応工事	2画面化
		--	--SCCP			--SCCP--		--	CP--				
1	2001	2401	2401	2201	2001	2001	2001	2201	2201	2001	09.05.20東急	14.02.14TK	15.08.28マト
2	2002	2402	2402	2202	2002	2002	2002	2202	2202	2002	10.08.06東急	14.10.06TK	15.09.18マト
3	2003	2403	2403	2203	2003	2003	2003	2203	2203	2003	10.09.01東急	14.08.14TK	15.11.26マト
4	2004	2404	2404	2204	2004	2004	2004	2204	2204	2004	10.09.29東急	14.11.18TK	15.07.30マト
5	2005	2405	2405	2205	2005	2005	2005	2205	2205	2005	10.12.03東急	15.02.14TK	15.02.14TK
6	2006	2406	2406	2206	2006	2006	2006	2206	2206	2006	10.12.15東急	15.04.02TK	15.04.02TK
7	2007	2407	2407	2207	2007	2007	2007	2207	2207	2007	10.12.22東急	13.11.06TK	15.09.04マト
8	2008	2408	2408	2208	2008	2008	2008	2208	2208	2008	11.01.07東急	15.05.21TK	15.05.21TK
9	2009	2409	2409	2209	2009	2009	2009	2209	2209	2009	11.01.19東急	13.12.19TK	15.09.26マト
10	2010	2410	2410	2210	2010	2010	2010	2210	2210	2010	11.02.23東急	15.07.07TK	15.07.07TK
11	2011	2411	2411	2211	2011	2011	2011	2211	2211	2011	11.03.04東急	13.08.12TK	15.12.03マト
12	2012	2412	2412	2212	2012	2012	2012	2212	2212	2012	11.04.27東急	13.09.24TK	15.08.20マト
13	2013	2413	2413	2213	2013	2013	2013	2213	2213	2013	11.07.10東急	15.07.14マト	15.08.07マト
14	2014	2414	2414	2214	2014	2014	2014	2214	2214	2014	11.07.17東急	15.08.04マト	15.08.04マト
15	2015	2415	2415	2215	2015	2015	2015	2215	2215	2015	11.07.30東急	15.08.25マト	15.08.25マト
16	2016	2416	2416	2216	2016	2016	2016	2216	2216	2016	11.08.28東急	15.09.11マト	15.09.11マト
17	2017	2417	2417	2217	2017	2017	2017	2217	2217	2017	11.09.18東急	15.12.18マト	15.12.18マト
18	2018	2418	2418	2218	2018	2018	㋲2018	2218	2218	2018	11.09.28東急	15.11.20マト	15.11.20マト
19	2019	2419	2419	2219	2019	2019	2019	2219	2219	2019	17.03.29JT横浜	新製時	新製時

▽営業運転開始は2009(H21).09.09、松戸 4:27発(我孫子行き) 401Kから
▽2021(R03).03.13から、常磐緩行線綾瀬～取手間にて列車自動運転(ＡＴＯ)開始
▽E233系諸元／軽量ステンレス製、帯の色は青緑
　主電動機：ＭＴ75(140kW)。ＶＶＶＦインバータ制御：ＳＣ85Ｂ(１Ｃ４Ｍ制御)
　SC：ＳＣ91(容量 260kVA)。CP形式：MH3124-C1600SN3B(容量は1600L/min)
　パンタグラフ：ＰＳ33Ｄ(シングルアーム)。台車：ＤＴ71系、ＴＲ255系
　空調装置：ＡＵ726系(50,000kcal/h)。ほかに空気清浄機あり。-表示の箇所の連結器は半永久連結器
▽座席はセパレートタイプ(ドア間２＋３＋２人、車端３人掛け)。先頭車は運転室側に座席なし。腰掛け幅は 460mm(201系は430mm)
▽ホーム検知取付工事の実績は2015夏号までを参照
▽モニター２画面化は、車内客用扉上の広告コンテンツ画面追加工事
▽東京メトロ千代田線、小田急電鉄乗入れに対応。ホームドア整備済み
▽㋲は線路設備モニタリング装置搭載(サハE233-2018=17.02.09NN)
▽サハE233-2007は、線路モニタリング装置搭載　予備編成(18.10.16TK)
▽常磐緩行線ワンマン運転対応改造
1=21.01.16NN　3=23.08.09NN　4=23.03.13NN　5=23.01.14　6=23.05.24NN　8=21.06.03NN　9=22.05.25NN　10=22.07.11NN
12=22.08.29NN　13=21.09.28NN　14=21.12.06NN　15=22.02.10NN　16=22.04.06NN　17=21.07.17NN　18=22.11.02NN　19=23.09.27NN
▽下部オオイ(スカート)取替工事　　13=16.09.26マト　15=16.09.28マト
▽E233系は2016(H28).03.26から小田急電鉄に乗入れ開始。2018(H30).03.17から伊勢原まで延伸

都マト －2

E231系　←取手・成田・松戸　　　　　　　　上野・品川→

【青緑・緑帯】
常磐線快速
上野東京ライン

	←15 ♿	[弱]14	13	12	♿ 11→		
	クハ E231	サハ E231	モハ E231	モハ E230	クハ E230		
付属	+	--	--	--[SC]CP--	+	新製月日	機器更新
	○○	○○ ○○	○○ ●●	●● ●●	●● ○○ ○○		
121	44	131	87	87	44	01.11.14NT	18.11.09NN
122	46	136	90	90	46	01.12.05NT	18.12.12NN
123	48	141	93	93	48	02.03.01NT	19.01.17NN
124	50	146	96	96	50	02.03.25NT	19.02.18NN
125	52	151	99	99	52	02.04.16NT	19.03.20NN
126	㋣ 54	156	102	102	54	02.05.10NT	19.04.19NN
127	56	161	105	105	56	02.05.30NT	15.11.17NN
128	59	169	110	110	59	02.11.26NT	16.01.08NN
129	61	174	113	113	61	02.12.16NT	16.02.19NN
130	63	179	116	116	63	03.01.16NT	16.03.18NN
131	65	184	119	119	65	03.02.04NT	16.04.15NN
132	67	189	122	122	67	03.03.01NT	16.05.24NN
133	69	194	125	125	69	03.03.24NT	16.07.26NN
134	71	199	128	128	71	03.11.21NT	16.07.28NN
135	72	200	129	129	72	03.12.06NT	16.12.08NN
136	74	205	132	132	74	03.12.16NT	17.01.06NN
137	75	206	133	133	75	04.01.13NT	17.03.08NN
138	77	211	136	136	77	04.01.23NT	17.03.29NN
139	79	216	139	139	79	04.02.19NT	20.02.21NN

配置両数

E233系			
M	モ	ハE233	57
M′	モ	ハE232	57
Tc	ク	ハE233	19
Tc′	ク	ハE232	19
T	サ	ハE233	38
		計	190
E231系			
M	モ	ハE231	55
M′	モ	ハE230	55
Tc	ク	ハE231	37
Tc′	ク	ハE230	37
T	サ	ハE231	91
		計	275

▽2002(H14).03.03から営業運転開始。出発式を松戸にて実施(1030H)
　当日は101＋121編成が31H(431H～)、102編成が53H(752H～)

▽E231系は、車体幅拡幅車(2800㎜→2950㎜)。ＴＩＭＳ(列車情報管理装置)を装備
▽E231系諸元／軽量ステンレス製、帯の色は青緑と緑色(下)
　　主電動機：ＭＴ73(95kW)
　　パンタグラフ：ＰＳ33Ｂ(シングルアーム式)
　　台車：ＤＴ61Ｇ、ＴＲ246Ｍ(Tc)、ＴＲ246Ｎ(Ｔ)、ＴＲ246Ｐ(Tc･T′)
　　空調装置：ＡＵ725Ａ(42,000kcal/h)
　　ＶＶＶＦインバータ制御：ＳＣ60Ｂ(ＭＭ４個一括２群制御)
　　[SC]：ＳＣ62Ａ(210kVA)
　　CP形式：MH3119-C1600S₁(容量は1600NL/min)。押しボタン式半自動扉回路装備
▽座席はセパレートタイプ(ドア間２＋３＋２人、車端３人掛け)
▽-印は半永久連結器
▽新製月日の項　119編成の６号車は01.01.30NTにて新製
▽㋲は線路モニタリング装置搭載(サハE231-145=18.10.11NN　63=20.01.22NN予備)
▽㋣はレール塗油器搭載車
▽改良型補助排障器取替工事　実績は2016夏までを参照
▽弱冷房車は、2007(H19).03.18改正からＥ531系に合わせて変更
▽機器更新工事。下記車両の施工は
　105(T147 ～ 150)=17.07.14TK、106(T153 ～ 155)=17.10.12TK、107(T157 ～ 160)=17.10.12TK、108(T166 ～ 168)=17.06.30TK、
　109(T170 ～ 173)=17.07.07TK、128(T169)=17.06.30TK、132(T189)=17.07.17TK、133(T194)=17.12.06TK、134(T199)=17.12.09TK、
　135(T200)=18.02.02TK、136(T205)=18.02.06TK、137(T206)=18.02.09TK
▽139編成 スカ色帯と変更、2021(R03).04.29 松戸車両センターにて公開。04.30、成田線我孫子～成田間から運行開始

▽ＡＴＳ-Ｐ 使用開始について
　1989(H01).10.31　常磐線上野～日暮里間
　1991(H03).02.17　常磐線日暮里～取手間
　2000(H12).03.12　成田線我孫子～成田間

▽1936(S11).11.10　松戸電車区開設
▽1998(H10).04.01　東京地域本社は東京支社と組織改正
▽2004(H16).06.01　松戸電車区から現在の区所名に変更
▽2022(R04).10.01、東京支社は首都圏本部と組織変更。
　車体標記は「東」から「都」に変更。但し車体の標記は、現在、変更されていない

E231系 ←取手・成田・松戸　　　　上野・品川→

【青緑・緑帯】
常磐線快速
上野東京ライン

	←10♿	9	弱 8	7	6	5	4	3	2	♿ 1→			
	クハ E231	サハ E231	モハ E231	モハ E230	サハ E231	サハ E231	サハ E231	モハ E231	モハ E230	クハ E230			
基本	+	--	--	--[SC]CP--			--	--	--[SC]CP--		新製月日	機器更新	
	○○　○○	○○　○○	●●　●●	●●　●●	○○　○○	○○　○○	○○　○○	●●　●●	●●　●●	○○　○○			
101	43	127	85	85	128	129	130	86	86	43	01.11.21NT	18.06.14NN	
102	45	132	88	88	133	134	135	89	89	45	01.12.14NT	18.07.21NN	
103	47	137	91	91	138	139	140	92	92	47㋣	02.03.08NT	18.08.31NN	
104	㋣ 49	142	94	94	143	144	㋲145	95	95	49	02.04.01NT	18.10.11NN	
105	51	147	97	97	148	149	150	98	98	51㋣	02.04.23NT	16.06.23TK	
106	㋣ 53	152	100	100	153	154	155	101	101	53	02.05.16NT	16.08.31TK	
107	55	157	103	103	158	159	160	104	104	55㋣	02.06.05NT	16.09.30TK	
108	58	165	108	108	166	167	168	109	109	58㋣	02.12.03NT	16.11.04TK	
109	60	170	111	111	171	172	173	112	112	60	02.12.24NT	17.02.03TK	
110	62	175	114	114	176	177	178	115	115	62	03.01.22NT	17.05.12NN	
111	64	180	117	117	181	182	183	118	118	64	03.02.12NT	17.06.22NN	
112	66	185	120	120	186	187	188	121	121	66	03.03.07NT	17.08.24NN	
113	68	190	123	123	191	192	193	124	124	68	03.04.01NT	17.10.03NN	
114	70	195	126	126	196	197	198	127	127	70	03.12.01NT	17.11.30NN	
115	73	201	130	130	202	203	204	131	131	73	03.12.26NT	17.01.29NN	
116	76	207	134	134	208	209	210	135	135	76	04.01.30NT	18.03.16NN	
117	78	212	137	137	213	214	215	138	138	78	04.02.26NT	18.05.09NN	
119	21	61	41	41	66	62	㋲63	42	42	21	01.01.23NT	20.01.22NN	←15.03.05転入

東日本旅客鉄道 東京総合車両センター　都トウ　552両

E235系 ←大崎(内回り)　　(外回り)大崎→

【黄緑帯】
山手線

	←11 ♿ クハ E235 [SC]	♿10 サハ E235	♿ 9 モハ E235	♿ 8 モハ E234 CP	♿ 7 サハ E234 [SC]	♿ 6 モハ E235	♿ 5 モハ E234 CP	♿弱4 サハ E235	♿ 3 モハ E235	♿ 2 モハ E234 CP	♿ 1→ クハ E234 [SC]	新製月日
	○○ ○○	○○ ○○	●● ●●	●● ●●	○○ ○○	●● ●●	●● ●●	○○ ○○	●● ●●	●● ●●	○○ ○○	
01	1	4620	1	1	1	2	2	㋣1	3	3	1	15.03.23J新津(T4620=15.03.23TK)
02	2	4640	4	4	2	5	5	2	6	6	2	17.04.12J新津(T4640=17.04.21TK)
03	3	4603	7	7	3	8	8	3	9	9	3	17.04.26J新津(T4603=17.05.18TK)
04	4	501	10	10	4	11	11	4	12	12	4	17.05.18J新津
05	5	502	13	13	5	14	14	5	15	15	5	17.06.06J新津
06	6	4607	16	16	6	17	17	6	18	18	6	17.06.16J新津(T4607=17.07.28TK)
07	7	4608	19	19	7	20	20	7	21	21	7	17.06.29J新津(T4608=17.08.24TK)
08	8	4609	22	22	8	23	23	8	24	24	8	17.09.07J新津(T4609=17.09.21TK)
09	9	4610	25	25	9	26	26	9	27	27	9	17.09.25J新津(T4610=17.10.16TK)
10	10	4613	28	28	10	29	29	10	30	30	10	17.10.11J新津(T4613=17.11.08TK)
11	11	4614	31	31	11	32	32	11	33	33	11	17.10.31J新津(T4614=17.11.28TK)
12	12	4611	34	34	12	㋕35	35	㋣12	36	36	12	17.11.15J新津(T4611=17.12.20TK)
13	13	4615	37	37	13	38	38	㋣13	39	39	13	17.12.22J新津(T4615=18.01.16TK)
14	14	4616	40	40	14	41	41	㋣14	42	42	14	18.01.05J新津(T4616=18.02.07TK)
15	15	4617	43	43	15	44	44	㋣15	45	45	15	18.02.27J新津(T4617=18.03.00TK)
16	16	4618	46	46	16	47	47	㋣16	48	48	16	18.03.14J新津(T4618=18.03.27TK)
17	17	4619	49	49	17	50	50	㋣17	51	51	17	18.03.28J新津(T4619=18.04.18TK)
18	18	4629	52	52	18	53	53	18	54	54	18	18.04.12J新津(T4629=18.05.11TK)
19	19	4627	55	55	19	56	56	19	57	57	19	18.05.07J新津(T4627=18.06.05TK)
20	20	4621	58	58	20	59	59	20	60	60	20	18.05.16J新津(T4621=18.06.25TK)
21	21	4628	61	61	21	62	62	21	63	63	21	18.07.04J新津(T4628=18.07.24TK)
22	22	4626	64	64	22	65	65	22	66	66	22	18.07.17J新津(T4626=18.08.16TK)
23	23	4623	67	67	23	68	68	23	69	69	23	18.08.07J新津(T4623=18.09.12TK)
24	24	4625	70	70	24	71	71	24	72	72	24	18.08.17 J 新津(T4625=18.10.02TK)
25	25	4624	73	73	25	74	74	25	75	75	25	18.09.03 J 新津(T4624=18.10.19TK)
26	26	4622	76	76	26	77	77	26	78	78	26	18.09.14 J 新津(T4622=18.11.01TK)
27	27	4630	79	79	27	80	80	27	81	81	27	18.11.06 J 新津(T4630=18.11.19TK)
28	28	4631	82	82	28	83	83	28	84	84	28	18.11.19 J 新津(T4631=18.12.07TK)
29	29	4632	85	85	29	86	86	29	87	87	29	18.12.04 J 新津(T4632=18.12.25TK)
30	30	4633	88	88	30	89	89	30	90	90	30	18.12.18 J 新津(T4633=19.01.17TK)
31	31	4634	91	91	31	92	92	31	93	93	31	19.01.07 J 新津(T4634=19.02.04TK)
32	32	4635	94	94	32	95	95	32	96	96	32	19.01.21 J 新津(T4635=19.02.20TK)
33	33	4636	97	97	33	98	98	33	99	99	33	19.02.04 J 新津(T4636=19.03.12TK)
34	34	4637	100	100	34	101	101	34	102	102	34	19.03.26 J 新津(T4637=19.04.10TK)
35	35	4638	103	103	35	104	104	35	105	105	35	19.04.08 J 新津(T4638=19.04.18TK)
36	36	4639	106	106	36	107	107	36	108	108	36	19.04.22 J 新津(T4639=19.05.10TK)
37	37	4641	109	109	37	110	110	37	111	111	37	19.05.15 J 新津(T4641=19.05.28TK)
38	38	4642	112	112	38	113	113	38	114	114	38	19.05.29 J 新津(T4642=19.06.11TK)
39	39	4643	115	115	39	116	116	39	117	117	39	19.06.12 J 新津(T4643=19.06.28TK)
40	40	4644	118	118	40	119	119	40	120	120	40	19.06.26 J 新津(T4644=19.07.19TK)
41	41	4645	121	121	41	122	122	41	123	123	41	19.07.10 J 新津(T4645=19.08.02TK)
42	42	4646	124	124	42	125	125	42	126	126	42	19.08.20 J 新津(T4646=19.09.02TK)
43	43	4647	127	127	43	128	128	43	129	129	43	19.08.29 J 新津(T4647=19.09.12TK)
44	44	4648	130	130	44	131	131	44	132	132	44	19.09.18 J 新津(T4648=19.10.02TK)
45	45	4649	133	133	45	134	134	45	135	135	45	19.09.27 J 新津(T4649=19.10.18TK)
46	46	4650	136	136	46	137	137	46	138	138	46	19.10.17 J 新津(T4650=19.11.06TK)
47	47	4651	139	139	47	140	140	47	141	141	47	19.10.29 J 新津(T4651=19.11.21TK)
48	48	4652	142	142	48	143	143	48	144	144	48	19.11.14 J 新津(T4652=19.12.10TK)
49	49	4612	145	145	49	146	146	㋲49	147	147	49	19.12.26 J 新津(T4612=19.12.27TK)
50	50	4601	148	148	50	149	149	50	150	150	50	19.12.12 J 新津(T4601=20.01.21TK)

E235系

▽E235系は、2015(H27).11.30の1543Ｇより営業運転開始

量産車は、02=17.05.22、03=17.05.26、04=17.05.30、05=17.06.16、06=17.08.05、07=17.09.22、08=17.09.28
09=17.10.24　10=17.11.16　11=17.12.06　12=17.12.28　13=18.04.24　14=18.02.13　15=18.03.22
16=18.04.03　17=18.04.25　18=18.05.19　19=18.06.12　20=18.07.03　21=18.07.31　22=18.08.26
23=18.09.19　24=18.10.10　23=18.09.19　24=18.10.10　25=18.10.27　26=18.11.07　27=18.11.27
28=18.12.15　29=18.12.30　30=19.01.23　31=19.02.10　32=19.02.27　33=19.03.20　34=19.04.17
35=19.04.25　36=19.05.17　37=19.06.04　38=19.06.18　39=19.07.06　40=19.07.25　41=19.08.10
42=19.09.10　43=19.09.18　44=19.10.08　45=19.10.25　46=19.11.12　47=19.11.27　48=19.12.17
49=20.01.07　50=20.01.28

▽01編成は、18.03.14TK にて量産化改造

▽E235系諸元／主電動機：ＭＴ79(140kW.全閉外扇型誘導電動機)
制御装置：ＳＣ104･105(フルまたはハイブリッドＳiＣ半導体素子(ＶＶＶＦ)・４ＭＭ制御×１群)
[SC]：ＳＣ106･107(260kVA)。**CP**：MH3130-C1600F系
パンタグラフ：ＰＳ33Ｇ。列車情報管理装置：INTEROS
台車：ＤＴ80、ＴＲ264(先頭台車)、ＴＲ264Ａ、ＴＲ255Ａ(Ｔ4600代)
空調装置：ＡＵ737系(50,000kcal/h)。室内灯：ＬＥＤ
ステンレス"sustina(サスティナ)"車両(4600代の10号車をのぞく)。客用扉部がウグイス色
各車両に車イス(ベビーカー)対応フリースペースを設置

▽10号車、サハE235形は500代が新製、4600代がサハ231形の同車号からの改造

▽前面行先表示器　最後部にて走行中、毎月季節にちなんだ花等を表示。
１月=椿、２月=梅、３月=たんぽぽ、４月=桜、５月=あやめ、６月=あじさい、７月=朝顔、８月=ひまわり、
９月=ひなぎく(ディジー)、10月=すすき、11月=いちょう、12月=シクラメン

▽[ト]はフランジ塗油器装備車。[モ]は線路設備モニタリング装置搭載車。[カ]は架線状態監視装置搭載車
01編成のモニタリング装置は2020.01.18に撤去。49編成は2019.11.26新製時に搭載

▽車イス・ベビーカー対応スペース　床フイルム貼り付けは、
01=20.05.13、02=20.07.03、03=20.05.27、04=20.06.08、05=20.05.21、06=20.06.10、07=20.06.16、08=20.06.29、09=20.04.10、
10=20.05.07、11=20.05.14、12=20.05.11、13=20.07.02、14=20.03.17、15=20.04.08、16=20.06.22、17=20.04.16、18=20.06.11、
19=20.06.25、20=20.05.26、21=20.07.06、22=20.06.15、23=20.05.22、24=20.05.29、25=20.04.07、26=20.05.20、27=20.05.19、
28=20.06.23、29=20.04.09、30=20.05.28、31=20.05.09、32=20.06.09、33=20.06.19、34=20.07.07、35=20.05.18、36=20.06.18、
37=20.02.12、38=20.04.15、39=20.06.24、40=20.06.12、41=20.05.15、42=20.05.12、43=20.04.14、44=20.03.24、45=20.06.26、
46=20.06.30、47=20.04.24、48=20.05.08、49=20.07.01、50=20.06.02

▽長編成ワンマン運転(山手線)車両改造工事
13=23.09.22

E655系　←　　　　　　　　上野→

2	
特別車両 E655	新製月日
1	07.07.27日立

▽E655系特別車の編成図は、尾久車両センターの項(77頁)を参照

157系

2
← クロ 157
1

配置両数			
E235系			
M_1	モ	ハE235	150
M_2	モ	ハE234	150
Tc	ク	ハE235	50
Tc′	ク	ハE234	50
T	サ	ハE235	50
T	サ	ハ$E235_5$	2
T	サ	ハ$E235_{46}$	48
T′	サ	ハE234	50
		計	550
E655系			
TR		E655	1
		計	1
157系			
T_{sc}	ク	ロ157	1
		計	1

▽1910(M43).06.20　品川電車区開設。1967(S42).04.03　品川駅構内から現在地に移転。1985(S60).11.01　山手電車区と改称
▽1998(H10).04.01　東京地域本社は東京支社と組織変更
▽2004(H16).06.01　大井工場と山手電車区が統合して現在の区所名に変更
▽2022(R04).10.01、東京支社は首都圏本部と組織変更。
車体標記は「東」から「都」に変更。但し車体の標記は、現在、変更されていない

▽2006(H18).07.30　D−ATC使用開始

東日本旅客鉄道　尾久車両センター　都オク　　19両

E655系　←　　　　　　　　　　　　　　　　　上野→

なごみ(和)

←5	4	特別車両	3	2	1→
クモロ	モロ		モロ	モロ	クロ
E654	E655	E655	E654	E655	E654
SCCP			SCCP		
17名	27名		9名	32名	22名
101	201	1	101	101	101

新製月日　07.07.27(1～3号車=東急、他は日立)

配置両数		
E655系		
$M_{2}sc$	クモロE654	1
$M_{1}s$	モ　ロE655	2
$M_{2}s$	モ　ロE654	1
Tsc′	ク　ロE654	1
	計	5
E001形		
Msc系	E001	2
Ms系	E001	4
Ts系	E001	4
	計	10

事業用車　4両

クモヤE493系

Mzc	クモヤE493	2
M′zc	クモヤE492	2

▽特別車両の１両は東京総合車両センター所属(76頁)。
　その他の５両編成(ハイグレード車)は団体列車などにも使用
▽E655系諸元／主電動機：ＭＴ75Ａ(140kW)、主変換装置：ＣＩ15、主変圧器：ＴＭ31Ａ
　パンタグラフ：ＰＳ32Ａ(シングルアーム式)
　台車：ＤＴ76G、ＴＲ261、ＴＲ261Ａ
　空調装置：ＡＵ733Ａ(17.4kW)×２、ＡＵ303(38.0kW)
　補助電源装置：ＳＣ87(140kVA)　電動空気圧縮機：ＭＨ3124-Ｃ1600Ｎ３Ａ
　クロE654に発電用エンジン(ＤＭＦ15ＨＺＣ-Ｃ　430ＰＳ)と
　発電機(ＤＭ111　440kVA)を装備
▽ＩＴシステム更新車両改造工事実施(20.03.26)

E001形　←上野　　　　　　　　　　　　　　　　青森→

TRAIN SUITE 四季島

←1	2	3	4	5	6	7	8	9	10→
E001	E001	E001	E001	E001	E001	E001	E001	E001	E001
展望車	スイート3室	スイート3室	スイート3室	ラウンジ	ダイニング	四季島スイート DXスイート	スイート3室	スイート3室	展望車
SCCP E	MTr		SCSC					MTr	SCCP E
1	2	3	4	5	6	7	8	9	10

新製月日
16.09.15川重
(5～7号車=17.02.27J横浜)

▽2017(H29).05.01から営業運転開始
▽E001系諸元／ E001-1～4･8～10はアルミ合金製、E001-5～7は軽量ステンレス製
　ＥＤＣ方式(直流1500Ｖ、交流２万Ｖ・２万5000Ｖ、非電化区間に対応)
▽客室　四季島スイート(1室)、デラックススイート(1室)、スイート(計15室)は１室２名。編成定員は34名
▽運転区間は便宜上の表記
▽諸元　主電動機：ＭＴ75Ｂ。主変圧器：ＴＭ34。主変換装置：ＣＩ25。パンタグラフ：ＰＳ37Ｃ。
　非電化区間走行用発電機：ＤＭ114。非電化区間走行用エンジン：ＤＭＬ57Ｚ-Ｇ。
　補助電源：ＳＣ116(130kVA=１・10号車)、ＳＣ115(260kVA)　。ＣＰ：MH3130-C1600S3。
　空調装置：２～４・７～９号車はＡＵ739×４(屋上搭載)。
　５・６号車はＡＵ729-G2×２(屋上搭載)。１・10号車はＡＵ221×２(室内搭載)

E493系　←大宮　　　　　　　　　　尾久→

事業用(牽引車)

	←	→		
	クモヤ	クモヤ		
	E493	E492		
	+SC	CP+		
01	1	1	21.03.26	新潟トランシス
02	2	2	23.04.17	新潟トランシス

▽E493系は、工場(製造所)～車両基地間にて車両の牽引、車両基地内にて車両の入換え用
　表示の運転区間は便宜上
▽諸元／主電動機：ＭＴ79(140kW。全閉外扇型誘導電動機)
　制御装置：ＳＣ104・105(フルまたはハイブリッドＳｉＣ半導体素子[ＶＶＶＦ]・１Ｃ４Ｍ)
　SC：ＳＣ106・107(260kVA)。CP：MH3130-C1600F系　パンタグラフ：ＰＳ33Ｇ。列車情報管理装置：INTEROS
　台車：ＤＴ80、ＴＲ264(先頭台車)、ＴＲ264Ａ、双頭連結器装備

▽1929(S04).06.20　尾久客車区開設(尾久客車操車場から改称)
　2004(H16).06.01　尾久車両センターと改称
　2007(H19).07.27　E655系配置にて電車車両基地に
▽2022(R04).10.01、東京支社は首都圏本部と組織変更。
　車体標記は「東」から「都」に変更。但し車体の標記は、現在、変更されていない

東日本旅客鉄道 鎌倉車両センター 都クラ

1201両

E259系

←成田空港　　新宿・八王子・横浜・大船→

成田エクスプレス

	←6	5	4	3	2	1→			
	クロ E259	モハ E259	モハ E258	モハ E259	モハ E258	クハ E258	新製月日	ホームドア 対応工事	塗装変更
	+ CP==		--SCCP		--SCCP==	+			
	○○ ○○	●●	●● ●●	●● ●●	●● ●●	●● ○○ ○○			
Ne001	1	501	501	1	1	1	09.04.23東急	19.05.20	23.05.150M
Ne002	2	502	502	2	2	2	09.04.23東急	19.05.11	23.06.190M
Ne003	3	503	503	3	3	3	09.05.26東急	19.08.01	23.07.120M
Ne004	4	504	504	4	4	4	09.05.26東急	19.06.04	
Ne005	5	505	505	5	5	5	09.07.02東急	20.01.23	23.05.090M
Ne006	6	506	506	6	6	6	09.07.02東急	19.08.30	23.06.130M
Ne007	7	507	507	7	7	7	09.08.19東急	19.12.09	23.07.120M
Ne008	8	508	508	8	8	8	09.08.19東急	19.04.26	
Ne009	9	509	509	9	9	9	09.09.17東急	19.11.14	23.08.240M
Ne010	10	510	510	10	10	10	09.09.17東急	20.01.10	23.08.290M
Ne011	11	511	511	11	11	11	09.10.22東急	19.09.09	23.09.290M
Ne012	12	512	512	12	12	12	09.10.22東急	20.01.30	23.09.270M
Ne013	13	513	513	13	13	13	10.03.18東急	20.02.07	
Ne014	14	514	514	14	14	14	10.03.18東急	19.11.25	
Ne015	15	515	515	15	15	15	10.03.17近車	19.05.27	
Ne016	16	516	516	16	16	16	10.03.30東急	19.12.16	
Ne017	17	517	517	17	17	17	10.04.07近車	19.07.08	
Ne018	18	518	518	18	18	18	10.04.21近車	19.06.10	
Ne019	19	519	519	19	19	19	10.05.14近車	19.10.18	
Ne020	20	520	520	20	20	20	10.05.18東急	19.12.23	23.08.030M
Ne021	21	521	521	21	21	21	10.05.18東急	19.12.02	
Ne022	22	522	522	22	22	22	10.06.09近車	19.10.24	

▽E259系諸元／車体：アルミニウム合金ダブルスキン構造
　VVVFインバータ制御：SC90A(IGBT)
　主電動機：MT75B(140kW)。台車：DT77B、TR262、TR262A
　空調装置：AU302A(42,000kcal/h)、床下装備
　TIMS(列車情報管理装置)を装備
　パンタグラフ：PS33D(シングルアーム式)
　補助電源装置：SC89A(210kVA)、静止型インバータ
　電動空気圧縮機：MH3124-C1600SN3B
　電気連結器：復心装置付き(+印)を装備。最高速度：130km/h
　連結器は、-：半永久、=：半永久(衝撃吸収緩衝器付き)
▽2009(H21).10.01から営業運転開始
▽車イス対応大型トイレは6号車に設置
▽2017.03　全車にフリーWi-Fiを設置
▽WIMAX2+工事　Ne001=19.09.06　Ne002=19.09.04　Ne003=19.09.20　Ne004=19.09.04
Ne005=19.09.17　Ne006=19.09.05　Ne007=19.09.20　Ne008=19.07.31
Ne009=19.08.05　Ne010=19.08.27　Ne011=19.07.29　Ne011=19.07.29
Ne012=19.09.12　Ne013=19.07.23　Ne014=19.09.13　Ne015=19.09.18
Ne016=19.09.05　Ne017=19.08.13　Ne018=19.09.11　Ne019=19.09.13
Ne020=19.08.26　Ne021=19.08.14　Ne022=19.08.06
▽塗装変更は、先頭車両の前面、側面にシルバー基調のカラーを取り入れた
車両デザインリニューアル車。2023.05.14から営業運転開始(」Ne005編成)
▽貫通幌は内蔵型であるが、連結時に貫通幌にて通り抜けることを示すためあえて表示
▽ホームドア対応工事完了に伴い、2020(R02).03.19、空港第2ビル駅にて昇降式ホーム柵使用開始
▽2022(R04).03.12改正にて、池袋・大宮発着廃止(池袋までは回送にて運転)

配置両数

E259系			
M	モ	ハE259	22
M_{500}	モ	ハE259$_{5}$	22
M_1	モ	ハE258$_{5}$	22
M_2	モ	ハE258	22
Tsc	ク	ロE259	22
Tc′	ク	ハE258	22
		計	132
E235系			
M_1	モ	ハE235$_{1000}$	30
	モ	ハE235$_{1100}$	27
	モ	ハE235$_{1200}$	30
	モ	ハE235$_{1300}$	30
M_2	モ	ハE234$_{1000}$	30
	モ	ハE234$_{1100}$	27
	モ	ハE234$_{1200}$	30
	モ	ハE234$_{1300}$	30
Tc	ク	ハE235$_{1000}$	30
	ク	ハE235$_{1100}$	27
Tc′	ク	ハE234$_{1000}$	30
	ク	ハE234$_{1100}$	27
T	サ	ハE235$_{1000}$	30
Tsd	サ	ロE235$_{1000}$	30
Tsd′	サ	ロE234$_{1000}$	30
		計	438
E217系			
M	モ	ハE217	27
M_2	モ	ハE217$_{2}$	55
M'_1	モ	ハE216$_{1}$	27
M'_2	モ	ハE216$_{2}$	54
Tc	ク	ハE217	27
Tc_2	ク	ハE217$_{2}$	28
Tc_1'	ク	ハE216$_{1}$	14
Tc_2'	ク	ハE216$_{2}$	40
T	サ	ハE217	27
T_2	サ	ハE217$_{2}$	54
Tsd	サ	ロE217	27
Tsd′	サ	ロE216	27
		計	407
E233系			
M	モ	ハE233$_{60}$	28
	モ	ハE233$_{64}$	28
M′	モ	ハE232$_{60}$	28
	モ	ハE232$_{64}$	28
Tc	ク	ハE233$_{60}$	28
Tc′	ク	ハE232$_{60}$	28
T	サ	ハE233$_{60}$	28
	サ	ハE233$_{62}$	28
		計	224

E217系

▽営業運転開始は 1994(H06).12.03。運用は01Ｆ(終日)·03Ｆ。15両編成にて運転
▽諸元／軽量ステンレス車。ＶＶＶＦインバータ制御：ＳＣ41Ｂ。主電動機：ＭＴ68(95kW)
　　補助電源：ＳＣ37Ａ(210kVA)。電動空気圧縮機：ＭＨ3096-Ｃ1600Ｓ。パンタグラフ：ＰＳ28
　　空調装置：普通車ＡＵ720Ａ(42,000kcal/h)、グリーン車ＡＵ721(20,000kcal/h)×２
　　Ｙ38～51·138～146編成の主電動機はＭＴ73(95kW)へ変更。側面行先字幕ＬＥＤ化
▽全車両が機器更新車
　車体では、青帯が明るくなっている
　主要機器では、ＶＶＶＦインバータ制御装置をＳＣ88、補助電源装置をＳＣ89へ変更
　Ｙ 1·101編成は、機器更新に合わせて帯色を湘南帯からスカ帯に変更
　機器更新工事は、Ｙ21編成の完了にて対象車両全車完了
▽普通車座席配置は 9～11号車のみセミクロスシート
▽+印は、電気連結器、自動解結装置装備の車　▽転落防止用外幌(車端幌)装備
▽新製月日の項、G はグリーン車
▽～線を付した車両は大船工場にて製造
▽クハE216 車号中、太字はトイレ車イス対応(トイレ出入口拡大など)車、斜字は前面が非貫通型の車両(太字の斜字も含む)
▽側窓一部開閉化工事実績、およびグリーン車システム改造の実績は、2008冬号までを参照
▽自動放送装置の取付実績は2009冬号を参照
▽ホームドア対応工事

Y 1=18.01.12	Y 2=18.08.06	Y 3=17.12.27	Y 4=18.02.19	Y 5=17.10.15	Y 6=17.09.27	Y 7=17.11.05
Y 8=18.08.17	Y 9=17.11.08	Y 10=18.06.15	Y 11=18.07.23	Y 12=18.07.31	Y 13=18.08.20	Y 14=17.10.20
Y 15=18.07.09	Y 16=17.07.21	Y 17=17.08.24	Y 18=17.12.17	Y 19=17.11.26	Y 20=18.01.28	Y 21=18.03.27
Y 22=18.08.15	Y 23=18.05.21	Y 24=18.06.11	Y 25=17.07.13	Y 26=18.07.05	Y 27=18.06.21	Y 28=17.10.12
Y 29=18.07.20	Y 30=18.05.28	Y 31=17.10.06	Y 32=17.09.13	Y 33=18.06.07	Y 34=18.06.25	Y 35=17.09.06
Y 36=18.05.29	Y 37=17.07.07	Y 38=17.12.25	Y 39=17.10.18	Y 40=17.08.31	Y 41=17.12.21	Y 42=17.06.22
Y 43=17.06.16	Y 44=18.05.27	Y 45=17.06.28	Y 46=17.07.27	Y 47=17.09.21	Y 48=18.08.25	Y 49=18.02.26
Y 50=18.08.03	Y 51=18.06.29					
Y101=18.08.30	Y102=18.08.22	Y103=18.03.16	Y104=18.01.15	Y105=18.03.01	Y106=17.09.11	Y107=17.10.27
Y108=17.11.16	Y109=18.02.04	Y110=18.06.28	Y111=17.11.22	Y112=17.08.24	Y113=18.03.22	Y114=18.01.22
Y115=18.02.05	Y116=17.12.07	Y117=17.11.30	Y118=18.01.19	Y119=18.07.05	Y120=18.05.31	Y121=17.09.08
Y122=18.02.23	Y123=18.06.07	Y124=18.05.25	Y125=18.02.16	Y126=17.08.31	Y127=17.11.02	Y128=18.06.15
Y129=18.01.26	Y130=18.06.21	Y131=18.03.19	Y132=17.08.06	Y133=17.12.24	Y134=17.10.01	Y135=18.01.12
Y136=17.09.28	Y137=17.10.26	Y138=17.07.27	Y139=18.03.01	Y140=18.03.05	Y141=18.05.11	Y142=18.03.12
Y143=18.01.24	Y144=18.05.17	Y145=17.12.18	Y146=18.05.11			

▽㋲は線路設備モニタリング装置搭載(サハE217-50=18.03.14KY)

▽ＡＴＳ-Ｐ 使用開始について
　1991(H03).03.19　成田線成田～成田空港間
　1993(H05).10.24　総武快速線錦糸町～市川間
　1993(H05).10.31　総武快速線市川～千葉間。
　　　　　　　　　横須賀線横浜駅構内。横須賀線東戸塚～大船間
　1994(H06).02.06　横須賀線大崎～東戸塚間
　1994(H06).03.06　横須賀線大船～久里浜間
　1994(H06).03.27　横須賀線品川～大崎間(品川駅構内)
　1994(H06).07.06　山手貨物線大崎～池袋間(恵比寿～渋谷間は1996.03.16)
　1994(H06).10.28　総武・成田線千葉～成田間
　なお、山手貨物線大崎駅構内は1992(H04).12.18から使用開始
　2000(H12).02.06　外房線千葉～蘇我間
　2000(H12).08.17　外房線蘇我～上総一ノ宮間
　2001(H13).02.04　内房線千葉～巌根間
　2001(H13).03.18　内房線巌根～君津間
　2000(H12).12.17　総武本線佐倉～成東間
　2004(H16).02.29　総武快速線錦糸町～東京～横須賀線品川間〔ＡＴＣから変更〕

▽1960(S35).04.20　大船電車区開設
▽1996(H08).10.01　組織変更により横浜支社発足
▽2000(H12).07.01　大船電車区と大船工場が統合、鎌倉総合車両所に
　なお、運転部門は車掌区と合体、大船運輸区に
▽2004(H16).06.01　鎌倉総合車両所から鎌倉総合車両センターに改称
▽2006(H18).04.01　工場部門廃止により、現在の鎌倉車両センターに
▽2023(R05).06.22、車両の管轄は横浜支社から首都圏本部に変更。
　車体標記は「横」から「都」に変更。但し車体の標記は、現在、変更されていない

E217系 ←成田空港・上総一ノ宮・君津・千葉・東京　　大船・逗子・久里浜→

【スカ色帯】
横須賀線
総武快速線
房総各線
基本

	←11♿	10	9	弱 8	7	6	5	4	3	2	♿ 1→		
	クハ E217	サハ E217	モハ E217	モハ E216 SC CP	サハ E217	サハ E217	サロ E217	サロ E216	モハ E217	モハ E216 SC CP	クハ E216 +		
	セミクロス	セミクロス	セミクロス	ロング	ロング	ロング			ロング	ロング	ロング	新製月日	機器更新
Y 8	8	8	8	1008	2015	2016	8	8	2015	2015	**2033**	96.02.15東急(1号車のぞく)	11.12.15TK
Y14	14	14	14	1014	2027	2028	14	14	2027	2027	**2045**	96.11.26川重(1号車のぞく)	11.05.16TK
Y15	15	15	15	1015	2029	2030	15	15	2029	2029	**2047**	96.12.10川重(1号車のぞく)	11.06.14TK
Y18	18	18	18	1018	2035	2036	18	18	2035	2035	**2053**	97.01.21東急(1号車のぞく)	12.05.14TK
Y19	19	19	19	1019	2037	2038	19	19	2037	2037	***2055***	97.01.30川重(1号車のぞく)	12.06.05TK
Y20	20	20	20	1020	2039	2040	20	20	2039	2039	***2057***	97.03.13東急(1号車のぞく)	12.07.10TK
Y21	21	21	21	1021	2041	2042	21	21	2041	2041	***2059***	97.03.25東急(1号車のぞく)	12.07.31TK
Y22	22	22	22	1022	2043	2044	22	22	2043	2043	**2022**	97.12.16NT(G=東急)	08.03.28TK
Y23	23	23	23	1023	2045	2046	23	23	2045	2045	**2024**	98.02.02NT(G=東急)	08.04.30TK
Y24	24	24	24	1024	2047	2048	24	24	2047	2047	**2026**	98.02.25NT(G=東急)	08.05.29TK
Y26	26	26	26	1026	2051	2052	26	26	2051	2051	**2030**	97.11.04東急	08.08.27TK
Y27	27	27	27	1027	2053	2054	27	27	2053	2053	**2032**	97.11.18東急	08.12.24TK
Y28	28	28	28	1028	2055	2056	28	28	2055	2055	**2034**	97.12.03川重	08.09.29TK
Y29	29	29	29	1029	2057	2058	29	29	2057	2057	**2036**	97.12.24川重	08.11.25TK
Y30	30	30	30	1030	2059	2060	30	30	2059	2059	**2038**	98.01.21東急*	09.01.28TK
Y31	31	31	31	1031	2061	2062	31	31	2061	2061	**2040**	98.04.08NT(G=東急)	08.10.27TK
Y32	32	32	32	1032	2063	2064	32	32	2063	2063	**2042**	98.05.19NT(G=東急)	09.02.27TK
Y33	33	33	33	1033	2065	2066	33	33	2065	2065	**2044**	98.06.15NT(G=東急)	09.03.26TK
Y34	34	34	34	1034	2067	2068	34	34	2067	2067	**2046**	98.07.10NT(G=東急)	09.05.28TK
Y35	35	35	35	1035	2069	2070	35	35	2069	2069	**2048**	98.08.07NT(G=東急)	09.08.27TK
Y37	37	37	37	1037	2073	2074	37	37	2073	2073	**2052**	98.10.05NT(G=川重)	09.07.29TK
Y38	38	38	38	1038	2075	2076	38	38	2075	2075	***2054***	99.01.29川重	09.09.28TK
Y39	39	39	39	1039	2077	2078	39	39	2077	2077	***2056***	99.01.12東急	08.06.29TK
Y40	40	40	40	1040	2079	2080	40	40	2079	2079	***2058***	99.03.04川重	09.04.24TK
Y41	41	41	41	1041	2081	2082	41	41	2081	2081	***2060***	99.05.14NT(G=東急)	09.06.29TK
Y42	42	42	42	1042	2083	2084	42	42	2083	2083	***2062***	99.06.03NT(G=東急)	09.11.26TK
Y46	46	46	46	1046	2091	2092	46	46	2091	2091	***2067***	99.09.02NT(G=東急)	09.12.22TK

E217系 ←鹿島神宮・成田空港・君津・上総一ノ宮・東京　　　大船・逗子・久里浜→

【スカ色帯】
横須賀線
総武快速線
房総各線

	←増4♿ クハ E217	増3 モハ E217	増2 モハ E216	♿増1→ クハ E216	新製月日	機器更新
付属	+		SC CP			
	∞ ∞ ロング	●● ●● ロング	●● ●● ロング	∞ ∞ ロング		
Y101	2001	2002	2002	1001	94.08.18東急	10.04.20TK
Y102	2002	2004	2004	1002	94.08.30川重	08.02.01TK
Y103	2003	2006	2006	1003	95.11.22東急	12.01.25TK
Y104	2004	2008	2008	1004	95.12.19東急	08.04.23TK
Y106	2006	2012	2012	1006	96.01.11東急	11.06.20TK
Y108	2008	2016	2016	1008	96.02.15東急	11.10.27TK
Y109	2009	2018	2018	1009	96.02.29川重	11.11.28TK
Y110	2010	2020	2020	1010	96.03.14川重	08.08.18TK
Y113	2013	2026	2026	1013	96.11.12東急	09.08.31TK
Y116	2016	2032	2032	1016	96.12.17東急	09.11.04TK
Y117	2017	2034	2034	1017	97.01.09東急	09.10.02TK
Y119	2019	2038			97.01.30川重	09.12.25TK
Y120	2020	2040	2040	1020	97.03.13東急	10.02.10TK
Y145	*2045*	2090	2090	1024	99.07.30NT	10.09.01TK
Y146	*2046*	2092	2092	1025	99.08.25NT	10.10.01TK

	クハ E217	モハ E217	モハ E216	クハ E216	新製月日〔増1号車除く〕		機器更新
Y122	2022	2044	2044	2003	97.12.16NT		09.06.02TK
Y128	2028	2056	2056	2009	97.12.03川重	〔96.02.29〕	10.12.01TK
Y129	2029	2058	2058	2010	97.12.24川重	〔96.03.14〕	11.01.04TK
Y130	2030	2060	2060	2011	98.01.21東急	〔96.03.21〕	11.01.31TK
Y131	2031	2062	2062	2012	98.04.17NT	〔96.03.26〕	10.10.26TK
Y132	2032	2064	2064	2013	98.05.08NT	〔96.11.12〕	11.07.22TK
Y133	2033	2066	2066	2014	98.06.04NT	〔96.11.26〕	11.10.27TK
Y134	2034	2068	2068	2015	98.07.02NT	〔96.12.10〕	11.09.21TK
Y138	*2038*	2076	2076	2019	99.01.29川重	〔97.01.30〕	11.05.23TK
Y139	*2039*	2078	2078	2020	99.01.12東急	〔97.03.13〕	11.04.27TK
Y140	*2040*	2080	2080	2021	99.03.04川重	〔97.03.25〕	08.04.23TK
Y141	*2041*	2082	2082	2001	99.04.30NT	〔94.08.18〕	11.03.25TK
Y142	*2042*	2084	2084	2002	99.05.26NT	〔94.08.30〕	11.03.03TK

▽転用改造(東海道本線用から横須賀線、総武快速線用に2014 ~ 2015(H26 ~ 27)年度改造。組成変更。帯色変更など)
Y 2=15.05.07TK　Y 3=15.03.11TK　Y102=15.04.21YK　Y103=15.03.31TK

[E235系] ←成田空港・上総一ノ宮・君津・千葉・東京　　　　大船・逗子・久里浜→

【スカ色帯】
横須賀線
総武快速線
房総各線

	←11 ♿	♿ 10	♿ 9	[弱]♿8	♿ 7	6 ♿	5	4	♿ 3	♿ 2	♿ 1→	
	クハ	モハ	モハ	サハ	モハ	モハ	サロ	サロ	モハ	モハ	クハ	
	E235	E235	E234	E235	E235	E234	E235	E234	E235	E234	E234	
	+	--	--[SC]CP--			--[SC]CP--	--			--[SC]CP--	+	
	○○ ○○	●● ●●	●● ●●	○○ ○○	●● ●●	●● ●●	○○ ○○	○○ ○○	●● ●●	●● ●●	○○ ○○	
F01	1001	1001	1001	1001	1201	1201	1001	1001	1301	1301	1001	20.06.03 J 新津（G車=横浜）
F02	1002	1002	1002	1002	1202	1202	1002	1002	1302	1302	1002	20.07.08 J 新津（G車=横浜）
F03	1003	1003	1003	1003	1203	1203	1003	1003	1303	1303	1003	20.09.24 J 新津（G車=横浜）
F04	1004	1004	1004	1004	1204	1204	1004	1004	1304	1304	1004	20.10.19 J 新津（G車=横浜）
F05	1005	1005	1005	1005	1205	1205	1005	1005	1305	1305	1005	20.11.11 J 新津（G車=横浜）
F06	1006	1006	1006	1006	1206	1206	1006	1006	1306	1306	1006	21.01.21 J 新津（G車=横浜）
F07	1007	1007	1007	1007	1207	1207	1007	1007	1307	1307	1007	21.02.15 J 新津（G車=横浜）
F08	1008	1008	1008	1008[ト]	1208	1208	1008	1008	1308	1308	1008	21.03.05 J 新津（G車=横浜）
F09	1009	1009	1009	1009[ト]	1209	1209	1009	1009	1309	1309	1009	21.03.25 J 新津（G車=横浜）
F10	1010	1010	1010	1010[ト]	1210	1210	1010	1010	1310	1310	1010	21.04.15 J 新津（G車=横浜）
F11	1011	1011	1011	1011[ト]	1211	1211	1011	1011	1311	1311	1011	21.05.07 J 新津（G車=横浜）
F12	1012	1012	1012	1012[ト]	1212	1212	1012	1012	1312	1312	1012	21.06.02 J 新津（G車=横浜）
F13	1013	1013	1013	1013[モ]	1213	1213	1013	1013	1313	1313	1013	21.06.18 J 新津（G車=横浜）
F14	1014	1014	1014	1014	1214	1214	1014	1014	1314	1314	1014	22.04.04 J 新津（G車=横浜）
F15	1015	1015	1015	1015	1215	1215	1015	1015	1315	1315	1015	22.04.13 J 新津（G車=横浜）
F16	1016	1016	1016	1016	1216	1216	1016	1016	1316	1316	1016	22.04.25 J 新津（G車=横浜）
F17	1017	1017	1017	1017	1217	1217	1017	1017	1317	1317	1017	22.06.08 J 新津（G車=横浜）
F18	1018	1018	1018	1018	1218	1218	1018	1018	1318	1318	1018	22.06.27 J 新津（G車=横浜）
F19	1019	1019	1019	1019	1219	1219	1019	1019	1319	1319	1019	22.07.25 J 新津（G車=横浜）
F20	1020	1020	1020	1020	1220	1220	1020	1020	1320	1320	1020	22.10.03 J 新津（G車=横浜）
F21	1021	1021	1021	1021	1221	1221	1021	1021	1321	1321	1021	22.11.07 J 新津（G車=横浜）
F22	1022	1022	1022	1022	1222	1222	1022	1022	1322	1322	1022	22.12.12 J 新津（G車=横浜）
F23	1023	1023	1023	1023	1223	1223	1023	1023	1323	1323	1023	23.03.06 J 新津（G車=横浜）
F24	1024	1024	1024	1024	1224	1224	1024	1024	1324	1324	1024	23.03.22 J 新津（G車=横浜）
F25	1025	1025	1025	1025	1225	1225	1025	1025	1325	1325	1025	23.04.19 J 新津（G車=横浜）
F26	1026	1026	1026	1026	1226	1226	1026	1026	1326	1326	1026	23.05.18 J 新津（G車=横浜）
F27	1027	1027	1027	1027	1227	1227	1027	1027	1327	1327	1027	23.06.19 J 新津（G車=横浜）
F28	1028	1028	1028	1028	1228	1228	1028	1028	1328	1328	1028	23.07.13 J 新津（G車=横浜）
F29	1029	1029	1029	1029	1229	1229	1029	1029	1329	1329	1029	23.08.21 J 新津（G車=横浜）
F30	1030	1030	1030	1030	1230	1230	1030	1030	1330	1330	1030	23.09.04 J 新津（G車=横浜）

	←増4♿	♿増3	♿増2	♿増1→	
	クハ	モハ	モハ	クハ	
	E235	E235	E234	E234	
	+	--	--[SC]CP--	+	
	○○ ○○	●● ●●	●● ●●	○○ ○○	
J01	1101	1101	1101	1101	20.06.16J新津
J02	1102	1102	1102	1102	20.06.25J新津
J03	1103	1103	1103	1103	20.09.14J新津
J04	1104	1104	1104	1104	20.10.13J新津
J05	1105	1105	1105	1105	20.11.04J新津
J06	1106	1106	1106	1106	21.01.18J新津
J07	1107	1107	1107	1107	21.02.01J新津
J08	1108	1108	1108	1108	21.03.11J新津
J09	1109	1109	1109	1109	21.03.18J新津
J10	1110	1110	1110	1110	21.03.29J新津
J11	1111	1111	1111	1111	21.05.14J新津
J12	1112	1112	1112	1112	21.05.21J新津
J13	1113	1113	1113	1113	21.06.09J新津
J14	1114	1114	1114	1114	22.06.01J新津
J15	1115	1115	1115	1115	22.06.20J新津
J16	1116	1116	1116	1116	22.07.06J新津
J17	1117	1117	1117	1117	22.08.23J新津
J18	1118	1118	1118	1118	22.10.25J新津
J19	1119	1119	1119	1119	22.12.01J新津
J20	1120	1120	1120	1120	23.02.22J新津
J21	1121	1121	1121	1121	23.03.13J新津
J22	1122	1122	1122	1122	23.04.12J新津
J23	1123	1123	1123	1123	23.05.10J新津
J24	1124	1124	1124	1124	23.06.05J新津
J25	1125	1125	1125	1125	23.07.03J新津
J26	1126	1126	1126	1126	23.07.26J新津
J27	1127	1127	1127	1127	23.08.28J新津

E233系 ←八王子　　　　東神奈川・横浜・大船→

【黄緑と青緑の帯】
横浜線
京浜東北線
根岸線

	←8♿ クハ E233	7 モハ E233	6 モハ E232	弱 5 サハ E233	4 モハ E233	3 モハ E232	2 サハ E233	♿1→ クハ E232	新製月日	ホームドア対応工事改造	ワンマン化本工事
	=-		--SCCP	--		--SCCP		-=			
	○○ ○○	●● ●●	●● ●●	○○ ○○	●● ●●	●● ●●	○○ ○○	○○ ○○			
H001	6001	6401	6401	6001	6001	6001	6201	6001	14.01.17新津	17.06.20	23.07.10
H002	6002	6402	6402	6002	6002	6002	6202	6002	14.01.24新津	17.08.08	23.07.24
H003	6003	6403	6403	6003	6003	6003	6203	6003	14.02.05新津	16.12.21	23.09.11
H004	6004	6404	6404	6004	6004	6004	6204	6004	14.02.18新津	16.10.13	23.08.21
H005	6005	6405	6405	6005	6005	6005	6205	6005	14.02.28新津	16.09.20	
H006	6006	6406	6406	6006	6006	6006	6206	6006	14.03.11新津	17.10.03	23.09.25
H007	6007	6407	6407	6007	6007	6007	6207	6007	14.03.24新津	17.04.18	23.08.07
H008	6008	6408	6408	6008	6008	6008	6208	6008	14.04.08Ｊ新津	17.02.14	
H009	6009	6409	6409	6009	6009	6009	6209	6009	14.04.24Ｊ新津	17.03.07	
H010	6010	6410	6410	6010	6010	6010	6210	6010	14.05.12Ｊ新津	17.03.13	
H011	6011	6411	6411	6011	6011	6011	6211	6011	14.05.30Ｊ新津	16.10.24	
H012	6012	6412	6412	6012	6012	6012	㋲6212	6012	14.06.06Ｊ新津	17.08.22	
H013	6013	6413	6413	6013	6013	6013	6213	6013	14.06.13Ｊ新津	17.05.16	
H014	6014	6414	6414	6014	6014	6014	6214	6014	14.07.01Ｊ新津	17.08.29	
H015	6015	6415	6415	6015	6015	6015	㋲6215	6015	14.07.10Ｊ新津	17.09.04	
H016	6016	6416	6416	6016	6016	6016	6216	6016	14.01.08ＪＴ	17.05.02	
H017	6017	6417	6417	6017	6017	6017	6217	6017	14.01.15ＪＴ	17.06.27	
H018	6018	6418	6418	6018	6018	6018	6218	6018	14.02.08ＪＴ	17.12.05	
H019	6019	6419	6419	6019	6019	6019	6219	6019	14.02.19ＪＴ	17.07.11	
H020	6020	6420	6420	6020	6020	6020	6220	6020	14.03.14ＪＴ	17.10.31	
H021	6021	6421	6421	6021	6021	6021	6221	6021	14.03.26ＪＴ	17.05.23	
H022	6022	6422	6422	6022	6022	6022	6222	6022	14.04.15Ｊ横浜	17.04.11	
H023	6023	6423	6423	6023	6023	6023	㋣6223	6023	14.05.02Ｊ横浜	17.06.13	
H024	6024	6424	6424	6024	6024	6024	㋣6224	6024	14.05.14Ｊ横浜	17.01.11	
H025	6025	6425	6425	6025	6025	6025	㋣6225	6025	14.06.17Ｊ横浜	17.05.30	
H026	6026	6426	6426	6026	6026	6026	㋣6226	6026	14.07.04Ｊ横浜	16.11.24	
H027	6027	6427	6427	6027	6027	6027	㋣6227	6027	14.08.06Ｊ横浜	16.12.07	
H028	6028	6428	6428	6028	6028	6028	㋣6228	6028	14.08.20Ｊ横浜	17.02.01	

▽2014(H26).02.16から営業運転開始
▽E233系諸元／軽量ステンレス製、帯の色は緑色
　主電動機：ＭＴ75(140kW)。ＶＶＶＦインバータ制御：ＳＣ85A(ＭＭ４個一括２群制御)
　SC：ＳＣ91(容量 260kVA)。CP形式：MH3130-C1600SN1(容量は1600L/min)
　台車：ＤＴ71系、ＴＲ255系　　パンタグラフ：ＰＳ33Ｄ(シングルアーム)。室内灯：ＬＥＤ
　空調装置：ＡＵ726系(50,000kcal/h)。ほかに空気清浄機取付
▽座席はセパレートタイプ(ドア間２＋３＋２人、車端３人掛け)。腰掛け幅は460mm
▽3/4ドア開閉機能装備(４箇所のドアのうち３箇所を閉める)
▽ホーム検知装置、移動禁止システム、非常はしご、客室照明はＬＥＤを装備
▽ＪＴ=Ｊ-ＴＲＥＣ(総合車両製作所)、新津=ＪＲ東日本新津車両製作所
　Ｊ横浜=総合車両製作所横浜事業所、Ｊ新津=総合車両製作所新津事業所
▽㋣は、レール塗油器搭載車両
▽㋲は線路設備モニタリング装置搭載(サハE233-6212=21.01.22　6215=18.02.14KY[21.03.11 予備編成化])
▽ＡＴＳ-Ｐの使用開始／ 1994(H06).03.29　東神奈川駅構内
　1994(H06).09.27　東神奈川～八王子間

E235系

▽E235系は、2020(R02).12.21から営業運転開始。
　編成はＦ１＋Ｊ１。最初の列車は大船発 16：51発1600Ｓ
▽諸元／主電動機：ＭＴ79(140kW。全閉外扇型誘導電動機)
　制御装置：ＳＣ104Ａ(フルまたはハイブリッドＳｉＣ半導体素子[ＶＶＶＦ]・４ＭＭ制御×１群)
　SC：ＳＣ107Ａ(260kVA)。CP：MH3130-C1600F4
　パンタグラフ：ＰＳ33H。列車情報管理装置：INTEROS　　台車：ＤＴ80系、ＴＲ273系
　空調装置：普通車=ＡＵ737系(50,000kcal/h)、グリーン車=ＡＵ742系(20,000kcal/h×2)。室内灯：ＬＥＤ
　ステンレス"sustina(サスティナ)"車両。帯色はスカ色
　普通車各車両に車イス(ベビーカー)対応フリースペースを設置
　座席は普通車はロングシート、グリーン車は回転式リクライニングシート
　案内表示器ＬＣＤ搭載。グリーン車座席に電源用コンセント装備。
▽Ｆ08編成以降　11号車、Ｊ08編成以降　増１号車は電気連結器装着なし。スカート形状も異なる
▽㋲は線路設備モニタリング装置搭載車、㋣はレール塗油器搭載車

205系 ←浜川崎　　　　尻手→

南武支線
ワンマン

	クモハ 205	クモハ 204	改造月日		パンタグラフ PS33E	前照灯 LED化
	●●	●● ●● SC C_2 ●●				
ワ 1	1001	1001	02.03.29KK	〔M279 M′279〕	09.03.12	18.12.27
ワ 2	1002	1002	02.03.29KK	〔M282 M′282〕	09.03.17	18.12.21
ワ 4	1003	1003	03.11.27KK	〔M 23 M′ 23〕	09.03.13	18.12.20

▽営業開始は2002(H14).08.20
83運用(浜川崎10:15発1014H)で編成はワ 2

205系 ←扇町・海芝浦・大川　　　　鶴見→

鶴見線

	クハ 205	モハ 205	クモハ 204 SC C_2	改造月日	パンタグラフ PS33E
	○○ ○○	●● ●●	●● ●●		
T11	1101	26	1101	04.08.10KK	09.03.16
	〔T161	−	M′ 26〕	(Tc=14. 3.29KK)	
T12	1102	134	1102	04.08.27KY	09.02.04
	〔T214	−	M′134〕		
T13	1103	35	1103	04.10.26AT	09.01.14
	〔T209	−	M′ 35〕		
T14	1104㊦	173	1104	04.12.03KY	09.02.09
	〔T215	−	M′173〕		
T15	1105	38	1105	05.02.08AT	09.02.24
	〔T222	−	M′ 38〕		
T16	1106	95	1106	05.01.26KY	09.02.19
	〔T228	−	M′ 95〕		
T17	1107	41	1107	05.04.20AT	09.02.17
	〔T223	−	M′ 41〕		
T18	1108	152	1108	05.03.29KY	09.02.23
	〔T229	−	M′152〕		
T19	1109	47	1109	05.03.31AT	09.03.03
	〔T152	−	M′ 47〕		

▽営業開始は2004(H16).08.25　13運用(午後出区から)で編成はT11、
T12は2004(H16).09.10の09運用から
▽SCは160kVA
▽帯色は、南武支線用が窓上がクリーム 1号。窓下が青緑 1号(上)と黄色 5号
鶴見線用が窓上が黄色。窓下が黄色(上)とN 9.2〔ニュートラル系〕
+10G5/8〔グリーン系〕
▽顔も異なる(前照灯は上部中央)。スカートは装備
▽㊦は線路設備モニタリング装置搭載(クハ205-1104=20.09.030M)

▽1960(S35).04.25開設
▽1996(H08).10.01　組織変更により横浜支社発足
▽2020(R02).03.14、検修部門、中原電車区から組織変更。
運転部門は同日、川崎運輸区と変更

▽2023(R05).06.22、車両の管轄は横浜支社から首都圏本部に変更。
車体標記は「横」から「都」に変更。但し車体の標記は、
現在、変更されていない

配置両数

E233系			
M	モ	ハ$E233_{80}$	35
	モ	ハ$E233_{82}$	35
	モ	ハ$E233_{85}$	1
	モ	ハ$E233_{87}$	1
M′	モ	ハ$E232_{80}$	35
	モ	ハ$E232_{82}$	35
	モ	ハ$E232_{85}$	1
	モ	ハ$E232_{87}$	1
Tc	ク	ハ$E233_{80}$	35
	ク	ハ$E233_{85}$	1
Tc′	ク	ハ$E232_{80}$	35
	ク	ハ$E232_{85}$	1
		計	216
205系			
Mc	クモハ205		3
M′c	クモハ204		12
M	モ ハ205		9
Tc	ク ハ205_{1}		9
		計	33
E127系			
Mc	クモハE127		2
Tc′	ク ハE126		2
		計	4
旧形			
cMc	クモハ 12		1
		計	1

事業用車 2両

Mzc	FV-E991	1
Tzc′	FV-E990	1

旧形 ←　　鶴見→

【ぶどう 2号】

その他　クモハ 12
●● ●●
T52　12052　▽クモハ12は定期運用なし

▽鶴見線の保安装置／1993(H05).07.15からATS-S_N。
2001(H13).03.17からATS-P使用開始

FV-E991系 ←浜川崎　　　　武蔵中原→

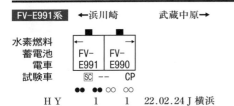

水素燃料蓄電池電車試験車

FV-E991	FV-E990
SC --	CP
●● ●●	○○ ○○

ＨＹ　1　1　22.02.24 J 横浜

▽FV-E991系は、水素ハイブリッド電車
▽諸元／軽量ステンレス製(サスティナ)。非貫通型
FV=ハイブリッド電車(燃料電池)[F=fuel(燃料)]
FV-E991(Mzc)に電力変換装置(補助電源一体型)、
主回路用蓄電池[リチウムイオン電池 120kWh×2]
主変換装置(昇圧チョッパ+VVVFインバータ)[1C2M×2系]
主電動機(三相かご形誘導電動機)95kW
FV-E990(Tzc′)に燃料蓄電池[固体高分子型180kW×2]、水素貯蔵ユニット(屋根上)[51ℓ×5本×4ユニット]搭載。
そのため、FV-E991よりも車内天井が低く、網棚位置も低い
CP=1200ℓ/min。パンタグラフ搭載なし
水素充填は70Mpa[約40kg、航続距離約140km]
35Mpa[約20kg、航続距離約 70km]
▽南武線川崎～登戸間、鶴見線、南武支線にて試験走行を予定

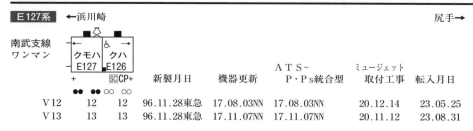

E127系 ←浜川崎　　　　　　　　　　　　　　尻手→

南武支線
ワンマン

	クモハ E127 + ●●	クハ E126 SCCP+ ●●○○ ○○	新製月日	機器更新	ATS-P・Ps統合型	ミュージェット取付工事	転入月日
V12	12	12	96.11.28東急	17.08.03NN	17.08.03NN	20.12.14	23.05.25
V13	13	13	96.11.28東急	17.11.07NN	17.11.07NN	20.11.12	23.08.31

▽2023(R05).09.13、新潟地区から転用、南武線尻手～浜川崎間にて営業運転開始。
転入に際して、帯色を青磁グリーン＋グラスグリーン帯から、黄色＋若草帯に変更

▽E127系諸元／主電動機：ＭＴ71(120kW)、制御装置：ＳＣ102A、SC：ＳＣ103A(160kVA)、CP：MH3108-C1200
パンタグラフ：ＰＳ30。空調装置：ＡＵ720Ａ-Ｑ 2(42,000kcal/h)
座席：ロングシート　両開き３扉
押しボタン式半自動扉回路装備。トイレは業務用室に。室内灯はLED化

▽2014(H26).10.04から営業運転開始。武蔵中原 9：40発川崎行 914F。N1編成。Ｊ新津=総合車両製作所新津事業所
▽E233系の諸元／軽量ステンレス製。帯の色は上から黄色、黄かん色、ぶどう色２号
主電動機：ＭＴ75系(140kW)。ＶＶＶＦインバータ制御：ＳＣ85Ａ(ＭＭ４個一括２群制御)
補助電源装置：ＳＣ86Ａ(容量260kVA)。ＣＰ：MH3130-C1600S1(容量は1600L/min)。室内灯：ＬＥＤ
台車：ＤＴ71系、ＴＲ255系。パンタグラフ：ＰＳ33Ｄ　空調装置：ＡＵ726系(50,000kcal/h)。空気清浄機付き
▽㋣は、レール塗油器装備車
▽座席はセパレートタイプ(ドア間は２＋３＋２。車端３が基本)。腰掛幅 460mm
▽3/4ドア開閉機能装備(ドア４箇所のうち３箇所を閉める)
▽ホーム検知装置。移動禁止システム。非常はしご。客室照明はＬＥＤ
▽㋲は線路設備モニタリング装置搭載(モハE232-8235=17.08.09KY)
▽N36編成は、青梅線からの転用改造車にて車号を変更。座席モケットを南武線仕様に変更したほか、車内モニターなど変更。
ただし、主要機器、パンタグラフ、室内照明蛍光灯は変更なし。前照灯LED化=17.09.28
▽ワンマン化工事　＊印はフルメニュー工事完了

[E233系] ←川崎　　　　武蔵中原・立川→

南武線

	← 1 ♿ クハ E233	2 モハ E233	3 モハ E232	弱 4 モハ E233	5 モハ E232	♿ 6 → クハ E232	新製月日	ホームドア	ワンマン化準備
	CP=–	––[SC]		––	–=	CP			
	○○ ○○	●● ●●	●● ●●	●● ●●	●● ●●	○○ ○○			
N 1	[ト]8001	8001	8001	8201	8201	[ト]8001	14.07.31 J 新津	20.09.07	
N 2	[ト]8002	8002	8002	8202	8202	[ト]8002	14.08.08 J 新津	20.09.14(TcE232-8002=09.07)	
N 3	[ト]8003	8003	8003	8203	8203	[ト]8003	14.08.22 J 新津	20.09.24	
N 4	[ト]8004	8004	8004	8204	8204	[ト]8004	14.09.02 J 新津	20.09.28	
N 5	[ト]8005	8005	8005	8205	8205	[ト]8005	14.09.12 J 新津	20.10.05	
N 6	8006	8006	8006	8206	8206	8006	14.10.03 J 新津	20.10.12	
N 7	8007	8007	8007	8207	8207	8007	14.10.16 J 新津	20.01.18	
N 8	8008	8008	8008	8208	8208	8008	14.10.30 J 新津	20.06.29	
N 9	8009	8009	8009	8209	8209	8009	14.11.14 J 新津	20.12.21	
N10	8010	8010	8010	8210	8210	8010	14.12.02 J 新津	21.01.12	
N11	8011	8011	8011	8211	8211	8011	14.12.24 J 新津	21.02.01	23.01.16
N12	8012	8012	8012	8212	8212	8012	15.01.06 J 新津	21.02.15	
N13	8013	8013	8013	8213	8213	8013	15.01.21 J 新津	21.02.22	
N14	8014	8014	8014	8214	8214	8014	15.03.06 J 新津	20.08.03	22.11.28
N15	8015	8015	8015	8215	8215	8015	15.03.16 J 新津	20.07.25	23.02.20
N16	8016	8016	8016	8216	8216	8016	15.03.30 J 新津	20.04.27	23.09.26*
N17	8017	8017	8017	8217	8217	8017	15.04.13 J 新津	20.05.19	23.09.12*
N18	8018	8018	8018	8218	8218	8018	15.04.27 J 新津	20.05.11	23.08.08*
N19	8019	8019	8019	8219	8219	8019	15.05.14 J 新津	20.05.25	23.08.29*
N20	8020	8020	8020	8220	8220	8020	15.05.28 J 新津	20.08.24	23.07.25*
N21	8021	8021	8021	8221	8221	8021	15.06.11 J 新津	20.06.01	23.06.13*
N22	8022	8022	8022	8222	8222	8022	15.06.25 J 新津	20.06.08	23.06.27*
N23	8023	8023	8023	8223	8223	8023	15.07.09 J 新津	20.07.13	23.05.30*
N24	8024	8024	8024	8224	8224	8024	15.07.27 J 新津	20.06.22	22.12.12
N25	8025	8025	8025	8225	8225	8025	15.08.11 J 新津	20.06.15	23.04.25*
N26	8026	8026	8026	8226	8226	8026	15.08.25 J 新津	20.07.06	23.05.15*
N27	8027	8027	8027	8227	8227	8027	15.09.07 J 新津	20.08.31	23.07.11*
N28	8028	8028	8028	8228	8228	8028	15.09.18 J 新津	20.07.20	22.10.08
N29	8029	8029	8029	8229	8229	8029	15.10.02 J 新津	20.03.05	23.01.23
N30	8030	8030	8030	8230	8230	8030	15.10.20 J 新津	19.12.18	22.10.25
N31	8031	8031	8031	8231	8231	8031	15.11.04 J 新津	20.01.13	23.01.30
N32	8032	8032	8032	8232	8232	8032	15.11.16 J 新津	20.02.10	23.03.06
N33	8033	8033	8033	8233	8233	8033	15.11.26 J 新津	20.02.16	23.03.20
N34	8034	8034	8034	8234	8234	8034	15.12.10 J 新津	20.03.16	23.02.13
N35	8035	8035	8035	8235	[モ]8235	8035	15.12.17 J 新津	21.03.01	23.11.14

	← 1 ♿ クハ E233	2 モハ E233	3 モハ E232	弱 4 モハ E233	5 モハ E232	6 → クハ E232	新製月日	改造月日	ホームドア	室内照明LED化	ホーム検知装置設置
	CP=–	––[SC]		––	–=	CP+					
	○○ ○○	●● ●●	●● ●●	●● ●●	●● ●●	○○ ○○					
N36	8570	8570	8570	8770	8770	8528	08.03.28東急	17.02.10OM	20.12.17	19.01.22	19.03.15
	[70	70	70	270	270	528]		←旧車号			

東日本旅客鉄道　国府津車両センター　都コッ　913両

E231系　←籠原・宇都宮・東京　　国府津・熱海→

【湘南帯】

東海道本線 東北本線 高崎線 湘南新宿ライン	←15♿ クハ E231	14 サハ E231	13 モハ E231	12 モハ E230	♿11→ クハ E230	新製月日	機器更新
	+	--	--	--SC CP--	+		
付属	○○ ○○	○○ ○○	●● ●●	●● ●●	○○ ○○		
S-01	**8029**	**3029**	1070	1070	6029	04.01.23東急	
S-02	**8030**	**3030**	1071	1071	6030	04.01.22川重	
S-03	**8031**	**3031**	1072	1072	6031	04.04.21東急	
S-04	**8032**	**3032**	1073	1073	6032	04.04.15川重	
S-05	**8033**	**3033**	1074	1074	6033	04.05.19東急	
S-06	**8034**	**3034**	1075	1075	6034	04.05.27川重	
S-07	**8035**	**3035**	1076	1076	6035	04.06.09東急	
S-08	**8036**	**3036**	1077	1077	6036	04.06.23東急	
S-09	**8037**	**3037**	1078	1078	6037	04.07.09川重	
S-10	**8038**	**3038**	1079	1079	6038	04.07.16川重	
S-11	**8039**	**3039**	1080	1080	6039	04.07.23東急	
S-12	**8040**	**3040**	1081	1081	6040	04.08.11東急	(22.11.02TK)
S-13	**8041**	**3041**	1082	1082	6041	04.08.25東急	20.11.18TK
S-14	**8042**	**3042**	1083	1083	6042	04.09.02川重	
S-15	**8043**	**3043**	1084	1084	6043	04.09.08東急	21.07.15TK
S-16	**8044**	**3044**	1085	1085	6044	04.09.17川重	
S-17	**8045**	**3045**	1086	1086	6045	04.09.22東急	(23.02.01AT)
S-18	**8046**	**3046**	1087	1087	6046	04.10.06東急	21.04.06TK
S-19	**8047**	**3047**	1088	1088	6047	04.10.21川重	(23.02.24TK)
S-20	**8048**	**3048**	1089	1089	6048	04.11.10東急	
S-21	**8049**	**3049**	1090	1090	6049	04.11.25川重	
S-22	**8050**	**3050**	1091	1091	6050	05.04.26NT	21.06.24TK
S-23	**8051**	**3051**	1092	1092	6051	05.05.18NT	21.05.20TK
S-24	**8052**	**3052**	1093	1093	6052	05.05.24NT	21.07.28TK
S-25	**8053**	**3053**	1094	1094	6053	05.06.09NT	21.09.28AT
S-26	**8054**	**3054**	1095	1095	6054	05.06.24NT	(22.12.05AT)
S-27	**8055**	**3055**	1096	1096	6055	05.07.08NT	(22.12.02TK)
S-28	**8056**	**3056**	1097	1097	6056	05.07.26NT	21.09.06TK
S-29	**8057**	**3057**	1098	1098	6057	05.08.10NT	22.02.07AT
S-30	**8058**	**3058**	1099	1099	6058	05.08.26NT	21.11.19TK
S-31	**8059**	**3059**	1100	1100	6059	05.09.09NT	22.01.18TK
S-32	**8060**	**3060**	1101	1101	6060	05.09.28NT	21.10.13TK
S-33	**8061**	**3061**	1102	1102	6061	05.10.18NT	21.12.02AT
S-34	**8062**	**3062**	1103	1103	6062	05.10.28NT	

▽E231系諸元／軽量ステンレス製、湘南色の帯
車体幅拡幅車(2800㎜→2950㎜)。ＴＩＭＳ(列車情報管理装置)を装備
主電動機：ＭＴ73(95kW)、パンタグラフ：ＰＳ33Ｂ(シングルアーム)
空調装置：ＡＵ726(50,000kcal/h)。グリーン車はＡＵ729(20,000kcal/h×２)
台車：ＤＴ61Ｇ、ＴＲ246Ｍ(Tc)、ＴＲ246Ｐ(Tc)、ＴＲ246Ｎ(Ｔ系)
ＶＶＶＦインバータ制御：ＳＣ77(ＩＧＢＴ)
SC：ＳＣ75またはＳＣ76(ＩＧＢＴ)、260kVA
CP形式：MH3119-C1600S 1(容量は1600L/min)。押しボタン式半自動扉回路装備
▽座席はセパレートタイプのロングシート。車号太字の車両はセミクロスシート
▽+印は自動分併、-印は半永久連結器を装備　▽６・７号車は、小山区からの転入車(Ｋ 1編成を除く)
▽営業運転開始は2004(H16).07.18、大宮 6:54発 2521Ｍ。編成はＫ 1
東海道本線での営業開始は、2004(H16).10.16ダイヤ改正から
▽2015(H27).03.14改正にて上野東京ライン開業。運転区間を宇都宮まで延伸。E231系・E233系の運用を共通化
▽普通車の乗降用扉は 3/4閉扉化工事を完了
▽トイレ／車イス対応大型トイレは１・10・11号車、一般洋式は５号車

▽1979(S54).10.01　国府津機関区に電車配属。1980(S55).10.01　国府津運転所と改称。1985(S60).11.01　国府津電車区と改称
▽1996(H08).10.01　横浜支社発足に伴い横浜支社の管轄へ変更
▽2004(H16).06.01、国府津電車区から国府津車両センターに区所名変更
▽2023(R05).06.22、車両の管轄は横浜支社から首都圏本部に変更。
車体標記は「横」から「都」に変更。但し車体の標記は、現在、変更されていない

配置両数

E233系		
M	モハE233$_{30}$	17
	モハE233$_{32}$	17
	モハE233$_{34}$	17
	モハE233$_{36}$	21
M′	モハE232$_{30}$	17
	モハE232$_{32}$	2
	モハE232$_{34}$	17
	モハE232$_{36}$	21
	モハE232$_{38}$	15
Tc	クハE233$_{30}$	17
	クハE233$_{35}$	21
Tc′	クハE232$_{30}$	17
	クハE232$_{35}$	21
T	サハE233$_{30}$	21
Tsd	サロE233$_{30}$	17
Tsd′	サロE232$_{30}$	17
	計	275
E231系		
M	モハE231$_{10}$	34
	モハE231$_{15}$	42
	モハE231$_{35}$	42
M′	モハE230$_{10}$	34
	モハE230$_{15}$	42
	モハE230$_{35}$	42
Tc	クハE231$_{80}$	34
	クハE231$_{85}$	42
Tc′	クハE230$_{60}$	34
	クハE230$_{80}$	42
T	サハE231$_{10}$	84
	サハE231$_{30}$	34
Tsd	サロE231$_{10}$	42
Tsd′	サロE230$_{10}$	42
	計	590
E131系		
Mc	クモハE131	12
M	モハE130	12
Tc′	クハE130	12
T	サハE131	12
	計	48

E231系 ←前橋・宇都宮・東京　　　　国府津・熱海・伊東・沼津→

【湘南帯】
東海道本線
東北・高崎線
湘南新宿ライン
伊東線

	←10♿ クハ E231	9 モハ E231	弱 8 モハ E230	7 サハ E231	6 サハ E231	5 サロ E231	4 サロ E230	3 モハ E231	2 モハ E230	♿ 1→ クハ E230	新製月日	6·7号車 新製月日	6·7号車 組込出場日
	+	−−	−−SC CP−−	−−		−−	−−		−−SC CP−−				
基本	○○ ○○	●● ●●	●● ●●	○○ ○○	○○ ○○	○○ ○○	○○ ○○	●● ●●	●● ●●	○○ ○○			
K−01	**8501**	**3501**	1501	1124	1125	1042	1042	1542	**3542**	**8042**	04.01.23東急	04.01.23東急	新製時
K−02	**8502**	**3502**	1502	㋣1074	1075	1043	1043	1543	**3543**	**8043**	04.01.22川重	01.07.13東急	04.10.21OM
K−03	**8503**	**3503**	1503	㋣1023	1024	1044	1044	1544	**3544**	**8044**	04.04.21東急	00.08.08東急	04.07.05OM
K−04	**8504**	**3504**	1504	㋣1027	1026	1045	1045	1545	**3545**	**8045**	04.04.15川重	00.08.29東急	04.07.08TK
K−05	**8505**	**3505**	1505	㋣1029	1030	1046	1046	1546	**3546**	**8046**	04.05.19東急	00.09.13東急	04.07.13KK
K−06	**8506**	**3506**	1506	㋣1032	1033	1047	1047	1547	**3547**	**8047**	04.05.27川重	00.10.04東急	04.07.20OM
K−07	**8507**	**3507**	1507	㋣1042	1041	1048	1048	1548	**3548**	**8048**	04.06.09東急	00.11.28東急	04.07.29TK
K−08	**8508**	**3508**	1508	㋣1036	1035	1049	1049	1549	**3549**	**8049**	04.06.23東急	00.10.18東急	04.07.22TK
K−09	**8509**	**3509**	1509	1047	1048	1050	1050	1550	**3550**	**8050**	04.07.09川重	00.12.20東急	04.08.06KK
K−10	**8510**	**3510**	1510	1038	1039	1051	1051	1551	**3551**	**8051**	04.07.02東急	00.11.15東急	04.07.27KK
K−11	**8511**	**3511**	1511	1050	1051	1052	1052	1552	**3552**	**8052**	04.07.16川重	00.11.09川重	04.08.10OM
K−12	**8512**	**3512**	1512	1045	1044	1053	1053	1553	**3553**	**8053**	04.07.23東急	00.12.06東急	04.08.03TK
K−13	**8513**	**3513**	1513	1054	1053	1054	1054	1554	**3554**	**8054**	04.08.11東急	00.11.22川重	04.08.23TK
K−14	**8514**	**3514**	1514	1056	1057	1055	1055	1555	**3555**	**8055**	04.08.25東急	00.12.13川重	04.09.02KK
K−15	**8515**	**3515**	1515	1059	㋲1060	1056	1056	1556	**3556**	**8056**	04.09.02川重	01.03.27東急	04.09.08OM
K−16	**8516**	**3516**	1516	1063	1062	1057	1057	1557	**3557**	**8057**	04.09.08東急	01.05.16東急	04.09.14TK
K−17	**8517**	**3517**	1517	1065	1066	1058	1058	1558	**3558**	**8058**	04.09.17川重	01.05.30川重	04.09.24KK
K−18	**8518**	**3518**	1518	1068	1069	1059	1059	1559	**3559**	**8059**	04.09.22東急	01.06.06東急	04.09.28OM
K−19	**8519**	**3519**	1519	1072	1071	1060	1060	1560	**3560**	**8060**	04.10.06東急	01.06.27東急	04.10.13TK
K−20	**8520**	**3520**	1520	1122	1123	1061	1061	1561	**3561**	**8061**	04.10.21川重	03.02.06川重	04.10.27KK
K−21	**8521**	**3521**	1521	1080	1081	1062	1062	1562	**3562**	**8062**	04.11.10東急	01.08.21東急	04.11.16KK
K−22	**8522**	**3522**	1522	1092	1093	1063	1063	1563	**3563**	**8063**	04.11.25川重	01.11.14川重	04.12.01KK
K−23	**8523**	**3523**	1523	1095	1096	1064	1064	1564	**3564**	**8064**	05.05.12NT+東急	01.11.28川重	05.05.20OM
K−24	**8524**	**3524**	1524	1078	1077	1065	1065	1565	**3565**	**8065**	05.06.03NT+東急	01.07.24東急	05.06.14TK
K−25	**8525**	**3525**	1525	1083	1084	1066	1066	1566	**3566**	**8066**	05.06.20NT+東急	01.08.31東急	05.06.29OM
K−26	**8526**	**3526**	1526	1090	1089	1067	1067	1567	**3567**	**8067**	05.07.04NT+東急	01.10.24川重	05.07.13TK
K−27	**8527**	**3527**	1527	1086	1087	1068	1068	1568	**3568**	**8068**	05.07.20NT+東急	01.10.04川重	05.07.29OM
K−28	**8528**	**3528**	1528	1107	1108	1069	1069	1569	**3569**	**8069**	05.08.04NT+東急	02.07.03東急	05.08.12OM
K−29	**8529**	**3529**	1529	1099	1098	1070	1070	1570	**3570**	**8070**	05.08.22NT+東急	01.12.11川重	05.08.30TK
K−30	**8530**	**3530**	1530	1101	1102	1071	1071	1571	**3571**	**8071**	05.09.05NT+東急	02.03.13東急	05.09.11OM
K−31	**8531**	**3531**	1531	1111	1110	1072	1072	1572	**3572**	**8072**	05.09.21NT+東急	02.07.24東急	05.10.01TK
K−32	**8532**	**3532**	1532	1002	1003	1073	1073	1573	**3573**	**8073**	05.10.06NT+東急	00.03.08東急	05.10.21OM
K−33	**8533**	**3533**	1533	1105	1104	1074	1074	1574	**3574**	**8074**	05.10.24NT+東急	02.03.29東急	05.11.01TK
K−34	**8534**	**3534**	1534	1114	1113	1075	1075	1575	**3575**	**8075**	05.11.10NT+東急	02.10.16川重	05.11.18TK
K−35	**8535**	**3535**	1535	1005	1006	1076	1076	1576	**3576**	**8076**	05.11.17NT+東急	00.03.15東急	05.11.26OM
K−36	**8536**	**3536**	1536	1117	1116	1077	1077	1577	**3577**	**8077**	05.11.26NT+東急	02.11.22川重	05.12.03TK
K−37	**8537**	**3537**	1537	1008	1009	1078	1078	1578	**3578**	**8078**	05.12.03NT+東急*	00.03.29東急	05.12.10OM
K−38	**8538**	**3538**	1538	1012	1011	1079	1079	1579	**3579**	**8079**	05.12.12NT+東急	00.05.21川重	05.12.20TK
K−39	**8539**	**3539**	1539	1014	1015	1080	1080	1580	**3580**	**8080**	05.12.20NT+東急	00.06.10川重	05.12.29OM
K−40	**8540**	**3540**	1540	1120	1119	1081	1081	1581	**3581**	**8081**	06.01.05NT+東急*	02.12.25川重	06.01.14TK
K−41	**8541**	**3541**	1541	1017	1018	1082	1082	1582	**3582**	**8082**	06.01.13NT+東急*	00.06.21東急	06.01.21OM
K−42	**8542**	**3542**	1542	1021	1020	1083	1083	1583	**3583**	**8083**	06.01.21NT+東急*	00.07.05東急	06.01.28TK

▽＊印の編成のグリーン車製造月日
K37=05.11.17　K40=05.12.03　K41=05.12.20　K42=05.12.20

▽レール塗油器搭載車は、
K 2編成(サハE231-1074)=08.06.26　K 3編成(サハE231-1023)=08.12.12　K 4編成(サハE231-1027)=08.10.24
K 5編成(サハE231-1029)=09.01.23　K 6編成(サハE231-1032)=08.10.03　K 7編成(サハE231-1042)=09.02.20
K 8編成(サハE231-1036)=09.03.06

▽機器更新車は(2021年度からホームドア対応工事も実施) [付属編成は編成表参照]
K01=22.06.06TK(戸閉のみ)、K02=22.08.03TK(戸閉のみ)、K03=22.07.16 TK(戸閉のみ)、K04=22.05.20TK(戸閉のみ)、K05=21.07.16TK、K06=21.06.30TK、K07=21.05.17TK、K08=21.12.03TK、K10=21.03.15TK、K11=21.06.09TK、K12=22.10.07TK、K13=21.08.17TK、K14=23.03.28OM、K15=22.04.08TK、K16=22.12.20OM(戸閉のみ)、K17=21.04.26TK、K19=22.04.20TK、K20=21.10.27TK、K21=23.02.21TK、K22=21.03.30TK、K23=23.03.10TK(戸閉のみ)、K24=21.09.18TK、K25=21.08.30TK、K26=22.03.07TK(戸閉のみ)、K27=21.12.20TK、K28=22.02.07TK、K30=21.11.12TK、K35=23.01.18TK(戸閉のみ)

▽前照灯灯ＬＥＤ化　E231-8029=23.03.15・8030=23.02.04・8031=23.03.09・8032=23.03.03・8033=23.03.03・8042=23.02.22・8046=23.03.08
E230-8043=23.03.09・8044=23.03.10・8045=23.03.09

▽線路設備モニタリング装置取付　サハE231-1060=22.04.08TK

E233系 ←籠原・宇都宮・東京　　　国府津・熱海→

【湘南帯】
東海道本線
東北本線
高崎線
湘南新宿ライン

	←15♿	14	13	12	♿11→	
	クハ	サハ	モハ	モハ	クハ	
	E233	E233	E233	E232	E232	
	--	CP--		--ⓈⒸCP--	+	新製月日
付属	○○　○○	○○　○○	●●　●●	●●　●●	○○　○○	
E-51	**3501**	**3001**	3601	3601	3501	07.11.28東急
E-52	**3502**	**3002**	3602	3602	3502	10.02.19東急
E-53	**3503**	㊣**3003**	3603	3603	3503	11.08.30NT
E-54	**3504**	**3004**	3604	3604	3504	11.09.06NT
E-55	**3505**	㊣**3005**	3605	3605	3505	11.09.14NT
E-56	**3506**	**3006**	3606	3606	3506	11.10.03NT
E-57	**3507**	**3007**	3607	3607	3507	11.10.21NT
E-58	**3508**	**3008**	3608	3608	3508	11.11.09NT
E-59	**3509**	**3009**	3609	3609	3509	11.11.29NT
E-60	**3510**	**3010**	3610	3610	3510	11.12.15NT
E-61	**3511**	**3011**	3611	3611	3511	12.01.10NT
E-62	**3512**	**3012**	3612	3612	3512	12.01.26NT
E-63	**3513**	**3013**	3613	3613	3513	12.02.22NT
E-64	**3514**	**3014**	3614	3614	3514	12.03.02NT
E-65	**3515**	**3015**	3615	3615	3515	12.03.22NT
E-66	**3516**	**3016**	3616	3616	3516	12.04.10NT
E-67	**3517**	**3017**	3617	3617	3517	12.04.27NT
E-71	**3536**	**3036**	3636	3636	3536	15.01.23J横浜
E-72	**3537**	**3037**	3637	3637	3537	15.03.25J横浜
E-73	**3538**	**3038**	3638	3638	3538	17.05.19J横浜
E-74	**3539**	**3039**	3639	3639	3539	17.05.31J横浜

▽営業運転開始は、2008(H20).03.10
▽E233系諸元／軽量ステンレス製、湘南色の帯
主電動機：ＭＴ75(140kW)。ＶＶＶＦインバータ制御：ＳＣ98(ＭＭ４個一括２群制御)
ⓈⒸ：ＳＣ86Ｂ(容量 260kVA)。CP形式：MH3124-C1600SN3B(容量は1600L/min)
台車：ＤＴ71系、ＴＲ255系。パンタグラフ：ＰＳ33Ｄ(シングルアーム)。押しボタン式半自動扉回路装備
空調装置：ＡＵ726系(50,000kcal/h)。他に空気清浄機取付。グリーン車はＡＵ729系(20,000kcal/h×２)
▽ロングシート部の座席はセパレートタイプ(ドア間２＋３＋２人、車端３人掛け)
車号太字の車両はセミクロスシート車。グリーン車は回転式リクライニングシート
▽トイレ／車イス対応は 1·10·11号車。一般洋式は 5·6号車
▽㊣は線路設備モニタリング装置搭載(サハE233-3003=22.07.27[予備編成=装置取外し]・3005=22.06.17)
▽室内灯ＬＥＤ化
E-03=22.10.13、E-05=23.01.24、E-09=22.10.31、E-11=22.12.15、E-13=23.01.26、E-15=22.10.20
E-59=22.10.28、E-61=22.11.21、E-65=23.01.27、E-67=22.11.22、E-71=22.10.05、E-72=22.12.28

▽ＡＴＳ-Ｐ 使用開始について
1993(H05).10.31　東京～大船間(品川駅構内は1994.03.27から)
1994(H06).03.29　大船～小田原間　　2001(H13).09.22　小田原～熱海間
2001(H13).10.16　熱海～来宮間　　2004(H16).11.21　来宮～伊東間

E233系 ←前橋・宇都宮・東京　　　国府津・熱海・伊東・沼津→

【湘南帯】
東海道本線
東北本線
高崎線
湘南新宿ライン

	←10 ♿	9	弱 8	7	6	5	4	3	2	♿ 1→	
	クハ	モハ	モハ	モハ	モハ	サロ	サロ	モハ	モハ	クハ	
	E233	E233	E232	E233	E232	E233	E232	E233	E232	E232	
	+	--	-- CP--	--[SC]CP		--	--	--[SC]CP--			新製月日
基本	○○ ○○	●● ●●	●● ●●	●● ●●	●● ●●	○○ ○○	○○ ○○	●● ●●	●● ●●	○○ ○○	
E-01	**3001**	**3201**	3201	3001	3001	3001	3001	3401	**3401**	**3001**	07.11.28東急
E-02	**3002**	**3202**	3202	3002	3002	3002	3002	3402	**3402**	**3002**	10.02.19東急

	←10 ♿	9	弱 8	7	6	5	4	3	2	♿ 1→	
	クハ	モハ	モハ	モハ	モハ	サロ	サロ	モハ	モハ	クハ	
	E233	E233	E232	E233	E232	E233	E232	E233	E232	E232	
	+	--	--[SC]CP--	--	CP	--	--	--[SC]CP--			新製月日
基本	○○ ○○	●● ●●	●● ●●	●● ●●	●● ●●	○○ ○○	○○ ○○	●● ●●	●● ●●	○○ ○○	
E-03	**3003**	**3203**	3003	3403	3803	3003	3003	3003	**3403**	**3003**	11.09.01NT(G=東急)
E-04	**3004**	**3204**	3004	3404	3804	3004	3004	3004	**3404**	**3004**	11.09.08NT(G=東急)
E-05	**3005**	**3205**	3005	3405	3805	3005	3005	3005	**3405**	**3005**	11.09.28NT(G=東急)
E-06	**3006**	**3206**	3006	3406	3806	3006	3006	3006	**3406**	**3006**	11.10.17NT(G=東急)
E-07	**3007**	**3207**	3007	3407	3807	3007	3007	3007	**3407**	**3007**	11.11.04NT(G=東急)
E-08	**3008**	**3208**	3008	3408	3808	3008	3008	3008	**3408**	**3008**	11.11.22NT(G=東急)
E-09	**3009**	**3209**	3009	3409	3809	3009	3009	3009	**3409**	**3009**	11.12.05NT(G=東急)
E-10	**3010**	**3210**	3010	3410	3810	3010	3010	3010	**3410**	**3010**	11.12.28NT(G=東急)
E-11	**3011**	**3211**	3011	3411	3811	3011	3011	3011	**3411**	**3011**	12.01.20NT(G=東急)
E-12	**3012**	**3212**	3012	3412	3812	3012	3012	3012	**3412**	**3012**	12.02.14NT(G=東急)
E-13	**3013**	**3213**	3013	3413	3813	3013	3013	3013	**3413**	**3013**	12.02.27NT(G=東急)
E-14	**3014**	**3214**	3014	3414	3814	3014	3014	3014	**3414**	**3014**	12.03.15NT(G=東急)
E-15	**3015**	**3215**	3015	3415	3815	3015	3015	3015	**3415**	**3015**	12.03.30NT(G=東急)
E-16	**3016**	**3216**	3016	3416	3816	3016	3016	3016	**3416**	**3016**	12.04.23NT(G=東急)
E-17	**3017**	**3217**	3017	3417	3817	3017	3017	3017	**3417**	**3017**	12.05.15NT(G=総車)

E131系 ←橋本　　　茅ヶ崎・(国府津)→

相模線

	← 4 ♿	♿弱3	♿ 2	♿ 1	
	クモハ	サハ	モハ	クハ	
	E131	E131	E130	E130	
		- -[SC]CP		--[SC]CP	
	●● ●●	○○ ○○	●● ●●	○○ ○○	
G01	501	[ト]501	501	501	21.07.12 J 新津
G02	502	[ト]502	502	502	21.07.27 J 新津
G03	503	[ト]503	503	503	21.08.23 J 新津
G04	504	504	504	504	21.09.08 J 新津
G05	505	505	505	505	21.09.14 J 新津
G06	506	506	506	506	21.10.05 J 新津
G07	507	507	507	507	21.10.11 J 新津
G08	508	508	508	508	21.10.25 J 新津
G09	509	509	509	509	21.11.01 J 新津
G10	510	510	510	510	21.11.24 J 新津
G11	[モ]581	511	511	[モ]581	22.01.14 J 新津
G12	[モ]582	512	512	[モ]582	22.01.21 J 新津

▽E131系は、2021(R03).11.18から営業運転開始
▽2022(R04).03.12改正からワンマン運転開始。横浜線八王子までの乗入れ終了
▽諸元／軽量ステンレス製(sustina)。車体幅 2,950mm(拡幅車体)。貫通型
　湘南(茅ヶ崎)の海と空をイメージした青系の帯。前面白丸は波しぶき
　主電動機：ＭＴ83(150kW。全閉外扇型誘導電動機)
　制御装置：ＳＣ123A(ＳｉＣ半導体素子[ＶＶＶＦ]・2ＭＭ制御×1群構成)
　[SC]：ＳＣ124(160kVA)。CP：MH3139-C1000EF系
　パンタグラフ：ＰＳ33Ｈ。台車：ＤＴ80系、ＴＲ273系
　空調装置：ＡＵ737系(50,000kcal/h)。室内灯：ＬＥＤ
　各車両に車イス(ベビーカー)対応フリースペースを設置
　座席はロングシート。定員は先頭車142名(580代=136名)、中間車160名
　ワンマン運転対応(乗降確認カメラ装備)　　[ト]はレール塗油器搭載車両
▽[モ]は線路設備モニタリング装置搭載車。G12編成は、その予備編成

東日本旅客鉄道 三鷹車両センター 都ミツ 650両

E231系 ←千葉・津田沼・御茶ノ水 三鷹→

【黄色帯】
中央線
総武線
各駅停車

	←1 ♿	2	3	弱 4	5	6	7	8	9	♿ 10→			
	クハ	モハ	モハ	サハ	モハ	モハ	サハ	モハ	モハ	クハ			
	E231	E231	E230	E231	E231	E230	E231	E231	E230	E230			
	--	--[SC]CP			-- CP			-[SC]CP--			新製月日	(4号車)	機器更新
	○○ ○○	●● ●●	●● ●●	○○ ○○	●● ●●	●● ●●	○○ ○○	●● ●●	●● ●●	○○ ○○			
A501	501	501	501	601	502	502	501	503	503	501	02.01.07NT	11.08.04NT	19.12.16TK
A502	502	504	504	602	505	505	502	506	506	502	02.01.21NT	11.08.04NT	20.01.10TK
A503	503	507	507	603	508	508	503	509	509	503	02.02.05NT	11.07.12NT	17.05.26TK

	←1 ♿	2	3	弱 4	5	6	7	8	9	♿ 10→			
	クハ	モハ	モハ	サハ	モハ	モハ	サハ	モハ	モハ	クハ			
	E231	E231	E230	E231	E231	E230	E231	E231	E230	E230			
	--	--[SC]CP			--[SC]CP			-[SC]CP--					
	○○ ○○	●● ●●	●● ●●	○○ ○○	●● ●●	●● ●●	○○ ○○	●● ●●	●● ●●	○○ ○○			
A504	504	510	510	604	511	511	504	512	512	504	02.06.19NT	11.07.12NT	20.01.28TK
A505	505	513	513	605	514	514	505	515	515	505	02.07.04NT	11.06.22NT	20.02.13TK
A506	506	516	516	606	517	517	506	518	518	506㋣	02.07.19NT	11.06.22NT	20.03.02TK
A507	507	519	519	607	520	520	507	521	521	507	02.08.05NT	11.06.02NT	17.06.22TK
A508	508	522	522	608	523	523	508	524	524	508	02.08.23NT	11.06.02NT	17.07.19TK
A509	509	525	525	609	526	526	509	527	527	509	02.09.07NT	11.05.16NT	17.08.08TK
A510	510	528	528	610	529	529	510	530	530	510	02.09.26NT	11.05.16NT	17.09.06TK
A511	511	531	531	611	532	532	511	533	533	511	02.10.11NT	11.04.20NT	17.11.16TK
A512	512	534	534	612	535	535	512	536	536	512	02.10.28NT	11.04.20NT	19.11.29TK
A513	513	537	537	613	538	538	513	539	539	513	02.11.12NT	11.03.17NT	17.10.02TK
A514	514	540	540	614	541	541	514	542	542	514	03.04.15NT	11.03.17NT	17.10.27TK
A515	515	543	543	615	544	544	515	545	545	515	03.05.02NT	11.02.25NT	17.12.11TK
A516	516	546	546	616	547	547	516	548	548	516	03.05.19NT	11.02.25NT	18.01.09TK
A517	517	549	549	617	550	550	517	551	551	517	03.06.03NT	11.02.07NT	18.01.31TK
A518	518	552	552	618	553	553	518	554	554	518	03.06.17NT	11.02.07NT	18.02.21TK
A519	519	555	555	619	556	556	519	557	557	519	03.07.02NT	11.01.18NT	18.03.14TK
A520	520	558	558	620	559	559	㋲520	560	560	520	03.07.17NT	11.01.18NT	19.06.10NN
A521	521	561	561	621	562	562	521	563	563	521	03.08.04NT	10.12.29NT	18.05.28TK
A522	522	564	564	622	565	565	522	566	566	522	03.08.21NT	10.12.29NT	18.09.21TK
A523	523	567	567	623	568	568	523	569	569	523	03.09.05NT	10.12.06NT	18.07.20TK
A524	524	570	570	624	571	571	524	572	572	524	03.09.22NT	10.12.06NT	18.08.31TK
A525	525	573	573	625	574	574	525	575	575	525	03.10.08NT	10.11.15NT	18.08.13TK
A526	526	576	576	626	577	577	526	578	578	526	03.10.24NT	10.11.15NT	18.07.03TK
A527	527	579	579	627	580	580	527	581	581	527	03.11.10NT	10.10.26NT	18.04.27TK
A528	528	582	582	628	583	583	528	584	584	528	04.03.12NT	10.10.26NT	18.06.14TK
A529	529	585	585	629	586	586	529	587	587	529	04.03.29NT	10.10.05NT	18.04.02TK
A530	530	588	588	630	589	589	530	590	590	530	04.04.13NT	10.10.05NT	18.10.12TK
A531	531	591	591	631	592	592	531	593	593	531	04.04.30NT	10.09.16NT	18.11.05TK
A532	532	594	594	632	595	595	532	596	596	532	04.05.18NT	10.09.16NT	18.11.22TK
A533	533	597	597	633	598	598	533	599	599	533	04.06.17NT	10.08.10NT	18.12.10TK
A534	534	600	600	634	601	601	534	602	602	534	04.07.02NT	10.08.10NT	19.01.07TK
A535	535	603	603	635	604	604	535	605	605	535	04.07.16NT	10.07.21NT	19.01.22TK
A536	536	606	606	636	607	607	536	608	608	536	04.08.03NT	10.07.21NT	19.02.13TK
A537	537	609	609	637	610	610	537	611	611	537	04.08.19NT	10.06.30NT	19.03.01TK
A538	538	612	612	638	613	613	538	614	614	538	04.09.03NT	10.06.30NT	19.03.23TK
A539	539	615	615	639	616	616	539	617	617	539	04.09.30NT	10.06.10NT	19.04.04TK
A540	540	618	618	640	619	619	㋲540	620	620	540	04.09.21NT	10.06.10NT	19.09.18NN
A541	541	621	621	641	622	622	541	623	623	541	04.10.07NT	10.05.24NT	19.04.23TK
A542	542	624	624	642	625	625	542	626	626	542	04.10.21NT	10.05.24NT	19.05.22TK
A543	543	627	627	643	628	628	543	629	629	543	04.11.08NT	10.05.06NT	19.06.04TK
A544	544	630	630	644	631	631	544	632	632	544	04.11.24NT	10.05.06NT	19.06.19TK
A545	545	633	633	645	634	634	545	635	635	545	04.12.08NT	10.04.15NT	19.07.05TK
A546	546	636	636	646	637	637	546	638	638	546	04.12.24NT	10.04.15NT	19.07.25TK
A547	547	639	639	647	640	640	547	641	641	547	05.01.14NT	10.03.23NT	19.08.13TK
A548	548	642	642	648	643	643	548	644	644	548	05.02.09NT	10.03.23NT	19.08.31TK
A549	549	645	645	649	646	646	549	647	647	549	05.02.25NT	10.03.01NT	19.09.21TK
A550	550	648	648	650	649	649	550	650	650	550	05.03.14NT	10.03.01NT	19.10.08TK
A551	551	651	651	651	652	652	551	653	653	551	05.03.30NT	10.01.29NT	19.10.25TK
A552	552	654	654	652	655	655	552	656	656	552	05.04.14NT	10.01.29NT	19.11.13TK

▽500代は、2014(H26).12.01から営業運転開始(A520編成)
▽転入時に機器更新(A520・540編成はのぞく)、保安装置ATS-P化など実施。ホームドア工事は施工済み
▽㋲は線路設備モニタリング装置搭載(サハE231-540=17.02.20NN、520=19.06.10NN)

E231系 ←千葉・津田沼・御茶ノ水　　　三鷹→

【黄色帯】
中央線
総武線
各駅停車

	←1 ♿	2	3	[弱] 4	5	6	7	8	9	♿10→			
	クハ	モハ	モハ	サハ	モハ	モハ	サハ	モハ	モハ	クハ		5・6号車	機器更新
	E231	E231	E230	E231	E231	E230	E231	E231	E230	E230	新製月日	新製月日	6M4T化
		--	--[SC]CP--			--[SC]CP--	-		-[SC]CP--				
	○○ ○○	●● ●●	●● ●●	○○ ○○	●● ●●	●● ●●	○○ ○○	●● ●●	●● ●●	○○ ○○			
B10	10	19	19	29	13	13	30	20	20	10	00.07.14NT	00.06.01NT	20.01.24AT
B11	11	21	21	32	9	9	33	22	22	11	00.08.03NT	00.04.27NT	18.04.20AT
B12	12	23	23	35	15	15	36	24	24	12	00.08.21NT	00.06.15NT	20.03.16AT
B14	14	27	27	41	11	11	42	28	28	14	00.09.21NT	00.05.17NT	18.08.09AT
B26	26	51	51	77	31	31	78	52	52	[ト]26	01.02.21東急	00.10.23NT	19.02.07AT
B27	27	53	53	80	33	33	81	54	54	[ト]27	01.03.14東急	00.11.08NT	19.05.14AT

▽E231系は、車体幅拡幅車(2800㎜→2950㎜)、ＴＩＭＳ(列車情報管理装置)を装備
　営業開始は、2000(H12).03.13
▽E231系諸元／軽量ステンレス製、帯の色は黄色５号(窓上部も含む)
　主電動機：ＭＴ73(95kW)
　パンタグラフ：ＰＳ33(900代)、ＰＳ33Ｂ(シングルアーム)
　空調装置：900代はＡＵ725(42,000kcal/h)〔６扉車＝ＡＵ726(50,000kcal/h)〕
　　0代はＡＵ725Ａ〔６扉車＝ＡＵ726Ａ〕
　　500代504以降はＡＵ725Ａ(50,000kcal/h)
　台車：900代はＤＴ61Ｅ、ＴＲ246Ｉ(Tc)、ＴＲ246Ｊ(Tc,T)、ＴＲ246Ｋ(T′)
　　0代はＤＴ61Ｇ、ＴＲ246Ｍ(Tc)、ＴＲ246Ｎ(Tc,T)、ＴＲ246Ｐ(T′)
　ＶＶＶＦインバータ制御：ＳＣ60、ＳＣ59(900代の３号車)(ＩＧＢＴ)
　[SC]：容量は 210kVA、形式は 900代はＳＣ61(９号車)、ＳＣ62(４号車)(ＩＧＢＴ)
　　量産車はＳＣ61Ａ、ＳＣ62Ａ
　CP形式：MH3119-C1600S1(容量は1600L/min)
▽座席はセパレートタイプ(ドア間２＋３＋２人、車端３人掛け)
▽側窓一部開閉式化工事は三鷹区にて施工。ほかにＥ231系 901編成(07.03.22)施工。対象完了
▽補助排障器は、先端部が尖った改良型に変更。実績は2016冬までを参照
▽自動放送装置　2008(H20).03.31から順次使用開始(209系も同様)
▽[ト]はレール塗油器取付車。26=12.03.16・27=12.03.30
▽室内灯ＬＥＤ化(編成完了日)
　B10=18.12.27　B11=18.11.30　B12=18.12.12　B14=18.12.18

▽2006(H18).11.20から女性専用車営業開始、10号車。対象は、錦糸町 7:20 ～ 9:20発の三鷹方面行き

▽千葉～中野間(各駅停車)は、1990(H02).03.25から
　中野～三鷹間(各駅停車)は、1991(H03).10.20からＡＴＳ-Ｐ 使用開始

▽1929(S04).09.01　三鷹電車区開設(1929.06.01　中野電車庫三鷹派出所発足)
▽1998(H10).04.01　組織改正により八王子支社発足
▽2007(H19).11.25　三鷹車両センター 発足
　運転部門は、武蔵小金井電車区運転部門＋拝島運転区を統合、立川運転区(新設)と組織変更
▽2023(R05).06.22、車両の管轄は八王子支社から首都圏本部に変更。
　車体標記は「八」から「都」に変更。但し車体の標記は、現在、変更されていない

都ミッ −3

E231系 ←津田沼・西船橋　　地下鉄東西線経由　　中野・三鷹→

【青色帯】
中央線
総武線
地下鉄東西線

	←1	♿ 2	3	弱 4	5	6	7	8	9 ♿	10→	
	クハ E231	モハ E231	モハ E230	サハ E231	モハ E231	モハ E230	サハ E231	モハ E231	モハ E230	クハ E230	
	--		--SC CP--			SC	--	--	--SC CP--		新製月日
	○○ ○○	●● ●●	●● ●●	○○ ○○	●● ●●	●● ●●	○○ ○○	●● ●●	●● ●●	○○ ○○	
K 1	801	801	801	801	802	802	802	803	803	801	03.01.31東急
K 2	802	804	804	803	805	805	804	806	806	802	03.02.19東急
K 3	803	807	807	805	808	808	806	809	809	803	03.03.05東急
K 4	804	810	810	807	811	811	808	812	812	804	03.03.19川重
K 5	805	813	813	809	814	814	810	815	815	805	03.05.09川重
K 6	806	816	816	811	817	817	812	818	818	806	03.05.24東急
K 7	807	819	819	813	820	820	814	821	821	807	03.05.15川重

▽E231系800代諸元／軽量ステンレス製、
帯の色は青色(セルリアンブルーを主体に上帯がインディゴ・ブルー)
主電動機：ＭＴ73(95kW)、ＰＳ33Ｂ(シングルアーム)
空調装置：ＡＵ726Ａ(50,000kcal/h)
ＶＶＶＦインバータ制御：ＳＣ60(ＩＧＢＴ)
SC：ＳＣ62Ａ(容量210kVA)(ＩＧＢＴ)
CP形式：MH3119-C1600S１(容量は1600L/min)
▽営業運転開始は、2003(H15).05.01(Ｋ 1=09Ｋ、Ｋ 4=11Ｋ)から

▽改良型補助排障器(先端部が尖った仕様)に変更した編成は、
K 1=09.03.16、K 2=09.04.23、K 3=09.04.27、K 4=09.04.27、K 5=09.04.23
K 6=09.03.19、K 7=09.03.19　対象車両完了
▽室内灯ＬＥＤ化(編成完了日)
K 1=19.03.20　K 2=19.02.21　K 3=19.03.25　K 4=19.02.14　K 5=19.02.28　K 6=19.03.14　K 7=19.03.04
▽機器更新、ホームドア対応工事
K 1=23.08.18AT　K 3=23.02.01AT

▽営団地下鉄は、2004(H16).04.01から「東京地下鉄㈱」と社名変更
愛称は東京メトロ。ただし本書では「地下鉄」と表示
▽2006(H18).11.20から10号車が女性専用車に。津田沼発 7:38 ～ 8:44 の東西線乗入れ車が対象

配置両数

E231系

M	モハE231	18
	モハ$E231_5$	156
	モハ$E231_8$	21
M′	モハE230	18
	モハ$E230_5$	156
	モハ$E230_8$	21
Tc	クハE231	6
	クハ$E231_5$	52
	クハ$E231_8$	7
Tc′	クハE230	6
	クハ$E230_5$	52
	クハ$E230_8$	7
T	サハE231	12
	サハ$E231_5$	52
	サハ$E231_6$	52
	サハ$E231_8$	14
	計	650

東日本旅客鉄道　豊田車両センター　都トタ　　717両

201系　←東京　　高尾→

【朱色 1号】

	1
	←1 クハ 201
	∞∞ ∞∞
	< 1

▽H 4編成は、2010(H22).04.11の「さよなら中央線201系H 4編成 富士急行線 河口湖」以降、
団体列車を中心に使用
2010.06.20、松本までの団臨に使用後、松本から長野へ回送、2010.06.21廃車
▽H 7編成は、2010(H22).10.17「さよなら中央線201系(H 4編成)特別ツアー」、
「ラストラン山梨　そして信州へ」(豊田→松本間)の団体列車に使用後、松本から長野へ回送、
2010(H22).10.18廃車
営業運転の最終日(2010.10.14)は、15T運用に充当(豊田駅20:28着1915Tにて豊田駅着後入区)

▽主電動機はMT60(150kW)
▽ATS-S$_N$装備
▽転落防止用外幌(車端幌)を取り付け、合わせて妻窓を閉鎖している

配置両数

E233系			
M	モ	ハE233	70
	モ	ハE233$_2$	55
	モ	ハE233$_4$	43
	モ	ハE233$_6$	25
	モ	ハE233$_8$	15
M′	モ	ハE232	70
	モ	ハE232$_2$	70
	モ	ハE232$_4$	43
	モ	ハE232$_6$	25
Tc	ク	ハE233	70
	ク	ハE233$_5$	25
Tc′	ク	ハE232	68
	ク	ハE232$_5$	27
T	サ	ハE233	43
	サ	ハE233$_5$	43
Ts	サ	ロE233	2
Ts′	サ	ロE232	2
		計	696
209系			
M	モ	ハ209	6
M′	モ	ハ208	6
Tc	ク	ハ209	2
Tc′	ク	ハ208	2
T	サ	ハ209	4
		計	20
201系			
Tc	ク	ハ201	1
		計	1

209系　←東京　　豊田・青梅・高尾→

【朱色帯】中央線 快速

	1	2	3	4	5	6	7	8	9	10	新製月日	転用改造
	←1 クハ 209	2♿ モハ 209	3 モハ 208	弱 4 サハ 209	5 モハ 209	6 モハ 208	7 サハ 209	8 モハ 209	♿9 モハ 208	10→ クハ 208		
			SC CP						SC CP			
	∞∞ ∞∞	●● ●●	●● ●●	∞∞ ∞∞	●● ●●	●● ●●	∞∞ ∞∞	●● ●●	●● ●●	∞∞ ∞∞		
T81	1001	1001	1001	1001	1002	1002	1002	1003	1003	1001	99.08.25東急	18.11.02
T82	1002	1004	1004	1003	1005	1005	1004	1006	1006	1002	99.09.11東急	19.01.24

▽209系諸元／軽量ステンレス製、帯の色は朱色
VVVFインバータ制御：SC41D。主電動機：MT73(95kW)
台車：DT61D、TR246L。空調装置：AU720A
SC：SC37B(210kVA)。CP形式：MH3112-C1600SL(容量は1600NL/min)
▽パンタグラフシングルアーム化(PS33F)
M209-1001=14.02.04、1002=14.02.05、1003=14.02.19、1004=14.02.24、1005=14.02.25、1006=14.02.27
▽ホーム検知取付工事　81=14.06.18、82=14.06.25
▽209系は元常磐線各駅停車用。転入月日は81編成=18.11.02、82編成=19.01.24。転入に合わせてOMにて帯色変更等転用改造を施工。
中央線快速用としての営業運転開始は、2019(H31).03.16、81編成を97T(豊田駅14:00発1496T～)に充当
2020(R02).03.14改正後も97T、99Tへの充当を確認

都トタ −2

E233系 ←東京　　　　　　　　　　　　青梅・豊田・高尾・大月→

【朱色帯】
中央線
青梅線

	←1♿	2	3	弱 4	5	6	7	8	9	♿10→		
	クハ	モハ	モハ	モハ	モハ	サハ	サハ	モハ	モハ	クハ		
	E233	E233	E232	E233	E232	E233	E233	E233	E232	E232		
	CP--	--	SC --	--	--	CP	--	--	SC --	CP	新製月日	ホーム検知
	○○ ○○	●● ●●	●● ●●	●● ●●	●● ●●	○○ ○○	○○ ○○	●● ●●	●● ●●	○○ ○○		
T32	32	32	32	232	232	532	32	432	432	32	07.09.10川重	
T34	34	34	34	234	234	534	34	434	434	34	07.11.05NT	
T35	35	35	35	235	235	535	35	435	435	35	07.11.19NT	
T40	40	40	40	240	240	540	40	440	440	40	08.02.01NT	19.09.11
T71	71	71	71	271	271	543	43	443	443	68	20.06.12J横浜	

▽営業運転開始は2006(H18).12.26。豊田発 5:10の528H。編成はH43(なお、1128HからはＴ 2を充当)
▽2022(R04).03.12改正にて、五日市線、八高線への直通運転廃止
▽E233系諸元／軽量ステンレス製、帯の色は朱色
　主電動機：ＭＴ75(140kW)。ＶＶＶＦインバータ制御：ＳＣ85(ＭＭ４個一括２群制御)
　SC：ＳＣ86(容量 260kVA)。CP形式：MH3124-C1600N3(容量は1600L/min)
　台車：ＤＴ71Ａ、ＤＴ71Ｂ(600代)、ＴＲ255(Ｔc･Ｔ)、ＴＲ255Ａ(Ｔc)
　パンタグラフ：ＰＳ33Ｄ(シングルアーム)
　押しボタン式半自動扉回路装備
　空調装置：ＡＵ726Ａ-G4、ＡＵ726Ｂ(50,000kcal/h)。ほかに空気清浄機取付
▽座席はセパレートタイプ(ドア間２＋３＋２人、車端３人掛け)。腰掛け幅は 460mm(201系は430mm)
▽床面高さを、201系よりも50mm低くしている。
▽優先席および１号車(女性専用車)の荷棚、吊り手高さがほかよりも50mm低い
　女性専用車は、新宿発 7:30 ～ 9:30の東京行き電車が対象
▽Ｔ編成は10両固定編成。Ｈ編成は６＋４両分割編成
▽新製月日　H45編成７～10号車の新製月日は06.12.15東急
▽2020(R02)年度増備のＴ71編成は、20.07.06から営業運転開始
▽㊦は線路モニタリング装置搭載車両。搭載月日はＴ13=14.10.23TK、Ｔ36=18.07.11NN
▽Ⓡはレール塗油器搭載車両

▽ＡＴＳ-Ｐ使用開始
　中央線快速は、1990(H02).03.25から東京～中野間
　　　　　　　　1991(H03).10.27から中野～吉祥寺間
　　　　　　　　1991(H03).12.01から吉祥寺～立川間
　　　　　　　　1991(H03).12.15から立川～高尾間
　青梅線立川～青梅間は、1998(H10).03.13
　五日市線は、2001(H13).01.19
　中央線高尾～大月間は、2000(H12).04.24
　　　　大月～甲府間は、2001(H13).10.06
　　　　甲府～小淵沢間は、2004(H16).02.05

▽1966(S41).11.10　豊田電車区開設
▽1998(H10).04.01　組織改正により八王子支社発足
▽2007(H19).11.25　豊田車両センターに改称
　　　　　　　　　武蔵小金井電車区は、豊田車両センター武蔵小金井派出と組織変更
▽2007(H19).10.13　豊田運輸区発足(豊田電車区 運転部門などを統合。新設)
▽2023(R05).06.22、車両の管轄は八王子支社から首都圏本部に変更。
　車体標記は「八」から「都」に変更。但し車体の標記は、現在、変更されていない

E233系 ←東京　　　　　　　　　　　　　　　　　　　青梅・豊田・高尾・大月→

【朱色帯】
中央線
青梅線

	←1♿	2	3	4♿	5	6	7	8	9	♿10→		
	クハ	モハ	モハ	サハ	モハ	モハ	サハ	モハ	モハ	クハ		新4号車
	E233	E233	E232	E233	E233	E232	E233	E233	E232	E232	新製月日	トイレ設置
	CP--		--SC	-- CP -		--SC		--	--SC -	CP		
T 1	1	1	1	501	201	201	1	401	401	1	06.11.10NT	20.10.15OM
T 2	2	2	2	502	202	202	2	402	402	2	06.11.27NT	21.01.14OM
T 3	3	3	3	503	203	203	3	403	403	3	06.12.08NT	21.03.31TK
T 4	4	4	4	504	204	204	4	404	404	4	06.12.22NT	21.05.26OM
T 5	5	5	5	505	205	205	5	405	405	5	07.01.12NT	21.08.10TK
T 6	6	6	6	506	206	206	6	406	406	6	07.01.26NT	21.06.29NN
T 7	7	7	7	507	207	207	7	407	407	7	07.02.14NT	21.08.20OM
T 8	8	8	8	508	208	208	8	408	408	8	07.02.28NT	21.10.18TK
T 9	9	9	9	509	209	209	9	409	409	9	07.03.13NT	21.10.29OM
T10	10	10	10	510	210	210	10	410	410	10	07.03.28NT	21.09.06NN
T11	11	11	11	511	211	211	11	411	411	11	07.04.10NT	21.12.28TK
T12	12	12	12	512	212	212	12	412	412	12	07.04.24NT	22.01.07OM
T13	13	13	13	513	213	213	㋲13	413	413	13	07.05.11NT	21.11.12NN
T14	14	14	14	514	214	214	14	414	414	14	07.05.25NT	22.03.02TK
T15	15	15	15	515	215	215	15	415	415	15	07.06.27東急	22.03.18OM
T16	16	16	16	516	216	216	16	416	416	16	07.07.20東急	22.05.18TK
T17	17	17	17	517	217	217	17	417	417	17	07.06.07NT	22.01.24NN
T18	18	18	18	518	218	218	18	418	418	18	07.06.21NT	22.05.23OM
T19	19	19	19	519	219	219	19	419	419	19	07.07.05NT	22.07.13TK
T20	20	20	20	520	220	220	20	420	420	20	07.08.11東急	22.03.31NN
T21	21	21	21	521	221	221	21	421	421	21	07.10.17東急	22.07.21OM
T22	22	22	22	522	222	222	22	422	422	22	07.07.20NT	23.06.07TK
T23	23	23	23	523	223	223	23	423	423	23	07.08.03NT	22.12.07TK
T25	25	25	25	525	225	225	25	425	425	25	07.07.30川重	22.08.02NN
T26	26	26	26	526	226	226	26	426	426	26	07.08.21NT	23.03.07OM
T27	27	27	27	527	227	227	27	427	427	27	07.09.03NT	23.01.05OM
T28	28	28	28	528	228	228	28	428	428	28	07.08.10川重	23.06.01OM
T29	29	29	29	529	229	229	29	429	429	29	07.08.27川重	23.08.29TK
T30	30	30	30	530	230	230	30	430	430	30	07.09.18NT	23.03.24NN
T31	31	31	31	531	231	231	31	431	431	31	07.10.02NT	23.09.06OM
T33	33	33	33	533	233	233	33	433	433	33	07.09.21川重	23.06.05NN
T36	36	36	36	536	236	236	36	436	436	36	07.12.03NT	23.08.30NN
T37	37	37	37	537	237	237	37	437	437	37	07.12.17NT	19.05.11TK
T38	38	38	38	538	238	238	38	438	438	38	08.01.07NT	19.03.14OM
T39	39	39	39	539	239	239	39	439	439	39	08.01.18NT	19.07.03TK
T41	41	41	41	541	241	241	41	441	441	41	08.02.15NT	19.08.02NN
T42	42	42	42	542	242	242	42	442	442	42	08.02.29NT	19.11.12NN

	←1♿	2	3	4	5	6♿	7	8	9	10	11	♿12→	新製月日	
	クハ	モハ	モハ	サロ	サロ	サハ	モハ	モハ	サハ	モハ	モハ	クハ		
	E233	E233	E232	E233	E232	E233	E233	E232	E233	E233	E232	E232	1～3・6～12	4・5号車
	CP	--	--SC	--	--	-- CP--		--SC	CP--		--SC	-- CP		
T24	24	24	24	2	2	524	224	224	24	424	424	24	07.10.26東急	22.11.11JT横浜

▽T24編成　6号車トイレ設置は22.10.13OM

▽室内灯ＬＥＤ化
T 1=22.09.30　T 2=22.10.05　T 3=22.11.25　T 4=23.03.01　T 5=23.01.12　T 6=23.06.06　T 7=23.05.17　T 8=22.10.13
T 9=23.07.05　T10=22.12.08　T11=23.08.07　T13=23.08.30　T14=23.08.09　T15=23.03.09　T16=23.03.09　T21=22.09.26
T37=22.03.26
H43=22.01.25　H44=23.05.10　H45=22.04.26　H46=23.06.26　H47=23.05.25　H48=23.06.15　H50=23.07.14　H52=23.09.08
H53=23.07.25

E233系　←東京　　　　青梅・豊田・高尾・大月・河口湖→

【朱色帯】
中央線
青梅線

	←1♿	2	3	弱 4	5	6→	←7	8	9	♿10→	
	クハ	モハ	モハ	モハ	モハ	クハ	クハ	モハ	モハ	クハ	
	E233	E233	E232	E233	E232	E232	E233	E233	E232	E232	
	CP--		--SC --	--	--	CP++	CP--		--SC --	CP	新製月日
	○○ ○○	●● ●●	●● ●●	●● ●●	●● ●●	○○ ○○	○○ ○○	●● ●●	●● ●●	○○ ○○	
H49	49	49	49	249	249	507	507	607	607	49	07.02.02東急
H51	51	51	51	251	251	509	509	609	609	51	07.03.09東急

E233系　←東京　　　　青梅・奥多摩・豊田・高尾・大月・河口湖→

【朱色帯】
中央線
青梅線

	←1♿	2	3	弱 4 ♿	5	6→	←7	8	9	♿10→		
	クハ	モハ	モハ	モハ	モハ	クハ	クハ	モハ	モハ	クハ		4号車
	E233	E233	E232	E233■	E232	E232	E233	E233	E232	E232	新製月日	トイレ設置
	CP--		--SC --	--	--SC --	CP ++	CP --		--SC -	CP		
	○○ ○○	●● ●●	●● ●●	●● ●●	●● ●●	○○ ○○	○○ ○○	●● ●●	●● ●●	○○ ○○		
H43	43	43	43	843	243	501	501	601	601	43	06.09.22東急	19.11.07TK
H44	44	44	44	844	244	502	502	602	602	44	06.11.13川重	20.03.05NN
H45	45	45	45	845	245	503	503	603	603	㋣45	06.12.22東急	20.02.07TK
											6～10=06.12.15東急	
H46	46	46	46	846	246	㋣504	504	604	604	46	07.01.12東急	20.04.30TK
H47	47	47	47	847	247	505	505	605	605	47	07.01.19東急	20.06.17NN
H48	48	48	48	848	248	506	506	606	606	48	07.01.24東急	22.05.25NN
H50	50	50	50	850	250	508	508	608	608	50	07.02.21東急	20.09.03NN
H52	52	52	52	852	252	510	510	610	610	52	07.03.09東急	20.10.15TK
H53	53	53	53	853	253	511	511	611	611	㋣53	07.02.09川重	23.01.05NN
H54	54	54	54	854	254	㋣512	512	612	612	54	07.03.15川重	20.11.27NN
H55	55	55	55	855	255	513	513	613	613	55	07.03.29川重	21.04.23NN
H56	56	56	56	856	256	514	514	614	614	56	07.04.27東急	21.03.02TK
H58	58	58	58	858	258	516	516	616	616	58	07.11.14東急	21.06.04TK
H59	59	59	59	859	259	517	517	617	617	59	07.09.28川重	23.03.13TK

	←1♿	2	3	4	5	弱 6♿	7	8→	←9	10	11	♿12→		
	クハ	モハ	モハ	サロ	サロ	モハ	モハ	クハ	クハ	モハ	モハ	クハ	新製月日	
	E233	E233	E232	E233■	E232	E233■	E232	E232	E233	E233	E232	E232	1～3・6～12	4・5号車
	CP--		--SC --	--	--		--SC --	CP++	CP--		--SC --	CP		
	○○ ○○	●● ●●	●● ●●	○○ ○○	○○ ○○	●● ●●	●● ●●	○○ ○○	○○ ○○	●● ●●	●● ●●	○○ ○○		
H57	57	57	57	1	1	857	257	515	515	615	615	57	07.05.18東急	22.07.27JT横浜

▽H57編成　6号車トイレ設置は21.02.04NN。試運転中

▽トイレ設置(車イス対応)　T編成は6号車を4号車に組替て設置
H編成は4号車に設置。車号を200代から800代に改番
トイレ設置工事に合わせ、T編成は新6号車に、H編成は5号車にＳＩＶ増設工事も実施
ホームドア工事も合わせて施工。またホーム検知装置設置は下記にて実施(記載なしはトイレ設置工事と併工)
T15=23.03.10　T16=22.05.18　T18=23.02.24　T19=22.07.13　T20=23.02.10　T21=22.07.22　T24=22.10.13　T25=22.08.02
T37=19.09.20　T38=19.06.20　T39=19.08.09　T41=19.11.08　T42=19.01.15
H43=19.11.28(7・10=20.03.03)　H44=20.03.15　H45=20.02.26　H46=20.05.24　H47=20.06.27　H50=20.09.10
H52=20.11.26　H54=20.12.09　H55=21.05.21　H57=21.02.17　H58=21.06.09

▽トイレは2020(R02).03.14から使用開始。
トイレ設置車両は限定運用ではなく、T編成はT編成組、H編成はH編成組にて充当
また合わせて、豊田車両センター武蔵小金井派出所にても汚物処理のための地上設備を新設

E233系 ←立川・拝島　　　　武蔵五日市・青梅→

【朱色帯】
青梅線
五日市線

	←1♿	2	3	弱 4	5	6→		
	クハ	モハ	モハ	モハ	モハ	クハ		ホーム検知
	E233	E233	E232	E233	E232	E232		
	CP--	--[SC]	--	--	--	CP+	新製月日	装置設置
	○○ ○○	●● ●●	●● ●●	●● ●●	●● ●●	○○ ○○		
青660	60	60	60	260	260	518	07.12.05東急	21.03.01
青661	61	61	61	261	261	519	07.11.22川重	21.03.30
青662	62	62	62	262	262	520	07.11.30川重	21.11.29
青663	63	63	63	263	263	521	07.12.14東急	
青664	64	64	64	264	264	㋣522	07.12.17川重	
青665	65	65	65	265	265	㋣523	08.01.16東急	
青666	66	66	66	266	266	524	08.01.30東急	
青667	67	67	67	267	267	525	08.02.15東急	
青668	68	68	68	268	268	㋣526	08.02.27東急	
青669	69	69	69	269	269	527	08.03.19東急	

←立川　　　　武蔵五日市・奥多摩→

	←1	2	3	♿4→				
	クハ	モハ	モハ	クハ				
	E233	E233	E232	E232		ホーム検知		
	+ CP--	--[SC]	--	CP	新製月日	装置設置	ワンマン	
	○○ ○○	●● ●●	●● ●●	●● ○○ ○○				
P518	518	618	618	60	07.12.05東急	22.02.28	23.03.13	春編成
青461	519	619	619	61	07.11.22川重			
青462	520	620	620	㋣62	07.11.30川重			
P521	521	621	621	63	07.12.14東急	21.09.27	23.03.08	アドベンチャー
青464	522	622	622	㋣64	07.12.17川重			
P523	523	623	623	㋣65	08.01.16東急	22.03.11	23.03.07	夏編成
P524	524	624	624	㋣66	08.01.30東急	22.01.21	23.03.09	秋編成
P525	525	625	625	67	08.02.15東急	22.02.04	23.03.15	冬編成

▽レール塗油器取付車は、Ｈ45（Ｔc′45）・Ｈ46（Ｔc′504）・Ｈ53（Ｔc′53）・Ｈ54（Ｔc′512）
青664（Ｔc′522）・青665（Ｔc′523）・青668（Ｔc′526）
青462（Ｔc′62）・青464（Ｔc′64）・青465（Ｔc′65）・青466（Ｔc′66）
▽㋲は線路設備モニタリング装置搭載（サハE233-36=18.07.11NN）
▽鹿忌避音装置設備工事　Ｐ521=23.03.31

▽Ｈ58編成は、青658＋青458編成から編成番号変更（08.04.01）
▽Ｈ58編成 1・10号車は現在、ＬＥＤ前照灯を試行中（16.03.30から運行開始）
▽Ｈ59編成は、青659＋青459から編成番号変更（15.05.01）
▽青梅線用Ｅ233系の営業開始は、６両編成が2007（H19）.11.05に青659編成。63運用から
４両編成は、2008（H20）.02.18 ～ 19に一斉投入
▽+印は、電気連結器（自動解結装置）装備の車両
▽2023（R05）.03.18改正から、青梅線青梅～奥多摩間にてワンマン運転開始。
同区間にて使用される車両はＰ編成限定に
▽青梅線（東京アドベンチャーライン）青梅～奥多摩間を中心に運転の４両編成は、
それぞれ四季をイメージしたデザインや東京アドベンチャーラインのロゴを装飾（ラッピング）。
ヘッドマークも掲出

E353系 ←東京・新宿・河口湖　　富士山・松本→

あずさ
かいじ
富士回遊

	←1	2	3→		
	クモハ	モハ	クモハ	+	
	E353	E353	E352		Wi-Fi
	CP=-		=-SCCP+	新製月日	設置工事
	○○ ●●	●● ●●	●● ○○		
S 201	1	1001	1	15.07.29J横浜	19.10.01
S 202	2	1002	2	17.10.15J横浜	19.07.12
S 203	3	1003	3	17.11.08J横浜	19.05.23
S 204	4	1004	4	17.12.20J横浜	19.04.24
S 205	5	1005	5	18.01.31J横浜	19.11.29
S 206	6	1006	6	18.11.23J横浜	19.06.14
S 207	7	1007	7	18.12.14J横浜	19.10.31
S 208	8	1008	8	19.01.11J横浜	新製時
S 209	9	1009	9	19.02.01J横浜	新製時
S 210	10	1010	10	19.02.27J横浜	新製時
S 211	11	1011	11	19.02.20J横浜	新製時

	←4	5	6	7	8	9	10	11	12→		
	クハ	モハ	モハ	モハ	サハ	サロ	モハ	モハ	クハ		
	E353	E353	E352	E353	E353	E353	E353	E352	E352		Wi-Fi
	+ CP=-	CP	SCCP	CP	SCCP	CP	CP	SCCP=-	CP	新製月日	設置工事
	○○ ○○	●● ●●	●● ●●	●● ●●	○○ ○○	○○ ○○	●● ●●	●● ●●	○○ ○○		
S 101	1	501	501	2001	1	1	1	1	1	15.07.29 J 横浜	19.05.17
S 102	2	502	502	2002	2	2	2	2	2	17.10.15 J 横浜	19.06.27
S 103	3	503	503	2003	3	3	3	3	3	17.11.08 J 横浜	19.09.04
S 104	4	504	504	2004	4	4	4	4	4	17.12.20 J 横浜	19.04.19
S 105	5	505	505	2005	5	5	5	5	5	18.01.31 J 横浜	19.08.22
S 106	6	506	506	2006	6	6	6	6	6	18.02.28 J 横浜	19.11.08
S 107	7	507	507	2007	7	7	7	7	7	18.03.16 J 横浜	19.10.02
S 108	8	508	508	2008	8	8	8	8	8	18.03.28 J 横浜	19.05.10
S 109	9	509	509	2009	9	9	9	9	9	18.04.18 J 横浜	19.10.31
S 110	10	510	510	2010	10	10	10	10	10	18.05.14 J 横浜	19.07.25
S 111	11	511	511	2011	11	11	11	11	11	18.06.08 J 横浜	19.07.19
S 112	12	512	512	2012	12	12	12	12	12	18.06.29 J 横浜	19.11.21
S 113	13	513	513	2013	13	13	13	13	13	18.07.27 J 横浜	19.04.11
S 114	14	514	514	2014	14	14	14	14	14	18.08.31 J 横浜	19.06.21
S 115	15	515	515	2015	15	15	15	15	15	18.10.12 J 横浜	19.12.12
S 116	16	516	516	2016	16	16	16	16	16	18.10.31 J 横浜	19.03.29
S 117	17	517	517	2017	17	17	17	17	17	18.11.23 J 横浜	19.08.27
S 118	18	518	518	2018	18	18	18	18	18	18.12.14 J 横浜	19.09.19
S 119	19	519	519	2019	19	19	19	19	19	19.01.11 J 横浜	新製時
S 120	20	520	520	2020	20	20	20	20	20	19.02.01 J 横浜	新製時

▽E353系は2017(H29).12.23から営業運転を開始。2018(H30).03.17改正から「スーパーあずさ」全列車に充当列車を拡大
2018(H30).07.01から「あずさ」「かいじ」への充当開始。「かいじ」は9両編成の9往復全列車、「あずさ」は9両編成の3往復
▽S101・201編成は量産先行車。18.06.19に量産改造を実施。9号車CP搭載のほか、荷物置場設置も量産車に合わせて設置
▽量産車は、新製時から1・3・5・7・10・12号車客室内に、9号車グリーン車は通路部に荷物置場を設置済み
▽空気ばね式車体傾斜装置(曲線通過時に空気ばねにより車体を傾斜させて遠心力を緩和することで
乗り心地向上と曲線通過速度を向上させる装置)を採用
▽走行中に振動を軽減するフルアクティブ動揺防止装置(左右の車体動揺を防止する装置)を搭載
▽室内照明にＬＥＤ間接照明を採用
▽諸元／車体：アルミニウム合金ダブルスキン構造
主電動機：ＭＴ75Ｂ。制御装置：ＳＣ108・ＳＣ109。パンタグラフ：ＰＳ39
台車：ＤＴ82・ＤＴ81Ａ・ＴＲ265Ａ・ＴＲ265Ｂ。空調装置：ＡＵ738
補助電源：ＳＣ110(260kVA)、ＳＣ98Ｂ(210kVA)=3号車。ＣＰ：MB3130-C1600S2
▽車イス対応大型トイレは2・9号車に設置
▽貫通幌は内蔵型であるが、連結時に貫通幌にて通り抜けることを示すためあえて表示
▽「スーパーあずさ」の列車名は、2019(H31).03.16改正にて消滅。
「富士回遊」は、2019(H31).03.16改正にて登場。3両編成を使用。
新宿～大月間は「あずさ」「かいじ」と併結、途中、富士山駅にて進行方向が変わる
▽2023(R05).03.18改正、12両編成にて運転の列車は、「あずさ」+「富士回遊」、「かいじ」+「富士回遊」、「はちおうじ」と、
「あずさ」1・5・13・17・29・33・43・45・49・53号、4・6・10・22・26・34・46・50・54・60号

E127系 ←茅野・松本　　　　　　　　　　　　長野・信濃大町→

大糸線
篠ノ井線

編成	←1 クモハ E127	♿2→ クハ E126 (SC CP)	新製月日	ブレーキ 凍結防止取付	ATS-Ps 取付	ATS-P 取付	機器更新
	●● ●●	○○ ○○					
A 1	101	101	98.11.07川重	－撤去－	07.08.11NN	09.10.13NN	16.06.24NN
A 2	102	102	98.11.07川重	04.12.02NN	08.12.26NN	08.12.26NN	17.12.25NN
A 3	103	103	98.11.21川重	－撤去－	07.10.26NN	09.02.09NN	16.11.26NN
A 4	104	104	98.11.21川重		07.11.28NN	09.11.19NN	17.02.11NN

編成	← クモハ E127	クハ E126 (SC CP)	新製月日	霜切パン 2号車取付	ATS-Ps 取付	ATS-P 取付	機器更新
A 5	105	105	98.11.24川重	18.03.08NN	09.03.16NN	09.03.16NN	18.03.08NN
A 6	106	106	98.11.24川重	18.03.30NM	08.01.17NN	09.08.26NN	18.03.30NN
A 7	107	107	98.11.28川重	08.10.20NN	08.10.20NN	08.10.20NN	17.10.26NN
A 8	108	108	98.11.28川重	08.09.16NN	07.09.07NN	08.09.16NN	18.01.26NN
A 9	109	109	98.11.18TZ	08.08.12NN	08.08.12NN	08.08.12NN	17.09.05NN
A10	110	110	98.12.11TZ	06.12.22NN	08.06.11NN	08.11.20NN	17.05.24NN
A11	111	111	98.11.16東急	新製時	08.05.02NN	09.05.20NN	17.03.31NN
A12	112	112	98.11.16東急	新製時	07.11.13NN	09.06.24NN	17.11.25NN

配置両数

E353系		
Mc	クモハE353	11
M′c	クモハE352	11
M	モ ハE353	20
	モ ハE353₅	20
	モ ハE353₁₀	11
	モ ハE353₂₀	20
M′	モ ハE352	20
	モ ハE352₅	20
Tc	ク ハE353	20
Tc′	ク ハE352	20
T	サ ハE353	20
Ts	サ ロE353	20
	計	213
E127系		
Mc	クモハE127	12
Tc′	ク ハE126	12
	計	24

▽E127系は、1998(H10).12.08改正から営業開始
▽ワンマン運転は、1999(H11).03.29から
▽E127系諸元／軽量ステンレス車体。帯色はアルパインブルー（上)とリフレッシュグリーン(下)
主電動機：ＭＴ71(120kW)、制御装置はＳＣ51Ａ
パンタグラフ：シングルアーム式ＰＳ34　台車：ＤＴ61Ｆ、ＴＲ246Ａ
補助電源：ＳＣ52(90kVA)、CP形式：MH3108-C1200
空調装置：ＡＵ720-Ｇ4(42,000kcal/h)
自動解結装置装備。砂撒き器装備(セラジェット化にて撤去)
座席は、ドア間にクロスシートを千鳥状配置のほかはロングシート
押しボタン式半自動扉回路装備。トイレは車イス対応
▽２号車のシングルアーム式パンタグラフはＡ 6編成にて表示
▽ワンマン機器更新
Ａ 1=18.03.13、Ａ 2=18.03.22、Ａ 3=18.03.23、Ａ 4=18.03.19、Ａ 5=18.03.19、Ａ 6=18.03.05、
Ａ 7=18.03.18、Ａ 8=18.03.06、Ａ 9=18.03.14、Ａ10=18.03.08、Ａ11=18.03.12、Ａ12=18.03.09
▽屋根改修工事
Ａ 1=18.05.18NN、Ａ 2=18.09.28NN、Ａ 3=18.06.18NN、Ａ 4=19.03.08NN、Ａ 5=18.07.31NN、Ａ 6=18.11.20NN
Ａ 7=18.10.19NN、Ａ 8=19.02.13NN、Ａ 9=18.11.05NN、Ａ10=18.09.06NN、Ａ11=19.01.22NN、Ａ12=18.07.10NN
▽セラジェット取付実績は、2016冬までを参照
▽運賃表示器交換実績と、Ａ07～12編成の２号車パン集電化実績は、2017冬までを参照

▽E127系は、2013(H25).03.16改正から辰野～長野間など運用範囲拡大

▽ＡＴＳ-Ｐ 使用開始
中央本線高尾～大月間　2000(H12).04.24
中央本線大月～甲府間　2001(H13).10.06
中央本線甲府～小淵沢間　2004(H16).02.05
中央本線小淵沢～塩尻間　2003(H15).12.21
篠ノ井線塩尻～松本間　2003(H15).12.21

▽1965(S40).04.01　松本運転所開設
▽2002(H14).03.23　松本運転所検修部門は松本電車区として発足。運転部門は車掌区と一緒になって松本運輸区となる
▽2004(H16).04.01　松本電車区から区所名変更
▽2022(R04).10.01、首都圏本部発足。車両の管轄は長野支社から首都圏本部に変更。
車体標記は「長」から「都」に変更。但し車体の標記は、現在、変更されていない

長野総合車両センター　都ナノ

192両

211系　←立川・中津川・松本　　飯田・信濃大町・長野→

中央本線
信越本線
篠ノ井線
大糸線

	クモハ211	モハ210	クハ210	転用改造	暖房強化	
		SC CP				
N301	3035	3035	3035	13.01.21NN	19.08.29	
N302	3053	3053	3053	13.02.21NN		
N303	3054	3054	3054	13.01.25NN	20.02.20	
N304	3055	3055	3055	13.03.13NN	〔12.06.14転入〕	
N305	3062	3062	3062	13.03.21NN	19.10.04	〔12.06.14転入〕
N306	3001	3001	3001	13.11.16NN	20.02.06	
N307	3013	3013	3013	14.10.21NN	19.09.06	
N308	3016	3016	3016	14.05.19NN	19.09.18	
N309	3017	3017	3017	14.08.05NN	20.04.08	
N310	3018	3018	3018	14.09.10NN		
N311	3020	3020	3020	14.03.12NN	20.02.29	
N312	3023	3023	3023	13.12.17NN	20.03.06	
N313	3024	3024	3024	14.01.14NN		
N314	3048	3048	3048	14.03.29NN	19.11.21	
N315	3049	3049	3049	14.06.21NN	19.12.28	
N316	3050	3050	3050	14.02.12NN		
N317	1001	1001	1001	14.07.01OM	20.01.22	
N318	1002	1002	1002	14.07.10OM	19.12.18	
N319	1003	1003	1003	14.08.21OM	20.01.09	
N320	1004	1004	1004	14.02.27OM	21.02.03	
N321	1005	1005	1005	14.08.11OM	20.01.25	
N322	1006	1006	1006	14.05.14OM	21.02.16	
N323	1007	1007	1007	14.03.31OM	21.03.04	〔14.03.28転入〕
N324	1008	1008	1008	14.09.04OM	21.01.06	
N325	1009	1009	1009	14.06.12OM	19.11.13	
N326	1010	1010	1010	14.05.28OM	21.03.02	
N327	1011	1011	1011	14.03.26OM	21.03.09	
N331	3040	3040	3040	13.02.28NN	19.12.12	
N332	3041	3041	3041	13.03.05NN		
N333	3042	3042	3042	13.05.11NN	19.10.31	
N334	3043	3043	3043	13.07.17NN	20.01.31	
N335	3044	3044	3044	13.08.21NN	19.11.07	
N336	3046	3046	3046	13.06.14NN	19.10.25	
N337	3038	3038	3038	13.09.17NN	20.03.11	
N338	3039	3039	3039	13.10.16NN		
N339	3045	3045	3045	13.03.11NN	19.12.06	

配置両数

211系		
Mc	クモハ211	36
M	モ　ハ211	28
M′	モ　ハ210	64
Tc	ク　ハ211	14
Tc′	ク　ハ210	50
	計	192

▽2013(H25).03.16改正から使用開始
▽車体は軽量ステンレス製。帯色はアルパインブルー、リフレッシュグリーン(長野色)
1000代はセミクロスシート車。
3000代はロングシート車
▽転用改造にて、ＡＴＳ-Ｐs、運転状況記録装置
セラミック噴射装置(砂まき器)取付のほか、
車体帯を長野色、パンタグラフシングルアーム化、
耐雪構造強化、下部オオイ強化型へ取替え等実施
▽押しボタン式半自動扉回路装備
▽N331 ～ 339編成は、元２パン車(転用改造にて撤去)
▽〔 〕内に転入月日を掲載した編成以外は、
転用改造日に転入。６両編成は編成ごとに転入
▽㋲は線路設備モニタリング装置搭載(クハ210- 1=20.09.07NN　6=18.05.01NN　2019=18.02.20NN)
予備編成　クハ210-3=20.10.20NN　2017=21.03.29NN

▽６両編成は、2014(H26).06.01から営業運転開始
▽０代はセミクロスシート車、2000代はロングシート車

211系 ←立川　　　　松本・長野→

中央本線
篠ノ井線

	クハ 211	モハ 211	モハ 210	モハ 211	モハ 210	クハ 210	転用改造	転入月日
			SC CP		SC CP			
N601	1	1	1	2	2	㋲1	14.04.15AT	14.05.15
N602	2	3	3	4	4	2	14.09.19AT	14.10.17
N603	3	5	5	6	6	㋲3	14.07.09AT	14.08.11
N604	4	7	7	8	8	4	15.02.25AT	15.03.30
N605	5	9	9	10	10	5	14.05.09AT	14.06.17
N606	6	11	11	12	12	㋲6	14.10.28AT	14.11.27
N607	2007	2007	2007	2008	2008	2007	15.01.09NN	15.01.09
N608	2009	2010	2010	2011	2011	2009	15.10.09NN	15.10.09
N609	2011	2013	2013	2014	2014	2011	14.11.17NN	14.11.17
N610	2013	2016	2016	2017	2017	2013	15.03.10NN	15.03.10
N611	2015	2019	2019	2020	2020	2015	14.10.31NN	14.10.31
N612	2017	2022	2022	2023	2023	㋲2017	14.11.10OM	14.11.10
N613	2019	2025	2025	2026	2026	㋲2019	15.03.03OM	15.03.04
N614	2022	2029	2029	2030	2030	2022	15.07.17NN	15.07.17

▽ＡＴＳ-Ｐ 使用開始
中央本線高尾～大月間　2000(H12).04.24
中央本線大月～甲府間　2001(H13).10.06
中央本線甲府～小淵沢間　2004(H16).02.05
中央本線小淵沢～塩尻間　2003(H15).12.21
篠ノ井線塩尻～松本間　2003(H15).12.21
篠ノ井線松本～篠ノ井間　実施済み
信越本線篠ノ井～長野間　実施済み

▽1966(S41).07.25　長野運転所開設。1986(S61).09.01　長野第一運転区と改称。1987(S62).03.01　北長野運転所と改称
1991(H03).07.01　長野総合車両所と改称
▽2004(H16).04.01　長野総合車両所から現在の区所名に変更
▽2022(R04).10.01、首都圏本部発足。車両の管轄は長野支社から首都圏本部に変更。
車体標記は「長」から「都」に変更。但し車体の標記は、現在、変更されていない

［参考］しなの鉄道　配置両数　115系＝30両　SR1系＝26両　合計56両

115系 ←軽井沢　　篠ノ井・長野・妙高高原→

30両
しなの鉄道
信越本線

	←1 クモハ115	2 モハ114	♿3→ クハ115					
		SC CP		塗色変更	リニューアル改造	保安装置改造		
	●●	●●●●	●●○○○○					
S 1	**1004**	**1007**	**1004**	99.07.26NN	06.02.10NN	13.09.16		
S 2	**1012**	**1017**	**1011**	99.08.11NN	08.03.17NN	13.12.25	←佐久地域星空ラッピング 21.09.26	
S 3	**1013**	**1018**	**1012**	97.09.25NN	05.01.14NN	14.10.01	←湘南色 17.05.19	
S 4	**1066**	**1160**	**1209**	99.12.28NN	07.03.20NN	13.08.15		
S 7	**1018**	**1023**	**1017**	03.01.25NN	03.01.25NN	14.06.13	←初代長野色 17.04.07	
S 8	**1529**	**1052**	**1021**	00.12.28NN	09.03.09NN	13.10.17	←ろくもん 14.07.09	
S 9	**1527**	**1048**	**1223**	00.12.08NN	10.02.17NN	14.11.28	←台湾自強号色 18.11.13	
S10	**1067**	**1162**	**1210**	04.03.10NN	04.03.10NN	14.09.02		
S11	**1020**	**1027**	**1019**	03.03.20NN	03.03.20NN	13.07.12	←千曲市誕生20周年記念ラッピング	23.07.13
S14	**1010**	**1015**	**1010**	15.03.12NN	99.02.12NN	08.05.09NN	←14.06.24NN=ワンマン化	

▽しなの鉄道は、信越本線軽井沢～篠ノ井間を承継して、1997(H09).10.01から営業運転開始
2015(H27).03.14　信越本線長野～妙高高原間を承継、「北しなの線」の路線名に。
軽井沢～篠ノ井間の路線名は、「しなの鉄道線」

▽リニューアル改造車(車号太字)は、補助電源のＳＩＶ化、CPを変更
▽115系ワンマン化工事(ＥＢ装置取付工事含む)は、2002～2003(H14～15)年度に施工、完了
▽115系２両編成は、2013(H25).06.01からしなの鉄道所有に変更(ＡＴＳ-Ｐ、Ｐs装備)
トイレは使用停止(2013.03.16から)。塗色変更の項、太字はしなの鉄道色へ変更
▽保安装置改造＝ＡＴＳ-Ｐ、ＡＴＳ-Ｐs、運転状況記録装置、ＥＢ装置を取付
Ｓ12～15編成は、2014(H26)年度、ＪＲ東日本からの譲受車。
保安装置改造の項はＡＴＳ-Ｐ取付時を表示
▽クハ115に表示の車イススペースは、Ｓ14～15編成は未設置
▽Ｓ12～15編成のパンタグラフはシングルアーム式
▽パンタグラフ　ＰＳ35Ａ化
Ｓ 1=21.05.28　Ｓ 2=21.09.24　Ｓ 3=22.07.07　Ｓ 4=22.11.10　Ｓ 7=22.02.17　Ｓ 9=21.07.01　Ｓ10=23.03.09
Ｓ11=23.07.13
▽2022年度 廃車車両
Ｓ12=23.03.31　Ｓ13=22.04.28　Ｓ15=22.04.28　Ｓ21=23.03.31　Ｓ22=22.04.28　Ｓ24=23.03.31
▽施工工場
NN ＝ ＪＲ東日本長野総合車両センター。SN ＝ しなの鉄道

ＳＲ1系
▽ＳＲ１系は、2020(R02).07.04 から営業運転開始
▽諸元／主電動機：TDK6325B(140kW。制御装置：RG6047-A-M。
SC：RG4099-A-M(210kVA)。CP：MH3108-C1200M系。
パンタグラフ：ＰＳ33Ｇ。台車：ＤＴ71系、ＴＲ255系。
空調装置；ＡＵ725系(42,000kcal/h)。室内灯：ＬＥＤ。
ステンレス製。
車体カラー　ライナー車両はロイヤルブルーとシャンパンゴールド。
一般車両は赤を基調。
座席　ライナー車両はデュアルシート(クロスシート／ロングシート)。
一般車両は固定クロスシート／ロングシート。
ライナー車両は各座席に電源コンセント設置。
ワンマン運転対応(確認モニター装備)。押しボタン式半自動回路装備。
トイレは車イス対応大型トイレ

〔参考〕えちごトキめき鉄道 ET127系=20両 413系=3両 合計23両

ET127系 ←長岡・直江津 妙高高原→

妙高はねうまライン 信越本線

	ET127	ET126	新製月日	強化型スカート	デザイン変更	パンタグラフ増設	機器更新工事
	+	SC CP+					
V 1	1	1	95.03.25川重	14.11.27	21.08.18		19.10.17
V 2	2	2	95.03.25川重	14.11.27	15.04.24		19.08.20
V 3	3	3	95.03.27川重	15.02.02	17.09.25		19.12.11
V 4	4	4	95.03.29川重	15.03.04	19.12.18		21.11.02
V 5	5	5	95.03.29川重	14.08.28	16.10.03		18.11.21
V 6	6	6	96.11.20川重	14.07.16	15.06.20		21.06.03
V 7	7	7	96.11.20川重	14.10.04	15.06.13		21.02.08
V 8	8	8	96.11.21川重	15.02.06	16.07.16	15.09.28	20.12.04
V 9	9	9	96.11.21川重	14.12.27	15.03.14	15.11.27	18.07.18
V10	10	10	96.11.22川重	14.06.06	16.07.25		18.10.02

▽えちごトキめき鉄道は、2015(H27).03.14、信越本線直江津～妙高高原間、北陸本線直江津～市振間を承継、開業。
直江津～妙高高原間は「妙高はねうまライン」、直江津～市振間は「日本海ひすいライン」の路線名
▽ＥＴ127系は、元ＪＲ東日本E127系を譲受、クモハE127形はＥＴ127形、クハE126形はＥＴ126形と形式変更。
譲受月日は、V2·9＝15.03.10、ほか＝15.03.14
発足に合わせて、クモハE127・クハE126- 4 ～ 11を、ET127・ET126-3 ～ 10と形式変更および車号変更。
ET127・ET126-1・2は形式変更のみを実施。編成番号はV4 ～ 11をV3 ～ 10と変更
車両基地は直江津運転センター（直江津駅構内）
▽デザイン変更により、えちごトキめき鉄道のカラーに、
V 9編成は譲受時点にて変更済み、V 2編成は1両のみ譲受時点にて変更済み
▽広告ラッピング編成は、
V 1編成=21.08.18(田島ルーフィング)、V 3編成=17.09.25(田辺工業)、V 5編成=16.10.03(日本曹達)
V 4編成=19.12.18(ミタカ) ▽V 1編成は最初の国電新潟色

413系 ←直江津 妙高高原・市振・富山→

観光用

	クモハ413	モハ412	クハ455	ATS-Ps取付	運用開始
	C1		11		
B05	6	6	701	21.06.16	21.07.04

▽運用区間 富山は便宜上

〔参考〕しなの鉄道 ②

SR1系 ←軽井沢 篠ノ井・長野・妙高高原→

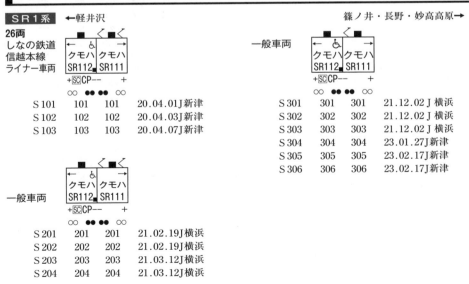

26両

しなの鉄道 信越本線 ライナー車両

	クモハSR112	クモハSR111	
	+SC CP--	+	
S101	101	101	20.04.01J新津
S102	102	102	20.04.03J新津
S103	103	103	20.04.07J新津

一般車両

	クモハSR112	クモハSR111	
	+SC CP--	+	
S201	201	201	21.02.19J横浜
S202	202	202	21.02.19J横浜
S203	203	203	21.03.12J横浜
S204	204	204	21.03.12J横浜

一般車両

	クモハSR112	クモハSR111	
	+SC CP--	+	
S301	301	301	21.12.02J横浜
S302	302	302	21.12.02J横浜
S303	303	303	21.12.02J横浜
S304	304	304	23.01.27J新津
S305	305	305	23.02.17J新津
S306	306	306	23.02.17J新津

東海道・山陽新幹線編成表

東海旅客鉄道　Ｊ編成－41本(656両)

N700S　←博多・新大阪　　東京→

のぞみ ひかり こだま	←1	2	3	4	5	6	7	8	9	10	11	12	13	14	15	16→	
	T_c	M	M'_w	M	M_{PW}	M'	M_K	M_S	M_{SW}	M_S	M'_h	M_P	M_W	M'	M_W	T'_c	
	743	747	746	745	745	746	747	735	736	737	746	745	745	746	747	744	
	CP	SC	MTr SC	SC	SC CP	MTr SC	SC	SC	SC	SC	MTr SC	SC CP	SC	MTr SC	SC	CP	配置
J 1	1	1	501	1	301	1	401	1	1	1	701	601	501	201	501	1	東交両
J 2	2	2	502	2	302	2	402	2	2	2	702	602	502	202	502	2	大交両
J 3	3	3	503	3	303	3	403	3	3	3	703	603	503	203	503	3	東交両
J 4	4	4	504	4	304	4	404	4	4	4	704	604	504	204	504	4	大交両
J 5	5	5	505	5	305	5	405	5	5	5	705	605	505	205	505	5	東交両
J 6	6	6	506	6	306	6	406	6	6	6	706	606	506	206	506	6	大交両
J 7	7	7	507	7	307	7	407	7	7	7	707	607	507	207	507	7	東交両
J 8	8	8	508	8	308	8	408	8	8	8	708	608	508	208	508	8	大交両
J 9	9	9	509	9	309	9	409	9	9	9	709	609	509	209	509	9	東交両
J10	10	10	510	10	310	10	410	10	10	10	710	610	510	210	510	10	大交両
J11	11	11	511	11	311	11	411	11	11	11	711	611	511	211	511	11	東交両
J12	12	12	512	12	312	12	412	12	12	12	712	612	512	212	512	12	大交両
J13	13	13	513	13	313	13	413	13	13	13	713	613	513	213	513	13	東交両
J14	14	14	514	14	314	14	414	14	14	14	714	614	514	214	514	14	大交両
J15	15	15	515	15	315	15	415	15	15	15	715	615	515	215	515	15	東交両
J16	16	16	516	16	316	16	416	16	16	16	716	616	516	216	516	16	大交両
J17	17	17	517	17	317	17	417	17	17	17	717	617	517	217	517	17	東交両
J18	18	18	518	18	318	18	418	18	18	18	718	618	518	218	518	18	大交両
J19	19	19	519	19	319	19	419	19	19	19	719	619	519	219	519	19	東交両
J20	20	20	520	20	320	20	420	20	20	20	720	620	520	220	520	20	大交両
J21	21	21	521	21	321	21	421	21	21	21	721	621	521	221	521	21	東交両
J22	22	22	522	22	322	22	422	22	22	22	722	622	522	222	522	22	大交両
J23	23	23	523	23	323	23	423	23	23	23	723	623	523	223	523	23	東交両
J24	24	24	524	24	324	24	424	24	24	24	724	624	524	224	524	24	大交両
J25	25	25	525	25	325	25	425	25	25	25	725	625	525	225	525	25	東交両
J26	26	26	526	26	326	26	426	26	26	26	726	626	526	226	526	26	大交両
J27	27	27	527	27	327	27	427	27	27	27	727	627	527	227	527	27	東交両
J28	28	28	528	28	328	28	428	28	28	28	728	628	528	228	528	28	大交両
J29	29	29	529	29	329	29	429	29	29	29	729	629	529	229	529	29	東交両
J30	30	30	530	30	330	30	430	30	30	30	730	630	530	230	530	30	大交両
J31	31	31	531	31	331	31	431	31	31	31	731	631	531	231	531	31	東交両
J32	32	32	532	32	332	32	432	32	32	32	732	632	532	232	532	32	大交両
J33	33	33	533	33	333	33	433	33	33	33	733	633	533	233	533	33	東交両
J34	34	34	534	34	334	34	434	34	34	34	734	634	534	234	534	34	大交両
J35	35	35	535	35	335	35	435	35	35	35	735	635	535	235	535	35	東交両
J36	36	36	536	36	336	36	436	36	36	36	736	636	536	236	536	36	大交両
J37	37	37	537	37	337	37	437	37	37	37	737	637	537	237	537	37	東交両
J38	38	38	538	38	338	38	438	38	38	38	738	638	538	238	538	38	大交両
J39	39	39	539	39	339	39	439	39	39	39	739	639	539	239	539	39	東交両
J40	40	40	540	40	340	40	440	40	40	40	740	640	540	240	540	40	大交両
J 0	9001	9001	9501	9001	9301	9001	9401	9001	9001	9001	9701	9601	9501	9201	9501	9001	東交両

▽量産車　新製月日

J 1=20.04.14日車　J 2=20.06.16日立　J 3=20.05.20日車　J 4=20.09.09日立　J 5=20.06.23日車　J 6=20.11.30日立
J 7=20.08.26日車　J 8=20.10.02日車　J 9=20.11.11日車　J10=21.01.11日立　J11=20.12.19日車　J12=21.02.23日立
J13=21.04.03日車　J14=21.05.11日立　J15=21.05.23日車　J16=21.07.10日立　J17=21.07.03日車　J18=21.09.03日車
J19=21.10.01日車　J20=21.11.01日立　J21=21.11.12日車　J22=21.12.14日立　J23=22.01.07日車　J24=22.03.01日立
J25=22.02.15日車　J26=22.04.01日車　J27=22.04.19日立　J28=22.05.20日車　J29=22.06.24日立　J30=22.07.08日車
J31=22.08.24日車　J32=22.10.04日車　J33=22.11.08日立　J34=22.11.18日車　J35=23.01.20日立　J36=23.01.11日車
J37=23.03.06日立　J38=23.02.20日車　J39=23.04.18日立　J40=23.04.05日車

N700系 ①

▽N700系諸元／主電動機：T-MT 9,T-MT10(305kW)
主変換装置：TCI3,TCI100(IGBT)
▽客室は全室禁煙。喫煙室を3・7・10・15号車に設置
▽2007(H19).07.01から営業運転開始
▽新製月日

Z 1=07.04.17日車	Z 2=07.05.09日立	Z 3=07.05.21日車	Z 4=07.06.16日立	Z 5=07.06.23日車
Z 6=07.09.05日立	Z 7=07.09.12日車	Z 8=07.10.31日立	Z 9=07.10.22日車	Z10=07.12.06日立
Z11=07.11.29日車	Z12=08.01.09川重	Z13=08.01.16日車	Z14=08.02.06日立	Z15=08.02.21日車
Z16=08.03.05日立	Z17=08.05.08日車	Z18=08.05.15日立	Z19=08.06.12日車	Z20=08.07.02日立
Z21=08.07.17日車	Z22=08.08.06日立	Z23=08.08.27日車	Z24=08.09.17日立	Z25=08.10.03日車
Z26=08.11.16川重	Z27=08.11.09日車	Z28=08.12.21日立	Z29=08.12.14日車	Z30=09.02.11川重
Z31=09.01.24日車	Z32=09.03.01日車	Z33=09.04.15日立	Z34=09.04.03日車	Z35=09.05.13日車
Z36=09.08.26川重	Z37=09.06.18日車	Z38=09.07.24日車	Z39=09.09.03日車	Z40=09.07.08日立
Z41=09.10.11日車	Z42=09.11.14日車	Z43=09.12.01日立	Z44=09.12.17日車	Z45=10.01.13日立
Z46=10.01.27日車	Z47=10.02.17日立	Z48=10.03.01日車	Z49=10.04.02日車	Z50=10.05.09日車
Z51=10.06.09日車	Z52=10.07.10日車	Z53=10.07.21日立	Z54=10.08.18日車	Z55=10.09.18日車
Z56=10.10.01日立	Z57=10.10.21日車	Z58=10.11.10日立	Z59=10.11.21日車	Z60=10.12.22日車
Z61=11.01.19日立	Z62=11.01.28日車	Z63=11.02.23日立	Z64=11.03.03日車	Z65=11.04.06日車
Z66=11.04.20日立	Z67=11.05.13日車	Z68=11.06.15日車	Z69=11.07.16日車	Z70=11.08.03日立
Z71=11.08.20日車	Z72=11.09.07日立	Z73=11.09.22日車	Z74=11.10.24日車	Z75=11.11.03日立
Z76=11.11.23日車	Z77=11.12.22日車	Z78=12.01.29日車	Z79=12.02.22日立	Z80=12.03.01日車

▽N700Aは、N700Aに準拠したN700系改造車(N700Aタイプ)
編成番号をZ編成からX編成に、車号を2000代(旧車号+2000)とした。車号太字
改造月日

	X 1=15.05.18	X 2=15.06.09	X 3=15.06.15	X 4=15.08.05	X 5=15.07.07	X 6=13.07.16
X 7=13.08.12	X 8=13.08.28	X 9=13.10.21	X10=13.10.25	X11=13.12.11	X12=14.01.21	X13=14.01.31
X14=14.02.27	X15=14.05.16	X16=14.05.22	X17=14.06.03	X18=14.06.19	X19=14.07.01	X20=14.07.07
X21=14.07.24	X22=14.08.07	X23=14.09.08	X24=14.09.12	X25=14.10.21	X26=14.11.29	X27=14.10.27
X28=14.12.04	X29=15.01.28	X30=14.12.22	X31=14.12.16	X32=15.02.09	X33=15.05.22	X34=15.02.03
X35=15.06.03	X36=13.07.22	X37=15.06.19	X38=13.07.09	X39=13.07.26	X40=13.06.19	X41=13.09.27
X42=13.11.13	X43=13.12.21	X44=14.01.27	X45=14.03.05	X46=14.03.15	X47=14.03.20	X48=14.04.09
X49=14.05.28	X50=14.06.25	X51=14.07.18	X52=14.07.31	X53=14.08.22	X54=14.09.27	X55=14.09.19
X56=14.10.15	X57=14.10.31	X58=14.11.18	X59=14.12.27	X60=14.11.25	X61=15.01.22	X62=15.03.19
X63=15.03.25	X64=15.04.25	X65=13.05.07	X66=15.07.14	X67=15.07.01	X68=13.06.27	X69=13.08.23
X70=13.09.12	X71=14.09.19	X72=13.10.15	X73=13.11.29	X74=13.12.05	X75=13.12.17	X76=13.12.27
X77=14.02.21	X78=14.03.11	X79=14.04.15	X80=14.04.21	対象車両は完了		

N700S

▽N700S 「S」はSupreme(最高の)を意味する
▽J0編成は確認試験車(18.03.25 5-10・13-16=日車、1-4・11・12=日立)。2018.03.20から走行試験を開始。量産車は2020年度から投入
▽2020(R02).07.01から営業運転開始。J 1編成は「のぞみ」1・46号に、J 2編成「のぞみ」3・26号に充当。
▽先頭形状はデュアルスプリームウィング形。トンネル突入時の騒音を今まで以上に低減
▽SiC素子駆動システムの採用、軽量化や走行抵抗の低減により消費電力削減
▽駆動モーターの電磁石を4極から新幹線初となる6極に増やし、電磁石を小さくすることで、従来の出力を確保しながら、
N700A比70kg軽減した小型かつ軽量な駆動モーターを搭載
▽これら床下機器の小型・軽量化により、主変圧器(MTr)を搭載した車両に主変換装置を搭載可能となり、
床下種別を8種から4種に最適化。
4種とは、先頭車両2種と主変換装置のみ搭載車両、主変圧器と主変換装置を搭載した車両。
これにより、16両編成の基本設計を用いて12両、8両、4両等の様々な編成が組めることが特徴
▽パンタグラフは、支持部を3本から2本とすることで、
N700A比約50kg軽減できたほか、追従性を大幅に高めた「たわみ式すり板」を採用
▽普通車のシートは背もたれと座面を連動して傾けるリクライニング機構を採用とともに、全席に電源コンセントを設置
▽グリーン車シートは、N700系から採用している「シンクロナイズド・コンフォートシート」をさらに進化させるとともに、
より制振性能の高い「フルアクティブ制振制御装置」を搭載、さらに乗り心地を向上
▽リチウムイオン電池を用いたバッテリー自走システムを搭載
▽洋式トイレは自動開閉装置付き温水洗浄暖房便座 ▽車イス対応大型トイレは11号車に設置
▽列車公衆電話サービスは2021(R03).06.30をもって終了 ▽7号車喫煙室は、2022(R04).03.12改正にて廃止
▽J13編成以降、11号車車イススペースが6席に。座席数は7名、座席番号表示は4名減少
充当列車に関する詳細は、JR東海 ホームページ、インフォメーション「車いすスペースが6席あるN700S車両…」参照

東海道・山陽新幹線編成表

東海旅客鉄道　X編成(N700A)ー42本(672両)

N700A　←博多・新大阪　　　東京→

のぞみ ひかり こだま	←1	2	🚬3	4	5	6	7	♥8	9	10🚬	11	12	13	14	🚬15	16→	
	Tc	M_2	M′w	M_1	M_{1W}	M′	M_{2K}	M_{1S}	M′1Sw	M_{2S}	M′H	M_1	M_{1W}	M′	M_{2W}	T′c	
	783	787	786	785	785	786	787	775	776	777	786	785	785	786	787	784	
	CP	SC	MTr	SC CP	SC CP	MTr	SC	SC CP	SC CP	SC	MTr	SC CP	SC CP	MTr	SC	CP	配置
	65名	100名	85名	100名	90名	100名	75名	68名	64名	68名	63名	100名	90名	100名	80名	75名	
X 30	2030	2030	2530	2030	2330	2030	2430	2030	2030	2030	2730	2630	2530	2230	2530	2030	大交両
X 31	2031	2031	2531	2031	2331	2031	2431	2031	2031	2031	2731	2631	2531	2231	2531	2031	東交両
X 32	2032	2032	2532	2032	2332	2032	2432	2032	2032	2032	2732	2632	2532	2232	2532	2032	大交両
X 33	2033	2033	2533	2033	2333	2033	2433	2033	2033	2033	2733	2633	2533	2233	2533	2033	東交両
X 34	2034	2034	2534	2034	2334	2034	2434	2034	2034	2034	2734	2634	2534	2234	2534	2034	大交両
X 35	2035	2035	2535	2035	2335	2035	2435	2035	2035	2035	2735	2635	2535	2235	2535	2035	東交両
X 36	2036	2036	2536	2036	2336	2036	2436	2036	2036	2036	2736	2636	2536	2236	2536	2036	大交両
X 37	2037	2037	2537	2037	2337	2037	2437	2037	2037	2037	2737	2637	2537	2237	2537	2037	東交両
X 38	2038	2038	2538	2038	2338	2038	2438	2038	2038	2038	2738	2638	2538	2238	2538	2038	大交両
X 40	2040	2040	2540	2040	2340	2040	2440	2040	2040	2040	2740	2640	2540	2240	2540	2040	大交両
X 42	2042	2042	2542	2042	2342	2042	2442	2042	2042	2042	2742	2642	2542	2242	2542	2042	大交両
X 50	2050	2050	2550	2050	2350	2050	2450	2050	2050	2050	2750	2650	2550	2250	2550	2050	大交両
X 51	2051	2051	2551	2051	2351	2051	2451	2051	2051	2051	2751	2651	2551	2251	2551	2051	東交両
X 52	2052	2052	2552	2052	2352	2052	2452	2052	2052	2052	2752	2652	2552	2252	2552	2052	大交両
X 53	2053	2053	2553	2053	2353	2053	2453	2053	2053	2053	2753	2653	2553	2253	2553	2053	東交両
X 54	2054	2054	2554	2054	2354	2054	2454	2054	2054	2054	2754	2654	2554	2254	2554	2054	大交両

N700系 ②

▽AED(自動体外式除細動器)を車両に搭載。♥印は設置箇所
　搭載箇所は、N700系は8号車山側乗務員室、700系は10号車山側乗務員室
　搭載工事は、2008(H20)年10月～11月末。ただし、Z28(現X28)編成～は新製時より搭載
▽新幹線車内無料Wi-Fi「Shinkansen Free Wi-Fi」サービスを実施
▽3・15号車の海側喫煙室は、2018.08～年内に業務用室に改修
▽車イス対応大型トイレは11号車に設置
▽列車公衆電話サービスは2021(R03).06.30をもって終了　▽7号車喫煙室は、2022(R04).03.12改正にて廃止

事業用車(東海道・山陽新幹線用)　7両

923系　(電気軌道総合試験車)

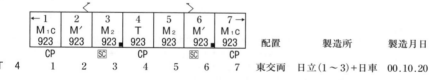

	←1	2	3	4	5	6	7→			
	M_{1c}	M′	M_2	T	M_2	M′	M_{1c}			
	923	923	923	923	923	923	923	配置	製造所	製造月日
	CP		SC	CP		SC	CP			
T 4	1	2	3	4	5	6	7	東交両	日立(1～3)+日車	00.10.20

▽T 4編成は、2001(H13).09.03から本使用開始
▽最高速度 270km/h
▽加速度改良(1.6km/h/s→2.0km/h/s)。700系とともに実施
▽923- 4 は 軌道試験車

▽東京交番検査車両所(略称:東交両、車体標記:幹トウ) は 旧東京第二車両所
　大阪交番検査車両所(略称:大交両、車体標記:幹オサ) は 旧大阪第二車両所
　2009(H21).07.01の組織改正により発足

東海道・山陽新幹線編成表

N700A ←博多・新大阪 東京→

のぞみ ひかり こだま		←1	2	🚬3	4	5	6	7	♥8	9	10🚬	11	12	13	14	🚬15	16→	
		Tc	M_2	M'_W	M_1	M_{1W}	M′	M_{2K}	M_{1S}	M'_{SW}	M_{2S}	M'_H	M_1	M_1W	M′	M_{2W}	T′c	
		783■	787	786■	785	785■	786	787■	775	776■	777	786■	785	785■	786	787■	784	
		CP	SC	MTr	SC CP	SC CP	MTr	SC	SC CP	SC CP	SC	MTr	SC CP	SC CP	MTr	SC	CP	配置
		○○ ○○	●● ●●	●● ●●	●● ●●	●● ●●	●● ●●	●● ●●	●● ●●	●● ●●	●● ●●	●● ●●	●● ●●	●● ●●	●● ●●	●● ●●	○○ ○○	
		65名	100名	85名	100名	90名	100名	75名	68名	64名	68名	63名	100名	90名	100名	80名	75名	
X	55	2055	2055	2555	2055	2355	2055	2455	2055	2055	2055	2755	2655	2555	2255	2555	2055	東交両
X	56	2056	2056	2556	2056	2356	2056	2456	2056	2056	2056	2756	2656	2556	2256	2556	2056	大交両
X	57	2057	2057	2557	2057	2357	2057	2457	2057	2057	2057	2757	2657	2557	2257	2557	2057	東交両
X	58	2058	2058	2558	2058	2358	2058	2458	2058	2058	2058	2758	2658	2558	2258	2558	2058	大交両
X	59	2059	2059	2559	2059	2359	2059	2459	2059	2059	2059	2759	2659	2559	2259	2559	2059	東交両
X	60	2060	2060	2560	2060	2360	2060	2460	2060	2060	2060	2760	2660	2560	2260	2560	2060	大交両
X	61	2061	2061	2561	2061	2361	2061	2461	2061	2061	2061	2761	2661	2561	2261	2561	2061	東交両
X	62	2062	2062	2562	2062	2362	2062	2462	2062	2062	2062	2762	2662	2562	2262	2562	2062	大交両
X	63	2063	2063	2563	2063	2363	2063	2463	2063	2063	2063	2763	2663	2563	2263	2563	2063	東交両
X	64	2064	2064	2564	2064	2364	2064	2464	2064	2064	2064	2764	2664	2564	2264	2564	2064	大交両
X	65	2065	2065	2565	2065	2365	2065	2465	2065	2065	2065	2765	2665	2565	2265	2565	2065	東交両
X	66	2066	2066	2566	2066	2366	2066	2466	2066	2066	2066	2766	2666	2566	2266	2566	2066	大交両
X	67	2067	2067	2567	2067	2367	2067	2467	2067	2067	2067	2767	2667	2567	2267	2567	2067	東交両
X	68	2068	2068	2568	2068	2368	2068	2468	2068	2068	2068	2768	2668	2568	2268	2568	2068	大交両
X	69	2069	2069	2569	2069	2369	2069	2469	2069	2069	2069	2769	2669	2569	2269	2569	2069	東交両
X	70	2070	2070	2570	2070	2370	2070	2470	2070	2070	2070	2770	2670	2570	2270	2570	2070	大交両
X	71	2071	2071	2571	2071	2371	2071	2471	2071	2071	2071	2771	2671	2571	2271	2571	2071	東交両
X	72	2072	2072	2572	2072	2372	2072	2472	2072	2072	2072	2772	2672	2572	2272	2572	2072	大交両
X	73	2073	2073	2573	2073	2373	2073	2473	2073	2073	2073	2773	2673	2573	2273	2573	2073	東交両
X	74	2074	2074	2574	2074	2374	2074	2474	2074	2074	2074	2774	2674	2574	2274	2574	2074	大交両
X	75	2075	2075	2575	2075	2375	2075	2475	2075	2075	2075	2775	2675	2575	2275	2575	2075	東交両
X	76	2076	2076	2576	2076	2376	2076	2476	2076	2076	2076	2776	2676	2576	2276	2576	2076	大交両
X	77	2077	2077	2577	2077	2377	2077	2477	2077	2077	2077	2777	2677	2577	2277	2577	2077	東交両
X	78	2078	2078	2578	2078	2378	2078	2478	2078	2078	2078	2778	2678	2578	2278	2578	2078	大交両
X	79	2079	2079	2579	2079	2379	2079	2479	2079	2079	2079	2779	2679	2579	2279	2579	2079	東交両
X	80	2080	2080	2580	2080	2380	2080	2480	2080	2080	2080	2780	2680	2580	2280	2580	2080	大交両

N700A

▽客室は全室禁煙。喫煙室を3・7・10・15号車に設置
▽♥印はＡＥＤ(自動体外式除細動器)設置箇所
▽2013(H25).02.08から営業運転開始。最初の列車は「のぞみ203号」がＧ３編成、「のぞみ208号」がＧ２編成
2013(H25).03.16改正からは山陽新幹線への乗入れも開始。N700系と共通運用
2015(H27).03.14改正から、東海道新幹線区間にて285km/h運転開始。Ｇ・Ｘ編成を限定使用
▽新製月日

G 1=12.08.25日車 G 2=12.11.07日立 G 3=12.11.16日車 G 4=13.01.22日車 G 5=13.01.30日立
G 6=13.02.22日車 G 7=13.04.17日立 G 8=13.07.11日車 G 9=13.09.20日車 G10=13.10.29日車
G11=13.12.11日車 G12=14.01.21日車 G13=14.02.21日車 G14=14.07.04日車 G15=14.07.31日立
G16=14.08.22日車 G17=14.10.21日車 G18=14.12.03日立 G19=15.02.17日車 G20=15.04.14日車
G21=15.06.11日立 G22=15.08.28日車 G23=15.10.20日車 G24=15.12.16日立 G25=16.02.16日車
G26=16.04.06日立 G27=16.06.10日車 G28=16.08.30日車 G29=16.10.19日立 G30=16.11.01日車
G31=16.12.13日車 G32=17.03.07日車 G33=17.04.21日車 G34=17.06.13日車 G35=17.07.19日車
G36=17.09.05日車 G37=17.10.17日車 G38=17.12.05日車 G39=18.01.16日車 G40=18.06.08日車
G41=18.10.13日車 G42=18.07.20日立 G43=18.09.18日立 G44=19.01.08日車 G45=19.02.15日車
G46=19.03.23日車 G47=19.04.19日立 G48=19.06.07日車 G49=19.07.16日立 G50=19.09.17日車
G51=20.02.21日立

▽新幹線車内無料Wi-Fi「Shinkansen Free Wi-Fi」サービス実施
▽車イス対応大型トイレは11号車に設置
▽列車公衆電話サービスは2021(R03).06.30をもって終了
▽７号車喫煙室は、2022(R04).03.12改正にて廃止

東海道・山陽新幹線編成表

東海旅客鉄道　　G編成－51本(816両)

N700A　←博多・新大阪　　　　東京→

のぞみ ひかり こだま		←1 Tc 783	2 M2 787	3 M′w 786	4 M1 785	5 M1W 785	6 M′ 786	7 M2K 787	♥8 M1S 775	9 M′Sw 776	10 M2S 777	11 M′H 786	12 M1 785	13 M1w 785	14 M′ 786	15 M2w 787	16→ T′c 784	配置
		CP	SC	MTr	SC CP	SC CP	MTr	SC	SC CP	SC CP	SC	MTr	SC CP	SC CP	MTr	SC	CP	
		65名	100名	85名	100名	90名	100名	75名	68名	64名	68名	63名	100名	90名	100名	80名	75名	
G	1	1001	1001	1501	1001	1301	1001	1401	1001	1001	1001	1701	1601	1501	1201	1501	1001	東交両
G	2	1002	1002	1502	1002	1302	1002	1402	1002	1002	1002	1702	1602	1502	1202	1502	1002	大交両
G	3	1003	1003	1503	1003	1303	1003	1403	1003	1003	1003	1703	1603	1503	1203	1503	1003	東交両
G	4	1004	1004	1504	1004	1304	1004	1404	1004	1004	1004	1704	1604	1504	1204	1504	1004	大交両
G	5	1005	1005	1505	1005	1305	1005	1405	1005	1005	1005	1705	1605	1505	1205	1505	1005	東交両
G	6	1006	1006	1506	1006	1306	1006	1406	1006	1006	1006	1706	1606	1506	1206	1506	1006	大交両
G	7	1007	1007	1507	1007	1307	1007	1407	1007	1007	1007	1707	1607	1507	1207	1507	1007	東交両
G	8	1008	1008	1508	1008	1308	1008	1408	1008	1008	1008	1708	1608	1508	1208	1508	1008	大交両
G	9	1009	1009	1509	1009	1309	1009	1409	1009	1009	1009	1709	1609	1509	1209	1509	1009	東交両
G	10	1010	1010	1510	1010	1310	1010	1410	1010	1010	1010	1710	1610	1510	1210	1510	1010	大交両
G	11	1011	1011	1511	1011	1311	1011	1411	1011	1011	1011	1711	1611	1511	1211	1511	1011	東交両
G	12	1012	1012	1512	1012	1312	1012	1412	1012	1012	1012	1712	1612	1512	1212	1512	1012	大交両
G	13	1013	1013	1513	1013	1313	1013	1413	1013	1013	1013	1713	1613	1513	1213	1513	1013	東交両
G	14	1014	1014	1514	1014	1314	1014	1414	1014	1014	1014	1714	1614	1514	1214	1514	1014	大交両
G	15	1015	1015	1515	1015	1315	1015	1415	1015	1015	1015	1715	1615	1515	1215	1515	1015	東交両
G	16	1016	1016	1516	1016	1316	1016	1416	1016	1016	1016	1716	1616	1516	1216	1516	1016	大交両
G	17	1017	1017	1517	1017	1317	1017	1417	1017	1017	1017	1717	1617	1517	1217	1517	1017	東交両
G	18	1018	1018	1518	1018	1318	1018	1418	1018	1018	1018	1718	1618	1518	1218	1518	1018	大交両
G	19	1019	1019	1519	1019	1319	1019	1419	1019	1019	1019	1719	1619	1519	1219	1519	1019	東交両
G	20	1020	1020	1520	1020	1320	1020	1420	1020	1020	1020	1720	1620	1520	1220	1520	1020	大交両
G	21	1021	1021	1521	1021	1321	1021	1421	1021	1021	1021	1721	1621	1521	1221	1521	1021	東交両
G	22	1022	1022	1522	1022	1322	1022	1422	1022	1022	1022	1722	1622	1522	1222	1522	1022	大交両
G	23	1023	1023	1523	1023	1323	1023	1423	1023	1023	1023	1723	1623	1523	1223	1523	1023	東交両
G	24	1024	1024	1524	1024	1324	1024	1424	1024	1024	1024	1724	1624	1524	1224	1524	1024	大交両
G	25	1025	1025	1525	1025	1325	1025	1425	1025	1025	1025	1725	1625	1525	1225	1525	1025	東交両
G	26	1026	1026	1526	1026	1326	1026	1426	1026	1026	1026	1726	1626	1526	1226	1526	1026	大交両
G	27	1027	1027	1527	1027	1327	1027	1427	1027	1027	1027	1727	1627	1527	1227	1527	1027	東交両
G	28	1028	1028	1528	1028	1328	1028	1428	1028	1028	1028	1728	1628	1528	1228	1528	1028	大交両
G	29	1029	1029	1529	1029	1329	1029	1429	1029	1029	1029	1729	1629	1529	1229	1529	1029	東交両
G	30	1030	1030	1530	1030	1330	1030	1430	1030	1030	1030	1730	1630	1530	1230	1530	1030	大交両
G	31	1031	1031	1531	1031	1331	1031	1431	1031	1031	1031	1731	1631	1531	1231	1531	1031	東交両
G	32	1032	1032	1532	1032	1332	1032	1432	1032	1032	1032	1732	1632	1532	1232	1532	1032	大交両
G	33	1033	1033	1533	1033	1333	1033	1433	1033	1033	1033	1733	1633	1533	1233	1533	1033	東交両
G	34	1034	1034	1534	1034	1334	1034	1434	1034	1034	1034	1734	1634	1534	1234	1534	1034	大交両
G	35	1035	1035	1535	1035	1335	1035	1435	1035	1035	1035	1735	1635	1535	1235	1535	1035	東交両
G	36	1036	1036	1536	1036	1336	1036	1436	1036	1036	1036	1736	1636	1536	1236	1536	1036	大交両
G	37	1037	1037	1537	1037	1337	1037	1437	1037	1037	1037	1737	1637	1537	1237	1537	1037	東交両
G	38	1038	1038	1538	1038	1338	1038	1438	1038	1038	1038	1738	1638	1538	1238	1538	1038	大交両
G	39	1039	1039	1539	1039	1339	1039	1439	1039	1039	1039	1739	1639	1539	1239	1539	1039	東交両
G	40	1040	1040	1540	1040	1340	1040	1440	1040	1040	1040	1740	1640	1540	1240	1540	1040	大交両
G	41	1041	1041	1541	1041	1341	1041	1441	1041	1041	1041	1741	1641	1541	1241	1541	1041	東交両
G	42	1042	1042	1542	1042	1342	1042	1442	1042	1042	1042	1742	1642	1542	1242	1542	1042	大交両
G	43	1043	1043	1543	1043	1343	1043	1443	1043	1043	1043	1743	1643	1543	1243	1543	1043	東交両
G	44	1044	1044	1544	1044	1344	1044	1444	1044	1044	1044	1744	1644	1544	1244	1544	1044	大交両
G	45	1045	1045	1545	1045	1345	1045	1445	1045	1045	1045	1745	1645	1545	1245	1545	1045	東交両
G	46	1046	1046	1546	1046	1346	1046	1446	1046	1046	1046	1746	1646	1546	1246	1546	1046	大交両
G	47	1047	1047	1547	1047	1347	1047	1447	1047	1047	1047	1747	1647	1547	1247	1547	1047	東交両
G	48	1048	1048	1548	1048	1348	1048	1448	1048	1048	1048	1748	1648	1548	1248	1548	1048	大交両
G	49	1049	1049	1549	1049	1349	1049	1449	1049	1049	1049	1749	1649	1549	1249	1549	1049	東交両
G	50	1050	1050	1550	1050	1350	1050	1450	1050	1050	1050	1750	1650	1550	1250	1550	1050	大交両
G	51	1051	1051	1551	1051	1351	1051	1451	1051	1051	1051	1751	1651	1551	1251	1551	1051	東交両

373系 ←熱海・富士　甲府・静岡・豊橋・飯田→

ふじかわ
伊那路

		3 クモハ373	2 サハ373	1 クハ372	新製月日	ドアチャイム新設
		SC		CP		
		●●	●● ○○	○○ ○○ ○○		
F 1	p	1	1	1p	95.08.08日車	05.10.24NG
F 2	p	2	2	2p	95.08.08日車	05.05.23NG
F 3	p	3	3	3p	95.08.08日車	06.02.16NG
F 4	p	4	4	4p	95.09.04日車	06.03.03NG
F 5	p	5	5	5p	95.09.04日車	05.06.14NG
F 6	p	6	6	6p	95.11.17日車	05.02.08NG
F 7	p	7	7	7p	95.11.17日車	05.03.04NG
F 8	p	8	8	8p	95.11.17日車	05.08.01NG
F 9	p	9	9	9p	95.11.17日車	05.07.11NG
F10	p	10	10	10p	96.01.19日車	06.06.27NG
F11	p	11	11	11p	96.01.19日車	05.03.25NG
F12	p	12	12	12p	96.01.19日車	06.03.22NG
F13	p	13	13	13p	96.01.22日立	06.04.24NG
F14	p	14	14	14p	96.01.22日立	06.06.08NG

▽ 373系は1995(H07).10.01から営業運転開始
▽主電動機：C-MT66(185kW)
▽VVVFインバータ装置：C-SC35(GTO)
▽パンタ形式：C-PS27G₂(シングルアーム式)
▽空調装置：C-AU714(21,000kcal/h)×2で1セット(AU712)
SC：C-SC36(135kVA)、CP：C-PRC1500(1500L/min)
▽車端幌取付実績は2012冬号までを参照

配置両数		
373系		
Mc	クモハ373	14
Tc′	クハ372	14
T	サハ373	14
	計	42
313系		
Mc	クモハ313 2300	7
	クモハ313 2350	2
	クモハ313 2500	17
	クモハ313 2600	10
	クモハ313 3000	12
	クモハ313 3100	2
	クモハ313 8500	6
M	モハ313 2500	17
	モハ313 2600	10
	モハ313 8500	6
Tc′	クハ312 2300	36
	クハ312 3000	12
	クハ312 3100	2
	クハ312 8000	6
	計	145
211系		
Mc	クモハ211	36
M′	モハ210	27
Tc′	クハ210	36
	計	99

▽(ワイドビュー)ふじかわ・(ワイドビュー)伊那路とも2・3号車のセミコンパートメントは指定席
▽(ワイドビュー)ふじかわ は途中、富士駅にて進行方向が変わる
▽2009(H21).03.14改正にて、快速「ムーンライトながら」は廃止
▽2012(H24).03.17改正にて、東京乗入れ終了
熱海を発着するのは、2019(H31).03.16改正現在、1428M～1437Mの1往復(6両編成)
▽2022(R04).03.12改正から、「(ワイドビュー)ふじかわ」、「(ワイドビュー)伊那路」は、「ふじかわ」、「伊那路」へと列車名を変更

211系 ←熱海　　　　　　　　　　　　　　　浜松・豊橋→

【湘南帯】
東海道本線

	クモハ 211	モハ 210	クハ 210	車イス対応 設備整備	ドアチャイム新設	パンタグラフ シングルアーム化	ATS-P$_T$ 取付
	+	DDC$_2$	+				
	●●	●●●●	●●○○ ○○				
SS 1	p5607	5055	5022p	04.04.12NG	06.12.19NG	06.12.19NG	09.09.18日車
SS 2	p5608	5056	5025p	03.11.17NG	06.07.07NG	06.07.07NG	08.07.30日車
SS 3	p5609	5057	5028p	04.01.13NG	06.08.08NG	06.08.08NG	08.10.01日車
SS 4	p5610	5058	5031p	04.03.18NG	06.11.13NG	06.11.13NG	10.09.29日車
SS 5	p5611	5059	5034p	05.06.22NG	05.06.22NG	08.01.11NG	08.01.30日車
SS 6	p5612	5060	5037p	04.08.03NG	07.03.13NG	07.03.13NG	07.07.17日車
SS 7	p5613	5061	5040p	03.10.02NG	06.05.23NG	06.05.23NG	09.11.05日車
SS 8	p5614	5062	5043p	04.02.26NG	06.10.06NG	06.10.06NG	09.07.10日車
SS 9	p5615	5063	5046p	05.03.22NG	05.03.22NG	07.10.30NG	09.04.02日車
SS10	p5616	5064	5047p	05.05.06NG	05.05.06NG	07.12.11NG	09.02.27日車
SS11	p5617	5065	5048p	04.02.05NG	06.08.30NG	06.08.30NG	08.03.18日車

211系 ←熱海　　　　　　　　　　　　　　　浜松・豊橋→

【湘南帯】
東海道本線

	クモハ 211	モハ 210	クハ 210	車イス対応 設備整備	ドアチャイム新設	パンタグラフ シングルアーム化	ATS-P$_T$ 取付
	+	DDC$_2$	+				
LL 1	p5011	5011	5011p	03.10.21NG	06.01.16NG	08.12.11NG	10.03.24日車
LL 4	p5014	5014	5014p	03.12.03NG	05.10.20NG	08.06.20NG	11.02.25日車
LL 6	p5017	5017	5017p	05.01.12NG	05.01.12NG	07.09.13NG	07.10.03日車
LL 7	p5024	5024	5024p	05.03.02NG	05.03.02NG	07.11.07NG	08.02.20日車
LL 8	p5026	5026	5026p	04.05.07NG	06.07.05NG	06.07.05NG	10.08.09日車
LL 9	p5027	5027	5027p	03.07.23NG	06.02.10NG	08.11.11NG	10.09.22日車
LL11	p5030	5030	5030p	03.09.05NG	06.04.05NG	08.11.20NG	09.01.13日車
LL12	p5033	5033	5033p	05.09.21NG	05.09.21NG	08.05.08NG	10.08.31日車
LL13	p5035	5035	5035p	04.06.29NG	07.01.05NG	07.01.05NG	10.10.29日車
LL14	p5036	5036	5036p	04.02.18NG	06.05.16NG	06.05.16NG	11.03.17日車
LL15	p5038	5038	5038p	04.06.07NG	06.11.30NG	06.11.30NG	10.12.24日車
LL16	p5039	5039	5039p	04.03.16NG	06.06.07NG	06.06.07NG	09.08.28日車
LL17	p5041	5041	5041p	05.08.25NG	05.08.25NG	08.04.08NG	11.01.19日車
LL18	p5042	5042	5042p	04.09.15NG	07.05.15NG	07.05.18NG	10.01.21日車
LL19	p5044	5044	5044p	03.06.26NG	05.12.01NG	08.08.05NG	10.07.20日車
LL20	p5045	5045	5045p	04..7.27NG	07.02.02NG	07.02.02NG	10.07.02日車

▽1961(S36).10.01開設
▽2000(H12).12.02、静岡運転所から検修部門は静岡車両区に変更
運転部門は「静岡運輸区」と変更

313系 ←国府津・三島・沼津・富士　　甲府・静岡・豊橋→

【オレンジ帯】
東海道本線
御殿場線
身延線

	クモハ 313 (+SC)	クハ 312 (C₁+)	新製月日	2パン化	ATS-PT 取付
	●● ●●	○○ ○○			
V 1	p3001	3001p	99.03.01東急	06.12.05NG	10.12.14NG
V 2	p3002	3002p	99.03.01東急	07.01.23NG	11.01.13NG
V 3	p3003	3003p	99.03.01東急	06.11.08NG	10.11.19NG
V 4	p3004	3004p	99.03.02東急	06.10.13NG	10.10.07NG
V 5	p3005	3005p	99.03.02東急	06.08.03NG	10.04.12NG
V 6	p3006	3006p	99.03.02東急	06.08.29NG	10.09.08NG
V 7	p3007	3007p	99.03.19日車	06.03.15NG	08.11.18NG
V 8	p3008	3008p	99.03.19日車	06.06.13NG	09.11.17NG
V 9	p3009	3009p	99.03.19日車	06.05.17NG	09.10.13NG
V10	p3010	3010p	99.03.29日車	06.03.31NG	09.06.23NG
V11	p3011	3011p	99.03.29日車	06.07.13NG	10.01.22NG
V12	p3012	3012p	99.03.29日車	06.01.25NG	09.09.11NG

▽313系諸元／軽量ステンレス製。帯色はＪＲ東海コーポレートカラーのオレンジ色。座席配置はセミクロスシート
主電動機：C-MT66A(185kW)。ＶＶＶＦインバータ：C-SC37(ＩＧＢＴ)
台車：C-DT63A、C-TR251。パンタグラフ：C-PS27A(シングルアーム式)
空調装置：C-AU714A(21,000kcal/h)×2。補助電源装置は80kVA(ＶＶＶＦ一体型)
電動空気圧縮機：C-C1000ML。押しボタン式半自動扉回路装備
トイレは車イス対応大型トイレ
▽313系は1999(H11).06.01から営業運転開始
▽車端幌取付実績は、2012冬号までを参照

	クモハ 313 (+SC)	クハ 312 (C₁+)	新製月日	ATS-PT 取付
	●● ●●	○○ ○○		
V13	p3101	3101p	06.08.01日車	10.05.10NG
V14	p3102	3102p	06.08.01日車	10.06.03NG

▽2006(H18)年度増備車。半自動ドアスイッチ装備

211系 ←国府津・熱海　　静岡・豊橋→

【湘南帯】
東海道本線
御殿場線

	クモハ 211 (+DDC₁)	クハ 210 (+)	車イス対応設備整備	ドアチャイム新設	パンタグラフシングルアーム化	ATS-PT 取付
	●● ●●	○○ ○○				
GG 1	p6001	5049p	04.11.12NG	04.11.12NG	07.10.11NG	08.04.28日車
GG 2	p6002	5050p	05.06.24NG	05.06.24NG	07.12.13NG	08.01.08日車
GG 3	p6003	5051p	05.08.04NG	05.08.04NG	08.03.28NG	09.11.30日車
GG 4	p6004	5052p	03.09.11NG	06.03.17NG	09.05.07NG	09.10.07日車
GG 5	p6005	5053p	03.10.27NG	06.02.22NG	09.01.28NG	07.09.14日車
GG 6	p6006	5054p	03.06.10NG	05.10.04NG	08.10.29NG	09.02.20日車
GG 7	p6007	5055p	05.09.13NG	05.09.13NG	08.03.03NG	08.06.09日車
GG 8	p6008	5056p	04.03.08NG	06.04.13NG	09.05.26NG	07.08.23日車
GG 9	p6009	5057p	04.03.30NG	07.05.08NG	07.05.08NG	07.06.05日車

▽ 211系諸元／ステンレス車
主電動機：211系5000代はC-MT61A(120kW)、6000代の主電動機はC-MT64A(120kW)
冷房装置：C-AU711D(18,000kcal/h)×2
▽ 211系5000代はロングシート車。電気連結器、自動解結装置(+印)装備
▽全車、大阪寄りに優先席を設置
▽車端幌取付実績は、2012冬号までを参照

313系 ←熱海・国府津　　　　甲府・浜松・豊橋→

【オレンジ帯】
東海道本線
御殿場線
身延線

	クモハ 313 (+SC)	クハ 312 (C2+)	新製月日	ATS-P$_T$ 取付
W 3	p2301	2301p	06.12.15日車	10.02.17NG
W 4	p2302	2302p	06.12.15日車	10.03.23NG
W 5	p2303	2303p	07.01.19日車	10.07.02NG
W 6	p2304	2304p	07.01.19日車	10.07.22NG
W 7	p2305	2305p	07.01.28日車	10.08.16NG
W 8	p2306	2306p	07.01.28日車	10.11.24NG
W 9	p2307	2307p	07.01.28日車	10.12.28NG

	クモハ 313 (+SC)	クハ 312 (C2+)	新製月日	
W 1	p2351	2308p	06.12.08日車	10.09.28NG
W 2	p2352	2309p	06.12.08日車	10.10.28NG

	クモハ 313 (+SC)	モハ 313 (C2)	クハ 312 (C2+)	新製月日	ATS-P$_T$ 取付
T 1	p2501	2501	2310p	06.12.21日車	08.04.17NG
T 2	p2502	2502	2311p	06.12.21日車	08.05.14NG
T 3	p2503	2503	2312p	06.12.21日車	08.06.06NG
T 4	p2504	2504	2313p	07.01.19日車	08.06.26NG
T 5	p2505	2505	2314p	07.01.19日車	08.07.23NG
T 6	p2506	2506	2315p	07.01.31日車	08.08.14NG
T 7	p2507	2507	2316p	07.01.31日車	08.09.03NG
T 8	p2508	2508	2317p	07.01.31日車	08.09.30NG
T 9	p2509	2509	2318p	07.02.05日車	08.11.06NG
T10	p2510	2510	2319p	07.02.05日車	08.11.27NG
T11	p2511	2511	2320p	07.02.05日車	08.12.24NG
T12	p2512	2512	2321p	07.02.13日車	09.01.21NG
T13	p2513	2513	2322p	07.02.13日車	09.03.16NG
T14	p2514	2514	2323p	07.02.13日車	09.04.15NG
T15	p2515	2515	2324p	07.02.16日車	09.05.11NG
T16	p2516	2516	2325p	07.02.16日車	09.06.09NG
T17	p2517	2517	2326p	07.02.16日車	09.07.16NG

	クモハ 313 (+SC)	モハ 313 (C2)	クハ 312 (C2+)	新製月日	ATS-P$_T$ 取付
N 1	p2601	2601	2327p	06.11.22近車	08.10.21NG
N 2	p2602	2602	2328p	06.11.22近車	09.02.23NG
N 3	p2603	2603	2329p	06.12.06近車	09.08.07NG
N 4	p2604	2604	2330p	06.12.06近車	09.09.26NG
N 5	p2605	2605	2331p	06.12.13近車	09.10.15NG
N 6	p2606	2606	2332p	06.12.13近車	09.11.04NG
N 7	p2607	2607	2333p	07.01.19近車	09.11.27NG
N 8	p2608	2608	2334p	07.01.19近車	09.12.22NG
N 9	p2609	2609	2335p	07.01.25近車	10.01.27NG
N10	p2610	2610	2336p	07.01.25近車	10.02.22NG

	クモハ 313 (+SC)	モハ 313	クハ 312 (C2+)	新製月日	ATS-P$_T$ 取付
S 1	p8501	8501	8001p	99.09.29近車	09.04.28NG
S 2	p8502	8502	8002p	99.09.29近車	09.08.05NG
S 3	p8503	8503	8003p	99.09.24日車	09.06.05NG
S 4	p8504	8504	8004p	99.09.24日車	09.06.29NG
S 5	p8505	8505	8005p	01.02.23日車	10.10.06NG
S 6	p8506	8506	8006p	01.02.23日車	10.07.23NG

▽2300代＝2両編成。座席はロングシート
2350代＝2両編成。座席はロングシート。2パン車
2500代＝3両編成。座席はロングシート。
主に東海道本線にて使用
2600代＝3両編成。座席はロングシート。
主に東海道本線・身延線にて使用
8500代＝3両編成。座席は転換式シート。
2022(R04).03.12改正にて神領車両区から転入。
主に東海道本線(熱海〜豊橋間)にて使用

東海旅客鉄道　神領車両区　海シン　400両

383系　←長野　　　　名古屋→

しなの

	←1 クロ 383■	2 モハ 383	3 サハ 383■	4 モハ 383自	5 サハ 383■	6→ クモハ 383	ドアチャイム新設	ATS-P$_T$ 取付
基本	SC CP		CP		SC CP	+		
	○○ ○○	●● ●●	○○ ○○	●● ●●	○○ ○○	●● ●●		
A 1	p 1	1	1	101	101	1p	06.04.27NG	07.11.19NG
A 2	p 2	2	2	102	102	2p	04.12.22NG	07.12.18NG
A 3	p 3	3	3	103	103	3p	05.07.14NG	08.07.15NG
A 4	p 4	4	4	104	104	4p	05.04.21NG	08.04.03NG
A 5	p 5	5	5	105	105	5p	05.03.31NG	08.03.07NG
A 6	p 6	6	6	106	106	6p	05.05.26NG	08.09.12NG
A 7	p 7	7	7	107	107	7p	05.06.17NG	07.04.26NG
A 8	p 8	8	8	108	108	8p	05.11.11NG	07.07.20NG
A 9	p 9	9	9	109	109	9p	05.09.16NG	10.06.28NG

	←7 クロ 383■	8 モハ 383	9 サハ 383■	10→ クモハ 383	ドアチャイム新設	ATS-P$_T$ 取付
付属	+SC CP		SC CP	+		
A101	p 101	10	110	10p	07.02.16NG	09.05.29NG
A102	p 102	11	111	11p	06.10.11NG	08.11.05NG
A103	p 103	12	112	12p	06.06.20NG	08.04.25NG

	←7 クハ 383■	8→ クモハ 383	ドアチャイム新設	ATS-P$_T$ 取付
付属	+SC CP	+		
A201	p 1	13p	06.10.27NG	09.01.30NG
A202	p 2	14p	06.09.19NG	08.12.26NG
A203	p 3	15p	06.12.06NG	09.02.24NG
A204	p 4	16p	04.11.29NG	09.04.21NG
A205	p 5	17p	05.02.09NG	07.10.03NG

▽ 383系は、1995(H07).04.29、「しなの」91·92号(名古屋～木曽福島間)から営業運転開始
▽量産車は、1996(H08).10.05から使用開始。編成はＡ 2編成
▽2016(H28).03.26改正にて、大阪までの運転終了

▽ 383系諸元／車体は軽量ステンレス製。ＶＶＶＦインバータ制御(個別制御)
パンタグラフ：シングルアーム式 Ｃ-ＰＳ27
空調装置：Ｃ-ＡＵ35(セパレートタイプ)(36,000kcal/h)〔床下装備〕
SC：Ｃ-ＳＣ36(135kVA)、CP：Ｃ-ＰＲＣ1500(1500L/min)
▽先頭車はクロ383形０代は非貫通。ほかはすべて貫通型
▽+印は電気連結器装備の車
▽車端幌取付実績は、2012冬号までを参照
▽付属編成のサービス表示は、基本編成に準拠して掲示
▽基本の６両編成には、Ａ100代＋Ａ200代の編成が充当される日もある
▽貫通幌は内蔵型であるが、連結時に貫通幌にて通り抜けることを示すためあえて表示
▽2022(R04).03.12改正から、「(ワイドビュー)しなの」は、「しなの」と列車名を変更

▽2009(H21).06.01から全車全面禁煙化

▽1968(S43).08.01開設
▽2001(H13).04.01、神領電車区から現在の区所名に変更

配置両数

383系		
Mc	クモハ383	17
M$_1$	モ　ハ383	12
M$_2$	モ　ハ383	9
Tc	ク　ハ383	5
Tsc$_1$	ク　ロ383	9
Tsc$_2$	ク　ロ383	3
T$_1$	サ　ハ383	9
T$_2$	サ　ハ383	12
	計	76
315系		
M$_1$	モ　ハ315	46
	モ　ハ315$_{3000}$	2
M$_2$	モ　ハ315$_{500}$	46
	モ　ハ315$_{3500}$	2
Tc$_1$	ク　ハ315	23
	ク　ハ315$_{3000}$	2
Tc'$_2$	ク　ハ314	23
	ク　ハ314$_{3000}$	2
T$_2$	サ　ハ315	23
	サ　ハ315$_{500}$	23
	計	192
313系		
Mc	クモハ313$_{1100}$	3
	クモハ313$_{1300}$	32
M	モ　ハ313$_{1100}$	3
Tc'	ク　ハ312$_{400}$	3
	ク　ハ312$_{1300}$	32
T	サ　ハ313$_{1100}$	3
	計	76
211系		
Mc	クモハ211	14
M'	モ　ハ210	14
Tc'	ク　ハ210	14
T	サ　ハ211	14
	計	56

211系 ←中津川　　名古屋→

【湘南帯】
中央本線

	クモハ 211	モハ 210	サハ 211	クハ 210	車イス対応 設備整備	ドアチャイム新設	パンタグラフ シングルアーム化	ATS-P_T 取付
	+	DDC2		+				
K 1	p5047	5047	5019	5316p	05.05.14NG	05.05.14NG	08.10.24NG	10.02.26日車
K13	p5025	5025	5011	5308p	05.10.13NG	05.10.13NG	08.08.11NG	11.02.21日車
K14	p5028	5028	5012	5309p	05.02.24NG	05.02.24NG	07.08.25NG	10.02.05日車
K15	p5031	5031	5013	5310p	05.07.26NG	05.07.26NG	08.05.21NG	09.05.15日車
K17	p5037	5037	5015	5312p	04.12.01NG	04.12.01NG	07.08.24NG	09.11.24日車
K18	p5040	5040	5016	5313p	05.01.28NG	05.01.28NG	07.09.25NG	09.12.15日車
K20	p5046	5046	5003	5315p	03.08.21NG	05.02.01NG	06.09.28NG	09.10.22日車

	クモハ 211	モハ 210	サハ 211	クハ 210				
K 3	p◆5618	5066	5001	5318p	04.08.23NG	07.03.20NG	07.03.20NG	07.04.27日車
K 5	p◆5620	5068	5018	5320p	03.07.15NG	06.08.14NG	06.08.14NG	11.01.07日車
K 6	p◆5601	5049	5004	5301p	04.07.29NG	07.02.20NG	07.02.20NG	11.02.01日車
K 7	p◆5602	5050	5005	5302p	05.06.01NG	05.06.01NG	08.01.17NG	08.06.17日車
K 8	p◆5603	5051	5006	5303p	05.11.01NG	05.11.01NG	08.08.29NG	10.01.14日車
K10	p◆5605	5053	5008	5305p	04.10.20NG	04.10.20NG	07.06.26NG	09.01.20日車
K11	p◆5606	5054	5009	5306p	05.11.21NG	05.11.21NG	08.10.02NG	09.06.15日車

▽ 211系5000代は、ロングシート車（帯は湘南色）
　主電動機：C-MT61（120kW）。冷房装置：C-AU711D（18,000cal/h）× 2
▽クモハ211･モハ210･クハ210-5011、サハ211-5005以降の車は、行先表示器を字幕式に変更
▽◆印は、製造当初、パンタグラフ形式がC-PS24A（24）。ほかはC-PS21（21）
▽電気連結器、自動解結装置（+印）を装備
▽車端幌取付実績は、2012冬号までを参照
▽2022（R04）.03.12改正にて関西本線での運転は終了
▽211系０代は2022（R04）.03.08 廃車

315系 ←中津川　　　　　　　　　　　　　　名古屋→

中央本線

	←♿8	♿7	♿6	♿5	♿4	♿3	♿2 弱	♿1→	
	クハ315	モハ315	モハ315	サハ315	サハ315	モハ315	モハ315	クハ314	
	CP	SC		CP	CP	SC		CP	新製月日
C 1	1	1	501	1	501	2	502	1	21.11.07日車
C 2	2	3	503	2	502	4	504	2	21.11.18日車
C 3	3	5	505	3	503	6	506	3	21.12.02日車
C 4	4	7	507	4	504	8	508	4	21.12.16日車
C 5	5	9	509	5	505	10	510	5	22.01.13日車
C 6	6	11	511	6	506	12	512	6	22.02.09日車
C 7	7	13	513	7	507	14	514	7	22.02.24日車
C 8	8	15	515	8	508	16	516	8	22.11.10日車
C 9	9	17	517	9	509	18	518	9	23.01.12日車
C10	10	19	519	10	510	20	520	10	23.01.26日車
C11	11	21	521	11	511	22	522	11	23.02.16日車
C12	12	23	523	12	512	24	524	12	23.02.27日車
C13	13	25	525	13	513	26	526	13	23.03.23日車
C14	14	27	527	14	514	28	528	14	23.04.06日車
C15	15	29	529	15	515	30	530	15	23.04.20日車
C16	16	31	531	16	516	32	532	16	23.05.18日車
C17	17	33	533	17	517	34	534	17	23.06.01日車
C18	18	35	535	18	518	36	536	18	23.06.15日車
C19	19	37	537	19	519	38	538	19	23.07.13日車
C20	20	39	539	20	520	40	540	20	23.08.03日車
C21	21	41	541	21	521	42	542	21	23.08.24日車
C22	22	43	543	22	522	44	544	22	23.09.07日車
C23	23	45	545	23	523	46	546	23	23.09.21日車

	←♿4	♿3	♿2 弱	♿1→	
	クハ315	モハ315	モハ315	クハ314	
	+ CP	SC		CP+	新製月日
C101	3001	3001	3501	3001	22.12.22日車
C102	3002	3002	3502	3002	22.12.22日車

▽315系は、2022(R04).03.05から営業運転開始
▽315系諸元／軽量ステンレス製、帯の色はＪＲ東海コーポレートカラーのオレンジ色
主電動機：　　制御装置：ＶＶＶＦ(SiC半導体素子)
空調装置：冷房能力は211系より約３割向上。換気装置搭載
各車両に車イススペース設置　座席幅：211系より１cm拡大　室内灯：ＬＥＤ
主要機器２重系化、複層ガラス採用、車両とホームとの段差縮小
フルカラー液晶ディスプレイ表示器
▽定員　中間車154名、先頭車奇数向き139名、偶数向き133名(車イス対応トイレ)
片側ドア数は３。２号車は弱冷房車
ドア間の座席数は11席ずつ、車端側４席ずつ。名古屋寄り４＋４席が優先席
ただし８号車の中津川方太平洋側３席分は車イス等スペースがあるため８席
▽４両編成(編成番号Ｃ100代)は、車側カメラ搭載

313系 ←神領・亀山　　　　名古屋→

【オレンジ帯】
中央本線
関西本線

	クモハ 313	サハ 313	モハ 313	クハ 312	新製月日	ATS-P_T 取付
	+SC			C_2+		
B 4	p1101	1101	1101	401p	06.10.16日車	10.02.08NG
B 5	p1102	1102	1102	402p	06.10.16日車	09.12.07NG
B 6	p1110	1110	1110	417p	11.07.13日車	←

▽営業運転開始は、1999(H11).05.06
▽武豊線は2015(H27).03.01電化開業
▽313系諸元／軽量ステンレス製。帯色はＪＲ東海コーポレートカラーのオレンジ色。主電動機：C-ＭＴ66Ａ(185kW)
　ＶＶＶＦインバータ：C-ＣＳ37。モハ313_{1000}=C-SC38G1、モハ$313_{1500・8500}$=C-SC38G2(ＩＧＢＴ)
　パンタグラフ：C-ＰＳ27Ａ(シングルアーム式)。台車：C-ＤＴ63Ａ、C-ＴＲ251
　空調装置：C-ＡＵ714Ａ(21,000kcal/h)×２
　補助電源装置：1000代・1500代が$C_2$150kVA(ＶＶＶＦ一体型)
　電動空気圧縮機：C_2＝C-Ｃ2000ＭＬ、C_1＝C-Ｃ1000ＭＬ、Ｂ517 ～ 520編成の室内灯はLED照明化
　押しボタン式半自動扉回路装備
　トイレは車イス対応大型トイレ
▽座席配置／０代･1000代が転換式シート(ドア間)、1000代の車端はロングシート
▽車端幌取付の実績については、2006冬号までを参照

▽2006(H18)年度増備車について／1100代＝1000代の増備車。車端部ロングシートを４人掛けに
▽2010(H22)年度以降増備車について／ 1300代＝車端部ロングシート車
　Ｂ500代の編成はワンマン運転機器装備。400代は準備工事
▽Ｂ編成は、2022(R04).03.12改正から、おもに関西本線にて運用

▽1993(H05).03.18からＪＲ東海エリアの普通列車は全車禁煙となる
▽2000(H12).03.11から中央線中津川～塩尻間にてワンマン運転開始。Ｂ500代編成が対象
▽2001(H13).03.03から関西線名古屋～亀山間にてワンマン運転開始。Ｂ500代編成を充当

313系 ←松本・亀山・武豊　　名古屋→

【オレンジ帯】
中央本線
関西本線
武豊線

	クモハ 313	クハ 312	新製月日
	+SC	C1+	
B401	p1301	1301p	10.06.18日車
B402	p1302	1302p	10.06.18日車
B403	p1303	1303p	10.06.25日車
B404	p1304	1304p	10.06.25日車
B405	p1305	1305p	12.02.22日車
B406	p1306	1306p	12.02.22日車
B407	p1307	1307p	12.02.22日車
B408	p1308	1308p	12.02.22日車

	クモハ 313	クハ 312	新製月日
B501	p1309	1309p	11.08.03日車
B502	p1310	1310p	11.08.03日車
B503	p1311	1311p	11.08.03日車
B504	p1312	1312p	11.08.03日車
B505	p1313	1313p	11.10.05日車
B506	p1314	1314p	11.10.05日車
B507	p1315	1315p	11.10.05日車
B508	p1316	1316p	11.10.05日車
B509	p1317	1317p	11.11.09日車
B510	p1318	1318p	11.11.09日車
B511	p1319	1319p	11.11.09日車
B512	p1320	1320p	11.11.09日車
B513	p1321	1321p	12.01.18日車
B514	p1322	1322p	12.01.18日車
B515	p1323	1323p	12.01.18日車
B516	p1324	1324p	12.01.18日車
B517	p1325	1325p	14.08.06日車
B518	p1326	1326p	14.08.06日車
B519	p1327	1327p	14.08.06日車
B520	p1328	1328p	14.08.06日車
B521	p1329	1329p	15.01.14日車
B522	p1330	1330p	15.01.14日車
B523	p1331	1331p	15.01.14日車
B524	p1332	1332p	15.01.14日車

東海旅客鉄道 大垣車両区 海カキ　400両

285系 ←東京　　高松・出雲市・西出雲→

サンライズエクスプレス	←7(14)	6(13)	5(12)	4(11)	3(10)	2(9)	1(8)→	
	2	2	2	2	2	2	2	
	クハネ285	サハネ285	モハネ285	サロハネ285	モハネ285	サハネ285	クハネ285	
			SC CP		SC CP			新製月日
	○○ ○○	○○ ○○	●● ●●	○○ ○○	●● ●●	○○ ○○	○○ ○○	
I 4	3001	3001	3201	3001	3001	3201	3002	98.04.08近車 ←15.12.22GT2パン化
I 5	3003	3002	3202	3002	3002	3202	3004	98.04.24日車 ←16.07.19GT2パン化

▽ 285系は1998(H10).07.10から営業運転開始
東京～出雲市間「サンライズ出雲」、東京～高松間「サンライズ瀬戸」に充当
▽車両はＪＲ西日本後藤総合車両所出雲支所にあり、ＪＲ西日本車と共通運用

▽ 285系諸元／ＶＶＶＦインバータ制御(個別制御)：ＷＰＣ 9(ＩＧＢＴ)
主電動機：ＷＭＴ102Ａ(220kW)×４、台車：ＷＤＴ58、ＷＴＲ241
空調装置：ＷＡＵ706(約20,000kcal/h以上)×２
電動空気圧縮機：ＷＭＨ3097-ＷＲ1500、パンタグラフ：ＷＰＳ28Ａ
補助電源：ＷＳＣ35(130kVA)

▽各寝台は禁煙
▽モハネ285はＢ個室「ソロ」（３〔10〕号車）
モハネ285 200代はノビノビ座席＋Ｂ個室「シングル」。５(12)号車
サロハネ285は上客室がＡ個室「シングルデラックス」
下客室はＢ個室「サンライズツイン」。４(11)号車
クハネ285はＢ個室「シングル」「シングルツイン」。１・７(８・14)号車
サハネ285はＢ個室「シングル」「シングルツイン」。２・６(９・13)号車
▽シャワー室は３(10)号車、自動販売機は３・５(10・12)号車
▽貫通幌は内蔵型であるが、連結時に貫通幌にて通り抜けることを示すためあえて表示

配置両数

285系		
M_{NW}	モハネ285	2
M_{NW}	モハネ285₂	2
T_{NWC}	クハネ285	2
T_{NWC}'	クハネ285	2
T_{NWS}	サロハネ285	2
T_{NW}	サハネ285	2
T_{NW}	サハネ285₂	2
	計	14
313系		
Mc	クモハ313	15
	300	16
	1000	3
	1100	10
	1500	3
	1600	4
	1700	3
	3000	16
	5000	17
	5300	5
M	モハ313	15
	1000	3
	1100	10
	1500	3
	1600	4
	1700	3
	5000	17
	5300	17
Tc′	クハ312	21
	300	16
	400	17
	3000	16
	5000	22
T	サハ313	15
	1000	3
	1100	10
	5000	17
	5300	17
	計	318
311系		
Mc	クモハ311	10
M′	モハ310	10
T	サハ311	10
Tc′	クハ310	10
	計	40
213系		
Mc	クモハ213	14
Tc′	クハ212	14
	計	28

▽1955(S30).07.15　電車配置とともに大垣機関区から大垣電車区に改称
▽2001(H13).04.01、大垣電車区から検修部門は大垣車両区に変更。運転部門は大垣運輸区となる

313系 ←浜松・豊橋　　　　大垣・米原→

【オレンジ帯】
東海道本線

	クモハ313	サハ313	モハ313	サハ313	モハ313	クハ312	新製月日	ATS-PT取付	
	+SC	C2			SC	C2+			
Y101	p5001	5301	5001	5001	5301	5001p	06.08.07日車	10.03.15NG	
Y102	p5002	5302	5002	5002	5402	5102p	06.08.09日車	10.04.30NG	←米原方2両=19.09.30改番
Y103	p5003	5303	5003	5003	5303	5003p	06.08.21日車	10.06.14NG	
Y104	p5004	5304	5004	5004	5304	5004p	06.08.23日車	10.07.21NG	
Y105	p5005	5305	5005	5005	5305	5005p	06.08.28日車	10.08.30NG	
Y106	p5006	5306	5006	5006	5306	5006p	06.08.30日車	10.10.25NG	
Y107	p5007	5307	5007	5007	5307	5007p	06.09.01日車	10.12.01NG	
Y108	p5008	5308	5008	5008	5308	5008p	06.09.07日車	10.12.17NG	
Y109	p5009	5309	5009	5009	5309	5009p	06.09.11日車	11.01.07NG	
Y110	p5010	5310	5010	5010	5310	5010p	06.09.13日車	11.02.17NG	
Y111	p5011	5311	5011	5011	5311	5011p	06.09.15日車	11.03.10NG	
Y112	p5012	5312	5012	5012	5312	5012p	06.09.20日車	09.10.20NG	
Y113	p5013	5313	5013	5013	5313	5013p	10.07.15日車	←	
Y114	p5014	5314	5014	5014	5314	5014p	12.07.18日車	←	
Y115	p5015	5315	5015	5015	5315	5015p	12.08.08日車	←	
Y116	p5016	5316	5016	5016	5316	5016p	13.01.09日車	←	
Y117	p5017	5317	5017	5017	5317	5017p	13.02.06日車	←	

	クモハ313	クハ312	新製月日	ATS-PT取付
	+SC	C2+		
Z 1	p5301	5018p	10.07.15日車	←
Z 2	p5302	5019p	12.07.18日車	←
Z 3	p5303	5020p	12.08.08日車	←
Z 4	p5304	5021p	13.01.09日車	←
Z 5	p5305	5022p	13.02.06日車	←

▽313系5000・5300代諸元／軽量ステンレス製。帯色はＪＲ東海コーポレートカラーのオレンジ色。主電動機：C-ＭＴ66C(185kW)
ＶＶＶＦインバータ：C-ＣＳ37。モハ313=C-ＳＣ38-G1(ＩＧＢＴ)
パンタグラフ：C-ＰＳ27Ｂ(シングルアーム式)。台車：C-ＤＴ63Ｂ、C-ＴＲ251Ａ
空調装置：C-ＡＵ715(21,000kcal/h)×２
補助電源装置：150kVA(ＶＶＶＦ一体型)
電動空気圧縮機：C_2＝C-Ｃ2000ＭＬ、C_1＝C-Ｃ1000ＭＬ
押しボタン式半自動扉回路装備
トイレは車イス対応大型トイレ

▽定員／クモハ313(5300代を含む)=130(48)名、クハ312=126(40)名、中間車=139(56)名。( )内は座席定員
▽座席配置／転換式シート(ドア間)
▽セミアクティブダンパ、車端間ダンパを装備

313系 ←静岡・豊橋　　本長篠・大垣・美濃赤坂・米原→

【オレンジ帯】
東海道本線
飯田線

	クモハ313 +SC	サハ313	モハ313	クハ312 C₂+	新製月日	ATS-PT 取付
	●●	●● ○○	○○ ●●	●● ○○ ○○		
Y 1	p 1	1	1	7p	99.07.06日車	07.09.20NG
Y 2	p 2	2	2	8p	99.07.06日車	07.11.12NG
Y 3	p 3	3	3	9p	99.07.13日車	08.03.25NG
Y 4	p 4	4	4	10p	99.07.13日車	08.05.12NG
Y 5	p 5	5	5	11p	99.07.21日車	08.06.10NG
Y 6	p 6	6	6	12p	99.07.21日車	08.07.05NG
Y 7	p 7	7	7	13p	99.07.27日車	08.08.01NG
Y 8	p 8	8	8	14p	99.07.27日車	08.08.19NG
Y 9	p 9	9	9	15p	99.08.11近車	08.09.05NG
Y10	p 10	10	10	16p	99.08.11近車	08.09.26NG
Y11	p 11	11	11	17p	99.09.01近車	09.02.05NG
Y12	p 12	12	12	18p	99.09.01近車	09.03.18NG
Y13	p 13	13	13	19p	99.08.30東急	11.04.14NG
Y14	p 14	14	14	20p	99.08.30東急	09.05.15NG
Y15	p 15	15	15	21p	99.08.31東急	07.05.29NG

	クモハ313 +SC	クハ312 C₁+	新製月日	ATS-PT 取付
	●●	●● ○○ ○○		
Y31	p 301	301p	99.09.10日車	09.02.13NG
Y32	p 302	302p	99.09.10日車	09.03.26NG
Y33	p 303	303p	99.09.10日車	07.05.17NG
Y34	p 304	304p	99.09.10日車	07.06.18NG
Y35	p 305	305p	99.09.10日車	07.07.13NG
Y36	p 306	306p	99.09.24日車	07.08.10NG
Y37	p 307	307p	99.09.24日車	07.09.07NG
Y38	p 308	308p	99.09.16近車	07.10.05NG
Y39	p 309	309p	99.09.16近車	07.11.01NG
Y40	p 310	310p	99.09.16近車	07.12.05NG
Y41	p 311	311p	99.09.17近車	08.01.18NG
Y42	p 312	312p	99.09.17近車	08.06.27NG
Y43	p 313	313p	99.09.17近車	08.04.17NG
Y44	p 314	314p	99.09.06東急	08.02.19NG
Y45	p 315	315p	99.09.06東急	08.03.18NG
Y46	p 316	316p	99.09.06東急	08.08.15NG

▽313系０・300代諸元／軽量ステンレス製。帯色はＪＲ東海コーポレートカラーのオレンジ色。主電動機：Ｃ−ＭＴ66Ａ(185kW)
ＶＶＶＦインバータ：Ｃ−ＣＳ37。モハ313=Ｃ−ＳＣ38−Ｇ1(ＩＧＢＴ)
パンタグラフ：Ｃ−ＰＳ27Ａ(シングルアーム式)。台車：Ｃ−ＤＴ63Ａ、Ｃ−ＴＲ251
空調装置：Ｃ−ＡＵ714Ａ(21,000kcal/h)×２
補助電源装置：０代が150kVA。300代は80kVA(ＶＶＶＦ一体型)
電動空気圧縮機：C_2＝Ｃ−Ｃ2000ＭＬ、C_1＝Ｃ−Ｃ1000ＭＬ
▽座席配置／０代・300代は転換式シート(ドア間)
▽トイレは車イス対応型
▽車端幌あり。取付実績は2008夏号までを参照

313系 ←静岡・豊橋・武豊　　　　　　　　　大垣・米原→

【オレンジ帯】
東海道本線
武豊線

	クモハ 313 (+SC)	サハ 313	モハ 313	クハ 312 (C2+)	新製月日	
J 1	p1103	1103	1103	410p	10.08.25日車	
J 2	p1104	1104	1104	411p	10.08.28日車	
J 3	p1105	1105	1105	412p	10.09.08日車	
J 4	p1106	1106	1106	413p	10.09.29日車	
J 5	p1107	1107	1107	414p	10.09.29日車	
J 6	p1108	1108	1108	415p	10.10.06日車	
J 7	p1109	1109	1109	416p	10.10.06日車	
J 8	p1111	1111	1111	418p	14.10.08日車	
J 9	p1112	1112	1112	419p	14.12.03日車	
J 10	p1113	1113	1113	420p	14.12.03日車	
J 11	p1001	1001	1001	1p	99.02.25日車	09.01.19NG=ATS-PT
J 12	p1002	1002	1002	2p	99.02.25日車	09.07.24NG=ATS-PT
J 13	p1003	1003	1003	3p	99.03.09日車	10.03.19NG=ATS-PT

▽2010(H22)年度増備車／座席配置は転換式クロスシート、車端部ロングシート。トイレは車イス対応
▽定員／クモハ313=142(48)名、クハ312=135(56)名、中間車=156(56)名。(　)内は座席定員

←豊橋　　　　　　　　　大垣・美濃赤坂・辰野・茅野→

飯田線
東海道本線

	クモハ 313 (+SC)	クハ 312 (C1+)	新製月日	2パン化	ATS-PT 取付
R101	p3013	3013p	99.03.08日車	07.04.03NG	10.08.09NG
R102	p3014	3014p	99.03.08日車	05.12.26NG	09.03.12NG
R103	p3015	3015p	99.03.08日車	07.01.19NG	10.02.05NG
R104	p3016	3016p	99.03.08日車	06.08.31NG	07.06.28NG
R105	p3017	3017p	99.03.12日車	07.02.06NG	07.10.23NG
R106	p3018	3018p	99.03.12日車	06.10.20NG	07.08.27NG
R107	p3019	3019p	99.03.12日車	06.08.16NG	09.12.08NG
R108	p3020	3020p	99.03.12日車	06.10.03NG	10.01.06NG
R109	p3021	3021p	99.03.10近車	06.01.18NG	09.04.16NG
R110	p3022	3022p	99.03.10近車	06.05.18NG	09.01.23NG
R111	p3023	3023p	99.03.10近車	06.06.29NG	08.12.04NG
R112	p3024	3024p	99.03.10近車	06.07.14NG	10.05.24NG
R113	p3025	3025p	99.03.25近車	06.03.01NG	09.08.27NG
R114	p3026	3026p	99.03.25近車	06.04.19NG	07.05.11NG
R115	p3027	3027p	99.03.25近車	06.07.28NG	07.07.27NG
R116	p3028	3028p	99.03.25近車	06.02.13NG	09.07.10NG

▽313系1000・3000代諸元／軽量ステンレス製。主電動機：C-MT66A(185kW)。VVVFインバータ：C-CS37
パンタグラフ：C-PS27A(シングルアーム式)。台車：C-DT63A、C-TR251
空調装置：C-AU714A(21,000kcal/h)×2
補助電源装置：80kVA(VVVF一体型)
電動空気圧縮機：C1＝C-C1000ML
▽座席配置／セミクロスシート。トイレは車イス対応
▽ワンマン運転対応設備装備
▽J153～153編成(1500代)は、ドア間転換式シート、車端部ロングシートの3両編成
J161～164編成(1600代)は、1500代の増備車。車端部ロングシートを4人掛けに
J171～173編成(1700代)は、車内設備は1500代に準拠。発電ブレーキ搭載。半自動ドアスイッチ、セラミック噴射装置装備

▽313系2両編成の飯田線での運転開始は2011(H23).12.04
なお、213系は2011(H23).11.27から
▽武豊線は2015(H27).03.01電化開業。ラッシュ時を中心に4両編成を充当

313系 ←浜松・豊橋　　　　大垣・米原→

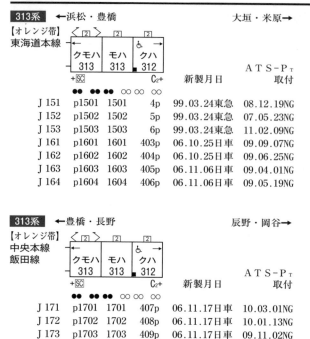

【オレンジ帯】
東海道本線

	クモハ 313	モハ 313	クハ 312	新製月日	ATS-P_T 取付
	+SC		C2+		
	●●	●●●●	○○○○ ○○		
J 151	p1501	1501	4p	99.03.24東急	08.12.19NG
J 152	p1502	1502	5p	99.03.24東急	07.05.23NG
J 153	p1503	1503	6p	99.03.24東急	11.02.09NG
J 161	p1601	1601	403p	06.10.25日車	09.09.07NG
J 162	p1602	1602	404p	06.10.25日車	09.06.25NG
J 163	p1603	1603	405p	06.11.06日車	09.04.01NG
J 164	p1604	1604	406p	06.11.06日車	09.05.19NG

313系 ←豊橋・長野　　　　辰野・岡谷→

【オレンジ帯】
中央本線
飯田線

	クモハ 313	モハ 313	クハ 312	新製月日	ATS-P_T 取付
	+SC		C2+		
	●●	●●●●	○○○○ ○○		
J 171	p1701	1701	407p	06.11.17日車	10.03.01NG
J 172	p1702	1702	408p	06.11.17日車	10.01.13NG
J 173	p1703	1703	409p	06.11.17日車	09.11.02NG

311系 ←静岡・豊橋・武豊　　　　大垣・米原→

【オレンジ帯】
東海道本線
武豊線

	クモハ 311	モハ 310	サハ 311	クハ 310	ATS-P_T 取付	車イス対応 設備整備	ドアチャイム新設	パンタグラフ シングルアーム化
	+	DD C2		+				
	●●	●●●●	●●○○	○○○○ ○○				
G 1	p **1**	1	1	**1**p	09.09.11日車	04.08.11NG	07.06.06NG	07.06.06NG
G 2	p **2**	2	2	**2**p	09.03.27日車	05.09.07NG	05.09.07NG	08.06.12NG
G 3	p **3**	3	3	**3**p	10.02.12日車	03.10.08NG	06.09.08NG	06.09.08NG
G 4	p **4**	4	4	**4**p	10.05.24日車	03.12.19NG	06.10.19NG	06.10.19NG
G 5	p **5**	5	5	**5**p	08.12.04日車	05.07.21NG	05.07.21NG	08.05.16NG
G 6	p **6**	6	6	**6**p	07.11.20日車	04.12.17NG	04.12.17NG	07.10.25NG
G10	p **10**	10	10	**10**p	08.03.28日車	05.01.26NG	05.01.26NG	08.01.07NG
G11	p **11**	11	11	**11**p	08.09.09日車	04.10.26NG	04.10.26NG	07.09.05NG
G14	p **14**	14	14	**14**p	10.12.06日車	05.12.07NG	05.12.07NG	08.07.02NG
G15	p **15**	15	15	**15**p	08.10.29日車	04.09.02NG	07.07.31NG	07.07.31NG

▽311系は軽量ステンレス製、帯は白縁のオレンジ色(コーポレートカラー)。転換式クロスシート車
▽主電動機はC-MT61A(120kW)
▽電気連結器、自動解結装置(+印)装備
▽冷房装置はC-AU711D。車号太字は冷房装置をC-AU713Dと変更した車両(対象車両は1996年度で完了)
▽車イス対応設備は、クハ310 に設置
▽車端幌あり。取付実績は2008夏号までを参照
▽武豊線は2015(H27).03.01電化開業。ラッシュ時を中心に充当

213系 ←豊橋　　　　　　　　　　　　　　　　(大垣)・辰野・茅野→

【湘南帯】
飯田線

編成	クモハ 213	クハ 212	車イス対応設備整備	ドアチャイム新設	パンタグラフシングルアーム化	ATS-P_T取付	トイレ取付
	+DDC1	+					
H 1	p5001	5001p	03.05.02NG	07.04.11NG	07.04.11NG	09.03.03日車	11.09.20近車
H 2	p5002	5002p	03.01.30NG	07.01.24NG	07.01.24NG	07.10.12日車	11.09.20近車
H 3	p5003	5003p	03.12.25NG	08.01.09NG	08.01.09NG	08.01.28日車	11.04.21近車
H 4	p5004	5004p	03.08.25NG	07.09.11NG	07.09.11NG	08.06.03日車	11.04.21近車
H 5	p5005	5005p	03.07.31NG	07.08.17NG	07.08.17NG	08.10.09日車	11.11.29近車
H 6	p5006	5006p	03.03.17NG	07.02.23NG	07.02.23NG	08.12.24日車	11.11.29近車
H 7	p5007	5007p	03.10.10NG	07.11.02NG	07.11.02NG	08.02.29日車	11.06.23近車
H 8	p5008	5008p	03.02.21NG	06.12.13NG	06.12.14NG	09.04.27日車	11.06.23近車
H 9	p5009	5009p	03.06.04NG	07.05.18NG	07.05.18NG	07.06.15日車	11.08.30近車
H10	p5010	5010p	03.11.10NG	07.11.21NG	07.11.21NG	07.12.10日車	11.08.30近車
H11	p5011	5011p	05.07.08NG	05.07.08NG	09.07.27NG	10.02.19日車	12.02.21近車
H12	p5012	5012p	05.08.08NG	05.08.08NG	09.09.01NG	10.05.07日車	12.02.21近車
H13	p5013	5013p	05.08.26NG	05.08.26NG	09.09.28NG	09.10.16日車	12.02.01近車
H14	p5014	5014p	06.01.18NG	06.01.18NG	10.01.08NG	10.08.03日車	12.02.01近車

▽ 213系はステンレス車
座席は転換式クロスシートとロングシート。出入台寄りに補助イス取付
自動解結装置を装備。パンタグラフ形式は登場時はC-PS24A
主電動機はC-MT64A(120kW)。冷房装置はC-AU711D(18,000kcal/h)×2
▽押しボタン式半自動扉回路装備(飯田線転用時)
▽車端幌取付実績は、2012冬号までを参照

東海道・山陽新幹線編成表

西日本旅客鉄道　K編成(N700A)－16本(256両)

N700A　←博多　　　　新大阪・東京→

		←1	2	🚬3	4	5	6	7	♥8	9	10🚬	11	12	13	14	🚬15	16→	
のぞみ ひかり こだま		Tc 783■	M_2 787	M'_w 786■	M_1 785	M_{1w} 785■	M′ 786	M_{2K} 787■	M_{1S} 775	M'_{Sw} 776■	M_{2S} 777	M'_H 786■	M_1 785	M_{1w} 785■	M′ 786	M_{2w} 787■	T′c 784	
		CP	SC	MTr	SC CP	SC CP	MTr	SC	SC CP	SC CP	SC	MTr	SC CP	SC CP	MTr	SC	CP	
		○○ ○○	●● ●●	●● ●●	●● ●●	●● ●●	●● ●●	●● ●●	●● ●●	●● ●●	●● ●●	●● ●●	●● ●●	●● ●●	●● ●●	●● ●●	○○ ○○	配置
		65名	100名	85名	100名	90名	100名	75名	68名	64名	68名	63名	100名	90名	100名	80名	75名	
K	1	5001	5001	5501	5001	5301	5001	5401	5001	5001	5001	5701	5601	5501	5201	5501	5001	幹ハカ
K	2	5002	5002	5502	5002	5302	5002	5402	5002	5002	5002	5702	5602	5502	5202	5502	5002	幹ハカ
K	3	5003	5003	5503	5003	5303	5003	5403	5003	5003	5003	5703	5603	5503	5203	5503	5003	幹ハカ
K	4	5004	5004	5504	5004	5304	5004	5404	5004	5004	5004	5704	5604	5504	5204	5504	5004	幹ハカ
K	5	5005	5005	5505	5005	5305	5005	5405	5005	5005	5005	5705	5605	5505	5205	5505	5005	幹ハカ
K	6	5006	5006	5506	5006	5306	5006	5406	5006	5006	5006	5706	5606	5506	5206	5506	5006	幹ハカ
K	7	5007	5007	5507	5007	5307	5007	5407	5007	5007	5007	5707	5607	5507	5207	5507	5007	幹ハカ
K	8	5008	5008	5508	5008	5308	5008	5408	5008	5008	5008	5708	5608	5508	5208	5508	5008	幹ハカ
K	9	5009	5009	5509	5009	5309	5009	5409	5009	5009	5009	5709	5609	5509	5209	5509	5009	幹ハカ
K	10	5010	5010	5510	5010	5310	5010	5410	5010	5010	5010	5710	5610	5510	5210	5510	5010	幹ハカ
K	11	5011	5011	5511	5011	5311	5011	5411	5011	5011	5011	5711	5611	5511	5211	5511	5011	幹ハカ
K	12	5012	5012	5512	5012	5312	5012	5412	5012	5012	5012	5712	5612	5512	5212	5512	5012	幹ハカ
K	13	5013	5013	5513	5013	5313	5013	5413	5013	5013	5013	5713	5613	5513	5213	5513	5013	幹ハカ
K	14	5014	5014	5514	5014	5314	5014	5414	5014	5014	5014	5714	5614	5514	5214	5514	5014	幹ハカ
K	15	5015	5015	5515	5015	5315	5015	5415	5015	5015	5015	5715	5615	5515	5215	5515	5015	幹ハカ
K	16	5016	5016	5516	5016	5316	5016	5416	5016	5016	5016	5716	5616	5516	5216	5516	5016	幹ハカ

▽2007(H19).07.01から営業運転開始。編成はN 1

▽新製月日

N 1=07.06.01川重　N 2=07.07.10川重　N 3=07.08.06日車　N 4=07.10.09日車　N 5=07.11.10川重
N 6=07.12.13川重　N 7=08.01.31川重　N 8=08.03.03近車　N 9=08.05.20川重　N10=09.11.17川重
N11=09.12.18川重　N12=10.01.28近車　N13=09.10.15川重　N14=10.02.28川重　N15=10.05.23日立
N16=10.12.14日立

▽N700系諸元／主電動機：W-MT207,W-MT208(305kW)。主変換装置：WPC202,WPC203(IGBT)。MTr：主変圧器

▽客室は全室禁煙。喫煙室(🚬)を3・7・10・15号車に設置

▽♥印はAED(自動体外式除細動器)設置箇所

▽車イス対応大型トイレは11号車に設置

▽列車公衆電話サービスは2021(R03).06.30をもって終了

▽N700Aは、N700Aに準拠したN700系改造車(N700Aタイプ)

編成番号をN編成からK編成に、車号を5000代(旧車号＋2000)とした。車号太字

改造月日

K 1=14.12.19　K 2=15.02.18　K 3=15.03.13　K 4=13.10.25　K 5=13.12.17　K 6=15.08.01　K 7=15.10.15
K 8=14.08.07　K 9=16.03.08　K10=14.04.24　K11=15.12.10　K12=14.10. 6　K13=14.03.12　K14=14.10.21
K15=14.11.19　K16=15.04.09

▽車内Wi-Fi設備設置の編成は、

K 1=19.12.17　K 2=19.12.19　K 3=19.12.25　K 4=18.09.22　K 5=18.11.07　K 6=18.11.28　K 7=19.03.07
K 8=19.09.24　K 9=19.07.25　K10=19.03.29　K11=19.06.18　K12=19.10.10　K13=19.02.26　K14=19.12.06
K15=19.12.17　K16=18.08.09

▽車両基地名は、博多総合車両所

▽新幹線車内無料Wi-Fi「Shinkansen Free Wi-Fi」サービス実施

事業用車（東海道・山陽新幹線用）　7両

923系（電気軌道総合試験車）

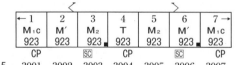

		←1	2	3	4	5	6	7→			
		M_{1c} 923	M′ 923	M_2 923■	T 923	M_2 923	M′ 923■	M_{1c} 923	配置	製造所	製造月日
		CP		SC	CP		SC	CP			
T	5	3001	3002	3003	3004	3005	3006	3007	幹ハカ	日立(1～3)+日車	05.03.18

▽923系は、JR東海T 4編成に準拠した車両

▽923-3004 は 軌道試験車

西日本旅客鉄道　　F編成－24本(384両)

N700A　←博多　　　　新大阪・東京→

のぞみ ひかり こだま		←1 Tc 783	2 M_2 787	(喫) 3 M'_w 786	4 M_1 785	5 M_{1w} 785	6 M′ 786	7 M_{2K} 787	♥ 8 M_{1S} 775	9 M'_{Sw} 776	10 (喫) M_{2S} 777	11 M'_H 786	12 M_1 785	13 M_{1w} 785	14 M′ 786	(喫) 15 M_{2w} 787	16→ T′c 784	
		CP	SC	MTr	SC CP	SC CP	MTr	SC	SC CP	SC CP	SC	MTr	SC CP	SC CP	MTr	SC	CP	配置
		65名	100名	85名	100名	90名	100名	75名	68名	64名	68名	63名	100名	90名	100名	80名	75名	
F	1	4001	4001	4501	4001	4301	4001	4401	4001	4001	4001	4701	4601	4501	4201	4501	4001	幹ハカ
F	2	4002	4002	4502	4002	4302	4002	4402	4002	4002	4002	4702	4602	4502	4202	4502	4002	幹ハカ
F	3	4003	4003	4503	4003	4303	4003	4403	4003	4003	4003	4703	4603	4503	4203	4503	4003	幹ハカ
F	4	4004	4004	4504	4004	4304	4004	4404	4004	4004	4004	4704	4604	4504	4204	4504	4004	幹ハカ
F	5	4005	4005	4505	4005	4305	4005	4405	4005	4005	4005	4705	4605	4505	4205	4505	4005	幹ハカ
F	6	4006	4006	4506	4006	4306	4006	4406	4006	4006	4006	4706	4606	4506	4206	4506	4006	幹ハカ
F	7	4007	4007	4507	4007	4307	4007	4407	4007	4007	4007	4707	4607	4507	4207	4507	4007	幹ハカ
F	8	4008	4008	4508	4008	4308	4008	4408	4008	4008	4008	4708	4608	4508	4208	4508	4008	幹ハカ
F	9	4009	4009	4509	4009	4309	4009	4409	4009	4009	4009	4709	4609	4509	4209	4509	4009	幹ハカ
F	10	4010	4010	4510	4010	4310	4010	4410	4010	4010	4010	4710	4610	4510	4210	4510	4010	幹ハカ
F	11	4011	4011	4511	4011	4311	4011	4411	4011	4011	4011	4711	4611	4511	4211	4511	4011	幹ハカ
F	12	4012	4012	4512	4012	4312	4012	4412	4012	4012	4012	4712	4612	4512	4212	4512	4012	幹ハカ
F	13	4013	4013	4513	4013	4313	4013	4413	4013	4013	4013	4713	4613	4513	4213	4513	4013	幹ハカ
F	14	4014	4014	4514	4014	4314	4014	4414	4014	4014	4014	4714	4614	4514	4214	4514	4014	幹ハカ
F	15	4015	4015	4515	4015	4315	4015	4415	4015	4015	4015	4715	4615	4515	4215	4515	4015	幹ハカ
F	16	4016	4016	4516	4016	4316	4016	4416	4016	4016	4016	4716	4616	4516	4216	4516	4016	幹ハカ
F	17	4017	4017	4517	4017	4317	4017	4417	4017	4017	4017	4717	4617	4517	4217	4517	4017	幹ハカ
F	18	4018	4018	4518	4018	4318	4018	4418	4018	4018	4018	4718	4618	4518	4218	4518	4018	幹ハカ
F	19	4019	4019	4519	4019	4319	4019	4419	4019	4019	4019	4719	4619	4519	4219	4519	4019	幹ハカ
F	20	4020	4020	4520	4020	4320	4020	4420	4020	4020	4020	4720	4620	4520	4220	4520	4020	幹ハカ
F	21	4021	4021	4521	4021	4321	4021	4421	4021	4021	4021	4721	4621	4521	4221	4521	4021	幹ハカ
F	22	4022	4022	4522	4022	4322	4022	4422	4022	4022	4022	4722	4622	4522	4222	4522	4022	幹ハカ
F	23	4023	4023	4523	4023	4323	4023	4423	4023	4023	4023	4723	4623	4523	4223	4523	4023	幹ハカ
F	24	4024	4024	4524	4024	4324	4024	4424	4024	4024	4024	4724	4624	4524	4224	4524	4024	幹ハカ

▽2014(H26).02.08から営業運転開始
▽新製月日
F 1=13.11.27日立　F 2=15.08.01日車　F 3=15.09.03日立　F 4=15.11.03日立　F 5=16.02.07日車
F 6=16.04.15日車　F 7=16.05.29日立　F 8=16.09.07日立　F 9=16.10.11日車　F10=17.08.22日車
F11=17.10.03日車　F12=18.01.16日立　F13=18.04.17日立　F14=18.10.15日立　F15=18.08.21日車
F16=19.02.19日立　F17=18.11.26日車　F18=19.06.19日立　F19=19.07.19日車　F20=19.10.16日立
F21=19.11.13日車　F22=19.12.11日立　F23=20.03.18日立　F24=20.02.19日車
▽車内Wi-Fi設備設置の編成は、
F 1=18.10.12　F 2=18.12.20　F 3=19.02.07　F 4=19.04.16　F 5=19.06.28　F 6=施工済　F 7=19.10.13
F 8=19.10.29　F 9=19.03.05　F10=19.04.25　F11=19.05.31　F12=19.11.27　F13=19.12.11　F14=19.04.02
F15=19.12.20　F16以降は新製時から
▽客室は全室禁煙。喫煙室(喫)を3・7・10・15号車に設置
▽♥印はAED(自動体外式除細動器)設置箇所
▽車イス対応大型トイレは11号車に設置
▽7号車喫煙室は、2022(R04).03.12改正にて廃止

N700A・N700A・N700S

▽2015(H27).03.14改正から、東海道新幹線区間にて285km/h運転開始。F・K編成を限定使用
▽2023(R05).03.18改正　充当列車は、
東京～博多間　「のぞみ」5·9·21·29·31·33·37·39·43·51·57号、
2·6·12·18·22·24·30·32·46·52·56·58号
東京～広島間　「のぞみ」61·75·77·79·81·83号、76·80·82·84·90·92·98·100号
東京～岡山間　「のぞみ」85号、70号
東京～新大阪間　「のぞみ」217·263号、206号　　東京～名古屋間　「のぞみ」268号
名古屋～博多間　「のぞみ」273号、270·272号
東京～岡山間　「ひかり」513·521号、504·510号
名古屋～広島間　「ひかり」535号　　名古屋～博多間　「ひかり」531号
東京～新大阪間　「ひかり」653号、660号　　新大阪～博多間　「ひかり」591号、592号
東京～新大阪間　「こだま」707·731号、712·728·752号
東京～名古屋間　「こだま」709·743·757号、730号
小倉～博多間　「こだま」771号・780号

東海道・山陽新幹線編成表

西日本旅客鉄道　H編成－3本(48両)

N700S　←博多　　新大阪・東京→

のぞみ ひかり こだま	←1	2	3	4	5	6	7	8	9	10	11	12	13	14	15	16→	
	Tc	M	M′w	M	Mpw	M′	Mk	Ms	Msw	Ms	M′h	Mp	Mw	M′	Mw	T′c	
	743	747	746	745	745	746	747	735	736	737	746	745	745	746	747	744	
	CP	SC	MTr SC	SC	SC CP	MTr SC	SC	SC	SC	SC	MTr SC	SC CP	SC	MTr SC	SC	CP	配置
	○○ ○○	●● ●●	●● ●●	●● ●●	●● ●●	●● ●●	●● ●●	●● ●●	●● ●●	●● ●●	●● ●●	●● ●●	●● ●●	●● ●●	●● ●●	○○ ○○	
H 1	3001	3001	3501	3001	3301	3001	3401	3001	3001	3001	3701	3601	3501	3201	3501	3001	幹ハカ
H 2	3002	3002	3502	3002	3302	3002	3402	3002	3002	3002	3702	3602	3502	3202	3502	3002	幹ハカ
H 3	3003	3003	3502	3003	3302	3003	3403	3003	3003	3003	3703	3603	3503	3203	3503	3003	幹ハカ

▽N700S　「S」はSuperme(最高の)を意味する
▽H編成は、2021(R03)03.13から営業運転開始。初日、H 1が「ひかり」594号(博多～新大阪間)。H 2は04.01
▽新製月日
　H 1=21.02.03日立　H 2=21.03.17日車　H 3=23.07.31日立(08.10から営業運転開始)
▽先頭形状はデュアルスプリームウィング形。トンネル突入時の騒音を今まで以上に低減
▽SiC素子駆動システム採用、軽量化や走行抵抗の低減により消費電力削減
▽駆動モーターの電磁石を4極から6極に増やし、電磁石を小さくすることで、従来の出力を確保しながら、N700A比70kg軽減した小型かつ軽量な駆動モーターを搭載
▽これら床下機器の小型・軽量化により、主変圧器(MTr)を搭載した車両に主変換装置搭載が可能となり、床下種別を8種から4種に最適化
▽パンタグラフは、支持部を3本から2本とすることで、N700A比約50kg軽減。また追随性を大幅に高めた「たわみ式すり板」を採用
▽普通車のシートは、背もたれと座面を連動して傾けるリクライニング機構を採用。全席に電源コンセントを設置
▽グリーン車シートは、N700系から採用している「シンクロナイズド・コンフォートシート」をさらに進化させるとともに、より制振性能の高い「フルアクティブ制振制御装置」を搭載、さらに乗り心地向上
▽リチウムイオン電池を用いたバッテリー自走システムを搭載
▽洋式トイレは自動開閉装置付き温水洗浄便座(暖房機能)
▽11号車トイレに車イス対応大型トイレ設置
▽列車公衆電話サービスは2021(R03).06.30をもって終了
▽7号車喫煙室は、2022(R04).03.12改正にて廃止

▽新幹線鉄道事業本部は、2022(R04).10.01、本社組織の新幹線本部と、山陽新幹線統括本部に組織変更

山陽・九州新幹線編成表

西日本旅客鉄道　S編成－19本(152両)

N700系　←鹿児島中央・博多　　新大阪→

みずほ
さくら
つばめ
こだま

編成	←1	2	3	4	5	6	7	8→	配置	新製月日
	Mc 781	M_1 788	(喫煙室) M′ 786	M_2 787	M_{2W} 787	M′s 766	(喫煙室) M_{1H} 788	Mc′ 782		
	CP		MTr	SC CP		MTr	SC	SC CP		
	60名	100名	80名	80名	72名	36+24名	38名	56名		
S 1	7001	7001	7001	7001	7501	7001	7701	7001	幹ハカ	08.10.24 (1·2·7·8=川重、3·4=日車、5·6=近車)
S 2	7002	7002	7002	7002	7502	7002	7702	7002	幹ハカ	10.04.20川重
S 3	7003	7003	7003	7003	7503	7003	7703	7003	幹ハカ	10.07.12日車
S 4	7004	7004	7004	7004	7504	7004	7704	7004	幹ハカ	10.06.22川重
S 5	7005	7005	7005	7005	7505	7005	7705	7005	幹ハカ	10.08.04川重
S 6	7006	7006	7006	7006	7506	7006	7706	7006	幹ハカ	10.09.14川重
S 7	7007	7007	7007	7007	7507	7007	7707	7007	幹ハカ	10.11.17近車
S 8	7008	7008	7008	7008	7508	7008	7708	7008	幹ハカ	11.01.14近車
S 9	7009	7009	7009	7009	7509	7009	7709	7009	幹ハカ	11.02.16日車
S 10	7010	7010	7010	7010	7510	7010	7710	7010	幹ハカ	11.04.12日車
S 11	7011	7011	7011	7011	7511	7011	7711	7011	幹ハカ	11.05.30川重
S 12	7012	7012	7012	7012	7512	7012	7712	7012	幹ハカ	11.06.24川重
S 13	7013	7013	7013	7013	7513	7013	7713	7013	幹ハカ	11.07.11川重
S 14	7014	7014	7014	7014	7514	7014	7714	7014	幹ハカ	11.08.01川重
S 15	7015	7015	7015	7015	7515	7015	7715	7015	幹ハカ	11.10.03川重
S 16	7016	7016	7016	7016	7516	7016	7716	7016	幹ハカ	11.10.23川重
S 17	7017	7017	7017	7017	7517	7017	7717	7017	幹ハカ	11.11.15日車
S 18	7018	7018	7018	7018	7518	7018	7718	7018	幹ハカ	12.01.23川重
S 19	7019	7019	7019	7019	7519	7019	7719	7019	幹ハカ	12.02.27日立

N700系7000代

▽最高運転速度 300km/h(九州新幹線は 260km/h)
▽九州新幹線博多～新八代間開業に合わせて、2011(H23).03.12から営業運転開始
▽6号車は半室グリーン室(24名)。座席配列2&2
▽普通車の座席配列は、1～3号車は3&2、4～8号車は2&2
▽客室は全室禁煙。喫煙室(喫煙室マーク)を3・7号車に設置
▽車イス対応大型トイレは7号車に設置
▽列車公衆電話サービスは2021(R03).06.30をもって終了
▽N700系諸元／主電動機：WMT207、WMT208、WMT209(305kW)。主変圧器：WTM207
　主変換装置：WPC204(IGBT)。集電装置：WPS207
　補助電源装置：WSC217。CP=WMH1125-WRC1501
▽新幹線車内無料Wi-Fi「Shinkansen Free Wi-Fi」サービス実施。設備設置工事は、
S 1=20.04.18　S 2=20.04.23　S 3=18.07.31　S 4=18.09.11　S 5=18.10.01　S 6=18.10.26　S 7=18.11.14
S 8=18.12.05　S 9=18.12.28　S10=19.03.15　S11=19.06.07　S12=19.07.12　S13=19.08.01　S14=19.09.30
S15=19.11.14　S16=19.12.21　S17=19.12.27　S18=20.03.02　S19=20.03.18

▽2023(R05).03.18改正　充当列車は、
新大阪～鹿児島中央間　「みずほ」603·605·607·609·613号、602·604·608·612·614号
新大阪～鹿児島中央間　「さくら」533·541·545·549·551·555·557·561·563·565号、
542·544·546·552·554·556·564·566·568·570号
新大阪～熊本間　「さくら」573号、540号
博多～鹿児島中央間　「さくら」402·408号
広島～鹿児島中央間　「さくら」401号、406号
博多～鹿児島中央間　「つばめ」307·309号、338号
博多～熊本間　「つばめ」333号
熊本～鹿児島中央間　「つばめ」303号
新大阪～岡山間　「こだま」871号、830号　　季節運転の列車も含む

山陽新幹線編成表

西日本旅客鉄道　　Ｅ編成－16本(128両)

700系　←博多　　　　　　　　　　　　新大阪→

ひかり こだま		←1	2	3	4	5	♥6	7	8→	配置	新製月日	トイレ洋式化
		Tc	M_1	M'_{PK}	M_2	M_{2W}	M'_P	M_{1KH}	T′c			
		723■	725	自726■	727	727■	726	自725■	724			
		CP	SC CP	MTr CP	SC	SC	MTr CP	SC	CP			
		○○ ○○	●● ●●	●● ●●	●● ●●	●● ●●	●● ●●	●● ●●	○○ ○○			
		65名	100名	80名	80名	72名	72名	50名	52名			
E	1	7001	7601	7501	7001	7101	7001	7701	7501	幹ハカ	99.12.18川重	18.12.11
E	2	7002	7602	7502	7002	7102	7002	7702	7502	幹ハカ	00.01.07川重	19.02.14
E	3	7003	7603	7503	7003	7103	7003	7703	7503	幹ハカ	00.01.29川重	19.09.10
E	4	7004	7604	7504	7004	7104	7004	7704	7504	幹ハカ	00.02.16川重	20.02.22
E	5	7005	7605	7505	7005	7105	7005	7705	7505	幹ハカ	00.03.03川重	19.09.20
E	6	7006	7606	7506	7006	7106	7006	7706	7506	幹ハカ	00.04.18川重	18.10.18
E	7	7007	7607	7507	7007	7107	7007	7707	7507	幹ハカ	00.02.04近車	19.10.25
E	8	7008	7608	7508	7008	7108	7008	7708	7508	幹ハカ	00.04.01近車	20.07.03
E	9	7009	7609	7509	7009	7109	7009	7709	7509	幹ハカ	00.01.22日立	19.05.18
E	10	7010	7610	7510	7010	7110	7010	7710	7510	幹ハカ	00.03.10日立	20.05.01
E	11	7011	7611	7511	7011	7111	7011	7711	7511	幹ハカ	00.02.21日車	19.01.18
E	12	7012	7612	7512	7012	7112	7012	7712	7512	幹ハカ	00.04.11日車	20.01.27
E	13	7013	7613	7513	7013	7113	7013	7713	7513	幹ハカ	01.03.14日立	19.04.04
E	14	7014	7614	7514	7014	7114	7014	7714	7514	幹ハカ	01.04.01近車	19.07.05
E	15	7015	7615	7515	7015	7115	7015	7715	7515	幹ハカ	01.04.08近車	20.01.10
E	16	7016	7616	7516	7016	7116	7016	7716	7516	幹ハカ	06.03.11日車	19.11.22

▽700系諸元／車体はアルミ合金製。主電動機：ＷＭＴ205(275kW)。主変換装置：ＷＰＣ６(ＩＧＢＴ)
　パンタグラフ：ＷＰＳ205。空調装置：ＷＡＵ(29,000kcal/h)×２
　台車：ＷＤＴ205Ａ、ＷＴＲ7002
▽CPの容量は 1500L/min(ＴＭＨ23-ＴＴＣ1500ＲＡ)
▽営業運転開始は2000(H12).03.11改正から。運転最高速度は 285km/h
▽座席配列は、１～３号車が３&２、４～８号車が２&２
▽８号車は2012(H24).03.17改正から禁煙車。この結果、喫煙車はなくなる
▽８号車には４名定員のコンパートメント４室もある
▽５～８号車の車端寄り座席各１列は「オフィスシート」
▽車イス対応トイレは７号車に設置
▽列車公衆電話サービスは2021(R03).06.30をもって終了
▽♥印はＡＥＤ(自動体外式除細動器)設置箇所。自は自動販売機設置
▽新幹線車内無料Wi-Fi「Shinkansen Free Wi-Fi」サービス実施。設備設置工事は、
Ｅ 1=18.12.11　Ｅ 2=19.02.14　Ｅ 3=19.09.10　Ｅ 4=20.02.22　Ｅ 5=19.09.20　Ｅ 6=18.10.18　Ｅ 7=19.10.25
Ｅ 8=19.07.13　Ｅ 9=19.05.18　Ｅ10=19.11.07　Ｅ11=19.01.18　Ｅ12=18.08.30　Ｅ13=19.04.04　Ｅ14=19.07.05
Ｅ15=20.01.10　Ｅ16=19.11.22

▽2023(R05).03.18改正　充当列車は、
岡山～新下関間　「ひかり」590号
新大阪～博多間　「こだま」845·865·867号，856·858·860·862·866·870号
新大阪～広島間　「こだま」839·869·873号　　新大阪～岡山間　「こだま」877号　　姫路～博多間　「こだま」837号
新大阪～福山間　「こだま」832号　　新大阪～新岩国間　「こだま」836号
岡山～博多間　「こだま」831·833·843·851·853·855·859·865号、838·844·846·848·852·856·号
岡山～広島間　「こだま」863号、872号　　福山～博多間　「こだま」876号　　広島～新山口間　「こだま」787号
広島～博多間　「こだま」775·781号、776号　　新山口～博多間　「こだま」773・777号　　広島～新下関間　「こだま」787号
新下関～博多間　「こだま」778号　　小倉～博多間　「こだま」779·785号、770·774·782号
このほか博多～博多南間の列車にも充当

山陽新幹線編成表

西日本旅客鉄道　V編成ー 6本(48両)

500系 ←博多　　　　新大阪→

こだま

		←1	2	🚬3	**4**	**5**	♥**6**	🚬7	8→				4・5号車
		Mc 521	M_1 526	M_P 527	M_2 528	M 525	M_1 526	M_{PKH} 527	$M_{2}c$ 522				
		C_2	SC	MTr	SC	C_2	SC	MTr	SC	配置	改造月日	アコモ改修	4列座席化
		53名	100名	78名	**78名**	**74名**	**68名**	51名	55名				
V	2	7002	7004	7003	**7002**	**7004**	**7202**	7702	7002	幹ハカ	09.01.14	09.09.30	13.11.29
		〔 2〕	〔 4〕	〔 3〕	〔 2〕	〔 4〕	〔516-2〕	〔702〕	〔 2〕				
V	3	7003	7007	7005	**7003**	**7006**	**7203**	7703	7003	幹ハカ	08.03.28	09.10.07	13.12.16
		〔 3〕	〔 7〕	〔 5〕	〔 3〕	〔 6〕	〔516-3〕	〔703〕	〔 3〕				
V	4	7004	7010	7007	**7004**	**7008**	**7204**	7704	7004	幹ハカ	08.10.27	09.10.15	13.12.19
		〔 4〕	〔 10〕	〔 7〕	〔 4〕	〔 8〕	〔516-4〕	〔704〕	〔 4〕				
V	7	7007	7019	7013	**7007**	**7014**	**7207**	7707	7007	幹ハカ	10.05.10	←	13.11.15
		〔 7〕	〔 19〕	〔 13〕	〔 7〕	〔 14〕	〔516-7〕	〔707〕	〔 7〕				
V	8	7008	7022	7015	**7008**	**7016**	**7208**	7708	7008	幹ハカ	10.06.29	←	13.10.12
		〔 8〕	〔 22〕	〔 15〕	〔 8〕	〔 16〕	〔516-8〕	〔708〕	〔 8〕				
V	9	7009	7025	7017	**7009**	**7018**	**7209**	7709	7009	幹ハカ	10.02.24	←	13.11.22
		〔 9〕	〔 25〕	〔 17〕	〔 9〕	〔 18〕	〔516-9〕	〔709〕	〔 9〕				

▽営業運転開始は、0系引退後の2008(H20).12.01から
▽2023(R05).03.18改正　充当列車は、
　新大阪～博多間　「こだま」841・847・**849**・861号, **840**・842・854号(「ハローキティ新幹線」は太字の列車に充当が基本)
　新大阪～岡山間　「こだま」868号
　岡山～博多間　「こだま」835・857号, 850・864・874号
　このほか博多～博多南間、2805A・2807A・2811A・2829A・2831A・2833A・2835A
　　　　　　　　　　　　2804A・2806A・2810A・2814A・2830A・2832A・2834Aに充当
▽〔 〕内は旧車号
▽🚬印は喫煙室
▽♥印はＡＥＤ(自動体外式除細動器)設置箇所
▽車号太字の４～６号車の座席は２＆２シート
▽車イス対応トイレは７号車に設置
▽列車公衆電話サービスは2021(R03).06.30をもって終了
▽アコモ改修
　８号車運転室寄りにこども運転台を設置(座席12・13ＡＢＤＥ席を撤去して設置)
　2009(H21).09.19、博多発「こだま」730号から運転開始。V 6編成
▽新幹線車内無料Wi-Fi「Shinkansen Free Wi-Fi」サービス実施。設備設置工事は、
　V 2=20.04.00　V 3=19.08.09　V 4=19.03.08　V 7=18.07.24　V 8=19.01.12　V 9=20.02.03

▽Ｖ２編成の１号車「プラレールカー」は、2015(H27).08.30にて営業運転終了。
　このＶ２編成は、山陽新幹線全線開業40周年を記念、また「新世紀エヴァンゲリオン」テレビ放送20周年とのコラボレーションにより、
　2015(H27).11.07から「500 TYPE EVA」として運転(11.06施工)。
　運転期間は2018(H30).05.13までで、「こだま」730号(博多発6：36)・741号(新大阪発11：32)に充当が基本
　なお、同編成は2018.06.30から「ハローキティ新幹線」として運転開始。06.26に外装・内装を変更

北陸新幹線編成表

西日本旅客鉄道　　W編成－19本（228両）

W7系　←東京　　　　　　長野・上越妙高・金沢→

かがやき はくたか つるぎ あさま	←1	2	3	4	5	6	7	8	9	10	11	12→	配置	組成月日	落成月日
	$T_{1}c$	M_{2}	M_{1}	M_{2}	M_{1}	M_{2}	$M_{1}k$	M_{2}	M_{1}	M_{2}	$M_{1}s$	Tsc			
	W723	W726	W725	W726	W725	W726	W725	W726	W725	W726	W715	W714			
	CP	MTr SC	SC	MTr SC	SC	MTr SC	SC	MTr SC	SC	MTr SC	SC	CP			
	48名	98名	83名	98名	83名	88名	56名	98名	83名	98名	63名	18名			
W 1	101	101	101	201	201	301	301	401	401	501	501	501	白山	14.04.30	15.03.14川重
W 3	103	103	103	203	203	303	303	403	403	503	503	503	白山	14.06.30	15.03.14川重
W 4	104	104	104	204	204	304	304	404	404	504	504	504	白山	14.07.18	15.03.14日立
W 5	105	105	105	205	205	305	305	405	405	505	505	505	白山	14.08.21	15.03.14川重
W 6	106	106	106	206	206	306	306	406	406	506	506	506	白山	14.09.11	15.03.14川重
W 8	108	108	108	208	208	308	308	408	408	508	508	508	白山	14.10.15	15.03.14日立
W 9	109	109	109	209	209	309	309	409	409	509	509	509	白山	14.11.03	15.03.14日立
W 10	110	110	110	210	210	310	310	410	410	510	510	510	白山	14.12.26	15.03.14近車
W 11	111	111	111	211	211	311	311	411	411	511	511	511	白山	→	15.09.17日立
W 12	112	112	112	212	212	312	312	412	412	512	512	512	白山	→	21.10.29日立
W 13	113	113	113	213	213	313	313	413	413	513	513	513	白山	→	21.12.08日立
W 14	114	114	114	214	214	314	314	414	414	514	514	514	白山	→	22.03.31日立
W 17	117	117	117	217	217	317	317	417	417	517	517	517	白山	→	22.05.31川車
W 18	118	118	118	218	218	318	318	418	418	518	518	518	白山	→	22.07.06川車
W 19	119	119	119	219	219	319	319	419	419	519	519	519	白山	→	22.07.05日立
W 20	120	120	120	220	220	320	320	420	420	520	520	520	白山	→	22.08.24川車
W 21	121	121	121	221	221	321	321	421	421	521	521	521	白山	→	22.11.22近車
W 22	122	122	122	222	222	322	322	422	422	522	522	522	白山	→	22.10.28川車
W 24	124	124	124	224	224	324	324	424	424	524	524	524	白山	→	22.12.06日立

▽2015(H27).03.14から営業運転開始
▽北陸新幹線　ＪＲ西日本の管轄は上越妙高～金沢間。ただし、運転士・車掌は長野～金沢間乗務
▽最高速度は 260km/h
▽ＡＥＤ(自動体外式除細動器)は、７号車に設置　MTr：主変圧器
▽２・４・６・８・10号車は、2015(H27).10.05から12月下旬までに、
　１ＤＥ席を撤去、荷物置場を設置。これにより各車両の定員は2名減少
▽７・11号車トイレに車イス対応大型トイレを設置
▽列車公衆電話サービスは2021(R03).06.30をもって終了
▽当日の充当列車に関して詳しくは、JR東日本アプリ 列車走行位置(新幹線・特急) 北陸新幹線を参照
▽2018(H30).07.08から、無料公衆無線LANサービス(Wi-Fi)サービスを開始
▽無料公衆無線LANサービス(Wi-Fi)施工済み編成は、
　W 2=18.07.20、W 4=19.01.10、W 6=18.10.06、W 8=18.12.27、W 9=18.07.10、W10=19.03.28、W11=19.02.01
　施工は白山総合車両所
▽W 2・7編成は、2019.10.13、ＪＲ東日本長野新幹線車両センターにて、千曲川氾濫にて被災、2020.03.31廃車
▽W12編成から、７号車車イススペース４席設置、１・３・５・７・９号車１ＤＥ席に荷物置場設置。
　このため座席数は１号車48名、３・５・９号車83名、７号車52名に変更
　W11編成までは改造工事にて荷物置場を設置。
　W 1=22.11.04、W 3=22.12.09、W 4=22.11.29、W 5=22.09.05、W 6=22.10.07、W 8=22.09.16、W 9=22.11.17、
　W10=22.12.02、W11=22.10.21　　以上にて対象車両完了

▽車両基地名は、白山総合車両所。場所は北陸本線加賀笠間～松任間に並設

西日本旅客鉄道 金沢総合車両所 運用検修センター 金サワ 170両

683系 ←大阪　　金沢→

サンダーバード 波動用

	12 クモハ683	11 サハ683	10 クハ682	新製月日	車両リフレッシュ	
	+SC CP		+			
R10	3522	2410	2710	05.03.04近車	16.11.15KZ	
R11	3523	2411	2711	05.03.04近車	18.11.21KZ	
R12	3524	2412	2712	05.03.23近車	18.10.10KZ	
R13	3525	2413	2713	05.03.23近車	17.12.06KZ	
R14	3502	2401	2701	02.11.22近車	←19.04.20 683系復帰	転入=19.04.23 旧サンダーバード色
R15	3510	2406	2706	02.12.19川重	←19.06.14 683系復帰	転入=19.06.20 旧サンダーバード色

▽R編成は、「サンダーバード」増結用のほか、波動用として使用。号車表示は増結時
▽683系諸元／主電動機：WMT105(245kW)。VVVFインバータ制御車(個別制御)：WPC11
　補助電源装置：WSC11(制御装置と一体化)。パンタグラフ：WPS27C
　空調装置：WAU704B。電動空気圧縮機：WMH-3098-WRC1600
　車体：アルミニウム合金ダブルスキン構造
▽クモハ683・クハ683・クハ682・クロ683は貫通形車両。貫通扉は左右スライド式(貫通幌取付表示は便宜上)
▽最高速度は130km/h

683系 ←米原　　名古屋、金沢・和倉温泉→

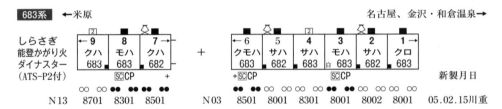

しらさぎ 能登かがり火 ダイナスター (ATS-P2付)

	9 クハ683	8 モハ683	7 クハ682		6 クモハ683	5 サハ682	4 サハ683	3 モハ683	2 サハ682	1 クロ683	新製月日
		SC CP	+	+	+SC CP			SC CP			
N13	8701	8301	8501	N03	8501	8001	8301	8001	8002	8001	05.02.15川重

▽9号車は貫通形車両、1号車は貫通型スタイル
▽3・8号車の組替作業を2014(H26).11.16に実施
▽北越急行色から塗装変更　N13=15.05.08KZ　N03=15.06.09KZ
▽N13編成は、「サンダーバード」の増結車としても充当

▽貫通幌は内蔵型であるが、連結時に貫通幌にて通り抜けられることを示すためあえて表示

▽1964(S39).07.01開設
▽金沢運転所検修部門は1997(H09).03.22、松任工場と統合、金沢総合車両所と変更。
　車両基地は運用検修センターに。
　なお、運転系は金沢車掌区と統合して金沢列車区に

681系　←米原　　　　名古屋、金沢・和倉温泉→

しらさぎ 能登かがり火 ダイナスター (ATS-P2付)	←9 クハ 681自	8 モハ 681	7→ クハ 680	+		←6 クモハ 681	5 サハ 680	4 サハ 681	3 モハ 681	2 サハ 680	1→ クロ 681
		SC	C2+			+SC		C2	SC		C2
	○○　○○	●●　●●	○○　○○			●●　●●	○○　○○	○○　○○	●●　●●	○○　○○	○○　○○
W11	8	205	508		W01	507	13	**307**	9	14	7
W12	9	207	509		W02	508	15	**308**	4	16	8
W13	4	208	504		W03	504	7	**304**	**2**	8	4
W15	**207**	204	**507**		W04	505	9	**305**	8	10	5
W14	6	**307**	506		W05	**506**	**11**	**306**	6	**12**	**6**
					W06	**501**	**1**	**301**	**1**	**2**	**1**
					W07	**502**	**3**	**302**	**3**	**4**	**2**
					W08	**503**	**5**	**303**	**5**	**6**	**3**
N11	2001	2202	2501		N01	2501	2002	**2301**	2002	2001	2001
N12	2002	2201	2502		N02	2502	2004	**2302**	2001	2003	2002

▽1998(H10).12.08から、北越急行線内にて150km/h運転開始
2002(H14).03.23から、北越急行線内にて160km/h運転開始
▽2015(H27).03.14改正にて、「はくたか」での運用を終了、「しらさぎ」用と変更
▽2021(R03).03.13改正での充当列車は、
「しらさぎ」のほか、「ダイナスター」3号、2号(6両編成)、
「能登かがり火」3・5・7・9号、2・4・6・10号

▽681系諸元／ＶＶＶＦインバータ制御(個別制御)：ＷＰＣ 6
主電動機：ＷＭＴ103(220kW)
補助電源装置：ＷＳＣ33(150kVA)
パンタグラフ：ＷＰＳ27Ｃ
空調装置：ＷＡＵ303(セパレート方式＝2)、ＷＡＵ704(■)
▽クモハ681$_5$・クハ680$_5$は貫通形車両。貫通扉は左右スライド式
▽車号太字はサービス改善工事施工車。実績は2011冬号までを参照
▽3・8号車組替え実績(2014年度)
14.09.28=W01↔W12　14.10.05=W04↔W11　14.10.12=W03↔W15　14.10.26=N01↔N12
14.11.02=W05↔W14　14.11.09=N02↔N11
▽サハ681形200代に車掌室を取付、300代に変更(2016年度以降施工車を掲載)
サハ381-304=18.11.01KZ(204)、305=16.12.27KZ(205)、307=17.03.21KZ(207)、308=19.03.20KZ(207)
2301=18.03.21KZ(2201)、2302=17.11.01KZ(2202)
▽旧北越急行車両の塗装変更
N01=15.03.13ST　N02=15.05.18KZ　N11=15.04.14KZ　N12=15.04.17KZ
▽Ｔ13編成は、「しらさぎ」帯に変更(17.10.25KZ)、W14編成と変更
▽車イス対応大型トイレは4号車に設置

配置両数 ①

681系		
Mc	クモハ681$_{500}$	8
	クモハ681$_{2500}$	2
M	モハ681	8
	モハ681$_{2000}$	2
M2	モハ681$_{200}$	4
	モハ681$_{300}$	3
	モハ681$_{2200}$	2
Tc	クハ681	5
	クハ681$_{2000}$	2
Tpc′	クハ680$_{500}$	5
	クハ680$_{2500}$	2
Tsc	クロ681	8
	クロ681$_{2000}$	2
T2	サハ681$_{300}$	8
	サハ681$_{2300}$	2
Tp	サハ680	16
	サハ680$_{2000}$	4
	計	81
683系		
Mc	クモハ683$_{3500}$	6
	クモハ683$_{8500}$	1
M	モハ683$_{8000}$	1
	モハ683$_{8300}$	1
Tc	クハ683$_{8700}$	1
Tpc′	クハ682$_{2700}$	6
	クハ682$_{8000}$	1
Tsc	クロ683$_{8000}$	1
T	サハ683$_{2400}$	6
	サハ683$_{8300}$	1
Tp	サハ682$_{8000}$	2
	計	27
521系		
Mc	クモハ521	31
Tpc′	クハ520	31
	計	62

521系 ←金沢　敦賀→

北陸本線

	クモハ 521	クハ 520	新製月日
	+SC CP ●● ●●	○○ ○○ +	
G14	19	19	11.01.12川重
G15	20	20	11.01.12川重
G17	22	22	11.01.26川重
G21	26	26	11.02.04川重
G23	28	28	11.02.15川重
G29	34	34	11.03.08川重
J02	37	37	13.11.06近車
J04	39	39	13.12.11近車
J05	40	40	13.12.11近車
J06	41	41	13.12.11近車
J07	42	42	14.01.22近車
J08	43	43	14.01.22近車
J17	52	52	14.02.21川重
J18	53	53	14.02.21川重
J19	54	54	14.02.21川重
J22	57	57	21.04.01川重

521系 ←七尾・津幡　金沢→

北陸本線
七尾線

	クモハ 521	クハ 520	新製月日
	+SC CP ●● ●●	○○ ○○ +	
U01	101	101	19.12.25近車
U02	102	102	19.12.25近車
U03	103	103	19.12.25近車
U04	104	104	20.07.16近車
U05	105	105	20.07.16近車
U06	106	106	20.07.16近車
U07	107	107	20.08.06近車
U08	108	108	20.08.06近車
U09	109	109	20.08.06近車
U10	110	110	20.09.10近車
U11	111	111	20.09.10近車
U12	112	112	20.09.10近車
U13	113	113	20.10.27近車
U14	114	114	20.10.27近車
U15	115	115	20.10.27近車

▽営業運転開始は2006(H18).11.30
　J編成は、2017(H29).03.04、敦賀運転センターから転入。
　帯色はＪＲ西日本コーポレートカラーの青色とその間に白の細い帯
　U編成は七尾線用として投入。2020(R02).10.03から営業運転開始
　帯色は輪島塗の漆をイメージした茜色
▽521系諸元／軽量ステンレス製。ワンマン運転対応
　主変換装置(補助電源SC：150kVA)：ＷＰＣ11-G2。
　台車：ＷＤＴ59Ｂ、ＷＴＲ243Ｃ
　主変圧器：ＷＴＭ27〔Ｔpc〕。主整流機：ＷＰＣ12-G2〔Ｔpc〕
　主電動機：ＷＭＴ102Ｃ(230kW)　。CP：ＷＭＨ3098-ＷＲＣ1600。
　空調装置：ＷＡＵ708-(Ｍ)-Ｇ2(20,000kcal/h)×２。
　パンタグラフ：ＷＰＳ28Ｄ
▽トイレは車イス対応大型トイレ
▽座席は、転換クロスシート、固定クロスシートとロングシート
▽押しボタン式半自動扉回路装備
▽先頭部幌、車端幌あり

西日本旅客鉄道 金沢総合車両所 敦賀支所 金ツル 56両

125系 ←敦賀　東舞鶴・福知山→

小浜線
舞鶴線

	クモハ125 ⓈⒸCP ●● ∞	新製月日	座席増設	ATS-P 取付
F 1	p 1p	02.12.20川重	04.01.13ST	08.11.20ST
F 2	p 2p	02.12.20川重	03.11.25ST	09.07.21ST
F 3	p 3p	02.12.20川重	03.12.17ST	09.01.17ST
F 4	p 4p	02.12.18川重	03.12.02ST	09.03.31ST
F 5	p 5p	02.12.18川重	03.12.10ST	09.06.09ST
F 6	p 6p	02.12.18川重	03.12.25ST	09.08.28ST
F13	p 13p	06.09.07川重	対象外	10.01.27ST
F14	p 14p	06.09.07川重	対象外	10.03.08ST
F15	p 15p	06.09.07川重	対象外	10.03.26ST

	クモハ125	新製月日	座席増設工事	ATS-P 取付
F 7	p 7p	02.12.18川重	04.01.21ST	09.10.16ST
F 8	p 8p	02.12.18川重	04.01.30ST	09.12.08ST
F16	p 16p	06.09.14川重	対象外	10.05.27ST
F17	p 17p	06.09.14川重	対象外	10.07.29ST
F18	p 18p	06.09.14川重	対象外	10.10.28ST

配置両数		
125系		
cMc	クモハ125	14
	計	14
521系		
Mc	クモハ521	21
Tpc′	クハ520	21
	計	42

▽125系諸元／
軽量ステンレス製
主電動機：WMT102B(220kW)
VVVFインバータ：WPC14
補助電源：WSC39(120kVA)
CP：WMH3098-WRC1600
パンタグラフ：WPS28A(ステンレス)
WPS28B(アルミ)
空調装置：WAU705A(20,000kcal/h)
台車：WDT59A、WTR243B
押しボタン式半自動扉回路装備
トイレ設備有

▽2003(H15).03.15　小浜線電化開業に合わせて営業運転開始

▽2023(R05).03.18改正から、福知山まで乗入れが復活

▽福井地域鉄道部は1995(H07).10.01発足。敦賀運転派出への電車の配置は1996(H08).03.16から
▽2010(H22).06.01に福井地域鉄道部から現在の敦賀地域鉄道部に変更
▽2021(R03).04.01、敦賀地域鉄道部敦賀運転センターから組織改正

521系 ←福井・敦賀　　近江今津・米原→

北陸本線
湖西線

	クモハ 521	クハ 520	新製月日	ATS-P 取付
	+SC CP	+		
E01	p 1	1p	06.09.28川重	08.06.30KZ
E02	p 2	2p	06.10.12川重	08.05.12KZ
E03	p 3	3p	06.10.12川重	08.02.26KZ
E04	p 4	4p	06.10.12川重	08.06.10KZ
E05	p 5	5p	06.10.24近車	08.06.23KZ

521系 ←金沢　　敦賀→

北陸本線

	クモハ 521	クハ 520	新製月日
	+SC CP	+	
G20	25	25	11.02.04川重
G22	27	27	11.02.04川重
G24	29	29	11.02.15川重
G28	33	33	11.02.24川重
G30	35	35	11.03.08川重
J01	36	36	13.11.06近車
J03	38	38	13.11.06近車
J09	44	44	14.01.08川重
J10	45	45	14.01.08川重
J11	46	46	14.01.08川重
J12	47	47	14.01.28川重
J13	48	48	14.01.29川重
J14	49	49	14.03.04近車
J15	50	50	14.03.04近車
J16	51	51	14.03.04近車
J23	58	58	21.04.01川重

▽G・J編成は、2023(R05).03.18改正にて転入

〔参考〕あいの風とやま鉄道　配置両数　521系＝44両　413系＝9両　合計53両

521系　←糸魚川・市振　　　富山・倶利伽羅・金沢→

あいの風とやま鉄道
IRいしかわ鉄道
えちごトキめき鉄道

2 | 2
クモハ 521 | クハ 520
+SC CP　+
●● ●●○○ ○○

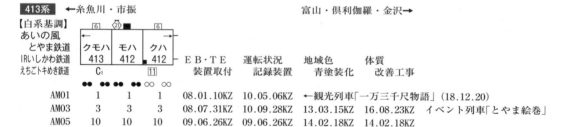

編成	クモハ521	クハ520	新製月日	車体色変更	座席シート変更
AK01	6	6	09.10.27近車	15.04.03	16.02.22
AK02	7	7	09.10.27近車	15.05.17	16.05.11
AK03	8	8	09.12.22近車	15.03.11	16.03.31
AK04	9	9	09.12.22近車	15.06.14	16.06.29
AK05	11	11	10.02.15近車	15.07.12	16.09.27
AK06	12	12	10.02.15近車	15.06.28	16.11.22
AK07	13	13	10.03.02近車	15.04.19	17.01.16
AK08	15	15	10.03.02近車	15.03.29	17.08.21
AK09	16	16	10.12.18川重	15.03.24	17.11.07
AK10	17	17	10.12.18川重	15.07.19	17.12.12
AK11	18	18	10.12.18川重	15.08.23	18.03.09
AK12	21	21	11.01.12川重	15.06.07	17.03.14
AK13	23	23	11.01.26川重	15.05.23	17.09.22
AK14	24	24	11.01.26川重	15.04.12	18.01.26
AK15	31	31	11.02.24川重	15.08.30	19.08.29
AK16	32	32	11.02.24川重	15.08.09	19.06.11
AK17	1001	1001	18.01.11川重	—	—
AK18	1002	1002	20.03.04川重	—	—
AK19	1003	1003	21.03.08川重	—	—
AK20	1004	1004	22.02.21川重	—	—
AK21	1005	1005	23.02.20川重	←あいの助ラッピング(2023.04.03)	
AK22	1006	1006	23.02.20川重	←あいの助ラッピング(2023.04.03)	

▽521系は、元ＪＲ西日本 521系。形式変更等はなし
　譲受月日は2015(H27).03.14
▽521系諸元／軽量ステンレス製。ワンマン運転対応
　車両制御装置(補助電源)：ＷＰＣ11-G2。
　台車：ＷＤＴ59Ｂ、ＷＴＲ243Ｃ
　主変圧器：ＷＴＭ27(Ｔpc)。
　主整流機：ＷＰＣ12-G2(Ｔpc)
　主電動機：ＷＭＴ102Ｃ(230kW)。
　CP：ＷＭＨ3098-ＷＲＣ1600。SC：150kVA
　空調装置：ＷＡＵ708-(Ｍ)-Ｇ2
　(20,000kcal/h)×２。
　パンタグラフ：ＷＰＳ28Ｄ
▽座席は、転換クロスシート、
　固定クロスシートとロングシート
▽押しボタン式半自動扉回路装備
▽車間幌は先頭部を含めて設置済み
　施工実績は2016冬号を参照
▽座席シート変更は、３次車仕様の座席に取替え

▽車体色変更にて、富山湾方向を背景とする山側の側面はブルー基調、
　立山連峰方向を背景とする海側の側面はグリーン基調の車体デザインとなる
▽「あい助ラッピング」は、海側、クモハ521車端部にデザイン「飛ぶ」、
　山側、両形式中央ドア部にクモハ521はデザイン「敬礼」、クハ520に「喜ぶ」のシールを貼付

413系　←糸魚川・市振　　　富山・倶利伽羅・金沢→

【白系基調】
あいの風とやま鉄道
IRいしかわ鉄道
えちごトキめき鉄道

6 | 21 | 6
クモハ 413 | モハ 412 | クハ 412
C_1　11
●● ●●●● ●●○○ ○○

編成	クモハ413	モハ412	クハ412	EB・TE装置取付	運転状況記録装置	地域色青塗装化	体質改善工事	
AM01	1	1	1	08.01.10KZ	10.05.06KZ	←観光列車「一万三千尺物語」(18.12.20)		
AM03	3	3	3	08.07.31KZ	10.09.28KZ	13.03.15KZ	16.08.23KZ	イベント列車「とやま絵巻」
AM05	10	10	10	09.06.26KZ	09.06.26KZ	14.02.18KZ	14.02.18KZ	

▽413系は、元ＪＲ西日本 413系。形式変更等はなし。譲受月日は2015(H27)。03.14
▽イベント列車「とやま絵巻」は、2016(H28).08.28から営業運転開始。塗装は黒をベースに富山にちなんだイラスト。
　座席デザイン変更。和式トイレを洋式に変更。クハ412形の先頭幌を取外し。定期列車にも充当
▽観光列車「一万三千尺物語」は2019(H31).04.06から運行開始。落成は2018.12.20
▽2023(R05).03.18改正にて、定期列車での運転区間は高岡～富山～黒部間に縮小(朝)

▽あいの風とやま鉄道は、2015(H27)。03.14、北陸本線倶利伽羅～富山～市振間を承継して誕生。駅は石動～富山～越中宮崎間を管轄
▽ＩＲいしかわ鉄道金沢、えちごトキめき鉄道糸魚川まで乗入れ

〔参考〕ＩＲいしかわ鉄道　配置両数　521系＝16両　合計16両

521系　←富山・倶利伽羅　　金沢→

IRいしかわ鉄道 / あいの風とやま鉄道

	クモハ 521 +SC CP ●● ●●	クハ 520 + ∞ ∞	新製月日	先頭部車端幌取付	車両デザイン色
IR01	10	10	09.12.22近車	14.10.09	緑／草系
IR02	14	14	10.03.02近車	15.01.20	紫／古代紫系
IR03	30	30	11.02.15川重	14.11.14	紺青／藍系
IR04	55	55	15.02.06近車	新製時	黄／黄土(金)系
IR05	56	56	15.02.06近車	新製時	赤／臙脂系
IR06	116	116	20.12.03近車		
IR07	117	117	20.12.03近車		
IR08	118	118	20.12.03近車		

▽ＩＲいしかわ鉄道は、2015(H27).03.14、北陸本線金沢～倶利伽羅間を承継して営業運転を開始
▽521系は元ＪＲ西日本521系。譲受月日は2015(H27).03.14
▽石川の伝統工芸を彩る五つの色を車両デザインに使用
▽押しボタン式半自動扉回路装備
▽IR06～08編成は、ＪＲ七尾線系統にて運行

西日本旅客鉄道 吹田総合車両所 近スイ 4両

牽引車 4両

クモヤ145-1003（01.01.22ST）【08.01.05ST】
クモヤ145-1009（00.12.14ST）【07.12.03ST】
クモヤ145-1051（00.06.16ST）【11.05.06ST】
クモヤ145-1104（00.05.08ST）【09.08.19ST】

▽主電動機をＭＴ46からＭＴ54へ変更。1000代へと改番。（ ）の年月日が改番日
▽【 】は、ＥＢ·ＴＥ装置取付月日

▽2010(H22).12.01、近畿統括本部発足に伴い組織改正
▽2012(H24).06.01、吹田工場から現在の吹田総合車両所に変更

西日本旅客鉄道 吹田総合車両所 京都支所 近キト 437両

683系 ←大阪 金沢・和倉温泉→

サンダーバード
ダイナスター
能登かがり火

	←9	8	7→		
	クハ	モハ	クハ		
	683自	683	682		
	+	SC CP	+	新製月日	車両リフレッシュ
V31	701	1301	501	01.01.09日立	17.06.06KZ
V32	702	1302	502	01.01.19日立	17.03.30ST
V33	703	1303	503	01.01.26近車	18.12.18ST
V34	704	1304	504	01.02.22川重	17.09.01ST
V35	705	1305	505	01.12.23日立	16.04.20ST
V36	706	1306	506	02.02.23日立	16.12.12ST

＋

	←6	5	4	3	2	1→		
	クモハ	サハ	サハ	モハ	サハ	クロ		
	683	682	683	683	682	683		
	+SC CP			SC CP		+	新製月日	車両リフレッシュ
W31	1501	1	301	1001	2	1	01.01.09日立	17.06.15ST
W32	1502	3	302	1002	4	2	01.01.19日立	18.03.19ST
W33	1503	5	303	1003	6	3	01.01.26近車	16.12.19ST
W34	1504	7	304	1004	8	4	01.02.22川重	17.03.08ST
W35	1505	9	305	1005	10	5	01.12.23日立	16.10.03ST
W36	1506	11	306	1006	12	6	02.02.23日立	16.07.14ST

▽683系諸元／主電動機：WMT105(245kW)
VVVFインバータ制御(個別制御)：WPC11
補助電源装置：WSC11(制御装置と一体化)
パンタグラフ：WPS27C
空調装置：WAU704B。電動空気圧縮機：WMH-3098-WRC1600
車体：アルミニウム合金ダブルスキン構造
▽新製月日の項　W31編成　クロ383- 1=01.02.28日立
▽クモハ683・クハ683・クハ682 は貫通形車両、クロ683は同型
貫通扉は左右スライド式(貫通幌取付表示は便宜上)
▽最高速度は 130km/h
▽映像音声記録装置(運転状況記録装置)取付編成は、
W31=11.12.12ST　W32=11.12.13ST　W33=12.07.04ST
W34=12.03.22ST　W35=11.07.08ST
V31=13.03.29ST　V32=12.12.13ST　V33=12.03.26ST
V34=13.05.22ST　V35=13.12.06ST
▽車両リフレッシュ工事により、車体のシンボルマークを変更。グリーン車座席を変更。
グリーン車、普通車の車イス対応トイレに温水洗浄機能付き暖房便座を導入など施工
▽2015(H27).03.14改正にて方転(編成の向きを逆転)
▽2023(R05).03.18改正での充当列車は、
「サンダーバード」7・11・17・31・35・41・43号、2・12・20・28・30・42・48号
「ダイナスター」1号、4号(6両編成)
「能登かがり火」1号、8号(6両編成)
▽貫通幌は内蔵型であるが、連結時に貫通幌にて通り抜けられることを示すためあえて表示
▽車イス対応大型トイレは4号車に設置
▽空気清浄機設置
W31=21.11.29　W33=22.01.14　V31=21.12.09　V36=21.10.15

▽1961(S36).09.10　向日町運転区開設。1964(S39).07.20　向日町運転所と改称
▽1996(H08).03.16　向日町操車場と統合、京都総合運転所と改称
▽2010(H22).12.01　近畿統括本部発足に伴い組織改正
参考：車体標記＝「近」(きん)。「金」(かね)
▽2012(H24).06.01、京都総合運転所から現在の吹田総合車両所京都支所に変更
京都総合運転所野洲支所は網干総合車両所宮原支所野洲派出所と変更

配置両数①

683系		
Mc	クモハ683_{1500}	6
	クモハ683_{5500}	12
M	モ ハ683_{1000}	6
	モ ハ683_{1300}	6
	モ ハ683_{5000}	12
	モ ハ683_{5400}	12
Tc	ク ハ683_{700}	6
Tpc′	ク ハ682_{500}	6
Tsc	ク ロ683	6
	ク ロ683_{4500}	12
T	サ ハ683_{300}	6
	サ ハ683_{4700}	12
	サ ハ683_{4800}	12
Tp	サ ハ682	12
	サ ハ682_{4300}	24
	サ ハ682_{4400}	12
	計	162
681系		
M	モ ハ681	2
M_2	モ ハ681_3	2
Tc	ク ハ681	2
Tc	ク ハ681_2	2
Tpc′	ク ハ680	2
Tpc′	ク ハ680_5	2
	計	12
289系		
Mc	クモハ289	8
M	モ ハ289	5
Tc′	ク ハ288	3
Thsc′	クロハ288	5
T	サ ハ289	13
T	サ ハ288	5
	計	39

近キト −2

683系 ←大阪　　　　　　　　　　　　　　　　　　　　　　　　金沢→

サンダーバード

	←9	8	7	6	5	4	3	2	1→		
	クモハ683	サハ682(自)	サハ683	サハ683	モハ683	サハ682	モハ683	サハ682(自)	クロ683	新製月日	車両リフレッシュ
	+SC CP				SC CP		SC CP		+		
B31	5501	4301	4801	4701	5401	4401	5001	4302	4501	09.02.07近車	17.07.31KZ
B32	5502	4303	4802	4702	5402	4402	5002	4304	4502	09.05.26近車	17.04.12KZ
B33	5503	4305	4803	4703	5403	4403	5003	4306	4503	09.05.22近車	16.10.25KZ
B34	5504	4307	4804	4704	5404	4404	5004	4308	4504	09.06.25近車	16.12.08KZ
B35	5505	4309	4805	4705	5405	4405	5005	4310	4505	09.08.04近車	16.06.23KZ
B36	5506	4311	4806	4706	5406	4406	5006	4312	4506	10.01.13川重	15.12.09KZ
B37	5507	4313	4807	4707	5407	4407	5007	4314	4507	10.01.22川重	18.02.27KZ
B38	5508	4315	4808	4708	5408	4408	5008	4316	4508	10.07.13近車	18.06.12KZ
B39	5509	4317	4809	4709	5409	4409	5009	4318	4509	10.09.18川重	17.02.21KZ
B40	5510	4319	4810	4710	5410	4410	5010	4320	4510	10.10.09川重	17.06.19KZ
B41	5511	4321	4811	4711	5411	4411	5011	4322	4511	11.02.28川重	15.09.24KZ
B42	5512	4323	4812	4712	5412	4412	5012	4324	4512	11.07.22近車	16.03.22KZ

▽2015(H27).03.14改正にて方転
▽2023(R05).03.18改正での充当列車は、
「サンダーバード」1・3・5・9・13・15・19・21・23・25・27・29・33・37・39・45・47・49号、
4・6・8・10・14・16・18・22・24・26・32・34・36・38・40・44・46・50号
ただし、「サンダーバード」15・29・44・46号は、指定日運転と発表されているので運転日注意
「びわこエクスプレス」1号・4号
▽パンタグラフはＷＰＳ28Ｄ
▽主電動機はＷＭＴ105Ａ(255kW)
▽2009(H21).06.01から営業運転開始
▽ 3・5号車組替え／Ｔ41=09.05.25　Ｔ42=09.07.06
▽車両リフレッシュ工事により、車体のシンボルマークを変更、グリーン車座席を変更、
グリーン車、普通車の車イス対応トイレに温水洗浄機能付き暖房便座を導入など施工。
2015(H27).09.26から営業運転を開始

配置両数②

223系		
Mc	クモハ223	24
M	モ　ハ223	24
Tc′	ク　ハ222	24
T	サ　ハ223	28
	計	100
221系		
Mc	クモハ221	19
M	モ　ハ221	19
M_1	モ　ハ220	4
Tc	ク　ハ221	19
T	サ　ハ221	19
T_1	サ　ハ220	4
	計	84
117系		
M	モ　ハ117	4
	モ　ハ117 7000	2
M′	モ　ハ116	4
	モ　ハ116 7000	2
Tc	ク　ハ117	2
Tsc	ク　ロ117 7000	1
Tc′	ク　ハ116	2
Tsc′	ク　ロ116 7000	1
	計	18
113系		
M	モ　ハ113	5
M′	モ　ハ112	5
Tc	ク　ハ111	5
Tc′	ク　ハ111	5
	計	20

事業用車　2両
クモヤ145-1106p
クモヤ145-1201p

681系 ←大阪　　　　　　　　　　　　　　　　　　　　金沢→

サンダーバード

	←12	11	10→
	クハ	モハ	クハ
	681自	681	680
		SC	C2+
	○○ ○○	●● ●●	○○ ○○
V11	205	303	505
V12	203	302	503
V13	201	301	501
V14	202	306	502

▽先行試作車(元Ｖ01編成)は量産改造により車号変更
　2001(H13)年度６＋３両編成(W01＋Ｖ01編成)と改造。量産車と共通運用となる(W01＋Ｖ01編成の車号太字は改番車)
▽2015(H27).03.14改正にて方転
▽681系諸元／ＶＶＶＦインバータ制御(個別制御)：ＷＰＣ 3(Ｕ01編成)、ＷＰＣ 6
　主電動機：ＷＭＴ101(190kW)=Ｕ01編成、ＷＭＴ103(220kW)
　補助電源装置：ＷＳＣ29(150kVA)=Ｕ01編成、ＷＳＣ33(150kVA)
　パンタグラフ：ＷＰＳ27Ｃ
　空調装置：ＷＡＵ302(36,000kcal/h)=Ｕ01編成
　　　　　　ＷＡＵ303(セパレート方式=2)、ＷＡＵ704(■)
▽クモハ681₅・クハ680₅は貫通形車両。貫通扉は左右スライド式
▽Ｖ11編成は 18.07.09ST にて車内リフレッシュ工事を施工
　Ｖ12編成は 19.06.18　金沢から転入
▽Ｖ13・14編成は、683系９両固定編成とともに2023(R05).03.18改正にて転入(Ｂ41編成はのぞく)
▽貫通幌は内蔵型であるが、連結時に貫通幌にて通り抜けられることを示すためあえて表示
▽空気清浄機設置　Ｖ12=22.02.28

289系 ←京都・新大阪・大阪　　　　　　　　　　　　白浜・新宮→

くろしお

	←9	8	7→	289系への改造月日	交流機器撤去
	クモハ	サハ	クハ		
	289	289	288		
	+SC CP		+		
	●● ●●	○○ ○○	○○ ○○		
I 01	3512	2407	2707	15.07.08ST	17.02.02ST
I 02	3515	2408	2708	15.09.04ST	18.06.05ST
I 03	3520	2409	2709	15.06.14ST	17.07.18ST

	←6	5	4	3	2	1→	289系への改造月日	交流機器撤去	半室グリーン車
	クモハ	サハ	サハ	モハ	サハ	クロハ			
	289	289	288	289	289	288			
	+SC CP			SC CP		+			
	●● ●●	○○ ○○	○○ ○○	●● ●●	○○ ○○	○○ ○○			
J 01	3503	2502	2202	3402	2501	2002	15.06.21ST	17.04.14ST	17.04.14ST
J 02	3507	2504	2204	3404	2503	2004	15.05.04ST	16.11.25ST	16.11.25ST
J 03	3511	2505	2205	3405	2506	2005	15.09.04ST	17.11.07ST	17.11.07ST
J 04	3514	2507	2207	3407	2508	2007	15.08.24ST	18.04.24ST	18.04.24ST
J 05	3521	2512	2212	3412	2511	2012	15.06.28ST	17.07.07ST	17.07.07ST

▽289系は2015(H27).10.31から営業運転開始
　車体：アルミニウム合金ダブルスキン構造
▽683系2000代から改造。改造に伴う入出場の際に方転
▽2019(H31).03.16改正から運転区間は新宮まで拡大
▽2023(R05).03.18改正　充当列車は、
　「くろしお」7・15・21・23・31号、10・12・18・24・34号
　「らくラクはりま」(新大阪～姫路間、土曜・休日運休)
▽「くろしお」は、2023(R05).03.18改正から、大阪(うめきた)駅開業に伴い、大阪駅でのＪＲ神戸線等との乗換えが可能に
▽貫通幌は内蔵型であるが、連結時に貫通幌にて通り抜けられることを示すためあえて表示
▽車イス対応大型トイレは４号車に設置

113系 ←永原　　　　　　京都→
←野洲・柘植　　　　　　京都→

湖西線
草津線
東海道本線

	クハ 111	モハ 113	モハ 112	クハ 111	押しボタン式 半自動装置	2パン改造	体質改善工事	EB・TE 装置取付	地域色 モスグリーン化
			16C1	C1					
L03	7708	5707	5707	7758	02.11.04AB	94.04.26ST	00.10.18ST	09.07.22ST	11.10.25ST

	クハ 111	モハ 113	モハ 112	クハ 111	押しボタン式 半自動装置	体質改善工事	EB・TE 装置取付
L06	+7704	7704	7704	7754+	03.09.29ST	03.09.29ST(30N)	09.09.24ST(+ATS-P+電連+車間幌取付)
L12	+7701	7701	7701	7751+	03.10.20ST	03.10.20ST(30N)	09.02.26ST(+ATS-P+電連+車間幌取付) ←11.05.19ST=車体色モスグリーン化
L16	+7702	7702	7702	7752+	02.08.09ST	02.08.09ST	08.08.11ST(+ATS-P+電連+車間幌取付)
L17	+7709	7705	7705	7759+		03.03.05AB	←09.01.27ST=自動解結装置取付(色替=09.06.17ST) ←11.07.13ST=車体色モスグリーン化

▽全車両禁煙車
▽車号細太字の車両は、延命N工事施工車
▽トイレを撤去、客室に改造の車は、クハ111-5713=93.03.31TT
▽トイレを撤去、業務用室に改造の車は、クハ111-5715=95.09.07TT
▽奇数方トイレは現在使用停止中のため、トイレ設備の残っている車両を含め、トイレ表示を廃止
▽プラス5000番は 110km/h運転対応車
▽L・C編成はカーボンすり板を使用
▽車号極太字の車両は、体質改善工事車。使用開始は、1998(H10).11.28から(L11編成)
体質改善車は、車体塗色を一新したほか、座席は転換式クロスシートへ変更
定員は中間車 140(56)人(7000代)。先頭車 132(44)人・トイレあり(7000代)、132(50)人・トイレなし(7100代)
押しボタン式半自動扉へ改造(この工事は未施工車が対象)
側窓は下窓固定、上窓上昇式への変更など、大幅に改善
▽pは、ATS-P 取付車
▽L編成も、冬期、押しボタン式半自動装置を整備に伴い使用開始
2010(H22)年度施工は、L03=11.03.07ST、L07=11.03.30。ともに施工は中間ユニット
▽L15·16編成は福知山線からの転入の異色車。07.04.04ST出場で他の体質改善車と同色へ変更
▽2007(H19)年度から車間幌取付工事開始。編成に記載のほか、L14編成が08.03.14STにて完了
▽乗務員室扉に取手取付車は、L06=09.09.25ST 以降の定検出場車に実施
▽映像音声記録装置は、
C05=13.01.05ST C08=12.04.13ST C10=12.04.27ST C13=12.10.15ST C17=11.01.24ST
L03=11.10.25ST L05=10.11.17ST L06=12.01.06ST L07=12.08.27ST L08=12.02.10ST
L09=11.07.27ST L12=13.07.31ST L14=13.04.30ST L15=11.04.28ST L16=11.09.02ST
L17=11.07.13ST
▽ 225系に準拠したシートモケット柄に変更した編成は、
L17=11.07.13ST、L08=12.02.10ST(Tc7710のみ)、L16=13.12.10ST
▽車体色モスグリーンは、DIC C-182。編成番号を太字にて区分
各編成に施工月日を掲載したほか、C08=12.04.13ST L05=13.01.30ST L06=14.03.−ST L08=16.02.03ST
L09=15.12.17ST L14=15.06.04ST L16=13.12.10ST C10=17.04.06ST 以上対象完了
▽L06編成は「忍」ラッピング(17.02.23施工。02.25運行開始。21.08.06ST一般色に)
▽床下機器色を黒からグレーに変更した車両は、
C05=20.07.15ST C08=19.09.10ST C10=19.07.23ST C13=19.12.09ST C17=20.02.05ST
L05=20.05.08ST L06=21.08.06ST L07=19.11.05ST L14=20.03.30ST L15=20.08.27ST L16=21.05.06ST

▽2023(R05).04.01をもって定期運用から離脱。
定期運用最終となったのは、京都駅18:31着5375M、L16編成

113系

▽山陰本線京都～園部間には「嵯峨野線」の線区愛称
2010(H22).03.13改正にて、嵯峨野線での運用はなくなっている
▽C編成は、2パン車を除いては湖西線・草津線での使用が中心となっている
▽全車両禁煙車

▽体質改善工事(30N)は、座席を転換式シートへ変更など内装は体質改善工事車に準拠
ただし、窓配置はそのままなど外観は変更していない。通風器はなくなっている
▽2パン改造はパンタグラフを2基に増設の工事
▽半自動装置は 221系に準拠した押しボタン式半自動扉改造
施工月日太字の編成は、戸袋窓にフラットに取付たため、この部分の窓が小さくなっている
▽トイレは、カセット式汚物処理装置を装備(対象車両完了)
▽+印は電気連結器装備の車。この改造により新車号に改番(対象車両完了)
C05編成は00.09.19ST、C08編成は00.03.31ST、C10編成は00.09.20ST、
C13編成は99.12.28ST、C17編成は01.03.30ST、L05編成は98.11.27ST、L07編成は09.05.08ST、
L08編成は10.04.22ST、L14編成は09.03.11ST(＋車間幌取付)、L15編成は09.01.27ST
上記にて、それぞれ電気連結器(電連)を取付。ただし車号変更は実施せず
▽側面行先字幕はLED化完了
▽2018年夏から弱冷房車を1号車から2号車に変更

用語解説
▽EB装置＝緊急列車停止装置(Emergency Brake)
▽TE装置＝緊急列車防護装置(One Touch Emergency Device)

▽クモヤ145-201は99.01.29ST にて主電動機をMT46からMT54へ変更。クモヤ145-1201と改番
10.03.19ST=EB・TE装置取付

▽ATS-P使用開始／2011(H23).01.19=嵯峨野線京都～園部間(京都駅構内整備済み)34.2km
2011(H23).03.16=湖西線近江塩津構内
2011(H23).03.19=湖西線北小松～永原間
2011(H23).03.23=湖西線山科～近江舞子間(山科駅構内整備済み)
これにより、湖西線は山科～近江塩津間74.5km完了

117系 ←永原・近江今津・柏植　　京都→

湖西線
草津線

	←6	弱5	4	3	弱2	1→		
	クハ117	モハ117	モハ116	モハ117	モハ116	クハ116	ATS-P取付	
	+		16C2		16C2	+		
S05	310	319	319	320	320	310		07.12.27ST(EB・TE+車間幌取付+吊り手増設)

	←					→		
	クハ117	モハ117	モハ116	モハ117	モハ116	クハ116	ATS-P取付	
	+		16C2		16C2	+		
S02	307	313	313	304	304	307		09.01.26ST(EB・TE＋車間幌取付＋吊り手増設)

▽2006(H18).05 ～ 06に宮原区より転入
▽ 117系は転換式クロスシート車。自動解結装置(+印)を装備
▽ 300代はドア間一部ロングシートへ改造車
出入口付近の座席を混雑緩和のため改造。改造月日は1995夏号参照
▽車体色の旧新快速色復帰の実績は2010夏号までを参照
▽耐雪ブレーキ装備
▽乗務員室扉に取手取付車は、S03=09.09.01ST　以降の定検出場車に実施
▽映像音声記録装置は、
S01=12.09.05ST　S02=13.03.14ST　S03=12.05.01ST　S04=13.01.31　S05=13.12.22ST　S06=12.01.23ST
T01=13.11.21ST
▽車体色モスグリーンは、DIC C-182。編成番号を太字にて区分
T01=18.04.17ST
S01=12.09.05ST(MM106=12.03.13ST)　S02=16.08.16ST　S03=15.03.18ST　S04=16.06.20ST
S05=17.01.24ST　S06=12.01.23ST
T01編成の出場にて全編成のモスグリーン化完了(原色消滅)
▽2018年夏から、117系の弱冷房車を１・２号車から変更
▽組成組替　2019.03.31=M117編成を組成　2021.08.29(MM'106↔308)
▽床下機器色グレー化　S02=20.02.14ST　S04=19.12.17ST　S05=20.06.10ST　MM'106=20.02.14ST
▽2023(R05).04.01をもって定期運用から離脱。
定期運用最終となったのは、京都駅13:34着2837M、S04編成

117系 ←京都・大阪　　出雲市・下関→

WEST
EXPRESS
銀河

	←6	5	4	3	2	1→		
	クロ117	モハ117	モハ116	モハ117	モハ116	クロ116		
			16C2		16C2		改造月日	空気清浄機
M117	7016	7032	7032	7036	7036	7016	20.01.31ST	20.09.05
	<9/13>	<18/18>	<16/->	<28/28>	<26/26>	<16/8>	昼/夜 座席数	
	個室	ノビノビ	ボックス／フリー	ファミリー	女性席	ファーストシート		

▽2020(H02).09.11から営業運転開始
▽季節ごとに運転区間を設定

221系 ←永原・近江今津・京都　　　　園部・福知山→

嵯峨野線
湖西線

	←4 クモハ221	3 モハ221	2 サハ221	1 クハ221→	ATS-P 取付工事	映像音声 記録装置	体質改善工事	先頭部幌 取付工事	SIV 更新工事
	+	SC C2		+					
K03	38	38	38	38	00.01.25AB	12.01.26ST	15.09.17SS[B]	17.09.22ST	19.09.13ST
K04	39	39	39	39	00.09.09AB	11.12.01ST	15.11.18SS[B]	18.08.12ST	18.12.14ST
K05	40	40	40	40	01.03.31AB	13.09.21SS	13.09.21SS	17.10.03ST	20.03.13ST
K06	52	52	52	52	99.12.21AB	14.03.26SS	14.03.26SS[B]	18.03.29ST	18.03.29ST
K07	56	56	56	56	99.03.10AB	12.02.23ST	16.01.27SS[B]	16.01.27SS	19.12.26ST
K08	58	58	58	58	99.05.27AB	12.06.02ST	16.08.05SS[B]	16.08.05SS	20.07.13ST
K09	64	64	64	64	01.01.13AB	12.05.31ST	16.05.19SS[B]	16.05.19SS	20.05.12ST
K17	78	78	78	78	98.09.08AB	11.01.31ST	14.12.05SS[B]	18.03.05ST	18.10.23ST
K18	79	79	79	79	99.01.22AB	11.04.11ST	16.03.30SS[B]	16.03.30SS	20.03.04ST
K21	60	60	60	60	00.02.08AB	13.03.26ST	13.03.26ST	17.02.27ST	21.02.05ST

	←クモハ221	モハ221	サハ221	クハ221→	ATS-P 取付工事	2パン化	映像音声 記録装置	体質改善工事	先頭部幌 取付工事	SIV 更新工事
K12	73	73	73	73	99.05.11AB	09.10.15ST	12.12.27ST	12.12.27ST	16.08.13ST	20.08.24ST
K13	74	74	74	74	00.11.23AB	09.07.15ST	13.07.26SS	13.07.26SS	17.07.25ST	19.07.26ST
K14	75	75	75	75	98.11.17AB	09.02.06ST	11.08.02ST	15.05.20SS[B]	17.07.14ST	19.05.23ST
K15	76	76	76	76	98.08.12AB	09.03.25ST	11.04.06ST	15.02.06SS[B]	18.12.07ST	18.12.07ST
K16	77	77	77	77	00.01.12AB	09.12.01ST	11.08.20ST	16.09.23SS[B]	16.09.23SS	20.10.16ST

	←6 クモハ221	5 モハ221	4 サハ221	3 モハ220	2 サハ220	1 クハ221→	体質改善工事 1・4〜6号車	2・3号車
	+	SC C2		SC	C1	+		
F01	31	31	31	12	12	31	13.06.07ST	13.06.07ST
F03	53	53	53	44	44	53	14.06.28ST	
F04	57	57	57	48	48	57	16.02.09ST	
F05	70	70	70	18	18	70	14.07.30SS	13.06.07ST

▽編成組替は2022.06.30
▽2008(H20).02.18から、嵯峨野線での営業運転開始(京都発2221M〜)。編成はK05＋K13
▽221系諸元／車体塗色は、ピュアホワイトをベースにブラウンとＪＲ西日本カラーのブルーのライン
主電動機：クモハ221・モハ221がＷＭＴ61Ｓ(120kW)
空調装置：ＷＡＵ701 (18,000kcal/h)×２
SC：ＷＳＣ23(130kVA)。パンタグラフ：ＷＰＳ27。押しボタン式半自動扉回路装備
▽座席は、転換式クロスシートと固定クロスシート
▽自動解結装置を装備
▽クハ221 にトイレ設備あり(カセット式汚物処理装置付)
▽体質改善工事車は、
出入口付近のスペース拡大と車端側を除く４箇所に折畳式補助席設置
トイレ設備を車イス対応の大型トイレに変更、車イススペース設置(Ｔc)、
車内案内表示器取付、排障器(スカート)を新型の強化型に、前照灯ＨＩＤ化
運行番号表示器を撤去するとともに、前面にＬＥＤ式行先表示器設置など
新定員／Mc=132(40)、Ｍ・Ｔ=142(52)、Ｔc=125(36)、
補助席使用時はMc=132(52)、Ｍ・Ｔ=145(64)、Ｔc=127(48)、( )内は座席定員
▽K12・21編成は、体質改善工事施工に合わせて、トイレ汚物処理装置をカセット式からタンク式(真空式)に変更
▽[B]は、冷房装置をＷＡＵ702Ｂに変更した車両。クーラーキセの丸みに特徴
K05=17.10.03ST K12=16.08.13ST K13=17.07.25ST K20=18.02.05ST K21=17.02.27ST K22=18.03.11ST
▽側面行先表示器更新 K01=18.12.27 K02=18.08.24 K03=19.01.29 K04=18.08.12 K05=18.11.21 K06=19.01.02 K07=19.01.04
K08=18.11.17 K09=18.08.14 K10=18.12.28 K11=18.02.09 K12=18.08.10 K13=18.12.22 K14=19.02.04
K15=19.02.09 K16=18.08.15 K17=19.01.18 K18=18.11.17 K19=19.03.30 K20=19.01.19 K21=19.01.07
K22=18.08.13 K23=19.01.29 K24=18.11.26
▽ＥＢ・ＴＥ装置取付、車間幌取付工事　実績は2019夏までを参照
▽ＳＩＶ更新　ＷＳＣ43に変更

223系 ←永原・近江今津・京都　　　　園部・福知山→

嵯峨野線
湖西線

	←4 クモハ223	3 サハ223	弱冷 2 モハ223	♿ 1→ クハ222	新製月日	改番月日	先頭部幌取付工事
	+SC CP		SC	+			
R01	6093	6207	6182	6093	07.01.19川重	21.02.17	17.09.05AB
R02	6094	6208	6183	6094	07.02.14川重	21.02.18	17.09.19AB
R03	6103	6221	6192	6103	07.06.19川重	22.09.18	16.01.21AB
R04	6092	6206	6181	6092	07.01.19川重	23.01.24	17.05.25AB
R05	6095	6209	6186	6095	07.03.13近車	23.02.15	15.10.01AB

	←4 クモハ223	3 サハ223	弱冷 2 モハ223	♿ 1→ クハ222	新製月日	改番月日	先頭部幌取付工事
	+SC CP		SC	+			
R201	6104	6222	6193	6104	07.06.19川重	08.03.06	16.07.22AB
R202	6105	6223	6194	6105	07.07.18川重	08.02.23	16.09.27AB
R203	6106	6224	6195	6106	07.07.18川重	08.03.06	18.02.02AB
R204	6107	6225	6196	6107	07.10.17川重	08.02.22	18.03.05AB
R205	6108	6226	6197	6108	07.10.17川重	08.02.27	16.10.13AB
R206	6109	6227	6198	6109	07.11.02川重	08.02.26	16.10.15AB
R207	6110	6228	6199	6110	07.11.02川重	08.02.20	16.10.21AB
R208	6111	6229	6200	6111	08.04.21近車	08.05.16	15.07.01AB
R209	6112	6230	6301	6112	08.04.21近車	08.05.16	15.10.03AB

▽223系は、2021(R03).03.13から運用開始。221系と共通運用
▽改番は、221系と併結対応(120km/h)改造実施による。区所施工
▽車体は軽量ステンレス製
▽R02編成は「森の京都ＱＲトレイン」(ラッピング)。21.03.13から運行開始(施工は21.03.10)
▽R03 ～ 05編成は、2023(R05).03.18改正を踏まえて網干総合車両所から転入
R206 ～ 209編成は、2023(R05).03.18改正を踏まえて網干総合車両所宮原支所から転入

	←4 クモハ223	3 サハ223	弱冷 2 モハ223	♿ 1→ クハ222	組替月日	映像音声記録装置	先頭部幌取付工事	
	+SC CP		SC CP	+				
R51	2503	2501	2501	2503	08.03.14ヒネ	12.06.04ST	17.01.12ST	
R52	2504	2503	2522	2504	08.03.14ヒネ	12.03.12ST	15.08.21ST	
R53	2505	2504	2525	2505	08.03.14ヒネ	11.04.26ST	17.08.10ST	
R54	2508	2505	2526	2508	08.03.14ヒネ	11.04.05ST	17.08.04ST	
R55	2509	2508	2506	2509	08.03.14ヒネ	11.01.12ST	16.10.20ST	
R56	2517	2502	2520	2517	08.03.14ヒネ	12.02.08ST	17.04.13ST	
R57	2518	2506	2523	2518	08.03.07近車	11.02.17ST	17.03.02ST	T=07.11.15新製
R58	2519	2507	2524	2519	08.03.07近車	10.12.06ST	16.09.12ST	T=07.11.15新製

▽R51・52編成は2022(R04).03.14　吹田総合車両所日根野支所から転入
▽R53 ～ 58編成は、2023(R05).03.18改正を踏まえて吹田総合車両所日根野支所から転入

	←6 クモハ223	弱冷 5 サハ223	4 サハ223	3 モハ223	弱冷 2 サハ223	♿ 1→ クハ222	新製月日	改番月日	先頭部幌取付工事	2パン化
	+SC CP			SC CP		+				
P01	6099	6213	6214	6084	6215	6099	07.04.08近車	22.09.27	18.04.11AB	23.01.30ST
P02	6101	6217	6218	6085	6219	6101	07.05.09近車	22.09.30	18.03.08AB	23.03.14ST

▽P001・002編成は2022(R04).03.15　網干総合車両所から転入。117系6両編成の組に充当
▽6両編成は2022(R04).10.08から221系6両編成とともに湖西線にて充当

西日本旅客鉄道　吹田総合車両所　森ノ宮支所　近モリ　177両

[323系]　←大阪（外回り）　　（内回り）大阪・桜島→

大阪環状線
桜島線

	←8 ♿	[弱] 7 ♿	6 ♿	5 ♿	☆4 ♿	3 ♿	[弱] 2 ♿	♿ 1→	
	クモハ323	モハ322	モハ322	モハ323	モハ322	モハ322	モハ323	クモハ322	新製月日
	[SC]CP	[SC]	[SC]	[SC]	[SC]	[SC]	[SC]CP	[SC]	
	○○ ●●	●● ○○	●● ○○	○○ ●●	●● ○○	●● ○○	○○ ●●	●● ○○	
LS01	1	1	2	501	3	4	2	㋣1	16.07.03近車
LS02	2	5	6	503	7	8	4	㋣2	16.10.25近車
LS03	3	9	10	505	11	12	6	㋣3	16.11.08近車
LS04	4	13	14	507	15	16	8	㋣4	16.11.22近車
LS05	5	17	18	509	19	20	10	㋣5	16.12.06近車
LS06	6	21	22	511	23	24	12	㋣6	16.12.22近車
LS07	7	25	26	513	27	28	14	㋣7	17.01.12近車
LS08	8	29	30	515	31	32	16	㋣8	17.05.18川重
LS09	9	33	34	517	35	36	18	㋣9	17.08.24近車
LS10	10	37	38	519	39	40	20	㋣10	17.09.07近車
LS11	11	41	42	521	43	44	22	㋣11	17.10.12近車
LS12	12	45	46	523	47	48	24	㋣12	17.11.09近車
LS13	13	49	50	525	51	52	26	㋯13	18.08.08川重
LS14	14	53	54	527	55	56	28	㋯14	18.09.19川重
LS15	15	57	58	529	59	60	30	㋣15	18.10.31川重
LS16	16	61	62	531	63	64	32	㋣16	19.01.22近車
LS17	17	65	66	533	67	68	34	㋣17	19.02.01近車
LS18	18	69	70	535	71	72	36	㋣18	19.03.04川重
LS19	19	73	74	537	75	76	38	㋣19	19.02.27近車
LS20	20	77	78	539	79	80	40	㋣20	19.03.15近車
LS21	21	81	82	541	83	84	42	㋣21	19.03.27近車
LS22	22	85	86	543	87	88	44	㋣22	18.08.29近車

配置両数

323系		
Mc	クモハ323	22
M′c	クモハ322	22
M	モハ323	44
M′	モハ322	88
	計	176

事業用車　1両

クモヤ145-1006

▽2016(H28).12.24から営業運転開始。初列車は京橋駅16:09発の内回り
▽323系諸元／軽量ステンレス製
　主電動機：ＷＭＴ107(220kW)×２
　ＶＶＶＦインバータ制御(IGBT)：ＷＰＣ16(補助電源対応75kVA)
　台車：ＷＤＴ63Ｃ。ＷＴＲ246Ｉ。ＷＴＲ246Ｈ　パンタグラフ：ＷＰＳ28Ｅ
　空調装置：ＷＡＵ708Ｂ(20,000kcal/h以上)×２
　電動空気圧縮機：ＷＭＨ3098Ａ-ＷＲＣ1600　室内照明：ＬＥＤ
　押しボタン式半自動扉回路装備。Wi-Fi設備完備
▽LS01編成は、空気清浄機を装備
▽㋣はフランジ塗油器装備車(取付工事は区所施工)
LS01～06は新製時。LS07=19.11.14、LS08=20.11.20、LS09=19.11.28、LS10=20.01.23、LS11=19.12.20、LS12=20.07.02、LS15=20.10.23、LS16=20.07.30、LS17=20.08.21、LS18=19.11.01、LS19=20.09.10、LS20=20.09.28、LS21=20.06.12、LS22=20.02.20
▽㋯は列車巡視システム搭載車
▽モニタ状態監視装置装備車
LS01=20.12.24　LS02=21.05.06　LS03=21.05.25　LS04=21.03.25　LS05=21.02.18　LS06=21.04.11　LS07=21.05.19　LS08=21.05.12
LS09=21.04.05　LS10=21.05.24　LS11=21.06.01　LS12=21.04.03　LS13=21.04.14　LS14=21.03.02　LS15=21.05.11　LS16=21.04.07
LS17=21.04.19　LS18=21.03.20　LS19=21.06.07　LS20=21.06.13　LS21=21.06.09　LS22=21.02.11

▽LS15編成は、ラッピング「スーパー・ニンテンドー・ワールド」
運行開始は2021(R03).01.27(21.01.27)
▽2023(R05).11.30から、大阪・関西万博 会期終了まで、大阪・関西万博の公式キャラクター「ミャクミャク」などの
　デザインをラッピング列車(１編成)運行と、09.28発表。詳細は2024夏 にて掲載
▽2018年夏から、弱冷房車を１・２号車から変更

▽クモヤ145-1006は21.02.13転入

▽大阪環状線は1991(H03).04.01からＡＴＳ-Ｐ 使用開始

▽1961(S36).04.01　森ノ宮電車区開設
▽1993(H05).06.01　組織改正により大阪支社発足
▽2010(H22).12.01　近畿統括本部発足に伴い組織改正
▽2012(H24).06.01　検修部門は森ノ宮電車区から変更。運転部門は森ノ宮電車区を継続、大阪支社管内に組織変更

221系

←ＪＲ難波・天王寺・大阪　　　　五条・和歌山・奈良・加茂・京都→

関西本線
大阪環状線
奈良線
桜井・和歌山線

編成	← 4 クモハ221 +	3 モハ221 SC C2	2 サハ221	1 → クハ221 +	体質改善工事	先頭車幌取付
NA401	12	12	12	12	16.09.23ST[B]	16.09.23ST
NA402	13	13	13	13	16.11.02SS[B]	16.11.22SS
NA403	14	14	14	14	16.12.21SS[B]	16.12.21SS
NA404	15	15	15	15	17.02.23SS[B]	17.02.23SS
NA405	16	16	16	16	13.10.19ST	17.09.11ST[B]
NA406	17	17	17	17	13.10.28ST	17.10.12ST[B]
NA407	18	18	18	18	13.12.24ST	18.02.10ST[B]
NA408	19	19	19	19	14.03.25ST[B]	18.02.25ST*
NA409	20	20	20	20	14.03.31ST[B]	18.04.20ST
NA410	21	21	21	21	14.07.10ST[B]	17.07.22ST
NA411	22	22	22	22	14.07.25ST[B]	17.09.02ST
NA412	23	23	23	23	15.01.07ST[B]	17.07.29ST
NA413	26	26	26	26	15.08.11ST[B]	17.09.09ST
NA414	27	27	27	27	15.09.09ST[B]	17.08.05ST
NA415	29	29	29	29	13.07.29ST	17.08.03ST[B]
NA416	34	34	34	34	13.03.27ST[B]	17.02.10ST
NA417	44	44	44	44	16.06.23SS[B]	16.06.23SS
NA430	42	42	42	42	14.01.28SS	18.03.03ST
NA431	54	54	54	54	17.01.12SS	17.01.12ST
NA432	66	66	66	66	13.11.22SS	18.03.11ST
NA433	68	68	68	68	14.06.05SS	17.09.30ST
NA434	72	72	72	72	14.09.26SS	17.08.31ST
NA435	81	81	81	81	15.03.30SS	18.03.08ST

編成	← クモハ220 +SC	サハ220 C1	モハ220 SC	クハ220 C1+	体質改善工事	先頭車幌取付
NA418	1	47	47	1	15.12.08ST[B]	15.12.08ST
NA419	2	35	35	2	15.12.22ST[B]	15.12.22ST
NA420	3	49	49	3	16.03.04ST[B]	16.03.04ST
NA421	4	36	36	4	14.10.06ST[B]	17.09.16ST
NA422	5	51	51	5	16.03.24ST[B]	16.03.24ST
NA423	6	19	19	6	17.06.16ST	16.04.28ST[B]
NA424	7	34	34	7	14.01.15ST[B]	18.02.18ST*
NA425	8	8	8	8	15.06.18ST[B]	17.10.14ST*
NA426	9	9	9	9	14.11.05ST[B]	17.10.21ST*
NA427	10	56	56	10	16.07.25SS[B]	16.07.25SS
NA428	11	30	30	11	15.02.23ST[B]	18.03.14ST*
NA429	12	23	23	12	15.03.27ST[B]	18.03.14ST*

配置両数

形式		両数
221系		
Mc	クモハ221	54
M1c	クモハ220	12
M′	モハ221	54
M1	モハ220	51
Tc	クハ221	54
T1c	クハ220	12
T	サハ221	54
T1	サハ220	51
	計	342
205系		
M	モハ205	9
M′	モハ204	9
Tc	クハ205	9
Tc′	クハ204	9
	計	36
201系		
M	モハ201	20
M′	モハ200	20
Tc	クハ201	10
Tc′	クハ200	10
	計	60

▽関西本線ＪＲ難波～加茂間には「大和路線」の線区愛称名が付いている
▽221系は、1989(H01).04.10から営業運転開始
　2000(H12).03.11から阪和線でも運転開始（４両編成）
▽阪和線の運用は、2010(H22).12.01運用改正にてなくなる
▽８両編成は、８両固定編成のほか、４＋４両編成が入る
　２両編成は、2011(H23).03.12改正にて、すべて４両に組替え消滅
▽2001(H13).03.03改正から奈良線でも運転開始。「みやこ路快速」に充当
▽ＮＡ418～429編成　前面に表示の車号ステッカーは、2014(H26).01.16から、0-1…0-12 を 01…012と表記変更
▽ＮＡ430～435編成は、2023(R05).03.18改正を踏まえて吹田総合車両所京都支所から転入
　ＮＣ623編成は、2023(R05).03.18改正を踏まえて網干総合車両所から転入

▽1984(S59).05.30　奈良運転所に最初の105系配置。1984.10.01、桜井線・和歌山線電化
▽1985(S60).03.14　奈良電車区と改称。奈良駅構内から現在地（元奈良運転所佐保派出所）に移転
　参考：奈良運転所佐保派出所は、1984(S59).10.01開設
▽1993(H05).06.01　組織改正により大阪支社発足
▽2010(H22).12.01　近畿統括本部発足に伴い組織改正
▽2012(H24).06.01　奈良電車区（検修）から現在の吹田総合車両所奈良支所に変更。運転部門は、奈良電車区（大阪支社管内に組織変更）

221系 ←ＪＲ難波・天王寺・大阪　　　　奈良・加茂→

関西本線 大阪環状線	←8 ♿ クモハ 221	弱 7 モハ 221	6 サハ 221	5 モハ 220	4 サハ 220	3 モハ 220	弱 2 サハ 220	♿ 1→ クハ 221	体質改善 工事
	+	SC C2		SC	C1	SC	C1	+	
	●● ●●	●● ●●	○○ ○○	●● ●●	○○ ○○	●● ●●	○○ ○○	○○ ○○	
ＮＢ801	**41**	**41**	**41**	**25**	**25**	**27**	**27**	**41**	**17.01.10**ST[B]
ＮＢ803	**47**	**47**	**47**	**37**	**37**	**38**	**38**	**47**	**14.02.07**ST[B]
ＮＢ804	**48**	**48**	**48**	**31**	**31**	**32**	**32**	**48**	**16.05.18**ST[B]
ＮＢ805	**33**	**33**	**33**	**13**	**13**	**14**	**14**	**33**	**15.02.09**ST[B]
ＮＢ806	**51**	**51**	**51**	**42**	**42**	**43**	**43**	**51**	**13.06.21**ST[B]
ＮＢ807	**55**	**55**	**55**	**45**	**45**	**46**	**46**	**55**	**15.05.12**ST[B]
ＮＢ808	**63**	**63**	**63**	**54**	**54**	**55**	**55**	**63**	**13.11.11**ST[B]
ＮＢ809	**69**	**69**	**69**	**60**	**60**	**61**	**61**	**69**	**14.09.04**ST[B]

▽221系のパンタグラフ形式は ＷＰＳ27
▽221系は自動解結装置(+印)装備
▽弱は弱冷房車。2018年夏に号車を変更。押しボタン式半自動扉回路装備
▽2011(H23).05.01から、運転室が向き合って運転(４＋４両)の場合、連結部の前照灯を点灯と変更
▽2020(R02).03.14改正から、「大和路快速」等大阪環状線に直通する列車は全列車８両編成に変更。
　また昼間時の和歌山線高田まで乗入れ快速は消滅。土曜・休日の奈良線「みやこ路快速」は全列車６両編成に増強
▽2023(R05).03.18改正から、おおさか東線は大阪(うめきた)まで延伸開業。
　６両編成のほか、８両、４両編成も直通快速にて大阪まで乗入れ開始。
　一部車両は回送にて西九条、安治川口経由にて大阪環状線にも入るが、
　大和路線から運転の車両とは先頭車の向きが反対となる

▽乗り心地改善工事は、台車にヨーダンパ取付(横揺れ改善)。取付実績は2010夏号までを参照
▽運転台保護棒取付は、運転台に上下２本のアームの取付工事。取付実績は2010夏号までを参照
▽クモハ220- 7のＣＰ、試作から量産タイプに戻る(23.01.21ST)
▽モケット変更は、これまでのマロンカラーから、225系に準拠したブラウンカラーへ変更。
▽[B]は、冷房装置をＷＡＵ702Ｂに変更した車両。クーラーキセの丸みに特徴
　　ほかに、ＮＢ802編成=15.09.16ST　ＮＢ803編成=17.05.24ST　ＮＣ601編成=14.11.11ST　ＮＣ602編成=17.04.24ST
　　　　　ＮＣ605編成=15.03.12ST
▽ＳＩＶ(ＷＳＣ43)更新車は、NA401 ～ 402・405 ～ 417編成
▽車号太字は体質改善工事車(モケット変更の項で太字の施工月日＝体質改善工事)
　出入口付近のスペース拡大と車端側を除く４箇所に折畳式補助席設置
　トイレ設備を車イス対応の大型トイレに変更、車イススペース設置(Ｔc)、車内案内表示器取付
　排障器(スカート)を新型の強化型に、前照灯ＨＩＤ化
　運行番号表示器を撤去するとともに、前面にＬＥＤ式行先表示器設置など
　新定員／Mc=132(40)、Ｍ・Ｔ=142(52)、Ｔc=125(36)、
　　　　補助席使用時はMc=132(52)、Ｍ・Ｔ=145(64)、Ｔc=127(48)。(　)内は座席定員
　体質改善工事施工前にモケット変更した編成もある
▽ＥＢ・ＴＥ装置取付実績は、2016冬号までを参照
▽車間幌取付工事、映像音声記録装置、モケット変更の実績は2021夏までを参照
▽先頭部幌取付工事の項　*印は出張工事にて区所にて施工

▽２２１系・２０１系共通
　2008(H20).11.10から車号ステッカーを貼付。2008(H20).12までに完了
　貼付位置は、221系は運転席窓の貫通路寄り下部、201系･103系は助士席側窓の外側下部
　なお、クモハ220・クハ220には「0-」を付して区別。205系は転入までに完了

221系 ←ＪＲ難波・天王寺・大阪　　久宝寺・奈良・加茂・京都→

関西本線
大阪環状線
奈良線
おおさか東線

	←6 ♿	弱 5	弱 4	☆3	弱 2	♿ 1→	
	クモハ 221	モハ 221	サハ 221	モハ 220	サハ 220	クハ 221	体質改善工事
	+	SC C2		SC	C1	+	
NC601	1	1	1	1	1	1	17.10.26SS[B]
NC602	3	3	3	3	3	3	14.02.18ST[B]
NC603	10	10	10	26	26	10	15.07.16ST[B]
NC604	24	24	24	24	24	24	13.10.04ST[B]
NC605	28	28	28	10	10	28	18.02.09SS[B]
NC606	36	36	36	21	21	36	14.06.02ST[B]
NC607	37	37	37	17	17	37	13.07.08ST[B]
NC608	43	43	43	29	29	43	15.11.04ST[B]
NC609	62	62	62	53	53	62	17.02.24ST[B]
NC610	7	7	7	39	39	7	13.08.23ST[B] 2·3=19.06.19SS
NC611	8	8	8	22	22	8	13.06.21SS[B] 2·3=19.01.30SS
NC612	9	9	9	59	59	9	14.09.09ST[B] 2·3=17.09.06ST
NC613	11	11	11	15	15	11	17.06.02SS[B] 2·3=20.03.24SS
NC614	25	25	25	6	6	25	19.11.20SS[B]
NC615	32	32	32	7	7	32	15.07.22SS[B] 2·3=19.11.20SS
NC616	35	35	35	16	16	35	20.03.24SS[B]
NC617	46	46	46	28	28	46	19.01.30SS[B]
NC618	49	49	49	40	40	49	19.06.19SS[B]
NC619	67	67	67	58	58	67	17.09.06ST[B]
NC620	65	65	65	57	57	65	17.12.13ST[B]
NC621	71	71	71	62	62	71	18.04.17SS[B]
NC622	80	80	80	63	63	80	18.09.28SS[B]
NC623	50	50	50	41	41	50	14.01.23ST

▽ＮＣ610 ～ 619編成の組替月日は、
ＮＣ610=21.05.01　ＮＣ611=21.05.05　ＮＣ612=21.05.02　ＮＣ613=21.05.03　ＮＣ614=21.05.04　ＮＣ615=21.05.04
ＮＣ616=21.05.03　ＮＣ617=21.05.05　ＮＣ618=21.05.01　ＮＣ619=21.05.02
▽☆は女性専用車(大和路線ＪＲ難波～奈良間、和歌山線王寺～高田間、おおさか東線限定)
▽2022(R04).03.12改正から、おおさか東線への乗入れ開始
▽ＮＣ604編成は、「お茶の京都トレイン」ラッピング。2023.03.17から営業運転開始

205系 ←奈良　　京都→

【青帯】
奈良線

	←4 ♿	3	弱 2	♿ 1→						
	クハ 205	モハ 205	モハ 204	クハ 204	ＥＢ·ＴＥ装置取付	車間幌取付	ＷＡＵ709 ﾕﾆｯﾄｸｰﾗｰ化	映像音声記録装置	体質改善	転入月日
			SC C2							
ＮＥ 401	< 35	103	103	35>	08.02.15ST	08.02.15ST	11.12.19ST	11.12.19ST	13.02.16ST	18.07.14
ＮＥ 402	< 36	105	105	36>	09.09.02ST	09.09.02ST	09.09.02ST	12.03.27ST	12.03.27ST	18.08.16
ＮＥ 403	< 37	107	107	37>	10.03.31ST	10.03.31ST	11.07.12ST	11.07.12ST	12.08.02ST	18.08.31
ＮＥ 404	< 38	109	109	38>	08.06.02ST	08.06.02ST	11.08.31ST	08.06.02ST	12.11.20ST	18.10.06
ＮＥ 405	<1001	1001	1001	1001>	08.10.29ST	08.10.29ST	09.03.30ST	12.07.10ST	12.07.10ST	17.10.07
ＮＥ 406	<1002	1002	1002	1002>	09.02.24ST	09.02.24ST	09.02.24ST	10.11.11ST	12.10.18ST	17.12.13
ＮＥ 407	<1003	1003	1003	1003>	09.05.18ST	09.05.18ST	09.05.18ST	11.01.05ST	13.01.07ST	18.01.26
ＮＥ 408	<1004	1004	1004	1004>	10.03.05ST	10.03.05ST	10.03.05ST	11.02.07ST	13.03.19ST	17.10.05
ＮＥ 409	<1005	1005	1005	1005>	09.12.11ST	09.12.11ST	09.12.11ST	11.04.19ST	13.01.23ST	18.02.03

▽205系は軽量ステンレス製、帯の色は青色24号。保安装置はＡＴＳ-ＰとＡＴＳ-Ｓw
▽1000代は、前面助手席側の窓が大きいことが特徴
▽< >印はスカート(排障器)取付車
▽ＮＥ407 編成の運行幕はＬＥＤ表示(95.10.17ﾋﾈ)
▽車号太字の車両は体質改善工事施工車。施工時に通風器撤去。
前面・側面行先表示器ＬＥＤ化、車イス対応スペース設置(Ｔｃ・Ｔｃ′)、車内案内表示器設置
新定員／Ｔc·Ｔc′=138(45)、ＭＭ′=149(54)
▽ＳＩＶ(ＷＳＣ43)更新車は、NE405 ～ 409編成
▽2018(H30).03.17改正から、奈良線にて営業運転を開始
▽2022(R04).03.12改正にて、大和路線王寺までの乗入れ消滅(1747Ｋ)

201系 ←ＪＲ難波・天王寺　　　　奈良→

【黄緑 6号】
関西本線
（大和路線）

編成	←6 ♿ クハ201 ○○ ○○	弱 5 モハ201 ●● ●●	4 モハ200 19C2 ●● ●●	☆3 モハ201 ●● ●●	弱 2 モハ200 19C2 ●● ●●	♿ 1→ クハ200 ○○ ○○	黄緑 6号変更	体質改善工事	WAU709 ユニットクーラー化	映像音声 記録装置	行先表示 LED
ＮＤ601	**64**	**148**	**148**	**149**	**149**	**64**	07.04.24ST	05.08.19ST	08.11.04ST	12.07.05ST	13.01.19
ＮＤ602	**66**	**152**	**152**	**153**	**153**	**66**	07.09.26ST＊	06.03.20ST＊	09.10.29ST	12.10.04ST	13.01.24
ＮＤ604	**68**	**156**	**156**	**157**	**157**	**68**	08.01.17ST	03.11.21ST	10.01.13ST	13.03.08ST	13.01.22
ＮＤ605	**77**	**170**	**170**	**171**	**171**	**77**	07.02.01ST	06.09.11ST	10.02.04ST	13.05.30ST	13.02.27
ＮＤ606	**78**	**172**	**172**	**173**	**173**	**78**	07.11.29ST	06.06.14ST	10.03.24ST	13.08.07ST	12.12.20
ＮＤ607	**91**	**193**	**193**	**194**	**194**	**91**	07.08.24ST	06.02.24ST	09.09.17ST	13.09.25ST	13.03.15
ＮＤ612	**136**	**266**	**266**	**267**	**267**	**136**	07.05.08ST	05.12.13ST	08.12.24ST	12.05.21ST	13.02.05
ＮＤ614	**139**	**272**	**272**	**273**	**273**	**139**	05.03.09ST＊	07.06.01ST	11.10.31ST	11.10.31ST	13.01.16
ＮＤ615	**142**	**278**	**278**	**279**	**279**	Ⓣ**142**	08.02.07ST	08.02.07ST	11.12.22ST	11.12.22ST	13.01.05
ＮＤ616	**143**	**280**	**280**	**281**	**281**	Ⓣ**143**	07.11.05ST	07.11.05ST	12.02.03ST	12.02.03ST	13.02.01

▽2006(H18).12.20から営業運転開始(奈良 6:37発。1721Ｋ)。ＮＤ607編成
▽車号太字の車両は体質改善工事施工車
　側窓変更、屋根部変更など、103系同工事施工車(40年延命)に準拠
▽塗色変更、体質改善工事施工月日
　＊印／塗色変更→ＮＤ 602 ＭＭ′152=07.05.08ST　ＭＭ′153=07.05.08ST
　　　　　　　　ＮＤ 613 ＭＭ′270·271=07.06.01ST
　　　　　　　　ＮＤ 614 ＭＭ′272=06.12.12ST　ＭＭ′273=06.12.22ST
　　　体質改善→ＮＤ 602 ＭＭ′152·153=06.03.20ST
▽レール塗油器取付車／クハ200-135=07.06.18ST・142=08.02.07ST・143=07.11.05ST
▽ＷＡＵ709ユニットクーラーは、上部のファンが１つ。ＡＵ75系の２つに対し大きな相違点
▽ＥＢ・ＴＥ装置取付。車間幌取付に関する実績は2013冬号までを参照
▽床下機器色　黒からグレーと変更となった編成は、
　ND601=20.04.20ST　ND602=20.09.03ST　ND604=20.10.29ST　ND605=21.01.19　ND606=21.06.07　ND607=21.09.15ST
　ND612=20.01.16ST　ND614=19.08.19ST(出場=8/20)　ND615=19.09.20ST(出場=9/24)　ND616=19.11.20ST
　なお一部車両は変更せずに黒のまま出場(確認 クハ200-91)

▽女性専用車(☆)の車両シール貼替えを、2011(H23).03.13 ～ 03.30に実施(対象線区はこの間に実施)
▽2004(H16).10.18からＪＲ難波～奈良・高田間にて「女性専用車」運用開始
　時間帯は初電～ 9:00、17:00 ～ 21:00。６両編成の☆印の車両(快速・区間快速・普通が対象)
　2011(H23).04.18から終日と変更

▽1994(H06).09.04、湊町は「ＪＲ難波」と改称。1996(H08).03.23から地下駅に移転
▽おおさか東線は、2019(H31).03.16 放出～新大阪間開業
▽2022(R04).03.12改正にて、201系によるおおさか東線への乗入れ終了。改正から221系６両編成に。
　また、和歌山線、桜井線への乗入れも消滅
▽ＡＴＳ-Ｐ 使用開始　関西本(大和路)線王寺～ＪＲ難波(元・湊町)間＝1993(H05).02.10
　　　　　　　　　　関西本(大和路)線加茂～王寺間＝2006(H18).12.16
　　　　　　　　　　奈良線長池～宇治間＝2008(H20).04.27
　　　　　　　　　　奈良線宇治～桃山間＝2008(H20).04.20

281系 ←米原・京都・新大阪・大阪　　　　関西空港→

はるか

編成	←1 クロ280	2 モハ281	3 サハ281	4 サハ281	5 モハ281	6→ クハ281	６両化	映像音声記録装置	Wi-Fi設置
	+	SC 自	C1		SC	C1 +			
HA 601	1	2	1	101	1	1	95.04.21	11.01.26ST	15.03.31ヒネ
HA 602	2	4	2	102	3	2	95.04.22	11.09.21ST	15.04.20ヒネ
HA 603	3	6	3	103	5	3	95.04.23	11.03.25ST	15.06.30ヒネ
HA 604	4	8	4	104	7	4	95.04.24	11.04.13ST	15.05.18ヒネ
HA 605	5	10	5	105	9	5	95.04.24	11.11.17ST	15.04.14ヒネ
HA 606	6	12	6	106	11	6	95.06.28	11.06.23ST	15.05.21ヒネ
HA 607	7	14	7	107	13	7	95.06.28	12.02.15ST	14.10.21ST
HA 608	8	16	8	108	15	8	95.07.11	12.12.19ST	15.05.26ヒネ
HA 609	9	18	9	109	17	9	95.07.11	11.01.18ST	14.12.26ST

編成	←7 クハ280	8 サハ281	9→ クモハ281	映像音声記録装置	Wi-Fi設置
	+ C1		SC 自 +		
HA 631	1	110	1	12.05.15ST	15.03.26キト
HA 632	2	111	2	12.07.02ST	15.03.12キト
HA 633	3	112	3	12.08.24ST	15.02.27キト

▽ 281系諸元／ＶＶＶＦインバータ制御(個別制御)：形式はＷＰＣ 4
主電動機：ＷＭＴ100Ｂ(180kW)×４。台車：ＷＤＴ55、ＷＴＲ239
空調装置：ＷＡＵ703(18,000kcal/h)×２。補助電源はＷＳＣ40(130kVA)
電動空気圧縮機：WMH3094-WTC1000改。パンタグラフ：ＷＰＳ27Ｄ
腰掛自動回転装置を装備
▽営業運転開始は、関西国際空港が開港した1994(H06).09.04
▽2007(H19).03.18改正から全車・全室禁煙に.２・５(・７)号車喫煙コーナーのサービス終了
▽２・８号車 に立席対応、座席に取手を装備
▽2002(H14).08.31限りにて京都ＣＡＴ廃止
▽2002(H14).10.01、方転を実施
自由席は、京都発は５・６号車、関西空港発は４～６号車へ変更
なお、自由席の設置は1998(H10).12.01
▽2003(H15).06.01改正から運転区間を米原まで延長
▽2013(H25).03.16改正から車内案内表示器の案内を日本語、英語から、
日本語、英語、韓国語、中国語の４カ国表記に変更
▽2014(H26).12.01から訪日外国人向けに無料公衆無線ＬＡＮサービス開始。
このサービスに対応するため、Wi-Fi設置
▽編成番号太文字の編成は６号車旧ＣＡＴ用荷物室扉をふさいだ車両
▽貫通幌は内蔵型であるが、連結時に貫通幌にて通り抜けられることを示すためあえて表示
▽「ハローキティ」ラッピング編成は、
「Butterfly」(蝶々) HA604=19.01.28ヒネ HA609=19.06.30ST HA607=19.10.31ST
「Ori-Tsuru」(折り鶴) HA603=19.03.26ST HA605=19.07.06ヒネ HA606=19.12.20ST
「Kanzashi」(かんざし) HA602=19.04.20ヒネ HA608=19.08.10ヒネ HA601=20.02.27ST
「Ougi」(扇) HA631=20.04.06 HA632=20.04.06 HA633=20.09.17
▽空気清浄機設置(ST表記以外の編成は区所施工)
HA601=20.12.08 HA602=20.11.13ST HA603=20.12.22 HA604=20.12.28ST HA605=21.01.13 HA606=21.02.09 HA607=21.01.23
HA608=21.01.19 HA609=21.02.09 HA631=20.10.31 HA632=20.11.07 HA633=20.11.02
▽６両運転開始は1995(H07).04.22。増結編成の運転開始は1995(H07).07.14から
▽2023(R05).03.18改正から、大阪(うめきた)駅開業に伴い、大阪駅でのＪＲ神戸線等との乗換えが可能に
▽車イス対応大型トイレは３号車に設置

配置両数―①

287系		
Mc	クモハ287	11
M′c	クモハ286	5
M′hsc	クモロハ286	6
M_2	モハ287₂	6
M′	モハ286	12
M'_1	モハ286_1	5
M'_2	モハ286_2	6
	計	51
283系		
M	モハ283	3
	モハ283_2	1
	モハ283_3	2
Tc	クハ283_5	3
Tc′	クハ282_5	1
	クハ282_7	1
Tsc	クロ283	1
Tsc′	クロ282	2
T	サハ283	2
	サハ283_2	2
	計	18
281系		
Mc	クモハ281	3
M	モハ281	18
Tc	クハ281	9
Tc′	クハ280	3
Tsc′	クロ280	9
T	サハ281	9
	サハ281_1	12
	計	63
271系		
Mc	クモハ271	6
M	モハ270	6
M′c	クモハ270	6
	計	18

283系 ←新大阪・大阪・天王寺　　新宮→

くろしお（オーシャンアロー）

	←6	5	4	3	2	1→				
	クハ 283自	モハ 283	サハ 283	モハ 283	サハ 283	クロ 282	新製月日	映像音声記録装置	自動放送装置取付	空気清浄機
	+	SC	CP	SC	CP					
ＨＢ 601	501	1	201	301	1	1	96.07.10	10.11.16ST	19.11.26ST	22.11.11ST
ＨＢ 602	502	2	202	302	2	2	96.07.17	11.03.29ST	19.07.09ST	22.04.21ST

	←9	8	7→				
	クロ 283自	モハ 283	クハ 282	新製月日	映像音声記録装置	自動放送装置取付	空気清浄機
		SC	CP+				
ＨＢ 631	1	201	701	96.07.15	11.07.11ST	19.09.12ST	

	←9	8	7→				
	クハ 283自	モハ 283	クハ 282				
	+	SC	CP+				
ＨＢ 632	503	3	501	96.07.14	11.04.22ST	19.09.12ST	22.07.27ST

▽ 283系諸元／ＶＶＶＦインバータ制御（個別制御）：形式はＷＰＣ 8（IGBT）
主電動機：ＷＭＴ104（220kW）×４。台車：ＷＤＴ57、ＷＴＲ241
空調装置：ＷＡＵ305（18,000kcal/h）×２。補助電源：ＷＰＣ 8（130kVA）
電動空気圧縮機：WMH3093-WTC2000D。パンタグラフ：ＷＰＳ28
▽グリーン車車内の客室仕切を撤去、全室禁煙車化実施
クロ283- 1=10.10. 6ST、クロ282- 1=10.12. 9ST、2=10.11. 7ST
▽2009（H21）.06.01から全席・全室禁煙と変更
▽貫通幌は内蔵型であるが、連結時に貫通幌にて通り抜けられることを示すためあえて表示
▽ 283系は、1996（H08）.07.31から営業運転開始
京都発「スーパーくろしお･オーシャンアロー」３号はＡ901＋Ａ931（旧編成番号）
新宮発「スーパーくろしお･オーシャンアロー」４号はＡ902＋Ａ932（旧編成番号）を充当
▽1997（H09）.03.08改正から充当列車の名を「オーシャンアロー」と変更
最高速度を130km/hへとアップしている
▽６両編成は、ＨＢ601編成または602編成のほか、ＨＢ631＋ＨＢ632の６両編成を使用の日もある
▽2012（H24）.03.17改正にて、「オーシャンアロー」「スーパーくろしお」は「くろしお」に列車名を統一
▽2023（R05）.03.18改正　充当列車は、「くろしお」3・13・17・33号、6・16・20・32号
▽2023（R05）.03.18改正から、大阪（うめきた）駅開業に伴い、大阪駅でのＪＲ神戸線等との乗換えが可能に

271系 ←京都・新大阪・大阪　　関西空港→

はるか

	←7	8	9→		
	クモハ 270	モハ 270	クモハ 271	新製月日	ハローキティラッピング「Ougi」（扇）
	+ SC	SC	SC CP		
ＨＡ651	1	1	1	19.07.11近車	19.12.13ヒネ
ＨＡ652	2	2	2	19.07.11近車	20.01.10ヒネ
ＨＡ653	3	3	3	19.07.31近車	20.01.31ヒネ
ＨＡ654	4	4	4	19.07.31近車	20.02.04ヒネ
ＨＡ655	5	5	5	19.09.03近車	20.02.07ヒネ
ＨＡ656	6	6	6	19.09.03近車	20.02.28ヒネ

▽271系諸元／アルミニウム合金ダブルスキン構造
主電動機：ＷＭＴ107（220kW）×２ 全閉式　ＶＶＶＦインバータ制御（Sic）：ＷＰＣ16（補助電源対応75kVA）
台車：ＷＤＴ67Ａ、ＷＴＲ249Ｂ（中間）、ＷＴＲ249Ｃ（先頭）　空調装置：ＷＡＵ708Ａ（20,000kcal/h以上）×２
電動空気圧縮機：WMH3120-WRC1000＋WMH3121-WRC400　室内照明：ＬＥＤ　Wi-Fi設備
パンタグラフ：ＷＰＳ28Ｅ　各座席肘掛部にパソコン対応電源コンセント　貫通幌は内蔵型
▽2020（R02）.03.14から営業運転開始
▽空気清浄機設置　HA651=20.11.29　HA652=20.12.16　HA653=21.03.08　HA654=21.03.01　HA655=20.11.20　HA656=20.12.12

287系 ←新大阪・大阪　　　　　　　　　　　　　　白浜・新宮→

くろしお

	←6 クモハ 287	5 モハ 286	4 モハ 286	3 モハ 287	2 モハ 286	1→ クモロハ 286	新製月日	自動放送 装置取付	空気清浄機
	+SC CP	SC	SC	SC CP	SC	SC +			
HC601	14	8	201	201	9	8	11.08.09近車	19.12.24ST	22.11.17
HC602	15	10	202	202	11	9	11.09.27近車	20.01.07ヒネ	
HC603	16	12	203	203	13	10	12.02.17川重	20.02.19ヒネ	22.09.15
HC604	19	14	204	204	15	11	12.04.05川重	20.01.08ヒネ	23.03.09
HC605	20	16	205	205	17	12	12.04.16川重	20.02.22ヒネ	23.02.24
HC606	23	18	206	206	19	13	12.06.21川重	20.02.18ヒネ	23.03.02

	←9 クモハ 287	8 モハ 286	7→ クモハ 286 +	新製月日	自動放送 装置取付	空気清浄機
	+SC CP	SC	SC +			
HC631	17	107	7	12.02.29川重	20.01.09ヒネ	23.03.02
HC632	18	108	8	12.03.15川重	19.12.11ヒネ	21.10.04ST
HC633	21	109	9	12.06.07川重	20.02.13ヒネ	22.02.24ST
HC634	22	110	10	12.06.07川重	20.01.10ヒネ	22.06.24ST
HC635	24	111	11	12.07.05川重	20.03.11ヒネ	22.08.15ST

▽ 287系諸元／アルミニウム合金ダブルスキン構造
主電動機：WMT106A-G1(270kW)×２
VVVFインバータ制御(ＩＧＢＴ)：形式はWPC15A-G2(補助電源対応=75kVA)
台車：WDT67、WTR249、WTR249A。パンタグラフ：WPS28C
空調装置：WAU704E(39,000kcal/h以上)
電動空気圧縮機：WMH3098-WRC1600
電気連結器、自動解結装置(+印)、耐雪ブレーキ装備
映像音声記録装置搭載

▽営業運転開始は、2012(H24).03.17
「くろしお」5･11･23･29号・4･10･22･24号に充当

▽2017(H29).08.05から、パンダくろしお『Smileアドベンチャートレイン』」運転開始。
装飾はHC605編成(17.07.31ST)　HC601編成(19.12.22ST)　HC604編成(20.07.18ST)

▽2023(R05).03.18改正　充当列車は、
「くろしお」1・5・9・11・19・25・27・29・35号、2・4・8・14・22・26・28・30・36号
このうち、「くろしお」3・25号、6・26号には「パンダくろしお『Smileアドベンチャートレイン』」装飾編成を充当

▽貫通幌は内蔵型であるが、連結時に貫通幌にて通り抜けられることを示すためあえて表示

▽HC606編成は、「ロケット カイロス号」ラッピング。2023(R05).03.30、報道公開。03.31から営業運転開始

▽車イス対応大型トイレ、283系は４号車、287系は４・８号車、271系は７号車に設置

▽1970(S45).10.01　鳳電車区日根野派出所開設。1974(S49).07.01　鳳電車区日根野支所と改称

▽1978(S53).10.01　日根野電車区と改称

▽1993(H05).06.01から、組織改正により大阪支社発足

▽1997(H09).03.08　鳳電車区は日根野電車区鳳派出に変更
改正まで鳳電車区は主に運転士が配属されていた
2001(H13).03.03　天王寺派出誕生(旧･森ノ宮電車区天王寺派出)

▽2010(H22).12.01、近畿統括本部発足に伴い組織改正

▽2012(H24).06.01、日根野電車区から変更
日根野電車区鳳派出は鳳電車区に(大阪支社管内へ組織変更)

223系 ←天王寺・大阪　　日根野・関西空港・和歌山・紀伊田辺→

阪和線
大阪環状線
紀勢本線
関空快速
紀州路快速

	←4₈♿ クモハ223 +SC CP	3₇ サハ223 C₁	弱2₆ モハ223 SC	♿1₅→ クハ222 +	組替月日	映像音声記録装置	先頭部幌取付工事	リニューアル工事	Wi-Fi設置工事
HE 401	1	101	1	1	08.03.11ヒネ	11.05.13ST	18.05.17ST	18.05.17ST	19.07.08ヒネ

	←4₈ クモハ223 +SC CP	3₇ サハ223 C₁	弱2₆ モハ223 SC	♿1₅→ クハ222 +	組替月日	映像音声記録装置	先頭部幌取付工事	リニューアル工事	Wi-Fi設置工事
HE 402	2	102	2	2	08.03.12ヒネ	12.11.14ST	15.07.31ST	22.11.29ST	19.04.21ヒネ
HE 403	3	103	3	3	08.03.14ヒネ	11.03.17ST	16.11.01ST	21.10.15ST	19.05.26ヒネ
HE 404	4	104	4	4	08.03.14ヒネ	10.11.02ST	16.08.23ST	18.12.06ST	19.08.18ヒネ
HE 405	5	105	5	5	08.03.14ヒネ	12.10.12ST	17.09.25ST	22.02.16ST	19.05.16ヒネ
HE 406	6	106	6	6	08.03.14ヒネ	11.06.09ST	17.04.10ST	21.07.28ST	19.08.02ヒネ
HE 407	7	107	7	7	08.03.14モリ	13.05.23ST	16.07.26ST	19.01.25ST	19.09.22ヒネ
HE 408	8	108	8	8	08.03.14モリ	11.06.14ST	18.02.01ST	23.01.31ST	19.07.03ヒネ
HE 409	9	109	9	9	08.03.14ヒネ	11.05.20ST	17.08.20ST	19.03.20ST	19.06.15ヒネ

	←4₈ クモハ223 +SC CP	3₇ サハ223	弱2₆ モハ223 SC CP	♿1₅→ クハ222 +	組替月日	映像音声記録装置	先頭部幌取付工事	リニューアル工事	Wi-Fi設置工事
HE 410	101	5	2509	101	08.03.14ヒネ	11.04.09ST	15.09.18ST	20.03.26ST	20.03.26ST
HE 411	102	7	2510	102	08.03.14ヒネ	11.04.20ST	15.10.06ST	20.02.14ST	20.02.14ST
HE 412	103	9	2513	103	08.03.14ヒネ	11.01.12ST	17.05.09ST	23.05.23ST	19.12.18ヒネ
HE 413	104	11	2514	104	08.03.14ヒネ	13.02.15ST	16.04.01ST	20.11.27ST	20.11.27ST
HE 414	105	13	2517	105	08.03.14モリ	11.06.22ST	16.02.16ST		20.11.15ヒネ
HE 415	106	15	2518	106	08.03.14モリ	13.02.26ST	16.04.18ST	20.08.20ST	20.08.20ST
HE 416	107	17	2521	107	08.03.14ヒネ	11.06.24ST	15.12.25ST	20.05.13ST	20.05.13ST

▽ 223系諸元／軽量ステンレス製
主電動機：ＷＭＴ100Ｂ(180kW)×４
ＶＶＶＦインバータ制御(個別制御)：形式はＷＰＣ４
台車：ＷＤＴ55Ａ、ＷＴＲ239Ａ　。パンタグラフ：ＷＰＳ27Ｄ
空調装置：ＷＡＵ702Ｂ(21,000kcal/h)×２。補助電源：ＷＳＣ30(130kVA)
電動空気圧縮機：ＷＭＨ3093-ＷＴＣ2000ＢとＷＭＨ3094-ＷＴＣ1000Ｃ
座席は海側１人掛け、山側２人掛けの転換式クロスシート
電気連結器、自動解結装置(+印)、耐雪ブレーキ、押しボタン式半自動扉回路を装備
▽2500代(車間幌装備)は、
主電動機：ＷＭＴ102Ｂ(220kW)。ＶＶＶＦインバータ：ＷＰＣ10
冷房装置：ＷＡＵ705Ａ(20,000kcal/h)×２。台車：ＷＤＴ59、ＷＴＲ243
電動空気圧縮機：ＷＭＨ3098-ＷＲＣ1600、補助電源：ＶＶＶＦ一体型(150kVA)
▽転換式座席取替工事施工(背・頭部分離型から一体型へ変更)。2008冬号までを参照
▽車間幌取付(2500代は新製時から装備)。2008冬号までを参照
この工事に合わせ、電動車は主電動機をＷＭＴ102Ｃへ取替え(2500代は除く)
ただし、Ｅ802(モハ223- 2)は07.12.13ST、Ｅ852(クモハ223- 2)は08.03.10STに実施
▽車イス対応トイレに改造車(和式→洋式)
クハ222-101=07.11.01ST　102=07.11.28ST　103=07.12.14ST　104=07.10.19ST　105=08.01.15ST　106=08.01.31ST　107=08.02.28ST
トイレ工事に合わせて、トイレ横に車イス対応スペースを設置
▽先頭部幌取付工事の項　*印は出張工事にて区所にて施工
▽体質改善工事車は、前照灯・室内灯LED化、トイレを車イス対応大型化、吊手の大型化、握り棒の色調変更、腰掛改良、固定腰掛取替、電子機器更新、行先表示器・種別表示器をフルカラーLEDに取替、冷房ダクト整備、車側表示灯の大型化、前面下部オオイ強化など施工

223系 ←天王寺・大阪　　日根野・関西空港・和歌山・紀伊田辺→

阪和線
大阪環状線
紀勢本線
関空快速
紀州路快速

編成	←4 8 クモハ 223 (+SC CP ●● ●●)	3 7 サハ 223 (○○ ○○)	弱 2 6 モハ 223 (SC CP ●● ●●)	♿ 1 5→ クハ 222 (+ ○○ ○○)	組替月日	映像音声記録装置	先頭部幌取付工事	リニューアル工事	Wi-Fi設置工事
HE 417	2501	1	2505	2501	08.03.11ヒネ	11.08.24ST	18.03.08ST	23.01.17ST	19.10.22ヒネ
HE 418	2502	3	2502	2502	08.03.12ヒネ	13.01.21ST	16.06.15ST		20.09.07ヒネ
HE 422	2506	2	2503	2506	08.03.11ヒネ	13.03.12ST	16.05.07ST	21.01.26ST	21.01.26ST
HE 423	2507	4	2504	2507	08.03.12ヒネ	12.12.13ST	16.02.13ST		20.02.03ヒネ
HE 426	2510	6	2507	2510	08.03.14ヒネ	12.09.10ST	15.10.30ST	19.10.07ST	19.10.07ST
HE 427	2511	8	2508	2511	08.03.14ヒネ	10.12.09ST	16.10.05ST	21.03.15ST	21.03.15ST
HE 428	2512	10	2511	2512	08.03.14ヒネ	13.03.25ST	15.11.28ST	19.08.27ST	19.08.27ST
HE 429	2513	12	2512	2513	08.03.14ヒネ	12.07.06ST	15.11.20ST	19.07.19ST	19.07.19ST
HE 430	2514	14	2515	2514	08.03.14モリ	13.03.28ST	16.05.31ST		20.10.12ヒネ
HE 431	2515	16	2516	2515	08.03.14モリ	11.08.17ST	17.10.27ST	22.06.21ST	19.09.16ヒネ
HE 432	2516	18	2519	2516	08.03.14モリ	11.09.08ST	18.02.19ST	*22.08.16ST	19.07.15ヒネ

▽1994(H06).04.01から営業運転開始
▽「ＪＲ難波」の駅名は1994(H06).09.04、湊町より改称
▽1996(H08).03.23、ＪＲ難波はＯＣＡＴ誕生とともに地下駅へ移設
▽1997(H09).09.01改正からは大阪環状線を一周する列車も登場
▽クモハ223 のＯＣＡＴ荷物室は、1998(H10)年度客室へ改造(新製時に戻る)。施工は吹田工場
　クモハ223-101(6/ 5)・102(7/ 2)・103(5/ 8)・104(10/22)・105(7/28)・106(9/21)・107(8/25)
▽ 223系は1999(H11).05.10ダイヤ改正から「関空快速」のほか、「紀州路快速」へも充当
　京橋・ＪＲ難波から日根野までは「関空快速」+「紀州路快速」の併結運転
▽「紀州路快速」デビューとともに、編成は６＋２両から５＋３両編成へ組替え
▽2008(H20).03.14から、新しく組み替えた４両使用開始
　組替作業は、2008(H20).03.11 ～ 03.14に、日根野区および森ノ宮区にて実施
▽2008(H20).03.15改正から４両編成に統一。ＪＲ難波への乗入れを終了

▽2011(H23).12.10運用改正から紀伊田辺まで乗入れ開始
▽避難用はしごを、ドア間２人掛け座席背面に設置(223系・225系)

▽ＡＴＳ-Ｐ使用開始
　阪和線天王寺～鳳間＝1990(H02).12
　阪和線鳳～日根野間＝1994(H06).05
　阪和線日根野～和歌山間＝2007(H19).03
　関西空港線＝1994(H06).06.15

225系 ←天王寺・大阪　　東羽衣・日根野・関西空港・和歌山・紀伊田辺→

阪和線
大阪環状線
紀勢本線
関空快速
紀州路快速

	←4 8 ♿ クモハ 225 +SC CP	3 7 モハ 224 SC	弱 2 6 モハ 225 SC CP	♿ 1 5→ クモハ ■224 SC +	新製月日	先頭部幌取付工事	Wi-Fi設置工事
HF 401	5001	5001	5001	5001	10.09.07近車	16.03.09ST	19.11.08ヒネ
HF 402	5002	5002	5002	5002	10.09.07近車	15.12.29ST	19.06.03ヒネ
HF 403	5003	5003	5003	5003	10.09.21近車	16.11.01ST	19.08.12ヒネ
HF 404	5004	5004	5004	5004	10.09.21近車	16.11.24ST	19.09.13ヒネ
HF 405	5005	5005	5005	5005	10.10.07川重	17.01.20ST	19.11.10ヒネ
HF 406	5006	5006	5006	5006	10.10.07川重	17.05.17ST	19.08.25ヒネ
HF 407	5007	5007	5007	5007	10.10.13近車	16.08.01ST	19.08.07ヒネ
HF 408	5008	5008	5008	5008	10.10.13近車	17.02.23ST	19.11.18ヒネ
HF 409	5009	5009	5009	5009	10.10.20川重	17.03.07ST	19.12.12ヒネ
HF 410	5010	5010	5010	5010	10.10.20川重	17.02.08ST	19.11.24ヒネ
HF 411	5011	5011	5011	5011	10.11.04近車	17.03.27ST	19.10.02ヒネ
HF 412	5012	5012	5012	5012	10.11.04近車	17.09.14ST	19.04.26ヒネ
HF 413	5013	5013	5013	5013	10.11.02川重	17.04.07ST	19.10.25ヒネ
HF 414	5014	5014	5014	5014	10.11.02川重	16.12.22ST	19.09.25ヒネ
HF 415	5015	5015	5015	5015	10.11.10川重	17.05.19ST	19.06.10ヒネ
HF 416	5016	5016	5016	5016	10.12.14近車	17.08.22ST	19.06.23ヒネ
HF 417	5017	5017	5017	5017	10.12.14近車	18.03.15ST	19.12.09ヒネ
HF 418	5018	5018	5018	5018	10.12.21近車	17.06.06ST	19.12.03ヒネ
HF 419	5019	5019	5019	5019	10.12.21近車	17.06.23ST	19.07.11ヒネ
HF 420	5020	5020	5020	5020	11.01.19近車	17.06.30ST	19.10.16ヒネ
HF 421	5021	5021	5021	5021	11.01.19近車	17.07.12ST	19.05.19ヒネ
HF 422	5022	5022	5022	5022	11.07.11川重	17.09.19ST	19.07.21ヒネ
HF 423	5023	5023	5023	5023	11.07.11川重	17.10.19ST	19.05.23ヒネ
HF 424	5024	5024	5024	5024	11.07.28川重	18.03.16ST	19.12.22ヒネ
HF 425	5025	5025	5025	5025	11.07.28川重	18.02.09ST	19.09.21ヒネ
HF 426	5026	5026	5026	5026	11.11.22近車	18.05.02ST	19.12.16ヒネ
HF 427	5027	5027	5027	5027	11.11.22近車	18.02.06ST*	19.11.20ヒネ
HF 428	5028	5028	5028	5028	11.12.19近車	18.02.07ST*	19.07.17ヒネ
HF 429	5029	5029	5029	5029	11.12.19近車	18.02.08ST*	19.06.16ヒネ

Wi-Fi設置

	←4 8 ♿ クモハ 225 +SC CP	3 7 モハ 224 SC	弱 2 6 モハ 225 SC CP	♿ 1 5→ クモハ ■224 SC +	新製月日
HF 430	5101	5101	5101	5101	16.03.17近車
HF 431	5102	5102	5102	5102	16.03.17近車
HF 432	5105	5109	5105	5105	16.05.10川重
HF 433	5106	5110	5106	5106	16.05.10川重
HF 434	5109	5117	5109	5109	16.06.15川重
HF 435	5110	5118	5110	5110	16.06.15川重
HF 436	5113	5125	5113	5113	16.07.27川重
HF 437	5114	5126	5114	5114	16.07.27川重
HF 438	5116	5130	5116	5116	16.10.17川重
HF 439	5117	5131	5117	5117	16.10.17川重
HF 440	5118	5132	5118	5118	16.11.29川重
HF 441	5119	5133	5119	5119	16.11.29川重
HF 442	5121	5137	5121	5121	16.12.27川重
HF 443	5122	5138	5122	5122	16.12.27川重

225系 ←天王寺　　　　　日根野・和歌山→

阪和線

	6	5	4	3	2	1	
	← クモハ225	弱 モハ224	モハ224	モハ225	弱 モハ224	クモハ224 →	Wi-Fi設置
	SC CP	SC	SC	SC CP	SC	SC	新製月日
HF601	5103	5103	5104	5103	5105	5103	16.04.05近車
HF602	5104	5106	5107	5104	5108	5104	16.04.21近車
HF603	5107	5111	5112	5107	5113	5107	16.05.19川重
HF604	5108	5114	5115	5108	5116	5108	16.06.06川重
HF605	5111	5119	5120	5111	5121	5111	16.06.23川重
HF606	5112	5122	5123	5112	5124	5112	16.07.04川重
HF607	5115	5127	5128	5115	5129	5115	16.09.28川重
HF608	5120	5134	5135	5120	5136	5120	16.12.13川重
HF609	5123	5139	5140	5123	5141	5123	17.06.08川重
HF610	5124	5142	5143	5124	5144	5124	17.06.19川重
HF611	5125	5145	5146	5125	5147	5125	17.06.28川重

▽ 225系諸元／軽量ステンレス製
主電動機：ＷＭＴ106Ａ-Ｇ1(270kW)×２
ＶＶＶＦインバータ制御(ＩＧＢＴ)：形式はＷＰＣ15Ａ-Ｇ2(補助電源対応=75kVA)
台車：ＷＤＴ63Ａ、ＷＴＲ246Ｄ、ＷＴＲ246Ｅ。パンタグラフ：ＷＰＳ28Ｃ
空調装置：ＷＡＵ708(20,000kcal/h以上)×２
電動空気圧縮機：ＷＭＨ3098-ＷＲＣ1600Ｂ
押しボタン式半自動扉回路装備
トイレ：車イス対応大型トイレ
▽5100代は、車体が227系に準拠、ＬＥＤ客室灯、フルカラーＬＥＤ行先表示器。Wi-Fi装備
▽座席は海側１人掛け、山側２人掛けの転換式クロスシート
▽電気連結器、自動解結装置(+印)、耐雪ブレーキ、半自動扉設備(押しボタン式)を装備
▽音声映像記録装置は新製時から搭載

▽営業運転開始は、2010(H22).12.01
2011(H23).03.12改正から、223系と共通運用となり、併結運転も実施
2012(H24).03.17改正から、紀勢本線紀伊田辺まで運転範囲拡大
▽5100代は、2016(H28).07.01から営業運転開始
▽４両編成は、2018(H30).03.17改正から羽衣線(鳳～東羽衣間)での運転開始。ワンマン運転

配置両数―②

225系		
Mc	クモハ225	29
	クモハ225 51	25
M′c	クモハ224	29
	クモハ224 51	25
M	モ　ハ225	29
	モ　ハ225 51	25
M′	モ　ハ224	29
	モ　ハ224 51	47
	計	238
223系		
Mc	クモハ223	9
	クモハ223 1	7
	クモハ223 25	11
M	モ　ハ223	9
	モ　ハ223 25	18
Tc′	ク　ハ222	9
	ク　ハ222 1	7
	ク　ハ222 25	11
T	サ　ハ223	18
	サ　ハ223 1	9
	計	108

西日本旅客鉄道 吹田総合車両所 日根野支所 新在家派出所 近ヒネ 68両

227系 ←和歌山市・王寺　　　　奈良・和歌山・紀州田辺・新宮→

配置両数		
227系		
Mc	クモハ227	34
M′c	クモハ226	34
	計———	68

和歌山線
桜井線
紀勢本線

	← クモハ 227	♿ → クモハ 226	新製月日	モニタ状態監視装置
	+[SC]CP-- ○○ ●●	+ ●● ○○		
ＳＤ01	1001	1001	18.09.03川重	23.05.12ST
ＳＤ02	1002	1002	18.09.03川重	23.06.20ST
ＳＤ03	1003	1003	18.11.08川重	
ＳＤ04	1004	1004	18.11.08川重	
ＳＤ05	1005	1005	18.11.08川重	23.09.15ST
ＳＤ06	1006	1006	18.12.06川重	
ＳＤ07	1007	1007	18.12.06川重	
ＳＤ08	1008	1008	18.12.06川重	

	← クモハ 227	♿ → クモハ 226	
ＳＲ01	1009	1009	18.12.20川重
ＳＲ02	1010	1010	18.12.20川重
ＳＲ03	1011	1011	18.12.20川重
ＳＲ04	1012	1012	19.02.21川重
ＳＲ05	1013	1013	19.02.21川重
ＳＲ06	1014	1014	19.03.11川重
ＳＲ07	1015	1015	19.03.11川重
ＳＲ08	1016	1016	19.03.22川重
ＳＲ09	1017	1017	19.03.22川重
ＳＲ10	1018	1018	19.03.22川重
ＳＲ11	1019	1019	19.07.23川重
ＳＲ12	1020	1020	19.07.23川重
ＳＲ13	1021	1021	19.08.20川重
ＳＲ14	1022	1022	19.08.20川重
ＳＳ01	1023	1023	19.09.10川重
ＳＳ02	1024	1024	19.09.10川重
ＳＳ03	1025	1025	19.09.10川重
ＳＳ04	1026	1026	19.09.30川重
ＳＳ05	1027	[ト]1027	19.09.30川重
ＳＳ06	1028	[ト]1028	19.09.30川重
ＳＳ07	1029	[ト]1029	20.04.21近車
ＳＳ08	1030	[ト]1030	20.04.21近車
ＳＳ09	1031	1031	20.04.21近車
ＳＳ10	1032	1032	20.05.28近車
ＳＳ11	1033	1033	20.05.28近車
ＳＳ12	1034	1034	20.05.28近車

▽227系は、2019(H31).03.16改正から営業運転開始。
▽2021(R03).03.13改正から紀勢本線新宮までの乗入れ開始。
紀勢本線でも２両編成を対象に、車載型ＩＣ改札機使用開始
▽227系諸元／主電動機：ＷＭＴ107(220kW)。制御装置：ＷＰＣ16(IGBT)。
[SC]：ＷＰＣ16(75kVA)。CP：WMH3098-WRC1600A。
台車：ＷＤＴ63Ｄ、ＷＴＲ246Ｉ
パンタグラフ：ＷＰＳ28Ｅ。室内灯：ＬＥＤ。
空調装置：ＡＵ708B(42,000kcal/h)
ステンレス製。帯色は黒と緑色。座席はロングシート。
車載型ＩＣ改札機搭載(使用開始は2020.03.14)。
押しボタン式半自動扉回路装備
▽[ト]はフランジ塗油器搭載車両
▽SS01 ～ 12編成　両先頭車に増粘着噴射装置搭載

▽新和歌山車両センターは、和歌山列車区新在家派出所を設備改良して 1997(H09).09.01 発足
▽2008(H20).08.01、日根野電車区新在家派出所と区所名変更
▽2010(H22).12.01、近畿統括本部発足に伴い組織改正
▽2012(H24).06.01、日根野電車区新在家派出所から現在の区所名に変更

西日本旅客鉄道 吹田総合車両所 福知山支所 近フチ 130両

287系 ←京都・新大阪、東舞鶴　　　　福知山・天橋立・城崎温泉→

きのさき
はしだて
まいづる
こうのとり

	←7 クモハ287	6 モハ286	5→ クモハ286	新製月日	空気清浄機
	+SC CP	SC	SC +		
FC001	2	101	1	10.11.29近車	22.08.20
FC002	5	102	2	11.02.22近車	22.11.08
FC003	7	103	3	11.03.03近車	22.10.16
FC004	9	104	4	11.04.07近車	22.10.10
FC005	11	105	5	11.05.10近車	23.02.16
FC006	13	106	6	11.06.09近車	22.10.20

＋

	←4 クモハ287	3 モハ286	2 モハ287	1→ クモロハ286	新製月日	空気清浄機
	+SC CP	SC	SC CP	SC +		
FA001	1	1	101	1	10.11.29近車	22.08.01
FA002	3	2	102	2	11.02.15近車	21.08.05
FA003	4	3	103	3	11.02.22近車	22.11.30
FA004	6	4	104	4	11.03.03近車	23.04.21
FA005	8	5	105	5	11.04.07近車	22.10.19
FA006	10	6	106	6	11.05.10近車	22.08.24
FA007	12	7	107	7	11.06.09近車	23.03.03

▽ 287系諸元／アルミニウム合金ダブルスキン構造
主電動機：ＷＭＴ106Ａ-Ｇ1(270kW)×２。
ＶＶＶＦインバータ制御(ＩＧＢＴ)：形式はＷＰＣ15Ａ-Ｇ2(補助電源対応=75kVA)
台車：ＷＤＴ67、ＷＴＲ249、ＷＴＲ249Ａ。パンタグラフ：ＷＰＳ28Ｃ
空調装置：ＷＡＵ704Ｅ(39,000kcal/h以上)
電動空気圧縮機：ＷＭＨ3098-ＷＲＣ1600
▽電気連結器、自動解結装置(+印)、耐雪ブレーキ装備
▽車イス対応大型トイレは２・６号車に設置
▽貫通幌は内蔵型であるが、連結時に貫通幌にて通り抜けられることを示すためあえて表示
▽営業運転開始は、2011(H23).03.12
▽2023(R05).03.18改正　充当列車は、
「きのさき」1・５・７・13・19号、２・10・12・18号(４両編成が基本)、
1・５・７・13・19号、２・10・12・18号(「まいづる」と併結、４両編成)、20号(７両編成)
「はしだて」1・３・７号、４・６号(「まいづる」と併結、４両編成)、
10号(７両編成、３両編成は福知山→京都間)
「まいづる」9・11・13号、２・４号(「きのさき」と併結、３両編成)
1・３・７号、10・12号(「はしだて」と併結、３両編成)
「こうのとり」19号、２号(７両編成)、５号、18号(４両編成が基本)、
３・25号、６・16号(３両編成)

▽1986(S61).11.01　開設
▽1987(S62).03.01　福知山運転区福知山支区から福知山運転所福知山支所と改称
▽1996(H08).03.16　福知山運転所福知山支所から「福知山運転所電車グループ」と区所名変更
▽2002(H14).06.01　福知山運転所電車グループは「福知山運転所電車センター」と区所名変更
▽2007(H19).07.01　福知山電車区と現在の区所名に変更
▽2022(R04).10.01　近畿統括本部　管轄に組織変更。区所名を吹田総合車両所福知山支所と改称
車体標記は、現在、変更されていない

289系 ←新大阪・京都　　　福知山・天橋立・城崎温泉→

こうのとり
きのさき
はしだて

	←4 クモハ289	3 サハ288	2 モハ289	1→ クロハ288	289系への改造月日	転入月日	交流機器撤去	半室グリーン車
	+SC CP		SC CP	+				
	●● ●●	○○ ○○	●● ●●	○○ ○○				
FG401	3501	2201	3401	2001	15.06.21ST	15.06.22	16.12.05ST	16.12.05ST
FG403	3505	2203	3403	2003	15.05.04ST	15.05.10	17.05.23ST	17.05.23ST
FG406	3513	2206	3406	2006	15.05.26ST	15.05.29	17.09.06ST	17.09.06ST
FG408	3516	2208	3408	2008	15.08.16ST	15.08.20	17.12.09ST	17.12.09ST
FG409	3517	2209	3409	2009	15.10.30ST	15.10.31	18.04.12ST	18.04.12ST
FG410	3518	2210	3410	2010	15.04.15ST	15.04.29	18.08.01ST	18.08.01ST
FG411	3519	2211	3411	2011	15.06.27ST	15.06.30	18.11.16ST	18.11.16ST

	←7 クモハ289	6 サハ289	5→ クハ288	289系への改造月日	転入月日	交流機器撤去
	+SC CP		+			
	●● ●●	○○ ○○	○○ ○○			
FH302	3504	2402	2702	15.04.25ST	15.03.14	16.04.15ST
FH303	3506	2403	2703	15.04.14フチ	15.03.14	16.07.07ST
FH304	3508	2404	2704	15.04.14フチ	15.03.14	17.07.21ST
FH305	3509	2405	2705	15.06.18ST	15.03.14	16.10.17ST

▽289系は2015(H27).10.31から営業運転開始
▽683系2000代から改造。改造に伴う入出場の際に方転
　車体：アルミニウム合金ダブルスキン構造
▽旧配置区は、4両編成は吹田総合車両所京都支所、3両編成は金沢総合車両所
▽貫通幌は内蔵型であるが、連結時に貫通幌にて通り抜けられることを示すためあえて表示
▽車イス対応大型トイレは3・6号車に設置
▽空気清浄機設置
　FG401=22.10.03　FG403=22.10.04　FG406=22.12.04　FG408=22.09.04　FG409=21.12.10　FG410=21.07.15　FG411=21.10.11
　FH302=22.10.24　FH303=22.10.13　FH304=22.09.07　FH305=23.02.16
▽2023(R05).03.18改正　充当列車は、
　「きのさき」3・9号、6・16号
　「こうのとり」1・3・9・11・13・15・17・21・23・27号、4・8・10・12・14・20・22・24・26・28号

配置両数

289系		
Mc	クモハ289	11
M	モハ289	7
Tc′	クハ288	4
Thsc′	クロハ288	7
T	サハ289	4
T	サハ288	7
	計	40
287系		
Mc	クモハ287	13
M′sc	クモロハ286	7
M′c	クモハ286	6
M	モハ287	7
M′	モハ286	7
M′₁	モハ286	6
	計	46
223系		
Mc	クモハ223	16
Tc′	クハ222	16
	計	32
113系		
Mc	クモハ113	6
M′c	クモハ112	6
	計	12

223系 ←京都・篠山口・東舞鶴　　　　福知山・城崎温泉→

山陰本線
福知山線
舞鶴線

編成	クモハ 223	クハ 222	新製月日	映像音声 記録装置	2パン化	先頭部 幌取付	スカート 強化
	+SC CP	+					
F001	5501	5501	08.07.03川重	12.10.22ST	新製時	17.07.26	17.07.26
F002	5502	5502	08.07.03川重	11.06.20ST	新製時	18.02.16	17.11.15
F003	5503	5503	08.07.03川重	11.07.22ST	新製時	17.09.15	17.09.15
F004	5504	5504	08.07.03川重	11.08.23ST	新製時	18.02.09	19.06.10ST
F005	5505	5505	08.07.14近車	11.09.22ST	14.08.29ST	19.04.11	19.07.26ST
F006	5506	5506	08.07.14近車	11.10.24ST	14.07.28ST	17.08.01	19.09.13ST
F007	5507	5507	08.07.14近車	11.12.21ST	14.06.27ST	17.08.04	
F008	5508	5508	08.07.14近車	12.01.24ST	14.03.07ST	17.08.08	
F009	5509	5509	08.07.24川重	11.11.22ST	新製時	18.02.20	
F010	5510	5510	08.07.24川重	12.02.22ST	22.02.22	16.02.01	19.07.26ST

編成	クモハ 223	クハ 222	新製月日	映像音声記録装置	先頭部 幌取付	スカート 強化
F011	5511	5511	08.07.24川重	12.03.23ST	16.03.11	21.06.01
F012	5512	5512	08.07.24川重	12.04.20ST	16.04.19	21.08.04
F013	5513	5513	08.08.05近車	12.05.23ST	16.06.09	21.09.22
F014	5514	5514	08.08.05近車	12.06.25ST	16.08.10	
F015	5515	5515	08.08.05近車	12.07.18ST	15.12.21	17.01.13
F016	5516	5516	08.08.05近車	12.08.16ST	16.11.14	16.11.14

▽ 223系5500代諸元／軽量ステンレス製
　ＶＶＶＦインバータ：ＷＰＣ13。主電動機：ＷＭＴ102Ｂ(ＷＭＴ103Ｃ)220kW
　台車：ＷＤＴ59、ＷＴＲ243Ｅ。空調装置：ＷＡＵ705Ｂ(20,000kcal/h)×２
　パンタグラフ：ＷＰＳ27Ｄ。電動空気圧縮機：ＷＭＨ3098-ＷＲＣ1600
　補助電源：ＶＶＶＦ一体型(150kVA)。ワンマン運転設備、ＡＴＳ-Ｐ装備
▽+印は電気連結器装備
▽_は循環式汚物処理装置取付車両
▽座席は、転換式クロスシートと固定クロスシート
▽自動解結装置、押しボタン式半自動扉回路を装備
▽クハ222 に車イス対応大型トイレ設備あり
▽ワンマン運賃表示器液晶化
F001=16.02.04　F002=16.02.16　F003=16.03.01　F004=16.02.03　F005=16.03.11　F006=16.06.16
F007=16.07.07　F008=16.08.22　F009=16.12.07　F010=17.01.17　F011=17.02.24　F012=17.01.04
F013=16.09.06　F014=17.01.27　F015=16.11.25　F016=16.08.04
▽貫通路ワイパー取付
F001=17.07.26　F002=17.11.15　F003=17.09.16　F004=19.06.10　F005=19.07.26　F006=19.09.13　F007=19.11.12　F008=20.07.28
F009=20.05.22　F010=16.02.01　F011=16.03.11　F012=16.04.19　F013=16.06.09　F014=16.08.10　F015=17.01.13　F016=16.11.14
▽2008(H20).07.22から営業運転開始

113系 ←東舞鶴　　　　福知山・城崎温泉→

山陰本線
舞鶴線

	クモハ 113 +	クモハ 112 ⑯C₁+	ワンマン化	応加重装置	体質改善工事	TE装置取付	地域色モスグリーン化	車間幌取付	通風器撤去
	●●	●● ○○ ○○							
S002	**5302**	**5302**	95.07.31TT	96.10.02ST	00.06.14ST	09.05.15ST	12.12.21ST	17.02.21ST	
S003	5303	5303	95.05.23GT	96.11.06ST		09.03.09ST	11.01.17ST	15.01.30ST	15.01.30ST
S005	5305	5305	95.06.12TT	96.12.20ST		08.09.22ST	12.04.16ST	16.03.16ST	16.03.16ST
S007	5307	5307Ⓣ	95.02.23ST	96.10.18ST		08.06.25ST	12.02.20ST	16.01.05ST	16.01.05ST

	クモハ 113 +	クモハ 112 ⑯C₁+	ワンマン化	応加重装置	体質改善工事	TE装置取付	地域色モスグリーン化	車間幌取付	通風器撤去
S004	**5304**	**5304**Ⓣ	95.03.31ST	96.12.06ST	99.06.15ST	09.07.08ST	13.06.24ST	17.06.21ST	
S009	5309	5309Ⓣ	95.03.08ST	96.11.21ST		08.08.12ST	12.07.12ST	16.06.10ST	16.04.15ST

▽S編成はワンマン運転設備あり
▽+印は自動解結装置装備車
▽応加重装置取付に対応、車号に5000をプラスして改番

▽前照灯をシールドビームに取替え完了
▽Ⓣはレール塗油器取付車
▽_は循環式汚物処理装置取付車両
▽車号太字は体質改善車
▽ワンマン車のEB装置はワンマン改造時に取付
▽押しボタン式半自動扉回路装備
▽ワンマン運賃表示器液晶化
S002=17.02.21　S003=16.07.27　S004=17.06.21　S005=17.03.22　S007=16.10.27　S009=16.06.10
▽除湿装置取付
S002=22.12.28　S003=22.10.21　S004=22.08.03　S007=23.09.12
▽床下機器色を黒からグレーに変更した編成。S002=20.11.10ST　S004=21.05.24ST　S005=20.03.02ST　S007=19.10.11ST

▽S編成は、223系投入により山陰本線・舞鶴線にて運用
▽R・S編成は、2013(H25).03.16改正からKTR線内の運用開始
KTR線内充当列車は、111M・117M、116M・808M

▽1996(H08).03.16、山陰本線園部～綾部間は電化開業
▽1999(H11).10.02、舞鶴線綾部～東舞鶴間電化開業
▽2003(H15).03.15、小浜線敦賀～東舞鶴間電化開業

▽1993(H05).03.18から普通列車はすべて禁煙

西日本旅客鉄道 網干総合車両所 近ホシ 907両

223系 ←敦賀・米原・柘植・近江今津　　姫路・網干・上郡・播州赤穂→

東海道本線
山陽本線
新快速
快速

編成	←8 クモハ223	弱 7 サハ223	6 サハ223	5 モハ223	4 サハ223	3 サハ223	弱 2 モハ223	1→ クハ222	新製月日	先頭部幌取付工事
	+SC C2			SC C2			SC C2	+		
W001	1001	1001	1002	1001	1003	1004	1002	1001	95.07.20川重	16.02.24AB
W002	1004	1007	1008	1005	1009	1010	1006	1004	95.07.25近車	17.03.30AB
W003	1005	1011	1012	1007	1013	1014	1008	1005	95.08.02日立	15.11.04AB
W004	1006	1015	1016	1009	1017	1018	1010	1006	95.08.04川重	16.04.04AB
W005	1009	1021	1022	1013	1023	1024	1014	1009	97.02.18近車	17.02.20AB
W006	1010	1025	1026	1015	1027	1028	1016	1010	97.03.01川重	17.04.12AB
W007	1011	1029	1030	1017	1031	1032	1018	1011	97.03.04川重	17.04.25AB
W008	1012	1033	1034	1019	1035	1036	1020	1012	97.03.05近車	15.10.06AB
W009	1014	1038	1039	1022	1040	1041	1023	1014	97.03.14川重	15.07.30AB

＋

編成	←4 クモハ223	3 サハ223	弱 2 モハ223	1→ クハ222	新製月日	先頭部幌取付工事	Aシート	リニューアル
	+SC C2		SC C2	+				
V001	1002	1005	1003	1002	95.07.19近車	16.03.08AB		21.05.18AB
V002	1003	1006	1004	1003	95.07.22川重	16.04.05AB		20.06.19AB
V003	1007	1019	1011	**1007**	95.08.10川重	15.03.19AB	19.03.14AB	23.07.18AB
V004	1008	1020	1012	**1008**	95.08.10川重	16.05.19AB	19.02.22AB	
V005	1013	1037	1021	1013	97.03.05近車	17.01.19AB		19.07.25AB

▽ 223系1000代は 1995(H07).08.12から営業運転開始
▽ 223系2000代の増備を受け、1999(H11).05.10ダイヤ改正実施。新快速、130km/h運転開始

▽ 223系1000代諸元／軽量ステンレス製
VVVFインバータ制御：WPC 7)
主電動機：WMT102A(220kW)
空調装置：WAU705(20,000kcal/h)×2
パンタグラフ：WPS27D
▽座席は、転換式クロスシートと固定クロスシート
▽極太字の車両はAシート。2019(H31).03.16改正から運行開始。
2023(R05).03.18改正からは225系増備車4両編成と共通運用となって、運転本数拡大。
充当は、JR京都・神戸線 新快速のなかで列車番号末尾「A」の列車
▽押しボタン式半自動扉回路装備
▽自動解結装置(+印)搭載
▽車間幌取付は1000代のみが対象。取付実績は2011夏号までを参照
▽映像音声記録装置取付 実績は2015夏号までを参照
▽リニューアル工事　V編成は編成表に記載
W編成は、W005=22.02.22AB　の1編成が施工済み

▽クモヤ145-1108／10.02.15AB=EB・TE装置、ATS-P取付、10.06.23AB=通風器撤去

▽東海道本線京都～米原間には「琵琶湖線」
大阪～京都間には「JR京都線」
東海道本線・山陽本線大阪～姫路間には「JR神戸線」の線区名愛称が付いている
▽ATS-P整備路線拡大／2009(H21).07.12に網干(構内は整備済み)～上郡間

▽1970(S45).03.01　網干電車区開設
▽1993(H05).06.01　組織改正により神戸支社発足
▽2000(H12).04.01　鷹取工場の移転統合により、網干総合車両所と変更
▽2010(H22).12.01　近畿統括本部発足に伴い組織改正

配置両数

225系		
Mc	クモハ225	10
	クモハ225$_1$	26
M′c	クモハ224	10
	クモハ224$_1$	24
	クモハ224$_7$	2
M	モハ225	3
	モハ225$_1$	19
	モハ225$_3$	7
	モハ225$_4$	7
	モハ225$_5$	7
	モハ225$_6$	7
M′	モハ224	31
	モハ224$_1$	67
	計	220
223系		
Mc	クモハ223$_1$	14
	クモハ223$_2$	52
	クモハ223$_3$	42
	クモハ223$_6$	3
M	モハ223$_1$	23
	モハ223$_2$	39
	モハ223$_6$	3
	モハ223$_{21}$	43
M′	モハ222$_2$	18
	モハ222$_3$	23
Tc′	クハ222$_1$	14
	クハ222$_2$	93
	クハ222$_6$	3
T	サハ223$_1$	41
	サハ223$_2$	201
	サハ223$_6$	9
	計	620
221系		
Mc	クモハ221	8
M′	モハ221	8
M_1	モハ220	8
Tc	クハ221	8
T	サハ221	8
T_1	サハ220	8
	計	48
103系		
Mc	クモハ103	9
M′c	クモハ102	9
	計	18

事業用車 1両
クモヤ145-1108

223系 ←長浜・米原・柘植・近江今津　　姫路・網干・上郡・播州赤穂→

東海道本線
山陽本線
新快速
快速

	←8	弱冷 7	6	5	4	3	弱冷 2	♿ 1→		
	クモハ 223	サハ 223	サハ 223	モハ 222	サハ 223	サハ 223	モハ 223	クハ 222		先頭部
	+SC CP						SC CP	+	新製月日	幌取付工事
W010	3001	2001	2002	2001	2003	2004	2001	2001	99.03.12川重	16.04.27AB
W011	3002	2005	2006	2002	2007	2008	2002	2002	99.03.16近車	16.07.15AB
W012	3005	2011	2012	2003	2013	2014	2003	2005	99.03.26近車	16.12.19AB
W013	3010	2019	2020	2004	2021	2022	2004	2010	99.04.23近車	16.06.02AB
W014	3012	2024	2025	2005	2026	2027	2005	2012	99.05.25川重	16.11.16AB
W015	3013	2028	2029	2006	2030	2031	2006	2013	99.05.26近車	16.06.15AB
W016	3015	2033	2034	2007	2035	2036	2007	2015	99.06.18近車	17.01.23AB
W017	3017	2038	2039	2008	2040	2041	2008	2017	99.07.19近車	17.02.06AB
W018	3022	2046	2047	2009	2048	2049	2009	2022	99.10.26近車	17.03.15AB
W019	3024	2051	2052	2010	2053	2054	2010	2024	99.11.11川重	17.05.17AB
W020	3026	2056	2057	2011	2058	2059	2011	2026	99.11.18近車	17.06.26AB
W021	3028	2061	2062	2012	2063	2064	2012	2028	99.12.01川重	17.07.14AB
W022	3031	2067	2068	2013	2069	2070	2013	2031	99.12.22川重	17.08.09AB
W023	3034	2073	2074	2014	2075	2076	2014	2034	99.12.24近車	15.08.27AB
W024	3035	2077	2078	2015	2079	2080	2015	2035	00.01.20近車	15.10.26AB
W025	3039	2084	2085	2016	2086	2087	2016	2039	00.02.29川重	15.12.08AB
W026	3040	2088	2089	2017	2090	2091	2017	2040	00.03.13川重	15.11.18AB
W027	3041	2092	2093	2018	2094	2095	2018	2041	00.03.24川重	15.12.28AB

	←							→		
	クモハ 223	サハ 223	サハ 223	モハ 223	サハ 223	サハ 223	モハ 223	クハ 222		先頭部
	+SC CP			SC			SC CP	+	新製月日	幌取付工事
W028	2042	2096	2097	2140	2098	2099	2019	2042	03.08.19川重	16.06.29AB
W029	2044	2103	2104	2141	2105	2106	2021	2044	03.08.28川重	16.08.09AB
W030	2046	2108	2109	2143	2110	2111	2022	2046	03.10.03川重	16.10.04AB
W031	2049	2114	2115	2146	2116	2117	2023	2049	03.10.21川重	16.10.24AB
W032	2052	2120	2121	2149	2122	2123	2024	2052	03.11.13川重	16.11.30AB
W033	2057	2132	2133	2152	2134	2135	2027	2057	04.04.08川重	15.08.12AB
W034	2059	2137	2138	2154	2139	2140	2028	2059	04.04.28近車	15.09.15AB
W035	2061	2142	2143	2156	2144	2145	2029	2061	04.05.13川重	16.01.20AB
W036	2070	2160	2161	2162	2162	2163	2033	2070	04.06.25近車	16.02.10AB
W037	2079	2176	2177	2169	2178	2179	2036	2079	04.08.26近車	16.03.14AB
W038	2081	2181	2182	2171	2183	2184	2037	2081	04.08.20川重	16.03.04AB
W039	2091	2202	2203	2180	2204	2205	2079	2091	06.11.10近車	16.09.20AB

▽ 223系2000代は1999(H11).03.29から営業運転開始
▽ 223系2000代諸元／軽量ステンレス製
　ＶＶＶＦインバータ：ＷＰＣ10
　主電動機：ＷＭＴ102Ｂ(220kW)
　台車：ＷＤＴ59、ＷＴＲ243
　空調装置：ＷＡＵ705Ａ(20,000kcal/h)×２
　パンタグラフ：ＷＰＳ27Ｄ
　電動空気圧縮機：ＷＭＨ3098-ＷＲＣ1600
　補助電源：ＶＶＶＦ一体型(150kVA)
▽座席は、転換式クロスシートと固定クロスシート
▽押しボタン式半自動扉回路装備
▽自動解結解決装置(十印)搭載
▽クハ222 に車イス対応トイレ設備あり
▽ＵＶカット効果58%のガラスを採用、窓カーテン廃止。また車端幌を設置
　なお、窓カーテンは2001(H13)年度中に取付工事施工。対象車両完了。
　2003(H25)年度落成車は新製時に装備

223系 ←敦賀・米原・柘植・近江今津　　姫路・網干・上郡・播州赤穂→

東海道本線
山陽本線
新快速
快速

	←6	弱 5	4	3	弱 2	♿ 1→		
	クモハ	サハ	サハ	モハ	サハ	クハ		
	223	223	223	223	223	222		先頭部
	+SC CP			SC CP		+	新製月日	幌取付工事
J 001	2043	2100	2101	2020	2102	2043	03.08.22川重	15.12.14AB
J 002	2053	2124	2125	2025	2126	2053	03.11.21川重	16.01.07AB
J 003	2056	2129	2130	2026	2131	2056	04.03.03川重	16.10.07AB
J 004	2063	2147	2148	2030	2149	2063	04.05.25近車	16.02.25AB
J 005	2064	2150	2151	2031	2152	2064	04.05.25近車	16.02.05AB
J 006	2068	2156	2157	2032	2158	2068	04.06.09川重	16.04.19AB
J 007	2074	2167	2168	2034	2169	2074	04.07.15近車	16.07.07AB
J 008	2075	2170	2171	2035	2172	2075	04.07.15近車	16.08.16AB
J 009	2083	2186	2187	2038	2188	2083	04.09.22近車	16.07.25AB
J 010	6084	6189	6190	6039	6191	6084	04.09.22近車	16.11.21AB ←23.02.22改番
J 011	6089	6196	6197	6077	6198	6089	06.10.31近車	16.09.05AB ←23.02.26改番
J 012	6090	6199	6200	6078	6201	6090	06.10.31近車	17.03.02AB ←23.03.02改番

東海道本線
山陽本線
新快速
快速

	←4	3	弱 2	♿ 1→		
	クモハ	サハ	モハ	クハ		
	223	223	222	222		先頭部
	+SC CP			+	新製月日	幌取付工事
V 006	3003	2009	3019	2003	99.03.25川重	15.12.21AB
V 007	3004	2010	3020	2004	99.03.25川重	15.08.19AB
V 008	3006	2015	3021	2006	99.04.06川重	17.02.23AB
V 009	3007	2016	3022	2007	99.04.06川重	16.11.25AB
V 010	3008	2017	3023	2008	99.04.22川重	17.03.06AB
V 011	3009	2018	3024	2009	99.04.22川重	17.03.09AB
V 012	3011	2023	3025	2011	99.04.23近車	17.06.07AB
V 013	3014	2032	3026	2014	99.05.26近車	17.08.03AB
V 014	3016	2037	3027	2016	99.06.18近車	17.10.02AB
V 015	3018	2042	3028	2018	99.07.19近車	15.08.22AB
V 016	3019	2043	3029	2019	99.08.03近車	15.10.29AB
V 017	3020	2044	3030	2020	99.08.03近車	15.10.16AB
V 018	3021	2045	3031	2021	99.10.28川重	16.03.05AB
V 019	3023	2050	3032	2023	99.10.26近車	16.12.09AB
V 020	3025	2055	3033	2025	99.11.19川重	17.05.10AB ←18.12.25改番、旧車号に復帰
V 021	3027	2060	3034	2027	99.11.18近車	17.05.12AB ←18.12.27改番、旧車号に復帰
V 022	3029	2065	3035	2029	99.12.09川重	15.07.09AB ←21.10.01改番、旧車号に復帰
V 023	3030	2066	3036	2030	99.12.09川重	17.08.03AB ←21.10.02改番、旧車号に復帰
V 024	3032	2071	3037	2032	99.12.10近車	17.08.09AB ←21.10.04改番、旧車号に復帰
V 025	3033	2072	3038	2033	99.12.10近車	17.09.06AB ←21.10.04改番、旧車号に復帰
V 026	3036	2081	3039	2036	00.02.09川重	17.10.11AB ←21.10.06改番、旧車号に復帰
V 027	3037	2082	3040	2037	00.12.14川重	15.02.03AB ←21.09.27改番、旧車号に復帰
V 028	3038	2083	3041	2038	00.12.21川重	16.05.02AB ←21.09.28改番、旧車号に復帰

▽2000(H12).03.11から、新快速 130km/h運転開始
▽V編成は、2004(H16).10.16から大垣乗入れ開始(移り替わりにて一部列車は15日から)
▽2006(H18).09.24　北陸本線長浜～敦賀間　直流化
　　　　　　　　　　湖西線永原～近江塩津間　直流化
▽2016(H28).03.26改正にて、大垣までのＪＲ東海区間への乗入れ終了
▽221系と併結対応であったＶ020 ～ 029編成は、130km/h運転対応に復帰、旧車号に
▽Ｊ010 ～ 012編成は、221系と併結対応編成。6000代に改番

223系 ←長浜・米原・柘植・近江今津　　　　姫路・網干・上郡・播州赤穂→

東海道本線
山陽本線
新快速
快速

	←4 クモハ 223	3 サハ 223	弱冷 2 モハ 223	♿ 1→ クハ 222	新製月日	先頭部幌取付工事	
	+SC CP		SC	+			
V029	2045	2107	2142	2045	03.08.28川重	15.12.16AB	←21.09.30改番(2000代復帰)
V030	2047	2112	2144	2047	03.10.15川重	16.03.24AB	
V031	2048	2113	2145	2048	03.10.15川重	15.11.11AB	
V032	2050	2118	2147	2050	03.11.05川重	16.11.01AB	
V033	2051	2119	2148	2051	03.11.05川重	16.05.23AB	
V034	2054	2127	2150	2054	03.11.26川重	16.08.04AB	
V035	2055	2128	2151	2055	03.11.26川重	16.02.03AB	
V036	2058	2136	2153	2058	04.04.08川重	16.09.14AB	
V037	2060	2141	2155	2060	04.04.28近車	16.06.09AB	
V038	2062	2146	2157	2062	04.05.13川重	16.08.19AB	
V039	2065	2153	2158	2065	04.06.16近車	16.10.14AB	
V040	2066	2154	2159	2066	04.06.16近車	16.10.28AB	
V041	2067	2155	2160	2067	04.06.16近車	15.08.08AB	
V042	2069	2159	2161	2069	04.06.09川重	16.12.13AB	
V043	2071	2164	2163	2071	04.06.25近車	16.09.30AB	
V044	2072	2165	2164	2072	04.07.09川重	17.01.27AB	
V045	2073	2166	2165	2073	04.07.09川重	17.02.10AB	
V046	2076	2173	2166	2076	04.08.04近車	17.03.18AB	
V047	2077	2174	2167	2077	04.08.04近車	17.06.21AB	
V048	2078	2175	2168	2078	04.08.04近車	17.05.10AB	
V049	2080	2180	2170	2080	04.08.26近車	17.08.21AB	
V050	2082	2185	2172	2082	04.08.20川重	17.07.25AB	
V051	2085	2192	2173	2085	04.10.14近車	17.09.02AB	
V052	2086	2193	2174	2086	04.10.14近車	15.11.12AB	
V053	2087	2194	2175	2087	05.09.20川重	16.06.07AB	
V054	2088	2195	2176	2088	05.09.20川重	16.04.22AB	
V059	2096	2210	2187	2096	07.03.13近車	15.09.09AB	
V060	2097	2211	2188	2097	07.03.28近車	15.09.01AB	
V061	2098	2212	2189	2098	07.03.28近車	15.09.17AB	
V062	2100	2216	2190	2100	07.05.23近車	16.02.19AB	
V063	2102	2220	2191	2102	07.05.23近車	16.01.28AB	

225系 ←敦賀・米原・柘植・近江今津　　　姫路・網干・上郡・播州赤穂→

東海道本線
山陽本線
新快速
快速

	←8 ♿ クモハ 225	弱 7 モハ 224	6 モハ 224	5 モハ 225	4 モハ 224	3 モハ 224	弱 2 モハ 225	♿ 1→ クモハ 224	新製月日	先頭部幌取付工事
	+SC CP	SC	SC	SC	SC	SC	SC CP	SC +		
I 001	1	1	2	501	3	4	302	1	10.05.18近車	16.01.16AB
I 002	2	5	6	503	7	8	304	2	10.06.15近車	16.03.31AB
I 003	3	9	10	505	11	12	306	3	10.07.01近車	17.01.12AB
I 004	4	13	14	507	15	16	308	4	10.07.26近車	16.04.15AB
I 005	5	17	18	509	19	20	310	5	10.08.09近車	16.05.16AB
I 006	17	42	43	522	44	45	323	17	12.08.07川重	16.07.28AB
I 007	18	46	47	524	48	49	325	18	12.09.10川重	16.09.06AB

	←8 ♿ クモハ 225	弱 7 モハ 224	6 モハ 224	5 モハ 225	4 モハ 224	3 モハ 224	弱 2 モハ 225	♿ 1→ クモハ 224	新製月日
	+SC CP	SC	SC	SC	SC	SC	SC CP	SC +	
I 008	103	103	104	603	105	106	404	103	16.03.03近車
I 009	104	107	108	605	109	110	406	104	16.03.11川重

	←8 ♿ クモハ 225	♿ 7 モハ 224	弱 ♿ 6 モハ 224	♿ 5 モハ 225	♿ 4 モハ 224	♿ 3 モハ 224	♿ 2 弱 モハ 225	♿ 1→ クモハ 224	新製月日
	+SC CP	SC	SC	SC	SC	SC	SC CP	SC +	
I 010	105	111	112	607	113	114	408	105	20.06.11近車
I 011	107	116	117	610	118	119	411	107	20.09.11川重
I 012	109	121	122	613	123	124	414	109	20.10.13川重
I 013	110	125	126	615	127	128	416	110	20.12.15近車
I 014	111	129	130	617	131	132	418	111	21.01.14近車

▽ 225系諸元／軽量ステンレス製
主電動機：WMT106A-G2(270kW)×2
VVVFインバータ制御(IGBT)：WPC15A-G2(補助電源対応=75kVA)
台車：WDT63A、WTR246B、WTR246C。パンタグラフ：WPS28C
空調装置：WAU708(20,000kcal/h以上)×2
電動空気圧縮機：WMH3098-WRC1600B
トイレ：車イス対応大型トイレ

▽100代は、車体が227系に準拠、LED客室灯、フルカラーLED行先表示器。
車端部、先頭部転落防止用幌を新製時から装着
2016(H28).07.07から営業運転開始

▽3次車から全車に車イススペースを設置。CPをWRC1000+WRC400に変更

▽座席は転換式クロスシートが基本

▽電気連結器、自動解結装置(+印)、耐雪ブレーキ、押しボタン式半自動扉回路を装備

▽営業運転開始は、2010(H22).12.01(I編成)

225系 ←長浜・米原　　姫路・網干・播州赤穂・上郡→

東海道本線
山陽本線
新快速
快速

	←6♿ クモハ225 +SC CP	♿5 弱 モハ224 SC	♿4 モハ224 SC	♿3 モハ225 SCCP	♿2 弱 モハ224 SC	♿1→ クモハ224 SC +	新製月日
L001	115	136	137	122	138	115	21.07.07近車
L002	116	139	140	123	141	116	21.07.27近車
L003	117	142	143	124	144	117	21.08.03近車
L004	118	145	146	125	147	118	21.08.19近車
L005	119	148	149	126	150	119	21.09.01近車
L006	120	151	152	127	153	120	21.09.09近車
L007	121	154	155	128	156	121	21.10.21近車
L008	122	157	158	129	159	122	21.11.10近車
L009	123	160	161	130	162	123	22.10.24川車
L010	124	163	164	131	165	124	22.11.17川車

	←4♿ クモハ225 +SC CP	3 モハ224 SC	弱2 モハ225 SCCP	♿1→ クモハ224 SC +	新製月日	先頭部幌取付工事
U001	8	27	13	8	11.05.24川重	18.03.02AB
U002	10	29	15	10	11.06.13川重	18.01.30AB
U003	14	37	19	14	11.08.24川重	15.12.05AB

	←4♿ クモハ225 +SC CP	3 モハ224 SC	弱2 モハ225 SCCP	♿1→ クモハ224 SC +	新製月日
U004	101	101	101	101	16.02.23近車
U005	102	102	102	102	16.02.23近車

	←4♿ クモハ225 +SC CP	♿3 モハ224 SC	♿2 弱 モハ225 SCCP	♿1→ クモハ224 SC +	新製月日
U006	106	115	109	106	20.08.25川重
U007	108	120	112	108	20.10.01川重
U008	112	133	119	112	21.02.04近車
U009	113	134	120	113	21.02.04近車
U010	114	135	121	114	21.02.16近車

	←12♿ クモハ225 +SC CP	♿11 モハ224 SC	♿10 弱 モハ225 SCCP	♿9→ クモハ224 SC +	新製月日
K001	129	178	136	**701**	23.01.30川車
K002	130	179	137	**702**	23.01.30川車

▽クモハ224形700代はAシート（太字の車両）

近ホシ −7

221系 ←長浜・米原　　　　　　姫路・網干→

東海道本線　山陽本線　快速　播但線

	←6 [車イス] クモハ 221 +	[弱] 5 モハ 221 SC C2	4 サハ 221	3 モハ 220 SC	[弱] 2 サハ 220 C1	[車イス] 1→ クハ 221 [トイレ] +	EB·TE 装置取付	車間幌取付	体質改善工事	先頭部 幌取付工事
	●● ●●	●● ●●	○○ ○○	●● ●●	○○ ○○	○○ ○○				
B002	**2**	**2**	**2**	**2**	**2**	**2**	08.11.17ST	08.11.17ST	16.03.04SS[B]	16.03.04SS
B003	**4**	**4**	**4**	**4**	**4**	**4**	08.09.05ST	08.09.05ST	17.08.14SS[B]	17.08.14SS
B004	**5**	**5**	**5**	**5**	**5**	**5**	06.11.06AB	09.08.08AB	14.12.24ST[B]	17.08.24AB
B005	**6**	**6**	**6**	**20**	**20**	**6**	09.01.24AB	09.01.24AB	14.03.24ST[B]	16.12.13ST
B007	**30**	**30**	**30**	**11**	**11**	**30**	10.10.08ST	07.11.−ST	15.10.29SS[B]	17.01.08AB
B010	**45**	**45**	**45**	**33**	**33**	**45**	07.05.16ST	10.04.23AB	15.06.22SS[B]	18.06.28ST
B014	**59**	**59**	**59**	**50**	**50**	**59**	07.01.06AB	09.11.20AB	18.04.25ST[B]	18.04.25ST
B015	**61**	**61**	**61**	**52**	**52**	**61**	09.07.03AB	09.07.03AB	17.04.21SS[B]	17.04.21SS

▽ 221系諸元／車体塗色は、ピュアホワイトをベースに、新快速のシンボルカラーのブラウンとＪＲ西日本カラーのブルーのライン
　主電動機：クモハ221·モハ221がＷＭＴ61Ｓ(120kW)、モハ220がＷＭＴ64Ｓ(120kW)
　空調装置：ＷＡＵ701 (18,000kcal/h)×２
　SC：形式はＷＳＣ23、容量は 130kVA。パンタグラフ：ＷＰＳ27
▽座席は、転換式クロスシートと固定クロスシート
▽押しボタン式半自動扉回路装備
▽自動解結解決装置(＋印)搭載
▽クハ221 にトイレ設備あり(カセット式汚物処理装置付)

▽1991(H03).11.21改正から４両編成が復活するとともに８両編成が登場

▽2000(H12).03.11から福知山線にも充当開始
　Ｃ編成を使用。「丹波路快速」のほか大阪～福知山間にて運転
　なお、福知山線での 221系使用は、1999(H11).10.02からのＡ編成が最初(定期列車)
▽Ｂ編成(６両)は、2004(H16).06.15から播但線寺前まで入線
▽2004(H16).10.16ダイヤ改正から、大垣への乗入れ開始(Ｂ・Ｃ編成)。移り替わりにて一部列車は15日から
▽2012(H24).03.17ダイヤ改正にて、ＪＲ宝塚線への乗入れ終了
▽2016(H28).03.26改正にて、大垣までのＪＲ東海区間への乗入れ終了
▽2021(R03).03.13改正にて、221系８両編成の快速への充当運用消滅
▽2022(R04).03.12改正現在、北陸本線長浜までの運転は 157Ｍの１本

▽ＥＢ·ＴＥ装置取付は、ＡＴＳ-Ｐ と同様に運転台付き車が対象
　ＡＴＳ-Ｐ取付実績は、2014冬号までを参照
▽乗り心地改善工事・滑走検知取付工事の実績は、2007冬号までを参照
▽体質改善工事車は車号太字
　施工時に両先頭車に車イススペース設置、クハ221のトイレを大型・洋式化(車イス対応)
▽[B] は、冷房装置をＷＡＵ702Ｂに変更した車両。クーラーキセの丸みに特徴

103系 ←寺前　　　　姫路(・網干)→

播但線

	← クモハ 103	16 クモハ 102 →	改造月日	トイレ新設	TE装置取付	ATS-P 取付	車間幌取付	2パン化	駐車ブレーキ取付
	●● ●●	●● ●● 16C2							
BH 1	**3501**	**3501**	98.03.05	07.03.31AB	10.12.30AB	10.12.30AB	10.12.30AB		19.12.04AB
BH 2	**3502**	**3502**	97.12.16	05.10.28AB	09.03.31AB	10.05.13AB	11.02.14AB		20.02.15AB
BH 3	**3503**	**3503**	98.03.06	06.08.11AB	10.03.19AB	10.03.19AB	10.03.19AB	15.03.31AB	18.07.23AB
BH 4	**3504**	**3504**	97.10.08	06.01.10AB	10.01.09AB	10.01.09AB	09.07.－AB		18.08.29AB
BH 5	**3505**	**3505**	98.02.03	06.03.28AB	09.10.31AB	09.10.31AB	09.10.31AB		18.10.22AB
BH 6	**3506**	**3506**	97.12.15	06.10.27AB	10.08.26AB	10.08.26AB	10.08.26AB		19.01.25AB
BH 7	**3507**	**3507**	98.02.26	05.01.17AB	11.03.23AB	11.03.23AB	08.05.02AB		20.03.18AB
BH 8	**3508**	**3508**	97.09.24	05.06.17AB	09.01.28AB	10.06.26AB	09.01.28AB		19.09.20AB
BH 9	**3509**	**3509**	98.02.26	05.03.14AB	10.10.19AB	10.10.19AB	08.09.－AB	14.11.29AB	19.07.16AB

▽営業運転開始は1998(H10).03.14、播但線姫路～寺前間の電化開業から
▽ワンマン運転実施(2両運転の列車が対象)。ワンマン改造時にEB装置取付
▽押しボタン式半自動扉回路装備
▽姫路～網干間は回送運転のみ
▽車体塗色はエンジ系。延命体質改善工事を3500代改造時に施工(車号太字)。トイレ設備をクモハ102 車端側に取付
▽ATS-P 取付時に、映像音声記録装置も取付
▽駐車ブレーキ取付は、駅等留置時の転動防止のため

西日本旅客鉄道 網干総合車両所 宮原支所 近ミハ　94両

225系 ←大阪　　　宝塚・篠山口・福知山→

福知山線
丹波路快速

	←6	5	4	3	2	1→			
	クモハ225	モハ224	モハ224	モハ225	モハ224	クモハ224	新製月日	改番月日	先頭部幌取付工事
	+SC CP	SC	SC	SC CP	SC	SC +			
ML01	6006	6021	6022	6011	6023	6006	11.04.14近車	12.03.03	16.11.29AB
ML02	6007	6024	6025	6012	6026	6007	11.05.17近車	12.02.25	16.11.19AB
ML03	6011	6030	6031	6016	6032	6011	11.07.01近車	12.02.28	16.12.09AB
ML04	6013	6034	6035	6018	6036	6013	11.07.15近車	12.03.01	17.01.12AB
ML05	6016	6039	6040	6021	6041	6016	11.09.06近車	12.02.25	17.01.06AB

	←4	3	2	1→			
	クモハ225	モハ224	モハ225	クモハ224	新製月日	改番月日	先頭部幌取付工事
	+SC CP	SC	SC CP	SC +			
MY01	6009	6028	6014	6009	11.05.24川重	12.03.05	16.11.08AB
MY02	6012	6033	6017	6012	11.06.13川重	12.03.07	16.10.07AB
MY03	6015	6038	6020	6015	11.09.12川重	12.03.08	16.11.16AB

配置両数

225系		
Mc	クモハ225	8
M′c	クモハ224	8
M	モ ハ225	8
M′	モ ハ224	18
	計	42
223系		
Mc	クモハ223	13
M	モ ハ223	13
Tc′	ク ハ222	13
T	サ ハ223	13
	計	52

▽ 225系諸元／軽量ステンレス製
主電動機：WMT106A-G2(270kW)×2
VVVFインバータ制御(IGBT)：形式はWPC15A-G2(補助電源対応=75kVA)
台車：WDT63A、WTR246B、WTR246C
パンタグラフ：WPS28C
空調装置：WAU708(20,000kcal/h以上)×2
電動空気圧縮機：WMH3098-WRC1600B
トイレ：車イス対応大型トイレ
▽座席は転換式クロスシートが基本
▽電気連結器、自動解結装置(+印)、耐雪ブレーキ、押しボタン式半自動扉回路を装備
▽ 130km/h運転の 225系と区別するために6000代へ改番
▽2012(H24).03.17から営業運転開始

223系 ←大阪　　　　　　　　　　宝塚・篠山口・福知山→

福知山線
丹波路快速

	←4 クモハ 223 (+SC CP)	3 サハ 223	弱2 モハ 223 (SC)	♿1→ クハ 222 (+)	新製月日	改番月日	映像音声 記録装置	先頭部幌 取付工事
MA10	6113	6231	6302	6113	08.05.28川重	08.06.08	11.12.26ST	15.11.24AB
MA11	6114	6232	6303	6114	08.05.28川重	08.06.08	12.02.09ST	15.12.18AB
MA12	6115	6233	6304	6115	07.10.23近車	08.02.28	12.08.08ST	17.01.19AB
MA13	6116	6234	6305	6116	07.12.04近車	08.02.25	11.02.03ST	16.12.07AB
MA14	6117	6235	6306	6117	07.12.04近車	08.02.29	11.03.12ST	16.12.16AB
MA15	6118	6236	6307	6118	07.12.11近車	08.03.06	11.04.19ST	16.12.21AB
MA16	6119	6237	6308	6119	07.12.11近車	08.03.06	11.05.12ST	17.01.26AB
MA17	6120	6238	6309	6120	08.04.14近車	08.05.08	11.07.19ST	15.05.25AB
MA18	6121	6239	6310	6121	08.04.14近車	08.05.08	11.08.26ST	17.02.10AB
MA19	6122	6240	6311	6122	08.06.06近車	08.06.13	12.03.21ST	16.01.26AB
MA20	6123	6241	6312	6123	08.06.06近車	08.06.13	12.05.07ST	16.02.17AB

	← クモハ 223	サハ 223	モハ 223	クハ 222 →	新製月日	改番月日	映像音声 記録装置	先頭部幌 取付工事
MA21	6124	6242	6313	6124	08.08.19川重	12.03.10	10.10.15AB	18.03.17AB
MA22	6125	6243	6314	6125	08.08.19川重	12.03.12	10.11.08AB	18.01.09AB

▽2008(H20).03.15、おおさか東線開業に伴って、営業運転開始
2008(H20).06.29の運用改正から、「丹波路快速」にも充当開始
2011(H23).03.12改正にて、ＪＲ東西線、おおさか東線の運用終了

▽ 223系2000代諸元／軽量ステンレス製
ＶＶＶＦインバータ：ＷＰＣ10。主電動機：ＷＭＴ102Ｂ(220kW)
台車：ＷＤＴ59、ＷＴＲ243。空調装置：ＷＡＵ705Ａ(20,000kcal/h)×２
パンタグラフ：ＷＰＳ27Ｄ(×２)。電動空気圧縮機：ＷＭＨ3098-ＷＲＣ1600
補助電源：ＶＶＶＦ一体型(150kVA)
トイレ：車イス対応大型トイレ
▽ 130km/h運転の 223系と区別するために6000代へ改番
▽+印は電気連結器装備
▽自動解結装置、押しボタン式半自動扉回路を装備
▽座席は、転換式クロスシートと固定クロスシート
▽ＵＶカット効果58%のガラスを採用。また車端幌を設置
▽１パン編成は、225系４両編成と共通運用

▽福知山線尼崎～新三田(構内含む)間は2005(H17).06.17から、
新三田～篠山口間は2009(H21).02.11からＡＴＳ-Ｐ 使用開始

▽1934(S09).06.15　宮原電車区開設
▽1996(H08).06.01　宮原電車区は宮原客車区と統合、宮原運転所と変更
▽1998(H10).06.01　宮原運転所は宮原操駅と統合、宮原総合運転所と変更
▽2010(H22).12.01　近畿統括本部発足に伴い組織改正
▽2012(H24).06.01　宮原総合運転所から変更
京都総合運転所野洲支所は網干総合車両所野洲派出所と組織変更

321系 ←草津・京都・奈良・木津　　　　新三田・篠山口・西明石・加古川→

東海道本線
山陽本線
福知山線
学研都市線

	◇[2]◇ ←7 クモハ 321	[2] 弱6 モハ 320	◇[2]◇ 5☆ モハ 321	[2] 4 モハ 320	[2] 3 サハ 321	◇[2]◇ 弱2 モハ 321	[2] ♿1→ クモハ 320	新製月日	2パン化
	SC	SC	SC CP	SC		SC CP	SC		
	○○ ●●	○○ ●●	○○ ●●	○○ ●●	○○ ○○	○○ ●●	●● ○○		
D 1	1	1	1	2	1	2	1	05.07.19近車	06.08.27
D 2	2	3	3	4	2	4	2	05.09.08近車	06.06.03
D 3	3	5	5	6	3	6	3	05.09.15近車	06.06.13
D 4	4	7	7	8	4	8	4	05.09.27近車	06.06.30
D 5	5	9	9	10	5	10	5	05.10.03近車	06.07.09
D 6	6	11	11	12	6	12	6	05.10.11近車	06.07.29
D 7	7	13	13	14	7	14	7	05.11.18近車	06.08.04
D 8	8	15	15	16	8	16	8	05.10.24近車	06.08.12
D 9	9	17	17	18	9	18	9	05.11.04近車	06.09.09

	←◇[2]◇ クモハ 321	[2] モハ 320	◇[2]◇ モハ 321	[2] モハ 320	[2] サハ 321	◇[2]◇ モハ 321	[2]→ クモハ 320	新製月日
D10	10	19	19	20	10	20	10	05.11.17近車
D11	11	21	21	22	11	22	11	05.11.24近車
D12	12	23	23	24	12	24	12	05.11.29近車
D13	13	25	25	26	13	26	13	05.12.05近車
D14	14	27	27	28	14	28	14	06.01.13近車
D15	15	29	29	30	15	30	15	06.01.30近車
D16	16	31	31	32	16	32	16	06.02.12近車
D17	17	33	33	34	17	34	17	06.02.23近車
D18	18	35	35	36	18	36	18	06.03.07近車
D19	19	37	37	38	19	38	19	06.03.13近車
D20	20	39	39	40	20	40	20	06.03.21近車
D21	21	41	41	42	21	42	21	06.04.04近車
D22	22	43	43	44	22	44	22	06.04.21近車
D23	23	45	45	46	23	46	23	06.04.25近車
D24	24	47	47	48	24	48	24	06.05.16近車
D25	25	49	49	50	25	50	25	06.06.02近車
D26	26	51	51	52	26	52	26	06.06.07近車
D27	27	53	53	54	27	54	27	06.06.13近車
D28	28	55	55	56	28	56	28	06.06.20近車
D29	29	57	57	58	29	58	29	06.06.29近車
D30	30	59	59	60	30	60	30	06.07.04近車
D31	31	61	61	62	31	62	31	06.07.18近車
D32	32	63	63	64	32	64	32	06.07.25近車
D33	33	65	65	66	33	66	33	06.08.08近車
D34	34	67	67	68	34	68	34	06.08.22近車
D35	35	69	69	70	35	70	35	06.08.29近車
D36	36	71	71	72	36	72	36	06.09.26近車
D37	37	73	73	74	37	74	37	06.10.10近車
D38	38	75	75	76	38	76	38	06.11.28近車
D39	39	77	77	78	39	78	39	06.12.19近車

配置両数

321系		
Mc	クモハ321	39
M′c	クモハ320	39
M	モ ハ321	78
M′	モ ハ320	78
T	サ ハ321	39
	計	273
207系		
Mc	クモハ207 1000	74
	クモハ207 2000	23
M_1	モ ハ207	22
M_1	モ ハ207 500	16
M	モ ハ207 1000	19
	モ ハ207 2000	11
M	モ ハ207 1500	16
M_2	モ ハ206	22
Tc	ク ハ207	15
	ク ハ207 100	23
Tc′	ク ハ206 100	38
	ク ハ206 1000	74
	ク ハ206 2000	23
T	サ ハ207 1000	60
	サ ハ207 2000	23
T_1	サ ハ207 1100	14
	計	473
103系		
M	モ ハ103	2
M′	モ ハ102	2
Tc	ク ハ103	1
Tc′	ク ハ103	1
	計	6

事業用車 1両
クモヤ145-1109

▽321系諸元／軽量ステンレス車
主電動機：WMT106(270kW)。VVVFインバータ制御（IGBT）：形式はWPC15
空調装置：WAU708 (20,000kcal/h以上)×2。パンタグラフ：WPS27D
SC：形式はWPC15、容量は75kVA。押しボタン式半自動扉回路装備
CP：形式はWMH3098-WRC1600。EB・TE装置。車間幌装備
台車：電動車WDT63、付随車WTR246、WTR246A。ATS-P装備
▽2パン化 は2パンタグラフ化。対象車両完了
▽営業運転開始は2005(H17).12.01。運用最初の列車は以下のとおり
D 2=西明石発 114C〔33〕、D 3=大阪発 103C〔 9〕、
D 4=高槻発 1111C〔 7〕、D 6=高槻発 1101C〔11〕
▽2006(H18).03.18から篠山口まで、2008(H20).03.18から松井山手まで運転開始
▽2010(H22).03.13改正から、207系と運用共通化
▽2019(H31).03.16改正にておおさか東線放出～新大阪間開業に伴って新大阪まで乗入れ開始。2023(R05).03.18改正にて終了

103系 ←兵庫　　　　　　　　(西明石)・和田岬→

【青色22号】
和田岬線

	←6	弱 5	4	3	弱 2	1→
	クハ 103	モハ 103	モハ 102	モハ 103	モハ 102	クハ 103
			16C2		16C2	
R 1	< 247	389	545	397	553	254>

▽2001(H13).07.01の電化開業により運転開始
▽2001(H13).06.21転入。塗色は01.06.20STにて朱色 1号から青色22号へ変更
▽延命工事完了。側妻窓は１枚窓固定式。側戸袋窓は客室内ともに廃止
▽2023(R05).03.18をもって定期運転終了

▽ＥＢ・ＴＥ装置、映像音声記録装置取付 実績は2015夏号までを参照(321系・207系・103系)

▽クモヤ145-1109／ＥＢ･ＴＥ装置取付=07.07.10AB
　　　　　　　　　映像音声記録装置取付=11.01.27AB

207系 ←兵庫　　　　　　　　(西明石)・和田岬→

和田岬線

	←6	弱 5	4	3	弱 2	1→
	クモハ 207	サハ 207	モハ 207	サハ 207	モハ 207	クハ 206
	+SC	C2	SC	C2	SC	C2+
X 1	1003	1103	1006	1027	1032	1041

新製月日 6～4号車 94.01.14近車
新製月日 3～1号車 96.03.28川重

▽Ｔ3＋Ｔ18編成の組成替え(22.12.21)
▽2023(R05).03.18から営業運転開始
▽先頭部幌取付　クハ206-1041=15.01.29ｱｶ

	←2	1→
	クモハ 207	クハ 206
	+SC	C2+
Y 1	1041	1003

新製月日 2号車 96.03.28川重
新製月日 1号車 94.01.14近車

▽Ｔ18＋Ｔ3編成の組成替え(22.12.21)
▽先頭部幌取付　クハ206-1003=16.02.22AB

▽ＡＴＳ-Ｐ使用開始
　米原～網干間は、1998(H10).10.03 ～ 2002(H14).10.05
　京橋～松井山手間は、1997(H09).03.08
　松井山手～京田辺間は、2002(H14).03.23
　ＪＲ東西線は、1997(H09).03.08

▽1937(S12).08.10　明石電車区開設
▽1993(H05).06.01　組織改正により神戸支社発足
▽2000(H12).03.11　吹田工場高槻派出所から 207系転入
▽2000(H12).04.01　網干総合車両所明石支所と変更
▽2004(H16).06.01　網干総合車両所明石品質管理センターと変更
▽2007(H19).07.01　網干総合車両所明石支所と変更
▽2010(H22).12.01　近畿統括本部発足に伴い組織改正

207系 ←草津・京都・奈良・木津　　篠山口・西明石・加古川→

東海道本線
山陽本線
福知山線
ＪＲ東西線
学研都市線

	←7△ クモハ 207 +SC	弱6 サハ 207 C2	☆5 モハ 207 SC	4→ クハ 206 C2+	+ 新製月日	車体外板フイルム シール整備	体質改善工事	4号車 先頭部 幌取付工事
	●● ●●	○○ ○○	●● ●●	○○ ○○				
T 1	1001	1101	1002	1001	94.01.12川重	06.01.06放出	18.01.13AB	15.03.20AB
T 2	1002	1102	1004	1002	94.01.13川重	06.01.24放出	23.05.16AB	15.09.10AB
T 4	1004	1104	1008	1004	94.01.28近車	05.12.21ｱｶ	20.04.03AB	15.04.28ｱｶ
T 5	1005	1105	1010	1005	94.02.04日立	06.01.25放出	16.05.10AB	16.05.10AB
T 6	1006	1106	1012	1006	94.02.07近車	06.01.31放出	18.10.04AB	15.06.03ST
T 7	1007	1107	1014	1007	94.02.21川重	05.12.18ｱｶ		15.10.05AB
T 8	1008	1108	1016	1008	94.02.16近車	06.01.18放出	18.06.13AB	15.02.12ｱｶ
T 9	1009	1109	1018	1009	94.02.18日立	06.02.18放出	18.03.28AB	15.03.06AB
T10	1010	1110	1020	1010	94.02.18川重	06.01.22放出		15.11.02AB
T11	1011	1111	1022	1011	94.02.25近車	06.02.10放出	18.12.11AB	16.01.29AB
T12	1012	1112	1024	1012	94.03.04日立	06.01.21放出	18.09.10AB	15.04.28ｱｶ
T13	1013	1113	1026	1013	94.03.08川重	05.12.26放出		16.02.20AB
T14	1014	1114	1028	1014	94.03.24川重	06.01.10放出		15.12.23ｱｶ

	←7△ クモハ 207 +SC	弱6 サハ 207	☆5 モハ 207 SC	4→ クハ 206 C2+	+			
T15	1029	1015	1029	1029	95.03.20近車	06.02.17放出	22.12.14AB	15.08.11AB
T16	1035	1021	1030	1035	95.04.16川重	06.01.14放出		15.07.29AB
T17	1037	1023	1031	1037	95.04.17川重	06.02.13放出		15.12.10AB
T19	1042	1028	1033	1042	96.03.28川重	06.01.28放出	20.09.05AB	16.01.29ｱｶ

	←7△ クハ 207 +	弱6 モハ 207 SC C2	☆5 モハ 206	4→ クハ 206 +	+			
	○○ ○○	●● ●●	●● ●●	○○ ○○				
Z 1	2	16	2	114(ト)	91.12.05川重	06.01.23放出	17.02.13ST	15.08.01ｱｶ
Z 2	3	17	3	115(ト)	91.12.17川重	05.12.25放出	16.09.02AB	16.01.30AB
Z 3	4	18	4	116(ト)	91.12.20近車	06.02.22放出	17.06.01ST	16.01.18AB
Z 4	5	19	5	117(ト)	92.01.27近車	05.12.17ｱｶ	21.08.18AB	15.07.31ｱｶ
Z 5	6	20	6	118	91.12.14川重	06.01.19放出	17.03.31AB	15.03.25AB
Z 6	7	21	7	119	91.12.25川重	05.12.19放出	20.11.28AB	15.05.15ｱｶ
Z 7	8	22	8	120	92.01.08川重	05.12.30ｱｶ	22.01.19ST	16.01.18AB
Z 8	9	23	9	121	92.01.16川重	06.02.27ｱｶ	15.03.25ST	15.03.25ST
Z 9	10	24	10	122	92.01.24川重	05.12.27放出	15.10.23AB	15.10.23AB
Z10	11	25	11	123	92.02.21川重	06.01.30放出	17.01.24AB	15.10.24ｱｶ
Z11	12	26	12	124	91.12.26近車	06.02.21放出	16.11.09AB	15.12.19ｱｶ
Z12	13	27	13	125	92.01.10近車	06.02.15放出	15.05.29AB	15.05.29AB
Z13	14	28	14	126	92.01.17近車	06.02.07放出	15.08.26AB	15.06.01AB
Z14	15	29	15	127	92.01.21近車	06.01.16放出	19.09.19AB	15.06.24AB
Z15	16	30	16	128	92.02.10日立	06.01.12放出	19.04.04AB	16.02.17AB
Z17	133	35	18	133(ト)	93.03.22川重	05.12.29放出	17.06.19AB	15.08.25ｱｶ
Z18	134	36	19	134	93.03.23川重	06.02.23放出	18.04.02AB	15.02.17ST
Z19	135	37	20	135(ト)	93.03.24川重	06.01.07放出	18.06.20AB	15.02.27AB
Z20	136	38	21	136	93.02.18近車	06.01.27放出	22.12.26ST	15.12.03ｱｶ
Z21	137	39	22	137	93.02.18近車	05.12.05AB	21.03.03AB	15.06.27ｱｶ
Z22	138	40	23	138	93.03.01近車	05.11.24AB	14.09.29AB	14.09.29AB
Z23	139	41	24	139	93.03.01近車	05.12.13ｱｶ	14.12.18ST	14.12.18ST

207系 ←草津・京都・奈良・木津　　　　篠山口・西明石・加古川→

東海道本線
山陽本線
福知山線
ＪＲ東西線
学研都市線

	←7△ クハ 207	弱 6 モハ 207	5☆ モハ 207	4→ クハ 206	新製月日	5号車 新製月日	5·6号車 改番 JR東西線乗入れ関連	車体外板フイルム シール整備工事	4号車 先頭部 幌取付工事	体質改善工事
	+	SC C2	SC	C2+						
H 1	101	503	1534	101	91.12.14川重	96.03.30川重	96.05.23ST*	05.12.15ｱｶ	15.10.22ｱｶ	19.12.16AB
H 2	102	504	1505	102	91.12.25川重	94.01.14近車	96.06.14ST	06.02.14放出	15.07.09ｱｶ	
H 3	103	505	1523	103	92.01.08川重	94.03.04日立	95.07.10ST	06.02.04放出	15.09.26ｱｶ	
H 4	104	506	1501	104	92.01.16川重	94.01.12川重	96.11.21ST	06.02.25ｱｶ	15.05.30ｱｶ	21.07.13ST
H 5	105	507	1513	105Ⓑ	92.01.24川重	94.02.21川重	96.12.20ST	05.12.28放出	15.04.24ｱｶ	17.10.13AB
H 6	106	508	1507	106Ⓑ	92.01.31川重	94.01.28近車	97.01.28ST	05.12.14放出	15.04.06ｱｶ	23.03.27ST
H 7	107	509	1535	107	91.12.20近車	96.03.30川重	96.05.23ST*	06.02.01放出	16.01.30AB	
H 8	108	510	1517	108	91.12.26近車	94.02.18日立	96.06.25ST	06.03.04ｱｶ	15.07.31ｱｶ	
H 9	109	511	1503	109Ⓑ	92.01.10近車	94.01.13川重	96.10.25ST	06.02.11放出	16.01.12AB	22.04.28ST
H10	110	512	1527	110Ⓑ	92.01.17近車	94.03.24川重	96.08.18TT	06.01.17放出	15.03.16ｱｶ	
H11	111	513	1515	111Ⓑ	92.01.21近車	94.02.16近車	96.10.01TT	05.12.23放出	15.06.14ｱｶ	22.06.04AB
H12	112	514	1525	112	92.02.10日立	94.03.08川重	96.11.21TT	06.01.15放出	15.09.12ｱｶ	22.09.09AB
H13	113	515	1521	113	92.02.20日立	94.02.25近車	96.12.24TT	06.02.12放出	15.02.26ｱｶ	
H14	130	532	1511	130	93.03.09川重	94.02.07近車	96.10.01ST	06.02.03放出	15.05.12ｱｶ	
H15	131	533	1509	131	93.03.09川重	94.02.04日立	96.08.06ST	05.12.12放出	16.01.21AB	19.04.18ST
H16	132	534	1519	132	93.03.24川重	94.02.18川重	96.09.05ST	06.01.25放出	16.01.14AB	19.07.03ST

	←7△ クモハ 207	弱 6 サハ 207	5☆ モハ 207	♿ 4→ クハ 206	＋ 新製月日	車体外板フイルム シール整備工事	4号車 先頭部 幌取付工事
	+SC	CP	SC	CP+			
	●●	●● ○○	○○ ●●	●● ○○ ○○			
T20	2001	2001	2001	2001	02.01.09川重	06.01.20放出	15.09.18AB
T21	2002	2002	2002	2002	02.01.28近車	06.01.29放出	15.10.20AB
T22	2003	2003	2003	2003	02.01.28近車	06.01.05放出	15.09.07ｱｶ
T23	2008	2008	2004	2008	03.06.07近車	06.01.26放出	15.06.20ｱｶ
T24	2010	2010	2005	2010	03.06.07近車	06.01.08放出	15.06.11ｱｶ
T25	2012	2012	2006	2012	03.06.17近車	05.11.14AB	15.05.29ｱｶ
T26	2014	2014	2007	2014	03.07.04近車	05.11.27AB	15.06.24ｱｶ
T27	2016	2016	2008	2016	03.07.05近車	05.12.18AB	16.03.09AB
T28	2018	2018	2009	2018	03.07.12近車	05.12.20ｱｶ	15.08.29ｱｶ
T29	2020	2020	2010	2020	03.07.29近車	06.01.13放出	16.01.15AB
T30	2022	2022	2011	2022	03.08.08近車	06.02.18AB	15.04.23ｱｶ

▽４号車先頭部幌取付工事　H10=15.03.16AB
▽☆印の５号車は女性専用車。2002(H14).07.01から(2002.09.30まで試用)学研都市線京橋方面行きにて開始
　2002(H14).12.01からの「女性専用車」拡大に伴って△印車両から変更
　時間帯は初電～ 9:00のほか、17:00 ～ 21:00(タラッシュ時間帯)に拡大
　運行区間は、ＪＲ京都線(琵琶湖線・湖西線含む)・ＪＲ神戸線・ＪＲ宝塚線・ＪＲ東西線と
　学研都市線木津方面行きにも拡大、合わせて 201系・205系でも設定された
　さらに、2011(H23).04.18からは終日に拡大
▽*印を付したＨ 1・ 7編成の改番月日は６号車を除く
▽４両(Ｔ・Ｚ・Ｈ編成)＋３両(Ｓ編成)。７両固定編成(Ｆ編成)は2022(R04).04.07廃車
▽2010(H22).03.13改正から、京田辺～木津～奈良間にも７両編成が入線できるようになったため、
　分割運転はなくなり、321系との共通運用が可能となった
▽ＪＲ東西線(京橋～尼崎間)は1997(H09).03.08開業
▽おおさか東線(放出～新大阪間)は2019(H31).03.16開業。3023(R05).03.18改正にて同線への入線は終了

▽ＪＲ東西線・学研都市線・ＪＲ京都線・ＪＲ神戸線・ＪＲ宝塚線の保安装置はＡＴＳ-Ｐ

207系 ←草津・京都・奈良・木津　　　　篠山口・西明石・加古川→

東海道本線
山陽本線
福知山線
ＪＲ東西線
学研都市線

	+SC ←3 クモハ207	2 サハ207	1→ クハ206 C_2+	新製月日	車体外板フイルムシール整備	3号車先頭部幌取付工事	体質改善工事
S 1	1015	1009	1015	94.01.12川重	06.01.17放出	15.04.20AB	20.05.02AB
S 2	1016	1010	1016	94.01.13川重	05.12.16アカ	15.03.16AB	17.11.11AB
S 3	1017	1005	1017	94.01.14近車	05.12.24放出	14.12.27AB	18.06.20ST
S 4	1018	1013	1018	94.01.28近車	06.01.10AB	16.02.10AB	17.08.29AB
S 5	1019	1011	1019	94.02.07近車	06.01.29放出	15.02.14AB	18.05.01AB
S 6	1020	1004	1020	94.02.21川重	06.01.21放出	16.01.14AB	19.08.01AB
S 7	1021	1007	1021	94.02.16近車	06.01.14放出	15.03.04AB	
S 8	1022	1014	1022	94.02.18日立	05.12.13放出	15.06.02アカ	21.03.18ST
S 9	1023	1006	1023	94.02.18川重	06.02.02放出	15.03.24AB	17.10.31ST
S10	1024	1012	1024	94.02.25近車	06.01.16放出	15.12.10アカ	18.03.01ST
S11	1025	1002	1025	94.03.04日立	05.12.26放出	15.02.25アカ	18.02.09AB
S12	1026	1001	1026	94.03.08川重	06.01.09放出	15.02.06アカ	21.01.13AB
S13	1027	1003	1027	94.03.08川重	05.12.19放出	15.02.19アカ	20.01.29AB
S14	1028	1008	1028	94.03.23川重	06.01.27放出	15.09.09AB	19.10.29AB
S15	1030	1016	1030	95.03.20近車	06.01.12放出	15.09.14AB	22.04.06AB
S16	1031	1017	1031	95.03.28川重	06.02.16放出	14.11.18アカ	21.12.28AB
S17	1032	1018	1032	95.03.27近車	06.01.26放出	15.06.16AB	18.11.14ST
S18	1033	1019	1033	95.03.27近車			
S19	1034	1020	1034	95.03.27近車	06.02.06放出	15.01.31AB	22.07.14AB
S20	1036	1022	1036	95.04.16川重	06.02.18放出	15.02.18アカ	18.07.20AB
S21	1038	1024	1038	95.04.17川重	06.02.03放出	15.11.24アカ	
S22	1039	1025	1039	95.04.17川重	06.02.02放出	16.02.01AB	16.02.01AB
S23	1040	1026	1040	95.04.17川重	06.01.19放出	15.11.11アカ	19.01.24AB
S24	1043	1029	1043	96.03.22川重	06.01.28放出	16.01.12AB	16.07.04ST
S25	1044	1030	1044	96.03.22川重	06.01.13放出	16.01.14AB	22.10.19AB
S26	1045	1031	1045	96.03.30川重	05.12.25放出	16.02.02AB	18.12.27ST
S27	1046	1032	1046	96.03.30川重	06.01.15放出	15.11.06アカ	
S28	1047	1033	1047	96.09.27川重	06.01.08放出	16.01.21AB	19.05.09AB
S29	1048	1034	1048	96.09.27川重	06.01.23放出	16.03.23AB	
S30	1049	1035	1049	96.09.27川重	06.01.18放出	15.03.25AB	
S31	1050	1036	1050	96.09.27川重	06.01.07放出	15.08.25アカ	20.06.15ST
S32	1051	1037	1051	96.09.28近車	06.02.11放出	15.09.12アカ	16.10.18ST
S33	1052	1038	1052	96.09.28近車	06.02.15放出	15.01.19AB	
S34	1053	1039	1053	96.09.28近車	06.02.12放出	15.04.23アカ	
S35	1054	1040	1054	96.09.28近車	06.02.25アカ	15.01.19AB	
S36	1055	1041	1055	96.10.16近車	06.01.20放出	15.07.09アカ	17.05.13AB
S37	1056	1042	1056	96.10.16近車	06.01.05放出	15.10.24アカ	16.12.12AB
S38	1057	1043	1057	96.10.16近車	05.12.21アカ	15.05.28アカ	16.07.19AB
S39	1058	1044	1058	96.10.16近車	05.12.12放出	15.08.28アカ	20.07.13AB
S40	1059	1045	1059	96.11.11川重	06.01.10放出	15.12.19アカ	16.10.05AB
S41	1060	1046	1060	96.11.11川重	06.01.11放出	15.06.02アカ	17.02.21AB
S42	1061	1047	1061	96.11.11川重	05.12.27放出	15.05.15アカ	20.10.12AB
S43	1062	1048	1062	96.11.11川重	06.02.08放出	15.06.14アカ	21.10.01AB
S44	1063	1049	1063	96.12.02近車	06.02.09放出	16.01.18AB	21.04.05AB
S45	1064	1050	1064	96.12.02近車	06.02.14放出	15.06.27アカ	
S46	1065	1051	1065	96.12.14川重	05.12.30アカ	15.07.31アカ	
S47	1066	1052	1066	96.12.14川重	06.02.19放出	15.02.26アカ	
S48	1067	1053	1067	96.12.14川重	05.12.29放出	14.11.27アカ	
S49	1068	1054	1068	96.12.14川重	06.01.22放出	15.05.12アカ	
S50	1069	1055	1069	97.01.10近車	05.11.24AB	15.05.30アカ	
S51	1070	1056	1070	97.01.10近車	05.12.12AB	15.03.14AB	
S52	1071	1057	1071	97.01.10近車	06.01.19AB	15.03.14AB	23.03.22AB
S53	1072	1058	1072	97.01.10近車	06.02.24放出	15.09.26アカ	
S54	1073	1059	1073	97.01.14GT	05.12.14放出	15.08.01アカ	
S55	1074	1060	1074	97.02.28GT	05.12.28放出	14.10.07アカ	

[207系] ←草津・京都・奈良・木津　　篠山口・西明石・加古川→

東海道本線
山陽本線
福知山線　＋
ＪＲ東西線
学研都市線

	←3 クモハ 207	[弱]2 サハ 207	♿ 1→ クハ 206	新製月日	車体外板フイルム シール整備	3号車 先頭部 幌取付工事
	+[SC]		CP+			
S 56	2004	2004	2004	02.01.21川重	06.02.05放出	15.06.29アカ
S 57	2005	2005	2005	02.01.21川重	06.02.23放出	15.08.27アカ
S 58	2006	2006	2006	02.01.21川重	06.01.31放出	15.08.07アカ
S 59	2007	2007	2007	02.01.28近車	06.02.01放出	15.10.09AB
S 60	2009	2009	2009	03.06.07近車	06.01.30放出	15.03.11AB
S 61	2011	2011	2011	03.06.17近車	05.12.20アカ	15.05.20アカ
S 62	2013	2013	2013	03.06.17近車	06.02.27アカ	15.08.29アカ
S 63	2015	2015	2015	03.07.05近車	06.02.07放出	15.06.11アカ
S 64	2017	2017	2017	03.07.12近車	06.01.24放出	15.09.07アカ
S 65	2019	2019	2019	03.07.12近車	06.02.10放出	15.06.20アカ
S 66	2021	2021	2021	03.07.29近車	06.02.13放出	16.01.15アカ
S 67	2023	2023	2023	03.08.08近車	06.02.08放出	15.05.29アカ

▽Ｓ 1～14の中間車の新製月日は、
Ｓ 1=94.02.18日立　2=94.02.18川重　3=94.02.04日立　4=94.03.08川重　5=94.02.25近車　6=94.01.28近車
7=94.02.21川重　8=94.03.24川重　9=94.02.07近車　10=94.03.04日立　11=94.01.13川重　12=94.01.12川重
13=94.01.14近車　14=94.02.16近車
この組替えは、落成当初、ＪＲ京都・神戸線編成が２＋６両に対し、
ＪＲ東西線乗入れに対応４＋３両編成と組替えを実施したため。Ｈ編成もこの時、当初の３両編成から４両編成と変わっている

▽207系諸元／軽量ステンレス車。帯の色は上からライトブルー、白(細い)、ＪＲ西日本カラーのブルー
主電動機：ＷＭＴ100(155kW)。ＶＶＶＦインバータ制御(ＭＭ４個一括制御)：形式はＷＰＣ 1Ａ
空調装置：ＷＡＵ702 (21,000kcal/h)×２。パンタグラフ：ＷＰＳ27Ａ
[SC]：形式はＷＳＣ28、容量は122kVA。半自動回路設置
台車：電動車ＷＤＴ52、付随車ＷＴＲ235Ｊ
▽207系1000代は主電動機：ＷＭＴ102(200kW)。ＷＭＴ102Ａ(220kW)。
ＶＶＶＦインバータ制御(個別制御)：形式はＷＰＣ４
冷房：形式はＷＡＵ702Ｂ(21,000kcal/h)×２。パンタグラフ：ＷＰＳ27Ｄ
[SC]：形式はＷＳＣ31、容量は102kVA。半自動回路設置
台車：電動車ＷＤＴ55Ｂ、付随車ＷＴＲ239Ｂ
なお、クモハ207-1041以降のモーターはＷＭＴ104(220kW)×４と変更
▽207系2000代は主電動機：ＷＭＴ102Ｂ(220kW)。ＶＶＶＦインバータ制御(個別制御)：形式はＷＰＣ13
冷房：形式はＷＡＵ705Ａ(21,000kcal/h)×２。パンタグラフ：ＷＰＳ27Ｄ
CP：形式はＷＭＨ3098-ＷＲＣ1600
台車：電動車ＷＤＴ62、付随車ＷＴＲ245
▽車端幌設置。車イススペースをクハ206 に設置
▽押しボタン式半自動扉回路装備。耐雪ブレーキ装備など耐寒耐雪仕様完備
▽電気連結器、自動解結装置(+印)装備
▽レール塗油器取付車([ト]印)は、クハ206-1·105·106·109·110·111·114·115·116·117·133·135
▽ＪＲ東西線では２つのパンタグラフを使用
▽Ｔ編成に記載の「ＴＣＰ変更」は、電動空気圧縮機を ＷＭＨ3093-ＷＴＣ2000ＢからＷＭＨ3094-ＷＴＣ1000Ｃ へ変更
合わせて除湿装置も ＷＤ20ＮＨ-ＡからＷＤ10ＮＨ-Ａ へ変わっている
▽2005(H17)年度、車体外板フイルムシール整備工事により、帯色は 321系に準拠したカラーへ変更している
▽体質改善工事にて、客室照明ＬＥＤ化、先頭車に車イススペース新設、前照灯ＨＩＤ化(のちにLED化に変更)、
ＶＶＶＦ機器更新、先頭部デザイン変更、オフセット衝突対策、側面衝突対策、
行先表示器更新、座席部縦手すり・仕切り板新設、ドア閉時案内音声新設など実施
▽ＥＢ・ＴＥ装置、映像音声記録装置取付実績は2015夏号までを参照

▽2011(H23).05.01から、運転室が向き合って中間に組み込まれて運転の場合、連結部の前照灯を点灯

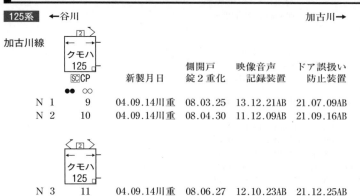

西日本旅客鉄道 網干総合車両所 明石支所 加古川派出所 近カコ 20両

125系 ←谷川 加古川→

加古川線

	クモハ125 (2) SC CP ●● ○○	新製月日	側開戸錠2重化	映像音声記録装置	ドア誤扱い防止装置
N 1	9	04.09.14川重	08.03.25	13.12.21AB	21.07.09AB
N 2	10	04.09.14川重	08.04.30	11.12.09AB	21.09.16AB

	クモハ125 (2)	新製月日	側開戸錠2重化	映像音声記録装置	ドア誤扱い防止装置
N 3	11	04.09.14川重	08.06.27	12.10.23AB	21.12.25AB
N 4	12	04.09.14川重	08.08.02	12.07.03AB	22.03.28AB

▽125系諸元／軽量ステンレス製
主電動機：ＷＭＴ102Ｂ(220kW)、ＶＶＶＦインバータ：ＷＰＣ14、
補助電源：ＷＳＣ39(120kVA)、ＣＰ：ＷＭＨ3098-ＷＲＣ1600、
パンタグラフ：ＷＰＳ28Ｃ(ｱﾙﾐ,ﾃｺ式)
空調装置：ＷＡＵ705Ｂ-Ｇ２(20,000kcal/h)、台車：ＷＤＴ59Ａ、ＷＴＲ243Ｂ
▽ワンマン運転設備。押しボタン式半自動扉回路装備　トイレ設備有
▽ドア誤扱い防止装置取付(2022年度)

配置両数		
125系		
cMc	クモハ125	4
	計	4
103系		
Mc	クモハ103	8
M′c	クモハ102	8
	計	16

103系 ←谷川　　　　　　　　　　　　　　　　加古川→

加古川線

	クモハ 103	クモハ 102 ⑯C₂	先頭車改造	トイレ設備取付	フランジ塗油器取付	旧車号 Mc+M′c	抑圧ブレーキ取付	駐車ブレーキ取付
M 1	**3551**	**3551**	04.03.29ST	04.03.29ST		M659+M′815	15.04.11	19.04.18
M 2	**3552**	**3552**	04.03.31ST	04.03.31ST		M660+M′816	15.06.10	19.06.11
M 3	**▼3553**	**3553**	04.05.24SS	04.05.24SS	06.03.17カコ	M714+M′870	14.08.21	18.06.26
M 4	**▼3554**	**3554**	04.07.08SS	04.07.08SS	06.12.29AB	M715+M′871	15.02.13	18.12.29
M 7	**3557**	**3557**	04.01.26SS	04.05.25ST		M730+M′886	15.12.17	19.10.06

	クモハ 103	クモハ 102	先頭車改造	トイレ設備取付	フランジ塗油器取付	旧車号 Mc+M′c	抑圧ブレーキ取付	駐車ブレーキ取付
M 5	**3555**	**3555**	04.10.20ST	04.10.20ST		M726+M′882	16.07.16	19.02.14
M 6	**3556**	**3556**▽	04.07.21ST	04.07.21ST		M728+M′884	16.01.20	19.08.08
M 8	**3558**	**3558**	04.08.21ST	04.08.21ST		M731+M′887	16.06.04	20.03.18

▽ワンマン運転設備。体質改善工事完了(車号太字)
▽M 8編成に2007(H19).06.08施工のラッピング「走れ！Ｙ字路」は、2012(H24)年11月 ラッピング終了
▽▼印は、フランジ塗油器取付車両　　▽押しボタン式半自動扉回路装備
▽運転状況記録装置取付工事は、M 7編成(13.11.15AB)にて対象車両、施工完了
▽ワンマン運賃表示器液晶化
　M 1=15.12.22　M 2=15.06.11　M 3=16.01.29　M 4=15.11.05　M 5=15.12.15　M 6=16.01.20
　M 7=15.12.17　M 8=15.11.08　N 1=16.03.03　N 2=16.03.21　N 3=16.03.12　N 4=16.02.23
▽抑圧装置を2016(H28).08までに全編成取付完了
▽駐車ブレーキ取付は、駅等留置時の転動防止のため

▽加古川線は、2004(H16).12.19 電化開業とともに営業運転開始
　電化開業に合わせて、加古川駅周辺の立体交差化工事も完了

▽2009(H21).07.01、車両配置区所名を加古川鉄道部から変更
▽2010(H22).12.01、近畿統括本部発足に伴い組織改正

西日本旅客鉄道 下関総合車両所 運用検修センター 中セキ 105両

115系 ←岩国 下関→

山陽本線

←4	3	2	1→
クハ	モハ	モハ	クハ
115	115	114	115
		19C2	C1

					体質改善工事(N30)	地域色黄色塗装	ワンマン化改造	冷房装置WAU709
N01	**3101**	**3001**	**3001**	**3001**	05.06.06SS	15.09.03SS	21.05.24SS	19.11.27SS㋖
N02	**3102**	**3002**	**3002**	**3002**	07.04.12SS	15.07.06SS	20.09.15SS	22.08.01SS
N03	**3103**	**3003**	**3003**	**3003**	05.09.17SS	15.10.06SS	20.12.25SS	18.12.05SS
N04	**3104**	**3004**	**3004**	**3004**	05.07.21SS	11.09.30SS	21.11.09SS	20.01.14SS㋖
N05	**3105**	**3005**	**3005**	**3005**	05.12.02SS	12.01.27SS	21.03.23SS	19.03.18SS
N06	**3106**	**3006**	**3006**	**3006**	07.11.16SS	16.01.04SS		18.12.18SS
N07	**3107**	**3007**	**3007**	**3007**	08.03.31SS	12.05.07SS	20.10.09SS	22.10.05SS
N08	**3108**	**3008**	**3008**	**3008**	06.12.04SS	14.10.01SS	21.02.09SS	19.01.09SS
N09	**3109**	**3009**	**3009**	**3009**	06.05.08SS	16.06.03SS	22.06.29SS	22.06.29SS
N10	**3110**	**3010**	**3010**	**3010**	04.08.31SS	12.09.07SS	20.11.27SS	22.11.11SS
N11	**3111**	**3011**	**3011**	**3011**	05.03.08SS	13.01.07SS	22.05.18SS	22.05.18SS

←			→
クハ	モハ	モハ	クハ
115	115	114	115
		16C2	C1

N14	**3114**	**3514**	**3514**	**3014**	06.03.27SS	13.09.13SS	22.01.22SS	20.03.17SS㋖
N16	**3116**	**3512**	**3512**	**3016**	06.07.14SS	14.07.16SS	22.09.08SS	14.07.16SS
N17	**3117**	**3513**	**3513**	**3017**	06.09.05SS	**14.08.14**SS	21.08.05SS	19.10.02SS㋖
N18	**3118**	**3502**	**3502**	**3018**	07.01.11SS	**15.02.12**SS	21.07.02SS	16.03.24SS
N19	**3119**	**3503**	**3503**	**3019**	05.01.14SS	12.12.14SS	21.04.12SS	19.04.15SS
N20	**3120**	**3508**	**3508**	**3020**	06.01.08SS	14.01.08SS	22.04.08SS	22.04.08SS
N21	**3121**	**3509**	**3509**	**3021**	08.11.05SS	15.01.18SS	21.05.24SS	19.06.21SS

配置両数

115系		
Mc	クモハ115	4
M'c	クモハ114	4
M	モ ハ115	18
M'	モ ハ114	18
Tc	ク ハ115	18
Tc'	ク ハ115	18
	計	80
123系		
cMc	クモハ123	5
	計	5
105系		
Mc	クモハ105	9
Tc'	ク ハ104	9
	計	18
旧形		
cMc	クモハ 42	1
	計	1

事業用車 1両
クモヤ145-1103

▽瀬戸内色はクリーム色1号、帯は青20号
▽押しボタン式半自動扉回路装備
▽3500代(117系から改造)と3000代グループは客用扉が片側2つ
▽体質改善車(車号太字)は、車体塗色を白系を基調にブラウンと青のストレートラインへ
シート色はスギアブラウン。トイレの出入ドア側に車イス対応設備設置
▽冷房装置をWAU709に変更した車両は、右端に記載のほか
N17・18編成については、先頭車は太字にて表示の地域色化時に施工、表示は中間車の施工月日
▽EB・TE装置取付実績は、2019冬までを参照
▽㋖は床下機器色を黒からグレーに変更した車両
▽ワンマン化改造(ドア誤扱い防止装置取付、自動放送装置取付、車掌SWを105系と同タイプに変更、227系と同系にシート色変更)
N14編成は、シートモケット変更なし
▽N04編成(編成番号太字)は、2023(R05).10.11SS 出場予定にて瀬戸内色に変更
▽2023(R05).03.18改正から、山陽本線岩国～下関間にてワンマン運転開始

▽1965(S40).04.01 下関運転所開設
▽1995(H07).10.01 下関地域鉄道部発足
これに伴い、下関運転所は下関車両管理室と変更。幡生車両所は下関車両センターと改称
▽2009(H21).06.01 下関総合車両所と変更。車両基地は下関総合車両所運用検修センターと改称
▽2022(R04).10.01 広島支社は中国統括本部と組織変更。
車体標記は「広」から「中」に変更。但し車体の標記は、現在、変更されていない

115系 ←岩国　　下関→

山陽本線

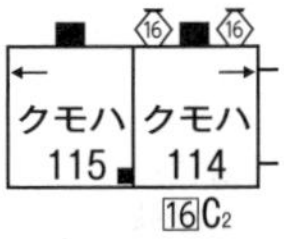

	クモハ115	クモハ114	改番月日	ＴＥ装置取付	乗務員室扉 ドア取手取付	運転状況 記録装置	地域色 黄色塗装	ワンマン化
T11	**1536**	**1106**	08.12.01ST	08.12.01ST	11.09.01SS	11.09.01SS	14.01.21SS	21.10.27SS

	クモハ115	クモハ114	改番月日	ＴＥ装置取付	乗務員室扉 ドア取手取付	運転状況 記録装置	地域色 黄色塗装	ワンマン化
T12	**1537**	**1621**	09.02.19ST	09.02.19ST	11.10.25SS	11.10.25SS	14.02.24SS	22.02.02SS
T13	**1538**	**1625**	09.04.21SS	10.12.02SS	12.03.16SS	13.02.15SS	13.02.15SS	21.01.18SS
T14	**1539**	**1627**	09.01.30SS	09.01.30SS	12.10.01SS	12.10.01SS	12.10.01SS	23.03.17SS

▽T編成。ＥＢ装置は２両編成化時に取付。車体塗色も改番時に白系が基本の広島カラーへ。現在は地域色黄色に
▽座席配置は、旧来のセミクロスシート
▽冷房装置をWAU709に変更した車両は、T11(19.12.17SS)・T12(20.01.30SS)・T13(15.04.27SS)・T14(15.01.20SS)
▽ワンマン化改造工事は、N編成に準拠した改造内容

123系 ←新山口・雀田　　宇部・小野田・下関→

宇部線
小野田線
山陽本線

	クモハ123	ワンマン化	貫通化改造	ＴＥ装置取付	地域色 黄色塗装	運転状況 記録装置	乗務員扉 ドア取手取付	トイレ設備 取付	半自動 押ボタン
U13	2	91.12.26HB	93.11.29HB	11.02.03SS	14.12.03SS	11.02.03SS	11.02.03SS	14.01.17SS	18.03.29SS
U14	3	92.01.31HB	94.01.24HB	11.03.11SS	15.05.29SS	11.07.01SS	11.07.01SS	14.02.14SS	18.07.11SS
U15	4	91.09.10HB	94.03.24HB	10.05.18SS	10.05.18SS	11.12.28SS	11.12.28SS	14.03.19SS	18.05.11SS

	クモハ123	ワンマン化	貫通化改造	ＴＥ装置取付	地域色 黄色塗装	運転状況 記録装置	乗務員室扉 ドア取手取付	トイレ設備 取付	半自動 押ボタン
U17	5	03.03.11SS	87.03.31ST	11.01.19SS	15.03.10SS	11.01.19SS	11.01.19SS	13.10.25SS	18.02.02SS
U18	6	03.07.01SS	87.03.31ST	11.02.23SS	15.08.17SS	11.08.09SS	11.08.09SS	13.12.06SS	17.10.16SS

▽車体塗色は白３号、青20号から地域色黄色に変更
▽宇部・小野田線は 1990(H02).06.01から宇部新川鉄道部の管轄
▽小野田線は 1990(H02).06.01からワンマン運転開始
▽宇部線は 1992(H04).03.14からワンマン運転開始(乗車は先頭車両後部ドア,降車は先頭車両前部ドア)
▽ＥＢ装置は、ワンマン化改造時に取付
▽2015(H27)年度、料金表示器を液晶パネルに変更
▽冷房装置をＷＡＵ709に変更したのは、U13編成(18.12.22SS)・U14編成(19.05.20SS)・U15編成(22.06.07SS)・U17編成(19.03.05SS)・U18編成(19.09.04SS)
　合わせてドア誤扱い防止装置も取付

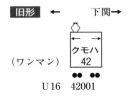

旧形 ←　　下関→

(ワンマン)

U16　42001

▽2003(H15).03.14にて定期運行がなくなっている

▽クモハ42 の車体塗色は、ぶどう色 2号
　ワンマン化改造時に、前面の警戒帯(黄色 5号)を廃止

105系 ←新山口　　　　宇部・下関→

宇部線
小野田線
山陽本線

編成	← クモハ105 (C1)	クハ104 → (SC)	体質改善 30年延命	ワンマン化	トイレ取付	ＥＢ装置取付	ＴＥ装置取付	運転状況 記録装置	地域色 黄色塗装
U01	< **9**	**9**>	04.10.14SS	90.02.08HB	04.10.14SS	90.02.08HB	08.06.03SS	12.05.24SS	12.05.24SS
U02	< **10**	**10**>	04.04.06HB	90.03.03HB	05.03.03SS	90.03.03HB	09.10.18SS	12.12.26SS	12.12.26SS
U03	< **12**	**12**>	05.03.31SS	90.03.30HB	05.03.31SS	90.03.30HB	09.03.26SS	13.03.19SS	13.03.18SS
U04	< **13**	**13**>	07.05.30SS	91.11.26HB	07.05.30SS	91.11.26HB	11.03.04SS	11.03.04SS	15.03.31SS
U05	< **15**	**15**>	03.06.03SS	92.03.09HB	05.06.17SS	92.03.09HB	11.01.21SS	11.06.14SS	15.06.05SS
U06	< **16**	**16**>	06.10.30SS	02.03.12SS	06.10.30SS	02.03.12SS	10.05.31SS	10.05.31SS	10.05.31SS
K01	< **11**	**11**>	04.08.05SS	03.03.06SS	04.08.05SS	03.03.06SS	07.10.22SS	11.06.27SS	11.06.27SS
K02	< **14**	**14**>	04.02.05SS	03.04.09SS	06.03.17SS	03.04.09SS	08.03.25SS	11.05.18SS	
K06	< **20**	**20**>	03.08.29SS	02.10.04SS	05.03.31AB	02.10.04SS	10.08.17SS	10.08.17SS	10.08.17SS

▽車体塗色は白３号をベースに、ＪＲ西日本カラーの青と広島支社を示す赤(宮島のもみじ)の帯。現在は地域色黄色
▽③は ＷＡＵ102 を３基装備。SCは130kVA。30年延命工事と併設にて冷房装置も変更
▽トイレ は クハ104 に取付
▽< > 印はスカート(排障器)取付車
▽車号太字は体質改善車、細太字は延命工事Ｎ40施工車
▽押しボタン式半自動扉回路装備
▽2016(H28)年度、料金表示器を液晶パネルに変更[12.28 ～ 03.30]
▽Ｕ01 ～ 06編成を対象にホーム検知装置取付
Ｕ01=15.03.31、Ｕ02=16.12.28、Ｕ03=17.03.30、Ｕ04=15.06.05、Ｕ05=14.03.27
Ｕ06=18.03.15
▽ＳＩＶ更新(130kVA[ＷＳＣ23]から[ＷＳＣ43]に)
Ｕ02=19.11.06SSㇰ　Ｕ03-18.11.01SS　Ｕ05=20.03.10SSㇰ　Ｋ01=19.02.01SS　Ｋ02=20.03.10SS　Ｋ06=20.08.07SS
▽バッテリーをＢ10からＡＢ20(115系と同じ)に変更した車両は、
Ｕ02=19.11.06SSㇰ　Ｕ03=19.05.10SS　Ｕ04=19.04.26SS　Ｕ05=19.06.18SS　Ｕ06=21.04.01SS　Ｋ01=19.04.18SS　Ｋ02=20.03.10SS
▽Ｋ02編成は、白基調に赤、青帯の旧広島色に復刻(22.07.06SS)
▽2023(R05).03.18改正にて、３両編成運転消滅

西日本旅客鉄道 下関総合車両所 広島支所 中ヒロ 276両

[227系] ←糸崎・竹原　　広島・あき亀山・岩国・南岩国→

山陽本線
呉線
可部線

	[2] ← ♿ クモハ 227	[2] ♿ → クモハ 226		
	+[SC]CP --	[SC] +	新製月日	塗油器装着
	○○ ●●	●● ○○		
S 01	65	㋣65	15.01.31川重	20.10.14SS
S 02	66	㋣66	15.02.25川重	20.12.22SS
S 03	67	㋣67	15.04.25川重	21.03.02SS
S 04	68	㋣68	15.05.26川重	20.09.11SS
S 05	69	㋣69	15.06.26川重	20.11.25SS
S 06	70	㋣70	15.08.05川重	21.01.28SS
S 07	71	㋣71	15.08.27川重	←
S 08	72	㋣72	15.09.09近車	←
S 09	73	㋣73	15.09.09近車	←
S 10	74	74	15.09.09近車	
S 11	75	75	15.10.15近車	
S 12	76	76	15.10.15近車	
S 13	77	77	15.10.15近車	
S 14	78	78	15.11.18近車	
S 15	79	79	15.11.18近車	
S 16	80	80	16.02.17川重	
S 17	81	81	18.04.20近車	
S 18	82	82	18.04.20近車	
S 19	83	83	18.04.04川重	
S 20	84	84	18.05.18近車	
S 21	85	85	18.05.18近車	
S 22	86	86	18.04.17川重	
S 23	87	87	18.06.07近車	
S 24	88	88	18.06.07近車	
S 25	89	89	18.04.17川重	
S 26	90	90	18.08.01近車	
S 27	91	91	18.08.01近車	
S 28	92	92	18.05.10川重	
S 29	93	93	18.08.13近車	
S 30	94	94	18.06.21川重	
S 31	95	95	18.09.26近車	
S 32	96	96	18.08.22川重	
S 33	97	97	18.10.10近車	
S 34	98	98	18.09.10川重	
S 35	99	99	18.11.15近車	
S 36	100	100	18.11.15近車	
S 37	101	101	18.12.13近車	
S 38	102	102	18.12.13近車	
S 39	103	103	19.01.10近車	
S 40	104	104	19.01.10近車	
S 41	105	105	19.02.14近車	
S 42	106	106	19.02.14近車	

配置両数		
227系		
Mc	クモハ227	106
M′	モ　ハ226	64
M′c	クモハ226	106
	計	276

▽1962(S37).05.07開設
▽2004(H16).07.01　矢賀派出所から本所へ統合(仮移転は2004.03.13)
▽2012(H24).04.01　検修部門は広島運転所から組織変更。
　なお、運転部門は引続き、広島運転所
▽2022(R04).10.01　広島支社は中国統括本部と組織変更。
　車体標記は「広」から「中」に変更。但し車体の標記は、現在、変更されていない

[227系] ←福山・糸崎　　広島・あき亀山・岩国・新山口→

山陽本線
呉線
可部線

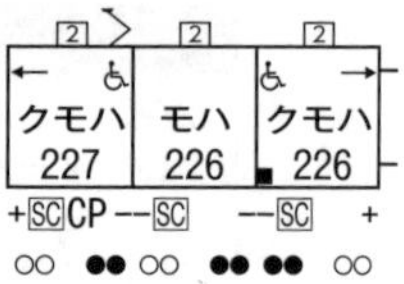

	[2] ←♿ クモハ 227	[2] モハ 226	[2] ♿→ クモハ 226		
	+[SC]CP－－[SC]		－－[SC] +	新製月日	塗油器整備
	○○ ●●	○○ ●●	●● ○○		
A01	1	1	[ト]1	14.10.07近車	22.11.09SS
A02	2	2	[ト]2	14.10.07近車	22.10.06SS
A03	3	3	[ト]3	14.10.02川重	←
A04	4	4	4	15.01.23近車	
A05	5	5	5	15.01.23近車	
A06	6	6	6	15.01.31川重	
A07	7	7	7	15.02.18近車	
A08	8	8	8	15.02.18近車	
A09	9	9	9	15.02.25川重	
A10	10	10	10	15.03.05近車	
A11	11	11	11	15.03.05近車	
A12	12	12	12	15.03.24近車	
A13	13	13	13	15.05.08近車	
A14	14	14	14	15.04.18近車	
A15	15	15	15	15.04.18近車	
A16	16	16	16	15.04.25川重	
A17	17	17	17	15.05.16近車	
A18	18	18	18	15.05.16近車	
A19	19	19	19	15.05.26川重	
A20	20	20	20	15.06.17近車	
A21	21	21	21	15.06.17近車	
A22	22	22	22	15.06.26川重	
A23	23	23	23	15.07.23近車	
A24	24	24	24	15.07.23近車	
A25	25	25	25	15.08.05川重	
A26	26	26	26	15.08.20近車	
A27	27	27	27	15.08.20近車	
A28	28	28	28	15.08.27川重	
A29	29	29	29	15.09.26近車	
A30	30	30	30	15.10.28近車	
A31	31	31	31	15.11.18近車	
A32	32	32	32	15.11.26川重	
A33	33	33	33	15.12.16川重	
A34	34	34	34	15.12.16川重	
A35	35	35	35	15.12.24川重	
A36	36	36	36	15.12.24川重	
A37	37	37	37	16.01.20川重	
A38	38	38	38	16.01.20川重	
A39	39	39	39	16.01.28川重	
A40	40	40	40	16.01.28川重	
A41	41	41	41	16.02.17川重	
A42	42	42	42	16.02.17川重	

227系 ←福山・糸崎　　広島・あき亀山・岩国・新山口→

山陽本線
呉線
可部線

	[2] ← ♿	[2]	[2] ♿ →
	クモハ227	モハ226	クモハ226	新製月日
	+[SC]CP	−−[SC]	−−[SC] +	
	○○ ●●	○○ ●●	●● ○○	
A43	43	43	43	18.04.20近車
A44	44	44	44	18.04.04川重
A45	45	45	45	18.05.18近車
A46	46	46	46	18.04.02川重
A47	47	47	47	18.06.07近車
A48	48	48	48	18.04.17川重
A49	49	49	49	18.08.01近車
A50	50	50	50	18.05.10川重
A51	51	51	51	18.08.13近車
A52	52	52	52	18.06.21川重
A53	53	53	53	18.09.26近車
A54	54	54	54	18.08.22川重
A55	55	55	55	18.10.10近車
A56	56	56	56	18.09.10川重
A57	57	57	57	18.11.15近車
A58	58	58	58	18.09.10川重
A59	59	59	59	18.12.13近車
A60	60	60	60	18.10.02川重
A61	61	61	61	19.01.10近車
A62	62	62	62	18.10.02川重
A63	63	63	63	18.10.22川重
A64	64	64	64	18.10.22川重
[A65	33	11	11	参考]

▽227系は、2015(H27).03.14から営業運転開始
▽227系諸元／主電動機：ＷＭＴ106Ａ-G2(270kW)。制御装置：ＷＰＣ15Ａ(IGBT)
[SC]：ＷＰＣ15Ａ-G1(75kVA)。CP：WMH3098A-WRC1600
台車：ＷＤＴ63Ｂ、ＷＴＲ246Ｆ、ＷＴＲ246Ｇ(先頭部)
パンタグラフ：ＷＰＳ28Ｅ
空調装置：ＡＵ708Ｂ(42,000kcal/h)。室内灯：ＬＥＤ、
軽量ステンレス製。帯色などは赤
トイレ：車イス対応大型トイレ
▽押しボタン式半自動扉回路装備
▽[ト]はフランジ塗油器装備車　A01=22.11.09SS　A02=22.10.06SS
▽2015(H27).10.03運用改正から、可部線にて充当開始
▽2018(H30).05.20から、山陽本線西広島～岩国間(35.9km)にて新保安システム(D-TAS)を使用開始。搭載は227系。
2020(R02).04.26からは山陽本線白市～西広島間でも開始。
D-TASは、車両に搭載したデータベースに制御に必要な情報を登録し、車上側で自律的に列車を制御する車上主体式へ移行することで、運転支援機能の充実を図り、鉄道輸送のさらなる安全性・安定性の向上を目指す保安装置
▽搭載の227系には、「DWs」を車体に記載
▽227系３両編成は、編成本数が多いため、2015(H27)年度までに増備となった車両と2018(H30)年度増備を区分して掲載
▽2023(R05).03.27、「カープ応援ラッピングトレイン2023」お披露目セレモニー開催。
運行開始は03.28。編成はＡ25編成
▽2022(R04).03.12改正から、山陽本線の運転区間を徳山から新山口まで延伸

223系 ←岡山　　　　　　　　　　　　　　　　　　　　高松→

	2	2		
宇野線	←5	♿4→		
瀬戸大橋線	クモハ	クハ		
予讃線	223	222		運転状況
快速 マリンライナー	+SC CP	+	新製月日	記録装置
	●●	●● ○○ ○○		
P 1	5001	5001	03.07.09川重	09.08.03AB
P 2	5002	5002	03.07.09川重	09.06.06AB
P 3	5003	5003	03.07.09川重	09.09.02AB
P 4	5004	5004	03.07.09川重	09.10.05AB
P 5	5005	5005	03.07.08川重	09.11.13AB
P 6	5006	5006	03.07.08川重	09.12.11AB
P 7	5007	5007	03.07.08川重	10.01.15AB

▽借入車を組込んだ編成は、2010(H22).01.19～01.23に順次編成減車を実施、
2010(H22).01.24から所定編成に戻っている
この結果、高松寄りにＪＲ四国5000系を連結の５両編成が基本となった
２両編成への復帰は、
Ｐ 1=10.01.20　Ｐ 2=10.01.24　Ｐ 3=10.01.19　Ｐ 4=10.01.22
Ｐ 5=10.01.21　Ｐ 6=10.01.23　Ｐ 7=10.01.18
▽借入車は2010(H22).01.25、網干区に返却

▽ 223系諸元／軽量ステンレス製
ＶＶＶＦインバータ制御：ＷＰＣ13
主電動機：ＷＭＴ102Ｂ(220kW)
空調装置：ＷＡＵ705Ａ(20,000kcal/h)×２
パンタグラフ：ＷＰＳ27Ｄ。ＥＢ・ＴＥ搭載
コンプレッサー：ＷＭＨ3098-ＷＲＣ1600
台車：ＷＤＴ59、ＷＴＲ249　トイレ：車イス対応大型トイレ
▽2003(H15).10.01ダイヤ改正から営業運転開始
▽座席は、転換式クロスシートと固定クロスシート
▽自動解結装置、押しボタン式半自動扉回路を装備
▽運転状況記録装置取付時に、映像音声記録装置も取付

117系
▽2023(R05).07.22改正にて定期運用消滅

▽1965(S40).07.01　開設。1982(S57).06.25　岡山運転区から岡山電車区と改称
1986(S61).11.01　岡山運転区と改称。1987(S62).03.01　岡山運転所と改称
▽1989(H01).03.11　岡山電車区と改称
▽2022(R04).10.01　中国統括本部発足。車両の管轄は岡山支社から中国統括本部に変更。
合わせて区所名を下関総合車両所岡山電車支所と変更。
車体標記は「岡」から「中」に変更。但し車体の標記は、現在、変更されていない

配置両数

227系		
Mc	クモハ227	8
Mc′	クモハ226	8
	計	16
223系		
Mc	クモハ223	7
Tc′	ク　ハ222	7
	計	14
213系		
Mc	クモハ213	11
Msc	クモロ213 7000	1
Tc′	ク　ハ212	7
	ク　ハ212 100	5
Tsc′	ク　ロ212 7000	1
T	サ　ハ213	3
	計	28
115系		
Mc	クモハ115	39
M′c	クモハ114	8
M	モ　ハ115	12
M′	モ　ハ114	43
Tc	ク　ハ115	12
Tc′	ク　ハ115	43
	計	157
113系		
M	モ　ハ113	13
M′	モ　ハ112	13
Tc	ク　ハ111	13
Tc′	ク　ハ111	13
	計	52
105系		
Mc	クモハ105	7
Tc′	ク　ハ104	7
	計	14

213系 ←姫路　　　　　　　　岡山・糸崎→

山陽本線

	←3 クモハ 213	弱2 サハ 213	♿1→ クハ 212	EB・TE 装置取付	運転状況 記録装置	体質改善工事
	+SC C2		+			
C 1	**1**	**4**	**1**	10.01.25AB	09.12.18AB	14.10.30ST(T4=14.03.25ST)
C 5	**5**	**5**	**5**	07.02.23AB	09.02.23AB	13.07.05ST
C 6	**6**	**6**	**6**	07.03.28AB	09.08.05AB	15.03.23ST

	← クモハ 213	クハ 212 →	クハ 212 →	ワンマン化	運転状況 記録装置	体質改善工事
	+SC C2		+			
C12	**10**	**7**	**8**	04.03.30AB(Tc7=除く)	09.09.19AB	15.08.26ST

←播州赤穂・岡山　　　　　　　　宇野・新見・糸崎→

山陽本線
宇野線
伯備線
赤穂線

	← クモハ 213	♿ クハ 212	ワンマン化	運転状況 記録装置	体質改善工事
	+SC C2	+			
C 2	**2**	**2**	04.07.13AB	09.12.24AB	13.09.26ST
C 3	**3**	**3**	04.09.27AB	09.03.31AB	13.03.25ST

	← クモハ 213	クハ 212 →	先頭車改造 T→Tc	ワンマン化	運転状況 記録装置	体質改善工事
C 7	**7**	**101**	04.03.23ST	04.03.23ST	09.11.13AB	13.12.17ST
C 8	**8**	**102**	04.09.07ST	04.09.07ST	09.10.09AB	12.06.15ST
C 9	**9**	**103**	04.09.16ST	04.09.16ST	09.10.29AB	14.07.16ST
C10	**11**	**104**	04.03.29ST	04.03.29ST	09.07.10AB	12.12.20ST
C11	**12**	**105**	04.09.30ST	04.09.30ST	09.12.09AB	12.09.26ST

←岡山　　　　　　　　宇野→

観光用

	←2 クモロ 213	♿1→ クロ 212	改造月日	運転状況 記録装置	体質改善工事
	+SC C2	+			
LA 1	**7004**	**7004**	16.03.21SS	10.01.25AB	14.03.25AB

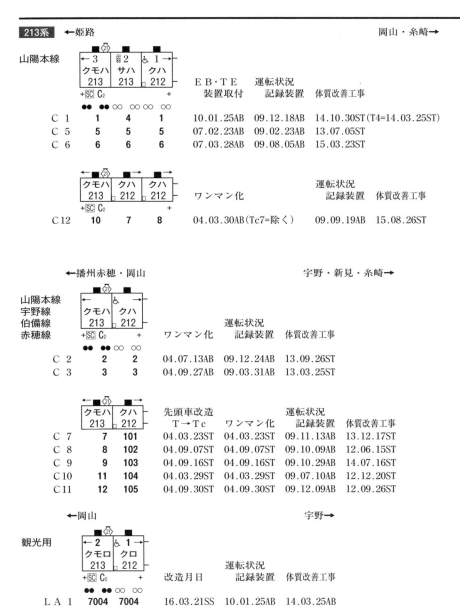

▽213系はステンレス車。帯の色は青色26号(上)、青色23号
▽C 1～ 3· 7～11編成は、ワンマン改造時に吊手取付
▽トイレ装備車は、簡易(カセット式)汚物浄化装置を搭載
▽クハ212形100代は、先頭車改造時にトイレ設備新設
▽EB·TE装置は、ワンマン改造車は改造時に実施。C12編成 クハ212-7=09.09.19AB
▽運転状況記録装置取付時に、映像音声記録装置も取付
▽車号太字は体質改善工事車
　トイレのバリアフリー化、車イス対応スペース設置、吊手増設、行先表示器LED化、通風器撤去など実施
　新定員／Mc=120(54)、T=125(64)、Tc′=117(48)〔100代=112(42)〕、
　　　　ワンマン車はMc=119(46)、Tc′=116(40)。( )内は座席定員
▽LA 1編成は、観光用電車「La Malle de Bois(ラ・マル・ド・ボァ)」[フランス語で木製の旅行鞄を意味する]。
　2016(H28).04.09　宇野線「ラ・マル せとうち」にて運転を開始
▽SIV装置変更(WSC43B化)　C 1·2·3·5·6·9
▽押しボタン式半自動扉回路装備

105系 ←岡山・福山　　　　府中→

福塩線
山陽本線

編成	クモハ105 (C₁) ●●	クハ104 (SC) ●● ○○ ○○	冷房装置 WAU102変更	30年延命	クハ104 トイレ取付	ワンマン化	TE装置取付	運転状況 記録装置	地域色 黄色化
F 1	< 1	1>	05.10.31ST	05.10.31ST	05.10.31ST	01.01.15GT	09.10.15ST	09.10.15ST	17.06.12AB
F 2	< 2	2>Ⓣ	06.03.09GT	06.03.09ST	06.03.09ST	01.12.10GT	10.03.23ST	10.03.23ST	11.03.16AB
F 3	< 3	3>	06.11.27GT	06.11.27GT	06.11.27GT	01.02.16GT	10.10.23ST	10.10.23AB	10.10.23AB
F 7	< 7	28>	06.07.19ST	06.07.19ST	06.07.19ST	92.02.07TT	10.05.15AB	10.05.15AB	14.05.22AB
F 8	< 8	29>Ⓣ	07.07.24ST	07.07.24ST	07.07.24ST	91.10.27ST	08.12.03AB	12.10.31AB	12.10.31AB
F10	< 29	6>	06.09.04TT	06.09.04ST	06.09.04ST	91.12.－TT	10.08.06AB	10.08.06AB	10.08.06AB
F12	< 31	26>	07.02.07ST	07.02.07ST	07.02.07ST	02.12.13SS	11.01.21AB	11.01.21AB	11.01.21AB

▽SCは、Ｆ 1・2・7・8・12編成=ＷＳＣ40、Ｆ 3・10編成=ＷＳＣ43Ａ
▽パンタグラフは三元系舟体用カーボンすり板
▽1993(H05)年度、座席シート色をエンパイアブルーと変更
▽編成番号、太字は地域別車体塗装一色化に対応、車体は黄色(DIC F-92)
▽運転状況記録装置取付時に、映像音声記録装置も取付
▽1992(H04).03.14から福塩線では、早朝と深夜の列車を対象にワンマン運転開始
▽1998(H10).03.14 ダイヤ改正から全編成が山陽本線へ乗入れ可能となる
▽1998(H10).10.03 ダイヤ改正から岡山電車区の受持ちと変更(府中鉄道部から転入)
▽1999(H11).03.13 ダイヤ改正から伯備線新見までの乗入れ開始
　備中高梁～新見間ではデータイム、ワンマン運転開始
▽2001(H13).10.01 ダイヤ改正から赤穂線での運用開始
▽2001(H13).10.01 ダイヤ改正から宇野線での運用開始
▽2004(H16).10.16 ダイヤ改正にて宇野線・赤穂線・伯備線の運用消滅

227系 ←岡山　　総社・宇野・児島・三原→

山陽本線
宇野線
瀬戸大橋線
伯備線

編成	クモハ227 (+SC CP) ○○ ●●	クモハ226 (SC +) ●● ○○	新製月日
R 1	526	526	23.02.09近車
R 2	527	527	23.02.09近車
R 3	528	528	23.02.09近車
R 4	529	529	23.03.09近車
R 5	530	530	23.03.09近車
R 6	531	531	23.03.24近車
R 7	532	532	23.03.24近車
R 8	533	533	23.03.24近車

▽2023(R05).07.22改正から営業運転開始。
　運転区間は山陽本線岡山～三原間と宇野線、瀬戸大橋線岡山～宇野・児島間、伯備線岡山～総社間。
　　宇野線茶屋町～宇野間、伯備線岡山～総社間は２両編成が基本で、ほかは４両編成にて運転
▽227系諸元／主電動機：ＷＭＴ106Ａ-G1(270kW)。制御装置：ＷＰＣ15Ａ-G1(IGBT)
　　SC：ＷＰＣ15Ａ-G1(75kVA)。CP：ＷＭＨ3098Ａ-ＷＲＣ1000
　　台車：ＷＤＴ63Ｂ、ＷＴＲ246Ｆ、ＷＴＲ246Ｇ(先頭部)
　　パンタグラフ：ＷＰＳ28Ｅ
　　空調装置：ＡＵ708Ｂ(42,000kcal/h)。室内灯：ＬＥＤ
　　軽量ステンレス製。帯色などはピンク(岡山の桃、福山のバラ、尾道の桜をイメージ)
　　トイレ：車イス対応大型トイレ

113系 ←姫路・岡山　　　　　　　　　　　　　　宇野・三原→

山陽本線
宇野線
赤穂線

	←4	3	弱冷 2	1→	地域色	
	クハ	モハ	モハ	クハ		
	111	113	112	111		
			⑯C1	C1	黄色化	体質改善工事
B 7	p 253	2022	2022	566p	16.02.17SS	01.02.14ST(MM=02.03.30ST)
B 8	p 256	2016	2016	564p	12.09.04SS	01.02.14ST(MM=04.03.30ST)
B10	p2119	2056	2056	2019p	15.05.07SS	98.11.25ST(MM=01.10.13AB)
B11	p2118	2046	2046	2071p	15.10.31SS	01.03.27ST
B12	p2161	2061	2061	2070p	15.11.25SS	00.03.30ST(MM=01.02.14ST)
B14	p2148	2079	2079	2052p	14.08.04SS	00.07.21ST
B15	p2149	2080	2080	2053p	15.03.27SS	00.09.04ST
B16	p2143	2015	2015	2037p	17.09.12SS	01.03.27ST(MM2015=99.12.28ST)
B17	p2115	2018	2018	2072p	16.06.28SS	00.12.06ST
B18	p 260	2055	2055	565p	17.11.08SS	99.11.17ST
B19	p2135	2026	2026	2013p	16.03.15SS	00.04.20ST

	← クハ	モハ	モハ	クハ →		
	111	113	112	111		
B 9	p2141	*2023*	*2023*	2038p	12.06.22AB*	02.08.22ST*
B13	p*2113*	*2081*	*2081*	*2014*p	12.07.18SS	01.03.27ST(MM=02.11.29ST)

▽B 7～10編成は、地域色(黄色)化に合わせ車号変更、および両Tcは側引戸半自動整備
▽車号太字は体質改善工事車。車号太斜字は体質改善工事N30施工車
▽B 7～13編成は、転入時にトイレをカセット式に変更。
　施工月日はB 7・10・11・12編成が地域色黄色化と同じ、B 8=16.01.15SS、B 9=15.07.08SS、B13=15.12.25SS。
　なお、B 7・8編成の中間車の地域色黄色化は、B 7=12.05.26AB、B 8=12.08.23AB
▽B15編成のモハ113・112-2026の冷房装置はWAU75(07.09.14ST)

▽2018年夏から弱冷房車の設定車両を変更

山陽本線(平日)　姫路～岡山～三原間　　　　2023.07.22改正

下り

列車番号	発駅時刻	→	→	着駅時刻	編成両数
5703M	岡山	5:55	6:55	福山	213②w②w②w
417M	岡山	13:50	15:32	三原	227②②
1747M	岡山	15:55	17:28	糸崎	113④
1751M	岡山	16:25	17:53	糸崎	115④
1755M	岡山	17:55	19:27	糸崎	227②②

上り

列車番号	発駅時刻	→	→	着駅時刻	編成両数
5710M	岡山	8:13	7:07	福山	213②w②w②w
426M	岡山	17:30	15:44	三原	227②②
1770M	岡山	19:32	18:02	糸崎	113④
1772M	岡山	19:49	18:15	糸崎	115④
1776M	岡山	21:05	19:39	糸崎	227②②

赤穂線(平日)　　　　2023.07.22改正

下り

列車番号	発駅時刻	→	→	着駅時刻	編成両数
1933M	播州赤穂	21:27	22:42	岡山	213②w②w

上り

列車番号	発駅時刻	→	→	着駅時刻	編成両数
1930M	播州赤穂	21:19	20:08	岡山	213②w②w

宇野線・本四備讃線　　　　2023.07.22改正

下り

列車番号	発駅時刻	→	→	着駅時刻	編成両数
635M	岡山	6:15	7:26	宇野	227②〔茶屋町からワンマン〕
523M	岡山	6:44	7:21	児島	227②②
1641M	茶屋町	8:41	9:10	宇野	227②〔ワンマン〕
1645M	茶屋町	10:13	10:37	宇野	227②〔ワンマン〕
1647M	茶屋町	12:10	12:35	宇野	227②〔ワンマン〕
1649M	茶屋町	14:10	14:34	宇野	227②〔ワンマン〕
1651M	茶屋町	15:11	15:35	宇野	227②〔ワンマン〕
653M	岡山	15:15	16:12	宇野	227②②
1655M	茶屋町	16:11	16:35	宇野	227②〔ワンマン〕
1659M	茶屋町	17:11	17:35	宇野	227②〔ワンマン〕
1663M	茶屋町	18:11	18:35	宇野	227②〔ワンマン〕
665M	岡山	18:15	19:09	宇野	227②②
1667M	茶屋町	19:12	19:40	宇野	227②〔ワンマン〕
675M	岡山	22:31	23:27	宇野	227②②
677M	岡山	23:32	0:25	宇野	227②〔茶屋町からワンマン〕

上り

列車番号	発駅時刻	→	→	着駅時刻	編成両数
630M	岡山	6:07	5:01	宇野	227②〔茶屋町までワンマン〕
634M	岡山	7:39	6:49	宇野	227②②
638M	岡山	8:23	7:33	宇野	227②②
524M	岡山	8:31	7:55	児島	227②②
1640M	茶屋町	8:26	7:56	宇野	227②〔ワンマン〕
1646M	茶屋町	9:58	9:35	宇野	227②〔ワンマン〕
1648M	茶屋町	12:03	11:40	宇野	227②〔ワンマン〕
1650M	茶屋町	13:44	13:20	宇野	227②〔ワンマン〕
1652M	茶屋町	15:04	14:41	宇野	227②〔ワンマン〕
1654M	茶屋町	16:06	15:42	宇野	227②〔ワンマン〕
1658M	茶屋町	17:05	16:42	宇野	227②〔ワンマン〕
660M	岡山	17:59	17:05	宇野	227②②
1662M	茶屋町	18:05	17:42	宇野	227②〔ワンマン〕
1666M	茶屋町	19:05	18:42	宇野	227②〔ワンマン〕
672M	岡山	22:19	21:32	宇野	227②〔茶屋町までワンマン〕

伯備線(平日)　　　　2023.07.22改正

下り

列車番号	発駅時刻	→	→	着駅時刻	編成両数
1825M	岡山	10:40	11:10	総社	227②
1829M	岡山	12:18	12:49	総社	227②

上り

列車番号	発駅時刻	→	→	着駅時刻	編成両数
1830M	岡山	11:56	11:24	総社	227②
1836M	岡山	13:53	13:22	総社	227②

▽2023.07.22改正にて充当車両が変更となった車両のみ掲載

115系 ←姫路・岡山　　　宇野・米子・西出雲・三原→

山陽本線
伯備線
赤穂線·宇野線

編成	←4 クハ 115	3 モハ 115	弱2 モハ 114	1→ クハ 115	体質改善工事	ATS-P 取付	EB·TE 装置取付	映像音声 記録装置	地域色 黄色化
A 1	p1107	1032	1093	1219p	02.04.18GT	09.01.23ST	09.01.23GT	10.07.03AB	10.07.03AB
A 2	p1111	1105	1177	1217p	99.06.09GT	08.02.05SS	08.02.05SS	10.03.30AB	12.05.23AB
A 3	p1112	1042	1103	1244p	03.10.17GT	08.04.16SS	08.04.16SS	10.05.11AB	10.05.11AB
A 4	p1118	1055	1208	1241p	02.09.27GT	08.04.16SS	08.10.15SS	10.11.22SS	15.10.31AB
A 6	p1139	1084	1148	1068p	02.11.13GT	07.06.13SS	07.06.13SS	11.11.24AB	11.11.24AB
A 7	p1152	1093	1157	1236p	03.07.05GT	09.07.30ST	03.07.05GT	11.08.23AB	11.08.23AB
A10	p1146	1086	1150	1206p$	00.10.30GT	09.05.29ST	00.10.30GT	11.05.09AB	11.05.09AB
A12	p1083	1115	1199	1082p	04.02.10GT	08.07.22SS	04.02.10GT	10.09.07AB	10.09.07AB
A14	p1121	1119	1203	1150p	19.03.29GT	07.03.29GT	07.03.29GT	11.09.21AB	14.04.30AB
A16	p1122	1088	1152	1234p	17.05.24GT	08.06.09SS	05.05.24GT	10.12.18AB	12.11.20AB
A17	p1117	1057	1120	1147p	09.05.20GT	09.05.20GT	09.05.20GT	10.09.27AB	13.10.09AB

編成	クハ 115	モハ 115	モハ 114	クハ 115	体質改善工事	ATS-P 取付	EB·TE 装置取付	映像音声 記録装置	地域色 黄色化
A15	p1153	1034	1095	1216p	18.05.02GT	08.12.19SS	06.05.02GT	11.02.24SS	11.02.24SS

編成	← クモハ 115	→ クモハ 114	先頭車改造	体質改善工事	TE装置取付	映像音声 記録装置	地域色 黄色化	
G 1	1503	1098切	01.05.31GT	01.05.31GT	08.07.19AB	10.11.19AB	10.11.19AB	
G 2	1505	1102切	01.06.29GT	01.06.29GT	10.08.09AB	10.08.09AB	10.08.09AB	
G 3	1508	1117切	01.05.22SS	01.05.22SS	08.11.28AB	11.01.26AB	11.01.26AB	
G 4	1515	1173切	01.05.21GT	01.05.21GT	09.04.28AB	11.10.03AB	11.10.03AB	
G 5	1516	1178切	01.06.30ST	01.06.30ST	09.03.03AB	10.10.02AB	10.10.02AB	
G 6	1517	1194切	01.09.12GT	01.09.12GT	07.08.09AB	11.05.28AB	11.05.28AB	
G 7	1518	1196切	01.09.27GT	01.09.27GT	08.01.19AB	11.08.26AB	11.08.26AB	←17.07.25AB 2パン化
G 8	1551	1118切	01.09.27SS	01.09.27SS	08.09.22AB	10.06.09AB	10.06.09AB	

▽G編成はワンマン改造車両。2001(H13).10.01から伯備線にて開始
　車体塗色はクリーム色を基調に、ブラウンと青のストレートライン(投入当初)
▽映像音声記録装置取付に合わせ、運転状況記録装置も取付
▽側面行先字幕設置工事は、４両編成はTc＋M′、３両編成はM′のともに海山側に取付(対象完了)
▽2000(H12)年度から前面行先表示器のＬＥＤ化工事も開始。対象車両完了
　改造実績については、2004夏号までを参照
▽D25～27編成は、耐雪ブレーキ装備なし
▽切印は、非貫通、切妻構造。低印は、非貫通、低窓、切妻構造の前面
▽D22編成は08.11.23、5800代から 300代に改番(復帰)
　D23編成は08.05.20、5800代から 300代に改番(復帰)

▽編成番号太字の編成は、地域別車体塗装一色化に対応、車体を黄色(DIC F-92)に変更の車両
▽A17編成 M115-1057＋M114-1120 体質改善工事=02.08.16SS[30N]、地域色黄色化=10.06.10SS
▽D 7編成は、「瀬戸内トレイン」ラッピング(19.03.12施工、03.12から運行開始)
▽山陰本線西出雲まで乗入れるのは２両編成。４両編成の伯備線乗入れは新見まで

115系 ←姫路・岡山　　　　宇野・備中高梁・三原→

山陽本線
伯備線
赤穂線·宇野線

	←3 クモハ 115	弱2 モハ 114	1→ クハ 115	体質改善工事	ATS-P 取付	EB·TE 装置取付	映像音声 記録装置	地域色 黄色化	冷房装置 WAU709
	●●	●● ●●	●● ○○ ○○						
D 1	p1501	1094	_1066pⓉ	00.07.27GT	07.09.26SS	07.09.26SS	10.02.06AB	12.07.18AB	17.10.13SS
D 6	p1506	1104	_1071p	01.02.19GT	08.03.07ST	08.03.07ST	10.09.24ST	13.03.12AB	

⑯ C2

	クモハ 115	モハ 114	クハ 115						
D 2	p1502	1096	_1067p	02.09.25SS	08.12.02ST	07.07.27GT	12.08.01AB	12.08.01AB	17.09.19SS
D 3	p1547	1202	_1238p	06.09.06ST	09.04.20ST	06.09.06ST	11.09.27AB	11.09.27AB	19.08.21SS
D 4	p1504	1100	_1069pⓉ	05.02.25ST	07.07.19SS	05.02.25ST	12.06.19AB	12.06.19AB	18.01.05SS
D 5	p1548	1204	_1239p	09.08.04ST	09.08.04ST	09.08.04ST	11.12.26AB	11.12.26AB	19.10.21SS
D 7	p1507	1108	_1073pⓉ	03.02.24GT	07.10.30SS	07.10.30SS	11.01.04AB	12.12.17AB	
D 8	p1549	1206	_1404p	02.07.31GT	09.03.23SS	09.03.23SS	11.08.12AB	11.08.12AB	19.07.23SS
D 9	p1509	1119	_1070p	04.12.17GT	07.05.21SS	04.12.17GT	12.06.12AB	12.06.12AB	19.10.30SS
D10	p1550	1207	_1235pⓉ	07.06.28GT	07.06.28GT	07.06.28GT	09.12.24AB	12.02.17AB	20.01.27SS
D11	p1511	1149	_1203p	05.07.03GT	08.01.07SS	05.07.03GT	10.08.18AB	13.02.18AB	
D12	p1512	1151	_1204p	06.02.24GT	08.08.13SS	06.02.24GT	11.02.10AB	14.04.21AB	19.08.27SS
D13	p1513	1153	_1205p	99.03.19GT	08.07.15ST	07.08.27SS	11.01.26ST	13.07.18AB	18.11.29SS
D14	p1514	1156	_1088p	03.03.31ST	07.11.29SS	03.03.31ST	11.03.05AB	13.01.25AB	20.10.05SS
D15	p1540	1154	_1401p	03.12.09GT	08.11.22ST	03.12.09GT	11.04.16AB	13.11.06AB	19.02.27SS
D16	p1541	1155	_1220pⓉ	05.03.30GT	08.08.27ST	05.03.30GT	11.03.11AB	12.09.24AB	18.03.01SS
D17	p1542	1158	_1207p	06.01.17GT	09.08.11GT	06.01.17GT	10.10.01AB	13.03.29AB	13.03.29AB
D18	p1543	1191	_1402p	03.08.09GT	07.03.09SS	03.08.09GT	11.05.12AB	11.05.12AB	19.06.06SS
D19	p1544	1192	_1233p	03.04.25GT	08.10.20ST	03.04.25GT	10.11.05ST	10.11.05ST	21.06.25SS
D20	p1545	1200	_1237p	05.08.20ST	08.03.10SS	08.03.10SS	10.06.14AB	10.06.14AB	17.11.14SS
D21	p1546	1201	_1403p	06.07.04GT	09.01.22SS	06.07.04GT	11.06.09AB	11.06.09AB	19.05.07SS
D28	低p1659	1122	_1405p	04.04.20GT	09.07.23SS	04.04.20GT	12.02.01AB	12.02.01AB	17.08.21SS
D29	低p1653	1116	_1240p	04.06.11GT	09.03.02ST	04.06.11GT	11.07.15AB	11.07.15AB	19.07.08SS
D30	低p1663	1126	_1079p	04.09.29GT	08.05.16SS	04.09.29GT	12.04.26AB	12.04.26AB	20.04.10SS
D31	低p1711	1195	_1032p	04.11.22GT	08.02.19SS	04.11.22GT	12.09.24AB	10.03.31AB	

	クモハ 115	モハ 114	クハ 115	EB·TE 装置取付	ATS-P 取付	映像音声 記録装置	地域色 黄色化	
D22	p 301	329	_348p	07.02.22SS	07.02.28SS	12.03.08AB	12.03.08AB	20.02.28SS
D23	p 302	330	_350p	08.05.21SS	08.05.21SS	10.12.17ST	10.12.17ST	
D24	p 323	316	_326p	09.02.20SS	09.02.20SS	11.06.16AB	16.01.18AB	21.08.12SS
D25	p 320	356	_406p	08.09.22SS	08.09.22SS	11.02.28AB	13.08.26AB	18.12.28SS
D26	p 321	357	_404p	09.05.27SS	09.05.27SS	11.11.07AB	湘南色	19.09.26SS
D27	p 324	360	_410p	06.12.04AB	09.06.23SS	11.12.19AB	湘南色	

▽体質改善車(車号太字)は、車体塗色をクリームを基調にブラウンと青のストレートラインへ変更(当初)
　座席は転換式シートへ変更。定員[(　)内は座席定員]はクモハ115=128(48)名、モハ114=140(56)名、クハ115=132(44)名
　ただし、G編成の体質改善工事では客室改造は施工せず
　$印 のA10編成=クハ115-1206=03.03.31GT(30N)　～線は30N車
▽2015(H27)年度転入のA14～16編成 中間車
　　体質改善工事　A14=02.12.04SS[30N]　A15=08.08.21SS[30N]　A16=09.03.05SS[30N]
　　車体色黄色化　A14=11.01.24SS　A15=15.05.12SS　A16=15.06.26SS
▽D24編成　Tc115-326 07.08.27SS=ATS-P・EB・TE装置、11.10.19AB=映像音声記録装置
▽Ⓣはレール塗油器装備車
▽押しボタン式半自動扉回路装備
▽_印は簡易(カセット式)汚物浄化装置取付車
▽低印の1600代の車両は、切妻形状の貫通形低運転台

▽1992(H04).03.14から、岡山・広島地区の普通列車は全区間禁煙
▽115系3両編成のJR四国(琴平まで)乗入れは、2019(H31).03.16改正にて終了

西日本旅客鉄道 後藤総合車両所 出雲支所 中イモ

84両

285系 ←東京　　　　高松・出雲市→

サンライズエクスプレス

	7・14	6・13	5・12	4・11	3・10	2・9	1・8	新製月日	
	クハネ285	サハネ285	モハネ285	サロハネ285	モハネ285	サハネ285	クハネ285		
	+		SC CP		SC CP		+		
I 1	1	1	201	1	1	201	2	98.03.19近車	14.11.27←2パン化
I 2	3	2	202	2	2	202	4	98.04.15近車	15.07.11←2パン化
I 3	5	3	203	3	3	203	6	98.05.01川重	13.10.15←2パン化
〔参考〕＝ＪＲ東海【大垣車両区 所属】									
I 4	3001	3001	3201	3001	3001	3201	3002	98.04.08近車	15.12.22←2パン化
I 5	3003	3002	3202	3002	3002	3202	3004	98.04.24日車	16.07.19←2パン化

▽ 285系は1998(H10).07.10から営業運転開始
東京～出雲市間「サンライズ出雲」、東京～高松間「サンライズ瀬戸」に充当
1998(H10).07.10 営業最初の日は、
東京発「サンライズ出雲」はⅠ 5 編成
東京発「サンライズ瀬戸」はⅠ 2 編成
出雲市発「サンライズ出雲」はⅠ 3 編成
高松発「サンライズ瀬戸」はⅠ 4 編成
▽2023(R05).10.01当日の充当列車は、
Ⅰ-4編成＝東京発(瀬戸)、Ⅰ-3編成＝東京発(出雲)、Ⅰ-2編成＝高松発(瀬戸)、Ⅰ-5編成＝出雲市発(出雲)
▽〔参考〕の車両は、ＪＲ東海の車両。後藤総合車両所出雲支所の配置両数には含めない
ただし、交検などの検査は、後藤総合車両所出雲支所にて施工

▽ 285系諸元／ＶＶＶＦインバータ制御(個別制御)：形式はＷＰＣ 9(IGBT)
主電動機：ＷＭＴ102Ａ(220kW)×４
台車：ＷＤＴ58、ＷＴＲ241
冷房装置：ＷＡＵ706(約20,000kcal/h以上)×２
電動空気圧縮機：ＷＭＨ3097-ＷＲ1500
パンタグラフ：ＷＰＳ28Ａ
補助電源：ＷＳＣ35(130kVA)

▽６・13号車が全車喫煙、および４・11号車の一部が喫煙車となっている
▽モハネ285はＢ個室「ソロ」（３・10号車）
モハネ285 200代はノビノビ座席＋Ｂ個室「シングル」（５・12号車）
サロハネ285は上客室がＡ個室「シングルデラックス」、下客室はＢ個室「サンライズツイン」（４・11号車）
クハネ285はＢ個室「シングル」「シングルツイン」（１・７・８・14号車）
サハネ285はＢ個室「シングル」「シングルツイン」（２・６・９・13号車）
▽シャワー室は３・10号車
自動販売機は３・５・10・12号車
▽貫通幌は内蔵型であるが、連結時に貫通幌にて通り抜けられることを示すためあえて表示

▽クモヤ145- 105は10.08.11ST にて主電動機をＭＴ46からＭＴ54へ変更、クモヤ145-1105と改番
合わせて、ＥＢ·ＴＥ装置取付

▽1993(H05).03.18　知井宮は「西出雲」と駅名改称

▽1981(S56).03.07　出雲準備電車区発足。1982(S57).03.05　出雲電車区と称称。1986(S61).03.03　出雲運転区と改称
▽2000(H12).04.01　出雲運転区から区所名変更
▽2008(H20).06.01　出雲鉄道部出雲車両支部から現在の区所名に変更
▽2022(R04).10.01　中国統括本部発足。車両の管轄は岡山支社から中国統括本部に変更。
車体標記は「米」から「中」に変更。但し車体の標記は、現在、変更されていない

配置両数

285系		
M_{NW}	モハネ285	3
M_{NW}	モハネ285₂	3
T_{NWC}	クハネ285	3
T_{NWC}'	クハネ285	3
T_{NWS}	サロハネ285	3
T_{NW}	サハネ285	3
T_{NW}	サハネ285₂	3
	計	21
381系		
Mc	クモハ381	7
M	モ ハ381	11
M′	モ ハ380	18
Tc	ク ハ381	9
Tsc′	ク ロ380	2
Tsc′	ク ロ381	8
T	サ ハ381	7
	計	62

事業用車 1両
クモヤ145-1105

381系 ←岡山　　　　　　　　　　出雲市・西出雲→

	下	下	⑯下⑯	下	⑯下⑯	下	
やくも パノラマ編成	←6_4 クハ 381	5_3 モハ 381	4_2 モハ 380	3 モハ 381	2 モハ 380	1→ クロ 380	
	11		C_2		C_2	11	
	142	68	268	80	580+	6	(1002M ～ 1003M ～ 7016M ～ 7017M)
				74	74		

	下	下	⑯下⑯	下	⑯下⑯	下	
スーパー やくも色	←6_4 クハ 381	5_3 モハ 381	4_2 モハ 380	3 モハ 381	2 モハ 380	1→ クロ 380	
	11		C_2		C_2	11	
	138	83	283	73	573+	7	(1004M ～ 1005M ～ 1020M ～ 1021M)

	下	下	⑯下⑯	下	⑯下⑯	下	
サブ編成	←6_4 クハ 381	5_3 モハ 381	4_2 モハ 380	3 モハ 381	2 モハ 380	1→ クロ 381	
	140	87	287	—	—	129	(7012M ～ 7013M ～ 1026M ～ 1027M)

	下	◇下◇	下	下	◇下◇	下	
国鉄色	←6 クモハ 381	5 モハ 380	4 サハ 381	3 モハ 381	2 モハ 380	1→ クロ 381	
	+507	66	231	71	71	141	(1008M ～ 1009M ～ 1024M ～ 1025M)

	下	下	◇下◇	+	下	◇下◇	下	下	
ノーマル編成	←7 クハ 381	6 モハ 381	5 モハ 380	+	←4 クモハ 381	3 モハ 380	2 サハ 381	1→ クロ 381	
	112	86	586+		+501	78	230	130	
					+502	81	229	134	(1001M ～ 1018M ～ 1019M)
	136	77	577+		+503	76	228	144	
	108	68	569+		+506	75	223	139	(1006M ～ 1007M ～ 1022M ～ 1023M)
					+508	84	225	128	(1014M ～ 1015M ～ 1030M)
					+509	72	224	132	(1010M ～ 1011M ～ 7028M ～ 7029M)
	113	92	592+						
	107								
	109								

▽クロ380 はパノラマ車
▽「ゆったり やくも」編成はリニューアル車
07.03.16ST=出場。2007(H19).04.01に大阪駅などで公開。2007(H19).04.03の1012Mから営業運転開始
外装は赤系がベース。グリーン車座席の３列化。トイレの洋式化と男子小用トイレ新設
普通車座席を大型バケットタイプのリクライニングシートへ変更など
2011(H23).07.15GT出場のMc 9+M′72+Ｔ224(旧Ｔs24)+Ｔsc132(旧Ｔc132)にて対象車両完了
▽2009(H21).06.01から全車・全室禁煙
▽自動解結装置取付に伴う車号変更
クモハ381- 1→501=16.11.04GT　2→502=16.03.28GT　3→503=17.03.10GT　6→506=16.12.27GT
7→507=16.04.27GT　8→508=16.06.21GT　9→509=16.07.26GT
モ　ハ381-69→569=16.03.10GT　73→573=16.08.06GT　77→577=17.01.27GT　80→580=16.12.07GT
86→586=17.02.28GT　92→592=16.09.16GT
▽日根野・福知山から転入車の簡易改造(アコモ改装・塗装変更)
クハ381-107=16.08.19GT　108=16.09.06GT　112=16.09.23GT
クハ381-1109→109=16.09.12GT　1113→113=16.08.30GT
▽国鉄色に変更。モハ381・380-71=22.03.01GT、クモハ381-507+モハ380-66+サハ381-231+クロ381-141=22.03.17GT
▽スーパーやくも色に変更。クハ381-138+モハ381-83+モハ380-283=23.01.31GT、クロ380-7=23.02.15GT、
モハ381-73+モハ380-573=23.03.14GT
▽381系特急「やくも」リバイバル企画【第３弾】 2023(R04).11.05から「緑やくも色」(1997 ～ 2011年に運転)、運転開始。
「やくも」10号、11号、28号、29号に充当の計画。2024春以降、新型車両 273系がデビュー。381系は引退へ

▽( ) 内は、2023(R05).10.01 当日の充当列車
▽2016(H28).10.01から、４+３両編成の営業運転開始。自由席を４・５号車と変更
▽2011(H23).03.12改正から表示の編成名称に変更

四国旅客鉄道 高松運転所 四カマ 78両

5000系 ←岡山 高松→

配置両数		
5000系		
Mc	5000	6
Tswc′	5100	6
T	5200	6
	計——	18
6000系		
Mc	6000	2
Tc′	6100	2
T	6200	2
	計——	6
7000系		
cMc	7000	11
Tc′	7100	5
	計——	16
7200系		
Mc	7200	19
Tc′	7300	19
	計——	38

予讃線
瀬戸大橋線
快速 マリンライナー

	←3 弱	2	1→	
	5000	5200	5100	
	+SC CP			新製月日
M 1	5001	5201	5101	03.08.04川重+川重+東急
M 2	5002	5202	5102	03.08.05 〃
M 3	5003	5203	5103	03.08.06 〃
M 4	5004	5204	5104	03.08.08 〃
M 5	5005	5205	5105	03.08.10 〃
M 6	5006	5206	5106	03.08.10 〃

▽5000系諸元／軽量ステンレス製
主電動機：S-MT102B(220kW)、主変換装置：IGBT(SPC13)
空調装置：WAU705A(20,000kcal/h)×2
AU715S(20,000kcal/h)×2(5100)
CP：WMH3098-WRC1600。補助電源装置：SPC13
パンタグラフ：S-PS60
台車：S-DT63、S-TR63(5200)、S-TR64(5100)
トイレ：車イス対応大型トイレ
▽押しボタン式半自動扉回路装備
▽1号車は、「瀬戸内海の深い紺」(5101～5103)と
「夕日に輝く茜」(5104～5106)の2種類のカラー
▽1号車は、2階部と運転室寄り1列(1ABCD席)がグリーン車
なお、運転室寄りはマリン・パノラマ席、1階席と車端寄り1列(19AD席)は普通車指定席
▽2003(H15).10.01ダイヤ改正から営業運転開始
▽5101は5000形と同様に電気連結器装備

7000系 ←高松 琴平・松山・伊予市→

予讃線
土讃線

7000 +SC C1+	半自動押しボタン式スイッチ取付工事	VVVF更新	
7015	05.06.27マツ		
7016	05.03.11カマ	19	上期
7017	05.07.04マツ		
7018	05.03.09カマ		
7019	05.02.19カマ	12.08.29TD	
7020	05.03.16カマ		
7021	05.03.01カマ	15.01.07TD	
7022	05.03.14カマ		
7023	05.02.25カマ		
7024	05.02.23カマ		
7025	05.03.05カマ		

7100 + +	半自動押しボタン式スイッチ取付工事
7107	05.02.27カマ
7108	05.03.07カマ
7109	05.02.21カマ
7110	05.03.16カマ
7111	05.03.03カマ

▽7000系諸元／軽量ステンレス製
VVVFインバータ制御：4個並列制御=1C4M
空調装置：S-AU58(33,000kcal/h)
パンタグラフ：S-PS58
▽+印は電気連結器、自動解結装置装備
▽押しボタン式半自動扉回路装備

▽7000系は 1992(H04).07.23、観音寺～新居浜間電化開業により増備
1993(H05).03.18の新居浜～今治間電化完成により、松山および伊予市まで運転区間延長
▽列車番号が4000代の列車ではワンマン運転を実施
▽ワンマン運転の場合
後部ドアから乗車、前部ドアから降車となる
2両編成の場合、2両目の車両は主な駅以外締切となる

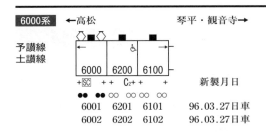

6000系 ←高松　　　　琴平・観音寺→

予讃線
土讃線

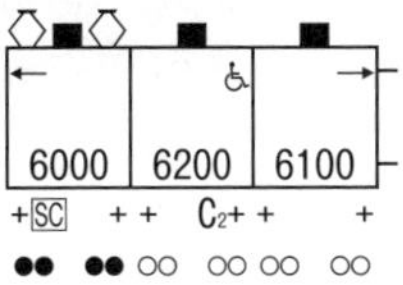

			新製月日
6001	6201	6101	96.03.27日車
6002	6202	6102	96.03.27日車

▽6000系は 1996(H08).04.26から営業運転を開始
▽岡山までの乗入れは、2019(H31).03.16改正にて終了
▽6000系はＶＶＶＦインバータ制御車
　軽量ステンレス製。帯色はＪＲ四国コーポレートカラーの青
　主電動機：Ｓ-ＭＴ62(160kW)、主変換装置：Ｓ-ＳＣ62、
　空調装置：Ｓ-ＡＵ58
　SC：ＳＶＨ150-487Ｂ(150kVA)、C2はＳＭＨ3093-ＴＣ2000
▽客用扉は、6000形の高松方と6100形の観音寺方のみが
　片開扉を採用(ほかは両開扉)。押しボタン式半自動扉回路装備
▽座席は転換式シート(各ドア寄りと車端部は固定式)

7200系 ←高松　　　　琴平・新居浜・伊予西条→

予讃線
土讃線

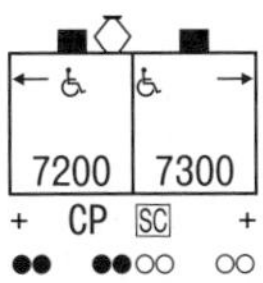

			改造月日
R01	7201	7301	18.10.12TD
R02	7202	7302	19.02.18TD
R03	7203	7303	16.03.15TD
R04	7204	7304	16.09.09TD
R05	7205	7305	17.03.28TD
R06	7206	7306	18.02.20TD
R07	7207	7307	17.11.07TD
R08	7208	7308	17.06.05TD
R09	7209	7309	17.02.28TD
R10	7210	7310	18.08.22TD
R11	7211	7311	17.12.28TD
R12	7212	7312	18.07.02TD
R13	7213	7313	16.10.28TD
R14	7214	7314	16.12.06TD
R15	7215	7315	17.09.13TD
R16	7216	7316	17.01.18TD
R17	7217	7317	17.07.20TD
R18	7218	7318	18.12.11TD
R19	7219	7319	17.03.28TD

▽7200系は、121系の機器更新車。軽量ステンレス製
　(制御装置ＶＶＶＦ化、モーター・ＳＩＶ・台車変更)
　ＶＶＶＦは個別制御(S-SC63A)、
　モーターは三相かご形誘導電動機(S-MT64=140kW)、
　ＳＩＶは150kVA、台車はＳ-ＤＴ67ef、Ｓ-ＴＲ67ef
▽押しボタン式半自動扉回路装備
▽2016(H28).06.13から営業運転開始

四国

四国旅客鉄道 松山運転所 四マツ　82両

8000系　←松山　　　　高松・岡山→

しおかぜ
いしづち

	1	2	3	4	5	+	6	7	8
	8000	8100	8150	8300	8400		8200	8300	8500
	SC C2				SC C2+		+		SC C2
L 1	8001	8107	8151	8301	8401	S 2	8202	8302	8502
L 2	8002	8102	8152	8310	8402	S 3	8203	8304	8503
L 3	8003	8103	8153	8303	8403	S 4	8204	8306	8504
L 4	8004	8104	8154	8307	8404	S 5	8205	8308	8505
L 5	8005	8105	8155	8309	8405	S 6	8206	8311	8506
L 6	8006	8106	8156	8305	8406				

配置両数		
8600系		
Mc	8600	7
M	8800	3
Tsc′	8700	3
Tc′	8750	4
計		17
8000系		
Mc	8200	5
M2	8100	6
M1	8150	6
Tc1	8500	5
Tc2	8400	6
Thsc	8000	6
T	8300	11
計		45
7000系		
cMc	7000	14
Tc′	7100	6
計		20

▽指定席表示は、「しおかぜ」「いしづち」併結列車の場合
2002(H14).03.22改正から、分割、併結は多度津駅から宇多津駅へ変更
▽8000系は1998(H10).03.14改正から車両の向きが逆となっていた
このため、1998(H10).03.13に全車方向転換(方転は、瀬戸大橋線を使用)
さらに2014(H26).03.15改正から再度方向転換し、現行の車両の向きとなっている
▽Ｌ 3・Ｓ 3編成は「アンパンマン列車」
▽2023(R05).03.18改正　充当列車(平日)は、
「アンパンマン列車」Ｌ編成は、「しおかぜ」9・21号、10・22号、「いしづち」101号、104号、
「アンパンマン列車」Ｓ編成は、「いしづち」9・21号、10・22号、「モーニングエクスプレス松山」、
Ｌ編成は、「しおかぜ」3・5・7・13・15・17・19・25・27・29号、4・6・14・16・18・26・28・30号と
「いしづち」1・101号、104号、「モーニングＥＸＰ高松」、
Ｓ編成は、「いしづち」3・5・7・13・15・17・19・25・27・29号、2・4・6・14・18・16・26・28・30号、
「しおかぜ」1号、2号　　以上が基本。検査等により、充当列車が変更となる場合がある

▽8001には、「1992. 8. 8、160km/h」というスピード記録のステッカーが前面サイドに表示されていたが、現在はなくなっている

▽8000系諸元／制御振り子方式のステンレス車。ＶＶＶＦインバータ制御(個別制御)：試作車は１Ｃ８Ｍ
主電動機：Ｓ-ＭＴ60(200kW)。試作車はＳ-ＭＴ59(150kW)
空調装置：床下装備のＳ-ＡＵ59(36,000kcal/h)
パンタグラフ：振り子対応のＳ-ＰＳ59
▽8000系　腰掛整備工事
Ｌ 1=99.10.12　Ｌ 2=00.02.01　Ｌ 3=00.03.02　Ｌ 4=99.12.11　Ｌ 5=99.11.02　Ｌ 6=00.03.29
Ｓ 1=00.04.26　Ｓ 2=01.02.01　Ｓ 3=00.09.12　Ｓ 4=01.12.25　Ｓ 5=01.11.28
▽8000系　自動販売機取付(Ｌ編成は８号車、Ｓ編成は 1号車)。対象車両完了
Ｌ 1=04.02.07　Ｌ 2=03.12.17　Ｌ 3=03.11.17　Ｌ 4=03.11.19　Ｌ 5=03.11.11　Ｌ 6=04.03.13
Ｓ 1=03.11.20　Ｓ 2=03.12.16　Ｓ 3=04.01.28　Ｓ 4=03.12.11　Ｓ 5=03.12.22　Ｓ 6=03.11.17
▽リニューアル工事車(車号太字)。対象車両完了
Ｌ 1=06.02.25TD　Ｌ 2=06.10.07TD　Ｌ 3=05.02.27TD　Ｌ 4=04.12.16TD　Ｌ 5=05.06.30TD　Ｌ 6=05.11.29TD
Ｓ 1=06.11.22TD　Ｓ 2=06.07.06TD　Ｓ 3=05.09.28TD　Ｓ 4=06.03.31TD　Ｓ 5=05.03.31TD　Ｓ 6=04.10.08TD
座席指定席車は新型Ｓシートへ座席を取替え。２号車に喫煙室設置
１・７・８号車の客室壁側にパソコン対応コンセント設置。トイレを真空式へ変更
なお、喫煙室は2011(H23).03.12改正にて全車・全室禁煙化に伴ってなくなっている
▽運転状況記録装置搭載
▽ＳＩＶ更新
8003=13.02.13　8006=13.10.02　8202=15.07.07　8403=13.12.12　8404=12.12.14　8503=14.02.27　8505=12.10.06
8504=14.10.02　8506=14.12.05　8406=15.03.24
▽主電動機更新　8201=15.07.04
▽8500形は、2010(H22).03.13改正から実施のＳ編成の一部２両運転化に関連、パンタグラフを撤去。
３両運転のＳ１編成も合わせて撤去。撤去月日は、
Ｓ１=10.05.27　Ｓ２=10年度施工　Ｓ３=10.07.09　Ｓ４=10.07.30　Ｓ５=10年度施工　Ｓ６=10年度施工
▽無料公衆無線ＬＡＮ設置工事
Ｌ 1=18.08.08、Ｌ 2=18.08.01、Ｌ 3=19.02.13、Ｌ 4=18.12.14、Ｌ 5=18.12.15、Ｌ 6=18.10.04、
Ｓ 2=18.09.14、Ｓ 3=18.12.06、Ｓ 4=18.11.19、Ｓ 5=18.11.28、Ｓ 6=18.12.07
▽台車枠取替　8302・8304・8502・8503
▽車イス対応大型トイレは５号車に設置

▽2001(H13).03.03から、松山～伊予西条間にて「ミッドナイトＥＸＰ松山」運転開始
2006(H18).03.18改正から、運転区間を松山～新居浜間に変更

8600系

←岡山・高松　　　松山→

しおかぜ
いしづち

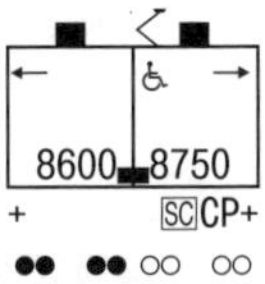

			製造月日
E11	8601	8751	14.03.06川重
E12	8602	8752	14.03.06川重
E13	8603	8753	15.10.20川重
E14	8604	8754	15.10.20川重

←岡山　　　松山→

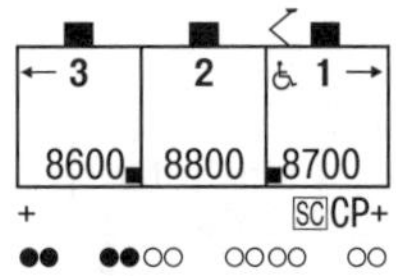

				新製月日
E 1	8605	8801	8701	15.10.20川重
E 2	8606	8802	8702	15.10.20川重
E 3	8607	8803	8703	18.02.03川重

▽2014(H26).06.23から営業運転開始
▽空気ばね式車体傾斜装置。ＶＶＶＦインバータ装置。最高速度130km/h
　主電動機　S-ＭＴ63(220kW)。台車　Ｓ-ＤＴ66、Ｓ-ＴＲ66。
　補助電源Ｓ-ＳＩＶ150。電動空気圧縮機Ｓ-ＭＨ13-ＳＣ1600。軽量ステンレス製
▽2022(R04).03.12改正　充当列車は、
　３＋２両編成は、「しおかぜ」７・11・19・23号、８・12・20・24号、
　２両編成は、「いしづち」７・11・19・23号、８・12・20・24号、
　また「いしづち」103・102号は２＋２両編成、「いしづち」106号、「モーニングＥＸＰ松山」は３両編成にて運転
▽無料公衆無線ＬＡＮ設置工事
　E 1=18.09.05、E 2=18.10.10、E 3=18.10.25、
　E11=18.11.14、E12=18.11.11、E13=18.09.25、E14=18.09.08
▽車イス対応大型トイレは♿マークの車両に設置

7000系

←高松　　　琴平・松山・伊予市→

予讃線
土讃線

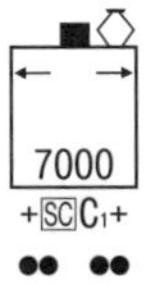

	半自動押しボタン式スイッチ取付	ＶＶＶＦ更新
7001	05.06.03マツ	13.10.25TD
7002	05.06.10マツ	13.12.16TD
7003	05.05.28マツ	13.03.09TD
7004	05.07.06マツ	12.06.28TD
7005	05.06.01マツ	
7006	05.06.25マツ	13.06.27TD
7007	05.06.21マツ	12.11.27TD
7008	05.06.19マツ	14.03.07TD
7009	05.07.08マツ	19　上期
7010	05.07.10マツ	
7011	05.06.14マツ	
7012	05.05.26マツ	
7013	05.06.08マツ	19　上期
7014	05.07.02マツ	14.10.21TD

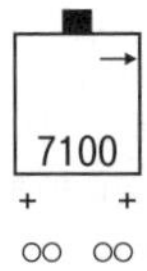

	半自動押しボタン式スイッチ取付
7101	05.06.12マツ
7102	05.05.30マツ
7103	05.06.23マツ
7104	05.06.17マツ
7105	05.06.06マツ
7106	05.06.30マツ

▽7000系は 1990(H02).11.21、伊予北条～伊予市間の電化開業とともに営業運転開始
　1992(H04).07.23、今治～伊予北条間の電化開業により今治まで延長運転
　1993(H05).03.18、新居浜～今治間の電化開業により高松まで延長運転
▽7000系は、7000代の単行のほか、7000＋7100、7000＋7000 の２両、7000＋7100＋7000(または7000＋7000＋7000) の３両で運転
▽ワンマン運転の場合は、後部ドアから乗車、前部ドアから降車となる
▽押しボタン式半自動扉回路装備

▽7000系はＶＶＶＦインバータ制御車(４個並列制御=１Ｃ４Ｍ)。軽量ステンレス製
▽空調装置はＳ-ＡＵ58(33,000kcal/h)

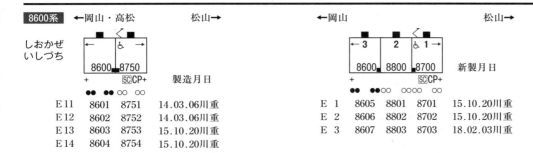

▽＋印は電気連結器、自動解結装置装備

九州新幹線編成表

九州旅客鉄道　U編成－ 8本(48両)　熊本総合車両所(幹クマ) 配置

800系　←鹿児島中央　　博多→

さくら
つばめ

	←1	2	3	4 ♥	5	6→					
	Mc	Mp	M2w	M2	Mpw	Mc					
	821	826	827	自 827	826	822					
	CP	AC			AC	CP					
	46名	80名	72名	70名	56名	54名	新製月日	車両設備改良工事	車体カラー変更	Wi-Fi取付	荷物置場設置
U001	1	1	1	**101**	**101**	**101**	03.08.30日立	10.03.31KG	11.01.06	18.09.20	20.03.13
U002	2	2	2	**102**	**102**	**102**	03.09.16日立	09.11.02KG	11.02.09	19.08.06	19.08.06
U003	3	3	3	**103**	**103**	**103**	03.10.06日立	10.09.28KG	11.02.02	19.06.07	19.06.07
U004	4	4	4	**104**	**104**	**104**	03.12.11日立	10.01.16KG	11.01.29	20.04.25	20.04.25
U006	6	6	6	**106**	**106**	**106**	05.07.18日立	10.05.30KG	11.03.15	19.03.27	19.03.27

新800系

さくら
つばめ

	←1	2	3	4 ♥	5	6→				
	Mc	Mp	M2w	M2	Mpw	Mc				
	821	826	827	自 827	826	822				
	46名	80名	72名	70名	56名	54名	新製月日	車体カラー変更	Wi-Fi設置	荷物置場設置
U007	1007	1007	1007	**1107**	**1107**	**1107**	09.08.08日立 =K	11.01.13	19.02.01	19.12.25
U008	2008	2008	2008	**2108**	**2108**	**2108**	10.03.19日立 =K	11.01.17	19.09.19	19.09.19
U009	1009	1009	1009	**1109**	**1109**	**1109**	10.11.24日立 =K	11.02.20	19.11.07	19.11.07

▽形式称号について
10位の 2は座席車(普通車)。1は座席車(特別車)
1位の 1・2は制御電動車。 5・6・7は中間電動車。 3・4は制御付随車
略号　M：主変換装置１台、M_2：主変換装置２台、Mp：パンタグラフ・主変圧器装備
c：制御車、w：トイレ設備(トイレ設備は１号車にもある)
K：検測機能搭載編成(U007·009=軌道変位検測装置、U008=電力)
▽軌道変位検測装置は１・６号車に各２基を搭載。2010(H22).12.01から運用開始
▽800系諸元／車体はアルミ合金製。台車：ＷＤＴ205K。主電動機：ＭＴ500Ｋ(275kW)。主変換装置：ＩＧＢＴ
パンタグラフ：ＰＳ207K。空調装置：ＡＵ501Ｋ(30,000kcal/h)×２
主変圧器：ＷＴＭ206K。静止型変換装置：ＴＳＣ 5K。ＣＰ：WMH1125K-ＷＲＣ1500K
▽セミアクティブサスペンション装備(パッシブダンパへ改造中)。最高速度 260km/h
▽♥印はＡＥＤ(自動体外式除細動器)設置箇所
▽座席配列は２＆２。座席モケットは西陣織がベース(U007 ～ 009編成２号車は革張り)

▽設備改良工事により、５号車に多目的室を設置(定員は66名から58名に変更)。合わせてＡＴＣ改造も施工
▽車内販売は、2019(H31).03.15をもって終了
▽車イス対応大型トイレは５号車に設置
▽列車公衆電話サービスは2021(R03).06.30をもって終了

▽800系は2004(H16).03.13から営業運転。2003(H15).09.22から本線試運転を開始
開業日の充当編成＋営業運転最初の列車
新八代発「つばめ」101号 = U001。鹿児島中央発「つばめ」30号 = U004
川内発「つばめ」201号 = U002。「つばめ」203号 = U003。
なお、U005 は 3.14「つばめ」101号から営業運転開始
▽新800系は、2009(H21).08.22「つばめ」42号(鹿児島中央 10:18発)から営業運転開始
▽太字の車両に荷物置場を設置。この設置により定員変更のため、定員を太字にて表示
U003・006 1～３号車の荷物置場は座席に復帰。U003=22.03.24、006=21.07.30

▽充当列車は、九州新幹線にて、６両編成でグリーン車を連結していない編成

▽2003(H15).12.01、新幹線鉄道事業部発足
川内新幹線車両センター(車両部門)、鹿児島新幹線運輸センター(乗務員部門)開設
▽2010(H22).11.22、熊本総合車両所発足。管轄は鉄道事業本部新幹線部(2010.04.01新設)
▽2011(H23).03.12、川内新幹線車両センターは川内駅留置線に

山陽・九州新幹線編成表

九州旅客鉄道　Ｒ編成－11本(88両)　熊本総合車両所〔幹クマ〕配置

N700系　←鹿児島中央・熊本　　博多・新大阪→

みずほ　さくら　つばめ　こだま

		←1	2	(喫煙室)3	4	5	6	(喫煙室)7	8→	新製月日	Wi-Fi設置
		Mc	M1	M′	M2	M2w	M′s	M1H	Mc′		
		781	788	786	787	787	766	788	782		
		CP		MTr	SC CP	SC	MTr	SC	SC CP		
		60名	100名	80名	80名	72名	36+24名	38名	56名		
R	1	8001	8001	8001	8001	8501	8001	8701	8001	10.12.11日立	19.04.25
R	2	8002	8002	8002	8002	8502	8002	8702	8002	10.11.23日立	19.12.20
R	3	8003	8003	8003	8003	8503	8003	8703	8003	10.12.06日立	19.07.05
R	4	8004	8004	8004	8004	8504	8004	8704	8004	10.11.27川重	18.10.25
R	5	8005	8005	8005	8005	8505	8005	8705	8005	10.12.18川重	19.11.02
R	6	8006	8006	8006	8006	8506	8006	8706	8006	11.01.31日立	18.12.27
R	7	8007	8007	8007	8007	8507	8007	8707	8007	11.01.12川重	19.12.16
R	8	8008	8008	8008	8008	8508	8008	8708	8008	11.02.04川重	18.11.28
R	9	8009	8009	8009	8009	8509	8009	8709	8009	11.02.18川重	20.02.07
R	10	8010	8010	8010	8010	8510	8010	8710	8010	11.02.11近車	19.03.02
R	11	8011	8011	8011	8011	8511	8011	8711	8011	12.07.06近車	19.09.20

▽最高運転速度 300km/h(九州新幹線は 260km/h)
▽2011(H23).03.12の九州新幹線博多～新八代間開業に合わせて営業運転開始
▽「こだま」への充当は、熊本～小倉間「つばめ」302号に絡む、小倉～博多間「こだま」783号、
博多～新下関間「こだま」772号で、新下関～熊本間「つばめ」321号にて九州新幹線に戻る
▽６号車は半室グリーン室(24名)。座席配列２＆２
▽普通車の座席配列は、１～３号車が３＆２、４～８号車は２＆２
▽客室は全室禁煙。喫煙室(喫煙室)を３･７号車に設置
▽車イス対応大型トイレは７号車に設置
▽新幹線車内無料Wi-Fi「Shinkansen Free Wi-Fi」サービス実施

九州

西九州新幹線編成表

九州旅客鉄道　Ｙ編成－５本(30両)　熊本総合車両所大村車両管理室〔幹クマ〕配置

N700S　←長崎　　武雄温泉→

かもめ

		←1	2	3	4	5	6→	新製月日
		Mc	M2	M1h	M1	M2w	M′c	
		721	727	725	725	727	722	
		CP SC		MTr	MTr		CP SC	
		40名	76名	42名	86名	86名	61名	
Y	1	8001	8001	8001	8101	8101	8101	22.06.01日立
Y	2	8002	8002	8002	8102	8102	8102	22.06.01日立
Y	3	8003	8003	8003	8103	8103	8103	22.07.01日立
Y	4	8004	8004	8004	8104	8104	8104	22.09.01日立
Y	5	8005	8005	8005	8105	8105	8105	23.10.01日立

▽2022(R04).09.23、西九州新幹線武雄温泉～長崎間開業に合わせて営業運転開始
当日の「かもめ」２号、１号はＹ１編成
▽最高運転速度 260km/h
▽座席　１～３号車　２＆２座席配列(指定席)、４～６号車　３＆２座席配列(自由席)
▽客室は全席禁煙。喫煙室なし
▽フリーＷｉ-Ｆｉ設置
▽各座席肘掛部にパソコン対応電源コンセント設置
▽３号車　多機能トイレ、多目的室設置。車イススペース４席設置、内２席は対応座席なし

▽熊本総合車両所大村車両管理室は、2022(R04).06.20誕生

885系 ←博多、佐世保　　武雄温泉・早岐→
←小倉　　博多、大分・佐伯→

リレーかもめ
みどり
ソニック

	←6 クモハ885	5 モハ885	4 サハ885	3 サハ885	2 モハ885	1→ クロハ884	新製月日	1次車改良工事	ATS-DK取付
	C2	AC	C2		AC				
S_M 1	1	1	1	101	101	1	00.02.06日立	01.09.19KK	11.05.23KK
S_M 2	2	2	2	102	102	2	00.02.21日立	01.11.27KK	10.09.15KK
S_M 3	**403**	**403**	**403**	103	103	3	00.02.21日立	01.07.28KK	10.11.18KK
S_M 4	4	4	4	104	104	4	00.02.29日立	01.12.26KK	11.02.10KK
S_M 5	5	5	5	105	105	5	00.02.29日立	02.02.16KK	10.12.25KK
S_M 6	6	6	6	106	106	6	00.03.07日立	01.10.19KK	10.04.28KK
S_M 7	7	7	7	107	107	7	00.03.07日立	02.03.01KK	11.04.12KK

	←6 クモハ885	5 モハ885	4 サハ885	3 サハ885	2 モハ885	1→ クロハ884	新製月日	3号車新製月日	ATS-DK取付
	C2	AC	C2		AC				
S_M 8	8	8	8	301	201	8	01.02.17日立	03.02.23日立	10.03.16KK
S_M 9	9	9	9	302	202	9	01.02.17日立	03.02.21日立	10.10.20KK
S_M10	10	10	10	303	203	10	01.02.25日立	03.02.20日立	10.03.18KK
S_M11	11	11	11	304	204	11	01.02.25日立	03.02.22日立	10.07.02KK

▽ 885系諸元／アルミニウム合金製ダブルスキン構造。制御付振り子方式を装備
主変換装置：ＰＣ402Ｋ-Ｈ、ＰＣ402Ｋ-Ｓ（ＩＧＢＴ）
主電動機：ＭＴ402Ｋ（190kW）、主変圧器：ＴＭ406ＫＡ（２次巻線２線と３次巻線で構成）
空調装置：ＡＵ408Ｋ（セパレートタイプ）。冷房能力21,000kcal/h×２、
暖房能力6,880kcal/h×２　台車：ＤＴ406Ｋ、ＴＲ406Ｋ
パンタグラフ：シングルアーム式 ＰＳ401ＫＡ。ＣＰ：ＴＣ2000ＱＡ（2000L/min）
▽新製月日　SM 3編成の４～６号車は04.03.23日立
▽S_M 8～11編成の変更点
標記デザインを「ソニック」仕様とし、帯色を青と変更
側窓内帯幅を縮小するとともに、内帯に傾斜を付け、テーブルを廃止
前照灯にプロジェクターランプの追加。ドアチャイム装置取付
マルチスペースを５両化に対応、２号車に設置、新番台
グリーン車とトイレ入口扉を開戸から折戸へ変更…など
▽営業運転開始／S_M 1～ 7編成は2000(H12).03.11。S_M 8～11編成は2001(H13).03.03
▽S_M 1～ 7編成は「白いかもめ」編成、S_M 8～11編成は「白いソニック」編成と運用を分離していたが、
共通運用に変わったため、車体塗装も青に順次統一された
▽車体塗装を青の新カラーに（車体塗装共通化）変更
ＳＭ 1=11.08.03KK、2=12.04.17KK、3=12.05.31KK、4=11.02.10KK、5=10.12.25KK、6=11.10.12KK、7=11.04.12KK、8=10.03.16KK、
ＳＭ 9=11.09.13KK、10=11.09.13KK、11=11.11.29KK
▽各車両に荷物置場（ラゲージスペース）を設置
ＳＭ 1=11.08.03KK、2=12.04.17KK、3=13.10.01KK、4=11.02.10KK、5=12.06.29KK、6=11.10.12KK、7=12.11.12KK、8=11.03.16KK、
ＳＭ 9=12.02.01KK、10=10.03.18KK　11=11.11.29KK
▽普通車座席　革張りシートからモケット柄に変更
４～６号車　ＳＭ 1=16.04.17KK（2･3号車=20.12.03KK）、2=17.12.28KK、3=15.04.30KK（2･3号車=20.10.29KK）、4=15.10.06KK、5=17.10.25KK
２～３号車座席追加　ＳＭ 2=19.07.08KK、4=18.07.03KK、5=19.08.09KK　２～４号車座席追加　ＳＭ10=20.05.28KK（５～６号車=18.10.19KK）
２～６号車座席追加　ＳＭ 7=19.10.03KK、8=19.12.18KK、9=18.02.28KK、11=19.03.29KK
１～３号車座席追加　ＳＭ 6=20.08.28KK（４～６号車=16.02.03KK）
▽２号車にパソコン対応電源コンセントを設置（肘掛部）。３号車窓側に電源コンセントを設置した車両は、
ＳＭ 1=20.12.03KK、2=19.07.08KK、3=20.10.29KK、4=20.03.31KK、5=19.08.09KK、6=20.08.21KK、7=19.10.03KK、8=19.12.18KK、
9=19.11.11KK、10=20.05.28KK　11=19.03.29KK
▽室内照明をＬＥＤに変更した車両
ＳＭ 2=19.07.08KK、4=20.03.31KK、5=19.08.09KK、6=20.08.21KK、9=19.11.11KK、10=20.05.28KK　11=19.03.29KK
▽前照灯ＬＥＤ化（787系、883系も）　▽車イス対応トイレは２号車に設置　▽列車公衆電話サービスは2021（R03）.06.30をもって終了

配置両数―①

885系		
Mc	クモハ885	11
M	モハ885	11
M_1	モハ885₁	7
M_1	モハ885₂	4
Thsc′	クロハ884	11
T	サハ885	11
T_1	サハ885₁	7
T_3	サハ885₃	4
	計	66
787系		
M′c	クモハ786	13
M′sc	クモロ786	1
M	モハ787	13
Ms	モロ787	1
M′	モハ786₁	1
M′	モハ786₂	4
M′	モハ786₃	8
M′s	モロ786	1
Msc	クモロ787	14
T	サハ787	13
T	サハ787₁	12
T	サハ787₂	13
Ts	サロ787	1
T_{SB}	サロシ786	1
	計	96
783系		
Mc	クモハ783	8
M_1	モハ783	8
M	モハ783	10
Tc	クハ783	5
Thsc′	クロハ782	3
Thsc′	クロハ782₁	4
Thsc′	クロハ782₅	6
T	サハ783	3
T_2	サハ783	5
	計	52

787系 ←門司港・小倉・博多　　　　宮崎空港・肥前鹿島・武雄温泉→

リレーかもめ
かささぎ
きらめき

	←8 クモハ786	7 モハ787	6 サハ787	5 サハ787	4 サハ787	3 サハ787	2 モハ786	1→ クモロ787
	AC	C2			C2		AC	
BM 1	1	1	116	1	201	101	202	1
BM 3	3	5	117	3	203	103	204	3
BM 6	6	11	109	9	206	111	201	6
BM 7	7	13	107	7	207	105	301	7
BM 8	8	15	110	8	208	106	302	8
BM10	10	19	104	12	210	115	304	10

かささぎ
きらめき
かいおう
にちりん

	←6 クモハ786	5 モハ787	4 サハ787	3 サハ787	2 モハ786	1→ クモロ787
	AC	C2		C2	AC	
BM 2	9	17	11	209	303	9
BM 4	4	7	4	204	104	4
BM 5	5	9	5	205	203	5
BM11	11	22	13	211	305	11
BM12	12	23	6	212	306	12
BM13	13	24	10	213	307	13
BM14	14	25	14	214	308	14

36ぷらす３

	←6 クモロ786	5 モロ787	4 サロ787	3 サロシ786	2 モロ786	1→ クモロ787	改造月日
	AC	C2		C2	AC		
BM363	363	363	363	363	363	363	20.09.30KK(行先表示器LCX)

▽36ぷらす３は2020(R02).10.16から営業運転開始(ブラックメタリック光沢塗装)
▽営業運転に入ると車両の向きは都度変わる(肥薩おれんじ鉄道、運転見合せ解除後)。
　鹿児島本線～日豊本線を経由、門司港にて進行方向が変わるため

▽７両編成は、2014(H26).03.15改正にて復活。2022(R04).09.23改正にて８両編成登場。７両編成消滅

▽ 787系諸元／空調装置：ＡＵ405Ｋ、冷房能力は21,000kcal/h ×２、暖房能力は15,000kcal/h ×２
　パンタグラフ：ＰＳ400Ｋ。主電動機：ＭＴ61ＱＢ(150kW)
▽リニューアル改造車は、「つばめ」マークがステンレス製エンブレムとなっている
　2002(H14).07.15、「つばめ」10号から営業開始。リニューアル改造車は、1・7号車に強制排気取付
▽モハ786-200代は０代、300代は100代からの車イス対応設備改善車(定員は 2名減の40名と変更)
▽サハ787-100代は０代と比較して、トイレ・洗面所などの設備がない(定員は０代が56名、100代は64名)
▽クモロ787 のリクライニングシートは、腰部は右、背部は左にある
　押しボタンによって、座席の角度をそれぞれにコントロールできる
▽ 787系のトイレは真空式
▽サハ787-200代はサハシ787からの改造車。ビュッフェ部を座席数23名の客室化(１Ｃ席は欠番)
　サハ787- 201(02.10.25KG)　202(02.09.24KG)　203(02.07.12KG)　204(02.08.20KG)
　205(02.12.28KG)　206(03.02.06KK)　207(03.03.12KK)　208(02.11.15KG)
　209(02.11.28KK)　210(03.02.15KG)　211(03.03.29KG)　212(02.08.02KG)
　213(02.09.25KG)　214(02.12.27KG)
▽リニューアル改造、ＤＸグリーン新設(車号太字)に関しての改造実績は、2014冬号までを参照
▽車体塗装共用化に関しての実績は2014冬号までを参照
▽車イス対応トイレは２号車に設置

783系 ←博多、佐世保　　　　　　　　　　　　　　　早岐→

みどり

	←8 クモハ 783	7 モハ 783	6 サハ 783	5→ クロハ 782	車体塗色変更	排障器強化型	ATS-DK 取付	運転状況 記録装置
	下 +AC ●●	下 ■ AC ●●●●	下 自 ●● ○○	下 ■ C_2+ ○○○○ ○○				
C_{M}11	6	106	202	102	00.11.02KK	03.03.31KK	10.04.03KK	10.04.03KK
C_{M}12	8	108	203	110	01.03.13KK	02.07.18KK(Mcのみ)	10.08.05KK	10.08.05KK
C_{M}13	9	**116**	204	104	00.06.23KK	03.02.03KK	10.08.31KK	10.08.31KK
C_{M}14	12	112	206	101	01.02.08KK	03.05.30KK	10.06.02KK	10.06.02KK

▽クロハ782-100代は貫通型。サハ783-100代から改造
▽12号車に自販機設置(T206=12.10.23KK)
▽シート色黒色化／C_{M}12=Thsc110-00.11.20KK

▽充当列車は「みどり」のほか、「きらめき」3号、8号
「みどり(リレーかもめ)」47・51・55号、2・46・50・58号

783系 ←博多　　　　　　　　　　　　　　　ハウステンボス→

ハウステンボス

	←4 クハ 783	3 モハ 783	2 モハ 783	1→ クロハ 782	車体塗色変更	排障器強化型	ATS-DK 取付	運転状況 記録装置	客室整備
	下 +AC ○○ ○○	下 ■ AC ●●●●	下 ■ C_2 ●●●●	下 ■ C_2+ ○○ ○○					
C_{M}21	105	203	306	502	00.10.03KK	03.09.20KK	10.07.07KK	10.07.07KK	17.08.09KK
C_{M}22	107	201	304	504	00.09.19KK	03.08.08KK	11.04.14KK	11.04.14KK	17.03.17KK
C_{M}23	106	209	316	506	00.12.22KK	06.05.08KK	10.12.17KK	10.12.17KK	17.11.17KK
C_{M}24	108	202	305	508	00.02.22KK	02.12.27KK	11.03.18KK	11.03.18KK	18.07.13KK
C_{M}25	109	211	307	503	01.03.05KK		10.10.21KK	10.10.21KK	18.03.29KK

▽クハ783-100代は貫通型。サハ783-100代から改造
▽指定席・自由席などの区分は、異なる列車もある

▽充当列車は、
「ハウステンボス」のほか
「みどり」7号、18・60号。「みどり」編成と併結の8両編成にて運転
「きらめき」3号、10号
「みどり(リレーかもめ)」47・51・55号、2・46・50・58号

▽2023(R05).03.18改正　充当列車は、
885系　「リレーかもめ」17・45・49・53・83号、20・48・52・56・84号
「みどり(リレーかもめ)」43号、14・54号、「みどり」23・59・63・67号、6・10・34号
787系8両編成　「リレーかもめ」1・3・5・9・13・21・25・29・33・37・41・57・61・65・81・85・87号、
4・8・12・16・24・28・32・36・40・44・62・64・82・86・88号
「かささぎ」103・107・109・111号、108・112・114・204号
「きらめき」1・5号、2・6号
787系6両編成　「かささぎ」101・105・113・201・251号、104・106・110・202・252号
「きらめき」12号、4号、「にちりんシーガイア」5号、14号、「にちりん」7・11・15号、4・6・12号
「かいおう」1号、2号
▽一般編成(「きらめき」「かいおう」に充当)とも称された4両編成は、2023(R04).09.23改正にて定期運用なしに。
表示の運転区間は、改正前までの運転区間

783系 ←門司港・直方　　　　博多→

	←4 クモハ 783 +AC	3 モハ 783 AC	2 サハ 783 C2	1→ クロハ 782 C2+	排障器強化型	ATS-DK 取付	運転状況 記録装置	4両編成化
CM 2	2	102	2	2		11.02.18KK	11.02.18KK	21.03.13
CM 3	3	103	3	3	03.12.06KK	10.04.15KK	10.04.15KK	21.03.13
CM33	13	113	207	507	02.12.19KK	10.06.08KK	10.06.08KK取	11.03.15

	クモハ 783	モハ 783	サハ 783	クロハ 782				クロハ782 貫通型化
CM35	15	115	7	407	03.02.28KK	10.12.28KK	10.12.28KK取	06.03.17KK

▽2022(R04).09.23改正にて、「みどり」系統に充当となるCM35、CM2編成をのぞいて定期運用なしに
▽サハ783- 7に自販機取付(08.11.14KK)
▽CM35編成　クロハ782-407は貫通型化改造工事により、「みどり」編成のクロハ782に準拠した顔に(「みどり」に充当)、
　また、03.02.28KKにて、1号車B室の座席数を増大(11・12CD席)
▽2009(H21).03.14改正から全車禁煙

▽783系は、1990(H02).03.10改正から130km/h運転開始
▽783系／主電動機はMT61QA(150kW)。パンタグラフはPS101QA
▽空調装置は室外ユニットAU402KA　へ改造
　屋根上に熱交換器、室内ユニットを設置(冷房能力は38,000kcal/h、暖房能力は28,000kcl/h)
▽座席番号は、A室が1番、B室が11番から開始。有明海寄りがD席。グリーン車は1人掛けのC席
▽クモハ783 運転室寄りの座席は、17ABCD
▽サハ783 は、AB室それぞれ32名、業務用室がある0代と
　A室32名、B室36名の 100代、A室32名、B室24名、カフェテリア(営業終了)のある 200代がある
▽2次車から、側面行先表示は字幕式に変更
▽1994(H06)年からリニューアル工事開始。施工車両は細太字にて表示
　施工により車体塗色はシルバーメタリックと変更となったほか、客室のアコモ改善を実施、定員減の車両もある
　また、トイレは787系と同様の真空式処理装置へとリニューアル
▽783系 「みどり」「ハウステンボス」の車体カラー変更は、編成単位の完了日(先頭車改造車は改造時完了)
▽+印は電気連結器取付車
▽シート色黒色化は、485系から転用のフリーストッパー型リクライニングシートへ変更した車両
　なお、この座席は座下にヒーターを装備している。対象は普通車(普通客室)。取替実績は2017夏までを参照

▽車号太字の車両
　モハ783- 19＝M2化=03.07.05KK　→06.09.08改番→モハ783-116
　モハ783- 109＝M1化=06.09.08KK(色替え実施.ただしドア部は緑色)　→06.09.08改番→モハ783- 20
　2007(H19).10.10KK出場にて外観の特異点はなくなっている
▽モハ783-18 は、09.03.31KKにてリニューアル工事を実施
▽運転状況記録装置は、クロハ782に取付
▽運転状況記録装置取付の項での取は、乗務員室扉下部に取手を取り付けた編成
　取はほかに、CM 3=12.05.21KK　4=12.07.11KK　11=12.06.20KK　12=12.12.13KK
　13=11.12.20KK　14=12.10.23KK
　21=12.07.26KK　22=11.09.20KK　33=12.04.26KK　35=12.09.08KK も完了
▽ハウステンボス編成　CM22は2017(H29).03.17KKにて客室整備工事実施、オレンジ色に外装も変更。
　03.18　博多09.07発「ハウステンボス」91号から運転開始
▽荷物置場設置工事(1号車11AB席、2号車08AB席、3号車08AB席、4号車09AB席を撤去)
　CM21=17.08.09KK　CM22=17.03.17KK　CM23=17.11.17KK　CM24=16.07.13KK　CM25=18.03.29KK
▽トイレ内におむつ交換台を設置
　CM21=19.10.23KK　CM22(M304)=19.02.15KK　CM23(M316)=18.08.10KK　CM24(M305)=18.07.13KK

▽1960(S35).10.14開設
▽2001(H13).04.01、北部九州地域本社発足(本社直轄から組織変更)
▽2010(H22).04.01、本社直轄に組織変更
▽南福岡電車区は2010(H22).04.01、運転部門が南福岡運転区に、検修部門は南福岡車両区に組織変更

813系 ←門司港　　　　　　　　　　　　　　　南福岡・荒尾・江北→

鹿児島本線
長崎本線

編成	←クハ813	サハ813	クモハ813→	新製月日	サハ813 新製月日	3両化 営業開始	ATS-DK 取付
	+ACC₁		+				
	○○ ○○	○○ ○○	●● ●●				
Rм 1	1	401	1	94.01.21近車	03.03.15近車	03.03.16	10.04.16KK
Rм 2	2	402	2	94.01.21近車	03.03.17近車	03.03.18	10.10.27KK
Rм 3	3	403	3	94.01.22近車	03.03.16近車	03.03.17	11.03.29KK
Rм 4	4	404	4	94.01.22近車	03.03.15近車	03.03.16	10.12.18KK
Rм 5	5	405	5	94.01.24近車	03.03.17近車	03.03.18	11.02.23KK
Rм 6	6	406	6	94.01.24近車	03.03.16近車	03.03.18	10.11.24KK
Rм 7	7	407	7	94.02.19KK	03.03.16近車	03.03.17	11.01.17KK
Rм 9	9	409	9	94.03.07KK	03.03.15近車	03.03.16	11.07.06KK

編成	←クハ813	サハ813	クモハ813→	新製月日	ATS-DK 取付	車間幌取付
	+ACC₁		+			
Rм102	102	102	102	95.01.12近車	11.07.19KK	19.02.19KK
Rм103	103	103	103	95.01.13近車	10.06.04KK	18.04.06KK
Rм104	104	104	104	95.01.14近車	10.05.18KK	18.05.11KK
Rм105	105	105	105	95.01.14近車	10.04.30KK	18.02.21KK
Rм106	106	106	106	95.03.02KK	10.05.14KK	22.06.30KK
Rм107	107	107	107	95.03.22KK	11.04.25KK	16.08.02KK
Rм108	108	108	108	96.01.20近車	11.05.27KK	16.09.15KK
Rм109	109	109	109	96.01.21近車	10.10.01KK	済
Rм110	110	110	110	96.02.02近車	10.09.17KK	18.07.25KK
Rм111	111	111	111	96.02.04近車	10.01.26KK	16.11.24KK
Rм112	112	112	112	96.02.17KK	10.01.08KK	済
Rм113	113	113	113	96.03.12KK	11.06.17KK	16.08.25KK

▽1994(H06).03.01から営業運転開始
▽1995(H07).04.20改正から自動解結装置および自動幌の使用を開始

▽813系諸元／軽量ステンレス製。主変換装置(個別制御)：ＰＣ400Ｋ
　主電動機：ＭＴ401Ｋ(150kW)、主変圧器：ＴＭ401Ｋ。主整流機：ＲＳ405Ｋ
　空調装置：ＡＵ403Ｋ(42,000kcal/h)、台車：ＤＴ401Ｋ、ＴＲ401Ｋ
　パンタグラフ：ＰＳ400Ｋ。ＣＰ：ＭＨ410Ｋ-Ｃ1000ＭＬ
　電気連結器、自動解結装置(+印)装備
　転換式クロスシート装備(連結面寄り２列はボックス式)
　床面高さを1125mmと従来より55mm下げることでローカル駅でのホームとの段差是正(車輪径は810mmと従来より50mm小)
▽定員は、０代がクモハ813=124(48)名、クハ813=122(44)名
　100代はクモハ813=132(48)名、クハ813=129(44)名、サハ813=141(56)名
　100代では、ドア間座席の各ドア寄り１列を固定式シートに変更(ドア部スペースが拡大されたため)
　200代はクモハ813=130(48)名、クハ813=128(44)名、サハ813=141(56)名
　200代では、運転室、運転席背面が客室側に拡大された
　300代はクモハ813=130(48)名、クハ813=127(40)名、サハ813=141(56)名
　300代のクハ813は、トイレ設備が車イス対応となったほか、トイレ前に車イス対応スペースを設置
　400代はサハ813=142(52)名。車イス対応スペースを門司港方の日本海側に設置
　300代・400代とも、側窓ガラスがＵＶガラスとなって、窓カーテンが廃止に、
　出入口付近の吊手配置が 817系のように丸型に、冷風吹出し口にラインデリアを採用、
　シートモケット色を茶系へ…などの変更点がある
　1000代はクハ813=127(40)名、クハ812=130(48)名、モハ813=141(56)名
　主変換装置：ＩＧＢＴへ変更(817系1000代がベース)
　主電動機：ＭＴ401ＫＡ(150kW)。主変圧器：ＴＭ409Ｋ。空調装置：ＡＵ407ＫＢ(42,500kcal/h)
　パンダグラフ：ＰＳ401Ｋ(ｼﾝｸﾞﾙｱｰﾑ式)。台車：ＤＴ403Ｋ。側窓は上部のみ黒シール
　1100代は1000代がベース。行先表示器が大型化
▽車間幌設置は、Rм301〜303・1001〜1003・1101〜1115編成は新製時から、1〜9編成は中間車組込時。
　100代・200代は施工月日を編成表に掲載
▽運転状況記録装置取付実績は2021冬までを参照

813系 ←門司港　　　　佐伯・南福岡・荒尾・江北→

鹿児島本線
長崎本線
日豊本線

編成	クハ813	サハ813	クモハ813	新製月日	ATS-DK取付	車間幌取付	客室拡大
R$_M$2201	2201	2201	2201	97.03.13近車	10.04.02KK	16.12.26KK	21.04.22
R$_M$2202	2202	2202	2202	97.03.13近車	10.08.12KK	17.01.25KK	21.07.29
R$_M$2203	2203	2203	2203	97.03.13近車	09.12.02KK	17.04.26KK	21.05.28
R$_M$3404	3404	3404	3404	97.03.13近車	10.05.29KK	16.10.03KK	22.04.　KK
R$_M$2205	2205	2205	2205	97.03.20近車	09.12.15KK	17.02.23KK	21.11.19
R$_M$3406	3406	3406	3406	97.03.20近車	11.06.27KK	22.07.01KK	22.07.01KK
R$_M$2207	2207	2207	2207	97.03.20近車	11.05.07KK	16.10.26KK	21.07.02
R$_M$3408	3408	3408	3408	97.03.20近車	09.08.08KK	22.06.24KK	22.06.24KK
R$_M$2209	2209	2209	2209	97.05.14近車	10.06.28KK	21.05.27KK	21.05.27KK
R$_M$2210	2210	2210	2210	97.05.14近車	10.08.27KK	17.08.10KK	21.10.01
R$_M$2211	2211	2211	2211	97.05.14近車	09.08.19KK	17.07.05KK	21.10.21
R$_M$2212	2212	2212	2212	97.05.14近車	09.08.26KK	17.05.15KK	21.11.19
R$_M$2213	2213	2213	2213	97.05.28近車	10.03.27KK	21.03.09KK	21.03.18
R$_M$2214	2214	2214	2214	97.05.28近車	10.09.22KK	17.02.27KK	21.08.26
R$_M$2215	2215	2215	2215	97.05.28近車	09.11.02KK	済	21.09.16
R$_M$2216	2216	2216	2216	97.05.28近車	10.02.02KK	20.09.19KK	21.10.29
R$_M$2217	2217	2217	2217	97.06.25近車	10.01.05KK		21.03.30
R$_M$3418	3418	3418	3418	97.06.25近車	10.03.30KK	22.02.12KK	22.02.12KK
R$_M$2219	2219	2219	2219	97.06.25近車	10.01.21KK	17.09.08KK	21.08.06
R$_M$3420	3420	3420	3420	97.06.25近車	10.05.25KK	22.03.09KK	22.03.09KK
R$_M$2221	2221	2221	2221	97.07.09近車	10.04.09KK		21.06.23KK
R$_M$2222	2222	2222	2222	97.07.09近車	10.03.05KK	17.10.04KK	21.10.12
R$_M$2223	2223	2223	2223	98.03.18近車	10.08.28KK	18.12.07KK	21.07.20KK
R$_M$2224	2224	2224	2224	98.03.18近車	10.06.17KK	17.12.28KK	21.12.01
R$_M$2225	2225	2225	2225	98.03.18近車	10.07.22KK	18.07.04KK	21.09.22KK
R$_M$2226	2226	2226	2226	98.03.25近車	10.07.16KK	18.06.07KK	21.03.31
R$_M$3427	3427	3427	3427	98.03.25近車	10.06.24KK	18.01.13KK	22.08.24KK
R$_M$3429	3429	3429	3429	98.09.17近車	10.07.31KK	済	22.09.09KK
R$_M$3430	3430	3430	3430	98.09.17近車	10.09.04KK	22.01.14KK	22.01.14KK
R$_M$2232	2232	2232	2232	98.09.17近車	10.12.27KK	18.10.18KK	21.10.27
R$_M$2233	2233	2233	2233	98.09.25近車	10.08.28KK	18.09.11KK	21.08.24KK
R$_M$2234	2234	2234	2234	98.09.25近車	10.10.22KK	18.09.21KK	21.10.12
R$_M$3435	3435	3435	3435	98.09.25近車	11.03.09KK	16.06.29KK	22.05.24KK
R$_M$2236	2236	2236	2236	98.09.25近車	11.02.04KK	18.11.13KK	21.11.17

編成	クハ813	サハ813	クモハ813	新製月日	ATS-DK取付	客室拡大
R$_M$301	301	301	301	03.02.26近車	10.12.10KK	
R$_M$302	302	302	302	03.02.26近車	11.01.27KK	
R$_M$3503	3503	3503	3503	03.02.26近車	11.05.10KK	21.12.16KK

配置両数—②

817系		
M	モハ817$_{3000}$	11
Tc	クハ817$_{3000}$	11
Tc′	クハ816$_{3000}$	11
	計	33
813系		
Mc	クモハ813	8
Mc	クモハ813$_{100}$	12
Mc	クモハ813$_{200}$	34
Mc	クモハ813$_{300}$	3
M	モハ813$_{1000}$	1
	モハ813$_{1100}$	15
T$_{AC}$	クハ813	8
T$_{AC}$	クハ813$_{100}$	12
T$_{AC}$	クハ813$_{200}$	34
T$_{AC}$	クハ813$_{300}$	3
Tc	クハ813$_{1000}$	1
	クハ813$_{1100}$	15
Tc′	クハ812$_{1000}$	1
	クハ812$_{1100}$	15
T	サハ813$_{100}$	12
T	サハ813$_{200}$	34
T	サハ813$_{300}$	3
T	サハ813$_{400}$	8
	計	219
811系		
M′c	クモハ810	16
M′c	クモハ810$_1$	11
M	モハ811	16
M	モハ811$_1$	11
Tc′	クハ810	16
Tc′	クハ810$_1$	11
T	サハ811	16
T	サハ811$_1$	9
T	サハ811$_2$	2
	計	108

▽運転状況記録装置をクモハ813に取付
▽813系100代の車外スピーカー取付工事実績は2010冬号までを参照
▽客室拡大は、各車両ドア間固定座席（計16席）を撤去、次位の転換式シートを固定シート化。KK付記以外の編成は区所施工

本ミフ −7

813系 ←門司港　　　　　　　　　　　　佐伯・南福岡・荒尾→

鹿児島本線
日豊本線

	クハ 813	モハ 813	クハ 812	新製月日	ホーム検知 装置取付	ワンマン化	ＡＴＳ-DK 取付	客室拡大
ワンマン	+ C$_1$	AC	+					
	∞ ∞ ●●	●● ∞	∞					
$\mathrm{R_M}$3001	3001	3001	3001	05.03.01近車	09.06.25KK	09.06.25KK	10.12.24KK	22.03.11KK

ワンマン	クハ 813	モハ 813	クハ 812	新製月日	ホーム検知 装置取付	ワンマン化	ＡＴＳ-DK 取付	客室拡大
	+ C$_1$	AC	+					
	∞ ∞ ●●	●● ∞	∞					
$\mathrm{R_M}$3101	3101	3101	3101	07.02.10近車	09.07.15KK	09.07.15KK	10.03.04KK	21.12.17KK
$\mathrm{R_M}$3102	3102	3102	3102	07.02.10近車	09.10.20KK	09.10.20KK	11.01.24KK	22.09.14KK
$\mathrm{R_M}$3103	3103	3103	3103	07.02.10近車	09.09.25KK	09.09.25KK	11.05.30KK	22.09.06KK
$\mathrm{R_M}$3104	3104	3104	3104	07.02.24近車	09.04.07KK	09.06.20KK	10.03.16KK	22.02.12KK
$\mathrm{R_M}$3105	3105	3105	3105	07.02.24近車	09.04.23KK	10.01.27KK	10.01.27KK	22.03.31KK
$\mathrm{R_M}$3106	3106	3106	3106	07.02.24近車	10.02.15KK	10.02.15KK	10.02.15KK	22.03.31KK

ワンマン	クハ 813	モハ 813	クハ 812	新製月日	客室拡大
	+ C$_1$	AC	+		
$\mathrm{R_M}$3107	3107	3107	3107	09.09.04近車	22.05.02KK
$\mathrm{R_M}$3108	3108	3108	3108	09.09.04近車	22.07.30KK
$\mathrm{R_M}$3109	3109	3109	3109	09.09.04近車	22.07.30KK
$\mathrm{R_M}$3110	3110	3110	3110	09.09.16近車	21.08.05KK
$\mathrm{R_M}$3111	3111	3111	3111	09.09.16近車	22.05.20KK
$\mathrm{R_M}$3112	3112	3112	3112	09.09.16近車	21.11.08KK
$\mathrm{R_M}$3113	3113	3113	3113	09.09.28近車	21.11.08KK
$\mathrm{R_M}$3114	3114	3114	3114	09.09.28近車	21.07.07KK
$\mathrm{R_M}$3115	3115	3115	3115	09.09.28近車	21.10.21KK

▽ワンマン車は、2009(H21).10.01からワンマン運転(駅収受式)を開始した小倉〜中津間を中心に充当
$\mathrm{R_M}$1105·1106編成については、このグループと区別するため、2009(H21).10.01に2000代に改番
さらに、ワンマン改造完了により、$\mathrm{R_M}$2105は2010(H22).01.27、$\mathrm{R_M}$2106は2010(H22).03.31に元の車号に改番
▽$\mathrm{R_M}$1107〜1115編成のＡＴＳ-ＤＫ は新製時から搭載

▽2000代、3000代は客室拡大(ドア間シートを各１列計４列分撤去)
▽3000代(3000・3100・3400・3500代)はワンマン運転(確認カメラ装備)。日豊本線系統を中心に運転
▽2022(R04).09.23改正から、日豊本線での運転区間は佐伯まで拡大(ワンマン運転)

811系1500代
▽機器更新工事に合わせて、SiCハイブリッドモジュール採用のＶＶＶＦ化、ならびに
座席ロングシート化、客室照明ＬＥＤ化、行先表示器フルカラーＬＥＤ化、
トイレ洋式化(清水空圧式)、クハ810に車イス(フリー)スペース設置などを実施。
改造により、定員はクモハ811=144(48)、モハ811・サハ811=156(56)、クハ810=141(40)
(座席数はドア間３＋４＋３=10名、車端側４名)
主変換装置：PC408KA(クモハ810形)、PC408KB(モハ811形)、主電動機：MT405K(150kW)、主変圧器：TM411K、ＣＰ：MH1092-SC1600K、
空調装置：AU412K(42,000kcal/h)、パンタグラフ：PS401K
▽機器更新による車号変更。+1500代はロングシート化、検測装置装備車は+6000代、
車イススペース設置(クハ810形はのぞく)は+2000代。サハ811-8201はトイレ部を機器室化
▽2017(H29).04.27 から営業運転開始

811系 ←門司港・佐世保　　　　　　　　　　宇佐・南福岡・早岐・荒尾→

鹿児島本線
長崎本線
日豊本線

	クモハ 810	モハ 811	サハ 811	クハ 810	新製月日	EB装置取付	運転状況記録装置	ATS-DK取付
	+ AC			C2 +				
PM 1	1	1	1	1	89.06.30	00.08.29KK	10.07.15KK	10.07.15KK
PM 5	5	5	5	5	90.01.23	01.07.05KK	11.07.12KK	11.07.12KK
PM 6	6	6	6	6	90.01.23	00.09.26KK	11.06.09KK	11.06.09KK
PM 7	7	7	7	7	90.01.24	00.10.05KK	10.09.28KK	10.09.28KK
PM 8	8	8	8	8	90.01.29	02.02.20KK	10.08.13KK	10.08.13KK
PM15	15	15	15	15	90.12.06	02.03.12KK	11.05.16KK	11.05.16KK

	クモハ 810	モハ 811	サハ 811	クハ 810				
PM103	103	103	103	103	92.04.04	00.07.28KK	11.06.28KK	11.06.28KK
PM104	104	104	104	104	92.04.16	00.11.04KK	10.10.19KK	10.10.19KK
PM107	107	107	107	107	92.04.28	00.07.05KK	11.01.15KK	11.01.15KK
PM110	110	110	110	110	93.02.09	02.08.01KK	11.01.11KK	11.01.11KK
PM111	111	111	111	111	93.02.24	02.09.06KK	11.02.21KK	11.02.21KK

	クモハ 810	モハ 811	サハ 811	クハ 810				
PM106	106	106	202	106	92.04.18	03.03.26KK	10.06.25KK	10.06.25KK

	クモハ 810	モハ 811	サハ 811	クハ 810	新製月日	EB装置取付	運転状況記録装置	ATS-DK取付	機器更新	
	+ AC			CP +						
PM 1504	1504	1504	1504	1504	89.09.29	00.09.16KK	11.03.24KK	11.03.24KK	17.03.31KK	
PM 2003	2003	2003	2003	1503	89.07.28	00.09.07KK	10.12.07KK	10.12.07KK	23.01.04KK	
PM 2009	2009	2009	2009	1509	90.01.29	00.10.17KK	10.04.07KK	10.04.07KK	20.12.18KK	
PM 2010	2010	2010	2010	1510	90.02.21	10.05.29KK	10.11.16KK	10.11.16KK	20.03.29KK	
PM 1511	1511	1511	1511	1511	90.04.05	03.02.05KK	10.05.06KK	10.05.06KK	17.11.02KK	
PM 1512	1512	1512	1512	1512	90.10.08	00.11.08KK	10.07.23KK	10.07.23KK	18.03.15KK	
PM 2013	2013	2013	2013	1513	90.11.26	03.02.15KK	10.11.04KK	10.11.04KK	19.08.08KK	
PM 2014	2014	2014	2014	1514	90.12.19	02.12.28KK	11.02.14KK	11.02.14KK	20.02.25KK	
PM 2016	2016	2016	2016	1516	91.03.09	02.03.19KK	10.12.15KK	10.12.15KK	23.06.30KK	
PM 2017	2017	2017	2017	1517	92.03.10	00.06.15KK	11.03.15KK	11.03.15KK	20.09.29KK	
PM 7609	7609	1609	1609	7609	92.07.22	00.08.18KK	11.04.18KK	11.04.18KK	18.10.12KK	RED EYE
PM 2101	2101	2101	2101	1601	92.04.02	98.08.04KK	10.11.16KK	10.11.16KK	23.03.22KK	
PM 2102	2102	2102	2102	1602	92.04.03	98.08.28KK	10.03.19KK	10.03.19KK	23.09.30KK	
PM 8105	8105	2105	8201	7605	92.04.17	98.12.16KK	10.09.09KK	10.09.09KK	19.03.27KK	RED EYE
PM 2108	2108	2108	2108	1608	92.06.12	98.10.21KK	10.06.07KK	10.06.07KK	22.05.09KK	

▽1989(H01).07.21、9139M(快速「よかトピア」)から営業運転開始
▽811系は軽量ステンレス製、帯の色はＪＲ九州色の赤と近郊用と同じ青
　主電動機はＭＴ61ＱＡ(150kW)、空調装置はＡＵ403Ｋ(42,000kcal/h)。パンタグラフはＰＳ101ＱＢ
▽転換式クロスシート車
▽811系は電気連結器、自動解結装置(+印)を装備
▽ＰM 8編成は、2008(H20).03.29、「九州鉄道記念館」開業５周年を記念した装飾列車となっている
　さらに、2013(H25).08.10、「九州鉄道記念館開業10周年」記念ラッピングと変更
　門司港駅九州鉄道記念館隣接の電留線にて展示、営業運転に入る
▽100代は、出入口寄りの転換式クロスシートを固定式と変更、出入口付近を拡大している
　定員はクモハ810＝133(48)名、モハ811・サハ811＝141(56)名、クハ810＝131(44)名。( ) 内は座席定員
　なお、0代の定員はクモハ810＝124(48)名、モハ811・サハ811＝133(56)名、クハ810＝123(44)名
▽サハ811-200代はトイレ設備がある。定員は 140(52)名
▽強化型排障器、吊手増設、車外スピーカー取付の実績は、2010冬号までを参照
　車外スピーカー取付追加は、ＰM 7=11.08.16KK　ＰM14=11.09.08KK　ＰM17=12.01.14KK

817系 ←門司港　　　　　　　南福岡・荒尾→

鹿児島本線

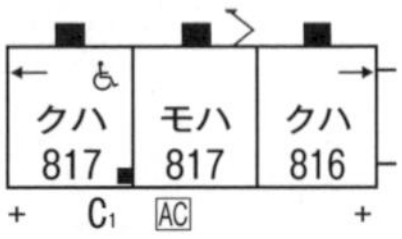

				新製月日
VM3001	3001	3001	3001	12.02.16日立
VM3002	3002	3002	3002	12.03.06日立
VM3003	3003	3003	3003	12.03.06日立
VM3004	3004	3004	3004	12.03.12日立
VM3005	3005	3005	3005	12.03.12日立
VM3006	3006	3006	3006	13.02.20日立
VM3007	3007	3007	3007	13.02.20日立
VM3008	3008	3008	3008	13.02.20日立
VM3009	3009	3009	3009	13.02.20日立
VM3010	3010	3010	3010	15.03.05日立
VM3011	3011	3011	3011	15.03.05日立

▽817系諸元／アルミニウム合金ダブルスキン構造、座席配置はロングシート
主変換装置：１Ｃ４Ｍ×２群。台車：ＤＴ404Ｋ、ＴＲ404Ｋ
主電動機：ＭＴ401ＫＡ(150kW)、主変圧器：ＴＭ409Ｋ(２次巻線２線と３次巻線で構成)
空調装置：ＡＵ407ＫＢ(42,500kcal/h)
パンタグラフ：シングルアーム式ＰＳ401Ｋ
ＣＰ：ＭＨ410Ｋ-Ｃ1000ＭＬ。電気連結器、自動解結装置(+印)装備。車端幌装備
室内照明はＬＥＤ。813系・821系併結運転対応
トイレは車イス対応大型トイレ
▽2022(R04).09.23改正にて、筑豊本線、篠栗線での運用消滅

直方車両センター　本チク　91両

817系　←門司港・折尾・直方　　博多→

鹿児島本線
筑豊本線
篠栗線

	クモハ 817	クハ 816	新製月日	ATS-DK 取付	銀塗装化	ロングシート化
	+AC	CP+				
V_G1511	1511	1511	03.09.12日立	13.10.23KK	13.10.23KK	21.06.04KK
V_G1513	1513	1513	05.02.17日立	13.01.05KK	16.12.13KK	22.01.21KK
V_G1514	1514	1514	05.02.17日立	12.09.10KK	12.09.10KK	21.06.08KK
V_G1601	1601	1601	07.03.03日立	14.03.27KK	14.03.27KK	21.10.02KK
V_G1602	1602	1602	07.03.03日立	15.01.22KK	15.01.22KK	21.07.09KK
V_G1603	1603	1603	07.03.03日立	15.03.05KK	15.03.05KK	21.10.01KK
V_G1604	1604	1604	07.03.03日立	14.12.17KK	14.12.17KK	21.10.29KK

	クモハ 817	クハ 816	新製月日	
	+AC	CP+		
V_G2001	2001	2001	12.02.21日立	
V_G2002	2002	2002	12.02.09日立	
V_G2003	2003	2003	12.02.09日立	
V_G2004	2004	2004	12.02.17日立	
V_G2005	2005	2005	12.02.17日立	
V_G2006	2006	2006	12.02.17日立	←床は木製
V_G2007	2007	2007	13.02.28日立	

配置両数

BEC819系		
Mc	クモハBEC819	18
TAc	クハBEC818	18
	計	36
817系		
Mc	クモハ817	14
Tc′	クハ816	14
	計	28
813系		
Mc	クモハ813_{100}	6
Mc	クモハ813_{200}	1
M	モハ813_{1000}	2
TAc	クハ813_{100}	6
TAc	クハ813_{200}	1
Tc	クハ813_{1000}	2
Tc′	クハ812_{1000}	2
T	サハ813_{200}	1
T	サハ813_{500}	6
	計	27

▽817系諸元／アルミニウム合金ダブルスキン構造。現在は銀塗装(1000代・1100代)
定員は、クモハ817=131(50)名、クハ816=127(40)名。転換式クロスシート
主変換装置(2レベル4個MM一括制御)：ＰＣ402Ｋ
主電動機：ＭＴ401ＫＡ(150kW)、主変圧器：ＴＭ409Ｋ(２次巻線２線と３次巻線で構成)
空調装置：ＡＵ407ＫＢ(42,500kcal/h)
台車：ＤＴ404Ｋ、ＴＲ404Ｋ。パンタグラフ：シングルアーム式ＰＳ401Ｋ
ＣＰ：ＭＨ410Ｋ-Ｃ1000ＭＬ。電気連結器、自動解結装置(＋印)装備。車端幌装備
床面高さ1115mm(車輪径は810mm)
トイレは車イス対応大型トイレ

▽営業開始は2003(H15).08.28のＶ$_G$101編成(2003.09.30のＶＧ107·112編成にて完了)

▽1100代は行先表示器大型化。2000代はロングシート車。車体は白色塗装。室内照明はＬＥＤ

▽1000代、1500代はロングシート化により車号＋500に改番

▽ワンマン運転機器装備

▽2001(H13).10.06 福北ゆたか線(鹿児島本線黒崎～筑豊本線折尾～篠栗線桂川～吉塚～鹿児島本線博多間)電化開業

▽2010(H22).04.01、北部九州地域本社から本社直轄に組織変更

▽直方車両センターは、2011(H23).04.01に直方運輸センターから検修部門が分離、誕生

BEC819系 ←若松　　　　　　　　　折尾・直方・博多→

筑豊本線

	クモハ BEC819	クハ BEC818		
	+ ACCP	Lib +	新製月日	車側カメラ
	●● ●●	○○ ○○		
Z G001	1	1	16.05.12日立	
Z G002	2	2	17.02.14日立	
Z G003	3	3	17.02.14日立	
Z G004	4	4	17.02.14日立	
Z G005	5	5	17.02.25日立	
Z G106	106	106	17.02.25日立	19.03.17KK
Z G107	107	107	17.02.25日立	18.11.21KK

BEC819系 ←西戸崎　　　香椎・宇美・博多→

香椎線

	クモハ BEC819	クハ BEC818		
	+ ACCP	Lib +	新製月日	自動列車 運転装置
	●● ●●	○○ ○○		
Z G5301	5301	5301	18.12.05日立	22.03.04KK
Z G5302	5302	5302	18.12.05日立	22.01.13KK
Z G5303	5303	5303	19.01.10日立	22.10.14KK
Z G5304	5304	5304	19.01.10日立	22.12.20KK
Z G305	305	305	19.01.10日立	
Z G5306	5306	5306	19.01.29日立	23.　.　KK
Z G307	307	307	19.01.29日立	
Z G5308	5308	5308	19.01.29日立	23.02.15KK
Z G309	309	309	19.02.19日立	
Z G5310	5310	5310	19.02.19日立	22.06.24KK
Z G5311	5311	5311	19.02.19日立	20.12.10KK

▽車側カメラ取付に対応、100代に改番。300代は装備済み
▽100代は香椎線、300代は福北ゆたか線に充当となる場合もある
▽ＺG311編成は、自動列車運転装置取付(20.12.10KK)にて、車号をプラス5000、編成名をＺG5311編成と変更。
2020(R02).12.24から、香椎線香椎～西戸崎間にて実証実験を実施中
2023(R05).03.18改正から、自動列車運転の本数がさらに拡大(車号＋5000改番)

BEC819系

▽架線式蓄電池電車「ＤＥＮＣＨＡ(DUAL ENERGY CHARGE TRAIN)」
▽2016(H28).10.19から営業運転を開始
非電化区間では力行時に蓄電池から電力を使用、減速時に生じた電力は蓄電池に充電
▽BEC819系諸元／アルミ製、ロングシート。室内灯はＬＥＤ。半自動開閉扉(押しボタン式)導入
主変換装置：1C1-2ＭＭ制御(2群構造)。台車：ＤＴ409Ｋ、ＴＲ409Ｋ
主電動機：かご形誘導電動機ＭＴ404Ｋ(95kW×4)。主変圧器：ＴＭ409Ｋ(２次巻線２線と３次巻線で構成)。
空調装置：ＡＵ407ＫＢ(42,500kcal/h)
パンタグラフ：シングルアーム式ＰＳ401Ｋ。ＬibＣＨ75-6リチウムイオン蓄電池３ユニット(383.6kWh)
電動空気圧縮機：670L/min。電気連結器。自動解結装置(+印)。車端幌装備
トイレ(車イス対応大型トイレ)はクハBEC818に設置
▽ＺG5311編成は2023(R05).08.16KK 量産化(最初の編成をほかの編成に合わせて改造)

813系 ←小倉・折尾・直方　　博多→

鹿児島本線
筑豊本線
篠栗線

編成	クハ813	サハ813	クモハ813	新製月日 Mc・TAC	新製月日T	車体塗装・標記変更	サハ組込月日	駅収受式ワンマン化	ATS-DK取付工事
	+AC C1		+						
RG14	114	501	114	96.01.21近車	01.10.04近車	01.08.29KK	01.10.03	05.02.26KK	14.11.05KK
RG15	115	502	115	96.02.03近車	01.10.04近車	01.07.05KK	01.10.03	04.08.27KK	11.04.20KK
RG16	116	503	116	96.02.03近車	01.10.04近車	01.08.01KK	01.10.03	04.12.03KK	11.06.20KK
RG17	117	504	117	96.05.29近車	01.10.02近車	01.09.05KK	01.10.01	04.10.28KK	10.01.25KK
RG18	118	505	118	96.05.29近車	01.10.02近車	01.09.28KK	01.09.28	05.01.27KK	10.02.08KK
RG19	119	506	119	96.05.30KK	01.10.02近車	01.10.01KK	01.10.01	04.07.30KK	11.06.21KK

編成	クハ813	サハ813	クモハ813	新製月日					
RG228	228	228	228	98.03.25近車	−	01.08.21KK	−	05.03.24KK	11.05.25KK

編成	クハ813	モハ813	クハ812	新製月日	ホーム検知装置取付	ワンマン化	ATS-DK取付	転入車整備
	+ C1	AC	+					
RG1002	1002	1002	1002	05.03.01近車	09.09.02KK	09.09.02KK	11.04.12KK	15.03.06KK
RG1003	1003	1003	1003	05.03.01近車	09.09.16KK	09.09.16KK	11.03.22KK	15.03.12KK

▽813系諸元／軽量ステンレス製。主変換装置(個別制御)：ＰＣ400Ｋ
主電動機：ＭＴ401Ｋ(150kW)、主変圧器：ＴＭ401Ｋ。主整流機：ＲＳ405Ｋ
空調装置：ＡＵ403Ｋ(42,000kcal/h)、台車：ＤＴ401Ｋ、ＴＲ401Ｋ
パンタグラフ：ＰＳ400Ｋ。ＣＰ：ＭＨ410Ｋ-Ｃ1000ＭＬ
転換式クロスシート装備(連結面寄り２列はボックス式)。電気連結器、自動解結装置(+印)装備
床面高さを1125㎜と従来より55㎜下げることでローカル駅でのホームとの段差是正
▽定員／100代は転換式クロスシート、クモハ813=132(48)名、クハ813=129(44)名
200代は転換式クロスシート、クモハ813=130(48)名、クハ813=128(44)名、サハ813=141(56)名
500代はロングシート、サハ813=161(52)名　(　)はいずれも座席定員
1000代は208頁参照
▽ＲG17～19編成は、ドア部に垂直方向に吊手が増えている
ＲG228編成は、04.02.18KKにて吊手増設工事完了
▽車体塗装·標記変更に合わせて、車端幌取付、強化型排障器へ変更を実施
▽2007(H19).03.18改正から、３両編成についてもワンマン運転開始

九州旅客鉄道　佐賀鉄道事業部　唐津車両センター　本カラ　69両

303系　←西唐津　　　　姪浜・博多・福岡空港→

【赤と黒色】
筑肥線
福岡市地下鉄

	←1 ♿	2	3	4	5	6→		
	クハ 303	モハ 303	モハ 302	モハ 303	モハ 302	クハ 302	新製月日	クハ303 トイレ取付
			SC C2		SC C2			
	○○	○○●●	●●●●	●●●●	●●●●	●●○○ ○○		
K01	1	101	1	1	101	1	99.12.01近車	03.10.21KK
K02	2	102	2	2	102	2	99.12.04近車	03.11.07KK
K03	3	103	3	3	103	3	02.08.28近車	04.01.30KK

▽303系諸元／軽量ステンレス製
主電動機：ＭＴ401Ｋ（ 150kW）
主変換装置（ＩＧＢＴ）：ＰＣ403Ｋ
補助電源装置：ＳＣ406Ｋ
電動空気圧縮機：ＴＣ2000
パンタグラフ：ＰＳ402Ｋ（シングルアーム式）
台車：ＤＴ405Ｋ・ＴＲ405Ｋ
空調装置：ＡＵ407ＫＡ
▽ＡＴＯ装置を装備
福岡市交通局福岡空港～姪浜間では自動運転・ワンマン運転を実施
▽前照灯ＨＩＤ化を2002（H14）.03.22施工（Ｋ01･02）
▽クハ303の車端部にトイレ設備新設（車イス対応真空式洋式トイレ）
▽2005（H17）.07.20 ～ 11.30、４号車を弱冷房車として試験運行実施

▽2000（H12）.01.22から営業運転開始。昼間は主に福岡空港～筑前前原間などにて運転
▽福岡市地下鉄空港線福岡空港～姪浜間、ホームドア使用開始
2003（H15）.12.06の室見駅から使用開始。2004（H16）.03.13の姪浜駅導入にて施工完了
なお、博多駅は2004（H16）.02.19、福岡空港駅は2004（H16）.03.05、天神駅は2004（H16）.01.29から使用開始
303系におけるこの関連工事は、トイレ取付工事に合わせて実施している

配置両数			
305系			
M	モ	ハ305	6
M_1	モ	ハ305_1	6
Mp	モ	ハ304	6
M_1p	モ	ハ304_1	6
Tc	ク	ハ305	6
Tc′	ク	ハ304	6
		計	36
303系			
M_1	モ	ハ303	3
M_1p	モ	ハ303_1	3
M_2	モ	ハ302	3
M_2p	モ	ハ302_1	3
Tc	ク	ハ303	3
Tc′	ク	ハ302	3
		計	18
103系			
Mc	クモ	ハ103	3
M′c	クモ	ハ102	2
M	モ	ハ103	2
M′	モ	ハ102	3
Tc	ク	ハ103	2
Tc′	ク	ハ103	3
		計	15

305系　←西唐津　　　　姪浜・博多・福岡空港→

筑肥線
福岡市地下鉄

	←1 ♿	2 ♿	3 ♿	4 ♿	5 ♿	♿ 6→	
	クハ 305	モハ 305	モハ 304	モハ 305	モハ 304	クハ 304	新製月日
	--	--SC CP		--SC CP--		SC	
	○○	○○●●	●●●●	●●●●	●●●●	●●○○ ○○	
W 1	1	1	1	101	101	1	14.12.16日立
W 2	2	2	2	102	102	2	14.12.18日立
W 3	3	3	3	103	103	3	15.02.09日立
W 4	4	4	4	104	104	4	15.02.15日立
W 5	5	5	5	105	105	5	15.02.25日立
W 6	6	6	6	106	106	6	15.03.03日立

▽305系は、2015（H27）.02.05から営業運転開始（西唐津 5:58発1622Ｃ～）
▽305系諸元／アルミニウム合金ダブルスキン構造
主電動機：ＭＴ403Ｋ（150kW.永久磁石同期電動機）。
主変換装置：ＰＣ406Ｋ［ＩＧＢＴ］
SC：ＳＣ409Ｋ（150kVA）。CP：SC1600Ｋ。台車：ＤＴ408Ｋ、ＴＲ408Ｋ
パンタグラフ：ＰＳ402Ｋ
空調装置：ＡＵ410Ｋ（50,000kcal/h）。室内灯：ＬＥＤ
押しボタン式半自動開閉扉設置。１号車の床はフローリング。トイレは車イス対応大型トイレ
ＡＴＯ・ＡＴＣを装備。福岡市交通局福岡空港～姪浜間では自動運転・ワンマン運転を実施
▽2021（R03）.03.13から、姪浜～筑前前原間にてワンマン運転開始。
合わせて、iPadを活用した列車内自動放送アプリも使用開始（303系も含む）

103系 ←西唐津　　　　　　　　　　　　　　　　筑前前原→

【赤と灰色】
筑肥線

←1 ♿	2	3→			
クハ	モハ	クモハ	ワンマン	クハ103	駅接近予告
103	103	102	改造	トイレ取付	装置取付
○○ ○○	●● ●●	●● ●● 11 C2+			
E13 <1513	1513	1513>	99.11.26	03.09.20KK	06.03.23KK
E17 <1517	1517	1517>	01.03.08	04.04.17KK	06.02.25KK

←1 ♿	2	3→				
クモハ	モハ	クハ	ワンマン	クモハ103	駅接近予告	
103	102	103	改造	トイレ取付	装置取付	
+ ●● ●●	11 C2 ●● ●●	○○ ○○				
E12 <1512	1512	1512>	99.11.10	04.09.11KK	06.02.16KK	23.08.01KK=国鉄色、08.08運転開始
E14 <1514	1514	1514>	00.02.29	04.10.23KK	05.12.15KK	
E18 <1518	1518	1518>	01.02.17	03.09.26KK	05.02.24KK	

▽+印の編成は、電気連結器、自動解結装置装備の車

▽1989(H01).07.20改正から筑前前原～西唐津間に３両編成登場
▽1993(H05).03.03の福岡市地下鉄空港線博多～福岡空港間 3.3km開業により、福岡空港まで延長運転開始
博多までの乗入れは1983(S58).03.22から
▽３両編成の場合、貫通幌はクモハ103 がもつ
▽３両編成は、2000(H12).03.11から筑前前原～西唐津間にてワンマン運転開始(料金箱なし)
ワンマン運転は、昼間の筑前前原～西唐津間区間運転列車が中心
なお、３両編成は編成番号奇数＋偶数で福岡空港まで運転
▽６両編成は、305系の登場により、
2015(H27).03.05、福岡空港19:47発、西唐津21:20着 653Ｃにて福岡市交通局への乗入れ終了。
最後まで残っていた６両固定編成はＥ07・Ｅ08
▽103系３両編成は筑前前原～西唐津間にて運行
▽トイレは車イス対応大型トイレ

▽1983(S58).03.22　唐津運転区開設
▽1991(H03).03.16　唐津運転区は唐津車掌区と統合、唐津運輸区と区所名変更
▽1997(H09).06.01　唐津運輸区は唐津鉄道事業部へ統合、区所名変更
▽2001(H13).04.01　北部九州地域本社　発足(本社直轄から組織変更)
▽2010(H22).04.01　本社直轄に組織変更
▽唐津車両センターは2011(H23).04.01、唐津運輸センターから検修部門が分離、誕生
▽2021(R03).04.01　佐賀鉄道事業部に統合

九州旅客鉄道　大分車両センター　分オイ　232両

883系　←小倉　　　　　　　　　　　　　　　　　　　　　　　　博多、大分・佐伯→

ソニック

編成	←7 クモハ883	6 サハ883 (ACC2)	5 モハ883	4 サハ883 (ACC2)	3 モハ883	2 サハ883 (ACC2)	1→ クロハ882	新製月日	パンタグラフシングルアーム化 2・4号車	6号車	ATS-DK取付	荷物置場設置
	●●	●●○○	○○●●	●●○○	○○●●	●●○○	○○○○ ○○					
Ao 1	1	1	101	101	201	201	1	94.08.26日立	00.03.24	00.03.24	10.10.28KK取	14.11.12KK
Ao 2	2	2	102	102	202	202	2	94.08.20日立	00.03.20	00.03.06KK	10.08.03KK取	14.08.08KK
Ao 3	3	3	103	103	203	203	3	95.02.14日立	00.03.25	00.03.28	10.06.01KK取	14.06.30KK
Ao 4	4	4	104	104	204	204	4	96.02.07日立	00.03.23	00.03.27	10.12.03KK取	15.01.30KK
Ao 5	5	5	105	105	205	205	5	96.02.21日立	00.03.22	00.03.29	10.04.14KK取	15.07.30KK

編成	←7 クモハ883	6 サハ883 (ACC2)	5 サハ883	4 モハ883 (AC)	3 モハ883	2 サハ883 (ACC2)	1→ クロハ882 (C2)	新製月日（下線を除く）	パンタグラフシングルアーム化 2・6号車	ATS-DK取付	荷物置場設置
Ao16	6	6	<u>1001</u>	<u>1001</u>	206	206	6	97.02.07日立	00.03.14	11.07.07KK取	14.04.15KK
Ao17	7	7	<u>1002</u>	<u>1002</u>	207	207	7	97.02.14日立	00.03.16	11.06.06KK取	15.06.02KK
Ao18	8	8	<u>1003</u>	<u>1003</u>	208	208	8	97.02.15日立	00.03.15	11.03.30KK取	15.03.23KK

▽営業運転開始は 1995(H07).03.18 「にちりん」2号から、編成はAo 2
「ソニックにちりん」としての運転開始は 1995(H07).04.20。 2号＝Ao 1、4号＝Ao 2
▽2023(R05).03.18改正　充当列車は、
「ソニック」1・3・7・23・27・31・35・43・45・47・51・53・57・101号、２・4・8・16・18・20・24・40・48・52・58・60・102号
▽ 883系諸元／軽量ステンレス製。制御付振り子方式を装備
主変換装置(個別制御)：ＰＣ401Ｋ
主電動機：ＭＴ402Ｋ(190kW)。主変圧器：ＴＭ405Ｋ。主整流機：ＲＳ406Ｋ
空調装置：ＡＵ406Ｋ(セパレートタイプ)。冷房能力19,000kcal/h×２、暖房能力14,000kcal/h×２
台車：ＤＴ401Ｋ、ＴＲ401Ｋ。
パンタグラフ：ＰＳ401ＫＡ。台車枠直結仕様
シングルアーム式 ＰＳ401ＫＡへの変更工事はサハ883- 2のみ小倉工場、ほかは区所にて施工
ＣＰ：ＭＨ1091Ｑ-ＴＣ2000ＱＡ(2000L/min)

▽先頭部カラーはセルリアンブルー（リニューアル改造時に車体全体が青塗装化）
▽愛称は、「ソニック」（ＳＯＮＩＣ）
▽座席のヘッドレストは、動物の耳を連想させる形状
▽普通車座席中央には(３号車を除く)、４人掛けボックスシート、テーブル付きのセンターブースを設置
ただし、リニューアル工事時に、回転式リクライニングシートへ変更
▽トイレは、787系と同様に男子用・女子用洋式それぞれを設置
１号車は車イス対応で、男女兼用洋式トイレを中央部付近に設置
▽２号車普通室に車イス用座席を設置
▽３号車にクルーズルーム
▽１号車のパノラマキャビンは1997(H09).03.22、グリーン室内の禁煙化に対応、禁煙となっている
▽リニューアル工事(車号太字の車両)
Ao 1=06.03.31KK(出場は04.27)、Ao 2=07.03.30(出場は04.23)、Ao 3=06.03.17KK、
Ao 4=06.07.14KK、Ao 5=05.11.30KK、Ao 6=05.08.11KK、Ao 7=06.12.26KK、Ao 8=05.03.22KK
普通車の床をフローリング化、内装を白系へ変更、シートモケットの変更
１号車窓下部にパソコン対応電源コンセント設置(現在は２・３号車にも設置)、車端幌装着…など
▽荷物置場設置(ラゲージスペース)設置工事に伴い、車端寄り(７号車は出入口側ＡＢ席)ＣＤ席がなくなる
▽車イス対応トイレは１号車に設置

▽2007(H19).03.18改正から全車禁煙

▽1967(S42).07.01　大分電車区開設
▽大分電車区は,1999(H11).12.01から大分鉄道事業部大分運輸センターに変更
さらに2006(H18).03.18、豊肥久大運輸センターと統合、大分車両センターに変更
▽2022(R04).04.01　大分鉄道事業部を廃止、大分支社本体に機能を統合

787系 ←別府・大分　　　　宮崎・宮崎空港・鹿児島中央→

にちりん
ひゅうが
きりしま

	←4 クハ787	3 モハ786	2 モハ787	1→ クロハ786	電気連結器取付	ATS-DK取付	車体塗装共用化
		AC	C2				
Bo6101	+6001	1	2	6001+	00.07.14KK	10.11.30KK	**12.08.22**KK取
Bo102	+ 2	5	10	2+	00.07.29KK	10.10.05KK	**14.10.10**KK＝車間幌
Bo103	+ 3	6	12	3+	00.09.02KK	10.04.27KK	**13.07.18**KK取＝車間幌
Bo6104	+6004	106	14	6004+	00.08.09KK	10.05.26KK	**13.02.21**KK取＝車間幌
Bo105	+ 5	105	18	5+	00.10.19KK	10.06.23KK	**13.08.31**KK取＝車間幌
Bo6106	+ 6	6102	21	6+	01.02.17KK	11.03.08KK	**11.03.08**KK取

	← クハ787	モハ786	モハ787	クロハ786	ATS-DK取付	車体塗装共用化
Bo107	+ 102	2	4	7+	11.06.14KK	**13.05.20**KK取＝車間幌
Bo108	+ 108	3	6	8+	11.01.31KK	**12.02.07**KK取　車間幌＝15.01.08KK
Bo109	+ 114	4	8	9+	10.09.08KK	**12.03.06**KK取＝車間幌
Bo110	+ 112	101	16	10+	10.11.08KK	**12.05.14**KK取　車間幌＝15.07.08KK
Bo111	+ 113	103	20	11+	11.04.28KK	**11.11.25**KK取　車間幌＝14.07.30KK

▽2023(R05).03.18改正　充当列車は、「きりしま」全列車と、「にちりん」1・3・9・13·17·61·63号、2・8・10·16·60·62·102号、「ひゅうが」3・7・9・11·13·15号、2・4・6・8・10·14·18号
▽787系諸元／空調装置：ＡＵ405Ｋ。冷房能力は21,000kcal/h ×２。暖房能力は15,000kcal/h ×２
　パンタグラフ：ＰＳ400Ｋ。主電動機：ＭＴ61ＱＢ(150kW)
　クロハ786 には喫煙室の設置。トイレは真空式
▽クハ787-100代はサハ787-100代からの改造。定員は０代が60名に対し、56名と異なっている
▽＋印は、電気連結器取付車
　BM107 ～ 111 編成は、新製時あるいは先頭車改造時に取付完了
▽車体塗装共用化の項／月日太字の編成は新塗装へ変更、細字はシール貼付車
▽取は左の施工月日にて、乗務員室扉にドア取手を取付た車両
▽車間幌は、編成完了日を表示。Bo101=15.11.11KK　Bo106=14.05.19KK
▽３号車に車イス対応設備、対応トイレ内に乳幼児対応設備を設置
　Bo101=15.11.11KK　102=14.10.10KK　103=13.07.18KK　105=13.08.31KK　106=14.05.19KK
　107=13.05.20KK　108=15.01.08KK　109=15.05.21KK　110=15.07.08KK　111=14.07.30KK
▽2016(H28).03.26改正にて、「川内エクスプレス」(川内～鹿児島中央間)の運転終了
▽2017(H29).03.04改正から、一部列車にてワンマン運転を開始。対応する工事は
　Bo101=16.08.09、Bo102=17.01.14、Bo103=16.07.28、Bo104=16.09.01、Bo105=16.11.08、Bo106=16.09.28、
　Bo107=16.06.13、Bo108=17.01.24、Bo109=16.12.03、Bo110=16.11.16、Bo111=17.03.15　施工
▽Bo106編成は、電力設備監視装置取付工事に伴い編成番号変更。モハ786-102を6102に改番(20.02.29KK)
▽Bo101·104編成は、営業車検測装置取付にともない編成名をBo6101·6104編成と変更。
　クハ787-1をクハ787-6001、クロハ786-1をクロハ786-6001に改番(21.01.12KK)
　クハ787-4をクハ787-6004、クロハ786-4をクロハ787-6004に改番(21.06.08KK)

８８３系
▽前面スタイルはAo 1· 2とAo 3、Ao 4· 5 編成の３タイプ
　さらに 1996(H08)年度増備車は１編成ごとに顔のカラーが異なり、ソニックファミリーを形成
　ただし、リニューアル工事により、顔のカラーの区別はなくなる
▽強化型排障器取付車(885系のプロテクターに似た形状)は、
　Ao 1=02.04.18KK　2=01.10.16KK　3=01.12.11KK　4=01.04.18KK　5=01.06.28KK　16=00.12.22KK
　17=02.08.06KK　18=03.01.24KK
▽台車吊り受け改良車は
　Ao 1=03.07.23KK　2=03.04.17KK　3=03.06.13KK　4=02.10.31KK　5=02.12.25KK
▽文字放送取付車は
　Ao 1=03.07.20KK　2=04.03.24KK　3=03.06.13KK　4=04.03.29KK　5=04.03.26KK　16=04.02.14KK
　17=03.08.08KK　18=03.09.09KK
▽運転最高速度は130km/h

▽５両編成から７両編成に増強となった編成は、編成番号を変更
　Ao 6→08.07.18→Ao16　Ao 7→08.07.19→Ao17　Ao 8→08.07.24→Ao18
▽増備車(下線の車両)の新製月日。外観は 885系に準拠のアルミ車
　Ao16=08.07.08日立　Ao17=08.07.18日立　Ao18=08.07.25日立
　５両編成から７両編成となった車両は、2008(H20).07.18、「ソニック」８号から運用開始
▽Ao16 ～ 18編成　クロハ882にＣＰ取付　Ao16=08.07.01KK　Ao17=08.05.30KK　Ao18=08.03.27KK

配置両数

883系		
Mc	クモハ883	8
M_1	モ　ハ883_1	5
M_2	モ　ハ883_2	8
M_3	モ　ハ883_{10}	3
Thsc′	クロハ882	8
T_A	サ　ハ883	8
T_{A1}	サ　ハ883_1	5
T_{A2}	サ　ハ883_2	8
T_3	サ　ハ883_{10}	3
	計	56
787系		
M	モ　ハ787	11
M′	モ　ハ786	6
	モ　ハ786_1	5
Tc	ク　ハ787	6
	ク　ハ787_1	5
Thsc′	クロハ786	11
	計	44
815系		
Mc	クモハ815	12
Tc′	ク　ハ814	12
	計	24
415系		
M	モ　ハ415	27
M′	モ　ハ414	27
Tc	ク　ハ411	27
Tc′	ク　ハ411	27
	計	108

815系 ←中津・大分　　　　佐伯→

日豊本線

	クモハ 815 +AC ●●	クハ 814 CP+ ●● ○○ ○○	新製月日	改良工事	ATS-DK 取付	塗装変更 銀塗装化
No016	16	16	99.09.17日立	02.11.13KK	12.08.28KK	12.08.28KK
No017	17	17	99.09.17日立	02.12.10KK	15.06.17KK	15.06.17KK
No018	18	18	99.06.30日立	02.01.07KK	14.05.20KK	14.05.20KK
No019	19	19	99.06.30日立	01.06.13KK	13.09.03KK	13.09.03KK
No020	20	20	99.06.30日立	01.08.23KK	13.11.25KK	13.11.25KK
No021	21	21	99.06.30日立	02.02.28KK	14.07.08KK	14.07.08KK
No022	22	22	99.06.30日立	02.11.15KK	13.05.14KK	13.05.14KK
No023	23	23	99.09.17日立	01.10.09KK	14.02.19KK	14.02.19KK
No024	24	24	99.09.17日立	02.10.02KK	12.03.23KK	12.03.23KK
No025	25	25	99.09.17日立	02.08.31KK	12.06.28KK	15.06.20KK
No026	26	26	99.10.05KK	02.07.24KK	12.01.16KK	15.01.23KK
No027	27	27	99.09.10日立	02.02.21KK	14.08.09KK	14.08.09KK

▽815系諸元／アルミニウム合金ダブルスキン構造。ドア部はＪＲ九州コーポレートカラーの赤
ロングシート。定員はクモハ815=138(52)、クハ814=133(42)
主電動機：ＭＴ401ＫＡ(150kW)。主変換装置：ＰＣ402Ｋ。主変圧器：ＴＭ406Ｋ(２次巻線２線と３次巻線で構成)
パンタグラフ：ＰＳ401Ｋ(シングルアーム式)。台車：ＤＴ404Ｋ、ＴＲ404Ｋ
空調装置：ＡＵ407Ｋ-Ｓ(42,000kcal/h)。ＣＰ：ＭＨ410Ｋ-Ｃ1000ＭＬ
電気連結器、自動解結装置(+印)装備、車端幌装備
トイレは車イス対応大型トイレ、車内次駅停車案内装置装備、ドア開閉時警報音取付
▽改良工事終了とともに、排障器も強化型へ変更
▽1999(H11).10.01から、日豊本線柳ケ浦～大分～佐伯間にてワンマン運転開始
2009(H21).03.14改正から、中津～柳ケ浦間もワンマン運転に
▽営業運転開始日は、ダイヤ改正に伴う運用の都合により、1999(H11).09.30
▽No27編成は、Ni015編成を改番(2000.02.11)

415系
▽九州色は、クリーム色10号をベースに青23号の帯。ステンレス車は青25号の帯
▽車号太字は、車両延命工事車
▽500代はロングシート車
▽_は、トイレ設置車で汚物処理装置付きの車両(対象車両完了)
▽ロングシート改造車(車号太字)は延命工事も実施
定員は、モハ415·414=156名(座席64名)
クハ411-300代奇数=141名(座席51名。助手席背面客室に車イス対応スペース)
300代偶数=141名(座席54名)
100代グループはモハ415·414=157名(座席60名)、クハ411-100代=146名(座席52名)、クハ411-200代=144名(座席53名)
2002(H14)年度以降施工のＦＪ110·119·122·106編成は、側窓枠の変更は行なっていないなどの特徴がある
▽Ｆo105編成の冷房装置は、ＪＲ西日本のＷＡＵ75に準拠した外観の新タイプに変更
▽2021(R03).03.13改正からセミクロスシート車の運転区間は日豊本線柳ヶ浦～大分～佐伯間に限定。
ロングシート車は、下関・門司港～熊本間、長崎・佐世保線鳥栖～肥前山口～早岐間に変更
▽2022(R04).09.23改正にて、415系鋼製車(100代、500代)は定期運用消滅。
また同改正から筑豊本線への乗入れも消滅している

▽1995(H07).09.01から普通列車は全車禁煙となっている

415系 ←下関・門司港　　大分・佐賀・久留米→

【九州色】
日豊本線
鹿児島本線
〔セミクロスシート〕

編成	クハ 411 C1	モハ 415	モハ 414 (16)	クハ 411 16 C1	通風器撤去	行先表示器	車両延命工事	EB装置取付	ドア選択スイッチ取付	ATS-DK取付
	○○ ○○	●● ●●	●● ●●	○○ ○○						
Fo112	**112**	**112**	**112**	**_212**	96.01.17KK	98.12.24KK	09.03.27KK	06.06.23KK	11.11.04KK	14.07.23KK
Fo117	117	117	117	_217	96.05.07KK	98.08.13KK		06.09.28KK	12.02.20KK	12.02.20KK
Fo118	**118**	**118**	**118**	**_218**	97.02.10KK	99.01.07KK	07.02.08KK	07.02.08KK	12.08.16KK	12.08.16KK

←下関・門司港　　八代・佐伯→

〔ロングシート〕

編成	クハ 411 C1	モハ 415	モハ 414 (16)	クハ 411 16 C1	通風器撤去	行先表示器	ロングシート化	EB装置取付	ドア選択スイッチ	ATS-DK取付
	○○ ○○	●● ●●	●● ●●	○○ ○○						
Fo106	**106**	**106**	**106**	**_206**	95.10.23KK	98.11.18KK	00.10.27KK	03.03.19KK	12.01.10KK	12.01.10KK
Fo108	**108**	**108**	**108**	**_208**	95.09.29KK	98.10.24KK	00.12.26KK	05.12.21KK	15.06.03KK	12.05.02KK
Fo110	**110**	**110**	**110**	**_210**	95.05.15KK	99.01.09KK	02.10.21KK	04.12.20KK	13.02.20KK	13.02.20KK
Fo111	**111**	**111**	**111**	**_211**	95.11.07KK	98.03.11KK	98.03.11KK	08.02.21KK	13.12.20KK	13.12.20KK
Fo119	**119**	**119**	**119**	**_219**	96.10.08KK	98.09.25KK	03.12.01KK	06.08.04KK	12.08.31KK	12.08.31KK
Fo120	**120**	**120**	**120**	**_220**	97.03.01KK	99.01.12KK	02.04.09KK	04.08.17KK	13.09.27KK	13.09.27KK
Fo122	**122**	**122**	**122**	**_222**	97.09.06KK	99.02.23KK	02.12.13KK	08.03.04KK	14.03.26KK	14.03.26KK
Fo124	**124**	**124**	**124**	**_224**	97.10.08KK	97.10.08KK	97.10.08KK	05.08.31KK	11.10.14KK	14.11.14KK
Fo126	**126**	**126**	**126**	**_226**	98.01.21KK	98.01.21KK	98.01.21KK	06.10.20KK	11.12.02KK	14.12.16KK

〔ロングシート〕

編成	クハ 411 C1	モハ 415	モハ 414 (16)	クハ 411 16 C1	EB装置取付		ドア選択スイッチ取付	ATS-DK取付
Fo520	520	520	520	_620	09.03.09KG	元・JR東日本車	12.10.18KK	12.10.18KK

ステンレス車
〔ロングシート〕

編成	クハ 411	モハ 415	モハ 414 (16)	クハ 411 19 C2	通風器撤去	行先表示機	EB装置取付	ドア選択スイッチ取付	ATS-DK取付	新型冷房装置
Fo1501	1501	1501	1501	_1601	09.06.23KK	元・JR東日本車	09.06.23KK	12.11.30KK	12.11.30KK	
Fo1509	1509	1509	1509	1609	98.05.28KK	99.01.14KK	11.09.03KK	11.09.03KK	15.02.03KK	18.03.05KK
Fo1510	1510	1510	1510	1610	98:07.18KK	98.07.18KK	07.06.05KK	12.01.19KK	15.06.26KK	18.10.30KK
Fo1511	1511	1511	1511	1611	98.09.08KK	98.09.08KK	07.09.04KK	12.03.14KK	12.03.14KK	19.04.27KK
Fo1512	1512	1512	1512	1612	99.03.11KK	99.03.11KK	05.01.18KK	13.01.17KK	13.01.17KK	16.10.13KK
Fo1513	1513	1513	1513	1613	98.09.30KK	98.09.30KK	04.07.16KK	10.11.10KK	12.06.04KK	19.10.22KK
Fo1514	1514	1514	1514	1614	99.04.23KK	99.01.26KK	05.02.28KK	15.01.07KK	15.01.07KK	17.04.28KK
Fo1515	1515	1515	1515	1615	99.06.22KK	98.12.25KK	05.10.26KK	14.01.09KK	14.01.09KK	17.10.25KK
Fo1516	1516	1516	1516	1616	97.11.14KK	97.11.14KK	05.08.09KK	17.06.09KK	13.07.23KK	20.04.02KK
Fo1517	1517	1517	1517	1617	99.09.04KK	99.02.08KK	05.11.15KK	11.01.18KK	14.08.21KK	18.02.01KK
Fo1518	1518	1518	1518	1618	99.08.16KK	99.03.25KK	06.01.11KK	10.12.02KK	14.05.13KK	18.01.10KK
Fo1519	1519	1519	1519	1619	99.11.30KK	99.02.18KK	06.02.21KK	13.11.11KK	13.11.11KK	17.09.05KK=LED
Fo1520	1520	1520	1520	1620	97.10.24KK	97.10.24KK	06.08.18KK	14.09.29KK	14.09.29KK	18.05.16KK
Fo1521	1521	1521	1521	_1621	97.12.27KK	97.12.27KK	07.07.06KK	13.08.31KK	13.08.31KK	

▽新型冷房装置は、ＪＲ西日本ＷＡＵ75に準拠した外観の新タイプ（Ｆм1510は2010年度施工の可能性もある）

九州旅客鉄道 熊本車両センター　熊クマ　66両

817系　←博多・鳥栖・大牟田　　　肥後大津・八代→

鹿児島本線
豊肥本線

	クモハ817	クハ816
ワンマン	+AC	CP+

	クモハ817	クハ816	新製月日	転入月日	塗色変更 銀塗装化	ATS-DK 取付	ロングシート
V_T 501	501	501	01.08.10日立	09.03.14	15.08.18KK	11.11.30KK	22.10.14KK
V_T 512	512	512	01.09.08日立	05.03.01	15.01.09KK	15.01.09KK	23.02.25KK
V_T 516	516	516	01.09.21日立	05.02.-	13.06.12KK	13.06.12KK	22.12.05KK
V_T 1507	1507	1507	03.09.29日立	13.06.13	15.02.20KK	15.02.20KK	22.11.21KK

▽817系諸元／アルミニウム合金ダブルスキン構造。現在は銀塗装
転換式クロスシート。定員は、クモハ817=131(50)、クハ816=127(40)
主変換装置(2レベル4個MM一括制御)：ＰＣ402Ｋ
主電動機：ＭＴ401ＫＡ(150kW)、主変圧器：ＴＭ406Ｋ。
ＴＭ409Ｋ(２次巻線２線と３次巻線で構成)
空調装置：ＡＵ407Ｋ(42,000kcal/h)。**ＡＵ407ＫＢ(42,500kcal/h)**
太字は1000代の変更点(主変圧器は２Ｍ対応)
台車：ＤＴ404Ｋ、ＴＲ404Ｋ。パンタグラフ：シングルアーム式ＰＳ401Ｋ
ＣＰ：ＭＨ410Ｋ-Ｃ1000ＭＬ。電気連結器、自動解結装置(+印)装備。車端幌装備
床面高さ1115㎜(車輪径は810㎜)
トイレは車イス対応大型トイレ
▽ロングシート化により車号を+500
▽博多までの乗入れは、2196M、2325Mの1往復のみ

配置両数		
821系		
Mc	クモハ821	10
Tc′	クハ821	10
T	サハ821	10
	計	30
817系		
Mc	クモハ817	4
Tc′	クハ816	4
	計	8
815系		
Mc	クモハ815	14
Tc′	クハ814	14
	計	28

821系　←門司港　　　直方・熊本・肥後大津・八代→

鹿児島本線
筑豊本線
豊肥本線

	3 クモハ821	2 サハ821	1 クハ821
ワンマン	+AC		CP+

	クモハ821	サハ821	クハ821	新製月日
U_T001	1	1	1	18.02.20日立
U_T002	2	2	2	18.02.20日立
U_T003	3	3	3	20.02.21日立
U_T004	4	4	4	20.02.21日立
U_T005	5	5	5	21.03.04日立
U_T006	6	6	6	20.12.18日立
U_T007	7	7	7	20.12.18日立
U_T008	8	8	8	22.01.21日立
U_T009	9	9	9	22.01.21日立
U_T010	10	10	10	22.02.03日立

▽2019(H31).03.16から営業運転開始
▽2021(R03).03.13改正から運用範囲を熊本地区に拡大
▽2022(R04).09.23改正にて南福岡から転入。
鹿児島本線鳥栖～八代間(ワンマン)、鹿児島本線・筑豊本線門司港～直方間、豊肥本線熊本～肥後大津間(ワンマン)等にて運転
▽821系諸元／アルミニウム合金ダブルスキン構造。座席はロングシート
主変換装置：３レベルＰＷＭコンバータ・２レベルＰＷＭインバータ方式(Ｓｉｃ素子)
主電動機：ＭＴ406Ｋ(150kW、全閉式)。主変圧器：ＴＭ410Ｋ(２次巻線２線と３次巻線で構成)
空調装置：ＡＵ413Ｋ
パンタグラフ：シングルアーム式ＰＳ403Ｋ。補助電源装置：ＳＣ412Ｋ
ＣＰ：ピストン式オイルフリー。電気連結器。自動解結装置(+印)装備。車間幌装備、車側カメラ装備(003・004はなし)
台車：ＤＴ410Ｋ、ＴＲ410Ｋ。室内照明はＬＥＤ。817系などとの併結運転対応
トイレは車イス対応大型トイレ

815系 ←博多・鳥栖・大牟田　　　　　　　　肥後大津・八代→

鹿児島本線
豊肥本線
ワンマン

	クモハ 815	クハ 814	新製月日	改良工事	ATS-DK 取付	塗装変更 銀塗装化
	+AC ●●	CP+ ●●○○ ○○				
NT001	1	1	99.05.20日立	03.03.31KK	13.01.22KK取	16.03.07KK
NT002	2	2	99.06.16日立	02.01.21KK	14.10.08KK	14.10.08KK
NT003	3	3	99.06.16日立	02.09.12KK	12.07.25KK取	12.07.25KK
NT004	4	4	99.06.16日立	02.08.08KK	12.03.31KK取	12.03.31KK
NT005	5	5	99.06.16日立	02.03.22KK	14.12.05KK	14.12.05KK
NT006	6	6	99.09.10日立	03.03.11KK	12.12.20KK取	16.02.12KK
NT007	7	7	99.09.24日立	02.07.06KK	13.05.07KK取	13.05.07KK
NT008	8	8	99.09.24日立	02.06.06KK	11.12.27KK取	13.07.17KK
NT009	9	9	99.09.24日立	02.10.10KK	12.02.02KK取	12.02.02KK
NT010	10	10	99.09.24日立	01.10.18KK	14.02.28KK取	14.02.28KK
NT011	11	11	99.09.10日立	03.02.13KK	12.10.05KK取	15.12.01KK
NT012	12	12	99.09.10日立	03.01.15KK	12.11.05KK取	16.01.09KK
NT013	13	13	99.09.10日立	01.09.07KK	14.07.03KK	14.07.03KK
NT014	14	14	99.09.10日立	01.12.04KK	14.04.30KK	14.04.30KK

▽815系諸元／アルミニウム合金ダブルスキン構造。ドア部はＪＲ九州コーポレートカラーの赤
　ロングシート。定員はクモハ815=138(52)、クハ814=133(42)
　主変換装置(２レベル４個ＭＭ一括制御)：ＰＣ402Ｋ
　主電動機：ＭＴ401ＫＡ(150kW)。主変圧器：ＴＭ406Ｋ(２次巻線２線と３次巻線で構成)
　空調装置：ＡＵ407Ｋ-Ｓ(42,000kcal/h)、台車ＤＴ404Ｋ、ＴＲ404Ｋ
　パンタグラフ：シングルアーム式ＰＳ401Ｋ
　ＣＰ：ＭＨ410Ｋ-Ｃ1000ＭＬ
　電気連結器、自動解結装置(+印)装備
　床面高さ1115㎜(車輪径は810㎜)
　トイレは車イス対応トイレ
▽ＮT004編成は、02.08.08KK出場にて「フレスタ熊本」色
　2002(H14).08.18、熊本17:01発八代行きから営業運転開始
▽ＮT007～010編成の４本、８両は、豊肥本線高速鉄道保有㈱が保有(当初)

▽815系の営業運転は、ダイヤ改正に伴う運用関連で1999(H11).09.30から
▽2023(R05).03.18改正から、815系、817系は共通運用に

▽1999(H11).10.01 から鹿児島本線銀水～熊本～八代間、豊肥本線熊本～肥後大津間にてワンマン運転開始
▽2005(H17).03.01 から鹿児島本線鳥栖～銀水間に、ワンマン運転区間は拡大

▽1999(H11).12.01　熊本運転所は熊本鉄道事業部熊本運輸センターに変更
▽2005(H17).03.01　車庫は熊本駅構内から旧熊本操車場へ移転。合わせて川尻派出所も統合
▽2006(H18).03.18　熊本車両センターに変更
▽2022(R04).04.01　熊本鉄道事業部を廃止、熊本支社本体に機能を統合

佐世保車両センター　崎サキ

14両

817系　←博多・鳥栖、佐世保　　　大牟田・早岐・肥前浜→

長崎本線
佐世保線

配置両数		
817系		
Mc	クモハ817	7
Tc′	クハ816	7
	計——	14

	クモハ 817 +AC	クハ 816 CP+	新製月日	1次車 改良工事	塗色変更 銀塗装化	ＡＴＳ-DK 取付	ロング シート化
	●●	●●○○ ○○					
VN020	20	20	01.08.31日立	11.10.07KK	14.08.01KK	14.08.01KK	
VN022	22	22	01.08.31日立	11.10.28KK	14.10.29KK	14.10.29KK	
VN024	24	24	01.09.01日立	12.03.22KK	12.03.22KK	12.03.22KK	
VN026	26	26	01.09.15日立	11.09.16KK	12.07.20KK	12.07.20KK	
VN028	28	28	01.09.14日立		16.09.21KK	12.01.20KK	
VN030	30	30	01.09.15日立		12.11.20KK	12.11.20KK	
VN031	31	31	01.09.14日立		13.01.05KK	13.01.05KK	

▽817系諸元／アルミニウム合金ダブルスキン構造。現在は銀塗装
　転換式クロスシート。定員は、クモハ817=131(50)、クハ816=127(40)
　主変換装置(2レベル4個MM一括制御)：ＰＣ402Ｋ
　主電動機：ＭＴ401ＫＡ(150kW)、主変圧器：ＴＭ406Ｋ(2次巻線2線と3次巻線で構成)
　空調装置：ＡＵ407Ｋ(42,000kcal/h)
　台車：ＤＴ404Ｋ、ＴＲ404Ｋ
　パンタグラフ：シングルアーム式ＰＳ401Ｋ
　ＣＰ：ＭＨ410Ｋ-Ｃ1000ＭＬ
　電気連結器、自動解結装置(+印)装備
　床面高さ1115mm(車輪径は810mm)
　トイレは車イス対応大型トイレ
▽2019(R01)年度。客室室内灯LED化工事実施
▽2001(H13).10.06から営業運転開始
▽ワンマン運転機器装備
　2002(H14).03.23改正から長崎本線肥前山口～長崎間、佐世保線にてワンマン運転開始
▽博多までの乗入れは、2196M、2325Mの1往復のみ

▽長崎運輸センターは、2005(H17).03.01から電車配置区となった
▽2011(H23).04.01　長崎運輸センターから検修部門が分離、長崎車両センター誕生
▽2014(H26).03.15から早岐に移転、佐世保車両センターに変更
▽2022(R04).04.01　長崎鉄道事業部を廃止、長崎支社本体に機能を統合

九州旅客鉄道 鹿児島車両センター　鹿カコ　84両

817系　←延岡　　宮崎空港・鹿児島中央・川内→

鹿児島本線
日豊本線

クモハ817（+AC）｜クハ816（CP+）

編成	クモハ817	クハ816	新製月日	転入月日	ATS-DK 取付	塗装変更 銀塗装化	ロングシート
V$_K$002	2	2	01.08.10日立	03.09.22	16.01.21KK	13.01.24KK取	
V$_K$003	3	3	01.08.10日立	03.09.20	15.10.02KK	15.10.02KK	
V$_K$504	504	504	01.08.26日立	03.08.25	13.05.23KK	13.05.23KK	21.09.25KK
V$_K$005	5	5	01.08.26日立	03.08.25	13.08.07KK	13.08.07KK	
V$_K$506	506	506	01.08.26日立	03.09.12	15.06.08KK	15.06.08KK	22.03.08KK
V$_K$007	7	7	01.08.26日立	03.09.22	12.05.01KK	15.05.01KK	
V$_K$008	8	8	01.09.07日立	03.09.22	12.03.14KK	12.03.14KK	
V$_K$009	9	9	01.09.07日立	03.08.05	15.02.06KK	15.02.06KK	
V$_K$010	10	10	01.09.07日立	03.09.20	15.08.06KK	15.08.06KK	
V$_K$011	11	11	01.09.08日立	03.09.20	13.04.11KK	15.11.20KK	
V$_K$513	513	513	01.09.08日立	22.09.23	14.09.04KK	11.01.12KK	21.12.14KK
V$_K$ 14	14	14	01.09.21日立	07.03.18	14.12.24KK	14.12.24KK	
V$_K$515	515	515	01.09.21日立	22.09.23	15.05.11KK	15.05.11KK	21.07.16KK
V$_K$517	517	517	01.09.21日立	22.09.23	13.09.05KK	13.09.05KK	22.02.22KK
V$_K$518	518	518	01.09.22日立	07.03.18	13.10.11KK	13.10.11KK	22.01.21KK
V$_K$ 19	19	19	01.09.22日立	07.03.18	13.12.13KK	13.12.13KK	
V$_K$521	521	521	01.08.31日立	22.09.23	14.09.12KK	11.02.09KK	21.10.07KK
V$_K$523	523	523	01.09.01日立	22.09.23	12.02.16KK	12.02.16KK	22.01.12KK
V$_K$ 25	25	25	01.09.01日立	22.09.23	12.09.04KK	15.09.01KK	
V$_K$ 27	27	27	01.09.14日立	22.09.23	13.02.22KK	16.08.23KK	
V$_K$529	529	529	01.09.15日立	22.09.23	12.10.04KK	12.10.04KK	22.08.10KK

クモハ817（+AC）｜クハ816（CP+）

編成	クモハ817	クハ816	新製月日	転入月日	ATS-DK 取付	塗装変更 銀塗装化	ロングシート
V$_K$ 101	1001	1001	03.08.24日立	12.03.17	14.05.27KK	14.05.27KK	
V$_K$1502	1502	1502	03.09.12日立	12.03.17	14.02.13KK	14.02.13KK	21.12.14KK
V$_K$ 103	1003	1003	03.09.20日立	12.03.17	14.10.03KK	14.10.03KK	
V$_K$ 104	1004	1004	03.09.20日立	12.03.17	14.11.14KK	14.11.14KK	
V$_K$1505	1505	1505	03.09.20日立	22.09.23	14.03.13KK	14.03.13KK	22.03.15KK
V$_K$1506	1506	1506	03.09.21日立	22.09.23	15.07.03KK	15.07.03KK	21.11.11KK
V$_K$108	1008	1008	03.08.24日立	22.03.12	14.11.18KK	14.11.18KK	
V$_K$1509	1509	1509	03.08.24日立	22.03.31	14.06.27KK	14.06.27KK	22.03.30KK
V$_K$1510	1510	1510	03.09.12日立	22.09.23	14.01.18KK	14.01.18KK	22.02.25KK
V$_K$1512	1512	1512	03.09.21日立	22.09.23	15.06.10KK	15.06.10KK	22.06.06KK

▽817系諸元／アルミニウム合金ダブルスキン構造。現在は銀塗装
転換式クロスシート。定員は、クモハ817=131(50)、クハ816=127(40)
主変換装置(2レベル4個MM一括制御)：ＰＣ402Ｋ
主電動機：ＭＴ401ＫＡ(150kW)、主変圧器ＴＭ406Ｋ。**ＴＭ409Ｋ(1000代)**
空調装置：ＡＵ407Ｋ(42,000kcal/h)。**ＡＵ407ＫＢ(42,500kcal/h)(1000代)**
太字は1000代の変更点(主変圧器は２Ｍ対応)
台車：ＤＴ404Ｋ、ＴＲ404Ｋ。パンタグラフ：シングルアーム式ＰＳ401Ｋ
ＣＰ：ＭＨ410Ｋ-Ｃ1000ＭＬ。電気連結器、自動解結装置(＋印)装備。車端幌装備
床面高さ1115㎜(車輪径は810㎜)
トイレは車イス対応大型トイレ
▽ロングシート化改造車は車号を＋500
▽ワンマン運転機器装備
鹿児島本線川内～鹿児島中央～日豊本線延岡間などでワンマン運転実施
▽営業開始は、ダイヤ移り替りの2003(H15).09.30から

配置両数

系列	形式		両数
817系			
Mc	クモハ817		31
Tc′	ク　ハ816		31
		計	62
713系			
Mc	クモハ713		4
Tc′	ク　ハ712		4
		計	8
415系			
M	モ　ハ415		4
M′	モ　ハ414		3
Tc	ク　ハ411		4
Tc′	ク　ハ411		3
		計	14

鹿カコ −2

713系 ←延岡　　　　　　　　　　南宮崎・宮崎空港→

日豊本線

	クモハ 713 (AC) ●●	クハ 712 (C2) ●● ○○ ○○	サンシャイン	ワンマン化	改番月日	延命工事	ＡＴＳ-DK 取付	パンタグラフ シングル アーム化
Lк 1	**1**	**1**	96.08.29KG	03.06.09KG	10.09.30KG	11.11.09KK	15.03.04KK	15.03.04KK
Lк 2	**2**	**2**	96.07.10KG	03.09.04KG	10.03.31KG	12.02.29KK	13.09.26KK	15.01.28KK
Lк 3	**3**	**3**	96.06.11KG	03.11.06KG	09.03.28KG	12.07.07KK	12.07.07KK	15.04.02KK
Lк 4	**4**	**4**	96.05.13KG	03.07.23KG	08.12.29KG	08.12.29KG	16.02.26KK	14.12.25KK

▽「サンシャイン」の愛称は、南国宮崎にふさわしく、車両の赤いボディにもマッチしていることから命名
　客室は、ドア間の座席を特急用回転式リクライニングシートに、
　車端寄り座席はハイバケット(背ずり20cmアップ)タイプのセパレートに変更
　ほかに、車イススペースや大型荷物置場(ラゲージラック)を設置している
　なお、ボディカラーは赤を基調にドア部に青、黄、赤の三色を配置
　新塗色車の営業開始は、宮崎空港線開業の1996(H08).07.18
▽宮崎空港線開業により、延岡～宮崎空港間で主に運用している
▽2003(H15).10.01改正からワンマン運転を開始。ワンマン改造時にＥＢ装置取付完了
▽Lк 1・3編成は、2022(R04).09.23改正にて、定期運用から離脱

▽主電動機はＭＴ61(150kW)。冷房装置はＡＵ710(38,000kcal/h)
　汚物処理装置装備
▽改番は主回路更新工事のため。車号太字の車両は延命工事施工車

▽1967(S42).11.01　鹿児島運転所開設
▽1997(H09).11.29　鹿児島車両所と一緒になり鹿児島総合車両所に組織変更。運転部門は、鹿児島運転区に
　なお、鹿児島運転区は1999(H11).06.01に鹿児島総合鉄道部鹿児島運輸センターと、指宿枕崎鉄道部運輸センターとに分離されている
▽2004(H16).06.01　小倉工場とともに本社直轄となる
　このため車体標記は、鹿児島支社の「鹿」から、鉄道事業本部の「本」へと変更
▽2011(H23).04.01　工場機能終了とともに、鹿児島鉄道事業部鹿児島車両センターと変更
　なお、車両の最終出場は2010(H22).12.17=「はやとの風」。車体標記は「本カコ」→「鹿カコ」へ
▽2022(R04).04.01　鹿児島鉄道事業部を廃止、鹿児島支社本体に機能を統合

415系 ←都城・鹿児島中央　　　　　　　　　　　　　　　　　　川内→

【九州色】
鹿児島本線
日豊本線
(ロングシート)

	クハ 411	モハ 415	モハ 414	クハ 411	EB装置取付	ドア選択スイッチ取付	ATS-DK取付
	C1		⑯	16 C1			
	○○ ○○	●● ●●	●● ●●	○○ ○○			
Fκ513	513	513	513	_613	04.09.04KK	15.10.09KK	15.10.09KK
Fκ514			514	_614	07.02.26KK	12.11.07KK	12.11.07KK
Fκ515	515	515	515	_615	04.10.15KK	16.03.14KK	16.03.14KK
Fκ516	516	516	516	_616	04.12.27KK	16.01.13KK	16.01.13KK

▽九州色は、クリーム10号をベースに青23号の帯
▽2007(H19).03.18改正から、鹿児島地区にて使用開始
　使用開始日／Fκ513＝6922M～、Fκ515＝2448M～、Fκ516＝2454M～、Fκ517＝2420M～
▽2022(R04).09.23改正にて、415系は定期運用消滅

▽_は、汚物処理装置付きの車両

日本貨物鉄道 大井機関区 貨東タミキク 42両

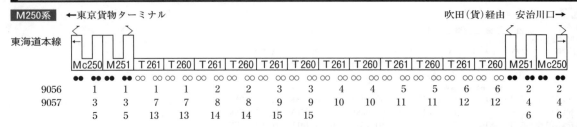

M250系 ←東京貨物ターミナル　　　　吹田(貨)経由 安治川口→

東海道本線

	Mc250	M251	T261	T260	T261	T260	T261	T260	T261	T260	T261	T260	T261	T260	M251	Mc250
	●● ●●	●● ●●	○○ ○○	○○ ○○	○○ ○○	○○ ○○	○○ ○○	○○ ○○	○○ ○○	○○ ○○	○○ ○○	○○ ○○	○○ ○○	○○ ○○	●● ●●	●● ●●
9056	1	1	1	1	2	2	3	3	4	4	5	5	6	6	2	2
9057	3	3	7	7	8	8	9	9	10	10	11	11	12	12	4	4
	5	5	13	13	14	14	15	15							6	6

▽M250系は、2004(H16).03.13から営業運転開始。編成・下記の運転時刻は、営業開始時点
東京貨物ターミナル 23:14 →9057→ 5:26 安治川口(大阪)
5:20 ←9056←23:09

▽最高速度 130km/h
コンテナ積載は、31フィートコンテナ(U54A)をMc車・M車は各1個、T車は2個
主電動機は 220kW

配置両数		
M250系		
Mc	250	6
M	251	6
T	261	15
T	260	15
	計	42

貨物

ＪＲ電車　番号順別配置表

－　2023(令和05)年10月１日現在　－

凡　例

掲載順……系列ごとに分類し、数字の大きい形式から順に掲載。
クモハ・モハ・クハ・クロ・サハ・サロ・サシの順に掲載
製造年……各形式車号の製造年次を車号の末尾に表示した。
細字は国鉄時代、太字はＪＲ時代と区分(改造車についても同様)
ただし、車号変更車の一部は割愛している('94夏号から掲載を開始)
改造車……車号の頭に「改」を付した。また改造年月日を所属区の項に示し、
2023(令和05)年度の改造車両については下線を付して区別した
廃　車……車号の頭に「廃」を付した。また廃車年月日を所属区の項に示し、
2023(令和05)年度の廃車車両については下線を付して区別した
冷房車……冷房車は、車号を **太字** で、非冷房車は、車号を 細字 で表示した

更新・延命(リフレッシュ)工事……車号の頭に以下の表示
特別保全工事車　＝「 H 」(国鉄時代を中心に施工)
車両更新車　＝「 R 」(ＪＲ東日本．ＪＲ東海〔スーパー特保〕．ＪＲ九州〔延命工事車〕)
リニューアル工事車　＝「 N 」
延命工事車　＝「 N 」(ＪＲ西日本)　体質改善車　＝「 T 」
リニューアル工事車　＝「 R 」(ＪＲ西日本)
前照灯シールドビーム……改造車は配置区の前または後に「 ▲ 」
新製時からの車「 △ 」(415・113・103系=最初の車のみ表示)
前面に鋼板をプラスした車は「 ▼ 」(国鉄時代を含む)
前面に鋼板をプラスし、
新製時よりシールドビームの車は「 ▽ 」
デカライトスタイルでの改造車は「 ● 」

狭小トンネル対応パンタグラフ装備車……車号の頭に「 ◆ 」
＊横軽対策車は、1997(平成09).09.30限りで横川～軽井沢間廃止のため、表示は割愛

保安装置(ＡＴＳ・ＡＴＣ）……対象車両の車号の後に以下の記号を付した
ＡＴＣ　＝ C
ＡＴＳ－ＳＮ　＝ SN（ＪＲ北海道)→ＡＴＳ－ＤＮ＝ DN
ＡＴＳ－Sɴ　＝ Sɴ　ＡＴＳ－Pѕ　＝ Pѕ
ＡＴＳ－Ｐ　＝ P　（ＪＲ東日本)
ＡＴＳ－Pᴛ　＝ Pᴛ　ＡＴＳ－Sᴛ　＝ Sᴛ（ＪＲ東海)
ＡＴＳ－Sᴡ　＝ Sᴡ　ＡＴＳ－Ｐ　＝ P（ＪＲ西日本)
ＡＴＳ－ＳＳ　＝ SS（ＪＲ四国)
ＡＴＳ－ＳＫ　＝ SK（ＪＲ九州)→ＡＴＳ－ＤＫ＝ DK、自動運転=0
＊ＡＴＳ－Pᴛ 装備車は、ＡＴＳ－Sᴛ
ＡＴＳ－ＤＫ装備車は、ＡＴＳ－ＳＫ表示を省略

※新系列車両は、すべての形式・車号を掲載。583系、489系、421系、401系、
101系、サロ165形、サロ110形等は、1992(平成４)年度末時点で在籍した車両を掲載
〔系列によっては、過年度分の廃車・改造年月日も掲載〕
※すでに形式消滅した場合は、掲載を割愛(781系は2013夏号から掲載を割愛)
〔未収録の形式については、それぞれに該当する系列の中で注記あり〕

※改造した車両については、改造後の車号を併記

EDC

E001形／東

E001　10

1	都オク	PCPs	
2	都オク		
3	都オク		
4	都オク		
5	都オク		
6	都オク		
7	都オク		
8	都オク		
9	都オク		
10	都オク	PCPs	16

交流特急用

885系／九

クモハ885　11

	1	本ミフ	DK	
	2	本ミフ	DK	
廃	3	03.09.01		
	4	本ミフ	DK	
	5	本ミフ	DK	
	6	本ミフ	DK	
	7	本ミフ	DK	99
	8	本ミフ	DK	
	9	本ミフ	DK	
	10	本ミフ	DK	
	11	本ミフ	DK	00
	403	本ミフ	DK	03

モハ885　22

	1	本ミフ	
	2	本ミフ	
廃	3	03.09.01	
	4	本ミフ	
	5	本ミフ	
	6	本ミフ	
	7	本ミフ	99
	8	本ミフ	
	9	本ミフ	
	10	本ミフ	
	11	本ミフ	00
	403	本ミフ	03
	101	本ミフ	
	102	本ミフ	
	103	本ミフ	
	104	本ミフ	
	105	本ミフ	
	106	本ミフ	
	107	本ミフ	99
	201	本ミフ	
	202	本ミフ	
	203	本ミフ	
	204	本ミフ	00

クロハ884　11

1	本ミフ	DK	
2	本ミフ	DK	
3	本ミフ	DK	
4	本ミフ	DK	
5	本ミフ	DK	
6	本ミフ	DK	
7	本ミフ	DK	99
8	本ミフ	DK	
9	本ミフ	DK	
10	本ミフ	DK	
11	本ミフ	DK	00

サハ885　22

	1	本ミフ	
	2	本ミフ	
廃	3	03.09.01	
	4	本ミフ	
	5	本ミフ	
	6	本ミフ	
	7	本ミフ	99
	8	本ミフ	
	9	本ミフ	
	10	本ミフ	
	11	本ミフ	00
	403	本ミフ	03
	101	本ミフ	
	102	本ミフ	
	103	本ミフ	
	104	本ミフ	
	105	本ミフ	
	106	本ミフ	
	107	本ミフ	99
	301	本ミフ	
	302	本ミフ	
	303	本ミフ	
	304	本ミフ	02

883系／九

クモハ883　8

1	分オイ	DK	
2	分オイ	DK	
3	分オイ	DK	94
4	分オイ	DK	
5	分オイ	DK	95
6	分オイ	DK	
7	分オイ	DK	
8	分オイ	DK	96

モハ883　16

101	分オイ	
102	分オイ	
103	分オイ	94
104	分オイ	
105	分オイ	95
201	分オイ	
202	分オイ	
203	分オイ	94
204	分オイ	
205	分オイ	
206	分オイ	95
207	分オイ	
208	分オイ	96
1001	分オイ	
1002	分オイ	
1003	分オイ	08

クロハ882　8

1	分オイ	DK	
2	分オイ	DK	
3	分オイ	DK	94
4	分オイ	DK	
5	分オイ	DK	95
6	分オイ	DK	
7	分オイ	DK	
8	分オイ	DK	96

サハ883　24

1	分オイ	
2	分オイ	
3	分オイ	94
4	分オイ	
5	分オイ	95
6	分オイ	
7	分オイ	
8	分オイ	96
101	分オイ	
102	分オイ	
103	分オイ	94
104	分オイ	
105	分オイ	95
201	分オイ	
202	分オイ	
203	分オイ	94
204	分オイ	
205	分オイ	95
206	分オイ	
207	分オイ	
208	分オイ	96
1001	分オイ	
1002	分オイ	
1003	分オイ	08

789系／北

モハ789　18

	201	札サウ	
	202	札サウ	
	203	札サウ	
	204	札サウ	
	205	札サウ	02
	206	札サウ	11
	1001	札サウ	
	1002	札サウ	
	1003	札サウ	
	1004	札サウ	
廃	1005	11.03.24	
	1006	札サウ	
	1007	札サウ	07
	2001	札サウ	
	2002	札サウ	
	2003	札サウ	
	2004	札サウ	
廃	2005	11.03.24	
	2006	札サウ	
	2007	札サウ	07

モハ788　14

101	札サウ	
102	札サウ	
103	札サウ	
104	札サウ	02
105	札サウ	05
106	札サウ	11
201	札サウ	
202	札サウ	
203	札サウ	
204	札サウ	
205	札サウ	02
206	札サウ	11
301	函ハコ	
302	函ハコ	05

クハ789　20

201 札サウ DN
202 札サウ DN
203 札サウ DN
204 札サウ DN
205 札サウ DN 02
206 札サウ DN 11

301 函ハコ PsC
302 函ハコ PsC 05

1001 札サウ DN
1002 札サウ DN
1003 札サウ DN
1004 札サウ DN
廃1005 11.03.24
1006 札サウ DN
1007 札サウ DN 07

2001 札サウ DN
2002 札サウ DN
2003 札サウ DN
2004 札サウ DN
廃2005 11.03.24
2006 札サウ DN
2007 札サウ DN 07

クロハ789　6

101 札サウ DN
102 札サウ DN
103 札サウ DN
104 札サウ DN 02
105 札サウ DN 05
106 札サウ DN 11

サハ789　6

101 札サウ
102 札サウ
103 札サウ
104 札サウ
105 札サウ 05
106 札サウ 11

サハ788　6

1001 札サウ
1002 札サウ
1003 札サウ
1004 札サウ
廃1005 11.03.24
1006 札サウ
1007 札サウ 07

787系／九

クモハ786　13

1 本ミフ DK
改 2 20.09.30クモロ786-363
3 本ミフ DK
4 本ミフ DK
5 本ミフ DK
6 本ミフ DK
7 本ミフ DK
8 本ミフ DK 92
9 本ミフ DK
10 本ミフ DK
11 本ミフ DK 93
12 本ミフ DK
13 本ミフ DK
14 本ミフ DK 94

クモロ786　1

363 本ミフ DK 20改

モハ787　24

1 本ミフ
2 分オイ
改 3 20.09.30モロ787-363
4 分オイ
5 本ミフ
6 分オイ
7 本ミフ
8 分オイ
9 本ミフ
10 分オイ
11 本ミフ
12 分オイ
13 本ミフ
14 分オイ
15 本ミフ
16 分オイ 92
17 本ミフ
18 分オイ
19 本ミフ
20 分オイ
21 分オイ
22 本ミフ 93
23 本ミフ
24 本ミフ
25 本ミフ 94

モロ787　1

363 本ミフ 20改

モハ786　24

1 分オイ
2 分オイ
3 分オイ
4 分オイ
5 分オイ
6 分オイ 92

101 分オイ
改 102 20.02.29 6102
103 分オイ
104 本ミフ
105 分オイ
106 分オイ 92

201 本ミフ
202 本ミフ 92
203 本ミフ
204 本ミフ
改 205 20.09.30モロ786-363 93

301 本ミフ
302 本ミフ 92
303 本ミフ
304 本ミフ
305 本ミフ 93
306 本ミフ
307 本ミフ
308 本ミフ 94

6102 分オイ 19改

モロ786　1

363 本ミフ 20改

クハ787　11

改 1 21.01.12 6001
2 分オイ DK
3 分オイ DK
改 4 21.06.08 6004
5 分オイ DK
6 分オイ DK 98

102 分オイ DK
108 分オイ DK
112 分オイ DK
113 分オイ DK
114 分オイ DK 99改

6001 分オイ DK 20改
6004 分オイ DK 21改

クロハ786　11

改 1 21.01.12 6001
2 分オイ DK
3 分オイ DK
改 4 21.06.08 6004
5 分オイ DK
6 分オイ DK 98
7 分オイ DK
8 分オイ DK
9 分オイ DK
10 分オイ DK
11 分オイ DK 99

6001 分オイ DK 20改
6004 分オイ DK 21改

クモロ787　14

1 本ミフ DK
改 2 20.09.30 363
3 本ミフ DK
4 本ミフ DK
5 本ミフ DK
6 本ミフ DK
7 本ミフ DK
8 本ミフ DK 92
9 本ミフ DK
10 本ミフ DK
11 本ミフ DK 93
12 本ミフ DK
13 本ミフ DK
14 本ミフ DK 94

363 本ミフ DK 20改

サハシ787　0

改 1 02.10.25サハ787-201
改 2 02.09.24サハ787-202
改 3 02.07.12サハ787-203
改 4 02.08.20サハ787-204
改 5 02.12.28サハ787-205
改 6 03.02.06サハ787-206
改 7 03.03.12サハ787-207
改 8 02.11.15サハ787-208 92
改 9 02.11.28サハ787-209
改 10 03.02.15サハ787-210
改 11 03.03.29サハ787-211 93
改 12 02.08.02サハ787-212
改 13 02.09.25サハ787-213
改 14 02.12.27サハ787-214 94

サハ787　38

1 本ミフ
改 2 20.09.30サロ787-363
3 本ミフ
4 本ミフ
5 本ミフ
6 本ミフ
7 本ミフ
8 本ミフ
9 本ミフ
10 本ミフ 92
11 本ミフ
12 本ミフ
13 本ミフ 93
14 本ミフ 94

101 本ミフ
改 102 00.02.12クハ787-102
103 本ミフ
104 本ミフ
105 本ミフ
106 本ミフ 92
107 本ミフ
改 108 00.02.12クハ787-108
109 本ミフ 93
110 本ミフ
111 本ミフ
改 112 00.02.12クハ787-112
改 113 00.02.12クハ787-113
改 114 00.02.12クハ787-114 94
115 本ミフ
116 本ミフ
117 本ミフ 02

201 本ミフ
改 202 20.09.30サロシ786-363
203 本ミフ
204 本ミフ
205 本ミフ
206 本ミフ
207 本ミフ
208 本ミフ
209 本ミフ
210 本ミフ
211 本ミフ
212 本ミフ
213 本ミフ
214 本ミフ 02改

サロ787　1

363 本ミフ 20改

サロシ786　1

363 本ミフ 20改

785系／北

クモハ785　4

廃 1 17.04.30
廃 2 17.03.31
廃 3 17.03.10
廃 4 17.03.31
廃 5 17.04.30 90

101 札サウ
102 札サウ
103 札サウ DN
104 札サウ DN
改 105 10.04.19モハ785-303 90

モハ785　2

廃 1 17.04.30
廃 2 17.03.31
廃 3 17.03.10
廃 4 17.03.31
廃 5 17.04.30 90

廃 303 16.03.31 10改

501 札サウ
502 札サウ 01

モハ784　0

廃 501 17.04.30
廃 502 17.03.31
廃 503 17.03.10
廃 504 17.03.31
廃 505 17.04.30 01

クハ785　0

廃 1 17.04.30
廃 2 17.03.31
廃 3 17.03.10
廃 4 17.03.31
廃 5 17.04.30 90

クハ784　4

1 札サウ DN
2 札サウ DN
3 札サウ
4 札サウ
改 5 10.04.19 303 90

廃 303 16.03.31 10改

サハ784　0

廃 1 17.04.30
廃 2 17.03.31
廃 3 17.03.10
廃 4 17.03.31
廃 5 17.04.30 90

783系／九

クモハ783 8

廃	1	21.06.09		
	2	本ミフ	DK	
	3	本ミフ	DK	
廃	4	22.11.15		
廃	5	21.08.05		
	6	本ミフ	DK	
廃	7	23.08.04		87
	8	本ミフ	DK	
	9	本ミフ	DK	
廃	10	21.09.09		88
廃	11	22.07.14		
	12	本ミフ	DK	
	13	本ミフ	DK	
廃	14	22.01.25		89
	15	本ミフ	DK	90

モハ783 18

改	1	99.07.03	201	
改	2	99.07.14	202	
改	3	99.07.31	203	
改	4	99.07.03	304	87
改	5	99.07.14	305	
改	6	99.07.31	306	
改	7	01.03.13	307	
廃	8	21.08.26		
改	9	00.02.16	209	
廃	10	22.11.05		
改	11	01.03.13	211	88
廃	12	22.02.01		
廃	13	21.07.01		
廃	14	16.12.16		
廃	15	22.06.27		
改	16	00.02.07	316	
廃	17	16.12.06		
廃	18	16.12.09		89
改	19	06.09.08	116	90
廃	20	21.05.26		06改
廃	101	21.06.04		
	102	本ミフ		
	103	本ミフ		
廃	104	22.11.28		
廃	105	21.07.30		
	106	本ミフ		
廃	107	23.08.15		87
	108	本ミフ		
改	109	06.09.08	20	
廃	110	21.09.02		88
廃	111	22.07.08		
	112	本ミフ		
	113	本ミフ		
廃	114	22.01.19		89
	115	本ミフ		90
	116	本ミフ		06改
	201	本ミフ		
	202	本ミフ		
	203	本ミフ		
	209	本ミフ		99改
	211	本ミフ		00改
	304	本ミフ		
	305	本ミフ		
	306	本ミフ		
	307	本ミフ		99~
	316	本ミフ		00改

クハ783 5

	105	本ミフ	DK	
	106	本ミフ	DK	
	107	本ミフ	DK	
	108	本ミフ	DK	99改
	109	本ミフ	DK	00改

クロ782 0

改	1	95.06.02	クロハ782-501	
改	2	95.07.21	クロハ782-502	
				87
改	3	95.04.14	クロハ782-503	
改	4	95.07.01	クロハ782-504	
改	5	96.03.08	クロハ782-505	
				88
改	6	96.01.08	クロハ782-506	
改	7	95.11.14	クロハ782-507	
改	8	96.05.15	クロハ782-508	
				89

クロハ782 13

廃	1	21.05.24		
	2	本ミフ	DK	
	3	本ミフ	DK	
廃	4	22.11.18		
廃	5	23.08.21		87
廃	6	22.07.05		89
改	7	06.03.17	407	90
	101	本ミフ	DK	
	102	本ミフ	DK	
廃	103	22.01.08		
	104	本ミフ	DK	99改
	110	本ミフ	DK	00改
	407	本ミフ	DK	05改
廃	501	21.06.25		
	502	本ミフ	DK	
	503	本ミフ	DK	
	504	本ミフ	DK	
廃	505	21.08.19		
	506	本ミフ	DK	
	507	本ミフ	DK	95改
	508	本ミフ	DK	96改

サハ783 8

廃	1	21.05.29		
	2	本ミフ		
	3	本ミフ		
廃	4	22.11.25		87
廃	5	23.08.16		88
廃	6	22.07.08		89
	7	本ミフ		90
改	101	00.02.27	クロハ782-101	
改	102	00.02.27	クロハ782-102	
改	103	00.02.22	クロハ782-103	
改	104	00.02.22	クロハ782-104	
改	105	00.02.22	クハ783-105	
改	106	00.02.27	クハ783-106	
				88
改	107	00.02.27	クハ783-107	
改	108	00.02.22	クハ783-108	
改	109	01.03.13	クハ783-109	
改	110	01.03.05	クロハ782-110	
				89
廃	111	16.12.22		90
廃	201	21.07.19		
	202	本ミフ		
	203	本ミフ		
	204	本ミフ		
廃	205	21.08.12		88
	206	本ミフ		
	207	本ミフ		
廃	208	22.01.14		89

E751系／東

モハE751 3

廃	1	15.11.30		
廃	2	15.11.30		
廃	3	15.11.30		99
	101	北アキ		
	102	北アキ		
	103	北アキ		99

モハE750 3

廃	1	15.11.30		
廃	2	15.11.30		
廃	3	15.11.30		99
	101	北アキ		
	102	北アキ		
	103	北アキ		99

クハE751 3

	1	北アキ	PPs	
	2	北アキ	PPs	
	3	北アキ	PPs	99

クロハE750 3

	1	北アキ	PPs	
	2	北アキ	PPs	
	3	北アキ	PPs	99

▷781系は全車廃車・形式消滅のため「2013冬」まで掲載

交流近郊・通勤用

821系／九

クモハ821 10

1	熊クマ	DK	
2	熊クマ	DK	17
3	熊クマ	DK	
4	熊クマ	DK	19
5	熊クマ	DK	
6	熊クマ	DK	
7	熊クマ	DK	20
8	熊クマ	DK	
9	熊クマ	DK	
10	熊クマ	DK	21

クハ821 10

1	熊クマ	DK	
2	熊クマ	DK	17
3	熊クマ	DK	
4	熊クマ	DK	19
5	熊クマ	DK	
6	熊クマ	DK	
7	熊クマ	DK	20
8	熊クマ	DK	
9	熊クマ	DK	
10	熊クマ	DK	21

サハ821 10

1	熊クマ	
2	熊クマ	17
3	熊クマ	
4	熊クマ	19
5	熊クマ	
6	熊クマ	
7	熊クマ	20
8	熊クマ	
9	熊クマ	
10	熊クマ	21

BEC819系／九

クモハBEC819　18

1 本チク DK
2 本チク DK
3 本チク DK
4 本チク DK
5 本チク DK
改 6 19.03.17 106
改 7 18.11.21 107　16

106 本チク DK
107 本チク DK　18改

改 301 22.03.04 5301
改 302 22.01.13 5302
改 303 22.10.14 5303
改 304 22.12.20 5304
◆ 305 本チク DK
改 306 23.　.　5306
◆ 307 本チク DK
改 308 23.02.15 5308
◆ 309 本チク DK
改 310 22.06.24 5310
改 311 20.10.18 5311　18

◆ 5301 本チク DKO
◆ 5302 本チク DKO
◆ 5303 本チク DKO
◆ 5304 本チク DKO
◆ 5306 本チク DKO
◆ 5308 本チク DKO
◆ 5310 本チク DKO　20～
◆ 5311 本チク DKO　23改

クハBEC818　18

1 本チク DK
2 本チク DK
3 本チク DK
4 本チク DK
5 本チク DK
改 6 19.03.17 106
改 7 18.11.21 107　16

106 本チク DK
107 本チク DK　18改

改 301 22.03.04 5301
改 302 22.01.13 5302
改 303 22.10.14 5303
改 304 22.12.20 5304
305 本チク DK
改 306 23.　.　5306
307 本チク DK
改 308 23.02.15 5308
309 本チク DK
改 310 22.06.24 5310
改 311 20.10.18 5311　18

5301 本チク DKO
5302 本チク DKO
5303 本チク DKO
5304 本チク DKO
5306 本チク DKO
5308 本チク DKO
5310 本チク DKO　20～
5311 本チク DKO　23改

817系／九

クモハ817　56

改 1 22.10.14 501
2 鹿カコ DK
3 鹿カコ DK
改 4 21.09.25 504
5 鹿カコ DK
改 6 22.03.08 506
7 鹿カコ DK
8 鹿カコ DK
9 鹿カコ DK
10 鹿カコ DK
11 鹿カコ DK
改 12 23.02.25 512
改 13 21.12.14 513
14 鹿カコ DK
改 15 21.07.16 515
改 16 22.12.05 516
改 17 22.02.22 517
改 18 22.01.21 518
19 鹿カコ DK
20 崎サキ DK
改 21 21.10.07 521
22 崎サキ DK
改 23 22.01.12 523
24 崎サキ DK
25 鹿カコ DK
26 崎サキ DK
27 鹿カコ DK
28 崎サキ DK
改 29 22.08.10 529
30 崎サキ DK
31 崎サキ DK　01
501 熊クマ DK
504 鹿カコ DK
506 鹿カコ DK
512 熊クマ DK
513 鹿カコ DK
515 鹿カコ DK
516 熊クマ DK
517 鹿カコ DK
518 鹿カコ DK
521 鹿カコ DK
523 鹿カコ DK　21～
529 鹿カコ DK　22改

1001 鹿カコ DK
改1002 21.12.14 1502
1003 鹿カコ DK
1004 鹿カコ DK
改1005 22.03.15 1505
改1006 21.11.11 1506
改1007 22.11.21 1507
1008 鹿カコ DK
改1009 22.03.30 1509
改1010 22.02.25 1510
改1011 21.06.04 1511
改1012 22.06.06 1512　03
改1013 22.01.21 1513
改1014 21.06.08 1514　04
改1101 21.10.02 1601
改1102 21.07.09 1602
改1103 21.10.01 1603
改1104 21.10.29 1604　06

1502 鹿カコ DK
1505 鹿カコ DK
1506 鹿カコ DK
1507 熊クマ DK
1509 鹿カコ DK
1510 鹿カコ DK
1511 本チク DK
1512 鹿カコ DK
1513 本チク DK　21～
1514 本チク DK　22改

1601 本チク DK
1602 本チク DK
1603 本チク DK
1604 本チク DK　21改

2001 本チク DK
2002 本チク DK
2003 本チク DK
2004 本チク DK
2005 本チク DK
2006 本チク DK　11
2007 本チク DK　12

モハ817　11

3001 本ミフ
3002 本ミフ
3003 本ミフ
3004 本ミフ
3005 本ミフ　11
3006 本ミフ
3007 本ミフ
3008 本ミフ
3009 本ミフ　12
3010 本ミフ
3011 本ミフ　14

クハ817　11

3001 本ミフ DK
3002 本ミフ DK
3003 本ミフ DK
3004 本ミフ DK
3005 本ミフ DK　11
3006 本ミフ DK
3007 本ミフ DK
3008 本ミフ DK
3009 本ミフ DK　12
3010 本ミフ DK
3011 本ミフ DK　14

クハ816　67

改 1 22.10.14 501
2 鹿カコ DK
3 鹿カコ DK
改 4 21.09.25 504
5 鹿カコ DK
改 6 22.03.08 506
7 鹿カコ DK
8 鹿カコ DK
9 鹿カコ DK
10 鹿カコ DK
11 鹿カコ DK
改 12 23.02.25 512
改 13 21.12.14 513
14 鹿カコ DK
改 15 21.07.16 515
改 16 22.12.05 516
改 17 22.02.22 517
改 18 22.01.21 518
19 鹿カコ DK
20 崎サキ DK
改 21 21.10.07 521
22 崎サキ DK
改 23 22.01.12 523
24 崎サキ DK
25 鹿カコ DK
26 崎サキ DK
27 鹿カコ DK
28 崎サキ DK
改 29 22.08.10 529
30 崎サキ DK
31 崎サキ DK　01
501 熊クマ DK
504 鹿カコ DK
506 鹿カコ DK
512 熊クマ DK
513 鹿カコ DK
515 鹿カコ DK
516 熊クマ DK
517 鹿カコ DK
518 鹿カコ DK
521 鹿カコ DK
523 鹿カコ DK　21～
529 鹿カコ DK　22改

1001 鹿カコ DK
改1002 21.12.14 1502
1003 鹿カコ DK
1004 鹿カコ DK
改1005 22.03.15 1505
改1006 21.11.11 1506
改1007 22.11.21 1507
1008 鹿カコ DK
改1009 22.03.30 1509
改1010 22.02.25 1510
改1011 21.06.04 1511
改1012 22.06.06 1512
03
改1013 22.01.21 1513
改1014 21.06.08 1514　04

改1101 21.10.02 1601
改1102 21.07.09 1602
改1103 21.10.01 1603
改1104 21.10.29 1604　06

1502 鹿カコ DK
1505 鹿カコ DK
1506 鹿カコ DK
1507 熊クマ DK
1509 鹿カコ DK
1510 鹿カコ DK
1511 本チク DK
1512 鹿カコ DK
1513 本チク DK
1514 本チク DK　21改

1601 本チク DK
1602 本チク DK
1603 本チク DK
1604 本チク DK　21改

2001 本チク DK
2002 本チク DK
2003 本チク DK
2004 本チク DK
2005 本チク DK
2006 本チク DK　11
2007 本チク DK　12

3001 本ミフ DK
3002 本ミフ DK
3003 本ミフ DK
3004 本ミフ DK
3005 本ミフ DK　11
3006 本ミフ DK
3007 本ミフ DK
3008 本ミフ DK
3009 本ミフ DK　12
3010 本ミフ DK
3011 本ミフ DK　14

815系／九

クモハ815 26

1 熊クマ DK
2 熊クマ DK
3 熊クマ DK
4 熊クマ DK
5 熊クマ DK
6 熊クマ DK
7 熊クマ DK
8 熊クマ DK
9 熊クマ DK
10 熊クマ DK
11 熊クマ DK
12 熊クマ DK
13 熊クマ DK
14 熊クマ DK
改 15 00.02.11 27
16 分オイ DK
17 分オイ DK
18 分オイ DK
19 分オイ DK
20 分オイ DK
21 分オイ DK
22 分オイ DK
23 分オイ DK
24 分オイ DK
25 分オイ DK
26 分オイ DK 99
27 分オイ DK 99改

クハ814 26

1 熊クマ DK
2 熊クマ DK
3 熊クマ DK
4 熊クマ DK
5 熊クマ DK
6 熊クマ DK
7 熊クマ DK
8 熊クマ DK
9 熊クマ DK
10 熊クマ DK
11 熊クマ DK
12 熊クマ DK
13 熊クマ DK
14 熊クマ DK
改 15 00.02.11 27
16 分オイ DK
17 分オイ DK
18 分オイ DK
19 分オイ DK
20 分オイ DK
21 分オイ DK
22 分オイ DK
23 分オイ DK
24 分オイ DK
25 分オイ DK
26 分オイ DK 99
27 分オイ DK 99改

813系／九

クモハ813 64

1 本ミフ DK
2 本ミフ DK
3 本ミフ DK
4 本ミフ DK
5 本ミフ DK
6 本ミフ DK
7 本ミフ DK
廃 8 02.03.29
9 本ミフ DK 93

廃 101 02.03.29
102 本ミフ DK
103 本ミフ DK
104 本ミフ DK
105 本ミフ DK
106 本ミフ DK
107 本ミフ DK
108 本ミフ DK
109 本ミフ DK
110 本ミフ DK
111 本ミフ DK
112 本ミフ DK
113 本ミフ DK
114 本チク DK
115 本チク DK
116 本チク DK 95
117 本チク DK
118 本チク DK
119 本チク DK 96

2201 本ミフ DK
2202 本ミフ DK
2203 本ミフ DK
3404 本ミフ DK
2205 本ミフ DK
3406 本ミフ DK
2207 本ミフ DK
3408 本ミフ DK 96
2209 本ミフ DK
2210 本ミフ DK
2211 本ミフ DK
2212 本ミフ DK
2213 本ミフ DK
2214 本ミフ DK
2215 本ミフ DK
2216 本ミフ DK
2217 本ミフ DK
3418 本ミフ DK
2219 本ミフ DK
3420 本ミフ DK
2221 本ミフ DK
2222 本ミフ DK
2223 本ミフ DK
2224 本ミフ DK
2225 本ミフ DK
2226 本ミフ DK
3427 本ミフ DK
228 本チク DK 97
3429 本ミフ DK
3430 本ミフ DK
廃 231 02.03.29
2232 本ミフ DK
2233 本ミフ DK
2234 本ミフ DK
3435 本ミフ DK
2236 本ミフ DK 98

301 本ミフ DK
302 本ミフ DK
3503 本ミフ DK 02

モハ813 18

3001 本ミフ
1002 本チク
1003 本チク 04

3101 本ミフ
3102 本ミフ
3103 本ミフ
3104 本ミフ
3105 本ミフ
3106 本ミフ 06
3107 本ミフ
3108 本ミフ
3109 本ミフ
3110 本ミフ
3111 本ミフ
3112 本ミフ
3113 本ミフ
3114 本ミフ
3115 本ミフ 09

クハ813 82

1 本ミフ DK
2 本ミフ DK
3 本ミフ DK
4 本ミフ DK
5 本ミフ DK
6 本ミフ DK
7 本ミフ DK
廃 8 02.03.29
9 本ミフ DK 93

廃 101 02.03.29
102 本ミフ DK
103 本ミフ DK
104 本ミフ DK
105 本ミフ DK
106 本ミフ DK
107 本ミフ DK
108 本ミフ DK
109 本ミフ DK
110 本ミフ DK
111 本ミフ DK
112 本ミフ DK
113 本ミフ DK
114 本チク DK
115 本チク DK
116 本チク DK 95
117 本チク DK
118 本チク DK
119 本チク DK 96

2201 本ミフ DK
2202 本ミフ DK
2203 本ミフ DK
3404 本ミフ DK
2205 本ミフ DK
3406 本ミフ DK
2207 本ミフ DK
3408 本ミフ DK 96
2209 本ミフ DK
2210 本ミフ DK
2211 本ミフ DK
2212 本ミフ DK
2213 本ミフ DK
2214 本ミフ DK
2215 本ミフ DK
2216 本ミフ DK
2217 本ミフ DK
3418 本ミフ DK
2219 本ミフ DK
3420 本ミフ DK
2221 本ミフ DK
2222 本ミフ DK
2223 本ミフ DK
2224 本ミフ DK
2225 本ミフ DK
2226 本ミフ DK
3427 本ミフ DK
228 本チク DK 97
3429 本ミフ DK
3430 本ミフ DK
廃 231 02.03.29
2232 本ミフ DK
2233 本ミフ DK
2234 本ミフ DK
3435 本ミフ DK
2236 本ミフ DK 98

301 本ミフ DK
302 本ミフ DK
3503 本ミフ DK 02

3001 本ミフ DK
1002 本チク DK
1003 本チク DK 04

3101 本ミフ DK
3102 本ミフ DK
3103 本ミフ DK
3104 本ミフ DK
3105 本ミフ DK
3106 本ミフ DK 06
3107 本ミフ DK
3108 本ミフ DK
3109 本ミフ DK
3110 本ミフ DK
3111 本ミフ DK
3112 本ミフ DK
3113 本ミフ DK
3114 本ミフ DK
3115 本ミフ DK 09

クハ812　18

	3001	本ミフ	DK	
	1002	本チク	DK	
	1003	本チク	DK	04
	3101	本ミフ	DK	
	3102	本ミフ	DK	
	3103	本ミフ	DK	
	3104	本ミフ	DK	
	3105	本ミフ	DK	
	3106	本ミフ	DK	06
	3107	本ミフ	DK	
	3108	本ミフ	DK	
	3109	本ミフ	DK	
	3110	本ミフ	DK	
	3111	本ミフ	DK	
	3112	本ミフ	DK	
	3113	本ミフ	DK	
	3114	本ミフ	DK	
	3115	本ミフ	DK	09

サハ813　64

廃	101	02.03.29	
	102	本ミフ	
	103	本ミフ	
	104	本ミフ	
	105	本ミフ	
	106	本ミフ	
	107	本ミフ	
	108	本ミフ	
	109	本ミフ	
	110	本ミフ	
	111	本ミフ	
	112	本ミフ	
	113	本ミフ	95
	2201	本ミフ	
	2202	本ミフ	
	2203	本ミフ	
	3404	本ミフ	
	2205	本ミフ	
	3406	本ミフ	
	2207	本ミフ	
	3408	本ミフ	96
	2209	本ミフ	
	2210	本ミフ	
	2211	本ミフ	
	2212	本ミフ	
	2213	本ミフ	
	2214	本ミフ	
	2215	本ミフ	
	2216	本ミフ	
	2217	本ミフ	
	3418	本ミフ	
	2219	本ミフ	
	3420	本ミフ	
	2221	本ミフ	
	2222	本ミフ	
	2223	本ミフ	
	2224	本ミフ	
	2225	本ミフ	
	2226	本ミフ	
	3427	本ミフ	
	228	本チク	97
	3429	本ミフ	
	3430	本ミフ	
廃	231	02.03.29	
	2232	本ミフ	
	2233	本ミフ	
	2234	本ミフ	
	3435	本ミフ	
	2236	本ミフ	98
	301	本ミフ	
	302	本ミフ	
	3503	本ミフ	02
	401	本ミフ	
	402	本ミフ	
	403	本ミフ	
	404	本ミフ	
	405	本ミフ	
	406	本ミフ	
	407	本ミフ	
	409	本ミフ	02
	501	本チク	
	502	本チク	
	503	本チク	
	504	本チク	
	505	本チク	
	506	本チク	01

813系 改番

2201	21.05.19
2202	21.07.29
2203	21.05.29
3404	22.04.
2205	21.11.19
3406	22.07.01
2207	21.07.02
3408	22.06.24
2209	21.05.27
2210	21.10.01
2211	21.10.21
2212	21.11.19
2213	21.03.18
2214	21.07.21
2215	21.09.16
2216	21.10.29
2217	21.03.30
3418	22.02.18
2219	21.08.06
3420	22.03.09
2221	21.06.23
2222	21.10.12
2223	21.07.20
2224	21.12.01
2225	21.09.22
2226	21.03.31
3427	22.08.24
3429	22.09.09
3430	22.01.14
2232	21.10.27
2233	21.08.24
2234	21.10.12
3435	22.05.24
2236	21.11.17
3503	21.12.16
3001	22.03.11
3101	22.01.
3102	22.09.14
3103	22.09.06
3104	22.02.12
3105	22.03.31
3106	22.03.31
3107	22.05.02
3108	22.07.30
3109	22.07.30
3110	21.08.05
3111	22.05.20
3112	21.11.08
3113	21.11.08
3114	21.07.07
3115	21.10.21

811系／九

クモハ810　27

	1	本ミフ		DK	
廃	2	02.03.29			
改	3	23.01.04	2003		
改	4	17.03.31	1504		
	5	本ミフ		DK	
	6	本ミフ		DK	
	7	本ミフ		DK	
	8	本ミフ		DK	
改	9	20.12.18	2009		
改	10	21.03.29	2010		89
改	11	17.11.02	1511		
改	12	18.03.15	1512		
改	13	19.08.08	2013		
改	14	20.02.25	2014		
	15	本ミフ		DK	
改	16	23.06.30	2016		90
改	17	20.09.29	2017		91
改	101	23.03.22	2101		
改	102	23.09.30	2102		
	103	本ミフ		DK	
	104	本ミフ		DK	
改	105	19.03.27	8105		
	106	本ミフ		DK	
	107	本ミフ		DK	
改	108	22.05.09	2108		
改	109	18.10.12	7609		
	110	本ミフ		DK	
	111	本ミフ		DK	92
	2003	本ミフ		DK	
	1504	本ミフ		DK	
	2009	本ミフ		DK	
	2010	本ミフ		DK	
	1511	本ミフ		DK	
	1512	本ミフ		DK	
	2013	本ミフ		DK	
	2014	本ミフ		DK	
	2016	本ミフ		DK	
	2017	本ミフ		DK	
	7609	本ミフ		DK	
	2101	本ミフ		DK	
	2102	本ミフ		DK	
	8105	本ミフ		DK	16～
	2108	本ミフ		DK	23改

モハ811　27

	1	本ミフ		
廃	2	02.03.29		
改	3	23.01.04	2003	
改	4	17.03.31	1504	
	5	本ミフ		
	6	本ミフ		
	7	本ミフ		
	8	本ミフ		
改	9	20.12.18	2009	
改	10	21.03.29	2010	89
改	11	17.11.02	1511	
改	12	18.03.15	1502	
改	13	19.08.08	2013	
改	14	20.02.25	2014	
	15	本ミフ		
改	16	23.06.30	2016	90
改	17	20.09.29	2017	91
改	101	23.03.22	2101	
改	102	23.09.30	2102	
	103	本ミフ		
	104	本ミフ		
改	105	19.03.27	2105	
	106	本ミフ		
	107	本ミフ		
改	108	22.05.09	2108	
改	109	18.10.12	1609	
	110	本ミフ		
	111	本ミフ		92
	2003	本ミフ		
	1504	本ミフ		
	2009	本ミフ		
	2010	本ミフ		
	1511	本ミフ		
	1512	本ミフ		
	2013	本ミフ		
	2014	本ミフ		
	2016	本ミフ		
	2017	本ミフ		
	2101	本ミフ		
	2102	本ミフ		
	2105	本ミフ		
	2108	本ミフ		16～
	1609	本ミフ		23改

クハ810　27

	1	本ミフ	DK	
廃	2	02.10.11		
改	3	23.01.04 1503		
改	4	17.03.31 1504		
	5	本ミフ	DK	
	6	本ミフ	DK	
	7	本ミフ	DK	
	8	本ミフ	DK	
改	9	20.12.18 1509		
改	10	21.03.29 1510		89
改	11	17.11.02 1511		
改	12	18.03.15 1512		
改	13	19.08.08 1513		
改	14	20.02.25 1514		
	15	本ミフ	DK	
改	16	23.06.30 1516		90
改	17	20.09.29 1517		91
改	101	23.03.22 1601		
改	102	23.09.30 1602		
	103	本ミフ	DK	
	104	本ミフ	DK	
改	105	19.03.27 7605		
	106	本ミフ	DK	
	107	本ミフ	DK	
改	108	22.05.09 1608		
改	109	18.10.12 7609		
	110	本ミフ	DK	
	111	本ミフ	DK	92
	1503	本ミフ	DK	
	1504	本ミフ	DK	
	1509	本ミフ	DK	
	1510	本ミフ	DK	
	1511	本ミフ	DK	
	1512	本ミフ	DK	
	1513	本ミフ	DK	
	1514	本ミフ	DK	
	1516	本ミフ	DK	
	1517	本ミフ	DK	
	1601	本ミフ	DK	
	1602	本ミフ	DK	
	1608	本ミフ	DK	
	7605	本ミフ	DK	16~
	7609	本ミフ	DK	23改

サハ811　27

	1	本ミフ	
廃	2	03.03.12	
改	3	23.01.04 2003	
改	4	17.03.31 1504	
	5	本ミフ	
	6	本ミフ	
	7	本ミフ	
	8	本ミフ	
改	9	20.12.18 2009	
改	10	21.03.29 2010	89
改	11	17.11.02 1511	
改	12	18.03.15 1512	
改	13	19.08.08 2013	
改	14	20.02.25 2014	
	15	本ミフ	
改	16	23.06.30 2016	90
改	17	20.09.29 2017	91
改	101	23.03.22 2101	
改	102	23.09.30 2102	
	103	本ミフ	
	104	本ミフ	92
	107	本ミフ	
改	108	22.05.09 2108	
改	109	18.10.12 1609	
	110	本ミフ	
	111	本ミフ	92
改	201	19.03.27 8201	
	202	本ミフ	92
	2003	本ミフ	
	1504	本ミフ	
	2009	本ミフ	
	2010	本ミフ	
	1511	本ミフ	
	1512	本ミフ	
	1609	本ミフ	
	2013	本ミフ	
	2014	本ミフ	
	2016	本ミフ	
	2017	本ミフ	
	2101	本ミフ	
	2102	本ミフ	
	2108	本ミフ	16~
	8201	本ミフ	23改

EV-E801系／東

EV-E801　6

1	北アキ	PPs	16
2	北アキ	PPs	
3	北アキ	PPs	
4	北アキ	PPs	
5	北アキ	PPs	
6	北アキ	PPs	20

EV-E800　6

1	北アキ	PPs	16
2	北アキ	PPs	
3	北アキ	PPs	
4	北アキ	PPs	
5	北アキ	PPs	
6	北アキ	PPs	20

737系／北

クモハ737　13

1	札サウ	DN	
2	札サウ	DN	
3	札サウ	DN	
4	札サウ	DN	
5	札サウ	DN	
6	札サウ	DN	
7	札サウ	DN	22
8	札サウ	DN	
9	札サウ	DN	
10	札サウ	DN	
11	札サウ	DN	
12	札サウ	DN	
13	札サウ	DN	23

クハ737　13

1	札サウ	DN	
2	札サウ	DN	
3	札サウ	DN	
4	札サウ	DN	
5	札サウ	DN	
6	札サウ	DN	
7	札サウ	DN	22
8	札サウ	DN	
9	札サウ	DN	
10	札サウ	DN	
11	札サウ	DN	
12	札サウ	DN	
13	札サウ	DN	23

735系／北

モハ735　2

101	札サウ	
102	札サウ	09

クハ735　4

101	札サウ	DN	
102	札サウ	DN	09
201	札サウ	DN	
202	札サウ	DN	09

733系／北

モハ733　47

101	札サウ	
102	札サウ	
103	札サウ	
104	札サウ	11
105	札サウ	
106	札サウ	
107	札サウ	
108	札サウ	
109	札サウ	
110	札サウ	
111	札サウ	
112	札サウ	12
113	札サウ	
114	札サウ	
115	札サウ	
116	札サウ	
117	札サウ	
118	札サウ	
119	札サウ	13
120	札サウ	
121	札サウ	14
1001	函ハコ	
1002	函ハコ	
1003	函ハコ	
1004	函ハコ	15
3101	札サウ	
3102	札サウ	
3103	札サウ	
3104	札サウ	
3105	札サウ	14
3106	札サウ	
3107	札サウ	15
3108	札サウ	
3109	札サウ	
3110	札サウ	
3111	札サウ	18
3201	札サウ	
3202	札サウ	
3203	札サウ	
3204	札サウ	
3205	札サウ	14
3206	札サウ	
3207	札サウ	15
3208	札サウ	
3209	札サウ	
3210	札サウ	
3211	札サウ	18

クハ733　72
101 札サウ DN
102 札サウ DN
103 札サウ DN
104 札サウ DN 11
105 札サウ DN
106 札サウ DN
107 札サウ DN
108 札サウ DN
109 札サウ DN
110 札サウ DN
111 札サウ DN
112 札サウ DN 12
113 札サウ DN
114 札サウ DN
115 札サウ DN
116 札サウ DN
117 札サウ DN
118 札サウ DN
119 札サウ DN 13
120 札サウ DN
121 札サウ DN 14

201 札サウ DN
202 札サウ DN
203 札サウ DN
204 札サウ DN 11
205 札サウ DN
206 札サウ DN
207 札サウ DN
208 札サウ DN
209 札サウ DN
210 札サウ DN
211 札サウ DN
212 札サウ DN 12
213 札サウ DN
214 札サウ DN
215 札サウ DN
216 札サウ DN
217 札サウ DN
218 札サウ DN
219 札サウ DN 13
220 札サウ DN
221 札サウ DN 14

1001 函ハコ DN
1002 函ハコ DN
1003 函ハコ DN
1004 函ハコ DN 15

2001 函ハコ DN
2002 函ハコ DN
2003 函ハコ DN
2004 函ハコ DN 15

3101 札サウ DN
3102 札サウ DN
3103 札サウ DN
3104 札サウ DN
3105 札サウ DN 14
3106 札サウ DN
3107 札サウ DN 15
3108 札サウ DN
3109 札サウ DN
3110 札サウ DN
3111 札サウ DN 18

3201 札サウ DN
3202 札サウ DN
3203 札サウ DN
3204 札サウ DN
3205 札サウ DN 14
3206 札サウ DN
3207 札サウ DN 15
3208 札サウ DN
3209 札サウ DN
3210 札サウ DN
3211 札サウ DN 18

サハ733　22
3101 札サウ
3102 札サウ
3103 札サウ
3104 札サウ
3105 札サウ 14
3106 札サウ
3107 札サウ 15
3108 札サウ
3109 札サウ
3110 札サウ
3111 札サウ 18

3201 札サウ
3202 札サウ
3203 札サウ
3204 札サウ
3205 札サウ 14
3206 札サウ
3207 札サウ 15
3208 札サウ
3209 札サウ
3210 札サウ
3211 札サウ 18

731系／北

モハ731　21
101 札サウ
102 札サウ
103 札サウ
104 札サウ 96
105 札サウ
106 札サウ
107 札サウ
108 札サウ
109 札サウ
110 札サウ 97
111 札サウ
112 札サウ
113 札サウ
114 札サウ 98
115 札サウ
116 札サウ
117 札サウ
118 札サウ
119 札サウ 99
120 札サウ
121 札サウ 05

クハ731　42
101 札サウ DN
102 札サウ DN
103 札サウ DN
104 札サウ DN 96
105 札サウ DN
106 札サウ DN
107 札サウ DN
108 札サウ DN
109 札サウ DN
110 札サウ DN 97
111 札サウ DN
112 札サウ DN
113 札サウ DN
114 札サウ DN 98
115 札サウ DN
116 札サウ DN
117 札サウ DN
118 札サウ DN
119 札サウ DN 99
120 札サウ DN
121 札サウ DN 05

201 札サウ DN
202 札サウ DN
203 札サウ DN
204 札サウ DN 96
205 札サウ DN
206 札サウ DN
207 札サウ DN
208 札サウ DN
209 札サウ DN
210 札サウ DN 97
211 札サウ DN
212 札サウ DN
213 札サウ DN
214 札サウ DN 98
215 札サウ DN
216 札サウ DN
217 札サウ DN
218 札サウ DN
219 札サウ DN 99
220 札サウ DN
221 札サウ DN 05

721系／北

クモハ721　19
1 札サウ DN
2 札サウ DN
3 札サウ DN
4 札サウ DN
5 札サウ DN
6 札サウ DN
改 7 10.07.09 クハ721-2207
8 札サウ DN 88
9 札サウ DN
10 札サウ DN
11 札サウ DN
12 札サウ DN
13 札サウ DN
14 札サウ DN
3015 札サウ DN
廃3016 23.07.31 89
3017 札サウ DN
3018 札サウ DN 90
3019 札サウ DN
3020 札サウ DN
3021 札サウ DN
改3022 11.01.28 クハ721-3222
91

改3201 13.04.05 クハ721-3201
改3202 13.12.10 クハ721-3202
改3203 12.01.14 クハ721-3203
92

モハ720　0
改3023 11.01.28 サハ721-3123
92

改3101 13.04.05 サハ721-3201
改3102 13.12.10 サハ721-3202
改3203 12.01.14 サハ721-3203
92

モハ721　44
1 札サウ
2 札サウ
3 札サウ
4 札サウ
5 札サウ
6 札サウ
改 7 10.07.09 2107
8 札サウ 88
9 札サウ
10 札サウ
11 札サウ
12 札サウ
13 札サウ
14 札サウ
3015 札サウ
廃3016 23.07.31 89
3017 札サウ
3018 札サウ 90
3019 札サウ
3020 札サウ
3021 札サウ
改3022 11.01.28 3222 91
改3023 11.01.28 3123 92

3101 札サウ
3102 札サウ
3103 札サウ 92

3123 札サウ 10改

3201 札サウ
3202 札サウ
3203 札サウ 92

3222 札サウ 10改

改1001 03.12.25 4104
改1002 03.12.25 4204
改1003 03.10.30 4201
改1004 03.10.30 4101 93
改1005 03.11.14 4202
改1006 03.11.14 4102
改1007 03.11.29 4203
改1008 03.11.29 4103
1009 札サウ 94

2107 札サウ 10改

4101 札サウ
4102 札サウ
4103 札サウ
4104 札サウ 03改

4201 札サウ
4202 札サウ
4203 札サウ
4204 札サウ 03改

5001 札サウ 03

5101 札サウ
5102 札サウ
5103 札サウ 03

5201 札サウ
5202 札サウ
5203 札サウ 03

クハ721 47

1 札サウ DN
2 札サウ DN
3 札サウ DN
4 札サウ DN
5 札サウ DN
6 札サウ DN
改 7 10.07.09 2107
8 札サウ DN 88
9 札サウ DN
10 札サウ DN
11 札サウ DN
12 札サウ DN
13 札サウ DN
14 札サウ DN
3015 札サウ DN
廃3016 23.07.31 89
3017 札サウ DN
3018 札サウ DN 90
3019 札サウ DN
3020 札サウ DN
3021 札サウ DN
改3022 11.01.28 3122 91

3101 札サウ DN
3102 札サウ DN
3103 札サウ DN 92

改1001 03.10.09 5101
改1002 03.12.25 4104
改1003 03.11.19 5102
改1004 03.10.30 4101 93
改1005 03.12.11 5001
改1006 03.11.14 4102
改1007 03.12.20 5103
改1008 03.11.29 4103
1009 札サウ DN 94

改2001 03.10.09 5201
改2002 03.12.25 4204
改2003 03.10.30 4201
改2004 03.11.19 5202 93
改2005 03.11.14 4202
改2006 03.12.11 5002
改2007 03.11.29 4203
改2008 03.12.20 5203
2009 札サウ DN 94

2107 札サウ DN 10改

2207 札サウ DN 10改

3122 札サウ DN 10改

3201 札サウ DN
3202 札サウ DN 11~
3203 札サウ DN 13改

3222 札サウ DN 10改

4101 札サウ DN
4102 札サウ DN
4103 札サウ DN
4104 札サウ DN 03改

4201 札サウ DN
4202 札サウ DN
4203 札サウ DN
4204 札サウ DN 03改

5001 札サウ DN
5002 札サウ DN 03改

5101 札サウ DN
5102 札サウ DN
5103 札サウ DN 03改

5201 札サウ DN
5202 札サウ DN
5203 札サウ DN 03改

サハ721 22

改3022 11.01.28 3222 92

3201 札サウ
3202 札サウ
3203 札サウ 92

3101 札サウ
3102 札サウ 11~
3103 札サウ 13改

3123 札サウ 10改

3222 札サウ 10改

4101 札サウ
4102 札サウ
4103 札サウ
4104 札サウ 03

4201 札サウ
4202 札サウ
4203 札サウ
4204 札サウ 03

5101 札サウ
5102 札サウ
5103 札サウ 03

5201 札サウ
5202 札サウ
5203 札サウ 03

E721系／東

クモハE721 65

廃 1 11.03.12 震災
2 北セン Ps
3 北セン Ps
4 北セン Ps
改 5 20.04.30 505
6 北セン Ps
7 北セン Ps
8 北セン Ps
9 北セン Ps
10 北セン Ps
11 北セン Ps
12 北セン Ps
13 北セン Ps
14 北セン Ps
15 北セン Ps
16 北セン Ps
17 北セン Ps
18 北セン Ps
廃 19 11.03.12 震災
20 北セン Ps
21 北セン Ps 06
22 北セン Ps
23 北セン Ps
24 北セン Ps
25 北セン Ps
26 北セン Ps
27 北セン Ps
28 北セン Ps
29 北セン Ps
30 北セン Ps
31 北セン Ps
32 北セン Ps
33 北セン Ps
34 北セン Ps
35 北セン Ps
36 北セン Ps
37 北セン Ps
38 北セン Ps
39 北セン Ps 07
40 北セン Ps
41 北セン Ps
42 北セン Ps
43 北セン Ps
44 北セン Ps 10

501 北セン Ps 05
502 北セン Ps
503 北セン Ps
504 北セン Ps 06
505 北セン Ps 20改

1001 北セン Ps
1002 北セン Ps
1003 北セン Ps
1004 北セン Ps
1005 北セン Ps
1006 北セン Ps
1007 北セン Ps
1008 北セン Ps
1009 北セン Ps
1010 北セン Ps
1011 北セン Ps
1012 北セン Ps
1013 北セン Ps
1014 北セン Ps
1015 北セン Ps
1016 北セン Ps
1017 北セン Ps
1018 北セン Ps
1019 北セン Ps 16

クハE720 65

廃 1 11.03.12 震災
2 北セン Ps
3 北セン Ps
4 北セン Ps
改 5 20.04.30 505
6 北セン Ps
7 北セン Ps
8 北セン Ps
9 北セン Ps
10 北セン Ps
11 北セン Ps
12 北セン Ps
13 北セン Ps
14 北セン Ps
15 北セン Ps
16 北セン Ps
17 北セン Ps
18 北セン Ps
廃 19 11.03.12 震災
20 北セン Ps
21 北セン Ps 06
22 北セン Ps
23 北セン Ps
24 北セン Ps
25 北セン Ps
26 北セン Ps
27 北セン Ps
28 北セン Ps
29 北セン Ps
30 北セン Ps
31 北セン Ps
32 北セン Ps
33 北セン Ps
34 北セン Ps
35 北セン Ps
36 北セン Ps
37 北セン Ps
38 北セン Ps
39 北セン Ps 07
40 北セン Ps
41 北セン Ps
42 北セン Ps
43 北セン Ps
44 北セン Ps 10

501 北セン Ps 05
502 北セン Ps
503 北セン Ps
504 北セン Ps 06
505 北セン Ps 20改

1001 北セン Ps
1002 北セン Ps
1003 北セン Ps
1004 北セン Ps
1005 北セン Ps
1006 北セン Ps
1007 北セン Ps
1008 北セン Ps
1009 北セン Ps
1010 北セン Ps
1011 北セン Ps
1012 北セン Ps
1013 北セン Ps
1014 北セン Ps
1015 北セン Ps
1016 北セン Ps
1017 北セン Ps
1018 北セン Ps
1019 北セン Ps 16

モハE721 19

1001 北セン
1002 北セン
1003 北セン
1004 北セン
1005 北セン
1006 北セン
1007 北セン
1008 北セン
1009 北セン
1010 北セン
1011 北セン
1012 北セン
1013 北セン
1014 北セン
1015 北セン
1016 北セン
1017 北セン
1018 北セン
1019 北セン 16

サハE721 19

1001 北セン
1002 北セン
1003 北セン
1004 北セン
1005 北セン
1006 北セン
1007 北セン
1008 北セン
1009 北セン
1010 北セン
1011 北セン
1012 北セン
1013 北セン
1014 北セン
1015 北セン
1016 北セン
1017 北セン
1018 北セン
1019 北セン 16

719系／東

クモハ719 13

廃 1 18.04.14
廃 2 17.08.25
廃 3 18.05.15
廃 4 19.07.27
廃 5 17.11.29
廃 6 18.07.12
廃 7 18.07.07
廃 8 18.06.23
廃 9 19.06.04 89
廃 10 20.03.14
廃 11 18.04.06
廃 12 19.06.04
廃 13 20.03.14
廃 14 18.04.13
廃 15 19.07.27
廃 16 19.08.10
廃 17 20.05.09
廃 18 17.08.25
廃 19 20.06.01
廃 20 20.05.15
廃 21 16.11.05
廃 22 19.08.10
廃 23 17.03.01
廃 24 16.12.20
廃 25 18.06.22
廃 26 17.08.25
改 27 15.03.06 701
廃 28 17.11.21
廃 29 17.03.01
廃 30 19.04.18
廃 31 19.04.20 90
廃 32 16.12.27
廃 33 16.12.27
廃 34 17.08.25
廃 35 17.11.21
廃 36 19.05.15
廃 37 17.11.23
廃 38 18.05.12
廃 39 18.04.07
廃 40 19.03.14
廃 41 20.05.09
廃 42 18.01.31 91

701 北セン Ps 14改

5001 幹カタ P
5002 幹カタ P
5003 幹カタ P
5004 幹カタ P
5005 幹カタ P
5006 幹カタ P
5007 幹カタ P
5008 幹カタ P
5009 幹カタ P
5010 幹カタ P
5011 幹カタ P
5012 幹カタ P 91

クハ718 12

廃 1 18.04.14
廃 2 17.08.25
廃 3 18.05.15
廃 4 19.07.27
廃 5 17.11.29
廃 6 18.07.12
廃 7 18.07.07
廃 8 18.06.23
廃 9 19.06.04 89
廃 10 20.03.14
廃 11 18.04.06
廃 12 16.06.04
廃 13 20.03.14
廃 14 18.04.13
廃 15 19.07.27
廃 16 19.08.10
廃 17 20.05.09
廃 18 17.08.25
廃 19 20.06.01
廃 20 20.05.15
廃 21 16.11.05
廃 22 19.08.10
廃 23 17.03.01
廃 24 16.12.20
廃 25 18.06.22
廃 26 17.08.25
改 27 15.03.06 クシ718-701
廃 28 17.11.21
廃 29 17.03.01
廃 30 19.04.18
廃 31 19.04.20 90
廃 32 16.12.27
廃 33 16.12.27
廃 34 17.08.25
廃 35 17.11.21
廃 36 19.05.15
廃 37 17.11.23
廃 38 18.05.12
廃 39 18.04.07
廃 40 19.03.14
廃 41 20.05.09
廃 42 18.01.31 91

5001 幹カタ P
5002 幹カタ P
5003 幹カタ P
5004 幹カタ P
5005 幹カタ P
5006 幹カタ P
5007 幹カタ P
5008 幹カタ P
5009 幹カタ P
5010 幹カタ P
5011 幹カタ P
5012 幹カタ P 91

クシ718 1

701 北セン Ps 14改

717系

クモハ717 0

廃 1 08.02.25 85改
廃 2 08.08.11
廃 3 08.01.14
廃 4 08.01.14
廃 5 07.11.05 86改

廃 101 08.01.14
廃 102 08.02.25
廃 103 06.10.25 86改
廃 104 07.11.05 87改
廃 105 07.11.05 88改

廃 201 13.11.28
廃 202 13.12.24
廃 203 14.09.08
廃 204 14.08.30 86改
廃 205 13.12.11
廃 206 11.01.26 87改
廃 207 13.12.19 88改

廃 901 11.02.09 94改

クモハ716 0

廃 201 13.12.02
廃 202 14.03.03
廃 203 14.09.18
廃 204 14.09.11 86改
廃 205 13.12.16
廃 206 11.01.31 87改
廃 207 14.02.27 88改

廃 901 11.02.15 94改

モハ716 0

廃 1 08.02.25 85改
廃 2 08.08.11
廃 3 08.01.14
廃 4 08.01.14
廃 5 07.11.05 86改

廃 101 08.01.14
廃 102 08.02.25
廃 103 06.10.25 86改
廃 104 07.11.05 87改
廃 105 07.11.05 88改

クハ716 0

廃 1 08.02.25 85改
廃 2 08.08.11
廃 3 08.01.14
廃 4 08.01.14
廃 5 08.02.25
廃 6 08.02.25
廃 7 07.11.05
廃 8 06.10.25 86改
廃 9 08.02.25 87改
廃 10 07.11.05 88改

▷715系は全車廃車・
形式消滅のため
「2006冬」までの掲載

713系／九

クモハ713 4

1 鹿カコ DK
2 鹿カコ DK
3 鹿カコ DK 08~
4 鹿カコ DK 10改

改 901 10.09.30 1
改 902 10.03.31 2
改 903 09.03.28 3
改 904 08.12.29 4 83

クハ712 4

1 鹿カコ DK
2 鹿カコ DK
3 鹿カコ DK 08~
4 鹿カコ DK 10改

改 901 10.09.30 1
改 902 10.03.31 2
改 903 09.03.28 3
改 904 08.12.29 4 83

711系

クモハ711 0

廃 901 99.10.06
廃 902 99.09.30 66

モハ711 0

廃 1 01.03.31
廃 2 99.03.24
廃 3 99.03.24
廃 4 99.09.30
廃 5 04.03.24
廃 6 99.12.29
廃 7 99.03.24
廃 8 99.12.29
廃 9 99.12.29 68

廃 51 98.05.18
廃 52 99.12.29
廃 53 98.05.18
廃 54 04.03.24
廃 55 98.09.14
廃 56 04.03.24
廃 57 04.03.24
廃 58 04.03.24
廃 59 06.03.31
廃 60 04.07.22 69

廃 101 14.09.25
廃 102 14.09.25
廃 103 15.03.31
廃 104 13.12.20
廃 105 15.03.31
廃 106 15.03.31
廃 107 15.03.31
廃 108 15.03.31
廃 109 14.10.10
廃 110 15.03.31
廃 111 15.03.31
廃 112 06.11.15
廃 113 15.03.31
廃 114 15.02.28
廃 115 13.12.20
廃 116 15.03.31
廃 117 15.03.31 80

クハ711 0

廃 1 01.03.31
廃 2 01.03.31
廃 3 99.03.24
廃 4 99.03.24
廃 5 99.03.24
廃 6 99.03.24
廃 7 99.09.30
廃 8 99.09.30
廃 9 04.03.24
廃 10 04.03.24
廃 11 99.12.29
廃 12 99.12.29
廃 13 99.03.24
廃 14 99.03.24
廃 15 99.12.29
廃 16 99.12.29 68
廃 17 98.05.18
廃 18 98.05.18
廃 19 99.10.06
廃 20 99.12.29
廃 21 98.05.18
廃 22 98.05.18
廃 23 04.03.24
廃 24 04.03.24
廃 25 98.09.14
廃 26 98.09.14
廃 27 99.09.30

廃 28 04.03.24
廃 29 00.12.11
廃 30 04.03.24
廃 31 04.03.24
廃 32 04.03.24
廃 33 01.03.31
廃 34 01.03.31
廃 35 04.07.22
廃 36 04.07.22 69

廃 **101** 14.09.25
廃 **102** 14.09.25
廃 **103** 15.03.31
廃 **104** 13.12.20
廃 **105** 15.03.31
廃 106 15.03.31
廃 **107** 15.03.31
廃 **108** 15.03.31
廃 **109** 14.10.10
廃 110 15.03.31
廃 111 15.03.31
廃 112 06.11.15
廃 **113** 15.03.31
廃 114 15.02.28
廃 115 13.12.20
廃 116 15.03.31
廃 117 15.03.31 80
廃 118 06.03.31
廃 119 04.03.24
廃 120 04.03.24 80

廃 **201** 14.09.25
廃 **202** 14.09.25
廃 **203** 15.03.31
廃 **204** 13.12.20
廃 **205** 15.03.31
廃 206 15.03.31
廃 **207** 15.03.31
廃 **208** 15.03.31
廃 **209** 14.10.10
廃 210 15.03.31
廃 211 15.03.31
廃 212 06.11.15
廃 **213** 15.03.31
廃 214 15.02.28
廃 215 13.12.20
廃 216 15.03.31
廃 217 15.03.31
廃 218 06.03.31 80

廃 901 99.10.06
廃 902 99.09.30 66

701系／東

クモハ701 109

1 北アキ Ps
2 北アキ PPs
3 北アキ PPs
4 北アキ PPs 92
廃 5 20.03.14
6 北アキ PPs
7 北アキ PPs
8 北アキ Ps
9 北アキ Ps
10 北アキ Ps
11 北アキ Ps
12 北アキ Ps
13 北アキ PPs 93
14 北アキ PPs 92
15 北アキ Ps
16 北アキ PPs
17 北アキ Ps
18 北アキ PPs
19 北アキ Ps
20 北アキ Ps
21 北アキ PPs
22 北アキ Ps
23 北アキ PPs
24 北アキ PPs
25 北アキ PPs
26 北アキ Ps
27 北アキ PPs
28 北アキ Ps
29 北アキ PPs
30 北アキ PPs
31 北アキ PPs
32 北アキ PPs
33 北アキ Ps
34 北アキ PPs
35 北アキ PPs
36 北アキ Ps
37 北アキ PPs
38 北アキ PPs 93

101 北アキ Ps
102 北アキ Ps
103 北アキ Ps
104 北アキ Ps
105 北セン Ps
106 北セン Ps 94

廃1001 10.12.04 青い森
廃1002 10.12.04 青い森
廃1003 10.12.04 青い森
廃1004 10.12.28 青い森
廃1005 10.12.04 青い森
廃1006 10.12.04 青い森
廃1007 10.12.04 青い森
1008 北モリ Ps
1009 北モリ Ps
1010 北モリ Ps
1011 北モリ Ps
1012 北モリ Ps
1013 北モリ Ps
1014 北モリ Ps
1015 北モリ Ps
1016 北セン Ps
1017 北セン Ps
1018 北セン Ps
1019 北セン Ps
1020 北セン Ps
1021 北モリ Ps
1022 北セン Ps 94
1023 北セン Ps
1024 北セン Ps
1025 北セン Ps
1026 北セン Ps
1027 北セン Ps
1028 北セン Ps
1029 北セン Ps
1030 北セン Ps
1031 北モリ Ps
1032 北モリ Ps
改1033 00.12.14 1508
1034 北モリ Ps
1035 北モリ Ps
1036 北モリ Ps
廃1037 02.12.01 青い森
廃1038 02.12.01 IGR
廃1039 02.12.01 IGR
廃1040 02.12.01 IGR
廃1041 02.12.01 IGR
1042 北モリ Ps 95

1501 北セン Ps
1502 北セン Ps
1503 北セン Ps
1504 北セン Ps
1505 北セン Ps
1506 北セン Ps
1507 北セン Ps 97
1508 北セン Ps 00改
1509 北セン Ps
1510 北セン Ps
1511 北セン Ps
1512 北セン Ps
1513 北セン Ps
1514 北セン Ps
1515 北セン Ps
1516 北セン Ps
1517 北セン Ps
1518 北セン Ps 00

5001 北アキ P
5002 北アキ P
5003 北アキ P
5004 北アキ P
5005 北アキ P
5006 北アキ P
5007 北アキ P
5008 北アキ P
5009 北アキ P
5010 北アキ P 96

5501 幹カタ P
5502 幹カタ P
5503 幹カタ P
5504 幹カタ P
5505 幹カタ P
5506 幹カタ P
5507 幹カタ P
5508 幹カタ P
5509 幹カタ P 99

モハ701 4

1001 北セン
1002 北セン 94
1003 北セン
1004 北セン 95

クハ700 109

1 北アキ Ps
2 北アキ PPs
3 北アキ PPs
4 北アキ PPs 92
廃 5 20.03.14
6 北アキ PPs
7 北アキ PPs
8 北アキ Ps
9 北アキ Ps
10 北アキ Ps
11 北アキ Ps
12 北アキ Ps
13 北アキ PPs 93
14 北アキ PPs 92
15 北アキ Ps
16 北アキ PPs
17 北アキ Ps
18 北アキ PPs
19 北アキ Ps
20 北アキ Ps
21 北アキ PPs
22 北アキ Ps
23 北アキ PPs
24 北アキ PPs
25 北アキ PPs
26 北アキ Ps
27 北アキ PPs
28 北アキ Ps
29 北アキ PPs
30 北アキ Ps
31 北アキ PPs
32 北アキ PPs
33 北アキ Ps
34 北アキ PPs
35 北アキ PPs
36 北アキ Ps
37 北アキ PPs
38 北アキ PPs 93

101 北アキ Ps
102 北アキ Ps
103 北アキ Ps
104 北アキ Ps
105 北セン Ps
106 北セン Ps 94

廃1001 10.12.04 青い森
廃1002 10.12.04 青い森
廃1003 10.12.04 青い森
廃1004 10.12.28 青い森
廃1005 10.12.04 青い森
廃1006 10.12.04 青い森
廃1007 10.12.04 青い森
1008 北モリ Ps
1009 北モリ Ps
1010 北モリ Ps
1011 北モリ Ps
1012 北モリ Ps
1013 北モリ Ps
1014 北モリ Ps
1015 北モリ Ps
1016 北セン Ps
1017 北セン Ps
1018 北セン Ps
1019 北セン Ps
1020 北セン Ps
1021 北モリ Ps
1022 北セン Ps 94
1023 北セン Ps
1024 北セン Ps
1025 北セン Ps
1026 北セン Ps
1027 北セン Ps
1028 北セン Ps
1029 北セン Ps
1030 北セン Ps
1031 北モリ Ps
1032 北モリ Ps
改1033 00.12.14 1508
1034 北モリ Ps
1035 北モリ Ps
1036 北モリ Ps
廃1037 02.12.01 青い森
廃1038 02.12.01 IGR
廃1039 02.12.01 IGR
廃1040 02.12.01 IGR
廃1041 02.12.01 IGR
1042 北モリ Ps 95

1501 北セン Ps
1502 北セン Ps
1503 北セン Ps
1504 北セン Ps
1505 北セン Ps
1506 北セン Ps
1507 北セン Ps 97
1508 北セン Ps 00改
1509 北セン Ps
1510 北セン Ps
1511 北セン Ps
1512 北セン Ps
1513 北セン Ps
1514 北セン Ps
1515 北セン Ps
1516 北セン Ps
1517 北セン Ps
1518 北セン Ps 00

5001 北アキ P
5002 北アキ P
5003 北アキ P
5004 北アキ P
5005 北アキ P
5006 北アキ P
5007 北アキ P
5008 北アキ P
5009 北アキ P
5010 北アキ P 96

5501 幹カタ P
5502 幹カタ P
5503 幹カタ P
5504 幹カタ P
5505 幹カタ P
5506 幹カタ P
5507 幹カタ P
5508 幹カタ P
5509 幹カタ P 99

サハ701 11

1 北アキ
2 北アキ
3 北アキ
4 北アキ
廃 5 20.03.14
6 北アキ
7 北アキ
8 北アキ
9 北アキ
10 北アキ 92
廃 11 19.03.01
廃 12 19.03.01
13 北アキ 93

101 北アキ 94

サハ700 4

1001 北セン
1002 北セン 94
1003 北セン
1004 北セン 95

交直流特急用

683系／西

クモハ683 25

1501 近キト PSw
1502 近キト PSw
1503 近キト PSw
1504 近キト PSw 00
1505 近キト PSw
1506 近キト PSw 01

改3501 15.06.21クモハ289-3501
改3502 15.07.01クモハ289-3502
2 3502 金サワ PSw
改3503 15.06.21クモハ289-3503
改3504 15.04.25クモハ289-3504
改3505 15.05.04クモハ289-3505
改3506 15.04.14クモハ289-3506
改3507 15.05.04クモハ289-3507
改3508 15.04.14クモハ289-3508
改3509 15.06.18クモハ289-3509
改3510 15.06.19クモハ289-3510
02
2 3510 金サワ PSw
改3511 15.09.04クモハ289-3511
改3512 15.07.08クモハ289-3512
改3513 15.05.26クモハ289-3513
改3514 15.08.24クモハ289-3514
改3515 15.09.04クモハ289-3515
改3516 15.08.16クモハ289-3516
改3517 15.10.30クモハ289-3517
改3518 15.04.15クモハ289-3518
改3519 15.06.27クモハ289-3519
改3520 15.06.14クモハ289-3520
改3521 15.06.28クモハ289-3521
03
3522 金サワ PSw
3523 金サワ PSw
3524 金サワ PSw
3525 金サワ PSw 04

5501 近キト PSw 08
5502 近キト PSw
5503 近キト PSw
5504 近キト PSw
5505 近キト PSw
5506 近キト PSw
5507 近キト PSw 09
5508 近キト PSw
5509 近キト PSw
5510 近キト PSw
5511 近キト PSw 10
5512 近キト PSw 11

8501 金サワ PSw 05

モハ683 38

1001 近キト
1002 近キト
1003 近キト
1004 近キト 00
1005 近キト
1006 近キト 01

1301 近キト
1302 近キト
1303 近キト
1304 近キト 00
1305 近キト
1306 近キト 01

改3401 15.06.21モハ289-3401
改3402 15.06.21モハ289-3402
改3403 15.05.04モハ289-3403
改3404 15.05.04モハ289-3404
02
改3405 15.09.04モハ289-3405
改3406 15.05.26モハ289-3406
改3407 15.08.24モハ289-3407
改3408 15.08.16モハ289-3408
改3409 15.10.30モハ289-3409
改3410 15.04.15モハ289-3410
改3411 15.06.28モハ289-3411
改3412 15.06.27モハ289-3412
03

5001 近キト 08
5002 近キト
5003 近キト
5004 近キト
5005 近キト
5006 近キト
5007 近キト 09
5008 近キト
5009 近キト
5010 近キト
5011 近キト 10
5012 近キト 11

5401 近キト 08
5402 近キト
5403 近キト
5404 近キト
5405 近キト
5406 近キト
5407 近キト 09
5408 近キト
5409 近キト
5410 近キト
5411 近キト 10
5412 近キト 11

8001 金サワ 05

8301 金サワ 05

クハ683 7

701 近キト PSw
702 近キト PSw
703 近キト PSw
704 近キト PSw 00
705 近キト PSw
706 近キト PSw 01

8701 金サワ PSw 05

クハ682 13

501 近キト PSw
502 近キト PSw
503 近キト PSw
504 近キト PSw 00
505 近キト PSw
506 近キト PSw 01

改2701 15.07.01クハ288-2701
2 2701 金サワ PSw
改2702 15.04.25クハ288-2702
改2703 15.04.14クハ288-2703
改2704 15.04.14クハ288-2704
改2705 15.06.18クハ288-2705
改2706 15.06.19クハ288-2706
02
2 2706 金サワ PSw
改2707 15.07.08クハ288-2707
改2708 15.09.04クハ288-2708
改2709 15.06.14クハ288-2709
03
2710 金サワ PSw
2711 金サワ PSw
2712 金サワ PSw
2713 金サワ PSw 04

8501 金サワ PSw 05

クロ683 19

1 近キト PSw
2 近キト PSw
3 近キト PSw
4 近キト PSw 00
5 近キト PSw
6 近キト PSw 01

4501 近キト PSw 08
4502 近キト PSw
4503 近キト PSw
4504 近キト PSw
4505 近キト PSw
4506 近キト PSw
4507 近キト PSw 09
4508 近キト PSw
4509 近キト PSw
4510 近キト PSw
4511 近キト PSw 10
4512 近キト PSw 11

8001 金サワ PSw 05

クロ682 0

改2001 15.06.21クロ288-2001
改2002 15.06.21クロ288-2002
改2003 15.05.04クロ288-2003
改2004 15.05.04クロ288-2004
02
改2005 15.09.04クロ288-2005
改2006 15.05.26クロ288-2006
改2007 15.08.24クロ288-2007
改2008 15.08.16クロ288-2008
改2009 15.10.30クロ288-2009
改2010 15.04.15クロ288-2010
改2011 15.06.27クロ288-2011
改2012 15.06.28クロ288-2012
03

サハ683 37

301 近キト
302 近キト
303 近キト
304 近キト 00
305 近キト
306 近キト 01

改2401 15.07.01サハ289-2401
2 2401 金サワ
改2402 15.04.25サハ289-2402
改2403 15.04.14サハ289-2403
改2404 15.04.14サハ289-2404
改2405 15.06.18サハ289-2405
改2406 15.06.19サハ289-2406
02
2 2406 金サワ
改2407 15.07.08サハ289-2407
改2408 15.09.04サハ289-2408
改2409 15.06.14サハ289-2409
03
2410 金サワ
2411 金サワ
2412 金サワ
2413 金サワ 04

改2501 15.06.21サハ289-2501
改2502 15.06.21サハ289-2502
改2503 15.05.04サハ289-2503
改2504 15.05.04サハ289-2504
02
改2505 15.09.04サハ289-2505
改2506 15.09.04サハ289-2506
改2507 15.08.24サハ289-2507
改2508 15.08.24サハ289-2508
廃2509 16.07.11
改2510 15.04.24サハ289-2510
改2511 15.06.28サハ289-2511
改2512 15.06.28サハ289-2512
03

4701 近キト 08
4702 近キト
4703 近キト
4704 近キト
4705 近キト
4706 近キト
4707 近キト 09
4708 近キト
4709 近キト
4710 近キト
4711 近キト 10
4712 近キト 11

4801 近キト 08
4802 近キト
4803 近キト
4804 近キト
4805 近キト
4806 近キト
4807 近キト 09
4808 近キト
4809 近キト
4810 近キト
4811 近キト 10
4812 近キト 11

8301 金サワ 05

サハ682　50
1 近キト
2 近キト
3 近キト
4 近キト
5 近キト
6 近キト
7 近キト
8 近キト　00
9 近キト
10 近キト
11 近キト
12 近キト　01

改2201 15.06.21 サハ288-2201
改2202 15.06.21 サハ288-2202
改2203 15.05.04 サハ288-2203
改2204 15.05.04 サハ288-2204
02
改2205 15.09.04 サハ288-2205
改2206 15.05.26 サハ288-2206
改2207 15.08.24 サハ288-2207
改2208 15.08.16 サハ288-2208
改2209 15.10.30 サハ288-2209
改2210 15.04.15 サハ288-2210
改2211 15.06.27 サハ288-2211
改2212 15.06.28 サハ288-2212
03

4301 近キト
4302 近キト　08
4303 近キト
4304 近キト
4305 近キト
4306 近キト
4307 近キト
4308 近キト
4309 近キト
4310 近キト
4311 近キト
4312 近キト
4313 近キト
4314 近キト　09
4315 近キト
4316 近キト
4317 近キト
4318 近キト
4319 近キト
4320 近キト
4321 近キト
4322 近キト　10
4323 近キト
4324 近キト　11

4401 近キト　08
4402 近キト
4403 近キト
4404 近キト
4405 近キト
4406 近キト
4407 近キト　09
4408 近キト
4409 近キト
4410 近キト
4411 近キト　10
4412 近キト　11

8001 金サワ
8002 金サワ　05

681系／西

クモハ681　10
501 金サワ PSw
502 金サワ PSw
503 金サワ PSw
504 金サワ PSw　94
505 金サワ PSw　95
506 金サワ PSw　94
507 金サワ PSw
508 金サワ PSw　96

2501 金サワ PSw
2502 金サワ PSw　96

モハ681　21
1 金サワ
2 金サワ
3 金サワ
4 金サワ
5 金サワ
6 金サワ
改 7 04.07.30 307　94
8 金サワ
9 金サワ　96

改 1 95.03.31 1001　92
改 101 95.04.19 1101　92
改 201 95.03.10 1201　92

改 201 03.08.04 301
改 202 04.03.17 302
改 203 02.12.20 303
204 金サワ　94
205 金サワ　95
改 206 03.04.08 306　94
207 金サワ
208 金サワ　96

301 近キト
302 近キト
303 近キト
306 近キト　02~
307 金サワ　04改

改1001 01.09.06 1301　94改
廃1051 19.10.07　01改
廃1101 19.10.07　95改
改1201 01.09.06 1051　94改
廃1301 15.09.09　01改

2001 金サワ
2002 金サワ　96

2201 金サワ
2202 金サワ　96

クハ681　11
改 1 03.08.04 201
改 2 03.04.08 202
改 3 04.03.17 203
4 金サワ PSw
改 5 02.12.25 205
6 金サワ PSw
改 7 04.07.30 207　94
8 金サワ PSw
9 金サワ PSw　96

201 近キト PSw
202 近キト PSw
203 近キト PSw
205 近キト PSw　02~
207 金サワ PSw　04改

廃1501 19.10.07　01改

2001 金サワ PSw
2002 金サワ PSw　96

クハ680　11
改 1 95.03.31 1001　92

501 近キト PSw
502 近キト PSw
503 近キト PSw
504 金サワ PSw
505 近キト PSw
506 金サワ PSw
507 金サワ PSw　94
508 金サワ PSw
509 金サワ PSw　96

改1001 01.09.06 1201　94改

廃1201 15.09.09　01改

廃1501 15.09.09　01改

2501 金サワ PSw
2502 金サワ PSw　96

クロ681　10
1 金サワ PSw
2 金サワ PSw
3 金サワ PSw
4 金サワ PSw　94
5 金サワ PSw　95
6 金サワ PSw　94
7 金サワ PSw
8 金サワ PSw　96

改 1 95.03.10 1001　92

廃1001 22.10.03 94改

2001 金サワ PSw
2002 金サワ PSw　96

サハ681　10
改 201 03.08.07 301
改 202 04.03.25 302
改 203 02.12.25 303
改 204 18.11.01 304　94
改 205 16.12.27 305　95
改 206 03.04.11 306　94
改 207 17.03.21 307
改 208 19.03.20 308　96

改 101 95.04.19 1101　92

301 金サワ
302 金サワ
303 金サワ
304 金サワ
305 金サワ
306 金サワ
307 金サワ　02~
308 金サワ　18改

改1101 01.09.06 クハ681-1501
95改

改2201 18.03.21 2301
改2202 17.11.01 2302　96

2301 金サワ
2302 金サワ　17改

サハ680　20
1 金サワ
2 金サワ
3 金サワ
4 金サワ
5 金サワ
6 金サワ
7 金サワ
8 金サワ　94
9 金サワ
10 金サワ　95
11 金サワ
12 金サワ　94
13 金サワ
14 金サワ
15 金サワ
16 金サワ　96

改 1 95.03.31 1001　92
改 101 95.03.10 1101　92
改 201 95.04.19 1201　92

改1001 01.09.06 クハ680-1501
94改
廃1101 19.10.07　94改
改1201 01.09.06 1301　95改
廃1301 19.10.07　01改

2001 金サワ
2002 金サワ
2003 金サワ
2004 金サワ　96

E657系／東

モハE657　57
1 都カツ
2 都カツ
3 都カツ
4 都カツ
5 都カツ
6 都カツ
7 都カツ　12
8 都カツ　11
9 都カツ
10 都カツ
11 都カツ
12 都カツ
13 都カツ
14 都カツ
15 都カツ
16 都カツ　12
17 都カツ　14
18 都カツ
19 都カツ　19

101 都カツ
102 都カツ
103 都カツ
104 都カツ
105 都カツ
106 都カツ
107 都カツ　12
108 都カツ　11
109 都カツ
110 都カツ
111 都カツ
112 都カツ
113 都カツ
114 都カツ
115 都カツ
116 都カツ　12
117 都カツ　14
118 都カツ
119 都カツ　19

201 都カツ
202 都カツ
203 都カツ
204 都カツ
205 都カツ
206 都カツ
207 都カツ　12
208 都カツ　11
209 都カツ
210 都カツ
211 都カツ
212 都カツ
213 都カツ
214 都カツ
215 都カツ
216 都カツ　12
217 都カツ　14
218 都カツ
219 都カツ　19

モハE656 57

1	都カツ		
2	都カツ		
3	都カツ		
4	都カツ		
5	都カツ		
6	都カツ		
7	都カツ		12
8	都カツ		11
9	都カツ		
10	都カツ		
11	都カツ		
12	都カツ		
13	都カツ		
14	都カツ		
15	都カツ		
16	都カツ		12
17	都カツ		14
18	都カツ		
19	都カツ		19
101	都カツ		
102	都カツ		
103	都カツ		
104	都カツ		
105	都カツ		
106	都カツ		
107	都カツ		12
108	都カツ		11
109	都カツ		
110	都カツ		
111	都カツ		
112	都カツ		
113	都カツ		
114	都カツ		
115	都カツ		
116	都カツ		12
117	都カツ		14
118	都カツ		
119	都カツ		19
201	都カツ		
202	都カツ		
203	都カツ		
204	都カツ		
205	都カツ		
206	都カツ		
207	都カツ		12
208	都カツ		11
209	都カツ		
210	都カツ		
211	都カツ		
212	都カツ		
213	都カツ		
214	都カツ		
215	都カツ		
216	都カツ		12
217	都カツ		14
218	都カツ		
219	都カツ		19

クハE657 19

1	都カツ	PPs	
2	都カツ	PPs	
3	都カツ	PPs	
4	都カツ	PPs	
5	都カツ	PPs	
6	都カツ	PPs	
7	都カツ	PPs	12
8	都カツ	PPs	11
9	都カツ	PPs	
10	都カツ	PPs	
11	都カツ	PPs	
12	都カツ	PPs	
13	都カツ	PPs	
14	都カツ	PPs	
15	都カツ	PPs	
16	都カツ	PPs	12
17	都カツ	PPs	14
18	都カツ	PPs	
19	都カツ	PPs	19

クハE656 19

1	都カツ	PPs	
2	都カツ	PPs	
3	都カツ	PPs	
4	都カツ	PPs	
5	都カツ	PPs	
6	都カツ	PPs	
7	都カツ	PPs	12
8	都カツ	PPs	11
9	都カツ	PPs	
10	都カツ	PPs	
11	都カツ	PPs	
12	都カツ	PPs	
13	都カツ	PPs	
14	都カツ	PPs	
15	都カツ	PPs	
16	都カツ	PPs	12
17	都カツ	PPs	14
18	都カツ	PPs	
19	都カツ	PPs	19

サハE657 19

1	都カツ	
2	都カツ	
3	都カツ	
4	都カツ	
5	都カツ	
6	都カツ	
7	都カツ	12
8	都カツ	11
9	都カツ	
10	都カツ	
11	都カツ	
12	都カツ	
13	都カツ	
14	都カツ	
15	都カツ	
16	都カツ	12
17	都カツ	14
18	都カツ	
19	都カツ	19

サロE657 19

1	都カツ	
2	都カツ	
3	都カツ	
4	都カツ	
5	都カツ	
6	都カツ	
7	都カツ	12
8	都カツ	11
9	都カツ	
10	都カツ	
11	都カツ	
12	都カツ	
13	都カツ	
14	都カツ	
15	都カツ	
16	都カツ	12
17	都カツ	14
18	都カツ	
19	都カツ	19

E655系／東

クモロE654 1

101	都オク	PPs	07

モロE655 2

101	都オク	07
201	都オク	07

モロE654 1

101	都オク	07

クロE654 1

101	都オク	PPs	07

E655 1

1	都トウ	07

E653系／東

モハE653 20

改	1	13.06.25 1001	
改	2	13.06.25 1002	
改	3	13.08.28 1003	
改	4	13.08.28 1004	
改	5	13.10.31 1005	
改	6	13.10.31 1006	
改	7	14.01.09 1007	
改	8	14.01.09 1008	97
改	9	14.03.18 1009	
改	10	14.03.18 1010	
改	11	14.06.19 1011	
改	12	14.06.19 1012	
改	13	14.09.01 1013	
改	14	14.09.01 1014	
改	15	15.03.26 1015	
改	16	15.02.26 1104	
改	17	14.12.01 1101	
改	18	14.10.27 1102	
改	19	25.03.04 1103	98
改	20	25.03.26 1016	04

1001	新ニイ	
1002	新ニイ	
1003	都カツ	
1004	都カツ	
1005	新ニイ	
1006	新ニイ	
1007	新ニイ	
1008	新ニイ	
1009	新ニイ	
1010	新ニイ	13改
1011	新ニイ	
1012	新ニイ	
1013	新ニイ	
1014	新ニイ	
1015	都カツ	
1016	都カツ	14改
1101	新ニイ	
1102	新ニイ	
1103	新ニイ	
1104	新ニイ	14改

モハE652 20

改	1	13.06.25 1001	
改	2	13.06.25 1002	
改	3	13.08.28 1003	
改	4	13.08.28 1004	
改	5	13.10.31 1005	
改	6	13.10.31 1006	
改	7	14.01.09 1007	
改	8	14.01.09 1008	97
改	9	14.03.18 1009	
改	10	14.03.18 1010	
改	11	14.06.19 1011	
改	12	14.06.19 1012	
改	13	14.09.01 1013	
改	14	14.09.01 1014	
改	15	15.03.26 1015	
改	16	15.02.26 1104	
改	17	14.12.01 1101	
改	18	14.10.27 1102	
改	19	25.03.04 1103	98
改	20	25.03.26 1016	04

1001	新ニイ	
1002	新ニイ	
1003	都カツ	
1004	都カツ	
1005	新ニイ	
1006	新ニイ	
1007	新ニイ	
1008	新ニイ	
1009	新ニイ	
1010	新ニイ	13改
1011	新ニイ	
1012	新ニイ	
1013	新ニイ	
1014	新ニイ	
1015	都カツ	
1016	都カツ	14改
1101	新ニイ	
1102	新ニイ	
1103	新ニイ	
1104	新ニイ	14改

クハE653 12

改	1	13.06.25 1001	
改	2	13.08.28 1002	
改	3	13.10.31 1003	
改	4	14.01.09 1004	97
改	5	14.03.18 1005	
改	6	14.06.19 1006	
改	7	14.09.01 1007	
改	8	15.02.26 1104	98
改	101	14.12.01 1101	
改	102	14.10.27 1102	
改	103	15.03.04 1103	98
改	104	15.03.26 1008	04

1001	新ニイ	PPs	
1002	都カツ	PPs	
1003	新ニイ	PPs	
1004	新ニイ	PPs	
1005	新ニイ	PPs	13改
1006	新ニイ	PPs	
1007	新ニイ	PPs	
1008	都カツ	PPs	14改
1101	新ニイ	PPs	
1102	新ニイ	PPs	
1103	新ニイ	PPs	
1104	新ニイ	PPs	14改

クハE652 4
改 1 13.06.25 クロ652-1001
改 2 13.08.28 クロ652-1002
改 3 13.10.31 クロ652-1003
改 4 14.01.09 クロ652-1004 97
改 5 14.03.18 クロ652-1005
改 6 14.06.19 クロ652-1006
改 7 14.09.01 クロ652-1007
改 8 15.02.26 1104 98

改 101 14.12.01 1101
改 102 14.10.27 1102
改 103 15.03.04 1103 98
改 104 15.03.26 クロ652-1008 04

1101 新ニイ PPs
1102 新ニイ PPs
1103 新ニイ PPs
1104 新ニイ PPs 14改

クロE652 8
1001 新ニイ PPs
1002 都カツ PPs
1003 新ニイ PPs
1004 新ニイ PPs
1005 新ニイ PPs 13改
1006 新ニイ PPs
1007 新ニイ PPs
1008 都カツ PPs 14改

サハE653 8
改 1 13.06.25 1001
改 2 13.08.28 1002
改 3 13.10.31 1003
改 4 14.01.09 1004 97
改 5 14.03.18 1005
改 6 14.06.19 1006
改 7 14.09.01 1007
改 8 15.03.26 1008 98

1001 新ニイ
1002 都カツ
1003 新ニイ
1004 新ニイ
1005 新ニイ 13改
1006 新ニイ
1007 新ニイ
1008 都カツ 14改

651系／東

モハ651 2
改 1 14.03.12 1001
改 2 18.05.02 1010
廃 3 19.09.01
廃 4 20.04.03
改 5 14.03.05 1002
廃 6 16.03.14
廃 7 18.07.28
廃 8 13.09.11 88
改 9 14.01.24 1003
廃 10 15.12.12
廃 11 20.06.06
改 12 14.02.21 1007
改 13 13.11.14 1004
廃 14 19.05.20
改 15 13.12.06 1005
改 16 14.04.03 1008 89
改 17 13.10.07 1006
改 18 14.03.05 1009 91

改 101 14.03.12 1101
改 102 18.05.02 1107
廃 103 19.09.01
改 104 14.03.05 1102
廃 105 18.07.28 88
改 106 14.01.24 1103
改 107 13.11.14 1104
改 108 13.12.06 1105 89
改 109 13.10.07 1106 91

1001 都オオ
廃1002 22.04.16
廃1003 23.04.04
廃1004 23.05.09
廃1005 23.06.17
廃1006 23.07.27
改1007 16.04.13 モロ651-1007
廃1008 17.09.21
廃1009 17.07.21 13～
廃1010 23.09.28 18改

1101 都オオ
廃1102 22.04.16
廃1103 23.04.04
廃1104 23.05.09
廃1105 23.06.17
廃1106 23.07.27 13～
廃1107 23.09.28 18改

モロ651 0
廃1007 20.10.10 16改

モハ650 2
改 1 14.03.12 1001
改 2 18.05.02 1010
廃 3 19.09.01
廃 4 20.04.03
改 5 14.03.05 1002
廃 6 16.03.14
廃 7 18.07.28
廃 8 13.09.11 88
改 9 14.01.24 1003
廃 10 15.12.12
廃 11 20.06.06
改 12 14.02.21 1007
改 13 13.11.14 1004
廃 14 19.05.20
改 15 13.12.06 1005
改 16 14.04.03 1008 89
改 17 13.10.07 1006
改 18 14.03.05 1009 91

改 101 14.03.12 1101
改 102 18.05.02 1107
廃 103 19.09.01
改 104 14.03.05 1102
廃 105 18.07.28 88
改 106 14.01.24 1103
改 107 13.11.14 1104
改 108 13.12.06 1105 89
改 109 13.10.07 1106 91

1001 都オオ
廃1002 22.04.16
廃1003 23.04.04
廃1004 23.05.09
廃1005 23.06.17
廃1006 23.07.27
廃1007 20.10.10
廃1008 17.09.21
廃1009 17.07.21 13～
廃1010 23.09.28 18改

1101 都オオ
廃1102 22.04.16
廃1103 23.04.04
廃1104 23.05.09
廃1105 23.06.17
廃1106 23.07.27 13～
廃1107 23.09.28 18改

クハ651 1
改 1 14.03.12 1001
改 2 18.05.02 1007
廃 3 19.09.01
改 4 14.03.05 1002
廃 5 18.07.28 88
改 6 14.01.24 1003
改 7 13.11.14 1004
改 8 13.12.06 1005 89
改 9 13.10.07 1006 91

廃 101 20.04.03
廃 102 16.03.14
廃 103 13.09.11 88
廃 104 15.12.12
廃 105 20.06.06
改 106 14.02.14 1101
廃 107 19.05.20
改 108 14.04.03 1102 89
改 109 14.03.05 1103 91

1001 都オオ PPs
廃1002 22.04.16
廃1003 23.04.04
廃1004 23.05.09
廃1005 23.06.17
廃1006 23.07.27 13～
廃1007 23.09.28 18改

改1101 16.04.13 クロ651-1101
廃1102 17.09.21 13～
廃1103 17.07.21 14改

クロ651 0
廃1101 20.10.10 16改

クハ650 1
改 1 14.03.12 1001
改 2 18.05.02 1010
廃 3 19.09.01
廃 4 20.04.03
改 5 14.03.05 1002
廃 6 16.03.14
廃 7 18.07.28
廃 8 13.09.11 88
改 9 14.01.24 1003
廃 10 15.12.12
廃 11 20.06.06
改 12 14.02.21 1007
改 13 13.11.14 1004
廃 14 19.05.20
改 15 13.12.06 1005
改 16 14.04.03 1008 88
改 17 13.10.07 1006
改 18 14.03.05 1009 91

1001 都オオ PPs
廃1002 22.04.16
廃1003 23.04.04
廃1004 23.05.09
廃1005 23.06.17
廃1006 23.07.27
改1007 16.04.13 クロ650-1007
廃1008 17.09.21
廃1009 17.07.21 13～
廃1010 23.09.28 18改

クロ650 0
廃1007 20.10.10 16改

サロ651 1
改 1 14.03.12 1001
改 2 18.05.02 1007
廃 3 19.09.01
改 4 14.03.05 1002
廃 5 18.07.28 88
改 6 14.01.24 1003
改 7 13.11.14 1004
改 8 13.12.06 1005 89
改 9 13.10.07 1006 91

1001 都オオ
廃1002 22.04.16
廃1003 23.04.04
廃1004 23.05.09
廃1005 23.06.17
廃1006 23.07.27 13～
廃1007 23.09.28 18改

583系／東

モハネ583 0
廃 4 96.02.20
廃 5 00.10.17
廃 6 11.09.22
廃 8 00.11.29
廃 9 00.02.18
廃 10 95.02.01
廃 11 00.03.10
廃 12 11.09.22
廃 14 00.01.15
廃 15 99.12.30
廃 16 99.12.15
廃 18 07.06.06
廃 24 95.12.28
廃 25 00.12.12
廃 26 01.02.03
廃 27 96.03.29
廃 28 96.11.21
廃 31 95.08.25
廃 45 13.01.28 68
廃 50 10.01.18
廃 53 13.07.16 69
廃 56 96.02.20
廃 57 96.12.02
廃 58 98.02.19
廃 59 90.07.23
廃 60 00.10.28
廃 61 95.08.25
廃 62 01.01.10
廃 63 00.12.06
廃 64 95.06.20
廃 65 95.06.20
廃 66 12.05.25
廃 68 12.05.25
廃 70 13.07.16
廃 71 07.06.06
廃 73 10.03.31
廃 74 10.08.20
廃 75 12.08.01
廃 78 10.03.31
廃 79 06.06.01
廃 80 96.11.21
廃 81 96.03.29
廃 82 00.11.22
廃 83 03.07.02
廃 84 99.12.21
廃 85 07.06.06
廃 87 13.05.29 70
廃 89 13.05.29
廃 89 13.01.28
廃 91 95.12.28
廃 92 95.06.01
廃 93 95.06.01
廃 94 03.07.02
廃 95 90.07.23
廃 96 98.12.20
廃 97 98.11.22
廃 98 03.08.26
廃 99 01.01.23
廃 100 18.03.01
廃 101 10.08.20
廃 102 10.08.20
廃 103 98.11.22
廃 104 98.02.19
廃 105 98.12.20
廃 106 17.10.14 71

モハネ582 0
廃 4 96.02.20
廃 5 00.10.17
廃 6 11.09.22
廃 8 00.11.29
廃 9 00.02.18
廃 10 95.02.01
廃 11 00.03.10
廃 12 11.09.22
廃 14 00.01.15
廃 15 99.12.30
廃 16 99.12.15
廃 18 07.06.06
廃 24 95.12.28
廃 25 00.12.12
廃 26 01.02.03
廃 27 96.03.29
廃 28 96.11.21
廃 31 95.08.25
廃 45 13.01.28 68
廃 50 10.01.18
廃 53 13.07.16 69
廃 56 96.02.20
廃 57 96.12.02
廃 58 98.02.19
廃 59 90.07.23
廃 60 00.10.28
廃 61 95.08.25

廃 62 01.01.10
廃 63 00.12.06
廃 64 95.06.20
廃 65 95.06.20
廃 66 12.05.25
廃 68 12.05.25
廃 70 13.07.16
廃 71 07.06.06
廃 73 10.03.31
廃 74 10.08.20
廃 75 12.08.01
廃 78 10.03.31
廃 79 06.06.01
廃 80 96.11.21
廃 81 96.03.29
廃 82 00.11.22
廃 83 03.07.02
廃 84 99.12.21
廃 85 07.06.06
廃 87 13.05.29 ７０
廃 89 13.05.29
廃 89 13.01.28
廃 91 95.12.28
廃 92 95.06.01
廃 93 95.06.01
廃 94 03.07.02
廃 95 90.07.23
廃 96 98.12.20
廃 97 98.11.22
廃 98 03.08.26
廃 99 01.01.23
廃 100 18.03.01
廃 101 10.08.20
廃 102 10.08.20
廃 103 98.11.22
廃 104 98.02.19
廃 105 98.12.20
廃 106 17.10.14 ７１

クハネ583 1
廃 1 98.02.19
廃 2 96.02.20
廃 3 01.02.15
廃 4 00.09.29
廃 5 11.09.22
廃 6 99.12.02
廃 7 95.12.28
廃 8 17.09.02
廃 9 00.11.11
廃 10 95.06.01
廃 11 96.02.20
廃 12 01.01.16
廃 13 00.02.01
廃 14 96.03.29
廃 15 00.02.01
廃 16 96.11.21
17 北アキ PPs
廃 18 95.08.25
廃 19 95.08.25
廃 20 11.09.22 ７０
廃 21 98.11.22
廃 22 00.11.11
廃 23 00.12.23
廃 24 95.06.20
廃 25 98.12.20
廃 26 00.02.26
廃 27 10.03.31
廃 28 10.03.31
廃 29 98.11.22
廃 30 96.12.02 ７１

クハネ581 0
廃 22 10.08.20
廃 24 07.06.06
廃 25 07.06.06
廃 28 13.01.28
廃 29 13.05.29
廃 30 13.05.29
廃 33 13.01.28
廃 35 15.03.31 京鉄博
廃 36 13.07.16
廃 37 10.08.20 ６８

サハネ581 0
廃 14 90.06.07
廃 15 90.06.07
廃 16 90.06.07
廃 17 90.06.07
廃 18 90.06.07
廃 19 90.06.07
廃 20 95.02.01 ６８
廃 36 90.06.07
廃 46 03.09.02 ７０
廃 52 03.09.02
廃 53 90.07.23
廃 57 95.02.01 ７１

サロネ581 0
廃 1 12.04.20
廃 2 07.06.06
廃 3 10.08.20
廃 4 12.05.25
廃 5 12.05.25
廃 6 10.03.31 ８４改

サロ581 0
廃 1 95.06.01
廃 2 96.03.29
廃 3 00.12.23
廃 5 98.12.20
廃 6 98.11.22
廃 7 00.09.29
改 12 89.12.20 101
廃 16 13.01.28 ６８
廃 22 95.06.20
廃 23 96.12.02
廃 24 00.02.26
廃 25 13.07.16
改 27 89.10.15 102
廃 28 95.12.28
廃 29 13.07.16 ７０
廃 31 01.01.16
廃 32 03.09.02
廃 33 06.06.01
改 34 89.12.20 103
廃 35 99.12.02 ７１

廃 101 10.08.20
廃 102 07.06.06
廃 103 10.03.31 ８９改

▷583系は
1986年度末まで
在籍した車両を掲載

489系

モハ489 0
廃 1 98.03.02
廃 2 10.06.15
廃 3 02.03.25
廃 4 12.06.01
廃 5 02.03.30
廃 6 12.06.01
廃 7 02.01.22
廃 8 02.03.30
廃 9 01.12.11
廃 10 02.03.30
廃 11 01.12.27
廃 12 01.12.04
廃 13 10.09.01
廃 14 09.12.01
廃 15 10.04.01 ７１
廃 16 01.12.12
廃 17 01.12.18
廃 18 98.09.03
廃 19 12.06.01
廃 20 10.09.01
廃 21 10.06.15
廃 22 10.06.15
廃 23 02.08.31
廃 24 02.08.31
廃 25 03.04.30
廃 26 10.09.10
廃 27 02.08.31
廃 28 98.07.01 ７２
廃 29 03.04.30
廃 30 10.09.01
廃 31 97.11.15
廃 32 97.11.15
廃 33 97.11.15
廃 34 98.07.01
廃 35 97.06.05
廃 36 97.06.05
廃 37 97.06.05 ７３
廃 38 97.10.06
廃 39 97.10.06
廃 40 97.10.20
廃 41 03.09.12
廃 42 03.09.12 ７４

モハ488 0
廃 1 98.03.02
廃 2 10.06.15
廃 3 02.03.20
廃 4 12.06.01
廃 5 02.03.30
廃 6 12.06.01
廃 7 02.03.06
廃 8 02.03.30
廃 9 02.03.09
廃 10 02.03.30
廃 11 02.03.04
廃 12 02.03.30
廃 13 10.09.01
廃 14 09.12.01
廃 15 10.04.01 ７１

廃 201 02.03.13
廃 202 02.03.15
廃 203 98.09.03
廃 204 12.06.01
廃 205 10.09.01
廃 206 10.06.15
廃 207 10.06.15
廃 208 02.08.31
廃 209 02.08.31
廃 210 03.04.30
廃 211 10.09.10
廃 212 02.08.31
廃 213 98.07.01 ７２
廃 214 03.04.30
廃 215 10.09.01
廃 216 97.11.15
廃 217 97.11.15
廃 218 97.11.15
廃 219 98.07.01
廃 220 97.06.05
廃 221 97.06.05
廃 222 97.06.05 ７３
廃 223 97.10.06
廃 224 97.10.06
廃 225 97.10.20
廃 226 04.11.15
廃 227 04.11.15 ７４

クハ489 0
廃 1 15.03.31 京鉄博
廃 2 09.12.01
廃 3 10.09.06
廃 4 02.03.30
廃 5 10.09.01 ７１

廃 201 97.11.15
廃 202 97.06.05
廃 203 00.04.10
廃 204 03.10.31
廃 205 03.12.17 ７２

改 301 01.08.31 クロ481-2351
廃 302 03.12.17
廃 303 04.02.02 ７３
廃 304 04.07.15 ７４

廃 501 12.06.01
廃 502 09.12.01
廃 503 10.09.06
廃 504 02.03.30
廃 505 10.09.01 ７１

廃 601 97.11.15
廃 602 97.11.04
廃 603 00.04.10
廃 604 11.02.25
改 605 03.09.23 クハ183-601
７２

廃 701 05.12.15
廃 702 10.09.10
改 703 96.03.13 クロ183-2751
７３
廃 704 10.04.30 ７４

サハ489 0
廃 10 91.12.01 ７３
廃 12 91.12.01 ７４

サロ489 0
廃 13 09.12.01
廃 14 97.06.05
廃 15 97.10.06
廃 16 97.11.15 ７２
廃 23 12.06.01 ７３
廃 25 10.09.01
廃 26 01.12.26
廃 27 10.06.15
廃 28 02.03.30 ７４

廃 101 03.04.30 ８８改

改1001 89.02.15 クハ481-2001
改1002 88.02.08 クハ480-1001
改1003 89.01.31 クハ481-2003
改1004 88.12.17 101
改1005 88.02.15 クハ480-1002
改1006 89.03.07 クハ481-2002
改1007 91.06.30 クハ481-2004
改1008 88.02.05 クハ480-1003
改1009 91.02.09 クハ481-2005
改1010 88.02.05 クハ480-1004
７８

廃1051 10.10.22
廃1052 10.10.22 ９０改

サシ489 0
改 3 88.03.07 スシ24 1
改 4 88.03.07 スシ24 2 ７１
改 7 89.03.29 スシ24507 ７２

改 83 88.02.23 スシ24506
８２改

▷489系は
1986年度末まで
在籍した車両を掲載

485系／東

クモハ485 0

廃 1 12.10.25
廃 2 01.03.01
廃 3 12.06.11
廃 4 12.03.14
廃 5 16.01.18
廃 6 12.12.13
廃 7 11.07.19
廃 8 12.03.02
廃 9 11.10.27
廃 10 01.03.01
廃 11 13.01.22
廃 12 01.03.01
廃 13 04.01.26
廃 14 01.03.01 84～
廃 15 01.03.01 85改

廃 101 13.03.11
廃 102 15.01.05
廃 103 12.01.16
廃 104 12.02.13
廃 105 11.12.21
廃 106 12.01.31
廃 107 11.09.12
廃 108 11.08.09 86改

改 201 03.09.23 クモハ183-201
改 202 03.12.17 クモハ183-202
90改
改 203 03.09.23 クモハ183-203
改 204 03.09.11 クモハ183-204
廃 205 03.05.30
改 206 04.02.26 クモハ183-205
改 207 04.01.30 クモハ183-206
91改

廃 701 18.01.11 00改

改1001 97.12.20 モロ485-6
廃1002 04.02.02
廃1003 04.02.02
廃1004 04.02.02
廃1005 11.10.14
廃1006 11.10.27
廃1007 04.07.06
廃1008 11.10.07
改1009 97.12.20 モロ485-7
86改

クモロ485 0

改 1 01.01.22 クモハ485-701
廃 2 18.09.06 90改

モハ485 0

廃 1 97.04.17
廃 2 94.08.06
改 3 91.05.31 モハ183-851
廃 4 90.08.24
改 5 90.11.09 モハ183-852
廃 6 90.05.18
改 7 90.11.30 モハ183-853
廃 8 90.02.13
廃 9 90.05.07
改 10 91.04.24 モハ183-852
廃 11 99.03.31
廃 12 93.05.31
廃 13 90.05.07
廃 14 90.03.12
廃 15 89.08.25
廃 16 89.08.25
廃 17 89.12.22 68
廃 18 92.07.01
廃 19 89.07.07
廃 20 90.03.12
廃 21 91.08.19
廃 22 92.12.22
廃 23 90.03.16
廃 24 93.03.24
廃 25 93.03.24
廃 26 93.03.24
廃 27 91.08.19
廃 28 93.03.24
廃 29 90.03.16
廃 30 90.03.16
廃 31 93.03.24
廃 32 92.12.22
廃 33 93.03.24 69
廃 34 90.03.12
廃 35 92.09.01
廃 36 97.06.04
改 37 94.05.26 モロ485-3
廃 38 90.05.18
廃 39 90.05.31
廃 40 90.08.24
廃 41 90.05.31
廃 42 89.12.22
廃 43 90.08.24
廃 44 93.03.24
廃 45 90.03.16
廃 46 90.03.16 70
廃 47 90.02.20
廃 48 90.05.31
廃 49 00.04.11
廃 50 99.04.14
廃 51 99.01.12
廃 52 90.03.12
廃 53 99.12.06
廃 54 98.12.15
廃 55 92.11.01
改 56 94.04.26 モロ485-2
廃 57 90.03.12
改 58 99.03.31 モロ485-8
廃 59 97.10.17
廃 60 05.01.06
廃 61 07.02.18 71
廃 62 92.09.01
廃 63 98.12.15
廃 64 00.07.07
廃 65 99.11.26
廃 66 99.10.29
廃 67 97.10.04
廃 68 93.05.01
廃 69 97.11.22
廃 70 04.04.16
廃 71 00.04.11
廃 72 10.08.20
廃 73 11.02.25
廃 74 04.04.16
廃 75 09.09.18
廃 76 11.08.15
廃 77 99.02.09
廃 78 94.12.19
廃 79 93.03.24
廃 80 11.06.24
廃 81 10.04.30
廃 82 11.05.25
廃 83 99.10.29
廃 84 05.02.10
廃 85 99.11.26
廃 86 00.01.28
改 87 97.03.14 モロ485-4
廃 88 05.02.10
廃 89 05.02.10
廃 90 10.09.10
廃 91 94.10.31
廃 92 02.03.31
改 93 92.07.11 サハ481-93
廃 94 94.12.19
廃 95 95.03.24
廃 96 95.03.24 72

改 97 85.02.28 クモハ485-1
改 98 85.02.28 クモハ485-2
廃 99 03.12.17
改 100 85.01.07 クモハ485-3
改 101 85.02.05 クモハ485-4
改 102 84.12.15 クモハ485-5
廃 103 04.02.02
改 104 85.01.14 クモハ485-6
改 105 85.02.07 クモハ485-7
廃 106 03.12.17
廃 107 01.03.01
改 108 96.03.13 モハ183-813
改 109 85.01.25 クモハ485-8
廃 110 00.03.31
改 111 84.12.10 クモハ485-9
廃 112 01.03.01
改 113 85.01.17 クモハ485-10
改 114 96.03.06 モハ183-811
廃 115 00.03.31
改 116 85.02.22 クモハ485-11
廃 117 81.07.27
改 118 85.04.12 クモハ485-12
廃 119 10.04.30
改 120 59.12.21 クモハ485-13
廃 121 02.08.31
改 122 96.03.06 モハ183-809
改 123 96.03.08 モハ183-816
廃 124 04.11.15
廃 125 03.12.17
改 126 94.03.24 サハ481-126
廃 127 95.03.24
廃 128 10.08.20
廃 129 00.03.31
廃 130 01.12.26
改 131 96.03.06 モハ183-810
廃 132 02.08.31
廃 133 95.10.05
改 134 85.02.15 クモハ485-14
廃 135 96.03.31
廃 136 00.03.31
改 137 96.03.08 モハ183-815
廃 138 00.01.28
廃 139 03.01.08
改 140 96.03.13 モハ183-814
改 141 09.12.02 モハ183-819
廃 142 02.03.18
改 143 96.03.07 モハ183-806
廃 144 04.11.15
改 145 84.12.26 クモハ485-15
廃 146 01.03.01
廃 147 05.12.15
廃 148 04.02.02
改 149 97.03.14 モハs485-5
廃 150 00.03.31
廃 151 99.03.31
廃 152 13.02.28
改 153 94.06.29 サハ481-153
廃 154 00.03.31
廃 155 96.12.12
廃 156 96.12.12
廃 157 98.03.26
廃 158 00.03.31
改 159 94.06.29 サハ481-159
廃 160 03.09.12
廃 161 97.07.07
廃 162 11.08.15
改 163 94.04.22 サハ481-163
廃 164 12.12.04
廃 165 01.03.01
廃 166 98.03.26
廃 167 00.03.31
廃 168 00.03.31 72
廃 169 11.09.28
廃 170 97.07.07
廃 171 96.12.12
廃 172 00.03.31
廃 173 01.03.01
廃 174 00.03.31
廃 175 12.03.16
廃 176 12.10.19
廃 177 13.01.19
廃 178 01.03.01
廃 179 01.03.01
廃 180 12.07.11
廃 181 01.03.01
廃 182 00.03.31
改 183 96.02.01 モハ183-808
廃 184 00.03.31
廃 185 04.04.16
改 186 09.09.18 モハ183-817
改 187 96.02.01 モハ183-807
廃 188 04.02.02
廃 189 04.02.02
廃 190 11.05.25
廃 191 03.10.31
廃 192 10.05.30
廃 193 95.03.24
廃 194 00.03.31
改 195 93.07.08 サハ481-195
廃 196 16.01.20
廃 197 10.05.14
廃 198 00.03.31
改 199 82.10.19 モハ189-501
廃 200 95.10.05
廃 201 12.02.06
改 202 86.07.11 クモハ485-101
改 203 83.04.16 モハ189-502
改 204 83.02.22 モハ189-503
改 205 82.12.07 モハ189-504
廃 206 00.03.31
廃 207 99.12.03
廃 208 99.04.14
改 209 96.03.06 モハ183-812
改 210 96.03.09 モハ183-805
廃 211 11.06.24
改 212 09.11.20 モハ183-821
廃 213 11.02.25 73
廃 214 03.09.12
廃 215 05.10.30
廃 216 03.09.12
廃 217 03.10.22
改 218 01.03.23 503
改 219 91.01.26 クモハ485-201
改 220 91.01.28 クモハ485-202
廃 221 04.11.15
改 222 01.07.10 502
廃 223 03.09.12
廃 224 00.07.07
廃 225 04.11.15
廃 226 03.10.22
改 227 03.09.23 サハ481-701
改 228 03.07.17 サハ481-702 74
廃 229 95.10.05
廃 230 97.07.07
改 231 86.06.06 クモハ485-102
75
改 232 01.05.22 504
廃 233 05.12.15
改 234 01.04.16 501
改 235 03.06.11 クモハ485-203
改 236 91.04.18 クモハ485-204
改 237 01.09.07 506
廃 238 02.01.25
改 239 91.08.26 クモハ485-207
74
改 240 86.10.30 クモハ485-103
改 241 86.11.26 クモハ485-104
改 242 86.09.30 クモハ485-105
改 243 86.06.30 クモハ485-106
改 244 86.05.20 クモハ485-107
改 245 86.06.03 クモハ485-108
改 246 91.07.25 クモハ485-205
改 247 91.08.27 クモハ485-206
改 248 01.09.04 505
改 249 90.10.25 モハ183-804
改 250 90.07.23 モハ183-802
改 251 09.11.20 モハ183-820
改 252 09.12.02 モハ183-818
改 253 90.09.22 モハ183-803
廃 254 03.05.30
改 255 90.06.16 モハ183-801 75

廃 501 11.06.22
廃 502 11.02.25
廃 503 10.09.10
廃 504 11.08.15
廃 505 10.08.20 00～
廃 506 11.05.25 01改

廃 702 20.03.01 01改
廃 703 22.12.28 11改
廃 704 22.12.28 10改

改1001 91.07.09 モハ183-1803
改1002 96.03.05 モハ183-1804
廃1003 10.04.30
廃1004 10.02.01
改1005 91.02.13 モハ183-1801
改1006 91.03.15 モハ183-1802
改1007 07.01.05 モロ485-1007
廃1008 03.04.04 75
改1009 99.10.07 3009
廃1010 14.01.09
廃1011 13.01.23
廃1012 13.09.27 76
廃1013 13.01.23
改1014 98.09.22 3014
廃1015 14.06.28
廃1016 14.06.28 75
改1017 86.07.07 クモハ485-1001
改1018 00.12.22 3018
改1019 86.07.09 クモハ485-1002
廃1020 14.04.19
廃1021 14.06.10
改1022 97.10.01 3022
改1023 86.10.28 クモハ485-1008
改1024 07.01.05 モロ485-1024
76
廃1025 03.10.22
廃1026 10.02.01
改1027 09.09.18 モハ183-1806
改1028 96.02.01 モハ183-1805
改1029 03.09.19 サハ481-751

改1030 98.03.02 3030
改1031 97.03.29 3031
廃1032 16.08.04
改1033 96.12.13 3033
改1034 01.03.29 3034
改1035 97.12.12 3035
廃1036 14.07.29
改1037 00.01.21 3037
改1038 98.09.22 3038
改1039 00.09.22 3039
改1040 97.01.16 3040
廃1041 14.12.27
廃1042 14.06.10
廃1043 13.09.27
改1044 00.12.22 3044
廃1045 14.04.19
改1046 96.03.29 3046
改1047 97.10.01 3047
改1048 86.07.01 クモハ485-1002
改1049 97.03.28 3049
改1050 01.03.29 3050
改1051 97.11.19 3051
廃1052 14.07.29
廃1053 13.01.17
改1054 98.03.02 3054
廃1055 15.07.03
改1056 97.11.19 3056
廃1057 15.03.20
廃1058 15.07.03
改1059 96.03.29 3056
改1060 96.12.13 3060
廃1061 13.10.12
改1062 97.03.29 3062
廃1063 01.04.03
廃1064 14.12.27
改1065 00.03.30 3065
改1066 00.03.30 3066
改1067 96.12.27 3067
改1068 99.03.24 3068
廃1069 03.03.12
改1070 00.01.21 3070
改1071 01.03.21 モロ485-9
改1072 86.07.22 クモハ485-1004
改1073 86.09.30 クモハ485-1007
廃1074 15.08.12
改1075 00.09.22 3075
改1076 86.10.30 クモハ485-1009
廃1077 16.08.04
改1078 01.11.19 702
改1079 86.07.30 クモハ485-1006
改1080 86.07.24 クモハ485-1005
78

改1081 99.03.24 3081
廃1082 15.08.12
廃1083 14.01.09
廃1084 03.03.12
廃1085 13.10.12
改1086 98.03.13 3086
改1087 99.10.07 3087
廃1088 15.03.20 79

廃1501 01.07.19
廃1502 01.06.13
廃1503 02.04.02
廃1504 01.04.03
廃1505 02.04.02
廃1506 01.04.03
廃1507 01.11.21 74

廃3009 11.08.24
廃3014 21.10.14
廃3018 07.03.31
廃3022 18.11.02
廃3030 15.07.10
廃3031 18.12.07
廃3033 17.04.03
廃3034 15.11.27
廃3035 16.12.06
廃3037 15.05.10
廃3038 11.11.04
廃3039 15.09.10
廃3040 17.04.06
廃3044 07.03.31
廃3046 19.01.22
廃3047 18.10.10
廃3049 18.12.07
廃3050 15.11.27
廃3051 11.11.04
廃3054 15.07.10
廃3056 17.04.06
廃3059 19.01.22
廃3060 17.04.03
廃3062 18.10.10
廃3065 15.07.01
廃3066 15.07.01
廃3067 16.12.06
廃3068 11.07.05
廃3070 15.05.10
廃3075 15.09.10
廃3081 18.11.02
廃3086 14.05.30 ９５～
廃3087 11.07.05 ００改

モロ485 0

廃 1 18.09.06 ９０改
廃 2 19.04.26
廃 3 19.04.26 ９４改
廃 4 22.11.11
廃 5 22.11.11 ９６改
廃 6 16.09.26
廃 7 16.09.26 ９７改
改 8 11.05.19 モハ485-703
９８改
改 9 11.02.10 モハ485-704
００改

改1007 15.07.01 5007
改1024 15.07.01 5024 ０６改

廃5007 17.10.20
廃5024 17.10.20 １５改

モロ484 0

改 1 01.01.22 モハ484-701
廃 2 18.09.06
廃 3 18.09.06 ９０改
廃 4 19.04.26
廃 5 19.04.26 ９４改
廃 6 22.11.11
廃 7 22.11.11 ９６改
廃 8 16.09.26
廃 9 16.09.26 ９７改
改 10 11.05.19 モハ484-703 ９８改
改 11 11.02.10 モハ484-704 ００改

改1007 15.07.01 5007
改1024 15.07.01 5024 ０６改

廃5007 17.10.20
廃5024 17.10.20 １５改

モハ484 0

廃 1 97.04.17
廃 2 94.08.06
改 3 91.05.31 182-851
廃 4 90.08.24
改 5 90.11.09 182-852
廃 6 90.05.18
改 7 90.11.30 182-853
廃 8 90.02.13
廃 9 90.05.07
改 10 91.04.24 182-854
廃 11 99.03.31
廃 12 93.05.31
廃 13 90.05.07
廃 14 90.03.12
廃 15 89.08.25
廃 16 89.08.25
廃 17 89.12.22 68
廃 18 92.07.01
廃 19 89.07.07
廃 20 90.03.12
廃 21 91.08.19
廃 22 92.12.22
廃 23 90.03.16
廃 24 93.03.24
廃 25 92.12.22
廃 26 92.12.22
廃 27 91.08.19
廃 28 92.12.22
廃 29 90.03.16
廃 30 90.03.16
廃 31 93.03.24
廃 32 92.12.22
廃 33 93.03.24 69
廃 34 90.03.12
廃 35 92.09.01
廃 36 97.06.04
改 37 94.05.26 モロ484-5
廃 38 90.05.18
廃 39 90.05.31
廃 40 90.08.24
廃 41 90.05.31
廃 42 89.12.22
廃 43 90.08.24
廃 44 92.12.22
廃 45 90.03.16
廃 46 90.03.16 70
廃 47 90.02.20
廃 48 90.05.31
廃 49 00.04.11
廃 50 99.04.14
廃 51 99.01.12
廃 52 90.03.12
廃 53 99.12.06
廃 54 98.12.15
廃 55 92.11.01
改 56 94.04.26 モロ484-4
廃 57 90.03.12
改 58 99.03.31 モロ484-10
廃 59 97.10.17
改 60 91.03.10 モヤ484-1
改 61 91.03.30 モヤ484-2 71
廃 62 92.09.01
廃 63 98.12.15
廃 64 00.07.07
廃 65 99.11.26
廃 66 99.10.29
廃 67 97.10.04
廃 68 93.05.01
廃 69 97.11.22
廃 70 04.04.16
廃 71 00.04.11
廃 72 10.08.20
廃 73 11.02.25
廃 74 04.04.16
廃 75 09.09.18
廃 76 11.08.15
廃 77 99.02.09
廃 78 94.12.19
廃 79 93.03.24
廃 80 11.06.24
廃 81 10.04.30
廃 82 11.05.25
廃 83 98.10.29
廃 84 05.02.10
廃 85 98.11.26
廃 86 00.01.28
改 87 97.03.14 モロ484-6
廃 88 05.02.10
廃 89 05.02.10
廃 90 10.09.10
廃 91 94.10.31
廃 92 02.03.31
廃 93 92.12.22
廃 94 94.12.19
廃 95 95.03.24
廃 96 95.03.24 72

廃 201 12.10.01
廃 202 01.03.01
廃 203 03.12.17
廃 204 12.07.05
廃 205 12.03.10
廃 206 16.01.13
廃 207 04.02.02
廃 208 12.12.18
廃 209 11.07.13
廃 210 03.12.17
廃 211 01.03.01
改 212 96.03.13 モハ182-709
廃 213 12.02.16
廃 214 00.03.31
廃 215 11.11.18
廃 216 00.03.31
廃 217 01.03.01
改 218 96.03.06 モハ182-707
廃 219 00.03.31
廃 220 13.02.07
廃 221 81.07.27
廃 222 01.03.01
廃 223 10.04.30
廃 224 04.01.26
廃 225 02.08.31
改 226 96.03.06 モハ182-705
改 227 96.03.08 モハ182-712
廃 228 04.11.15
廃 229 03.12.17
廃 230 94.03.24
廃 231 95.03.24
廃 232 10.08.20
廃 233 00.03.31
廃 234 02.03.30
改 235 96.03.06 モハ182-706
廃 236 02.08.31
廃 237 95.10.05
廃 238 96.03.31
廃 239 00.03.31
改 240 96.03.08 モハ182-711
廃 241 00.01.28
廃 242 03.01.08
改 243 96.03.13 モハ182-710
改 244 09.12.02 モハ182-208
廃 245 02.02.27
改 246 96.03.09 モハ182-702
廃 247 04.11.15
廃 248 01.03.01
廃 249 05.12.15
廃 250 03.12.17
改 251 97.03.14 モロ484-7
廃 252 00.03.31
廃 253 99.03.31
廃 254 13.02.22
廃 255 94.12.19
廃 256 00.03.31
廃 257 96.12.12
廃 258 96.12.12
廃 259 98.03.26
廃 260 01.03.01
廃 261 94.12.19
廃 262 05.10.30
廃 263 97.07.07
廃 264 11.08.15
廃 265 94.03.24
廃 266 12.12.07
廃 267 01.03.01
廃 268 98.03.26
廃 269 01.03.01
廃 270 00.03.31 72
廃 271 11.11.22
廃 272 97.07.07
廃 273 96.12.12
廃 274 01.03.01
廃 275 01.03.01
廃 276 01.03.01
廃 277 12.03.11
廃 278 12.10.03
廃 279 13.01.29
廃 280 00.03.31
廃 281 01.03.01
廃 282 12.06.07
廃 283 01.03.01
廃 284 00.03.31
改 285 96.02.01 モハ182-704
廃 286 00.03.31
廃 287 04.04.16
改 288 09.09.18 モハ182-207
改 289 96.02.01 モハ182-703
廃 290 04.02.02
廃 291 04.02.02
廃 292 11.05.25
廃 293 03.10.31
廃 294 10.05.14
廃 295 95.03.24
廃 296 00.03.31
廃 297 94.03.24
廃 298 16.01.28
廃 299 10.06.21
廃 300 00.03.31
改 301 82.10.19 モハ188-501
廃 302 95.10.05
廃 303 12.02.09
廃 304 13.03.02
改 305 83.04.16 モハ188-501
改 306 83.02.22 モハ188-502
改 307 82.12.07 モハ188-503
廃 308 00.03.31
廃 309 99.12.03
廃 310 99.04.14
改 311 96.03.06 モハ182-708
改 312 96.03.09 モハ182-701
廃 313 11.06.24
改 314 09.11.20 モハ182-209
廃 315 11.02.25
改 316 04.01.30 モハ182-206
廃 317 03.12.17
改 318 03.12.17 モハ182-202
廃 319 03.12.17
廃 320 03.07.25
改 321 01.05.21 サハ481-604
改 322 03.09.23 モハ182-201
廃 323 04.11.15
廃 324 04.11.15
改 325 04.02.26 モハ182-205 74
廃 326 95.10.05
廃 327 97.07.07
廃 328 14.12.18 75

改 329 04.01.20モハ182-713
廃 330 05.12.15
廃 331 03.10.22
改 332 01.07.05サハ481-603
改 333 01.04.16サハ481-601
廃 334 04.11.15
改 335 01.07.10サハ481-602
改 336 03.09.11モハ182-204 74
廃 337 12.01.25
廃 338 12.02.29
廃 339 12.01.06
廃 340 12.01.23
廃 341 11.09.21
廃 342 11.08.05
廃 343 02.08.31
改 344 03.09.23モハ182-203
廃 345 04.11.15 75

廃 601 00.03.31
廃 602 00.03.31 72
廃 603 00.07.07
廃 604 04.11.15
廃 605 11.05.25
廃 606 11.08.15
廃 607 10.09.10 74
改 608 90.10.25モハ182-804
改 609 90.07.23モハ182-802
改 610 09.11.20モハ182-302
改 611 09.12.02モハ182-301
改 612 90.09.22モハ182-803
廃 613 11.02.25
改 614 90.06.16モハ182-801
75

廃 701 18.01.11 00改
廃 702 20.03.01 01改
廃 703 22.12.28 11改
廃 704 22.12.28 10改

改1001 91.07.09モハ182-1803
改1002 96.03.05モハ182-1804
廃1003 10.04.30
廃1004 10.02.01
改1005 91.02.13モハ182-1801
改1006 91.03.15モハ182-1802
改1007 07.01.05モロ484-1007
廃1008 03.04.04 75
改1009 99.10.07 3009
廃1010 14.01.09
廃1011 13.01.23
廃1012 13.09.27 76
廃1013 13.01.23
改1014 98.09.22 3014
廃1015 14.06.28
廃1016 14.06.28 75
改1017 97.12.20モロ484-8
改1018 00.12.22 3018
廃1019 04.02.02
廃1020 14.04.19
廃1021 14.06.10
改1022 97.10.01 3022
廃1023 11.10.07
改1024 07.01.05モロ484-1024
76
廃1025 11.06.22
廃1026 10.02.01
改1027 09.09.18モハ182-1301
改1028 96.02.01モハ182-1805
廃1029 10.08.20
改1030 98.03.02 3030
改1031 97.03.29 3031
廃1032 16.08.04
改1033 96.12.13 3033
改1034 01.03.29 3034
改1035 97.12.12 3035
廃1036 14.07.29
改1037 00.01.21 3037
改1038 98.09.22 3038
改1039 00.09.22 3039
改1040 97.01.16 3040
廃1041 14.12.27
廃1042 14.06.10
廃1043 13.09.27
改1044 00.12.22 3044
廃1045 14.04.19
改1046 96.03.29 3046
改1047 97.10.01 3047
廃1048 04.02.02
改1049 97.03.28 3049
改1050 01.03.29 3050
改1051 97.11.19 3051
廃1052 14.07.29
廃1053 13.01.17
改1054 98.03.02 3054
廃1055 15.07.03
改1056 97.11.19 3056
廃1057 15.03.20
廃1058 15.07.03
改1059 96.03.29 3059
改1060 96.12.13 3060
廃1061 13.10.12
改1062 97.03.29 3062
廃1063 01.04.03
廃1064 14.12.27
改1065 00.03.30 3065
改1066 00.03.30 3066
改1067 96.12.27 3067
改1068 99.03.24 3068
廃1069 03.03.12
改1070 00.01.21 3070
改1071 01.03.21モロ484-11
廃1072 04.02.02
廃1073 04.07.06
廃1074 15.08.12
改1075 00.09.22 3075
改1076 97.12.20モロ484-9
廃1077 16.08.04
改1078 01.11.19 702
廃1079 11.10.27
廃1080 11.10.14 78
改1081 99.03.24 3081
廃1082 15.08.12
廃1083 14.01.09
廃1084 03.03.12
廃1085 13.10.12
改1086 98.03.13 3086
改1087 99.10.07 3087
廃1088 15.03.20 79

廃1501 01.07.19
廃1502 01.06.13
廃1503 02.04.02
廃1504 01.04.03
廃1505 02.04.02
廃1506 01.04.03
廃1507 01.11.21 74

廃3009 11.08.24
廃3014 21.10.14
廃3018 07.03.31
廃3022 18.11.02
廃3030 15.07.10
廃3031 18.12.07
廃3033 17.04.03
廃3034 15.11.27
廃3035 16.12.06
廃3037 15.05.10
廃3038 11.11.04
廃3039 15.09.10
廃3040 17.04.06
廃3044 07.03.31
廃3046 19.01.22
廃3047 18.10.10
廃3049 18.12.07
廃3050 15.11.27
廃3051 11.11.07
廃3054 15.07.10
廃3056 17.04.06
廃3059 19.01.22
廃3060 17.04.03
廃3062 18.10.10
廃3065 15.07.01
廃3066 15.07.01
廃3067 16.12.06
廃3068 11.07.05
廃3070 15.05.10
廃3075 15.09.10
廃3081 18.11.02
廃3086 14.05.30 95~
廃3087 11.07.05 00改

モハ483 0

廃 12 90.02.20
廃 13 90.05.07
廃 14 90.02.13
廃 15 90.02.20 65

モハ482 0

廃 12 90.02.20
廃 13 90.05.07
廃 14 90.02.13
廃 15 90.02.20 65

▷モハ483・モハ482は
1986年度末まで
在籍した車両を掲載

クハ481 0

廃 1 97.04.17
廃 2 97.04.17
廃 3 89.08.25
廃 4 90.03.12
廃 5 90.02.20
廃 6 90.03.12
廃 7 91.04.04
廃 8 92.01.07 64
廃 9 90.02.20
廃 10 90.02.20
廃 11 90.05.07
廃 12 90.05.07
廃 13 89.07.07
廃 14 97.06.04
廃 15 90.08.24
廃 16 05.01.06
廃 17 07.02.18
廃 18 90.08.24
廃 19 90.05.07
廃 20 97.06.04
改 21 97.03.14クロ485-2
改 22 94.04.26クロ484-3
廃 23 99.11.26
廃 24 05.01.06
改 25 94.04.26クロ485-1
廃 26 07.07.10 鉄博
65
廃 27 99.10.29
改 28 97.03.14クロ484-4 67
廃 29 99.10.29 68
廃 30 00.01.28
廃 31 97.10.04
廃 32 98.12.15
廃 33 95.03.24
改 34 99.03.31クロ484-6
廃 35 96.03.31
廃 36 97.10.17
廃 37 95.03.24
廃 38 98.12.15 69
廃 39 95.03.24
改 40 99.03.31クロ485-4
70

廃 101 04.02.02
廃 102 99.11.26
廃 103 04.02.02
廃 104 02.01.18 71
廃 105 03.01.08
廃 106 02.03.29
廃 107 02.03.30
廃 108 98.03.31
廃 109 01.11.27
廃 110 02.01.08
廃 111 03.04.01
廃 112 02.01.25
廃 113 98.03.31
廃 114 99.03.31
廃 115 02.03.31
廃 116 98.03.31
廃 117 02.03.30
廃 118 03.04.01
廃 119 02.03.29
廃 120 04.02.02
廃 121 03.01.08
廃 122 03.12.17
廃 123 02.03.30
廃 124 00.03.31
廃 125 00.03.31
廃 126 03.04.01 72

改 201 87.01.22クロハ481-213
2改201 04.01.30クハ183-201
廃 202 98.03.26
廃 203 00.03.31
改 204 87.02.09クロハ481-214
改 205 87.03.25クロハ481-215
廃 206 00.03.31
廃 207 00.03.31
廃 208 00.03.31
改 209 87.02.26クロハ481-209
改 210 86.11.19クロハ481-210
改 211 86.12.26クロハ481-211
改 212 87.03.12クロハ481-212
廃 213 11.07.07
廃 214 00.03.31
廃 215 00.03.31
廃 216 01.03.01
廃 217 00.03.31
廃 218 00.03.31
廃 219 11.09.03
廃 220 12.01.27
廃 221 00.03.31
改 222 03.12.17クハ183-202
廃 223 04.02.02
改 224 92.02.24クロ481-2201
廃 225 12.03.22
改 226 87.12.22クロハ481-1
2廃 226 12.01.13
改 227 03.09.23クハ183-203
改 228 09.12.02クハ183-207
廃 229 05.02.10
廃 230 14.12.12
廃 231 00.03.31
改 232 87.10.08クロハ481-2
改 233 88.02.06クロハ481-3
改 234 87.11.13クロハ481-4
改 235 03.09.23クハ183-204
改 236 86.12.05クロハ481-201
廃 237 00.03.31
廃 238 11.07.22
改 239 87.11.13クロハ481-5
廃 240 00.03.31
改 241 87.12.22クロハ481-6
改 242 86.12.17クロハ481-202
72
改 243 90.02.28クロ481-301
改 244 87.02.17クロハ481-203
廃 245 00.03.31
廃 246 13.03.15
廃 247 00.03.31
改 248 86.09.26クロハ481-204
改 249 86.11.18クロハ481-205
改 250 87.03.19クロハ481-206
改 251 87.10.08クロハ481-7
改 252 87.03.12クロハ481-207
廃 253 04.02.02
改 254 04.02.26クハ183-205
廃 255 11.12.16
廃 256 16.10.02
廃 257 03.05.30
廃 258 01.08.09
改 259 86.10.30クロハ481-208
廃 260 01.04.03
廃 261 01.04.03
改 262 88.02.06クロハ481-8
改 263 03.09.11クハ183-206
73

改 301 96.03.09クロ183-2701
改 302 96.03.06クハ183-707
73
廃 303 03.09.12
改 304 96.03.09クハ183-704
改 305 96.03.13クハ183-710
廃 306 03.09.12
改 307 91.02.20クロ481-2301
改 308 96.03.09クロ183-2706
改 309 86.12.26クロハ481-301

2廃 309 04.07.15
廃 310 04.07.15
廃 311 99.12.03
改 312 87.12.07 クロハ481-9
廃 313 00.04.11
改 314 96.03.05 クハ183-709
74
廃 315 99.04.14
改 316 96.03.08 クロ183-2705
廃 317 03.12.17 75
改 318 96.03.06 クハ183-706
廃 319 03.07.25
廃 320 03.10.22
改 321 96.03.06 クロ183-2703
改 322 09.09.18 クハ183-711
廃 323 11.08.15
改 324 09.11.20 クハ183-712
改 325 91.01.10 クロ481-2302
廃 326 11.05.25
改 327 91.02.02 クロ481-2303
74
改 328 88.01.29 クロハ481-10
改 329 87.10.08 クロハ481-11
廃 330 01.03.01
改 331 90.07.23 クハ183-701
廃 332 14.01.09
廃 333 06.06.01
廃 334 15.07.03
改 335 96.01.23 クハ183-705
改 336 90.10.25 クハ183-702
廃 337 05.12.15
改 338 96.03.06 クロ183-2704
改 339 91.03.15 クハ183-703
改 340 96.02.17 クロ183-2702
改 341 87.11.07 クロハ481-12
改 342 01.03.29 3342
改 343 96.03.08 クハ183-708
廃 344 03.07.25
廃 345 13.01.17
廃 346 15.03.20 75
廃 347 14.06.10
改 348 89.02.24 クロハ481-303
改 349 01.11.19 クハ485-701
改 350 99.03.24 3350
廃 351 14.04.19
廃 352 13.09.27
改 353 88.02.10 クロハ481-13
改 354 86.12.11 クロハ481-302
76

廃 501 93.11.17
廃 502 91.08.19 83改

廃 601 93.11.17
改 602 88.12.14 クロ481-4
廃 603 95.03.24 83改

廃 701 11.06.24 84改

改 751 91.02.13 クハ183-751
改 752 91.07.08 クハ183-752
改 753 01.11.19 クハ484-702
86改

廃 801 10.08.20
改 802 90.06.16 クハ183-801 86改

改 851 90.09.22 クハ183-851 86改

改1001 87.10.30 クロハ481-1010
改1002 88.10.05 クロハ481-1023
改1003 87.11.16 クロハ481-1011
改1004 88.12.24 クロハ481-1024
75
改1005 97.11.19 3005
改1006 97.03.29 3006 76
廃1007 14.07.29
改1008 86.10.28 クロハ481-1008
75
改1009 88.02.29 クロハ481-1012
改1010 99.10.07 3010
改1011 98.03.02 3011
改1012 86.06.24 3012 76
改1013 88.09.14 クロハ481-1021
改1014 86.10.30 クロハ481-1009
改1015 88.01.28 クロハ481-1013
2廃1015 16.08.04
廃1016 16.08.04
改1017 87.10.04 クロハ481-1014
2廃1017 15.07.03
改1018 86.04.23 クロハ481-1001
改1019 93.10.17 クロハ481-1028
改1020 98.09.22 3020
改1021 87.12.25 クロハ481-1015
改1022 97.10.01 3022
改1023 87.11.14 クロハ481-1016
改1024 86.05.20 クロハ481-1002
廃1025 14.12.27
改1026 86.09.03 クロハ481-1005
廃1027 14.06.28
改1028 88.11.29 クロハ481-1025
廃1029 13.10.12
改1030 96.03.29 3030
改1031 88.03.25 クロハ481-1017
改1032 86.07.26 クロハ481-1004
改1033 88.02.19 クロハ481-1018
改1034 86.09.05 3034
改1035 93.11.26 クロハ481-1029
改1036 86.09.30 クロハ481-1007
改1037 98.03.02 3037 78
改1038 88.11.11 クロハ481-1026
改1039 87.10.15 クロハ481-1019
改1040 89.01.31 クロハ481-1027
改1041 93.11.06 クロハ481-1030
改1042 89.03.10 クロハ481-1022
改1043 00.09.22 3043 79

廃1101 99.04.14
廃1102 00.07.07
廃1103 00.07.07
改1104 93.11.10 クロハ481-1501
改1105 01.03.21 クロ485-5
廃1106 00.04.11 89改
改1107 01.03.21 クロ484-7
廃1108 99.12.03 90改

改1501 87.12.24 クロハ481-1020
改1502 07.01.05 クロ481-1502
改1503 07.01.05 クロ481-1503
廃1504 13.01.23
廃1505 13.01.23
改1506 00.12.22 クロハ481-3506
廃1507 06.06.01
廃1508 15.07.10 新津 74

廃3005 16.12.06
廃3006 18.12.07
廃3010 11.08.24
廃3011 15.07.10
廃3018 15.05.10
廃3020 11.11.04
廃3022 18.11.02
改3026 06.05.02 クロハ481-3026
廃3030 19.01.22
廃3034 17.04.03
改3037 06.05.01 クロハ481-3037
95～
廃3043 15.09.10 00改

廃3342 15.11.27
廃3348 15.07.01 98～
廃3350 17.04.06 00改

廃3506 07.03.31 00改

クハ485 0
廃 701 20.03.01 01改

廃 703 22.12.28 10改
廃 704 21.10.14 11改

クハ484 0
廃 701 18.01.11 00改
廃 702 20.03.01 01改
廃 703 22.12.28 10改
廃 704 21.10.14 11改

クハ480 0
廃 1 00.03.31
廃 2 00.03.31
廃 3 00.03.31
廃 4 00.03.31
改 5 87.02.26 クハ481-851
改 6 86.09.18 クハ481-802
廃 7 00.03.31
改 8 86.08.22 クハ481-801
廃 9 00.03.31
廃 10 00.03.31 84～
廃 11 98.03.26 85改

クロ485 0
廃 1 19.04.26 94改
廃 2 22.11.11 96改
廃 3 16.09.26 97改
改 4 12.03.28 クハ485-704
98改
改 5 11.02.10 クハ485-703
00改

クロ484 0
改 1 01.01.22 クハ484-701
廃 2 18.09.06 90改
廃 3 19.04.26 94改
廃 4 22.11.11 96改
廃 5 16.09.26 97改
改 6 12.03.28 クハ485-704 98改
改 7 11.02.10 クハ484-703
00改

クロ481 0
廃 1 93.04.23
廃 2 93.04.23
改 3 83.10.05 クハ481-601
改 4 83.10.05 クハ481-602 68
2廃 4 93.03.24 88改
改 5 83.10.31 クハ481-603
69

廃 51 93.03.24
廃 52 82.12.23
廃 53 81.07.27
廃 54 83.12.26
廃 55 91.08.19
廃 56 95.03.24
廃 57 95.10.05 68改

廃 101 95.03.24
廃 102 95.03.24
廃 103 95.10.05
廃 104 96.03.31 71
廃 301 00.03.31 クハ481-243
89改

改1502 15.07.01 5502
改1503 15.07.01 5503 06改

廃2001 11.08.15
廃2002 10.08.20
廃2003 11.06.22 88改
廃2004 11.02.25
廃2005 10.09.10 90改

廃2101 11.05.25 88改

廃2201 03.09.12 91改

改2301 09.09.18 クロ183-2707
改2302 09.11.20 クロ183-2708
改2303 09.12.02 クロ183-2709
90改
廃2351 03.09.12 01改

廃5502 17.10.20
廃5503 17.10.20 15改

クロ480 0
廃 1 96.12.12
廃 2 96.12.12
廃 3 00.03.31
廃 4 97.07.07
廃 5 00.03.31
廃 6 00.03.31
廃 7 97.06.27
廃 8 00.03.31
廃 9 97.07.07
廃 10 00.03.31
改 11 88.02.17 クロハ480-51
改 12 87.12.15 クロハ480-52
2廃 12 00.03.31
廃 13 97.06.27
廃 14 97.07.07 84～
廃 15 97.07.07 85改

廃1001 02.08.31
改1002 91.01.10 2301
廃1003 02.08.31
廃1004 04.07.15 87改

廃2301 10.04.30 90改

クロハ481 0
改 1 93.07.08 クハ481-226
廃 2 01.03.01
廃 3 01.03.01
廃 4 12.12.20
廃 5 12.09.19
廃 6 13.01.16
廃 7 12.02.27
廃 8 04.01.26
廃 9 00.03.31
廃 10 00.03.31
廃 11 00.03.31
廃 12 00.03.31
廃 13 00.03.31 87改

廃 201 12.03.09
廃 202 01.03.01
廃 203 12.05.29
廃 204 00.03.31
廃 205 11.11.04
廃 206 01.03.01
廃 207 01.03.01
廃 208 00.03.31
改 209 91.02.13 クロハ183-803
改 210 90.10.25 クロハ183-804
改 211 90.07.24 クロハ183-802
改 212 91.07.08 クロハ183-806
改 213 91.01.28 クハ481-201
改 214 90.06.17 クロハ183-801
改 215 91.03.15 クロハ183-805
86改

改 301 89.01.09 クハ481-309
改 302 90.09.22 クロハ183-302
86改
改 303 00.03.30 クハ481-3348
88改

改1001 00.01.21 クハ481-3018
廃1002 11.10.27
廃1003 11.10.07
改1004 00.03.30 3004
改1005 96.12.13 クハ481-3026
改1006 96.12.13 クハ481-3034
廃1007 11.10.14
改1008 01.03.29 3008
廃1009 13.10.12 86改
改1010 00.12.22 3010
廃1011 14.04.19
改1012 96.03.29 3012
改1013 06.07.26 クハ481-1015
改1014 05.06.17
改1015 98.09.22 3015
改1016 97.03.29 3016
改1017 97.10.01 3017
廃1018 13.09.27
改1019 99.10.07 3019
改1020 99.03.24 3020 87改
改1021 97.11.19 3021
廃1022 14.07.29
廃1023 14.01.09
改1024 00.01.21 3024
廃1025 14.12.27
廃1026 14.06.28
改1027 00.09.22 3027 88改
廃1028 15.03.20
廃1029 15.08.12
廃1030 14.06.10 93改

廃1501 13.01.17 93改

廃3004 15.07.01
廃3008 15.11.27
廃3010 07.03.31
廃3012 19.01.22
廃3015 11.11.04
廃3016 18.12.07
廃3017 18.11.02
廃3019 11.08.24
廃3020 17.04.06
廃3021 16.12.06
廃3024 15.05.10
廃3026 17.04.03
廃3027 15.09.10 95～
廃3037 15.07.10 06改

クロハ480 0
廃 51 01.03.01
改 52 92.07.07 クロ480-12 87改

サハ481 0
改 1 72.11.09サハ489-51
改 2 72.11.09サハ489-52
廃 3 00.03.31
廃 4 00.03.31
廃 5 96.12.12
廃 6 96.12.12
廃 7 96.12.12
廃 8 96.12.12
廃 9 96.12.12
廃 10 90.03.16 70
廃 11 90.03.16
改 12 85.02.13クハ480-1
改 13 85.02.25クハ480-2
改 14 85.02.13クハ480-3 71
改 15 84.12.26クハ480-4 73
改 16 85.03.06クハ480-5
改 17 85.04.04クハ480-6
改 18 85.03.06クハ480-7
改 19 85.04.03クハ480-8
74

廃 93 97.10.14 92改

改 101 86.10.16クハ188-601
改 102 86.10.28クハ182-105
改 103 86.09.04クハ182-102
改 104 86.09.30クハ182-104
改 105 86.10.24クハ183-104
改 106 86.12.05クハ188-102
改 107 86.10.24クハ183-103
廃 108 97.12.05
廃 109 98.12.15
改 110 85.03.20クハ182-1
改 111 85.04.03クハ182-2
改 112 86.09.12クハ182-103
改 113 86.10.18クハ188-101
76
改 114 86.10.24クハ183-105
改 115 86.12.05クハ188-602
廃 116 92.11.20
改 117 86.08.28クハ182-101
改 118 89.03.02クハ481-2101
75

廃 126 00.03.31 93改
廃 153 97.10.14
廃 159 97.10.14
廃 163 00.03.31 94改
廃 195 00.03.31 93改

廃 201 90.03.16 83改

廃 301 99.01.12
廃 302 97.11.22
廃 303 97.10.04
廃 304 99.02.09
廃 305 98.12.01
廃 306 99.02.09
廃 307 99.02.09
廃 308 00.04.11 89改

廃 501 10.08.20
廃 502 10.04.30
廃 503 11.05.25 97改

廃 601 11.06.22
廃 602 11.02.25
廃 603 10.09.10
廃 604 10.02.01 01改

廃 701 10.02.01
廃 702 11.08.15 03改

廃 751 09.09.18 03改

サロ481 0
廃 1 80.05.01
廃 2 80.05.01
廃 3 80.05.01
廃 4 81.01.17
廃 5 81.01.17
廃 6 81.01.17
廃 7 83.10.11 64
廃 8 84.02.01
廃 9 84.02.01
廃 10 82.10.25
廃 11 82.10.25
廃 12 82.12.23
廃 13 83.08.23
廃 14 83.08.23
廃 15 82.07.15
廃 16 85.12.19
廃 17 84.10.03
廃 18 82.05.20
改 19 68.09.25クロ481-51
改 20 68.07.31クロ481-52
改 21 68.06.15クロ481-53
改 22 68.08.23クロ481-54
改 23 68.09.03クロ481-55
改 24 68.06.29クロ481-56
改 25 68.09.30クロ481-57
65
改 26 78.07.25サロ181-1051
改 27 78.07.20サロ181-1052
改 28 78.07.16サロ181-1053
廃 29 87.03.30
廃 30 87.02.06
廃 31 87.03.30
廃 32 90.03.16
廃 33 90.03.16
廃 34 90.03.16
廃 35 90.03.16 69
廃 36 03.12.17
廃 37 90.06.07
廃 38 94.12.12
廃 39 01.11.14
改 40 84.12.10クロ480-1
廃 41 90.06.07
廃 42 01.11.28
改 43 85.01.25クロ480-2
改 44 84.12.15クロ480-3
改 45 84.12.26クロ480-4
廃 46 03.10.31
廃 47 90.06.07
廃 48 04.02.02
廃 49 03.12.17
廃 50 91.08.19
廃 51 91.08.19
改 52 90.03.03オハ24301
改 53 85.02.28クロ480-5
廃 54 92.12.22
廃 55 91.08.19
改 56 85.02.05クロ480-6
廃 57 95.10.05
改 58 85.02.15クロ480- 7
廃 59 94.12.19
廃 60 90.06.07
廃 61 86.03.31
廃 62 02.03.22
廃 63 90.06.07
改 64 84.12.21クロ480-8
廃 65 86.03.31
改 66 97.06.03サハ481-501
改 67 85.01.07クロ480-9
廃 68 04.02.02
廃 69 96.12.22
廃 70 03.10.31
廃 71 04.02.02
廃 72 86.03.31
廃 73 86.03.31
廃 74 03.12.17
廃 75 96.10.19
改 76 85.01.17クロ480-10
廃 77 91.08.19
改 78 85.02.22クロ480-11
廃 79 94.12.19
廃 80 91.08.19
廃 81 95.10.05
廃 82 91.08.19
改 83 85.01.14クロ480-12
廃 84 01.11.08
廃 85 93.05.31
廃 86 03.12.17
改 87 85.02.07クロ480-13
廃 88 95.10.05
廃 89 91.08.19
改 90 78.08.29サロ183-1051
72
廃 91 92.12.22
廃 92 96.12.22
改 93 86.03.06サロ110-1356
廃 94 90.06.07
改 95 86.03.06サロ110-1357
改 96 86.03.06サロ110-1358
廃 97 96.10.19
改 98 78.09.05サロ183-1052
2廃 98 00.01.28
廃 99 86.03.31
廃 100 91.08.19
改 101 90.03.03オハ24302
改 102 90.03.03オハ24303
改 103 85.02.28クロ480-14
廃 104 94.12.12
廃 105 01.04.03
改 106 98.03.13 3106
改 107 97.02.19クロ480-14
73
廃 108 96.10.19
廃 109 96.10.19
改 110 78.10.18サロ189-51
改 111 78.09.27サロ189-52
改 112 78.09.21サロ183-1053
2廃 112 01.08.09
改 113 79.02.09サロ189-53
廃 114 01.10.03 74
改 115 78.08.25 1051
改 116 78.07.19 1052 75
廃 117 93.05.31
廃 118 05.12.15
廃 119 02.03.30
廃 120 93.09.30
改 121 97.06.19サハ481-502
74
改 122 78.07.19 1053
改 123 78.08.09 1054
廃 124 01.09.15
廃 125 01.09.15
改 126 89.05.08サハ481-301
改 127 78.08.25 1055
改 128 78.08.09 1056 75
改 129 89.05.08サハ481-302
改 130 85.04.12クロ480-15
改 131 97.07.15サハ481-503
廃 132 03.12.17 74
改 133 78.09.28サロ183-1054
75

廃 134 90.03.16
廃 135 90.03.16 83改

廃 501 93.08.31
改 502 89.02.01 2001
改 503 89.03.02 2002
改 504 89.02.01 2003
改 505 89.02.15 2004
廃 506 93.08.31
廃 507 93.08.31
改 508 91.06.24 2006
改 509 91.01.20 2005 84改

廃1001 01.07.13
改1002 91.03.30サロ485-1 75
改1003 89.11.09クハ481-1101
76
改1004 89.11.25クハ481-1102
75
廃1005 01.08.23
改1006 89.12.25クハ481-1103
76
改1007 97.12.20クロ485-3
廃1008 01.08.23 79

改1051 89.04.25サハ481-303
改1052 90.10.01サロ489-1051
改1053 90.10.01サロ489-1052
廃1054 94.08.06
廃1055 94.08.06
廃1056 94.08.06 78改

改1501 90.01.20クハ481-1104
改1502 90.02.03クハ481-1105
改1503 90.03.08クハ481-1106
改1504 91.02.07クハ481-1107
改1505 91.02.15クハ481-1108
改1506 97.12.20クロ484-5 82改

廃2001 01.12.26
廃2002 01.08.09
廃2003 01.12.26
廃2004 01.12.26 88改
廃2005 01.12.26 90改
廃2006 01.11.06 91改

廃3106 08.10.30 97改
廃3107 08.10.30 96改

サロ485 0
廃 1 18.09.06 90改

サシ481 0
改 50 89.06.28スシ24 508 72
改 64 88.02.24スシ24 504
改 68 88.03.10スシ24 505
73

▷サシ481は
1986年度末まで
在籍した車両を掲載

▷2 は,
他形式に一度改造し,
その後に同じ車号に
再復活した車両

交直流急行用

475・457・455系／西

クモハ475 0
廃 1 06.12.04
廃 2 07.03.05
廃 3 04.10.28
改 4 86.11.06クモハ717-201
廃 5 09.10.02
廃 6 07.03.19
改 7 87.01.23クモハ717-202
改 8 86.12.17クモハ717-203
廃 9 05.02.23
廃 10 99.10.22
廃 11 03.09.04
廃 12 05.01.27
改 13 87.12.25クモハ717-205
廃 14 04.08.22
廃 15 10.04.01
廃 16 10.03.31
廃 17 16.08.05
廃 18 14.06.16
廃 19 15.11.25
廃 20 10.02.04
廃 21 04.07.20
廃 22 05.01.12
改 23 88.02.12クモハ717-206
廃 24 08.03.26
廃 25 99.10.22
廃 26 99.10.22
廃 27 06.02.28
改 28 88.06.27クモハ717-207
廃 29 08.03.10
廃 30 10.03.03
廃 31 08.12.17
廃 32 99.10.22
廃 33 06.03.27
廃 34 99.10.22
廃 35 07.05.28
廃 36 10.03.12
廃 37 05.01.15
廃 38 04.12.04
改 39 87.03.31クモハ717-204
廃 40 10.03.31 65
廃 41 10.03.31
廃 42 15.05.15
廃 43 10.10.01
廃 44 10.10.01
廃 45 16.03.31
廃 46 17.03.31
改 47 10.09.16モハ475-47
廃 48 16.08.05 67
廃 49 16.03.31
改 50 10.09.09クモハ475-50
廃 51 14.10.24
廃 52 15.05.15
廃 53 15.05.15 68

モハ475 0
廃 47 11.06.25
廃 50 11.03.30 10改

モハ474 0
廃 1 06.12.08
廃 2 07.02.28
廃 3 04.10.31
改 4 86.11.06クモハ716-201
廃 5 09.09.17
廃 6 07.03.23
改 7 87.01.23クモハ716-202
改 8 86.12.17クモハ716-203
廃 9 05.02.25
廃 10 99.10.22

廃 11 03.05.28
廃 12 05.01.24
改 13 87.12.25クモハ716-205
廃 14 04.09.23
廃 15 10.04.01
廃 16 10.03.31
廃 17 16.03.31
廃 18 14.06.16
廃 19 15.11.25
廃 20 10.02.10
廃 21 04.08.13
廃 22 05.01.14
改 23 88.02.12クモハ716-206
廃 24 08.03.05
廃 25 99.10.22
廃 26 99.10.22
廃 27 06.03.03
改 28 88.06.27クモハ716-207
廃 29 08.03.13
廃 30 10.03.10
廃 31 09.01.08
廃 32 99.10.22
廃 33 06.03.29
廃 34 99.10.22
廃 35 07.06.30
廃 36 10.03.24
廃 37 05.01.16
廃 38 04.11.07
改 39 87.03.31クモハ716-204
廃 40 10.03.31 65
廃 41 10.03.31
廃 42 15.05.15
廃 43 10.10.01
廃 44 10.10.01
廃 45 16.03.31
廃 46 17.03.31
廃 47 11.06.25
廃 48 16.08.05 67
廃 49 16.03.31
廃 50 11.03.30
廃 51 14.10.24
廃 52 15.05.15
廃 53 15.05.15 68

クモハ457 0

廃 1 02.02.06 69
廃 2 07.06.04
廃 3 04.09.28
廃 4 04.12.15
廃 5 05.02.04
廃 6 06.09.18
廃 7 06.01.10
廃 8 06.01.20
廃 9 09.05.23
廃 10 06.02.17
廃 11 08.01.08
廃 12 08.06.09
廃 13 07.12.05
改 14 95.03.29クモハ717-901
廃 15 10.03.20
廃 16 15.05.15
改 17 10.09.24モハ457-17
70
廃 18 14.10.24
廃 19 14.06.16 71

モハ457 0

廃 17 11.06.25 10改

モハ456 0

廃 1 02.02.06 69
廃 2 07.06.06
廃 3 04.10.22
廃 4 05.01.04
廃 5 05.02.02
廃 6 06.07.05
廃 7 06.01.12
廃 8 06.02.02
廃 9 09.06.01
廃 10 06.02.14
廃 11 08.01.08
廃 12 08.06.09
廃 13 07.12.05
改 14 95.03.29クモハ716-901
廃 15 10.03.26
廃 16 15.05.15
廃 17 11.06.25 70
廃 18 14.10.24
廃 19 14.06.16 71

クモハ455 0

廃 1 07.07.10 鉄博
廃 2 08.12.11
廃 3 08.10.18
廃 4 07.04.11
廃 5 92.03.02
廃 6 08.09.05
廃 7 92.07.01
廃 8 08.11.29
廃 9 92.12.01
廃 10 93.04.02
廃 11 92.09.01 65
廃 12 08.10.31
廃 13 92.04.02
廃 14 93.04.02
廃 15 96.03.01
廃 16 07.04.05
廃 17 08.11.07
廃 18 08.06.09
廃 19 08.06.09
廃 20 08.11.11
廃 21 07.02.22 66
廃 22 07.10.01
廃 23 00.11.16
廃 24 08.01.08
廃 25 08.10.04
廃 26 02.07.30
廃 27 02.09.05
廃 28 01.04.06
廃 29 08.02.05
廃 30 01.05.09
廃 31 08.01.08
廃 32 02.09.02
廃 33 08.02.05
廃 34 07.10.01
廃 35 04.01.05
廃 36 01.11.16 67
廃 37 07.12.05
廃 38 07.01.11
廃 39 00.09.05
廃 40 08.09.25
廃 41 07.04.02
廃 42 08.12.04
廃 43 07.04.09
廃 44 95.03.31
廃 45 07.12.05
廃 46 07.02.03
廃 47 01.12.10
廃 48 00.08.01
廃 49 07.10.16
廃 50 06.12.09
廃 51 08.02.05 68

廃 202 94.06.01
廃 203 91.04.15 78改

モハ454 0

廃 1 06.11.15
廃 2 08.12.11
廃 3 08.10.08
廃 4 07.07.10 鉄博
廃 5 92.03.02
廃 6 08.09.05
廃 7 92.07.01
廃 8 08.11.29
廃 9 92.12.01
廃 10 93.04.02
廃 11 92.09.01 65
廃 12 08.10.31
廃 13 92.04.02
廃 14 93.04.02
廃 15 96.03.01
廃 16 07.04.05
廃 17 08.11.07
廃 18 08.06.09
廃 19 08.06.09
廃 20 08.11.11
廃 21 07.02.22 66
廃 22 07.10.01
廃 23 00.11.16
廃 24 08.01.08
廃 25 08.10.04
廃 26 02.07.30
廃 27 02.09.05
廃 28 01.04.06
廃 29 08.02.05
廃 30 01.05.09
廃 31 08.01.08
廃 32 02.09.02
廃 33 08.02.05
廃 34 07.10.01
廃 35 04.01.05
廃 36 01.11.16 67
廃 37 07.12.05
廃 38 07.01.11
廃 39 00.09.05
廃 40 08.09.25
廃 41 07.04.02
廃 42 08.12.04
廃 43 07.04.09
廃 44 95.03.31
廃 45 07.12.05
廃 46 07.02.03
廃 47 01.12.10
廃 48 00.08.01
廃 49 07.10.16
廃 50 06.12.09
廃 51 08.02.05 68

廃 202 94.06.01
廃 203 91.04.15 78改

クハ455 0

廃 1 91.04.04
廃 2 07.07.10 鉄博
廃 3 08.10.18
廃 4 08.06.09
廃 5 88.03.30
廃 6 04.09.22
廃 7 88.06.14
廃 8 10.01.27
廃 9 03.09.11
廃 10 99.10.22
廃 11 06.03.16
廃 12 04.11.03
廃 13 16.03.31
廃 14 14.06.16
廃 15 06.07.07
廃 16 09.09.11
廃 17 88.02.08
廃 18 10.10.01
廃 19 15.11.25
改 20 10.09.16サハ455-20
廃 21 99.10.22
廃 22 08.03.19
廃 23 99.10.22
廃 24 07.05.23
廃 25 10.02.24
廃 26 05.01.08
廃 27 99.10.22
廃 28 87.03.30
廃 29 07.03.05
廃 30 07.03.12
廃 31 87.01.16
廃 32 87.01.16
廃 33 08.02.05
廃 34 92.03.02
廃 35 08.11.07
廃 36 91.03.08
廃 37 08.12.11
廃 38 92.07.01
廃 39 92.09.01
廃 40 08.06.09
廃 41 15.05.15
廃 42 15.05.15
廃 43 15.05.15 65
改 44 90.03.07
廃 45 73.10.16
廃 46 08.09.05
廃 47 16.03.31
廃 48 95.03.31
廃 49 07.04.09
廃 50 92.04.02
廃 51 96.03.01
廃 52 86.12.27
廃 53 08.01.08
廃 54 08.11.11 66
廃 55 04.01.05
廃 56 10.10.01
廃 57 16.08.05
廃 58 15.05.15
廃 59 14.10.24
廃 60 17.03.31
廃 61 14.06.16 67
改 62 10.09.24サハ455-62
廃 63 16.03.31
改 64 10.09.09サハ455-64
68
廃 65 14.10.24 69
廃 66 06.02.09
廃 67 05.01.25
廃 68 06.03.22
廃 69 06.01.16
廃 70 09.06.08
廃 71 01.05.09
廃 72 08.12.04
廃 73 00.08.01
廃 74 07.01.11
廃 75 06.02.22 70

廃 201 93.04.02 75改
廃 202 94.06.01
改 203 91.03.29クヤ455-1
79改

廃 301 07.06.13
廃 302 10.03.31
廃 303 01.11.16
廃 304 00.09.05
廃 305 08.02.05
廃 306 06.12.09
廃 307 00.11.16
廃 308 02.09.05
廃 309 07.10.16
廃 310 07.12.05
廃 311 08.02.05
廃 312 08.10.04
廃 313 02.02.06
廃 314 01.04.06
廃 315 07.10.01
廃 316 07.12.05
廃 317 08.01.08
廃 318 07.12.05
廃 319 01.12.10
廃 320 07.02.03
廃 321 93.04.02
廃 322 99.10.22
廃 323 05.01.28 84改
廃 324 07.04.02 85改

廃 401 05.01.13
廃 402 08.01.08
廃 403 10.03.08
廃 404 04.07.14 84改
廃 405 08.12.11 85改

廃 501 06.02.21
廃 502 08.10.31
廃 503 07.04.05
廃 504 02.07.30
廃 505 08.11.29 83改

廃 601 07.01.24
廃 602 08.03.19
廃 603 04.09.26
廃 604 08.12.05
廃 605 10.03.18 84改
廃 606 05.01.18
廃 607 04.12.09
廃 608 02.09.02
廃 609 07.10.01 85改
廃 610 04.10.24
廃 611 06.12.25 84改

廃 701 21.03.15えちご 86改
廃 702 22.09.13 87改

クロハ455 0

廃 1 08.09.25 89改

サハ455 0

改 1 86.10.25クハ455-701
廃 2 10.03.31
廃 3 10.03.31
廃 4 10.04.01
廃 5 94.03.31 70
改 6 88.02.26クハ455-702
廃 7 93.09.30
廃 8 10.04.01 71

廃 20 11.06.25
廃 62 11.06.25
廃 64 11.03.30 10改

▷サロ455・サハシ455は形式消滅
▷クモハ473・モハ472・クモハ471・モハ470・モハ471・クモハ453・モハ452・クモハ451・モハ450・クハ451・サハ451・サロ451・サハシ451は形式消滅

交直流近郊・通勤用

E531系／東

モハE531 92

1	都カツ	04
2	都カツ	
3	都カツ	
4	都カツ	
5	都カツ	
6	都カツ	
7	都カツ	
8	都カツ	05
9	都カツ	
10	都カツ	
11	都カツ	
12	都カツ	
13	都カツ	
14	都カツ	
15	都カツ	
16	都カツ	06
17	都カツ	
18	都カツ	10
19	都カツ	
20	都カツ	
21	都カツ	
22	都カツ	
23	都カツ	
24	都カツ	
25	都カツ	14
26	都カツ	
27	都カツ	17
28	都カツ	
29	都カツ	
30	都カツ	
31	都カツ	
32	都カツ	
33	都カツ	19
1001	都カツ	04
1002	都カツ	
1003	都カツ	
1004	都カツ	
1005	都カツ	
1006	都カツ	
1007	都カツ	
1008	都カツ	05
1009	都カツ	
1010	都カツ	
1011	都カツ	
1012	都カツ	
1013	都カツ	
1014	都カツ	
1015	都カツ	
1016	都カツ	
1017	都カツ	
1018	都カツ	
1019	都カツ	
1020	都カツ	
1021	都カツ	
1022	都カツ	06
1023	都カツ	14
1024	都カツ	
1025	都カツ	
1026	都カツ	17
2001	都カツ	04
2002	都カツ	
2003	都カツ	
2004	都カツ	
2005	都カツ	
2006	都カツ	
2007	都カツ	
2008	都カツ	05
2009	都カツ	
2010	都カツ	
2011	都カツ	
2012	都カツ	
2013	都カツ	
2014	都カツ	
2015	都カツ	
2016	都カツ	
2017	都カツ	
2018	都カツ	
2019	都カツ	
2020	都カツ	
2021	都カツ	
2022	都カツ	06
2023	都カツ	14
2024	都カツ	
2025	都カツ	
2026	都カツ	17
3001	都カツ	
3002	都カツ	
3003	都カツ	
3004	都カツ	15
3005	都カツ	
3006	都カツ	
3007	都カツ	16

モハE530 92

1	都カツ	04
2	都カツ	
3	都カツ	
4	都カツ	
5	都カツ	
6	都カツ	
7	都カツ	
8	都カツ	05
9	都カツ	
10	都カツ	
11	都カツ	
12	都カツ	
13	都カツ	
14	都カツ	
15	都カツ	
16	都カツ	
17	都カツ	
18	都カツ	
19	都カツ	
20	都カツ	
21	都カツ	
22	都カツ	06
23	都カツ	14
24	都カツ	
25	都カツ	
26	都カツ	17
1001	都カツ	04
1002	都カツ	
1003	都カツ	
1004	都カツ	
1005	都カツ	
1006	都カツ	
1007	都カツ	
1008	都カツ	05
1009	都カツ	
1010	都カツ	
1011	都カツ	
1012	都カツ	
1013	都カツ	
1014	都カツ	
1015	都カツ	
1016	都カツ	06
1017	都カツ	
1018	都カツ	10
1019	都カツ	
1020	都カツ	
1021	都カツ	
1022	都カツ	
1023	都カツ	
1024	都カツ	
1025	都カツ	14
1026	都カツ	
1027	都カツ	17
1028	都カツ	
1029	都カツ	
1030	都カツ	
1031	都カツ	
1032	都カツ	
1033	都カツ	19
2001	都カツ	04
2002	都カツ	
2003	都カツ	
2004	都カツ	
2005	都カツ	
2006	都カツ	
2007	都カツ	
2008	都カツ	05
2009	都カツ	
2010	都カツ	
2011	都カツ	
2012	都カツ	
2013	都カツ	
2014	都カツ	
2015	都カツ	
2016	都カツ	
2017	都カツ	
2018	都カツ	
2019	都カツ	
2020	都カツ	
2021	都カツ	
2022	都カツ	06
2023	都カツ	14
2024	都カツ	
2025	都カツ	
2026	都カツ	17
4001	都カツ	
4002	都カツ	
4003	都カツ	
4004	都カツ	15
4005	都カツ	
4006	都カツ	
4007	都カツ	16

クハE531 65

	1	都カツ	PPs	04
	2	都カツ	PPs	
	3	都カツ	PPs	
	4	都カツ	PPs	
	5	都カツ	PPs	
	6	都カツ	PPs	
	7	都カツ	PPs	
	8	都カツ	PPs	05
	9	都カツ	PPs	
	10	都カツ	PPs	
	11	都カツ	PPs	
	12	都カツ	PPs	
	13	都カツ	PPs	
	14	都カツ	PPs	
	15	都カツ	PPs	
	16	都カツ	PPs	
廃	17	22.02.09		
	18	都カツ	PPs	
	19	都カツ	PPs	
	20	都カツ	PPs	
	21	都カツ	PPs	
	22	都カツ	PPs	06
	23	都カツ	PPs	14
	24	都カツ	PPs	
	25	都カツ	PPs	
	26	都カツ	PPs	17
	1001	都カツ	PPs	04
	1002	都カツ	PPs	
	1003	都カツ	PPs	
	1004	都カツ	PPs	
	1005	都カツ	PPs	
	1006	都カツ	PPs	
	1007	都カツ	PPs	
	1008	都カツ	PPs	05
	1009	都カツ	PPs	
	1010	都カツ	PPs	
	1011	都カツ	PPs	
	1012	都カツ	PPs	
	1013	都カツ	PPs	
	1014	都カツ	PPs	
	1015	都カツ	PPs	
	1016	都カツ	PPs	06
	1017	都カツ	PPs	
	1018	都カツ	PPs	10
	1019	都カツ	PPs	
	1020	都カツ	PPs	
	1021	都カツ	PPs	
	1022	都カツ	PPs	
	1023	都カツ	PPs	
	1024	都カツ	PPs	
	1025	都カツ	PPs	14
	1026	都カツ	PPs	
	1027	都カツ	PPs	17
	1028	都カツ	PPs	
	1029	都カツ	PPs	
	1030	都カツ	PPs	
	1031	都カツ	PPs	
	1032	都カツ	PPs	
	1033	都カツ	PPs	19
	4001	都カツ	PPs	
	4002	都カツ	PPs	
	4003	都カツ	PPs	
	4004	都カツ	PPs	15
	4005	都カツ	PPs	
	4006	都カツ	PPs	
	4007	都カツ	PPs	16

クハE530 66

1	都カツ	PPs	04
2	都カツ	PPs	
3	都カツ	PPs	
4	都カツ	PPs	
5	都カツ	PPs	
6	都カツ	PPs	
7	都カツ	PPs	
8	都カツ	PPs	05
9	都カツ	PPs	
10	都カツ	PPs	
11	都カツ	PPs	
12	都カツ	PPs	
13	都カツ	PPs	
14	都カツ	PPs	
15	都カツ	PPs	
16	都カツ	PPs	
17	都カツ	PPs	
18	都カツ	PPs	
19	都カツ	PPs	
20	都カツ	PPs	
21	都カツ	PPs	
22	都カツ	PPs	06
23	都カツ	PPs	14
24	都カツ	PPs	
25	都カツ	PPs	
26	都カツ	PPs	17
2001	都カツ	PPs	04
2002	都カツ	PPs	
2003	都カツ	PPs	
2004	都カツ	PPs	
2005	都カツ	PPs	
2006	都カツ	PPs	
2007	都カツ	PPs	
2008	都カツ	PPs	05
2009	都カツ	PPs	
2010	都カツ	PPs	
2011	都カツ	PPs	
2012	都カツ	PPs	
2013	都カツ	PPs	
2014	都カツ	PPs	
2015	都カツ	PPs	
2016	都カツ	PPs	06
2017	都カツ	PPs	
2018	都カツ	PPs	10
2019	都カツ	PPs	
2020	都カツ	PPs	
2021	都カツ	PPs	
2022	都カツ	PPs	
2023	都カツ	PPs	
2024	都カツ	PPs	
2025	都カツ	PPs	14
2026	都カツ	PPs	
2027	都カツ	PPs	17
2028	都カツ	PPs	
2029	都カツ	PPs	
2030	都カツ	PPs	
2031	都カツ	PPs	
2032	都カツ	PPs	
2033	都カツ	PPs	19
5001	都カツ	PPs	
5002	都カツ	PPs	
5003	都カツ	PPs	
5004	都カツ	PPs	15
5005	都カツ	PPs	
5006	都カツ	PPs	
5007	都カツ	PPs	16

サハE531 66

1	都カツ		
2	都カツ		04
3	都カツ		
4	都カツ		
5	都カツ		
6	都カツ		
7	都カツ		
8	都カツ		
9	都カツ		
10	都カツ		
11	都カツ		
12	都カツ		
13	都カツ		
14	都カツ		
15	都カツ		
16	都カツ		05
17	都カツ		
18	都カツ		
19	都カツ		
20	都カツ		
21	都カツ		
22	都カツ		
23	都カツ		
24	都カツ		
25	都カツ		
26	都カツ		
27	都カツ		06
28	都カツ		
29	都カツ		10
30	都カツ		
31	都カツ		
32	都カツ		
33	都カツ		
34	都カツ		
35	都カツ		
36	都カツ		
37	都カツ		14
38	都カツ		
39	都カツ		
40	都カツ		
41	都カツ		
42	都カツ		17
43	都カツ		
44	都カツ		
45	都カツ		
46	都カツ		
47	都カツ		
48	都カツ		19
2001	都カツ		
2002	都カツ		04
2003	都カツ		
2004	都カツ		
2005	都カツ		
2006	都カツ		
2007	都カツ		
2008	都カツ		
2009	都カツ		
2010	都カツ		
2011	都カツ		
改2012	07.03.05	サハE530-2022	05
3001	都カツ		
3002	都カツ		
3003	都カツ		
3004	都カツ		15
3005	都カツ		
3006	都カツ		
3007	都カツ		16

サハE530 26

2001	都カツ	04
2002	都カツ	
2003	都カツ	
2004	都カツ	
2005	都カツ	
2006	都カツ	
2007	都カツ	
2008	都カツ	
2009	都カツ	
2010	都カツ	
2011	都カツ	
2012	都カツ	05
2013	都カツ	
2014	都カツ	
2015	都カツ	
2016	都カツ	
2017	都カツ	
2018	都カツ	
2019	都カツ	
2020	都カツ	
2021	都カツ	06
2022	都カツ	06改
2023	都カツ	14
2024	都カツ	
2025	都カツ	
2026	都カツ	17

サロE531 26

1	都カツ	
2	都カツ	
3	都カツ	
4	都カツ	
5	都カツ	
6	都カツ	
7	都カツ	
8	都カツ	
9	都カツ	
10	都カツ	
11	都カツ	
12	都カツ	
13	都カツ	
14	都カツ	
15	都カツ	
16	都カツ	
17	都カツ	
18	都カツ	
19	都カツ	
20	都カツ	
21	都カツ	
22	都カツ	06
23	都カツ	14
24	都カツ	
25	都カツ	
26	都カツ	17

サロE530 26

1	都カツ	
2	都カツ	
3	都カツ	
4	都カツ	
5	都カツ	
6	都カツ	
7	都カツ	
8	都カツ	
9	都カツ	
10	都カツ	
11	都カツ	
12	都カツ	
13	都カツ	
14	都カツ	
15	都カツ	
16	都カツ	
17	都カツ	
18	都カツ	
19	都カツ	
20	都カツ	
21	都カツ	
22	都カツ	06
23	都カツ	14
24	都カツ	
25	都カツ	
26	都カツ	17

521系／西

クモハ521 52

	1	金ツル	PSw	
	2	金ツル	PSw	
	3	金ツル	PSw	
	4	金ツル	PSw	
	5	金ツル	PSw	06
廃	6	15.03.14	とやま	
廃	7	15.03.14	とやま	
廃	8	15.03.14	とやま	
廃	9	15.03.14	とやま	
廃	10	15.03.14	IR	
廃	11	15.03.14	とやま	
廃	12	15.03.14	とやま	
廃	13	15.03.14	とやま	
廃	14	15.03.14	IR	
廃	15	15. 3.14	とやま	09
廃	16	15.03.14	とやま	
廃	17	15.03.14	とやま	
廃	18	15.03.14	とやま	
	19	金サワ	Sw	
	20	金サワ	Sw	
廃	21	15.03.14	とやま	
	22	金サワ	Sw	
廃	23	15.03.14	とやま	
廃	24	15.03.14	とやま	
	25	金ツル	Sw	
	26	金サワ	Sw	
	27	金ツル	Sw	
	28	金サワ	Sw	
	29	金ツル	Sw	
廃	30	15.03.14	IR	
廃	31	15.03.14	とやま	
廃	32	15.03.14	とやま	
	33	金ツル	Sw	
	34	金サワ	Sw	
	35	金ツル	Sw	10
	36	金ツル	Sw	
	37	金サワ	Sw	
	38	金ツル	Sw	
	39	金サワ	Sw	
	40	金サワ	Sw	
	41	金サワ	Sw	
	42	金サワ	Sw	
	43	金サワ	Sw	
	44	金ツル	Sw	
	45	金ツル	Sw	
	46	金ツル	Sw	
	47	金ツル	Sw	
	48	金ツル	Sw	
	49	金ツル	Sw	
	50	金ツル	Sw	
	51	金ツル	Sw	
	52	金サワ	Sw	
	53	金サワ	Sw	
	54	金サワ	Sw	13
廃	55	15.03.14	IR	
廃	56	15.03.14	IR	14
	57	金サワ	Sw	
	58	金ツル	Sw	21
	101	金サワ	Sw	
	102	金サワ	Sw	
	103	金サワ	Sw	19
	104	金サワ	Sw	
	105	金サワ	Sw	
	106	金サワ	Sw	
	107	金サワ	Sw	
	108	金サワ	Sw	
	109	金サワ	Sw	
	110	金サワ	Sw	
	111	金サワ	Sw	
	112	金サワ	Sw	
	113	金サワ	Sw	
	114	金サワ	Sw	
	115	金サワ	Sw	20

クハ520 52

1 金ツル PSw
2 金ツル PSw
3 金ツル PSw
4 金ツル PSw
5 金ツル PSw 06
廃 6 15.03.14 とやま
廃 7 15.03.14 とやま
廃 8 15.03.14 とやま
廃 9 15.03.14 とやま
廃 10 15.03.14 IR
廃 11 15.03.14 とやま
廃 12 15.03.14 とやま
廃 13 15.03.14 とやま
廃 14 15.03.14 IR
廃 15 15. 3.14 とやま
09
廃 16 15.03.14 とやま
廃 17 15.03.14 とやま
廃 18 15.03.14 とやま
19 金サワ Sw
20 金サワ Sw
廃 21 15.03.14 とやま
22 金サワ Sw
廃 23 15.03.14 とやま
廃 24 15.03.14 とやま
25 金ツル Sw
26 金サワ Sw
27 金ツル Sw
28 金サワ Sw
29 金ツル Sw
廃 30 15.03.14 IR
廃 31 15.03.14 とやま
廃 32 15.03.14 とやま
33 金ツル Sw
34 金サワ Sw
35 金ツル Sw 10
36 金ツル Sw
37 金サワ Sw
38 金ツル Sw
39 金サワ Sw
40 金サワ Sw
41 金サワ Sw
42 金サワ Sw
43 金サワ Sw
44 金ツル Sw
45 金ツル Sw
46 金ツル Sw
47 金ツル Sw
48 金ツル Sw
49 金ツル Sw
50 金ツル Sw
51 金ツル Sw
52 金サワ Sw
53 金サワ Sw
54 金サワ Sw 13
廃 55 15.03.14 IR
廃 56 15.03.14 IR 14
57 金サワ Sw
58 金ツル Sw 21

101 金サワ Sw
102 金サワ Sw
103 金サワ Sw 19
104 金サワ Sw
105 金サワ Sw
106 金サワ Sw
107 金サワ Sw
108 金サワ Sw
109 金サワ Sw
110 金サワ Sw
111 金サワ Sw
112 金サワ Sw
113 金サワ Sw
114 金サワ Sw
115 金サワ Sw 20

E501系／東

モハE501 12

1 都カツ 94
2 都カツ
3 都カツ 95
4 都カツ
5 都カツ
6 都カツ
7 都カツ
8 都カツ
9 都カツ
10 都カツ
11 都カツ
12 都カツ 96

モハE500 12

1 都カツ 94
2 都カツ
3 都カツ 95
4 都カツ
5 都カツ
6 都カツ
7 都カツ
8 都カツ
9 都カツ
10 都カツ
11 都カツ
12 都カツ 96

クハE501 8

1 都カツ PPs 95
2 都カツ PPs
3 都カツ PPs
4 都カツ PPs 96

1001 都カツ PPs 94
1002 都カツ PPs
1003 都カツ PPs
1004 都カツ PPs 96

クハE500 8

1 都カツ PPs 94
2 都カツ PPs
3 都カツ PPs
4 都カツ PPs 96

1001 都カツ PPs 95
1002 都カツ PPs
1003 都カツ PPs
1004 都カツ PPs 96

サハE501 16

1 都カツ 94
2 都カツ
3 都カツ
4 都カツ 95
5 都カツ
6 都カツ
7 都カツ
8 都カツ
9 都カツ
10 都カツ
11 都カツ
12 都カツ
13 都カツ
14 都カツ
15 都カツ
16 都カツ 96

サハE500 4

1 都カツ 95
2 都カツ
3 都カツ
4 都カツ 96

▷421系・423系は
全車廃車・
形式消滅のため
「2006夏」まで掲載
▷419系は
全車廃車・
形式消滅のため
「2017夏」まで掲載
▷417系は
全車廃車・
形式消滅のため
「2012夏」まで掲載

415系／東・西・九

クモハ415 0

廃 801 16.03.31
廃 802 22.10.07
廃 803 21.08.24
廃 804 17.03.31
廃 805 22.10.07
廃 806 21.04.28
廃 807 23.08.26
廃 808 23.08.26
廃 809 21.04.28
廃 810 23.07.11 90~
廃 811 21.08.24 91改

モハ415 31

廃 1 08.03.17
廃 2 05.07.11
廃 3 05.10.15 71
廃 4 07.10.15
廃 5 07.11.12
廃 6 08.04.28
廃 7 07.02.03
廃 8 07.11.26
廃 9 08.02.18
廃 10 06.07.20
廃 11 13.08.27
廃 12 10.09.07
廃 13 11.01.08
廃 14 12.09.05
廃 15 13.03.06 74
廃 16 13.09.13
廃 17 14.10.29
廃 18 13.06.05
廃 19 13.08.03 75

廃 101 05.08.25
廃 102 08.06.23
廃 103 23.06.01
廃 104 21.02.17
廃 105 23.09.12
R 106 分オイ
廃 107 22.10.18
R 108 分オイ
廃 109 22.09.15
R 110 分オイ
R 111 分オイ
R 112 分オイ
廃 113 08.01.07
廃 114 07.12.24
廃 115 08.04.28
廃 116 08.03.10 78
117 分オイ
R 118 分オイ
R 119 分オイ
R 120 分オイ
廃 121 07.12.24 79
R 122 分オイ
廃 123 23.06.19
R 124 分オイ
廃 125 22.08.09
R 126 分オイ
80
廃 127 07.12.17
廃 128 08.01.07 83

廃 501 08.01.28
廃 502 08.04.21
廃 503 06.10.03
廃 504 07.03.09
廃 505 07.01.19
廃 506 07.10.22
廃 507 22.02.18
廃 508 07.02.07
廃 509 08.06.02 81
廃 510 07.11.26
廃 511 08.05.12
廃 512 08.05.19 82
513 鹿カコ
514 鹿カコ
515 鹿カコ
516 鹿カコ
廃 517 23.05.16
廃 518 08.06.23
廃 519 08.04.07
520 分オイ 83
廃 521 05.10.01
廃 522 07.12.17
廃 523 08.03.10
廃 524 08.02.04 84

廃 701 08.03.31
廃 702 08.07.14
廃 703 08.06.02
廃 704 05.07.22
廃 705 08.01.28
廃 706 05.08.25
廃 707 08.07.14
廃 708 08.04.21
廃 709 08.04.07
廃 710 06.07.20
廃 711 07.02.07
廃 712 07.03.09
廃 713 06.10.03
廃 714 08.05.19
廃 715 07.01.19
廃 716 08.05.12
廃 717 06.03.11
廃 718 08.03.17
廃 719 08.02.04
廃 720 07.02.28
廃 721 06.07.21
廃 722 07.04.04
廃 723 07.11.12 84

1501 分オイ
廃1502 09.07.18
廃1503 09.06.01
廃1504 14.12.17
廃1505 17.05.25
廃1506 17.08.04
廃1507 15.07.24
廃1508 16.10.07 85
1509 分オイ
1510 分オイ
1511 分オイ
1512 分オイ
1513 分オイ
1514 分オイ
1515 分オイ
1516 分オイ
1517 分オイ
1518 分オイ
1519 分オイ
1520 分オイ
1521 分オイ 86
廃1522 07.10.22
廃1523 15.06.24 87
廃1524 16.03.14
廃1525 16.12.28
廃1526 15.05.20
廃1527 16.09.29 89
廃1528 16.10.07
廃1529 17.07.05
廃1530 16.09.22
廃1531 15.04.23
廃1532 17.10.11
廃1533 17.11.16
廃1534 16.06.09
廃1535 15.02.11 90

モハ414 30

廃 1 08.03.17
廃 2 05.07.11
廃 3 05.10.15 71
廃 4 07.10.15
廃 5 07.11.12
廃 6 08.04.28
廃 7 07.02.03
廃 8 07.11.26
廃 9 08.02.18
廃 10 06.07.20
廃 11 13.08.29
廃 12 10.09.03
廃 13 11.01.06
廃 14 12.08.29
廃 15 13.03.04 74
廃 16 13.09.14
廃 17 14.10.27
廃 18 13.08.01
廃 19 13.08.07 75

廃 101 05.08.25
廃 102 08.06.23
廃 103 23.05.27
廃 104 21.01.30
廃 105 23.09.04
R 106 分オイ
廃 107 22.10.08
R 108 分オイ
廃 109 22.09.30
R 110 分オイ
R 111 分オイ
R 112 分オイ
廃 113 08.01.07
廃 114 07.12.24
廃 115 08.04.28
廃 116 08.03.10 78
117 分オイ
R 118 分オイ
R 119 分オイ
R 120 分オイ
廃 121 07.12.24 79
R 122 分オイ
廃 123 23.06.14
R 124 分オイ
廃 125 22.09.07
R 126 分オイ 80
廃 127 07.12.17
廃 128 08.01.07 83

廃 501 08.01.28
廃 502 08.04.21
廃 503 06.10.03
廃 504 07.03.09
廃 505 07.01.19
廃 506 07.10.22
廃 507 22.02.14
廃 508 07.02.07
廃 509 08.06.02 81
廃 510 07.11.26
廃 511 08.05.12
廃 512 08.05.19 82
513 鹿カコ
廃 514 23.09.29
515 鹿カコ
516 鹿カコ
廃 517 23.05.09
廃 518 08.06.23
廃 519 08.04.07
520 分オイ 83
廃 521 05.10.01
廃 522 07.12.17
廃 523 08.03.10
廃 524 08.02.04 84

廃 701 08.03.31
廃 702 08.07.14
廃 703 08.06.02
廃 704 05.07.22
廃 705 08.01.28
廃 706 05.08.25
廃 707 08.07.14
廃 708 08.04.21
廃 709 08.04.07
廃 710 06.07.20
廃 711 07.02.07
廃 712 07.03.09
廃 713 07.01.19
廃 714 08.05.19
廃 715 07.01.15
廃 716 08.05.12
廃 717 06.03.11
廃 718 08.03.17
廃 719 08.02.04
廃 720 07.02.28
廃 721 06.07.05
廃 722 07.04.04
廃 723 07.11.12 84

廃 801 16.03.31
廃 802 22.10.07
廃 803 21.08.24
廃 804 17.03.31
廃 805 22.10.07
廃 806 21.04.28
廃 807 23.08.26
廃 808 23.08.26
廃 809 21.04.28
廃 810 23.07.11 90~
廃 811 21.08.24 91改

1501 分オイ
廃1502 09.07.18
廃1503 09.06.01
廃1504 14.12.17
廃1505 17.05.25
廃1506 17.08.04
廃1507 15.07.24
廃1508 16.10.07 85
1509 分オイ
1510 分オイ
1511 分オイ
1512 分オイ
1513 分オイ
1514 分オイ
1515 分オイ
1516 分オイ
1517 分オイ
1518 分オイ
1519 分オイ
1520 分オイ
1521 分オイ 86
廃1522 07.10.22
廃1523 15.06.24 87
廃1524 16.03.14
廃1525 16.12.28
廃1526 15.05.20
廃1527 16.09.29 89
廃1528 16.10.07
廃1529 17.07.05
廃1530 16.09.22
廃1531 15.04.23
廃1532 17.10.11
廃1533 17.11.16
廃1534 16.06.09
廃1535 15.02.11 90

クハ411 60

廃 101 05.08.25
廃 102 05.07.22
廃 103 23.06.05
廃 104 21.03.02
廃 105 23.09.21
R 106 分オイ DK
廃 107 22.10.26
R 108 分オイ DK
廃 109 22.09.13
R 110 分オイ DK
R 111 分オイ DK
R 112 分オイ DK
廃 113 05.10.01
廃 114 07.12.24
廃 115 08.04.28
廃 116 08.03.10 78
117 分オイ DK
R 118 分オイ DK
R 119 分オイ DK
R 120 分オイ DK
廃 121 07.12.24 79
R 122 分オイ DK
廃 123 23.06.23
R 124 分オイ DK
廃 125 22.08.22
R 126 分オイ DK 80

廃 201 05.08.25
廃 202 05.07.22
廃 203 23.05.24
廃 204 21.02.24
廃 205 23.09.07
R 206 分オイ DK
廃 207 22.10.12
R 208 分オイ DK
廃 209 22.09.24
R 210 分オイ DK
R 211 分オイ DK
R 212 分オイ DK
廃 213 06.03.11
廃 214 07.12.24
廃 215 08.04.28
廃 216 08.03.10 78
217 分オイ DK
R 218 分オイ DK
R 219 分オイ DK
R 220 分オイ DK
廃 221 07.12.24 79
R 222 分オイ DK
廃 223 23.06.08
R 224 分オイ DK
廃 225 22.09.01
R 226 分オイ DK 80

廃 301 08.03.17
廃 302 06.07.20
廃 303 05.07.11
廃 304 05.07.11
廃 305 05.10.15
廃 306 05.10.15 71
廃 307 07.10.15
廃 308 07.10.15
廃 309 07.11.12
廃 310 07.11.12
廃 311 08.04.28
廃 312 08.04.28
廃 313 07.02.03
廃 314 07.02.03
廃 315 07.11.26
廃 316 07.11.26
廃 317 08.02.18
廃 318 08.02.18
廃 319 06.07.20
廃 320 08.03.17
廃 321 13.08.25
廃 322 13.09.18
廃 323 10.10.25
廃 324 10.10.22
廃 325 13.06.10
廃 326 11.01.13
廃 327 12.08.25
廃 328 12.08.22
廃 329 13.02.28
廃 330 13.02.16 74
廃 331 13.09.16
廃 332 13.09.11
廃 333 14.10.31
廃 334 14.11.27
廃 335 01.03.01
廃 336 13.08.01
廃 337 13.06.07
廃 338 13.08.09
廃 339 13.08.10 75

廃 501 08.01.28
廃 502 08.04.21
廃 503 06.10.03
廃 504 07.03.09
廃 505 07.01.19
廃 506 07.10.22
廃 507 22.02.25
廃 508 07.02.07
廃 509 08.06.02 81
廃 510 06.10.03
廃 511 08.05.12
廃 512 08.05.19 82
513 鹿カコ DK
514 鹿カコ DK
515 鹿カコ DK
516 鹿カコ DK
廃 517 23.05.19
廃 518 08.06.23
廃 519 08.04.07
520 分オイ DK 83
廃 521 08.01.07
廃 522 07.12.17
廃 523 07.10.15
廃 524 08.02.04 84

廃 601 08.01.28
廃 602 08.04.21
廃 603 06.10.03
廃 604 07.03.09
廃 605 07.01.19
廃 606 07.10.22
廃 607 22.02.08
廃 608 07.02.07
廃 609 08.06.02 81
廃 610 07.11.26
廃 611 08.05.12
廃 612 08.05.19 82
613 鹿カコ DK
廃 614 23.09.27
615 鹿カコ DK
616 鹿カコ DK
廃 617 23.04.28
廃 618 08.06.23
廃 619 08.04.07
620 分オイ DK 83
廃 621 08.01.07
廃 622 07.12.17
廃 623 07.10.15
廃 624 08.02.04 84

廃 701 08.07.14 89改

1501 分オイ DK
廃1502 09.07.18
廃1503 09.06.01
廃1504 14.12.17
廃1505 17.05.25
廃1506 17.08.04
廃1507 15.07.24
廃1508 16.10.07 85
1509 分オイ DK
1510 分オイ DK
1511 分オイ DK
1512 分オイ DK
1513 分オイ DK
1514 分オイ DK
1515 分オイ DK
1516 分オイ DK
1517 分オイ DK
1518 分オイ DK
1519 分オイ DK
1520 分オイ DK
1521 分オイ DK 86
廃1522 15.02.11
廃1523 15.06.24 87
廃1524 16.03.14
廃1525 16.12.28
廃1526 15.05.20
廃1527 16.09.29 88
廃1528 16.10.07
廃1529 17.07.05
廃1530 16.09.22
廃1531 15.04.23
廃1532 17.10.11
廃1533 17.11.16
廃1534 16.06.09 90

1601 分オイ DK
廃1602 09.07.18
廃1603 09.06.01
廃1604 14.12.17
廃1605 17.05.25
廃1606 17.08.04
廃1607 15.07.24
廃1608 16.10.07 85
1609 分オイ DK
1610 分オイ DK
1611 分オイ DK
1612 分オイ DK
1613 分オイ DK
1614 分オイ DK
1615 分オイ DK
1616 分オイ DK
1617 分オイ DK
1618 分オイ DK
1619 分オイ DK
1620 分オイ DK
1621 分オイ DK 86
廃1622 15.02.11
廃1623 15.06.24 87
廃1624 16.03.14
廃1625 16.12.28
廃1626 15.05.20
廃1627 16.09.29 88
廃1628 16.10.07
廃1629 17.07.05
廃1630 16.09.22
廃1631 15.04.23
廃1632 17.10.11
廃1633 17.11.16
廃1634 16.06.09 90

クハ415　0

廃 801 16.03.31
廃 802 22.10.07
廃 803 21.08.24
廃 804 17.03.31
廃 805 22.10.07
廃 806 21.04.28
廃 807 23.08.26
廃 808 23.08.26
廃 809 21.04.28
廃 810 23.07.11　90~
廃 811 21.08.24　91改

廃1901 06.03.11　90

サハ411　0

廃 1 08.03.10
廃 2 07.12.17
廃 3 08.02.04
廃 4 08.01.07　83

廃 701 08.03.31
廃 702 08.07.14
廃 703 08.06.02
廃 704 08.06.23
廃 705 08.01.28
廃 706 07.10.22
改 707 89.04.28クハ411-701
廃 708 08.04.21
廃 709 08.04.07
廃 710 06.07.20
廃 711 07.02.07
廃 712 07.03.09
廃 713 05.08.25
廃 714 08.05.19
廃 715 07.01.19
廃 716 06.10.03　84

廃1601 08.05.12　90

廃1701 07.11.12　85

413系／西

クモハ413　0

廃 1 15.03.14とやま85改
廃 2 15.03.14　とやま
廃 3 15.03.14　とやま
廃 4 22.09.09
廃 5 23.07.11
廃 6 21.03.01 えちご
廃 7 15.03.14とやま86改
廃 8 21.05.25　87改
廃 9 22.09.0988改
廃 10 15.03.14とやま89改

廃 101 22.09.13　86改

モハ412　0

廃 1 15.03.14とやま85改
廃 2 15.03.14　とやま
廃 3 15.03.14　とやま
廃 4 22.09.09
廃 5 23.07.11
廃 6 21.03.01 えちご
廃 7 15.03.14とやま86改
廃 8 21.05.25　87改
廃 9 22.09.10988改
廃 10 15.03.14とやま89改

廃 101 22.09.13　86改

クハ412　0

廃 1 15.03.14とやま85改
廃 2 15.03.14　とやま
廃 3 15.03.14とやま85改

廃 5 23.07.11
廃 6 21.03.01 えちご
廃 7 15.03.14　とやま
廃 8 21.05.25　87改
廃 9 22.09.09　88改
廃 10 15.03.14とやま89改

▷403･401系は
全車廃車･
形式消滅のため
「2009夏」までの掲載

直流特急用

8600系／四

8600　7

8601 四マツ SS
8602 四マツ SS　13
8603 四マツ SS
8604 四マツ SS
8605 四マツ SS
8606 四マツ SS　15
8607 四マツ SS　17

8700　3

8701 四マツ SS
8702 四マツ SS　15
8703 四マツ SS　17

8750　4

8751 四マツ SS
8752 四マツ SS　13
8753 四マツ SS
8754 四マツ SS　15

8800　3

8801 四マツ
8802 四マツ　15
8803 四マツ　17

8000系／四

8000　6

8001 四マツ SS
8002 四マツ SS
8003 四マツ SS
8004 四マツ SS
8005 四マツ SS
8006 四マツ SS　92

8100　6

廃8101 18.03.31　92

8102 四マツ
8103 四マツ
8104 四マツ
8105 四マツ
8106 四マツ
8107 四マツ　92

8150　6

8151 四マツ
8152 四マツ
8153 四マツ
8154 四マツ
8155 四マツ
8156 四マツ　92

8200　5

廃8201 18.03.31
8202 四マツ SS
8203 四マツ SS　92
8204 四マツ SS　93
8205 四マツ SS　92
8206 四マツ SS　97

8300　11

8301 四マツ
8302 四マツ
8303 四マツ
8304 四マツ　92
8305 四マツ
8306 四マツ　93
8307 四マツ
8308 四マツ
8309 四マツ　92
8310 四マツ
8311 四マツ　97

8400　6

8401 四マツ SS
8402 四マツ SS
8403 四マツ SS
8404 四マツ SS
8405 四マツ SS
8406 四マツ SS　92

8500　5

廃8501 18.03.31
8502 四マツ SS
8503 四マツ SS　92
8504 四マツ SS　93
8505 四マツ SS　92
8506 四マツ SS　97

383系／海

クモハ383　17

1 海シン PT　94
2 海シン PT
3 海シン PT
4 海シン PT
5 海シン PT
6 海シン PT
7 海シン PT
8 海シン PT
9 海シン PT
10 海シン PT
11 海シン PT
12 海シン PT
13 海シン PT
14 海シン PT
15 海シン PT
16 海シン PT
17 海シン PT　96

モハ383　21

1 海シン　94
2 海シン
3 海シン
4 海シン
5 海シン
6 海シン
7 海シン
8 海シン
9 海シン
10 海シン
11 海シン
12 海シン　96

101 海シン　94
102 海シン
103 海シン
104 海シン
105 海シン
106 海シン
107 海シン
108 海シン
109 海シン　96

クハ383 5

1 海シン Pт
2 海シン Pт
3 海シン Pт
4 海シン Pт
5 海シン Pт 96

クロ383 12

1 海シン Pт 94
2 海シン Pт
3 海シン Pт
4 海シン Pт
5 海シン Pт
6 海シン Pт
7 海シン Pт
8 海シン Pт
9 海シン Pт 96

101 海シン Pт
102 海シン Pт
103 海シン Pт 96

サハ383 21

1 海シン 94
2 海シン
3 海シン
4 海シン
5 海シン
6 海シン
7 海シン
8 海シン
9 海シン 96

101 海シン 94
102 海シン
103 海シン
104 海シン
105 海シン
106 海シン
107 海シン
108 海シン
109 海シン
110 海シン
111 海シン
112 海シン 96

クモハ381 7

改 1 16.11.04 501
改 2 16.03.28 502
改 3 17.03.10 503
廃 4 11.02.15
廃 5 11.06.30
改 6 16.12.27 506
改 7 16.04.27 507
改 8 16.06.21 508
改 9 16.07.26 509 86改

501 中イモ Sw
502 中イモ Sw
503 中イモ Sw
506 中イモ Sw
507 中イモ Sw
508 中イモ Sw 15～
509 中イモ Sw 16改

モハ381 11

廃 1 98.12.07
廃 2 97.02.21
廃 3 98.12.04
廃 4 97.02.13
廃 5 96.12.13
廃 6 98.12.04
廃 7 97.03.02
廃 8 97.01.29
廃 9 98.12.21
廃 10 97.03.19
廃 11 96.12.20
廃 12 98.11.30
廃 13 96.12.23
廃 14 98.12.14
廃 15 97.02.09 73
廃 16 96.12.05
廃 17 97.02.02
廃 18 97.01.20
廃 19 97.01.17
廃 20 01.11.30
廃 21 96.12.09
廃 22 96.12.29
廃 23 97.02.05
廃 24 97.01.21
廃 25 96.11.28 74
廃 26 12.05.24
廃 27 12.08.01 76
廃 28 18.09.21
廃 29 11.06.15
改 30 14.06.27 1030
廃 31 15.11.24
改 32 14.11.06 1032
廃 33 15.11.24
廃 34 15.11.13
廃 35 12.04.20
廃 36 15.11.24
改 37 14.06.10 1037
改 38 14.06.10 1038
改 39 14.11.22 1039
廃 40 16.01.18
改 41 14.06.06 1041
改 42 14.06.09 1042
廃 43 16.01.18
改 44 14.06.11 1044
改 45 14.06.11 1045
改 46 14.06.10 1046
廃 47 11.03.14
廃 48 11.06.15
廃 49 11.03.14
廃 50 18.09.21
廃 51 12.10.11
廃 52 15.11.13
改 53 14.06.13 1053
廃 54 16.04.12
改 55 14.06.11 1055
廃 56 08.05.09
廃 57 05.09.16
廃 58 08.05.09
廃 59 05.09.20 78
改 60 14.06.17 1060
廃 61 11.12.20
廃 62 16.01.18
改 63 14.06.09 1063
廃 64 12.06.27
改 65 14.06.10 1065
改 66 86.08.20 クモハ381-7
廃 67 16.04.12
68 中イモ 80
69 中イモ
廃 70 11.06.10
71 中イモ
改 72 86.10.20 クモハ381-9
73 中イモ
74 中イモ
改 75 86.07.18 クモハ381-6
改 76 86.10.08 クモハ381-3
77 中イモ
改 78 86.08.08 クモハ381-1
廃 79 11.06.10
80 中イモ 81
改 81 86.09.12 クモハ381-2
廃 82 11.06.04
83 中イモ
改 84 86.09.19 クモハ381-8
廃 85 15.11.13
86 中イモ
87 中イモ
改 88 86.11.19 クモハ381-5
廃 89 11.06.30
改 90 86.10.24 クモハ381-4
廃 91 11.06.04
92 中イモ 82

廃1030 16.06.06
廃1032 15.12.02
廃1037 15.12.02
廃1038 16.02.17
廃1039 15.12.02
廃1041 16.04.12
廃1042 15.12.02
廃1044 14.12.19
廃1045 16.04.12
廃1046 16.07.11
廃1053 16.07.11
廃1055 14.12.19
廃1060 15.12.20
廃1063 16.03.07
廃1065 15.12.02 14改

モハ380 18

廃 1 98.12.07
廃 2 97.02.18
廃 3 98.12.04
廃 4 97.02.14
廃 5 96.12.14
廃 6 98.12.04
廃 7 97.03.06
廃 8 97.01.26
廃 9 98.12.21
廃 10 97.03.23
廃 11 96.12.19
廃 12 98.11.30
廃 13 96.12.24
廃 14 98.12.14
廃 15 97.02.10 73
廃 16 96.12.06
廃 17 97.02.01
廃 18 97.01.25
廃 19 97.01.16
廃 20 01.11.30
廃 21 96.12.10
廃 22 96.12.27
廃 23 97.02.06
廃 24 97.02.25
廃 25 97.03.26 74
廃 26 12.05.24
廃 27 12.08.01 76
廃 28 18.09.21
廃 29 11.06.15
改 30 14.06.27 1030
廃 31 15.11.24
改 32 14.11.06 1032
廃 33 15.11.24
改 34 90.12.25 501
廃 35 12.04.20
改 36 91.02.08 502
改 37 14.06.10 1037
改 38 14.06.10 1038
改 39 14.11.22 1039
廃 40 16.01.18
改 41 14.06.06 1041
改 42 14.06.09 1042
改 43 91.03.07 503
改 44 14.06.11 1044
改 45 14.06.11 1045
改 46 14.06.10 1046
廃 47 11.03.14
廃 48 11.06.15
廃 49 11.03.14
廃 50 18.09.21
廃 51 12.10.11
廃 52 15.11.13
改 53 14.06.13 1053
廃 54 16.04.12
改 55 14.06.11 1055
廃 56 08.05.09
廃 57 05.09.16
廃 58 08.05.09
廃 59 05.09.20 78
改 60 14.06.17 1060
廃 61 11.12.20
廃 62 16.01.18
改 63 14.06.09 1063
廃 64 12.06.27
改 65 14.06.10 1065
66 中イモ
廃 67 16.04.12
改 68 08.03.29 268
改 69 16.03.10 569
廃 70 11.06.10
71 中イモ
72 中イモ
改 73 16.08.06 573
74 中イモ
75 中イモ
76 中イモ
改 77 17.01.27 577
78 中イモ
廃 79 11.06.10
改 80 16.12.07 280 81
81 中イモ
廃 82 11.06.04
改 83 07.03.16 283
84 中イモ
廃 85 15.11.13
改 86 17.02.28 586
改 87 07.08.28 287
廃 88 11.06.30
廃 89 11.06.30
廃 90 11.02.15
廃 91 11.06.04
改 92 16.09.16 592 82

268 中イモ
283 中イモ 06～
287 中イモ 07改

廃 501 15.11.13
廃 502 15.11.24
廃 503 16.01.18 90改

569 中イモ
573 中イモ
577 中イモ
580 中イモ
586 中イモ 15～
592 中イモ 16改

廃1030 16.06.06
廃1032 15.12.02
廃1037 15.12.02
廃1038 16.02.17
廃1039 15.12.02
廃1041 16.04.12
廃1042 15.12.02
廃1044 14.12.19
廃1045 16.04.12
廃1046 16.07.11
廃1053 16.07.11
廃1055 14.12.19
廃1060 15.12.20
廃1063 16.03.07
廃1065 15.12.02 14改

クハ381 9

廃 1 98.12.07 リニ鉄
廃 2 98.12.14
廃 3 98.12.04
廃 4 98.12.04
改 5 87.12.18 クロ381-55
廃 6 98.12.21
改 7 87.10.05 クロ381-51
廃 8 97.02.17
廃 9 97.01.11
廃 10 97.03.22
改 11 87.11.13 クロ381-53
廃 12 01.11.30 73
改 13 87.10.08 クロ381-52
廃 14 97.03.28
廃 15 98.11.30
廃 16 97.02.26
改 17 87.12.15 クロ381-54
廃 18 97.03.05 74

改 101 90.12.25 501
改 102 90.11.08 502 76
改 103 14.06.27 1103
改 104 98.11.18 クロ381-104
改 105 91.02.08 503
改 106 99.03.10 クロ381-106
107 中イモ PSw
108 中イモ PSw
改 109 14.06.10 1109
2 109 中イモ Sw
改 110 99.07.16 クロ381-110
改 111 14.06.06 1111
112 中イモ PSw
改 113 14.06.11 1113
2 113 中イモ Sw
改 114 99.07.05 クロ381-114
廃 115 11.03.14
廃 116 11.03.14
改 117 91.02.08 504
改 118 91.03.19 505
改 119 14.06.13 1119
改 120 99.04.21 クロ381-120

廃 121 08.05.12
廃 122 06.09.22 78
改 123 14.06.17 1123
改 124 99.01.19 ｸﾛ381-124
改 125 14.06.09 1125
改 126 99.10.20 ｸﾛ381-126
廃 127 11.06.04
改 128 09.09.08 ｸﾛ381-128
80
改 129 07.03.16 ｸﾛ381-129
改 130 11.01.20 ｸﾛ381-130
廃 131 11.06.04
改 132 11.07.15 ｸﾛ381-132
廃 133 11.06.04
改 134 10.07.30 ｸﾛ381-134
廃 135 11.06.15
136 中イモ Sw 81
廃 137 11.06.04
138 中イモ Sw
改 139 08.09.18 ｸﾛ381-139
140 中イモ Sw
改 141 09.03.17 ｸﾛ381-141
142 中イモ Sw
廃 143 11.06.15
改 144 10.02.17 ｸﾛ381-144 82

廃 501 16.04.12
廃 502 16.01.18
廃 503 15.11.24
廃 504 18.09.21
廃 505 15.11.13 90改

廃1103 16.06.06
改1109 16.03.01 109
廃1111 16.04.12
改1113 16.03.01 113
廃1119 16.07.11
廃1123 15.12.20
廃1125 16.03.07 14改

クロ381 8

廃 1 98.12.14
廃 2 01.11.30 86改
廃 3 98.12.04
廃 4 98.12.21
廃 5 97.03.01
廃 6 98.12.04
廃 7 98.11.30 87改

廃 11 99.12.07
87改
廃 12 06.09.21
廃 13 08.05.10 88改

廃 51 97.01.10
廃 52 97.02.22
廃 53 97.01.24
廃 54 96.11.27
廃 55 97.03.18 87改

改 104 14.06.27 1104
改 106 14.06.06 1106
改 110 14.06.10 1110
改 114 14.06.11 1114
改 120 14.06.13 1120
改 124 14.06.17 1124 88～
改 126 14.06.09 1126 99改
128 中イモ Sw
129 中イモ Sw
130 中イモ Sw
132 中イモ Sw
134 中イモ Sw
139 中イモ Sw
141 中イモ Sw 06～
144 中イモ Sw 11改

廃1104 17.03.31
廃1106 16.04.12
廃1110 15.12.02
廃1114 15.12.02
廃1120 16.07.11
廃1124 15.12.20
廃1126 16.03.07 14改

クロ380 2

廃 1 16.04.12
廃 2 16.01.18
廃 3 18.10.05
廃 4 15.11.13 89改
廃 5 15.11.24 90改
6 中イモ Sw
7 中イモ Sw 94改

サハ381 7

廃 11 14.12.19
廃 12 12.05.24
廃 13 12.04.20
廃 16 14.12.19
廃 17 11.12.20
廃 19 12.08.01 98～
廃 22 12.06.27 99改

223 中イモ
224 中イモ
225 中イモ
228 中イモ
229 中イモ
230 中イモ 08～
231 中イモ 11改

サロ381 0

改 1 87.10.08 ｸﾛ381-5
改 2 87.10.29 ｸﾛ381-6
改 3 87.04.21 ｸﾛ381-4
改 4 87.12.29 ｸﾛ381-7
改 5 87.07.28 ｸﾛ381-3 73
改 6 88.01.29 ｸﾛ381-11
改 7 88.04.28 ｸﾛ381-12
改 8 87.03.31 ｸﾛ381-1
改 9 87.03.31 ｸﾛ381-2 74
改 10 89.07.07 ｸﾛ380-1 76
改 11 99.07.16 ｻﾊ381-11
改 12 99.03.10 ｻﾊ381-12
改 13 99.01.19 ｻﾊ381-13
改 14 89.07.17 ｸﾛ380-2
改 15 90.07.24 ｸﾛ380-5
改 16 99.07.05 ｻﾊ381-16
改 17 98.11.18 ｻﾊ381-17
改 18 89.07.18 ｸﾛ380-3
改 19 99.04.21 ｻﾊ381-19
改 20 88.04.16 ｸﾛ381-13 78
改 21 89.08.11 ｸﾛ380-4
改 22 99.10.18 ｻﾊ381-22
改 23 08.09.18 ｻﾊ381-223
80
改 24 11.07.15 ｻﾊ381-224
改 25 09.09.08 ｻﾊ381-225
改 26 94.11.25 ｸﾛ380-6
改 27 94.12.19 ｸﾛ380-7 81
改 28 10.02.17 ｻﾊ381-228
改 29 10.07.30 ｻﾊ381-229
改 30 11.01.20 ｻﾊ381-230
改 31 09.03.17 ｻﾊ381-231
82

373系／海

クモハ373 14

1 静シス PT
2 静シス PT
3 静シス PT
4 静シス PT
5 静シス PT
6 静シス PT
7 静シス PT
8 静シス PT
9 静シス PT
10 静シス PT
11 静シス PT
12 静シス PT
13 静シス PT
14 静シス PT 95

クハ372 14

1 静シス PT
2 静シス PT
3 静シス PT
4 静シス PT
5 静シス PT
6 静シス PT
7 静シス PT
8 静シス PT
9 静シス PT
10 静シス PT
11 静シス PT
12 静シス PT
13 静シス PT
14 静シス PT 95

サハ373 14

1 静シス
2 静シス
3 静シス
4 静シス
5 静シス
6 静シス
7 静シス
8 静シス
9 静シス
10 静シス
11 静シス
12 静シス
13 静シス
14 静シス 95

371系

クモハ371 0

廃 1 15.03.20 90

廃 101 15.03.20 90

モハ371 0

廃 201 15.03.20 90

モハ370 0

廃 1 15.03.20 90

廃 101 15.03.20 90

サロハ371 0

廃 1 15.03.20 90

廃 101 15.03.20 90

E353系／東

クモハE353 11

1 都モト PPs 15
2 都モト PPs
3 都モト PPs
4 都モト PPs
5 都モト PPs 17
6 都モト PPs
7 都モト PPs
8 都モト PPs
9 都モト PPs
10 都モト PPs
11 都モト PPs 18

クモハE352 11

1 都モト PPs 15
2 都モト PPs
3 都モト PPs
4 都モト PPs
5 都モト PPs 17
6 都モト PPs
7 都モト PPs
8 都モト PPs
9 都モト PPs
10 都モト PPs
11 都モト PPs 18

モハE353 71

◆ 1 都モト 15
◆ 2 都モト
◆ 3 都モト
◆ 4 都モト
◆ 5 都モト
◆ 6 都モト
◆ 7 都モト
◆ 8 都モト 17
◆ 9 都モト
◆ 10 都モト
◆ 11 都モト
◆ 12 都モト
◆ 13 都モト
◆ 14 都モト
◆ 15 都モト
◆ 16 都モト
◆ 17 都モト
◆ 18 都モト
◆ 19 都モト
◆ 20 都モト 18

◆ 501 都モト 15
◆ 502 都モト
◆ 503 都モト
◆ 504 都モト
◆ 505 都モト
◆ 506 都モト
◆ 507 都モト
◆ 508 都モト 17
◆ 509 都モト
◆ 510 都モト
◆ 511 都モト
◆ 512 都モト
◆ 513 都モト
◆ 514 都モト
◆ 515 都モト
◆ 516 都モト
◆ 517 都モト
◆ 518 都モト
◆ 519 都モト
◆ 520 都モト 18

◆ 1001 都モト 15
◆ 1002 都モト
◆ 1003 都モト
◆ 1004 都モト
◆ 1005 都モト 17
◆ 1006 都モト
◆ 1007 都モト
◆ 1008 都モト
◆ 1009 都モト
◆ 1010 都モト
◆ 1011 都モト 18

◆ 2001 都モト 15
◆ 2002 都モト
◆ 2003 都モト
◆ 2004 都モト
◆ 2005 都モト
◆ 2006 都モト
◆ 2007 都モト
◆ 2008 都モト 17
◆ 2009 都モト
◆ 2010 都モト
◆ 2011 都モト
◆ 2012 都モト
◆ 2013 都モト
◆ 2014 都モト
◆ 2015 都モト
◆ 2016 都モト
◆ 2017 都モト
◆ 2018 都モト
◆ 2019 都モト
◆ 2020 都モト 18

モハE352 40

1	都モト	15
2	都モト	
3	都モト	
4	都モト	
5	都モト	
6	都モト	
7	都モト	
8	都モト	17
9	都モト	
10	都モト	
11	都モト	
12	都モト	
13	都モト	
14	都モト	
15	都モト	
16	都モト	
17	都モト	
18	都モト	
19	都モト	
20	都モト	18
501	都モト	15
502	都モト	
503	都モト	
504	都モト	
505	都モト	
506	都モト	
507	都モト	
508	都モト	17
509	都モト	
510	都モト	
511	都モト	
512	都モト	
513	都モト	
514	都モト	
515	都モト	
516	都モト	
517	都モト	
518	都モト	
519	都モト	
520	都モト	18

クハE353 20

1	都モト	PPs	15
2	都モト	PPs	
3	都モト	PPs	
4	都モト	PPs	
5	都モト	PPs	
6	都モト	PPs	
7	都モト	PPs	
8	都モト	PPs	17
9	都モト	PPs	
10	都モト	PPs	
11	都モト	PPs	
12	都モト	PPs	
13	都モト	PPs	
14	都モト	PPs	
15	都モト	PPs	
16	都モト	PPs	
17	都モト	PPs	
18	都モト	PPs	
19	都モト	PPs	
20	都モト	PPs	18

クハE352 20

1	都モト	PPs	15
2	都モト	PPs	
3	都モト	PPs	
4	都モト	PPs	
5	都モト	PPs	
6	都モト	PPs	
7	都モト	PPs	
8	都モト	PPs	17
9	都モト	PPs	
10	都モト	PPs	
11	都モト	PPs	
12	都モト	PPs	
13	都モト	PPs	
14	都モト	PPs	
15	都モト	PPs	
16	都モト	PPs	
17	都モト	PPs	
18	都モト	PPs	
19	都モト	PPs	
20	都モト	PPs	18

サハE353 20

1	都モト	15
2	都モト	
3	都モト	
4	都モト	
5	都モト	
6	都モト	
7	都モト	
8	都モト	17
9	都モト	
10	都モト	
11	都モト	
12	都モト	
13	都モト	
14	都モト	
15	都モト	
16	都モト	
17	都モト	
18	都モト	
19	都モト	
20	都モト	18

サロE353 20

1	都モト	15
2	都モト	
3	都モト	
4	都モト	
5	都モト	
6	都モト	
7	都モト	
8	都モト	17
9	都モト	
10	都モト	
11	都モト	
12	都モト	
13	都モト	
14	都モト	
15	都モト	
16	都モト	
17	都モト	
18	都モト	
19	都モト	
20	都モト	18

E351系／東

モハE351 0

改	1	96.03.19 $_{1001}$	
改	2	96.03.19 $_{1002}$	
改	3	96.03.13 $_{1003}$	
改	4	96.03.13 $_{1004}$	93
廃	5	18.04.08	
廃	6	18.04.08	
廃	7	18.04.08	
廃	8	18.04.08	
廃	9	17.12.24	
廃	10	17.12.24	95
改	101	96.03.19 $_{1101}$	
改	102	96.03.13 $_{1102}$	93
廃	103	18.04.08	
廃	104	18.04.08	
廃	105	17.12.24	95
廃	1001	18.04.04	
廃	1002	18.04.04	
廃	1003	17.12.24	
廃	1004	17.12.24	95改
廃	1101	18.03.18	
廃	1102	18.04.04	95改

モハE350 0

改	1	96.03.19 $_{1001}$	
改	2	96.03.19 $_{1002}$	
改	3	96.03.13 $_{1003}$	
改	4	96.03.13 $_{1004}$	93
廃	5	18.04.08	
廃	6	18.04.08	
廃	7	18.04.08	
廃	8	18.04.08	
廃	9	17.12.24	
廃	10	17.12.24	95
改	101	96.03.19 $_{1101}$	
改	102	96.03.13 $_{1102}$	93
廃	103	18.04.08	
廃	104	18.04.08	
廃	105	17.12.24	95
廃	1001	18.04.04	
廃	1002	18.04.04	
廃	1003	17.12.24	
廃	1004	17.12.24	95改
廃	1101	18.03.18	
廃	1102	18.04.04	95改

クハE351 0

改	1	96.03.19 $_{1001}$	
改	2	96.03.13 $_{1002}$	93
廃	3	18.04.08	
廃	4	18.04.08	
廃	5	17.12.24	95
改	101	96.03.19 $_{1101}$	
改	102	96.03.13 $_{1102}$	93
廃	103	18.04.08	
廃	104	18.04.08	
廃	105	17.12.24	95
改	201	96.03.19 $_{1201}$	
改	202	96.03.13 $_{1202}$	93
改	301	96.03.19 $_{1301}$	
改	302	96.03.13 $_{1302}$	93
廃	1001	18.04.04	
廃	1002	17.12.24	95改
廃	1101	18.04.04	
廃	1102	17.12.24	95改
廃	1201	18.04.04	
廃	1202	17.12.24	95改
廃	1301	18.04.04	
廃	1302	17.12.24	95改

クハE350 0

廃	3	18.04.08	
廃	4	18.04.08	
廃	5	17.12.24	95
廃	103	18.04.08	
廃	104	18.04.08	
廃	105	17.12.24	95

サハE351 0

改	1	96.03.19 $_{1001}$	
改	2	96.03.13 $_{1002}$	93
廃	3	18.04.08	
廃	4	18.04.08	
廃	5	17.12.24	95
廃	1001	18.04.04	
廃	1002	17.12.24	95改

サロE351 0

改	1	96.03.19 $_{1001}$	
改	2	96.03.13 $_{1002}$	93
廃	3	18.04.08	
廃	4	18.04.08	
廃	5	17.12.24	95
廃	1001	18.04.04	
廃	1002	17.12.24	95改

289系／西

クモハ289 19
3501 近フチ PSw
改3502 19.04.20 クモハ683-3502
3503 近キト PSw
3504 近フチ PSw
3505 近フチ PSw
3506 近フチ PSw
3507 近キト PSw
3508 近フチ PSw
3509 近フチ PSw
改3510 19.06.14 クモハ683-3510
3511 近キト PSw
3512 近キト PSw
3513 近フチ PSw
3514 近キト PSw
3515 近キト PSw
3516 近フチ PSw
3517 近フチ PSw
3518 近フチ PSw
3519 近フチ PSw
3520 近キト PSw
3521 近キト PSw 15改

モハ289 12
3401 近フチ
3402 近キト
3403 近フチ
3404 近キト
3405 近キト
3406 近フチ
3407 近キト
3408 近フチ
3409 近フチ
3410 近フチ
3411 近フチ
3412 近キト 15改

クハ288 7
改2701 19.04.20 クハ682-2701
2702 近フチ PSw
2703 近フチ PSw
2704 近フチ PSw
2705 近フチ PSw
改2706 19.06.14 クハ682-2706
2707 近キト PSw
2708 近キト PSw
2709 近キト PSw 15改

クロ288 0
改2001 16.12.05クロハ
改2002 17.04.14クロハ
改2003 17.05.23クロハ
改2004 16.11.25クロハ
改2005 17.11.06クロハ
改2006 17.09.05クロハ
改2007 18.04.24クロハ
改2008 17.12.09クロハ
改2009 18.04.12クロハ
改2010 18.08.01クロハ
改2011 18.11.16 クロハ
改2012 17.07.07クロハ 15改

クロハ288 12
2001 近フチ PSw
2002 近キト PSw
2003 近フチ PSw
2004 近キト PSw
2005 近キト PSw
2006 近フチ PSw
2007 近キト PSw
2008 近フチ PSw
2009 近フチ PSw
2010 近フチ PSw
2011 近フチ PSw 16~
2012 近キト PSw 18改

サハ289 17
改2401 19.04.20 サハ683-2401
2402 近フチ
2403 近フチ
2404 近フチ
2405 近フチ
改2406 19.06.14 サハ683-2406
2407 近キト
2408 近キト
2409 近キト 15改

2501 近キト
2502 近キト
2503 近キト
2504 近キト
2505 近キト
2506 近キト
2507 近キト
2508 近キト

廃2510 16.07.11
2511 近キト
2512 近キト 15改

サハ288 12
2201 近フチ
2202 近キト
2203 近フチ
2204 近キト
2205 近キト
2206 近フチ
2207 近キト
2208 近フチ
2209 近フチ
2210 近フチ
2211 近フチ
2212 近キト 15改

287系／西

クモハ287 24
1 近フチ PSw
2 近フチ PSw
3 近フチ PSw
4 近フチ PSw
5 近フチ PSw
6 近フチ PSw
7 近フチ PSw 10
8 近フチ PSw
9 近フチ PSw
10 近フチ PSw
11 近フチ PSw
12 近フチ PSw
13 近フチ PSw
14 近ヒネ PSw
15 近ヒネ PSw
16 近ヒネ PSw
17 近ヒネ PSw
18 近ヒネ PSw 11
19 近ヒネ PSw
20 近ヒネ PSw
21 近ヒネ PSw
22 近ヒネ PSw
23 近ヒネ PSw
24 近ヒネ PSw 12

クモロハ286 13
1 近フチ PSw
2 近フチ PSw
3 近フチ PSw
4 近フチ PSw 10
5 近フチ PSw
6 近フチ PSw
7 近フチ PSw
8 近ヒネ PSw
9 近ヒネ PSw
10 近ヒネ PSw 11
11 近ヒネ PSw
12 近ヒネ PSw
13 近ヒネ PSw 12

クモハ286 11
1 近フチ PSw
2 近フチ PSw
3 近フチ PSw 10
4 近フチ PSw
5 近フチ PSw
6 近フチ PSw 11
7 近ヒネ PSw
8 近ヒネ PSw 11
9 近ヒネ PSw
10 近ヒネ PSw
11 近ヒネ PSw 12

モハ287 13
101 近フチ
102 近フチ
103 近フチ
104 近フチ 10
105 近フチ
106 近フチ
107 近フチ 11

201 近ヒネ
202 近ヒネ
203 近ヒネ 11
204 近ヒネ
205 近ヒネ
206 近ヒネ 12

モハ286 36
1 近フチ
2 近フチ
3 近フチ
4 近フチ 10
5 近フチ
6 近フチ
7 近フチ
8 近ヒネ
9 近ヒネ
10 近ヒネ
11 近ヒネ
12 近ヒネ
13 近ヒネ 11
14 近ヒネ
15 近ヒネ
16 近ヒネ
17 近ヒネ
18 近ヒネ
19 近ヒネ 12

101 近フチ
102 近フチ
103 近フチ 10
104 近フチ
105 近フチ
106 近フチ
107 近ヒネ
108 近ヒネ 11
109 近ヒネ
110 近ヒネ
111 近ヒネ 12

201 近ヒネ
202 近ヒネ
203 近ヒネ 11
204 近ヒネ
205 近ヒネ
206 近ヒネ 12

285系／海・西

モハネ285 10
1 中イモ 97
2 中イモ
3 中イモ 98

201 中イモ 97
202 中イモ
203 中イモ 98

3001 海カキ
3002 海カキ 98

3201 海カキ
3202 海カキ 98

クハネ285 10
1 中イモ PSw
2 中イモ PSw 97
3 中イモ PSw
4 中イモ PSw
5 中イモ PSw
6 中イモ PSw 98

3001 海カキ PSw
3002 海カキ PSw
3003 海カキ PSw
3004 海カキ PSw 98

サロハネ285 5
1 中イモ 97
2 中イモ
3 中イモ 98

3001 海カキ
3002 海カキ 98

サハネ285 10
1 中イモ 97
2 中イモ
3 中イモ 98

201 中イモ 97
202 中イモ
203 中イモ 98

3001 海カキ
3002 海カキ 98

3201 海カキ
3202 海カキ 98

283系／西

モハ283 6

1 近ヒネ
2 近ヒネ
3 近ヒネ 96

201 近ヒネ

301 近ヒネ
302 近ヒネ 96

クハ283 3

501 近ヒネ PSw
502 近ヒネ PSw
503 近ヒネ PSw 96

クハ282 2

501 近ヒネ PSw 96

701 近ヒネ PSw 96

クロ283 1

1 近ヒネ PSw 96

クロ282 2

1 近ヒネ PSw
2 近ヒネ PSw 96

サハ283 4

1 近ヒネ
2 近ヒネ 96

201 近ヒネ
202 近ヒネ 96

281系／西

クモハ281 3

1 近ヒネ PSw
2 近ヒネ PSw
3 近ヒネ PSw 95

モハ281 18

1 近ヒネ
2 近ヒネ
3 近ヒネ
4 近ヒネ 93
5 近ヒネ
6 近ヒネ
7 近ヒネ
8 近ヒネ
9 近ヒネ
10 近ヒネ
11 近ヒネ
12 近ヒネ
13 近ヒネ
14 近ヒネ
15 近ヒネ
16 近ヒネ
17 近ヒネ
18 近ヒネ 94

クハ281 9

1 近ヒネ PSw
2 近ヒネ PSw 93
3 近ヒネ PSw
4 近ヒネ PSw
5 近ヒネ PSw
6 近ヒネ PSw
7 近ヒネ PSw
8 近ヒネ PSw
9 近ヒネ PSw 94

クハ280 3

1 近ヒネ PSw
2 近ヒネ PSw
3 近ヒネ PSw 95

クロ280 9

1 近ヒネ PSw
2 近ヒネ PSw 93
3 近ヒネ PSw
4 近ヒネ PSw
5 近ヒネ PSw
6 近ヒネ PSw
7 近ヒネ PSw
8 近ヒネ PSw
9 近ヒネ PSw 94

サハ281 21

1 近ヒネ
2 近ヒネ 93
3 近ヒネ
4 近ヒネ
5 近ヒネ
6 近ヒネ
7 近ヒネ
8 近ヒネ
9 近ヒネ 94

101 近ヒネ
102 近ヒネ
103 近ヒネ
104 近ヒネ
105 近ヒネ
106 近ヒネ
107 近ヒネ
108 近ヒネ
109 近ヒネ
110 近ヒネ
111 近ヒネ
112 近ヒネ 95

271系／西

クモハ271 6

1 近ヒネ PSw
2 近ヒネ PSw
3 近ヒネ PSw
4 近ヒネ PSw
5 近ヒネ PSw
6 近ヒネ PSw 19

クモハ270 6

1 近ヒネ PSw
2 近ヒネ PSw
3 近ヒネ PSw
4 近ヒネ PSw
5 近ヒネ PSw
6 近ヒネ PSw 19

モハ270 6

1 近ヒネ
2 近ヒネ
3 近ヒネ
4 近ヒネ
5 近ヒネ
6 近ヒネ 19

E261系／東

モロE261 6

◆ 1 都オオ
◆ 2 都オオ 19

◆ 101 都オオ
◆ 102 都オオ 19

◆ 201 都オオ
◆ 202 都オオ 19

モロE260 4

1 都オオ
2 都オオ 19

101 都オオ
102 都オオ 19

クロE261 2

1 都オオ PSN
2 都オオ PSN 19

クロE260 2

1 都オオ PSN
2 都オオ PSN 19

サシE261 2

1 都オオ
2 都オオ 19

E259系／東

モハE259 44

◆ 1 都クラ
◆ 2 都クラ
◆ 3 都クラ
◆ 4 都クラ
◆ 5 都クラ
◆ 6 都クラ
◆ 7 都クラ
◆ 8 都クラ
◆ 9 都クラ
◆ 10 都クラ
◆ 11 都クラ
◆ 12 都クラ
◆ 13 都クラ
◆ 14 都クラ
◆ 15 都クラ
◆ 16 都クラ 09
◆ 17 都クラ
◆ 18 都クラ
◆ 19 都クラ
◆ 20 都クラ
◆ 21 都クラ
◆ 22 都クラ 10

◆ 501 都クラ
◆ 502 都クラ
◆ 503 都クラ
◆ 504 都クラ
◆ 505 都クラ
◆ 506 都クラ
◆ 507 都クラ
◆ 508 都クラ
◆ 509 都クラ
◆ 510 都クラ
◆ 511 都クラ
◆ 512 都クラ
◆ 513 都クラ
◆ 514 都クラ
◆ 515 都クラ
◆ 516 都クラ 09
◆ 517 都クラ
◆ 518 都クラ
◆ 519 都クラ
◆ 520 都クラ
◆ 521 都クラ
◆ 522 都クラ 10

モハE258 44

1 都クラ
2 都クラ
3 都クラ
4 都クラ
5 都クラ
6 都クラ
7 都クラ
8 都クラ
9 都クラ
10 都クラ
11 都クラ
12 都クラ
13 都クラ
14 都クラ
15 都クラ
16 都クラ 09
17 都クラ
18 都クラ
19 都クラ
20 都クラ
21 都クラ
22 都クラ 10

501 都クラ
502 都クラ
503 都クラ
504 都クラ
505 都クラ
506 都クラ
507 都クラ
508 都クラ
509 都クラ
510 都クラ
511 都クラ
512 都クラ
513 都クラ
514 都クラ
515 都クラ
516 都クラ 09
517 都クラ
518 都クラ
519 都クラ
520 都クラ
521 都クラ
522 都クラ 10

クハE258 22

1 都クラ PS$_N$
2 都クラ PS$_N$
3 都クラ PS$_N$
4 都クラ PS$_N$
5 都クラ PS$_N$
6 都クラ PS$_N$
7 都クラ PS$_N$
8 都クラ PS$_N$
9 都クラ PS$_N$
10 都クラ PS$_N$
11 都クラ PS$_N$
12 都クラ PS$_N$
13 都クラ PS$_N$
14 都クラ PS$_N$
15 都クラ PS$_N$
16 都クラ PS$_N$ 09
17 都クラ PS$_N$
18 都クラ PS$_N$
19 都クラ PS$_N$
20 都クラ PS$_N$
21 都クラ PS$_N$
22 都クラ PS$_N$ 10

クロE259 22

1 都クラ PS$_N$
2 都クラ PS$_N$
3 都クラ PS$_N$
4 都クラ PS$_N$
5 都クラ PS$_N$
6 都クラ PS$_N$
7 都クラ PS$_N$
8 都クラ PS$_N$
9 都クラ PS$_N$
10 都クラ PS$_N$
11 都クラ PS$_N$
12 都クラ PS$_N$
13 都クラ PS$_N$
14 都クラ PS$_N$
15 都クラ PS$_N$
16 都クラ PS$_N$ 09
17 都クラ PS$_N$
18 都クラ PS$_N$
19 都クラ PS$_N$
20 都クラ PS$_N$
21 都クラ PS$_N$
22 都クラ PS$_N$ 10

E257系／東

クモハE257 0

廃 1 20.06.15
廃 2 20.06.15
廃 3 20.06.15 01
廃 4 20.06.15
廃 5 20.06.15 02

モハE257 86

改 1 20.07.28 2001
改 2 21.01.22 2002
改 3 19.04.04 2003
改 4 19.10.01 2004
改 5 21.05.24 5005
改 6 20.04.24 2006
改 7 21.08.20 5007
改 8 19.10.15 2008 01
改 9 19.12.06 2009
改 10 19.08.28 2010
改 11 21.12.17 5011
改 12 19.02.27 2012
改 13 19.06.25 2013
改 14 20.04.14 2014
改 15 20.10.26 2015
改 16 20.01.10 2016 02

改 101 20.07.28 2101
改 102 21.01.22 2102
改 103 19.04.04 2103
改 104 19.10.01 2104
改 105 21.05.24 5105
改 106 20.04.24 2106
改 107 21.08.20 5107
改 108 19.10.15 2108 01
改 109 19.12.06 2109
改 110 19.08.28 2110
改 111 21.12.17 5111
改 112 19.02.27 2112
改 113 19.06.25 2113
改 114 20.04.14 2114
改 115 20.10.26 2115
改 116 20.01.10 2116 02

◆ 501 都マリ
◆ 502 都マリ
◆ 503 都マリ
◆ 504 都マリ
◆ 505 都マリ
改 506 20.09.29 2506
改 507 20.07.06 2507
改 508 21.08.16 5508
改 509 21.05.18 5509
改 510 21.10.07 5510 04
改 511 21.01.12 5511
改 512 22.04.01 5512
改 513 21.01.25 2513
改 514 21.03.04 2514
◆ 515 都マリ
◆ 516 都マリ
◆ 517 都マリ
◆ 518 都マリ
◆ 519 都マリ 05

改1001 20.07.28 3001
改1002 21.01.22 3002
改1003 19.04.04 3003
改1004 19.10.01 3004
改1005 21.05.24 6005
改1006 20.04.24 3006
改1007 21.08.20 6007
改1008 19.10.15 3008 01
改1009 19.12.06 3009
改1010 19.08.28 3010
改1011 21.12.17 6011
改1012 19.02.27 3012
改1013 19.06.25 3013
改1014 20.04.14 3014
改1015 20.10.26 3015
改1016 20.01.10 3016 02

◆ 1501 都マリ
◆ 1502 都マリ
◆ 1503 都マリ
◆ 1504 都マリ
◆ 1505 都マリ
改1506 20.09.29 3506
改1507 20.07.06 3507
改1508 21.08.16 6508
改1509 21.05.18 6509
改1510 21.10.07 6510 04
改1511 22.01.12 6511
改1512 22.04.01 6512
改1513 21.01.25 3513
改1514 21.03.04 3514
◆ 1515 都マリ
◆ 1516 都マリ
◆ 1517 都マリ
◆ 1518 都マリ
◆ 1519 都マリ 05

◆ 2001 都オオ
◆ 2002 都オオ
◆ 2003 都オオ
◆ 2004 都オオ
◆ 2006 都オオ
◆ 2008 都オオ
◆ 2009 都オオ
◆ 2010 都オオ
◆ 2012 都オオ
◆ 2013 都オオ
◆ 2014 都オオ
◆ 2015 都オオ 18～
◆ 2016 都オオ 20改

◆ 2101 都オオ
◆ 2102 都オオ
◆ 2103 都オオ
◆ 2104 都オオ
◆ 2106 都オオ
◆ 2108 都オオ
◆ 2109 都オオ
◆ 2110 都オオ
◆ 2112 都オオ
◆ 2113 都オオ
◆ 2114 都オオ
◆ 2115 都オオ 18～
◆ 2116 都オオ 20改

◆ 2506 都オオ
◆ 2507 都オオ
◆ 2513 都オオ
◆ 2514 都オオ 20改

◆ 3001 都オオ
◆ 3002 都オオ
◆ 3003 都オオ
◆ 3004 都オオ
◆ 3006 都オオ
◆ 3008 都オオ
◆ 3009 都オオ
◆ 3010 都オオ
◆ 3012 都オオ
◆ 3013 都オオ
◆ 3014 都オオ
◆ 3015 都オオ 18～
◆ 3016 都オオ 20改

◆ 3506 都オオ
◆ 3507 都オオ
◆ 3513 都オオ
◆ 3514 都オオ 20改

◆ 5005 都オオ
◆ 5007 都オオ
◆ 5011 都オオ
◆ 5105 都オオ
◆ 5107 都オオ
◆ 5111 都オオ
◆ 5508 都オオ
◆ 5509 都オオ
◆ 5510 都オオ
◆ 5511 都オオ
◆ 5512 都オオ
◆ 6005 都オオ
◆ 6007 都オオ
◆ 6011 都オオ
◆ 6508 都オオ
◆ 6509 都オオ
◆ 6510 都オオ
◆ 6511 都オオ 21～
◆ 6512 都オオ 22改

モハE256 51

改 1 20.07.28 2001
改 2 21.01.22 2002
改 3 19.04.04 2003
改 4 19.10.01 2004
改 5 21.05.24 5005
改 6 20.04.24 2006
改 7 21.08.20 5007
改 8 19.10.15 2008 01
改 9 19.12.06 2009
改 10 19.08.28 2010
改 11 21.12.17 5011
改 12 19.02.27 2012
改 13 19.06.25 2013
改 14 20.04.14 2014
改 15 20.10.26 2015
改 16 20.01.10 2016 02

改 101 20.07.28 2101
改 102 21.01.22 2102
改 103 19.04.04 2103
改 104 19.10.01 2104
改 105 21.05.24 5105
改 106 20.04.24 2106
改 107 21.08.20 5107
改 108 19.10.15 2108 01
改 109 19.12.06 2109
改 110 19.08.28 2110
改 111 21.12.17 5111
改 112 19.02.27 2112
改 113 19.06.25 2113
改 114 20.04.14 2114
改 115 20.10.26 2115
改 116 20.01.10 2116 02

501 都マリ
502 都マリ
503 都マリ
504 都マリ
505 都マリ
改 506 20.09.29 2506
改 507 20.07.06 2507
改 508 21.08.16 5508
改 509 21.05.18 5509
改 510 21.10.07 5510 04
改 511 22.01.12 5511
改 512 22.04.01 5512
改 513 21.01.25 2513
改 514 21.03.04 2514

515 都マリ
516 都マリ
517 都マリ
518 都マリ
519 都マリ 05

2001 都オオ
2002 都オオ
2003 都オオ
2004 都オオ
2006 都オオ
2008 都オオ
2009 都オオ
2010 都オオ
2012 都オオ
2013 都オオ
2014 都オオ
2015 都オオ 18～
2016 都オオ 20改

2101 都オオ
2102 都オオ
2103 都オオ
2104 都オオ
2106 都オオ
2108 都オオ
2109 都オオ
2110 都オオ
2112 都オオ
2113 都オオ
2114 都オオ
2115 都オオ 18～
2116 都オオ 20改

2506 都オオ
2507 都オオ
2513 都オオ
2514 都オオ 20改

5005 都オオ
5007 都オオ
5011 都オオ
5105 都オオ
5107 都オオ
5111 都オオ
5508 都オオ
5509 都オオ
5510 都オオ
5511 都オオ 21～
5512 都オオ 22改

クハE257 35
廃 1 20.06.15
廃 2 20.06.15
廃 3 20.06.15 01
廃 4 20.06.15
廃 5 20.06.15 02

改 101 20.07.28 2101
改 102 20.07.28 2102
改 103 19.04.04 2103
改 104 19.10.01 2104
改 105 21.05.24 5105
改 106 20.04.24 2106
改 107 21.08.20 5107
改 108 19.10.15 2108 01
改 109 19.12.06 2109
改 110 19.08.28 2110
改 111 21.12.17 5111
改 112 19.02.27 2112
改 113 19.06.25 2113
改 114 20.04.14 2114
改 115 20.10.26 2115
改 116 20.01.10 2116 02

501 都マリ PSN
502 都マリ PSN
503 都マリ PSN
504 都マリ PSN
505 都マリ PSN
改 506 20.09.29 2506
改 507 20.07.06 2507
改 508 21.08.16 5508
改 509 21.05.18 5509
改 510 21.10.07 5510 04
改 511 22.01.12 5511
改 512 22.04.01 5512
改 513 21.01.25 2513
改 514 21.03.04 2514
515 都マリ PSN
516 都マリ PSN
517 都マリ PSN
518 都マリ PSN
519 都マリ PSN 05

2101 都オオ PSN
2102 都オオ PSN
2103 都オオ PSN
2104 都オオ PSN
2106 都オオ PSN
2108 都オオ PSN
2109 都オオ PSN
2110 都オオ PSN
2112 都オオ PSN
2113 都オオ PSN
2114 都オオ PSN

2115 都オオ PSN 18～
2116 都オオ PSN 20改

2506 都オオ PSN
2507 都オオ PSN
2513 都オオ PSN
2514 都オオ PSN 20改

5105 都オオ PSN
5107 都オオ PSN
5111 都オオ PSN
5508 都オオ PSN
5509 都オオ PSN
5510 都オオ PSN
5511 都オオ PSN 21～
5512 都オオ PSN 22改

クハE256 35
改 1 20.07.28 2001
改 2 21.01.22 2002
改 3 19.04.04 2003
改 4 19.10.01 2004
改 5 21.05.24 5005
改 6 20.04.24 2006
改 7 21.08.20 5007
改 8 19.10.15 2008 01
改 9 19.12.06 2009
改 10 19.08.28 2010
改 11 21.12.17 5011
改 12 19.02.27 2012
改 13 19.06.25 2013
改 14 20.04.14 2014
改 15 20.10.26 2015
改 16 20.01.10 2016 02

501 都マリ PSN
502 都マリ PSN
503 都マリ PSN
504 都マリ PSN
505 都マリ PSN
改 506 20.09.29 2506
改 507 20.07.06 2507
改 508 21.08.16 5508
改 509 21.05.18 5509
改 510 21.10.07 5510
04
改 511 22.01.12 5511
改 512 22.04.01 5512
改 513 21.01.25 2513
改 514 21.03.04 2514
515 都マリ PSN
516 都マリ PSN
517 都マリ PSN
518 都マリ PSN
519 都マリ PSN 05

2001 都オオ PSN
2002 都オオ PSN
2003 都オオ PSN
2004 都オオ PSN
2006 都オオ PSN
2008 都オオ PSN
2009 都オオ PSN
2010 都オオ PSN
2012 都オオ PSN
2013 都オオ PSN
2014 都オオ PSN
2015 都オオ PSN 18～
2016 都オオ PSN 20改

2506 都オオ PSN
2507 都オオ PSN
2513 都オオ PSN
2514 都オオ PSN 20改

5005 都オオ PSN
5007 都オオ PSN
5011 都オオ PSN
5508 都オオ PSN
5509 都オオ PSN
5510 都オオ PSN
5511 都オオ PSN 21～
5512 都オオ PSN 22改

サハE257 16
改 1 20.07.28 2001
改 2 21.01.22 2002
改 3 19.04.04 2003
改 4 19.10.01 2004
改 5 21.05.24 5005
改 6 20.04.24 2006
改 7 21.08.20 5007
改 8 19.10.15 2008 01
改 9 19.12.06 2009
改 10 19.08.28 2010
改 11 21.12.17 5011
改 12 19.02.27 2012
改 13 19.06.25 2013
改 14 20.04.14 2014
改 15 20.10.26 2015
改 16 20.01.10 2016 02

2001 都オオ
2002 都オオ
2003 都オオ
2004 都オオ
2006 都オオ
2008 都オオ
2009 都オオ
2010 都オオ
2012 都オオ
2013 都オオ
2014 都オオ
2015 都オオ 18～
2016 都オオ 20改

5005 都オオ
5007 都オオ
5011 都オオ 21改

サロハE257 3
改 1 20.07.28 Ts2001
改 2 21.01.22 Ts2002
改 3 19.04.04 Ts2003
改 4 19.10.01 Ts2004
改 5 21.05.24 5005
改 6 20.04.24 Ts2006
改 7 21.08.20 5007
改 8 19.10.15 Ts2008 01
改 9 19.12.06 Ts2009
改 10 19.08.28 Ts2010
改 11 21.12.17 5011
改 12 19.02.27 Ts2012
改 13 19.06.25 Ts2013
改 14 20.04.14 Ts2014
改 15 20.10.26 Ts2015
改 16 20.01.10 Ts2016 02

5005 都オオ
5007 都オオ
5011 都オオ 21改

サロE257 13
2001 都オオ
2002 都オオ
2003 都オオ
2004 都オオ
2006 都オオ
2008 都オオ
2009 都オオ
2010 都オオ
2012 都オオ
2013 都オオ
2014 都オオ
2015 都オオ 18～
2016 都オオ 20改

255系／東

モハ255 10
1 都マリ
2 都マリ 92
3 都マリ
4 都マリ 93
5 都マリ
6 都マリ
7 都マリ
8 都マリ
9 都マリ
10 都マリ 94

モハ254 10
1 都マリ
2 都マリ 92
3 都マリ
4 都マリ 93
5 都マリ
6 都マリ
7 都マリ
8 都マリ
9 都マリ
10 都マリ 94

クハ255 5
1 都マリ PSN 92
2 都マリ PSN 93
3 都マリ PSN
4 都マリ PSN
5 都マリ PSN 94

クハ254 5
1 都マリ PSN 92
2 都マリ PSN 93
3 都マリ PSN
4 都マリ PSN
5 都マリ PSN 94

サハ255 5
1 都マリ 92
2 都マリ 93
3 都マリ
4 都マリ
5 都マリ 94

サハ254 5
1 都マリ 92
2 都マリ 93
3 都マリ
4 都マリ
5 都マリ 94

サロ255 5
1 都マリ 92
2 都マリ 93
3 都マリ
4 都マリ
5 都マリ 94

253系／東

クモハ252　2
廃 1 10.07.08
廃 2 10.09.02
廃 3 10.08.05
廃 4 10.07.23
廃 5 10.08.19
廃 6 10.08.19
廃 7 10.07.23
廃 8 10.08.05
廃 9 10.07.08
廃 10 10.07.01
廃 11 10.05.19
廃 12 10.05.19
廃 13 10.01.22
廃 14 09.12.25
廃 15 10.01.22
廃 16 09.12.25
廃 17 10.04.29
廃 18 10.04.29
廃 19 10.04.29
廃 20 10.01.22
廃 21 09.12.05 90

改 201 11.03.31 1001
改 202 10.12.18 1002 02

1001 都オオ PSN
1002 都オオ PSN 10改

モハ253　4
廃 1 10.07.08
廃 2 10.09.02
廃 3 10.08.05
廃 4 10.07.23
廃 5 10.08.19
廃 6 10.08.19
廃 7 10.07.23
廃 8 10.08.05
廃 9 10.07.08
廃 10 10.07.01
廃 11 10.05.19
廃 12 10.05.19
廃 13 10.01.22
廃 14 09.12.25
廃 15 10.01.22
廃 16 09.12.25
廃 17 10.04.29
廃 18 10.04.29
廃 19 10.04.29
廃 20 10.01.22
廃 21 09.12.05 90

廃 101 10.07.08
廃 102 10.09.02
廃 103 10.08.05
廃 104 10.07.23
廃 105 10.08.19
廃 106 10.08.19 92
廃 107 10.07.23
廃 108 10.08.05
廃 109 10.07.08
廃 110 10.07.01 94
廃 111 10.05.19
廃 112 10.05.19 96

改 201 11.03.31 1001
改 202 10.12.18 1002 02

改 301 11.03.31 1101
改 302 10.12.18 1102 02

1001 都オオ
1002 都オオ 10改

1101 都オオ
1102 都オオ 10改

モハ252　2
廃 1 10.07.08
廃 2 10.09.02
廃 3 10.08.05
廃 4 10.07.23
廃 5 10.08.19
廃 6 10.08.19 92
廃 7 10.07.23
廃 8 10.08.05
廃 9 10.07.08
廃 10 10.07.01 94
廃 11 10.05.19
廃 12 10.05.19 96

改 201 11.03.31 1001
改 202 10.12.18 1002 02

1001 都オオ
1002 都オオ 10改

クロ253　0
廃 1 10.07.08
廃 2 10.09.02
廃 3 10.08.05
廃 4 10.07.23
廃 5 10.08.19
廃 6 10.08.19
廃 7 10.07.23
廃 8 10.08.05
廃 9 10.07.08
廃 10 10.07.01
廃 11 10.05.19 90

廃 101 10.05.19
改 102 03.07.31
改 103 03.09.30
改 104 03.02.15
改 105 03.03.29
改 106 03.06.12
改 107 03.08.09
改 108 03.10.11
改 109 03.05.31
改 110 03.11.27 90

改 201 11.03.31 ｸﾊ253-1001
改 202 10.12.18 ｸﾊ253-1002
02

クロハ253　0
廃 1 10.01.22
廃 2 09.12.25
廃 3 10.01.22
廃 4 09.12.25
廃 5 10.04.29
廃 6 10.04.29
廃 7 10.04.29 02～
廃 8 10.01.22
廃 9 09.12.25 03改

クハ253　2
1001 都オオ PSN
1002 都オオ PSN 10改

サハ253　2
廃 1 10.07.08
廃 2 10.09.02
廃 3 10.08.05
廃 4 10.07.23
廃 5 10.08.19
廃 6 10.08.19 92
廃 7 10.07.23
廃 8 10.08.05
廃 9 10.07.08
廃 10 10.07.01 94
廃 11 10.05.19
廃 12 10.05.19 96

改 201 11.03.31 1001
改 202 10.12.18 1002 02

1001 都オオ
1002 都オオ 10改

251系／東

モハ251　0
廃 1 20.07.03
廃 2 20.07.03
廃 3 20.05.21
廃 4 20.05.21 90
廃 5 20.04.23
廃 6 20.04.23
廃 7 20.09.04
廃 8 20.09.04 91

廃 101 20.07.03
廃 102 20.05.21 90
廃 103 20.04.23
廃 104 20.09.04 91

モハ250　0
廃 1 20.07.03
廃 2 20.07.03
廃 3 20.05.21
廃 4 20.05.21 90
廃 5 20.04.23
廃 6 20.04.23
廃 7 20.09.04
廃 8 20.09.04 91

廃 101 20.07.03
廃 102 20.05.21 90
廃 103 20.04.23
廃 104 20.09.04 91

クハ251　0
廃 1 20.07.03
廃 2 20.05.21 90
廃 3 20.04.23
廃 4 20.09.04 91

クロ250　0
廃 1 20.07.03
廃 2 20.05.21 90
廃 3 20.04.23
廃 4 20.09.04 91

サハ251　0
廃 1 20.07.03
廃 2 20.05.21 90
廃 3 20.04.23
廃 4 20.09.04 91

サロ251　0
廃 1 20.07.03
廃 2 20.05.21 90
廃 3 20.04.23
廃 4 20.09.04 91

189系／東

モハ189　0
廃 1 04.10.22
廃 2 99.02.10
廃 3 04.06.25
廃 4 04.06.25
廃 5 99.02.10
廃 6 98.12.10
廃 7 04.10.20
廃 8 99.05.10
廃 9 04.06.25
廃 10 04.10.20
廃 11 08.04.26
廃 12 04.10.20
廃 13 08.09.11
廃 14 98.10.10
廃 15 98.08.10
廃 16 08.04.26
廃 17 98.10.10
廃 18 97.10.06
廃 19 13.08.30
廃 20 18.01.26
廃 21 13.08.30
廃 22 99.02.10
廃 23 09.04.17
廃 24 98.09.10
廃 25 18.04.28
廃 26 13.08.22
廃 27 98.09.10
廃 28 15.05.20
廃 29 01.12.10
廃 30 18.04.28 75
廃 31 08.06.20 鉄博
廃 32 19.06.25
廃 33 15.04.02
廃 34 13.09.26
廃 35 08.06.11
廃 36 01.12.10
廃 37 15.05.20
廃 38 18.04.27
廃 39 15.04.02
廃 40 19.06.25
廃 41 18.04.27
廃 42 04.10.22
廃 43 11.08.31
廃 44 18.01.26
廃 45 11.08.31
廃 46 08.09.11
廃 47 08.04.26
廃 48 08.09.11 78
廃 49 08.06.11
廃 50 09.04.17
廃 51 09.04.17
廃 52 02.10.25 79

廃 501 02.10.25
廃 502 96.08.05
廃 503 98.10.10 82～
廃 504 96.08.05 83改

廃1516 96.08.05
廃1521 99.06.10
廃1548 05.08.06 84改
廃1558 05.08.06 82改

モハ188　0
廃 1 04.10.22
廃 2 99.02.10
廃 3 04.06.25
廃 4 04.06.25
廃 5 99.02.10
廃 6 98.12.10
廃 7 04.10.20
廃 8 99.05.10

廃 9 04.06.25
廃 10 04.10.20
廃 11 08.04.26
廃 12 04.10.20
廃 13 08.09.11
廃 14 98.10.10
廃 15 98.08.10
廃 16 08.04.26
廃 17 98.10.10
廃 18 97.10.06
廃 19 13.08.30
廃 20 18.01.26
廃 21 13.08.30
廃 22 99.02.10
廃 23 09.04.17
廃 24 98.09.10
廃 25 18.04.28
廃 26 13.08.22
廃 27 98.09.10
廃 28 15.05.20
廃 29 01.12.10
廃 30 18.04.28 75
廃 31 08.06.20 鉄博
廃 32 19.06.25
廃 33 15.04.02
廃 34 13.09.26
廃 35 08.06.11
廃 36 01.12.10
廃 37 15.05.20
廃 38 18.04.27
廃 39 15.04.02
廃 40 19.06.25
廃 41 18.04.27
廃 42 04.10.22
廃 43 11.08.31
廃 44 18.01.26
廃 45 11.08.31
廃 46 08.09.11
廃 47 08.04.26
廃 48 08.09.11 78
廃 49 08.06.11
廃 50 09.04.17
廃 51 09.04.17
廃 52 02.10.25 79

廃 501 02.10.25
廃 502 96.08.05
廃 503 98.10.10 82~
廃 504 96.08.05 83改

廃1516 96.08.05
廃1521 99.06.10
廃1548 05.08.06 84改
廃1558 05.08.06 82改

クハ189 0

廃 1 09.04.17
廃 2 11.08.31
廃 3 98.09.10
廃 4 05.08.06
廃 5 99.02.10
廃 6 98.08.10
廃 7 98.09.10
廃 8 13.08.22
廃 9 19.06.25
廃 10 18.04.28
廃 11 18.04.28 75
廃 12 07.06.02
廃 13 08.04.26 78
廃 14 18.01.26 79

廃1015 01.12.10 82改

廃 501 05.08.06
廃 502 07.06.02
廃 503 01.12.10
廃 504 13.08.22
廃 505 99.02.10
廃 506 99.02.10
廃 507 18.01.26
廃 508 18.04.28
廃 509 18.04.27
廃 510 19.06.25
廃 511 11.08.31 75
廃 512 08.04.26
廃 513 13.09.26 78
廃 514 08.09.11 79

廃1516 09.04.17 82改

クハ188 0

廃 101 99.06.10
廃 102 15.04.02 86改

廃 601 98.12.10
廃 602 15.04.02 86改

サロ189 0

廃 1 02.10.25
改 2 90.08.11 クモロ485-1
改 3 90.08.11 モロ484-1
改 4 90.08.11 クロ484-1
改 5 91.03.30 クモロ485-2
改 6 91.03.30 モロ485-1
改 7 91.03.30 モロ484-2
改 8 91.03.30 モロ484-3
廃 9 99.05.10
廃 10 96.08.05 75

改 51 89.08.30 サハ481-306
改 52 89.09.12 サハ481-307
改 53 89.09.26 サハ481-308
78改

廃 101 03.01.10
廃 102 08.04.26
廃 103 98.08.10
廃 104 99.02.10
廃 105 02.05.17
廃 106 98.04.06
廃 107 99.06.10
廃 108 02.12.16
廃 109 08.06.11
廃 110 98.09.10 75
廃 111 02.10.25
廃 112 09.04.17 78
廃 113 02.06.05 79

廃1107 97.10.06
廃1117 02.05.17 82改

廃1505 96.08.05 84改
廃1516 97.11.04 82改

185系／東

モハ185 4

廃 1 23.01.10
廃 2 23.01.10
廃 3 23.01.10
4 都オオ
廃 5 15.07.28
廃 6 15.07.28
廃 7 15.07.23
8 都オオ
廃 9 21.07.07
廃 10 21.07.07
廃 11 21.07.07
廃 12 21.08.25 80
廃 13 16.10.04
廃 14 16.10.04
廃 15 16.10.04
廃 16 22.05.27
廃 17 22.05.27
廃 18 22.05.27
廃 19 21.09.22
廃 20 21.12.02
廃 21 21.06.21
廃 22 21.06.21
廃 23 21.06.21
廃 24 21.11.03
廃 25 22.04.01
廃 26 22.06.03
廃 27 22.06.03
廃 28 22.06.03
廃 29 21.07.16
廃 30 21.07.16
廃 31 21.07.16 81

廃 201 14.06.26
廃 202 14.06.26
廃 203 14.05.29
廃 204 14.05.29
廃 205 14.05.13
廃 206 14.05.13
廃 207 18.08.03
廃 208 18.08.03
廃 209 18.08.29
廃 210 18.08.29
廃 211 21.06.08
廃 212 21.06.08
廃 213 18.09.12
廃 214 18.09.12
廃 215 23.01.14
廃 216 23.01.04
廃 217 14.05.22
廃 218 14.05.22 81
廃 219 22.04.01
廃 220 22.04.01
廃 221 15.06.05
廃 222 14.06.20
◆ 223 都オオ
◆ 224 都オオ
廃 225 15.06.05
廃 226 15.05.26
廃 227 23.01.20
廃 228 23.01.20
廃 229 21.08.03
廃 230 21.08.03
廃 231 18.08.03
廃 232 22.04.01 82

モハ184 4

廃 1 23.01.10
廃 2 23.01.10
廃 3 23.01.10
4 都オオ
廃 5 15.07.28
廃 6 15.07.28
廃 7 15.07.23
8 都オオ
廃 9 21.07.07
廃 10 21.07.07
廃 11 21.07.07
廃 12 21.08.25 80
廃 13 16.10.04
廃 14 16.10.04
廃 15 16.10.04
廃 16 22.05.27
廃 17 22.05.27
廃 18 22.05.27
廃 19 21.09.22
廃 20 21.12.02
廃 21 21.06.21
廃 22 21.06.21
廃 23 21.06.21
廃 24 21.11.03
廃 25 22.04.01
廃 26 22.06.03
廃 27 22.06.03
廃 28 22.06.03
廃 29 21.07.16
廃 30 21.07.16
廃 31 21.07.16 81

廃 201 14.06.26
廃 202 14.06.26
廃 203 14.05.29
廃 204 14.05.29
廃 205 14.05.13
廃 206 14.05.13
廃 207 18.08.03
廃 208 18.08.03
廃 209 18.08.29
廃 210 18.08.29
廃 211 21.06.08
廃 212 21.06.08
廃 213 18.09.12
廃 214 18.09.12
廃 215 23.01.14
廃 216 23.01.14
廃 217 14.05.22
廃 218 14.05.22 81
廃 219 22.04.01
廃 220 22.04.01
廃 221 15.06.05
廃 222 14.06.20
223 都オオ
224 都オオ
廃 225 15.06.05
廃 226 15.05.26
廃 227 23.01.20
廃 228 23.01.20
廃 229 21.08.03
廃 230 21.08.03
廃 231 18.08.03
廃 232 22.04.01 82

クハ185 4

廃 1 23.01.10
2 都オオ PSN
廃 3 15.07.23
廃 4 22.10.13
廃 5 21.07.07
廃 6 21.08.25 80
廃 7 16.10.04
廃 8 22.05.27
廃 9 21.09.22
廃 10 21.12.02
廃 11 21.06.21
廃 12 21.11.03
廃 13 22.04.01
廃 14 22.06.05
廃 15 21.07.16 81

廃 101 23.01.10
102 都オオ PSN
廃 103 15.07.23
廃 104 22.10.13
廃 105 21.07.07
廃 106 21.08.25 80
廃 107 16.10.04
廃 108 22.05.27
廃 109 21.09.22
廃 110 21.12.02
廃 111 21.06.21
廃 112 21.11.03
廃 113 22.04.01
廃 114 22.06.05
廃 115 21.07.16 81

廃 201 14.06.26
廃 202 14.05.29
廃 203 14.05.13
廃 204 18.08.03
廃 205 18.08.29
廃 206 21.06.08
廃 207 18.09.12
廃 208 23.01.14
廃 209 14.05.22 81
廃 210 22.04.01
廃 211 14.06.20
212 都オオ PSN
廃 213 15.05.26
廃 214 23.01.20
廃 215 21.08.03
廃 216 22.04.01 82

廃 301 14.06.26
廃 302 14.05.29
廃 303 14.05.13
廃 304 18.08.03
廃 305 18.08.29
廃 306 21.06.08
廃 307 18.09.12
廃 308 23.01.14
廃 309 14.05.22 81
廃 310 22.04.01
廃 311 14.06.20
312 都オオ PSN
廃 313 15.05.26
廃 314 23.01.20
廃 315 21.08.03
廃 316 22.04.01 82

サハ185　0

廃 1 22.10.13
廃 2 22.10.13
廃 3 21.08.25 80
廃 4 21.09.22
廃 5 21.12.02
廃 6 21.11.03
廃 7 13.04.01 81

サロ185　0

廃 1 23.01.10
廃 2 23.01.10
廃 3 15.07.28
廃 4 15.07.28
廃 5 21.07.07
廃 6 21.07.07 80
廃 7 16.10.04
廃 8 16.10.04
廃 9 22.05.27
廃 10 22.05.27
廃 11 21.06.21
廃 12 21.06.21
廃 13 22.06.05
廃 14 22.06.05
廃 15 21.07.16
廃 16 21.07.16 81

廃 201 14.06.26
廃 202 14.05.29
廃 203 14.05.13
廃 204 13.07.24
廃 205 13.07.24
廃 206 13.10.09
廃 207 13.07.24
廃 208 23.01.14
廃 209 14.05.22 81
廃 210 13.10.09
廃 211 15.06.05
廃 212 13.10.09
廃 213 15.06.05
廃 214 23.01.20
廃 215 21.08.03
廃 216 13.07.24 82

183系

クモハ183　0

廃 201 11.03.31
廃 202 11.05.31
廃 203 11.10.06
廃 204 11.09.09
廃 205 11.05.12
廃 206 11.07.29 03改

モハ183　0

廃 1 97.10.06
廃 2 97.10.25
廃 3 03.11.26
廃 4 02.03.04
廃 5 02.03.04
廃 6 02.03.04
廃 7 03.08.05
廃 8 03.08.05
廃 9 03.08.05
廃 10 94.11.15
廃 11 95.01.06
廃 12 95.07.03
廃 13 98.11.02
廃 14 98.11.02
廃 15 98.10.02
廃 16 06.01.11
廃 17 06.01.11
廃 18 05.11.04
廃 19 95.03.10
廃 20 95.02.22
廃 21 95.01.14
廃 22 98.11.02
廃 23 98.11.02
廃 24 03.11.26
廃 25 06.01.18
廃 26 06.01.18
廃 27 06.01.18
廃 28 02.09.06
廃 29 02.09.06
廃 30 03.08.07
廃 31 98.10.02
廃 32 98.10.02
廃 33 98.10.02 72
廃 34 06.05.11
廃 35 06.05.11
廃 36 95.11.01
廃 37 95.12.28
廃 38 95.12.02
廃 39 95.12.28
廃 40 03.11.26
廃 41 06.02.27
廃 42 05.11.04
廃 43 05.11.04 73
廃 44 98.10.02
廃 45 03.11.27
廃 46 03.11.27
廃 47 03.11.27
廃 48 06.01.11
廃 49 98.10.02
廃 50 03.08.05
廃 51 03.08.07
廃 52 03.05.07
廃 53 98.09.02
廃 54 98.10.02
廃 55 95.09.28
廃 56 95.06.09
廃 57 95.06.09 74

廃 801 13.07.08
廃 802 12.06.13
廃 803 13.06.07
廃 804 12.11.06 90改
廃 805 13.06.07
廃 806 11.07.27
廃 807 12.06.13
廃 808 11.05.27
廃 809 04.09.22
廃 810 11.05.10
廃 811 12.11.06
廃 812 11.04.14
廃 813 13.07.08
廃 814 11.03.31
廃 815 13.04.06
廃 816 13.05.12 95改
廃 817 10.11.01
廃 818 10.09.30
廃 819 10.09.30
廃 820 10.11.30
廃 821 10.11.30 09改

廃 851 97.02.22 91改
廃 852 97.02.16
廃 853 97.02.07 90改
廃 854 97.03.07 91改

廃1001 05.12.26
廃1002 04.10.22
廃1003 97.12.19
廃1004 13.12.16
廃1005 97.10.06
廃1006 06.05.02
廃1007 06.02.27
廃1008 97.11.04
廃1009 05.12.16
廃1010 06.01.31
廃1011 97.10.06
廃1012 04.10.30 74
廃1013 13.09.25
廃1014 97.10.06
廃1015 13.12.24
改1016 84.11.30 モハ189-1516
廃1017 97.11.17
廃1018 13.09.25
廃1019 04.10.30
廃1020 13.09.25
改1021 85.01.21 モハ189-1521
廃1022 98.12.10
廃1023 97.12.19
廃1024 97.10.25
廃1025 13.12.24
廃1026 05.12.26
廃1027 96.08.05
廃1028 13.11.29
廃1029 97.10.06
廃1030 97.10.06
廃1031 06.02.16
廃1032 15.04.02
廃1033 97.12.19
廃1034 13.12.16
廃1035 97.10.06
廃1036 05.12.16
廃1037 05.12.16
廃1038 05.12.26 75
廃1039 04.10.30
廃1040 06.02.17
廃1041 06.01.31
廃1042 14.01.21
廃1043 06.02.16
廃1044 13.09.26
廃1045 13.11.29
廃1046 05.12.13
廃1047 13.08.22
改1048 85.03.12 モハ189-1548
廃1049 14.01.21
廃1050 05.12.13
廃1051 06.02.16
廃1052 05.01.04
廃1053 07.06.02
廃1054 15.04.02
廃1055 05.01.04
廃1056 06.05.02
廃1057 05.01.04
改1058 82.12.27 モハ189-1558
78

廃1801 13.11.16
廃1802 13.04.06 90改
廃1803 13.05.12 91改
廃1804 11.09.09
廃1805 11.10.11 95改
廃1806 10.11.01 09改

モハ182　0

廃 1 97.10.06
廃 2 97.10.25
廃 3 03.11.26
廃 4 02.03.04
廃 5 02.03.04
廃 6 02.03.04
廃 7 03.08.05
廃 8 03.08.05
廃 9 03.08.05
廃 10 94.11.15
廃 11 95.01.06
廃 12 95.07.03
廃 13 98.11.02
廃 14 98.11.02
廃 15 98.10.02
廃 16 06.01.11
廃 17 06.01.11
廃 18 05.11.04
廃 19 95.03.10
廃 20 95.02.22
廃 21 95.01.14
廃 22 98.11.02
廃 23 98.11.02
廃 24 03.11.26
廃 25 06.01.18
廃 26 06.01.18
廃 27 06.01.18
廃 28 02.09.06
廃 29 02.09.06
廃 30 03.08.07
廃 31 98.10.02
廃 32 98.10.02
廃 33 98.10.02 72
廃 34 06.05.11
廃 35 06.05.11
廃 36 95.11.01
廃 37 95.12.28
廃 38 95.12.02
廃 39 95.12.28
廃 40 03.11.26
廃 41 06.02.27
廃 42 05.11.04
廃 43 05.11.04 73
廃 44 98.10.02
廃 45 03.11.27
廃 46 03.11.27
廃 47 03.11.27
廃 48 06.01.11
廃 49 98.10.02
廃 50 03.08.07
廃 51 03.08.07
廃 52 03.05.07
廃 53 98.09.02
廃 54 98.10.02
廃 55 95.09.28
廃 56 95.06.09
廃 57 95.06.09 74

廃 201 11.03.30
廃 202 11.05.31
廃 203 11.10.06
廃 204 11.09.09
廃 205 11.05.12
廃 206 11.07.29 03改
廃 207 10.11.01
廃 208 10.09.30
廃 209 10.11.30 09改

廃 301 10.09.30
廃 302 10.11.30 09改

廃 701 11.10.11
廃 702 11.07.27
廃 703 12.06.13
廃 704 11.05.27
廃 705 13.06.07
廃 706 11.05.10
廃 707 12.11.06
廃 708 11.04.14
廃 709 13.07.08
廃 710 11.03.31
廃 711 13.04.06
廃 712 13.05.12 95改
廃 713 11.09.09 03改

廃 801 13.07.08
廃 802 04.09.22
廃 803 13.06.07
廃 804 04.09.22 90改

廃 851 97.02.22 91改
廃 852 97.02.16
廃 853 97.02.07 90改
廃 854 97.03.07 91改

廃1001 05.12.26
廃1002 04.10.22
廃1003 97.12.19
廃1004 13.12.16
廃1005 97.10.06
廃1006 06.05.02
廃1007 06.02.27
廃1008 97.11.04
廃1009 05.12.16
廃1010 06.01.31
廃1011 97.10.06
廃1012 04.10.30 74
廃1013 13.09.25
廃1014 97.10.06
廃1015 13.12.24
改1016 84.11.30 モハ188-1516
廃1017 97.11.17
廃1018 13.09.25
廃1019 04.10.30
廃1020 13.09.25
改1021 85.01.21 モハ188-1521
廃1022 98.12.10
廃1023 97.12.19
廃1024 97.10.25
廃1025 13.12.24
廃1026 05.12.26
廃1027 96.08.05
廃1028 13.11.29
廃1029 97.10.06
廃1030 97.10.06
廃1031 06.02.16
廃1032 15.04.02
廃1033 97.12.19
廃1034 13.12.16
廃1035 97.10.06
廃1036 05.12.16
廃1037 05.12.16
廃1038 05.12.26 75
廃1039 04.10.30
廃1040 06.02.17

廃1041 06.01.31
廃1042 14.01.21
廃1043 06.02.16
廃1044 13.09.26
廃1045 13.11.29
廃1046 05.12.13
廃1047 13.08.22
改1048 85.03.12モハ188-1548
廃1049 14.01.21
廃1050 05.12.13
廃1051 06.02.16
廃1052 05.01.04
廃1053 07.06.02
廃1054 15.04.02
廃1055 05.01.04
廃1056 06.05.02
廃1057 05.01.04
改1058 82.12.27モハ188-1558
７８

廃1301 10.11.01 ０９改

廃1801 13.11.16
廃1802 13.04.06 ９０改
廃1803 13.05.12 ９１改
廃1804 12.11.06
廃1805 12.06.13 ９５改

クハ183 0
廃 1 95.09.28
廃 2 95.09.28
廃 3 06.02.27
廃 4 06.02.27
廃 5 06.01.31
廃 6 06.01.31
廃 7 94.11.15
廃 8 94.11.15
廃 9 98.11.02
廃 10 98.11.02
廃 11 05.12.13
廃 12 05.12.13
廃 13 95.02.01
廃 14 95.02.22
廃 15 95.09.28
廃 16 95.09.28
廃 17 74.02.12
廃 18 06.01.18
廃 19 98.11.02
廃 20 98.11.02
廃 21 06.05.02
廃 22 06.05.02 ７２
廃 23 95.12.28
廃 24 95.12.02
廃 25 95.12.02
廃 26 95.12.28
廃 27 05.01.04
廃 28 05.01.04
廃 29 05.11.04
廃 30 05.11.04 ７３
廃 31 06.05.11
廃 32 06.05.11
廃 33 06.01.11
廃 34 06.01.11
廃 35 04.10.22
廃 36 04.10.22
廃 37 95.06.09
廃 38 95.06.09
廃 39 06.01.18 ７４

廃 101 97.11.17
廃 102 05.12.26 ８５改
廃 103 05.12.16
廃 104 99.06.10
廃 105 97.10.06 ８６改

廃 151 03.04.15
廃 152 03.04.15 ８６改

廃 201 11.09.09
廃 202 11.04.14
廃 203 11.05.27
廃 204 11.03.31
廃 205 11.10.11
廃 206 11.07.27 ０３改
廃 207 10.09.30 ０９改

廃 601 11.05.10 ０３改

廃 701 12.06.13
廃 702 12.11.06
廃 703 13.04.06 ９０改
廃 704 13.11.16
廃 705 13.05.12
廃 706 13.06.07
廃 707 11.09.09
廃 708 11.07.29
廃 709 11.05.31
廃 710 13.07.08 ９５改
廃 711 10.11.01
廃 712 10.11.30 ０９改

廃 751 04.11.15 ９０改
廃 752 11.03.30 ９１改

廃 801 11.05.12 ９０改

廃 851 11.10.06 ９０改

廃1001 06.02.16
廃1002 96.12.05
廃1003 96.12.05
廃1004 96.12.05
廃1005 95.07.03
廃1006 97.11.17
廃1007 97.11.04
廃1008 95.07.03 ７４
廃1009 08.06.20 鉄博
廃1010 97.10.25
廃1011 08.09.11
廃1012 13.11.29
廃1013 96.12.05
廃1014 10.11.10
改1015 83.01.26クハ189-1015
改1016 83.01.26クハ189-1016
廃1017 13.12.24
廃1018 13.12.24
廃1019 97.10.06
廃1020 08.06.20 鉄博
廃1021 13.12.16
廃1022 13.12.16
廃1023 13.09.26
廃1024 03.04.15 ７５
改1025 82.03.25 1525
改1026 82.05.12 1526
改1027 82.05.12 1527
改1028 82.06.23 1528
改1029 82.06.23 1529
改1030 82.03.25 1530
改1031 82.08.19 1531
改1032 82.08.19 1532 ７８

廃1501 04.06.25
廃1502 04.06.25 ８１
廃1503 04.10.20
廃1504 04.10.20
廃1505 13.11.29
廃1506 05.12.26 ８２
廃1525 15.05.20
廃1526 05.12.16
廃1527 15.03.18
廃1528 15.05.20
廃1529 14.01.21
廃1530 06.02.16
廃1531 04.10.30
廃1532 04.10.30 ８２改

クハ182 0
廃 1 99.05.10 ８４改
廃 2 97.10.06 ８５改

廃 101 14.01.21
廃 102 15.03.18
廃 103 99.05.10
廃 104 03.04.14
廃 105 97.10.06 ８６改

クロハ183 0
廃 701 13.06.07 ９０改

廃 801 13.07.08
廃 802 12.06.13
廃 803 13.11.16
廃 804 12.11.06
廃 805 13.04.06 ９０改
廃 806 13.05.12 ９１改

クロ183 0
廃2701 11.07.27
廃2702 11.05.27
廃2703 11.05.10
廃2704 11.04.14
廃2705 11.03.31
廃2706 11.10.11 ９５改
廃2707 10.11.01
廃2708 10.09.30
廃2709 10.11.30 ０９改

廃2751 11.09.09 ９５改

サロ183 0
改 1 87.02.27サロ110-304
廃 2 01.04.11
廃 3 01.10.25
廃 4 96.12.05
改 5 87.12.23サロ110-308
廃 6 01.05.10
廃 7 95.02.01
改 8 87.02.27サロ110-305
廃 9 96.12.05
廃 10 01.04.18
改 11 88.01.13サロ110-309
７２
廃 12 95.09.28
廃 13 01.04.27
改 14 87.03.26サロ110-306
改 15 87.01.28サロ110-307 ７３
改 16 87.12.14サロ110-310
改 17 87.12.01サロ110-311
廃 18 01.04.11
廃 19 97.11.17 ７４

廃1001 01.04.18
改1002 88.01.29サロ110-1305
改1003 87.03.13サロ110-1301
７４
廃1004 01.04.27
改1005 85.03.12サロ189-1505
改1006 87.03.03サロ110-1302
改1007 87.03.03サロ110-1303
改1008 91.03.30
改1009 87.03.13サロ110-1304
廃1010 97.10.06 ７５

改1051 89.08.03サハ481-305
改1052 88.10.29サロ481-98
改1053 88.12.23サロ481-112
改1054 89.04.25サハ481-304
７８改

廃1101 96.12.05
廃1102 02.12.16
廃1103 02.12.16 ７４
廃1104 98.09.10
廃1105 97.12.19
廃1106 98.09.10
改1107 82.11.12サロ189-1107
廃1108 02.12.16
廃1109 03.04.14
廃1110 02.12.16
廃1111 02.10.25
廃1112 97.10.06 ７５
廃1113 02.10.25
廃1114 02.12.16
廃1115 08.09.11
改1116 82.10.07サロ189-1516
改1117 83.02.02サロ189-1117
７８

157系／東

クロ157 1
1 都トウ ６０

直流急行用

165系

サロ165 0
廃 106 09.03.31 リニ鉄
６７

▷直流急行用は，
2003年度末まで
在籍した車両を掲載

直流近郊・通勤用

EV-E301系／東

ＥＶ-E301 4
1 都ヤマ PPs １３
2 都ヤマ PPs
3 都ヤマ PPs
4 都ヤマ PPs １６

ＥＶ-E300 4
1 都ヤマ PPs １３
2 都ヤマ PPs
3 都ヤマ PPs
4 都ヤマ PPs １６

E331系

モハE331 0
廃 1 14.04.02
廃 2 14.04.02
廃 3 14.04.02
廃 4 14.04.02
廃 5 14.04.02
廃 6 14.04.02 ０５

クハE331 0
廃 1 14.04.02 ０５

クハE330 0
廃 1 14.04.02 ０５

サハE331 0
廃 1 14.04.02
廃 2 14.04.02 ０５

廃 501 14.04.02
廃 502 14.04.02 ０５

廃1001 14.04.02 ０５

サハE330 0
廃 1 14.04.02 ０５

323系／西

クモハ323　22

1	近モリ	PSw	
2	近モリ	PSw	
3	近モリ	PSw	
4	近モリ	PSw	
5	近モリ	PSw	
6	近モリ	PSw	
7	近モリ	PSw	16
8	近モリ	PSw	
9	近モリ	PSw	
10	近モリ	PSw	
11	近モリ	PSw	
12	近モリ	PSw	17
13	近モリ	PSw	
14	近モリ	PSw	
15	近モリ	PSw	
16	近モリ	PSw	
17	近モリ	PSw	
18	近モリ	PSw	
19	近モリ	PSw	
20	近モリ	PSw	
21	近モリ	PSw	
22	近モリ	PSw	18

クモハ322　22

1	近モリ	PSw	
2	近モリ	PSw	
3	近モリ	PSw	
4	近モリ	PSw	
5	近モリ	PSw	
6	近モリ	PSw	
7	近モリ	PSw	16
8	近モリ	PSw	
9	近モリ	PSw	
10	近モリ	PSw	
11	近モリ	PSw	
12	近モリ	PSw	17
13	近モリ	PSw	
14	近モリ	PSw	
15	近モリ	PSw	
16	近モリ	PSw	
17	近モリ	PSw	
18	近モリ	PSw	
19	近モリ	PSw	
20	近モリ	PSw	
21	近モリ	PSw	
22	近モリ	PSw	18

モハ323　44

2	近モリ	
4	近モリ	
6	近モリ	
8	近モリ	
10	近モリ	
12	近モリ	
14	近モリ	16
16	近モリ	
18	近モリ	
20	近モリ	
22	近モリ	
24	近モリ	17
26	近モリ	
28	近モリ	
30	近モリ	
32	近モリ	
34	近モリ	
36	近モリ	
38	近モリ	
40	近モリ	
42	近モリ	
44	近モリ	18
501	近モリ	
503	近モリ	
505	近モリ	
507	近モリ	
509	近モリ	
511	近モリ	
513	近モリ	16
515	近モリ	
517	近モリ	
519	近モリ	
521	近モリ	
523	近モリ	17
525	近モリ	
527	近モリ	
529	近モリ	
531	近モリ	
533	近モリ	
535	近モリ	
537	近モリ	
539	近モリ	
541	近モリ	
543	近モリ	18

モハ322　88

1	近モリ	
2	近モリ	
3	近モリ	
4	近モリ	
5	近モリ	
6	近モリ	
7	近モリ	
8	近モリ	
9	近モリ	
10	近モリ	
11	近モリ	
12	近モリ	
13	近モリ	
14	近モリ	
15	近モリ	
16	近モリ	
17	近モリ	
18	近モリ	
19	近モリ	
20	近モリ	
21	近モリ	
22	近モリ	
23	近モリ	
24	近モリ	
25	近モリ	
26	近モリ	
27	近モリ	
28	近モリ	16
29	近モリ	
30	近モリ	
31	近モリ	
32	近モリ	
33	近モリ	
34	近モリ	
35	近モリ	
36	近モリ	
37	近モリ	
38	近モリ	
39	近モリ	
40	近モリ	
41	近モリ	
42	近モリ	
43	近モリ	
44	近モリ	
45	近モリ	
46	近モリ	
47	近モリ	
48	近モリ	17
49	近モリ	
50	近モリ	
51	近モリ	
52	近モリ	
53	近モリ	
54	近モリ	
55	近モリ	
56	近モリ	
57	近モリ	
58	近モリ	
59	近モリ	
60	近モリ	
61	近モリ	
62	近モリ	
63	近モリ	
64	近モリ	
65	近モリ	
66	近モリ	
67	近モリ	
68	近モリ	
69	近モリ	
70	近モリ	
71	近モリ	
72	近モリ	
73	近モリ	
74	近モリ	
75	近モリ	
76	近モリ	
77	近モリ	
78	近モリ	
79	近モリ	
80	近モリ	
81	近モリ	
82	近モリ	
83	近モリ	
84	近モリ	
85	近モリ	
86	近モリ	
87	近モリ	
88	近モリ	18

321系／西

クモハ321　39

1	近アカ	PSw	
2	近アカ	PSw	
3	近アカ	PSw	
4	近アカ	PSw	
5	近アカ	PSw	
6	近アカ	PSw	
7	近アカ	PSw	
8	近アカ	PSw	
9	近アカ	PSw	
10	近アカ	PSw	
11	近アカ	PSw	
12	近アカ	PSw	
13	近アカ	PSw	
14	近アカ	PSw	
15	近アカ	PSw	
16	近アカ	PSw	
17	近アカ	PSw	
18	近アカ	PSw	
19	近アカ	PSw	
20	近アカ	PSw	05
21	近アカ	PSw	
22	近アカ	PSw	
23	近アカ	PSw	
24	近アカ	PSw	
25	近アカ	PSw	
26	近アカ	PSw	
27	近アカ	PSw	
28	近アカ	PSw	
29	近アカ	PSw	
30	近アカ	PSw	
31	近アカ	PSw	
32	近アカ	PSw	
33	近アカ	PSw	
34	近アカ	PSw	
35	近アカ	PSw	
36	近アカ	PSw	
37	近アカ	PSw	
38	近アカ	PSw	
39	近アカ	PSw	06

クモハ320　39

1	近アカ	PSw	
2	近アカ	PSw	
3	近アカ	PSw	
4	近アカ	PSw	
5	近アカ	PSw	
6	近アカ	PSw	
7	近アカ	PSw	
8	近アカ	PSw	
9	近アカ	PSw	
10	近アカ	PSw	
11	近アカ	PSw	
12	近アカ	PSw	
13	近アカ	PSw	
14	近アカ	PSw	
15	近アカ	PSw	
16	近アカ	PSw	
17	近アカ	PSw	
18	近アカ	PSw	
19	近アカ	PSw	
20	近アカ	PSw	05
21	近アカ	PSw	
22	近アカ	PSw	
23	近アカ	PSw	
24	近アカ	PSw	
25	近アカ	PSw	
26	近アカ	PSw	
27	近アカ	PSw	
28	近アカ	PSw	
29	近アカ	PSw	
30	近アカ	PSw	
31	近アカ	PSw	
32	近アカ	PSw	
33	近アカ	PSw	
34	近アカ	PSw	
35	近アカ	PSw	
36	近アカ	PSw	
37	近アカ	PSw	
38	近アカ	PSw	
39	近アカ	PSw	06

モハ321　78

1	近アカ	
2	近アカ	
3	近アカ	
4	近アカ	
5	近アカ	
6	近アカ	
7	近アカ	
8	近アカ	
9	近アカ	
10	近アカ	
11	近アカ	
12	近アカ	
13	近アカ	
14	近アカ	
15	近アカ	
16	近アカ	
17	近アカ	
18	近アカ	
19	近アカ	
20	近アカ	
21	近アカ	
22	近アカ	
23	近アカ	
24	近アカ	
25	近アカ	
26	近アカ	
27	近アカ	
28	近アカ	
29	近アカ	
30	近アカ	
31	近アカ	
32	近アカ	
33	近アカ	
34	近アカ	
35	近アカ	
36	近アカ	
37	近アカ	
38	近アカ	
39	近アカ	
40	近アカ	05
41	近アカ	
42	近アカ	
43	近アカ	
44	近アカ	
45	近アカ	
46	近アカ	
47	近アカ	
48	近アカ	
49	近アカ	
50	近アカ	
51	近アカ	
52	近アカ	
53	近アカ	
54	近アカ	
55	近アカ	
56	近アカ	
57	近アカ	
58	近アカ	
59	近アカ	
60	近アカ	
61	近アカ	
62	近アカ	
63	近アカ	

64 近アカ
65 近アカ
66 近アカ
67 近アカ
68 近アカ
69 近アカ
70 近アカ
71 近アカ
72 近アカ
73 近アカ
74 近アカ
75 近アカ
76 近アカ
77 近アカ
78 近アカ 06

モハ320 78

1 近アカ
2 近アカ
3 近アカ
4 近アカ
5 近アカ
6 近アカ
7 近アカ
8 近アカ
9 近アカ
10 近アカ
11 近アカ
12 近アカ
13 近アカ
14 近アカ
15 近アカ
16 近アカ
17 近アカ
18 近アカ
19 近アカ
20 近アカ
21 近アカ
22 近アカ
23 近アカ
24 近アカ
25 近アカ
26 近アカ
27 近アカ
28 近アカ
29 近アカ
30 近アカ
31 近アカ
32 近アカ
33 近アカ
34 近アカ
35 近アカ
36 近アカ
37 近アカ
38 近アカ
39 近アカ
40 近アカ 05
41 近アカ
42 近アカ
43 近アカ
44 近アカ
45 近アカ
46 近アカ
47 近アカ
48 近アカ
49 近アカ
50 近アカ
51 近アカ
52 近アカ
53 近アカ
54 近アカ
55 近アカ
56 近アカ
57 近アカ
58 近アカ
59 近アカ
60 近アカ
61 近アカ
62 近アカ
63 近アカ
64 近アカ
65 近アカ
66 近アカ
67 近アカ
68 近アカ
69 近アカ
70 近アカ
71 近アカ
72 近アカ
73 近アカ
74 近アカ
75 近アカ
76 近アカ
77 近アカ
78 近アカ 06

サハ321 39

1 近アカ
2 近アカ
3 近アカ
4 近アカ
5 近アカ
6 近アカ
7 近アカ
8 近アカ
9 近アカ
10 近アカ
11 近アカ
12 近アカ
13 近アカ
14 近アカ
15 近アカ
16 近アカ
17 近アカ
18 近アカ
19 近アカ
20 近アカ 05
21 近アカ
22 近アカ
23 近アカ
24 近アカ
25 近アカ
26 近アカ
27 近アカ
28 近アカ
29 近アカ
30 近アカ
31 近アカ
32 近アカ
33 近アカ
34 近アカ
35 近アカ
36 近アカ
37 近アカ
38 近アカ
39 近アカ 06

315系／海

モハ315 96

◆ 1 海シン
◆ 2 海シン
◆ 3 海シン
◆ 4 海シン
◆ 5 海シン
◆ 6 海シン
◆ 7 海シン
◆ 8 海シン
◆ 9 海シン
◆ 10 海シン
◆ 11 海シン
◆ 12 海シン
◆ 13 海シン
◆ 14 海シン 21
◆ 15 海シン
◆ 16 海シン
◆ 17 海シン
◆ 18 海シン
◆ 19 海シン
◆ 20 海シン
◆ 21 海シン
◆ 22 海シン
◆ 23 海シン
◆ 24 海シン
◆ 25 海シン
◆ 26 海シン 22
◆ 27 海シン
◆ 28 海シン
◆ 29 海シン
◆ 30 海シン
◆ 31 海シン
◆ 32 海シン
◆ 33 海シン
◆ 34 海シン
◆ 35 海シン
◆ 36 海シン
◆ 37 海シン
◆ 38 海シン
◆ 39 海シン
◆ 40 海シン
◆ 41 海シン
◆ 42 海シン
◆ 43 海シン
◆ 44 海シン
◆ 45 海シン
◆ 46 海シン 23
◆ 501 海シン
◆ 502 海シン
◆ 503 海シン
◆ 504 海シン
◆ 505 海シン
◆ 506 海シン
◆ 507 海シン
◆ 508 海シン
◆ 509 海シン
◆ 510 海シン
◆ 511 海シン
◆ 512 海シン
◆ 513 海シン
◆ 514 海シン 21
◆ 515 海シン
◆ 516 海シン
◆ 517 海シン
◆ 518 海シン
◆ 519 海シン
◆ 520 海シン
◆ 521 海シン
◆ 522 海シン
◆ 523 海シン
◆ 524 海シン
◆ 525 海シン
◆ 526 海シン 22
◆ 527 海シン
◆ 528 海シン
◆ 529 海シン
◆ 530 海シン
◆ 531 海シン
◆ 532 海シン
◆ 533 海シン
◆ 534 海シン
◆ 535 海シン
◆ 536 海シン
◆ 537 海シン
◆ 538 海シン
◆ 539 海シン
◆ 540 海シン
◆ 541 海シン
◆ 542 海シン
◆ 543 海シン
◆ 544 海シン
◆ 545 海シン
◆ 546 海シン 23

◆ 3001 海シン
◆ 3002 海シン 22

◆ 3501 海シン
◆ 3502 海シン 22

クハ315 25

1 海シン PT
2 海シン PT
3 海シン PT
4 海シン PT
5 海シン PT
6 海シン PT
7 海シン PT 21
8 海シン PT
9 海シン PT
10 海シン PT
11 海シン PT
12 海シン PT
13 海シン PT 22
14 海シン PT
15 海シン PT
16 海シン PT
17 海シン PT
18 海シン PT
19 海シン PT
20 海シン PT
21 海シン PT
22 海シン PT
23 海シン PT 23

3001 海シン PT
3002 海シン PT 22

クハ314 25

1 海シン PT
2 海シン PT
3 海シン PT
4 海シン PT
5 海シン PT
6 海シン PT
7 海シン PT 21
8 海シン PT
9 海シン PT
10 海シン PT
11 海シン PT
12 海シン PT
13 海シン PT 22
14 海シン PT
15 海シン PT
16 海シン PT
17 海シン PT
18 海シン PT
19 海シン PT
20 海シン PT
21 海シン PT
22 海シン PT
23 海シン PT 23

3001 海シン PT
3002 海シン PT 22

サハ315 46

1 海シン
2 海シン
3 海シン
4 海シン
5 海シン
6 海シン
7 海シン 21
8 海シン
9 海シン
10 海シン
11 海シン
12 海シン
13 海シン 22
14 海シン
15 海シン
16 海シン
17 海シン
18 海シン
19 海シン
20 海シン
21 海シン
22 海シン
23 海シン 23

501 海シン
502 海シン
503 海シン
504 海シン
505 海シン
506 海シン
507 海シン 21
508 海シン
509 海シン
510 海シン
511 海シン
512 海シン
513 海シン 22
514 海シン
515 海シン
516 海シン
517 海シン
518 海シン
519 海シン
520 海シン
521 海シン
522 海シン
523 海シン 23

313系／海

クモハ313 183

◆ 1 海カキ PT
◆ 2 海カキ PT
◆ 3 海カキ PT
◆ 4 海カキ PT
◆ 5 海カキ PT
◆ 6 海カキ PT
◆ 7 海カキ PT
◆ 8 海カキ PT
◆ 9 海カキ PT
◆ 10 海カキ PT
◆ 11 海カキ PT
◆ 12 海カキ PT
◆ 13 海カキ PT
◆ 14 海カキ PT
◆ 15 海カキ PT 99

◆ 301 海カキ PT
◆ 302 海カキ PT
◆ 303 海カキ PT
◆ 304 海カキ PT
◆ 305 海カキ PT
◆ 306 海カキ PT
◆ 307 海カキ PT
◆ 308 海カキ PT
◆ 309 海カキ PT
◆ 310 海カキ PT
◆ 311 海カキ PT
◆ 312 海カキ PT
◆ 313 海カキ PT
◆ 314 海カキ PT
◆ 315 海カキ PT
◆ 316 海カキ PT 99

◆ 1001 海カキ PT
◆ 1002 海カキ PT
◆ 1003 海カキ PT 98

◆ 1101 海シン PT
◆ 1102 海シン PT 06
◆ 1103 海カキ PT
◆ 1104 海カキ PT
◆ 1105 海カキ PT
◆ 1106 海カキ PT
◆ 1107 海カキ PT
◆ 1108 海カキ PT
◆ 1109 海カキ PT 10
◆ 1110 海シン PT 11
◆ 1111 海カキ PT
◆ 1112 海カキ PT
◆ 1113 海カキ PT 14

◆ 1301 海シン PT
◆ 1302 海シン PT
◆ 1303 海シン PT
◆ 1304 海シン PT 10
◆ 1305 海シン PT
◆ 1306 海シン PT
◆ 1307 海シン PT
◆ 1308 海シン PT
◆ 1309 海シン PT
◆ 1310 海シン PT
◆ 1311 海シン PT
◆ 1312 海シン PT
◆ 1313 海シン PT
◆ 1314 海シン PT
◆ 1315 海シン PT
◆ 1316 海シン PT
◆ 1317 海シン PT
◆ 1318 海シン PT
◆ 1319 海シン PT
◆ 1320 海シン PT
◆ 1321 海シン PT
◆ 1322 海シン PT
◆ 1323 海シン PT
◆ 1324 海シン PT 11
◆ 1325 海シン PT
◆ 1326 海シン PT
◆ 1327 海シン PT
◆ 1328 海シン PT
◆ 1329 海シン PT
◆ 1330 海シン PT
◆ 1331 海シン PT
◆ 1332 海シン PT 14

◆ 1501 海カキ PT
◆ 1502 海カキ PT
◆ 1503 海カキ PT 98

◆ 1601 海カキ PT
◆ 1602 海カキ PT
◆ 1603 海カキ PT
◆ 1604 海カキ PT 06

◆ 1701 海カキ PT
◆ 1702 海カキ PT
◆ 1703 海カキ PT 06

◆ 2301 静シス PT
◆ 2302 静シス PT
◆ 2303 静シス PT
◆ 2304 静シス PT
◆ 2305 静シス PT
◆ 2306 静シス PT
◆ 2307 静シス PT 06

◆ 2351 静シス PT
◆ 2352 静シス PT 06

◆ 2501 静シス PT
◆ 2502 静シス PT
◆ 2503 静シス PT
◆ 2504 静シス PT
◆ 2505 静シス PT
◆ 2506 静シス PT
◆ 2507 静シス PT
◆ 2508 静シス PT
◆ 2509 静シス PT
◆ 2510 静シス PT
◆ 2511 静シス PT
◆ 2512 静シス PT
◆ 2513 静シス PT
◆ 2514 静シス PT
◆ 2515 静シス PT
◆ 2516 静シス PT
◆ 2517 静シス PT 06

◆ 2601 静シス PT
◆ 2602 静シス PT
◆ 2603 静シス PT
◆ 2604 静シス PT
◆ 2605 静シス PT
◆ 2606 静シス PT
◆ 2607 静シス PT
◆ 2608 静シス PT
◆ 2609 静シス PT
◆ 2610 静シス PT 06

◆ 3001 静シス PT
◆ 3002 静シス PT
◆ 3003 静シス PT
◆ 3004 静シス PT
◆ 3005 静シス PT
◆ 3006 静シス PT
◆ 3007 静シス PT
◆ 3008 静シス PT
◆ 3009 静シス PT
◆ 3010 静シス PT
◆ 3011 静シス PT
◆ 3012 静シス PT
◆ 3013 海カキ PT
◆ 3014 海カキ PT
◆ 3015 海カキ PT
◆ 3016 海カキ PT
◆ 3017 海カキ PT
◆ 3018 海カキ PT
◆ 3019 海カキ PT
◆ 3020 海カキ PT
◆ 3021 海カキ PT
◆ 3022 海カキ PT
◆ 3023 海カキ PT
◆ 3024 海カキ PT
◆ 3025 海カキ PT
◆ 3026 海カキ PT
◆ 3027 海カキ PT
◆ 3028 海カキ PT 98

◆ 3101 静シス PT
◆ 3102 静シス PT 06

◆ 5001 海カキ PT
◆ 5002 海カキ PT
◆ 5003 海カキ PT
◆ 5004 海カキ PT
◆ 5005 海カキ PT
◆ 5006 海カキ PT
◆ 5007 海カキ PT
◆ 5008 海カキ PT
◆ 5009 海カキ PT
◆ 5010 海カキ PT
◆ 5011 海カキ PT
◆ 5012 海カキ PT 06
◆ 5013 海カキ PT 10
◆ 5014 海カキ PT
◆ 5015 海カキ PT
◆ 5016 海カキ PT
◆ 5017 海カキ PT 12

◆ 5301 海カキ PT 10
◆ 5302 海カキ PT
◆ 5303 海カキ PT
◆ 5304 海カキ PT
◆ 5305 海カキ PT 12

◆ 8501 静シス PT
◆ 8502 静シス PT
◆ 8503 静シス PT
◆ 8504 静シス PT 99
◆ 8505 静シス PT
◆ 8506 静シス PT 00

モハ313 108

◆ 1 海カキ
◆ 2 海カキ
◆ 3 海カキ
◆ 4 海カキ
◆ 5 海カキ
◆ 6 海カキ
◆ 7 海カキ
◆ 8 海カキ
◆ 9 海カキ
◆ 10 海カキ
◆ 11 海カキ
◆ 12 海カキ
◆ 13 海カキ
◆ 14 海カキ
◆ 15 海カキ 99

◆ 1001 海カキ
◆ 1002 海カキ
◆ 1003 海カキ 98

◆ 1101 海シン
◆ 1102 海シン 06
◆ 1103 海カキ
◆ 1104 海カキ
◆ 1105 海カキ
◆ 1106 海カキ
◆ 1107 海カキ
◆ 1108 海カキ
◆ 1109 海カキ 10
◆ 1110 海シン 11
◆ 1111 海カキ
◆ 1112 海カキ
◆ 1113 海カキ 14

1501 海カキ
1502 海カキ
1503 海カキ 98

1601 海カキ
1602 海カキ
1603 海カキ
1604 海カキ 06

1701 海カキ
1702 海カキ
1703 海カキ 06

2501 静シス
2502 静シス
2503 静シス
2504 静シス
2505 静シス
2506 静シス
2507 静シス
2508 静シス
2509 静シス
2510 静シス
2511 静シス
2512 静シス
2513 静シス
2514 静シス
2515 静シス
2516 静シス
2517 静シス 06

2601 静シス
2602 静シス
2603 静シス
2604 静シス
2605 静シス
2606 静シス
2607 静シス
2608 静シス
2609 静シス
2610 静シス 06

◆5001	海カキ	
◆5002	海カキ	
◆5003	海カキ	
◆5004	海カキ	
◆5005	海カキ	
◆5006	海カキ	
◆5007	海カキ	
◆5008	海カキ	
◆5009	海カキ	
◆5010	海カキ	
◆5011	海カキ	
◆5012	海カキ	06
◆5013	海カキ	10
◆5014	海カキ	
◆5015	海カキ	
◆5016	海カキ	
◆5017	海カキ	12
◆5301	海カキ	
改5302	19.09.30 5402	
◆5303	海カキ	
◆5304	海カキ	
◆5305	海カキ	
◆5306	海カキ	
◆5307	海カキ	
◆5308	海カキ	
◆5309	海カキ	
◆5310	海カキ	
◆5311	海カキ	
◆5312	海カキ	06
◆5313	海カキ	10
◆5314	海カキ	
◆5315	海カキ	
◆5316	海カキ	
◆5317	海カキ	12
◆5402	海カキ	19改
8501	静シス	
8502	静シス	
8503	静シス	
8504	静シス	98
8505	静シス	
8506	静シス	00

クハ312　183

1	海カキ	PT	
2	海カキ	PT	
3	海カキ	PT	
4	海カキ	PT	
5	海カキ	PT	
6	海カキ	PT	98
7	海カキ	PT	
8	海カキ	PT	
9	海カキ	PT	
10	海カキ	PT	
11	海カキ	PT	
12	海カキ	PT	
13	海カキ	PT	
14	海カキ	PT	
15	海カキ	PT	
16	海カキ	PT	
17	海カキ	PT	
18	海カキ	PT	
19	海カキ	PT	
20	海カキ	PT	
21	海カキ	PT	99
301	海カキ	PT	
302	海カキ	PT	
303	海カキ	PT	
304	海カキ	PT	
305	海カキ	PT	
306	海カキ	PT	
307	海カキ	PT	
308	海カキ	PT	
309	海カキ	PT	
310	海カキ	PT	
311	海カキ	PT	
312	海カキ	PT	
313	海カキ	PT	
314	海カキ	PT	
315	海カキ	PT	
316	海カキ	PT	99
401	海シン	PT	
402	海シン	PT	
403	海カキ	PT	
404	海カキ	PT	
405	海カキ	PT	
406	海カキ	PT	
407	海カキ	PT	
408	海カキ	PT	
409	海カキ	PT	06
410	海カキ	PT	
411	海カキ	PT	
412	海カキ	PT	
413	海カキ	PT	
414	海カキ	PT	
415	海カキ	PT	
416	海カキ	PT	10
417	海シン	PT	11
418	海カキ	PT	
419	海カキ	PT	
420	海カキ	PT	14

1301	海シン	PT	
1302	海シン	PT	
1303	海シン	PT	
1304	海シン	PT	10
1305	海シン	PT	
1306	海シン	PT	
1307	海シン	PT	
1308	海シン	PT	
1309	海シン	PT	
1310	海シン	PT	
1311	海シン	PT	
1312	海シン	PT	
1313	海シン	PT	
1314	海シン	PT	
1315	海シン	PT	
1316	海シン	PT	
1317	海シン	PT	
1318	海シン	PT	
1319	海シン	PT	
1320	海シン	PT	
1321	海シン	PT	
1322	海シン	PT	
1323	海シン	PT	
1324	海シン	PT	11
1325	海シン	PT	
1326	海シン	PT	
1327	海シン	PT	
1328	海シン	PT	
1329	海シン	PT	
1330	海シン	PT	
1331	海シン	PT	
1332	海シン	PT	14
2301	静シス	PT	
2302	静シス	PT	
2303	静シス	PT	
2304	静シス	PT	
2305	静シス	PT	
2306	静シス	PT	
2307	静シス	PT	
2308	静シス	PT	
2309	静シス	PT	
2310	静シス	PT	
2311	静シス	PT	
2312	静シス	PT	
2313	静シス	PT	
2314	静シス	PT	
2315	静シス	PT	
2316	静シス	PT	
2317	静シス	PT	
2318	静シス	PT	
2319	静シス	PT	
2320	静シス	PT	
2321	静シス	PT	
2322	静シス	PT	
2323	静シス	PT	
2324	静シス	PT	
2325	静シス	PT	
2326	静シス	PT	
2327	静シス	PT	
2328	静シス	PT	
2329	静シス	PT	
2330	静シス	PT	
2331	静シス	PT	
2332	静シス	PT	
2333	静シス	PT	
2334	静シス	PT	
2335	静シス	PT	
2336	静シス	PT	06

3001	静シス	PT	
3002	静シス	PT	
3003	静シス	PT	
3004	静シス	PT	
3005	静シス	PT	
3006	静シス	PT	
3007	静シス	PT	
3008	静シス	PT	
3009	静シス	PT	
3010	静シス	PT	
3011	静シス	PT	
3012	静シス	PT	
3013	海カキ	PT	
3014	海カキ	PT	
3015	海カキ	PT	
3016	海カキ	PT	
3017	海カキ	PT	
3018	海カキ	PT	
3019	海カキ	PT	
3020	海カキ	PT	
3021	海カキ	PT	
3022	海カキ	PT	
3023	海カキ	PT	
3024	海カキ	PT	
3025	海カキ	PT	
3026	海カキ	PT	
3027	海カキ	PT	
3028	海カキ	PT	98
3101	静シス	PT	
3102	静シス	PT	06
5001	海カキ	PT	
改5002	19.09.30 5102		
5003	海カキ	PT	
5004	海カキ	PT	
5005	海カキ	PT	
5006	海カキ	PT	
5007	海カキ	PT	
5008	海カキ	PT	
5009	海カキ	PT	
5010	海カキ	PT	
5011	海カキ	PT	
5012	海カキ	PT	06
5013	海カキ	PT	10
5014	海カキ	PT	
5015	海カキ	PT	
5016	海カキ	PT	
5017	海カキ	PT	12
5018	海カキ	PT	10
5019	海カキ	PT	
5020	海カキ	PT	
5021	海カキ	PT	
5022	海カキ	PT	12
5102	海カキ	PT	19改
8001	静シス	PT	
8002	静シス	PT	
8003	静シス	PT	
8004	静シス	PT	99
8005	静シス	PT	
8006	静シス	PT	00

サハ313　65

1	海カキ	
2	海カキ	
3	海カキ	
4	海カキ	
5	海カキ	
6	海カキ	
7	海カキ	
8	海カキ	
9	海カキ	
10	海カキ	
11	海カキ	
12	海カキ	
13	海カキ	
14	海カキ	
15	海カキ	99
1001	海カキ	
1002	海カキ	
1003	海カキ	98
1101	海シン	
1102	海シン	06
1103	海カキ	
1104	海カキ	
1105	海カキ	
1106	海カキ	
1107	海カキ	
1108	海カキ	
1109	海カキ	10
1110	海シン	11
1111	海カキ	
1112	海カキ	
1113	海カキ	14
5001	海カキ	
5002	海カキ	
5003	海カキ	
5004	海カキ	
5005	海カキ	
5006	海カキ	
5007	海カキ	
5008	海カキ	
5009	海カキ	
5010	海カキ	
5011	海カキ	
5012	海カキ	06
5013	海カキ	10
5014	海カキ	
5015	海カキ	
5016	海カキ	
5017	海カキ	12
5301	海カキ	
5302	海カキ	
5303	海カキ	
5304	海カキ	
5305	海カキ	
5306	海カキ	
5307	海カキ	
5308	海カキ	
5309	海カキ	
5310	海カキ	
5311	海カキ	
5312	海カキ	06
5313	海カキ	10
5314	海カキ	
5315	海カキ	
5316	海カキ	
5317	海カキ	12

311系／海

クモハ311 10
◆ 1 海カキ PT
◆ 2 海カキ PT
◆ 3 海カキ PT
◆ 4 海カキ PT
◆ 5 海カキ PT
◆ 6 海カキ PT
廃 7 23.06.20
廃 8 22.05.19
廃 9 23.08.14
◆ 10 海カキ PT
◆ 11 海カキ PT
廃 12 22.05.19
廃 13 23.02.14 89
◆ 14 海カキ PT
◆ 15 海カキ PT 90

モハ310 10
1 海カキ
2 海カキ
3 海カキ
4 海カキ
5 海カキ
6 海カキ
廃 7 23.06.20
廃 8 22.05.19
廃 9 23.08.14
10 海カキ
11 海カキ
廃 12 22.05.19
廃 13 23.02.14 89
14 海カキ
15 海カキ 90

クハ310 10
1 海カキ PT
2 海カキ PT
3 海カキ PT
4 海カキ PT
5 海カキ PT
6 海カキ PT
廃 7 23.06.20
廃 8 22.05.19
廃 9 23.08.14
10 海カキ PT
11 海カキ PT
廃 12 22.05.19
廃 13 23.02.14 89
14 海カキ PT
15 海カキ PT 90

サハ311 10
1 海カキ
2 海カキ
3 海カキ
4 海カキ
5 海カキ
6 海カキ
廃 7 23.06.20
廃 8 22.05.19
廃 9 23.08.14
10 海カキ
11 海カキ
廃 12 22.05.19
廃 13 23.02.14 89
14 海カキ
15 海カキ 90

E235系／東

モハE235 267
◆ 1 都トウ
◆ 2 都トウ
◆ 3 都トウ 14
◆ 4 都トウ
◆ 5 都トウ
◆ 6 都トウ
◆ 7 都トウ
◆ 8 都トウ
◆ 9 都トウ
◆ 10 都トウ
◆ 11 都トウ
◆ 12 都トウ
◆ 13 都トウ
◆ 14 都トウ
◆ 15 都トウ
◆ 16 都トウ
◆ 17 都トウ
◆ 18 都トウ
◆ 19 都トウ
◆ 20 都トウ
◆ 21 都トウ
◆ 22 都トウ
◆ 23 都トウ
◆ 24 都トウ
◆ 25 都トウ
◆ 26 都トウ
◆ 27 都トウ
◆ 28 都トウ
◆ 29 都トウ
◆ 30 都トウ
◆ 31 都トウ
◆ 32 都トウ
◆ 33 都トウ
◆ 34 都トウ
◆ 35 都トウ
◆ 36 都トウ
◆ 37 都トウ
◆ 38 都トウ
◆ 39 都トウ
◆ 40 都トウ
◆ 41 都トウ
◆ 42 都トウ
◆ 43 都トウ
◆ 44 都トウ
◆ 45 都トウ
◆ 46 都トウ
◆ 47 都トウ
◆ 48 都トウ
◆ 49 都トウ
◆ 50 都トウ
◆ 51 都トウ 17
◆ 52 都トウ
◆ 53 都トウ
◆ 54 都トウ
◆ 55 都トウ
◆ 56 都トウ
◆ 57 都トウ
◆ 58 都トウ
◆ 59 都トウ
◆ 60 都トウ
◆ 61 都トウ
◆ 62 都トウ
◆ 63 都トウ
◆ 64 都トウ
◆ 65 都トウ
◆ 66 都トウ
◆ 67 都トウ
◆ 68 都トウ
◆ 69 都トウ
◆ 70 都トウ
◆ 71 都トウ
◆ 72 都トウ
◆ 73 都トウ
◆ 74 都トウ
◆ 75 都トウ
◆ 76 都トウ
◆ 77 都トウ
◆ 78 都トウ
◆ 79 都トウ
◆ 80 都トウ
◆ 81 都トウ
◆ 82 都トウ
◆ 83 都トウ
◆ 84 都トウ
◆ 85 都トウ
◆ 86 都トウ
◆ 87 都トウ
◆ 88 都トウ
◆ 89 都トウ
◆ 90 都トウ
◆ 91 都トウ
◆ 92 都トウ
◆ 93 都トウ
◆ 94 都トウ
◆ 95 都トウ
◆ 96 都トウ
◆ 97 都トウ
◆ 98 都トウ
◆ 99 都トウ
◆ 100 都トウ
◆ 101 都トウ
◆ 102 都トウ 18
◆ 103 都トウ
◆ 104 都トウ
◆ 105 都トウ
◆ 106 都トウ
◆ 107 都トウ
◆ 108 都トウ
◆ 109 都トウ
◆ 110 都トウ
◆ 111 都トウ
◆ 112 都トウ
◆ 113 都トウ
◆ 114 都トウ
◆ 115 都トウ
◆ 116 都トウ
◆ 117 都トウ
◆ 118 都トウ
◆ 119 都トウ
◆ 120 都トウ
◆ 121 都トウ
◆ 122 都トウ
◆ 123 都トウ
◆ 124 都トウ
◆ 125 都トウ
◆ 126 都トウ
◆ 127 都トウ
◆ 128 都トウ
◆ 129 都トウ
◆ 130 都トウ
◆ 131 都トウ
◆ 132 都トウ
◆ 133 都トウ
◆ 134 都トウ
◆ 135 都トウ
◆ 136 都トウ
◆ 137 都トウ
◆ 138 都トウ
◆ 139 都トウ
◆ 140 都トウ
◆ 141 都トウ
◆ 142 都トウ
◆ 143 都トウ
◆ 144 都トウ
◆ 145 都トウ
◆ 146 都トウ
◆ 147 都トウ
◆ 148 都トウ
◆ 149 都トウ
◆ 150 都トウ 19

◆ 1001 都クラ
◆ 1002 都クラ
◆ 1003 都クラ
◆ 1004 都クラ
◆ 1005 都クラ
◆ 1006 都クラ
◆ 1007 都クラ
◆ 1008 都クラ
◆ 1009 都クラ 20
◆ 1010 都クラ
◆ 1011 都クラ
◆ 1012 都クラ
◆ 1013 都クラ 21
◆ 1014 都クラ
◆ 1015 都クラ
◆ 1016 都クラ
◆ 1017 都クラ
◆ 1018 都クラ
◆ 1019 都クラ
◆ 1020 都クラ
◆ 1021 都クラ
◆ 1022 都クラ
◆ 1023 都クラ
◆ 1024 都クラ 22
◆ 1025 都クラ
◆ 1026 都クラ
◆ 1027 都クラ
◆ 1028 都クラ
◆ 1029 都クラ
◆ 1030 都クラ 23

◆ 1101 都クラ
◆ 1102 都クラ
◆ 1103 都クラ
◆ 1104 都クラ
◆ 1105 都クラ
◆ 1106 都クラ
◆ 1107 都クラ
◆ 1108 都クラ
◆ 1109 都クラ
◆ 1110 都クラ 20
◆ 1111 都クラ
◆ 1112 都クラ
◆ 1113 都クラ 21
◆ 1114 都クラ
◆ 1115 都クラ
◆ 1116 都クラ
◆ 1117 都クラ
◆ 1118 都クラ
◆ 1119 都クラ
◆ 1120 都クラ
◆ 1121 都クラ 22
◆ 1122 都クラ
◆ 1123 都クラ
◆ 1124 都クラ
◆ 1125 都クラ
◆ 1126 都クラ
◆ 1127 都クラ 23

◆ 1201 都クラ
◆ 1202 都クラ
◆ 1203 都クラ
◆ 1204 都クラ
◆ 1205 都クラ
◆ 1206 都クラ
◆ 1207 都クラ
◆ 1208 都クラ
◆ 1209 都クラ 20
◆ 1210 都クラ
◆ 1211 都クラ
◆ 1212 都クラ
◆ 1213 都クラ 21
◆ 1214 都クラ
◆ 1215 都クラ
◆ 1216 都クラ
◆ 1217 都クラ
◆ 1218 都クラ
◆ 1219 都クラ
◆ 1220 都クラ
◆ 1221 都クラ
◆ 1222 都クラ
◆ 1223 都クラ
◆ 1224 都クラ 22
◆ 1225 都クラ
◆ 1226 都クラ
◆ 1227 都クラ
◆ 1228 都クラ
◆ 1229 都クラ
◆ 1230 都クラ 23

◆ 1301 都クラ
◆ 1302 都クラ
◆ 1303 都クラ
◆ 1304 都クラ
◆ 1305 都クラ
◆ 1306 都クラ
◆ 1307 都クラ
◆ 1308 都クラ
◆ 1309 都クラ 20
◆ 1310 都クラ
◆ 1311 都クラ
◆ 1312 都クラ
◆ 1313 都クラ 21
◆ 1314 都クラ
◆ 1315 都クラ
◆ 1316 都クラ
◆ 1317 都クラ
◆ 1318 都クラ
◆ 1319 都クラ
◆ 1320 都クラ
◆ 1321 都クラ
◆ 1322 都クラ
◆ 1323 都クラ
◆ 1324 都クラ 22
◆ 1325 都クラ
◆ 1326 都クラ
◆ 1327 都クラ
◆ 1328 都クラ
◆ 1329 都クラ
◆ 1330 都クラ 23

モハE234 267

1	都トウ	
2	都トウ	
3	都トウ	14
4	都トウ	
5	都トウ	
6	都トウ	
7	都トウ	
8	都トウ	
9	都トウ	
10	都トウ	
11	都トウ	
12	都トウ	
13	都トウ	
14	都トウ	
15	都トウ	
16	都トウ	
17	都トウ	
18	都トウ	
19	都トウ	
20	都トウ	
21	都トウ	
22	都トウ	
23	都トウ	
24	都トウ	
25	都トウ	
26	都トウ	
27	都トウ	
28	都トウ	
29	都トウ	
30	都トウ	
31	都トウ	
32	都トウ	
33	都トウ	
34	都トウ	
35	都トウ	
36	都トウ	
37	都トウ	
38	都トウ	
39	都トウ	
40	都トウ	
41	都トウ	
42	都トウ	
43	都トウ	
44	都トウ	
45	都トウ	
46	都トウ	
47	都トウ	
48	都トウ	
49	都トウ	
50	都トウ	
51	都トウ	17
52	都トウ	
53	都トウ	
54	都トウ	
55	都トウ	
56	都トウ	
57	都トウ	
58	都トウ	
59	都トウ	
60	都トウ	
61	都トウ	
62	都トウ	
63	都トウ	
64	都トウ	
65	都トウ	
66	都トウ	
67	都トウ	
68	都トウ	
69	都トウ	
70	都トウ	
71	都トウ	
72	都トウ	
73	都トウ	
74	都トウ	
75	都トウ	
76	都トウ	
77	都トウ	
78	都トウ	
79	都トウ	
80	都トウ	
81	都トウ	
82	都トウ	
83	都トウ	
84	都トウ	
85	都トウ	
86	都トウ	
87	都トウ	
88	都トウ	
89	都トウ	
90	都トウ	
91	都トウ	
92	都トウ	
93	都トウ	
94	都トウ	
95	都トウ	
96	都トウ	
97	都トウ	
98	都トウ	
99	都トウ	
100	都トウ	
101	都トウ	
102	都トウ	18
103	都トウ	
104	都トウ	
105	都トウ	
106	都トウ	
107	都トウ	
108	都トウ	
109	都トウ	
110	都トウ	
111	都トウ	
112	都トウ	
113	都トウ	
114	都トウ	
115	都トウ	
116	都トウ	
117	都トウ	
118	都トウ	
119	都トウ	
120	都トウ	
121	都トウ	
122	都トウ	
123	都トウ	
124	都トウ	
125	都トウ	
126	都トウ	
127	都トウ	
128	都トウ	
129	都トウ	
130	都トウ	
131	都トウ	
132	都トウ	
133	都トウ	
134	都トウ	
135	都トウ	
136	都トウ	
137	都トウ	
138	都トウ	
139	都トウ	
140	都トウ	
141	都トウ	
142	都トウ	
143	都トウ	
144	都トウ	
145	都トウ	
146	都トウ	
147	都トウ	
148	都トウ	
149	都トウ	
150	都トウ	19
1001	都クラ	
1002	都クラ	
1003	都クラ	
1004	都クラ	
1005	都クラ	
1006	都クラ	
1007	都クラ	
1008	都クラ	
1009	都クラ	20
1010	都クラ	
1011	都クラ	
1012	都クラ	
1013	都クラ	21
1014	都クラ	
1015	都クラ	
1016	都クラ	
1017	都クラ	
1018	都クラ	
1019	都クラ	
1020	都クラ	
1021	都クラ	
1022	都クラ	
1023	都クラ	
1024	都クラ	22
1025	都クラ	
1026	都クラ	
1027	都クラ	
1028	都クラ	
1029	都クラ	
1030	都クラ	23
1101	都クラ	
1102	都クラ	
1103	都クラ	
1104	都クラ	
1105	都クラ	
1106	都クラ	
1107	都クラ	
1108	都クラ	
1109	都クラ	
1110	都クラ	20
1111	都クラ	
1112	都クラ	
1113	都クラ	21
1114	都クラ	
1115	都クラ	
1116	都クラ	
1117	都クラ	
1118	都クラ	
1119	都クラ	
1120	都クラ	
1121	都クラ	22
1122	都クラ	
1123	都クラ	
1124	都クラ	
1125	都クラ	
1126	都クラ	
1127	都クラ	23
1201	都クラ	
1202	都クラ	
1203	都クラ	
1204	都クラ	
1205	都クラ	
1206	都クラ	
1207	都クラ	
1208	都クラ	
1209	都クラ	20
1210	都クラ	
1211	都クラ	
1212	都クラ	
1213	都クラ	21
1214	都クラ	
1215	都クラ	
1216	都クラ	
1217	都クラ	
1218	都クラ	
1219	都クラ	
1220	都クラ	
1221	都クラ	
1222	都クラ	
1223	都クラ	
1224	都クラ	22
1225	都クラ	
1226	都クラ	
1227	都クラ	
1228	都クラ	
1229	都クラ	
1230	都クラ	23
1301	都クラ	
1302	都クラ	
1303	都クラ	
1304	都クラ	
1305	都クラ	
1306	都クラ	
1307	都クラ	
1308	都クラ	
1309	都クラ	20
1310	都クラ	
1311	都クラ	
1312	都クラ	
1313	都クラ	21
1314	都クラ	
1315	都クラ	
1316	都クラ	
1317	都クラ	
1318	都クラ	
1319	都クラ	
1320	都クラ	
1321	都クラ	
1322	都クラ	
1323	都クラ	
1324	都クラ	22
1325	都クラ	
1326	都クラ	
1327	都クラ	
1328	都クラ	
1329	都クラ	
1330	都クラ	23

クハE235 107

1	都トウ	PC	14
2	都トウ	C	
3	都トウ	C	
4	都トウ	C	
5	都トウ	C	
6	都トウ	C	
7	都トウ	C	
8	都トウ	C	
9	都トウ	C	
10	都トウ	C	
11	都トウ	C	
12	都トウ	C	
13	都トウ	C	
14	都トウ	C	
15	都トウ	C	
16	都トウ	C	
17	都トウ	C	17
18	都トウ	C	
19	都トウ	C	
20	都トウ	C	
21	都トウ	C	
22	都トウ	C	
23	都トウ	C	
24	都トウ	C	
25	都トウ	C	
26	都トウ	C	
27	都トウ	C	
28	都トウ	C	
29	都トウ	C	
30	都トウ	C	
31	都トウ	C	
32	都トウ	C	
33	都トウ	C	
34	都トウ	C	18
35	都トウ	C	
36	都トウ	C	
37	都トウ	C	
38	都トウ	C	
39	都トウ	C	
40	都トウ	C	
41	都トウ	C	
42	都トウ	C	
43	都トウ	C	
44	都トウ	C	
45	都トウ	C	
46	都トウ	C	
47	都トウ	C	
48	都トウ	C	
49	都トウ	C	
50	都トウ	C	19

1001	都クラ	PSN	
1002	都クラ	PSN	
1003	都クラ	PSN	
1004	都クラ	PSN	
1005	都クラ	PSN	
1006	都クラ	PSN	
1007	都クラ	PSN	
1008	都クラ	PSN	
1009	都クラ	PSN	20
1010	都クラ	PSN	
1011	都クラ	PSN	
1012	都クラ	PSN	
1013	都クラ	PSN	21
1014	都クラ	PSN	
1015	都クラ	PSN	
1016	都クラ	PSN	
1017	都クラ	PSN	
1018	都クラ	PSN	
1019	都クラ	PSN	
1020	都クラ	PSN	
1021	都クラ	PSN	
1022	都クラ	PSN	
1023	都クラ	PSN	
1024	都クラ	PSN	22
1025	都クラ	PSN	
1026	都クラ	PSN	
1027	都クラ	PSN	
1028	都クラ	PSN	
1029	都クラ	PSN	
1030	都クラ	PSN	23
1101	都クラ	PSN	
1102	都クラ	PSN	
1103	都クラ	PSN	
1104	都クラ	PSN	
1105	都クラ	PSN	
1106	都クラ	PSN	
1107	都クラ	PSN	
1108	都クラ	PSN	
1109	都クラ	PSN	
1110	都クラ	PSN	20
1111	都クラ	PSN	
1112	都クラ	PSN	
1113	都クラ	PSN	21
1114	都クラ	PSN	
1115	都クラ	PSN	
1116	都クラ	PSN	
1117	都クラ	PSN	
1118	都クラ	PSN	
1119	都クラ	PSN	
1120	都クラ	PSN	
1121	都クラ	PSN	22
1122	都クラ	PSN	
1123	都クラ	PSN	
1124	都クラ	PSN	
1125	都クラ	PSN	
1126	都クラ	PSN	
1127	都クラ	PSN	23

クハE234 107

1	都トウ	PC	14
2	都トウ	C	
3	都トウ	C	
4	都トウ	C	
5	都トウ	C	
6	都トウ	C	
7	都トウ	C	
8	都トウ	C	
9	都トウ	C	
10	都トウ	C	
11	都トウ	C	
12	都トウ	C	
13	都トウ	C	
14	都トウ	C	
15	都トウ	C	
16	都トウ	C	
17	都トウ	C	17
18	都トウ	C	
19	都トウ	C	
20	都トウ	C	
21	都トウ	C	
22	都トウ	C	
23	都トウ	C	
24	都トウ	C	
25	都トウ	C	
26	都トウ	C	
27	都トウ	C	
28	都トウ	C	
29	都トウ	C	
30	都トウ	C	
31	都トウ	C	
32	都トウ	C	
33	都トウ	C	
34	都トウ	C	18
35	都トウ	C	
36	都トウ	C	
37	都トウ	C	
38	都トウ	C	
39	都トウ	C	
40	都トウ	C	
41	都トウ	C	
42	都トウ	C	
43	都トウ	C	
44	都トウ	C	
45	都トウ	C	
46	都トウ	C	
47	都トウ	C	
48	都トウ	C	
49	都トウ	C	
50	都トウ	C	19

1001	都クラ	PSN	
1002	都クラ	PSN	
1003	都クラ	PSN	
1004	都クラ	PSN	
1005	都クラ	PSN	
1006	都クラ	PSN	
1007	都クラ	PSN	
1008	都クラ	PSN	
1009	都クラ	PSN	20
1010	都クラ	PSN	
1011	都クラ	PSN	
1012	都クラ	PSN	
1013	都クラ	PSN	21
1014	都クラ	PSN	
1015	都クラ	PSN	
1016	都クラ	PSN	
1017	都クラ	PSN	
1018	都クラ	PSN	
1019	都クラ	PSN	
1020	都クラ	PSN	
1021	都クラ	PSN	
1022	都クラ	PSN	
1023	都クラ	PSN	
1024	都クラ	PSN	22
1025	都クラ	PSN	
1026	都クラ	PSN	
1027	都クラ	PSN	
1028	都クラ	PSN	
1029	都クラ	PSN	
1030	都クラ	PSN	23
1101	都クラ	PSN	
1102	都クラ	PSN	
1103	都クラ	PSN	
1104	都クラ	PSN	
1105	都クラ	PSN	
1106	都クラ	PSN	
1107	都クラ	PSN	
1108	都クラ	PSN	
1109	都クラ	PSN	
1110	都クラ	PSN	20
1111	都クラ	PSN	
1112	都クラ	PSN	
1113	都クラ	PSN	21
1114	都クラ	PSN	
1115	都クラ	PSN	
1116	都クラ	PSN	
1117	都クラ	PSN	
1118	都クラ	PSN	
1119	都クラ	PSN	
1120	都クラ	PSN	
1121	都クラ	PSN	22
1122	都クラ	PSN	
1123	都クラ	PSN	
1124	都クラ	PSN	
1125	都クラ	PSN	
1126	都クラ	PSN	
1127	都クラ	PSN	23

サハE235 130

1	都トウ	14
2	都トウ	
3	都トウ	
4	都トウ	
5	都トウ	
6	都トウ	
7	都トウ	
8	都トウ	
9	都トウ	
10	都トウ	
11	都トウ	
12	都トウ	
13	都トウ	
14	都トウ	
15	都トウ	
16	都トウ	
17	都トウ	17
18	都トウ	
19	都トウ	
20	都トウ	
21	都トウ	
22	都トウ	
23	都トウ	
24	都トウ	
25	都トウ	
26	都トウ	
27	都トウ	
28	都トウ	
29	都トウ	
30	都トウ	
31	都トウ	
32	都トウ	
33	都トウ	
34	都トウ	18
35	都トウ	
36	都トウ	
37	都トウ	
38	都トウ	
39	都トウ	
40	都トウ	
41	都トウ	
42	都トウ	
43	都トウ	
44	都トウ	
45	都トウ	
46	都トウ	
47	都トウ	
48	都トウ	
49	都トウ	
50	都トウ	19
501	都トウ	
502	都トウ	17

1001	都クラ	
1002	都クラ	
1003	都クラ	
1004	都クラ	
1005	都クラ	
1006	都クラ	
1007	都クラ	
1008	都クラ	
1009	都クラ	20
1010	都クラ	
1011	都クラ	
1012	都クラ	
1013	都クラ	21
1014	都クラ	
1015	都クラ	
1016	都クラ	
1017	都クラ	
1018	都クラ	
1019	都クラ	
1020	都クラ	
1021	都クラ	
1022	都クラ	
1023	都クラ	
1024	都クラ	22
1025	都クラ	
1026	都クラ	
1027	都クラ	
1028	都クラ	
1029	都クラ	
1030	都クラ	23

4601 都トウ
4603 都トウ
4607 都トウ
4608 都トウ
4609 都トウ
4610 都トウ
4611 都トウ
4612 都トウ
4613 都トウ
4614 都トウ
4615 都トウ
4616 都トウ
4617 都トウ
4618 都トウ
4619 都トウ
4620 都トウ
4621 都トウ
4622 都トウ
4623 都トウ
4624 都トウ
4625 都トウ
4626 都トウ
4627 都トウ
4628 都トウ
4629 都トウ
4630 都トウ
4631 都トウ
4632 都トウ
4633 都トウ
4634 都トウ
4635 都トウ
4636 都トウ
4637 都トウ
4638 都トウ
4639 都トウ
4640 都トウ
4641 都トウ
4642 都トウ
4643 都トウ
4644 都トウ
4645 都トウ
4646 都トウ
4647 都トウ
4648 都トウ
4649 都トウ
4650 都トウ
4651 都トウ 14~
4652 都トウ 19改

サハE234 50

1 都トウ 14
2 都トウ
3 都トウ
4 都トウ
5 都トウ
6 都トウ
7 都トウ
8 都トウ
9 都トウ
10 都トウ
11 都トウ
12 都トウ
13 都トウ
14 都トウ
15 都トウ
16 都トウ
17 都トウ 17
18 都トウ
19 都トウ
20 都トウ
21 都トウ
22 都トウ
23 都トウ
24 都トウ
25 都トウ
26 都トウ
27 都トウ
28 都トウ
29 都トウ
30 都トウ
31 都トウ
32 都トウ
33 都トウ
34 都トウ 18
35 都トウ
36 都トウ
37 都トウ
38 都トウ
39 都トウ
40 都トウ
41 都トウ
42 都トウ
43 都トウ
44 都トウ
45 都トウ
46 都トウ
47 都トウ
48 都トウ
49 都トウ
50 都トウ 19

サロE235 30

1001 都クラ
1002 都クラ
1003 都クラ
1004 都クラ
1005 都クラ
1006 都クラ
1007 都クラ
1008 都クラ
1009 都クラ 20
1010 都クラ
1011 都クラ
1012 都クラ
1013 都クラ 21
1014 都クラ
1015 都クラ
1016 都クラ
1017 都クラ
1018 都クラ
1019 都クラ
1020 都クラ
1021 都クラ
1022 都クラ
1023 都クラ
1024 都クラ 22
1025 都クラ
1026 都クラ
1027 都クラ
1028 都クラ
1029 都クラ
1030 都クラ 23

サロE234 30

1001 都クラ
1002 都クラ
1003 都クラ
1004 都クラ
1005 都クラ
1006 都クラ
1007 都クラ
1008 都クラ
1009 都クラ 20
1010 都クラ
1011 都クラ
1012 都クラ
1013 都クラ 21
1014 都クラ
1015 都クラ
1016 都クラ
1017 都クラ
1018 都クラ
1019 都クラ
1020 都クラ
1021 都クラ
1022 都クラ
1023 都クラ
1024 都クラ 22
1025 都クラ
1026 都クラ
1027 都クラ
1028 都クラ
1029 都クラ
1030 都クラ 23

E233系／東

モハE233 963

◆ 1 都トタ
◆ 2 都トタ
◆ 3 都トタ
◆ 4 都トタ
◆ 5 都トタ
◆ 6 都トタ
◆ 7 都トタ
◆ 8 都トタ
◆ 9 都トタ
◆ 10 都トタ 06
◆ 11 都トタ
◆ 12 都トタ
◆ 13 都トタ
◆ 14 都トタ
◆ 15 都トタ
◆ 16 都トタ
◆ 17 都トタ
◆ 18 都トタ
◆ 19 都トタ
◆ 20 都トタ
◆ 21 都トタ
◆ 22 都トタ
◆ 23 都トタ
◆ 24 都トタ
◆ 25 都トタ
◆ 26 都トタ
◆ 27 都トタ
◆ 28 都トタ
◆ 29 都トタ
◆ 30 都トタ
◆ 31 都トタ
◆ 32 都トタ
◆ 33 都トタ
◆ 34 都トタ
◆ 35 都トタ
◆ 36 都トタ
◆ 37 都トタ
◆ 38 都トタ
◆ 39 都トタ
◆ 40 都トタ
◆ 41 都トタ
◆ 42 都トタ 07
◆ 43 都トタ
◆ 44 都トタ
◆ 45 都トタ
◆ 46 都トタ
◆ 47 都トタ
◆ 48 都トタ
◆ 49 都トタ
◆ 50 都トタ
◆ 51 都トタ
◆ 52 都トタ
◆ 53 都トタ
◆ 54 都トタ
◆ 55 都トタ 06
◆ 56 都トタ
◆ 57 都トタ
◆ 58 都トタ
◆ 59 都トタ
◆ 60 都トタ
◆ 61 都トタ
◆ 62 都トタ
◆ 63 都トタ
◆ 64 都トタ
◆ 65 都トタ
◆ 66 都トタ
◆ 67 都トタ
◆ 68 都トタ
◆ 69 都トタ
改 70 17.02.10 8570 07
◆ 71 都トタ 20
◆ 201 都トタ
◆ 202 都トタ
◆ 203 都トタ
◆ 204 都トタ
◆ 205 都トタ
◆ 206 都トタ
◆ 207 都トタ
◆ 208 都トタ
◆ 209 都トタ
◆ 210 都トタ 06
◆ 211 都トタ
◆ 212 都トタ
◆ 213 都トタ
◆ 214 都トタ
◆ 215 都トタ
◆ 216 都トタ
◆ 217 都トタ
◆ 218 都トタ
◆ 219 都トタ
◆ 220 都トタ
◆ 221 都トタ
◆ 222 都トタ
◆ 223 都トタ
◆ 224 都トタ
◆ 225 都トタ
◆ 226 都トタ
◆ 227 都トタ
◆ 228 都トタ
◆ 229 都トタ
◆ 230 都トタ
◆ 231 都トタ
◆ 232 都トタ
◆ 233 都トタ
◆ 234 都トタ
◆ 235 都トタ
◆ 236 都トタ
◆ 237 都トタ
◆ 238 都トタ
◆ 239 都トタ
◆ 240 都トタ
◆ 241 都トタ
◆ 242 都トタ 07
改 243 19.11.07 843
改 244 20.03.05 844
改 245 20.02.07 845
改 246 20.04.30 846
改 247 20.06.17 847
改 248 22.06.03 848
◆ 249 都トタ
改 250 20.09.03 850
◆ 251 都トタ
改 252 20.10.15 852
改 253 23.01.04 853
改 254 20.11.27 854
改 255 21.04.23 855 06
改 256 21.03.02 856
改 257 21.02.04 857
改 258 21.06.04 858
改 259 23.03.13 859
◆ 260 都トタ
◆ 261 都トタ
◆ 262 都トタ
◆ 263 都トタ
◆ 264 都トタ
◆ 265 都トタ
◆ 266 都トタ
◆ 267 都トタ
◆ 268 都トタ
◆ 269 都トタ
改 270 17.02.10 8770 07
◆ 271 都トタ 20

◆ 401 都トタ
◆ 402 都トタ
◆ 403 都トタ
◆ 404 都トタ
◆ 405 都トタ
◆ 406 都トタ
◆ 407 都トタ
◆ 408 都トタ
◆ 409 都トタ
◆ 410 都トタ 06
◆ 411 都トタ
◆ 412 都トタ
◆ 413 都トタ
◆ 414 都トタ
◆ 415 都トタ
◆ 416 都トタ
◆ 417 都トタ
◆ 418 都トタ
◆ 419 都トタ
◆ 420 都トタ
◆ 421 都トタ
◆ 422 都トタ
◆ 423 都トタ
◆ 424 都トタ
◆ 425 都トタ
◆ 426 都トタ
◆ 427 都トタ
◆ 428 都トタ
◆ 429 都トタ
◆ 430 都トタ
◆ 431 都トタ
◆ 432 都トタ
◆ 433 都トタ
◆ 434 都トタ
◆ 435 都トタ
◆ 436 都トタ
◆ 437 都トタ
◆ 438 都トタ
◆ 439 都トタ
◆ 440 都トタ
◆ 441 都トタ
◆ 442 都トタ 07
◆ 443 都トタ 20

◆ 601 都トタ
◆ 602 都トタ
◆ 603 都トタ
◆ 604 都トタ
◆ 605 都トタ
◆ 606 都トタ
◆ 607 都トタ
◆ 608 都トタ
◆ 609 都トタ
◆ 610 都トタ
◆ 611 都トタ
◆ 612 都トタ
◆ 613 都トタ 06
◆ 614 都トタ
◆ 615 都トタ
◆ 616 都トタ
◆ 617 都トタ
◆ 618 都トタ
◆ 619 都トタ
◆ 620 都トタ
◆ 621 都トタ
◆ 622 都トタ
◆ 623 都トタ
◆ 624 都トタ
◆ 625 都トタ 07

◆ 843 都トタ
◆ 844 都トタ
◆ 845 都トタ
◆ 846 都トタ
◆ 847 都トタ
◆ 848 都トタ
◆ 850 都トタ
◆ 852 都トタ
◆ 853 都トタ
◆ 854 都トタ
◆ 855 都トタ
◆ 856 都トタ
◆ 857 都トタ
◆ 858 都トタ 19~
◆ 859 都トタ 22改

◆ 1001 都サイ
◆ 1002 都サイ
◆ 1003 都サイ
◆ 1004 都サイ
◆ 1005 都サイ
◆ 1006 都サイ
◆ 1007 都サイ
◆ 1008 都サイ
◆ 1009 都サイ
◆ 1010 都サイ
◆ 1011 都サイ
◆ 1012 都サイ 07
◆ 1013 都サイ
◆ 1014 都サイ
◆ 1015 都サイ
◆ 1016 都サイ
◆ 1017 都サイ
◆ 1018 都サイ
◆ 1019 都サイ
◆ 1020 都サイ
◆ 1021 都サイ
◆ 1022 都サイ
◆ 1023 都サイ
◆ 1024 都サイ
◆ 1025 都サイ
◆ 1026 都サイ
◆ 1027 都サイ
◆ 1028 都サイ
◆ 1029 都サイ
◆ 1030 都サイ
◆ 1031 都サイ
◆ 1032 都サイ
◆ 1033 都サイ
◆ 1034 都サイ
◆ 1035 都サイ
◆ 1036 都サイ
◆ 1037 都サイ
◆ 1038 都サイ
◆ 1039 都サイ
◆ 1040 都サイ
◆ 1041 都サイ
◆ 1042 都サイ
◆ 1043 都サイ
◆ 1044 都サイ
◆ 1045 都サイ
◆ 1046 都サイ 08
◆ 1047 都サイ 09
◆ 1048 都サイ
◆ 1049 都サイ 08
◆ 1050 都サイ
◆ 1051 都サイ
◆ 1052 都サイ
◆ 1053 都サイ
◆ 1054 都サイ
◆ 1055 都サイ
◆ 1056 都サイ
◆ 1057 都サイ
◆ 1058 都サイ
◆ 1059 都サイ
◆ 1060 都サイ
◆ 1061 都サイ
◆ 1062 都サイ
◆ 1063 都サイ
◆ 1064 都サイ
◆ 1065 都サイ
◆ 1066 都サイ
◆ 1067 都サイ
◆ 1068 都サイ
◆ 1069 都サイ
◆ 1070 都サイ
◆ 1071 都サイ
◆ 1072 都サイ
◆ 1073 都サイ
◆ 1074 都サイ
◆ 1075 都サイ
◆ 1076 都サイ
廃1077 18.04.07
◆ 1078 都サイ
◆ 1079 都サイ
◆ 1080 都サイ
◆ 1081 都サイ
◆ 1082 都サイ
◆ 1083 都サイ 09

◆ 1201 都サイ
◆ 1202 都サイ
◆ 1203 都サイ
◆ 1204 都サイ
◆ 1205 都サイ
◆ 1206 都サイ
◆ 1207 都サイ
◆ 1208 都サイ
◆ 1209 都サイ
◆ 1210 都サイ
◆ 1211 都サイ
◆ 1212 都サイ 07
◆ 1213 都サイ
◆ 1214 都サイ
◆ 1215 都サイ
◆ 1216 都サイ
◆ 1217 都サイ
◆ 1218 都サイ
◆ 1219 都サイ
◆ 1220 都サイ
◆ 1221 都サイ
◆ 1222 都サイ
◆ 1223 都サイ
◆ 1224 都サイ
◆ 1225 都サイ
◆ 1226 都サイ
◆ 1227 都サイ
◆ 1228 都サイ
◆ 1229 都サイ
◆ 1230 都サイ
◆ 1231 都サイ
◆ 1232 都サイ
◆ 1233 都サイ
◆ 1234 都サイ
◆ 1235 都サイ
◆ 1236 都サイ
◆ 1237 都サイ
◆ 1238 都サイ
◆ 1239 都サイ
◆ 1240 都サイ
◆ 1241 都サイ
◆ 1242 都サイ
◆ 1243 都サイ
◆ 1244 都サイ
◆ 1245 都サイ
◆ 1246 都サイ 08
◆ 1247 都サイ 09
◆ 1248 都サイ
◆ 1249 都サイ 08
◆ 1250 都サイ
◆ 1251 都サイ
◆ 1252 都サイ
◆ 1253 都サイ
◆ 1254 都サイ
◆ 1255 都サイ
◆ 1256 都サイ
◆ 1257 都サイ
◆ 1258 都サイ
◆ 1259 都サイ
◆ 1260 都サイ
◆ 1261 都サイ
◆ 1262 都サイ
◆ 1263 都サイ
◆ 1264 都サイ
◆ 1265 都サイ
◆ 1266 都サイ
◆ 1267 都サイ
◆ 1268 都サイ
◆ 1269 都サイ
◆ 1270 都サイ
◆ 1271 都サイ
◆ 1272 都サイ
◆ 1273 都サイ
◆ 1274 都サイ
◆ 1275 都サイ
◆ 1276 都サイ
廃1277 18.04.07
◆ 1278 都サイ
◆ 1279 都サイ
◆ 1280 都サイ
◆ 1281 都サイ
◆ 1282 都サイ
◆ 1283 都サイ 09

◆ 1401 都サイ
◆ 1402 都サイ
◆ 1403 都サイ
◆ 1404 都サイ
◆ 1405 都サイ
◆ 1406 都サイ
◆ 1407 都サイ
◆ 1408 都サイ
◆ 1409 都サイ
◆ 1410 都サイ
◆ 1411 都サイ
◆ 1412 都サイ 07
◆ 1413 都サイ
◆ 1414 都サイ
◆ 1415 都サイ
◆ 1416 都サイ
◆ 1417 都サイ
◆ 1418 都サイ
◆ 1419 都サイ
◆ 1420 都サイ
◆ 1421 都サイ
◆ 1422 都サイ
◆ 1423 都サイ
◆ 1424 都サイ
◆ 1425 都サイ
◆ 1426 都サイ
◆ 1427 都サイ
◆ 1428 都サイ
◆ 1429 都サイ
◆ 1430 都サイ
◆ 1431 都サイ
◆ 1432 都サイ
◆ 1433 都サイ
◆ 1434 都サイ
◆ 1435 都サイ
◆ 1436 都サイ
◆ 1437 都サイ
◆ 1438 都サイ
◆ 1439 都サイ
◆ 1440 都サイ
◆ 1441 都サイ
◆ 1442 都サイ
◆ 1443 都サイ
◆ 1444 都サイ
◆ 1445 都サイ
◆ 1446 都サイ 08
◆ 1447 都サイ 09
◆ 1448 都サイ
◆ 1449 都サイ 08
◆ 1450 都サイ
◆ 1451 都サイ
◆ 1452 都サイ
◆ 1453 都サイ
◆ 1454 都サイ
◆ 1455 都サイ
◆ 1456 都サイ
◆ 1457 都サイ
◆ 1458 都サイ
◆ 1459 都サイ
◆ 1460 都サイ
◆ 1461 都サイ
◆ 1462 都サイ
◆ 1463 都サイ
◆ 1464 都サイ
◆ 1465 都サイ
◆ 1466 都サイ
◆ 1467 都サイ
◆ 1468 都サイ
◆ 1469 都サイ
◆ 1470 都サイ
◆ 1471 都サイ
◆ 1472 都サイ
◆ 1473 都サイ
◆ 1474 都サイ
◆ 1475 都サイ
◆ 1476 都サイ
廃1477 18.04.07
◆ 1478 都サイ
◆ 1479 都サイ
◆ 1480 都サイ
◆ 1481 都サイ
◆ 1482 都サイ
◆ 1483 都サイ 09

- ◆ 2001 都マト 09
- ◆ 2002 都マト
- ◆ 2003 都マト
- ◆ 2004 都マト
- ◆ 2005 都マト
- ◆ 2006 都マト
- ◆ 2007 都マト
- ◆ 2008 都マト
- ◆ 2009 都マト
- ◆ 2010 都マト
- ◆ 2011 都マト 10
- ◆ 2012 都マト
- ◆ 2013 都マト
- ◆ 2014 都マト
- ◆ 2015 都マト
- ◆ 2016 都マト
- ◆ 2017 都マト
- ◆ 2018 都マト 11
- ◆ 2019 都マト 16

- ◆ 2201 都マト 09
- ◆ 2202 都マト
- ◆ 2203 都マト
- ◆ 2204 都マト
- ◆ 2205 都マト
- ◆ 2206 都マト
- ◆ 2207 都マト
- ◆ 2208 都マト
- ◆ 2209 都マト
- ◆ 2210 都マト
- ◆ 2211 都マト 10
- ◆ 2212 都マト
- ◆ 2213 都マト
- ◆ 2214 都マト
- ◆ 2215 都マト
- ◆ 2216 都マト
- ◆ 2217 都マト
- ◆ 2218 都マト 11
- ◆ 2219 都マト 16

- ◆ 2401 都マト 09
- ◆ 2402 都マト
- ◆ 2403 都マト
- ◆ 2404 都マト
- ◆ 2405 都マト
- ◆ 2406 都マト
- ◆ 2407 都マト
- ◆ 2408 都マト
- ◆ 2409 都マト
- ◆ 2410 都マト
- ◆ 2411 都マト 10
- ◆ 2412 都マト
- ◆ 2413 都マト
- ◆ 2414 都マト
- ◆ 2415 都マト
- ◆ 2416 都マト
- ◆ 2417 都マト
- ◆ 2418 都マト 11
- ◆ 2419 都マト 16

- ◆ 3001 都コツ 07
- ◆ 3002 都コツ 09
- ◆ 3003 都コツ
- ◆ 3004 都コツ
- ◆ 3005 都コツ
- ◆ 3006 都コツ
- ◆ 3007 都コツ
- ◆ 3008 都コツ
- ◆ 3009 都コツ
- ◆ 3010 都コツ
- ◆ 3011 都コツ
- ◆ 3012 都コツ
- ◆ 3013 都コツ
- ◆ 3014 都コツ
- ◆ 3015 都コツ 11
- ◆ 3016 都コツ
- ◆ 3017 都コツ
- ◆ 3018 都ヤマ
- ◆ 3019 都ヤマ
- ◆ 3020 都ヤマ
- ◆ 3021 都ヤマ
- ◆ 3022 都ヤマ
- ◆ 3023 都ヤマ
- ◆ 3024 都ヤマ
- ◆ 3025 都ヤマ
- ◆ 3026 都ヤマ
- ◆ 3027 都ヤマ
- ◆ 3028 都ヤマ
- ◆ 3029 都ヤマ
- ◆ 3030 都ヤマ
- ◆ 3031 都ヤマ
- ◆ 3032 都ヤマ
- ◆ 3033 都ヤマ 12

- ◆ 3201 都コツ 07
- ◆ 3202 都コツ 09
- ◆ 3203 都コツ
- ◆ 3204 都コツ
- ◆ 3205 都コツ
- ◆ 3206 都コツ
- ◆ 3207 都コツ
- ◆ 3208 都コツ
- ◆ 3209 都コツ
- ◆ 3210 都コツ
- ◆ 3211 都コツ
- ◆ 3212 都コツ
- ◆ 3213 都コツ
- ◆ 3214 都コツ
- ◆ 3215 都コツ 11
- ◆ 3216 都コツ
- ◆ 3217 都コツ
- ◆ 3218 都ヤマ
- ◆ 3219 都ヤマ
- ◆ 3220 都ヤマ
- ◆ 3221 都ヤマ
- ◆ 3222 都ヤマ
- ◆ 3223 都ヤマ
- ◆ 3224 都ヤマ
- ◆ 3225 都ヤマ
- ◆ 3226 都ヤマ
- ◆ 3227 都ヤマ
- ◆ 3228 都ヤマ
- ◆ 3229 都ヤマ
- ◆ 3230 都ヤマ
- ◆ 3231 都ヤマ
- ◆ 3232 都ヤマ
- ◆ 3233 都ヤマ 12

- ◆ 3401 都コツ 07
- ◆ 3402 都コツ 09
- ◆ 3403 都コツ
- ◆ 3404 都コツ
- ◆ 3405 都コツ
- ◆ 3406 都コツ
- ◆ 3407 都コツ
- ◆ 3408 都コツ
- ◆ 3409 都コツ
- ◆ 3410 都コツ
- ◆ 3411 都コツ
- ◆ 3412 都コツ
- ◆ 3413 都コツ
- ◆ 3414 都コツ
- ◆ 3415 都コツ 11
- ◆ 3416 都コツ
- ◆ 3417 都コツ
- ◆ 3418 都ヤマ
- ◆ 3419 都ヤマ
- ◆ 3420 都ヤマ
- ◆ 3421 都ヤマ
- ◆ 3422 都ヤマ
- ◆ 3423 都ヤマ
- ◆ 3424 都ヤマ
- ◆ 3425 都ヤマ
- ◆ 3426 都ヤマ
- ◆ 3427 都ヤマ
- ◆ 3428 都ヤマ
- ◆ 3429 都ヤマ
- ◆ 3430 都ヤマ
- ◆ 3431 都ヤマ
- ◆ 3432 都ヤマ
- ◆ 3433 都ヤマ 12

- ◆ 3601 都コツ 07
- ◆ 3602 都コツ 09
- ◆ 3603 都コツ
- ◆ 3604 都コツ
- ◆ 3605 都コツ
- ◆ 3606 都コツ
- ◆ 3607 都コツ
- ◆ 3608 都コツ
- ◆ 3609 都コツ
- ◆ 3610 都コツ
- ◆ 3611 都コツ
- ◆ 3612 都コツ
- ◆ 3613 都コツ
- ◆ 3614 都コツ
- ◆ 3615 都コツ 11
- ◆ 3516 都コツ
- ◆ 3617 都コツ
- ◆ 3618 都ヤマ
- ◆ 3619 都ヤマ
- ◆ 3620 都ヤマ
- ◆ 3621 都ヤマ
- ◆ 3622 都ヤマ
- ◆ 3623 都ヤマ
- ◆ 3624 都ヤマ
- ◆ 3625 都ヤマ
- ◆ 3626 都ヤマ
- ◆ 3627 都ヤマ
- ◆ 3628 都ヤマ
- ◆ 3629 都ヤマ
- ◆ 3630 都ヤマ
- ◆ 3631 都ヤマ
- ◆ 3632 都ヤマ 12
- ◆ 3633 都ヤマ
- ◆ 3634 都ヤマ
- ◆ 3635 都ヤマ
- ◆ 3636 都コツ
- ◆ 3637 都コツ 14
- ◆ 3638 都コツ
- ◆ 3639 都コツ 17

- ◆ 5001 都ケヨ
- ◆ 5002 都ケヨ 09
- ◆ 5003 都ケヨ
- ◆ 5004 都ケヨ
- ◆ 5005 都ケヨ
- ◆ 5006 都ケヨ
- ◆ 5007 都ケヨ
- ◆ 5008 都ケヨ
- ◆ 5009 都ケヨ
- ◆ 5010 都ケヨ
- ◆ 5011 都ケヨ
- ◆ 5012 都ケヨ
- ◆ 5013 都ケヨ
- ◆ 5014 都ケヨ
- ◆ 5015 都ケヨ
- ◆ 5016 都ケヨ 10
- ◆ 5017 都ケヨ
- ◆ 5018 都ケヨ
- ◆ 5019 都ケヨ
- ◆ 5020 都ケヨ 11
- ◆ 5021 都ケヨ
- ◆ 5022 都ケヨ 10
- ◆ 5023 都ケヨ
- ◆ 5024 都ケヨ 11

- ◆ 5201 都ケヨ
- ◆ 5202 都ケヨ 09
- ◆ 5203 都ケヨ
- ◆ 5204 都ケヨ
- ◆ 5205 都ケヨ
- ◆ 5206 都ケヨ
- ◆ 5207 都ケヨ
- ◆ 5208 都ケヨ
- ◆ 5209 都ケヨ
- ◆ 5210 都ケヨ
- ◆ 5211 都ケヨ
- ◆ 5212 都ケヨ
- ◆ 5213 都ケヨ
- ◆ 5214 都ケヨ
- ◆ 5215 都ケヨ
- ◆ 5216 都ケヨ 10
- ◆ 5217 都ケヨ
- ◆ 5218 都ケヨ
- ◆ 5219 都ケヨ
- ◆ 5220 都ケヨ 11
- ◆ 5221 都ケヨ
- ◆ 5222 都ケヨ 10
- ◆ 5223 都ケヨ
- ◆ 5224 都ケヨ 11

- ◆ 5401 都ケヨ
- ◆ 5402 都ケヨ 09
- ◆ 5403 都ケヨ
- ◆ 5404 都ケヨ
- ◆ 5405 都ケヨ
- ◆ 5406 都ケヨ
- ◆ 5407 都ケヨ
- ◆ 5408 都ケヨ
- ◆ 5409 都ケヨ
- ◆ 5410 都ケヨ
- ◆ 5411 都ケヨ
- ◆ 5412 都ケヨ
- ◆ 5413 都ケヨ
- ◆ 5414 都ケヨ
- ◆ 5415 都ケヨ
- ◆ 5416 都ケヨ 10
- ◆ 5417 都ケヨ
- ◆ 5418 都ケヨ
- ◆ 5419 都ケヨ
- ◆ 5420 都ケヨ 11

- ◆ 5601 都ケヨ
- ◆ 5602 都ケヨ 10
- ◆ 5603 都ケヨ
- ◆ 5604 都ケヨ 11

- ◆ 6001 都クラ
- ◆ 6002 都クラ
- ◆ 6003 都クラ
- ◆ 6004 都クラ
- ◆ 6005 都クラ
- ◆ 6006 都クラ
- ◆ 6007 都クラ 13
- ◆ 6008 都クラ
- ◆ 6009 都クラ
- ◆ 6010 都クラ
- ◆ 6011 都クラ
- ◆ 6012 都クラ
- ◆ 6013 都クラ
- ◆ 6014 都クラ
- ◆ 6015 都クラ 14
- ◆ 6016 都クラ
- ◆ 6017 都クラ
- ◆ 6018 都クラ
- ◆ 6019 都クラ
- ◆ 6020 都クラ
- ◆ 6021 都クラ 13
- ◆ 6022 都クラ
- ◆ 6023 都クラ
- ◆ 6024 都クラ
- ◆ 6025 都クラ
- ◆ 6026 都クラ
- ◆ 6027 都クラ
- ◆ 6028 都クラ 14

- ◆ 6401 都クラ
- ◆ 6402 都クラ
- ◆ 6403 都クラ
- ◆ 6404 都クラ
- ◆ 6405 都クラ
- ◆ 6406 都クラ
- ◆ 6407 都クラ 13
- ◆ 6408 都クラ
- ◆ 6409 都クラ
- ◆ 6410 都クラ
- ◆ 6411 都クラ
- ◆ 6412 都クラ
- ◆ 6413 都クラ
- ◆ 6414 都クラ
- ◆ 6415 都クラ 14
- ◆ 6416 都クラ
- ◆ 6417 都クラ
- ◆ 6418 都クラ
- ◆ 6419 都クラ
- ◆ 6420 都クラ
- ◆ 6421 都クラ 13
- ◆ 6422 都クラ
- ◆ 6423 都クラ
- ◆ 6424 都クラ
- ◆ 6425 都クラ
- ◆ 6426 都クラ
- ◆ 6427 都クラ
- ◆ 6428 都クラ 14

◆7001 都ハエ 12
◆7002 都ハエ
◆7003 都ハエ
◆7004 都ハエ
◆7005 都ハエ
◆7006 都ハエ
◆7007 都ハエ
◆7008 都ハエ
◆7009 都ハエ
◆7010 都ハエ
◆7011 都ハエ
◆7012 都ハエ
◆7013 都ハエ
◆7014 都ハエ
◆7015 都ハエ
◆7016 都ハエ
◆7017 都ハエ
◆7018 都ハエ
◆7019 都ハエ
◆7020 都ハエ
◆7021 都ハエ
◆7022 都ハエ
◆7023 都ハエ
◆7024 都ハエ
◆7025 都ハエ
◆7026 都ハエ
◆7027 都ハエ
◆7028 都ハエ
◆7029 都ハエ
◆7030 都ハエ
◆7031 都ハエ 13
◆7032 都ハエ
◆7033 都ハエ
◆7034 都ハエ 18
◆7035 都ハエ
◆7036 都ハエ
◆7037 都ハエ
◆7038 都ハエ 19

7201 都ハエ 12
◆7202 都ハエ
◆7203 都ハエ
◆7204 都ハエ
◆7205 都ハエ
◆7206 都ハエ
◆7207 都ハエ
◆7208 都ハエ
◆7209 都ハエ
◆7210 都ハエ
◆7211 都ハエ
◆7212 都ハエ
◆7213 都ハエ
◆7214 都ハエ
◆7215 都ハエ
◆7216 都ハエ
◆7217 都ハエ
◆7218 都ハエ
◆7219 都ハエ
◆7220 都ハエ
◆7221 都ハエ
◆7222 都ハエ
◆7223 都ハエ
◆7224 都ハエ
◆7225 都ハエ
◆7226 都ハエ
◆7227 都ハエ
◆7228 都ハエ
◆7229 都ハエ
◆7230 都ハエ
◆7231 都ハエ 13
◆7232 都ハエ
◆7233 都ハエ
◆7234 都ハエ 18
◆7235 都ハエ
◆7236 都ハエ
◆7237 都ハエ
◆7238 都ハエ 19

◆7401 都ハエ 12
◆7402 都ハエ
◆7403 都ハエ
◆7404 都ハエ
◆7405 都ハエ
◆7406 都ハエ
◆7407 都ハエ
◆7408 都ハエ
◆7409 都ハエ
◆7410 都ハエ
◆7411 都ハエ
◆7412 都ハエ
◆7413 都ハエ
◆7414 都ハエ
◆7415 都ハエ
◆7416 都ハエ
◆7417 都ハエ
◆7418 都ハエ
◆7419 都ハエ
◆7420 都ハエ
◆7421 都ハエ
◆7422 都ハエ
◆7423 都ハエ
◆7424 都ハエ
◆7425 都ハエ
◆7426 都ハエ
◆7427 都ハエ
◆7428 都ハエ
◆7429 都ハエ
◆7430 都ハエ
◆7431 都ハエ 13
◆7432 都ハエ
◆7433 都ハエ
◆7434 都ハエ 18
◆7435 都ハエ
◆7436 都ハエ
◆7437 都ハエ
◆7438 都ハエ 19

◆8001 都ナハ
◆8002 都ナハ
◆8003 都ナハ
◆8004 都ナハ
◆8005 都ナハ
◆8006 都ナハ
◆8007 都ナハ
◆8008 都ナハ
◆8009 都ナハ
◆8010 都ナハ
◆8011 都ナハ
◆8012 都ナハ
◆8013 都ナハ
◆8014 都ナハ
◆8015 都ナハ
◆8016 都ナハ 14
◆8017 都ナハ
◆8018 都ナハ
◆8019 都ナハ
◆8020 都ナハ
◆8021 都ナハ
◆8022 都ナハ
◆8023 都ナハ
◆8024 都ナハ
◆8025 都ナハ
◆8026 都ナハ
◆8027 都ナハ
◆8028 都ナハ
◆8029 都ナハ
◆8030 都ナハ
◆8031 都ナハ
◆8032 都ナハ
◆8033 都ナハ
◆8034 都ナハ
◆8035 都ナハ 15

◆8201 都ナハ
◆8202 都ナハ
◆8203 都ナハ
◆8204 都ナハ
◆8205 都ナハ
◆8206 都ナハ
◆8207 都ナハ
◆8208 都ナハ
◆8209 都ナハ
◆8210 都ナハ
◆8211 都ナハ
◆8212 都ナハ
◆8213 都ナハ
◆8214 都ナハ
◆8215 都ナハ
◆8216 都ナハ 14
◆8217 都ナハ
◆8218 都ナハ
◆8219 都ナハ
◆8220 都ナハ
◆8221 都ナハ
◆8222 都ナハ
◆8223 都ナハ
◆8224 都ナハ
◆8225 都ナハ
◆8226 都ナハ
◆8227 都ナハ
◆8228 都ナハ
◆8229 都ナハ
◆8230 都ナハ
◆8231 都ナハ
◆8232 都ナハ
◆8233 都ナハ
◆8234 都ナハ
◆8235 都ナハ 15

◆8570 都ナハ 16改

◆8770 都ナハ 16改

モハE232 963

1 都トタ
2 都トタ
3 都トタ
4 都トタ
5 都トタ
6 都トタ
7 都トタ
8 都トタ
9 都トタ
10 都トタ 06
11 都トタ
12 都トタ
13 都トタ
14 都トタ
15 都トタ
16 都トタ
17 都トタ
18 都トタ
19 都トタ
20 都トタ
21 都トタ
22 都トタ
23 都トタ
24 都トタ
25 都トタ
26 都トタ
27 都トタ
28 都トタ
29 都トタ
30 都トタ
31 都トタ
32 都トタ
33 都トタ
34 都トタ
35 都トタ
36 都トタ
37 都トタ
38 都トタ
39 都トタ
40 都トタ
41 都トタ
42 都トタ 07
43 都トタ
44 都トタ
45 都トタ
46 都トタ
47 都トタ
48 都トタ
49 都トタ
50 都トタ
51 都トタ
52 都トタ
53 都トタ
54 都トタ
55 都トタ 06
56 都トタ
57 都トタ
58 都トタ
59 都トタ
60 都トタ
61 都トタ
62 都トタ
63 都トタ
64 都トタ
65 都トタ
66 都トタ
67 都トタ
68 都トタ
69 都トタ
改 70 17.02.10 8570 07
71 都トタ 20

201 都トタ
202 都トタ
203 都トタ
204 都トタ
205 都トタ
206 都トタ
207 都トタ
208 都トタ
209 都トタ
210 都トタ 06
211 都トタ
212 都トタ
213 都トタ
214 都トタ
215 都トタ
216 都トタ
217 都トタ
218 都トタ
219 都トタ
220 都トタ
221 都トタ
222 都トタ
223 都トタ
224 都トタ
225 都トタ
226 都トタ
227 都トタ
228 都トタ
229 都トタ
230 都トタ
231 都トタ
232 都トタ
233 都トタ
234 都トタ
235 都トタ
236 都トタ
237 都トタ
238 都トタ
239 都トタ
240 都トタ
241 都トタ
242 都トタ 07
243 都トタ
244 都トタ
245 都トタ
246 都トタ
247 都トタ
248 都トタ
249 都トタ
250 都トタ
251 都トタ
252 都トタ
253 都トタ
254 都トタ
255 都トタ 06
256 都トタ
257 都トタ
258 都トタ
259 都トタ
260 都トタ
261 都トタ
262 都トタ
263 都トタ
264 都トタ
265 都トタ
266 都トタ
267 都トタ
268 都トタ
269 都トタ
改 270 17.02.10 8770 07
271 都トタ 20

401 都トタ
402 都トタ
403 都トタ
404 都トタ
405 都トタ
406 都トタ
407 都トタ
408 都トタ
409 都トタ
410 都トタ 06
411 都トタ
412 都トタ
413 都トタ
414 都トタ
415 都トタ
416 都トタ
417 都トタ
418 都トタ
419 都トタ
420 都トタ
421 都トタ
422 都トタ
423 都トタ
424 都トタ
425 都トタ
426 都トタ
427 都トタ
428 都トタ
429 都トタ
430 都トタ
431 都トタ
432 都トタ
433 都トタ
434 都トタ
435 都トタ
436 都トタ
437 都トタ
438 都トタ
439 都トタ
440 都トタ
441 都トタ
442 都トタ 07
443 都トタ 20

601 都トタ
602 都トタ
603 都トタ
604 都トタ
605 都トタ
606 都トタ
607 都トタ
608 都トタ
609 都トタ
610 都トタ
611 都トタ
612 都トタ
613 都トタ 06
614 都トタ
615 都トタ
616 都トタ
617 都トタ
618 都トタ
619 都トタ
620 都トタ
621 都トタ
622 都トタ
623 都トタ
624 都トタ
625 都トタ 07

1001 都サイ
1002 都サイ
1003 都サイ
1004 都サイ
1005 都サイ
1006 都サイ
1007 都サイ
1008 都サイ
1009 都サイ
1010 都サイ
1011 都サイ
1012 都サイ 07
1013 都サイ
1014 都サイ
1015 都サイ
1016 都サイ
1017 都サイ
1018 都サイ
1019 都サイ
1020 都サイ
1021 都サイ
1022 都サイ
1023 都サイ
1024 都サイ
1025 都サイ
1026 都サイ
1027 都サイ
1028 都サイ
1029 都サイ
1030 都サイ
1031 都サイ
1032 都サイ
1033 都サイ
1034 都サイ
1035 都サイ
1036 都サイ
1037 都サイ
1038 都サイ
1039 都サイ
1040 都サイ
1041 都サイ
1042 都サイ
1043 都サイ
1044 都サイ
1045 都サイ
1046 都サイ 08
1047 都サイ 09
1048 都サイ
1049 都サイ 08
1050 都サイ
1051 都サイ
1052 都サイ
1053 都サイ
1054 都サイ
1055 都サイ
1056 都サイ
1057 都サイ
1058 都サイ
1059 都サイ
1060 都サイ
1061 都サイ
1062 都サイ
1063 都サイ
1064 都サイ
1065 都サイ
1066 都サイ
1067 都サイ
1068 都サイ
1069 都サイ
1070 都サイ
1071 都サイ
1072 都サイ
1073 都サイ
1074 都サイ
1075 都サイ
1076 都サイ
廃1077 18.04.07
1078 都サイ
1079 都サイ
1080 都サイ
1081 都サイ
1082 都サイ
1083 都サイ 09

1201 都サイ
1202 都サイ
1203 都サイ
1204 都サイ
1205 都サイ
1206 都サイ
1207 都サイ
1208 都サイ
1209 都サイ
1210 都サイ
1211 都サイ
1212 都サイ 07
1213 都サイ
1214 都サイ
1215 都サイ
1216 都サイ
1217 都サイ
1218 都サイ
1219 都サイ
1220 都サイ
1221 都サイ
1222 都サイ
1223 都サイ
1224 都サイ
1225 都サイ
1226 都サイ
1227 都サイ
1228 都サイ
1229 都サイ
1230 都サイ
1231 都サイ
1232 都サイ
1233 都サイ
1234 都サイ
1235 都サイ
1236 都サイ
1237 都サイ
1238 都サイ
1239 都サイ
1240 都サイ
1241 都サイ
1242 都サイ
1243 都サイ
1244 都サイ
1245 都サイ
1246 都サイ 08
1247 都サイ 09
1248 都サイ
1249 都サイ 08
1250 都サイ
1251 都サイ
1252 都サイ
1253 都サイ
1254 都サイ
1255 都サイ
1256 都サイ
1257 都サイ
1258 都サイ
1259 都サイ
1260 都サイ
1261 都サイ
1262 都サイ
1263 都サイ
1264 都サイ
1265 都サイ
1266 都サイ
1267 都サイ
1268 都サイ
1269 都サイ
1270 都サイ
1271 都サイ
1272 都サイ
1273 都サイ
1274 都サイ
1275 都サイ
1276 都サイ
廃1277 18.04.07
1278 都サイ
1279 都サイ
1280 都サイ
1281 都サイ
1282 都サイ
1283 都サイ 09

1401 都サイ
1402 都サイ
1403 都サイ
1404 都サイ
1405 都サイ
1406 都サイ
1407 都サイ
1408 都サイ
1409 都サイ
1410 都サイ
1411 都サイ
1412 都サイ 07
1413 都サイ
1414 都サイ
1415 都サイ
1416 都サイ
1417 都サイ
1418 都サイ
1419 都サイ
1420 都サイ
1421 都サイ
1422 都サイ
1423 都サイ
1424 都サイ
1425 都サイ
1426 都サイ
1427 都サイ
1428 都サイ
1429 都サイ
1430 都サイ
1431 都サイ
1432 都サイ
1433 都サイ
1434 都サイ
1435 都サイ
1436 都サイ
1437 都サイ
1438 都サイ
1439 都サイ
1440 都サイ
1441 都サイ
1442 都サイ
1443 都サイ
1444 都サイ
1445 都サイ
1446 都サイ 08
1447 都サイ 09
1448 都サイ
1449 都サイ 08
1450 都サイ
1451 都サイ
1452 都サイ
1453 都サイ
1454 都サイ
1455 都サイ
1456 都サイ
1457 都サイ
1458 都サイ
1459 都サイ
1460 都サイ
1461 都サイ
1462 都サイ
1463 都サイ
1464 都サイ
1465 都サイ
1466 都サイ
1467 都サイ
1468 都サイ
1469 都サイ
1470 都サイ
1471 都サイ
1472 都サイ
1473 都サイ
1474 都サイ
1475 都サイ
1476 都サイ
廃1477 18.04.07
1478 都サイ
1479 都サイ
1480 都サイ
1481 都サイ
1482 都サイ
1483 都サイ 09

2001 都マト 09
2002 都マト
2003 都マト
2004 都マト
2005 都マト
2006 都マト
2007 都マト
2008 都マト
2009 都マト
2010 都マト
2011 都マト 10
2012 都マト
2013 都マト
2014 都マト
2015 都マト
2016 都マト
2017 都マト
2018 都マト 11
2019 都マト 16

2201 都マト 09
2202 都マト
2203 都マト
2204 都マト
2205 都マト
2206 都マト
2207 都マト
2208 都マト
2209 都マト
2210 都マト
2211 都マト 10
2212 都マト
2213 都マト
2214 都マト
2215 都マト
2216 都マト
2217 都マト
2218 都マト 11
2219 都マト 16

2401 都マト 09
2402 都マト
2403 都マト
2404 都マト
2405 都マト
2406 都マト
2407 都マト
2408 都マト
2409 都マト
2410 都マト
2411 都マト 10
2412 都マト
2413 都マト
2414 都マト
2415 都マト
2416 都マト
2417 都マト
2418 都マト 11
2419 都マト 16

3001 都コツ 07
3002 都コツ 09
3003 都コツ
3004 都コツ
3005 都コツ
3006 都コツ
3007 都コツ
3008 都コツ
3009 都コツ
3010 都コツ
3011 都コツ
3012 都コツ
3013 都コツ
3014 都コツ
3015 都コツ 11
3016 都コツ
3017 都コツ
3018 都ヤマ
3019 都ヤマ
3020 都ヤマ
3021 都ヤマ
3022 都ヤマ
3023 都ヤマ
3024 都ヤマ
3025 都ヤマ
3026 都ヤマ
3027 都ヤマ
3028 都ヤマ
3029 都ヤマ
3030 都ヤマ
3031 都ヤマ
3032 都ヤマ
3033 都ヤマ 12

3201 都コツ 07
3202 都コツ 09

3401 都コツ 07
3402 都コツ 09
3403 都コツ
3404 都コツ
3405 都コツ
3406 都コツ
3407 都コツ
3408 都コツ
3409 都コツ
3410 都コツ
3411 都コツ
3412 都コツ
3413 都コツ
3414 都コツ
3415 都コツ 11
3416 都コツ
3417 都コツ
3418 都ヤマ
3419 都ヤマ
3420 都ヤマ
3421 都ヤマ
3422 都ヤマ
3423 都ヤマ
3424 都ヤマ
3425 都ヤマ
3426 都ヤマ
3427 都ヤマ
3428 都ヤマ
3429 都ヤマ
3430 都ヤマ
3431 都ヤマ
3432 都ヤマ
3433 都ヤマ 12

3601 都コツ 07
3602 都コツ 09
3603 都コツ
3604 都コツ
3605 都コツ
3606 都コツ
3607 都コツ
3608 都コツ
3609 都コツ
3610 都コツ
3611 都コツ
3612 都コツ
3613 都コツ
3614 都コツ
3615 都コツ 11
3616 都コツ
3617 都コツ
3618 都ヤマ
3619 都ヤマ
3620 都ヤマ
3621 都ヤマ
3622 都ヤマ
3623 都ヤマ
3624 都ヤマ
3625 都ヤマ
3626 都ヤマ
3627 都ヤマ
3628 都ヤマ
3629 都ヤマ
3630 都ヤマ
3631 都ヤマ
3632 都ヤマ 12
3633 都ヤマ
3634 都ヤマ
3635 都ヤマ
3636 都コツ
3637 都コツ 14
3638 都コツ
3639 都コツ 17

3803 都コツ
3804 都コツ
3805 都コツ
3806 都コツ
3807 都コツ
3808 都コツ
3809 都コツ
3810 都コツ
3811 都コツ
3812 都コツ
3813 都コツ
3814 都コツ
3815 都コツ 11
3816 都コツ
3817 都コツ
3818 都ヤマ
3819 都ヤマ
3820 都ヤマ
3821 都ヤマ
3822 都ヤマ
3823 都ヤマ
3824 都ヤマ
3825 都ヤマ
3826 都ヤマ
3827 都ヤマ
3828 都ヤマ
3829 都ヤマ
3830 都ヤマ
3831 都ヤマ
3832 都ヤマ
3833 都ヤマ 12

5001 都ケヨ
5002 都ケヨ 09
5003 都ケヨ
5004 都ケヨ
5005 都ケヨ
5006 都ケヨ
5007 都ケヨ
5008 都ケヨ
5009 都ケヨ
5010 都ケヨ
5011 都ケヨ
5012 都ケヨ
5013 都ケヨ
5014 都ケヨ
5015 都ケヨ
5016 都ケヨ 10
5017 都ケヨ
5018 都ケヨ
5019 都ケヨ
5020 都ケヨ 11
5021 都ケヨ
5022 都ケヨ 10
5023 都ケヨ
5024 都ケヨ 11

5201 都ケヨ
5202 都ケヨ 09
5203 都ケヨ
5204 都ケヨ
5205 都ケヨ
5206 都ケヨ
5207 都ケヨ
5208 都ケヨ
5209 都ケヨ
5210 都ケヨ
5211 都ケヨ
5212 都ケヨ
5213 都ケヨ
5214 都ケヨ
5215 都ケヨ
5216 都ケヨ 10
5217 都ケヨ
5218 都ケヨ
5219 都ケヨ
5220 都ケヨ 11
5221 都ケヨ
5222 都ケヨ 10
5223 都ケヨ
5224 都ケヨ 11

5401 都ケヨ
5402 都ケヨ 09
5403 都ケヨ
5404 都ケヨ
5405 都ケヨ
5406 都ケヨ
5407 都ケヨ
5408 都ケヨ
5409 都ケヨ
5410 都ケヨ
5411 都ケヨ
5412 都ケヨ
5413 都ケヨ
5414 都ケヨ
5415 都ケヨ
5416 都ケヨ 10
5417 都ケヨ
5418 都ケヨ
5419 都ケヨ
5420 都ケヨ 11

5601 都ケヨ
5602 都ケヨ 10
5603 都ケヨ
5604 都ケヨ 11

6001 都クラ
6002 都クラ
6003 都クラ
6004 都クラ
6005 都クラ
6006 都クラ
6007 都クラ 13
6008 都クラ
6009 都クラ
6010 都クラ
6011 都クラ
6012 都クラ
6013 都クラ
6014 都クラ
6015 都クラ 14
6016 都クラ
6017 都クラ
6018 都クラ
6019 都クラ
6020 都クラ
6021 都クラ 13
6022 都クラ
6023 都クラ
6024 都クラ
6025 都クラ
6026 都クラ
6027 都クラ
6028 都クラ 14

6401 都クラ
6402 都クラ
6403 都クラ
6404 都クラ
6405 都クラ
6406 都クラ
6407 都クラ 13
6408 都クラ
6409 都クラ
6410 都クラ
6411 都クラ
6412 都クラ
6413 都クラ
6414 都クラ
6415 都クラ 14
6416 都クラ
6417 都クラ
6418 都クラ
6419 都クラ
6420 都クラ
6421 都クラ 13
6422 都クラ
6423 都クラ
6424 都クラ
6425 都クラ
6426 都クラ
6427 都クラ
6428 都クラ 14

7001 都ハエ 12
7002 都ハエ
7003 都ハエ
7004 都ハエ
7005 都ハエ
7006 都ハエ
7007 都ハエ
7008 都ハエ
7009 都ハエ
7010 都ハエ
7011 都ハエ
7012 都ハエ
7013 都ハエ
7014 都ハエ
7015 都ハエ
7016 都ハエ
7017 都ハエ
7018 都ハエ
7019 都ハエ
7020 都ハエ
7021 都ハエ
7022 都ハエ
7023 都ハエ
7024 都ハエ
7025 都ハエ
7026 都ハエ
7027 都ハエ
7028 都ハエ
7029 都ハエ
7030 都ハエ
7031 都ハエ 13
7032 都ハエ
7033 都ハエ
7034 都ハエ 18
7035 都ハエ
7036 都ハエ
7037 都ハエ
7038 都ハエ 19

7201 都ハエ 12
7202 都ハエ
7203 都ハエ
7204 都ハエ
7205 都ハエ
7206 都ハエ
7207 都ハエ
7208 都ハエ
7209 都ハエ
7210 都ハエ
7211 都ハエ
7212 都ハエ
7213 都ハエ
7214 都ハエ
7215 都ハエ
7216 都ハエ
7217 都ハエ
7218 都ハエ
7219 都ハエ
7220 都ハエ
7221 都ハエ
7222 都ハエ
7223 都ハエ
7224 都ハエ
7225 都ハエ
7226 都ハエ
7227 都ハエ
7228 都ハエ
7229 都ハエ
7230 都ハエ
7231 都ハエ 13
7232 都ハエ
7233 都ハエ
7234 都ハエ 18
7235 都ハエ
7236 都ハエ
7237 都ハエ
7238 都ハエ 19

7401 都ハエ 12
7402 都ハエ
7403 都ハエ
7404 都ハエ
7405 都ハエ
7406 都ハエ
7407 都ハエ
7408 都ハエ
7409 都ハエ
7410 都ハエ
7411 都ハエ
7412 都ハエ
7413 都ハエ
7414 都ハエ
7415 都ハエ
7416 都ハエ
7417 都ハエ
7418 都ハエ
7419 都ハエ
7420 都ハエ
7421 都ハエ
7422 都ハエ
7423 都ハエ
7424 都ハエ
7425 都ハエ
7426 都ハエ
7427 都ハエ
7428 都ハエ
7429 都ハエ
7430 都ハエ
7431 都ハエ 13
7432 都ハエ
7433 都ハエ
7434 都ハエ 18
7435 都ハエ
7436 都ハエ
7437 都ハエ
7438 都ハエ 19

8001 都ナハ
8002 都ナハ
8003 都ナハ
8004 都ナハ
8005 都ナハ
8006 都ナハ
8007 都ナハ
8008 都ナハ
8009 都ナハ
8010 都ナハ
8011 都ナハ
8012 都ナハ
8013 都ナハ
8014 都ナハ
8015 都ナハ
8016 都ナハ 14
8017 都ナハ
8018 都ナハ
8019 都ナハ
8020 都ナハ
8021 都ナハ
8022 都ナハ
8023 都ナハ
8024 都ナハ
8025 都ナハ
8026 都ナハ
8027 都ナハ
8028 都ナハ
8029 都ナハ
8030 都ナハ
8031 都ナハ
8032 都ナハ
8033 都ナハ
8034 都ナハ
8035 都ナハ 15

8201 都ナハ
8202 都ナハ
8203 都ナハ
8204 都ナハ
8205 都ナハ
8206 都ナハ
8207 都ナハ
8208 都ナハ
8209 都ナハ
8210 都ナハ
8211 都ナハ
8212 都ナハ
8213 都ナハ
8214 都ナハ
8215 都ナハ
8216 都ナハ 14
8217 都ナハ
8218 都ナハ
8219 都ナハ
8220 都ナハ
8221 都ナハ
8222 都ナハ
8223 都ナハ
8224 都ナハ
8225 都ナハ
8226 都ナハ
8227 都ナハ
8228 都ナハ
8229 都ナハ
8230 都ナハ
8231 都ナハ
8232 都ナハ
8233 都ナハ
8234 都ナハ
8235 都ナハ 15

8570 都ナハ 16改

8770 都ナハ 16改

クハE233 398

1 都トタ PSN
2 都トタ PSN
3 都トタ PSN
4 都トタ PSN
5 都トタ PSN
6 都トタ PSN
7 都トタ PSN
8 都トタ PSN
9 都トタ PSN
10 都トタ PSN 06
11 都トタ PSN
12 都トタ PSN
13 都トタ PSN
14 都トタ PSN
15 都トタ PSN
16 都トタ PSN
17 都トタ PSN
18 都トタ PSN
19 都トタ PSN
20 都トタ PSN
21 都トタ PSN
22 都トタ PSN
23 都トタ PSN
24 都トタ PSN
25 都トタ PSN
26 都トタ PSN
27 都トタ PSN
28 都トタ PSN
29 都トタ PSN
30 都トタ PSN
31 都トタ PSN
32 都トタ PSN
33 都トタ PSN
34 都トタ PSN
35 都トタ PSN
36 都トタ PSN
37 都トタ PSN
38 都トタ PSN
39 都トタ PSN
40 都トタ PSN
41 都トタ PSN
42 都トタ PSN 07
43 都トタ PSN
44 都トタ PSN
45 都トタ PSN
46 都トタ PSN
47 都トタ PSN
48 都トタ PSN
49 都トタ PSN
50 都トタ PSN
51 都トタ PSN
52 都トタ PSN
53 都トタ PSN
54 都トタ PSN
55 都トタ PSN 06
56 都トタ PSN
57 都トタ PSN
58 都トタ PSN
59 都トタ PSN
60 都トタ PSN
61 都トタ PSN
62 都トタ PSN
63 都トタ PSN
64 都トタ PSN
65 都トタ PSN
66 都トタ PSN
67 都トタ PSN
68 都トタ PSN
69 都トタ PSN
改 70 17.02.10 8570 07
71 都トタ PSN 20

501 都トタ PSN
502 都トタ PSN
503 都トタ PSN
504 都トタ PSN
505 都トタ PSN
506 都トタ PSN
507 都トタ PSN
508 都トタ PSN
509 都トタ PSN
510 都トタ PSN
511 都トタ PSN
512 都トタ PSN
513 都トタ PSN 06
514 都トタ PSN
515 都トタ PSN
516 都トタ PSN
517 都トタ PSN
518 都トタ PSN
519 都トタ PSN
520 都トタ PSN
521 都トタ PSN
522 都トタ PSN
523 都トタ PSN
524 都トタ PSN
525 都トタ PSN 07

1001 都サイ C
1002 都サイ C
1003 都サイ C
1004 都サイ C
1005 都サイ C
1006 都サイ C
1007 都サイ C
1008 都サイ C
1009 都サイ C
1010 都サイ C
1011 都サイ C
1012 都サイ C 07
1013 都サイ C
1014 都サイ C
1015 都サイ C
1016 都サイ C
1017 都サイ C
1018 都サイ C
1019 都サイ C
1020 都サイ C
1021 都サイ C
1022 都サイ C
1023 都サイ C
1024 都サイ C
1025 都サイ C
1026 都サイ C
1027 都サイ C
1028 都サイ C
1029 都サイ C
1030 都サイ C
1031 都サイ C
1032 都サイ C
1033 都サイ C
1034 都サイ C
1035 都サイ C
1036 都サイ C
1037 都サイ C
1038 都サイ C
1039 都サイ C
1040 都サイ C
1041 都サイ C
1042 都サイ C
1043 都サイ C
1044 都サイ C
1045 都サイ C
1046 都サイ C 08
1047 都サイ C 09
1048 都サイ C

1049	都サイ	C	08
1050	都サイ	C	
1051	都サイ	C	
1052	都サイ	C	
1053	都サイ	C	
1054	都サイ	C	
1055	都サイ	C	
1056	都サイ	C	
1057	都サイ	C	
1058	都サイ	C	
1059	都サイ	C	
1060	都サイ	C	
1061	都サイ	C	
1062	都サイ	C	
1063	都サイ	C	
1064	都サイ	C	
1065	都サイ	C	
1066	都サイ	C	
1067	都サイ	C	
1068	都サイ	C	
1069	都サイ	C	
1070	都サイ	C	
1071	都サイ	C	
1072	都サイ	C	
1073	都サイ	C	
1074	都サイ	C	
1075	都サイ	C	
1076	都サイ	C	
廃1077	16.12.04		
1078	都サイ	C	
1079	都サイ	C	
1080	都サイ	C	
1081	都サイ	C	
1082	都サイ	C	
1083	都サイ	C	09
2001	都マト	CSN	09
2002	都マト	CSN	
2003	都マト	CSN	
2004	都マト	CSN	
2005	都マト	CSN	
2006	都マト	CSN	
2007	都マト	CSN	
2008	都マト	CSN	
2009	都マト	CSN	
2010	都マト	CSN	
2011	都マト	CSN	10
2012	都マト	CSN	
2013	都マト	CSN	
2014	都マト	CSN	
2015	都マト	CSN	
2016	都マト	CSN	
2017	都マト	CSN	
2018	都マト	CSN	11
2019	都マト	CSN	16

3001	都コツ	PSN	07
3002	都コツ	PSN	09
3003	都コツ	PSN	
3004	都コツ	PSN	
3005	都コツ	PSN	
3006	都コツ	PSN	
3007	都コツ	PSN	
3008	都コツ	PSN	
3009	都コツ	PSN	
3010	都コツ	PSN	
3011	都コツ	PSN	
3012	都コツ	PSN	
3013	都コツ	PSN	
3014	都コツ	PSN	
3015	都コツ	PSN	11
3016	都コツ	PSN	
3017	都コツ	PSN	
3018	都ヤマ	PSN	
3019	都ヤマ	PSN	
3020	都ヤマ	PSN	
3021	都ヤマ	PSN	
3022	都ヤマ	PSN	
3023	都ヤマ	PSN	
3024	都ヤマ	PSN	
3025	都ヤマ	PSN	
3026	都ヤマ	PSN	
3027	都ヤマ	PSN	
3028	都ヤマ	PSN	
3029	都ヤマ	PSN	
3030	都ヤマ	PSN	
3031	都ヤマ	PSN	
3032	都ヤマ	PSN	
3033	都ヤマ	PSN	12
3501	都コツ	PSN	07
3502	都コツ	PSN	09
3503	都コツ	PSN	
3504	都コツ	PSN	
3505	都コツ	PSN	
3506	都コツ	PSN	
3507	都コツ	PSN	
3508	都コツ	PSN	
3509	都コツ	PSN	
3510	都コツ	PSN	
3511	都コツ	PSN	
3512	都コツ	PSN	
3513	都コツ	PSN	
3514	都コツ	PSN	
3515	都コツ	PSN	11
3516	都コツ	PSN	
3517	都コツ	PSN	
3518	都ヤマ	PSN	
3519	都ヤマ	PSN	
3520	都ヤマ	PSN	
3521	都ヤマ	PSN	
3522	都ヤマ	PSN	
3523	都ヤマ	PSN	
3524	都ヤマ	PSN	
3525	都ヤマ	PSN	
3526	都ヤマ	PSN	
3527	都ヤマ	PSN	
3528	都ヤマ	PSN	
3529	都ヤマ	PSN	
3530	都ヤマ	PSN	
3531	都ヤマ	PSN	
3532	都ヤマ	PSN	12
3533	都ヤマ	PSN	
3534	都ヤマ	PSN	
3535	都ヤマ	PSN	
3536	都コツ	PSN	
3537	都コツ	PSN	14
3538	都コツ	PSN	
3539	都コツ	PSN	17

5001	都ケヨ	PSN	
5002	都ケヨ	PSN	09
5003	都ケヨ	PSN	
5004	都ケヨ	PSN	
5005	都ケヨ	PSN	
5006	都ケヨ	PSN	
5007	都ケヨ	PSN	
5008	都ケヨ	PSN	
5009	都ケヨ	PSN	
5010	都ケヨ	PSN	
5011	都ケヨ	PSN	
5012	都ケヨ	PSN	
5013	都ケヨ	PSN	
5014	都ケヨ	PSN	
5015	都ケヨ	PSN	
5016	都ケヨ	PSN	10
5017	都ケヨ	PSN	
5018	都ケヨ	PSN	
5019	都ケヨ	PSN	
5020	都ケヨ	PSN	11
5021	都ケヨ	PSN	
5022	都ケヨ	PSN	10
5023	都ケヨ	PSN	
5024	都ケヨ	PSN	11
5501	都ケヨ	PSN	
5502	都ケヨ	PSN	10
5503	都ケヨ	PSN	
5504	都ケヨ	PSN	11
6001	都クラ	PC	
6002	都クラ	PC	
6003	都クラ	PC	
6004	都クラ	PC	
6005	都クラ	PC	
6006	都クラ	PC	
6007	都クラ	PC	13
6008	都クラ	PC	
6009	都クラ	PC	
6010	都クラ	PC	
6011	都クラ	PC	
6012	都クラ	PC	
6013	都クラ	PC	
6014	都クラ	PC	
6015	都クラ	PC	14
6016	都クラ	PC	
6017	都クラ	PC	
6018	都クラ	PC	
6019	都クラ	PC	
6020	都クラ	PC	
6021	都クラ	PC	13
6022	都クラ	PC	
6023	都クラ	PC	
6024	都クラ	PC	
6025	都クラ	PC	
6026	都クラ	PC	
6027	都クラ	PC	
6028	都クラ	PC	14

7001	都ハエ	PC	12
7002	都ハエ	PC	
7003	都ハエ	PC	
7004	都ハエ	PC	
7005	都ハエ	PC	
7006	都ハエ	PC	
7007	都ハエ	PC	
7008	都ハエ	PC	
7009	都ハエ	PC	
7010	都ハエ	PC	
7011	都ハエ	PC	
7012	都ハエ	PC	
7013	都ハエ	PC	
7014	都ハエ	PC	
7015	都ハエ	PC	
7016	都ハエ	PC	
7017	都ハエ	PC	
7018	都ハエ	PC	
7019	都ハエ	PC	
7020	都ハエ	PC	
7021	都ハエ	PC	
7022	都ハエ	PC	
7023	都ハエ	PC	
7024	都ハエ	PC	
7025	都ハエ	PC	
7026	都ハエ	PC	
7027	都ハエ	PC	
7028	都ハエ	PC	
7029	都ハエ	PC	
7030	都ハエ	PC	
7031	都ハエ	PC	13
7032	都ハエ	PC	
7033	都ハエ	PC	
7034	都ハエ	PC	18
7035	都ハエ	PC	
7036	都ハエ	PC	
7037	都ハエ	PC	
7038	都ハエ	PC	19
8001	都ナハ	PSN	
8002	都ナハ	PSN	
8003	都ナハ	PSN	
8004	都ナハ	PSN	
8005	都ナハ	PSN	
8006	都ナハ	PSN	
8007	都ナハ	PSN	
8008	都ナハ	PSN	
8009	都ナハ	PSN	
8010	都ナハ	PSN	
8011	都ナハ	PSN	
8012	都ナハ	PSN	
8013	都ナハ	PSN	
8014	都ナハ	PSN	
8015	都ナハ	PSN	
8016	都ナハ	PSN	14
8017	都ナハ	PSN	
8018	都ナハ	PSN	
8019	都ナハ	PSN	
8020	都ナハ	PSN	
8021	都ナハ	PSN	
8022	都ナハ	PSN	
8023	都ナハ	PSN	
8024	都ナハ	PSN	
8025	都ナハ	PSN	
8026	都ナハ	PSN	
8027	都ナハ	PSN	
8028	都ナハ	PSN	
8029	都ナハ	PSN	
8030	都ナハ	PSN	
8031	都ナハ	PSN	
8032	都ナハ	PSN	
8033	都ナハ	PSN	
8034	都ナハ	PSN	
8035	都ナハ	PSN	15
8570	都ナハ	PSN	16改

クハE232　398

1	都トタ	PSN	
2	都トタ	PSN	
3	都トタ	PSN	
4	都トタ	PSN	
5	都トタ	PSN	
6	都トタ	PSN	
7	都トタ	PSN	
8	都トタ	PSN	
9	都トタ	PSN	
10	都トタ	PSN	06
11	都トタ	PSN	
12	都トタ	PSN	
13	都トタ	PSN	
14	都トタ	PSN	
15	都トタ	PSN	
16	都トタ	PSN	
17	都トタ	PSN	
18	都トタ	PSN	
19	都トタ	PSN	
20	都トタ	PSN	
21	都トタ	PSN	
22	都トタ	PSN	
23	都トタ	PSN	
24	都トタ	PSN	
25	都トタ	PSN	
26	都トタ	PSN	
27	都トタ	PSN	
28	都トタ	PSN	
29	都トタ	PSN	
30	都トタ	PSN	
31	都トタ	PSN	
32	都トタ	PSN	
33	都トタ	PSN	
34	都トタ	PSN	
35	都トタ	PSN	
36	都トタ	PSN	
37	都トタ	PSN	
38	都トタ	PSN	
39	都トタ	PSN	
40	都トタ	PSN	
41	都トタ	PSN	
42	都トタ	PSN	07
43	都トタ	PSN	
44	都トタ	PSN	
45	都トタ	PSN	
46	都トタ	PSN	
47	都トタ	PSN	
48	都トタ	PSN	
49	都トタ	PSN	
50	都トタ	PSN	
51	都トタ	PSN	
52	都トタ	PSN	
53	都トタ	PSN	
54	都トタ	PSN	
55	都トタ	PSN	06
56	都トタ	PSN	
57	都トタ	PSN	
58	都トタ	PSN	
59	都トタ	PSN	
60	都トタ	PSN	
61	都トタ	PSN	
62	都トタ	PSN	
63	都トタ	PSN	
64	都トタ	PSN	
65	都トタ	PSN	
66	都トタ	PSN	
67	都トタ	PSN	07
68	都トタ	PSN	20

501 都トタ PSN
502 都トタ PSN
503 都トタ PSN
504 都トタ PSN
505 都トタ PSN
506 都トタ PSN
507 都トタ PSN
508 都トタ PSN
509 都トタ PSN
510 都トタ PSN
511 都トタ PSN
512 都トタ PSN
513 都トタ PSN 06
514 都トタ PSN
515 都トタ PSN
516 都トタ PSN
517 都トタ PSN
518 都トタ PSN
519 都トタ PSN
520 都トタ PSN
521 都トタ PSN
522 都トタ PSN
523 都トタ PSN
524 都トタ PSN
525 都トタ PSN
526 都トタ PSN
527 都トタ PSN
改 528 17.02.10 8528 07

1001 都サイ C
1002 都サイ C
1003 都サイ C
1004 都サイ C
1005 都サイ C
1006 都サイ C
1007 都サイ C
1008 都サイ C
1009 都サイ C
1010 都サイ C
1011 都サイ C
1012 都サイ C 07
1013 都サイ C
1014 都サイ C
1015 都サイ C
1016 都サイ C
1017 都サイ C
1018 都サイ C
1019 都サイ C
1020 都サイ C
1021 都サイ C
1022 都サイ C
1023 都サイ C
1024 都サイ C
1025 都サイ C
1026 都サイ C
1027 都サイ C
1028 都サイ C
1029 都サイ C
1030 都サイ C
1031 都サイ C
1032 都サイ C
1033 都サイ C
1034 都サイ C
1035 都サイ C
1036 都サイ C
1037 都サイ C
1038 都サイ C
1039 都サイ C
1040 都サイ C
1041 都サイ C
1042 都サイ C
1043 都サイ C
1044 都サイ C
1045 都サイ C
1046 都サイ C 08
1047 都サイ C 09
1048 都サイ C
1049 都サイ C 08
1050 都サイ C
1051 都サイ C
1052 都サイ C
1053 都サイ C
1054 都サイ C
1055 都サイ C
1056 都サイ C
1057 都サイ C
1058 都サイ C
1059 都サイ C
1060 都サイ C
1061 都サイ C
1062 都サイ C
1063 都サイ C
1064 都サイ C
1065 都サイ C
1066 都サイ C
1067 都サイ C
1068 都サイ C
1069 都サイ C
1070 都サイ C
1071 都サイ C
1072 都サイ C
1073 都サイ C
1074 都サイ C
1075 都サイ C
1076 都サイ C
廃1077 18.04.07
1078 都サイ C
1079 都サイ C
1080 都サイ C
1081 都サイ C
1082 都サイ C
1083 都サイ C 09

2001 都マト CSN 09
2002 都マト CSN
2003 都マト CSN
2004 都マト CSN
2005 都マト CSN
2006 都マト CSN
2007 都マト CSN
2008 都マト CSN
2009 都マト CSN
2010 都マト CSN
2011 都マト CSN 10
2012 都マト CSN
2013 都マト CSN
2014 都マト CSN
2015 都マト CSN
2016 都マト CSN
2017 都マト CSN
2018 都マト CSN 11
2019 都マト CSN 16

3001 都コツ PSN 07
3002 都コツ PSN 09
3003 都コツ PSN
3004 都コツ PSN
3005 都コツ PSN
3006 都コツ PSN
3007 都コツ PSN
3008 都コツ PSN
3009 都コツ PSN
3010 都コツ PSN
3011 都コツ PSN
3012 都コツ PSN
3013 都コツ PSN
3014 都コツ PSN
3015 都コツ PSN 11
3016 都コツ PSN
3017 都コツ PSN
3018 都ヤマ PSN
3019 都ヤマ PSN
3020 都ヤマ PSN
3021 都ヤマ PSN
3022 都ヤマ PSN
3023 都ヤマ PSN
3024 都ヤマ PSN
3025 都ヤマ PSN
3026 都ヤマ PSN
3027 都ヤマ PSN
3028 都ヤマ PSN
3029 都ヤマ PSN
3030 都ヤマ PSN
3031 都ヤマ PSN
3032 都ヤマ PSN
3033 都ヤマ PSN 12

3501 都コツ PSN 07
3502 都コツ PSN 09
3503 都コツ PSN
3504 都コツ PSN
3505 都コツ PSN
3506 都コツ PSN
3507 都コツ PSN
3508 都コツ PSN
3509 都コツ PSN
3510 都コツ PSN
3511 都コツ PSN
3512 都コツ PSN
3513 都コツ PSN
3514 都コツ PSN
3515 都コツ PSN 11
3516 都コツ PSN
3517 都コツ PSN
3518 都ヤマ PSN
3519 都ヤマ PSN
3520 都ヤマ PSN
3521 都ヤマ PSN
3522 都ヤマ PSN
3523 都ヤマ PSN
3524 都ヤマ PSN
3525 都ヤマ PSN
3526 都ヤマ PSN
3527 都ヤマ PSN
3528 都ヤマ PSN
3529 都ヤマ PSN
3530 都ヤマ PSN
3531 都ヤマ PSN
3532 都ヤマ PSN 12
3533 都ヤマ PSN
3534 都ヤマ PSN
3535 都ヤマ PSN
3536 都コツ PSN
3537 都コツ PSN 14
3538 都コツ PSN
3539 都コツ PSN 17

5001 都ケヨ PSN
5002 都ケヨ PSN 09
5003 都ケヨ PSN
5004 都ケヨ PSN
5005 都ケヨ PSN
5006 都ケヨ PSN
5007 都ケヨ PSN
5008 都ケヨ PSN
5009 都ケヨ PSN
5010 都ケヨ PSN
5011 都ケヨ PSN
5012 都ケヨ PSN
5013 都ケヨ PSN
5014 都ケヨ PSN
5015 都ケヨ PSN
5016 都ケヨ PSN 10
5017 都ケヨ PSN
5018 都ケヨ PSN
5019 都ケヨ PSN
5020 都ケヨ PSN 11
5021 都ケヨ PSN
5022 都ケヨ PSN 10
5023 都ケヨ PSN
5024 都ケヨ PSN 11

5501 都ケヨ PSN
5502 都ケヨ PSN 10
5503 都ケヨ PSN
5504 都ケヨ PSN 11

6001 都クラ PC
6002 都クラ PC
6003 都クラ PC
6004 都クラ PC
6005 都クラ PC
6006 都クラ PC
6007 都クラ PC 13
6008 都クラ PC
6009 都クラ PC
6010 都クラ PC
6011 都クラ PC
6012 都クラ PC
6013 都クラ PC
6014 都クラ PC
6015 都クラ PC 14
6016 都クラ PC
6017 都クラ PC
6018 都クラ PC
6019 都クラ PC
6020 都クラ PC
6021 都クラ PC 13
6022 都クラ PC
6023 都クラ PC
6024 都クラ PC
6025 都クラ PC
6026 都クラ PC
6027 都クラ PC
6028 都クラ PC 14

7001 都ハエ PC 12
7002 都ハエ PC
7003 都ハエ PC
7004 都ハエ PC
7005 都ハエ PC
7006 都ハエ PC
7007 都ハエ PC
7008 都ハエ PC
7009 都ハエ PC
7010 都ハエ PC
7011 都ハエ PC
7012 都ハエ PC
7013 都ハエ PC
7014 都ハエ PC
7015 都ハエ PC
7016 都ハエ PC
7017 都ハエ PC
7018 都ハエ PC
7019 都ハエ PC
7020 都ハエ PC
7021 都ハエ PC
7022 都ハエ PC
7023 都ハエ PC
7024 都ハエ PC
7025 都ハエ PC
7026 都ハエ PC
7027 都ハエ PC
7028 都ハエ PC
7029 都ハエ PC
7030 都ハエ PC
7031 都ハエ PC 13
7032 都ハエ PC
7033 都ハエ PC
7034 都ハエ PC 18
7035 都ハエ PC
7036 都ハエ PC
7037 都ハエ PC
7038 都ハエ PC 19

8001 都ナハ PSN
8002 都ナハ PSN
8003 都ナハ PSN
8004 都ナハ PSN
8005 都ナハ PSN
8006 都ナハ PSN
8007 都ナハ PSN
8008 都ナハ PSN
8009 都ナハ PSN
8010 都ナハ PSN
8011 都ナハ PSN
8012 都ナハ PSN
8013 都ナハ PSN
8014 都ナハ PSN
8015 都ナハ PSN
8016 都ナハ PSN 14
8017 都ナハ PSN
8018 都ナハ PSN
8019 都ナハ PSN
8020 都ナハ PSN
8021 都ナハ PSN
8022 都ナハ PSN
8023 都ナハ PSN
8024 都ナハ PSN
8025 都ナハ PSN
8026 都ナハ PSN
8027 都ナハ PSN
8028 都ナハ PSN
8029 都ナハ PSN
8030 都ナハ PSN
8031 都ナハ PSN
8032 都ナハ PSN
8033 都ナハ PSN
8034 都ナハ PSN
8035 都ナハ PSN 15
8528 都ナハ PSN 16改

サハE233 499

1 都トタ
2 都トタ
3 都トタ
4 都トタ
5 都トタ
6 都トタ
7 都トタ
8 都トタ
9 都トタ
10 都トタ 06
11 都トタ
12 都トタ
13 都トタ
14 都トタ
15 都トタ
16 都トタ
17 都トタ
18 都トタ
19 都トタ
20 都トタ
21 都トタ
22 都トタ
23 都トタ
24 都トタ
25 都トタ
26 都トタ
27 都トタ
28 都トタ
29 都トタ
30 都トタ
31 都トタ
32 都トタ
33 都トタ
34 都トタ
35 都トタ
36 都トタ
37 都トタ
38 都トタ
39 都トタ
40 都トタ
41 都トタ
42 都トタ 07
43 都トタ 20

501 都トタ
502 都トタ
503 都トタ
504 都トタ
505 都トタ
506 都トタ
507 都トタ
508 都トタ
509 都トタ
510 都トタ 06
511 都トタ
512 都トタ
513 都トタ
514 都トタ
515 都トタ
516 都トタ
517 都トタ
518 都トタ
519 都トタ
520 都トタ
521 都トタ
522 都トタ
523 都トタ
524 都トタ
525 都トタ
526 都トタ
527 都トタ
528 都トタ
529 都トタ
530 都トタ
531 都トタ
532 都トタ
533 都トタ
534 都トタ
535 都トタ
536 都トタ
537 都トタ
538 都トタ
539 都トタ
540 都トタ
541 都トタ
542 都トタ 07
543 都トタ 20

1001 都サイ
1002 都サイ
1003 都サイ
1004 都サイ
1005 都サイ
1006 都サイ
1007 都サイ
1008 都サイ
1009 都サイ
1010 都サイ
1011 都サイ
1012 都サイ 07
1013 都サイ
1014 都サイ
1015 都サイ
1016 都サイ
1017 都サイ
1018 都サイ
1019 都サイ
1020 都サイ
1021 都サイ
1022 都サイ
1023 都サイ
1024 都サイ
1025 都サイ
1026 都サイ
1027 都サイ
1028 都サイ
1029 都サイ
1030 都サイ
1031 都サイ
1032 都サイ
1033 都サイ
1034 都サイ
1035 都サイ
1036 都サイ
1037 都サイ
1038 都サイ
1039 都サイ
1040 都サイ
1041 都サイ
1042 都サイ
1043 都サイ
1044 都サイ
1045 都サイ
1046 都サイ 08
1047 都サイ 09
1048 都サイ
1049 都サイ 08
1050 都サイ
1051 都サイ
1052 都サイ
1053 都サイ
1054 都サイ
1055 都サイ
1056 都サイ
1057 都サイ
1058 都サイ
1059 都サイ
1060 都サイ
1061 都サイ
1062 都サイ
1063 都サイ
1064 都サイ
1065 都サイ
1066 都サイ
1067 都サイ
1068 都サイ
1069 都サイ
1070 都サイ
1071 都サイ
1072 都サイ
1073 都サイ
1074 都サイ
1075 都サイ

1076 都サイ
廃1077 18.04.07
1078 都サイ
1079 都サイ
1080 都サイ
1081 都サイ
1082 都サイ
1083 都サイ 09

1201 都サイ
1202 都サイ
1203 都サイ
1204 都サイ
1205 都サイ
1206 都サイ
1207 都サイ
1208 都サイ
1209 都サイ
1210 都サイ
1211 都サイ
1212 都サイ 07
1213 都サイ
1214 都サイ
1215 都サイ
1216 都サイ
1217 都サイ
1218 都サイ
1219 都サイ
1220 都サイ
1221 都サイ
1222 都サイ
1223 都サイ
1224 都サイ
1225 都サイ
1226 都サイ
1227 都サイ
1228 都サイ
1229 都サイ
1230 都サイ
1231 都サイ
1232 都サイ
1233 都サイ
1234 都サイ
1235 都サイ
1236 都サイ
1237 都サイ
1238 都サイ
1239 都サイ
1240 都サイ
1241 都サイ
1242 都サイ
1243 都サイ
1244 都サイ
1245 都サイ
1246 都サイ 08
1247 都サイ 09
1248 都サイ
1249 都サイ 08
1250 都サイ
1251 都サイ
1252 都サイ
1253 都サイ
1254 都サイ
1255 都サイ
1256 都サイ
1257 都サイ
1258 都サイ
1259 都サイ
1260 都サイ
1261 都サイ
1262 都サイ
1263 都サイ
1264 都サイ
1265 都サイ
1266 都サイ

1267 都サイ
1268 都サイ
1269 都サイ
1270 都サイ
1271 都サイ
1272 都サイ
1273 都サイ
1274 都サイ
1275 都サイ
1276 都サイ
廃1277 16.12.04
1278 都サイ
1279 都サイ
1280 都サイ
1281 都サイ
1282 都サイ
1283 都サイ 09

2001 都マト 09
2002 都マト
2003 都マト
2004 都マト
2005 都マト
2006 都マト
2007 都マト
2008 都マト
2009 都マト
2010 都マト
2011 都マト 10
2012 都マト
2013 都マト
2014 都マト
2015 都マト
2016 都マト
2017 都マト
2018 都マト 11
2019 都マト 16

2201 都マト 09
2202 都マト
2203 都マト
2204 都マト
2205 都マト
2206 都マト
2207 都マト
2208 都マト
2209 都マト
2210 都マト
2211 都マト 10
2212 都マト
2213 都マト
2214 都マト
2215 都マト
2216 都マト
2217 都マト
2218 都マト 11
2219 都マト 16

3001 都コツ 07
3002 都コツ 09
3003 都コツ
3004 都コツ
3005 都コツ
3006 都コツ
3007 都コツ
3008 都コツ
3009 都コツ
3010 都コツ
3011 都コツ
3012 都コツ
3013 都コツ
3014 都コツ
3015 都コツ 11
3016 都コツ
3017 都コツ
3018 都ヤマ
3019 都ヤマ
3020 都ヤマ
3021 都ヤマ
3022 都ヤマ
3023 都ヤマ
3024 都ヤマ
3025 都ヤマ
3026 都ヤマ
3027 都ヤマ
3028 都ヤマ
3029 都ヤマ
3030 都ヤマ
3031 都ヤマ
3032 都ヤマ 12
3033 都ヤマ
3034 都ヤマ
3035 都ヤマ
3036 都コツ
3037 都コツ 14
3038 都コツ
3039 都コツ 17

5001 都ケヨ
5002 都ケヨ 09
5003 都ケヨ
5004 都ケヨ
5005 都ケヨ
5006 都ケヨ
5007 都ケヨ
5008 都ケヨ
5009 都ケヨ
5010 都ケヨ
5011 都ケヨ
5012 都ケヨ
5013 都ケヨ
5014 都ケヨ
5015 都ケヨ
5016 都ケヨ 10
5017 都ケヨ
5018 都ケヨ
5019 都ケヨ
5020 都ケヨ 11

5501 都ケヨ
5502 都ケヨ 09
5503 都ケヨ
5504 都ケヨ
5505 都ケヨ
5506 都ケヨ
5507 都ケヨ
5508 都ケヨ
5509 都ケヨ
5510 都ケヨ
5511 都ケヨ
5512 都ケヨ
5513 都ケヨ
5514 都ケヨ
5515 都ケヨ
5516 都ケヨ 10
5517 都ケヨ
5518 都ケヨ
5519 都ケヨ
5520 都ケヨ 11

6001 都クラ
6002 都クラ
6003 都クラ
6004 都クラ
6005 都クラ
6006 都クラ
6007 都クラ 13
6008 都クラ
6009 都クラ
6010 都クラ
6011 都クラ
6012 都クラ
6013 都クラ
6014 都クラ
6015 都クラ 14
6016 都クラ
6017 都クラ
6018 都クラ
6019 都クラ
6020 都クラ
6021 都クラ 13
6022 都クラ
6023 都クラ
6024 都クラ
6025 都クラ
6026 都クラ
6027 都クラ
6028 都クラ 14

6201 都クラ
6202 都クラ
6203 都クラ
6204 都クラ
6205 都クラ
6206 都クラ
6207 都クラ 13
6208 都クラ
6209 都クラ
6210 都クラ
6211 都クラ
6212 都クラ
6213 都クラ
6214 都クラ
6215 都クラ 14
6216 都クラ
6217 都クラ
6218 都クラ
6219 都クラ
6220 都クラ
6221 都クラ 13
6222 都クラ
6223 都クラ
6224 都クラ
6225 都クラ
6226 都クラ
6227 都クラ
6228 都クラ 14

7001 都ハエ 12
7002 都ハエ
7003 都ハエ
7004 都ハエ
7005 都ハエ
7006 都ハエ
7007 都ハエ
7008 都ハエ
7009 都ハエ
7010 都ハエ
7011 都ハエ
7012 都ハエ
7013 都ハエ
7014 都ハエ
7015 都ハエ
7016 都ハエ
7017 都ハエ
7018 都ハエ
7019 都ハエ
7020 都ハエ
7021 都ハエ
7022 都ハエ
7023 都ハエ
7024 都ハエ
7025 都ハエ
7026 都ハエ
7027 都ハエ
7028 都ハエ
7029 都ハエ
7030 都ハエ
7031 都ハエ 13
7032 都ハエ
7033 都ハエ
7034 都ハエ 18
7035 都ハエ
7036 都ハエ
7037 都ハエ
7038 都ハエ 19

7201 都ハエ 12
7202 都ハエ
7203 都ハエ
7204 都ハエ
7205 都ハエ
7206 都ハエ
7207 都ハエ
7208 都ハエ
7209 都ハエ
7210 都ハエ
7211 都ハエ
7212 都ハエ
7213 都ハエ
7214 都ハエ
7215 都ハエ
7216 都ハエ
7217 都ハエ
7218 都ハエ
7219 都ハエ
7220 都ハエ
7221 都ハエ
7222 都ハエ
7223 都ハエ
7224 都ハエ
7225 都ハエ
7226 都ハエ
7227 都ハエ
7228 都ハエ
7229 都ハエ
7230 都ハエ
7231 都ハエ 13
7232 都ハエ
7233 都ハエ
7234 都ハエ 18
7235 都ハエ
7236 都ハエ
7237 都ハエ
7238 都ハエ 19

サロE233　35

1	都トタ	
2	都トタ	22
3001	都コツ	07
3002	都コツ	09
3003	都コツ	
3004	都コツ	
3005	都コツ	
3006	都コツ	
3007	都コツ	
3008	都コツ	
3009	都コツ	
3010	都コツ	
3011	都コツ	
3012	都コツ	
3013	都コツ	
3014	都コツ	
3015	都コツ	11
3016	都コツ	
3017	都コツ	
3018	都ヤマ	
3019	都ヤマ	
3020	都ヤマ	
3021	都ヤマ	
3022	都ヤマ	
3023	都ヤマ	
3024	都ヤマ	
3025	都ヤマ	
3026	都ヤマ	
3027	都ヤマ	
3028	都ヤマ	
3029	都ヤマ	
3030	都ヤマ	
3031	都ヤマ	
3032	都ヤマ	
3033	都ヤマ	12

サロE232　35

1	都トタ	
2	都トタ	22
3001	都コツ	07
3002	都コツ	09
3003	都コツ	
3004	都コツ	
3005	都コツ	
3006	都コツ	
3007	都コツ	
3008	都コツ	
3009	都コツ	
3010	都コツ	
3011	都コツ	
3012	都コツ	
3013	都コツ	
3014	都コツ	
3015	都コツ	11
3016	都コツ	
3017	都コツ	
3018	都ヤマ	
3019	都ヤマ	
3020	都ヤマ	
3021	都ヤマ	
3022	都ヤマ	
3023	都ヤマ	
3024	都ヤマ	
3025	都ヤマ	
3026	都ヤマ	
3027	都ヤマ	
3028	都ヤマ	
3029	都ヤマ	
3030	都ヤマ	
3031	都ヤマ	
3032	都ヤマ	
3033	都ヤマ	12

E231系／東

モハE231　575

◆	1	都ケヨ	
◆	2	都ケヨ	
◆	3	都ケヨ	
◆	4	都ケヨ	
◆	5	都ケヨ	
◆	6	都ケヨ	99
◆	7	都ケヨ	
◆	8	都ケヨ	
◆	9	都ミツ	
改	10	17.11.24 3001	
◆	11	都ミツ	
改	12	17.12.09 3002	
◆	13	都ミツ	
改	14	19.09.14 3003	
◆	15	都ミツ	
改	16	19.09.02 3004	
◆	17	都ケヨ	
◆	18	都ケヨ	
◆	19	都ミツ	
◆	20	都ミツ	
◆	21	都ミツ	
◆	22	都ミツ	
◆	23	都ミツ	
◆	24	都ミツ	
◆	25	都ケヨ	
◆	26	都ケヨ	
◆	27	都ミツ	
◆	28	都ミツ	
◆	29	都ケヨ	
◆	30	都ケヨ	
◆	31	都ミツ	
改	32	18.09.27 3005	
◆	33	都ミツ	
改	34	18.10.18 3006	
◆	35	都ケヨ	
◆	36	都ケヨ	
◆	37	都ケヨ	
◆	38	都ケヨ	
◆	39	都ケヨ	
◆	40	都ケヨ	
◆	41	都マト	
◆	42	都マト	
◆	43	都ケヨ	
◆	44	都ケヨ	
◆	45	都ケヨ	
◆	46	都ケヨ	
◆	47	都ケヨ	
◆	48	都ケヨ	
◆	49	都ケヨ	
◆	50	都ケヨ	
◆	51	都ミツ	
◆	52	都ミツ	
◆	53	都ミツ	
◆	54	都ミツ	00
◆	55	都ケヨ	
◆	56	都ケヨ	
◆	57	都ケヨ	
◆	58	都ケヨ	
◆	59	都ケヨ	
◆	60	都ケヨ	
◆	61	都ケヨ	
◆	62	都ケヨ	
◆	63	都ケヨ	
◆	64	都ケヨ	
◆	65	都ケヨ	
◆	66	都ケヨ	
◆	67	都ケヨ	
◆	68	都ケヨ	
◆	69	都ケヨ	
◆	70	都ケヨ	
◆	71	都ケヨ	
◆	72	都ケヨ	
◆	73	都ケヨ	
◆	74	都ケヨ	
◆	75	都ケヨ	
◆	76	都ケヨ	
◆	77	都ケヨ	
◆	78	都ケヨ	
◆	79	都ケヨ	
◆	80	都ケヨ	
◆	81	都ケヨ	
◆	82	都ケヨ	
◆	83	都ケヨ	
◆	84	都ケヨ	
◆	85	都マト	
◆	86	都マト	
◆	87	都マト	
◆	88	都マト	
◆	89	都マト	
◆	90	都マト	
◆	91	都マト	
◆	92	都マト	
◆	93	都マト	01
◆	94	都マト	
◆	95	都マト	02
◆	96	都マト	01
◆	97	都マト	
◆	98	都マト	
◆	99	都マト	
◆	100	都マト	
◆	101	都マト	
◆	102	都マト	
◆	103	都マト	
◆	104	都マト	
◆	105	都マト	
◆	106	都ケヨ	
◆	107	都ケヨ	
◆	108	都マト	
◆	109	都マト	
◆	110	都マト	
◆	111	都マト	
◆	112	都マト	
◆	113	都マト	
◆	114	都マト	
◆	115	都マト	
◆	116	都マト	
◆	117	都マト	
◆	118	都マト	
◆	119	都マト	
◆	120	都マト	
◆	121	都マト	
◆	122	都マト	02
◆	123	都マト	
◆	124	都マト	03
◆	125	都マト	02
◆	126	都マト	
◆	127	都マト	
◆	128	都マト	
◆	129	都マト	
◆	130	都マト	
◆	131	都マト	
◆	132	都マト	
◆	133	都マト	
◆	134	都マト	
◆	135	都マト	
◆	136	都マト	
◆	137	都マト	
◆	138	都マト	
◆	139	都マト	03
◆	140	都ケヨ	
◆	141	都ケヨ	
◆	142	都ケヨ	
◆	143	都ケヨ	
◆	144	都ケヨ	
◆	145	都ケヨ	06
◆	501	都ミツ	
◆	502	都ミツ	
◆	503	都ミツ	
◆	504	都ミツ	
◆	505	都ミツ	
◆	506	都ミツ	
◆	507	都ミツ	
◆	508	都ミツ	
◆	509	都ミツ	01
◆	510	都ミツ	
◆	511	都ミツ	
◆	512	都ミツ	
◆	513	都ミツ	
◆	514	都ミツ	
◆	515	都ミツ	
◆	516	都ミツ	
◆	517	都ミツ	
◆	518	都ミツ	
◆	519	都ミツ	
◆	520	都ミツ	
◆	521	都ミツ	
◆	522	都ミツ	
◆	523	都ミツ	
◆	524	都ミツ	
◆	525	都ミツ	
◆	526	都ミツ	
◆	527	都ミツ	
◆	528	都ミツ	
◆	529	都ミツ	
◆	530	都ミツ	
◆	531	都ミツ	
◆	532	都ミツ	
◆	533	都ミツ	
◆	534	都ミツ	
◆	535	都ミツ	
◆	536	都ミツ	
◆	537	都ミツ	
◆	538	都ミツ	
◆	539	都ミツ	02
◆	540	都ミツ	
◆	541	都ミツ	
◆	542	都ミツ	
◆	543	都ミツ	
◆	544	都ミツ	
◆	545	都ミツ	
◆	546	都ミツ	
◆	547	都ミツ	
◆	548	都ミツ	
◆	549	都ミツ	
◆	550	都ミツ	
◆	551	都ミツ	
◆	552	都ミツ	
◆	553	都ミツ	
◆	554	都ミツ	
◆	555	都ミツ	
◆	556	都ミツ	
◆	557	都ミツ	
◆	558	都ミツ	
◆	559	都ミツ	
◆	560	都ミツ	
◆	561	都ミツ	
◆	562	都ミツ	
◆	563	都ミツ	
◆	564	都ミツ	
◆	565	都ミツ	
◆	566	都ミツ	
◆	567	都ミツ	
◆	568	都ミツ	
◆	569	都ミツ	
◆	570	都ミツ	
◆	571	都ミツ	
◆	572	都ミツ	
◆	573	都ミツ	
◆	574	都ミツ	
◆	575	都ミツ	

◆ 576 都ミツ
◆ 577 都ミツ
◆ 578 都ミツ
◆ 579 都ミツ
◆ 580 都ミツ
◆ 581 都ミツ
◆ 582 都ミツ
◆ 583 都ミツ
◆ 584 都ミツ
◆ 585 都ミツ
◆ 586 都ミツ
◆ 587 都ミツ 03
◆ 588 都ミツ
◆ 589 都ミツ
◆ 590 都ミツ
◆ 591 都ミツ
◆ 592 都ミツ
◆ 593 都ミツ
◆ 594 都ミツ
◆ 595 都ミツ
◆ 596 都ミツ
◆ 597 都ミツ
◆ 598 都ミツ
◆ 599 都ミツ
◆ 600 都ミツ
◆ 601 都ミツ
◆ 602 都ミツ
◆ 603 都ミツ
◆ 604 都ミツ
◆ 605 都ミツ
◆ 606 都ミツ
◆ 607 都ミツ
◆ 608 都ミツ
◆ 609 都ミツ
◆ 610 都ミツ
◆ 611 都ミツ
◆ 612 都ミツ
◆ 613 都ミツ
◆ 614 都ミツ
◆ 615 都ミツ
◆ 616 都ミツ
◆ 617 都ミツ
◆ 618 都ミツ
◆ 619 都ミツ
◆ 620 都ミツ
◆ 621 都ミツ
◆ 622 都ミツ
◆ 623 都ミツ
◆ 624 都ミツ
◆ 625 都ミツ
◆ 626 都ミツ
◆ 627 都ミツ
◆ 628 都ミツ
◆ 629 都ミツ
◆ 630 都ミツ
◆ 631 都ミツ
◆ 632 都ミツ
◆ 633 都ミツ
◆ 634 都ミツ
◆ 635 都ミツ
◆ 636 都ミツ
◆ 637 都ミツ
◆ 638 都ミツ
◆ 639 都ミツ
◆ 640 都ミツ
◆ 641 都ミツ
◆ 642 都ミツ
◆ 643 都ミツ
◆ 644 都ミツ
◆ 645 都ミツ
◆ 646 都ミツ
◆ 647 都ミツ
◆ 648 都ミツ
◆ 649 都ミツ
◆ 650 都ミツ

◆ 651 都ミツ
◆ 652 都ミツ
◆ 653 都ミツ 04
◆ 654 都ミツ
◆ 655 都ミツ
◆ 656 都ミツ 05

◆ 801 都ミツ
◆ 802 都ミツ
◆ 803 都ミツ
◆ 804 都ミツ
◆ 805 都ミツ
◆ 806 都ミツ
◆ 807 都ミツ
◆ 808 都ミツ
◆ 809 都ミツ
◆ 810 都ミツ
◆ 811 都ミツ
◆ 812 都ミツ 02
◆ 813 都ミツ
◆ 814 都ミツ
◆ 815 都ミツ
◆ 816 都ミツ
◆ 817 都ミツ
◆ 818 都ミツ
◆ 819 都ミツ
◆ 820 都ミツ
◆ 821 都ミツ 03

◆ 901 都ケヨ
◆ 902 都ケヨ 00改

◆ 1001 都ヤマ
◆ 1002 都ヤマ
◆ 1003 都ヤマ
◆ 1004 都ヤマ
◆ 1005 都ヤマ
◆ 1006 都ヤマ 99
◆ 1007 都ヤマ
◆ 1008 都ヤマ
◆ 1009 都ヤマ
◆ 1010 都ヤマ
◆ 1011 都ヤマ
◆ 1012 都ヤマ
◆ 1013 都ヤマ
◆ 1014 都ヤマ
◆ 1015 都ヤマ
◆ 1016 都ヤマ
◆ 1017 都ヤマ
◆ 1018 都ヤマ
◆ 1019 都ヤマ
◆ 1020 都ヤマ
◆ 1021 都ヤマ
◆ 1022 都ヤマ
◆ 1023 都ヤマ
◆ 1024 都ヤマ
◆ 1025 都ヤマ
◆ 1026 都ヤマ
◆ 1027 都ヤマ
◆ 1028 都ヤマ
◆ 1029 都ヤマ
◆ 1030 都ヤマ
◆ 1031 都ヤマ 00
◆ 1032 都ヤマ
◆ 1033 都ヤマ
◆ 1034 都ヤマ
◆ 1035 都ヤマ
◆ 1036 都ヤマ
◆ 1037 都ヤマ
◆ 1038 都ヤマ
◆ 1039 都ヤマ
◆ 1040 都ヤマ
◆ 1041 都ヤマ
◆ 1042 都ヤマ
◆ 1043 都ヤマ
◆ 1044 都ヤマ
◆ 1045 都ヤマ
◆ 1046 都ヤマ
◆ 1047 都ヤマ
◆ 1048 都ヤマ
◆ 1049 都ヤマ
◆ 1050 都ヤマ
◆ 1051 都ヤマ
◆ 1052 都ヤマ
◆ 1053 都ヤマ 01
◆ 1054 都ヤマ
◆ 1055 都ヤマ
◆ 1056 都ヤマ
◆ 1057 都ヤマ
◆ 1058 都ヤマ
◆ 1059 都ヤマ
◆ 1060 都ヤマ
◆ 1061 都ヤマ
◆ 1062 都ヤマ
◆ 1063 都ヤマ
◆ 1064 都ヤマ
◆ 1065 都ヤマ
◆ 1066 都ヤマ
◆ 1067 都ヤマ
◆ 1068 都ヤマ
◆ 1069 都ヤマ 02
◆ 1070 都コツ
◆ 1071 都コツ 03
◆ 1072 都コツ
◆ 1073 都コツ
◆ 1074 都コツ
◆ 1075 都コツ

◆ 1076 都コツ
◆ 1077 都コツ
◆ 1078 都コツ
◆ 1079 都コツ
◆ 1080 都コツ
◆ 1081 都コツ
◆ 1082 都コツ
◆ 1083 都コツ
◆ 1084 都コツ
◆ 1085 都コツ
◆ 1086 都コツ
◆ 1087 都コツ
◆ 1088 都コツ
◆ 1089 都コツ
◆ 1090 都コツ 04
◆ 1091 都コツ
◆ 1092 都コツ
◆ 1093 都コツ
◆ 1094 都コツ
◆ 1095 都コツ
◆ 1096 都コツ
◆ 1097 都コツ
◆ 1098 都コツ
◆ 1099 都コツ
◆ 1100 都コツ
◆ 1101 都コツ
◆ 1102 都コツ
◆ 1103 都コツ
◆ 1104 都ヤマ
◆ 1105 都ヤマ
◆ 1106 都ヤマ
◆ 1107 都ヤマ
◆ 1108 都ヤマ
◆ 1109 都ヤマ 05
◆ 1110 都ヤマ
◆ 1111 都ヤマ
◆ 1112 都ヤマ
◆ 1113 都ヤマ
◆ 1114 都ヤマ
◆ 1115 都ヤマ
◆ 1116 都ヤマ
◆ 1117 都ヤマ
◆ 1118 都ヤマ 06

◆ 1501 都ヤマ
◆ 1502 都ヤマ
◆ 1503 都ヤマ 99
◆ 1504 都ヤマ
◆ 1505 都ヤマ
◆ 1506 都ヤマ
◆ 1507 都ヤマ
◆ 1508 都ヤマ
◆ 1509 都ヤマ
◆ 1510 都ヤマ
◆ 1511 都ヤマ
◆ 1512 都ヤマ
◆ 1513 都ヤマ
◆ 1514 都ヤマ
◆ 1515 都ヤマ
◆ 1516 都ヤマ
◆ 1517 都ヤマ
◆ 1518 都ヤマ
◆ 1519 都ヤマ
◆ 1520 都ヤマ 00
◆ 1521 都ヤマ
◆ 1522 都ヤマ
◆ 1523 都ヤマ
◆ 1524 都ヤマ
◆ 1525 都ヤマ
◆ 1526 都ヤマ
◆ 1527 都ヤマ
◆ 1528 都ヤマ
◆ 1529 都ヤマ
◆ 1530 都ヤマ
◆ 1531 都ヤマ
◆ 1532 都ヤマ
◆ 1533 都ヤマ
◆ 1534 都ヤマ
◆ 1535 都ヤマ 01
◆ 1536 都ヤマ
◆ 1537 都ヤマ
◆ 1538 都ヤマ
◆ 1539 都ヤマ
◆ 1540 都ヤマ
◆ 1541 都ヤマ 02
◆ 1542 都コツ
◆ 1543 都コツ 03
◆ 1544 都コツ
◆ 1545 都コツ
◆ 1546 都コツ
◆ 1547 都コツ
◆ 1548 都コツ
◆ 1549 都コツ
◆ 1550 都コツ
◆ 1551 都コツ
◆ 1552 都コツ
◆ 1553 都コツ
◆ 1554 都コツ
◆ 1555 都コツ
◆ 1556 都コツ
◆ 1557 都コツ
◆ 1558 都コツ
◆ 1559 都コツ
◆ 1560 都コツ
◆ 1561 都コツ
◆ 1562 都コツ
◆ 1563 都コツ 04
◆ 1564 都コツ
◆ 1565 都コツ
◆ 1566 都コツ
◆ 1567 都コツ
◆ 1568 都コツ
◆ 1569 都コツ
◆ 1570 都コツ
◆ 1571 都コツ
◆ 1572 都コツ
◆ 1573 都コツ
◆ 1574 都コツ
◆ 1575 都コツ

◆ 1576 都コツ
◆ 1577 都コツ
◆ 1578 都コツ
◆ 1579 都コツ
◆ 1580 都コツ
◆ 1581 都コツ
◆ 1582 都コツ
◆ 1583 都コツ
◆ 1584 都ヤマ
◆ 1585 都ヤマ
◆ 1586 都ヤマ 05
◆ 1587 都ヤマ
◆ 1588 都ヤマ
◆ 1589 都ヤマ
◆ 1590 都ヤマ
◆ 1591 都ヤマ 06

◆ 3001 都ハエ
◆ 3002 都ハエ
◆ 3003 都ハエ
◆ 3004 都ハエ
◆ 3005 都ハエ 17~
◆ 3006 都ハエ 19改

◆ 3501 都コツ
◆ 3502 都コツ 03
◆ 3503 都コツ
◆ 3504 都コツ
◆ 3505 都コツ
◆ 3506 都コツ
◆ 3507 都コツ
◆ 3508 都コツ
◆ 3509 都コツ
◆ 3510 都コツ
◆ 3511 都コツ
◆ 3512 都コツ
◆ 3513 都コツ
◆ 3514 都コツ
◆ 3515 都コツ
◆ 3516 都コツ
◆ 3517 都コツ
◆ 3518 都コツ
◆ 3519 都コツ
◆ 3520 都コツ
◆ 3521 都コツ
◆ 3522 都コツ 04
◆ 3523 都コツ
◆ 3524 都コツ
◆ 3525 都コツ
◆ 3526 都コツ
◆ 3527 都コツ
◆ 3528 都コツ
◆ 3529 都コツ
◆ 3530 都コツ
◆ 3531 都コツ
◆ 3532 都コツ
◆ 3533 都コツ
◆ 3534 都コツ
◆ 3535 都コツ
◆ 3536 都コツ
◆ 3537 都コツ
◆ 3538 都コツ
◆ 3539 都コツ
◆ 3540 都コツ
◆ 3541 都コツ
◆ 3542 都コツ 05

モハE230 575

1 都ケヨ
2 都ケヨ
3 都ケヨ
4 都ケヨ
5 都ケヨ
6 都ケヨ 99
7 都ケヨ
8 都ケヨ
9 都ミツ
改 10 17.11.24 3001
11 都ミツ
改 12 17.12.09 3002
13 都ミツ
改 14 19.09.14 3003
15 都ミツ
改 16 19.09.02 3004
17 都ケヨ
18 都ケヨ
19 都ミツ
20 都ミツ
21 都ミツ
22 都ミツ
23 都ミツ
24 都ミツ
25 都ケヨ
26 都ケヨ
27 都ミツ
28 都ミツ
29 都ケヨ
30 都ケヨ
31 都ミツ
改 32 18.09.27 3005
33 都ミツ
改 34 18.10.18 3006
35 都ケヨ
36 都ケヨ
37 都ケヨ
38 都ケヨ
39 都ケヨ
40 都ケヨ
41 都マト
42 都マト
43 都ケヨ
44 都ケヨ
45 都ケヨ
46 都ケヨ
47 都ケヨ
48 都ケヨ
49 都ケヨ
50 都ケヨ
51 都ミツ
52 都ミツ
53 都ミツ
54 都ミツ 00
55 都ケヨ
56 都ケヨ
57 都ケヨ
58 都ケヨ
59 都ケヨ
60 都ケヨ
61 都ケヨ
62 都ケヨ
63 都ケヨ
64 都ケヨ
65 都ケヨ
66 都ケヨ
67 都ケヨ
68 都ケヨ
69 都ケヨ
70 都ケヨ
71 都ケヨ
72 都ケヨ
73 都ケヨ
74 都ケヨ
75 都ケヨ

76 都ケヨ
77 都ケヨ
78 都ケヨ
79 都ケヨ
80 都ケヨ
81 都ケヨ
82 都ケヨ
83 都ケヨ
84 都ケヨ
85 都マト
86 都マト
87 都マト
88 都マト
89 都マト
90 都マト
91 都マト
92 都マト
93 都マト 01
94 都マト
95 都マト 02
96 都マト 01
97 都マト
98 都マト
99 都マト
100 都マト
101 都マト
102 都マト
103 都マト
104 都マト
105 都マト
106 都ケヨ
107 都ケヨ
108 都マト
109 都マト
110 都マト
111 都マト
112 都マト
113 都マト
114 都マト
115 都マト
116 都マト
117 都マト
118 都マト
119 都マト
120 都マト
121 都マト
122 都マト 02
123 都マト
124 都マト 03
125 都マト 02
126 都マト
127 都マト
128 都マト
129 都マト
130 都マト
131 都マト
132 都マト
133 都マト
134 都マト
135 都マト
136 都マト
137 都マト
138 都マト
139 都マト 03
140 都ケヨ
141 都ケヨ
142 都ケヨ
143 都ケヨ
144 都ケヨ
145 都ケヨ 06

501 都ミツ
502 都ミツ
503 都ミツ
504 都ミツ
505 都ミツ
506 都ミツ
507 都ミツ
508 都ミツ
509 都ミツ 01
510 都ミツ
511 都ミツ
512 都ミツ
513 都ミツ
514 都ミツ
515 都ミツ
516 都ミツ
517 都ミツ
518 都ミツ
519 都ミツ
520 都ミツ
521 都ミツ
522 都ミツ
523 都ミツ
524 都ミツ
525 都ミツ
526 都ミツ
527 都ミツ
528 都ミツ
529 都ミツ
530 都ミツ
531 都ミツ
532 都ミツ
533 都ミツ
534 都ミツ
535 都ミツ
536 都ミツ
537 都ミツ
538 都ミツ
539 都ミツ 02
540 都ミツ
541 都ミツ
542 都ミツ
543 都ミツ
544 都ミツ
545 都ミツ
546 都ミツ
547 都ミツ
548 都ミツ
549 都ミツ
550 都ミツ
551 都ミツ
552 都ミツ
553 都ミツ
554 都ミツ
555 都ミツ
556 都ミツ
557 都ミツ
558 都ミツ
559 都ミツ
560 都ミツ
561 都ミツ
562 都ミツ
563 都ミツ
564 都ミツ
565 都ミツ
566 都ミツ
567 都ミツ
568 都ミツ
569 都ミツ
570 都ミツ
571 都ミツ
572 都ミツ
573 都ミツ
574 都ミツ
575 都ミツ

576 都ミツ
577 都ミツ
578 都ミツ
579 都ミツ
580 都ミツ
581 都ミツ
582 都ミツ
583 都ミツ
584 都ミツ
585 都ミツ
586 都ミツ
587 都ミツ 03
588 都ミツ
589 都ミツ
590 都ミツ
591 都ミツ
592 都ミツ
593 都ミツ
594 都ミツ
595 都ミツ
596 都ミツ
597 都ミツ
598 都ミツ
599 都ミツ
600 都ミツ
601 都ミツ
602 都ミツ
603 都ミツ
604 都ミツ
605 都ミツ
606 都ミツ
607 都ミツ
608 都ミツ
609 都ミツ
610 都ミツ
611 都ミツ
612 都ミツ
613 都ミツ
614 都ミツ
615 都ミツ
616 都ミツ
617 都ミツ
618 都ミツ
619 都ミツ
620 都ミツ
621 都ミツ
622 都ミツ
623 都ミツ
624 都ミツ
625 都ミツ
626 都ミツ
627 都ミツ
628 都ミツ
629 都ミツ
630 都ミツ
631 都ミツ
632 都ミツ
633 都ミツ
634 都ミツ
635 都ミツ
636 都ミツ
637 都ミツ
638 都ミツ
639 都ミツ
640 都ミツ
641 都ミツ
642 都ミツ
643 都ミツ
644 都ミツ
645 都ミツ
646 都ミツ
647 都ミツ
648 都ミツ
649 都ミツ
650 都ミツ

651 都ミツ
652 都ミツ
653 都ミツ 04
654 都ミツ
655 都ミツ
656 都ミツ 05

801 都ミツ
802 都ミツ
803 都ミツ
804 都ミツ
805 都ミツ
806 都ミツ
807 都ミツ
808 都ミツ
809 都ミツ
810 都ミツ
811 都ミツ
812 都ミツ 02
813 都ミツ
814 都ミツ
815 都ミツ
816 都ミツ
817 都ミツ
818 都ミツ
819 都ミツ
820 都ミツ
821 都ミツ 03

901 都ケヨ
902 都ケヨ 00改

1001 都ヤマ
1002 都ヤマ
1003 都ヤマ
1004 都ヤマ
1005 都ヤマ
1006 都ヤマ 99
1007 都ヤマ
1008 都ヤマ
1009 都ヤマ
1010 都ヤマ
1011 都ヤマ
1012 都ヤマ
1013 都ヤマ
1014 都ヤマ
1015 都ヤマ
1016 都ヤマ
1017 都ヤマ
1018 都ヤマ
1019 都ヤマ
1020 都ヤマ
1021 都ヤマ
1022 都ヤマ
1023 都ヤマ
1024 都ヤマ
1025 都ヤマ
1026 都ヤマ
1027 都ヤマ
1028 都ヤマ
1029 都ヤマ
1030 都ヤマ
1031 都ヤマ 00
1032 都ヤマ
1033 都ヤマ
1034 都ヤマ
1035 都ヤマ
1036 都ヤマ
1037 都ヤマ
1038 都ヤマ
1039 都ヤマ
1040 都ヤマ
1041 都ヤマ
1042 都ヤマ
1043 都ヤマ
1044 都ヤマ
1045 都ヤマ
1046 都ヤマ
1047 都ヤマ
1048 都ヤマ
1049 都ヤマ
1050 都ヤマ
1051 都ヤマ
1052 都ヤマ
1053 都ヤマ 01
1054 都ヤマ
1055 都ヤマ
1056 都ヤマ
1057 都ヤマ
1058 都ヤマ
1059 都ヤマ
1060 都ヤマ
1061 都ヤマ
1062 都ヤマ
1063 都ヤマ
1064 都ヤマ
1065 都ヤマ
1066 都ヤマ
1067 都ヤマ
1068 都ヤマ
1069 都ヤマ 02
1070 都コツ
1071 都コツ 03
1072 都コツ
1073 都コツ
1074 都コツ
1075 都コツ
1076 都コツ
1077 都コツ
1078 都コツ
1079 都コツ
1080 都コツ
1081 都コツ
1082 都コツ
1083 都コツ
1084 都コツ
1085 都コツ
1086 都コツ
1087 都コツ
1088 都コツ
1089 都コツ
1090 都コツ 04
1091 都コツ
1092 都コツ
1093 都コツ
1094 都コツ
1095 都コツ
1096 都コツ
1097 都コツ
1098 都コツ
1099 都コツ
1100 都コツ
1101 都コツ
1102 都コツ
1103 都コツ
1104 都ヤマ
1105 都ヤマ
1106 都ヤマ
1107 都ヤマ
1108 都ヤマ
1109 都ヤマ 05
1110 都ヤマ
1111 都ヤマ
1112 都ヤマ
1113 都ヤマ
1114 都ヤマ
1115 都ヤマ
1116 都ヤマ
1117 都ヤマ
1118 都ヤマ 06

1501 都コツ
1502 都コツ 03
1503 都コツ
1504 都コツ
1505 都コツ
1506 都コツ
1507 都コツ
1508 都コツ
1509 都コツ
1510 都コツ
1511 都コツ
1512 都コツ
1513 都コツ
1514 都コツ
1515 都コツ
1516 都コツ
1517 都コツ
1518 都コツ
1519 都コツ
1520 都コツ
1521 都コツ
1522 都コツ 04
1523 都コツ
1524 都コツ
1525 都コツ
1526 都コツ
1527 都コツ
1528 都コツ
1529 都コツ
1530 都コツ
1531 都コツ
1532 都コツ
1533 都コツ
1534 都コツ
1535 都コツ
1536 都コツ
1537 都コツ
1538 都コツ
1539 都コツ
1540 都コツ
1541 都コツ
1542 都コツ 05

3001 都ハエ
3002 都ハエ
3003 都ハエ
3004 都ハエ
3005 都ハエ 17~
3006 都ハエ 19改

3501 都ヤマ
3502 都ヤマ
3503 都ヤマ 99
3504 都ヤマ
3505 都ヤマ
3506 都ヤマ
3507 都ヤマ
3508 都ヤマ
3509 都ヤマ
3510 都ヤマ
3511 都ヤマ
3512 都ヤマ
3513 都ヤマ
3514 都ヤマ
3515 都ヤマ
3516 都ヤマ
3517 都ヤマ
3518 都ヤマ
3519 都ヤマ
3520 都ヤマ 00
3521 都ヤマ
3522 都ヤマ
3523 都ヤマ
3524 都ヤマ
3525 都ヤマ
3526 都ヤマ
3527 都ヤマ
3528 都ヤマ
3529 都ヤマ
3530 都ヤマ
3531 都ヤマ
3532 都ヤマ
3533 都ヤマ
3534 都ヤマ
3535 都ヤマ 01
3536 都ヤマ
3537 都ヤマ
3538 都ヤマ
3539 都ヤマ
3540 都ヤマ
3541 都ヤマ 02
3542 都コツ
3543 都コツ 03
3544 都コツ
3545 都コツ
3546 都コツ
3547 都コツ
3548 都コツ
3549 都コツ
3550 都コツ
3551 都コツ
3552 都コツ
3553 都コツ
3554 都コツ
3555 都コツ
3556 都コツ
3557 都コツ
3558 都コツ
3559 都コツ
3560 都コツ
3561 都コツ
3562 都コツ
3563 都コツ 04
3564 都コツ
3565 都コツ
3566 都コツ
3567 都コツ
3568 都コツ
3569 都コツ
3570 都コツ
3571 都コツ
3572 都コツ
3573 都コツ
3574 都コツ
3575 都コツ
3576 都コツ
3577 都コツ
3578 都コツ
3579 都コツ
3580 都コツ
3581 都コツ
3582 都コツ
3583 都コツ
3584 都ヤマ
3585 都ヤマ
3586 都ヤマ 05
3587 都ヤマ
3588 都ヤマ
3589 都ヤマ
3590 都ヤマ
3591 都ヤマ 06

クハE231 302

1 都ケヨ PSN
2 都ケヨ PSN
3 都ケヨ PSN 99
4 都ケヨ PSN
改 5 17.11.24→3001
改 6 17.12.09→3002
改 7 19.09.14→3003
改 8 19.09.02→3004
9 都ケヨ PSN
10 都ミツ P
11 都ミツ P
12 都ミツ P
13 都ケヨ PSN
14 都ミツ P
15 都ケヨ PSN
改 16 18.09.27→3005
改 17 18.10.18→3006
18 都ケヨ PSN
19 都ケヨ PSN
20 都ケヨ PSN
21 都マト PSN
22 都ケヨ PSN
23 都ケヨ PSN
24 都ケヨ PSN
25 都ケヨ PSN
26 都ミツ P
27 都ミツ P 00
28 都ケヨ PSN
29 都ケヨ PSN
30 都ケヨ PSN
31 都ケヨ PSN
32 都ケヨ PSN
33 都ケヨ PSN
34 都ケヨ PSN
35 都ケヨ PSN
36 都ケヨ PSN
37 都ケヨ PSN
38 都ケヨ PSN
39 都ケヨ PSN
40 都ケヨ PSN
41 都ケヨ PSN
42 都ケヨ PSN
43 都マト PSN
44 都マト PSN
45 都マト PSN
46 都マト PSN
47 都マト PSN
48 都マト PSN 01
49 都マト PSN 02
50 都マト PSN 01
51 都マト PSN
52 都マト PSN
53 都マト PSN
54 都マト PSN
55 都マト PSN
56 都マト PSN
57 都ケヨ PSN
58 都マト PSN
59 都マト PSN
60 都マト PSN
61 都マト PSN
62 都マト PSN
63 都マト PSN
64 都マト PSN
65 都マト PSN
66 都マト PSN
67 都マト PSN 02
68 都マト PSN 03
69 都マト PSN 02
70 都マト PSN
71 都マト PSN
72 都マト PSN
73 都マト PSN
74 都マト PSN
75 都マト PSN
76 都マト PSN
77 都マト PSN
78 都マト PSN
79 都マト PSN 03
80 都ケヨ PSN
81 都ケヨ PSN
82 都ケヨ PSN 06

501 都ミツ P
502 都ミツ P
503 都ミツ P 01
504 都ミツ P
505 都ミツ P
506 都ミツ P
507 都ミツ P
508 都ミツ P
509 都ミツ P
510 都ミツ P
511 都ミツ P
512 都ミツ P
513 都ミツ P 02
514 都ミツ P
515 都ミツ P
516 都ミツ P
517 都ミツ P
518 都ミツ P
519 都ミツ P
520 都ミツ P
521 都ミツ P
522 都ミツ P
523 都ミツ P
524 都ミツ P
525 都ミツ P
526 都ミツ P
527 都ミツ P
528 都ミツ P
529 都ミツ P 03
530 都ミツ P
531 都ミツ P
532 都ミツ P
533 都ミツ P
534 都ミツ P
535 都ミツ P
536 都ミツ P
537 都ミツ P
538 都ミツ P
539 都ミツ P
540 都ミツ P
541 都ミツ P
542 都ミツ P
543 都ミツ P
544 都ミツ P
545 都ミツ P
546 都ミツ P
547 都ミツ P
548 都ミツ P
549 都ミツ P
550 都ミツ P
551 都ミツ P 04
552 都ミツ P 05

801 都ミツ PC
802 都ミツ PC
803 都ミツ PC
804 都ミツ PC 02
805 都ミツ PC
806 都ミツ PC
807 都ミツ PC 02

901 都ケヨ PSN 00改

3001 都ハエ P
3002 都ハエ P
3003 都ハエ P
3004 都ハエ P
3005 都ハエ P 17~
3006 都ハエ P 19改

6001 都ヤマ PSN
6002 都ヤマ PSN
6003 都ヤマ PSN 99
6004 都ヤマ PSN
6005 都ヤマ PSN
6006 都ヤマ PSN
6007 都ヤマ PSN
6008 都ヤマ PSN
6009 都ヤマ PSN
6010 都ヤマ PSN
6011 都ヤマ PSN
6012 都ヤマ PSN
6013 都ヤマ PSN
6014 都ヤマ PSN
6015 都ヤマ PSN
6016 都ヤマ PSN
6017 都ヤマ PSN
6018 都ヤマ PSN
6019 都ヤマ PSN
6020 都ヤマ PSN 00
6021 都ヤマ PSN
6022 都ヤマ PSN
6023 都ヤマ PSN
6024 都ヤマ PSN
6025 都ヤマ PSN
6026 都ヤマ PSN
6027 都ヤマ PSN
6028 都ヤマ PSN
6029 都ヤマ PSN
6030 都ヤマ PSN
6031 都ヤマ PSN
6032 都ヤマ PSN
6033 都ヤマ PSN
6034 都ヤマ PSN
6035 都ヤマ PSN 01
6036 都ヤマ PSN
6037 都ヤマ PSN
6038 都ヤマ PSN
6039 都ヤマ PSN
6040 都ヤマ PSN
6041 都ヤマ PSN 02
6042 都ヤマ PSN
6043 都ヤマ PSN
6044 都ヤマ PSN 05
6045 都ヤマ PSN
6046 都ヤマ PSN
6047 都ヤマ PSN
6048 都ヤマ PSN
6049 都ヤマ PSN 05

8001 都ヤマ PSN
8002 都ヤマ PSN
8003 都ヤマ PSN 99
8004 都ヤマ PSN
8005 都ヤマ PSN
8006 都ヤマ PSN
8007 都ヤマ PSN
8008 都ヤマ PSN
8009 都ヤマ PSN
8010 都ヤマ PSN
8011 都ヤマ PSN 00
8012 都ヤマ PSN
8013 都ヤマ PSN
8014 都ヤマ PSN
8015 都ヤマ PSN
8016 都ヤマ PSN
8017 都ヤマ PSN
8018 都ヤマ PSN 01
8019 都ヤマ PSN
8020 都ヤマ PSN
8021 都ヤマ PSN
8022 都ヤマ PSN
8023 都ヤマ PSN
8024 都ヤマ PSN
8025 都ヤマ PSN
8026 都ヤマ PSN
8027 都ヤマ PSN
8028 都ヤマ PSN 02
8029 都コツ PSN
8030 都コツ PSN 03
8031 都コツ PSN
8032 都コツ PSN
8033 都コツ PSN
8034 都コツ PSN
8035 都コツ PSN
8036 都コツ PSN
8037 都コツ PSN
8038 都コツ PSN
8039 都コツ PSN
8040 都コツ PSN
8041 都コツ PSN
8042 都コツ PSN
8043 都コツ PSN
8044 都コツ PSN
8045 都コツ PSN
8046 都コツ PSN
8047 都コツ PSN
8048 都コツ PSN
8049 都コツ PSN 04
8050 都コツ PSN
8051 都コツ PSN
8052 都コツ PSN
8053 都コツ PSN
8054 都コツ PSN
8055 都コツ PSN
8056 都コツ PSN
8057 都コツ PSN
8058 都コツ PSN
8059 都コツ PSN
8060 都コツ PSN
8061 都コツ PSN
8062 都コツ PSN
8063 都ヤマ PSN
8064 都ヤマ PSN
8065 都ヤマ PSN 05
8066 都ヤマ PSN
8067 都ヤマ PSN
8068 都ヤマ PSN
8069 都ヤマ PSN 06

8501 都コツ PSN
8502 都コツ PSN 03
8503 都コツ PSN
8504 都コツ PSN
8505 都コツ PSN
8506 都コツ PSN
8507 都コツ PSN
8508 都コツ PSN
8509 都コツ PSN
8510 都コツ PSN
8511 都コツ PSN
8512 都コツ PSN
8513 都コツ PSN
8514 都コツ PSN
8515 都コツ PSN
8516 都コツ PSN
8517 都コツ PSN
8518 都コツ PSN
8519 都コツ PSN
8520 都コツ PSN
8521 都コツ PSN
8522 都コツ PSN 04
8523 都コツ PSN
8524 都コツ PSN
8525 都コツ PSN
8526 都コツ PSN
8527 都コツ PSN
8528 都コツ PSN
8529 都コツ PSN
8530 都コツ PSN
8531 都コツ PSN
8532 都コツ PSN
8533 都コツ PSN
8534 都コツ PSN
8535 都コツ PSN
8536 都コツ PSN
8537 都コツ PSN
8538 都コツ PSN
8539 都コツ PSN
8540 都コツ PSN
8541 都コツ PSN
8542 都コツ PSN 05

クハE230　302

	1	都ケヨ	PSN	
	2	都ケヨ	PSN	
	3	都ケヨ	PSN	99
	4	都ケヨ	PSN	
改	5	17.11.24	3001	
改	6	17.12.09	3002	
改	7	19.09.14	3003	
改	8	19.09.02	3004	
	9	都ケヨ	PSN	
	10	都ミツ	P	
	11	都ミツ	P	
	12	都ミツ	P	
	13	都ケヨ	PSN	
	14	都ミツ	P	
	15	都ケヨ	PSN	
改	16	18.09.27	3005	
改	17	18.10.18	3006	
	18	都ケヨ	PSN	
	19	都ケヨ	PSN	
	20	都ケヨ	PSN	
	21	都マト	PSN	
	22	都ケヨ	PSN	
	23	都ケヨ	PSN	
	24	都ケヨ	PSN	
	25	都ケヨ	PSN	
	26	都ミツ	P	
	27	都ミツ	P	00
	28	都ケヨ	PSN	
	29	都ケヨ	PSN	
	30	都ケヨ	PSN	
	31	都ケヨ	PSN	
	32	都ケヨ	PSN	
	33	都ケヨ	PSN	
	34	都ケヨ	PSN	
	35	都ケヨ	PSN	
	36	都ケヨ	PSN	
	37	都ケヨ	PSN	
	38	都ケヨ	PSN	
	39	都ケヨ	PSN	
	40	都ケヨ	PSN	
	41	都ケヨ	PSN	
	42	都ケヨ	PSN	
	43	都マト	PSN	
	44	都マト	PSN	
	45	都マト	PSN	
	46	都マト	PSN	
	47	都マト	PSN	
	48	都マト	PSN	01
	49	都マト	PSN	02
	50	都マト	PSN	01
	51	都マト	PSN	
	52	都マト	PSN	
	53	都マト	PSN	
	54	都マト	PSN	
	55	都マト	PSN	
	56	都マト	PSN	
	57	都ケヨ	PSN	
	58	都マト	PSN	
	59	都マト	PSN	
	60	都マト	PSN	
	61	都マト	PSN	
	62	都マト	PSN	
	63	都マト	PSN	
	64	都マト	PSN	
	65	都マト	PSN	
	66	都マト	PSN	
	67	都マト	PSN	02
	68	都マト	PSN	03
	69	都マト	PSN	02
	70	都マト	PSN	
	71	都マト	PSN	
	72	都マト	PSN	
	73	都マト	PSN	
	74	都マト	PSN	
	75	都マト	PSN	
	76	都マト	PSN	
	77	都マト	PSN	
	78	都マト	PSN	
	79	都マト	PSN	03
	80	都ケヨ	PSN	
	81	都ケヨ	PSN	
	82	都ケヨ	PSN	06
	501	都ミツ	P	
	502	都ミツ	P	
	503	都ミツ	P	01
	504	都ミツ	P	
	505	都ミツ	P	
	506	都ミツ	P	
	507	都ミツ	P	
	508	都ミツ	P	
	509	都ミツ	P	
	510	都ミツ	P	
	511	都ミツ	P	
	512	都ミツ	P	
	513	都ミツ	P	02
	514	都ミツ	P	
	515	都ミツ	P	
	516	都ミツ	P	
	517	都ミツ	P	
	518	都ミツ	P	
	519	都ミツ	P	
	520	都ミツ	P	
	521	都ミツ	P	
	522	都ミツ	P	
	523	都ミツ	P	
	524	都ミツ	P	
	525	都ミツ	P	
	526	都ミツ	P	
	527	都ミツ	P	
	528	都ミツ	P	
	529	都ミツ	P	03
	530	都ミツ	P	
	531	都ミツ	P	
	532	都ミツ	P	
	533	都ミツ	P	
	534	都ミツ	P	
	535	都ミツ	P	
	536	都ミツ	P	
	537	都ミツ	P	
	538	都ミツ	P	
	539	都ミツ	P	
	540	都ミツ	P	
	541	都ミツ	P	
	542	都ミツ	P	
	543	都ミツ	P	
	544	都ミツ	P	
	545	都ミツ	P	
	546	都ミツ	P	
	547	都ミツ	P	
	548	都ミツ	P	
	549	都ミツ	P	
	550	都ミツ	P	
	551	都ミツ	P	04
	552	都ミツ	P	05
	801	都ミツ	PC	
	802	都ミツ	PC	
	803	都ミツ	PC	
	804	都ミツ	PC	02
	805	都ミツ	PC	
	806	都ミツ	PC	
	807	都ミツ	PC	03
	901	都ケヨ	PSN	00改
	3001	都ハエ	P	
	3002	都ハエ	P	
	3003	都ハエ	P	
	3004	都ハエ	P	
	3005	都ハエ	P	17~
	3006	都ハエ	P	19改
	6001	都ヤマ	PSN	
	6002	都ヤマ	PSN	
	6003	都ヤマ	PSN	99
	6004	都ヤマ	PSN	
	6005	都ヤマ	PSN	
	6006	都ヤマ	PSN	
	6007	都ヤマ	PSN	
	6008	都ヤマ	PSN	
	6009	都ヤマ	PSN	
	6010	都ヤマ	PSN	
	6011	都ヤマ	PSN	00
	6012	都ヤマ	PSN	
	6013	都ヤマ	PSN	
	6014	都ヤマ	PSN	
	6015	都ヤマ	PSN	
	6016	都ヤマ	PSN	
	6017	都ヤマ	PSN	
	6018	都ヤマ	PSN	01
	6019	都ヤマ	PSN	
	6020	都ヤマ	PSN	
	6021	都ヤマ	PSN	
	6022	都ヤマ	PSN	
	6023	都ヤマ	PSN	
	6024	都ヤマ	PSN	
	6025	都ヤマ	PSN	
	6026	都ヤマ	PSN	
	6027	都ヤマ	PSN	
	6028	都ヤマ	PSN	02
	6029	都コツ	PSN	
	6030	都コツ	PSN	03
	6031	都コツ	PSN	
	6032	都コツ	PSN	
	6033	都コツ	PSN	
	6034	都コツ	PSN	
	6035	都コツ	PSN	
	6036	都コツ	PSN	
	6037	都コツ	PSN	
	6038	都コツ	PSN	
	6039	都コツ	PSN	
	6040	都コツ	PSN	
	6041	都コツ	PSN	
	6042	都コツ	PSN	
	6043	都コツ	PSN	
	6044	都コツ	PSN	
	6045	都コツ	PSN	
	6046	都コツ	PSN	
	6047	都コツ	PSN	
	6048	都コツ	PSN	
	6049	都コツ	PSN	04
	6050	都コツ	PSN	
	6051	都コツ	PSN	
	6052	都コツ	PSN	
	6053	都コツ	PSN	
	6054	都コツ	PSN	
	6055	都コツ	PSN	
	6056	都コツ	PSN	
	6057	都コツ	PSN	
	6058	都コツ	PSN	
	6059	都コツ	PSN	
	6060	都コツ	PSN	
	6061	都コツ	PSN	
	6062	都コツ	PSN	
	6063	都コツ	PSN	
	6064	都ヤマ	PSN	
	6065	都ヤマ	PSN	05
	6066	都ヤマ	PSN	
	6067	都ヤマ	PSN	
	6068	都ヤマ	PSN	
	6069	都ヤマ	PSN	06
	8001	都ヤマ	PSN	
	8002	都ヤマ	PSN	
	8003	都ヤマ	PSN	99
	8004	都ヤマ	PSN	
	8005	都ヤマ	PSN	
	8006	都ヤマ	PSN	
	8007	都ヤマ	PSN	
	8008	都ヤマ	PSN	
	8009	都ヤマ	PSN	
	8010	都ヤマ	PSN	
	8011	都ヤマ	PSN	
	8012	都ヤマ	PSN	
	8013	都ヤマ	PSN	
	8014	都ヤマ	PSN	
	8015	都ヤマ	PSN	
	8016	都ヤマ	PSN	
	8017	都ヤマ	PSN	
	8018	都ヤマ	PSN	
	8019	都ヤマ	PSN	
	8020	都ヤマ	PSN	00
	8021	都ヤマ	PSN	
	8022	都ヤマ	PSN	
	8023	都ヤマ	PSN	
	8024	都ヤマ	PSN	
	8025	都ヤマ	PSN	
	8026	都ヤマ	PSN	
	8027	都ヤマ	PSN	
	8028	都ヤマ	PSN	
	8029	都ヤマ	PSN	
	8030	都ヤマ	PSN	
	8031	都ヤマ	PSN	
	8032	都ヤマ	PSN	
	8033	都ヤマ	PSN	
	8034	都ヤマ	PSN	
	8035	都ヤマ	PSN	01
	8036	都ヤマ	PSN	
	8037	都ヤマ	PSN	
	8038	都ヤマ	PSN	
	8039	都ヤマ	PSN	
	8040	都ヤマ	PSN	
	8041	都ヤマ	PSN	02
	8042	都コツ	PSN	
	8043	都コツ	PSN	03
	8044	都コツ	PSN	
	8045	都コツ	PSN	
	8046	都コツ	PSN	
	8047	都コツ	PSN	
	8048	都コツ	PSN	
	8049	都コツ	PSN	
	8050	都コツ	PSN	
	8051	都コツ	PSN	
	8052	都コツ	PSN	
	8053	都コツ	PSN	
	8054	都コツ	PSN	
	8055	都コツ	PSN	
	8056	都コツ	PSN	
	8057	都コツ	PSN	
	8058	都コツ	PSN	
	8059	都コツ	PSN	
	8060	都コツ	PSN	
	8061	都コツ	PSN	
	8062	都コツ	PSN	
	8063	都コツ	PSN	04
	8064	都コツ	PSN	
	8065	都コツ	PSN	
	8066	都コツ	PSN	
	8067	都コツ	PSN	
	8068	都コツ	PSN	
	8069	都コツ	PSN	
	8070	都コツ	PSN	
	8071	都コツ	PSN	
	8072	都コツ	PSN	
	8073	都コツ	PSN	
	8074	都コツ	PSN	
	8075	都コツ	PSN	
	8076	都コツ	PSN	
	8077	都コツ	PSN	
	8078	都コツ	PSN	
	8079	都コツ	PSN	
	8080	都コツ	PSN	
	8081	都コツ	PSN	
	8082	都コツ	PSN	
	8083	都コツ	PSN	
	8084	都ヤマ	PSN	
	8085	都ヤマ	PSN	
	8086	都ヤマ	PSN	05
	8087	都ヤマ	PSN	
	8088	都ヤマ	PSN	
	8089	都ヤマ	PSN	
	8090	都ヤマ	PSN	
	8091	都ヤマ	PSN	06

サハE231　540

廃	1	19.05.15	
	2	都ケヨ	
	3	都ケヨ	
廃	4	16.06.13	
	5	都ケヨ	
	6	都ケヨ	
廃	7	19.07.25	
	8	都ケヨ	
	9	都ケヨ	99
廃	10	19.08.02	
	11	都ケヨ	
	12	都ケヨ	
廃	13	17.09.30	
	14	都ケヨ	
廃	15	17.10.03	
廃	16	17.10.31	
廃	17	17.10.24	
廃	18	17.10.17	
廃	19	19.09.02	
廃	20	19.08.19	
廃	21	19.08.26	
廃	22	19.07.22	
廃	23	19.07.01	
廃	24	19.07.08	
廃	25	18.09.08	
	26	都ケヨ	
	27	都ケヨ	
廃	28	19.09.17	
	29	都ミツ	
	30	都ミツ	
廃	31	18.06.11	
	32	都ミツ	
	33	都ミツ	
廃	34	19.10.03	
	35	都ミツ	
	36	都ミツ	
廃	37	18.09.08	
	38	都ケヨ	
	39	都ケヨ	
廃	40	18.07.24	
	41	都ミツ	
	42	都ミツ	
廃	43	18.12.26	
	44	都ケヨ	
	45	都ケヨ	
廃	46	18.07.17	
廃	47	18.07.09	
廃	48	18.07.02	
廃	49	18.09.18	
廃	50	18.09.03	
廃	51	18.08.15	
廃	52	18.09.30	
	53	都ケヨ	
	54	都ケヨ	
廃	55	18.09.30	
	56	都ケヨ	
	57	都ケヨ	
廃	58	20.08.18	
	59	都ケヨ	
廃	60	20.08.18	
	61	都マト	
	62	都マト	
	63	都マト	
	64	都ケヨ	
	65	都ケヨ	
	66	都マト	
廃	67	19.04.19	
	68	都ケヨ	
	69	都ケヨ	
廃	70	19.04.19	
	71	都ケヨ	
	72	都ケヨ	
廃	73	18.11.28	
	74	都ケヨ	
	75	都ケヨ	
廃	76	18.10.04	
	77	都ミツ	
	78	都ミツ	
廃	79	19.06.17	
	80	都ミツ	
	81	都ミツ	00
廃	82	18.10.01	
	83	都ケヨ	
	84	都ケヨ	
廃	85	19.07.25	
	86	都ケヨ	
	87	都ケヨ	
廃	88	19.06.21	
	89	都ケヨ	
	90	都ケヨ	
廃	91	18.08.15	
	92	都ケヨ	
	93	都ケヨ	
廃	94	20.01.09	
	95	都ケヨ	
	96	都ケヨ	
廃	97	20.05.18	
	98	都ケヨ	
	99	都ケヨ	
廃	100	20.02.16	
	101	都ケヨ	
	102	都ケヨ	
廃	103	19.09.10	
	104	都ケヨ	
	105	都ケヨ	
廃	106	19.10.29	
	107	都ケヨ	
	108	都ケヨ	
廃	109	19.12.06	
	110	都ケヨ	
	111	都ケヨ	
廃	112	19.12.06	
	113	都ケヨ	
	114	都ケヨ	
廃	115	20.05.11	
	116	都ケヨ	
	117	都ケヨ	
廃	118	19.10.25	
	119	都ケヨ	
	120	都ケヨ	
廃	121	19.09.27	
	122	都ケヨ	
	123	都ケヨ	
廃	124	19.12.05	
	125	都ケヨ	
	126	都ケヨ	
	127	都マト	
	128	都マト	
	129	都マト	
	130	都マト	
	131	都マト	
	132	都マト	
	133	都マト	
	134	都マト	
	135	都マト	
	136	都マト	
	137	都マト	
	138	都マト	
	139	都マト	
	140	都マト	
	141	都マト	01
	142	都マト	
	143	都マト	
	144	都マト	
	145	都マト	02
	146	都マト	01
	147	都マト	
	148	都マト	
	149	都マト	
	150	都マト	
	151	都マト	
	152	都マト	
	153	都マト	
	154	都マト	
	155	都マト	
	156	都マト	
	157	都マト	
	158	都マト	
	159	都マト	
	160	都マト	
	161	都マト	02
廃	162	19.09.27	
	163	都ケヨ	
	164	都ケヨ	
	165	都マト	
	166	都マト	
	167	都マト	
	168	都マト	
	169	都マト	
	170	都マト	
	171	都マト	
	172	都マト	
	173	都マト	
	174	都マト	
	175	都マト	
	176	都マト	
	177	都マト	
	178	都マト	
	179	都マト	
	180	都マト	
	181	都マト	
	182	都マト	
	183	都マト	
	184	都マト	
	185	都マト	
	186	都マト	
	187	都マト	
	188	都マト	
	189	都マト	02
	190	都マト	
	191	都マト	
	192	都マト	
	193	都マト	03
	194	都マト	02
	195	都マト	
	196	都マト	
	197	都マト	
	198	都マト	
	199	都マト	
	200	都マト	
	201	都マト	
	202	都マト	
	203	都マト	
	204	都マト	
	205	都マト	
	206	都マト	
	207	都マト	
	208	都マト	
	209	都マト	
	210	都マト	
	211	都マト	
	212	都マト	
	213	都マト	
	214	都マト	
	215	都マト	
	216	都マト	03
廃	217	20.03.26	
	218	都ケヨ	
	219	都ケヨ	
廃	220	20.12.11	
	221	都ケヨ	
	222	都ケヨ	
廃	223	20.06.15	
	224	都ケヨ	
	225	都ケヨ	06
	501	都ミツ	
	502	都ミツ	01
	503	都ミツ	
	504	都ミツ	
	505	都ミツ	
	506	都ミツ	
	507	都ミツ	
	508	都ミツ	
	509	都ミツ	
	510	都ミツ	
	511	都ミツ	
	512	都ミツ	
	513	都ミツ	02
	514	都ミツ	
	515	都ミツ	
	516	都ミツ	
	517	都ミツ	
	518	都ミツ	
	519	都ミツ	
	520	都ミツ	
	521	都ミツ	
	522	都ミツ	
	523	都ミツ	
	524	都ミツ	
	525	都ミツ	
	526	都ミツ	
	527	都ミツ	
	528	都ミツ	
	529	都ミツ	03
	530	都ミツ	
	531	都ミツ	
	532	都ミツ	
	533	都ミツ	
	534	都ミツ	
	535	都ミツ	
	536	都ミツ	
	537	都ミツ	
	538	都ミツ	
	539	都ミツ	
	540	都ミツ	
	541	都ミツ	
	542	都ミツ	
	543	都ミツ	
	544	都ミツ	
	545	都ミツ	
	546	都ミツ	
	547	都ミツ	
	548	都ミツ	
	549	都ミツ	
	550	都ミツ	
	551	都ミツ	04
	552	都ミツ	05
	601	都ミツ	
	602	都ミツ	
	603	都ミツ	
	604	都ミツ	
	605	都ミツ	
	606	都ミツ	
	607	都ミツ	
	608	都ミツ	
	609	都ミツ	
	610	都ミツ	
	611	都ミツ	
	612	都ミツ	11
	613	都ミツ	
	614	都ミツ	
	615	都ミツ	
	616	都ミツ	
	617	都ミツ	
	618	都ミツ	
	619	都ミツ	
	620	都ミツ	
	621	都ミツ	
	622	都ミツ	
	623	都ミツ	
	624	都ミツ	
	625	都ミツ	
	626	都ミツ	
	627	都ミツ	
	628	都ミツ	
	629	都ミツ	
	630	都ミツ	
	631	都ミツ	
	632	都ミツ	
	633	都ミツ	
	634	都ミツ	
	635	都ミツ	
	636	都ミツ	
	637	都ミツ	
	638	都ミツ	
	639	都ミツ	
	640	都ミツ	
	641	都ミツ	
	642	都ミツ	
	643	都ミツ	
	644	都ミツ	
	645	都ミツ	
	646	都ミツ	10
	647	都ミツ	
	648	都ミツ	
	649	都ミツ	
	650	都ミツ	
	651	都ミツ	
	652	都ミツ	09
	801	都ミツ	
	802	都ミツ	
	803	都ミツ	
	804	都ミツ	
	805	都ミツ	
	806	都ミツ	
	807	都ミツ	
	808	都ミツ	02
	809	都ミツ	
	810	都ミツ	
	811	都ミツ	
	812	都ミツ	
	813	都ミツ	
	814	都ミツ	03
	901	都ケヨ	
廃	902	20.12.11	
	903	都ケヨ	00改

1001 都ヤマ
1002 都コツ
1003 都コツ
1004 都ヤマ
1005 都コツ
1006 都コツ
1007 都ヤマ
1008 都コツ
1009 都コツ 99
1010 都ヤマ
1011 都コツ
1012 都コツ
1013 都ヤマ
1014 都コツ
1015 都コツ
1016 都ヤマ
1017 都コツ
1018 都コツ
1019 都ヤマ
1020 都コツ
1021 都コツ
1022 都ヤマ
1023 都コツ
1024 都コツ
1025 都ヤマ
1026 都コツ
1027 都コツ
1028 都ヤマ
1029 都コツ
1030 都コツ
1031 都ヤマ
1032 都コツ
1033 都コツ
1034 都ヤマ
1035 都コツ
1036 都コツ
1037 都ヤマ
1038 都コツ
1039 都コツ
1040 都ヤマ
1041 都コツ
1042 都コツ
1043 都ヤマ
1044 都コツ
1045 都コツ
1046 都ヤマ
1047 都コツ
1048 都コツ
1049 都ヤマ
1050 都コツ
1051 都コツ
1052 都ヤマ
1053 都コツ
1054 都コツ
1055 都ヤマ
1056 都コツ
1057 都コツ
1058 都ヤマ
1059 都コツ
1060 都コツ 00
1061 都ヤマ
1062 都コツ
1063 都コツ
1064 都ヤマ
1065 都コツ
1066 都コツ
1067 都ヤマ
1068 都コツ
1069 都コツ
1070 都ヤマ
1071 都コツ
1072 都コツ
1073 都ヤマ
1074 都コツ
1075 都コツ

1076 都ヤマ
1077 都コツ
1078 都コツ
1079 都ヤマ
1080 都コツ
1081 都コツ
1082 都ヤマ
1083 都コツ
1084 都コツ
1085 都ヤマ
1086 都コツ
1087 都コツ
1088 都ヤマ
1089 都コツ
1090 都コツ
1091 都ヤマ
1092 都コツ
1093 都コツ
1094 都ヤマ
1095 都コツ
1096 都コツ
1097 都ヤマ
1098 都コツ
1099 都コツ
1100 都ヤマ
1101 都コツ
1102 都コツ
1103 都ヤマ
1104 都コツ
1105 都コツ 01
1106 都ヤマ
1107 都コツ
1108 都コツ
1109 都ヤマ
1110 都コツ
1111 都コツ
1112 都ヤマ
1113 都コツ
1114 都コツ
1115 都ヤマ
1116 都コツ
1117 都コツ
1118 都ヤマ
1119 都コツ
1120 都コツ
1121 都ヤマ
1122 都コツ
1123 都コツ 02
1124 都コツ
1125 都コツ 03
1126 都ヤマ
1127 都ヤマ
1128 都ヤマ 05
1129 都ヤマ
1130 都ヤマ
1131 都ヤマ
1132 都ヤマ
1133 都ヤマ 06

3001 都ヤマ
3002 都ヤマ
3003 都ヤマ 99
3004 都ヤマ
3005 都ヤマ
3006 都ヤマ
3007 都ヤマ
3008 都ヤマ
3009 都ヤマ
3010 都ヤマ
3011 都ヤマ 00
3012 都ヤマ
3013 都ヤマ
3014 都ヤマ
3015 都ヤマ
3016 都ヤマ
3017 都ヤマ
3018 都ヤマ 01
3019 都ヤマ
3020 都ヤマ
3021 都ヤマ
3022 都ヤマ
3023 都ヤマ
3024 都ヤマ
3025 都ヤマ
3026 都ヤマ
3027 都ヤマ
3028 都ヤマ 02
3029 都コツ
3030 都コツ 03
3031 都コツ
3032 都コツ
3033 都コツ
3034 都コツ
3035 都コツ
3036 都コツ
3037 都コツ
3038 都コツ
3039 都コツ
3040 都コツ
3041 都コツ
3042 都コツ
3043 都コツ
3044 都コツ
3045 都コツ
3046 都コツ
3047 都コツ
3048 都コツ
3049 都コツ 04
3050 都コツ
3051 都コツ
3052 都コツ
3053 都コツ
3054 都コツ
3055 都コツ
3056 都コツ
3057 都コツ
3058 都コツ
3059 都コツ
3060 都コツ
3061 都コツ
3062 都コツ
3063 都ヤマ
3064 都ヤマ
3065 都ヤマ 05
3066 都ヤマ
3067 都ヤマ
3068 都ヤマ
3069 都ヤマ 06

改4601 20.01.21サハE235
廃4602 20.09.10
改4603 17.05.18サハE235
廃4604 20.09.10
廃4605 20.09.10
廃4606 20.09.10
改4607 17.07.28サハE235
改4608 17.08.24サハE235
改4609 17.09.21サハE235
改4610 17.10.16サハE235
改4611 17.12.20サハE235 11
改4612 19.12.27サハE235
改4613 17.11.08サハE235
改4614 17.11.28サハE235
改4615 18.01.16サハE235
改4616 18.02.07サハE235
改4617 18.03.12サハE235
改4618 18.03.27サハE235
改4619 18.04.18サハE235
改4620 15.03.23サハE235
改4621 18.06.25サハE235
改4622 18.11.01サハE235
改4623 18.09.12サハE235
改4624 18.10.19サハE235
改4625 18.10.02サハE235
改4626 18.08.16サハE235
改4627 18.06.05サハE235
改4628 18.07.24サハE235
改4629 18.05.11サハE235
改4630 18.11.19サハE235
改4631 18.12.07サハE235
改4632 18.12.25サハE235
改4633 19.01.17サハE235
改4634 19.02.04サハE235
改4635 19.02.20サハE235
改4636 19.03.12サハE235
改4637 19.04.10サハE235
改4638 19.04.18サハE235
改4639 19.05.10サハE235
改4640 17.04.21サハE235
改4641 19.05.28サハE235
改4642 19.06.11サハE235
改4643 19.06.28サハE235
改4644 19.07.19サハE235
改4645 19.08.02サハE235
改4646 19.09.02サハE235 10
改4647 19.09.12サハE235
改4648 19.10.02サハE235
改4649 19.10.18サハE235
改4650 19.11.06サハE235
改4651 19.11.21サハE235
改4652 19.12.10サハE235 09

▷サハE235形 同じ車号へ変更

6001 都ヤマ
6002 都ヤマ
6003 都ヤマ 99
6004 都ヤマ
6005 都ヤマ
6006 都ヤマ
6007 都ヤマ
6008 都ヤマ
6009 都ヤマ
6010 都ヤマ
6011 都ヤマ
6012 都ヤマ
6013 都ヤマ
6014 都ヤマ
6015 都ヤマ
6016 都ヤマ
6017 都ヤマ
6018 都ヤマ
6019 都ヤマ
6020 都ヤマ 00
6021 都ヤマ
6022 都ヤマ
6023 都ヤマ
6024 都ヤマ
6025 都ヤマ
6026 都ヤマ
6027 都ヤマ
6028 都ヤマ
6029 都ヤマ
6030 都ヤマ
6031 都ヤマ
6032 都ヤマ
6033 都ヤマ
6034 都ヤマ
6035 都ヤマ 01
6036 都ヤマ
6037 都ヤマ
6038 都ヤマ
6039 都ヤマ
6040 都ヤマ
6041 都ヤマ 02
6042 都ヤマ
6043 都ヤマ
6044 都ヤマ 05
6045 都ヤマ
6046 都ヤマ
6047 都ヤマ
6048 都ヤマ
6049 都ヤマ 05

サハE230 0

廃	1	19.05.15	
廃	2	19.06.13	
廃	3	19.07.25	99
廃	4	19.08.02	
廃	5	17.09.21	
廃	6	17.10.31	
廃	7	19.09.09	
廃	8	19.06.24	
廃	9	18.09.08	
廃	10	19.09.25	
廃	11	18.06.11	
廃	12	19.10.10	
廃	13	18.09.08	
廃	14	18.06.11	
廃	15	18.12.26	
廃	16	18.09.10	
廃	17	18.09.26	
廃	18	18.09.30	
廃	19	18.09.30	
廃	20	15.01.10	
廃	21	15.01.10	
廃	22	15.01.10	
廃	23	19.04.19	
廃	24	19.04.19	
廃	25	18.11.28	
廃	26	18.10.15	
廃	27	19.07.16	00
廃	28	18.10.01	
廃	29	19.07.25	
廃	30	19.06.21	
廃	31	18.08.15	
廃	32	20.01.09	
廃	33	20.05.25	
廃	34	20.02.16	
廃	35	19.09.10	
廃	36	19.10.29	
廃	37	19.12.06	
廃	38	19.12.06	
廃	39	20.06.01	
廃	40	19.10.25	
廃	41	19.09.27	
廃	42	19.12.05	01
廃	43	19.09.27	02
廃	44	20.03.26	
廃	45	20.12.11	
廃	46	20.06.08	06
廃	501	11.09.18	
廃	502	11.09.18	
廃	503	11.09.18	
廃	504	11.09.18	
廃	505	11.09.11	
廃	506	11.09.11	01
廃	507	11.09.11	
廃	508	11.09.11	
廃	509	11.07.23	
廃	510	11.07.23	
廃	511	11.07.23	
廃	512	11.07.23	
廃	513	11.07.03	
廃	514	11.07.03	
廃	515	11.07.03	
廃	516	11.07.03	
廃	517	11.06.15	
廃	518	11.06.15	
廃	519	11.06.15	
廃	520	11.06.15	
廃	521	11.05.26	
廃	522	11.05.26	
廃	523	11.05.26	
廃	524	11.05.26	
廃	525	11.05.07	
廃	526	11.05.07	02
廃	527	11.05.07	
廃	528	11.05.07	
廃	529	11.04.13	
廃	530	11.04.13	
廃	531	11.04.13	
廃	532	11.04.13	
廃	533	11.03.04	
廃	534	11.03.04	
廃	535	11.03.04	
廃	536	11.03.04	
廃	537	11.02.18	
廃	538	11.02.18	
廃	539	11.02.18	
廃	540	11.02.18	
廃	541	11.01.28	
廃	542	11.01.28	
廃	543	11.01.28	
廃	544	11.01.28	
廃	545	11.01.12	
廃	546	11.01.12	
廃	547	11.01.12	
廃	548	11.01.12	
廃	549	10.12.16	
廃	550	10.12.16	
廃	551	10.12.16	
廃	552	10.12.16	
廃	553	10.11.26	
廃	554	10.11.26	
廃	555	10.11.26	
廃	556	10.11.26	
廃	557	10.11.06	
廃	558	10.11.06	03
廃	559	10.11.06	
廃	560	10.11.06	
廃	561	10.10.16	
廃	562	10.10.16	
廃	563	10.10.16	
廃	564	10.10.16	
廃	565	10.09.28	
廃	566	10.09.28	
廃	567	10.09.28	
廃	568	10.09.28	
廃	569	10.09.07	
廃	570	10.09.07	
廃	571	10.09.07	
廃	572	10.09.07	
廃	573	10.07.31	
廃	574	10.07.31	
廃	575	10.07.31	
廃	576	10.07.31	
廃	577	10.07.10	
廃	578	10.07.10	
廃	579	10.07.10	
廃	580	10.07.10	
廃	581	10.06.23	
廃	582	10.06.23	
廃	583	10.06.23	
廃	584	10.06.23	
廃	585	10.06.02	
廃	586	10.06.02	
廃	587	10.06.02	
廃	588	10.06.02	
廃	589	10.05.14	
廃	590	10.05.14	
廃	591	10.05.14	
廃	592	10.05.14	
廃	593	10.04.22	
廃	594	10.04.22	
廃	595	10.04.22	
廃	596	10.04.22	
廃	597	10.04.09	
廃	598	10.04.09	
廃	599	10.04.09	
廃	600	10.04.09	
廃	601	10.03.12	
廃	602	10.03.12	04
廃	603	10.03.12	
廃	604	10.03.12	05
廃	901	20.12.11	00改

サロE231 91

1001	都ヤマ	
1002	都ヤマ	
1003	都ヤマ	
1004	都ヤマ	
1005	都ヤマ	
1006	都ヤマ	
1007	都ヤマ	
1008	都ヤマ	
1009	都ヤマ	03
1010	都ヤマ	
1011	都ヤマ	
1012	都ヤマ	
1013	都ヤマ	
1014	都ヤマ	
1015	都ヤマ	
1016	都ヤマ	
1017	都ヤマ	
1018	都ヤマ	
1019	都ヤマ	
1020	都ヤマ	
1021	都ヤマ	
1022	都ヤマ	
1023	都ヤマ	
1024	都ヤマ	
1025	都ヤマ	
1026	都ヤマ	
1027	都ヤマ	
1028	都ヤマ	
1029	都ヤマ	
1030	都ヤマ	
1031	都ヤマ	
1032	都ヤマ	
1033	都ヤマ	04
1034	都ヤマ	
1035	都ヤマ	
1036	都ヤマ	
1037	都ヤマ	
1038	都ヤマ	
1039	都ヤマ	
1040	都ヤマ	
1041	都ヤマ	05
1042	都コツ	
1043	都コツ	03
1044	都コツ	
1045	都コツ	
1046	都コツ	
1047	都コツ	
1048	都コツ	
1049	都コツ	
1050	都コツ	
1051	都コツ	
1052	都コツ	
1053	都コツ	
1054	都コツ	
1055	都コツ	
1056	都コツ	
1057	都コツ	
1058	都コツ	
1059	都コツ	
1060	都コツ	
1061	都コツ	
1062	都コツ	
1063	都コツ	04
1064	都コツ	
1065	都コツ	
1066	都コツ	
1067	都コツ	
1068	都コツ	
1069	都コツ	
1070	都コツ	
1071	都コツ	
1072	都コツ	
1073	都コツ	
1074	都コツ	
1075	都コツ	
1076	都コツ	
1077	都コツ	
1078	都コツ	
1079	都コツ	
1080	都コツ	
1081	都コツ	
1082	都コツ	
1083	都コツ	
1084	都ヤマ	
1085	都ヤマ	
1086	都ヤマ	05
1087	都ヤマ	
1088	都ヤマ	
1089	都ヤマ	
1090	都ヤマ	
1091	都ヤマ	06

サロE230 91

1001	都ヤマ	
1002	都ヤマ	
1003	都ヤマ	
1004	都ヤマ	
1005	都ヤマ	
1006	都ヤマ	
1007	都ヤマ	
1008	都ヤマ	
1009	都ヤマ	03
1010	都ヤマ	
1011	都ヤマ	
1012	都ヤマ	
1013	都ヤマ	
1014	都ヤマ	
1015	都ヤマ	
1016	都ヤマ	
1017	都ヤマ	
1018	都ヤマ	
1019	都ヤマ	
1020	都ヤマ	
1021	都ヤマ	
1022	都ヤマ	
1023	都ヤマ	
1024	都ヤマ	
1025	都ヤマ	
1026	都ヤマ	
1027	都ヤマ	
1028	都ヤマ	
1029	都ヤマ	
1030	都ヤマ	
1031	都ヤマ	
1032	都ヤマ	
1033	都ヤマ	04
1034	都ヤマ	
1035	都ヤマ	
1036	都ヤマ	
1037	都ヤマ	
1038	都ヤマ	
1039	都ヤマ	
1040	都ヤマ	
1041	都ヤマ	05
1042	都コツ	
1043	都コツ	03
1044	都コツ	
1045	都コツ	
1046	都コツ	
1047	都コツ	
1048	都コツ	
1049	都コツ	
1050	都コツ	
1051	都コツ	
1052	都コツ	
1053	都コツ	
1054	都コツ	
1055	都コツ	
1056	都コツ	
1057	都コツ	
1058	都コツ	
1059	都コツ	
1060	都コツ	
1061	都コツ	
1062	都コツ	
1063	都コツ	04
1064	都コツ	
1065	都コツ	
1066	都コツ	
1067	都コツ	
1068	都コツ	
1069	都コツ	
1070	都コツ	
1071	都コツ	
1072	都コツ	
1073	都コツ	
1074	都コツ	
1075	都コツ	
1076	都コツ	
1077	都コツ	
1078	都コツ	
1079	都コツ	
1080	都コツ	
1081	都コツ	
1082	都コツ	
1083	都コツ	
1084	都ヤマ	
1085	都ヤマ	
1086	都ヤマ	05
1087	都ヤマ	
1088	都ヤマ	
1089	都ヤマ	
1090	都ヤマ	
1091	都ヤマ	06

227系／西

クモハ227　148

1 中ヒロDWsSw
2 中ヒロDWsSw
3 中ヒロDWsSw
4 中ヒロDWsSw
5 中ヒロDWsSw
6 中ヒロDWsSw
7 中ヒロDWsSw
8 中ヒロDWsSw
9 中ヒロDWsSw
10 中ヒロDWsSw
11 中ヒロDWsSw
12 中ヒロDWsSw 14
13 中ヒロDWsSw
14 中ヒロDWsSw
15 中ヒロDWsSw
16 中ヒロDWsSw
17 中ヒロDWsSw
18 中ヒロDWsSw
19 中ヒロDWsSw
20 中ヒロDWsSw
21 中ヒロDWsSw
22 中ヒロDWsSw
23 中ヒロDWsSw
24 中ヒロDWsSw
25 中ヒロDWsSw
26 中ヒロDWsSw
27 中ヒロDWsSw
28 中ヒロDWsSw
29 中ヒロDWsSw
30 中ヒロDWsSw
31 中ヒロDWsSw
32 中ヒロDWsSw
33 中ヒロDWsSw
34 中ヒロDWsSw
35 中ヒロDWsSw
36 中ヒロDWsSw
37 中ヒロDWsSw
38 中ヒロDWsSw
39 中ヒロDWsSw
40 中ヒロDWsSw
41 中ヒロDWsSw
42 中ヒロDWsSw 15
43 中ヒロDWsSw
44 中ヒロDWsSw
45 中ヒロDWsSw
46 中ヒロDWsSw
47 中ヒロDWsSw
48 中ヒロDWsSw
49 中ヒロDWsSw
50 中ヒロDWsSw
51 中ヒロDWsSw
52 中ヒロDWsSw
53 中ヒロDWsSw
54 中ヒロDWsSw
55 中ヒロDWsSw
56 中ヒロDWsSw
57 中ヒロDWsSw
58 中ヒロDWsSw
59 中ヒロDWsSw
60 中ヒロDWsSw
61 中ヒロDWsSw
62 中ヒロDWsSw
63 中ヒロDWsSw
64 中ヒロDWsSw
65 中ヒロDWsSw 18
66 中ヒロDWsSw 14
67 中ヒロDWsSw
68 中ヒロDWsSw
69 中ヒロDWsSw
70 中ヒロDWsSw
71 中ヒロDWsSw
72 中ヒロDWsSw
73 中ヒロDWsSw
74 中ヒロDWsSw
75 中ヒロDWsSw
76 中ヒロDWsSw
77 中ヒロDWsSw
78 中ヒロDWsSw
79 中ヒロDWsSw
80 中ヒロDWsSw 15
81 中ヒロDWsSw
82 中ヒロDWsSw
83 中ヒロDWsSw
84 中ヒロDWsSw
85 中ヒロDWsSw
86 中ヒロDWsSw
87 中ヒロDWsSw
88 中ヒロDWsSw
89 中ヒロDWsSw
90 中ヒロDWsSw
91 中ヒロDWsSw
92 中ヒロDWsSw
93 中ヒロDWsSw
94 中ヒロDWsSw
95 中ヒロDWsSw
96 中ヒロDWsSw
97 中ヒロDWsSw
98 中ヒロDWsSw
99 中ヒロDWsSw
100 中ヒロDWsSw
101 中ヒロDWsSw
102 中ヒロDWsSw
103 中ヒロDWsSw
104 中ヒロDWsSw
105 中ヒロDWsSw
106 中ヒロDWsSw 18

526 中オカ PSw
527 中オカ PSw
528 中オカ PSw
529 中オカ PSw
530 中オカ PSw
531 中オカ PSw
532 中オカ PSw
533 中オカ PSw 22

1001 近ヒネ PSw
1002 近ヒネ PSw
1003 近ヒネ PSw
1004 近ヒネ PSw
1005 近ヒネ PSw
1006 近ヒネ PSw
1007 近ヒネ PSw
1008 近ヒネ PSw
1009 近ヒネ PSw
1010 近ヒネ PSw
1011 近ヒネ PSw
1012 近ヒネ PSw
1013 近ヒネ PSw
1014 近ヒネ PSw
1015 近ヒネ PSw
1016 近ヒネ PSw
1017 近ヒネ PSw
1018 近ヒネ PSw 18
1019 近ヒネ PSw
1020 近ヒネ PSw
1021 近ヒネ PSw
1022 近ヒネ PSw
1023 近ヒネ PSw
1024 近ヒネ PSw
1025 近ヒネ PSw
1026 近ヒネ PSw
1027 近ヒネ PSw
1028 近ヒネ PSw 19
1029 近ヒネ PSw
1030 近ヒネ PSw
1031 近ヒネ PSw
1032 近ヒネ PSw
1033 近ヒネ PSw
1034 近ヒネ PSw 20

クモハ226　148

1 中ヒロDWsSw
2 中ヒロDWsSw
3 中ヒロDWsSw
4 中ヒロDWsSw
5 中ヒロDWsSw
6 中ヒロDWsSw
7 中ヒロDWsSw
8 中ヒロDWsSw
9 中ヒロDWsSw
10 中ヒロDWsSw
11 中ヒロDWsSw
12 中ヒロDWsSw 14
13 中ヒロDWsSw
14 中ヒロDWsSw
15 中ヒロDWsSw
16 中ヒロDWsSw
17 中ヒロDWsSw
18 中ヒロDWsSw
19 中ヒロDWsSw
20 中ヒロDWsSw
21 中ヒロDWsSw
22 中ヒロDWsSw
23 中ヒロDWsSw
24 中ヒロDWsSw
25 中ヒロDWsSw
26 中ヒロDWsSw
27 中ヒロDWsSw
28 中ヒロDWsSw
29 中ヒロDWsSw
30 中ヒロDWsSw
31 中ヒロDWsSw
32 中ヒロDWsSw
33 中ヒロDWsSw
34 中ヒロDWsSw
35 中ヒロDWsSw
36 中ヒロDWsSw
37 中ヒロDWsSw
38 中ヒロDWsSw
39 中ヒロDWsSw
40 中ヒロDWsSw
41 中ヒロDWsSw
42 中ヒロDWsSw 15
43 中ヒロDWsSw
44 中ヒロDWsSw
45 中ヒロDWsSw
46 中ヒロDWsSw
47 中ヒロDWsSw
48 中ヒロDWsSw
49 中ヒロDWsSw
50 中ヒロDWsSw
51 中ヒロDWsSw
52 中ヒロDWsSw
53 中ヒロDWsSw
54 中ヒロDWsSw
55 中ヒロDWsSw
56 中ヒロDWsSw
57 中ヒロDWsSw
58 中ヒロDWsSw
59 中ヒロDWsSw
60 中ヒロDWsSw
61 中ヒロDWsSw
62 中ヒロDWsSw
63 中ヒロDWsSw
64 中ヒロDWsSw
65 中ヒロDWsSw 18
66 中ヒロDWsSw 14
67 中ヒロDWsSw
68 中ヒロDWsSw
69 中ヒロDWsSw
70 中ヒロDWsSw
71 中ヒロDWsSw
72 中ヒロDWsSw
73 中ヒロDWsSw
74 中ヒロDWsSw
75 中ヒロDWsSw
76 中ヒロDWsSw
77 中ヒロDWsSw
78 中ヒロDWsSw
79 中ヒロDWsSw
80 中ヒロDWsSw 15
81 中ヒロDWsSw
82 中ヒロDWsSw
83 中ヒロDWsSw
84 中ヒロDWsSw
85 中ヒロDWsSw
86 中ヒロDWsSw
87 中ヒロDWsSw
88 中ヒロDWsSw
89 中ヒロDWsSw
90 中ヒロDWsSw
91 中ヒロDWsSw
92 中ヒロDWsSw
93 中ヒロDWsSw
94 中ヒロDWsSw
95 中ヒロDWsSw
96 中ヒロDWsSw
97 中ヒロDWsSw
98 中ヒロDWsSw
99 中ヒロDWsSw
100 中ヒロDWsSw
101 中ヒロDWsSw
102 中ヒロDWsSw
103 中ヒロDWsSw
104 中ヒロDWsSw
105 中ヒロDWsSw
106 中ヒロDWsSw 18

526 中オカ PSw
527 中オカ PSw
528 中オカ PSw
529 中オカ PSw
530 中オカ PSw
531 中オカ PSw
532 中オカ PSw
533 中オカ PSw 22

1001	近ヒネ	PSw	
1002	近ヒネ	PSw	
1003	近ヒネ	PSw	
1004	近ヒネ	PSw	
1005	近ヒネ	PSw	
1006	近ヒネ	PSw	
1007	近ヒネ	PSw	
1008	近ヒネ	PSw	
1009	近ヒネ	PSw	
1010	近ヒネ	PSw	
1011	近ヒネ	PSw	
1012	近ヒネ	PSw	
1013	近ヒネ	PSw	
1014	近ヒネ	PSw	
1015	近ヒネ	PSw	
1016	近ヒネ	PSw	
1017	近ヒネ	PSw	
1018	近ヒネ	PSw	18
1019	近ヒネ	PSw	
1020	近ヒネ	PSw	
1021	近ヒネ	PSw	
1022	近ヒネ	PSw	
1023	近ヒネ	PSw	
1024	近ヒネ	PSw	
1025	近ヒネ	PSw	
1026	近ヒネ	PSw	
1027	近ヒネ	PSw	
1028	近ヒネ	PSw	19
1029	近ヒネ	PSw	
1030	近ヒネ	PSw	
1031	近ヒネ	PSw	
1032	近ヒネ	PSw	
1033	近ヒネ	PSw	
1034	近ヒネ	PSw	20

モハ226　64

1	中ヒロ	
2	中ヒロ	
3	中ヒロ	
4	中ヒロ	
5	中ヒロ	
6	中ヒロ	
7	中ヒロ	
8	中ヒロ	
9	中ヒロ	
10	中ヒロ	
11	中ヒロ	
12	中ヒロ	14
13	中ヒロ	
14	中ヒロ	
15	中ヒロ	
16	中ヒロ	
17	中ヒロ	
18	中ヒロ	
19	中ヒロ	
20	中ヒロ	
21	中ヒロ	
22	中ヒロ	
23	中ヒロ	
24	中ヒロ	
25	中ヒロ	
26	中ヒロ	
27	中ヒロ	
28	中ヒロ	
29	中ヒロ	
30	中ヒロ	
31	中ヒロ	
32	中ヒロ	
33	中ヒロ	
34	中ヒロ	
35	中ヒロ	
36	中ヒロ	
37	中ヒロ	
38	中ヒロ	
39	中ヒロ	
40	中ヒロ	
41	中ヒロ	
42	中ヒロ	15
43	中ヒロ	
44	中ヒロ	
45	中ヒロ	
46	中ヒロ	
47	中ヒロ	
48	中ヒロ	
49	中ヒロ	
50	中ヒロ	
51	中ヒロ	
52	中ヒロ	
53	中ヒロ	
54	中ヒロ	
55	中ヒロ	
56	中ヒロ	
57	中ヒロ	
58	中ヒロ	
59	中ヒロ	
60	中ヒロ	
61	中ヒロ	
62	中ヒロ	
63	中ヒロ	
64	中ヒロ	18

225系／西

クモハ225　98

1	近ホシ	PSw	
2	近ホシ	PSw	
3	近ホシ	PSw	
4	近ホシ	PSw	
5	近ホシ	PSw	10
6006	近ミハ	PSw	
6007	近ミハ	PSw	
8	近ホシ	PSw	
6009	近ミハ	PSw	
10	近ホシ	PSw	
6011	近ミハ	PSw	
6012	近ミハ	PSw	
6013	近ミハ	PSw	
14	近ホシ	PSw	
6015	近ミハ	PSw	
6016	近ミハ	PSw	11
17	近ホシ	PSw	
18	近ホシ	PSw	12
101	近ホシ	PSw	
102	近ホシ	PSw	
103	近ホシ	PSw	
104	近ホシ	PSw	15
105	近ホシ	PSw	
106	近ホシ	PSw	
107	近ホシ	PSw	
108	近ホシ	PSw	
109	近ホシ	PSw	
110	近ホシ	PSw	
111	近ホシ	PSw	
112	近ホシ	PSw	
113	近ホシ	PSw	
114	近ホシ	PSw	20
115	近ホシ	PSw	
116	近ホシ	PSw	
117	近ホシ	PSw	
118	近ホシ	PSw	
119	近ホシ	PSw	
120	近ホシ	PSw	
121	近ホシ	PSw	
122	近ホシ	PSw	21
123	近ホシ	PSw	
124	近ホシ	PSw	22
129	近ホシ	PSw	
130	近ホシ	PSw	22

5001	近ヒネ	PSw	
5002	近ヒネ	PSw	
5003	近ヒネ	PSw	
5004	近ヒネ	PSw	
5005	近ヒネ	PSw	
5006	近ヒネ	PSw	
5007	近ヒネ	PSw	
5008	近ヒネ	PSw	
5009	近ヒネ	PSw	
5010	近ヒネ	PSw	
5011	近ヒネ	PSw	
5012	近ヒネ	PSw	
5013	近ヒネ	PSw	
5014	近ヒネ	PSw	
5015	近ヒネ	PSw	
5016	近ヒネ	PSw	
5017	近ヒネ	PSw	
5018	近ヒネ	PSw	
5019	近ヒネ	PSw	
5020	近ヒネ	PSw	
5021	近ヒネ	PSw	10
5022	近ヒネ	PSw	
5023	近ヒネ	PSw	
5024	近ヒネ	PSw	
5025	近ヒネ	PSw	
5026	近ヒネ	PSw	
5027	近ヒネ	PSw	
5028	近ヒネ	PSw	
5029	近ヒネ	PSw	11
5101	近ヒネ	PSw	
5102	近ヒネ	PSw	15
5103	近ヒネ	PSw	
5104	近ヒネ	PSw	
5105	近ヒネ	PSw	
5106	近ヒネ	PSw	
5107	近ヒネ	PSw	
5108	近ヒネ	PSw	
5109	近ヒネ	PSw	
5110	近ヒネ	PSw	
5111	近ヒネ	PSw	
5112	近ヒネ	PSw	
5113	近ヒネ	PSw	
5114	近ヒネ	PSw	
5115	近ヒネ	PSw	
5116	近ヒネ	PSw	
5117	近ヒネ	PSw	
5118	近ヒネ	PSw	
5119	近ヒネ	PSw	
5120	近ヒネ	PSw	
5121	近ヒネ	PSw	
5122	近ヒネ	PSw	16
5123	近ヒネ	PSw	
5124	近ヒネ	PSw	
5125	近ヒネ	PSw	17

クモハ224　98

1	近ホシ	PSw	
2	近ホシ	PSw	
3	近ホシ	PSw	
4	近ホシ	PSw	
5	近ホシ	PSw	10
6006	近ミハ	PSw	
6007	近ミハ	PSw	
8	近ホシ	PSw	
6009	近ミハ	PSw	
10	近ホシ	PSw	
6011	近ミハ	PSw	
6012	近ミハ	PSw	
6013	近ミハ	PSw	
14	近ホシ	PSw	
6015	近ミハ	PSw	
6016	近ミハ	PSw	11
17	近ホシ	PSw	
18	近ホシ	PSw	12
101	近ホシ	PSw	
102	近ホシ	PSw	
103	近ホシ	PSw	
104	近ホシ	PSw	15
105	近ホシ	PSw	
106	近ホシ	PSw	
107	近ホシ	PSw	
108	近ホシ	PSw	
109	近ホシ	PSw	
110	近ホシ	PSw	
111	近ホシ	PSw	
112	近ホシ	PSw	
113	近ホシ	PSw	
114	近ホシ	PSw	20
115	近ホシ	PSw	
116	近ホシ	PSw	
117	近ホシ	PSw	
118	近ホシ	PSw	
119	近ホシ	PSw	
120	近ホシ	PSw	
121	近ホシ	PSw	
122	近ホシ	PSw	21
123	近ホシ	PSw	
124	近ホシ	PSw	22
701	近ホシ	PSw	
702	近ホシ	PSw	22

5001	近ヒネ	PSw	
5002	近ヒネ	PSw	
5003	近ヒネ	PSw	
5004	近ヒネ	PSw	
5005	近ヒネ	PSw	
5006	近ヒネ	PSw	
5007	近ヒネ	PSw	
5008	近ヒネ	PSw	
5009	近ヒネ	PSw	
5010	近ヒネ	PSw	
5011	近ヒネ	PSw	
5012	近ヒネ	PSw	
5013	近ヒネ	PSw	
5014	近ヒネ	PSw	
5015	近ヒネ	PSw	
5016	近ヒネ	PSw	
5017	近ヒネ	PSw	
5018	近ヒネ	PSw	
5019	近ヒネ	PSw	
5020	近ヒネ	PSw	
5021	近ヒネ	PSw	10
5022	近ヒネ	PSw	
5023	近ヒネ	PSw	
5024	近ヒネ	PSw	
5025	近ヒネ	PSw	
5026	近ヒネ	PSw	
5027	近ヒネ	PSw	
5028	近ヒネ	PSw	
5029	近ヒネ	PSw	11
5101	近ヒネ	PSw	
5102	近ヒネ	PSw	15
5103	近ヒネ	PSw	
5104	近ヒネ	PSw	
5105	近ヒネ	PSw	
5106	近ヒネ	PSw	
5107	近ヒネ	PSw	
5108	近ヒネ	PSw	
5109	近ヒネ	PSw	
5110	近ヒネ	PSw	
5111	近ヒネ	PSw	
5112	近ヒネ	PSw	
5113	近ヒネ	PSw	
5114	近ヒネ	PSw	
5115	近ヒネ	PSw	
5116	近ヒネ	PSw	
5117	近ヒネ	PSw	
5118	近ヒネ	PSw	
5119	近ヒネ	PSw	
5120	近ヒネ	PSw	
5121	近ヒネ	PSw	
5122	近ヒネ	PSw	16
5123	近ヒネ	PSw	
5124	近ヒネ	PSw	
5125	近ヒネ	PSw	17

モハ225 112

6011	近ミハ	
6012	近ミハ	
13	近ホシ	
6014	近ミハ	
15	近ホシ	
6016	近ミハ	
6017	近ミハ	
6018	近ミハ	
19	近ホシ	
6020	近ミハ	
6021	近ミハ	11
101	近ホシ	
102	近ホシ	15
109	近ホシ	
112	近ホシ	
119	近ホシ	
120	近ホシ	
121	近ホシ	20
122	近ホシ	
123	近ホシ	
124	近ホシ	
125	近ホシ	
126	近ホシ	
127	近ホシ	
128	近ホシ	
129	近ホシ	21
130	近ホシ	
131	近ホシ	22
136	近ホシ	
137	近ホシ	22
302	近ホシ	
304	近ホシ	
306	近ホシ	
308	近ホシ	
310	近ホシ	10
323	近ホシ	
325	近ホシ	12
404	近ホシ	
406	近ホシ	15
408	近ホシ	
411	近ホシ	
414	近ホシ	
416	近ホシ	
418	近ホシ	20
501	近ホシ	
503	近ホシ	
505	近ホシ	
507	近ホシ	
509	近ホシ	10
522	近ホシ	
524	近ホシ	12
603	近ホシ	
605	近ホシ	15
607	近ホシ	
610	近ホシ	
613	近ホシ	
615	近ホシ	
617	近ホシ	20

5001	近ヒネ	
5002	近ヒネ	
5003	近ヒネ	
5004	近ヒネ	
5005	近ヒネ	
5006	近ヒネ	
5007	近ヒネ	
5008	近ヒネ	
5009	近ヒネ	
5010	近ヒネ	
5011	近ヒネ	
5012	近ヒネ	
5013	近ヒネ	
5014	近ヒネ	
5015	近ヒネ	
5016	近ヒネ	
5017	近ヒネ	
5018	近ヒネ	
5019	近ヒネ	
5020	近ヒネ	
5021	近ヒネ	10
5022	近ヒネ	
5023	近ヒネ	
5024	近ヒネ	
5025	近ヒネ	
5026	近ヒネ	
5027	近ヒネ	
5028	近ヒネ	
5029	近ヒネ	11
5101	近ヒネ	
5102	近ヒネ	15
5103	近ヒネ	
5104	近ヒネ	
5105	近ヒネ	
5106	近ヒネ	
5107	近ヒネ	
5108	近ヒネ	
5109	近ヒネ	
5110	近ヒネ	
5111	近ヒネ	
5112	近ヒネ	
5113	近ヒネ	
5114	近ヒネ	
5115	近ヒネ	
5116	近ヒネ	
5117	近ヒネ	
5118	近ヒネ	
5119	近ヒネ	
5120	近ヒネ	
5121	近ヒネ	
5122	近ヒネ	16
5123	近ヒネ	
5124	近ヒネ	
5125	近ヒネ	17

モハ224 192

1	近ホシ	
2	近ホシ	
3	近ホシ	
4	近ホシ	
5	近ホシ	
6	近ホシ	
7	近ホシ	
8	近ホシ	
9	近ホシ	
10	近ホシ	
11	近ホシ	
12	近ホシ	
13	近ホシ	
14	近ホシ	
15	近ホシ	
16	近ホシ	
17	近ホシ	
18	近ホシ	
19	近ホシ	
20	近ホシ	10
6021	近ミハ	
6022	近ミハ	
6023	近ミハ	
6024	近ミハ	
6025	近ミハ	
6026	近ミハ	
27	近ホシ	
6028	近ミハ	
29	近ホシ	
6030	近ミハ	
6031	近ミハ	
6032	近ミハ	
6033	近ミハ	
6034	近ミハ	
6035	近ミハ	
6036	近ミハ	
37	近ホシ	
6038	近ミハ	
6039	近ミハ	
6040	近ミハ	
6041	近ミハ	11
42	近ホシ	
43	近ホシ	
44	近ホシ	
45	近ホシ	
46	近ホシ	
47	近ホシ	
48	近ホシ	
49	近ホシ	12
101	近ホシ	
102	近ホシ	
103	近ホシ	
104	近ホシ	
105	近ホシ	
106	近ホシ	
107	近ホシ	
108	近ホシ	
109	近ホシ	
110	近ホシ	15
111	近ホシ	
112	近ホシ	
113	近ホシ	
114	近ホシ	
115	近ホシ	
116	近ホシ	
117	近ホシ	
118	近ホシ	
119	近ホシ	
120	近ホシ	
121	近ホシ	
122	近ホシ	
123	近ホシ	
124	近ホシ	
125	近ホシ	
126	近ホシ	
127	近ホシ	
128	近ホシ	
129	近ホシ	
130	近ホシ	
131	近ホシ	
132	近ホシ	
133	近ホシ	
134	近ホシ	
135	近ホシ	20
136	近ホシ	
137	近ホシ	
138	近ホシ	
139	近ホシ	
140	近ホシ	
141	近ホシ	
142	近ホシ	
143	近ホシ	
144	近ホシ	
145	近ホシ	
146	近ホシ	
147	近ホシ	
148	近ホシ	
149	近ホシ	
150	近ホシ	
151	近ホシ	
152	近ホシ	
153	近ホシ	
154	近ホシ	
155	近ホシ	
156	近ホシ	
157	近ホシ	
158	近ホシ	
159	近ホシ	21
160	近ホシ	
161	近ホシ	
162	近ホシ	
163	近ホシ	
164	近ホシ	
165	近ホシ	22
178	近ホシ	
179	近ホシ	22

5001 近ヒネ
5002 近ヒネ
5003 近ヒネ
5004 近ヒネ
5005 近ヒネ
5006 近ヒネ
5007 近ヒネ
5008 近ヒネ
5009 近ヒネ
5010 近ヒネ
5011 近ヒネ
5012 近ヒネ
5013 近ヒネ
5014 近ヒネ
5015 近ヒネ
5016 近ヒネ
5017 近ヒネ
5018 近ヒネ
5019 近ヒネ
5020 近ヒネ
5021 近ヒネ 10
5022 近ヒネ
5023 近ヒネ
5024 近ヒネ
5025 近ヒネ
5026 近ヒネ
5027 近ヒネ
5028 近ヒネ
5029 近ヒネ 11

5101 近ヒネ
5102 近ヒネ 15
5103 近ヒネ
5104 近ヒネ
5105 近ヒネ
5106 近ヒネ
5107 近ヒネ
5108 近ヒネ
5109 近ヒネ
5110 近ヒネ
5111 近ヒネ
5112 近ヒネ
5113 近ヒネ
5114 近ヒネ
5115 近ヒネ
5116 近ヒネ
5117 近ヒネ
5118 近ヒネ
5119 近ヒネ
5120 近ヒネ
5121 近ヒネ
5122 近ヒネ
5123 近ヒネ
5124 近ヒネ
5125 近ヒネ
5126 近ヒネ
5127 近ヒネ
5128 近ヒネ
5129 近ヒネ
5130 近ヒネ
5131 近ヒネ
5132 近ヒネ
5133 近ヒネ
5134 近ヒネ
5135 近ヒネ
5136 近ヒネ
5137 近ヒネ
5138 近ヒネ 16
5139 近ヒネ
5140 近ヒネ
5141 近ヒネ
5142 近ヒネ
5143 近ヒネ
5144 近ヒネ
5145 近ヒネ
5146 近ヒネ
5147 近ヒネ 17

223系／西

クモハ223 197

R 1 近ヒネ PSw
R 2 近ヒネ PSw
R 3 近ヒネ PSw
R 4 近ヒネ PSw
R 5 近ヒネ PSw
R 6 近ヒネ PSw
R 7 近ヒネ PSw 93
R 8 近ヒネ PSw
R 9 近ヒネ PSw 94

R 101 近ヒネ PSw
R 102 近ヒネ PSw
R 103 近ヒネ PSw 93
R 104 近ヒネ PSw
105 近ヒネ PSw
R 106 近ヒネ PSw
R 107 近ヒネ PSw 94

1001 近ホシ PSw
R 1002 近ホシ PSw
R 1003 近ホシ PSw
1004 近ホシ PSw
1005 近ホシ PSw
1006 近ホシ PSw
R 1007 近ホシ PSw
1008 近ホシ PSw 95
R 1009 近ホシ PSw
1010 近ホシ PSw
1011 近ホシ PSw
1012 近ホシ PSw
R 1013 近ホシ PSw
1014 近ホシ PSw 96

3001 近ホシ PSw
3002 近ホシ PSw
3003 近ホシ PSw
3004 近ホシ PSw
3005 近ホシ PSw 98
3006 近ホシ PSw
3007 近ホシ PSw
3008 近ホシ PSw
3009 近ホシ PSw
3010 近ホシ PSw
3011 近ホシ PSw
3012 近ホシ PSw
3013 近ホシ PSw
3014 近ホシ PSw
3015 近ホシ PSw
3016 近ホシ PSw
3017 近ホシ PSw
3018 近ホシ PSw
3019 近ホシ PSw
3020 近ホシ PSw
3021 近ホシ PSw
3022 近ホシ PSw
3023 近ホシ PSw
3024 近ホシ PSw
3025 近ホシ PSw
3026 近ホシ PSw
3027 近ホシ PSw
3028 近ホシ PSw
3029 近ホシ PSw
3030 近ホシ PSw
3031 近ホシ PSw
3032 近ホシ PSw
3033 近ホシ PSw
3034 近ホシ PSw
3035 近ホシ PSw
3036 近ホシ PSw
3037 近ホシ PSw
3038 近ホシ PSw
3039 近ホシ PSw
3040 近ホシ PSw
3041 近ホシ PSw 99
2042 近ホシ PSw
2043 近ホシ PSw
2044 近ホシ PSw
2045 近ホシ PSw
2046 近ホシ PSw
2047 近ホシ PSw
2048 近ホシ PSw
2049 近ホシ PSw
2050 近ホシ PSw
2051 近ホシ PSw
2052 近ホシ PSw
2053 近ホシ PSw
2054 近ホシ PSw
2055 近ホシ PSw
2056 近ホシ PSw 03
2057 近ホシ PSw
2058 近ホシ PSw
2059 近ホシ PSw
2060 近ホシ PSw
2061 近ホシ PSw
2062 近ホシ PSw
2063 近ホシ PSw
2064 近ホシ PSw
2065 近ホシ PSw
2066 近ホシ PSw
2067 近ホシ PSw
2068 近ホシ PSw
2069 近ホシ PSw
2070 近ホシ PSw
2071 近ホシ PSw
2072 近ホシ PSw
2073 近ホシ PSw
2074 近ホシ PSw
2075 近ホシ PSw
2076 近ホシ PSw
2077 近ホシ PSw
2078 近ホシ PSw
2079 近ホシ PSw
2080 近ホシ PSw
2081 近ホシ PSw
2082 近ホシ PSw
2083 近ホシ PSw
6084 近ホシ PSw
2085 近ホシ PSw
2086 近ホシ PSw 04
2087 近ホシ PSw
2088 近ホシ PSw 05
6089 近ホシ PSw
6090 近ホシ PSw
2091 近ホシ PSw
6092 近キト PSw
6093 近キト PSw
6094 近キト PSw
6095 近キト PSw
2096 近ホシ PSw
2097 近ホシ PSw
2098 近ホシ PSw 06
6099 近キト PSw
2100 近ホシ PSw
6101 近キト PSw
2102 近ホシ PSw
6103 近キト PSw
6104 近キト PSw
6105 近キト PSw
6106 近キト PSw
6107 近キト PSw
6108 近キト PSw
6109 近キト PSw
6110 近キト PSw 07
6111 近キト PSw
6112 近キト PSw
6113 近ミハ PSw
6114 近ミハ PSw 08
6115 近ミハ PSw
6116 近ミハ PSw
6117 近ミハ PSw
6118 近ミハ PSw
6119 近ミハ PSw 07
6120 近ミハ PSw
6121 近ミハ PSw
6122 近ミハ PSw
6123 近ミハ PSw
6124 近ミハ PSw
6125 近ミハ PSw 08

2501 近ヒネ PSw
2502 近ヒネ PSw 99
2503 近キト PSw
2504 近キト PSw 06
2505 近キト PSw
R 2506 近ヒネ PSw
2507 近ヒネ PSw
2508 近キト PSw
2509 近キト PSw
R 2510 近ヒネ PSw
R 2511 近ヒネ PSw
R 2512 近ヒネ PSw
R 2513 近ヒネ PSw
2514 近ヒネ PSw
2515 近ヒネ PSw
2516 近ヒネ PSw
2517 近キト PSw
2518 近キト PSw
2519 近キト PSw 07

5001 中オカ Sw
5002 中オカ Sw
5003 中オカ Sw
5004 中オカ Sw
5005 中オカ Sw
5006 中オカ Sw
5007 中オカ Sw 03

5501 近フチ PSw
5502 近フチ PSw
5503 近フチ PSw
5504 近フチ PSw
5505 近フチ PSw
5506 近フチ PSw
5507 近フチ PSw
5508 近フチ PSw
5509 近フチ PSw
5510 近フチ PSw
5511 近フチ PSw
5512 近フチ PSw
5513 近フチ PSw
5514 近フチ PSw
5515 近フチ PSw
5516 近フチ PSw 08

モハ223 172

R 1 近ヒネ
R 2 近ヒネ
R 3 近ヒネ
R 4 近ヒネ
R 5 近ヒネ
R 6 近ヒネ
R 7 近ヒネ 93
R 8 近ヒネ
R 9 近ヒネ 94

1001 近ホシ
1002 近ホシ
R 1003 近ホシ
R 1004 近ホシ
1005 近ホシ
1006 近ホシ
1007 近ホシ
1008 近ホシ
1009 近ホシ
1010 近ホシ
R 1011 近ホシ
1012 近ホシ 95
R 1013 近ホシ
R 1014 近ホシ
1015 近ホシ
1016 近ホシ
1017 近ホシ
1018 近ホシ
1019 近ホシ
1020 近ホシ
R 1021 近ホシ
1022 近ホシ
1023 近ホシ 96
2001 近ホシ
2002 近ホシ
2003 近ホシ 98
2004 近ホシ
2005 近ホシ
2006 近ホシ
2007 近ホシ
2008 近ホシ
2009 近ホシ
2010 近ホシ
2011 近ホシ
2012 近ホシ
2013 近ホシ
2014 近ホシ
2015 近ホシ
2016 近ホシ
2017 近ホシ
2018 近ホシ 99
2019 近ホシ
2020 近ホシ
2021 近ホシ
2022 近ホシ
2023 近ホシ
2024 近ホシ
2025 近ホシ
2026 近ホシ 03
2027 近ホシ
2028 近ホシ
2029 近ホシ
2030 近ホシ
2031 近ホシ
2032 近ホシ
2033 近ホシ
2034 近ホシ
2035 近ホシ
2036 近ホシ
2037 近ホシ
2038 近ホシ
6039 近ホシ 04
2140 近ホシ
2141 近ホシ
2142 近ホシ
2143 近ホシ
2144 近ホシ
2145 近ホシ
2146 近ホシ
2147 近ホシ
2148 近ホシ
2149 近ホシ
2150 近ホシ
2151 近ホシ 03
2152 近ホシ
2153 近ホシ
2154 近ホシ
2155 近ホシ
2156 近ホシ
2157 近ホシ
2158 近ホシ
2159 近ホシ
2160 近ホシ
2161 近ホシ
2162 近ホシ
2163 近ホシ
2164 近ホシ
2165 近ホシ
2166 近ホシ
2167 近ホシ
2168 近ホシ
2169 近ホシ
2170 近ホシ
2171 近ホシ
2172 近ホシ
2173 近ホシ
2174 近ホシ 04
2175 近ホシ
2176 近ホシ 05
6077 近ホシ
6078 近ホシ
2079 近ホシ 06
2180 近ホシ
6181 近キト
6182 近キト
6183 近キト 06
6084 近キト
6085 近キト 07
6186 近キト
2187 近ホシ
2188 近ホシ
2189 近ホシ 06
2190 近ホシ
2191 近ホシ
6192 近キト
6193 近キト
6194 近キト
6195 近キト
6196 近キト
6197 近キト
6198 近キト
6199 近キト 07
6200 近キト
6301 近キト
6302 近ミハ
6303 近ミハ 08
6304 近ミハ
6305 近ミハ
6306 近ミハ
6307 近ミハ
6308 近ミハ 07
6309 近ミハ
6310 近ミハ
6311 近ミハ
6312 近ミハ
6313 近ミハ
6314 近ミハ 08
2501 近キト 06
2502 近ヒネ
R 2503 近ヒネ
2504 近ヒネ
R 2505 近ヒネ
2506 近キト
R 2507 近ヒネ
R 2508 近ヒネ
R 2509 近ヒネ
R 2510 近ヒネ
R 2511 近ヒネ
R 2512 近ヒネ
R 2513 近ヒネ
R 2514 近ヒネ
2515 近ヒネ
R 2516 近ヒネ
2517 近ヒネ
R 2518 近ヒネ
R 2519 近ヒネ
2520 近キト
R 2521 近ヒネ
2522 近キト
2523 近キト
2524 近キト
2525 近キト
2526 近キト 07

モハ222 41

2001 近ホシ
2002 近ホシ
2003 近ホシ 98
2004 近ホシ
2005 近ホシ
2006 近ホシ
2007 近ホシ
2008 近ホシ
2009 近ホシ
2010 近ホシ
2011 近ホシ
2012 近ホシ
2013 近ホシ
2014 近ホシ
2015 近ホシ
2016 近ホシ
2017 近ホシ
2018 近ホシ 99

3019 近ホシ
3020 近ホシ 98
3021 近ホシ
3022 近ホシ
3023 近ホシ
3024 近ホシ
3025 近ホシ
3026 近ホシ
3027 近ホシ
3028 近ホシ
3029 近ホシ
3030 近ホシ
3031 近ホシ
3032 近ホシ
3033 近ホシ
3034 近ホシ
3035 近ホシ
3036 近ホシ
3037 近ホシ
3038 近ホシ
3039 近ホシ
3040 近ホシ
3041 近ホシ 99

クハ222 197

R 1 近ヒネ PSw
R 2 近ヒネ PSw
R 3 近ヒネ PSw
R 4 近ヒネ PSw
R 5 近ヒネ PSw
R 6 近ヒネ PSw
R 7 近ヒネ PSw 93
R 8 近ヒネ PSw
R 9 近ヒネ PSw 94

R 101 近ヒネ PSw
R 102 近ヒネ PSw
R 103 近ヒネ PSw 93
R 104 近ヒネ PSw
105 近ヒネ PSw
R 106 近ヒネ PSw
R 107 近ヒネ PSw 94

1001 近ホシ PSw
R 1002 近ホシ PSw
1003 近ホシ PSw
R 1004 近ホシ PSw
1005 近ホシ PSw
1006 近ホシ PSw
R 1007 近ホシ PSw
1008 近ホシ PSw 95
R 1009 近ホシ PSw
1010 近ホシ PSw
1011 近ホシ PSw
1012 近ホシ PSw
R 1013 近ホシ PSw
1014 近ホシ PSw 96

2001 近ホシ PSw
2002 近ホシ PSw
2003 近ホシ PSw
2004 近ホシ PSw
2005 近ホシ PSw 98
2006 近ホシ PSw
2007 近ホシ PSw
2008 近ホシ PSw
2009 近ホシ PSw
2010 近ホシ PSw
2011 近ホシ PSw
2012 近ホシ PSw
2013 近ホシ PSw
2014 近ホシ PSw
2015 近ホシ PSw
2016 近ホシ PSw
2017 近ホシ PSw
2018 近ホシ PSw
2019 近ホシ PSw
2020 近ホシ PSw
2021 近ホシ PSw
2022 近ホシ PSw
2023 近ホシ PSw
2024 近ホシ PSw
2025 近ホシ PSw
2026 近ホシ PSw
2027 近ホシ PSw
2028 近ホシ PSw
2029 近ホシ PSw
2030 近ホシ PSw
2031 近ホシ PSw
2032 近ホシ PSw
2033 近ホシ PSw
2034 近ホシ PSw
2035 近ホシ PSw
2036 近ホシ PSw
2037 近ホシ PSw
2038 近ホシ PSw
2039 近ホシ PSw
2040 近ホシ PSw
2041 近ホシ PSw 99
2042 近ホシ PSw
2043 近ホシ PSw
2044 近ホシ PSw
2045 近ホシ PSw
2046 近ホシ PSw
2047 近ホシ PSw
2048 近ホシ PSw
2049 近ホシ PSw
2050 近ホシ PSw
2051 近ホシ PSw
2052 近ホシ PSw
2053 近ホシ PSw
2054 近ホシ PSw
2055 近ホシ PSw
2056 近ホシ PSw 03
2057 近ホシ PSw
2058 近ホシ PSw
2059 近ホシ PSw
2060 近ホシ PSw
2061 近ホシ PSw
2062 近ホシ PSw
2063 近ホシ PSw
2064 近ホシ PSw
2065 近ホシ PSw
2066 近ホシ PSw
2067 近ホシ PSw
2068 近ホシ PSw
2069 近ホシ PSw
2070 近ホシ PSw
2071 近ホシ PSw
2072 近ホシ PSw
2073 近ホシ PSw
2074 近ホシ PSw
2075 近ホシ PSw
2076 近ホシ PSw
2077 近ホシ PSw
2078 近ホシ PSw
2079 近ホシ PSw
2080 近ホシ PSw
2081 近ホシ PSw
2082 近ホシ PSw
2083 近ホシ PSw
6084 近ホシ PSw
2085 近ホシ PSw
2086 近ホシ PSw 04
2087 近ホシ PSw
2088 近ホシ PSw 05
6089 近ホシ PSw
6090 近ホシ PSw
2091 近ホシ PSw
6092 近キト PSw
6093 近キト PSw
6094 近キト PSw
6095 近キト PSw
2096 近ホシ PSw
2097 近ホシ PSw
2098 近ホシ PSw 06
6099 近キト PSw
2100 近ホシ PSw
6101 近キト PSw
2102 近ホシ PSw
6103 近キト PSw
6104 近キト PSw
6105 近キト PSw
6106 近キト PSw
6107 近キト PSw
6108 近キト PSw
6109 近キト PSw
6110 近キト PSw 07
6111 近キト PSw
6112 近キト PSw
6113 近ミハ PSw
6114 近ミハ PSw 08
6115 近ミハ PSw
6116 近ミハ PSw
6117 近ミハ PSw

	6118	近ミハ	PSw	
	6119	近ミハ	PSw	07
	6120	近ミハ	PSw	
	6121	近ミハ	PSw	
	6122	近ミハ	PSw	
	6123	近ミハ	PSw	
	6124	近ミハ	PSw	
	6125	近ミハ	PSw	08
	2501	近ヒネ	PSw	
	2502	近ヒネ	PSw	99
	2503	近キト	PSw	
	2504	近キト	PSw	06
	2505	近キト	PSw	
R	2506	近ヒネ	PSw	
	2507	近ヒネ	PSw	
	2508	近キト	PSw	
	2509	近キト	PSw	
R	2510	近ヒネ	PSw	
R	2511	近ヒネ	PSw	
R	2512	近ヒネ	PSw	
R	2513	近ヒネ	PSw	
	2514	近ヒネ	PSw	
	2515	近ヒネ	PSw	
	2516	近ヒネ	PSw	
	2517	近キト	PSw	
	2518	近キト	PSw	
	2519	近キト	PSw	07
	5001	中オカ	Sw	
	5002	中オカ	Sw	
	5003	中オカ	Sw	
	5004	中オカ	Sw	
	5005	中オカ	Sw	
	5006	中オカ	Sw	
	5007	中オカ	Sw	03
	5501	近フチ	PSw	
	5502	近フチ	PSw	
	5503	近フチ	PSw	
	5504	近フチ	PSw	
	5505	近フチ	PSw	
	5506	近フチ	PSw	
	5507	近フチ	PSw	
	5508	近フチ	PSw	
	5509	近フチ	PSw	
	5510	近フチ	PSw	
	5511	近フチ	PSw	
	5512	近フチ	PSw	
	5513	近フチ	PSw	
	5514	近フチ	PSw	
	5515	近フチ	PSw	
	5516	近フチ	PSw	08

サハ223 319

R	1	近ヒネ	
R	2	近ヒネ	
	3	近ヒネ	
	4	近ヒネ	
R	5	近ヒネ	
R	6	近ヒネ	
R	7	近ヒネ	
R	8	近ヒネ	
R	9	近ヒネ	
R	10	近ヒネ	
R	11	近ヒネ	
R	12	近ヒネ	
	13	近ヒネ	
	14	近ヒネ	93
R	15	近ヒネ	
R	16	近ヒネ	
R	17	近ヒネ	
R	18	近ヒネ	94
R	101	近ヒネ	
R	102	近ヒネ	
R	103	近ヒネ	
R	104	近ヒネ	
R	105	近ヒネ	
R	106	近ヒネ	
R	107	近ヒネ	93
R	108	近ヒネ	
R	109	近ヒネ	94
	1001	近ホシ	
	1002	近ホシ	
	1003	近ホシ	
	1004	近ホシ	
R	1005	近ホシ	
R	1006	近ホシ	
	1007	近ホシ	
	1008	近ホシ	
	1009	近ホシ	
	1010	近ホシ	
	1011	近ホシ	
	1012	近ホシ	
	1013	近ホシ	
	1014	近ホシ	
	1015	近ホシ	
	1016	近ホシ	
	1017	近ホシ	
	1018	近ホシ	
R	1019	近ホシ	
	1020	近ホシ	95
R	1021	近ホシ	
R	1022	近ホシ	
R	1023	近ホシ	
R	1024	近ホシ	
	1025	近ホシ	
	1026	近ホシ	
	1027	近ホシ	
	1028	近ホシ	
	1029	近ホシ	
	1030	近ホシ	
	1031	近ホシ	
	1032	近ホシ	
	1033	近ホシ	
	1034	近ホシ	
	1035	近ホシ	
	1036	近ホシ	
R	1037	近ホシ	
	1038	近ホシ	
	1039	近ホシ	
	1040	近ホシ	
	1041	近ホシ	96
	2001	近ホシ	
	2002	近ホシ	
	2003	近ホシ	
	2004	近ホシ	
	2005	近ホシ	
	2006	近ホシ	
	2007	近ホシ	
	2008	近ホシ	
	2009	近ホシ	
	2010	近ホシ	
	2011	近ホシ	
	2012	近ホシ	
	2013	近ホシ	
	2014	近ホシ	98
	2015	近ホシ	
	2016	近ホシ	
	2017	近ホシ	
	2018	近ホシ	
	2019	近ホシ	
	2020	近ホシ	
	2021	近ホシ	
	2022	近ホシ	
	2023	近ホシ	
	2024	近ホシ	
	2025	近ホシ	
	2026	近ホシ	
	2027	近ホシ	
	2028	近ホシ	
	2029	近ホシ	
	2030	近ホシ	
	2031	近ホシ	
	2032	近ホシ	
	2033	近ホシ	
	2034	近ホシ	
	2035	近ホシ	
	2036	近ホシ	
	2037	近ホシ	
	2038	近ホシ	
	2039	近ホシ	
	2040	近ホシ	
	2041	近ホシ	
	2042	近ホシ	
	2043	近ホシ	
	2044	近ホシ	
	2045	近ホシ	
	2046	近ホシ	
	2047	近ホシ	
	2048	近ホシ	
	2049	近ホシ	
	2050	近ホシ	
	2051	近ホシ	
	2052	近ホシ	
	2053	近ホシ	
	2054	近ホシ	
	2055	近ホシ	
	2056	近ホシ	
	2057	近ホシ	
	2058	近ホシ	
	2059	近ホシ	
	2060	近ホシ	
	2061	近ホシ	
	2062	近ホシ	
	2063	近ホシ	
	2064	近ホシ	
	2065	近ホシ	
	2066	近ホシ	
	2067	近ホシ	
	2068	近ホシ	
	2069	近ホシ	
	2070	近ホシ	
	2071	近ホシ	
	2072	近ホシ	
	2073	近ホシ	
	2074	近ホシ	
	2075	近ホシ	
	2076	近ホシ	
	2077	近ホシ	
	2078	近ホシ	
	2079	近ホシ	
	2080	近ホシ	
	2081	近ホシ	
	2082	近ホシ	
	2083	近ホシ	
	2084	近ホシ	
	2085	近ホシ	
	2086	近ホシ	
	2087	近ホシ	
	2088	近ホシ	
	2089	近ホシ	
	2090	近ホシ	
	2091	近ホシ	
	2092	近ホシ	
	2093	近ホシ	
	2094	近ホシ	
	2095	近ホシ	99
	2096	近ホシ	
	2097	近ホシ	
	2098	近ホシ	
	2099	近ホシ	
	2100	近ホシ	
	2101	近ホシ	
	2102	近ホシ	
	2103	近ホシ	
	2104	近ホシ	
	2105	近ホシ	
	2106	近ホシ	
	2107	近ホシ	
	2108	近ホシ	
	2109	近ホシ	
	2110	近ホシ	
	2111	近ホシ	
	2112	近ホシ	
	2113	近ホシ	
	2114	近ホシ	
	2115	近ホシ	
	2116	近ホシ	
	2117	近ホシ	
	2118	近ホシ	
	2119	近ホシ	
	2120	近ホシ	
	2121	近ホシ	
	2122	近ホシ	
	2123	近ホシ	
	2124	近ホシ	
	2125	近ホシ	
	2126	近ホシ	
	2127	近ホシ	
	2128	近ホシ	
	2129	近ホシ	
	2130	近ホシ	
	2131	近ホシ	03
	2132	近ホシ	
	2133	近ホシ	
	2134	近ホシ	
	2135	近ホシ	
	2136	近ホシ	
	2137	近ホシ	
	2138	近ホシ	
	2139	近ホシ	
	2140	近ホシ	
	2141	近ホシ	
	2142	近ホシ	
	2143	近ホシ	
	2144	近ホシ	
	2145	近ホシ	
	2146	近ホシ	
	2147	近ホシ	
	2148	近ホシ	
	2149	近ホシ	
	2150	近ホシ	
	2151	近ホシ	
	2152	近ホシ	
	2153	近ホシ	
	2154	近ホシ	
	2155	近ホシ	
	2156	近ホシ	
	2157	近ホシ	
	2158	近ホシ	
	2159	近ホシ	
	2160	近ホシ	
	2161	近ホシ	
	2162	近ホシ	
	2163	近ホシ	
	2164	近ホシ	
	2165	近ホシ	
	2166	近ホシ	
	2167	近ホシ	
	2168	近ホシ	
	2169	近ホシ	
	2170	近ホシ	
	2171	近ホシ	
	2172	近ホシ	
	2173	近ホシ	
	2174	近ホシ	
	2175	近ホシ	
	2176	近ホシ	
	2177	近ホシ	
	2178	近ホシ	
	2179	近ホシ	
	2180	近ホシ	
	2181	近ホシ	
	2182	近ホシ	
	2183	近ホシ	
	2184	近ホシ	
	2185	近ホシ	
	2186	近ホシ	
	2187	近ホシ	
	2188	近ホシ	
	6189	近ホシ	
	6190	近ホシ	
	6191	近ホシ	
	2192	近ホシ	
	2193	近ホシ	04
	2194	近ホシ	
	2195	近ホシ	05
	6196	近ホシ	
	6197	近ホシ	
	6198	近ホシ	
	6199	近ホシ	
	6200	近ホシ	
	6201	近ホシ	
	2202	近ホシ	
	2203	近ホシ	
	2204	近ホシ	
	2205	近ホシ	
	6206	近キト	
	6207	近キト	
	6208	近キト	
	6209	近キト	
	2210	近ホシ	
	2211	近ホシ	
	2212	近ホシ	06
	6213	近キト	
	6214	近キト	
	6215	近キト	
	2216	近ホシ	
	6217	近キト	
	6218	近キト	
	6219	近キト	
	2220	近ホシ	
	6221	近キト	
	6222	近キト	
	6223	近キト	
	6224	近キト	
	6225	近キト	

6226 近キト
6227 近キト
6228 近キト 07
6229 近キト
6230 近キト
6231 近ミハ
6232 近ミハ 08
6233 近ミハ
6234 近ミハ
6235 近ミハ
6236 近ミハ
6237 近ミハ 07
6238 近ミハ
6239 近ミハ
6240 近ミハ
6241 近ミハ
6242 近ミハ
6243 近ミハ 08

2501 近キト
2502 近キト
2503 近キト 06
2504 近キト
2505 近キト
2506 近キト
2507 近キト
2508 近キト 07

221系／西

クモハ221 81

T 1 近ナラ PSw
T 2 近ホシ PSw
T 3 近ナラ PSw
T 4 近ホシ PSw
T 5 近ホシ PSw
T 6 近ホシ PSw
T 7 近ナラ PSw
T 8 近ナラ PSw
T 9 近ナラ PSw
T 10 近ナラ PSw
T 11 近ナラ PSw
T 12 近ナラ PSw
T 13 近ナラ PSw
T 14 近ナラ PSw
T 15 近ナラ PSw 88
T 16 近ナラ PSw
T 17 近ナラ PSw
T 18 近ナラ PSw
T 19 近ナラ PSw
T 20 近ナラ PSw
T 21 近ナラ PSw
T 22 近ナラ PSw
T 23 近ナラ PSw
T 24 近ナラ PSw
T 25 近ナラ PSw
T 26 近ナラ PSw
T 27 近ナラ PSw
T 28 近ナラ PSw
T 29 近ナラ PSw
T 30 近ホシ PSw
T 31 近キト PSw 89
T 32 近ナラ PSw
T 33 近ナラ PSw
T 34 近ナラ PSw
T 35 近ナラ PSw
T 36 近ナラ PSw
T 37 近ナラ PSw
T 38 近キト PSw
T 39 近キト PSw
T 40 近キト PSw
T 41 近ナラ PSw
T 42 近ナラ PSw
T 43 近ナラ PSw
T 44 近ナラ PSw
T 45 近ホシ PSw
T 46 近ナラ PSw
T 47 近ナラ PSw
T 48 近ナラ PSw
T 49 近ナラ PSw
T 50 近ナラ PSw
T 51 近ナラ PSw
T 52 近キト PSw
T 53 近キト PSw
T 54 近ナラ PSw
T 55 近ナラ PSw
T 56 近キト PSw
T 57 近キト PSw
T 58 近キト PSw
T 59 近ホシ PSw
T 60 近キト PSw
T 61 近ホシ PSw 90
T 62 近ナラ PSw
T 63 近ナラ PSw
T 64 近キト PSw
T 65 近ナラ PSw
T 66 近ナラ PSw
T 67 近ナラ PSw
T 68 近ナラ PSw
T 69 近ナラ PSw
T 70 近キト PSw
T 71 近ナラ PSw
T 72 近ナラ PSw
T 73 近キト PSw
T 74 近キト PSw
T 75 近キト PSw
T 76 近キト PSw
T 77 近キト PSw
T 78 近キト PSw
T 79 近キト PSw
T 80 近ナラ PSw
T 81 近ナラ PSw 91

クモハ220 12

T 1 近ナラ PSw
T 2 近ナラ PSw
T 3 近ナラ PSw
T 4 近ナラ PSw 88
T 5 近ナラ PSw
T 6 近ナラ PSw
T 7 近ナラ PSw
T 8 近ナラ PSw
T 9 近ナラ PSw
T 10 近ナラ PSw
T 11 近ナラ PSw
T 12 近ナラ PSw 89

モハ221 81

T 1 近ナラ
T 2 近ホシ
T 3 近ナラ
T 4 近ホシ
T 5 近ホシ
T 6 近ホシ
T 7 近ナラ
T 8 近ナラ
T 9 近ナラ
T 10 近ナラ
T 11 近ナラ
T 12 近ナラ
T 13 近ナラ
T 14 近ナラ
T 15 近ナラ 88
T 16 近ナラ
T 17 近ナラ
T 18 近ナラ
T 19 近ナラ
T 20 近ナラ
T 21 近ナラ
T 22 近ナラ
T 23 近ナラ
T 24 近ナラ
T 25 近ナラ
T 26 近ナラ
T 27 近ナラ
T 28 近ナラ
T 29 近ナラ
T 30 近ホシ
T 31 近キト 89
T 32 近ナラ
T 33 近ナラ
T 34 近ナラ
T 35 近ナラ
T 36 近ナラ
T 37 近ナラ
T 38 近キト
T 39 近キト
T 40 近キト
T 41 近ナラ
T 42 近ナラ
T 43 近ナラ
T 44 近ナラ
T 45 近ホシ
T 46 近ナラ
T 47 近ナラ
T 48 近ナラ
T 49 近ナラ
T 50 近ナラ
T 51 近ナラ
T 52 近キト
T 53 近キト
T 54 近ナラ
T 55 近ナラ
T 56 近キト
T 57 近ホシ
T 58 近キト
T 59 近ホシ
T 60 近キト
T 61 近ホシ 90
T 62 近ナラ
T 63 近ナラ
T 64 近キト
T 65 近ナラ
T 66 近ナラ
T 67 近ナラ
T 68 近ナラ
T 69 近ナラ
T 70 近キト
T 71 近ナラ
T 72 近キト
T 73 近キト
T 74 近キト
T 75 近キト
T 76 近キト
T 77 近キト
T 78 近キト
T 79 近キト
T 80 近ナラ
T 81 近ナラ 91

モハ220 63

T 1 近ナラ
T 2 近ホシ
T 3 近ナラ
T 4 近ホシ
T 5 近ホシ 88
T 6 近ナラ
T 7 近ナラ
T 8 近ナラ
T 9 近ナラ
T 10 近ナラ
T 11 近ホシ
T 12 近キト 89
T 13 近ナラ
T 14 近ナラ
T 15 近ナラ
T 16 近ナラ
T 17 近ナラ
T 18 近キト
T 19 近ナラ
T 20 近ホシ
T 21 近ナラ
T 22 近ナラ
T 23 近ナラ
T 24 近ナラ
T 25 近ナラ
T 26 近ナラ
T 27 近ナラ
T 28 近ナラ
T 29 近ナラ
T 30 近ナラ
T 31 近ナラ
T 32 近ナラ
T 33 近ホシ
T 34 近ナラ
T 35 近ナラ
T 36 近ナラ
T 37 近ナラ
T 38 近ナラ
T 39 近ナラ
T 40 近ナラ
T 41 近ナラ
T 42 近ナラ
T 43 近ナラ
T 44 近キト
T 45 近ナラ
T 46 近ナラ
T 47 近ナラ
T 48 近キト
T 49 近ナラ
T 50 近ホシ
T 51 近ナラ
T 52 近ホシ 90
T 53 近ナラ
T 54 近ナラ
T 55 近ナラ
T 56 近ナラ
T 57 近ナラ
T 58 近ナラ
T 59 近ナラ
T 60 近ナラ
T 61 近ナラ
T 62 近ナラ
T 63 近ナラ 91

クハ221 81

T 1 近ナラ PSw
T 2 近ホシ PSw
T 3 近ナラ PSw
T 4 近ホシ PSw
T 5 近ホシ PSw
T 6 近ホシ PSw
T 7 近ナラ PSw
T 8 近ナラ PSw
T 9 近ナラ PSw
T 10 近ナラ PSw
T 11 近ナラ PSw
T 12 近ナラ PSw
T 13 近ナラ PSw
T 14 近ナラ PSw
T 15 近ナラ PSw 88
T 16 近ナラ PSw
T 17 近ナラ PSw
T 18 近ナラ PSw
T 19 近ナラ PSw
T 20 近ナラ PSw
T 21 近ナラ PSw
T 22 近ナラ PSw
T 23 近ナラ PSw
T 24 近ナラ PSw
T 25 近ナラ PSw
T 26 近ナラ PSw
T 27 近ナラ PSw
T 28 近ナラ PSw
T 29 近ナラ PSw
T 30 近ホシ PSw
T 31 近キト PSw 89
T 32 近ナラ PSw
T 33 近ナラ PSw
T 34 近ナラ PSw
T 35 近ナラ PSw
T 36 近ナラ PSw
T 37 近ナラ PSw
T 38 近キト PSw
T 39 近キト PSw
T 40 近キト PSw
T 41 近ナラ PSw
T 42 近ナラ PSw
T 43 近ナラ PSw
T 44 近ナラ PSw
T 45 近ホシ PSw
T 46 近ナラ PSw
T 47 近ナラ PSw
T 48 近ナラ PSw
T 49 近ナラ PSw

T 50 近ナラ PSw
T 51 近ナラ PSw
T 52 近キト PSw
T 53 近キト PSw
T 54 近ナラ PSw
T 55 近ナラ PSw
T 56 近キト PSw
T 57 近キト PSw
T 58 近キト PSw
T 59 近ホシ PSw
T 60 近キト PSw
T 61 近ホシ PSw 90
T 62 近ナラ PSw
T 63 近ナラ PSw
T 64 近キト PSw
T 65 近ナラ PSw
T 66 近ナラ PSw
T 67 近ナラ PSw
T 68 近ナラ PSw
T 69 近ナラ PSw
T 70 近キト PSw
T 71 近ナラ PSw
T 72 近ナラ PSw
T 73 近キト PSw
T 74 近キト PSw
T 75 近キト PSw
T 76 近キト PSw
T 77 近キト PSw
T 78 近キト PSw
T 79 近キト PSw
T 80 近ナラ PSw
T 81 近ナラ PSw 91

クハ220 12

T 1 近ナラ PSw
T 2 近ナラ PSw
T 3 近ナラ PSw
T 4 近ナラ PSw 88
T 5 近ナラ PSw
T 6 近ナラ PSw
T 7 近ナラ PSw
T 8 近ナラ PSw
T 9 近ナラ PSw
T 10 近ナラ PSw
T 11 近ナラ PSw
T 12 近ナラ PSw 89

サハ221 81

T 1 近ナラ
T 2 近ホシ
T 3 近ナラ
T 4 近ホシ
T 5 近ホシ
T 6 近ホシ
T 7 近ナラ
T 8 近ナラ
T 9 近ナラ
T 10 近ナラ
T 11 近ナラ
T 12 近ナラ
T 13 近ナラ
T 14 近ナラ
T 15 近ナラ 88
T 16 近ナラ
T 17 近ナラ
T 18 近ナラ
T 19 近ナラ
T 20 近ナラ
T 21 近ナラ
T 22 近ナラ
T 23 近ナラ
T 24 近ナラ
T 25 近ナラ
T 26 近ナラ
T 27 近ナラ
T 28 近ナラ
T 29 近ナラ
T 30 近ホシ
T 31 近キト 89
T 32 近ナラ
T 33 近ナラ
T 34 近ナラ
T 35 近ナラ
T 36 近ナラ
T 37 近ナラ
T 38 近キト
T 39 近キト
T 40 近キト
T 41 近ナラ
T 42 近ナラ
T 43 近ナラ
T 44 近ナラ
T 45 近ホシ
T 46 近ナラ
T 47 近ナラ
T 48 近ナラ
T 49 近ナラ
T 50 近ナラ
T 51 近ナラ
T 52 近キト
T 53 近キト
T 54 近ナラ
T 55 近ナラ
T 56 近キト
T 57 近キト
T 58 近キト
T 59 近ホシ
T 60 近キト
T 61 近ホシ 90
T 62 近ナラ
T 63 近ナラ
T 64 近キト
T 65 近ナラ
T 66 近ナラ
T 67 近ナラ
T 68 近ナラ
T 69 近ナラ
T 70 近キト
T 71 近ナラ
T 72 近ナラ
T 73 近キト
T 74 近キト
T 75 近キト
T 76 近キト
T 77 近キト
T 78 近キト
T 79 近キト
T 80 近ナラ
T 81 近ナラ 91

サハ220 63

T 1 近ナラ
T 2 近ホシ
T 3 近ナラ
T 4 近ホシ
T 5 近ホシ 88
T 6 近ナラ
T 7 近ナラ
T 8 近ナラ
T 9 近ナラ
T 10 近ナラ
T 11 近ホシ
T 12 近キト 89
T 13 近ナラ
T 14 近ナラ
T 15 近ナラ
T 16 近ナラ
T 17 近ナラ
T 18 近キト
T 19 近ナラ
T 20 近ホシ
T 21 近ナラ
T 22 近ナラ
T 23 近ナラ
T 24 近ナラ
T 25 近ナラ
T 26 近ナラ
T 27 近ナラ
T 28 近ナラ
T 29 近ナラ
T 30 近ナラ
T 31 近ナラ
T 32 近ナラ
T 33 近ホシ
T 34 近ナラ
T 35 近ナラ
T 36 近ナラ
T 37 近ナラ
T 38 近ナラ
T 39 近ナラ
T 40 近ナラ
T 41 近ナラ
T 42 近ナラ
T 43 近ナラ
T 44 近キト
T 45 近ナラ
T 46 近ナラ
T 47 近ナラ
T 48 近キト
T 49 近ナラ
T 50 近ホシ
T 51 近ナラ
T 52 近ホシ 90
T 53 近ナラ
T 54 近ナラ
T 55 近ナラ
T 56 近ナラ
T 57 近ナラ
T 58 近ナラ
T 59 近ナラ
T 60 近ナラ
T 61 近ナラ
T 62 近ナラ
T 63 近ナラ 91

E217系／東

モハE217 82

廃 1 22.10.20
廃 2 23.09.13 94
廃 3 22.06.16
廃 4 22.11.12
廃 5 23.04.04
廃 6 22.09.15
廃 7 22.11.23
8 都クラ
廃 9 21.10.14
廃 10 22.01.20
廃 11 22.02.17
廃 12 22.09.01 95
廃 13 22.03.10
14 都クラ
15 都クラ
廃 16 22.05.12
廃 17 22.09.02
18 都クラ
19 都クラ
20 都クラ
21 都クラ 96
22 都クラ
23 都クラ
24 都クラ
廃 25 21.12.09
26 都クラ
27 都クラ
28 都クラ
29 都クラ
30 都クラ 97
31 都クラ
32 都クラ
33 都クラ
34 都クラ
35 都クラ
廃 36 23.08.09
37 都クラ
38 都クラ
39 都クラ
40 都クラ 98
41 都クラ
42 都クラ
廃 43 21.04.08
廃 44 21.01.07
廃 45 21.04.29
46 都クラ
廃 47 21.09.02
廃 48 21.02.05
廃 49 21.03.04
廃 50 21.11.18
廃 51 21.08.26 99

廃2001 22.10.20
2002 都クラ
廃2003 23.09.13
2004 都クラ 94
廃2005 22.06.16
2006 都クラ
廃2007 22.11.12
2008 都クラ
廃2009 23.04.04
廃2010 21.01.22
廃2011 22.09.15
2012 都クラ
廃2013 22.11.23
廃2014 21.01.22
2015 都クラ
2016 都クラ
廃2017 21.10.14
2018 都クラ
廃2019 22.01.20
2020 都クラ
廃2021 22.02.17
廃2022 21.04.02
廃2023 22.09.01
廃2024 23.09.27 95
廃2025 22.03.10
2026 都クラ
2027 都クラ
廃2028 21.10.07
2029 都クラ
廃2030 21.09.16
廃2031 22.05.12
2032 都クラ
廃2033 22.09.02
2034 都クラ
2035 都クラ
廃2036 22.10.20
2037 都クラ
2038 都クラ
2039 都クラ
2040 都クラ
2041 都クラ
廃2042 22.02.10 96
2043 都クラ
2044 都クラ
2045 都クラ
廃2046 21.10.07
2047 都クラ
廃2048 21.11.26
廃2049 21.12.09
廃2050 21.09.16
2051 都クラ
廃2052 21.05.27
2053 都クラ
廃2054 21.11.26
2055 都クラ
2056 都クラ
2057 都クラ
2058 都クラ
2059 都クラ
2060 都クラ 97
2061 都クラ
2062 都クラ
2063 都クラ
2064 都クラ
2065 都クラ
2066 都クラ
2067 都クラ
2068 都クラ
2069 都クラ
廃2070 21.04.02
廃2071 23.08.09
廃2072 23.09.27
2073 都クラ
廃2074 21.05.27
2075 都クラ
2076 都クラ
2077 都クラ
2078 都クラ
2079 都クラ
2080 都クラ 98
2081 都クラ
2082 都クラ
2083 都クラ
2084 都クラ
廃2085 21.04.08
廃2086 23.02.09
廃2087 21.01.07
廃2088 22.12.21
廃2089 21.04.29
2090 都クラ
2091 都クラ
2092 都クラ
廃2093 21.09.02
廃2094 21.02.05
廃2095 21.03.04
廃2096 21.11.18
廃2097 21.08.26 99

モハE216 81

廃1001 22.10.20
廃1002 23.09.13 94
廃1003 22.06.16
廃1004 22.11.12
廃1005 23.04.04
廃1006 22.09.15
廃1007 22.11.23
1008 都クラ
廃1009 21.10.14
廃1010 22.01.20
廃1011 22.02.17
廃1012 22.09.01 95
廃1013 22.03.10
1014 都クラ
1015 都クラ
廃1016 22.05.12
廃1017 22.09.02
1018 都クラ
1019 都クラ
1020 都クラ
1021 都クラ 96
1022 都クラ
1023 都クラ
1024 都クラ
廃1025 21.12.09
1026 都クラ
1027 都クラ
1028 都クラ
1029 都クラ
1030 都クラ 97
1031 都クラ
1032 都クラ
1033 都クラ
1034 都クラ
1035 都クラ
廃1036 23.08.09
1037 都クラ
1038 都クラ
1039 都クラ
1040 都クラ 98
1041 都クラ
1042 都クラ
廃1043 21.04.08
廃1044 21.01.07
廃1045 21.04.29
1046 都クラ
廃1047 21.09.02
廃1048 21.02.05
廃1049 21.03.04
廃1050 21.11.18
廃1051 21.08.26 99

廃2001 22.10.20
2002 都クラ
廃2003 23.09.13
2004 都クラ 94
廃2005 22.06.16
2006 都クラ
廃2007 22.11.12
2008 都クラ
廃2009 23.04.04
廃2010 21.01.22
廃2011 22.09.15
2012 都クラ
廃2013 22.11.23
廃2014 21.01.22
2015 都クラ
2016 都クラ
廃2017 21.11.14
2018 都クラ
廃2019 22.01.20
2020 都クラ
廃2021 22.02.17
廃2022 21.04.02
廃2023 22.09.01
廃2024 23.09.27 95
廃2025 22.03.10
2026 都クラ
2027 都クラ
廃2028 21.10.07
2029 都クラ
廃2030 21.09.16
廃2031 22.05.12
2032 都クラ
廃2033 22.09.02
2034 都クラ
2035 都クラ
廃2036 22.10.20
2037 都クラ
廃2038 23.03.18
2039 都クラ
2040 都クラ
2041 都クラ
廃2042 22.02.10 96
2043 都クラ
2044 都クラ
2045 都クラ
廃2046 21.10.07
2047 都クラ
廃2048 21.11.26
廃2049 21.12.09
廃2050 21.09.16
2051 都クラ
廃2052 21.05.27
2053 都クラ
廃2054 21.11.26
2055 都クラ
2056 都クラ
2057 都クラ
2058 都クラ
2059 都クラ
2060 都クラ 97
2061 都クラ
2062 都クラ
2063 都クラ
2064 都クラ
2065 都クラ
2066 都クラ
2067 都クラ
2068 都クラ
2069 都クラ
廃2070 21.04.02
廃2071 23.08.09
廃2072 23.09.27
2073 都クラ
廃2074 21.05.27
2075 都クラ
2076 都クラ
2077 都クラ
2078 都クラ
2079 都クラ
2080 都クラ 98
2081 都クラ
2082 都クラ
2083 都クラ
2084 都クラ
廃2085 21.04.08
廃2086 23.02.09
廃2087 21.01.07
廃2088 22.12.21
廃2089 21.04.29
2090 都クラ
2091 都クラ
2092 都クラ
廃2093 21.09.02
廃2094 21.02.05
廃2095 21.03.04
廃2096 21.11.18
廃2097 21.08.26 99

クハE217 55

廃 1 22.10.20
廃 2 23.09.13 94
廃 3 22.06.16
廃 4 22.11.12
廃 5 23.04.04
廃 6 22.09.15
廃 7 22.11.23
8 都クラ PSN
廃 9 21.10.14
廃 10 22.01.20
廃 11 22.02.17
廃 12 22.09.01 95
廃 13 22.03.10
14 都クラ PSN
15 都クラ PSN
廃 16 22.05.12
廃 17 22.09.02
18 都クラ PSN
19 都クラ PSN
20 都クラ PSN
21 都クラ PSN 96
22 都クラ PSN
23 都クラ PSN
24 都クラ PSN
廃 25 21.12.09
26 都クラ PSN
27 都クラ PSN
28 都クラ PSN
29 都クラ PSN
30 都クラ PSN 97
31 都クラ PSN
32 都クラ PSN
33 都クラ PSN
34 都クラ PSN
35 都クラ PSN
廃 36 23.08.09
37 都クラ PSN
x 38 都クラ PSN
x 39 都クラ PSN
x 40 都クラ PSN 98
x 41 都クラ PSN
x 42 都クラ PSN
廃x 43 21.04.08
廃 44 21.01.07
廃x 45 21.04.29
x 46 都クラ PSN
廃x 47 21.09.02
廃x 48 21.02.05
廃x 49 21.03.04
廃x 50 21.11.18
廃x 51 21.08.26 99

2001 都クラ PSN
2002 都クラ PSN 94
2003 都クラ PSN
2004 都クラ PSN
廃2005 21.01.22
2006 都クラ PSN
廃2007 21.01.22
2008 都クラ PSN
2009 都クラ PSN
2010 都クラ PSN
廃2011 21.04.02
廃2012 23.09.27 95
2013 都クラ PSN
廃2014 21.10.07
廃2015 21.09.16
2016 都クラ PSN
2017 都クラ PSN
廃2018 22.10.20
2019 都クラ PSN
2020 都クラ PSN
廃2021 22.02.10 96
2022 都クラ PSN
廃2023 21.10.07
廃2024 21.11.26
廃2025 21.09.16
廃2026 21.05.27
廃2027 21.11.26
2028 都クラ PSN
2029 都クラ PSN
2030 都クラ PSN 97
2031 都クラ PSN
2032 都クラ PSN
2033 都クラ PSN
2034 都クラ PSN
廃2035 21.04.02
廃2036 23.09.27
廃2037 21.05.27
x 2038 都クラ PSN
x 2039 都クラ PSN
x 2040 都クラ PSN 98
x 2041 都クラ PSN
x 2042 都クラ PSN
廃x2043 23.02.09
廃x2044 22.12.21
x 2045 都クラ PSN
x 2046 都クラ PSN 99

クハE216 54

1001 都クラ PSN
1002 都クラ PSN 94
1003 都クラ PSN
1004 都クラ PSN
廃1005 21.01.22
1006 都クラ PSN
廃1007 21.01.22
1008 都クラ PSN
1009 都クラ PSN
1010 都クラ PSN
廃1011 21.04.02
廃1012 23.09.27 95
1013 都クラ PSN
廃1014 21.10.07
廃1015 21.09.16
1016 都クラ PSN
1017 都クラ PSN
廃1018 22.10.20
廃1019 23.03.18
1020 都クラ PSN
廃1021 22.02.10 96
廃x1022 23.02.09
廃x1023 22.12.21
x 1024 都クラ PSN
x 1025 都クラ PSN 99
2001 都クラ PSN
2002 都クラ PSN 94
2003 都クラ PSN
廃2004 21.10.07
廃2005 21.11.26
廃2006 21.09.16
廃2007 21.05.27
廃2008 21.11.26
2009 都クラ PSN
2010 都クラ PSN
2011 都クラ PSN
2012 都クラ PSN 95
2013 都クラ PSN
2014 都クラ PSN
2015 都クラ PSN
廃2016 21.04.02
廃2017 23.09.27
廃2018 21.05.27
2019 都クラ PSN
2020 都クラ PSN
2021 都クラ PSN 96
身 2022 都クラ PSN
廃2023 22.06.16
身 2024 都クラ PSN
廃身2025 22.11.12
身 2026 都クラ PSN
廃身2027 23.04.04
廃2028 21.12.09
廃身2029 22.09.15
身 2030 都クラ PSN
廃身2031 22.11.23
身 2032 都クラ PSN
身 2033 都クラ PSN
身 2034 都クラ PSN
廃身2035 21.10.14
身 2036 都クラ PSN
廃身2037 22.01.20
身 2038 都クラ PSN
廃身2039 22.02.17 97
身 2040 都クラ PSN
廃2041 22.09.01
身 2042 都クラ PSN
廃身2043 22.03.10
身 2044 都クラ PSN
身 2045 都クラ PSN
身 2046 都クラ PSN
身 2047 都クラ PSN
身 2048 都クラ PSN
廃2049 22.05.12
廃身2050 23.08.09
廃2051 22.09.02
身 2052 都クラ PSN
身 2053 都クラ PSN
x身2054 都クラ PSN
x身2055 都クラ PSN
x身2056 都クラ PSN
x身2057 都クラ PSN
x身2058 都クラ PSN
x身2059 都クラ PSN 98
x身2060 都クラ PSN
廃x身2061 22.10.20
x身2062 都クラ PSN
廃x身2063 23.09.13
廃2064 20.04.08
廃2065 21.01.07
廃2066 21.04.29
x身2067 都クラ PSN
廃2068 21.09.02
廃2069 21.02.05
廃2070 21.03.04
廃2071 21.11.18
廃2072 21.08.26 99

☞ x＝非貫通型
身＝身障者対応トイレ

サハE217　81

廃 1 22.10.20
廃 2 23.09.13 94
廃 3 22.06.16
廃 4 22.11.12
廃 5 23.04.04
廃 6 22.09.15
廃 7 22.11.23
8 都クラ
廃 9 21.10.14
廃 10 22.01.20
廃 11 22.02.17
廃 12 22.09.01 95
廃 13 22.03.10
14 都クラ
15 都クラ
廃 16 22.05.12
廃 17 22.09.02
18 都クラ
19 都クラ
20 都クラ
21 都クラ 96
22 都クラ
23 都クラ
24 都クラ
廃 25 21.12.09
26 都クラ
27 都クラ
28 都クラ
29 都クラ
30 都クラ 97
31 都クラ
32 都クラ
33 都クラ
34 都クラ
35 都クラ
廃 36 23.08.09
37 都クラ
38 都クラ
39 都クラ
40 都クラ 98
41 都クラ
42 都クラ
廃 43 21.04.08
廃 44 21.01.07
廃 45 21.04.29
46 都クラ
廃 47 21.09.02
廃 48 21.02.05
廃 49 21.03.04
廃 50 21.11.18
廃 51 21.08.26 99

廃2001 22.10.20
廃2002 22.10.20
廃2003 23.09.13
廃2004 23.09.13 94
廃2005 22.06.16
廃2006 22.06.16
廃2007 22.11.12
廃2008 22.11.12
廃2009 23.04.04
廃2010 23.04.04
廃2011 22.09.15
廃2012 22.09.15
廃2013 22.11.23
廃2014 22.11.23
2015 都クラ
2016 都クラ
廃2017 21.10.14
廃2018 21.10.14
廃2019 22.01.20
廃2020 22.01.20
廃2021 22.02.17
廃2022 22.02.17
廃2023 22.09.01
廃2024 22.09.01 95
廃2025 22.03.10
廃2026 22.03.10
2027 都クラ
2028 都クラ
2029 都クラ
2030 都クラ
廃2031 22.05.12
廃2032 22.05.12
廃2033 22.09.02
廃2034 22.09.02
2035 都クラ
2036 都クラ
2037 都クラ
2038 都クラ
2039 都クラ
2040 都クラ
2041 都クラ
2042 都クラ 96
2043 都クラ
2044 都クラ
2045 都クラ
2046 都クラ
2047 都クラ
2048 都クラ
廃2049 21.12.09
廃2050 21.12.09
2051 都クラ
2052 都クラ
2053 都クラ
2054 都クラ
2055 都クラ
2056 都クラ
2057 都クラ
2058 都クラ
2059 都クラ
2060 都クラ 97
2061 都クラ
2062 都クラ
2063 都クラ
2064 都クラ
2065 都クラ
2066 都クラ
2067 都クラ
2068 都クラ
2069 都クラ
2070 都クラ
廃2071 23.08.09
廃2072 23.08.09
2073 都クラ
2074 都クラ
2075 都クラ
2076 都クラ
2077 都クラ
2078 都クラ
2079 都クラ
2080 都クラ 98
2081 都クラ
2082 都クラ
2083 都クラ
2084 都クラ
廃2085 21.04.08
廃2086 21.04.08
廃2087 21.01.07
廃2088 21.01.07
廃2089 21.04.29
廃2090 21.04.29
2091 都クラ
2092 都クラ
廃2093 21.09.02
廃2094 21.09.02
廃2095 21.02.05
廃2096 21.02.05
廃2097 21.03.04
廃2098 21.03.04
廃2099 21.11.18
廃2100 21.11.18
廃2101 21.08.26
廃2102 21.08.26 99

サロE217　27

廃 1 22.10.20
廃 2 23.09.13 94
廃 3 22.06.16
廃 4 22.11.12
廃 5 23.04.04
廃 6 22.09.15
廃 7 22.11.23
8 都クラ
廃 9 21.10.14
廃 10 22.01.20
廃 11 22.02.17
廃 12 22.09.01 95
廃 13 22.03.10
14 都クラ
15 都クラ
廃 16 22.05.12
廃 17 22.09.02
18 都クラ
19 都クラ
20 都クラ
21 都クラ 96
22 都クラ
23 都クラ
24 都クラ
廃 25 21.12.09
26 都クラ
27 都クラ
28 都クラ
29 都クラ
30 都クラ 97
31 都クラ
32 都クラ
33 都クラ
34 都クラ
35 都クラ
廃 36 23.08.09
37 都クラ
38 都クラ
39 都クラ
40 都クラ 98
41 都クラ
42 都クラ
廃 43 21.04.08
廃 44 21.01.07
廃 45 21.04.29
46 都クラ
廃 47 21.09.02
廃 48 21.02.05
廃 49 21.03.04
廃 50 21.11.18
廃 51 21.08.26 99

サロE216　27

廃 1 22.10.20
廃 2 23.09.13 94
廃 3 22.06.16
廃 4 22.11.12
廃 5 23.04.04
廃 6 22.09.15
廃 7 22.11.23
8 都クラ
廃 9 21.10.14
廃 10 22.01.20
廃 11 22.02.17
廃 12 22.09.01 95
廃 13 22.03.10
14 都クラ
15 都クラ
廃 16 22.05.12
廃 17 22.09.02
18 都クラ
19 都クラ
20 都クラ
21 都クラ 96
22 都クラ
23 都クラ
24 都クラ
廃 25 21.12.09
26 都クラ
27 都クラ
28 都クラ
29 都クラ
30 都クラ 97
31 都クラ
32 都クラ
33 都クラ
34 都クラ
35 都クラ
廃 36 23.08.09
37 都クラ
38 都クラ
39 都クラ
40 都クラ 98
41 都クラ
42 都クラ
廃 43 21.04.08
廃 44 21.01.07
廃 45 21.04.29
46 都クラ
廃 47 21.09.02
廃 48 21.02.05
廃 49 21.03.04
廃 50 21.11.18
廃 51 21.08.26 99

215系／東

クモハ215　0

廃 1 21.10.21 91
廃 2 22.01.03
廃 3 21.05.22
廃 4 21.05.26 93

廃 101 21.10.21 91
廃 102 22.01.03
廃 103 21.05.22
廃 104 21.05.26 93

モハ214　0

廃 1 21.10.21 91
廃 2 22.01.03
廃 3 21.05.22
廃 4 21.05.26 93

廃 101 21.10.21 91
廃 102 22.01.03
廃 103 21.05.22
廃 104 21.05.26 93

サハ215　0

廃 1 21.10.21
廃 2 21.10.21 91

廃 101 22.01.03
廃 102 21.05.22
廃 103 21.05.26 93

廃 201 22.01.03
廃 202 21.05.22
廃 203 21.05.26 93

サハ214　0

廃 1 21.10.21
廃 2 21.10.21 91
廃 3 22.01.03
廃 4 22.01.03
廃 5 21.05.22
廃 6 21.05.22
廃 7 21.05.26
廃 8 21.05.26 93

サロ215　0

廃 1 21.10.21 91
廃 2 22.01.03
廃 3 21.05.22
廃 4 21.05.26 93

サロ214　0

廃 1 21.10.21 91
廃 2 22.01.03
廃 3 21.05.22
廃 4 21.05.26 93

213系／海・西

クモハ213　25

T　1 中オカ Sw
T　2 中オカ Sw
T　3 中オカ Sw
改　4 16.03.18クモロ213-7004
T　5 中オカ Sw
T　6 中オカ Sw
T　7 中オカ Sw
T　8 中オカ Sw　86
T　9 中オカ Sw
T　10 中オカ Sw　87
T　11 中オカ Sw
T　12 中オカ Sw　88

◆ 5001 海カキ PT
◆ 5002 海カキ PT
◆ 5003 海カキ PT
◆ 5004 海カキ PT
◆ 5005 海カキ PT
◆ 5006 海カキ PT
◆ 5007 海カキ PT
◆ 5008 海カキ PT
◆ 5009 海カキ PT
◆ 5010 海カキ PT　88
◆ 5011 海カキ PT
◆ 5012 海カキ PT
◆ 5013 海カキ PT　89
◆ 5014 海カキ PT　90

クモロ213　1

T 7004 中オカ Sw　15改

クハ212　26

T　1 中オカ Sw
T　2 中オカ Sw
T　3 中オカ Sw
改　4 16.03.18クロ212-7004
T　5 中オカ Sw
T　6 中オカ Sw
T　7 中オカ Sw
T　8 中オカ Sw　86

T　101 中オカ Sw
T　102 中オカ Sw
T　103 中オカ Sw
T　104 中オカ Sw　03～
T　105 中オカ Sw　04改

5001 海カキ PT
5002 海カキ PT
5003 海カキ PT
5004 海カキ PT
5005 海カキ PT
5006 海カキ PT
5007 海カキ PT
5008 海カキ PT
5009 海カキ PT
5010 海カキ PT　88
5011 海カキ PT
5012 海カキ PT
5013 海カキ PT　89
5014 海カキ PT　90

クロ212　1

改　1 04.10.22クヤ212-1
廃　2 08.11.17
廃　3 04.08.31　87
廃　4 04.08.31
廃　5 04.08.31　88

廃1001 10.11.01　87

T 7004 中オカ Sw　15改

サハ213　3

改　1 04.10.22サヤ213-1
廃　2 04.08.31
廃　3 04.08.31
T　4 中オカ
T　5 中オカ
T　6 中オカ
改　7 04.03.23クハ212-101
改　8 04.09.07クハ212-102
86
改　9 04.09.16クハ212-103
87
改　10 04.03.29クハ212-104
改　11 04.09.30クハ212-105
88

211系／東・海

クモハ211　120

廃　1 22.03.08
廃　2 22.03.08　86

1001 都ナノ PSN
1002 都ナノ PSN
1003 都ナノ PSN
1004 都ナノ PSN
1005 都ナノ PSN
1006 都ナノ PSN
1007 都ナノ PSN　85
1008 都ナノ PSN
1009 都ナノ PSN
1010 都ナノ PSN
1011 都ナノ PSN　86

3001 都ナノ PSN
廃3002 22.05.09
廃3003 23.05.26
3004 都タカ PSN
3005 都タカ PSN
3006 都タカ PSN
3007 都タカ PSN
3008 都タカ PSN
3009 都タカ PSN
廃3010 23.07.12
3011 都タカ PSN
3012 都タカ PSN　85
3013 都ナノ PSN　86
3014 都タカ PSN　85
3015 都タカ PSN
3016 都タカ PSN
3017 都ナノ PSN
3018 都ナノ PSN
3019 都タカ PSN
3020 都ナノ PSN
3021 都タカ PSN
3022 都タカ PSN　86
3023 都ナノ PSN
3024 都ナノ PSN
3025 都タカ PSN
3026 都タカ PSN　87
3027 都タカ PSN
3028 都タカ PSN
3029 都タカ PSN
3030 都タカ PSN
3031 都タカ PSN
3032 都タカ PSN
3033 都タカ PSN
3034 都タカ PSN
3035 都ナノ PSN　88
3036 都タカ PSN
3037 都タカ PSN
3038 都ナノ PSN
3039 都ナノ PSN
3040 都ナノ PSN
3041 都ナノ PSN
3042 都ナノ PSN
3043 都ナノ PSN
3044 都ナノ PSN
3045 都ナノ PSN
3046 都ナノ PSN　89
3047 都タカ PSN
3048 都ナノ PSN
3049 都ナノ PSN
3050 都ナノ PSN
3051 都タカ PSN
3052 都タカ PSN
3053 都ナノ PSN　90
3054 都ナノ PSN
3055 都ナノ PSN
3056 都タカ PSN
3057 都タカ PSN
3058 都タカ PSN
3059 都タカ PSN
3060 都タカ PSN
3061 都タカ PSN
3062 都ナノ PSN　91

廃5001 22.04.05
廃5002 22.04.05
廃5003 23.07.20
廃5004 23.03.15
廃5005 23.01.31
廃5006 23.03.15
廃5007 23.06.28
廃5008 22.04.05
廃5009 23.06.06
廃5010 22.11.29
5011 静シス PT
廃5012 22.03.16
廃5013 22.03.16
5014 静シス PT
廃5015 22.03.21
廃5016 23.01.31
5017 静シス PT
廃5018 23.07.20
廃5019 23.02.16
廃5020 23.06.06
廃5021 23.06.28
廃5022 23.09.01
廃5023 23.02.16
5024 静シス PT
5025 海シン PT
5026 静シス PT
5027 静シス PT
5028 海シン PT
廃5029 22.03.21
5030 静シス PT
5031 海シン PT
廃5032 22.11.29
5033 静シス PT
廃5034 23.07.27
5035 静シス PT
5036 静シス PT
5037 海シン PT
5038 静シス PT
5039 静シス PT
5040 海シン PT
5041 静シス PT
5042 静シス PT
廃5043 23.09.01
5044 静シス PT
5045 静シス PT
5046 海シン PT
5047 海シン PT
廃5048 23.08.21　88

◆ 5601 海シン PT
◆ 5602 海シン PT
◆ 5603 海シン PT
廃5604 23.08.21
◆ 5605 海シン PT
◆ 5606 海シン PT
◆ 5607 静シス PT
◆ 5608 静シス PT
◆ 5609 静シス PT
◆ 5610 静シス PT
◆ 5611 静シス PT
◆ 5612 静シス PT
◆ 5613 静シス PT
◆ 5614 静シス PT
◆ 5615 静シス PT
◆ 5616 静シス PT
◆ 5617 静シス PT
◆ 5618 海シン PT
廃5619 23.07.27
◆ 5620 海シン PT　89

◆ 6001 静シス PT
◆ 6002 静シス PT
◆ 6003 静シス PT　89
◆ 6004 静シス PT
◆ 6005 静シス PT
◆ 6006 静シス PT
◆ 6007 静シス PT
◆ 6008 静シス PT
◆ 6009 静シス PT　90

クモロ211　0

廃　1 10.06.01　87

モハ211　28

1 都ナノ
2 都ナノ
3 都ナノ
4 都ナノ
5 都ナノ
6 都ナノ
7 都ナノ
8 都ナノ
9 都ナノ
10 都ナノ
11 都ナノ
12 都ナノ　85

廃2001 13.06.19
廃2002 13.05.16
廃2003 13.06.07
廃2004 13.09.27
廃2005 13.05.16　85
廃2006 13.05.10
2007 都ナノ
2008 都ナノ
廃2009 13.07.06
2010 都ナノ
2011 都ナノ
廃2012 13.05.10
2013 都ナノ
2014 都ナノ　88
廃2015 13.05.10
2016 都ナノ
2017 都ナノ　89
廃2018 13.05.24
2019 都ナノ
2020 都ナノ
廃2021 13.05.24
2022 都ナノ
2023 都ナノ
廃2024 13.07.06
2025 都ナノ
2026 都ナノ
廃2027 13.07.06　90
廃2028 13.05.10
2029 都ナノ
2030 都ナノ　91

モハ210 139

1 都ナノ
2 都ナノ
3 都ナノ
4 都ナノ
5 都ナノ
6 都ナノ
7 都ナノ
8 都ナノ
9 都ナノ
10 都ナノ
11 都ナノ
12 都ナノ 85
廃 13 22.03.08
廃 14 22.03.08 86

1001 都ナノ
1002 都ナノ
1003 都ナノ
1004 都ナノ
1005 都ナノ
1006 都ナノ
1007 都ナノ
1008 都ナノ 85
1009 都ナノ
1010 都ナノ
1011 都ナノ 86

廃2001 13.06.19
廃2002 13.05.16
廃2003 13.06.07
廃2004 13.09.27
廃2005 13.05.16 85
廃2006 13.05.10
2007 都ナノ
2008 都ナノ
廃2009 13.07.06
2010 都ナノ
2011 都ナノ
廃2012 13.05.10
2013 都ナノ
2014 都ナノ 88
廃2015 13.05.10
2016 都ナノ
2017 都ナノ 89
廃2018 13.05.24
2019 都ナノ
2020 都ナノ
廃2021 13.05.24
2022 都ナノ
2023 都ナノ
廃2024 13.07.06
2025 都ナノ
2026 都ナノ
廃2027 13.07.06 90
廃2028 13.05.10
2029 都ナノ
2030 都ナノ 91

3001 都ナノ
廃3002 22.05.09
廃3003 23.05.26
3004 都タカ
3005 都タカ
3006 都タカ
3007 都タカ
3008 都タカ
3009 都タカ
廃3010 23.07.12
3011 都タカ
3012 都タカ 85
3013 都ナノ 86
3014 都タカ 85
3015 都タカ
3016 都ナノ
3017 都ナノ
3018 都ナノ
3019 都タカ
3020 都ナノ
3021 都タカ
3022 都タカ 86
3023 都ナノ
3024 都ナノ
3025 都タカ
3026 都タカ 87
3027 都タカ
3028 都タカ
3029 都タカ
3030 都タカ
3031 都タカ
3032 都タカ
3033 都タカ
3034 都タカ
3035 都ナノ 88
3036 都タカ
3037 都タカ
3038 都ナノ
3039 都ナノ
3040 都ナノ
3041 都ナノ
3042 都ナノ
3043 都ナノ
3044 都ナノ
3045 都ナノ
3046 都ナノ 89
3047 都タカ
3048 都ナノ
3049 都ナノ
3050 都ナノ
3051 都タカ
3052 都タカ
3053 都ナノ 90
3054 都ナノ
3055 都ナノ
3056 都タカ
3057 都タカ
3058 都タカ
3059 都タカ
3060 都タカ
3061 都タカ
3062 都ナノ 91

廃5001 22.04.05
廃5002 22.04.05
廃5003 23.07.20
廃5004 23.03.15
廃5005 23.01.31
廃5006 23.03.15
廃5007 23.06.28
廃5008 22.04.05
廃5009 23.06.06
廃5010 22.11.29
5011 静シス
廃5012 22.03.16
廃5013 22.03.16
5014 静シス
廃5015 22.03.21
廃5016 23.01.31
5017 静シス
廃5018 23.07.20
廃5019 23.02.16
廃5020 23.06.06
廃5021 23.06.28
廃5022 23.09.01
廃5023 23.02.16
5024 静シス
5025 海シン
5026 静シス
5027 静シス
5028 海シン
廃5029 22.03.21
5030 静シス
5031 海シン
廃5032 22.11.29
5033 静シス
廃5034 23.07.27
5035 静シス
5036 静シス
5037 海シン
5038 静シス
5039 静シス
5040 海シン
5041 静シス
5042 静シス
廃5043 23.09.01
5044 静シス
5045 静シス
5046 海シン
5047 海シン
廃5048 23.08.21 88
5049 海シン
5050 海シン
5051 海シン
廃5052 23.08.21
5053 海シン
5054 海シン
5055 静シス
5056 静シス
5057 静シス
5058 静シス
5059 静シス
5060 静シス
5061 静シス
5062 静シス
5063 静シス
5064 静シス
5065 静シス
5066 海シン
廃5067 23.07.27
5068 海シン 89

モロ210 0

廃 1 10.06.01 87

クハ211 14

1 都ナノ PSN
2 都ナノ PSN
3 都ナノ PSN
4 都ナノ PSN
5 都ナノ PSN
6 都ナノ PSN 85

廃2001 13.06.19
廃2002 13.05.16
廃2003 13.06.07
廃2004 13.09.27
廃2005 13.05.16 85
廃2006 13.05.10
2007 都ナノ PSN
廃2008 13.07.06
2009 都ナノ PSN
廃2010 13.05.10
2011 都ナノ PSN 88
廃2012 13.05.10
2013 都ナノ PSN 89
廃2014 13.05.24
2015 都ナノ PSN
廃2016 13.05.24
2017 都ナノ PSN
廃2018 13.06.14
2019 都ナノ PSN
廃2020 13.07.06 90
廃2021 13.05.10
2022 都ナノ PSN 91

クハ210 134

1 都ナノ PSN
2 都ナノ PSN
3 都ナノ PSN
4 都ナノ PSN
5 都ナノ PSN
6 都ナノ PSN 85
廃 7 22.03.08
廃 8 22.03.08 86

1001 都ナノ PSN
1002 都ナノ PSN
1003 都ナノ PSN
1004 都ナノ PSN
1005 都ナノ PSN
1006 都ナノ PSN
1007 都ナノ PSN 85
1008 都ナノ PSN
1009 都ナノ PSN
1010 都ナノ PSN
1011 都ナノ PSN 86

廃2001 13.06.19
廃2002 13.05.16
廃2003 13.06.07
廃2004 13.09.27
廃2005 13.05.16 85
廃2006 13.05.10
2007 都ナノ PSN
廃2008 13.07.06
2009 都ナノ PSN
廃2010 13.05.10
2011 都ナノ PSN 88
廃2012 13.05.10
2013 都ナノ PSN 89
廃2014 13.05.24
2015 都ナノ PSN
廃2016 13.05.24
2017 都ナノ PSN
廃2018 13.06.14
2019 都ナノ PSN
廃2020 13.07.06 90
廃2021 13.05.10
2022 都ナノ PSN 91

3001 都ナノ PSN
廃3002 22.05.09
廃3003 23.05.26
3004 都タカ PSN
3005 都タカ PSN
3006 都タカ PSN
3007 都タカ PSN
3008 都タカ PSN
3009 都タカ PSN
廃3010 23.07.12
3011 都タカ PSN
3012 都タカ PSN 85
3013 都ナノ PSN 86
3014 都タカ PSN 85
3015 都タカ PSN
3016 都ナノ PSN
3017 都ナノ PSN
3018 都ナノ PSN
3019 都タカ PSN
3020 都ナノ PSN
3021 都タカ PSN
3022 都タカ PSN 86
3023 都ナノ PSN
3024 都ナノ PSN
3025 都タカ PSN
3026 都タカ PSN 87
3027 都タカ PSN
3028 都タカ PSN
3029 都タカ PSN
3030 都タカ PSN
3031 都タカ PSN
3032 都タカ PSN
3033 都タカ PSN
3034 都タカ PSN
3035 都ナノ PSN 88
3036 都タカ PSN
3037 都タカ PSN
3038 都ナノ PSN
3039 都ナノ PSN
3040 都ナノ PSN
3041 都ナノ PSN
3042 都ナノ PSN
3043 都ナノ PSN
3044 都ナノ PSN
3045 都ナノ PSN
3046 都ナノ PSN 89
3047 都タカ PSN
3048 都ナノ PSN
3049 都ナノ PSN
3050 都ナノ PSN
3051 都タカ PSN
3052 都タカ PSN
3053 都ナノ PSN 90
3054 都ナノ PSN
3055 都ナノ PSN
3056 都タカ PSN
3057 都タカ PSN
3058 都タカ PSN
3059 都タカ PSN
3060 都タカ PSN
3061 都タカ PSN
3062 都ナノ PSN 91

廃5001 22.04.05
廃5002 22.04.05
廃5003 23.07.20
廃5004 23.03.15
廃5005 23.01.31
廃5006 23.03.15
廃5007 23.06.28
廃5008 22.04.05
廃5009 23.06.06
廃5010 22.11.29

5011 静シス PT
廃5012 22.03.16
廃5013 22.03.16
5014 静シス PT
廃5015 22.03.21
廃5016 23.01.31
5017 静シス PT
廃5018 23.07.20
廃5019 23.02.16
廃5020 23.06.06
廃5021 23.06.28
5022 静シス PT
廃5023 23.02.16
5024 静シス PT
5025 静シス PT
5026 静シス PT
5027 静シス PT
5028 静シス PT
廃5029 22.03.21
5030 静シス PT
5031 静シス PT
廃5032 22.11.29
5033 静シス PT
5034 静シス PT
5035 静シス PT
5036 静シス PT
5037 静シス PT
5038 静シス PT
5039 静シス PT
5040 静シス PT
5041 静シス PT
5042 静シス PT
5043 静シス PT
5044 静シス PT
5045 静シス PT
5046 静シス PT
5047 静シス PT
5048 静シス PT 88
5049 静シス PT
5050 静シス PT
5051 静シス PT 89
5052 静シス PT
5053 静シス PT
5054 静シス PT
5055 静シス PT
5056 静シス PT
5057 静シス PT 90

5301 海シン PT
5302 海シン PT
5303 海シン PT
廃5304 23.08.21
5305 海シン PT
5306 海シン PT
廃5307 23.09.01
5308 海シン PT
5309 海シン PT
5310 海シン PT
廃5311 23.07.27
5312 海シン PT
5313 海シン PT
廃5314 23.09.01
5315 海シン PT
5316 海シン PT
廃5317 23.08.21
5318 海シン PT
廃5319 23.07.27
5320 海シン PT 89

サハ211 34

廃 1 12.08.23
廃 2 12.08.23
廃 3 11.11.16
廃 4 11.11.16
廃 5 12.02.09
廃 6 12.02.09
廃 7 12.04.06
廃 8 12.04.06
廃 9 12.03.24
廃 10 12.03.24
廃 11 11.11.23
廃 12 11.11.23 85
廃 13 22.03.08
廃 14 22.03.08 86

廃1001 13.06.07
廃1002 13.06.07
廃1003 13.06.07
廃1004 13.06.07
廃1005 13.04.19
廃1006 13.04.19
廃1007 12.11.27
廃1008 12.11.27
廃1009 13.10.29
廃1010 13.10.29
廃1011 12.11.27
廃1012 12.11.27
廃1013 12.09.05
廃1014 12.09.05 85
廃1015 13.04.19
廃1016 13.04.19
廃1017 13.05.23
廃1018 13.05.23
廃1019 13.06.18
廃1020 13.06.18
廃1021 13.06.18
廃1022 13.06.18 86

廃2001 12.02.15
廃2002 12.04.06
廃2003 13.02.19
廃2004 12.01.26
廃2005 12.04.06 85
廃2006 12.06.30
廃2007 11.12.10
廃2008 11.12.10
廃2009 12.06.30
廃2010 12.02.22
廃2011 12.02.22
廃2012 12.10.04
廃2013 12.01.14
廃2014 12.01.14 88
廃2015 12.10.04
廃2016 12.10.28 89
廃2017 12.10.28
廃2018 11.11.30
廃2019 12.02.02
廃2020 12.02.02
廃2021 11.11.30
廃2022 11.12.23
廃2023 11.12.23
廃2024 12.10.04
廃2025 11.12.06
廃2026 11.12.06
廃2027 11.12.16 90
廃2028 11.12.16
廃2029 12.04.06
廃2030 12.04.06 91

廃3001 12.09.07
廃3002 12.09.07
廃3003 06.08.14
廃3004 06.08.14
廃3005 23.05.26
廃3006 22.05.09
廃3007 06.08.14
廃3008 06.08.14
廃3009 12.12.29
廃3010 12.12.29
廃3011 06.08.14
廃3012 06.08.14
廃3013 12.11.01
廃3014 12.11.01
廃3015 06.07.28
廃3016 06.07.28
廃3017 06.07.28
廃3018 06.07.28
廃3019 23.07.12
3020 都タカ
廃3021 06.07.03
廃3022 06.07.03
廃3023 12.12.12
廃3024 12.12.12 85
廃3025 06.07.03
廃3026 06.07.03 86
廃3027 13.07.03
廃3028 13.07.03 85
廃3029 06.11.01
廃3030 06.11.01
廃3031 12.11.14
廃3032 12.11.14
廃3033 06.06.01
廃3034 06.06.01
廃3035 06.07.03
廃3036 06.07.03
廃3037 06.11.01
廃3038 06.08.14
廃3039 13.05.14
廃3040 13.05.14
廃3041 13.01.26
廃3042 13.01.26
廃3043 06.07.28
廃3044 06.07.28 86
廃3045 12.09.07
廃3046 12.09.07
廃3047 13.10.29
廃3048 13.10.29
3049 都タカ
廃3050 15.07.02
3051 都タカ
廃3052 14.09.09 87
3053 都タカ
廃3054 16.11.16
3055 都タカ
廃3056 15.07.02
廃3057 12.11.21
廃3058 12.11.21
3059 都タカ
廃3060 14.07.10
3061 都タカ
廃3062 17.06.15
3063 都タカ
廃3064 17.06.15
3065 都タカ
廃3066 14.07.10
3067 都タカ
廃3068 17.06.15
廃3069 12.07.06
廃3070 12.07.06 88
3071 都タカ
廃3072 17.06.15
3073 都タカ
廃3074 17.06.15
廃3075 13.04.02
廃3076 13.04.02
廃3077 13.04.02
廃3078 13.04.02
廃3079 12.10.14
廃3080 12.10.14
廃3081 13.01.11
廃3082 13.01.11
廃3083 13.04.26
廃3084 13.04.26
廃3085 13.06.01
廃3086 13.06.01
廃3087 13.06.01
廃3088 13.06.01
廃3089 13.01.11
廃3090 13.01.11
廃3091 13.04.26
廃3092 13.04.26 89
廃3093 12.09.20
廃3094 12.09.20
廃3095 13.11.27
廃3096 13.11.27
廃3097 06.06.01
廃3098 06.06.01
廃3099 13.08.06
廃3100 13.08.06
廃3101 06.11.01
廃3102 06.11.01
3103 都タカ
3104 都タカ
廃3105 12.10.14
廃3106 12.10.14 90
廃3107 12.07.06
廃3108 12.07.06
廃3109 12.06.14
廃3110 12.06.14
廃3111 06.08.14
廃3112 06.08.14
3113 都タカ
3114 都タカ
廃3115 06.08.14
廃3116 06.08.14
3117 都タカ
3118 都タカ
廃3119 06.07.28
廃3120 06.07.28
3121 都タカ
3122 都タカ
廃3123 12.06.14
廃3124 12.06.14 91

5001 海シン
廃5002 23.07.27
5003 海シン
5004 海シン
5005 海シン
5006 海シン
廃5007 23.08.21
5008 海シン
5009 海シン
廃5010 23.09.01
5011 海シン
5012 海シン
5013 海シン
廃5014 23.07.27
5015 海シン
5016 海シン
廃5017 23.09.01
5018 海シン
5019 海シン
廃5020 23.08.21 88

サロ213 0

改 1 06.05.31 1001
改 2 06.05.10 1002
改 3 06.06.07 1003 88
改 4 06.03.30 1004 89
改 5 06.01.13 1005
改 6 06.04.06 1006
廃 7 11.12.06 90
廃 8 13.04.05 91

廃 101 12.10.28
廃 102 11.11.16
廃 103 12.02.22
廃 105 11.12.23
廃 106 11.12.10
廃 107 12.04.06
廃 108 12.08.23
廃 109 12.02.09
廃 114 12.01.14
廃 116 12.02.02
廃 117 11.11.23 04~
廃 118 13.04.05 06改

廃1001 14.04.15
廃1002 13.05.14
廃1003 13.04.15
廃1004 14.10.17
廃1005 13.04.15 05~
廃1006 13.10.28 06改

廃1102 12.09.20
廃1104 14.12.09
廃1112 13.04.12
廃1120 13.07.03
廃1122 13.10.28 06改

サロ212 0

改 1 06.01.27 1001
改 2 06.04.27 1002
改 3 05.05.25 1003 88
改 4 06.02.02 1004 89
改 5 05.08.30 1005
改 6 05.12.22 1006
廃 7 11.12.06 90
廃 8 13.04.05 91

廃 101 12.04.06
廃 103 11.12.10
廃 105 12.08.23
廃 110 13.04.05
廃 115 11.11.23
廃 123 12.10.28
廃 124 12.02.22
廃 125 12.02.02
廃 126 11.12.23
廃 127 12.02.09
廃 128 12.01.14 04~
廃 129 11.11.16 06改

廃1001 14.07.01
廃1002 13.08.06
廃1003 13.05.02
廃1004 13.04.15
廃1005 13.10.28 05~
廃1006 14.06.13 06改

廃1104 12.09.20
廃1111 13.10.28
廃1113 13.07.03
廃1119 14.12.09
廃1121 13.04.12 06改

サロ211 0

改 1 06.01.27 1001
改 2 06.04.27 1002
改 3 05.05.25 1003
改 4 06.02.02 1004
改 5 05.08.30 1005
改 6 05.12.22 1006 85

廃1001 14.07.01
廃1002 13.08.06
廃1003 13.05.02
廃1004 13.01.26
廃1005 12.11.01
廃1006 14.06.13 06改

サロ210 0

改 1 06.05.31 1001
改 2 06.05.10 1002
改 3 06.06.07 1003
改 4 06.03.30 1004
改 5 06.01.13 1005
改 6 06.04.06 1006 85

廃1001 13.11.27
廃1002 13.05.14
廃1003 12.11.14
廃1004 14.10.17
廃1005 12.12.29 05~
廃1006 12.11.21 06改

7200系／四

7200 19

7201 四カマ SS
7202 四カマ SS
7203 四カマ SS
7204 四カマ SS
7205 四カマ SS
7206 四カマ SS
7207 四カマ SS
7208 四カマ SS
7209 四カマ SS
7210 四カマ SS
7211 四カマ SS
7212 四カマ SS
7213 四カマ SS
7214 四カマ SS
7215 四カマ SS
7216 四カマ SS
7217 四カマ SS
7218 四カマ SS 15~
7219 四カマ SS 18改

7300 19

7301 四カマ SS
7302 四カマ SS
7303 四カマ SS
7304 四カマ SS
7305 四カマ SS
7306 四カマ SS
7307 四カマ SS
7308 四カマ SS
7309 四カマ SS
7310 四カマ SS
7311 四カマ SS
7312 四カマ SS
7313 四カマ SS
7314 四カマ SS
7315 四カマ SS
7316 四カマ SS
7317 四カマ SS
7318 四カマ SS 15~
7319 四カマ SS 18改

7000系／四

7000 25

7001 四マツ SS
7002 四マツ SS
7003 四マツ SS
7004 四マツ SS
7005 四マツ SS
7006 四マツ SS
7007 四マツ SS
7008 四マツ SS 90
7009 四マツ SS
7010 四マツ SS
7011 四マツ SS
7012 四マツ SS
7013 四マツ SS
7014 四マツ SS
7015 四カマ SS
7016 四カマ SS
7017 四カマ SS
7018 四カマ SS
7019 四カマ SS
7020 四カマ SS
7021 四カマ SS
7022 四カマ SS
7023 四カマ SS
7024 四カマ SS
7025 四カマ SS 92

7100 11

7101 四マツ SS
7102 四マツ SS
7103 四マツ SS
7104 四マツ SS 90
7105 四マツ SS
7106 四マツ SS
7107 四カマ SS
7108 四カマ SS
7109 四カマ SS
7110 四カマ SS
7111 四カマ SS 92

6000系／四

6000 2

6001 四カマ SS
6002 四カマ SS 95

6100 2

6101 四カマ SS
6102 四カマ SS 95

6200 2

6201 四カマ
6202 四カマ 95

5000系／四

5000 6

5001 四カマ SS
5002 四カマ SS
5003 四カマ SS
5004 四カマ SS
5005 四カマ SS
5006 四カマ SS 03

5100 6

5101 四カマ SS
5102 四カマ SS
5103 四カマ SS
5104 四カマ SS
5105 四カマ SS
5106 四カマ SS 03

5200 6

5201 四カマ
5202 四カマ
5203 四カマ
5204 四カマ
5205 四カマ
5206 四カマ 03

E131系／東

クモハE131 39

◆ 1 都マリ P
◆ 2 都マリ P
◆ 3 都マリ P
◆ 4 都マリ P
◆ 5 都マリ P
◆ 6 都マリ P
◆ 7 都マリ P
◆ 8 都マリ P
◆ 9 都マリ P
◆ 10 都マリ P 20

◆ 81 都マリ P
◆ 82 都マリ P 20

◆ 501 都コツ P
◆ 502 都コツ P
◆ 503 都コツ P
◆ 504 都コツ P
◆ 505 都コツ P
◆ 506 都コツ P
◆ 507 都コツ P
◆ 508 都コツ P
◆ 509 都コツ P
◆ 510 都コツ P 21

◆ 581 都コツ P
◆ 582 都コツ P 21

◆ 601 都ヤマ P
◆ 602 都ヤマ P
◆ 603 都ヤマ P
◆ 604 都ヤマ P
◆ 605 都ヤマ P
◆ 606 都ヤマ P
◆ 607 都ヤマ P
◆ 608 都ヤマ P
◆ 609 都ヤマ P
◆ 610 都ヤマ P
◆ 611 都ヤマ P
◆ 612 都ヤマ P
◆ 613 都ヤマ P 21

◆ 681 都ヤマ P
◆ 682 都ヤマ P 21

モハE131 15

◆ 601 都ヤマ
◆ 602 都ヤマ
◆ 603 都ヤマ
◆ 604 都ヤマ
◆ 605 都ヤマ
◆ 606 都ヤマ
◆ 607 都ヤマ
◆ 608 都ヤマ
◆ 609 都ヤマ
◆ 610 都ヤマ
◆ 611 都ヤマ
◆ 612 都ヤマ
◆ 613 都ヤマ
◆ 614 都ヤマ
◆ 615 都ヤマ 21

モハE130 12

◆ 501 都コツ
◆ 502 都コツ
◆ 503 都コツ
◆ 504 都コツ
◆ 505 都コツ
◆ 506 都コツ
◆ 507 都コツ

◆ 508 都コツ
◆ 509 都コツ
◆ 510 都コツ
◆ 511 都コツ
◆ 512 都コツ 21

クハE130 39

1 都マリ P
2 都マリ P
3 都マリ P
4 都マリ P
5 都マリ P
6 都マリ P
7 都マリ P
8 都マリ P
9 都マリ P
10 都マリ P 20

81 都マリ P
82 都マリ P 20

501 都コツ P
502 都コツ P
503 都コツ P
504 都コツ P
505 都コツ P
506 都コツ P
507 都コツ P
508 都コツ P
509 都コツ P
510 都コツ P 21

581 都コツ P
582 都コツ P 21

601 都ヤマ P
602 都ヤマ P
603 都ヤマ P
604 都ヤマ P
605 都ヤマ P
606 都ヤマ P
607 都ヤマ P
608 都ヤマ P
609 都ヤマ P
610 都ヤマ P
611 都ヤマ P
612 都ヤマ P
613 都ヤマ P 21

681 都ヤマ P
682 都ヤマ P 21

サハE131 12

501 都コツ
502 都コツ
503 都コツ
504 都コツ
505 都コツ 21
506 都コツ
507 都コツ
508 都コツ
509 都コツ
510 都コツ
511 都コツ
512 都コツ 21

E129系／東

クモハE129 61

◆ 1 新ニイ PPs
◆ 2 新ニイ PPs
◆ 3 新ニイ PPs
◆ 4 新ニイ PPs
◆ 5 新ニイ PPs
◆ 6 新ニイ PPs
◆ 7 新ニイ PPs
◆ 8 新ニイ PPs
◆ 9 新ニイ PPs
◆ 10 新ニイ PPs
◆ 11 新ニイ PPs
◆ 12 新ニイ PPs 15
◆ 13 新ニイ PPs
◆ 14 新ニイ PPs
◆ 15 新ニイ PPs
◆ 16 新ニイ PPs
◆ 17 新ニイ PPs
◆ 18 新ニイ PPs
◆ 19 新ニイ PPs
◆ 20 新ニイ PPs
◆ 21 新ニイ PPs
◆ 22 新ニイ PPs
◆ 23 新ニイ PPs
◆ 24 新ニイ PPs
◆ 25 新ニイ PPs 16
◆ 26 新ニイ PPs 17
◆ 27 新ニイ PPs 21

◆ 101 新ニイ PPs
◆ 102 新ニイ PPs
◆ 103 新ニイ PPs
◆ 104 新ニイ PPs
◆ 105 新ニイ PPs
◆ 106 新ニイ PPs
◆ 107 新ニイ PPs
◆ 108 新ニイ PPs
◆ 109 新ニイ PPs
◆ 110 新ニイ PPs
◆ 111 新ニイ PPs
◆ 112 新ニイ PPs 14
◆ 113 新ニイ PPs
◆ 114 新ニイ PPs
◆ 115 新ニイ PPs
◆ 116 新ニイ PPs
◆ 117 新ニイ PPs
◆ 118 新ニイ PPs
◆ 119 新ニイ PPs
◆ 120 新ニイ PPs
◆ 121 新ニイ PPs
◆ 122 新ニイ PPs
◆ 123 新ニイ PPs
◆ 124 新ニイ PPs
◆ 125 新ニイ PPs
◆ 126 新ニイ PPs
◆ 127 新ニイ PPs
◆ 128 新ニイ PPs
◆ 129 新ニイ PPs
◆ 130 新ニイ PPs 15
◆ 131 新ニイ PPs
◆ 132 新ニイ PPs 17
◆ 133 新ニイ PPs
◆ 134 新ニイ PPs 21

クモハE128 61

1 新ニイ PPs
2 新ニイ PPs
3 新ニイ PPs
4 新ニイ PPs
5 新ニイ PPs
6 新ニイ PPs
7 新ニイ PPs
8 新ニイ PPs
9 新ニイ PPs
10 新ニイ PPs
11 新ニイ PPs
12 新ニイ PPs 15
13 新ニイ PPs
14 新ニイ PPs
15 新ニイ PPs
16 新ニイ PPs
17 新ニイ PPs
18 新ニイ PPs
19 新ニイ PPs
20 新ニイ PPs
21 新ニイ PPs
22 新ニイ PPs
23 新ニイ PPs
24 新ニイ PPs
25 新ニイ PPs 16
26 新ニイ PPs 17
27 新ニイ PPs 21

101 新ニイ PPs
102 新ニイ PPs
103 新ニイ PPs
104 新ニイ PPs
105 新ニイ PPs
106 新ニイ PPs
107 新ニイ PPs
108 新ニイ PPs
109 新ニイ PPs
110 新ニイ PPs
111 新ニイ PPs
112 新ニイ PPs 14
113 新ニイ PPs
114 新ニイ PPs
115 新ニイ PPs
116 新ニイ PPs
117 新ニイ PPs
118 新ニイ PPs
119 新ニイ PPs
120 新ニイ PPs
121 新ニイ PPs
122 新ニイ PPs
123 新ニイ PPs
124 新ニイ PPs
125 新ニイ PPs
126 新ニイ PPs
127 新ニイ PPs
128 新ニイ PPs
129 新ニイ PPs
130 新ニイ PPs 15
131 新ニイ PPs
132 新ニイ PPs 17
133 新ニイ PPs
134 新ニイ PPs 21

モハE129 27

◆ 1 新ニイ
◆ 2 新ニイ
◆ 3 新ニイ
◆ 4 新ニイ
◆ 5 新ニイ
◆ 6 新ニイ
◆ 7 新ニイ
◆ 8 新ニイ
◆ 9 新ニイ
◆ 10 新ニイ
◆ 11 新ニイ
◆ 12 新ニイ 15
◆ 13 新ニイ
◆ 14 新ニイ
◆ 15 新ニイ
◆ 16 新ニイ
◆ 17 新ニイ
◆ 18 新ニイ
◆ 19 新ニイ
◆ 20 新ニイ
◆ 21 新ニイ
◆ 22 新ニイ
◆ 23 新ニイ
◆ 24 新ニイ
◆ 25 新ニイ 16
◆ 26 新ニイ 17
◆ 27 新ニイ 21

モハE128 27

1 新ニイ
2 新ニイ
3 新ニイ
4 新ニイ
5 新ニイ
6 新ニイ
7 新ニイ
8 新ニイ
9 新ニイ
10 新ニイ
11 新ニイ
12 新ニイ 15
13 新ニイ
14 新ニイ
15 新ニイ
16 新ニイ
17 新ニイ
18 新ニイ
19 新ニイ
20 新ニイ
21 新ニイ
22 新ニイ
23 新ニイ
24 新ニイ
25 新ニイ 16
26 新ニイ 17
27 新ニイ 21

E127系／東

クモハE127 14

廃 1 15.03.14 えちご
廃 2 15.03.10 えちご
廃 3 14.10.20
廃 4 15.03.14 えちご
廃 5 15.03.14 えちご
廃 6 15.03.14 えちご 94
廃 7 15.03.14 えちご
廃 8 15.03.14 えちご
廃 9 15.03.14 えちご
廃 10 15.03.10 えちご
廃 11 15.03.14 えちご
12 都ナハ PPs
13 都ナハ PPs 95

101 都モト PPs
102 都モト PPs
103 都モト PPs
104 都モト PPs
105 都モト PPs
106 都モト PPs
107 都モト PPs
108 都モト PPs
109 都モト PPs
110 都モト PPs
111 都モト PPs
112 都モト PPs 98

クハE126 14

廃 1 15.03.14 えちご
廃 2 15.03.10 えちご
廃 3 14.10.20
廃 4 15.03.14 えちご
廃 5 15.03.14 えちご
廃 6 15.03.14 えちご 94
廃 7 15.03.14 えちご
廃 8 15.03.14 えちご
廃 9 15.03.14 えちご
廃 10 15.03.10 えちご
廃 11 15.03.14 えちご
12 都ナハ PPs
13 都ナハ PPs 95

101 都モト PPs
102 都モト PPs
103 都モト PPs
104 都モト PPs
105 都モト PPs
106 都モト PPs
107 都モト PPs
108 都モト PPs
109 都モト PPs
110 都モト PPs
111 都モト PPs
112 都モト PPs 98

125系／西

クモハ125　18
1 金ツル PSw
2 金ツル PSw
3 金ツル PSw
4 金ツル PSw
5 金ツル PSw
6 金ツル PSw
7 金ツル PSw
8 金ツル PSw　02
9 近カコ Sw
10 近カコ Sw
11 近カコ Sw
12 近カコ Sw　04
13 金ツル PSw
14 金ツル PSw
15 金ツル PSw
16 金ツル PSw
17 金ツル PSw
18 金ツル PSw　06

123系／西

クモハ123　5
廃 1 13.04.15
2 中セキ Sw
3 中セキ Sw
4 中セキ Sw
5 中セキ Sw
6 中セキ Sw　86改

改 41 89.06.06 5041
改 42 90.11.15 5042
改 43 90.10.26 5043
改 44 89.07.31 5044
改 45 89.10.16 5045　86改

廃 601 07.05.28
廃 602 07.06.11　87改

廃5041 06.09.15
廃5042 07.06.12
廃5043 07.05.29
廃5044 07.01.26
改5045 90.03.09 5145　89改

廃5145 07.01.29　89改

121系／四

クモハ121　0
改 1 18.10.12 7201
改 2 19.02.18 7202
改 3 16.03.15 7203
改 4 16.09.09 7204
改 5 17.03.28 7205
改 6 18.02.20 7206
改 7 17.11.07 7207
改 8 17.06.05 7208
改 9 17.02.28 7209
改 10 18.08.22 7210
改 11 17.12.28 7211
改 12 18.07.02 7212
改 13 16.10.28 7213
改 14 16.12.06 7214
改 15 17.09.13 7215
改 16 17.01.18 7216
改 17 17.07.20 7217
改 18 18.12.11 7218
改 19 18.03.28 7219　86

クハ120　0
改 1 18.10.12 7301
改 2 19.02.18 7302
改 3 16.03.15 7303
改 4 16.09.09 7304
改 5 17.03.28 7305
改 6 18.02.20 7306
改 7 17.11.07 7307
改 8 17.06.05 7308
改 9 17.02.28 7309
改 10 18.08.22 7310
改 11 17.12.28 7311
改 12 18.07.02 7312
改 13 16.10.28 7313
改 14 16.12.06 7314
改 15 17.09.13 7315
改 16 17.01.18 7316
改 17 17.07.20 7317
改 18 18.12.11 7318
改 19 18.03.28 7319　86

119系

クモハ119　0
改 1 89.08.08 5001
改 2 88.01.25 101
改 3 89.11.17 5003
改 4 88.02.29 102
改 5 89.12.20 5005
改 6 88.03.12 103
廃 7 12.12.17
改 8 90.03.16 5008
改 9 88.03.31 104
廃 10 12.12.17
廃 11 12.12.17
改 12 90.06.20 5012
改 13 88.02.22 105
改 14 90.07.24 5014
改 15 88.03.12 106
改 16 90.10.24 5016
改 17 87.12.26 107
改 18 90.11.30 5018
改 19 88.02.02 108　82
改 20 90.05.17 5020
改 21 90.08.29 5021
廃 22 12.12.17
廃 23 12.12.17
改 24 90.10.01 5024
改 25 91.01.30 5025
廃 26 12.12.17
廃 27 12.12.17
廃 28 12.12.17
改 29 91.03.26 5029
改 30 91.05.10 5030
改 31 91.06.15 5031
改 32 89.06.09 5032
改 33 88.01.18 109　83

改 101 89.08.25 5101
改 102 89.10.13 5102
改 103 89.12.13 5103
改 104 90.02.21 5104
改 105 90.05.28 5105
改 106 90.06.30 5106
改 107 90.08.04 5107
改 108 90.09.14 5108
改 109 89.06.21 5109　87改

廃5001 12.12.17
廃5003 12.12.17
改5005 05.09.17 5305
廃5008 12.12.17
廃5012 12.12.17
廃5014 12.12.17
廃5016 12.12.17
改5018 99.12.15 5318
改5020 00.05.19 5320
改5021 00.07.06 5321
改5024 99.12.14 5324
改5025 00.10.11 5325
改5029 00.11.24 5329
改5030 01.01.24 5330
廃5031 12.12.17　89～
廃5032 12.12.17　91改

廃5101 12.12.17
廃5102 12.12.17
廃5103 12.12.17
廃5104 12.12.17
廃5105 12.12.17
廃5106 12.12.17
廃5107 12.12.17
廃5108 12.12.17　89～
廃5109 12.12.17　90改

廃5305 13.06.23
廃5318 12.06.26
廃5320 12.06.26
廃5321 13.06.23
廃5324 06.03.28
廃5325 13.06.23
廃5329 12.12.17　99～
廃5330 12.06.26　05改

クハ118　0
改 1 89.08.08 5001
改 2 89.11.17 5002
改 3 89.12.20 5003
廃 4 12.12.17
廃 5 12.12.17
改 6 90.03.16 5006
廃 7 12.12.17
改 8 90.06.20 5008
改 9 90.07.24 5009
改 10 90.10.24 5010
改 11 90.11.30 5011　82
改 12 90.05.17 5012
改 13 90.08.29 5013
廃 14 12.12.17
廃 15 12.12.17
改 16 90.10.01 5016
改 17 91.01.30 5017
廃 18 12.12.17
廃 19 12.12.17
廃 20 12.12.17
改 21 91.03.26 5021
改 22 91.05.10 5022
改 23 91.06.15 5023
改 24 89.06.09 5024　83

廃5001 12.12.17
廃5002 12.12.17
改5003 05.09.17 5303
廃5006 12.12.17
廃5008 12.12.17
廃5009 12.12.17
廃5010 12.12.17
改5011 99.12.15 5311
改5012 00.05.19 5312
改5013 00.07.06 5313
改5016 99.12.14 5316
改5017 00.10.11 5317
改5021 00.11.24 5321
改5022 01.01.24 5322
廃5023 12.12.17　89～
廃5024 12.12.17　91改

廃5303 13.06.23
廃5311 12.06.26
廃5312 12.06.26
廃5313 13.06.23
廃5316 06.03.28
廃5317 13.06.23
廃5321 12.12.17　99～
廃5322 12.06.26　05改

117系／西

モハ117　6
廃 1 22.05.31
廃 2 22.05.31
改 3 92.08.20 303
改 4 92.08.20 304
改 5 92.05.01 305
改 6 92.05.01 306
改 7 92.09.18 307
改 8 92.09.18 308
改 9 93.02.16 309
改 10 93.02.16 310
改 11 92.11.28 311
改 12 92.11.28 312
改 13 92.03.11 313
改 14 92.03.11 314
改 15 92.10.23 315
改 16 92.10.23 316　79
改 17 92.02.27 モハ115-3501
廃 18 15.09.14
改 19 92.06.05 319
改 20 92.06.05 320
改 21 92.07.24 モハ115-3502
廃 22 15.09.09
改 23 92.07.24 モハ115-3503
廃 24 16.02.15
改 25 92.05.26 モハ115-3504
廃 26 15.10.13
改 27 92.05.26 モハ115-3505
廃 28 16.01.18
改 29 92.05.15 モハ115-3506
廃 30 22.08.08
改 31 92.05.15 モハ115-3507
改 32 20.01.31 7032
改 33 92.07.29 モハ115-3508
廃 34 23.09.25
改 35 92.09.10 モハ115-3509
改 36 20.01.31 7036
改 37 92.05.20 モハ115-3510
廃 38 22.10.24
改 39 92.05.20 モハ115-3511
廃 40 21.09.22
改 41 92.12.28 341
改 42 92.12.28 342　80
廃 43 13.01.02
廃 44 10.11.25
廃 45 13.12.27
廃 46 10.11.30
廃 47 13.12.27
廃 48 13.12.27
廃 49 13.12.30
廃 50 13.12.27
廃 51 13.12.30
廃 52 13.01.02　81
廃 53 13.12.27
廃 54 13.12.27
廃 55 13.12.30
廃 56 13.12.30
廃 57 11.01.12
廃 58 11.01.17
廃 59 10.12.17
廃 60 13.12.30　82

廃 101 22.06.06
廃 102 22.03.03
廃 103 23.08.07
廃 104 22.05.31
廃 105 23.08.07
廃 106 23.04.03　86

改 303 01.04.23 モハ115-3512
304 近キト
廃 305 19.06.03
廃 306 23.09.07
廃 307 23.04.03

廃 308 21.09.22
廃 309 22.03.03
廃 310 22.11.08
廃 311 20.04.14
廃 312 19.06.03
313 近キト
廃 314 23.09.07
改 315 01.12.21 モハ115-3515
改 316 01.12.21 モハ115-3516
319 近キト
320 近キト
廃 341 19.07.01 90~
廃 342 22.11.08 92改

7032 近キト
7036 近キト 19改

モハ116 6

廃 1 22.05.31
廃 2 22.05.31
改 3 92.08.20 303
改 4 92.08.20 304
改 5 92.05.01 305
改 6 92.05.01 306
改 7 92.09.18 307
改 8 92.09.18 308
改 9 93.02.16 309
改 10 93.02.16 310
改 11 92.11.28 311
改 12 92.11.28 312
改 13 92.03.11 313
改 14 92.03.11 314
改 15 92.10.23 315
改 16 92.10.23 316 79
改 17 92.02.27 モハ114-3501
廃 18 15.09.14
改 19 92.06.05 319
改 20 92.06.05 320
改 21 92.07.24 モハ114-3502
廃 22 15.09.09
改 23 92.07.24 モハ114-3503
廃 24 16.02.15
改 25 92.05.26 モハ114-3504
廃 26 15.10.13
改 27 92.05.26 モハ114-3505
廃 28 16.01.18
改 29 92.05.15 モハ114-3506
廃 30 22.08.08
改 31 92.05.15 モハ114-3507
改 32 20.01.31 7032
改 33 92.07.29 モハ115-3508
廃 34 23.09.25
改 35 92.09.10 モハ115-3509
改 36 20.01.31 7036
改 37 92.05.20 モハ114-3510
廃 38 22.10.24
改 39 92.05.20 モハ114-3511
廃 40 21.09.22
改 41 92.12.28 341
改 42 92.12.28 342 80
廃 43 13.01.02
廃 44 10.11.26
廃 45 14.01.27
廃 46 10.12.01
廃 47 13.12.30
廃 48 13.12.30
廃 49 14.01.27
廃 50 13.12.27
廃 51 13.12.27
廃 52 13.01.02 81
廃 53 13.12.27
廃 54 14.01.27
廃 55 13.12.27
廃 56 13.12.30
廃 57 11.01.13
廃 58 11.01.18
廃 59 10.12.17
廃 60 13.12.27 82

廃 101 22.06.06
廃 102 22.03.03
廃 103 23.08.07
廃 104 22.05.31
廃 105 23.08.07
廃 106 23.04.03 86

改 303 01.04.23 モハ114-3512
304 近キト
廃 305 19.06.03
廃 306 23.09.07
廃 307 23.04.03
廃 308 21.09.22
廃 309 22.03.03
廃 310 22.11.08
廃 311 20.04.14
廃 312 19.06.03
313 近キト
廃 314 23.09.07
改 315 01.12.21 モハ114-3515
改 316 01.12.21 モハ114-3516
319 近キト
320 近キト
廃 341 19.07.01 90~
廃 342 22.11.08 92改

7032 近キト
7036 近キト 19改

クハ117 2

廃 1 23.07.28 京鉄博
改 2 92.08.20 302
改 3 92.05.01 303
改 4 92.09.18 304
改 5 93.02.16 305
改 6 92.11.28 306
改 7 92.03.11 307
改 8 92.10.23 308 79
廃 9 15.09.14
改 10 92.06.05 310
廃 11 15.09.09
廃 12 19.06.03
廃 13 15.10.13
廃 14 21.09.22
廃 15 22.08.08
改 16 20.01.31 クロ117-7016
廃 17 23.09.25
改 18 97.01.31 318
廃 19 22.10.24
改 20 97.03.05 320
改 21 92.12.28 321 80
廃 22 13.01.02
廃 23 13.12.30
廃 24 13.12.27
廃 25 13.12.30
廃 26 13.12.27 81
廃 27 13.12.27
廃 28 13.12.27
廃 29 11.01.11
廃 30 10.12.17 リニ鉄 82

廃 101 22.06.06
廃 102 23.08.07
廃 103 23.08.07
廃 104 13.12.27
廃 105 10.11.24
廃 106 10.11.29
廃 107 13.01.02
廃 108 13.12.27
廃 109 13.12.27
廃 110 11.01.15
廃 111 13.12.30
廃 112 13.12.30 86

廃 302 16.01.18
廃 303 16.02.15
廃 304 23.04.03
廃 305 22.03.03
廃 306 23.09.07
307 近キト PSw
廃 308 20.02.18
310 近キト PSw
廃 318 19.06.03
廃 320 19.07.01 90~
廃 321 22.11.08 96改

クハ116 2

廃 1 22.05.31
改 2 92.08.20 302
改 3 92.05.01 303
改 4 92.09.18 304
改 5 93.02.16 305
改 6 92.11.28 306
改 7 92.03.11 307
改 8 92.10.23 308 79
廃 9 15.09.14
改 10 92.06.05 310
廃 11 15.09.09
廃 12 19.06.03
廃 13 15.10.13
廃 14 21.09.22
廃 15 22.08.08
改 16 20.01.31 クロ116-7016
廃 17 23.09.25
改 18 97.01.31 318
廃 19 22.10.24
改 20 97.03.05 320
改 21 92.12.28 321 80
廃 22 10.11.27
廃 23 10.12.01
廃 24 13.12.30
廃 25 13.01.02
廃 26 13.12.27 81
廃 27 14.01.27
廃 28 13.12.30
廃 29 11.01.19
廃 30 13.12.27 82

廃 101 22.06.06
廃 102 23.08.07
廃 103 23.08.07 86

廃 201 11.01.14
廃 202 13.01.02
廃 203 13.12.27
廃 204 13.12.30
廃 205 13.12.30
廃 206 13.12.30
廃 207 14.01.27
廃 208 13.12.27
廃 209 10.12.17 86

廃 302 16.01.18
廃 303 16.02.15
廃 304 23.04.03
廃 305 22.03.03
廃 306 23.09.07
307 近キト PSw
廃 308 20.02.18
310 近キト PSw
廃 318 19.06.03
廃 320 19.07.01 90~
廃 321 22.11.08 96改

クロ117 1

7016 近キト PSw

クロ116 1

7016 近キト PSw

▷300代はセミクロス改造

クモハ115 44

廃 1 02.04.20
廃 2 95.04.05
廃 3 91.11.20
廃 4 89.07.01
廃 5 92.02.01
廃 6 01.09.28
廃 7 02.02.12
廃 8 02.03.06
廃 9 01.01.11
廃 10 01.05.29
廃 11 01.03.10
廃 12 01.05.29
廃 13 01.11.30
廃 14 02.02.12
廃 15 01.12.11
廃 16 01.09.28
廃 17 02.03.06 66

N 301 中オカ PSw
N 302 中オカ PSw
廃 303 02.10.11
廃 304 14.12.10
廃 305 14.12.11
廃 306 15.01.22
廃 307 14.12.11 74
廃 308 14.12.19
廃 309 14.12.10
廃 310 15.01.15
廃 311 15.01.15
廃 312 15.01.22
廃 313 15.01.08
廃 314 02.05.29
廃 315 14.12.19
廃 316 01.06.10
廃 317 01.10.30
廃 318 14.07.26
廃 319 02.11.07
N 320 中オカ PSw
N 321 中オカ PSw
廃 322 01.10.30
N 323 中オカ PSw
N 324 中オカ PSw
廃 325 15.01.08
廃 326 07.01.10 75

廃 501 15.07.15
廃 502 14.11.27
廃 503 15.07.15
廃 504 15.07.15
廃 505 14.11.27
改 506 00.08.07 クモヤ115-1
廃 507 14.07.25
廃 508 93.07.01
廃 509 96.11.09
廃 510 89.07.06
廃 511 89.06.29
廃 512 90.12.12
廃 5513 99.05.31
廃 5514 99.09.30
廃 5515 99.12.06
廃 516 90.11.30
廃 517 90.11.19
廃 518 89.07.03
廃 519 89.10.01
廃 520 96.02.10 83改

廃 551 08.12.08
廃 552 09.02.12 88改
廃 553 09.03.30
廃 554 10.01.08 89改

廃1001 22.09.16
廃1002 97.10.01 しなの
廃1003 14.04.02
廃1004 97.10.01 しなの
廃1005 13.06.01 しなの
廃1006 22.08.03
廃1007 14.04.02
廃1008 22.06.22
廃1009 15.04.02
廃1010 15.01.02 しなの
廃1011 13.06.01 しなの
廃1012 97.10.01 しなの
廃1013 97.10.01 しなの
廃1014 17.04.26
廃1015 15.03.12 しなの
廃1016 16.12.18
廃1017 18.07.10
廃1018 97.10.01 しなの
廃1019 15.04.02
廃1020 97.10.01 しなの
廃1021 15.04.02
廃1022 18.07.19
廃1023 17.04.12
廃1024 16.04.28
廃1025 16.04.21
廃1026 18.07.01
廃1027 18.07.01
廃1028 18.04.16
廃1029 18.04.16
1030 都タカ PSN
廃1031 18.07.19
廃1032 18.07.01
廃1033 17.06.02
廃1034 16.04.04
廃1035 18.07.10 77
廃1036 15.01.02 しなの
廃1037 13.06.01 しなの
廃1038 15.04.02
廃1039 06.09.25
廃1040 13.06.01 しなの
廃1041 16.04.22
廃1042 16.02.29
廃1043 17.04.05
廃1044 18.04.03
廃1045 16.08.18
廃1046 17.04.08
廃1047 17.04.19
廃1048 16.04.08
廃1049 16.12.12
廃1050 17.04.05
廃1051 16.08.18
廃1052 16.04.19
廃1053 16.12.18
廃1054 17.04.05
廃1055 16.09.03
廃1056 16.08.18
廃1057 16.12.12
廃1058 18.04.06
廃1059 16.04.05
廃1060 16.04.16
廃1061 17.06.24 新津
廃1062 16.12.17
廃1063 16.12.12
廃1064 18.04.03 78
廃1065 16.12.21
廃1066 97.10.01 しなの
廃1067 97.10.01 しなの
廃1068 22.08.03
廃1069 97.10.01 しなの
廃1070 15.03.12 しなの
廃1071 15.04.02
廃1072 15.03.12 しなの 79
廃1073 07.01.10
廃1074 19.10.15
廃1075 13.06.01 しなの

廃1076 13.06.01 しなの
廃1077 15.09.25
廃1078 14.04.02
廃1079 22.08.03
廃1080 06.10.21
廃1081 14.04.02
廃1082 07.06.19
廃1083 22.06.22
廃1084 15.04.02 81

T 1501 中オカ PSw
T 1502 中オカ PSw
T 1503 中オカ Sw
T 1504 中オカ PSw
T 1505 中オカ Sw
T 1506 中オカ PSw
T 1507 中オカ PSw
T 1508 中オカ Sw
T 1509 中オカ PSw
改1510 99.09.21 6510
T 1511 中オカ PSw
T 1512 中オカ PSw
T 1513 中オカ PSw
T 1514 中オカ PSw
T 1515 中オカ Sw
T 1516 中オカ Sw
T 1517 中オカ Sw
T 1518 中オカ Sw
廃1519 17.04.15
廃1520 07.11.10
廃1521 15.04.02
廃1522 22.06.22
廃1523 06.12.01
廃1524 06.10.13
廃1525 06.10.18
廃1526 06.09.12
廃1527 97.10.01 しなの
廃1528 13.06.01 しなの
廃1529 97.10.01 しなの
廃1530 18.04.03 83改
廃1531 16.06.17
廃1532 16.05.25
廃1533 16.08.25
廃1534 16.08.25
廃1535 16.08.30
改1536 99.10. 8 6536
2T 1536 中セキ Sw
改1537 99.09.27 6537
2T 1537 中セキ Sw
改1538 99.08.07 6538
2T 1538 中セキ Sw
改1538 99.08.29 6539
2T 1539 中セキ Sw
T 1540 中オカ PSw
T 1541 中オカ PSw
T 1542 中オカ PSw
T 1543 中オカ PSw
T 1544 中オカ PSw
T 1545 中オカ PSw
T 1546 中オカ PSw
T 1547 中オカ PSw
T 1548 中オカ PSw
T 1549 中オカ PSw
T 1550 中オカ PSw
T 1551 中オカ Sw 86改
廃1552 18.04.10
廃1553 16.04.15
廃1554 15.08.29 87改
廃1555 16.09.03 89改
廃1556 16.05.25
廃1557 16.08.30
廃1558 16.05.19
廃1559 16.04.28 90改
廃1560 16.05.19
廃1561 16.04.16

廃1562 14.04.02
廃1563 15.04.02
廃1564 14.04.02
廃1565 14.04.02
廃1566 17.06.02 91改

T 1653 中オカ PSw
T 1659 中オカ PSw
T 1663 中オカ PSw
T 1711 中オカ PSw 04改

廃2001 08.04.14
廃2002 07.07.19
廃2003 06.10.28
廃2004 07.05.23
廃2005 07.05.29
廃2006 07.05.07
廃2007 08.04.04
廃2008 08.04.09
廃2009 06.10.05
廃2010 07.03.23
廃2011 08.04.17
廃2012 07.05.25
廃2013 06.10.25 81

廃6510 22.08.09
改6536 08.12.18 1536
改6537 09.02.20 1537
改6538 09.04.21 1538
改6539 09.01.30 1539 99改

クモハ114 12

廃 501 15.07.15
廃 502 14.11.27
廃 503 15.07.15
廃 504 15.07.15
廃 505 14.11.27
改 506 00.08.07 クモヤ114-1
廃 507 14.07.25 83改

廃 551 08.12.08
廃 552 09.02.12 88改
廃 553 09.03.30
廃 554 10.01.08 89改

T 1098 中オカ Sw
T 1102 中オカ Sw
T 1106 中セキ Sw
T 1117 中オカ Sw
T 1118 中オカ Sw
T 1173 中オカ Sw
T 1178 中オカ Sw
T 1194 中オカ Sw 01改
T 1196 中オカ Sw ほか

廃1501 16.04.16
廃1502 16.06.17
廃1503 16.05.25
廃1504 16.08.25
廃1505 16.08.25
廃1506 16.08.30 86改
廃1507 13.06.01 しなの
廃1508 13.06.01 しなの
廃1509 13.06.01 しなの
廃1510 13.06.01 しなの
廃1511 13.06.01 しなの
廃1512 13.06.01 しなの
廃1513 07.01.10
廃1514 13.06.01 しなの
87改

廃1515 16.05.25
廃1516 16.08.30
廃1517 16.05.19
廃1518 16.04.28 90改
廃1519 16.05.19
廃1520 16.04.16 91改

T 1621 中セキ Sw
T 1625 中セキ Sw 08~
T 1627 中セキ Sw 09改

改6106 08.12.18 クモハ114-1106
廃6123 22.08.10
改6621 09.02.20 クモハ114-1621
改6625 09.04.21 クモハ114-1625
改6627 09.01.30 クモハ114-1627
99改

モハ115 30

廃 1 92.08.03
廃 2 86.10.22
廃 3 86.06.25
廃 4 86.09.20
廃 5 86.12.17
廃 6 91.04.01
廃 7 86.12.17
廃 8 90.07.13
廃 9 89.03.31 62
廃 10 86.10.22
廃 11 86.10.04
廃 12 89.03.31
改 13 89.03.08 クモハ115-551
廃 14 89.03.31
改 15 84.01.25 クハ115-554
廃 16 89.03.31
廃 17 87.02.10
改 18 83.12.26 クハ115-555
廃 19 94.06.25
廃 20 94.03.09
改 21 89.03.05 クモハ115-552
廃 22 91.06.28
廃 23 90.05.07
廃 24 93.08.31
廃 25 93.05.31
廃 26 86.09.25
改 27 89.06.12 クモハ115-553
廃 28 94.03.31
改 29 83.12.20 クモハ115-508
廃 30 92.03.02
廃 31 93.06.30
廃 32 92.11.20
廃 33 86.09.20
廃 34 87.03.13
廃 35 93.06.30
廃 36 97.03.15
廃 37 96.07.04
廃 38 90.07.13
廃 39 86.07.18
廃 40 87.01.24
廃 41 90.06.02
廃 42 90.05.08
廃 43 86.09.25
廃 44 86.10.23
廃 45 86.09.25
廃 46 91.05.24
改 47 91.03.30 モヤ115-3
廃 48 93.12.15
廃 49 91.12.02
廃 50 93.09.30
廃 51 89.11.04 63
廃 52 90.07.13
廃 53 93.05.01
廃 54 91.12.02
廃 55 92.11.20
廃 56 01.05.10
廃 57 91.02.02
廃 58 03.07.25
改 59 91.03.06 モヤ115-1
廃 60 96.02.08
廃 61 97.08.02
廃 62 95.04.05
廃 63 01.12.04
廃 64 94.03.31
廃 65 02.11.05
廃 66 92.11.20
改 67 84.02.29 クハ115-551
廃 68 93.06.30
改 69 84.02.03 クハ115-553
改 70 91.03.23 モヤ115-2
廃 71 93.08.01 64
廃 72 01.11.02
廃 73 93.03.31
廃 74 02.11.05
廃 75 90.05.07

廃 76 01.06.11
改 77 89.06.09クモハ115-554
廃 78 93.06.30
改 79 91.03.22モヤ115-4
廃 80 90.08.06
廃 81 91.04.01
廃 82 91.05.24
廃 83 93.06.30
改 84 83.09.30クモハ115-501
廃 85 96.09.19 65
改 86 83.10.20クモハ115-509
改 87 84.03.13クモハ115-502
改 88 83.11.15クモハ115-503
改 89 84.02.29クモハ115-504
廃 90 92.11.20
改 91 83.11.01クハ115-556
廃 92 94.06.10
廃 93 92.06.01
改 94 83.10.16クモハ115-510
改 95 84.01.08クモハ115-511
66
改 96 83.12.23クモハ115-512
改 97 83.09.29クモハ115-513
改 98 95.03.03モヤ115-5
廃 99 01.12.04
改 100 83.11.11クモハ115-514
67
改 101 83.11.28クモハ115-515
改 102 83.10.24クモハ115-516
66
改 103 95.02.06モヤ115-6
改 104 83.11.08クモハ115-517
改 105 84.01.17クモハ115-518
改 106 84.01.30クモハ115-519
67
改 107 84.01.24クモハ115-520
68
廃 108 05.03.31
廃 109 02.01.22
廃 110 94.08.01
廃 111 93.05.31
廃 112 01.05.09
廃 113 14.12.04
廃 114 05.02.10
廃 115 94.06.10
廃 116 15.08.20
廃 117 02.09.04 69
廃 118 02.12.10
廃 119 14.07.25
廃 120 01.10.03
廃 121 02.10.04
廃 122 01.04.02
廃 123 06.01.20
廃 124 05.03.08
廃 125 02.04.03
廃 126 92.08.01 70
改 127 84.03.23クモハ115-505
廃 128 15.08.25
改 129 83.12.28クモハ115-506
廃 130 15.12.01
廃 131 02.01.04
廃 132 94.12.26
廃 133 15.12.05
改 134 84.03.23クモハ115-507
廃 135 01.10.03 71

廃 301 02.02.04
廃 302 02.02.04
廃 303 94.12.30
廃 304 02.10.04
廃 305 02.11.15
廃 306 05.03.15
廃 307 05.02.10
廃 308 02.05.17
廃 309 01.01.11
廃 310 15.07.28
廃 311 16.10.06
廃 312 15.07.28
廃 313 15.08.18
廃 314 02.03.04
廃 315 02.03.04 73
廃 316 15.09.09
廃 317 02.10.04
廃 318 02.10.04
廃 319 15.08.18
廃 320 15.11.20
廃 321 16.03.04
廃 322 16.05.10
廃 323 16.06.08
廃 324 00.12.15
廃 325 00.12.15
廃 326 01.02.09
廃 327 01.02.09
廃 328 02.02.04 74
廃 329 02.12.03
廃 330 02.12.03
廃 331 03.02.17
廃 332 01.01.10
廃 333 02.01.04
廃 334 04.10.02
廃 335 04.11.25
廃 336 01.03.01
廃 337 03.03.07
廃 338 01.03.01
廃 339 01.10.30
廃 340 14.11.20
廃 341 05.05.24
廃 342 05.05.24 75
廃 343 02.01.04
廃 344 02.01.04
廃 345 03.07.25
廃 346 04.09.22
廃 347 01.06.10
廃 348 14.01.28
廃 349 05.03.15
廃 350 01.04.02
廃 351 05.05.27
廃 352 03.03.07
廃 353 03.02.20
廃 354 03.02.20
廃 355 03.06.13
廃 356 01.10.03
廃 357 01.03.01
廃 358 02.01.04
廃 359 14.11.20
廃 360 02.04.03
廃 361 14.12.07
廃 362 14.12.07
廃 363 03.03.31
廃 364 01.02.01
廃 365 01.12.04
廃 366 01.10.03
廃 367 02.04.03
廃 368 01.11.02 76
廃 369 01.03.05
廃 370 01.03.05
廃 371 01.06.11
廃 372 01.08.01
廃 373 00.12.08
廃 374 00.12.08
廃 375 00.12.11
廃 376 00.12.11
廃 377 01.12.04
廃 378 01.12.04
廃 379 04.05.19
廃 380 03.02.13
廃 381 01.02.16
廃 382 01.02.16
廃 383 03.01.06
廃 384 03.01.06
廃 385 05.04.08
廃 386 05.04.08
廃 387 04.08.23
廃 388 04.08.23
廃 389 04.08.27
廃 390 04.08.27
廃 391 02.02.04
廃 392 01.05.09
廃 393 04.05.19
廃 394 14.08.31
廃 395 02.12.27
廃 396 02.02.04
廃 397 01.02.01
廃 398 15.04.20
廃 399 05.04.23
廃 400 05.04.23
廃 401 07.12.01
廃 402 01.04.02
廃 403 01.02.01
廃 404 03.02.28
廃 405 04.10.02
廃 406 04.10.02
廃 407 04.09.22
廃 408 01.06.05
廃 409 02.12.27
廃 410 01.04.02
廃 411 05.05.10
廃 412 05.05.10
廃 413 01.11.02
廃 414 01.11.02
廃 415 02.01.04
廃 416 03.01.06
廃 417 14.08.31
廃 418 03.01.16 77

改1001 91.12.05クモハ115-1562
廃1002 01.12.04
改1003 85.01.14クモハ115-1524
廃1004 16.04.04
改1005 84.12.06クモハ115-1525
廃1006 16.05.25
廃1007 02.04.12
改1008 89.11.22クモハ115-1555
改1009 92.03.25クモハ115-1566
改1010 84.12.24クモハ115-1526
廃1011 14.11.30 77
改1012 84.10.02クモハ115-1527
改1013 84.11.09クモハ115-1528
改1014 84.10.22クモハ115-1529
改1015 91.07.06クモハ115-1560
改1016 83.08.31クモハ115-1519
改1017 86.10.10クモハ115-1532
改1018 86.12.06クモハ115-1533
改1019 90.10.16クモハ115-1556
改1020 91.09.25クモハ115-1561
改1021 86.08.09クモハ115-1531
改1022 90.07.23クモハ115-1557
廃1023 18.08.02
廃1024 14.08.20
改1025 86.10.31クモハ115-1534
改1026 84.12.26クモハ115-1530
改1027 91.01.10クモハ115-1558
廃1028 15.04.02
廃1029 16.10.26
廃1030 16.10.26
廃1031 15.09.15
T 1032 中オカ
改1033 83.12.02クモハ115-1501
T 1034 中オカ
改1035 83.11.07クモハ115-1502
廃1036 14.11.06
改1037 83.12.08クモハ115-1503
廃1038 14.08.20
改1039 83.08.11クモハ115-1504
改1040 87.12.23クモハ115-1552
改1041 84.01.20クモハ115-1505
T 1042 中オカ
改1043 83.12.05クモハ115-1506
廃1044 15.05.09
改1045 86.07.28クモハ115-1536
廃1046 03.07.17
改1047 83.11.15
改1048 87.02.13クモハ115-1534
改1049 88.02.29クモハ115-1553
廃1050 15.01.31
廃1051 15.01.31
廃1052 14.11.06
改6553 04.06.11クモハ115-1653
改1054 83.10.24クモハ115-1508
T 1055 中オカ
改1056 83.09.21クモハ115-1509
T 1057 中オカ
改1058 86.06.30クモハ115-1537
改1059 04.04.20クモハ115-1659
改1060 83.08.31クモハ115-1510
廃1061 15.07.08
改1062 86.08.04クモハ115-1538
改1063 04.09.29クモハ115-1563
改1064 86.08.18クモハ115-1539
廃1065 15.11.25
廃1066 15.11.25
廃1067 03.05.06
廃1068 14.06.10
廃1069 14.06.10
廃1070 16.11.19
廃1071 15.04.20
改1072 91.03.30クモハ115-1559
78
改1073 92.01.10クモハ115-1563
廃1074 15.01.06
廃1075 15.09.15
廃1076 14.11.30
廃1077 15.01.06
廃1078 16.11.19
廃1079 16.09.28
廃1080 16.09.01
廃1081 16.09.01
廃1082 16.12.21
廃1083 16.09.28
T 1084 中オカ
改1085 83.09.01クモハ115-1511
T 1086 中オカ
改1087 83.12.27クモハ115-1512
T 1088 中オカ
改1089 84.01.12クモハ115-1513
改1090 86.06.30クモハ115-1540
改1091 86.12.25クモハ115-1541
改1092 83.09.14クモハ115-1514
T 1093 中オカ
改1094 86.10.21クモハ115-1542
改1095 88.02.02クモハ115-1554
改1096 83.11.16クモハ115-1520
改1097 83.12.13クモハ115-1521
改1098 84.01.19クモハ115-1522
改1099 84.02.08クモハ115-1523
廃1100 16.01.09
改1101 83.10.24クモハ115-1515
79
廃1102 01.10.30
廃1103 16.04.22
廃1104 15.04.02
T 1105 中オカ
改1106 83.08.04クモハ115-1516
80
改1107 86.09.08クモハ115-1543
改1108 86.09.26クモハ115-1544
廃1109 19.07.22
改1110 84.02.13クモハ115-1517
改1111 04.11.22クモハ115-1711
改1112 84.02.06クモハ115-1518
81
廃1113 16.04.22
廃1114 19.05.02
1115 中オカ
改1116 86.12.25クモハ115-1545
改1117 86.07.28クモハ115-1546
改1118 86.07.10クモハ115-1547
T 1119 中オカ
改1120 86.08.27クモハ115-1548
廃1121 15.05.21
改1122 86.06.16クモハ115-1549
改1123 86.10.07クモハ115-1550
改1124 86.10.18クモハ115-1551
改1125 92.02.13クモハ115-1564
改1126 91.03.03クモハ115-1565
廃1127 16.04.16 82

廃2001 18.09.19
廃2002 18.12.01
廃2003 19.08.26
廃2004 19.09.13
廃2005 19.05.31
廃2006 18.10.26
廃2007 18.12.19 77
廃2008 19.02.09
廃2009 18.12.07
廃2010 18.11.15
廃2011 18.12.28
廃2012 19.03.20
廃2013 18.10.26
廃2014 15.10.07
廃2015 18.09.19
廃2016 19.03.20
廃2017 18.06.21
廃2018 18.04.11
廃2019 19.03.20
廃2020 19.02.20
廃2021 19.08.09
廃2022 19.06.20
廃2023 20.08.14
廃2024 20.08.14
廃2025 18.11.15
廃2026 19.03.20
廃2027 19.07.11
廃2028 19.05.14
廃2029 19.10.31 78

T 3001 中セキ
T 3002 中セキ
T 3003 中セキ
T 3004 中セキ
T 3005 中セキ
T 3006 中セキ 82
T 3007 中セキ
T 3008 中セキ
T 3009 中セキ
T 3010 中セキ
T 3011 中セキ
廃3012 22.08.22 83

廃3501 16.03.03 91改
T 3502 中セキ
T 3503 中セキ
廃3504 15.04.30
廃3505 15.12.25
廃3506 16.06.22
廃3507 15.12.25
T 3508 中セキ
T 3509 中セキ
廃3510 15.06.05
廃3511 15.05.15 92改
T 3512 中セキ
T 3513 中セキ
T 3514 中セキ 01改

モハ114　61

廃　1 92.08.03
廃　2 86.10.22
廃　3 86.06.25
廃　4 86.09.20
廃　5 86.12.17
廃　6 91.04.01
廃　7 86.12.17
廃　8 90.07.13
廃　9 89.03.31　62
廃 10 86.10.22
廃 11 86.10.04
廃 12 89.03.31
改 13 89.03.08クモハ114-551
廃 14 89.03.31
改 15 84.01.25クハ115-554
廃 16 89.03.31
廃 17 87.02.10
改 18 83.12.26クハ115-555
廃 19 94.06.25
廃 20 94.03.09
改 21 89.03.05クモハ114-552
廃 22 91.06.28
廃 23 90.05.07
廃 24 93.08.31
廃 25 93.05.31
廃 26 86.09.25
改 27 89.06.12クモハ114-553
廃 28 94.03.31
廃 29 93.07.01
廃 30 92.03.02
廃 31 93.06.30
廃 32 92.11.20
廃 33 86.09.20
廃 34 90.06.02
廃 35 93.06.30
廃 36 97.03.15
廃 37 96.07.04
廃 38 90.07.13
廃 39 86.07.18
廃 40 87.01.24
廃 41 87.02.13
廃 42 90.05.08
廃 43 86.09.25
廃 44 86.10.23
廃 45 86.09.25
廃 46 91.05.24
廃 47 95.05.23
廃 48 93.12.15
廃 49 91.12.02
廃 50 93.09.30
廃 51 89.11.04　63
廃 52 90.07.13
廃 53 93.05.01
廃 54 91.12.02
廃 55 92.11.20
廃 56 01.05.10
廃 57 90.02.02
廃 58 03.07.25
廃 59 99.03.01
廃 60 96.02.08
廃 61 97.08.02
廃 62 95.04.05
廃 63 01.12.04
廃 64 94.03.31
廃 65 02.11.15
廃 66 92.11.20
改 67 84.03.07クハ115-551
廃 68 93.06.30
改 69 84.01.20クハ115-553
廃 70 95.05.23
廃 71 93.08.01　64
廃 72 01.11.02
廃 73 93.03.31
廃 74 02.11.05
廃 75 90.05.07
廃 76 01.06.11
改 77 89.06.09クモハ114-554
廃 78 93.06.30
廃 79 95.04.05
廃 80 90.08.06
廃 81 91.04.01
廃 82 91.05.24
廃 83 93.06.30
改 84 83.09.30クモハ114-501
廃 85 96.09.19　65
廃 86 96.11.09
改 87 84.03.13クモハ114-502
改 88 83.11.15クモハ114-503
改 89 84.02.29クモハ114-504
廃 90 92.11.20
改 91 83.11.01クハ115-556
廃 92 94.06.10
廃 93 92.06.01　66
廃 94 05.03.31
廃 95 02.01.21
廃 96 94.08.01
廃 97 93.05.31
廃 98 01.05.09
廃 99 14.12.04
廃 100 05.02.10
廃 101 94.06.10
廃 102 15.08.20
廃 103 02.09.04　69
廃 104 02.12.10
廃 105 14.07.25
廃 106 01.10.03
廃 107 02.10.04
廃 108 01.04.02
廃 109 06.01.20
廃 110 05.03.08
廃 111 02.04.03
廃 112 92.08.01　70
改 113 84.03.23クモハ114-505
廃 114 15.08.25
改 115 83.12.28クモハ114-506
廃 116 15.12.01
廃 117 02.01.04
廃 118 94.12.26
廃 119 15.12.05
改 120 84.03.23クモハ114-507
廃 121 01.10.03　71

廃 301 02.02.04
廃 302 02.02.04
廃 303 94.12.30
廃 304 02.10.04
廃 305 02.11.15
廃 306 05.03.15
廃 307 05.02.10
廃 308 02.05.17
廃 309 01.01.11
廃 310 15.07.08
廃 311 16.10.06
廃 312 15.07.28
廃 313 15.08.18
廃 314 02.03.04
廃 315 02.03.04　73
N 316 中オカ
廃 317 02.10.04
廃 318 02.10.04
廃 319 15.08.18
廃 320 15.11.20
廃 321 16.03.04
廃 322 16.05.10
廃 323 16.06.08
廃 324 00.12.15
廃 325 00.12.15
廃 326 01.02.09
廃 327 01.02.09
廃 328 02.02.04
N◆ 329 中オカ
N◆ 330 中オカ
廃 331 02.10.11
廃 332 14.12.10
廃 333 14.12.11
廃 334 15.01.22
廃 335 14.12.11　74
廃 336 02.12.03
廃 337 02.12.03
廃 338 15.02.17
廃 339 01.01.10
廃 340 02.01.04
廃 341 04.10.21
廃 342 14.12.19
廃 343 14.12.10
廃 344 15.01.15
廃 345 15.01.15
廃 346 15.01.22
廃 347 15.01.08
廃 348 02.05.29
廃 349 14.12.19
廃 350 04.11.25
廃 351 01.03.01
廃 352 01.06.10
廃 353 01.10.30
廃 354 14.07.26
廃 355 02.11.07
N◆ 356 中オカ
N◆ 357 中オカ
廃 358 01.10.30
廃 359 16.03.01
N◆ 360 中オカ
廃 361 15.01.08
廃 362 07.01.10
廃 363 03.03.07
廃 364 01.03.01　75
廃 365 01.10.30
廃 366 14.11.20
廃 367 05.05.24
廃 368 05.05.24
廃 369 02.01.04
廃 370 02.01.04
廃 371 03.07.25
廃 372 04.09.22
廃 373 01.06.10
廃 374 14.01.28
廃 375 05.03.15
廃 376 01.04.02
廃 377 05.05.27
廃 378 03.03.07
廃 379 03.02.20
廃 380 03.02.20
廃 381 03.06.13
廃 382 01.10.03
廃 383 01.03.01
廃 384 02.01.04
廃 385 14.11.20
廃 386 02.04.03
廃 387 14.12.07
廃 388 14.12.07
廃 389 03.03.31
廃 390 01.02.01
廃 391 01.12.04
廃 392 01.10.03
廃 393 02.04.03
廃 394 01.11.02　76
廃 395 01.03.05
廃 396 01.03.05
廃 397 01.06.11
廃 398 01.08.01
廃 399 00.12.08
廃 400 00.12.08
廃 401 00.12.11
廃 402 00.12.11
廃 403 01.12.04
廃 404 01.12.04
廃 405 04.05.19
廃 406 03.02.13
廃 407 01.02.16
廃 408 01.02.16
廃 409 03.01.06
廃 410 03.01.06
廃 411 05.04.08
廃 412 05.04.08
廃 413 04.08.23
廃 414 04.08.23
廃 415 04.09.27
廃 416 04.08.27
廃 417 02.02.04
廃 418 01.05.09
廃 419 04.05.19
廃 420 14.08.31
廃 421 02.12.27
廃 422 02.02.04
廃 423 01.02.01
廃 424 15.04.20
廃 425 05.04.23
廃 426 05.04.23
廃 427 07.12.01
廃 428 01.04.02
廃 429 01.02.01
廃 430 03.02.28
廃 431 04.10.02
廃 432 04.10.02
廃 433 04.09.22
廃 434 01.06.05
廃 435 02.12.27
廃 436 01.04.02
廃 437 05.05.10
廃 438 05.05.10
廃 439 01.11.02
廃 440 01.11.02
廃 441 02.01.04
廃 442 03.01.06
廃 443 14.08.31
廃 444 03.01.16　77

改 801 91.03.28モヤ114-1
改 802 91.03.30モヤ114-2
廃 803 91.11.20
廃 804 89.07.01
廃 805 92.02.01
廃 806 01.09.28
廃 807 02.02.12
廃 808 02.03.06
廃 809 01.01.11
廃 810 01.05.29
廃 811 01.03.10
廃 812 01.05.29
廃 813 01.11.30
廃 814 02.02.12
廃 815 01.12.11
廃 816 01.09.28
廃 817 02.03.06
廃 818 89.07.06
廃 819 89.07.01　66
廃 820 90.12.12
廃5821 99.05.31
廃 822 02.11.12
廃 823 01.12.04
廃5824 99.09.30　67
廃5825 99.12.06
廃 826 90.12.06　66
廃 827 14.01.28
廃 828 90.11.19
廃 829 89.07.03
廃 830 89.10.01　67
廃 831 96.02.10　68
廃1001 22.09.16
廃1002 14.04.02
廃1003 97.10.01　しなの
廃1004 01.12.04
廃1005 14.04.02
廃1006 06.10.14
廃1007 97.10.01　しなの
廃1008 16.04.04
改1009 88.01.12クモハ114-1510
廃1010 06.10.19
廃1011 22.08.03
廃1012 14.04.02
廃1013 22.06.22
廃1014 15.04.02
廃1015 15.01.02　しなの
改1016 87.11.17クモハ114-1507
廃1017 97.10.01　しなの
廃1018 97.10.01　しなの
廃1019 17.04.26
廃1020 15.03.12　しなの
廃1021 16.12.18
廃1022 18.07.10
廃1023 97.10.01　しなの
廃1024 16.05.25
廃1025 15.04.02
廃1026 02.04.12
廃1027 97.10.01　しなの
廃1028 16.09.03
廃1029 15.04.02
廃1030 17.06.02
廃1031 06.09.13
廃1032 18.07.19
廃1033 17.04.12
廃1034 16.04.28
廃1035 16.04.12
廃1036 18.07.01
廃1037 18.07.01
廃1038 18.04.16
廃1039 18.04.16
廃1040 20.03.01
廃1041 18.07.19
廃1042 14.11.30
廃1043 18.07.01
廃1044 17.06.02
廃1045 16.04.04
廃1046 18.07.10　77
廃1047 15.01.02　しなの
廃1048 97.10.01　しなの
改1049 87.12.16クモハ114-1509
改1050 87.11.27クモハ114-1508
廃1051 15.04.02
廃1052 97.10.01　しなの
廃1053 06.09.26
改1054 88.03.27クモハ114-1514
廃1055 16.04.22
改1056 91.07.06クモハ114-1519
廃1057 16.02.29
廃1058 17.04.15
廃1059 17.04.05
改1060 86.10.10クモハ114-1503
廃1061 18.04.03
廃1062 16.08.18
改1063 86.12.06クモハ114-1504
廃1064 17.04.08
廃1065 17.04.19
改1066 90.10.16クモハ114-1515
廃1067 16.04.08
廃1068 16.12.12
改1069 91.09.25クモハ114-1520
廃1070 17.04.05
廃1071 16.08.18
廃1072 16.04.19
廃1073 16.12.18
改1074 86.08.09クモハ114-1502
廃1075 17.04.05

廃1076 16.09.03
廃1077 16.08.18
廃1078 16.12.12
改1079 90.07.23クモハ114-1516
廃1080 18.04.06
廃1081 18.08.02
廃1082 14.08.20
廃1083 16.04.05
改1084 86.10.31クモハ114-1505
改1085 86.06.18クモハ114-1501
廃1086 18.04.03
廃1087 17.04.26
改1088 91.01.10クモハ114-1517
廃1089 15.04.02
廃1090 16.10.26
廃1091 16.10.26
廃1092 15.09.15
т 1093 中オカ
т 1094 中オカ
т 1095 中オカ
т 1096 中オカ
廃1097 14.11.06
改1098 01.05.31クモハ114-1098
廃1099 14.08.20
т 1100 中オカ
廃1101 18.04.10
改1102 01.06.29クモハ114-1102
т 1103 中オカ
т 1104 中オカ
廃1105 15.05.09
改1106 99.10.08クモハ114-6106
廃1107 03.07.17
т 1108 中オカ
廃1109 16.12.17
改1110 87.02.13クモハ114-1506
廃1111 16.12.12
廃1112 16.04.15
廃1113 15.01.31
廃1114 15.01.31
廃1115 14.11.06
т 1116 中オカ
改1117 01.05.22クモハ114-1117
改1118 01.09.27クモハ114-1118
т 1119 中オカ
т 1120 中オカ
改6621 99.09.27クモハ114-6621
т 1122 中オカ
改1123 99.09.21クモハ114-6123
廃1124 15.07.08
改6625 99.08.07クモハ114-6625
т 1126 中オカ
改6627 99.08.29クモハ114-6627
廃1128 15.11.25
廃1129 15.11.25
廃1130 03.05.06
廃1131 14.06.10
廃1132 14.06.10
廃1133 16.11.19
廃1134 15.04.20
廃1135 18.04.03
改1136 91.03.30クモハ114-1518
78
廃1137 15.04.02
廃1138 15.01.06
廃1139 15.09.15
廃1140 14.11.30
廃1141 15.01.06
廃1142 16.11.19
廃1143 16.09.28
廃1144 16.09.01
廃1145 16.09.01
廃1146 16.12.21
廃1147 16.09.28
т 1148 中オカ
т 1149 中オカ

т 1150 中オカ
т 1151 中オカ
т 1152 中オカ
т 1153 中オカ
т 1154 中オカ
т 1155 中オカ
т 1156 中オカ
т 1157 中オカ
т 1158 中オカ
廃1159 16.12.21
廃1160 97.10.01 しなの
廃1161 15.08.29
廃1162 97.10.01 しなの
廃1163 07.07.20
廃1164 22.08.03
廃1165 15.04.02
廃1166 97.10.01 しなの
廃1167 15.03.12 しなの
廃1168 15.04.02
廃1169 22.06.22
廃1170 15.03.12 しなの
廃1171 06.12.02
廃1172 16.01.09
改1173 01.05.21クモハ114-1173
79
廃1174 01.10.30
廃1175 16.04.22
廃1176 15.04.02
т 1177 中オカ
改1178 01.06.30クモハ114-1178
80
改1179 88.03.22クモハ114-1513
廃1180 19.10.15
改1181 88.01.28クモハ114-1511
改1182 88.02.17クモハ114-1512
廃1183 15.09.25
廃1184 14.04.02
廃1185 22.08.03
廃1186 06.10.22
廃1187 14.04.02
廃1188 07.06.20
廃1189 22.06.22
廃1190 15.04.02
т 1191 中オカ
т 1192 中オカ
廃1193 19.07.22
改1194 01.09.12クモハ114-1194
т 1195 中オカ
改1196 01.09.27クモハ114-1196
81
廃1197 16.04.22
廃1198 19.05.02
т 1199 中オカ
т 1200 中オカ
т 1201 中オカ
т 1202 中オカ
т 1203 中オカ
т 1204 中オカ
廃1205 15.05.21
т 1206 中オカ
т 1207 中オカ
т 1208 中オカ
廃1209 14.04.02
廃1210 14.04.02
廃1211 16.04.16 82

廃2001 18.09.19
廃2002 18.12.01
廃2003 19.08.26
廃2004 19.09.13
廃2005 19.05.31
廃2006 18.10.26
廃2007 18.12.19 77
廃2008 19.02.09
廃2009 18.12.07
廃2010 18.11.15
廃2011 18.12.28
廃2012 19.03.20
廃2013 18.10.26
廃2014 15.10.07
廃2015 18.09.19
廃2016 19.03.20
廃2017 18.06.21
廃2018 18.04.11
廃2019 19.03.20
廃2020 19.02.20
廃2021 19.08.09
廃2022 19.06.20
廃2023 20.08.14
廃2024 20.08.14
廃2025 18.11.15
廃2026 19.03.20
廃2027 19.07.11
廃2028 19.05.14
廃2029 19.10.31 78

廃2601 08.04.15
廃2602 07.07.19
廃2603 06.10.30
廃2604 07.05.24
廃2605 07.05.30
廃2606 07.05.08
廃2607 08.04.07
廃2608 08.04.10
廃2609 06.10.06
廃2610 07.03.25
廃2611 08.04.18
廃2612 07.05.25
廃2613 06.10.26 81

т 3001 中セキ
т 3002 中セキ
т 3003 中セキ
т 3004 中セキ
т 3005 中セキ
т 3006 中セキ 82
т 3007 中セキ
т 3008 中セキ
т 3009 中セキ
т 3010 中セキ
т 3011 中セキ
廃3012 22.08.22 83

廃3501 16.03.03 91改
т 3502 中セキ
т 3503 中セキ
廃3504 15.04.30
廃3505 15.12.25
廃3506 16.06.22
廃3507 15.12.25
т 3508 中セキ
т 3509 中セキ
廃3510 15.06.05
廃3511 15.05.15 92改
т 3512 中セキ
т 3513 中セキ
т 3514 中セキ 01改

クハ115　91

廃 1 92.08.03
廃 2 86.06.25
廃 3 93.06.30
廃 4 93.06.30
廃 5 87.01.24
廃 6 87.01.24
廃 7 93.06.30
廃 8 91.05.24
廃 9 86.12.16
廃 10 91.03.31
廃 11 91.04.01
廃 12 91.04.01
廃 13 88.12.31
廃 14 91.10.14
廃 15 91.10.14
廃 16 86.09.20 62
廃 17 91.03.31
廃 18 89.10.01
廃 19 93.06.30
廃 20 93.06.30
廃 21 94.01.01
廃 22 89.07.01
廃 23 94.03.31
廃 24 94.06.10
廃 25 93.08.31
廃 26 93.08.31
廃 27 01.03.05
廃 28 01.05.10
廃 29 86.12.16
廃 30 93.06.30
廃 31 02.11.12
廃 32 93.12.13
廃 33 91.03.31
廃 34 94.07.04
廃 35 94.07.04
廃 36 96.07.04
廃 37 89.08.25
廃 38 91.06.28
廃 39 88.12.31
廃 40 91.12.02
廃 41 98.11.25
廃 42 88.12.31
廃 43 91.06.28
廃 44 90.12.15
廃 45 96.02.08
廃 46 95.12.02
改 47 88.03.06クハ111-571
廃 48 89.04.01
廃 49 91.05.24
廃 50 96.12.07
廃 51 92.06.01
廃 52 90.12.06
廃 53 89.04.01
廃 54 90.12.06
廃 55 92.07.01
廃 56 94.03.31
廃 57 88.12.31
廃 58 94.06.25
廃 59 92.06.01
廃 60 91.11.20
廃 61 93.06.30
廃 62 99.05.21
廃 63 96.03.31
廃 64 93.06.30
改 65 88.03.01クハ111-271
改 66 88.03.01クハ111-571
改 67 88.06.10クハ111-275
改 68 88.06.10クハ111-574
廃 69 94.12.26
廃 70 93.05.31
廃 71 93.05.31
廃 72 01.05.10
廃 73 91.03.31
廃 74 96.02.10
廃 75 99.06.25

廃 76 93.05.31
廃 77 86.07.18
廃 78 86.07.18
廃 79 90.06.02
改 80 88.03.06クハ111-272
廃 81 93.09.30
廃 82 94.03.09
廃 83 90.05.07
廃 84 91.04.01
廃 85 86.09.25
廃 86 86.09.25
廃 87 86.10.23
廃 88 86.10.23
廃 89 86.09.25
廃 90 86.09.25
廃 91 95.05.23
廃 92 95.05.23
廃 93 93.12.13
廃 94 96.08.04
廃 95 91.06.14
廃 96 91.06.14
廃 97 91.10.14
廃 98 93.09.30 63
廃 99 90.05.08
廃 100 92.07.01
廃 101 94.03.09
廃 102 95.04.05
廃 103 92.08.01
廃 104 93.05.01
廃 105 93.05.01
廃 106 89.07.03
廃 107 93.05.31
廃 108 14.01.28
廃 109 04.06.01
廃 110 94.03.31
廃 111 99.03.01
廃 112 03.07.25
廃 113 87.03.05
廃 114 92.08.01
廃 115 99.03.01
廃6116 99.09.30
廃 117 91.05.24
廃 118 92.05.01
廃 119 93.07.01
廃 120 02.11.12
廃 121 94.06.10
廃 122 01.12.04
廃 123 02.11.05
廃 124 96.07.04
廃 125 93.12.01
廃 126 01.05.29
廃 127 91.03.31
廃 128 96.11.09
廃 129 93.05.01
廃 130 03.02.28
廃 131 96.08.04
廃 132 96.08.04
廃 133 94.06.10
廃 134 02.02.28
廃 135 94.03.31
廃 136 94.12.26
廃 137 91.02.02
廃 138 91.02.02 64
廃 139 01.11.02
廃 140 01.11.02
廃 141 96.12.07
廃 142 02.03.31
廃 143 02.11.05
廃 144 02.11.05
廃 145 91.04.01
廃 146 91.06.14
廃 147 01.06.11
廃 148 01.06.11
廃 149 04.03.31
廃 150 89.04.01

廃	151	98.11.25	
廃	152	15.05.09	
廃	153	95.04.05	
廃	154	95.04.05	
廃	155	89.04.01	
廃	6156	99.12.06	
改	157	88.02.28	クハ111-572
改	158	88.02.28	クハ111-273
廃	159	93.03.31	
廃	160	93.03.31	
廃	161	94.07.04	
廃	162	96.05.17	
廃	163	93.06.30	
廃	164	93.06.30	
廃	165	15.05.09	
廃	166	96.02.10	65
廃	167	01.06.05	
廃	168	01.06.05	
廃	169	03.01.16	
廃	170	03.01.16	
廃	171	01.04.02	
廃	172	01.04.02	
廃	173	01.04.02	
廃	174	01.04.02	
廃	175	02.03.06	
改	176	88.03.08	クハ111-274
廃	177	01.12.11	
廃	178	02.02.12	
改	179	88.03.08	クハ111-573
廃	180	92.02.01	
廃	181	02.03.06	
廃	182	02.02.12	
廃	183	01.05.29	
廃	184	01.01.11	
廃	185	01.03.10	
廃	186	01.11.30	
廃	187	89.07.03	
廃	188	06.12.04	
廃	189	01.09.28	
廃	190	01.09.28	
廃	191	16.02.11	
廃	192	15.12.04	
廃	193	01.04.02	
廃	194	89.07.06	
廃	195	92.07.01	
廃	196	02.09.04	
廃	197	02.01.04	
廃	198	02.01.04	66
廃	199	15.07.08	
廃	6200	99.05.31	
廃	201	01.12.04	
廃	202	02.04.03	
廃	203	01.12.04	
廃	204	01.12.04	
廃	205	92.03.02	
廃	206	92.03.02	67
廃	207	14.01.28	
廃	208	94.06.10	
廃	209	01.10.03	
廃	210	01.10.03	66
廃	211	02.01.04	
廃	212	01.04.02	
廃	213	95.05.23	
廃	214	95.05.23	67
廃	215	03.02.13	
廃	216	03.02.13	68
廃	217	04.03.31	
廃	218	16.02.11	
廃	219	15.10.07	
廃	220	02.03.31	
廃	221	01.05.09	
廃	222	02.02.04	
廃	223	01.10.03	
廃	224	01.10.03	
廃	225	02.01.04	

廃	226	01.10.03	69
廃	227	01.10.03	
廃	228	02.09.04	70
廃	301	03.01.06	
廃	302	03.01.06	
廃	303	02.02.04	
廃	304	02.02.04	
廃	305	15.12.25	
廃	306	15.12.25	
廃	307	02.10.04	
廃	308	02.10.04	
廃	309	05.03.15	
廃	310	05.03.15	
廃	311	16.06.22	
廃	312	16.06.22	
廃	313	03.03.31	
廃	314	01.01.10	
廃	315	15.07.08	
廃	316	15.07.08	
廃	317	16.10.06	
廃	318	16.10.06	
廃	319	15.07.28	
廃	320	15.07.28	
廃	321	15.08.18	
廃	322	15.08.18	
廃	323	02.03.04	
廃	324	02.03.04	73
廃	325	15.09.09	
N	326	中オカ PSw	
廃	327	02.10.04	
廃	328	02.10.04	
廃	329	15.08.18	
廃	330	15.08.18	
廃	331	15.12.25	
廃	332	15.12.25	
廃	333	16.03.04	
廃	334	16.03.04	
廃	335	16.05.10	
廃	336	16.05.10	
廃	337	16.06.08	
廃	338	16.06.08	
廃	339	00.12.15	
廃	340	01.11.02	
廃	341	01.02.01	
廃	342	00.12.15	
廃	343	01.02.09	
廃	344	01.02.09	
廃	345	02.02.04	
廃	346	02.02.04	74
廃	347	02.12.03	
N	348	中オカ PSw	
廃	349	03.02.17	
N	350	中オカ PSw	
廃	351	01.01.10	
廃	352	02.10.11	
廃	353	04.10.21	
廃	354	14.12.10	
廃	355	04.11.25	
廃	356	14.12.11	
廃	357	01.03.01	
廃	358	15.01.22	
廃	359	03.03.07	
廃	360	14.12.11	
廃	361	01.03.01	
廃	362	02.12.03	75
廃	363	03.07.17	76
廃	364	03.02.17	75
廃	365	14.11.20	76
廃	366	02.01.04	
廃	367	05.05.24	
廃	368	04.10.21	75
廃	369	02.01.04	76
廃	370	14.12.19	75
廃	371	04.09.22	76

廃	372	14.12.10	75
廃	373	01.04.02	76
廃	374	15.01.15	75
廃	375	02.11.05	76
廃	376	15.01.15	75
廃	377	01.05.09	76
廃	378	15.01.22	75
廃	379	03.02.20	76
廃	380	15.01.08	75
廃	381	03.06.13	76
廃	382	02.05.29	75
廃	383	01.03.01	76
廃	384	14.12.19	75
廃	385	01.09.01	76
廃	386	04.11.25	75
廃	387	14.12.07	76
廃	388	01.03.01	75
廃	389	01.10.03	76
廃	390	03.03.07	75
廃	391	01.12.04	76
廃	392	07.01.10	75
廃	393	02.04.03	76
廃	394	01.06.10	75
廃	395	01.03.05	77
廃	396	01.10.30	75
廃	397	01.06.11	77
廃	398	14.07.26	75
廃	399	00.12.08	77
廃	400	02.11.07	75
廃	401	00.12.11	77
廃	402	01.10.30	75
廃	403	01.12.04	77
N	404	中オカ PSw	75
廃	405	04.05.19	77
N	406	中オカ PSw	75
廃	407	01.02.16	77
廃	408	16.03.01	76
廃	409	03.01.16	77
N	410	中オカ PSw	75
廃	411	05.04.08	76
廃	412	15.01.08	75
廃	413	04.08.23	77
廃	414	01.01.11	75
廃	415	04.08.27	77
廃	416	03.07.17	76
廃	417	02.02.04	77
廃	418	01.09.01	76
廃	419	04.05.19	77
廃	420	05.05.24	76
廃	421	01.11.02	77
廃	422	02.01.04	76
廃	423	01.02.01	77
廃	424	04.09.22	76
廃	425	05.04.23	77
廃	426	02.11.05	76
廃	427	07.12.01	77
廃	428	01.04.02	76
廃	429	01.02.01	77
廃	430	05.05.27	76
廃	431	04.10.02	77
廃	432	03.02.20	76
廃	433	04.09.22	77
廃	434	01.03.01	76
廃	435	02.12.27	77
廃	436	14.11.20	76
廃	437	05.05.10	77
廃	438	02.04.03	76
廃	439	01.11.02	77
廃	440	14.12.07	76
廃	441	02.01.04	77
廃	442	05.03.15	76
廃	443	14.08.31	77
廃	444	01.12.04	
廃	446	03.06.13	76
廃	448	01.03.05	

廃	450	01.08.01	
廃	452	00.12.08	
廃	454	00.12.11	
廃	456	01.12.04	
廃	458	04.05.19	
廃	460	01.02.16	
廃	462	03.01.06	
廃	464	05.04.08	
廃	466	04.08.23	
廃	468	04.08.27	
廃	470	01.05.09	
廃	472	04.05.19	
廃	474	02.12.27	
廃	476	01.02.01	
廃	478	05.04.23	
廃	480	07.12.01	
廃	482	01.02.01	
廃	484	04.10.02	
廃	486	04.09.22	
廃	488	01.11.02	
廃	490	05.05.10	
廃	492	01.11.02	
廃	494	02.01.04	
廃	496	14.08.20	77
廃	551	14.07.25	
廃	552	14.12.04	
廃	553	15.08.20	
廃	554	04.06.01	
廃	555	94.06.25	
廃	556	13.03.05	83改
廃	601	99.06.25	
廃	602	97.08.10	
廃	603	96.02.10	
廃	604	12.07.06	
廃	605	12.05.24	
廃	606	96.07.04	
廃	607	12.10.02	
廃	608	18.10.26	
廃	609	02.03.25	
廃	610	01.09.01	
廃	611	02.04.20	
改	612	86.11.28	83改
廃	613	15.08.25	
廃	614	07.11.10	
廃	615	06.10.20	
廃	616	06.10.24	
廃	617	07.06.20	
廃	618	06.09.14	
廃	619	06.10.17	84改
廃	620	02.03.31	
廃	621	02.03.31	
廃	622	12.07.13	94改
廃	651	01.12.06	
廃	652	13.02.28	
廃	653	01.12.03	
廃	654	13.01.19	83改
廃	759	15.03.27	12改
廃	1001	22.09.16	
廃	1002	97.10.01	しなの
廃	1003	14.04.02	
廃	1004	97.10.01	しなの
廃	1005	14.11.30	
廃	1006	22.08.03	
廃	1007	14.04.02	
廃	1008	22.06.22	
廃	1009	15.04.02	
廃	1010	15.01.02	しなの
廃	1011	97.10.01	しなの
廃	1012	97.10.01	しなの
廃	1013	17.04.26	

廃	1014	15.03.12	しなの
廃	1015	16.12.18	
廃	1016	18.07.10	
廃	1017	97.10.01	しなの
廃	1018	15.04.02	
廃	1019	97.10.01	しなの
廃	1020	15.04.02	
廃	1021	97.10.01	しなの
廃	1022	18.07.19	
廃	1023	17.04.12	
廃	1024	16.04.28	
廃	1025	16.05.25	
廃	1026	18.07.01	
廃	1027	18.07.01	
廃	1028	18.04.16	
廃	1029	18.04.16	
廃	1030	20.03.01	
廃	1031	18.07.19	
T	1032	中オカ PSw	
廃	1033	16.04.28	
廃	1034	17.06.02	
廃	1035	16.04.04	
廃	1036	18.07.10	77
廃	1037	15.01.02	しなの
廃	1038	18.07.01	
廃	1039	15.04.02	
廃	1040	06.09.27	
廃	1041	16.04.22	
廃	1042	17.04.15	
廃	1043	17.04.05	
廃	1044	18.04.03	
廃	1045	16.08.18	
廃	1046	16.04.19	
廃	1047	17.04.19	
廃	1048	16.04.08	
廃	1049	17.04.08	
廃	1050	17.04.05	
廃	1051	14.12.04	
廃	1052	17.04.05	
廃	1053	16.09.03	
廃	1054	16.08.18	
廃	1055	16.12.12	
廃	1056	18.04.06	
廃	1057	16.04.22	
廃	1058	14.08.20	
廃	1059	16.04.05	
廃	1060	18.04.03	
廃	1061	17.04.26	
廃	1062	18.04.10	
廃	1063	16.10.26	
廃	1064	16.10.26	
廃	1065	15.04.02	
T	1066	中オカ PSw	
T	1067	中オカ PSw	
T	1068	中オカ PSw	
T	1069	中オカ PSw	
T	1070	中オカ PSw	
T	1071	中オカ PSw	
廃	1072	19.03.20	
T	1073	中オカ PSw	
廃	1074	16.12.17	
廃	1075	16.12.12	
廃	1076	15.01.31	
廃	1077	18.08.02	
廃	1078	18.12.01	
T	1079	中オカ PSw	
廃	1080	20.08.14	
廃	1081	20.08.14	
T	1082	中オカ PSw	
T	1083	中オカ PSw	
廃	1084	15.11.25	
廃	1085	03.05.06	
廃	1086	14.06.10	
廃	1087	16.11.19	
T	1088	中オカ PSw	

廃1089 18.04.03
廃1090 16.12.12 78
廃1091 15.04.02
廃1092 02.01.04
廃1093 15.09.15
廃1094 17.06.02
廃1095 15.01.06
廃1096 16.11.19
廃1097 16.09.28
廃1098 16.09.01
廃1099 16.09.01 79

廃1101 16.09.01 77
廃1102 18.08.02
廃1103 16.04.16
廃1104 15.04.02
廃1105 16.10.26
廃1106 15.10.17
T 1107 中オカ PSw
廃1108 19.02.20
廃1109 02.11.28
廃1110 14.08.20
T 1111 中オカ PSw
T 1112 中オカ PSw
廃1113 15.10.07
廃1114 16.10.26
廃1115 15.01.31
廃1116 14.11.06
T 1117 中オカ PSw
T 1118 中オカ PSw
廃1119 19.03.20
廃1120 18.11.15
T 1121 中オカ PSw
T 1122 中オカ PSw
廃1123 15.11.25
廃1124 03.05.06
廃1125 14.06.10
廃1126 16.11.19
廃1127 15.04.20 78
廃1128 03.07.25
廃1129 16.05.25
廃1130 16.04.04
廃1131 05.03.15
廃1132 02.01.04
廃1133 16.11.19
廃1134 16.09.28
廃1135 16.09.01
廃1136 15.01.06
廃1137 16.12.21
廃1138 16.09.28
T 1139 中オカ PSw
廃1140 18.12.01
廃1141 18.10.26 79
改1142 91.10.15 クハ115-1245
改1143 91.12.05 クハ115-1248
改1144 92.03.13 クハ115-1247
改1145 86.06.30 クハ115-1401
T 1146 中オカ PSw
T 1147 中オカ PSw
改1148 84.03.26 クハ115-1244
80
改1149 86.09.08 クハ115-1402
T 1150 中オカ PSw
廃1151 15.03.27
T 1152 中オカ PSw
T 1153 中オカ PSw
改1154 86.07.28 クハ115-1403
廃1155 20.08.14
改1156 86.06.16 クハ115-1404
改1157 86.10.07 クハ115-1405
改1158 92.02.13 クハ115-1249
改1159 91.12.10 クハ115-1246
82

廃1201 16.12.21
廃1202 16.09.28
T 1203 中オカ PSw
T 1204 中オカ PSw
T 1205 中オカ PSw
T 1206 中オカ PSw
T 1207 中オカ PSw
廃1208 16.12.21
廃1209 97.10.01 しなの
廃1210 97.10.01 しなの
廃1211 22.08.03
廃1212 97.10.01 しなの
廃1213 15.03.12 しなの
廃1214 15.04.02
廃1215 15.03.12 しなの
T 1216 中オカ PSw 79
T 1217 中オカ PSw
廃1218 16.04.04
T 1219 中オカ PSw
T 1220 中オカ PSw 80
廃1221 14.11.06
廃1222 19.10.15
廃1223 97.10.01 しなの
廃1224 15.04.20
廃1225 15.09.25
廃1226 14.04.02
廃1227 22.08.03
廃1228 14.04.02
廃1229 15.04.02
廃1230 22.06.22
廃1231 15.04.02
廃1232 22.06.22
T 1233 中オカ PSw
T 1234 中オカ PSw
T 1235 中オカ PSw 81
T 1236 中オカ PSw
T 1237 中オカ PSw
T 1238 中オカ PSw
T 1239 中オカ PSw
T 1240 中オカ PSw
T 1241 中オカ PSw
廃1242 14.04.02
廃1243 16.04.16 82
T 1244 中オカ PSw 83改
廃1245 16.04.12
廃1246 16.04.15
廃1247 16.09.03
廃1248 14.04.02
廃1249 14.04.02 91改

T 1401 中オカ PSw
T 1402 中オカ PSw
T 1403 中オカ PSw
T 1404 中オカ PSw
T 1405 中オカ PSw 86改

廃1501 16.04.22
廃1502 15.08.25
廃1503 15.12.05 88改
廃1504 16.04.22 89改
廃1505 01.10.03
廃1506 01.02.01
廃1507 01.11.02
廃1508 01.05.09 90改
廃1509 02.04.03
廃1510 03.02.28
廃1511 05.05.27
廃1512 14.11.30
廃1513 03.03.31 91改

廃1601 16.08.18 83改

廃2001 18.09.19
廃2002 19.09.13
廃2003 19.08.26
廃2004 19.05.31
廃2005 18.12.19 77
廃2006 18.12.07
廃2007 18.12.28
廃2008 18.10.26
廃2009 18.11.15
廃2010 19.02.09
廃2011 19.03.20
廃2012 19.08.09
廃2013 18.09.19
廃2014 19.06.20
廃2015 19.03.20
廃2016 18.06.21
廃2017 18.11.15
廃2018 19.05.14
廃2019 19.03.20
廃2020 19.07.11
廃2021 19.10.31 78
廃2022 08.04.16
廃2023 07.07.20
廃2024 06.10.31
廃2025 07.05.24
廃2026 07.05.30
廃2027 07.05.08
廃2028 08.04.08
廃2029 08.04.11
廃2030 06.10.07
廃2031 07.03.27
廃2032 08.04.21
廃2033 07.05.28
廃2034 06.10.27 81
廃2035 15.12.05
廃2036 16.02.29 83改
廃2037 14.07.25 86改
廃2038 15.08.29
廃2039 15.12.01 87改
廃2040 15.08.20 88改
廃2041 16.12.18 89改

廃2101 18.09.19
廃2102 19.08.26
廃2103 19.05.31
廃2104 18.10.26
廃2105 19.09.13 77
廃2106 19.02.09
廃2107 18.11.15
廃2108 19.03.20
廃2109 19.06.20
廃2110 18.12.07
廃2111 18.09.19
廃2112 18.06.21
廃2113 19.03.20
廃2114 19.08.09
廃2115 20.08.14
廃2116 18.12.28
廃2117 18.12.19
廃2118 19.03.20
廃2119 19.07.11
廃2120 19.10.31
廃2121 19.05.14 78
改2122 84.01.31 クハ115-2035
改2123 89.03.27 クハ115-2040
改2124 89.11.13 クハ115-2041
改2125 84.02.28 クハ115-2036
改2126 88.02.02 クハ115-2038
改2127 86.10.16 クハ115-2037
改2128 88.02.29 クハ115-2039
廃2129 15.12.01 81

廃2515 19.02.20
廃2516 18.04.11
廃2517 19.05.02
廃2520 19.07.22
廃2539 15.07.08 12改

廃2616 19.07.22
廃2620 19.05.02
廃2642 18.04.11
廃2645 15.11.20 12改

T 3001 中セキ Sw
T 3002 中セキ Sw
T 3003 中セキ Sw
T 3004 中セキ Sw
T 3005 中セキ Sw
T 3006 中セキ Sw
T 3007 中セキ Sw
T 3008 中セキ Sw
T 3009 中セキ Sw
T 3010 中セキ Sw
T 3011 中セキ Sw
廃3012 22.08.22
廃3013 15.04.27
T 3014 中セキ Sw
廃3015 15.05.29
T 3016 中セキ Sw
T 3017 中セキ Sw
T 3018 中セキ Sw
T 3019 中セキ Sw
T 3020 中セキ Sw
T 3021 中セキ Sw 82

T 3101 中セキ Sw
T 3102 中セキ Sw
T 3103 中セキ Sw
T 3104 中セキ Sw
T 3105 中セキ Sw
T 3106 中セキ Sw
T 3107 中セキ Sw
T 3108 中セキ Sw
T 3109 中セキ Sw
T 3110 中セキ Sw
T 3111 中セキ Sw
廃3112 22.08.22
廃3113 15.04.27
T 3114 中セキ Sw
廃3115 15.05.29
T 3116 中セキ Sw
T 3117 中セキ Sw
T 3118 中セキ Sw
T 3119 中セキ Sw
T 3120 中セキ Sw
T 3121 中セキ Sw 82

サハ115 0

改 1 83.12.09 クハ115-611
改 2 84.01.27 クハ115-612
改 3 84.12.20 クハ115-613
改 4 85.01.23 クハ115-614
改 5 83.11.30 クハ115-607
改 6 84.02.01 クハ115-608
改 7 83.11.30 クハ115-609
改 8 84.02.21 クハ115-610
改 9 84.12.20 クハ115-615
廃 10 92.05.01
廃 11 89.11.04
廃 12 90.05.07
改 13 85.01.23 クハ115-616
改 14 85.02.19 クハ115-617
改 15 85.02.19 クハ115-618
改 16 85.03.05 クハ115-619
廃 17 91.12.02
廃 18 90.05.07
廃 19 92.08.01
廃 20 90.05.08
廃 21 03.02.28
廃 22 01.05.10
廃 23 00.12.15
廃 24 01.03.05 66
廃 25 92.08.01
廃 26 01.06.11
廃 27 01.01.10
廃 28 03.01.06
廃 29 92.08.01
廃 30 01.03.01 67
廃 31 92.03.01
廃 32 92.08.01
廃 33 04.08.27
廃 34 01.12.04 69
廃 35 05.05.10
廃 36 02.10.04
廃 37 04.08.23 70

廃 301 02.11.15
廃 302 02.05.17
廃 303 02.03.04 73
廃 304 01.01.10
廃 305 01.02.09
廃 306 01.02.16
廃 307 02.04.03
改 308 84.10.31 サハ111-301
廃 309 01.10.30
改 310 84.12.01 サハ111-302
改 311 84.12.25 サハ111-303
改 312 85.01.31 サハ111-304
廃 313 00.12.08 74
廃 314 02.12.03
廃 315 00.12.11
廃 316 01.11.02
廃 317 05.04.08
廃 318 01.12.04
廃 319 14.01.28
廃 320 01.01.11
廃 321 02.02.04
廃 322 02.04.12
廃 323 01.06.10
廃 324 02.01.04
廃 325 01.10.30
廃 326 03.03.07
廃 327 05.04.23
廃 328 02.11.05
廃 329 04.10.02
廃 330 05.05.24 75

改1001 91.11.20クハ115-1511
廃1002 14.07.25
廃1003 01.06.01
廃1004 02.11.05
改1005 91.08.08クハ115-1509
廃1006 16.04.28
廃1007 16.12.21
廃1008 16.04.04
改1009 83.10.15クハ115-1601
廃1010 03.07.25
改1011 89.03.06クハ115-1511
改1012 83.11.30クハ115-1501
改1013 89.12.21クハ115-1504
改1014 84.01.20クハ115-1502
改1015 90.09.17クハ115-1505
廃1016 01.11.02
改1017 91.01.19クハ115-1506
改1018 91.09.17クハ115-1510
廃1019 16.12.21
改1020 90.12.25クハ115-1507
廃1021 01.09.01
廃1022 02.02.04
廃1023 02.01.04
廃1024 01.11.02
廃1025 02.10.04
改1026 90.09.19クハ115-1508
７８
改1027 92.01.10クハ115-1513
７９
改1028 92.03.11クハ115-1513
８２

廃7001 99.08.09
廃7002 00.01.08 ９４改

113系／西

クモハ113 6

5302 近フチ Sw
N 5303 近フチ Sw
T 5304 近フチ Sw
N 5305 近フチ Sw
N 5307 近フチ Sw ９４～
N 5309 近フチ Sw ９５改

改 801 91.08.10クモハ415-805
改 802 90.12.28クモハ415-804
廃5803 10.08.31
改 804 90.10.13クモハ415-801
改 805 91.03.15クモハ415-808
改 806 91.08.28クモハ415-809
廃5807 09.02.05
改 808 91.08.24クモハ415-802
廃5809 09.02.05
改 810 91.07.29クモハ415-803
改 811 91.05.31クモハ415-806
改 812 91.03.05クモハ415-807
改 813 91.02.01クモハ415-810
改 814 91.06.10クモハ415-811
８６改

廃2001 07.01.15
廃2002 07.01.30
廃2003 06.10.31
廃2004 07.06.29
廃2005 07.02.02
廃2006 07.07.04 ８７改
廃2007 07.01.10
廃2008 06.12.29
廃2009 07.01.18
廃2010 07.05.02
廃2011 07.01.23
廃2012 07.06.05
廃2013 07.02.07
廃2014 07.05.09
廃2015 07.05.31
廃2016 07.07.05 ８８改

廃2058 20.04.22
廃2060 20.04.30 ０２改

廃3801 08.09.16
廃3810 08.09.25
廃3811 08.08.08
廃3812 08.08.25
廃3813 08.08.25
廃3814 08.09.09
廃3815 08.08.08
廃3816 08.09.16
廃3819 08.09.09 ００改

クモハ112 6

5302 近フチ Sw
N 5303 近フチ Sw
T 5304 近フチ Sw
N 5305 近フチ Sw
N 5307 近フチ Sw ９４～
N 5309 近フチ Sw ９５改

廃 801 91.12.13
改 802 01.02.28クモハ112-3802
廃5803 10.08.31
改 804 00.10.15クモハ112-3804
改 805 00.11.09クモハ112-3805
改 806 01.01.23クモハ112-3806
廃5807 09.03.05
廃 808 02.12.10
廃5809 09.03.05
改 810 01.02.08クモハ112-3810
改 811 00.12.25クモハ112-3811
改 812 00.10.27クモハ112-3812
改 813 00.10.12クモハ112-3813
改 814 00.12.19クモハ112-3814
８６改

廃2058 20.04.22
廃2060 20.04.30 ０２改

廃3802 08.09.09
廃3804 08.09.16
廃3805 08.08.08
廃3806 08.09.16
廃3810 08.09.25
廃3811 08.08.08
廃3812 08.08.25
廃3813 08.08.25
廃3814 08.09.09 ００改

モハ113 18

廃 1 19.03.31
廃 2 19.08.31 ９９～
廃 3 18.03.31 ００改

廃5001 04.11.25
廃5002 04.11.25
廃 3 99.06.18
廃 4 89.01.12
廃 5 87.02.10
廃 6 89.04.17
廃 7 89.03.08
廃 8 89.04.17
廃 9 89.03.08 ６３
廃 10 91.09.30
廃 11 89.04.17
改 12 91.08.09 818
廃 13 89.03.31
廃 14 89.04.17
改 15 90.11.19 813
廃 16 91.09.30
廃 17 90.11.10
改 18 91.03.12 814
廃 19 90.03.01
廃 20 90.03.01
廃 21 89.03.31
廃5022 01.10.12
廃5023 07.12.18
廃 24 91.03.15
廃 25 90.03.01
廃 26 91.03.15
廃5027 10.01.29
廃5028 01.10.29
廃 29 91.03.31
改 30 90.12.03 812
改 31 91.02.12 811
廃 32 91.03.15
廃 33 91.03.15
廃 34 90.03.01
廃 35 89.04.17
廃 36 89.07.17
廃 37 89.07.28
廃6038 99.12.13
廃5039 07.05.30
廃 40 89.04.17
廃 41 91.01.10
廃 42 89.02.21
廃5043 04.06.23
廃 44 90.11.10
廃 45 91.06.28
廃 46 89.03.08
廃 47 91.12.01
改 48 86.09.30 802
廃 49 91.03.31
廃5050 04.12.01
廃 51 89.03.31
廃 52 89.03.31
廃 53 91.03.31
改 54 86.10.18 807
改 55 90.10.16 819
廃 56 99.09.14
廃 57 99.09.30
廃 58 90.03.01
廃 59 99.06.14
廃 60 68.03.28
廃 61 92.06.10 ６４
廃 62 91.03.15
改 63 86.10.24 805
廃 64 96.05.09
廃 65 92.03.31
改 66 91.08.03 810
廃 67 95.04.24
改 68 91.03.22モヤ113-1
改 69 86.08.06 801
廃 70 91.09.30
廃5071 94.07.04
改 72 86.08.26クモハ113-809
廃 73 99.06.21
廃 74 91.11.20
廃5075 04.02.14
廃5076 00.12.25
廃 77 91.11.01
廃 78 92.02.01
廃 79 89.07.26
改 80 86.08.26クモハ113-804
改 81 86.07.30クモハ113-803
改 82 86.09.17 804
改 83 86.10.28 808
廃5084 94.07.04
廃 85 89.03.14
改 86 86.10.18 809
廃 87 89.03.02
廃 88 89.07.31
廃 89 02.02.28
廃 90 89.03.31
廃5091 99.08.09
廃 92 89.02.13
廃5093 99.10.25
廃 94 89.03.02
廃5095 99.05.10
廃 96 91.09.30
廃 97 90.11.10
廃 98 88.12.19
廃 99 89.01.24
廃 100 89.02.07
改 101 86.10.21 806
廃5102 99.06.25
廃 103 91.03.15
廃 104 89.07.26
廃5105 05.01.11
廃5106 04.02.23
廃 107 91.03.15
廃 108 99.11.30
廃 109 89.08.03
廃 110 99.07.05
改 111 91.04.30 817
廃 112 99.09.30
廃5113 04.06.15 ６５
廃 114 91.06.28
改 115 86.10.21クモハ113-810
廃5116 99.05.21
廃5117 00.09.25
廃5118 99.05.21
廃 119 89.07.24
廃 120 96.05.09
廃 121 89.06.26
廃5122 00.04.26
廃 123 89.07.20
廃5124 99.08.06
廃5125 09.03.06
廃 126 01.09.14
廃5127 01.12.11
廃 128 91.03.31
廃 129 89.01.24
廃 130 91.01.10
廃 131 91.03.31
廃 132 91.09.30
廃 133 91.09.30
改 134 86.10.23クモハ113-802
改 135 86.10.23クモハ113-801
廃 136 91.03.31
廃 137 91.09.30
廃 138 91.03.31
廃5139 04.06.25
廃 140 91.03.31
廃 141 91.02.10
廃 142 90.11.10
廃5143 04.10.28
廃 144 92.07.21
改 145 86.10.23クモハ113-811
改 146 86.10.16 803

廃5147 99.06.25
改 148 86.10.27クモハ113-812
廃5149 00.03.31
廃5150 00.03.31
廃5151 03.06.12
廃5152 99.08.09
廃5153 99.05.21
廃6154 01.03.16
廃5155 03.11.19
廃5156 02.03.29 66
廃5157 99.10.25
廃 158 89.07.17
廃 159 89.06.28
改 160 86.08.26クモハ113-808
廃 161 96.12.06
廃 162 89.07.24
改 163 86.10.06クモハ113-805
改 164 91.02.02 815
廃5165 02.03.13
廃6166 01.12.07
廃5167 99.06.25
改 168 91.07.04 816
改 169 86.09.03クモハ113-807
廃 170 97.08.10
廃5171 99.06.25
廃5172 94.07.04
廃 173 99.11.30
廃 174 99.06.18
改 175 86.09.19クモハ113-806
廃 176 92.03.02
廃 177 00.02.03
廃 178 96.05.09
廃 179 92.02.01
廃 180 92.01.07
廃 181 93.09.01
廃 182 89.02.21
廃5183 99.10.25
廃 184 92.01.07
廃 185 92.03.02
廃 186 91.11.01
廃 187 94.06.01
廃 188 91.11.01
廃 189 92.06.01
廃 190 99.11.16
廃 191 89.02.13
改 192 95.03.06モヤ113-2
廃5193 99.10.19
廃5194 04.02.28
廃6195 01.03.12
廃5196 99.10.19
廃5197 03.12.17
廃5198 04.10.28
廃 199 96.08.28
廃5200 04.04.20
廃5201 04.02.14
廃5202 04.01.07
廃5203 04.10.28 67
廃 204 99.10.15
廃 205 92.11.01
廃 206 92.11.01
廃 207 91.11.01
廃 208 95.04.24
廃 209 94.07.05
廃 210 94.10.13
廃 211 89.07.28
廃5212 99.07.05
廃 213 06.02.09
廃 214 89.06.21
廃5215 99.09.21
廃 216 98.07.02
廃 217 93.08.01
廃 218 91.11.01
改 219 86.08.25クモハ113-813
廃 220 94.02.01
廃 221 99.12.29

廃 222 07.04.24
廃 223 94.05.01
廃 224 94.05.01
廃5225 96.02.10
廃5226 04.01.07
廃5227 00.08.17
廃 228 89.08.03
廃 229 99.12.29
改 230 86.10.27クモハ113-814
廃5231 03.11.19
廃5232 99.09.02 68
改 233 93.09.28 633
改 234 93.09.28 634
廃 235 04.10.16
廃 236 99.12.08
廃 237 06.01.13
廃 238 06.01.13
廃 239 05.10.27
廃 240 99.11.02
廃 241 05.12.28
廃 242 01.10.25 74
廃 243 04.10.16
廃 244 97.04.02
廃 245 99.12.10
廃 246 05.06.16
改 247 93.09.28 647
改 248 93.09.28 648
改 249 93.09.28 649
廃 250 04.10.16
廃 251 99.03.27
廃 252 00.03.09
廃 253 99.03.01
改 254 93.09.28 654
廃 255 98.04.02
廃 256 99.10.04
廃 257 99.07.15
廃 258 97.05.01
廃 259 97.06.20
廃 260 99.10.04
廃 261 05.07.29
廃 262 00.03.09 75
廃 263 97.10.28
廃 264 97.05.01
廃 265 97.10.28
廃 266 99.11.04
廃 267 99.11.04
廃 268 99.11.04
廃 269 99.02.01
廃 270 99.10.06
廃 271 98.02.02
廃 272 99.10.29
改 273 86.10.14サハ111-401
廃 274 98.05.02
廃 275 97.05.01
改 276 93.09.28 676
改 277 93.09.28 677
廃 278 98.02.02
廃 279 99.11.15
改 280 93.09.28 680
廃 281 98.02.02
廃 282 05.12.02
廃 283 05.12.16
廃 284 97.09.02
廃 285 99.11.02
廃 286 98.04.02
廃 287 99.03.01
改 288 93.09.28 688
廃 289 99.03.01
廃 290 05.12.16 76
廃 291 04.10.28
廃 292 04.12.07
廃 293 05.12.02
廃 294 05.12.02
廃 295 05.09.13
廃 296 07.11.14

廃 297 07.06.14
廃 298 06.01.27
廃 299 05.08.12
廃 300 05.07.15
廃 301 05.09.13
改 302 93.09.28 602
廃 303 06.01.18
廃 304 06.01.18
廃 305 06.04.15
廃 306 05.12.28
改 307 93.09.28 607
廃 308 05.09.13
廃 309 05.08.12
廃 310 05.12.28
廃 311 06.01.18
廃 312 05.12.16
廃 313 06.04.15
廃 314 06.04.15
廃 315 05.12.09
廃 316 05.12.09
廃 317 05.10.13
廃 318 05.05.17
廃 319 05.12.09
廃 320 06.01.24
廃 321 06.02.03
廃 322 06.04.28
廃5323 04.11.24
廃5324 04.11.24
廃 325 12.07.18
廃 326 12.09.28
廃5327 04.08.17
廃 328 19.01.18
改 329 95.07.31クモハ113-302
改 330 95.05.23クモハ113-303
改 331 95.03.31クモハ113-304
改 332 95.06.12クモハ113-305
廃5333 12.05.23
廃6334 12.04.10
改6335 95.02.23クモハ113-6335
廃6336 12.05.19
改6337 95.03.08クモハ113-6337
廃5338 04.06.23 77
廃 602 06.02.27
廃 607 07.06.18
廃 633 01.04.20
廃 634 01.04.20
廃 647 01.04.20
廃 648 07.06.11
廃 649 07.06.07
廃 654 06.02.13
廃 676 06.12.27
廃 677 06.08.30
廃 680 06.09.08
廃 688 06.03.13 93改
廃5701 23.03.01
廃5752 04.06.15
廃 753 12.07.06
廃 704 12.05.02
廃5755 04.06.15
廃5756 23.02.03
N 5707 近キト
廃5708 04.06.01
廃5709 04.07.31
廃 710 12.06.19
廃5711 04.06.26
廃5712 04.06.15
廃5713 23.04.01
廃5714 23.01.28 74
廃5715 23.03.16
廃5716 23.06.10
廃5717 23.07.15
廃 768 12.11.07
廃5719 23.06.29
廃5720 23.06.02
廃 721 12.10.04

廃5722 04.10.28
廃5773 04.12.15
廃 774 12.08.21
廃 775 12.09.04 75
改 801 00.10.15クモハ113-3801
廃 802 93.03.31
廃5803 05.03.31
廃 804 05.03.31
廃 805 05.03.24
廃 806 02.03.20
廃 807 91.01.10
廃5808 99.05.21
廃 809 04.09.22 86改
改 810 01.02.08クモハ113-3810
91改
改 811 00.12.25クモハ113-3811
改 812 00.10.27クモハ113-3812
改 813 00.10.12クモハ113-3813
改 814 00.12.19クモハ113-3814
改 815 00.11.09クモハ113-3815
90改
改 816 01.01.23クモハ113-3816
廃 817 02.03.31
改 818 92.08.06クモハ113-3801
91改
改 819 01.02.28クモハ113-3819
90改
廃1001 06.04.03
廃1002 90.02.22
廃1003 06.02.13
廃1004 90.11.28
廃1005 06.10.27
廃1006 99.12.29
廃1007 99.11.16
廃1008 99.04.02
廃1009 90.02.24
廃1010 90.02.24
廃1011 05.10.11
廃1012 05.10.11
廃1013 05.11.21
廃1014 06.12.16
廃1015 00.02.03
廃1016 05.12.23
廃1017 05.09.07
廃1018 94.10.13
廃1019 05.12.05
廃1020 00.01.27
廃1021 99.06.07
廃1022 00.04.26
廃1023 99.09.14
廃1024 06.03.03
廃1025 06.03.03
廃1026 01.05.16
改1027 83.12.05クハ111-1201
廃1028 06.04.03
廃1029 05.10.11
廃1030 99.11.02
廃1031 01.05.16
廃1032 99.11.02
廃1033 06.12.03
廃1034 06.12.03
廃1035 00.02.03
廃1036 05.12.05
廃1037 05.11.16
廃1038 05.11.21
廃1039 06.11.11
廃1040 01.03.30
廃1041 01.01.15 69
廃1042 01.03.30
廃1043 99.06.28
廃1044 99.08.06 70
廃1045 01.07.13
廃1046 06.01.17
廃1047 99.08.05
廃1048 96.03.01

廃1049 99.11.02
廃1050 98.05.07
廃1051 01.11.07
廃1052 06.01.17
廃1051 01.11.07
廃1052 06.01.17
廃1053 99.08.25
廃1054 01.10.25 71
廃1055 06.11.18
廃1056 08.08.21
廃1057 06.12.16
改1058 88.01.13サハ111-403
廃1059 99.09.14
廃1060 00.09.25
廃1061 06.12.16
廃1062 06.12.16
廃1063 06.12.03
廃1064 05.07.09
廃1065 06.04.22
廃1066 05.06.18
廃1067 07.04.06
廃1068 05.08.12
廃1069 10.02.23
廃1070 06.04.22
廃1071 05.07.22
廃1072 06.09.29
廃1073 06.04.22
廃1074 06.09.29
廃1075 06.11.11
廃1076 10.02.10
廃1077 97.03.01
廃1078 06.10.27
廃1079 04.10.02
廃1080 09.11.28
廃1081 05.07.15
廃1082 05.07.09
廃1083 04.12.02
廃1084 09.10.08
廃1085 07.10.06
廃1086 99.12.07
廃1087 97.04.02
廃1088 10.11.12
廃1089 06.06.09
廃1090 00.04.03
廃1091 99.12.07
廃1092 06.11.18
廃1093 06.11.18
廃1094 07.07.13
廃1095 05.08.30
廃1096 05.08.30
廃1097 99.03.02
廃1098 05.07.09
廃1099 05.07.15
廃1100 10.08.11
廃1101 10.05.11
廃1102 04.12.02
廃1103 11.06.09
廃1104 11.10.05
廃1105 00.04.13
廃1106 07.04.06
廃1107 00.10.17
廃1108 05.07.29
廃1109 01.09.19
廃1110 06.10.27
廃1111 99.09.01
廃1112 10.12.22
廃1113 10.11.25
廃1114 06.11.18
廃1115 06.02.03
廃1116 08.08.21
廃1117 10.06.10
廃1118 10.08.27
廃1119 06.03.25 72
廃1120 96.03.29
廃1121 96.03.29

廃1122 97.06.20
廃1123 98.07.01
廃1124 09.11.04
廃1125 00.07.13
廃1126 97.10.15
廃1127 00.07.13
廃1128 99.12.02
廃1129 04.10.02
廃1130 98.07.26
廃1131 98.02.16
廃1132 98.08.08
廃1133 96.02.02
廃1134 05.11.24
廃1135 05.11.24
廃1136 06.02.03
廃1137 99.10.02
廃1138 99.06.20
廃1139 05.11.24
廃1140 96.03.01
廃1141 97.01.06
廃1142 99.07.02
廃1143 00.09.04
廃1144 98.09.11
廃1145 97.06.20
廃1146 98.08.08
廃1147 97.04.02
廃1148 97.04.02
廃1149 96.03.01
廃1150 96.03.01
廃1151 97.04.02
廃1152 98.01.12
廃1153 09.03.10
廃1154 97.01.06
廃1155 98.09.11
廃1156 96.12.12
廃1157 96.05.09
廃1158 97.01.13
廃1159 96.02.02
廃1160 96.02.02
廃1161 95.12.28
廃1162 06.09.01
廃1163 06.06.24
廃1164 97.02.01
廃1165 98.06.01
廃1166 05.07.22
廃1167 96.12.12
廃1168 97.02.01
廃1169 00.07.13
廃1170 98.11.01
廃1171 06.11.11
廃1172 98.02.16
廃1173 97.05.01
廃1174 95.12.28
廃1175 96.03.29
廃1176 96.02.02
廃1177 97.11.21
廃1178 98.01.12
廃1179 05.06.11
廃1180 99.05.20
廃1181 96.03.29
廃1182 97.04.02
廃1183 96.02.02
廃1184 96.02.02
廃1185 96.02.02 73
廃1186 98.01.05
廃1187 98.01.05
廃1188 96.08.28
廃1189 05.06.18
廃1190 98.01.05
廃1191 06.06.09
廃1192 98.05.07
廃1193 06.09.01
廃1194 10.09.10
廃1195 10.04.28
廃1196 00.08.01
廃1197 99.12.02
廃1198 97.06.02
廃1199 97.05.09
廃1200 97.03.21
廃1201 99.12.02
廃1202 99.03.19
廃1203 99.03.19
廃1204 99.10.22
廃1205 05.05.17
廃1206 96.03.01
廃1207 98.04.02
廃1208 96.03.29
廃1209 98.04.02
廃1210 96.03.29
廃1211 98.05.02
廃1212 00.07.13
廃1213 97.01.13
廃1214 96.02.02
廃1215 96.02.02
廃1216 95.12.28
廃1217 96.03.01
廃1218 97.06.20
廃1219 98.02.16
廃1220 00.09.04
廃1221 98.05.02
廃1222 98.06.01
廃1223 96.03.01
廃1224 98.05.02
廃1225 98.08.01
廃1226 96.03.01
廃1227 98.09.02
廃1228 97.11.21
廃1229 98.09.11
廃1230 96.12.12
廃1231 97.01.06
廃1232 97.01.13
廃1233 00.04.13
廃1234 98.06.01
廃1235 97.01.13
廃1236 97.03.01
廃1237 97.02.01
廃1238 00.01.27
廃1239 00.08.01
廃1240 98.04.02
廃1241 97.03.10
廃1242 98.07.01 74
廃1243 99.02.10
廃1244 99.04.02
廃1245 99.02.10
廃1246 05.07.22
廃1247 99.04.02
廃1248 97.06.02
廃1249 00.07.13 76
廃1250 11.09.16
廃1251 04.10.28
廃1252 11.07.07
廃1253 11.05.11
廃1254 11.05.11
廃1255 10.10.31
廃1256 98.02.03
廃1257 10.10.31
廃1258 10.11.12
廃1259 10.11.12
廃1260 10.04.28
廃1261 11.08.31
廃1262 09.10.08
廃1263 11.09.30
廃1264 09.10.08
廃1265 97.11.21 77

廃1501 11.03.24
廃1502 05.04.12
廃1503 05.05.17
廃1504 11.03.24
廃1505 04.12.07
廃1506 06.01.13 79
廃1507 09.11.28
廃1508 10.08.27
廃1509 04.12.07
廃1510 10.05.11
廃1511 10.08.27
廃1512 10.05.11
廃1513 10.11.25
廃1514 09.11.28 80
廃1515 09.12.04
廃1516 05.06.16
廃1517 11.10.05
廃1518 05.08.30
廃1519 09.10.22
廃1520 11.02.04
廃1521 09.10.22
廃1522 10.06.10
廃1523 10.11.25
廃1524 10.06.10 81

改2001 87.11.20クモハ113-2001
改2002 88.01.23クモハ113-2002
廃2003 07.05.22
改2004 88.02.05クモハ113-2003
改2005 87.11.11クモハ113-2004
廃2006 06.12.06
改2007 88.10.22クモハ113-2012
廃2008 06.11.21
改2009 88.09.07クモハ113-2007
廃2010 06.11.25
改2011 88.10.17クモハ113-2011
改2012 88.09.07クモハ113-2008
77
廃2013 15.10.27
廃2014 16.01.15
T 2015 中オカ
T 2016 中オカ
廃2017 15.12.15
T 2018 中オカ
廃7019 12.06.27
廃2020 13.01.10
廃7021 05.02.10
T 2022 中オカ
T 2023 中オカ
改7024 03.09.10 7706
廃2025 12.03.03
T 2026 中オカ
廃2027 12.02.01
廃2028 15.06.05
廃2029 15.04.27
廃7030 04.07.08
廃2031 07.07.11
廃2032 06.11.14
廃2033 07.07.07
廃2034 07.05.14
廃2035 07.05.11
廃2036 07.02.26
廃2037 07.07.09
廃2038 06.09.04
廃2039 07.06.25
廃2040 06.09.28
廃2041 07.11.12
廃2042 07.06.21
廃2043 06.12.13
廃2044 06.11.16 78
廃2045 07.02.20
T 2046 中オカ
廃2047 13.01.12
改2048 88.02.23クモハ113-2005
改2049 88.02.26クモハ113-2006
改2050 88.11.10クモハ113-2009
改2051 88.11.15クモハ113-2010
廃2052 16.07.25
廃7053 12.10.18
改7054 03.03.05 7705
T 2055 中オカ
T 2056 中オカ
廃7057 12.06.16
改7058 02.07.12クモハ113-2058
廃2059 12.09.11
改7060 02.08.30クモハ113-2060
T 2061 中オカ 79
廃2062 11.05.27
廃2063 06.04.06
廃2064 05.04.12
廃2065 05.08.20
廃2066 11.09.30
廃2067 11.04.21
廃2068 05.10.27
廃7069 12.08.04
廃2070 05.04.12
廃2071 04.12.01
廃2072 11.07.07
廃2073 06.04.06
廃2074 11.02.04
改2075 94.02.18 2675
廃2076 05.09.30
廃2077 05.09.30
廃2078 05.09.30
T 2079 中オカ
T 2080 中オカ
T 2081 中オカ
廃2082 05.08.20
廃2083 11.08.31
改2084 93.09.28 2684
廃2085 11.03.24
廃2086 10.02.10
改2087 93.09.28 2687
廃2088 09.10.22
廃2089 06.04.06
廃2090 04.12.01
廃2091 10.12.22
廃2092 09.12.04
廃2093 10.02.23 80
廃2094 11.10.16
廃2095 06.03.25
廃2096 10.09.10
改2097 93.09.28 2697
改2098 93.09.28 2698
廃2099 06.11.06
廃2100 06.11.28
廃2101 06.11.09
廃2102 05.11.17
廃2103 10.10.31
廃2104 05.11.17
廃2105 05.11.17
廃2106 10.03.17
廃2107 07.05.18
廃2108 07.03.19
廃2109 06.12.08
廃2110 05.08.01
廃2111 06.10.21
廃2112 06.10.21
廃2113 11.06.09
廃2114 11.09.16
廃2115 11.05.11
廃2116 10.03.17
廃2117 10.12.22
廃2118 10.03.17
廃2119 10.08.11
廃2120 07.07.12
改2121 89.01.17クモハ113-2013
改2122 89.01.19クモハ113-2014
改2123 89.02.24クモハ113-2015
改2124 89.03.18クモハ113-2016
81
廃2675 07.02.14
廃2684 06.12.17
廃2687 07.07.17
廃2697 07.06.27
廃2698 07.05.16 93改
改2724 06.01.25 7706 05改
T 7701 近キト
T 7702 近キト
廃7703 23.04.14
T 7704 近キト 79
T 7705 近キト 02改
改7706 05.06.17 2724 02改
廃$_2$7706 23.09.22 05改

モハ112 18
廃 1 19.03.31
廃 2 19.08.31 99~
廃 3 18.03.31 00改

廃5001 04.11.25
廃5002 04.11.25
廃 3 99.06.18
廃 4 89.01.12
廃 5 87.02.10
廃 6 89.04.17
廃 7 89.03.08
廃 8 89.04.17
廃 9 89.03.08 63
廃 10 91.09.30
廃 11 89.04.17
改 12 91.08.24モハ414-802
廃 13 89.03.31
廃 14 89.04.17
改 15 91.02.01モハ414-810
廃 16 91.09.30
廃 17 90.11.10
改 18 91.06.10モハ414-811
廃 19 90.03.01
廃 20 90.03.01
廃 21 89.03.31
廃5022 01.10.25
廃5023 07.12.18
廃 24 91.03.15
廃 25 90.03.01
廃 26 91.03.15
廃5027 10.01.29
廃5028 01.10.19
廃 29 91.03.31
改 30 91.03.05モハ414-807
改 31 91.05.31モハ414-806
廃 32 91.03.15
廃 33 91.03.15
廃 34 90.03.01
廃 35 89.04.17
廃 36 89.07.17
廃 37 89.07.28
廃6038 99.12.13
廃5039 07.05.30
廃 40 89.04.17
廃 41 91.01.10
廃 42 89.02.21
廃5043 04.06.23
廃 44 90.11.10
廃 45 91.06.28
廃 46 89.03.08
廃 47 91.12.01
改 48 86.09.30 802
廃 49 91.03.31
廃5050 04.12.01
廃 51 89.03.31
廃 52 89.03.31
廃 53 91.03.31
改 54 86.10.18 807
改 55 90.12.28モハ414-804
廃 56 99.09.14
廃 57 99.09.30
廃 58 90.03.01
廃 59 99.06.14
廃 60 68.03.28
廃 61 92.06.10 64
廃 62 91.03.15
改 63 86.10.24 805
廃 64 96.05.09
廃 65 92.03.31
改 66 91.07.29モハ414-803
廃 67 95.04.24
廃 68 95.02.22
改 69 86.08.06 801
廃 70 91.09.30
廃5071 94.07.04
改 72 86.08.26クモハ112-809
廃 73 99.06.21
廃 74 91.11.20
廃5075 04.02.14
廃5076 01.01.16
廃 77 91.11.01
廃 78 92.02.01
廃 79 89.07.26
改 80 86.08.26クモハ112-804
改 81 86.07.30クモハ112-803
改 82 86.09.17 804
改 83 86.10.28 808
廃5084 94.07.04
廃 85 89.03.14
改 86 86.10.18 809
廃 87 89.03.02
廃 88 89.07.31
廃 89 02.02.28
廃 90 89.03.31
廃5091 99.08.09
廃 92 89.02.13
廃5093 99.10.25
廃 94 89.03.02
廃5095 99.05.10
廃 96 91.09.30
廃 97 90.11.10
廃 98 88.12.19
廃 99 89.01.24
廃 100 89.02.07
改 101 86.10.21 806
廃5102 99.06.25
廃 103 91.03.15
廃 104 89.07.26
廃5105 05.01.11
廃5106 04.02.23
廃 107 91.03.15
廃 108 99.11.30
廃 109 89.08.03
廃 110 99.07.05
改 111 91.08.10モハ414-805
廃 112 99.09.30
廃5113 04.06.15 65
廃 114 91.06.28
改 115 86.10.21クモハ112-810
廃5116 99.05.21
廃5117 00.09.14
廃5118 99.05.21
廃 119 89.07.24
廃 120 96.05.09
廃 121 89.06.26
廃5122 00.04.26
廃 123 89.07.20
廃5124 99.08.06
廃5125 09.03.06
廃 126 01.09.14
廃5127 01.12.20
廃 128 91.03.31
廃 129 89.01.24
廃 130 91.01.10
廃 131 91.03.31
廃 132 91.09.30
廃 133 91.09.30
改 134 86.10.23クモハ112-802
改 135 86.10.23クモハ112-801
廃 136 91.03.31
廃 137 91.09.30
廃 138 91.03.31
廃5139 04.06.25
廃 140 91.03.31
廃 141 91.02.10
廃 142 90.11.10
廃5143 04.10.28
廃 144 92.07.21
改 145 86.10.23クモハ112-811
改 146 86.10.16 803
廃5147 99.06.25
改 148 86.10.27クモハ112-812
廃5149 00.03.31
廃5150 00.03.31
廃5151 03.06.12
廃5152 99.08.09
廃5153 99.05.21
廃6154 01.03.13
廃5155 03.11.19
廃5156 02.03.30 66
廃5157 99.10.25
廃 158 89.07.17
廃 159 89.06.28
改 160 86.08.26クモハ112-808
廃 161 96.12.06
廃 162 89.07.24
改 163 86.10.06クモハ112-805
改 164 91.03.15モハ414-808
廃5165 02.03.12
廃6166 02.01.15
廃5167 99.06.25
改 168 91.08.28モハ414-809
改 169 86.09.03クモハ112-807
廃 170 97.08.10
廃5171 99.06.25
廃5172 94.07.04
廃 173 99.11.30
廃 174 99.06.18
改 175 86.09.19クモハ112-806
廃 176 92.03.02
廃 177 00.02.03
廃 178 96.05.09
廃 179 92.02.01
廃 180 92.01.07
廃 181 93.09.01
廃 182 89.02.21
廃5183 99.10.25
廃 184 92.01.07
廃 185 92.03.02
廃 186 91.11.01
廃 187 94.06.01
廃 188 91.11.01
廃 189 92.06.01
廃 190 99.11.16
廃 191 89.02.13
廃 192 05.05.12
廃5193 99.10.19
廃5194 04.02.28
廃6195 01.03.09
廃5196 99.10.19
廃5197 03.12.17
廃5198 04.10.28
廃 199 96.08.28
廃5200 04.04.20
廃5201 04.02.14
廃5202 04.01.07
廃5203 04.10.28 67
廃 204 99.10.15
廃 205 92.11.01
廃 206 92.11.01
廃 207 91.11.01
廃 208 95.04.24
廃 209 94.07.05
廃 210 94.10.13
廃 211 89.07.28
廃5212 99.07.05
廃 213 06.02.09
廃 214 89.06.21
廃5215 99.09.21
廃 216 98.07.02
廃 217 93.08.01
廃 218 91.11.01
改 219 86.08.25クモハ112-813
廃 220 94.02.01
廃 221 99.12.29
廃 222 95.04.24
廃 223 94.05.01
廃 224 94.05.01
廃5225 96.02.10
廃5226 04.01.07
廃5227 00.10.04
廃 228 89.08.03
廃 229 99.12.29
改 230 86.10.27クモハ112-814
廃5231 03.11.19
廃5232 99.09.02 68
改 233 93.09.28 633
改 234 93.09.28 634
廃 235 04.10.16
廃 236 99.12.08
廃 237 06.01.13
廃 238 06.01.13
廃 239 05.10.27
廃 240 99.11.02
廃 241 05.12.28
廃 242 01.10.25 74
廃 243 04.10.16
廃 244 97.04.02
廃 245 99.12.10
廃 246 05.06.16
改 247 93.09.28 647
改 248 93.09.28 648
改 249 93.09.28 649
廃 250 04.10.16
廃 251 99.03.27
廃 252 00.03.09
廃 253 99.03.01
改 254 93.09.28 654
廃 255 98.04.02
廃 256 99.10.04
廃 257 99.07.15
廃 258 97.05.01
廃 259 97.06.20
廃 260 99.10.04
廃 261 05.07.29
廃 262 00.03.09 75
廃 263 97.10.28
廃 264 97.05.01
廃 265 97.10.28
廃 266 99.11.04
廃 267 99.11.04
廃 268 99.11.04
廃 269 99.02.01
廃 270 99.10.06
廃 271 98.02.02
廃 272 99.10.29
改 273 86.10.14クモハ111-402
廃 274 98.05.02
廃 275 97.05.01
改 276 93.09.28 676
改 277 93.09.28 677
廃 278 98.02.02
廃 279 99.11.15
改 280 93.09.28 680
廃 281 98.02.02
廃 282 05.12.02
廃 283 05.12.16
廃 284 97.09.02
廃 285 99.11.02
廃 286 98.04.02
廃 287 99.03.01
改 288 93.09.28 688
廃 289 99.03.01
廃 290 05.12.16 76
廃 291 04.10.28
廃 292 04.12.07
廃 293 05.12.02
廃 294 05.12.02
廃 295 05.09.13
廃 296 07.11.15
廃 297 07.06.14
廃 298 06.01.27
廃 299 05.08.12
廃 300 05.07.15
廃 301 05.09.13
改 302 93.09.28 602
廃 303 06.01.18
廃 304 06.01.18
廃 305 06.04.15
廃 306 05.12.28
改 307 93.09.28 607
廃 308 05.09.13
廃 309 05.08.12
廃 310 05.12.28
廃 311 06.01.18
廃 312 05.12.16
廃 313 06.04.15
廃 314 06.04.15
廃 315 05.12.09
廃 316 05.12.09
廃 317 05.10.13
廃 318 05.05.17
廃 319 05.12.09
廃 320 06.01.17
廃 321 06.02.03
廃 322 06.04.15
廃5323 04.11.24
廃5324 04.11.24
廃 325 12.07.18
廃 326 12.09.28
廃5327 04.08.17
廃 328 19.01.18
改 329 95.07.31クモハ113-302
改 330 95.05.23クモハ113-303
改 331 95.03.31クモハ112-304
改 332 95.06.12クモハ113-305
廃5333 12.05.23
廃6334 12.04.10
改6335 95.02.23クモハ112-307
廃6336 12.06.19
改6337 95.03.08クモハ112-309
廃5338 04.06.23 77

廃 602 06.03.03
廃 607 07.06.18
廃 633 01.04.20
廃 634 01.04.20
廃 647 01.04.20
廃 648 07.06.12
廃 649 07.06.07
廃 654 06.02.17
廃 676 06.12.28
廃 677 06.08.29
廃 680 06.09.09
廃 688 06.03.17 93改

廃5701 23.03.01
廃5752 04.06.15
廃 753 12.08.06
廃 704 12.05.02
廃5755 04.06.15
廃5756 23.02.03
N 5707 近キト
廃5708 04.06.01
廃5709 04.07.31
廃 710 12.06.19
廃5711 04.06.26
廃5712 04.06.15
廃5713 23.04.01
廃5714 23.01.28 74
廃5715 23.03.16
廃5716 23.06.10
廃5717 23.07.15
廃 768 12.11.07
廃5719 23.06.29

廃5720 23.06.02
廃 721 12.10.04
廃5722 04.10.28
廃5773 04.12.15
廃 774 12.08.21
廃 775 12.09.04 75

改 801 90.10.13モハ414-801
廃 802 93.03.31
廃5803 05.03.31
廃 804 05.03.31
廃 805 05.03.24
廃 806 02.03.22
廃 807 91.01.10
廃5808 99.05.21
廃 809 05.09.22 86改

廃1001 06.04.03
廃1002 90.02.22
廃1003 06.02.13
廃1004 90.11.28
廃1005 06.10.27
廃1006 99.12.29
廃1007 99.11.16
廃1008 99.04.02
廃1009 90.02.24
廃1010 90.02.24
廃1011 05.10.11
廃1012 05.10.11
廃1013 05.11.21
廃1014 06.12.16
廃1015 00.02.03
廃1016 05.12.23
廃1017 05.09.07
廃1018 94.10.13
廃1019 05.12.05
廃1020 00.01.27
廃1021 99.06.07
廃1022 00.04.26
廃1023 99.09.14
廃1024 06.03.03
廃1025 06.03.03
廃1026 01.05.16
廃1027 84.09.17
廃1028 06.04.03
廃1029 05.10.11
廃1030 99.11.02
廃1031 01.05.16
廃1032 99.11.02
廃1033 06.12.03
廃1034 06.12.03
廃1035 00.02.03
廃1036 05.12.05
廃1037 05.11.16
廃1038 05.11.21
廃1039 06.11.11
廃1040 01.03.30
廃1041 01.01.15 69
廃1042 01.03.30
廃1043 99.06.28
廃1044 99.08.06 70
廃1045 01.07.13
廃1046 06.01.17
廃1047 99.08.05
廃1048 96.03.01
廃1049 99.11.02
廃1050 98.05.07
廃1051 01.11.07
廃1052 06.01.17
廃1053 99.08.25
廃1054 01.10.25 71
廃1055 06.11.18
廃1056 08.08.21
廃1057 06.12.16
改1058 88.01.13サハ111-404

廃1059 99.09.14
廃1060 00.09.25
廃1061 06.12.16
廃1062 06.12.16
廃1063 06.12.03
廃1064 05.07.09
廃1065 06.04.22
廃1066 05.06.18
廃1067 07.04.06
廃1068 05.08.12
廃1069 10.02.23
廃1070 06.04.22
廃1071 05.07.22
廃1072 06.09.29
廃1073 06.04.22
廃1074 06.09.29
廃1075 06.11.11
廃1076 10.02.10
廃1077 97.03.01
廃1078 06.10.27
廃1079 04.10.02
廃1080 09.11.28
廃1081 05.07.15
廃1082 05.07.09
廃1083 04.12.02
廃1084 09.10.08
廃1085 07.07.13
廃1086 99.12.07
廃1087 97.04.02
廃1088 10.11.12
廃1089 06.06.09
廃1090 00.04.03
廃1091 99.12.07
廃1092 06.11.18
廃1093 06.11.18
廃1094 07.07.13
廃1095 05.08.30
廃1096 05.08.30
廃1097 99.03.02
廃1098 05.07.09
廃1099 05.07.15
廃1100 10.08.11
廃1101 10.05.11
廃1102 04.12.02
廃1103 11.06.09
廃1104 11.10.05
廃1105 00.04.13
廃1106 07.04.06
廃1107 00.10.17
廃1108 05.07.29
廃1109 01.09.19
廃1110 06.10.27
廃1111 99.09.01
廃1112 10.12.22
廃1113 10.11.25
廃1114 06.11.18
廃1115 06.02.03
廃1116 08.08.21
廃1117 10.06.10
廃1118 10.08.27
廃1119 06.03.25 72
廃1120 96.03.29
廃1121 96.03.29
廃1122 97.06.20
廃1123 98.07.01
廃1124 09.11.04
廃1125 00.07.13
廃1126 97.10.15
廃1127 00.07.13
廃1128 99.12.02
廃1129 04.10.02
廃1130 98.07.26
廃1131 98.02.16
廃1132 98.08.08
廃1133 96.02.02

廃1134 05.11.24
廃1135 05.11.24
廃1136 06.02.03
廃1137 99.10.02
廃1138 99.06.20
廃1139 05.11.24
廃1140 96.03.01
廃1141 97.01.06
廃1142 99.07.02
廃1143 00.09.04
廃1144 98.09.11
廃1145 97.06.20
廃1146 98.08.08
廃1147 97.04.02
廃1148 97.04.02
廃1149 96.03.01
廃1150 96.03.01
廃1151 97.04.02
廃1152 98.01.12
廃1153 09.03.10
廃1154 97.01.06
廃1155 98.09.11
廃1156 96.12.12
廃1157 96.05.09
廃1158 97.01.13
廃1159 96.02.02
廃1160 96.02.02
廃1161 95.12.28
廃1162 06.09.01
廃1163 06.06.24
廃1164 97.02.01
廃1165 98.06.01
廃1166 05.07.22
廃1167 96.12.12
廃1168 97.02.01
廃1169 00.07.13
廃1170 98.11.01
廃1171 06.11.11
廃1172 98.02.16
廃1173 97.05.01
廃1174 95.12.28
廃1175 96.03.29
廃1176 96.02.02
廃1177 97.11.21
廃1178 98.01.12
廃1179 05.06.11
廃1180 99.05.20
廃1181 96.03.29
廃1182 97.04.02
廃1183 96.02.02
廃1184 96.02.02
廃1185 96.02.02 73
廃1186 98.01.05
廃1187 98.01.05
廃1188 96.08.28
廃1189 05.06.18
廃1190 98.01.05
廃1191 06.06.09
廃1192 98.05.07
廃1193 06.09.01
廃1194 10.09.10
廃1195 10.04.28
廃1196 00.08.01
廃1197 99.12.02
廃1198 97.06.02
廃1199 97.05.09
廃1200 97.03.21
廃1201 99.12.02
廃1202 99.03.19
廃1203 99.03.19
廃1204 99.10.22
廃1205 05.05.17
廃1206 96.03.01
廃1207 98.04.02
廃1208 96.03.29

廃1209 98.04.02
廃1210 96.03.29
廃1211 98.05.02
廃1212 00.07.13
廃1213 97.01.13
廃1214 96.02.02
廃1215 96.02.02
廃1216 95.12.28
廃1217 96.03.01
廃1218 97.06.20
廃1219 98.02.16
廃1220 00.09.04
廃1221 98.05.02
廃1222 98.06.01
廃1223 96.03.01
廃1224 98.05.02
廃1225 98.08.01
廃1226 96.03.29
廃1227 98.09.02
廃1228 97.11.21
廃1229 98.09.11
廃1230 96.12.12
廃1231 97.01.06
廃1232 97.01.13
廃1233 00.04.13
廃1234 98.06.01
廃1235 97.01.13
廃1236 97.03.01
廃1237 97.02.01
廃1238 00.01.27
廃1239 00.08.01
廃1240 98.04.02
廃1241 97.03.10
廃1242 98.07.01 74
廃1243 99.02.10
廃1244 99.04.02
廃1245 99.02.10
廃1246 05.07.22
廃1247 99.04.02
廃1248 97.06.02
廃1249 00.07.13 76
廃1250 11.09.16
廃1251 04.10.28
廃1252 11.07.07
廃1253 11.05.11
廃1254 11.05.11
廃1255 10.10.31
廃1256 98.02.03
廃1257 10.10.31
廃1258 10.11.12
廃1259 10.11.12
廃1260 10.04.28
廃1261 11.08.31
廃1262 09.10.08
廃1263 11.09.30
廃1264 09.10.08
廃1265 97.11.21 77

廃1501 11.03.24
廃1502 05.04.12
廃1503 05.05.17
廃1504 11.03.24
廃1505 04.12.07
廃1506 06.01.13 79
廃1507 09.11.28
廃1508 10.08.27
廃1509 04.12.07
廃1510 10.05.11
廃1511 10.08.27
廃1512 10.05.11
廃1513 10.11.25
廃1514 09.11.28 80
廃1515 09.12.04
廃1516 05.06.16
廃1517 11.10.05
廃1518 05.08.30
廃1519 09.10.22
廃1520 11.02.04
廃1521 09.10.22
廃1522 10.06.10
廃1523 10.11.25
廃1524 10.06.10 81

廃2001 07.01.16
廃2002 07.01.31
廃2003 07.05.22
廃2004 06.11.02
廃2005 07.07.03
廃2006 06.12.07
廃2007 07.06.05
廃2008 06.11.22
廃2009 07.01.11
廃2010 06.11.27
廃2011 07.01.24
廃2012 07.01.06 77
廃2013 15.10.27
廃2014 16.01.15
T 2015 中オカ
T 2016 中オカ
廃2017 15.12.15
T 2018 中オカ
廃7019 12.06.27
廃2020 13.01.10
廃7021 05.02.10
T 2022 中オカ
T 2023 中オカ
改7024 03.09.10 7706
廃2025 12.03.03
T 2026 中オカ
廃2027 12.02.01
廃2028 15.06.05
廃2029 15.04.27
廃7030 04.07.08
廃8031 07.07.11
廃2032 06.11.05
廃2033 07.07.09
廃2034 07.05.14
廃2035 07.05.11
廃2036 07.02.27
廃2037 07.07.10
廃2038 06.09.05
廃2039 07.06.26
廃8040 06.09.29
廃8041 07.11.13
廃2042 07.06.22
廃2043 06.12.14
廃2044 06.11.17 78
廃2045 07.02.21
T 2046 中オカ
廃2047 13.01.12
廃2048 07.02.05
廃2049 07.07.04
廃2050 07.01.19
廃2051 07.05.02
廃2052 16.07.25
廃7053 12.10.18
改7054 03.03.05 7705
T 2055 中オカ
T 2056 中オカ
廃7057 12.06.16
改7058 02.07.12クモハ112-2058
廃2059 12.09.11
改7060 02.08.30クモハ112-2060
T 2061 中オカ 79
廃2062 11.05.27
廃2063 06.04.06
廃2064 05.04.12
廃2065 05.08.20
廃2066 11.09.30
廃2067 11.04.21

廃2068 05.10.27
廃7069 12.08.04
廃2070 05.04.12
廃2071 04.12.01
廃2072 11.07.07
廃2073 06.04.06
廃2074 11.02.04
改2075 94.02.18 2675
廃2076 05.09.30
廃2077 05.09.30
廃2078 05.09.30
T 2079 中オカ
T 2080 中オカ
T 2081 中オカ
廃2082 05.08.20
廃2083 11.08.31
改2084 93.09.28 2684
廃2085 11.03.24
廃2086 10.02.10
改2087 93.09.28 2687
廃2088 09.10.22
廃2089 06.04.06
廃2090 04.12.01
廃2091 10.12.22
廃2092 09.12.04
廃2093 10.02.23 80
廃2094 11.10.16
廃2095 06.03.25
廃2096 10.09.10
改2097 93.09.28 2697
改2098 93.09.28 2698
廃2099 06.11.08
廃2100 06.11.29
廃2101 06.11.10
廃2102 05.11.17
廃2103 10.10.31
廃2104 05.11.17
廃2105 05.11.17
廃2106 10.03.17
廃2107 07.05.18
廃2108 07.03.20
廃2109 06.12.09
廃2110 05.08.20
廃2111 06.10.21
廃2112 06.10.21
廃2113 11.06.09
廃2114 11.09.16
廃2115 11.05.11
廃2116 10.03.17
廃2117 10.12.22
廃2118 10.03.17
廃2119 10.08.11
廃8120 07.07.13
廃2121 07.02.08
廃2122 07.05.09
廃2123 07.06.04
廃2124 07.07.06 81

廃2675 07.02.15
廃2684 06.12.23
廃2687 07.07.18
廃2697 07.06.28
廃2698 07.05.16 93改
改2724 06.01.25 7706 05改

T 7701 近キト
T 7702 近キト
廃7703 23.04.14
T 7704 近キト 79
T 7705 近キト 02改
改7706 05.06.17 2724 03改
廃2 7706 23.09.22 05改

モハ111 0

廃 3 97.12.19
廃 4 01.03.31
廃 13 00.03.31
廃 24 01.03.31
廃 36 96.12.25 62

モハ110 0

廃 3 97.12.19
廃 4 01.03.31
廃 13 00.03.31
廃 24 01.03.31
廃 36 96.12.25 62

クハ113 0

廃 1 19.03.31
廃 2 19.08.31 99~
廃 3 18.03.31 00改

クハ112 0

廃 1 19.03.31
廃 2 19.08.31 99~
廃 3 18.03.31 00改

▷モハ111・モハ110は
1986年度末まで
在籍した車両を掲載

クハ111 36

廃 1 87.02.10 リニ鉄
廃 2 97.12.19
廃 3 89.03.14
廃 4 87.02.09
廃 5 87.01.16
廃 6 96.12.25
廃 7 87.02.07
廃 8 89.07.13
廃 9 87.01.16
改 10 88.08.19 3001
改 11 88.06.24 3002
廃 12 86.05.30
廃 13 87.02.09
廃 14 89.03.02
廃 15 86.08.20
廃 16 89.07.13
廃 17 86.09.25
廃 18 87.01.16
廃 19 87.02.07
廃5020 03.01.08
廃5021 04.11.25
廃5022 01.01.31
廃 23 86.05.30
廃 24 87.02.10
廃 25 87.02.10
廃 26 86.05.30
廃 27 00.03.31
廃 28 01.03.31
廃 29 01.03.31
廃 30 86.05.30
廃 31 86.05.30
廃 32 91.09.30
廃 33 86.08.04
廃 34 87.01.16
廃 35 87.01.16
廃 36 87.01.16
廃 37 86.05.30
廃 38 87.02.10
廃 39 87.01.16
廃 40 86.05.30
廃 41 87.01.16
廃 42 91.09.30
廃5043 94.07.04
廃 44 86.09.25
廃 45 86.03.31 62
廃 46 91.03.31
廃 47 91.03.15
廃 48 91.03.15
廃 49 91.09.30 63
改 50 86.10.18 813
廃 51 89.01.24
改 52 90.10.13 クハ415-801
廃 53 90.11.10
廃 54 91.02.10
廃 55 74.06.01
廃 56 91.03.31
廃 57 92.06.10
廃 58 91.06.28
廃 59 93.03.31
廃 60 91.03.15
廃 61 89.07.19
廃 62 89.07.10
廃 63 89.02.23
廃5064 06.05.10
廃 65 91.02.10
改 66 91.03.12 819
廃5067 04.02.14
改 68 90.11.19 820
廃5069 04.01.07
廃 70 89.07.06
廃 71 89.07.06
廃5072 04.10.28
廃 73 99.12.13
廃5074 01.12.17
廃 75 91.09.30
廃 76 94.07.05
廃 77 91.01.10
改 78 86.10.24 809
廃 79 99.06.14
廃 80 91.01.10
廃 81 92.07.21
廃5082 00.08.31
廃 83 90.11.10
廃 84 91.09.30 64
廃 85 91.09.30
廃 86 93.01.04
廃 87 91.06.28
廃 88 91.11.20
廃 89 91.11.20
廃 90 89.07.31
廃 91 12.10.02
廃 92 00.04.26
廃5093 94.07.04
改 94 86.10.28 815
改 95 86.10.18 817
廃 96 89.05.12
廃5097 00.04.26
廃 98 89.03.24
廃5099 99.10.25
廃 100 89.08.03
廃 101 90.11.10
廃5102 99.09.02
廃6103 00.04.26
廃5104 99.09.21
廃 105 89.03.02
廃 106 93.10.01
廃 107 88.12.19
廃 108 99.07.05
廃 109 89.01.24
廃 110 89.06.29
廃 111 99.06.18
改 112 86.10.24 811
廃 113 99.12.13
改 114 86.10.16 805
廃5115 03.12.17
廃5116 04.01.07
廃 117 91.12.01
改 118 86.09.17 807 65
廃 119 89.05.12
廃 120 99.11.30
廃 121 99.12.13
廃 122 89.03.09
廃 123 01.01.15
廃 124 89.02.21
廃 125 95.01.09
廃 126 01.01.15
廃 127 99.06.28
廃5128 02.02.15
改 129 86.08.06 801
廃5130 00.03.31
廃 131 91.09.30
廃 132 99.09.30
廃 133 99.09.14
廃 134 89.07.10
廃5135 04.02.14
廃 136 94.08.16
廃 137 94.06.01
廃5138 07.12.18
廃 139 12.07.13
廃 140 99.08.06
廃5141 99.08.06
廃 142 95.01.09
廃5143 05.02.18
廃5144 04.06.15
廃5145 04.10.28 66
廃 146 99.12.03
廃 147 93.09.01
改 148 86.09.30 803
廃5149 05.01.11
廃5150 04.12.01
改 151 90.12.03 821
廃 152 94.09.01
廃5153 04.04.20
廃 154 94.12.13
廃 155 95.01.09
廃5156 04.06.25
廃5157 99.05.10
廃 158 02.02.28
廃 159 01.09.14
廃5160 99.07.05
廃5161 01.08.21
廃 162 05.11.16
廃 163 96.08.28
廃 164 06.03.03
廃 165 99.11.16
廃 166 04.12.06
廃 167 94.02.01
廃 168 93.01.04
廃 169 00.02.03
廃5170 04.10.28
廃 171 99.11.02
改 172 91.01.31 822
改 173 88.03.02 569
廃5174 02.03.29
廃5175 94.07.04
廃5176 04.08.17
廃5177 04.06.15
廃 178 05.05.12 67
廃 179 06.04.03
廃 180 06.12.03
廃 181 98.07.02
廃 182 93.07.01
改 183 91.03.13 575
廃 184 93.02.01
廃 185 05.12.05
廃 186 00.02.03
廃 187 95.04.24
廃 188 94.10.13
廃 189 06.06.09
廃 190 95.04.24
廃 191 05.11.21
廃 192 97.04.02
廃 193 01.11.07 68
廃 194 05.07.09
改 195 93.09.28 795
廃 196 01.10.25
改 197 93.09.28 797
2廃 197 06.11.13
廃 198 99.10.06
廃 199 01.07.13
改 200 92.06.13 576
廃 201 06.11.24
廃 202 05.07.22
改 203 93.09.28 703
改 204 93.09.28 704
2廃 204 07.06.25
廃 205 07.11.14
改 206 93.09.28 706
改 207 93.09.28 707
廃 208 05.06.16
改 209 93.09.28 709
廃 210 09.12.04
廃 211 98.04.02
廃 212 00.03.27
改 213 94.02.18 713
廃 214 10.12.22
廃 215 06.02.03
廃 216 07.06.13 74
廃 217 10.02.23
廃 218 06.04.22
廃 219 06.01.13
廃 220 11.09.30
改 221 93.09.28 721
廃 222 99.10.29
廃 223 99.07.15

廃 224 11.05.11
廃 225 06.11.03
廃 226 05.12.09 75
廃 227 97.06.20
改 228 93.09.28 728
廃 229 06.10.21
廃 230 11.10.05
廃 231 10.05.11
廃 232 11.09.16
廃 233 06.06.24
廃 234 11.08.31
廃 235 11.04.21
廃 236 09.10.22
廃 237 05.07.15
改 238 93.09.28 738
廃 239 05.08.12
廃 240 05.05.17 76
改 241 93.09.28 741
廃 242 11.10.16
廃 243 04.10.16
廃 244 11.03.24
廃 245 06.01.18
廃 246 06.04.15
改 247 93.09.28 747
廃 248 05.12.16
廃 249 11.05.11
廃 250 99.03.01
改 251 93.09.28 751
2廃 251 07.05.17
廃 252 10.10.31
T 253 中オカ PSw
廃 254 16.02.04
廃 255 16.01.06
T 256 中オカ PSw
廃5257 05.02.10
廃5258 07.05.30
廃5259 04.12.15
T 260 中オカ PSw
廃 261 12.09.11
廃 262 15.07.02 77

廃 263 94.05.01
廃 264 95.02.22
廃5265 05.01.11
廃5266 04.02.23
廃5267 09.03.06
廃 268 12.05.24
廃5269 04.10.28
廃5270 04.09.03 83改

廃 271 93.01.04
廃 272 93.02.01
廃 273 93.05.01
廃 274 92.06.01 87改
廃 275 93.05.01 88改

廃5276 07.05.30
廃5277 04.11.24
廃5278 99.12.13 91改

廃 301 91.09.30
廃 302 87.02.10
廃 303 01.03.31
廃 304 75.08.18
廃5305 03.01.08
廃 306 89.07.10
廃 307 87.02.10
廃 308 86.05.30
廃5309 03.12.17
廃 310 87.02.07
廃5311 04.11.25
廃 312 86.08.20
廃 313 87.02.09
廃5314 06.05.10
廃 315 87.02.07
廃 316 86.05.30
廃 317 00.03.31
廃 318 86.05.30
廃 319 86.05.30
廃 320 86.05.30
廃 321 91.03.31
廃5322 00.03.31
廃 323 96.12.25
廃 324 86.05.30
廃 325 87.02.10
廃 326 86.05.30
廃 327 86.08.04
廃 328 89.03.14
廃 329 87.02.09
廃 330 87.02.09 62
廃 331 89.07.31
廃5332 02.03.29
廃5333 99.10.19
改 334 86.10.28 816 63
廃5335 04.10.28
廃 336 89.05.12
廃 337 91.09.30
改 338 91.03.15 クハ415-808
改 339 91.05.31 クハ415-806
改 340 91.08.10 クハ415-805
廃 341 90.11.10
改 342 91.08.24 クハ415-802
廃 343 99.12.03
廃5344 99.10.19
廃 345 90.11.10
廃5346 99.09.02
改 347 91.07.03 276
廃 348 91.09.30
廃 349 86.10.22
廃 350 91.03.31
改 351 90.12.28 クハ415-804
改 352 91.06.10 クハ415-811
廃 353 91.09.30
廃 354 91.09.30
廃 355 93.02.01
廃 356 91.06.28
改 357 84.01.20 263
廃 358 99.08.06
廃 359 91.09.30
改 360 91.03.05 クハ415-807
廃 361 88.12.19
廃 362 02.02.28
廃 363 89.07.06
廃5364 04.10.28
改 365 84.01.23 クハ115-601
廃 366 95.02.22
改 367 84.01.20 264
廃 368 94.07.05
改 369 86.10.24 810
廃 370 91.03.15
廃 371 99.09.14
廃 372 99.09.30
改 373 83.12.27 クハ115-602
改 374 91.06.18 277
廃 375 92.07.21
改 376 86.09.17 808
廃 377 91.09.30
廃 378 91.06.28 64
改 379 83.12.27 クハ115-603
改 380 84.01.12 クハ115-604
改 381 84.01.12 クハ115-605
改 382 91.07.29 クハ415-803
廃 383 92.06.10
改 384 86.08.06 802
廃 385 89.07.06
廃 386 89.03.09
廃 387 89.06.26
廃 388 89.07.13
廃 389 89.01.24
改 390 86.10.18 818
廃 391 89.01.31
廃5392 07.05.30
廃 393 89.02.21
廃 394 91.06.28
廃6395 99.10.25
改 396 86.09.30 804
改 397 84.01.23 806
改 398 86.10.24 812
廃5399 04.02.14
廃 400 91.03.15
廃 401 89.05.12
廃 402 89.07.10
廃 403 89.07.13
廃 404 89.07.23
廃 405 89.03.06
廃 406 89.03.14
廃 407 94.02.01
廃 408 91.03.15
廃5409 01.03.08
廃5410 04.11.24
改 411 91.07.10 278
廃5412 07.12.18
廃5413 00.09.28
廃 414 91.03.31
改5415 94.07.15 クハ115-620
廃5416 99.12.13
改 417 91.02.01 クハ415-810
廃 418 68.05.10
廃 419 92.03.31 65
廃 420 93.07.01
廃 421 91.03.15
廃6422 99.08.06
廃6423 99.07.05
廃 424 89.07.19
廃 425 89.07.19
廃 426 89.07.10
廃5427 02.03.14
廃5428 04.10.28
廃 429 90.11.10
廃 430 95.01.09
改5431 94.07.15 クハ115-621
改 432 95.10.16 826
廃 433 91.01.10
廃6434 00.04.26
改 435 95.10.16 827
改 436 83.11.28 266
廃 437 90.11.10
廃 438 94.08.16
廃 439 91.03.31
廃 440 91.02.10
廃 441 91.01.10
改 442 90.10.16 823
廃6443 99.10.25
廃 444 89.07.23
改 445 86.10.16 806
廃 446 91.03.31
廃 447 94.06.01
廃5448 04.12.01
改 449 84.01.30 269
廃5450 04.02.14
改 451 91.03.12 824
廃5452 04.12.15 66
廃 453 91.03.31
廃6454 99.05.10
改 455 84.01.30 270
改5456 94.07.15 クハ115-622
改 457 83.12.27 267
改 458 91.08.28 クハ415-809
廃 459 95.01.09
廃5460 05.01.11
廃5461 04.06.25
改 462 84.01.21 268
廃 463 94.09.01
廃 464 94.12.13
廃 465 91.03.31
廃5466 04.06.15
改 467 86.10.18 814
廃6468 99.09.21
廃 469 89.07.19
改 470 95.10.05 828
改 471 90.11.02 825
廃 472 91.06.28
廃 473 99.06.28
廃 474 90.11.10
廃 475 91.03.15
廃 476 91.09.30
廃 477 89.03.24
廃 478 99.11.30
廃 479 99.12.13
廃5480 04.02.23
改 481 84.01.17 265
廃5482 04.09.03
廃5483 04.10.28
廃5484 02.01.16
廃 485 89.06.21
廃 486 99.09.10
廃 487 01.01.15
廃5488 00.09.04
廃5489 04.01.07
廃5490 01.02.08
廃5491 04.01.07
廃5492 05.01.11 67
廃 493 99.09.14
廃 494 89.03.02
廃 495 99.12.13
廃 496 01.01.15
廃5497 04.10.28
廃 498 01.09.14
廃5499 04.06.15
廃5500 09.03.06
廃 501 00.04.26
廃 502 94.03.04
廃 503 01.03.30
廃 504 99.06.21 68
廃 505 06.01.17
廃 506 05.11.27
廃 507 99.11.02
改 508 93.09.28 608
改 509 93.09.28 609
改 510 93.09.28 610
改 511 93.09.28 611
2廃 511 06.11.18
改 512 93.09.28 612
改 513 93.09.28 613
改 514 93.09.28 614
廃 515 10.02.23
廃 516 01.07.13
廃 517 05.06.16
廃 518 01.10.25
改 519 93.09.28 619
2廃 519 07.03.22
廃 520 96.08.28
廃 521 99.08.25
改 522 93.09.28 622
2廃 522 07.05.21
廃 523 09.12.04
改 524 93.09.28 624 74
廃 525 01.05.16
廃 526 04.10.16
廃 527 06.04.22
廃 528 99.10.29
廃 529 99.10.06
改 530 93.09.28 630
改 531 93.09.28 631
廃 532 99.07.15
廃 533 11.05.11
廃 534 05.07.29 75
廃 535 11.05.27
廃 536 05.12.09
廃 537 05.07.09
廃 538 04.12.07
廃 539 06.02.03
廃 540 06.06.24
廃 541 79.09.15
改 542 93.09.28 642
廃 543 10.02.10
改 544 93.09.28 644
廃 545 07.06.15
改 546 94.02.18 646
廃 547 06.11.11
廃 548 01.11.07 76
廃 549 97.09.18
廃 550 05.07.15
廃 551 11.10.05
廃 552 10.11.12
廃 553 06.04.15
廃 554 98.04.02
廃 555 05.12.16
廃 556 05.07.22
廃 557 07.11.15
廃 558 11.06.09
廃 559 15.07.02
廃5560 05.02.10
廃 561 16.01.06
廃5562 04.08.17
廃 563 12.09.11
T 564 中オカ PSw
T 565 中オカ PSw
T 566 中オカ PSw
廃5567 04.06.23
廃 568 16.02.04 77

廃 569 05.05.12 87改
廃 570 93.02.01
廃 571 93.01.04
廃 572 93.05.01
廃 573 92.06.01 87改
廃 574 93.07.01 88改
廃 575 06.02.09 90改
廃 576 97.04.02 92改

廃 608 06.02.20
廃 609 06.12.29
廃 610 06.12.24
改 611 00.09.07 511
廃 612 07.06.08
廃 613 06.09.11
廃 614 07.07.18
改 619 00.10.18 519
改 622 01.03.27 522
廃 624 07.06.08
廃 630 07.06.19
廃 631 06.03.18
廃 642 06.03.06
廃 644 06.08.31
廃 646 07.02.16 93改

廃 703 06.02.10
改 704 00.10.18 204
廃 706 06.09.07
廃 707 06.02.24
廃 709 07.06.13
廃 713 07.02.13
廃 721 07.06.06
廃 728 06.08.28
廃 738 06.03.10
廃 741 06.12.26
廃 747 07.06.15
改 751 01.03.27 251
廃 795 06.12.16
改 797 00.09.07 197 93改

廃5701	10.01.29	
廃 702	12.05.02	
廃5703	23.06.10	
廃 704	12.08.06	
廃 705	12.09.04	
廃5706	23.02.03	
廃 707	12.08.21	
廃 708	12.11.07	
廃 709	13.01.10	
廃 710	12.06.19	
廃 711	12.02.01	
廃 712	12.03.03	
廃5713	23.04.01	
廃 714	12.10.02	74
廃5715	23.03.16	
廃5716	23.01.28	
廃5717	23.06.02	75
廃5751	10.01.29	
廃 752	12.05.02	
廃5753	26.06.10	
廃 754	12.08.06	
廃 755	12.09.04	
廃5756	23.02.03	
廃 757	12.08.21	
廃 758	12.11.07	
改 759	13.02.26ｸﾊ115-759	
廃 760	12.06.19	
廃 761	12.02.01	
廃 762	12.03.03	
廃5763	23.04.01	
廃 764	12.10.02	74
廃5765	23.03.16	
廃5766	23.01.28	
廃5767	23.06.02	75
廃 801	00.10.13	
廃 802	00.10.27	
廃 803	02.12.10	
廃 804	93.03.31	
廃 805	99.05.21	
廃5806	05.03.31	
廃 807	04.10.28	
廃 808	05.04.15	
廃 809	05.03.24	
廃 810	05.03.24	
廃 811	16.01.09	
廃 812	16.01.09	
廃 813	01.04.21	
廃 814	91.01.10	
廃 815	00.12.26	
廃5816	05.03.31	
廃 817	04.09.22	
廃 818	04.09.22	86改
廃 819	00.12.27	
廃 820	00.11.13	
廃 821	00.10.06	
廃 822	05.04.15	
廃 823	01.02.28	
廃 824	01.02.13	
廃 825	99.05.21	90改
廃 826	00.10.16	
廃 827	00.10.25	
廃 828	05.04.15	95改

廃1001	05.11.21	
廃1002	06.02.13	
廃1003	06.10.27	
廃1004	99.04.02	
廃1005	05.12.23	
廃1006	05.10.11	
廃1007	06.12.03	
廃1008	99.12.29	
廃1009	06.03.03	
廃1010	99.12.29	
廃1011	05.10.11	
廃1012	05.12.05	69
廃1013	06.11.11	
廃1014	01.03.30	70
廃1015	05.09.07	
廃1016	06.01.17	71
廃1017	06.02.09	
廃1018	99.06.07	
廃1019	06.04.03	
廃1020	99.09.14	
廃1021	01.05.16	
廃1022	99.11.02	
廃1023	99.08.05	
廃1024	99.09.10	
廃1025	99.06.21	71
廃1026	99.12.07	
廃1027	11.02.04	
廃1028	10.04.28	
廃1029	10.11.12	
廃1030	00.09.25	
廃1031	08.03.10	
廃1032	10.08.11	
廃1033	96.02.02	
廃1034	10.02.23	
廃1035	97.03.01	
廃1036	99.07.02	
廃1037	01.09.19	
廃1038	93.11.01	
廃1039	10.11.25	
廃1040	07.07.13	
廃1041	06.10.27	
廃1042	11.06.09	
廃1043	06.11.18	
廃1044	10.05.11	
廃1045	08.08.21	
廃1046	07.04.06	
廃1047	06.12.16	
廃1048	97.02.01	
廃1049	06.06.24	
廃1050	96.08.28	
廃1051	05.06.16	
廃1052	10.06.10	
廃1053	98.06.01	
廃1054	05.08.30	
廃1055	06.06.09	
廃1056	98.09.11	
廃1057	11.10.05	
廃1058	09.11.04	
廃1059	99.03.02	
廃1060	99.10.02	
廃1061	09.11.28	
廃1062	97.02.01	
廃1063	99.06.10	
廃1064	10.12.22	
廃1065	99.05.20	
廃1066	10.08.27	
廃1067	99.05.17	72
廃1068	96.03.29	
廃1069	04.12.07	
廃1070	06.04.06	
廃1071	96.03.29	
廃1072	11.07.07	
廃1073	97.04.02	
廃1074	00.04.13	
廃1075	99.09.01	

廃1076	05.11.17	
廃1077	96.03.01	
廃1078	96.05.09	
廃1079	05.07.29	
廃1080	99.06.20	
廃1081	10.02.10	
廃1082	05.07.29	
廃1083	05.11.24	
廃1084	06.11.11	
廃1085	00.04.13	
廃1086	97.02.01	
廃1087	97.04.02	
廃1088	97.11.21	
廃1089	96.03.29	
廃1090	96.03.29	
廃1091	97.05.09	
廃1092	97.06.20	
廃1093	10.09.10	
廃1094	98.04.02	
廃1095	97.02.01	
廃1096	96.03.01	
廃1097	96.12.12	
廃1098	06.04.28	
廃1099	96.02.02	
廃1100	96.03.29	
廃1101	98.05.02	
廃1102	98.12.08	
廃1103	97.03.01	
廃1104	00.09.04	
廃1105	98.01.12	
廃1106	09.10.08	
廃1107	97.11.04	
廃1108	96.02.02	
廃1109	00.09.04	
廃1110	96.03.01	73
廃1111	99.12.02	
廃1112	98.04.02	
廃1113	06.09.01	
廃1114	98.06.01	
廃1115	97.05.01	
廃1116	00.08.01	
廃1117	98.01.05	
廃1118	97.03.01	
廃1119	97.06.02	
廃1120	05.09.30	
廃1121	00.08.01	
廃1122	06.09.29	
廃1123	99.12.07	
廃1124	97.10.15	
廃1125	97.01.13	
廃1126	98.05.07	74
廃1127	00.07.13	
廃1128	11.09.16	
廃1129	11.09.30	
廃1130	97.06.02	
廃1131	00.07.13	
廃1132	97.03.10	76
廃1133	09.11.28	
廃1134	10.04.28	
廃1135	10.10.31	
廃1136	98.07.26	
廃1137	10.11.25	
廃1138	09.12.04	
廃1139	05.12.02	
廃1140	98.08.08	77
廃1201	01.05.24	83改

廃1301	06.02.13	
廃1302	06.10.27	
廃1303	93.01.04	
廃1304	99.04.02	
廃1305	05.12.23	
廃1306	05.10.11	
廃1307	85.02.26	
廃1308	83.12.10	
廃1309	94.05.01	
廃6310	04.04.20	
廃1311	93.01.04	
廃1312	06.06.09	
廃1313	05.09.07	
廃1314	94.04.04	
廃1315	06.04.03	
廃1316	99.06.14	
廃1317	00.02.03	
廃1318	05.10.11	
廃1319	05.12.05	
廃1320	95.04.24	
廃1321	94.10.13	
廃1322	05.11.12	
廃1323	99.07.05	
廃1324	98.07.02	
廃1325	00.02.03	
廃1326	06.03.03	
廃1327	05.12.05	
廃1328	99.11.16	
廃1329	05.11.16	69
廃1330	99.12.29	
廃1331	06.12.03	71
廃1332	99.11.02	
廃1333	06.12.03	
廃1334	99.12.29	
廃1335	05.11.21	
廃1336	06.04.03	
廃1337	01.05.24	
廃1338	06.03.03	
廃1339	96.05.09	71
廃1340	05.11.17	
廃1341	10.06.10	
廃1342	06.06.09	
廃1343	08.03.10	
廃1344	08.08.21	
廃1345	10.05.11	
廃1346	06.12.16	
廃1347	96.03.29	
廃1348	10.11.12	
廃1349	06.06.24	
廃1350	97.03.01	
廃1351	09.10.08	
廃1352	97.02.01	
廃1353	06.11.11	
廃1354	10.11.25	
廃1355	06.11.11	
廃1356	09.11.28	
廃1357	07.04.06	
廃1358	11.06.09	
廃1359	00.09.25	
廃1360	06.11.18	
廃1361	01.09.19	
廃1362	05.06.11	
廃1363	10.09.10	
廃1364	98.06.01	
廃1365	98.04.02	
廃1366	99.12.07	
廃1367	09.11.04	
廃1368	99.09.03	
廃1369	97.03.01	
廃1370	99.12.29	
廃1371	96.02.02	
廃1372	05.08.30	
廃1373	10.02.23	
廃1374	11.10.05	
廃1375	99.10.02	

廃1376	06.10.26	
廃1377	10.08.11	
廃1378	10.12.22	
廃1379	99.05.20	
廃1380	10.08.27	
廃1381	97.04.02	72
廃1382	96.03.29	
廃1383	97.02.01	
廃1384	06.09.29	
廃1385	11.02.04	
廃1386	00.04.13	
廃1387	05.11.24	
廃1388	05.06.16	
廃1389	96.03.01	
廃1390	96.03.01	
廃1391	96.03.01	
廃1392	96.05.09	
廃1393	96.12.12	
廃1394	99.06.20	
廃1395	05.07.29	
廃1396	96.03.29	
廃1397	97.06.20	
廃1398	99.09.01	
廃1399	07.07.13	
廃1400	97.01.06	
廃1401	97.05.01	
廃1402	97.01.13	
廃1403	00.09.04	
廃1404	10.04.28	
廃1405	06.04.06	
廃1406	00.04.13	
廃1407	97.04.02	
廃1408	98.08.01	
廃1409	98.09.11	
廃1410	05.12.28	
廃1411	11.07.07	
廃1412	99.12.07	
廃1413	98.01.12	
廃1414	99.03.02	
廃1415	96.03.29	
廃1416	96.08.28	
廃1417	10.11.01	
廃1418	98.01.12	
廃1419	98.03.02	
廃1420	00.08.01	
廃1421	97.11.04	
廃1422	00.07.13	
廃1423	96.03.01	73
廃1424	99.10.02	
廃1425	99.06.10	
廃1426	06.09.01	
廃1427	98.06.01	
廃1428	97.04.02	
廃1429	00.08.01	
廃1430	97.06.02	
廃1431	97.04.02	
廃1432	98.01.05	
廃1433	06.04.28	
廃1434	99.10.15	
廃1435	96.03.29	
廃1436	98.05.02	
廃1437	10.02.10	
廃1438	97.03.10	
廃1439	97.10.15	
廃1440	97.02.01	
廃1441	98.05.07	74
廃1442	10.05.11	
廃1443	11.09.16	
廃1444	11.09.30	
廃1445	00.07.13	
廃1446	97.06.02	
廃1447	00.09.04	76
廃1448	11.03.24	
廃1449	10.04.28	
廃1450	11.05.11	

廃1451 10.11.25
廃1452 98.08.08
廃1453 09.10.08
廃1454 10.10.31
廃1455 09.12.04 77

廃1501 10.11.12
廃1502 05.06.11
廃1503 09.10.08
廃1504 11.08.31 79
廃1505 09.10.22
廃1506 10.06.10 81

廃1601 10.08.27
廃1602 11.08.31
廃1603 09.11.28
廃1604 05.12.02 79
廃1605 09.10.22
廃1606 10.06.10 81

廃2001 06.11.23
廃2002 07.01.17
廃2003 07.05.23
廃2004 07.01.07
廃2005 07.07.03
廃2006 06.12.05
廃2007 07.06.06
廃2008 07.02.22 77
改2009 83.12.10 2753
改2010 84.01.07 2754
改2011 84.02.08 2755
改2012 84.02.23 2756
改7013 95.06.21 7609
2T 2013 中オカ PSw
T 2014 中オカ PSw
改7015 95.09.04 7606
改2016 12.08.28 ｸﾊ115-2516
改7017 95.02.23 7605
2改2017 12.06.28 ｸﾊ115-2517
改7018 03.09.10 7760
T 2019 中オカ PSw
改2020 95.03.27 7604
2改2020 12.11.07 ｸﾊ115-2520
改7021 02.10.25 7757
改2022 93.09.28 2622
廃2023 07.02.28
廃2024 07.05.10
廃2025 07.07.06
廃2026 07.06.22
廃2027 06.09.06
廃2028 06.12.15
廃2029 07.07.10
廃2030 07.05.15
廃2031 07.11.13
改2032 93.09.28 2632 78
改2033 99.10.15 2333
廃2034 07.07.05
廃2035 07.05.07
改7036 02.10.25 7758
改7037 94.12.07 7614
2T 2037 中オカ PSw
T 2038 中オカ PSw
改7039 94.06.02 7613
改7040 95.01.30 7610
2廃2040 15.11.06
廃7041 04.07.08
廃2042 15.04.27 79
廃2043 11.02.04
廃2044 05.04.12
廃2045 06.10.21
改7046 94.12.28 7615
廃2 2046 19.01.18
廃2047 11.03.24
廃2048 10.08.11
廃2049 11.10.16

廃2050 11.09.30
廃2051 16.07.25
改7052 95.08.03 7616
2T 2052 中オカ PSw
改7053 95.07.14 7617
2T 2053 中オカ PSw
廃2054 11.09.16
廃2055 05.09.30
廃2056 11.07.07
廃2057 11.08.31
廃2058 05.05.17
廃2059 11.04.21 80
廃2060 06.01.18
廃2061 10.03.17
廃2062 06.01.13
廃2063 07.06.26
廃2064 05.09.13
廃2065 10.10.31
廃2066 09.10.22
廃2067 10.12.22
廃2068 10.09.10
廃2069 05.08.12
T 2070 中オカ PSw
改7071 95.09.27 7612
2T 2071 中オカ PSw
T 2072 中オカ PSw
改7073 03.03.05 7759
廃2074 10.03.17
廃2075 06.11.30
廃2076 07.07.13 81

廃2101 06.11.20
廃2102 07.02.19
改2103 87.11.11 2201
改2104 88.09.07 2204
改2105 88.02.05 2202
廃2106 06.12.11
改2107 93.09.28 2707
改2108 88.10.17 2206 77
改2109 84.01.30 2703
改2110 83.12.20 2704
改2111 83.11.15 2705
改2112 83.11.19 2706
T 2113 中オカ PSw
改7114 95.09.04 7506
T 2115 中オカ PSw
改7116 95.03.27 7504
2改2116 12.11.07 ｸﾊ115-2616
改2117 94.12.28 7515
廃2 2117 19.01.18
改7118 95.09.27 7512
2T 2118 中オカ PSw
T 2119 中オカ PSw
改7120 95.02.23 7505
2改2120 12.06.28 ｸﾊ115-2620
改7121 02.10.10 7707
改2122 93.09.28 2722
廃2123 07.02.23
改2124 89.01.17 2207
改2125 89.02.24 2208
廃2126 07.06.21
廃2127 06.09.02
廃2128 06.12.12
廃2129 07.07.07
廃2130 07.05.10
廃2131 07.11.12
廃2132 07.03.16 78
改2133 93.09.28 2733
改7134 03.09.10 7710
改7135 95.06.21 7509
2T 2135 中オカ PSw
廃2136 15.04.27
改2137 88.02.23 2203
廃2138 07.07.11
改7139 02.10.25 7708

改7140 95.01.30 7510
2廃2140 15.11.06
T 2141 中オカ PSw
改2142 12.08.28 ｸﾊ115-2642
改7143 94.12.07 7514
2T 2143 中オカ PSw
廃7144 04.07.08
改7145 94.06.02 7513
廃2146 10.08.27
廃2147 05.04.12
改7148 95.08.03 7516
2T 2148 中オカ PSw
改7149 95.07.14 7517
2T 2149 中オカ PSw
廃2150 16.07.25 80
廃2151 05.09.13
廃2152 11.07.07
廃2153 11.03.24
廃2154 11.05.27
廃2155 10.03.17
廃2156 10.09.10
廃2157 10.02.10
廃2158 05.12.28
廃2159 11.02.04
廃2160 11.06.09
T 2161 中オカ PSw
改7162 03.03.05 7709
廃2163 10.08.11
廃2164 10.03.17
改2165 88.11.10 2205 81

廃2201 07.01.31
廃2202 06.11.03
廃2203 07.02.06 87改
廃2204 07.01.12
廃2205 07.01.22
廃2206 07.01.25
廃2207 07.02.09
廃2208 07.06.04 88改

廃2333 07.05.21 99改

廃2506 12.06.16
改2513 13.03.08 ｸﾊ115-2645
09改

改2606 12.07.11 ｸﾊ115-2515
改2613 13.04.04 ｸﾊ115-2539
09改

廃2622 07.05.17
廃2632 07.06.28 93改

廃2707 07.07.17
廃2722 07.06.27
廃2733 07.05.15 93改

改2718 06.01.25 7760 05改

改2834 06.01.25 7710 05改

改7501 09.05.13 2136
改7502 00.12.06 7115
改7503 00.01.08 7113
改7504 08.12.19 2116
改7505 09.08.12 2120
改7506 10.02.25 2506
改7507 01.07.16 7134
改7508 08.11.06 2142
改7509 00.04.20 7135
改7510 09.03.03 2140
改7511 98.11.25 7119
改7512 01.03.27 7118
改7513 09.09.14 2513
改7514 01.02.14 7143

改7515 09.07.24 2117
改7516 00.07.21 7148
改7517 00.09.04 7149
改7518 09.02.11 2150
94~95改

改7601 09.05.13 2042
改7602 00.12.06 7072
改7603 00.01.08 7014
改7604 08.12.19 2020
改7605 09.08.12 2017
改7606 10.02.25 2606
改7607 01.07.16 7018
改7608 08.11.06 2016
改7609 00.04.20 7013
改7610 09.03.03 2040
改7611 98.11.25 7019
改7612 01.03.27 7071
改7613 09.09.14 2613
改7614 01.02.14 7037
改7615 09.07.24 2046
改7616 00.07.21 7052
改7617 00.09.04 7053
改7618 09.02.11 2051
94~95改

T 7701 近キト PSw
T 7702 近キト PSw 79
廃7703 23.04.14
T 7704 近キト PSw
廃7705 23.03.01
廃7706 23.06.29 83改
廃7707 23.07.15
T 7708 近キト PSw
T 7709 近キト PSw 02改
改7710 05.06.17 2834 03改
廃2 7710 23.09.22 05改

T 7751 近キト PSw
T 7752 近キト PSw 79
廃7753 23.04.14
T 7754 近キト PSw
廃7755 23.03.01
廃7756 23.06.29 83改
廃7757 23.07.15
T 7758 近キト PSw
T 7759 近キト PSw 02改
改7760 05.06.17 2718 03改
廃2 7760 23.09.22 05改

廃3001 97.12.19
廃3002 01.03.31 88改

☞サハ111・サロ124・サロ125・サロ113・サロ111・サロ110は2007年度までに形式消滅のため，掲載を割愛

直流通勤用

901系

モハ901 0
改 1 94.01.18 ﾓﾊ209-901
改 2 94.01.18 ﾓﾊ209-902
改 3 94.02.17 ﾓﾊ209-911
改 4 94.02.17 ﾓﾊ209-912
改 5 94.03.30 ﾓﾊ209-921
改 6 94.03.30 ﾓﾊ209-922
91

モハ900 0
改 1 94.01.18 ﾓﾊ208-901
改 2 94.01.18 ﾓﾊ208-902
改 3 94.02.17 ﾓﾊ208-911
改 4 94.02.17 ﾓﾊ208-912
改 5 94.03.30 ﾓﾊ208-921
改 6 94.03.30 ﾓﾊ208-922
91

クハ901 0
改 1 94.01.18 ｸﾊ209-901
改 2 94.02.17 ｸﾊ209-911
改 3 94.03.30 ｸﾊ209-921
91

クハ900 0
改 1 94.01.18 ｸﾊ208-901
改 2 94.02.17 ｸﾊ208-911
改 3 94.03.30 ｸﾊ208-921
91

サハ901 0
改 1 94.01.18 ｻﾊ209-901
改 2 94.01.18 ｻﾊ209-902
改 3 94.01.18 ｻﾊ209-903
改 4 94.01.18 ｻﾊ209-904
改 5 94.02.17 ｻﾊ209-911
改 6 94.02.17 ｻﾊ209-912
改 7 94.02.17 ｻﾊ209-913
改 8 94.02.17 ｻﾊ209-914
改 9 94.03.30 ｻﾊ209-921
改 10 94.03.30 ｻﾊ209-922
改 11 94.03.30 ｻﾊ209-923
改 12 94.03.30 ｻﾊ209-924
91

305系／九

モハ305 12

1	本カラ		
2	本カラ		
3	本カラ		
4	本カラ		
5	本カラ		
6	本カラ		14
101	本カラ		
102	本カラ		
103	本カラ		
104	本カラ		
105	本カラ		
106	本カラ		14

モハ304 12

1	本カラ		
2	本カラ		
3	本カラ		
4	本カラ		
5	本カラ		
6	本カラ		14
101	本カラ		
102	本カラ		
103	本カラ		
104	本カラ		
105	本カラ		
106	本カラ		14

クハ305 6

1	本カラ	SK0C	
2	本カラ	SK0C	
3	本カラ	SK0C	
4	本カラ	SK0C	
5	本カラ	SK0C	
6	本カラ	SK0C	14

クハ304 6

1	本カラ	SK0C	
2	本カラ	SK0C	
3	本カラ	SK0C	
4	本カラ	SK0C	
5	本カラ	SK0C	
6	本カラ	SK0C	14

303系／九

モハ303 6

1	本カラ		
2	本カラ		99
3	本カラ		02
101	本カラ		
102	本カラ		99
103	本カラ		02

モハ302 6

1	本カラ		
2	本カラ		99
3	本カラ		02
101	本カラ		
102	本カラ		99
103	本カラ		02

クハ303 3

1	本カラ	SK0C	
2	本カラ	SK0C	99
3	本カラ	SK0C	02

クハ302 3

1	本カラ	SK0C	
2	本カラ	SK0C	99
3	本カラ	SK0C	02

301系

クモハ300 0

廃	1	02.12.16		
廃	2	03.08.07		
廃	3	03.06.25		
廃	4	03.06.25		
廃	5	02.12.16		66
廃	6	97.07.02		
廃	7	03.05.02		
廃	8	03.05.28		68

モハ301 0

廃	1	02.12.16		
廃	2	02.12.16		
廃	3	02.12.16		
改	4	82.03.03	サハ301-101	
廃	5	03.05.02		
廃	6	03.08.07		
廃	7	03.06.25		
廃	8	03.06.25		
廃	9	03.06.25		
廃	10	03.05.28		
廃	11	03.05.28		
廃	12	03.06.25		
廃	13	98.01.05		
廃	14	03.05.02		
廃	15	02.12.16		66
廃	16	98.01.05		
廃	17	03.05.02		
廃	18	97.07.02		
廃	19	03.05.28		
廃	20	03.08.07		
廃	21	03.05.28		
廃	22	03.08.07		
廃	23	03.08.07		
廃	24	03.05.02		68

モハ300 0

廃	1	02.12.16		
廃	2	02.12.16		
改	3	82.03.03	サハ301-102	
廃	4	03.05.02		
廃	5	03.06.25		
廃	6	03.06.25		
廃	7	03.05.28		
廃	8	03.05.28		
改	9	91.10.16	サハ301-103	
廃	10	03.05.02		66
廃	11	98.01.05		
廃	12	03.05.02		
廃	13	03.05.28		
廃	14	03.08.07		
廃	15	03.08.07		
廃	16	03.08.07		68

クハ301 0

廃	1	02.12.16		
廃	2	03.05.02		
廃	3	03.06.25		
廃	4	03.06.25		
廃	5	02.12.16		66
廃	6	97.07.02		
廃	7	03.05.28		
廃	8	03.08.07		68

サハ301 0

廃	101	03.08.07		
廃	102	03.05.28		82改
廃	103	03.05.02		91改

209系／東

モハ209 113

廃	1	08.01.21		
廃	2	08.01.21		
改	3	08.10.08	モヤ209-3	
改	4	08.10.08	モヤ209-4	
廃	5	08.02.22		
廃	6	08.02.22		
廃	7	08.02.07		
廃	8	08.02.07		
廃	9	08.03.12		
廃	10	08.03.12		
廃	11	08.03.28		
廃	12	08.03.28		
廃	13	08.04.16		
廃	14	08.04.16		
廃	15	08.04.23		
廃	16	08.04.23		
廃	17	08.05.09		
廃	18	08.05.09		
廃	19	08.05.21		
廃	20	08.05.21		
廃	21	08.07.16		
廃	22	08.07.16		
廃	23	08.05.14		
廃	24	08.05.14		
廃	25	09.09.11		
廃	26	09.09.11		92
廃	27	08.09.10		
廃	28	08.09.10		
廃	29	08.08.27		
廃	30	08.08.27		
廃	31	08.09.17		
廃	32	08.09.17		
廃	33	08.10.01		
廃	34	08.10.01		
廃	35	08.10.16		
廃	36	08.10.16		
廃	37	08.11.05		
廃	38	08.11.05		
廃	39	08.04.09		
廃	40	08.04.09		
廃	41	08.12.03		
廃	42	08.12.03		
廃	43	08.12.17		
廃	44	08.12.17		
改	45	09.05.14	2201	
改	46	09.05.14	2202	93
廃	47	09.01.15		
廃	48	09.01.15		
改	49	09.07.06	2203	
改	50	09.07.06	2204	
改	51	10.09.09	2101	
改	52	10.09.09	2102	
廃	53	09.02.04		
廃	54	09.02.04		
廃	55	08.02.27		
廃	56	08.02.27		
改	57	09.10.09	2165	
改	58	10.01.08	2166	
廃	59	09.03.04		
廃	60	09.03.04		
改	61	10.04.09	2167	
改	62	10.08.12	2168	
廃	63	09.04.02		
廃	64	09.04.02		
改	65	12.08.07	2121	
改	66	12.08.07	2122	
廃	67	08.03.06		
廃	68	08.03.06		
改	69	09.11.09	2103	
改	70	09.11.09	2104	
改	71	09.12.01	2177	
改	72	10.02.09	2178	94
改	73	09.06.10	2169	
改	74	09.10.16	2170	
廃	75	07.12.15		
廃	76	07.12.15		
改	77	10.06.08	2171	
改	78	10.11.11	2172	
改	79	11.01.13	2173	
改	80	11.03.10	2174	
改	81	09.08.27	2105	
改	82	09.08.27	2106	
改	83	09.09.26	2107	
改	84	09.09.26	2108	
改	85	12.07.11	2109	
改	86	12.07.11	2110	
改	87	09.11.18	2111	
改	88	09.11.18	2112	
改	89	09.12.21	2113	
改	90	09.12.21	2114	
改	91	10.02.10	2115	
改	92	10.02.10	2116	
改	93	10.02.01	2205	
改	94	10.02.01	2206	
改	95	11.05.25	2117	
改	96	11.05.25	2118	
改	97	10.11.19	2119	
改	98	10.11.19	2120	95
改	99	11.05.19	2179	
改	100	11.06.23	2180	
改	101	11.02.21	2181	
改	102	10.12.18	2182	
改	103	12.06.18	2125	
改	104	12.06.18	2126	
改	105	12.07.13	2127	
改	106	12.07.13	2128	
改	107	10.08.10	2183	
改	108	10.09.28	2184	
改	109	10.08.30	2185	
改	110	11.09.09	2186	
改	111	12.10.31	2129	
改	112	12.10.31	2130	
改	113	12.09.27	2131	
改	114	12.09.27	2132	
改	115	11.07.25	2143	
改	116	11.07.25	2144	
改	117	10.06.21	2133	
改	118	10.06.21	2134	
改	119	13.03.07	2135	
改	120	13.03.07	2136	
改	121	10.08.25	2187	
改	122	10.09.15	2188	
改	123	10.07.03	2145	
改	124	10.07.03	2146	
改	125	10.04.07	2147	
改	126	10.04.07	2148	
改	127	11.08.02	2191	
改	128	11.06.27	2192	
改	129	10.07.28	2149	
改	130	10.07.28	2150	
改	131	10.05.25	2151	
改	132	10.05.25	2152	
改	133	10.03.26	2193	
改	134	10.11.02	2194	
廃	135	15.03.04		
廃	136	15.03.04		96
改	137	09.07.29	2103	
改	138	09.07.29	2104	
改	139	13.01.11	2137	
改	140	13.01.11	2138	
改	141	11.10.13	2141	
改	142	11.10.13	2142	
改	143	10.04.02	2189	
改	144	11.03.29	2190	
改	145	12.09.05	2139	
改	146	12.09.05	2140	
改	147	09.07.07	2157	
改	148	11.06.14	2158	

改 149 09.10.08 2155
改 150 09.08.04 2156
改 151 10.02.02 2153
改 152 09.12.09 2154
改 153 11.01.19 2159
改 154 10.11.19 2160
改 155 09.08.11 2161
改 156 09.07.07 2162
改 157 11.05.11 2163
改 158 11.04.13 2164
改 159 11.07.29 2175
改 160 11.06.15 2176 97

廃 501 17.11.01
改 502 18.01.15 3501
廃 503 17.11.16
改 504 18.03.19 3502
廃 505 18.03.08
改 506 18.06.07 3503
廃 507 18.04.18
改 508 18.07.05 3504
廃 509 18.06.13
改 510 18.09.26 3505
511 都ケヨ
512 都ケヨ
513 都ケヨ
514 都ケヨ
515 都ケヨ
516 都ケヨ
517 都ケヨ
518 都ケヨ 98
519 都ケヨ
520 都ケヨ
521 都ケヨ
522 都ケヨ
523 都ケヨ
524 都ケヨ
525 都ケヨ
526 都ケヨ
527 都ケヨ
528 都ケヨ
529 都ケヨ
530 都ケヨ
531 都ケヨ
532 都ケヨ
533 都ケヨ
534 都ケヨ 99

廃 901 08.01.12
廃 902 08.01.12 93改

廃 911 08.01.24
廃 912 08.01.24 93改

廃 921 07.12.22
廃 922 07.12.22 93改

改 951 00.06.13 モハE231-901
改 952 00.06.13 モハE231-902
98

1001 都トタ
1002 都トタ
1003 都トタ
1004 都トタ
1005 都トタ
1006 都トタ 99

廃2101 21.12.23
廃2102 21.11.23
2103 都マリ
2104 都マリ
2105 都マリ
2106 都マリ
2107 都マリ
2108 都マリ
廃2109 21.04.23
2110 都マリ
2111 都マリ
2112 都マリ
2113 都マリ
2114 都マリ
2115 都マリ
2116 都マリ
廃2117 21.07.06
廃2118 21.07.06
2119 都マリ
2120 都マリ
廃2121 21.04.29
2122 都マリ
廃2123 21.04.29
廃2124 21.04.29
廃2125 21.05.13
2126 都マリ
廃2127 21.04.29
2128 都マリ
2129 都マリ
2130 都マリ
廃2131 21.04.23
2132 都マリ
2133 都マリ
2134 都マリ
廃2135 21.04.23
廃2136 21.04.23
廃2137 21.12.23
廃2138 21.12.23
廃2139 21.05.13
2140 都マリ
2141 都マリ
2142 都マリ
2143 都マリ
2144 都マリ
2145 都マリ
2146 都マリ
2147 都マリ
2148 都マリ
2149 都マリ
2150 都マリ
廃2151 21.05.13
廃2152 21.05.13
2153 都マリ
2154 都マリ
2155 都マリ
2156 都マリ
2157 都マリ
2158 都マリ
2159 都マリ
2160 都マリ
2161 都マリ
2162 都マリ
2163 都マリ
2164 都マリ
2165 都マリ
2166 都マリ
2167 都マリ
2168 都マリ
2169 都マリ
2170 都マリ
2171 都マリ
2172 都マリ
2173 都マリ
2174 都マリ
2175 都マリ
2176 都マリ
2177 都マリ
2178 都マリ
2179 都マリ
2180 都マリ
2181 都マリ
2182 都マリ
2183 都マリ
2184 都マリ
2185 都マリ
2186 都マリ
2187 都マリ
2188 都マリ
2189 都マリ
2190 都マリ
2191 都マリ
2192 都マリ
2193 都マリ 09～
2194 都マリ 12改

廃2201 15.02.18
廃2202 15.02.18
2203 都マリ
2204 都マリ
廃2205 15.02.04
廃2206 15.02.04 09改

廃3001 20.02.08
廃3002 18.09.21
廃3003 20.03.05
廃3004 20.04.03 95

廃3101 22.06.01
廃3102 22.05.21 04

3501 都ハエ
3502 都ハエ
3503 都ハエ
3504 都ハエ 17～
3505 都ハエ 18改

モハ208 113

廃 1 08.01.21
廃 2 08.01.21
改 3 08.10.08 モヤ208-3
改 4 08.10.08 モヤ208-4
廃 5 08.02.22
廃 6 08.02.22
廃 7 08.02.07
廃 8 08.02.07
廃 9 08.03.12
廃 10 08.03.12
廃 11 08.03.28
廃 12 08.03.28
廃 13 08.04.16
廃 14 08.04.16
廃 15 08.04.23
廃 16 08.04.23
廃 17 08.05.09
廃 18 08.05.09
廃 19 08.05.21
廃 20 08.05.21
廃 21 08.07.16
廃 22 08.07.16
廃 23 08.05.14
廃 24 08.05.14
廃 25 09.09.11
廃 26 09.09.11 92
廃 27 08.09.10
廃 28 08.09.10
廃 29 08.08.27
廃 30 08.08.27
廃 31 08.09.17
廃 32 08.09.17
廃 33 08.10.01
廃 34 08.10.01
廃 35 08.10.16
廃 36 08.10.16
廃 37 08.11.05
廃 38 08.11.05
廃 39 08.04.09
廃 40 08.04.09
廃 41 08.12.03
廃 42 08.12.03
廃 43 08.12.17
廃 44 08.12.17
改 45 09.05.14 2201
改 46 09.05.14 2202 93
廃 47 09.01.15
廃 48 09.01.15
改 49 09.07.06 2203
改 50 09.07.06 2204
改 51 10.09.09 2101
改 52 10.09.09 2102
廃 53 09.02.04
廃 54 09.02.04
廃 55 08.02.27
廃 56 08.02.27
改 57 09.10.09 2165
改 58 10.01.08 2166
廃 59 09.03.04
廃 60 09.03.04
改 61 10.04.09 2167
改 62 10.08.12 2168
廃 63 09.04.02
廃 64 09.04.02
改 65 12.08.07 2121
改 66 12.08.07 2122
廃 67 08.03.06
廃 68 08.03.06
改 69 09.11.09 2103
改 70 09.11.09 2104
改 71 09.12.01 2177
改 72 10.02.09 2178 94
改 73 09.06.10 2169
改 74 09.10.16 2170
廃 75 07.12.15
廃 76 07.12.15
改 77 10.06.08 2171
改 78 10.11.11 2172
改 79 11.01.13 2173
改 80 11.03.10 2174
改 81 09.08.27 2105
改 82 09.08.27 2106
改 83 09.09.26 2107
改 84 09.09.26 2108
改 85 12.07.11 2109
改 86 12.07.11 2110
改 87 09.11.18 2111
改 88 09.11.18 2112
改 89 09.12.21 2113
改 90 09.12.21 2114
改 91 10.02.10 2115
改 92 10.02.10 2116
改 93 10.02.01 2205
改 94 10.02.01 2206
改 95 11.05.25 2117
改 96 11.05.25 2118
改 97 10.11.19 2119
改 98 10.11.19 2120 95
改 99 11.05.19 2179
改 100 11.06.23 2180
改 101 11.02.21 2181
改 102 10.12.18 2182
改 103 12.06.18 2125
改 104 12.06.18 2126
改 105 12.07.13 2127
改 106 12.07.13 2128
改 107 10.08.10 2183
改 108 10.09.28 2184
改 109 10.08.30 2185
改 110 11.09.09 2186
改 111 12.10.31 2129
改 112 12.10.31 2130
改 113 12.09.27 2131
改 114 12.09.27 2132
改 115 11.07.25 2143
改 116 11.07.25 2144
改 117 10.06.21 2133
改 118 10.06.21 2134
改 119 13.03.07 2135
改 120 13.03.07 2136
改 121 10.08.25 2187
改 122 10.09.15 2188
改 123 10.07.03 2145
改 124 10.07.03 2146
改 125 10.04.07 2147
改 126 10.04.07 2148
改 127 11.08.02 2191
改 128 11.06.27 2192
改 129 10.07.28 2149
改 130 10.07.28 2150
改 131 10.05.25 2151
改 132 10.05.25 2152
改 133 10.03.26 2193
改 134 10.11.02 2194
廃 135 15.03.04
廃 136 15.03.04 96
改 137 09.07.29 2103
改 138 09.07.29 2104
改 139 13.01.11 2137
改 140 13.01.11 2138
改 141 11.10.13 2141
改 142 11.10.13 2142
改 143 10.04.02 2189
改 144 11.03.29 2190
改 145 12.09.05 2139
改 146 12.09.05 2140
改 147 09.07.07 2157
改 148 11.06.14 2158
改 149 09.10.08 2155
改 150 09.08.04 2156

改 151 10.02.02 2153
改 152 09.12.09 2154
改 153 11.01.19 2159
改 154 10.11.19 2160
改 155 09.08.11 2161
改 156 09.07.07 2162
改 157 11.05.11 2163
改 158 11.04.13 2164
改 159 11.07.29 2175
改 160 11.06.15 2176 97

廃 501 17.11.01
改 502 18.01.15 3501
廃 503 17.11.16
改 504 18.03.19 3502
廃 505 18.03.08
改 506 18.06.07 3503
廃 507 18.04.18
改 508 18.07.05 3504
廃 509 18.06.13
改 510 18.09.26 3505
511 都ケヨ
512 都ケヨ
513 都ケヨ
514 都ケヨ
515 都ケヨ
516 都ケヨ
517 都ケヨ
518 都ケヨ 98
519 都ケヨ
520 都ケヨ
521 都ケヨ
522 都ケヨ
523 都ケヨ
524 都ケヨ
525 都ケヨ
526 都ケヨ
527 都ケヨ
528 都ケヨ
529 都ケヨ
530 都ケヨ
531 都ケヨ
532 都ケヨ
533 都ケヨ
534 都ケヨ 99

廃 901 08.01.12
廃 902 08.01.12 93改

廃 911 08.01.24
廃 912 08.01.24 93改

廃 921 07.12.22
廃 922 07.12.22 93改

改 951 00.06.13 モハE230-901
改 952 00.06.13 モハE230-902
98

1001 都トタ
1002 都トタ
1003 都トタ
1004 都トタ
1005 都トタ
1006 都トタ 99

廃2101 21.12.23
廃2102 21.11.23
2103 都マリ
2104 都マリ
2105 都マリ
2106 都マリ
2107 都マリ
2108 都マリ
廃2109 21.04.23
2110 都マリ
2111 都マリ
2112 都マリ
2113 都マリ
2114 都マリ
2115 都マリ
2116 都マリ
廃2117 21.07.06
廃2118 21.07.06
2119 都マリ
2120 都マリ
廃2121 21.04.29
2122 都マリ
廃2123 21.04.29
廃2124 21.04.29
廃2125 21.05.13
2126 都マリ
廃2127 21.04.29
2128 都マリ
2129 都マリ
2130 都マリ
廃2131 21.04.23
2132 都マリ
2133 都マリ
2134 都マリ
廃2135 21.04.23
廃2136 21.04.23
廃2137 21.12.23
廃2138 21.12.23
廃2139 21.05.13
2140 都マリ
2141 都マリ
2142 都マリ
2143 都マリ
2144 都マリ
2145 都マリ
2146 都マリ
2147 都マリ
2148 都マリ
2149 都マリ
2150 都マリ
廃2151 21.05.13
廃2152 21.05.13
2153 都マリ
2154 都マリ
2155 都マリ
2156 都マリ
2157 都マリ
2158 都マリ
2159 都マリ
2160 都マリ
2161 都マリ
2162 都マリ
2163 都マリ
2164 都マリ
2165 都マリ
2166 都マリ
2167 都マリ
2168 都マリ
2169 都マリ
2170 都マリ
2171 都マリ
2172 都マリ
2173 都マリ
2174 都マリ
2175 都マリ
2176 都マリ
2177 都マリ
2178 都マリ
2179 都マリ
2180 都マリ
2181 都マリ
2182 都マリ
2183 都マリ
2184 都マリ
2185 都マリ
2186 都マリ
2187 都マリ
2188 都マリ
2189 都マリ
2190 都マリ
2191 都マリ
2192 都マリ
2193 都マリ 09～
2194 都マリ 12改

廃2201 15.02.18
廃2202 15.02.18
2203 都マリ
2204 都マリ
廃2205 15.02.04
廃2206 15.02.04 09改

廃3001 20.02.08
廃3002 18.09.21
廃3003 20.03.05
廃3004 20.04.03 95

廃3101 22.06.01
廃3102 22.05.21 04

3501 都ハエ
3502 都ハエ
3503 都ハエ
3504 都ハエ 17～
3505 都ハエ 18改

クハ209 82

廃 1 08.01.21
改 2 08.10.08 クヤ209-2
廃 3 08.02.22
廃 4 08.02.07
廃 5 08.03.12
改 6 10.08.10 2006
廃 7 09.12.25
改 8 11.05.19 2004
改 9 10.04.02 2008
改 10 10.08.30 2007
改 11 09.12.01 2003
改 12 11.01.19 2001
廃 13 09.09.11 92
改 14 11.02.21 2005
改 15 09.08.11 2002
改 16 10.03.26 2009
改 17 11.05.11 2135
改 18 10.08.25 2154
改 19 11.08.02 2157
改 20 09.07.07 2131
改 21 09.10.09 2137
改 22 10.04.09 2139
改 23 09.05.14 2201 93
改 24 09.06.10 2141
改 25 09.07.06 2202
改 26 10.09.09 2101
改 27 10.06.08 2143
改 28 10.02.02 2127
改 29 10.01.08 2138
改 30 11.01.13 2145
改 31 10.08.12 2140
改 32 11.07.29 2147
改 33 12.08.07 2111
改 34 09.10.08 2129
改 35 09.11.09 2112
改 36 10.02.09 2149 94
改 37 09.10.16 2142
廃 38 07.12.15
改 39 10.11.11 2144
改 40 11.03.10 2146
改 41 09.08.27 2103
改 42 09.09.26 2104
改 43 12.07.11 2105
改 44 09.11.18 2106
改 45 09.12.21 2107
改 46 10.02.01 2108
改 47 10.02.01 2203
改 48 11.05.25 2109
改 49 10.11.19 2110 95
改 50 11.06.23 2150
改 51 10.12.18 2151
改 52 12.06.18 2113
改 53 12.07.13 2114
改 54 10.09.28 2152
改 55 11.09.09 2153
改 56 12.10.31 2115
改 57 12.09.27 2116
改 58 11.07.25 2122
改 59 10.06.21 2117
改 60 13.03.07 2118
改 61 10.09.15 2155
改 62 10.07.03 2123
改 63 10.04.07 2124
改 64 11.06.27 2158
改 65 10.07.28 2125
改 66 10.05.25 2126
改 67 10.11.02 2159
廃 68 15.03.04 96
改 69 09.07.29 2102
改 70 13.01.11 2119
改 71 11.10.13 2121
改 72 11.03.29 2156
改 73 12.09.05 2120
改 74 11.06.14 2132
改 75 09.08.04 2130
改 76 09.12.09 2128
改 77 10.11.19 2133
改 78 09.07.07 2134
改 79 11.04.13 2136
改 80 11.06.15 2148 97

改 501 18.01.15 3501
改 502 18.03.19 3502
改 503 18.06.07 3502
改 504 18.07.05 3504
改 505 18.09.26 3505
506 都ケヨ PSN
507 都ケヨ PSN
508 都ケヨ PSN
509 都ケヨ PSN 98
510 都ケヨ PSN
511 都ケヨ PSN
512 都ケヨ PSN
513 都ケヨ PSN
514 都ケヨ PSN
515 都ケヨ PSN
516 都ケヨ PSN
517 都ケヨ PSN 99

廃 901 10.03.23 東京総
93改

廃 911 08.01.24 93改

廃 921 07.12.22 93改

改 951 00.06.13 クハE231-901
98

1001 都トタ PSN
1002 都トタ PSN 99

2001 都マリ PSN
2002 都マリ PSN
2003 都マリ PSN
2004 都マリ PSN
2005 都マリ PSN
2006 都マリ PSN
2007 都マリ PSN
2008 都マリ PSN 09～
2009 都マリ PSN 10改

廃2101 21.11.23
2102 都マリ PSN
2103 都マリ PSN
2104 都マリ PSN
2105 都マリ PSN
2106 都マリ PSN
2107 都マリ PSN
2108 都マリ PSN
廃2109 21.07.06
2110 都マリ PSN
2111 都マリ PSN
廃2112 21.04.29
2113 都マリ PSN
2114 都マリ PSN
2115 都マリ PSN
2116 都マリ PSN
2117 都マリ PSN
廃2118 21.04.23
廃2119 21.12.23
2120 都マリ PSN
2121 都マリ PSN
2122 都マリ PSN
2123 都マリ PSN
2124 都マリ PSN
2125 都マリ PSN
廃2126 21.05.13
2127 都マリ PSN

2128 都マリ PSN
2129 都マリ PSN
2130 都マリ PSN
2131 都マリ PSN
2132 都マリ PSN
2133 都マリ PSN
2134 都マリ PSN
2135 都マリ PSN
2136 都マリ PSN
2137 都マリ PSN
2138 都マリ PSN
2139 都マリ PSN
2140 都マリ PSN
2141 都マリ PSN
2142 都マリ PSN
2143 都マリ PSN
2144 都マリ PSN
2145 都マリ PSN
2146 都マリ PSN
2147 都マリ PSN
2148 都マリ PSN
2149 都マリ PSN
2150 都マリ PSN
2151 都マリ PSN
2152 都マリ PSN
2153 都マリ PSN
2154 都マリ PSN
2155 都マリ PSN
2156 都マリ PSN
2157 都マリ PSN
2158 都マリ PSN 09~
2159 都マリ PSN 12改

廃2201 15.02.18
2202 都マリ PSN
廃2203 15.02.04 09改

廃3001 20.02.08
廃3002 18.09.21
廃3003 20.03.05
廃3004 20.04.03 95

廃3101 22.06.01
廃3102 22.05.21 04

3501 都ハエ P
3502 都ハエ P
3503 都ハエ P
3504 都ハエ P 17~
3505 都ハエ P 18改

クハ208 82

廃 1 08.01.21
改 2 08.10.08クヤ208-2
廃 3 08.02.22
廃 4 08.02.07
廃 5 08.03.12
改 6 10.08.10 2006
廃 7 09.12.25
改 8 11.05.19 2004
改 9 10.04.02 2008
改 10 10.08.30 2007
改 11 09.12.01 2003
改 12 11.01.19 2001
廃 13 09.09.11 92
改 14 11.02.21 2005
改 15 09.08.11 2002
改 16 10.03.26 2009
改 17 11.05.11 2135
改 18 10.08.25 2154
改 19 11.08.02 2157
改 20 09.07.07 2131
改 21 09.10.09 2137
改 22 10.04.09 2139
改 23 09.05.14 2201 93
改 24 09.06.10 2141
改 25 09.07.06 2202
改 26 10.09.09 2101
改 27 10.06.08 2143
改 28 10.02.02 2127
改 29 10.01.08 2138
改 30 11.01.13 2145
改 31 10.08.12 2140
改 32 11.07.29 2147
改 33 12.08.07 2111
改 34 09.10.08 2129
改 35 09.11.09 2112
改 36 10.02.09 2149 94
改 37 09.10.16 2142
廃 38 07.12.15
改 39 10.11.11 2144
改 40 11.03.10 2146
改 41 09.08.27 2103
改 42 09.09.26 2104
改 43 12.07.11 2105
改 44 09.11.18 2106
改 45 09.12.21 2107
改 46 10.02.01 2108
改 47 10.02.01 2203
改 48 11.05.25 2109
改 49 10.11.19 2110 95
改 50 11.06.23 2150
改 51 10.12.18 2151
改 52 12.06.18 2113
改 53 12.07.13 2114
改 54 10.09.28 2152
改 55 11.09.09 2153
改 56 12.10.31 2115
改 57 12.09.27 2116
改 58 11.07.25 2122
改 59 10.06.21 2117
改 60 13.03.07 2118
改 61 10.09.15 2155
改 62 10.07.03 2123
改 63 10.04.07 2124
改 64 11.06.27 2158
改 65 10.07.28 2125
改 66 10.05.25 2126
改 67 10.11.02 2159
廃 68 15.03.04 96
改 69 09.07.29 2102
改 70 13.01.11 2119
改 71 11.10.13 2121
改 72 11.03.29 2156
改 73 12.09.05 2120
改 74 11.06.14 2132
改 75 09.08.04 2130
改 76 09.12.09 2128
改 77 10.11.19 2133
改 78 09.07.07 2134
改 79 11.04.13 2136
改 80 11.06.15 2148 97

改 501 18.01.15 3501
改 502 18.03.19 3502
改 503 18.06.07 3503
改 504 18.07.05 3504
改 505 18.09.26 3505
506 都ケヨ PSN
507 都ケヨ PSN
508 都ケヨ PSN
509 都ケヨ PSN 98
510 都ケヨ PSN
511 都ケヨ PSN
512 都ケヨ PSN
513 都ケヨ PSN
514 都ケヨ PSN
515 都ケヨ PSN
516 都ケヨ PSN
517 都ケヨ PSN 99

廃 901 08.01.12 93改

廃 911 08.01.24 93改

廃 921 07.12.22 93改

改 951 00.06.13クハE230-901
98

1001 都トタ PSN
1002 都トタ PSN 99

2001 都マリ PSN
2002 都マリ PSN
2003 都マリ PSN
2004 都マリ PSN
2005 都マリ PSN
2006 都マリ PSN
2007 都マリ PSN
2008 都マリ PSN 09~
2009 都マリ PSN 10改

廃2101 21.11.23
2102 都マリ PSN
2103 都マリ PSN
2104 都マリ PSN
2105 都マリ PSN
2106 都マリ PSN
2107 都マリ PSN
2108 都マリ PSN
廃2109 21.07.06
2110 都マリ PSN
2111 都マリ PSN
廃2112 21.04.29
2113 都マリ PSN
2114 都マリ PSN
2115 都マリ PSN
2116 都マリ PSN
2117 都マリ PSN
廃2118 21.04.23
廃2119 21.12.23
2120 都マリ PSN
2121 都マリ PSN
2122 都マリ PSN
2123 都マリ PSN
2124 都マリ PSN
2125 都マリ PSN
廃2126 21.05.13
2127 都マリ PSN
2128 都マリ PSN
2129 都マリ PSN
2130 都マリ PSN
2131 都マリ PSN
2132 都マリ PSN
2133 都マリ PSN
2134 都マリ PSN
2135 都マリ PSN
2136 都マリ PSN
2137 都マリ PSN
2138 都マリ PSN
2139 都マリ PSN
2140 都マリ PSN
2141 都マリ PSN
2142 都マリ PSN
2143 都マリ PSN
2144 都マリ PSN
2145 都マリ PSN
2146 都マリ PSN
2147 都マリ PSN
2148 都マリ PSN
2149 都マリ PSN
2150 都マリ PSN
2151 都マリ PSN
2152 都マリ PSN
2153 都マリ PSN
2154 都マリ PSN
2155 都マリ PSN
2156 都マリ PSN
2157 都マリ PSN
2158 都マリ PSN 09~
2159 都マリ PSN 12改

廃2201 15.02.18
2202 都マリ PSN
廃2203 15.02.04 09改

廃3001 20.02.08
廃3002 18.09.21
廃3003 20.03.05
廃3004 20.04.03 95

廃3101 22.06.01
廃3102 22.05.21 04

3501 都ハエ P
3502 都ハエ P
3503 都ハエ P
3504 都ハエ P 17~
3505 都ハエ P 18改

サハ209 30

廃 1 08.01.21
廃 2 10.02.18
廃 3 08.01.21
廃 4 08.01.21
廃 5 08.07.02
廃 6 09.09.16
廃 7 08.07.02
改 8 08.10.08サヤ209-8
廃 9 08.02.22
廃 10 09.09.02
廃 11 08.02.22
廃 12 08.02.22
廃 13 08.02.07
廃 14 09.08.26
廃 15 08.02.07
廃 16 08.02.07
廃 17 08.03.12
廃 18 09.09.09
廃 19 08.03.12
廃 20 08.03.12
廃 21 08.03.28
廃 22 09.11.11
廃 23 08.03.28
廃 24 08.03.28
廃 25 08.04.16
廃 26 09.12.09
廃 27 08.04.16
廃 28 08.04.16
廃 29 08.04.23
廃 30 09.09.30
廃 31 08.04.23
廃 32 08.04.23
廃 33 08.05.09
廃 34 09.11.18
廃 35 08.05.09
廃 36 08.05.09
廃 37 08.05.21
廃 38 09.12.16
廃 39 08.05.21
廃 40 08.05.21
廃 41 08.07.16
廃 42 09.11.26
廃 43 08.07.16
廃 44 08.07.16
廃 45 08.05.14
廃 46 10.02.03
廃 47 08.05.14
廃 48 08.05.14 92
廃 49 08.09.10
廃 50 09.07.20
廃 51 08.09.10
廃 52 08.09.10
廃 53 08.08.27
廃 54 09.07.29
廃 55 08.08.27
廃 56 08.08.27
廃 57 08.09.17
廃 58 09.08.05
廃 59 08.09.17
廃 60 08.09.17
廃 61 08.10.01
廃 62 09.09.16
廃 63 08.10.01
廃 64 08.10.01
廃 65 08.10.16
廃 66 09.09.02
廃 67 08.10.16
廃 68 08.10.16
廃 69 09.11.05
廃 70 09.08.26
廃 71 09.11.05
廃 72 09.11.05
廃 73 08.04.09
廃 74 09.11.11
廃 75 08.04.09

廃 76 08.04.09
廃 77 08.12.03
廃 78 09.08.19
廃 79 08.12.03
廃 80 08.12.03
廃 81 08.12.17
廃 82 09.08.19
廃 83 08.12.17
廃 84 08.12.17
廃 85 08.10.29
廃 86 09.12.09
廃 87 08.10.29
廃 88 08.10.29 93
廃 89 09.01.15
廃 90 09.09.30
廃 91 09.01.15
廃 92 09.01.15
廃 93 08.11.13
廃 94 09.11.18
廃 95 08.11.13
廃 96 08.11.13
廃 97 08.11.27
廃 98 09.12.16
廃 99 08.11.27
廃 100 08.11.27
廃 101 09.02.04
廃 102 09.11.26
廃 103 09.02.04
廃 104 09.02.04
廃 105 08.02.27
廃 106 10.02.03
廃 107 08.02.27
廃 108 08.02.27
廃 109 08.12.10
廃 110 09.08.12
廃 111 08.12.10
廃 112 08.12.10
廃 113 09.03.04
廃 114 09.08.12
廃 115 09.03.04
廃 116 09.03.04
廃 117 08.12.24
廃 118 09.12.28
廃 119 08.12.24
廃 120 08.12.24
廃 121 09.04.02
廃 122 09.07.20
廃 123 09.04.02
廃 124 09.04.02
廃 125 09.07.01
廃 126 09.07.29
廃 127 09.07.01
廃 128 09.07.01
廃 129 08.03.06
廃 130 09.08.05
廃 131 08.03.06
廃 132 08.03.06
廃 133 09.07.08
廃 134 10.02.18
廃 135 09.07.08
廃 136 09.07.08
廃 137 09.07.15
廃 138 09.09.09
廃 139 09.07.15
廃 140 09.07.15 94
廃 141 09.01.21
廃 142 09.01.21
廃 143 09.01.21
廃 144 07.12.15
廃 145 07.12.15
廃 146 07.12.15
廃 147 09.02.18
廃 148 09.02.18
廃 149 09.02.18
廃 150 09.03.18

廃 151 09.03.18
廃 152 09.03.18
廃 153 09.04.22
廃 154 09.04.22
廃 155 09.04.22
廃 156 09.05.02
廃 157 09.05.02
廃 158 09.05.02
廃 159 09.05.13
廃 160 09.05.13
廃 161 09.05.13
廃 162 09.05.20
廃 163 09.05.20
廃 164 09.05.20
廃 165 09.05.27
廃 166 09.05.27
廃 167 09.05.27
廃 168 09.06.03
廃 169 09.06.03
廃 170 09.06.03
廃 171 09.06.07
廃 172 09.06.07
廃 173 09.06.07
廃 174 09.06.18
廃 175 09.06.18
廃 176 09.06.18
廃 177 09.06.24
廃 178 09.06.24
廃 179 09.06.24 95
廃 180 09.07.20
廃 181 09.07.29
廃 182 09.08.05
廃 183 10.02.18
廃 184 09.09.16
廃 185 09.08.26
廃 186 09.09.02
廃 187 09.09.09
廃 188 09.11.11
廃 189 09.08.19
廃 190 09.12.09
廃 191 09.09.30
廃 192 09.11.18
廃 193 09.12.16
廃 194 09.11.26
廃 195 10.02.03
廃 196 09.08.12
廃 197 09.12.28
廃 198 09.12.28 96
廃 199 09.04.08
廃 200 09.04.08
廃 201 09.04.08
廃 202 09.10.15
廃 203 09.10.15
廃 204 09.10.15
廃 205 09.10.28
廃 206 09.10.28
廃 207 09.10.28
廃 208 09.10.07
廃 209 09.10.07
廃 210 09.10.07
廃 211 09.10.21
廃 212 09.10.21
廃 213 09.10.21
廃 214 08.07.30
廃 215 08.07.30
廃 216 08.07.30
廃 217 08.07.24
廃 218 08.07.24
廃 219 08.07.24
廃 220 08.08.06
廃 221 08.08.06
廃 222 08.08.06
廃 223 08.08.20
廃 224 08.08.20
廃 225 08.08.20

廃 226 08.09.03
廃 227 08.09.03
廃 228 08.09.03
廃 229 08.10.08
廃 230 08.10.08
廃 231 08.10.08
廃 232 09.04.02
廃 233 09.04.02
廃 234 09.04.02 97

廃 501 17.11.01
廃 502 17.11.01
廃 503 17.11.01
廃 504 17.11.01
廃 505 17.11.16
廃 506 17.11.16
廃 507 17.11.16
廃 508 17.11.16
廃 509 18.03.08
廃 510 18.03.08
廃 511 18.03.08
廃 512 18.03.08
廃 513 18.04.18
廃 514 18.04.18
廃 515 18.04.18
廃 516 18.04.18
廃 517 18.06.13
廃 518 18.06.13
廃 519 18.06.13
廃 520 18.06.13
521 都ケヨ
522 都ケヨ
廃 523 18.04.05
廃 524 18.04.05
525 都ケヨ
526 都ケヨ
廃 527 18.06.09
廃 528 18.06.09
529 都ケヨ
530 都ケヨ
廃 531 18.10.17
廃 532 18.10.17
533 都ケヨ
534 都ケヨ
廃 535 18.08.10
廃 536 18.08.10 98
537 都ケヨ
538 都ケヨ
廃 539 19.02.21
廃 540 19.20.21
541 都ケヨ
542 都ケヨ
廃 543 19.04.25
廃 544 19.04.25
545 都ケヨ
546 都ケヨ
廃 547 18.12.16
廃 548 18.12.16
549 都ケヨ
550 都ケヨ
廃 551 10.10.02
廃 552 10.10.02
553 都ケヨ
554 都ケヨ
廃 555 11.01.15
廃 556 11.01.15
557 都ケヨ
558 都ケヨ
廃 559 10.09.01
廃 560 10.09.01
561 都ケヨ
562 都ケヨ
廃 563 18.02.15
廃 564 18.02.15
565 都ケヨ
566 都ケヨ
567 都ケヨ
568 都ケヨ 99

廃 901 07.10.06
廃 902 08.01.12
廃 903 08.01.12
廃 904 08.01.12 93改

廃 911 08.01.24
廃 912 08.01.24
廃 913 08.01.24
廃 914 08.01.24 93改

廃 921 07.12.22
廃 922 07.12.22
廃 923 07.12.22
廃 924 07.12.22 93改

改 951 00.06.13サハE231-901
改 952 00.06.13サハE231-902
改 953 00.06.13サハE231-903
98

1001 都トタ
1002 都トタ
1003 都トタ
1004 都トタ 99

サハ208 0

廃 1 09.01.21
廃 2 07.12.15
廃 3 09.02.18
廃 4 09.03.18
廃 5 09.04.22
廃 6 09.05.02
廃 7 09.05.13
廃 8 09.05.20
廃 9 09.05.27
廃 10 09.06.03
廃 11 09.06.07
廃 12 09.06.18
廃 13 09.06.24 95
廃 14 08.01.21
廃 15 08.07.02
廃 16 08.02.22
廃 17 08.02.07
廃 18 08.03.12
廃 19 08.03.28
廃 20 08.04.16
廃 21 08.04.23
廃 22 08.05.09
廃 23 08.05.21
廃 24 08.07.16
廃 25 08.05.14
廃 26 08.09.10
廃 27 08.08.27
廃 28 08.09.17
廃 29 08.10.01
廃 30 08.10.16
廃 31 08.11.05
廃 32 08.04.09
廃 33 08.12.03
廃 34 08.12.17
廃 35 08.10.29
廃 36 09.01.15
廃 37 08.11.05
廃 38 08.11.27
廃 39 09.02.04
廃 40 08.02.27
廃 41 08.12.10
廃 42 09.03.04
廃 43 08.12.24
廃 44 09.04.02
廃 45 09.07.01
廃 46 08.03.06
廃 47 09.07.08
廃 48 09.07.15
廃 49 09.07.20
廃 50 09.07.29
廃 51 09.08.05
廃 52 10.02.18
廃 53 09.09.16
廃 54 09.08.26
廃 55 09.09.02
廃 56 09.09.16
廃 57 09.11.11
廃 58 09.08.19
廃 59 09.12.09
廃 60 09.09.30
廃 61 09.11.18
廃 62 09.12.16
廃 63 09.11.26
廃 64 10.02.03
廃 65 09.08.12
廃 66 09.02.28 96
廃 67 09.04.08
廃 68 09.10.15
廃 69 09.10.28
廃 70 09.10.07
廃 71 09.10.21
廃 72 08.07.30
廃 73 08.07.24
廃 74 08.08.06
廃 75 08.08.20
廃 76 08.09.03
廃 77 08.10.08
廃 78 09.04.02 97

改 951 00.06.13サハE230-901
98

クモハ207　97

T	1001	近アカ	PSw	
T	1002	近アカ	PSw	
	1003	近アカ	PSw	
T	1004	近アカ	PSw	
T	1005	近アカ	PSw	
T	1006	近アカ	PSw	
	1007	近アカ	PSw	
T	1008	近アカ	PSw	
T	1009	近アカ	PSw	
	1010	近アカ	PSw	
T	1011	近アカ	PSw	
T	1012	近アカ	PSw	
	1013	近アカ	PSw	
	1014	近アカ	PSw	
T	1015	近アカ	PSw	
T	1016	近アカ	PSw	
T	1017	近アカ	PSw	
T	1018	近アカ	PSw	
T	1019	近アカ	PSw	
T	1020	近アカ	PSw	
	1021	近アカ	PSw	
T	1022	近アカ	PSw	
T	1023	近アカ	PSw	
T	1024	近アカ	PSw	
T	1025	近アカ	PSw	
T	1026	近アカ	PSw	
	1027	近アカ	PSw	
T	1028	近アカ	PSw	93
T	1029	近アカ	PSw	
T	1030	近アカ	PSw	
T	1031	近アカ	PSw	
T	1032	近アカ	PSw	
	1033	近アカ	PSw	
T	1034	近アカ	PSw	94
	1035	近アカ	PSw	
T	1036	近アカ	PSw	
	1037	近アカ	PSw	
	1038	近アカ	PSw	
T	1039	近アカ	PSw	
T	1040	近アカ	PSw	
	1041	近アカ	PSw	
T	1042	近アカ	PSw	
T	1043	近アカ	PSw	
T	1044	近アカ	PSw	
T	1045	近アカ	PSw	
	1046	近アカ	PSw	95
T	1047	近アカ	PSw	
	1048	近アカ	PSw	
	1049	近アカ	PSw	
T	1050	近アカ	PSw	
T	1051	近アカ	PSw	
	1052	近アカ	PSw	
	1053	近アカ	PSw	
	1054	近アカ	PSw	
T	1055	近アカ	PSw	
T	1056	近アカ	PSw	
T	1057	近アカ	PSw	
	1058	近アカ	PSw	
T	1059	近アカ	PSw	
T	1060	近アカ	PSw	
T	1061	近アカ	PSw	
T	1062	近アカ	PSw	
T	1063	近アカ	PSw	
	1064	近アカ	PSw	
	1065	近アカ	PSw	
	1066	近アカ	PSw	
	1067	近アカ	PSw	
	1068	近アカ	PSw	
	1069	近アカ	PSw	
	1070	近アカ	PSw	
	1071	近アカ	PSw	
	1072	近アカ	PSw	
	1073	近アカ	PSw	
	1074	近アカ	PSw	96
	2001	近アカ	PSw	
	2002	近アカ	PSw	
	2003	近アカ	PSw	
	2004	近アカ	PSw	
	2005	近アカ	PSw	
	2006	近アカ	PSw	
	2007	近アカ	PSw	01
	2008	近アカ	PSw	
	2009	近アカ	PSw	
	2010	近アカ	PSw	
	2011	近アカ	PSw	
	2012	近アカ	PSw	
	2013	近アカ	PSw	
	2014	近アカ	PSw	
	2015	近アカ	PSw	
	2016	近アカ	PSw	
	2017	近アカ	PSw	
	2018	近アカ	PSw	
	2019	近アカ	PSw	
	2020	近アカ	PSw	
	2021	近アカ	PSw	
	2022	近アカ	PSw	
	2023	近アカ	PSw	03

モハ207　84

廃	1	22.04.07	
廃	2	22.04.07	90
改	3	96.05.23 503	
改	4	96.06.14 504	
改	5	96.07.10 505	
改	6	96.11.21 506	
改	7	96.12.20 507	
改	8	97.01.28 508	
改	9	96.05.23 509	
改	10	96.06.25 510	
改	11	96.10.25 511	
改	12	96.08.18 512	
改	13	96.10.01 513	
改	14	96.11.21 514	
改	15	96.12.24 515	
T	16	近アカ	
T	17	近アカ	
T	18	近アカ	
T	19	近アカ	
T	20	近アカ	
T	21	近アカ	
T	22	近アカ	
T	23	近アカ	
T	24	近アカ	
T	25	近アカ	
T	26	近アカ	
T	27	近アカ	
T	28	近アカ	
T	29	近アカ	
T	30	近アカ	
廃	31	05.04.25	91
改	32	96.10.01 532	
改	33	96.08.06 533	
改	34	96.09.05 534	
T	35	近アカ	
T	36	近アカ	
T	37	近アカ	
T	38	近アカ	
T	39	近アカ	
T	40	近アカ	
T	41	近アカ	92
T	503	近アカ	
	504	近アカ	
	505	近アカ	
T	506	近アカ	
T	507	近アカ	
T	508	近アカ	
	509	近アカ	
	510	近アカ	
T	511	近アカ	
	512	近アカ	
T	513	近アカ	
T	514	近アカ	
	515	近アカ	
	532	近アカ	
T	533	近アカ	
T	534	近アカ	96改
廃	901	10.01.06	
廃	902	10.01.06	
廃	903	10.01.06	86
改	1001	96.11.21 1501	
T	1002	近アカ	
改	1003	96.10.25 1503	
T	1004	近アカ	
改	1005	96.05.31 1505	
	1006	近アカ	
改	1007	97.01.28 1507	
T	1008	近アカ	
改	1009	96.08.06 1509	
T	1010	近アカ	
改	1011	96.10.01 1511	
T	1012	近アカ	
改	1013	96.12.20 1513	
	1014	近アカ	
改	1015	96.10.01 1515	
T	1016	近アカ	
改	1017	96.06.25 1517	
T	1018	近アカ	
改	1019	96.09.05 1519	
	1020	近アカ	
改	1021	96.12.24 1521	
T	1022	近アカ	
改	1023	96.07.10 1523	
T	1024	近アカ	
改	1025	96.11.21 1525	
	1026	近アカ	
改	1027	96.08.18 1527	
	1028	近アカ	93
	1029	近アカ	94
	1030	近アカ	
	1031	近アカ	
	1032	近アカ	
T	1033	近アカ	95
T	1501	近アカ	
T	1503	近アカ	
	1505	近アカ	
T	1507	近アカ	
T	1509	近アカ	
	1511	近アカ	
T	1513	近アカ	
T	1515	近アカ	
	1517	近アカ	
T	1519	近アカ	
	1521	近アカ	
	1523	近アカ	
T	1525	近アカ	
	1527	近アカ	96改
T	1534	近アカ	
	1535	近アカ	95
	2001	近アカ	
	2002	近アカ	
	2003	近アカ	01
	2004	近アカ	
	2005	近アカ	
	2006	近アカ	
	2007	近アカ	
	2008	近アカ	
	2009	近アカ	
	2010	近アカ	
	2011	近アカ	03

モハ206　22

廃	1	22.04.07	90
T	2	近アカ	
T	3	近アカ	
T	4	近アカ	
T	5	近アカ	
T	6	近アカ	
T	7	近アカ	
T	8	近アカ	
T	9	近アカ	
T	10	近アカ	
T	11	近アカ	
T	12	近アカ	
T	13	近アカ	
T	14	近アカ	
T	15	近アカ	
T	16	近アカ	
廃	17	05.04.25	91
T	18	近アカ	
T	19	近アカ	
T	20	近アカ	
T	21	近アカ	
T	22	近アカ	
T	23	近アカ	
T	24	近アカ	92
廃	901	10.01.06	
廃	902	10.01.06	
廃	903	10.01.06	86

クハ207 38

廃 1 22.04.07 90
T 2 近アカ PSw
T 3 近アカ PSw
T 4 近アカ PSw
T 5 近アカ PSw
T 6 近アカ PSw
T 7 近アカ PSw
T 8 近アカ PSw
T 9 近アカ PSw
T 10 近アカ PSw
T 11 近アカ PSw
T 12 近アカ PSw
T 13 近アカ PSw
T 14 近アカ PSw
T 15 近アカ PSw
T 16 近アカ PSw
廃 17 05.04.25 91

T 101 近アカ PSw
102 近アカ PSw
103 近アカ PSw
T 104 近アカ PSw
T 105 近アカ PSw
T 106 近アカ PSw
107 近アカ PSw
108 近アカ PSw
T 109 近アカ PSw
110 近アカ PSw
T 111 近アカ PSw
T 112 近アカ PSw
113 近アカ PSw 91

130 近アカ PSw
T 131 近アカ PSw
T 132 近アカ PSw
T 133 近アカ PSw
T 134 近アカ PSw
T 135 近アカ PSw
T 136 近アカ PSw
T 137 近アカ PSw
T 138 近アカ PSw
T 139 近アカ PSw 92

廃 901 10.01.06 86

クハ206 135

廃 1 22.04.07 90

T 101 近アカ PSw
102 近アカ PSw
103 近アカ PSw
T 104 近アカ PSw
T 105 近アカ PSw
T 106 近アカ PSw
107 近アカ PSw
108 近アカ PSw
T 109 近アカ PSw
110 近アカ PSw
T 111 近アカ PSw
T 112 近アカ PSw
113 近アカ PSw
T 114 近アカ PSw
T 115 近アカ PSw
T 116 近アカ PSw
T 117 近アカ PSw
T 118 近アカ PSw
T 119 近アカ PSw
T 120 近アカ PSw
T 121 近アカ PSw
T 122 近アカ PSw
T 123 近アカ PSw
T 124 近アカ PSw
T 125 近アカ PSw
T 126 近アカ PSw
T 127 近アカ PSw
T 128 近アカ PSw
廃 129 05.04.25 91
130 近アカ PSw
T 131 近アカ PSw
T 132 近アカ PSw
T 133 近アカ PSw
T 134 近アカ PSw
T 135 近アカ PSw
T 136 近アカ PSw
T 137 近アカ PSw
T 138 近アカ PSw
T 139 近アカ PSw 92

廃 901 10.01.06 86

T 1001 近アカ PSw
T 1002 近アカ PSw
1003 近アカ PSw
T 1004 近アカ PSw
T 1005 近アカ PSw
T 1006 近アカ PSw
1007 近アカ PSw
T 1008 近アカ PSw
T 1009 近アカ PSw
1010 近アカ PSw
T 1011 近アカ PSw
T 1012 近アカ PSw
1013 近アカ PSw
1014 近アカ PSw
T 1015 近アカ PSw
T 1016 近アカ PSw
T 1017 近アカ PSw
T 1018 近アカ PSw
T 1019 近アカ PSw
T 1020 近アカ PSw
1021 近アカ PSw
T 1022 近アカ PSw
T 1023 近アカ PSw
T 1024 近アカ PSw
T 1025 近アカ PSw
T 1026 近アカ PSw
T 1027 近アカ PSw
T 1028 近アカ PSw 93
T 1029 近アカ PSw
T 1030 近アカ PSw
T 1031 近アカ PSw
T 1032 近アカ PSw
1033 近アカ PSw
T 1034 近アカ PSw 94
1035 近アカ PSw
T 1036 近アカ PSw
1037 近アカ PSw
1038 近アカ PSw
T 1039 近アカ PSw
T 1040 近アカ PSw
1041 近アカ PSw
T 1042 近アカ PSw
T 1043 近アカ PSw
T 1044 近アカ PSw
T 1045 近アカ PSw
1046 近アカ PSw 95
T 1047 近アカ PSw
1048 近アカ PSw
1049 近アカ PSw
T 1050 近アカ PSw
T 1051 近アカ PSw
1052 近アカ PSw
1053 近アカ PSw
1054 近アカ PSw
T 1055 近アカ PSw
T 1056 近アカ PSw
T 1057 近アカ PSw
T 1058 近アカ PSw
T 1059 近アカ PSw
T 1060 近アカ PSw
T 1061 近アカ PSw
T 1062 近アカ PSw
T 1063 近アカ PSw
1064 近アカ PSw
1065 近アカ PSw
1066 近アカ PSw
1067 近アカ PSw
1068 近アカ PSw
1069 近アカ PSw
1070 近アカ PSw
1071 近アカ PSw
1072 近アカ PSw
1073 近アカ PSw
1074 近アカ PSw 96

2001 近アカ PSw
2002 近アカ PSw
2003 近アカ PSw
2004 近アカ PSw
2005 近アカ PSw
2006 近アカ PSw
2007 近アカ PSw 01
2008 近アカ PSw
2009 近アカ PSw
2010 近アカ PSw
2011 近アカ PSw
2012 近アカ PSw
2013 近アカ PSw
2014 近アカ PSw
2015 近アカ PSw
2016 近アカ PSw
2017 近アカ PSw
2018 近アカ PSw
2019 近アカ PSw
2020 近アカ PSw
2021 近アカ PSw
2022 近アカ PSw
2023 近アカ PSw 03

サハ207 97

廃 1 22.04.07
廃 2 22.04.07 90

廃 901 10.01.06
廃 902 10.01.06 86

T 1001 近アカ
T 1002 近アカ
T 1003 近アカ
T 1004 近アカ
T 1005 近アカ
T 1006 近アカ
1007 近アカ
T 1008 近アカ
T 1009 近アカ
T 1010 近アカ
T 1011 近アカ
T 1012 近アカ
T 1013 近アカ
T 1014 近アカ 93
T 1015 近アカ
T 1016 近アカ
T 1017 近アカ
T 1018 近アカ
1019 近アカ
T 1020 近アカ 94
1021 近アカ
T 1022 近アカ
1023 近アカ
1024 近アカ
T 1025 近アカ
T 1026 近アカ
1027 近アカ
T 1028 近アカ
T 1029 近アカ
T 1030 近アカ
T 1031 近アカ
1032 近アカ 95
T 1033 近アカ
1034 近アカ
1035 近アカ
T 1036 近アカ
T 1037 近アカ
1038 近アカ
1039 近アカ
1040 近アカ
T 1041 近アカ
T 1042 近アカ
T 1043 近アカ
T 1044 近アカ
T 1045 近アカ
T 1046 近アカ
T 1047 近アカ
T 1048 近アカ
T 1049 近アカ
T 1050 近アカ
1051 近アカ
1052 近アカ
1053 近アカ
1054 近アカ
1055 近アカ
1056 近アカ
1057 近アカ
1058 近アカ
1059 近アカ
1060 近アカ 96
T 1101 近アカ
T 1102 近アカ
1103 近アカ
T 1104 近アカ
T 1105 近アカ
T 1106 近アカ
1107 近アカ
T 1108 近アカ
T 1109 近アカ
1110 近アカ
T 1111 近アカ
T 1112 近アカ
1113 近アカ
1114 近アカ 93

2001 近アカ
2002 近アカ
2003 近アカ
2004 近アカ
2005 近アカ
2006 近アカ
2007 近アカ 01
2008 近アカ
2009 近アカ
2010 近アカ
2011 近アカ
2012 近アカ
2013 近アカ
2014 近アカ
2015 近アカ
2016 近アカ
2017 近アカ
2018 近アカ
2019 近アカ
2020 近アカ
2021 近アカ
2022 近アカ
2023 近アカ 03

クモハ205　3

1001	都ナハ	PSN	
1002	都ナハ	PSN	01～
1003	都ナハ	PSN	03改

クモハ204　12

1001	都ナハ	PSN	
1002	都ナハ	PSN	01～
1003	都ナハ	PSN	03改
1101	都ナハ	PSN	
1102	都ナハ	PSN	
1103	都ナハ	PSN	
1104	都ナハ	PSN	
1105	都ナハ	PSN	
1106	都ナハ	PSN	
1107	都ナハ	PSN	
1108	都ナハ	PSN	04～
1109	都ナハ	PSN	05改

モハ205　35

廃	1	11.09.30		
廃	2	11.09.14		
廃	3	11.09.14		
廃	4	11.04.01		
廃	5	11.04.01		
廃	6	11.03.17		
廃	7	12.01.11		
廃	8	12.01.11		
廃	9	12.01.11		
廃	10	12.02.24		
廃	11	12.02.24		
廃	12	12.02.24		84
廃	13	15.06.05		
改	14	04.06.24	3118	
廃	15	15.06.05		
廃	16	15.01.10		
改	17	03.12.11	3115	
廃	18	15.01.10		
改	19	09.10.20	3119	
改	20	04.03.29	3116	
廃	21	15.05.15		
改	22	03.10.29	3001	
改	23	03.11.27	クモハ205-1003	
改	24	03.08.23	3002	
改	25	04.09.06	3003	
	26	都ナハ		
改	27	04.07.27	5026	
廃	28	14.11.11		
改	29	04.03.31	3117	
廃	30	14.11.11		
廃	31	11.01.25		
廃	32	11.01.25		
廃	33	11.01.25		富士急
改	34	04.10.29	3004	
	35	都ナハ		
改	36	04.10.26	5039	
改	37	05.01.29	3005	
	38	都ナハ		
改	39	05.01.13	5046	
廃	40	14.11.25		
	41	都ナハ		
改	42	05.03.26	5057	
廃	43	14.09.15		
廃	44	09.06.04		
廃	45	14.09.15		
廃	46	14.11.25		
	47	都ナハ		
改	48	05.03.26	5058	
廃	49	13.12.13		
廃	50	13.12.13		
廃	51	13.12.13		
廃	52	15.12.04		
改	53	02.10.10	3101	
廃	54	15.12.04		
廃	55	15.04.24		
改	56	02.10.31	3102	
廃	57	15.04.24		
廃	58	15.10.30		
改	59	02.11.09	3103	
廃	60	15.10.30		
廃	61	15.09.11		
改	62	02.11.27	3104	
廃	63	15.09.11		
廃	64	15.10.02		
改	65	02.12.14	3105	
廃	66	15.10.02		
廃	67	15.12.11		
改	68	03.02.02	3106	
廃	69	15.12.11		
廃	70	15.06.19		
改	71	03.02.10	3107	
廃	72	15.06.19		
廃	73	15.06.26		
改	74	03.03.18	3108	
廃	75	15.06.26		
廃	76	15.08.21		
改	77	03.03.13	3109	
廃	78	15.08.21		
廃	79	15.10.09		
改	80	03.05.29	3110	
廃	81	15.10.09		
廃	82	15.05.29		
改	83	03.08.06	3111	
廃	84	15.05.29		
改	85	05.06.30	5029	
改	86	03.09.12	3112	
改	87	05.06.30	5030	
廃	88	14.10.24		
改	89	03.08.29	3113	
廃	90	14.10.24		
廃	91	16.01.15		
改	92	03.11.06	3114	
廃	93	16.01.15		85
改	94	05.01.07	5043	
	95	都ナハ		
改	96	05.01.07	5044	
改	97	05.03.10	5047	
改	98	05.03.10	5048	
改	99	05.01.13	5045	
改	100	05.02.16	5049	
改	101	05.02.16	5050	
改	102	05.02.22	5052	
T	103	近ナラ		
廃	104	18.06.20		
T	105	近ナラ		
廃	106	18.08.31		
T	107	近ナラ		
廃	108	18.08.31		
T	109	近ナラ		
廃	110	18.10.09		86
廃	121	14.01.17		
廃	122	14.01.17		
廃	123	14.01.17		
廃	124	14.01.30		
廃	125	14.01.30		
廃	126	14.01.30		
改	127	04.07.23	5023	
改	128	04.07.23	5024	
改	129	04.07.27	5025	
改	130	03.10.28	5005	
改	131	03.10.28	5006	
改	132	03.12.26	5009	
改	133	04.08.05	5027	
	134	都ナハ		
改	135	04.08.05	5028	
改	136	03.10.18	5007	
改	137	03.10.18	5008	
改	138	03.12.26	5010	
改	139	03.12.13	5011	
改	140	04.02.06	5016	
改	141	03.12.13	5012	
改	142	04.02.14	5013	
改	143	04.02.14	5014	
改	144	04.02.06	5015	
改	145	04.03.31	5017	
改	146	04.04.29	5021	
改	147	04.03.31	5018	
改	148	04.04.13	5019	
改	149	04.04.13	5020	
改	150	04.04.29	5022	
改	151	05.03.19	5053	
	152	都ナハ		
改	153	05.03.19	5054	
改	154	05.06.10	5055	
改	155	05.06.10	5056	
改	156	05.02.22	5051	
改	157	05.03.26	5059	
改	158	05.03.26	5060	
改	159	05.08.30	5063	
廃	160	14.02.20		
廃	161	14.02.20		
廃	162	14.02.20		
改	163	05.07.04	5061	
改	164	05.07.04	5062	
改	165	05.09.05	5067	87
改	166	05.07.22	5065	
改	167	05.07.22	5066	
改	168	05.09.05	5068	
改	169	04.09.10	5031	
改	170	04.09.10	5032	
改	171	04.10.19	5034	
改	172	04.10.08	5035	
	173	都ナハ		
改	174	04.10.08	5036	
改	175	04.12.28	5037	
改	176	04.12.28	5038	
改	177	04.10.19	5033	
改	178	04.12.01	5041	
改	179	04.12.01	5042	
改	180	04.10.26	5040	
廃	181	14.10.17		
廃	182	14.10.17		
廃	183	14.09.26		
廃	184	14.09.26		
廃	185	14.03.03		
廃	186	14.03.03		
廃	187	14.05.30		
廃	188	14.05.30		
廃	189	14.05.21		
廃	190	14.05.21		
廃	191	14.05.23		
廃	192	14.05.23		
廃	193	14.06.20		
廃	194	14.06.20		
廃	195	14.10.10		
廃	196	14.10.10		
廃	197	14.06.27		
廃	198	14.06.27		
廃	199	14.05.16		
廃	200	14.05.16		
廃	201	14.08.29		
廃	202	14.08.29		
廃	203	14.07.04		
廃	204	14.07.04		
廃	205	14.07.18		
廃	206	14.07.18		
廃	207	14.08.08		
廃	208	14.08.08		
廃	209	14.07.11		
廃	210	14.07.11		
廃	211	14.05.20		
廃	212	14.05.20		
廃	213	14.10.03		
廃	214	14.10.03		
廃	215	14.08.22		
廃	216	14.08.22		
廃	217	14.09.12		
廃	218	14.09.12		
廃	219	14.04.04		
廃	220	14.04.04		
廃	221	14.06.13		
廃	222	14.06.13		
廃	223	14.09.19		
廃	224	14.09.19		
廃	225	14.08.01		
廃	226	14.08.01		
廃	227	14.06.06		
廃	228	14.06.06		
廃	229	14.07.25		
廃	230	14.07.25		
廃	231	15.06.10		
廃	232	15.06.10		
廃	233	15.11.06		
廃	234	15.11.06		
廃	235	15.05.15		
廃	236	10.06.16		88
廃	237	13.12.06		
廃	238	13.12.06		
廃	239	13.12.06		
廃	240	13.12.19		
廃	241	13.12.19		
廃	242	13.12.19		
廃	243	13.09.12		
廃	244	13.09.12		
廃	245	13.09.12		
廃	246	13.11.07		
廃	247	13.11.07		
廃	248	13.11.07		
廃	249	13.11.04		
廃	250	13.11.04		
廃	251	13.11.04		
廃	252	13.10.16		
廃	253	13.10.16		
廃	254	13.10.16		
廃	255	13.09.26		
廃	256	13.09.26		
廃	257	13.09.26		
廃	258	13.07.18		
廃	259	13.07.18		
廃	260	13.07.18		
廃	261	13.11.13		
廃	262	13.11.13		
廃	263	13.11.13		
廃	264	13.09.26		
廃	265	13.09.26		
廃	266	13.09.26		
廃	267	13.10.04		
廃	268	13.10.04		
廃	269	13.10.04		
廃	270	19.06.28		
廃	271	19.06.28		
廃	272	19.06.28		
廃	273	19.10.25		
廃	274	15.07.03		
廃	275	15.07.03		
改	276	08.12.17	5071	
廃	277	13.11.01		
改	278	02.03.29	5001	
改	279	02.03.29	クモハ205-1001	
改	280	02.03.29	5002	
改	281	02.03.26	5003	
改	282	02.03.29	クモハ205-1002	
改	283	02.03.26	5004	
廃	284	13.07.30		
廃	285	13.07.30		
廃	286	13.07.30		
廃	287	16.11.09		
廃	288	16.11.11		
廃	289	16.11.11		
廃	290	10.09.15		
廃	291	10.09.15		
改	292	13.02.01	602	
廃	293	10.11.17		
廃	294	10.11.17		
改	295	13.07.01	601	
廃	296	10.12.18		
廃	297	10.12.18		
改	298	13.03.29	604	
廃	299	11.03.10		
廃	300	11.03.10		
改	301	12.11.12	603	
廃	302	10.09.23		
廃	303	10.09.23		
改	304	12.12.10	606	
廃	305	10.10.06		
廃	306	10.10.06		
改	307	13.04.26	605	
廃	308	10.10.27		
廃	309	10.10.27		

改 310 13.03.07 608
廃 311 11.01.17
廃 312 11.01.17
改 313 13.03.14 607
廃 314 11.06.09
廃 315 11.06.09
改 316 12.10.31 610
廃 317 11.07.14
廃 318 11.07.14
改 319 13.07.22 609
廃 320 10.07.24
廃 321 10.07.24
廃 322 10.07.24
廃 323 10.07.13
廃 324 10.07.13
廃 325 10.07.13 89
廃 326 13.12.20
廃 327 13.12.20
廃 328 13.12.20
廃 329 13.10.24
廃 330 13.10.24
廃 331 13.10.24
廃 332 13.10.18
廃 333 13.10.18
廃 334 13.10.18
廃 335 13.09.20
廃 336 13.09.20
廃 337 13.09.20
改 338 14.02.13 612
廃 339 13.10.24
廃 340 13.10.24
改 341 14.03.19 611
廃 342 13.11.22
廃 343 13.11.22
廃 344 14.02.07
廃 345 14.02.07
廃 346 14.02.07
廃 347 13.08.09
廃 348 13.08.09
廃 349 13.08.09
廃 350 13.11.29
廃 351 13.11.29
廃 352 13.11.29
廃 353 15.05.22
廃 354 15.05.22
廃 355 19.10.25
廃 356 19.10.25
廃 357 15.07.31
廃 358 15.07.31
廃 359 15.07.17
廃 360 15.07.17
廃 361 15.11.20
廃 362 15.11.20
廃 363 15.08.28
廃 364 15.08.28
廃 365 15.01.16
廃 366 15.01.16
廃 367 15.01.29
改 368 08.12.05 5072
廃 369 15.01.29
廃 370 13.11.15
廃 371 13.11.15
廃 372 13.11.15
廃 373 15.02.25
廃 374 15.02.25
廃 375 14.12.26
廃 376 14.12.26
廃 377 13.08.21
廃 378 13.08.21
廃 379 13.08.21
廃 380 14.02.14
廃 381 14.02.14
廃 382 14.02.14
廃 383 13.11.21
廃 384 13.11.21

廃 385 13.11.21
廃 386 08.06.19
廃 387 13.11.01
廃 388 13.11.01
廃 389 13.10.10
廃 390 13.10.10
廃 391 13.10.10
改 392 05.12.05 5069
改 393 05.08.30 5064
改 394 05.12.05 5070
廃 395 19.08.09
廃 396 19.08.09
廃 397 19.08.09
廃 398 19.08.23
廃 399 19.08.23
廃 400 19.08.23
廃 401 19.07.12
廃 402 19.07.12
廃 403 19.07.12
廃 404 19.10.04
廃 405 19.10.04
廃 406 19.10.04 91

廃 501 23.04.04
廃 502 22.08.20
廃 503 22.04.12
廃 504 22.06.11
廃 505 22.06.11
廃 506 22.07.28
廃 507 22.04.12
廃 508 23.01.26
廃 509 22.07.28
廃 510 22.08.20
廃 511 22.12.09
廃 512 22.12.09
廃 513 23.01.26 90
廃 601 22.04.22
廃 602 22.11.04
廃 603 23.04.04
廃 604 22.07.15
廃 605 22.11.04
廃 606 22.11.11
廃 607 22.07.15
廃 608 22.08.26
廃 609 22.04.22
廃 610 22.08.26
廃 611 22.11.11 12~
廃 612 22.04.08 13改

T 1001 近ナラ
T 1002 近ナラ
T 1003 近ナラ
T 1004 近ナラ
T 1005 近ナラ 87
廃3001 18.07.25
廃3002 18.02.09
廃3003 18.07.25
廃3004 18.05.13 03~
廃3005 18.06.11 04改
3101 北セン
3102 北セン
3103 北セン
3104 北セン
3105 北セン
3106 北セン
廃3107 14.12.25 震災
3108 北セン
廃3109 11.03.12 震災 02改
3110 北セン
3111 北セン
3112 北セン
3113 北セン
3114 北セン
3115 北セン
3116 北セン

3117 北セン 03改
3118 北セン 04改
3119 北セン 09改
廃5001 19.12.11
廃5002 19.12.11
廃5003 20.02.26
廃5004 20.02.26 01改
廃5005 18.03.30
廃5006 18.03.30
廃5007 20.09.09
廃5008 20.09.09
廃5009 20.10.14
廃5010 20.10.21
廃5011 20.08.26
廃5012 20.08.26
廃5013 18.10.12
廃5014 18.10.12
廃5015 20.06.03
廃5016 20.06.03
廃5017 18.11.16
廃5018 18.11.16 03改
廃5019 19.03.01
廃5020 19.03.01
廃5021 20.04.08
廃5022 20.04.08
廃5023 18.11.30
廃5024 18.11.30
廃5025 18.09.14
廃5026 18.09.14
廃5027 19.04.26
廃5028 19.04.26
廃5029 18.03.09
廃5030 18.03.09
廃5031 19.03.20
廃5032 19.03.20
廃5033 20.01.29
廃5034 20.10.21
廃5035 19.09.06
廃5036 19.09.06
廃5037 19.11.29
廃5038 19.11.29
廃5039 20.10.14
廃5040 20.01.29
廃5041 20.02.12
廃5042 20.02.12
廃5043 20.07.08
廃5044 20.07.08
廃5045 20.07.29
廃5046 18.11.02
廃5047 17.03.02
廃5048 17.03.02
廃5049 20.03.11
廃5050 20.03.11
廃5051 18.11.02
廃5052 20.07.29
廃5053 19.06.07
廃5054 19.06.07
廃5055 19.09.20
廃5056 19.09.20
廃5057 18.06.29
廃5058 18.06.29
廃5059 19.07.26
廃5060 19.07.26
廃5061 20.03.25
廃5062 20.03.25
廃5063 19.03.29
廃5064 19.03.29
廃5065 20.01.15
廃5066 20.01.15
廃5067 19.04.12
廃5068 19.04.12
廃5069 19.05.17 04~
廃5070 19.05.17 05改
廃5071 18.08.24
廃5072 18.08.24 08改

モハ204 26

廃 1 11.09.30
廃 2 11.09.14
廃 3 11.09.14
廃 4 11.04.01
廃 5 11.04.01
廃 6 11.03.17
廃 7 12.01.11
廃 8 12.01.11
廃 9 12.01.11
廃 10 12.02.24
廃 11 12.02.24
廃 12 12.02.24 84
廃 13 15.06.05
改 14 04.06.24 3118
廃 15 15.06.05
廃 16 15.01.10
改 17 03.12.11 3115
廃 18 15.01.10
改 19 09.10.20 3119
改 20 04.03.29 3116
廃 21 15.05.15
改 22 03.10.29 3001
改 23 03.11.27 クモハ204-1003
改 24 03.08.23 3002
改 25 04.09.06 3003
改 26 04.08.10 クモハ204-1101
改 27 04.07.27 5026
廃 28 14.11.11
改 29 04.03.31 3117
廃 30 14.11.11
廃 31 11.01.25
廃 32 11.01.25
廃 33 11.01.25 富士急
改 34 04.10.29 3004
改 35 04.10.29 クモハ204-1103
改 36 04.10.26 5039
改 37 05.01.29 3005
改 38 05.02.08 クモハ204-1105
改 39 05.01.13 5046
廃 40 14.11.25
改 41 05.04.20 クモハ204-1107
改 42 05.03.26 5057
廃 43 14.09.15
廃 44 09.06.04
廃 45 14.09.15
廃 46 14.11.25
改 47 05.03.31 クモハ204-1109
改 48 05.03.26 5058
廃 49 13.12.13
廃 50 13.12.13
廃 51 13.12.13
廃 52 15.12.04
改 53 02.10.10 3101
廃 54 15.12.04
廃 55 15.04.24
改 56 02.10.31 3102
廃 57 15.04.24
廃 58 15.10.30
改 59 02.11.09 3103
廃 60 15.10.30
廃 61 15.09.11
改 62 02.11.27 3104
廃 63 15.09.11
廃 64 15.10.02
改 65 02.12.14 3105
廃 66 15.10.02
廃 67 15.12.11
改 68 03.02.02 3106
廃 69 15.12.11
廃 70 15.06.19
改 71 03.02.10 3107
廃 72 15.06.19
廃 73 15.06.26
改 74 03.03.18 3108
廃 75 15.06.26

廃 76 15.08.21
改 77 03.03.13 3109
廃 78 15.08.21
廃 79 15.10.09
改 80 03.05.29 3110
廃 81 15.10.09
廃 82 15.05.29
改 83 03.08.06 3111
廃 84 15.05.29
改 85 05.06.30 5029
改 86 03.09.12 3112
改 87 05.06.30 5030
廃 88 14.10.24
改 89 03.08.29 3113
廃 90 14.10.24
廃 91 16.01.15
改 92 03.11.06 3114
廃 93 16.01.15 85
改 94 05.01.07 5043
改 95 05.01.26 クモハ204-1106
改 96 05.01.07 5044
改 97 05.03.10 5047
改 98 05.03.10 5048
改 99 05.01.13 5045
改 100 05.02.16 5049
改 101 05.02.16 5050
改 102 05.02.22 5052
T 103 近ナラ
廃 104 18.06.20
T 105 近ナラ
廃 106 18.08.31
T 107 近ナラ
廃 108 18.08.31
T 109 近ナラ
廃 110 18.10.09 86

廃 121 14.01.17
廃 122 14.01.17
廃 123 14.01.17
廃 124 14.01.30
廃 125 14.01.30
廃 126 14.01.30
改 127 04.07.23 5023
改 128 04.07.23 5024
改 129 04.07.27 5025
改 130 03.10.28 5005
改 131 03.10.28 5006
改 132 03.12.26 5009
改 133 04.08.05 5027
改 134 04.08.27 クモハ204-1102
改 135 04.08.05 5028
改 136 03.10.18 5007
改 137 03.10.18 5008
改 138 03.12.26 5010
改 139 03.12.13 5011
改 140 04.02.06 5016
改 141 03.12.13 5012
改 142 04.02.14 5013
改 143 04.02.14 5014
改 144 04.02.06 5015
改 145 04.03.31 5017
改 146 04.04.29 5021
改 147 04.03.31 5018
改 148 04.04.13 5019
改 149 04.04.13 5020
改 150 04.04.29 5022
改 151 05.03.19 5053
改 152 05.03.29 クモハ204-1108
改 153 05.03.19 5054
改 154 05.06.10 5055
改 155 05.06.10 5056
改 156 05.02.22 5051
改 157 05.03.26 5059
改 158 05.03.26 5060
改 159 05.08.30 5063

廃 160 14.02.20
廃 161 14.02.20
廃 162 14.02.20
改 163 05.07.04 5061
改 164 05.07.04 5062
改 165 05.09.08 5067 87
改 166 05.07.22 5065
改 167 05.07.22 5066
改 168 05.09.08 5068
改 169 04.09.10 5031
改 170 04.09.10 5032
改 171 04.10.19 5034
改 172 04.10.08 5035
改 173 04.12.03 クモハ204-1104
改 174 04.10.08 5036
改 175 04.12.28 5037
改 176 04.12.28 5038
改 177 04.10.19 5033
改 178 04.12.01 5041
改 179 04.12.01 5042
改 180 04.10.26 5040
廃 181 14.10.17
廃 182 14.10.17
廃 183 14.09.26
廃 184 14.09.26
廃 185 14.03.03
廃 186 14.03.03
廃 187 14.05.30
廃 188 14.05.30
廃 189 14.05.21
廃 190 14.05.21
廃 191 14.05.23
廃 192 14.05.23
廃 193 14.06.20
廃 194 14.06.20
廃 195 14.10.10
廃 196 14.10.10
廃 197 14.06.27
廃 198 14.06.27
廃 199 14.05.16
廃 200 14.05.16
廃 201 14.08.29
廃 202 14.08.29
廃 203 14.07.04
廃 204 14.07.04
廃 205 14.07.18
廃 206 14.07.18
廃 207 14.08.08
廃 208 14.08.08
廃 209 14.07.11
廃 210 14.07.11
廃 211 14.05.20
廃 212 14.05.20
廃 213 14.10.03
廃 214 14.10.03
廃 215 14.08.22
廃 216 14.08.22
廃 217 14.09.12
廃 218 14.09.12
廃 219 14.04.04
廃 220 14.04.04
廃 221 14.06.13
廃 222 14.06.13
廃 223 14.09.19
廃 224 14.09.19
廃 225 14.08.01
廃 226 14.08.01
廃 227 14.06.06
廃 228 14.06.06
廃 229 14.07.25
廃 230 14.07.25
廃 231 15.06.10
廃 232 15.06.10
廃 233 15.11.06
廃 234 15.11.06

廃 235 15.05.15
廃 236 10.06.16 88
廃 237 13.12.06
廃 238 13.12.06
廃 239 13.12.06
廃 240 13.12.19
廃 241 13.12.19
廃 242 13.12.19
廃 243 13.09.12
廃 244 13.09.12
廃 245 13.09.12
廃 246 13.11.07
廃 247 13.11.07
廃 248 13.11.07
廃 249 13.11.04
廃 250 13.11.04
廃 251 13.11.04
廃 252 13.10.16
廃 253 13.10.16
廃 254 13.10.16
廃 255 13.09.26
廃 256 13.09.26
廃 257 13.09.26
廃 258 13.07.18
廃 259 13.07.18
廃 260 13.07.18
廃 261 13.11.13
廃 262 13.11.13
廃 263 13.11.13
廃 264 13.09.26
廃 265 13.09.26
廃 266 13.09.26
廃 267 13.10.04
廃 268 13.10.04
廃 269 13.10.04
廃 270 19.06.28
廃 271 19.06.28
廃 272 19.06.28
廃 273 19.10.25
廃 274 15.07.03
廃 275 15.07.03
改 276 08.12.17 5071
廃 277 13.11.01
改 278 02.03.29 5001
改 279 02.03.29 クモハ204-1001
改 280 02.03.29 5002
改 281 02.03.26 5003
改 282 02.03.29 クモハ204-1002
改 283 02.03.26 5004
廃 284 13.07.30
廃 285 13.07.30
廃 286 13.07.30
廃 287 16.11.09
廃 288 16.11.11
廃 289 16.11.11
廃 290 10.09.15
廃 291 10.09.15
改 292 13.02.01 602
廃 293 10.11.17
廃 294 10.11.17
改 295 13.07.01 601
廃 296 10.12.18
廃 297 10.12.18
改 298 13.03.29 604
廃 299 11.03.10
廃 300 11.03.10
改 301 12.11.12 603
廃 302 10.09.23
廃 303 10.09.23
改 304 12.12.10 606
廃 305 10.10.06
廃 306 10.10.06
改 307 13.04.26 605
廃 308 10.10.27
廃 309 10.10.27

改 310 13.03.07 608
廃 311 11.01.17
廃 312 11.01.17
改 313 13.03.14 607
廃 314 11.06.09
廃 315 11.06.09
改 316 12.10.31 610
廃 317 11.07.14
廃 318 11.07.14
改 319 13.07.22 609
廃 320 10.07.24
廃 321 10.07.24
廃 322 10.07.24
廃 323 10.07.13
廃 324 10.07.13
廃 325 10.07.13 89
廃 326 13.12.20
廃 327 13.12.20
廃 328 13.12.20
廃 329 13.10.24
廃 330 13.10.24
廃 331 13.10.24
廃 332 13.10.18
廃 333 13.10.18
廃 334 13.10.18
廃 335 13.09.20
廃 336 13.09.20
廃 337 13.09.20
改 338 14.02.13 612
廃 339 13.10.24
廃 340 13.10.24
改 341 14.03.19 611
廃 342 13.11.22
廃 343 13.11.22
廃 344 14.02.07
廃 345 14.02.07
廃 346 14.02.07
廃 347 13.08.09
廃 348 13.08.09
廃 349 13.08.09
廃 350 13.11.29
廃 351 13.11.29
廃 352 13.11.29
廃 353 15.05.22
廃 354 15.05.22
廃 355 19.10.25
廃 356 19.10.25
廃 357 15.07.31
廃 358 15.07.31
廃 359 15.07.17
廃 360 15.07.17
廃 361 15.11.20
廃 362 15.11.20
廃 363 15.08.28
廃 364 15.08.28
廃 365 15.01.16
廃 366 15.01.16
廃 367 15.01.29
改 368 08.12.05 5072
廃 369 15.01.29
廃 370 13.11.15
廃 371 13.11.15
廃 372 13.11.15
廃 373 15.02.25
廃 374 15.02.25
廃 375 14.12.26
廃 376 14.12.26
廃 377 13.08.21
廃 378 13.08.21
廃 379 13.08.21
廃 380 14.02.14
廃 381 14.02.14
廃 382 14.02.14
廃 383 13.11.21
廃 384 13.11.21

廃 385 13.11.21
廃 386 13.11.01
廃 387 13.11.01
廃 388 08.06.19
廃 389 13.10.10
廃 390 13.10.10
廃 391 13.10.10
改 392 05.08.30 5064
改 393 05.12.05 5069
改 394 05.12.05 5070
廃 395 19.08.09
廃 396 19.08.09
廃 397 19.08.09
廃 398 19.08.23
廃 399 19.08.23
廃 400 19.08.23
廃 401 19.07.12
廃 402 19.07.12
廃 403 19.07.12
廃 404 19.10.04
廃 405 19.10.04
廃 406 19.10.04 91

廃 501 23.04.04
廃 502 22.08.20
廃 503 22.04.12
廃 504 22.06.11
廃 505 22.06.11
廃 506 22.07.28
廃 507 22.04.12
廃 508 23.01.26
廃 509 22.07.28
廃 510 22.08.20
廃 511 22.12.09
廃 512 22.12.09
廃 513 23.01.26 90
廃 601 22.04.22
廃 602 22.11.04
廃 603 23.04.04
廃 604 22.07.15
廃 605 22.11.04
廃 606 22.11.11
廃 607 22.07.15
廃 608 22.08.26
廃 609 22.04.22
廃 610 22.08.26
廃 611 22.11.11 12～
廃 612 22.04.08 13改

T 1001 近ナラ
T 1002 近ナラ
T 1003 近ナラ
T 1004 近ナラ
T 1005 近ナラ 87
廃3001 18.07.25
廃3002 18.02.09
廃3003 18.07.25
廃3004 18.05.13 03～
廃3005 18.06.11 04改
3101 北セン
3102 北セン
3103 北セン
3104 北セン
3105 北セン
3106 北セン
廃3107 14.12.25 震災
3108 北セン
廃3109 11.03.12 震災 02改
3110 北セン
3111 北セン
3112 北セン
3113 北セン
3114 北セン
3115 北セン
3116 北セン

3117 北セン 03改
3118 北セン 04改
3119 北セン 09改
廃5001 19.12.11
廃5002 19.12.11
廃5003 20.02.26
廃5004 20.02.26 01改
廃5005 18.03.30
廃5006 18.03.30
廃5007 20.09.09
廃5008 20.09.09
廃5009 20.10.14
廃5010 20.10.21
廃5011 20.08.26
廃5012 20.08.26
廃5013 18.10.12
廃5014 18.10.12
廃5015 20.06.03
廃5016 20.06.03
廃5017 18.11.16
廃5018 18.11.16 03改
廃5019 19.03.01
廃5020 19.03.01
廃5021 20.04.08
廃5022 20.04.08
廃5023 18.11.30
廃5024 18.11.30
廃5025 18.09.14
廃5026 18.09.14
廃5027 19.04.26
廃5028 19.04.26
廃5029 18.03.09
廃5030 18.03.09
廃5031 19.03.20
廃5032 19.03.20
廃5033 20.01.29
廃5034 20.10.21
廃5035 19.09.06
廃5036 19.09.06
廃5037 19.11.29
廃5038 19.11.29
廃5039 20.10.14
廃5040 20.01.29
廃5041 20.02.12
廃5042 20.02.12
廃5043 20.07.08
廃5044 20.07.08
廃5045 20.07.29
廃5046 18.11.02
廃5047 18.03.02
廃5048 18.03.02
廃5049 20.03.11
廃5050 20.03.11
廃5051 18.11.02
廃5052 20.07.29
廃5053 19.06.07
廃5054 19.06.07
廃5055 19.09.20
廃5056 19.09.20
廃5057 18.06.29
廃5058 18.06.29
廃5059 19.07.26
廃5060 19.07.26
廃5061 20.03.25
廃5062 20.03.25
廃5063 19.03.29
廃5064 19.03.29
廃5065 20.01.15
廃5066 20.01.15
廃5067 19.04.12
廃5068 19.04.12
廃5069 19.05.17 04～
廃5070 19.05.17 05改
廃5071 18.08.24
廃5072 18.08.24 08改

クハ205 35

廃 1 11.09.30
廃 2 11.03.17
廃 3 12.01.11
廃 4 12.02.24 84
廃 5 20.10.21
廃 6 20.06.03
廃 7 20.04.08
廃 8 18.09.14
廃 9 20.07.29
廃 10 20.10.14
廃 11 11.01.25 富士急
廃 12 18.11.02
廃 13 18.06.29
廃 14 19.03.29
廃 15 14.09.15
廃 16 19.04.12
廃 17 13.12.13
廃 18 15.12.04
廃 19 15.04.24
廃 20 15.10.30
廃 21 15.09.11
廃 22 15.10.02
廃 23 15.12.11
廃 24 15.06.19
廃 25 15.06.26
廃 26 15.08.21
廃 27 15.10.09
廃 28 15.05.29
廃 29 18.03.09
廃 30 14.10.24
廃 31 20.01.29 85
廃 32 20.07.08
廃 33 18.03.02
廃 34 20.03.11
T 35 近ナラ PSw
T 36 近ナラ PSw
T 37 近ナラ PSw
T 38 近ナラ PSw 86

廃 41 14.01.17
廃 42 14.01.30
廃 43 18.11.30
廃 44 18.03.30
廃 45 19.04.26
廃 46 20.09.09
廃 47 20.08.26
廃 48 18.10.12
廃 49 18.11.16
廃 50 19.03.01
廃 51 19.06.07
廃 52 19.09.20
廃 53 19.07.26
廃 54 14.02.20
廃 55 20.03.25 87
廃 56 20.01.15
廃 57 19.03.20
廃 58 19.09.06
廃 59 19.11.29
廃 60 20.02.12
廃 61 14.10.17
廃 62 14.09.26
廃 63 14.03.03
廃 64 14.05.30
廃 65 14.05.21
廃 66 14.05.23
廃 67 14.06.20
廃 68 14.10.10
廃 69 14.06.27
廃 70 14.05.16
廃 71 14.08.29
廃 72 14.07.04
廃 73 14.07.18
廃 74 14.08.08
廃 75 14.07.11
廃 76 14.05.20

廃 77 14.10.03
廃 78 14.08.22
廃 79 14.09.12
廃 80 14.04.04
廃 81 14.06.13
廃 82 14.09.19
廃 83 14.08.01
廃 84 14.06.06
廃 85 14.07.25
廃 86 15.06.05
廃 87 15.11.06
廃 88 15.05.15 88
廃 89 13.12.06
廃 90 13.12.19
廃 91 13.09.12
廃 92 13.11.07
廃 93 13.11.04
廃 94 13.10.16
廃 95 13.09.26
廃 96 13.07.18
廃 97 13.11.13
廃 98 13.09.26
廃 99 13.10.04
廃 100 15.02.13
廃 101 19.06.28
廃 102 15.07.03
廃 103 18.08.24
廃 104 19.12.11
廃 105 20.02.26
廃 106 13.07.30
廃 107 16.11.09
改 108 13.02.01 602
改 109 13.07.01 601
改 110 13.03.29 604
改 111 12.11.12 603
改 112 12.12.10 606
改 113 13.04.26 605
改 114 13.03.07 608
改 115 13.03.14 607
改 116 12.10.15 610
改 117 13.07.22 609
廃 118 10.07.24
廃 119 10.07.13 89
廃 120 13.12.20
廃 121 13.10.24
廃 122 13.10.18
廃 123 13.09.20
改 124 14.02.13 612
改 125 14.03.19 611
廃 126 14.02.07
廃 127 13.08.09
廃 128 13.11.29
廃 129 15.05.22
廃 130 19.10.25
廃 131 15.07.31
廃 132 15.07.17
廃 133 15.11.20
廃 134 15.08.28
廃 135 15.01.16
廃 136 15.01.29
廃 137 13.11.15
廃 138 16.02.25
廃 139 14.12.26
廃 140 13.08.21
廃 141 14.02.14
廃 142 13.11.21
廃 143 13.11.01
廃 144 13.10.10 90
廃 145 19.05.17
廃 146 19.08.09
廃 147 19.08.23
廃 148 19.07.12
廃 149 19.10.04 91

廃 501 23.04.04
廃 502 22.08.20
廃 503 22.04.12
廃 504 22.06.11
廃 505 22.06.11
廃 506 22.07.28
廃 507 22.04.12
廃 508 23.01.26
廃 509 22.07.28
廃 510 22.08.20
廃 511 22.12.09
廃 512 22.12.09
廃 513 23.01.26 90

廃 601 22.04.12
廃 602 22.11.04
廃 603 23.04.04
廃 604 22.07.15
廃 605 22.11.04
廃 606 22.11.11
廃 607 22.07.15
廃 608 22.08.20
廃 609 22.04.12
廃 610 22.08.20
廃 611 22.11.11 12~
廃 612 22.04.08 13改

1001 近ナラ PSw
1002 近ナラ PSw
1003 近ナラ PSw
1004 近ナラ PSw
1005 近ナラ PSw 87

1101 都ナハ PSN 01改
1102 都ナハ PSN
1103 都ナハ PSN
1104 都ナハ PSN
1105 都ナハ PSN
1106 都ナハ PSN
1107 都ナハ PSN
1108 都ナハ PSN
1109 都ナハ PSN 04改

廃1201 16.01.15
廃1202 15.01.10
改1203 09.10.20 3119
廃1204 14.11.11 03改
廃1205 15.06.10
廃1206 14.11.25 04改

廃3001 18.07.25
廃3002 18.02.09
廃3003 18.07.25
廃3004 18.05.13 03~
廃3005 18.06.11 04改

3101 北セン PsC
3102 北セン PsC
3103 北セン PsC
3104 北セン PsC
3105 北セン PsC
3106 北セン PsC
廃3107 14.12.25 震災
3108 北セン PsC
廃3109 11.03.12 震災 02改
3110 北セン PsC
3111 北セン PsC
3112 北セン PsC
3113 北セン PsC
3114 北セン PsC
3115 北セン PsC
3116 北セン PsC
3117 北セン PsC 03改
3118 北セン PsC 04改
3119 北セン PsC 09改

クハ204 26

廃 1 11.09.14
廃 2 11.03.17
廃 3 12.01.11
廃 4 12.02.24 84
廃 5 20.10.21
廃 6 20.06.03
廃 7 20.04.08
廃 8 18.09.14
廃 9 20.07.29
廃 10 20.10.14
廃 11 11.01.25 富士急
廃 12 18.11.02
廃 13 18.06.29
廃 14 19.03.29
廃 15 14.09.15
廃 16 19.04.12
廃 17 13.12.13
廃 18 15.12.04
廃 19 15.04.24
廃 20 15.10.30
廃 21 15.09.11
廃 22 15.10.02
廃 23 15.12.11
廃 24 15.06.19
廃 25 15.06.26
廃 26 15.08.21
廃 27 15.10.09
廃 28 15.05.29
廃 29 18.03.09
廃 30 14.10.24
廃 31 20.01.29 85
廃 32 20.07.08
廃 33 18.03.02
廃 34 20.03.11
T 35 近ナラ PSw
T 36 近ナラ PSw
T 37 近ナラ PSw
T 38 近ナラ PSw 86

廃 41 14.01.17
廃 42 14.01.30
廃 43 18.11.30
廃 44 18.03.30
廃 45 19.04.26
廃 46 20.09.09
廃 47 20.08.26
廃 48 18.10.12
廃 49 18.11.16
廃 50 19.03.01
廃 51 19.06.07
廃 52 19.09.06
廃 53 19.07.26
廃 54 14.02.20
廃 55 20.03.25 87
廃 56 20.01.15
廃 57 19.03.20
廃 58 19.09.20
廃 59 19.11.29
廃 60 20.02.12
廃 61 14.10.17
廃 62 14.09.26
廃 63 14.03.03
廃 64 14.05.30
廃 65 14.05.21
廃 66 14.05.23
廃 67 14.06.20
廃 68 14.10.10
廃 69 14.06.27
廃 70 14.05.16
廃 71 14.08.29
廃 72 14.07.04
廃 73 14.07.18
廃 74 14.08.08
廃 75 14.07.11
廃 76 14.05.20

廃 77 14.10.03
廃 78 14.08.22
廃 79 14.09.12
廃 80 14.04.04
廃 81 14.06.13
廃 82 14.09.19
廃 83 14.08.01
廃 84 14.06.06
廃 85 14.07.25
廃 86 15.06.05
廃 87 15.11.06
廃 88 15.05.15 88
廃 89 13.12.06
廃 90 13.12.19
廃 91 13.09.12
廃 92 13.11.07
廃 93 13.11.04
廃 94 13.10.16
廃 95 13.09.26
廃 96 13.07.18
廃 97 13.11.13
廃 98 13.09.26
廃 99 13.10.04
廃 100 15.02.13
廃 101 19.06.28
廃 102 15.07.03
廃 103 18.08.24
廃 104 19.12.11
廃 105 20.02.26
廃 106 13.07.30
廃 107 16.11.09
改 108 13.02.01 602
改 109 13.07.01 601
改 110 13.03.29 604
改 111 12.11.12 603
改 112 12.12.10 606
改 113 13.04.26 605
改 114 13.03.07 608
改 115 13.03.14 607
改 116 12.10.15 610
改 117 13.07.22 609
廃 118 10.07.24
廃 119 10.07.13 89
廃 120 13.12.20
廃 121 13.10.24
廃 122 13.10.18
廃 123 13.09.20
改 124 14.02.13 612
改 125 14.03.19 611
廃 126 14.02.07
廃 127 13.08.09
廃 128 13.11.29
廃 129 15.05.22
廃 130 19.10.25
廃 131 15.07.31
廃 132 15.07.17
廃 133 15.11.20
廃 134 15.08.28
廃 135 15.01.16
廃 136 15.01.29
廃 137 13.11.15
廃 138 15.02.25
廃 139 14.12.26
廃 140 13.08.21
廃 141 14.02.14
廃 142 13.11.21
廃 143 13.11.01
廃 144 13.10.10 90
廃 145 19.05.17
廃 146 19.08.09
廃 147 19.08.23
廃 148 19.07.12
廃 149 19.10.04 91

廃 501 23.04.04
廃 502 22.08.20
廃 503 22.04.12
廃 504 22.06.11
廃 505 22.06.11
廃 506 22.07.28
廃 507 22.04.12
廃 508 23.01.26
廃 509 22.07.28
廃 510 22.08.20
廃 511 22.12.09
廃 512 22.12.09
廃 513 23.01.26 90

廃 601 22.04.12
廃 602 22.11.04
廃 603 23.04.04
廃 604 22.07.15
廃 605 22.11.04
廃 606 22.11.11
廃 607 22.07.15
廃 608 22.08.20
廃 609 22.04.12
廃 610 22.08.20
廃 611 22.11.11 12~
廃 612 22.04.08 13改

1001 近ナラ PSw
1002 近ナラ PSw
1003 近ナラ PSw
1004 近ナラ PSw
1005 近ナラ PSw 87

廃1201 16.01.15
廃1202 15.01.10
改1203 09.10.20 3119
廃1204 14.11.11 03改
廃1205 15.06.10
廃1206 14.11.25 04改

廃3001 18.07.25
廃3002 18.02.09
廃3003 18.07.25
廃3004 18.05.13 03~
廃3005 18.06.11 04改

3101 北セン PsC
3102 北セン PsC
3103 北セン PsC
3104 北セン PsC
3105 北セン PsC
3106 北セン PsC
廃3107 14.12.25震災
3108 北セン PsC
廃3109 11.03.12震災 02改
3110 北セン PsC
3111 北セン PsC
3112 北セン PsC
3113 北セン PsC
3114 北セン PsC
3115 北セン PsC
3116 北セン PsC
3117 北セン PsC 03改
3118 北セン PsC 04改
3119 北セン PsC 09改

サハ205 0

廃 1 11.09.14
廃 2 11.09.14
廃 3 11.03.17
廃 4 11.04.01
廃 5 12.01.11
廃 6 12.01.11
廃 7 12.02.24
廃 8 12.02.24 84
改 9 04.10.29ｸﾊ205-3004
改 10 04.10.29ｸﾊ204-3005
改 11 04.03.24ｸﾊ205-1202
改 12 04.03.24ｸﾊ204-1202
改 13 04.01.26ｸﾊ205-1203
改 14 04.01.26ｸﾊ204-1203
改 15 03.10.29ｸﾊ205-3001
改 16 03.10.29ｸﾊ204-3001
改 17 04.09.06ｸﾊ205-3003
改 18 04.09.06ｸﾊ204-3003
改 19 04.03.31ｸﾊ205-3117
改 20 04.03.31ｸﾊ204-3117
廃 21 11.01.25
廃 22 11.01.25
改 23 04.11.26ｸﾊ205-1205
改 24 04.11.26ｸﾊ204-1205
改 25 05.01.29ｸﾊ205-3005
改 26 05.01.29ｸﾊ204-3005
改 27 05.03.18ｸﾊ205-1206
改 28 05.03.18ｸﾊ204-1206
廃 29 14.09.15
廃 30 14.09.15
廃 31 19.05.17
廃 32 19.05.17
改 33 02.10.31ｸﾊ205-3102
改 34 02.10.10ｸﾊ204-3101
改 35 02.11.09ｸﾊ205-3103
改 36 02.11.09ｸﾊ204-3103
改 37 02.11.27ｸﾊ205-3104
改 38 02.10.31ｸﾊ204-3102
改 39 02.12.14ｸﾊ205-3105
改 40 02.12.14ｸﾊ204-3105
改 41 03.02.02ｸﾊ205-3106
改 42 02.11.27ｸﾊ204-3104
改 43 03.02.10ｸﾊ205-3107
改 44 03.02.10ｸﾊ204-3107
廃 45 10.03.05
改 46 03.02.02ｸﾊ204-3106
改 47 04.02.20ｸﾊ205-1204
改 48 04.02.20ｸﾊ204-1204
改 49 03.03.18ｸﾊ205-3108
改 50 03.03.18ｸﾊ204-3108
改 51 03.08.29ｸﾊ205-3113
改 52 03.08.29ｸﾊ204-3113
改 53 03.05.29ｸﾊ205-3110
改 54 03.05.29ｸﾊ204-3110
改 55 03.08.23ｸﾊ205-3002
改 56 03.08.23ｸﾊ204-3002
改 57 03.11.06ｸﾊ205-3114
改 58 03.11.06ｸﾊ204-3114
廃 59 14.10.24
廃 60 10.03.05
改 61 04.01.07ｸﾊ205-1201
改 62 04.01.07ｸﾊ204-1201
85
廃 63 20.07.08
廃 64 20.07.08
廃 65 18.03.02
廃 66 18.03.02
廃 67 20.03.11
廃 68 20.03.11
廃 69 15.09.09
廃 70 15.09.09
廃 71 15.09.09
廃 72 15.09.09 86
廃 81 14.01.17
廃 82 15.02.13
廃 83 14.01.30
廃 84 14.01.30
廃 85 18.11.30
廃 86 18.11.30
廃 87 18.03.30
廃 88 18.03.30
廃 89 19.04.26
廃 90 19.04.26
廃 91 20.09.09
廃 92 20.09.09
廃 93 20.08.26
廃 94 20.08.26
廃 95 18.10.12
廃 96 18.10.12
廃 97 18.11.16
廃 98 18.11.16
廃 99 19.03.01
廃 100 19.03.01
廃 101 19.06.07
廃 102 19.06.07
廃 103 19.09.20
廃 104 19.09.20
廃 105 19.07.26
廃 106 19.07.26
廃 107 08.06.19
廃 108 08.06.19
廃 109 20.03.25
廃 110 20.03.25 87
廃 111 20.01.15
廃 112 20.01.15
廃 113 19.03.20
廃 114 19.03.20
廃 115 19.09.06
廃 116 19.09.06
廃 117 19.11.29
廃 118 19.11.29
廃 119 20.02.12
廃 120 20.02.12
廃 121 14.10.17
廃 122 14.09.26
廃 123 14.03.03
廃 124 14.05.30
廃 125 14.05.21
廃 126 14.05.23
廃 127 14.06.20
廃 128 14.10.10
廃 129 14.06.27
廃 130 14.05.16
廃 131 14.08.29
廃 132 14.07.04
廃 133 14.07.18
廃 134 14.08.08
廃 135 14.07.11
廃 136 14.05.20
廃 137 14.10.03
廃 138 14.08.22
廃 139 14.09.12
廃 140 14.04.04
廃 141 14.06.13
廃 142 14.09.19
廃 143 14.08.01
廃 144 14.06.06
廃 145 14.07.25 88
廃 146 14.02.20
廃 147 14.02.20
廃 148 13.11.15
廃 149 13.11.15
廃 150 18.11.02
廃 151 18.11.02
改 152 05.03.31ｸﾊ205-1109
廃 153 18.03.09
廃 154 18.06.29
廃 155 18.06.29
廃 156 19.03.29
廃 157 19.03.29
廃 158 19.04.12
廃 159 19.04.12
改 160 02.10.10ｸﾊ205-3101
改 161 02.03.29ｸﾊ205-1101
改 162 03.09.12ｸﾊ205-3112
改 163 03.09.12ｸﾊ204-3112
改 164 03.03.13ｸﾊ205-3109
改 165 03.03.13ｸﾊ204-3109
改 166 04.03.29ｸﾊ205-3116
改 167 04.03.29ｸﾊ204-3116
廃 168 19.12.11
廃 169 19.12.11
廃 170 20.02.26
廃 171 20.02.26
廃 172 13.07.18
廃 173 13.07.30
廃 174 16.11.11
廃 175 16.11.11
廃 176 10.09.15
廃 177 10.09.15
廃 178 10.11.17
廃 179 10.11.17
廃 180 10.12.08
廃 181 10.12.08
廃 182 11.03.10
廃 183 11.03.10
廃 184 10.09.23
廃 185 10.09.23
廃 186 10.10.06
廃 187 10.10.06
廃 188 10.10.27
廃 189 10.10.27
廃 190 11.01.07
廃 191 11.01.07
廃 192 11.06.09
廃 193 11.06.09
廃 194 11.07.14
廃 195 11.07.14
廃 196 10.07.24
廃 197 10.07.24
廃 198 10.07.13
廃 199 10.07.13 89
改 200 03.08.06ｸﾊ205-3111
改 201 03.08.06ｸﾊ204-3111
改 202 04.06.24ｸﾊ205-3118
改 203 04.06.24ｸﾊ204-3118
改 204 03.12.11ｸﾊ205-3115
改 205 03.12.11ｸﾊ204-3115
廃 206 20.01.29
廃 207 20.01.29
廃 208 18.03.09
改 209 04.10.26ｸﾊ205-1103
廃 210 20.06.03
廃 211 20.06.03
廃 212 20.04.08
廃 213 20.04.08
改 214 04.08.27ｸﾊ205-1102
改 215 04.12.03ｸﾊ205-1104
廃 216 18.09.14
廃 217 18.09.14
廃 218 18.08.24
廃 219 18.08.24
廃 220 08.06.19
廃 221 08.06.19
改 222 05.02.08ｸﾊ205-1105
改 223 05.04.20ｸﾊ205-1107
廃 224 20.10.14
廃 225 20.10.14
廃 226 20.10.21
廃 227 20.10.21
改 228 05.01.26ｸﾊ205-1106
改 229 05.03.29ｸﾊ205-1108
廃 230 20.07.29
廃 231 20.07.29 90
廃 232 14.02.05 91

サハ204 0

廃 1 13.12.06
廃 2 13.12.06
廃 3 14.01.25
廃 4 13.11.29
廃 5 13.11.29
廃 6 13.11.22
廃 7 13.11.22
廃 8 13.09.20
廃 9 13.08.21
廃 10 13.11.29
廃 11 14.02.07
廃 12 13.11.21
廃 13 13.10.10
廃 14 13.11.07
廃 15 13.11.22
廃 16 13.10.24
廃 17 13.11.13
廃 18 13.09.26
廃 19 13.09.06
廃 20 13.10.04
廃 21 13.10.04
廃 22 13.12.13
廃 23 13.12.13
廃 24 13.12.20
廃 25 13.12.20
廃 26 13.10.24
廃 27 13.10.24
廃 28 13.10.18
廃 29 13.10.18
廃 30 14.10.24
廃 31 13.10.24
廃 32 13.09.12
廃 33 13.09.06
廃 34 13.11.07
廃 35 13.10.24
廃 36 13.10.16
廃 37 14.02.14
廃 38 13.09.26
廃 39 13.09.26
廃 40 13.11.21
廃 41 13.11.01
廃 42 13.08.09
廃 43 13.09.06
廃 44 13.10.24
廃 45 14.02.14
廃 46 13.09.20
廃 47 13.11.01
廃 48 14.02.07
廃 49 13.10.10
廃 50 13.09.06
廃 51 13.10.24 91

廃	101	14.10.17	
廃	102	14.09.26	
廃	103	14.03.03	
廃	104	14.05.30	
廃	105	14.05.21	
廃	106	14.05.23	
廃	107	14.06.20	
廃	108	14.10.10	
廃	109	14.06.27	
廃	110	14.05.16	
廃	111	14.08.29	
廃	112	14.07.04	
廃	113	14.07.18	
廃	114	14.08.08	
廃	115	14.07.11	
廃	116	14.05.20	
廃	117	14.10.03	
廃	118	14.08.22	
廃	119	14.09.12	
廃	120	14.04.04	
廃	121	14.06.13	
廃	122	14.09.19	
廃	123	14.08.01	
廃	124	14.06.06	
廃	125	14.07.25	
廃	126	14.02.05	94
廃	901	13.09.06	
廃	902	13.09.06	89

203系

モハ203 0

廃	1	11.06.09	
廃	2	11.06.09	
廃	3	11.06.09	82
廃	4	11.06.16	
廃	5	11.06.16	
廃	6	11.06.16	
廃	7	11.09.05	
廃	8	11.09.05	
廃	9	11.09.05	
廃	10	11.10.03	
廃	11	11.10.03	
廃	12	11.10.03	
廃	13	11.10.17	
廃	14	11.10.17	
廃	15	11.10.17	
廃	16	10.12.28	
廃	17	10.12.28	
廃	18	10.12.28	
廃	19	10.12.03	
廃	20	10.12.03	
廃	21	10.12.03	
廃	22	10.11.06	
廃	23	10.11.06	
廃	24	10.11.06	83
廃	101	10.12.18	
廃	102	10.12.18	
廃	103	10.12.18	
廃	104	11.01.19	
廃	105	11.01.19	
廃	106	11.01.19	
廃	107	11.01.27	
廃	108	11.01.27	
廃	109	11.01.27	84
廃	110	11.02.23	
廃	111	11.02.23	
廃	112	11.02.23	
廃	113	11.03.01	
廃	114	11.03.01	
廃	115	11.03.01	
廃	116	11.05.26	
廃	117	11.05.26	
廃	118	11.05.26	
廃	119	11.07.29	
廃	120	11.07.29	
廃	121	11.07.29	
廃	122	11.08.26	
廃	123	11.08.26	
廃	124	11.08.26	
廃	125	11.08.19	
廃	126	11.08.19	
廃	127	11.08.19	85

モハ202 0

廃	1	11.06.09	
廃	2	11.06.09	
廃	3	11.06.09	82
廃	4	11.06.16	
廃	5	11.06.16	
廃	6	11.06.16	
廃	7	11.09.05	
廃	8	11.09.05	
廃	9	11.09.05	
廃	10	11.10.03	
廃	11	11.10.03	
廃	12	11.10.03	
廃	13	11.10.17	
廃	14	11.10.17	
廃	15	11.10.17	
廃	16	10.12.28	
廃	17	10.12.28	
廃	18	10.12.28	
廃	19	10.12.03	
廃	20	10.12.03	
廃	21	10.12.03	
廃	22	10.11.06	
廃	23	10.11.06	
廃	24	10.11.06	83
廃	101	10.12.18	
廃	102	10.12.18	
廃	103	10.12.18	
廃	104	11.01.19	
廃	105	11.01.19	
廃	106	11.01.19	
廃	107	11.01.27	
廃	108	11.01.27	
廃	109	11.01.27	84
廃	110	11.02.23	
廃	111	11.02.23	
廃	112	11.02.23	
廃	113	11.03.01	
廃	114	11.03.01	
廃	115	11.03.01	
廃	116	11.05.26	
廃	117	11.05.26	
廃	118	11.05.26	
廃	119	11.07.29	
廃	120	11.07.29	
廃	121	11.07.29	
廃	122	11.08.26	
廃	123	11.08.26	
廃	124	11.08.26	
廃	125	11.08.19	
廃	126	11.08.19	
廃	127	11.08.19	85

クハ203 0

廃	1	11.06.09	82
廃	2	11.06.16	
廃	3	11.09.05	
廃	4	11.10.03	
廃	5	11.10.17	
廃	6	10.12.28	
廃	7	10.12.03	
廃	8	10.11.06	83
廃	101	10.12.18	
廃	102	11.01.19	
廃	103	11.01.27	84
廃	104	11.02.23	
廃	105	11.03.01	
廃	106	11.05.26	
廃	107	11.07.29	
廃	108	11.08.26	
廃	109	11.08.19	85

クハ202 0

廃	1	11.06.09	82
廃	2	11.06.16	
廃	3	11.09.05	
廃	4	11.10.03	
廃	5	11.10.17	
廃	6	10.12.28	
廃	7	10.12.03	
廃	8	10.11.06	83
廃	101	10.12.18	
廃	102	11.01.19	
廃	103	11.01.27	84
廃	104	11.02.23	
廃	105	11.03.01	
廃	106	11.05.26	
廃	107	11.07.29	
廃	108	11.08.26	
廃	109	11.08.19	85

サハ203 0

廃	1	11.06.09	
廃	2	11.06.09	82
廃	3	11.06.16	
廃	4	11.06.16	
廃	5	11.09.05	
廃	6	11.09.05	
廃	7	11.10.03	
廃	8	11.10.03	
廃	9	11.10.17	
廃	10	11.10.17	
廃	11	10.12.28	
廃	12	10.12.28	
廃	13	10.12.03	
廃	14	10.12.03	
廃	15	10.11.06	
廃	16	10.11.06	83
廃	101	10.12.18	
廃	102	10.12.18	
廃	103	11.01.19	
廃	104	11.01.19	
廃	105	11.01.27	
廃	106	11.01.27	84
廃	107	11.02.23	
廃	108	11.02.23	
廃	109	11.03.01	
廃	110	11.03.01	
廃	111	11.05.26	
廃	112	11.05.26	
廃	113	11.07.29	
廃	114	11.07.29	
廃	115	11.08.26	
廃	116	11.08.26	
廃	117	11.08.19	
廃	118	11.08.19	85

201系／東・西

クモハ200 0

廃 901 05.11.02
廃 902 05.11.02 78

モハ201 20

廃 1 08.06.20
廃 2 08.02.01
廃 3 08.02.01
廃 4 89.03.23
廃 5 89.03.23
廃 6 89.07.25
廃 7 07.04.20
廃 8 07.04.20
廃 9 07.04.20
廃 10 09.01.23
廃 11 09.01.23
廃 12 09.01.23
廃 13 07.02.16
廃 14 07.02.16
廃 15 07.02.16
廃 16 07.05.11
廃 17 07.05.11
廃 18 07.05.11
廃 19 07.10.05
廃 20 07.10.05
廃 21 07.10.05
廃 22 07.07.13
廃 23 07.07.13
廃 24 07.07.13
廃 25 08.03.31
廃 26 08.03.31
廃 27 08.05.28
廃 28 07.01.06
廃 29 07.01.06
廃 30 07.01.06
廃 31 08.01.18
廃 32 08.01.18
廃 33 08.01.18
廃 34 07.01.26
廃 35 07.01.26
廃 36 07.01.26
廃 37 07.02.23
廃 38 07.02.23
廃 39 07.02.23
廃 40 07.02.09
廃 41 07.02.09
廃 42 07.02.09
廃 43 07.03.09
廃 44 07.03.09
廃 45 07.03.09
廃 46 07.02.02
廃 47 07.02.02
廃 48 07.02.02
廃 49 06.11.22
廃 50 06.11.22
廃 51 06.11.22
廃 52 06.10.19
廃 53 06.10.19
廃 54 06.10.19
廃 55 07.01.12
廃 56 07.01.12
廃 57 07.01.12
廃 58 07.03.02
廃 59 07.03.02
廃 60 07.03.02 81
廃 61 07.04.02
廃 62 07.04.02
廃 63 07.04.02
廃 64 07.04.13
廃 65 07.04.13
廃 66 07.04.13
廃 67 07.04.06
廃 68 07.04.06
廃 69 07.04.06
廃 70 07.03.01
廃 71 07.03.01
廃 72 07.03.01
廃 73 07.04.09
廃 74 07.04.09
廃 75 07.04.09
廃 76 07.12.28
廃 77 07.12.28
廃 78 08.06.13
廃 79 09.02.06
廃 80 09.02.06
廃 81 09.02.06
廃 82 07.06.22
廃 83 07.06.22
廃 84 07.06.22
廃 85 07.04.27
廃 86 07.04.27
廃 87 07.04.27
廃 88 07.01.19
廃 89 07.01.19
廃 90 07.01.19
廃 91 07.09.07
廃 92 07.09.07
廃 93 07.09.07
廃 94 07.08.24
廃 95 07.08.24
廃 96 07.08.24
廃 97 07.11.02
廃 98 07.11.02
廃 99 07.11.02
廃 100 07.10.19
廃 101 07.10.19
廃 102 07.10.19
廃 103 06.12.28
廃 104 06.12.28
廃 105 06.12.28
廃 106 07.12.14
廃 107 07.12.14
廃 108 07.12.14
廃 109 07.11.16
廃 110 07.11.16
廃 111 07.11.16
廃 112 07.07.20
廃 113 07.07.20
廃 114 07.07.20
廃 115 07.09.14
廃 116 07.09.14
廃 117 07.09.14
廃 118 07.08.10
廃 119 07.08.10
廃 120 07.08.10
廃 121 07.09.21
廃 122 07.09.21
廃 123 07.09.21
廃 124 06.12.21
廃 125 06.12.21
廃 126 06.12.21
廃 127 08.12.05
廃 128 08.12.05
廃 129 08.12.05
廃 130 07.07.27
廃 131 07.07.27
廃 132 07.07.27
廃 133 08.12.12
廃 134 08.12.12
廃 135 08.12.12
廃 136 07.06.29
廃 137 07.06.29
廃 138 07.06.29
廃 139 07.11.30
廃 140 07.11.30
廃 141 07.11.23
廃 142 18.06.01
廃 143 18.06.01
廃 144 18.12.11
廃 145 18.12.11
廃 146 19.06.03
廃 147 19.06.03
T 148 近ナラ
T 149 近ナラ
廃 150 19.01.15
廃 151 19.01.15
T 152 近ナラ
T 153 近ナラ
廃 154 20.05.29
廃 155 20.05.29
T 156 近ナラ
T 157 近ナラ
廃 158 07.06.08
廃 159 07.06.08
廃 160 07.06.08
廃 161 07.06.15
廃 162 07.06.15
廃 163 07.06.15
廃 164 08.03.31
廃 165 08.03.31
廃 166 08.06.20
廃 167 08.05.28
廃 168 08.05.28
廃 169 08.04.18
T 170 近ナラ
T 171 近ナラ
T 172 近ナラ
T 173 近ナラ 82
廃 174 08.04.18
廃 175 08.04.18
廃 176 08.03.31
廃 177 07.08.03
廃 178 07.08.03
廃 179 07.08.03
廃 180 08.04.25
廃 181 08.04.25
廃 182 08.02.21
廃 183 07.05.18
廃 184 07.05.18
廃 185 07.05.18
廃 186 07.10.26
廃 187 07.10.26
廃 188 07.10.26
廃 189 18.03.31
廃 190 18.03.31
廃 191 19.08.01
廃 192 19.08.01
T 193 近ナラ
T 194 近ナラ
廃 195 22.01.14
廃 196 22.01.14
廃 197 21.09.30
廃 198 21.09.30
廃 199 19.07.01
廃 200 19.07.01
廃 201 07.12.21
廃 202 07.12.21
廃 203 07.12.21
廃 204 07.05.25
廃 205 07.05.25
廃 206 07.05.25
廃 207 08.03.07
廃 208 08.03.07
廃 209 08.03.07
廃 210 08.02.15
廃 211 08.02.15
廃 212 08.02.15
廃 213 11.05.18
廃 214 11.05.18
廃 215 11.05.18
廃 216 07.05.09
廃 217 07.05.09
廃 218 07.05.09
廃 219 10.06.21
廃 220 10.06.21
廃 221 10.06.21
廃 222 11.04.27
廃 223 11.04.27
廃 224 11.04.27
廃 225 11.04.06
廃 226 11.04.06
廃 227 11.04.06
廃 228 11.06.24
廃 229 11.06.24
廃 230 11.06.24
廃 231 08.06.06
廃 232 08.06.06
廃 233 08.06.06
廃 234 07.09.03
廃 235 07.09.03
廃 236 07.09.03
廃 237 21.12.09
廃 238 21.12.09
廃 239 21.10.20
廃 240 21.10.20
廃 241 21.11.05
廃 242 21.11.05
廃 243 22.07.07
廃 244 22.07.07
廃 245 22.06.24
廃 246 22.06.24
廃 247 22.12.13
廃 248 22.12.13
廃 249 22.04.28
廃 250 22.04.28 83
廃 251 08.01.11
廃 252 08.01.11
廃 253 08.01.11
廃 254 10.10.18
廃 255 10.10.18
廃 256 10.10.18
廃 257 07.07.06
廃 258 07.07.06
廃 259 07.07.06
廃 260 07.10.12
廃 261 07.10.12
廃 262 07.10.12
廃 263 09.07.24
廃 264 23.01.12
廃 265 23.01.12
T 266 近ナラ
T 267 近ナラ
廃 268 19.06.03
廃 269 19.06.03
廃 270 23.05.10
廃 271 23.05.10
T 272 近ナラ
T 273 近ナラ
廃 274 19.07.01
廃 275 19.07.01
廃 276 18.12.27
廃 277 19.03.31
T 278 近ナラ
T 279 近ナラ
T 280 近ナラ
T 281 近ナラ
廃 282 07.12.07
廃 283 07.12.07
廃 284 08.02.23
廃 285 08.01.16
廃 286 08.01.16
廃 287 08.04.25
廃 288 08.01.08
廃 289 08.01.08
廃 290 08.06.13
廃 291 07.11.09
廃 292 07.11.09
廃 293 08.02.21
廃 294 07.11.23
廃 295 07.11.23
廃 296 08.02.21
廃 297 08.02.23
廃 298 08.02.23
廃 299 08.03.14 84

改 901 83.08.23サハ201-901
廃 902 05.11.02
廃 903 05.11.02
廃 904 05.11.02 78

モハ200　20

廃	1	08.06.20	
廃	2	08.02.01	
廃	3	08.02.01	
廃	4	89.03.23	
廃	5	89.03.23	
廃	6	89.07.25	
廃	7	07.04.20	
廃	8	07.04.20	
廃	9	07.04.20	
廃	10	09.01.23	
廃	11	09.01.23	
廃	12	09.01.23	
廃	13	07.02.16	
廃	14	07.02.16	
廃	15	07.02.16	
廃	16	07.05.11	
廃	17	07.05.11	
廃	18	07.05.11	
廃	19	07.10.05	
廃	20	07.10.05	
廃	21	07.10.05	
廃	22	07.07.13	
廃	23	07.07.13	
廃	24	07.07.13	
廃	25	08.03.31	
廃	26	08.03.31	
廃	27	08.05.28	
廃	28	07.01.06	
廃	29	07.01.06	
廃	30	07.01.06	
廃	31	08.01.18	
廃	32	08.01.18	
廃	33	08.01.18	
廃	34	07.01.26	
廃	35	07.01.26	
廃	36	07.01.26	
廃	37	07.02.23	
廃	38	07.02.23	
廃	39	07.02.23	
廃	40	07.02.09	
廃	41	07.02.09	
廃	42	07.02.09	
廃	43	07.03.09	
廃	44	07.03.09	
廃	45	07.03.09	
廃	46	07.02.02	
廃	47	07.02.02	
廃	48	07.02.02	
廃	49	06.11.22	
廃	50	06.11.22	
廃	51	06.11.22	
廃	52	06.10.19	
廃	53	06.10.19	
廃	54	06.10.19	
廃	55	07.01.12	
廃	56	07.01.12	
廃	57	07.01.12	
廃	58	07.03.02	
廃	59	07.03.02	
廃	60	07.03.02	81
廃	61	07.04.02	
廃	62	07.04.02	
廃	63	07.04.02	
廃	64	07.04.13	
廃	65	07.04.13	
廃	66	07.04.13	
廃	67	07.04.06	
廃	68	07.04.06	
廃	69	07.04.06	
廃	70	07.03.01	
廃	71	07.03.01	
廃	72	07.03.01	
廃	73	07.04.09	
廃	74	07.04.09	
廃	75	07.04.09	
廃	76	07.12.28	
廃	77	07.12.28	
廃	78	08.06.13	
廃	79	09.02.06	
廃	80	09.02.06	
廃	81	09.02.06	
廃	82	07.06.22	
廃	83	07.06.22	
廃	84	07.06.22	
廃	85	07.04.27	
廃	86	07.04.27	
廃	87	07.04.27	
廃	88	07.01.19	
廃	89	07.01.19	
廃	90	07.01.19	
廃	91	07.09.07	
廃	92	07.09.07	
廃	93	07.09.07	
廃	94	07.08.24	
廃	95	07.08.24	
廃	96	07.08.24	
廃	97	07.11.02	
廃	98	07.11.02	
廃	99	07.11.02	
廃	100	07.10.19	
廃	101	07.10.19	
廃	102	07.10.19	
廃	103	06.12.28	
廃	104	06.12.28	
廃	105	06.12.28	
廃	106	07.12.14	
廃	107	07.12.14	
廃	108	07.12.14	
廃	109	07.11.16	
廃	110	07.11.16	
廃	111	07.11.16	
廃	112	07.07.20	
廃	113	07.07.20	
廃	114	07.07.20	
廃	115	07.09.14	
廃	116	07.09.14	
廃	117	07.09.14	
廃	118	07.08.10	
廃	119	07.08.10	
廃	120	07.08.10	
廃	121	07.09.21	
廃	122	07.09.21	
廃	123	07.09.21	
廃	124	06.12.21	
廃	125	06.12.21	
廃	126	06.12.21	
廃	127	08.12.05	
廃	128	08.12.05	
廃	129	08.12.05	
廃	130	07.07.27	
廃	131	07.07.27	
廃	132	07.07.27	
廃	133	08.12.12	
廃	134	08.12.12	
廃	135	08.12.12	
廃	136	07.06.29	
廃	137	07.06.29	
廃	138	07.06.29	
廃	139	07.11.30	
廃	140	07.11.30	
廃	141	07.11.23	
廃	142	18.06.01	
廃	143	18.06.01	
廃	144	18.12.11	
廃	145	18.12.11	
廃	146	19.06.03	
廃	147	19.06.03	
T	148	近ナラ	
T	149	近ナラ	
廃	150	19.01.15	
廃	151	19.01.15	
T	152	近ナラ	
T	153	近ナラ	
廃	154	20.05.29	
廃	155	20.05.29	
T	156	近ナラ	
T	157	近ナラ	
廃	158	07.06.08	
廃	159	07.06.08	
廃	160	07.06.08	
廃	161	07.06.15	
廃	162	07.06.15	
廃	163	07.06.15	
廃	164	08.03.31	
廃	165	08.03.31	
廃	166	08.06.20	
廃	167	08.05.28	
廃	168	08.05.28	
廃	169	08.04.18	
T	170	近ナラ	
T	171	近ナラ	
T	172	近ナラ	
T	173	近ナラ	82
廃	174	08.04.18	
廃	175	08.04.18	
廃	176	08.03.31	
廃	177	07.08.03	
廃	178	07.08.03	
廃	179	07.08.03	
廃	180	08.04.25	
廃	181	08.04.25	
廃	182	08.02.21	
廃	183	07.05.18	
廃	184	07.05.18	
廃	185	07.05.18	
廃	186	07.10.26	
廃	187	07.10.26	
廃	188	07.10.26	
廃	189	18.03.31	
廃	190	18.03.31	
廃	191	19.08.01	
廃	192	19.08.01	
T	193	近ナラ	
T	194	近ナラ	
廃	195	22.01.14	
廃	196	22.01.14	
廃	197	21.09.30	
廃	198	21.09.30	
廃	199	19.07.01	
廃	200	19.07.01	
廃	201	07.12.21	
廃	202	07.12.21	
廃	203	07.12.21	
廃	204	07.05.25	
廃	205	07.05.25	
廃	206	07.05.25	
廃	207	08.03.07	
廃	208	08.03.07	
廃	209	08.03.07	
廃	210	08.02.15	
廃	211	08.02.15	
廃	212	08.02.15	
廃	213	11.05.18	
廃	214	11.05.18	
廃	215	11.05.18	
廃	216	07.05.09	
廃	217	07.05.09	
廃	218	07.05.09	
廃	219	10.06.21	
廃	220	10.06.21	
廃	221	10.06.21	
廃	222	11.04.27	
廃	223	11.04.27	
廃	224	11.04.27	
廃	225	11.04.06	
廃	226	11.04.06	
廃	227	11.04.06	
廃	228	11.06.24	
廃	229	11.06.24	
廃	230	11.06.24	
廃	231	08.06.06	
廃	232	08.06.06	
廃	233	08.06.06	
廃	234	07.09.03	
廃	235	07.09.03	
廃	236	07.09.03	
廃	237	21.12.09	
廃	238	21.12.09	
廃	239	21.10.20	
廃	240	21.10.20	
廃	241	21.11.05	
廃	242	21.11.05	
廃	243	22.07.07	
廃	244	22.07.07	
廃	245	22.06.24	
廃	246	22.06.24	
廃	247	22.12.13	
廃	248	22.12.13	
廃	249	22.04.28	
廃	250	22.04.28	83
廃	251	08.01.11	
廃	252	08.01.11	
廃	253	08.01.11	
廃	254	10.10.18	
廃	255	10.10.18	
廃	256	10.10.18	
廃	257	07.07.06	
廃	258	07.07.06	
廃	259	07.07.06	
廃	260	07.10.12	
廃	261	07.10.12	
廃	262	07.10.12	
廃	263	09.07.24	
廃	264	23.01.12	
廃	265	23.01.12	
T	266	近ナラ	
T	267	近ナラ	
廃	268	19.06.03	
廃	269	19.06.03	
廃	270	23.05.10	
廃	271	23.05.10	
T	272	近ナラ	
T	273	近ナラ	
廃	274	19.07.01	
廃	275	19.07.01	
廃	276	18.12.27	
廃	277	19.03.31	
T	278	近ナラ	
T	279	近ナラ	
T	280	近ナラ	
T	281	近ナラ	
廃	282	07.12.07	
廃	283	07.12.07	
廃	284	08.02.23	
廃	285	08.01.16	
廃	286	08.01.16	
廃	287	08.04.25	
廃	288	08.01.08	
廃	289	08.01.08	
廃	290	08.06.13	
廃	291	07.11.09	
廃	292	07.11.09	
廃	293	08.02.21	
廃	294	07.11.23	
廃	295	07.11.23	
廃	296	08.02.21	
廃	297	08.02.23	
廃	298	08.02.23	
廃	299	08.03.14	84
改	901	83.08.23 クハ201-902	
廃	902	05.11.02	78

クハ201　11

	1	都トタPSNB	
廃	2	08.02.01	
廃	3	05.12.22	
廃	4	89.03.23	
廃	5	07.04.20	
廃	6	07.04.20	
廃	7	09.01.23	
廃	8	07.03.09	
廃	9	07.02.16	
廃	10	07.02.16	
廃	11	07.05.11	
廃	12	07.05.11	
廃	13	07.10.05	
廃	14	07.07.13	
廃	15	07.07.13	
廃	16	08.03.31	
廃	17	08.05.28	
廃	18	07.01.06	
廃	19	08.01.18	
廃	20	07.01.26	
廃	21	07.02.23	
廃	22	07.02.09	
廃	23	09.01.23	
廃	24	07.02.02	
廃	25	06.11.22	
廃	26	06.10.19	
廃	27	07.01.12	
廃	28	07.03.02	81
廃	29	07.04.02	
廃	30	07.04.13	
廃	31	07.04.06	
廃	32	07.03.01	
廃	33	07.04.09	
廃	34	07.12.28	
廃	35	08.06.13	
廃	36	09.02.06	
廃	37	11.05.18	
廃	38	07.06.22	
廃	39	07.06.22	
廃	40	07.04.27	
廃	41	07.04.27	
廃	42	07.01.19	
廃	43	07.01.19	
廃	44	07.09.07	
廃	45	07.08.24	
廃	46	07.11.02	
廃	47	07.10.19	
廃	48	06.12.28	
廃	49	07.12.14	
廃	50	07.11.16	
廃	51	07.07.20	
廃	52	07.09.14	
廃	53	07.08.10	
廃	54	07.09.21	
廃	55	06.12.21	
廃	56	08.12.05	
廃	57	07.07.27	
廃	58	08.12.12	
廃	59	07.06.29	
廃	60	07.11.30	
廃	61	18.06.01	
廃	62	18.12.11	
廃	63	19.06.03	
T	64	近ナラ PSw	
廃	65	19.01.15	
T	66	近ナラ PSw	
廃	67	20.05.29	
T	68	近ナラ PSw	
廃	69	07.06.08	
廃	70	07.06.08	
廃	71	07.06.15	

廃 72 07.05.15
廃 73 08.03.31
廃 74 08.06.20
廃 75 08.05.28
廃 76 06.09.06
T 77 近ナラ PSw
T 78 近ナラ PSw 82
廃 79 08.04.18
廃 80 08.03.31
廃 81 07.08.03
廃 82 07.08.03
廃 83 08.04.25
廃 84 08.04.18
廃 85 07.05.18
廃 86 07.05.18
廃 87 07.10.26
廃 88 07.10.26
廃 89 18.03.31
廃 90 19.08.01
T 91 近ナラ PSw
廃 92 22.01.14
廃 93 21.09.30
廃 94 19.07.01
廃 95 07.12.21
廃 96 07.12.21
廃 97 07.05.25
廃 98 07.05.25
廃 99 08.03.07
廃 100 08.03.07
廃 101 08.02.15
廃 102 08.02.15
廃 103 09.02.06
廃 104 11.05.18
廃 105 07.05.09
廃 106 07.05.09
廃 107 10.06.21
廃 108 10.06.21
廃 109 11.04.27
廃 110 11.04.27
廃 111 11.04.06
廃 112 11.04.06
廃 113 11.06.24
廃 114 11.06.24
廃 115 08.06.06
廃 116 08.06.06
廃 117 07.09.03
廃 118 07.09.03
廃 119 21.12.09
廃 120 21.10.20
廃 121 21.11.09
廃 122 22.07.07
廃 123 22.06.24
廃 124 22.12.13
廃 125 22.04.28 83
廃 126 08.01.11
廃 127 08.01.11
廃 128 10.10.18
廃 129 10.10.18
廃 130 07.07.06
廃 131 07.07.06
廃 132 07.10.12
廃 133 07.10.12
廃 134 09.07.24
廃 135 23.01.12
T 136 近ナラ PSw
廃 137 19.06.03
廃 138 23.05.10
T 139 近ナラ PSw
廃 140 19.07.01
廃 141 18.12.27
T 142 近ナラ PSw
T 143 近ナラ PSw
廃 144 07.12.07
廃 145 08.02.23
廃 146 08.01.16
廃 147 08.04.25
廃 148 08.01.08
廃 149 08.06.13
廃 150 07.11.09
廃 151 08.02.21
廃 152 07.11.23
廃 153 08.02.21
廃 154 08.02.23
廃 155 08.03.14 84

廃 901 05.11.02
廃 902 05.11.02 78

クハ200 10

廃 1 08.06.20
廃 2 08.02.01
廃 3 89.03.23
廃 4 89.07.25
廃 5 07.04.20
廃 6 07.04.20
廃 7 09.01.23
廃 8 07.03.09
廃 9 07.02.16
廃 10 07.02.16
廃 11 07.05.11
廃 12 07.05.11
廃 13 07.10.05
廃 14 07.07.13
廃 15 07.07.13
廃 16 08.03.31
廃 17 08.05.28
廃 18 07.01.06
廃 19 08.01.18
廃 20 07.01.26
廃 21 07.02.23
廃 22 07.02.09
廃 23 09.01.23
廃 24 07.02.02
廃 25 06.11.22
廃 26 06.10.19
廃 27 07.01.12
廃 28 07.03.02 81
廃 29 07.04.02
廃 30 07.04.13
廃 31 07.04.06
廃 32 07.03.01
廃 33 07.04.09
廃 34 07.12.28
廃 35 08.06.13
廃 36 11.05.18
廃 37 09.02.06
廃 38 07.06.22
廃 39 07.06.22
廃 40 07.04.27
廃 41 07.04.27
廃 42 07.01.19
廃 43 07.01.19
廃 44 07.09.07
廃 45 07.08.24
廃 46 07.11.02
廃 47 07.10.19
廃 48 06.12.28
廃 49 07.12.14
廃 50 07.11.16
廃 51 07.07.13
廃 52 07.09.14
廃 53 07.08.10
廃 54 07.09.21
廃 55 06.12.21
廃 56 08.12.05
廃 57 07.07.27
廃 58 08.12.12
廃 59 07.06.29
廃 60 07.11.30
廃 61 18.06.01
廃 62 18.12.11
廃 63 19.06.03
T 64 近ナラ PSw
廃 65 19.01.15
T 66 近ナラ PSw
廃 67 20.05.29
T 68 近ナラ PSw
廃 69 07.06.08
廃 70 07.06.08
廃 71 07.06.15
廃 72 07.05.15
廃 73 08.03.31
廃 74 08.06.20
廃 75 08.05.28
廃 76 06.09.12
T 77 近ナラ PSw
T 78 近ナラ PSw 82
廃 79 08.04.18
廃 80 08.03.31
廃 81 07.08.03
廃 82 07.08.03
廃 83 08.04.25
廃 84 08.04.18
廃 85 07.05.18
廃 86 07.05.18
廃 87 07.10.26
廃 88 07.10.26
廃 89 18.03.31
廃 90 19.08.01
T 91 近ナラ PSw
廃 92 22.01.14
廃 93 21.09.30
廃 94 19.07.01
廃 95 07.12.21
廃 96 07.12.21
廃 97 07.05.25
廃 98 07.05.25
廃 99 08.03.07
廃 100 08.03.07
廃 101 08.02.15
廃 102 08.02.15
廃 103 11.05.18
廃 104 09.02.06
廃 105 07.05.09
廃 106 07.05.09
廃 107 10.06.21
廃 108 10.06.21
廃 109 11.04.27
廃 110 11.04.27
廃 111 11.04.06
廃 112 11.04.06
廃 113 11.06.24
廃 114 11.06.24
廃 115 08.06.06
廃 116 08.06.06
廃 117 07.09.03
廃 118 07.09.03
廃 119 21.12.09
廃 120 21.10.20
廃 121 21.11.09
廃 122 22.07.07
廃 123 22.06.24
廃 124 22.12.13
廃 125 22.04.28 83
廃 126 08.01.11
廃 127 08.01.11
廃 128 10.10.18
廃 129 10.10.18
廃 130 07.07.06
廃 131 07.07.06
廃 132 07.10.12
廃 133 07.10.12
廃 134 09.07.24
廃 135 23.01.12
T 136 近ナラ PSw
廃 137 19.06.03
廃 138 23.05.10
T 139 近ナラ PSw
廃 140 19.07.01
廃 141 19.03.31
T 142 近ナラ PSw
T 143 近ナラ PSw
廃 144 07.12.07
廃 145 08.02.23
廃 146 08.01.16
廃 147 08.04.25
廃 148 08.01.08
廃 149 08.06.13
廃 150 07.11.09
廃 151 08.02.21
廃 152 07.11.23
廃 153 08.02.21
廃 154 08.02.23
廃 155 08.03.14 84

サハ201 0

廃 1 07.10.05
廃 2 07.10.05
廃 3 07.01.06
廃 4 07.01.06
廃 5 08.01.18
廃 6 08.01.18
廃 7 07.01.26
廃 8 07.01.26
廃 9 07.02.23
廃 10 07.02.23
廃 11 07.02.09
廃 12 07.02.09
廃 13 07.03.09
廃 14 07.03.09
廃 15 07.02.02
廃 16 07.02.02
廃 17 06.11.22
廃 18 06.11.22
廃 19 06.10.19
廃 20 06.10.19
廃 21 07.01.12
廃 22 07.01.12
廃 23 07.03.02
廃 24 07.03.02 81
廃 25 07.04.02
廃 26 07.04.02
廃 27 07.04.13
廃 28 07.04.13
廃 29 07.04.06
廃 30 07.04.06
廃 31 07.03.01
廃 32 07.03.01
廃 33 07.04.09
廃 34 07.04.09
廃 35 07.09.07
廃 36 07.09.07
廃 37 07.08.24
廃 38 07.08.24
廃 39 07.11.02
廃 40 07.11.02
廃 41 07.10.19
廃 42 07.10.19
廃 43 06.12.28
廃 44 06.12.28
廃 45 07.12.14
廃 46 07.12.14
廃 47 07.11.16
廃 48 07.11.16
廃 49 07.07.20
廃 50 07.07.20
廃 51 07.09.14
廃 52 07.09.14
廃 53 07.08.10
廃 54 07.08.10
廃 55 07.10.07
廃 56 07.09.21
廃 57 06.12.21
廃 58 06.12.21
廃 59 08.12.05
廃 60 08.12.05
廃 61 07.07.27
廃 62 07.07.27
廃 63 08.12.12
廃 64 08.12.12
廃 65 07.06.29
廃 66 07.06.29
廃 67 07.11.30

廃 68 07.11.30
廃 69 18.06.01
廃 70 18.12.11
廃 71 19.06.03
廃 72 18.12.27
廃 73 19.01.15
廃 74 19.08.01
廃 75 19.06.03
廃 76 19.07.01
廃 77 18.03.31
廃 78 18.03.31 ８２
廃 79 18.03.31
廃 80 19.08.01
廃 81 19.07.01
廃 82 18.03.31
廃 83 18.03.31
廃 84 19.07.01
廃 85 18.06.01
廃 86 18.03.31
廃 87 18.06.01
廃 88 18.06.01
廃 89 18.08.31
廃 90 18.12.13
廃 91 18.12.13 ８３
廃 92 19.01.15
廃 93 18.03.31
廃 94 19.06.03
廃 95 18.08.31
廃 96 18.12.11
廃 97 19.07.01
廃 98 19.03.31
廃 99 19.06.03
廃 100 18.03.31 ８４

廃 901 05.11.02
廃 902 05.11.02 ８３改

107系／東

クモハ107 0

廃 1 13.06.05
廃 2 13.06.05
廃 3 13.06.29
廃 4 13.06.05
廃 5 13.06.29
廃 6 13.06.29
廃 7 13.06.29
廃 8 13.06.05 ８８

廃 101 17.11.01
廃 102 16.07.14
廃 103 17.04.21
廃 104 17.04.21
廃 105 17.04.21 ８８
廃 106 17.06.24
廃 107 17.10.03
廃 108 17.10.03
廃 109 17.04.21
廃 110 17.06.24
廃 111 17.06.24
廃 112 16.07.14
廃 113 17.08.23
廃 114 17.08.23
廃 115 17.10.12 ８９
廃 116 17.10.12
廃 117 17.06.24
廃 118 16.07.14
廃 119 16.07.14 ９０

クハ106 0

廃 1 13.06.05
廃 2 13.06.05
廃 3 13.06.29
廃 4 13.06.05
廃 5 13.06.29
廃 6 13.06.29
廃 7 13.06.29
廃 8 13.06.05 ８８

廃 101 17.11.01
廃 102 16.07.14
廃 103 17.04.21
廃 104 17.04.21
廃 105 17.04.21 ８８
廃 106 17.06.24
廃 107 17.10.03
廃 108 17.10.03
廃 109 17.04.21
廃 110 17.06.24
廃 111 17.06.24
廃 112 16.07.14
廃 113 17.08.23
廃 114 17.08.23
廃 115 17.10.12 ８９
廃 116 17.10.12
廃 117 17.06.24
廃 118 16.07.14
廃 119 16.07.14 ９０

105系／西

クモハ105 16

T 1 中オカ Sw
T 2 中オカ Sw
T 3 中オカ Sw
廃 4 21.07.26
廃 5 21.06.02
廃 6 21.07.26
T 7 中オカ Sw
T 8 中オカ Sw
T 9 中セキ Sw
T 10 中セキ Sw
T 11 中セキ Sw
T 12 中セキ Sw
T 13 中セキ Sw
T 14 中セキ Sw
T 15 中セキ Sw
T 16 中セキ Sw
17 20.03.31
廃 18 20.03.31
廃 19 20.03.31
T 20 中セキ Sw
廃 21 23.07.14
廃 22 19.03.27
廃 23 23.07.05
廃 24 23.07.05
廃 25 20.03.31
廃 26 23.07.14
廃 27 20.03.31 ８０
廃 28 21.07.05
T 29 中オカ Sw
廃 30 21.07.05
T 31 中オカ Sw ８４改

廃 101 00.03.30 ８６改

廃 501 19.11.01
廃 502 19.11.01
廃 503 19.12.02
廃 504 19.08.01
廃 505 19.12.25
廃 506 21.04.08
廃 507 19.07.01
廃 508 19.11.01
廃 509 19.08.01
廃 510 19.12.02
廃 511 05.11.30
廃 512 19.10.07
廃 513 19.06.03
廃 514 19.12.25
廃 515 19.11.01
廃 516 21.02.04
廃 517 19.12.02
廃 518 19.11.01
廃 519 19.07.01
廃 520 05.11.30
廃 521 05.11.30
廃 522 08.01.28
廃 523 19.11.01
廃 524 05.11.30
廃 525 16.04.15
廃 526 16.04.15
廃 527 16.04.15
廃 528 16.04.15
廃 529 16.04.15
廃 530 16.04.15
廃 531 16.06.16
廃 532 16.06.16 ８４改

廃 601 98.03.06 ８６改

クハ105 0

廃 1 16.04.15
廃 2 19.10.07
廃 3 19.06.03
廃 4 19.12.25
廃 5 19.11.01
廃 6 21.02.04
廃 7 90.03.01
廃 8 19.11.01
廃 9 19.07.01
廃 10 16.04.15
廃 11 16.04.15
廃 12 16.04.15
廃 13 19.11.01
廃 14 16.04.15 ８４改

廃 101 06.02.06
廃 102 07.05.30
廃 103 05.11.30
廃 104 05.11.30 ８４改
廃 105 00.03.30 ８６改

廃 601 98.03.06 ８６改

クハ104 16

T 1 中オカ Sw
T 2 中オカ Sw
T 3 中オカ Sw
廃 4 21.07.26
廃 5 21.07.05
T 6 中オカ Sw
廃 7 21.07.05
廃 8 21.06.02
T 9 中セキ Sw
T 10 中セキ Sw
T 11 中セキ Sw
T 12 中セキ Sw
T 13 中セキ Sw
T 14 中セキ Sw
T 15 中セキ Sw
T 16 中セキ Sw
廃 17 20.03.31
廃 18 20.03.31
廃 19 20.03.31
T 20 中セキ Sw
廃 21 16.06.16
廃 22 19.03.27
廃 23 16.09.17
廃 24 20.03.31
廃 25 20.03.31 ８１
T 26 中オカ Sw
廃 27 21.07.26
T 28 中オカ Sw
T 29 中オカ Sw ８４改

廃 501 19.11.01
廃 502 19.11.01
廃 503 19.12.02
廃 504 19.08.01
廃 505 19.12.25
廃 506 21.04.08
廃 507 19.07.01
廃 508 19.11.01
廃 509 19.08.01
廃 510 19.12.02 ８４改

廃 551 19.12.02 ９０改

廃 601 16.04.15 ８４改

モハ105 0

改 1 85.03.28 クモハ105-28
改 2 84.10.22 クモハ105-29
改 3 84.08.13 クモハ105-30
改 4 84.06.29 クモハ105-31
８１

サハ105 0

改 1 84.06.29 クハ104-28
改 2 85.03.28 クハ104-29
改 3 84.10.25 クハ104-30
改 4 84.08.23 クハ104-31
８１

クモハ103　20

廃 1 92.07.01
廃 2 91.04.15
廃 3 99.06.30
廃 4 91.11.20
廃 5 92.12.31
廃 6 92.12.31
廃 7 99.05.10
廃 8 00.04.03
廃 9 93.03.01
廃 10 90.12.26
廃 11 93.07.01
廃 12 90.08.06
廃 13 07.09.10
廃 14 90.12.10
廃 15 99.05.31
廃 16 99.12.24
廃 17 00.02.25
廃 18 01.09.14
廃 19 94.09.01
廃 20 89.09.26
廃 21 92.04.09
廃 22 90.12.11
廃 23 08.04.23
廃 24 92.12.25
廃 25 90.11.09
廃 26 93.03.31
廃 27 07.05.30
廃 28 92.12.25
廃 29 92.12.01
廃 30 92.02.29
廃 31 06.04.06
廃 32 08.03.11
廃 33 93.03.31
廃 34 07.08.25
廃 35 92.08.01
廃 36 95.01.13
廃 37 91.11.20
廃 38 99.05.10
廃 39 92.12.31
廃 40 92.12.25
廃 41 03.06.25
廃 42 90.12.01
廃 43 92.04.02
廃 44 95.05.23
廃 45 95.05.23
廃 46 05.04.22
廃 47 95.09.11
改 48 89.02.08 5001
2廃 48 15.03.27
廃 49 01.04.20
廃 50 91.09.10 65
廃 51 04.10.29
廃 52 90.10.16
廃 53 90.08.06 66
廃 54 90.08.28
廃 55 95.06.09
廃 56 95.01.06
廃 57 90.10.25
廃 58 94.10.13
廃 59 04.08.11
廃 60 91.06.14 65
廃 61 08.12.29
廃 62 90.10.16
廃 63 92.06.01
廃 64 95.03.01
廃 65 94.12.12
廃 66 06.04.28
廃 67 02.12.04
廃 68 90.10.16
廃 69 05.02.04
廃 70 95.04.05
廃 71 05.04.13
廃 72 93.09.01
廃 73 02.04.12
廃 74 01.07.17
廃 75 99.12.06
廃 76 92.04.02
廃 77 07.08.07
廃 78 91.04.01
廃 79 95.09.11
廃 80 93.08.01
廃 81 91.07.29
廃 82 07.01.30
廃 83 92.04.02
廃 84 06.05.27
廃 85 04.04.02
廃 86 92.04.02
廃 87 91.10.14
廃 88 94.10.13
廃 89 00.12.18
廃 90 03.03.03
廃 91 92.12.12
廃 92 94.06.01
廃 93 00.10.27
廃 94 03.02.12
廃 95 07.04.06
廃 96 00.09.06
廃 97 90.12.26
廃 98 95.06.09
廃 99 94.08.01
廃 100 96.03.01
廃 101 01.04.25
廃 102 04.04.16
廃 103 93.10.01 66
廃 104 97.07.02
廃 105 04.10.01
廃 106 00.11.20
廃 107 94.06.01 67
廃 108 90.12.10
廃 109 08.04.01 66
廃 110 09.07.03
廃 111 02.05.01
廃 112 04.09.06
廃 113 03.02.03
廃 114 91.01.28
廃 115 90.11.09
廃 116 05.05.12
廃 117 03.07.25
廃 118 07.08.25
廃 119 07.05.30
廃 120 03.12.10
廃 121 95.04.05
廃 122 03.04.02
廃 123 04.03.29
廃 124 03.03.03
廃 125 02.08.01
廃 126 04.11.05
廃 127 06.10.31 67
廃 128 03.09.10
廃 129 08.04.01
廃 130 05.02.18
廃 131 04.12.08 66
廃 132 07.08.07
廃 133 07.04.08
廃 134 04.01.22
廃 135 02.12.10
廃 136 02.11.15
廃 137 02.11.20
廃 138 02.12.16
廃 139 04.01.22
廃 140 02.05.01
廃 141 04.02.07
廃 142 04.02.28
廃 143 02.05.01
廃 144 94.06.01
廃 145 02.10.07
廃 146 04.07.27
廃 147 06.05.10
廃 148 04.02.04
改 149 87.03.31
廃 150 98.04.02
廃 151 03.01.06
廃 152 94.12.12
廃 153 04.11.05
廃 154 04.05.11
廃 155 03.01.07 67

1512 本カラ SK
1514 本カラ SK
廃1516 15.11.06 89~
1518 本カラ SK 00改

廃2501 15.03.27
廃2502 15.03.27 93改
廃2503 18.07.17
廃2504 18.06.01
廃2505 18.02.26
改2506 98.03.05 3501
廃2507 11.03.26
改2508 97.12.16 3502
改2509 98.03.06 3503
改2510 97.10.08 3504
改2511 98.02.03 3505
改2512 97.12.15 3506
改2513 98.02.26 3507
改2514 97.09.24 3508 94~
改2515 98.02.26 3509 95改

T 3501 近ホシ PSw
T 3502 近ホシ PSw
T 3503 近ホシ PSw
T 3504 近ホシ PSw
T 3505 近ホシ PSw
T 3506 近ホシ PSw
T 3507 近ホシ PSw
T 3508 近ホシ PSw
T 3509 近ホシ PSw 97改

T 3551 近カコ Sw
T 3552 近カコ Sw
T 3553 近カコ Sw
T 3554 近カコ Sw
T 3555 近カコ Sw
T 3556 近カコ Sw
T 3557 近カコ Sw 03~
T 3558 近カコ Sw 04改

改5001 93.04.20 48
改5002 93.04.28 2501
改5003 93.04.20 2502
改5004 95.03.02 2503
改5005 95.09.20 2504
改5006 94.12.03 2505
改5007 94.11.26 2506
改5008 94.09.29 2507
改5009 94.06.29 2508
改5010 94.10.21 2509
改5011 94.07.14 2510
改5012 94.05.12 2511
改5013 94.06.16 2512
改5014 95.03.17 2513
改5015 94.07.29 2514
改5016 95.05.13 2515 88改

クモハ102　19

廃1201 93.04.02 70
廃1202 93.12.01
廃1203 03.07.30 72
廃1204 03.02.04
廃1205 03.05.21 78

廃1511 19.03.02
1513 本カラ SK
廃1515 17.02.22 89~
1517 本カラ SK 00改

廃3001 04.10.08
廃3002 05.05.25
廃3003 05.10.18
廃3004 03.12.03
廃3005 04.11.13 85改

T 3501 近ホシ PSw
T 3502 近ホシ PSw
T 3503 近ホシ PSw
T 3504 近ホシ PSw
T 3505 近ホシ PSw
T 3506 近ホシ PSw
T 3507 近ホシ PSw
T 3508 近ホシ PSw
T 3509 近ホシ PSw 97改

T 3551 近カコ Sw
T 3552 近カコ Sw
T 3553 近カコ Sw
T 3554 近カコ Sw
T 3555 近カコ Sw
T 3556 近カコ Sw
T 3557 近カコ Sw 03~
T 3558 近カコ Sw 04改

モハ103　4

廃 1 90.10.01
廃 2 90.06.15
廃 3 91.07.29
廃 4 90.08.06
廃 5 89.06.06
廃 6 91.06.14
廃 7 92.12.01
廃 8 91.05.24
廃 9 90.06.15
廃 10 91.11.01
廃 11 91.09.10
廃 12 91.05.24
廃 13 89.03.23
廃 14 90.06.02
廃 15 06.12.15
廃 16 06.12.15
廃 17 05.12.28
廃 18 05.12.28
廃 19 90.10.25
廃 20 90.05.29
廃 21 89.03.23
廃 22 90.03.20
廃 23 89.02.16
廃 24 90.07.13
廃 25 90.10.25
廃 26 90.05.29
廃 27 90.05.29
廃 28 91.06.14
廃 29 10.12.06
廃 30 92.08.01
廃 31 96.06.11
廃 32 96.05.11
廃 33 96.06.18
廃 34 97.06.23
廃 35 91.11.01
廃 36 91.09.10
廃 37 91.09.10
廃 38 90.08.28
廃 39 89.02.16
廃 40 90.06.02
廃 41 90.05.07
廃 42 90.06.15
廃 43 91.01.28
廃 44 90.10.25
廃 45 94.12.01
廃 46 91.07.29
廃 47 92.12.01
廃 48 91.02.25
廃 49 90.07.13
廃 50 91.06.14
廃 51 97.05.20 64
廃 52 94.12.01
廃 53 92.12.01
廃 54 91.01.28
廃 55 90.08.06
廃 56 90.10.25
廃 57 91.03.31
廃 58 90.10.01
廃 59 92.08.01
廃 60 05.04.15
廃 61 91.03.31
廃 62 94.05.01
廃 63 89.08.17
廃 64 89.08.17
廃 65 90.03.20
廃 66 92.04.02
廃 67 92.10.01
廃 68 92.03.02
廃 69 91.02.25
廃 70 92.03.31
廃 71 92.02.29
廃 72 05.04.15
廃 73 90.03.20
廃 74 94.07.05
廃 75 90.02.06

廃 76 94.10.13
廃 77 93.03.03
廃 78 99.06.30
廃 79 00.04.03
廃 80 91.10.14
廃 81 95.01.14
廃 82 01.06.13
廃 83 91.09.30
廃 84 94.06.01
廃 85 95.07.03
廃 86 95.09.28
廃 87 93.08.01
廃 88 89.02.03
廃 89 92.03.31
廃 90 91.11.20
廃 91 90.12.26
廃 92 94.01.01
廃 93 91.06.14
廃 94 01.04.20
廃 95 92.02.29
廃 96 94.06.01
廃 97 93.12.01
廃 98 94.03.01 65
廃 99 08.04.01 66
廃 100 95.05.23
廃 101 95.03.01
廃 102 95.09.08 65
廃 103 90.08.06
廃 104 94.10.13
廃 105 93.12.01
廃 106 92.03.16
廃 107 95.09.28
廃 108 06.06.01
廃 109 03.08.29
廃 110 94.12.12
廃 111 93.10.01
廃 112 92.02.29
廃 113 95.04.05
廃 114 95.08.02
廃 115 92.03.16
廃 116 93.04.02
廃 117 94.12.12
廃 118 07.03.14
廃 119 90.06.02
廃 120 90.10.01
廃 121 91.07.29
廃 122 07.11.05
廃 123 07.08.30
廃 124 94.05.01
廃 125 07.03.14
廃 126 99.05.10 66
廃 127 91.09.10
廃 128 95.02.01 67
廃 129 06.02.20 66
廃 130 02.08.20
廃 131 94.08.01
廃 132 94.11.15
廃 133 03.10.15 67
廃 134 91.04.01
廃 135 91.07.29
廃 136 96.10.25 66
廃 137 03.11.28
廃 138 99.12.06
廃 139 95.02.01
廃 140 08.04.01
廃 141 95.04.05
廃 142 00.05.01 67
廃 143 91.02.25
廃 144 04.09.17
廃 145 94.07.05
廃 146 05.09.21 66
廃 147 03.12.26 67
廃 148 06.04.26 66
廃 149 95.08.02
廃 150 05.03.31

廃 151 04.12.04
廃 152 05.11.22
廃 153 95.09.08
廃 154 02.05.01
廃 155 95.07.03
廃 156 00.04.03
廃 157 01.10.11
廃 158 02.04.25
廃 159 01.09.26
廃 160 07.11.17
廃 161 93.07.01
廃 162 01.02.23
廃 163 93.06.01
廃 164 05.12.14
廃 165 01.01.31
廃 166 03.05.30
廃 167 01.03.23
廃 168 07.03.07
廃 169 92.02.29
廃 170 95.05.23 67
廃 171 95.08.02
廃 172 04.11.05
廃 173 94.12.12
廃 174 94.11.24
廃 175 94.12.12
廃 176 95.05.23
廃 177 94.12.12
廃 178 94.11.24
廃 179 94.08.01
廃 180 94.12.12
廃 181 03.04.04
廃 182 94.11.15
廃 183 94.04.04
廃 184 04.02.04
廃 185 05.12.14
廃 186 03.06.20
廃 187 94.10.13
廃 188 95.05.23
廃 189 96.07.05
廃 190 06.03.14
廃 191 95.07.03
廃 192 06.01.20
廃 193 06.04.26
廃 194 07.03.07
廃 195 09.01.30
廃 196 06.02.01
廃 197 04.07.27
廃 198 01.03.19
廃 199 01.11.30
廃 200 01.03.19
廃 201 01.01.31
廃 202 95.06.09
廃 203 01.07.07
廃 204 04.04.16
廃 205 04.07.27
廃 206 01.03.23
廃 207 04.10.15
廃 208 02.10.04
廃 209 04.03.31
廃 210 03.08.05
廃 211 05.11.22
廃 212 01.02.23
廃 213 95.01.14
廃 214 05.02.19
廃 215 95.01.14
廃 216 09.01.30
廃 217 97.09.02
廃 218 95.09.28
廃 219 05.06.22
廃 220 09.02.27
廃 221 06.08.14 68
廃 222 03.06.25
廃 223 03.10.22
廃 224 04.06.01
廃 225 92.02.29

廃 226 00.11.20
廃 227 05.01.12
廃 228 06.04.26
廃 229 01.05.29
廃 230 90.03.31
廃 231 04.12.06
改 232 90.01.18 ｻﾊ103-2501
改 233 88.02.28 ｸﾊ103-2551
廃 234 03.09.12
廃 235 05.01.12
廃 236 06.05.29
廃 237 06.05.29
廃 238 06.04.26
廃 239 11.01.15
廃 240 06.02.01
改 241 88.12.14 ｸﾓﾊ103-5004
改 242 88.01.28 ｸﾊ103-2552
改 243 88.02.22 ｸﾊ103-2553
廃 244 03.10.01
廃 245 03.10.01
廃 246 23.03.07
廃 247 06.02.01
改 248 88.10.24 ｸﾓﾊ103-5002
改 249 88.11.09 ｸﾓﾊ103-5003
廃 250 08.04.01
廃 251 09.07.06
廃 252 06.05.30
廃 253 06.05.29
廃 254 07.05.30
廃 255 07.05.30 69
廃 256 05.03.10
廃 257 03.11.28
廃 258 01.09.26
廃 259 05.01.12
廃 260 04.10.15
廃 261 05.08.30
廃 262 04.05.11
廃 263 02.04.24
廃 264 05.06.22
廃 265 00.02.29
廃 266 03.09.10
廃 267 05.12.06
廃 268 04.02.07
廃 269 04.02.28
廃 270 03.12.26
廃 271 02.05.30
廃 272 07.06.20
廃 273 01.11.30
廃 274 06.04.03
廃 275 06.05.19
廃 276 02.06.01
廃 277 02.06.02
廃 278 06.05.19
廃 279 02.04.10
廃 280 00.04.03
廃 281 04.08.19 70
廃 282 08.04.23
廃 283 06.02.10
廃 284 06.02.10
廃 285 11.02.16
廃 286 04.05.11
廃 287 11.03.11
廃 288 08.12.16
廃 289 05.03.31
廃 290 05.08.30
廃 291 05.09.06
廃 292 03.10.22
廃 293 03.10.22
廃 294 07.03.08
改 295 89.02.27 ｸﾓﾊ103-5005
廃 296 92.03.31
廃 297 92.03.31
廃 298 06.02.20
廃 299 06.02.20
廃 300 08.12.08

廃 301 07.08.07
廃 302 07.08.07
廃 303 09.02.20
改 304 88.12.21 ｸﾓﾊ103-5006
廃 305 06.02.10
廃 306 06.03.28
廃 307 07.08.10
廃 308 09.03.06
廃 309 05.12.28
廃 310 09.11.27
廃 311 06.03.01
廃 312 10.04.05
廃 313 10.03.01
廃 314 09.10.30
廃 315 06.03.01 71
廃 316 05.09.06
廃 317 01.01.31
廃 318 04.08.03
廃 319 05.11.22
廃 320 04.03.31
廃 321 01.01.31
廃 322 04.02.19
廃 323 95.12.02
廃 324 04.02.28
廃 325 05.01.12
廃 326 03.02.03
廃 327 04.12.04
廃 328 03.02.03
廃 329 04.12.04
廃 330 05.12.06
廃 331 01.05.16
廃 332 01.05.16
廃 333 01.05.16
廃 334 89.03.23
廃 335 05.02.19
廃 336 89.03.23
廃 337 01.07.31
廃 338 01.09.26
廃 339 00.08.01
廃 340 02.07.01
廃 341 04.03.31
廃 342 01.10.25
廃 343 09.10.28
廃 344 01.03.19
廃 345 04.03.10
廃 346 02.07.25
廃 347 05.09.06
廃 348 02.12.17
廃 349 02.12.06
廃 350 02.12.06
廃 351 04.08.19
廃 352 00.08.28
廃 353 01.06.06
廃 354 04.03.19
廃 355 03.10.24
廃 356 03.10.24
廃 357 01.01.31
廃 358 00.04.03
廃 359 00.04.03
廃 360 00.04.03
廃 361 00.06.20
廃 362 04.02.07
廃 363 01.07.17
廃 364 03.12.12
廃 365 03.11.10
廃 366 04.06.25
廃 367 00.12.18
廃 368 00.12.18
廃 369 00.07.03
廃 370 05.02.19
廃 371 02.04.05
廃 372 00.11.20
廃 373 02.06.20
廃 374 04.04.16
廃 375 03.01.06

廃 376 04.10.26
廃 377 02.10.02
廃 378 02.05.02
廃 379 02.12.17
廃 380 03.02.03
廃 381 02.08.20
廃 382 04.03.19 72
廃 383 17.10.17
廃 384 17.10.17
廃 385 17.12.26
廃 386 17.11.27
廃 387 13.03.18
廃 388 11.02.02
N 389 近アカ
廃 390 11.04.28
廃 391 13.04.24
廃 392 11.09.05
廃 393 11.09.05
廃 394 11.05.13
廃 395 11.04.26
廃 396 17.01.06
N 397 近アカ
廃 398 18.06.20
廃 399 18.06.20
廃 400 17.11.27
廃 401 17.11.27
廃 402 00.07.03
廃 403 00.12.18
廃 404 03.10.15
廃 405 11.03.11
廃 406 17.12.26
廃 407 11.12.19
廃 408 13.03.08
廃 409 13.06.07
廃 410 13.06.07
廃 411 05.01.19
廃 412 05.03.19
廃 413 04.01.28
廃 414 95.07.03
廃 415 95.08.02
廃 416 95.11.01
廃 417 95.11.01
廃 418 02.10.31
廃 419 95.03.01
廃 420 96.07.29
廃 421 96.07.29
廃 422 18.06.07
廃 423 18.10.10
廃 424 17.01.13
廃 425 17.03.31
廃 426 04.08.03
改 427 89.01.26 ｸﾓﾊ103-5007
廃 428 09.09.17
廃 429 10.04.05
廃 430 18.09.07
廃 431 18.06.01
廃 432 04.08.03
廃 433 05.12.06
廃 434 16.09.28
改 435 88.11.18 ｸﾓﾊ103-5008
廃 436 11.06.29
廃 437 10.11.05
廃 438 97.08.02
廃 439 95.09.28
廃 440 97.08.02
廃 441 05.09.14
廃 442 05.03.19
廃 443 00.04.03
廃 444 01.06.06
廃 445 97.04.02
廃 446 01.06.06
廃 447 05.09.14
廃 448 02.04.24
廃 449 96.07.05
廃 450 99.01.21 73

廃 451 99.01.21
廃 452 99.01.21
廃 453 05.08.30
廃 454 00.05.29
廃 455 22.07.28
廃 456 18.07.17
廃 457 18.10.29
廃 458 22.07.28
廃 459 16.09.20
廃 460 11.06.16
廃 461 96.05.09
廃 462 03.03.21
廃 463 95.07.03
廃 464 95.07.03
廃 465 96.03.01
廃 466 96.03.01
廃 467 03.03.21
廃 468 01.01.31
廃 469 96.07.05
廃 470 98.12.20
廃 471 96.06.05
廃 472 96.06.05
廃 473 01.03.23
廃 474 01.03.23
廃 475 97.06.02
廃 476 97.06.02 74
廃 477 09.02.20
廃 478 08.12.22
廃 479 10.06.21
改 480 89.02.02クモハ103-5009
廃 481 18.06.01
廃 482 18.03.01
廃 483 18.06.01
廃 484 16.09.20
改 485 89.01.07クモハ103-5010
廃 486 16.09.28
廃 487 11.03.30
廃 488 17.11.27
廃 489 10.05.17
廃 490 18.02.05
廃 491 18.02.05
廃 492 17.12.26
廃 493 11.03.02
廃 494 17.11.27
廃 495 11.06.03
廃 496 13.04.24
廃 497 11.07.02
廃 498 09.10.13
改 499 89.02.14クモハ103-5011
廃 500 96.05.09
廃 501 96.09.10
廃 502 03.12.10
廃 503 05.09.14
廃 504 16.10.07
廃 505 97.08.02
廃 506 97.08.02 75
廃 507 11.03.30
廃 508 11.03.30
廃 509 16.07.11
廃 510 16.07.11
廃 511 11.10.05
廃 512 11.07.21 76
廃 513 97.01.13
廃 514 98.05.29
廃 515 96.06.05
廃 516 96.06.05
廃 517 96.07.05
廃 518 96.07.05
廃 519 98.07.01
廃 520 16.09.05
廃 521 17.12.26 75
廃 522 97.05.08
廃 523 98.07.01
廃 524 18.07.17
廃 525 16.09.05

廃 526 96.06.05
廃 527 96.05.09
廃 528 17.01.06
廃 529 16.11.17
廃 530 11.08.12
廃 531 18.01.26
廃 532 18.01.26
廃 533 18.06.01
廃 534 00.05.01
廃 535 00.11.07
廃 536 02.03.10
廃 537 02.03.10
廃 538 97.06.16
廃 539 02.05.01
廃 540 01.02.23
廃 541 97.04.02
廃 542 98.06.01
廃 543 02.06.01
廃 544 98.12.01
廃 545 98.07.01
廃 546 98.12.02
廃 547 97.07.02
廃 548 98.04.02
廃 549 00.12.18
廃 550 97.05.08
廃 551 08.12.18
廃 552 97.05.01
廃 553 97.11.04
廃 554 97.09.22
廃 555 99.03.03
廃 556 98.07.02
廃 557 03.03.26
廃 558 02.10.31
廃 559 02.10.16
廃 560 00.05.01
廃 561 03.07.02
廃 562 02.10.04
廃 563 03.12.10
廃 564 03.12.10
廃 565 97.02.18
廃 566 97.09.02
廃 567 97.09.02
廃 568 97.07.02
廃 569 00.04.03
廃 570 98.05.20
廃 571 03.11.28
廃 572 96.11.08
廃 573 02.12.18
廃 574 03.03.26
廃 575 97.10.22
廃 576 00.04.03 76
廃 577 98.04.02
廃 578 98.03.02
廃 579 99.03.03
廃 580 02.06.01
廃 581 03.12.26
廃 582 01.04.20
廃 583 01.04.20
廃 584 98.02.02
廃 585 04.10.26
廃 586 05.09.21
廃 587 05.09.21
廃 588 06.05.27
廃 589 04.01.22
廃 590 02.05.02
廃 591 02.06.02
廃 592 98.03.02
廃 593 06.05.27 77
廃 594 02.07.01
廃 595 02.07.01
廃 596 97.05.01
廃 597 02.10.02
廃 598 97.05.02
廃 599 97.05.02
廃 600 05.03.10

廃 601 05.03.10 76
廃 602 00.04.03
廃 603 00.04.03
廃 604 97.10.02
廃 605 97.11.02
廃 606 97.09.02
廃 607 97.11.02
廃 608 01.07.31
廃 609 02.06.20
廃 610 99.02.25
廃 611 99.02.25
廃 612 99.02.25
廃 613 99.03.23
廃 614 99.03.23
廃 615 99.03.23
廃 616 02.09.02
廃 617 02.09.02
廃 618 97.10.02
廃 619 97.11.02 77
廃 620 97.06.02
廃 621 05.07.12
廃 622 05.07.12 76
廃 623 04.04.02
廃 624 00.09.25
廃 625 01.10.11
廃 626 02.12.02 77
廃 627 96.12.12
廃 628 05.07.12
廃 629 04.01.09
廃 630 97.06.16
廃 631 98.07.02
廃 632 98.07.02
廃 633 97.10.02
廃 634 97.09.19
廃 635 97.04.02
廃 636 97.07.02 76
廃 637 97.08.02
廃 638 04.01.09
廃 639 00.12.18
廃 640 00.11.17
廃 641 02.10.11
廃 642 97.10.02
廃 643 02.12.10
廃 644 99.03.03
廃 645 00.11.17
廃 646 01.12.21
廃 647 98.04.02
廃 648 98.04.02
廃 649 05.06.22
廃 650 98.12.01 77
廃 651 00.11.06
廃 652 00.10.27
廃 653 04.01.05
廃 654 04.11.05
廃 655 05.01.19
廃 656 05.01.19
廃 657 05.03.19
廃 658 02.10.02
改 659 04.03.29クモハ103-3551
改 660 04.03.31クモハ103-3552
廃 661 03.10.24
廃 662 02.07.02
廃 663 01.09.26
廃 664 05.03.31
廃 665 00.01.11
廃 666 00.01.11
廃 667 00.01.11
廃 668 00.07.03
廃 669 00.05.08
廃 670 00.05.01
廃 671 00.02.29
廃 672 00.02.04
廃 673 00.02.04
廃 674 00.02.04
廃 675 99.03.30

廃 676 99.03.30
廃 677 99.03.30
廃 678 99.01.04
廃 679 99.01.04
廃 680 99.01.04
廃 681 00.02.29
廃 682 00.02.29
廃 683 00.02.29
廃 684 11.05.26
廃 685 11.05.26
廃 686 11.03.25
廃 687 00.08.30
廃 688 00.08.01
廃 689 00.08.01
廃 690 02.01.30
廃 691 00.05.01
廃 692 00.05.01 78
廃 693 01.07.27
廃 694 01.07.27
廃 695 02.07.02
廃 696 01.09.28
廃 697 05.04.06
廃 698 05.04.06
廃 699 01.12.21
廃 700 02.04.10
廃 701 00.09.06
廃 702 00.09.06
廃 703 00.09.06
廃 704 00.01.25
廃 705 00.04.03
廃 706 00.02.04
廃 707 00.07.03
廃 708 00.09.06
廃 709 01.05.02
廃 710 04.02.19
廃 711 05.04.06
廃 712 02.06.01
廃 713 04.02.19
改 714 04.05.24クモハ103-3553
改 715 04.07.08クモハ103-3554
廃 716 00.04.03
廃 717 02.01.30
廃 718 02.02.27
廃 719 00.07.03
廃 720 04.03.29
廃 721 05.12.14
廃 722 03.07.26
廃 723 03.07.26
廃 724 02.05.01
廃 725 02.06.01
改 726 04.10.20クモハ103-3555
改 727 89.03.06クモハ103-5012
改 728 04.07.21クモハ103-3556
改 729 89.04.08クモハ103-5013
改 730 03.12.08クモハ103-3557
改 731 04.08.21クモハ103-3558
廃 732 99.10.12
廃 733 99.10.12
廃 734 99.10.04
廃 735 99.01.10
廃 736 99.01.10
廃 737 99.01.10
廃 738 00.07.03
廃 739 02.12.18
廃 740 93.04.02
廃 741 99.01.29
廃 742 99.01.29
廃 743 99.01.29 79
廃 744 04.02.21
廃 745 04.02.21
廃 746 03.01.06
廃 747 04.03.26
廃 748 04.03.26
廃 749 06.05.19
廃 750 04.12.28

廃 751 04.09.17
廃 752 04.10.01
廃 753 04.11.05
廃 754 04.01.28
廃 755 04.12.18
廃 756 04.12.18
廃 757 03.04.03
廃 758 03.01.21
廃 759 03.01.21
廃 760 03.04.03
廃 761 03.07.12
廃 762 03.07.12
廃 763 16.10.07
廃 764 16.10.07
廃 765 18.01.30
廃 766 18.01.30
廃 767 17.01.23
廃 768 17.01.23
廃 769 17.10.02
改 770 88.11.24クモハ103-5014
廃 771 18.03.01
改 772 89.03.08クモハ103-5015
廃 773 17.10.30
廃 774 17.10.30
廃 775 18.01.22
廃 776 04.12.28
廃 777 17.10.02
廃 778 02.05.01
廃 779 17.11.27
改 780 89.02.02クモハ103-5016
廃 781 18.01.22
廃 782 18.01.22
廃 783 18.02.15
廃 784 18.02.15
廃 785 17.12.26
廃 786 16.06.06 80
廃 787 05.02.25
廃 788 05.02.25
廃 789 05.02.25
改 790 95.12.01 3501
廃 791 04.12.28
廃 792 02.06.05
廃 793 02.06.05 83

廃 901 89.03.20
廃 902 91.07.29 62

改 911 88.09.19サハ103-802
改 912 88.08.14サハ103-801
改 913 88.10.13サハ103-803
67

廃1001 03.03.03
廃1002 03.03.03
廃1003 03.03.03
廃1004 03.05.02
廃1005 04.03.19
改1006 84.08.21クモハ105-519
改1007 84.08.07クモハ105-506
廃1008 03.05.02
廃1009 03.05.02
廃1010 03.05.02
改1011 84.05.22クモハ105-508
改1012 84.09.11クモハ105-502
廃1013 02.07.01
改1014 84.06.19クモハ105-515
改1015 84.05.25クモハ105-516
廃1016 04.01.05
廃1017 04.01.05
廃1018 04.01.05
改1019 84.09.28クモハ105-514
改1020 84.09.28クモハ105-507
廃1021 02.08.01
廃1022 02.08.01
改1023 84.06.22クモハ105-509

改1024 84.07.22クモハ105-510
廃1025 04.03.10
廃1026 04.03.10
改1027 84.09.27クモハ105-504
廃1028 04.03.10
廃1029 02.08.01
廃1030 02.12.17
改1031 84.05.30クモハ105-501
廃1032 03.06.04
廃1033 03.06.04
廃1034 03.06.04
改1035 84.08.31クモハ105-525
廃1036 03.06.04
廃1037 03.05.02
廃1038 03.02.03
廃1039 03.05.02
廃1040 02.09.02
廃1041 02.07.01
改1042 84.09.07クモハ105-518
改1043 84.08.07クモハ105-512
廃1044 02.07.01
廃1045 04.01.10
廃1046 04.01.10
廃1047 04.01.10
廃1048 02.06.01 70
廃1049 02.07.01
改1050 84.06.14クモハ105-511
改1051 84.08.10クモハ105-503
廃1052 02.05.01
廃1053 02.08.01
改1054 84.08.28クモハ105-513
廃1055 03.04.02
廃1056 03.03.03 71
廃1057 03.01.09
廃1058 03.01.09
改1059 84.07.31クモハ105-526
廃1060 03.01.09
廃1061 02.05.01
改1062 84.08.18クモハ105-517
改1063 84.06.14クモハ105-505
廃1064 02.07.01 70

廃1201 93.04.02
廃1202 03.05.20
廃1203 93.04.02 70
廃1204 94.04.04
廃1205 94.02.01
廃1206 93.11.01
廃1207 03.05.07
廃1208 03.07.30
廃1209 03.07.30 72
廃1210 03.05.07
廃1211 03.05.07
廃1212 03.02.04
廃1213 03.05.21
廃1214 03.02.04
廃1215 03.05.21 78

廃1501 15.03.03
廃1502 15.02.02
廃1503 16.02.11
廃1504 16.01.29
廃1505 15.12.02
廃1506 15.10.30
廃1507 15.07.11
廃1508 15.06.02
廃1509 15.08.30
廃1510 15.08.06
廃1511 19.03.08
改1512 89.07.21クモハ103-1512
1513 本カラ
改1514 95.03.02クモハ103-1514
廃1515 17.02.16
改1516 89.05.20クモハ103-1516
1517 本カラ
改1518 01.02.17クモハ103-1518
82

廃3001 04.10.08
廃3002 05.05.25
廃3003 05.10.18
廃3004 03.12.03
廃3005 04.11.13
廃3501 05.04.02 85改

モハ102 5

廃 1 90.10.01
廃 2 90.06.15
廃 3 91.07.29
廃 4 90.08.06
廃 5 89.06.06
廃 6 91.06.14
廃 7 92.12.01
廃 8 91.05.24
廃 9 90.06.15
廃 10 91.11.01
廃 11 91.09.10
廃 12 91.05.24
廃 13 89.03.23
廃 14 90.06.02
廃 15 06.12.15
廃 16 06.12.15
廃 17 05.12.28
廃 18 05.12.28
廃 19 90.10.25
廃 20 90.05.29
廃 21 89.03.23
廃 22 90.03.20
廃 23 89.02.16
廃 24 90.07.13
廃 25 90.10.25
廃 26 90.05.29
廃 27 90.05.29
廃 28 91.06.14
廃 29 10.12.06
廃 30 92.08.01
廃 31 96.06.11
廃 32 96.05.11
廃 33 96.06.18
廃 34 97.06.23
廃 35 91.11.01
廃 36 91.09.10
廃 37 91.09.10
廃 38 90.08.28
廃 39 89.02.16
廃 40 90.06.02
廃 41 90.05.07
廃 42 90.06.15
廃 43 91.01.28
廃 44 90.10.25
廃 45 94.12.01
廃 46 91.07.29
廃 47 92.12.01
廃 48 91.02.25
廃 49 90.07.13
廃 50 91.06.14
廃 51 97.05.20 64
廃 52 94.12.01
廃 53 92.12.01
廃 54 91.01.28
廃 55 90.08.06
廃 56 90.10.25
廃 57 91.03.31
廃 58 90.10.01
廃 59 92.08.01
廃 60 05.04.15
廃 61 91.03.31
改 62 88.10.26サハ103-806
廃 63 89.08.17
廃 64 89.08.17
廃 65 90.03.20
廃 66 92.04.02
廃 67 92.10.01
廃 68 92.03.02
廃 69 91.02.25
廃 70 92.03.31
廃 71 92.02.29
廃 72 05.04.15
廃 73 90.03.20
廃 74 92.07.01
廃 75 91.04.15
廃 76 99.06.30
廃 77 91.11.20
廃 78 92.12.31
廃 79 92.12.31
廃 80 99.05.10
廃 81 00.04.03
廃 82 93.03.01
廃 83 90.12.26
廃 84 93.07.01
廃 85 90.08.06
廃 86 07.09.10
廃 87 90.12.10
廃 88 94.07.05
廃 89 99.05.31
廃 90 90.02.06
廃 91 99.12.24
廃 92 94.10.13
廃 93 93.03.03
廃 94 01.06.29
廃 95 00.02.25
廃 96 99.06.30
廃 97 00.04.03
廃 98 94.09.01
廃 99 89.09.26
廃 100 92.05.01
廃 101 90.12.11
廃 102 91.10.14
廃 103 95.01.14
廃 104 01.06.07
廃 105 08.04.23
廃 106 92.12.25
廃 107 91.09.30
廃 108 94.06.01
廃 109 95.07.03
廃 110 90.11.09
廃 111 93.03.31
廃 112 07.05.30
廃 113 92.12.25
廃 114 95.09.28
廃 115 93.08.01
廃 116 92.12.01
廃 117 92.02.29
廃 118 06.04.06
廃 119 89.02.03
廃 120 08.03.11
廃 121 92.03.31
廃 122 93.03.31
廃 123 07.08.25
廃 124 91.11.20
廃 125 92.08.01
廃 126 91.11.20
廃 127 90.12.26
廃 128 91.11.20
廃 129 99.05.10
廃 130 94.01.01
廃 131 92.12.31
廃 132 91.06.14
廃 133 92.12.25
廃 134 03.06.25
廃 135 90.12.01
廃 136 92.04.02
廃 137 01.04.20
改 138 91.01.18モヤ102-1
廃 139 92.02.29
改 140 91.01.28モヤ102-2
廃 141 94.06.01
廃 142 05.04.12
廃 143 95.09.11
廃 144 93.12.01
廃 145 15.03.27
廃 146 01.04.20
廃 147 94.03.01
廃 148 91.09.10 65
廃 149 04.10.29
廃 150 90.10.16
廃 151 08.04.01
廃 152 90.08.06 66
廃 153 90.08.28
廃 154 95.06.09
廃 155 95.05.23
廃 156 95.01.06
廃 157 90.10.25
廃 158 93.06.01
廃 159 95.03.01
廃 160 04.08.11
廃 161 95.09.08
廃 162 91.06.14 65
廃 163 08.12.29
廃 164 90.08.06
廃 165 90.10.16
廃 166 92.06.01
廃 167 94.10.13
廃 168 95.03.01
廃 169 46.03.27
廃 170 92.03.31
廃 171 94.12.12
改 172 88.09.19サハ103-805
廃 173 06.04.28
廃 174 06.06.01
廃 175 02.12.04
廃 176 90.10.16
廃 177 05.02.04
廃 178 03.08.29
廃 179 95.04.05
廃 180 05.04.13
廃 181 93.09.01
廃 182 02.04.12
廃 183 01.07.17
廃 184 99.12.06
廃 185 92.04.02
廃 186 07.08.07
廃 187 93.10.01
廃 188 94.12.12
廃 189 91.04.01
廃 190 92.02.29
廃 191 95.09.11
廃 192 95.04.05
廃 193 95.08.02
廃 194 93.08.01
廃 195 91.07.29
廃 196 92.03.16
廃 197 07.01.30
廃 198 92.04.02
廃 199 93.06.01
廃 200 06.05.29
廃 201 04.04.02
廃 202 94.12.12
廃 203 92.04.02
廃 204 91.10.14
廃 205 07.03.14
廃 206 94.10.13
廃 207 00.12.18
廃 208 90.06.02
廃 209 03.03.03
廃 210 92.12.12
廃 211 90.10.01
廃 212 94.06.01
廃 213 00.10.27
廃 214 91.07.29
廃 215 03.02.12
廃 216 07.04.06
廃 217 07.11.05
廃 218 00.09.06
廃 219 90.12.26
廃 220 07.08.30
廃 221 95.06.09
廃 222 94.08.01
廃 223 94.05.01
廃 224 96.03.01
廃 225 01.04.25

廃 226 07.03.14
廃 227 04.04.16
廃 228 93.10.01
廃 229 99.05.10 66
廃 230 97.07.02
廃 231 04.10.01
廃 232 91.09.10
廃 233 00.11.20
廃 234 94.06.01
廃 235 95.02.01 67
廃 236 90.12.10
廃 237 08.04.01
廃 238 06.02.20 66
廃 239 94.08.01
廃 240 02.08.20
廃 241 94.11.15
廃 242 09.07.03
廃 243 02.05.01
廃 244 04.09.06
廃 245 03.02.03
廃 246 03.10.15 67
廃 247 91.04.01
廃 248 91.07.29
廃 249 96.10.25 66
廃 250 91.01.28
廃 251 90.11.09
廃 252 03.11.28
廃 253 05.05.12
廃 254 03.07.25
廃 255 99.12.06
廃 256 07.08.25
廃 257 07.05.30
廃 258 95.02.01
廃 259 03.12.10
廃 260 95.04.05
廃 261 08.04.01
廃 262 03.04.02
廃 263 04.03.29
廃 264 95.04.05
廃 265 03.03.03
廃 266 02.08.01
廃 267 00.05.01 67
廃 268 04.09.17
廃 269 91.02.25
廃 270 05.09.21
廃 271 94.07.05 66
廃 272 04.11.05
廃 273 06.10.31
廃 274 03.12.26 67
廃 275 03.09.10
廃 276 08.04.01
廃 277 06.04.26
廃 278 05.02.18
廃 279 04.12.08
廃 280 95.08.02 66
廃 281 07.08.07
廃 282 07.04.08
廃 283 05.03.31
廃 284 04.11.05
廃 285 05.11.22
廃 286 95.09.08
廃 287 02.05.01
廃 288 95.07.03
廃 289 00.04.03
廃 290 01.10.11
廃 291 02.04.25
廃 292 01.09.26
廃 293 04.01.22
廃 294 07.11.17
廃 295 02.12.10
廃 296 02.11.15
廃 297 93.07.01
廃 298 02.11.20
廃 299 02.12.16
廃 300 01.02.23

廃 301 03.10.10
廃 302 02.05.01
廃 303 04.02.07
廃 304 93.06.01
廃 305 04.02.28
廃 306 02.05.01
廃 307 05.12.14
廃 308 94.06.01
廃 309 02.10.07
廃 310 01.01.31
廃 311 04.07.27
廃 312 03.05.30
廃 313 06.05.27
廃 314 01.03.23
改 315 87.03.31ｸﾓﾊ105-601
廃 316 04.02.04
廃 317 98.04.02
廃 318 03.01.06
廃 319 07.03.07
廃 320 94.12.12
廃 321 04.11.05
廃 322 92.02.29
廃 323 04.05.11
廃 324 03.01.07
廃 325 95.05.23 67
廃 326 95.08.02
廃 327 04.11.05
廃 328 94.12.12
廃 329 94.11.24
廃 330 94.12.12
廃 331 95.05.23
廃 332 94.12.12
廃 333 94.11.24
廃 334 94.08.01
廃 335 94.12.12
廃 336 03.04.04
廃 337 94.11.15
廃 338 94.04.04
廃 339 04.02.04
廃 340 05.12.14
廃 341 03.06.20
廃 342 94.10.13
廃 343 95.05.23
廃 344 96.07.05
廃 345 06.03.14
廃 346 95.07.03
廃 347 06.01.20
廃 348 06.04.26
廃 349 07.03.07
廃 350 09.01.30
廃 351 06.02.01
廃 352 04.07.27
廃 353 01.03.19
廃 354 01.11.30
廃 355 01.03.19
廃 356 01.01.31
廃 357 95.06.09
廃 358 01.07.17
廃 359 04.04.16
廃 360 04.07.27
廃 361 01.03.23
廃 362 04.10.15
廃 363 02.10.04
廃 364 04.03.31
廃 365 03.08.05
廃 366 05.11.22
廃 367 01.02.23
廃 368 95.01.14
廃 369 05.02.19
廃 370 95.01.14
廃 371 09.01.30
廃 372 97.09.02
廃 373 95.09.28
廃 374 05.06.22
廃 375 09.02.27

廃 376 06.08.14 68
廃 377 03.06.25
廃 378 03.10.22
廃 379 04.06.01
廃 380 92.03.16
廃 381 00.11.20
廃 382 05.01.12
廃 383 06.04.26
廃 384 01.05.31
改 385 90.06.29ｸﾊ104-551
廃 386 04.12.06
改 387 88.03.08ｸﾊ103-2501
改 388 88.02.28ｸﾊ103-2502
廃 389 03.09.12
廃 390 05.01.12
廃 391 06.05.29
廃 392 06.05.29
廃 393 06.04.26
廃 394 11.01.15
改 395 89.11.15 5001
2廃 395 06.02.01
廃 396 18.07.17
改 397 88.01.28ｸﾊ103-2503
改 398 88.02.22ｸﾊ103-2504
廃 399 03.10.01
廃 400 03.10.01
廃 401 11.03.07
廃 402 06.02.01
廃 403 15.03.27
廃 404 15.03.27
廃 405 08.04.01
廃 406 09.07.06
廃 407 06.05.30
廃 408 06.05.29
廃 409 07.05.30
廃 410 07.05.30 69
廃 411 05.03.10
廃 412 03.11.28
廃 413 01.09.26
廃 414 05.01.12
廃 415 04.10.15
廃 416 05.08.30
廃 417 04.05.11
廃 418 02.04.24
廃 419 05.06.22
廃 420 00.02.29
廃 421 03.09.10
廃 422 06.12.06
廃 423 04.02.07
廃 424 04.02.28
廃 425 03.12.26
廃 426 02.05.30
廃 427 07.06.20
廃 428 01.11.30
廃 429 06.04.03
廃 430 06.05.19
廃 431 02.06.01
廃 432 02.06.02
廃 433 06.05.19
廃 434 02.04.10
廃 435 00.04.03
廃 436 04.08.19 70
廃 437 08.04.23
廃 438 06.02.10
廃 439 06.02.20
廃 440 11.02.16
廃 441 04.05.11
廃 442 11.03.11
廃 443 08.12.16
廃 444 05.03.31
廃 445 93.12.01
廃 446 05.09.06
廃 447 05.08.30
廃 448 03.10.22
廃 449 03.10.22

改 450 89.12.29 5002
2廃 450 07.03.08
廃 451 18.06.01
廃 452 92.03.31
廃 453 92.03.31
廃 454 06.02.20
廃 455 06.02.20
廃 456 08.12.08
廃 457 07.08.07
廃 458 07.08.07
改 459 90.03.07 5003
廃 459 09.02.20
廃 460 18.02.26
廃 461 06.02.10
廃 462 06.03.28
廃 463 07.08.10
廃 464 09.03.06
廃 465 05.12.28
廃 466 09.11.27
廃 467 06.03.01
廃 468 10.04.05
廃 469 10.03.01
廃 470 09.10.30
廃 471 06.03.01 71
廃 472 05.09.06
廃 473 01.01.31
廃 474 04.08.03
廃 475 05.11.22
廃 476 04.03.31
廃 477 01.01.31
廃 478 04.02.19
廃 479 95.12.02
廃 480 04.02.28
廃 481 05.01.12
廃 482 03.02.03
廃 483 04.12.04
廃 484 03.02.03
廃 485 04.12.04
廃 486 05.12.06
廃 487 01.05.16
廃 488 01.05.16
廃 489 01.05.16
廃 490 89.03.23
廃 491 05.02.19
廃 492 89.03.23
廃 493 01.07.31
廃 494 01.09.26
廃 495 00.08.01
廃 496 02.07.01
廃 497 04.03.31
廃 498 01.10.25
廃 499 09.10.28
廃 500 01.03.19
廃 501 04.03.10
廃 502 02.07.25
廃 503 05.09.06
廃 504 02.12.17
廃 505 02.12.06
廃 506 02.12.06
廃 507 04.08.19
改 508 95.03.03ﾓﾔ102-3
廃 509 01.06.06
廃 510 04.03.19
廃 511 03.10.24
廃 512 03.10.24
廃 513 01.01.31
廃 514 00.04.03
廃 515 00.04.03
廃 516 00.04.03
廃 517 00.06.20
廃 518 04.02.07
改 519 95.02.08ﾓﾔ102-4
廃 520 03.12.12
廃 521 03.11.10
廃 522 04.06.25

廃 523 00.12.18
廃 524 00.12.18
廃 525 00.07.03
廃 526 05.02.19
廃 527 02.04.05
廃 528 00.11.20
廃 529 02.06.20
廃 530 04.04.16
廃 531 03.01.06
廃 532 04.10.26
廃 533 02.10.02
廃 534 02.05.02
廃 535 02.12.17
廃 536 03.02.03
廃 537 02.08.20
廃 538 04.03.19 72
廃 539 17.10.17
廃 540 17.10.17
廃 541 17.12.26
廃 542 17.11.27
廃 543 13.03.18
廃 544 11.02.02
N 545 近アカ
廃 546 11.04.28
廃 547 13.04.24
廃 548 11.09.05
廃 549 11.09.05
廃 550 11.05.13
廃 551 11.04.26
廃 552 17.01.06
N 553 近アカ
廃 554 18.06.20
廃 555 18.06.20
廃 556 17.11.27
廃 557 17.11.27
廃 558 00.07.03
廃 559 00.12.18
廃 560 03.10.15
廃 561 11.03.11
廃 562 17.12.26
廃 563 11.12.19
廃 564 13.03.18
廃 565 13.06.07
廃 566 13.06.07
廃 567 05.01.19
廃 568 05.03.19
廃 569 04.01.28
廃 570 95.07.03
廃 571 95.08.02
廃 572 95.11.01
廃 573 95.11.01
廃 574 02.10.31
廃 575 95.03.01
廃 576 96.07.29
廃 577 96.07.29
廃 578 18.06.07
廃 579 18.10.10
廃 580 17.03.31
廃 581 17.01.13
廃 582 04.08.03
改 583 98.03.05ｸﾓﾊ102-3501
廃 584 09.09.17
廃 585 10.04.05
廃 586 18.09.07
廃 587 18.06.01
廃 588 04.08.03
廃 589 05.12.06
改 590 89.12.21 5004
廃2 590 16.09.28
廃 591 11.03.25
廃 592 11.06.29
廃 593 10.11.05
廃 594 97.08.02
廃 595 95.09.28
廃 596 97.08.02

廃 597 05.09.14
廃 598 05.03.19
廃 599 00.04.03
廃 600 01.06.06
廃 601 97.04.02
廃 602 01.06.06
廃 603 05.09.14
廃 604 02.04.24
廃 605 96.07.05
廃 606 99.01.21 73
廃 607 99.01.21
廃 608 99.01.21
廃 609 05.08.30
廃 610 00.05.29
廃 611 22.07.28
廃 612 18.07.17
廃 613 18.10.29
廃 614 22.07.28
廃 615 16.09.20
廃 616 11.06.16
廃 617 96.05.09
廃 618 03.03.21
廃 619 95.07.03
廃 620 95.07.03
廃 621 96.03.01
廃 622 96.03.01
廃 623 03.03.21
廃 624 01.01.31
廃 625 96.07.05
廃 626 98.12.20
廃 627 96.06.05
廃 628 96.06.05
廃 629 01.03.23
廃 630 01.03.23
廃 631 97.06.02
廃 632 97.06.02 74
廃 633 09.02.20
廃 634 08.12.22
改 635 90.02.15 5005
2廃 635 10.06.21
改 636 97.12.16 クモハ102-3502
廃 637 18.06.01
改 638 90.02.01 5006
廃2638 18.03.31
廃 639 18.06.01
改 640 90.01.13 5007
2廃 640 16.09.20
改 641 98.03.06 クモハ102-3503
廃 642 16.09.28
廃 643 11.03.30
廃 644 17.11.27
廃 645 10.05.17
廃 646 18.02.05
廃 647 18.02.05
廃 648 12.12.26
廃 649 11.03.02
廃 650 17.11.27
廃 651 11.06.03
廃 652 13.04.24
廃 653 11.07.02
改 654 90.03.01 5008
2廃 654 09.10.13
改 655 97.10.08 クモハ102-3504
廃 656 96.05.09
廃 657 96.09.10
廃 658 02.02.14
廃 659 05.09.14
廃 660 16.10.07
廃 661 97.08.02
廃 662 97.08.02 75
廃 663 11.03.30
廃 664 11.03.30
廃 665 16.07.11
廃 666 16.07.11
廃 667 11.10.05
廃 668 11.07.21 76
廃 669 97.01.13
廃 670 98.05.29
廃 671 96.06.05
廃 672 96.06.05
廃 673 96.07.05
廃 674 96.07.05
廃 675 98.07.01
廃 676 16.09.05
廃 677 17.12.26 75
廃 678 97.05.08
廃 679 98.07.01
廃 680 18.07.17
廃 681 16.09.05 76
廃 682 96.06.05
廃 683 96.05.09
廃 684 17.01.06
廃 685 16.11.17
廃 686 11.08.12
廃 687 18.01.26 75
廃 688 18.01.26
廃 689 18.06.01
廃 690 00.05.01
廃 691 00.11.07
廃 692 02.03.10
廃 693 02.03.10
廃 694 97.06.16
廃 695 02.05.01
廃 696 01.02.23
廃 697 97.04.02
廃 698 98.06.01
廃 699 02.06.01
廃 700 98.12.01
廃 701 98.07.01
廃 702 98.12.02
廃 703 97.07.02
廃 704 98.04.02
廃 705 00.12.18
廃 706 97.05.08
廃 707 96.12.18
廃 708 97.05.01
廃 709 97.11.04
廃 710 97.09.22
廃 711 99.03.03
廃 712 98.07.02
廃 713 03.03.26
廃 714 02.10.31
廃 715 02.10.16
廃 716 00.05.01
廃 717 03.07.02
廃 718 02.10.04
廃 719 03.12.10
廃 720 03.12.10
廃 721 97.02.18
廃 722 97.09.02
廃 723 97.09.02
廃 724 97.07.02
廃 725 00.04.03
廃 726 98.05.20
廃 727 03.11.28
廃 728 96.11.08
廃 729 02.12.18
廃 730 03.03.26
廃 731 97.10.22
廃 732 00.04.03 76
廃 733 98.04.02
廃 734 98.03.02
廃 735 99.03.03
廃 736 02.06.01
廃 737 03.12.26
廃 738 01.04.20
廃 739 01.04.20
廃 740 98.02.02
廃 741 04.10.26
廃 742 05.09.21
廃 743 05.09.21
廃 744 06.05.27
廃 745 04.01.22
廃 746 02.05.02
廃 747 02.06.02
廃 748 98.03.02
廃 749 06.05.27 77
廃 750 02.07.01
廃 751 02.07.01
廃 752 97.05.01
廃 753 02.10.02
廃 754 97.05.02
廃 755 97.05.02
廃 756 05.03.10
廃 757 05.03.10 76
廃 758 00.04.03
廃 759 00.04.03
廃 760 97.10.02
廃 761 97.11.02
廃 762 97.09.02
廃 763 97.11.02
廃 764 01.07.31
廃 765 02.06.20
廃 766 99.02.25
廃 767 99.02.25
廃 768 99.02.25
廃 769 99.03.23
廃 770 99.03.23
廃 771 99.03.23
廃 772 02.09.02
廃 773 02.09.02
廃 774 97.10.02
廃 775 97.11.02 77
廃 776 97.06.02
廃 777 05.07.12
廃 778 05.07.12 76
廃 779 04.04.02
廃 780 00.09.25
廃 781 01.10.11
廃 782 02.12.02 77
廃 783 96.12.12
廃 784 05.07.12
廃 785 04.01.09
廃 786 97.06.16
廃 787 98.07.02
廃 788 98.07.02
廃 789 97.10.02
廃 790 97.09.19
廃 791 97.04.02
廃 792 97.07.02 76
廃 793 97.08.02
廃 794 04.01.09
廃 795 00.12.18
廃 796 00.11.17
廃 797 02.10.11
廃 798 97.10.02
廃 799 02.12.10
廃 800 99.03.03
廃 801 00.11.17
廃 802 01.12.21
廃 803 98.04.02
廃 804 98.04.02
廃 805 05.06.22
廃 806 98.12.01 77
廃 807 00.11.06
廃 808 00.10.27
廃 809 04.01.05
廃 810 04.11.05
廃 811 05.01.19
廃 812 05.01.19
廃 813 05.03.19
廃 814 02.10.02
改 815 04.03.29 クモハ102-3551
改 816 04.03.31 クモハ102-3552
廃 817 03.10.24
廃 818 02.07.02
廃 819 01.09.26
廃 820 05.03.31
廃 821 00.01.11
廃 822 00.01.11
廃 823 00.01.11
廃 824 00.07.03
廃 825 00.05.08
廃 826 00.05.01
廃 827 00.02.29
廃 828 00.02.04
廃 829 00.02.04
廃 830 00.02.04
廃 831 99.03.30
廃 832 99.03.30
廃 833 99.03.30
廃 834 99.01.04
廃 835 99.01.04
廃 836 99.01.04
廃 837 00.02.29
廃 838 00.02.29
廃 839 00.02.29
廃 840 11.05.26
廃 841 11.05.26
廃 842 11.03.25
廃 843 00.08.30
廃 844 00.08.01
廃 845 00.08.01
廃 846 02.01.30
廃 847 00.05.01
廃 848 00.05.01 78
廃 849 01.07.27
廃 850 01.07.27
廃 851 02.07.02
廃 852 01.09.28
廃 853 05.04.06
廃 854 05.04.06
廃 855 01.12.21
廃 856 02.04.10
廃 857 00.09.06
廃 858 00.09.06
廃 859 00.09.06
廃 860 00.01.25
廃 861 00.04.03
廃 862 00.02.04
廃 863 00.07.03
廃 864 00.09.06
廃 865 01.05.02
廃 866 04.02.19
廃 867 05.04.06
廃 868 02.06.01
廃 869 04.02.19
改 870 04.05.24 クモハ102-3553
改 871 04.07.08 クモハ102-3554
廃 872 00.04.03
廃 873 02.01.30
廃 874 02.02.27
廃 875 00.07.03
廃 876 04.03.29
廃 877 05.12.14
廃 878 03.07.26
廃 879 03.07.26
廃 880 02.05.01
廃 881 02.06.01
改 882 89.12.04 5009
2改882 04.10.20 クモハ102-3555
改 883 98.02.03 クモハ102-3505
改 884 89.12.15 5010
2改884 04.07.21 クモハ102-3556
改 885 97.12.15 クモハ102-3506
改 886 03.12.08 クモハ102-3557
改 887 04.08.21 クモハ102-3558
廃 888 99.10.12
廃 889 99.10.12
廃 890 99.10.04
廃 891 99.01.10
廃 892 99.01.10
廃 893 99.01.10
廃 894 00.07.03
廃 895 02.12.18
廃 896 94.07.05
廃 897 99.01.29
廃 898 99.01.29
廃 899 99.01.29 79

廃 901 89.03.20
廃 902 91.07.29 62

廃 911 95.09.28
改 912 88.08.14 サハ103-804
廃 913 94.05.01 67

廃1001 03.03.03
廃1002 03.03.03
廃1003 03.03.03
廃1004 03.05.02
廃1005 04.03.19
改1006 84.10.24 クモハ105-530
改1007 84.08.07 クハ104-506
廃1008 03.05.02
廃1009 03.05.02
廃1010 03.05.02
改1011 84.05.22 クハ104-508
改1012 84.09.11 クハ104-502
廃1013 02.07.01
改1014 84.09.25 クモハ105-523
改1015 84.06.29 クモハ105-531
廃1016 04.01.05
廃1017 04.01.05
廃1018 04.01.05
改1019 84.12.22 クモハ105-532
改1020 84.09.28 クハ104-507
廃1021 02.08.01
廃1022 02.08.01
改1023 84.06.22 クハ104-509
改1024 84.07.22 クハ104-510
廃1025 04.03.10
廃1026 04.03.10
改1027 84.09.27 クハ105-504
廃1028 04.03.10
廃1029 02.08.01
廃1030 02.12.17
改1031 84.05.30 クハ104-501
廃1032 03.06.04
廃1033 03.06.04
廃1034 03.06.04
改1035 84.10.15 クモハ105-527
廃1036 03.06.04
廃1037 03.05.02
廃1038 03.02.03
廃1039 03.05.02
廃1040 02.09.02
廃1041 02.07.01
改1042 84.09.27 クモハ105-524
改1043 84.08.30 クモハ105-521
廃1044 02.07.01
廃1045 04.01.10
廃1046 04.01.10
廃1047 04.01.10
廃1048 02.06.01 70
廃1049 02.07.01
改1050 84.07.05 クモハ105-520
改1051 84.08.10 クハ104-503
廃1052 02.05.01
廃1053 02.08.01
改1054 84.11.05 クモハ105-522
廃1055 03.04.02
廃1056 03.03.03 71
廃1057 03.01.09
廃1058 03.01.09

改1059 84.10.24クモハ105-528
廃1060 03.01.09
廃1061 02.05.01
改1062 84.07.27クモハ105-529
改1063 84.06.14クハ104-505
廃1064 02.07.01 70

廃1201 93.04.02
廃1202 03.05.20 70
廃1203 94.04.04
廃1204 94.02.01
廃1205 03.05.21
廃1206 03.07.30 72
廃1207 03.05.07
廃1208 03.05.07
廃1209 03.05.21
廃1210 03.02.04 78

廃1501 15.03.05
廃1502 15.02.14
廃1503 16.02.04
廃1504 16.02.02
廃1505 15.12.03
廃1506 15.10.31
廃1507 15.07.15
廃1508 15.06.05
廃1509 15.09.02
廃1510 15.08.18
改1511 89.07.21クモハ103-1511
1512 本カラ
改1513 95.03.02クモハ103-1513
1514 本カラ
改1515 89.05.20クモハ103-1515
廃1516 15.09.29
改1517 01.03.08クモハ103-1517
1518 本カラ 82

廃2001 04.02.21
廃2002 04.02.21
廃2003 03.01.06
廃2004 04.03.26
廃2005 04.03.26
廃2006 06.05.19
廃2007 04.12.28
廃2008 04.09.17
廃2009 04.10.01
廃2010 04.11.05
廃2011 04.01.28
廃2012 04.12.18
廃2013 04.12.18
廃2014 03.04.03
廃2015 03.01.21
廃2016 03.01.21
廃2017 03.04.03
廃2018 03.07.12
廃2019 03.07.12
廃2020 16.10.07
廃2021 16.10.07
廃2022 18.01.30
廃2023 18.01.30
廃2024 17.01.23
廃2025 17.01.23
改2026 89.12.01 5011
2廃2026 17.10.02
改2027 98.02.26クモハ102-3507
改2028 90.01.30 5012
廃2 2028 18.03.01
改2029 97.09.24クモハ102-3508
廃2030 17.10.30
廃2031 17.10.30
廃2032 18.01.22
廃2033 04.12.28
廃2034 17.10.02
廃2035 02.05.01
廃2036 17.11.27
改2037 98.02.26クモハ102-3509
廃2038 18.01.22
廃2039 18.01.22
廃2040 18.02.15
改2041 90.02.19 5013
廃2 2041 18.02.15
廃2042 17.12.26
廃2043 16.06.06 80
廃2044 05.02.25
廃2045 05.02.25
廃2046 05.02.25
改2047 95.12.01 3501
廃2048 04.12.28
廃2049 02.06.05
廃2050 02.06.05 83

廃3501 05.04.02 95改

改5001 94.09.13 395
改5002 93.05.08 450
改5003 93.04.28 459
改5004 94.10.13 590
改5005 93.09.09 635
改5006 94.06.13 638
改5007 95.05.29 640
改5008 93.04.28 654
改5009 95.02.15 882
改5010 95.02.15 884
改5011 95.06.09 2026
改5012 93.06.24 2028
改5013 94.01.21 2041 89改

クハ103 7

廃 1 11.03.30 京鉄博
廃 2 11.03.11
廃 3 92.03.31
廃 4 90.12.10
廃 5 97.12.17
廃 6 92.12.25
廃 7 06.04.26
廃 8 92.11.30
廃 9 07.09.10
廃 10 90.12.11
改 11 84.07.31クハ105-102
改 12 84.10.24クハ105-103
廃 13 94.12.12
廃 14 94.12.12
廃 15 06.12.15
廃 16 06.12.15
廃 17 05.12.28
廃 18 05.12.28
廃 19 94.06.01
廃 20 94.06.01
廃 21 11.03.07
廃 22 11.03.07
廃 23 07.08.10
廃 24 08.04.01
改 25 84.07.27クハ105-104
廃 26 08.04.23
廃 27 07.06.30
廃 28 06.03.01
廃 29 09.11.27
廃 30 09.11.27
廃 31 11.03.30
廃 32 11.02.02
廃 33 08.12.16
廃 34 08.12.08
廃 35 09.02.20
廃 36 11.02.16
廃 37 09.02.20
廃 38 09.02.20
廃 39 90.06.02
廃 40 90.06.02
廃 41 11.02.16
廃 42 90.11.09
廃 43 10.04.05
廃 44 10.04.05
廃 45 08.04.01
廃 46 08.04.01
廃 47 91.06.14
廃 48 93.11.01
廃 49 90.10.01
廃 50 94.06.01 64
廃 51 11.07.02
廃 52 11.07.02
廃 53 03.10.01
廃 54 95.03.01
廃 55 91.05.24
廃 56 91.05.24
廃 57 93.05.31
廃 58 92.12.25
廃 59 93.05.31
廃 60 93.05.31
廃 61 93.11.01
廃 62 92.11.30
廃 63 11.09.05
廃 64 10.03.01
廃 65 11.08.12
廃 66 08.04.01
廃 67 11.02.02
廃 68 11.06.16
廃 69 94.05.01
廃 70 90.12.26
廃 71 94.07.05
廃 72 11.09.05
改 73 84.12.12クハ105-101
廃 74 93.08.01
廃 75 92.12.12
廃 76 10.03.01
廃 77 99.12.24
廃 78 91.11.20
廃 79 92.11.30
廃 80 91.11.20
廃 81 91.04.15
廃 82 92.08.01
廃 83 00.02.25
廃 84 01.04.20
廃 85 99.06.30
廃 86 15.03.27
廃 87 08.04.01
廃 88 91.11.20
廃 89 06.04.06
廃 90 99.05.10
廃 91 99.05.31 65
廃 92 92.05.01
廃 93 91.09.10 66
廃 94 05.01.12
廃 95 09.10.13
廃 96 11.10.05 67
廃 97 11.04.19
廃 98 10.12.06
廃 99 89.02.16
廃 100 92.12.01
廃 101 94.04.04
廃 102 94.04.04 66
廃 103 00.05.01
廃 104 00.05.01
廃 105 04.06.25
廃 106 04.06.25
廃 107 03.12.12
廃 108 11.09.05
廃 109 10.05.17
廃 110 10.05.17
廃 111 11.06.29
廃 112 03.12.12
廃 113 03.10.24
廃 114 03.10.24 67
廃 115 17.11.27
廃 116 17.11.27
廃 117 13.04.24
廃 118 13.04.24
廃 119 11.05.13
廃 120 11.05.13
廃 121 11.03.30
廃 122 11.06.16
廃 123 03.06.20
廃 124 03.06.20
廃 125 04.09.06
廃 126 11.06.29
廃 127 16.09.28
廃 128 11.05.26
廃 129 08.04.01
廃 130 04.03.10
廃 131 04.03.10
廃 132 11.06.03
廃 133 11.06.03
廃 134 03.10.01
廃 135 16.09.28
廃 136 11.03.30
廃 137 11.03.30
廃 138 03.11.10
廃 139 03.11.10
廃 140 05.03.31
廃 141 05.03.31
廃 142 93.11.01
廃 143 93.11.01 68
廃 144 06.01.20
廃 145 03.10.22
廃 146 04.06.01
廃 147 04.06.01
廃 148 18.03.01
廃 149 16.07.11
廃 150 08.12.22
廃 151 08.12.22
廃 152 04.12.06
廃 153 04.12.06
廃 154 03.09.12
廃 155 06.04.26
廃 156 05.01.12
廃 157 05.04.15
廃 158 06.05.29
廃 159 06.05.29
廃 160 11.01.15
廃 161 11.01.15
廃 162 18.07.17
廃 163 11.03.26
廃 164 06.02.01
廃 165 06.02.01
廃 166 16.09.05
廃 167 18.10.10
廃 168 18.10.10
廃 169 16.09.05
廃 170 15.03.27
廃 171 15.03.27
廃 172 09.07.06
廃 173 09.07.06
廃 174 16.09.20
廃 175 16.09.20
廃 176 12.05.31
廃 177 12.05.31 69
廃 178 00.04.03
廃 179 00.04.03 70
廃 180 17.12.26
廃 181 17.12.26
廃 182 18.07.17
廃 183 10.12.06
廃 184 18.10.29
廃 185 18.10.29
廃 186 18.06.01
廃 187 18.06.01
廃 188 01.09.28
廃 189 03.10.22
廃 190 03.10.22
廃 191 07.03.13
廃 192 18.06.01
廃 193 18.07.17
廃 194 97.09.08
廃 195 06.02.20
廃 196 06.02.20
廃 197 18.01.26
廃 198 18.01.26
廃 199 09.02.20
廃 200 18.02.26
廃 201 06.03.28
廃 202 06.03.28
廃 203 09.03.06
廃 204 09.03.06
廃 205 11.03.25
廃 206 11.03.25
廃 207 10.04.05
廃 208 10.04.05
廃 209 09.10.30
廃 210 09.10.30
廃 211 16.09.28
廃 212 16.09.28 71
廃 213 03.09.10
廃 214 03.09.10
廃 215 22.07.28
廃 216 22.07.28
廃 217 00.10.04
廃 218 00.10.04
廃 219 09.10.13
廃 220 16.07.11
廃 221 04.06.01
廃 222 04.06.01
廃 223 16.09.20
廃 224 16.09.20
廃 225 22.07.28

廃 226 22.07.28
廃 227 10.11.05
廃 228 10.11.05
廃 229 18.06.01
廃 230 18.06.01
廃 231 00.08.08
廃 232 00.08.08
廃 233 11.03.02
廃 234 11.03.02
廃 235 09.10.28
廃 236 09.10.28
廃 237 11.04.26
廃 238 11.04.28
廃 239 17.03.31
廃 240 16.09.05 72
廃 241 17.10.17
廃 242 17.10.17
廃 243 17.12.26
廃 244 17.11.27
廃 245 13.03.18
廃 246 18.09.07
N 247 近アカ PSw
廃 248 18.06.01
廃 249 16.11.17
廃 250 16.11.17
廃 251 18.07.17
廃 252 18.07.17
廃 253 18.06.01
N 254 近アカ PSw
廃 255 18.06.20
廃 256 18.06.20
廃 257 16.06.06
廃 258 16.06.06
廃 259 00.07.03
廃 260 00.09.06
廃 261 17.12.26
廃 262 17.12.26
廃 263 18.09.07
廃 264 13.03.18
廃 265 17.01.13
廃 266 17.01.13
廃 267 09.09.17
廃 268 09.09.17 73
廃 269 02.06.02
廃 270 02.06.02
廃 271 02.02.27
廃 272 02.02.27
廃 273 06.05.19
廃 274 06.05.19
廃 275 02.04.10
廃 276 01.10.25
廃 277 89.07.25
廃 278 95.09.08
廃 279 00.11.17
廃 280 00.11.17
廃 281 02.04.25
廃 282 02.03.10
廃 283 02.12.17
廃 284 02.12.17
廃 285 00.04.03
廃 286 00.04.03
廃 287 02.12.18
廃 288 05.01.19
廃 289 03.11.28
廃 290 03.11.28
廃 291 95.09.08
廃 292 95.09.08
廃 293 05.12.06
廃 294 05.12.06
廃 295 96.05.09
廃 296 96.06.10
廃 297 04.03.19
廃 298 04.03.19
廃 299 03.04.04
廃 300 03.04.04

廃 301 04.03.31
廃 302 04.03.31
廃 303 05.09.14
廃 304 06.05.27
廃 305 02.05.01
廃 306 02.05.01 73
廃 307 96.07.05
廃 308 96.07.05
廃 309 99.03.29
廃 310 97.08.02 74
廃 311 04.12.04
廃 312 04.12.04
廃 313 03.01.09
廃 314 98.05.29
廃 315 96.10.25
廃 316 04.12.08 73
廃 317 95.11.01
廃 318 95.12.02
廃 319 02.10.31
廃 320 02.10.31
廃 321 97.05.01
廃 322 02.07.25
廃 323 95.07.03
廃 324 02.05.30
廃 325 02.05.02
廃 326 02.05.02
廃 327 00.12.18
廃 328 00.12.18
廃 329 02.07.25
廃 330 97.09.22
廃 331 97.07.02
廃 332 95.12.28
廃 333 95.09.28
廃 334 95.09.28
廃 335 06.04.03
廃 336 06.04.03 74
廃 337 04.08.03
廃 338 04.08.03
廃 339 01.10.11
廃 340 01.10.11
廃 341 01.07.17
廃 342 01.07.17
廃 343 02.12.02
廃 344 02.12.02
廃 345 03.12.10
廃 346 05.02.19
廃 347 97.03.03
廃 348 97.03.03
廃 349 97.06.02
廃 350 02.10.04
廃 351 98.01.20
廃 352 96.06.05
廃 353 05.02.19
廃 354 02.10.16
廃 355 02.04.24
廃 356 02.04.24
廃 357 04.12.18
廃 358 03.12.10
廃 359 04.11.05
廃 360 01.11.30
廃 361 04.03.26
廃 362 04.03.26
廃 363 05.01.12
廃 364 05.01.12
廃 365 05.02.25
廃 366 05.02.25 75
廃 367 02.12.06
廃 368 02.12.06
廃 369 98.12.01
廃 370 97.11.04
廃 371 03.08.05
廃 372 03.08.05 76
廃 373 00.02.29
廃 374 01.09.26
廃 375 04.01.28

廃 376 04.01.28
廃 377 96.07.05
廃 378 96.07.05
廃 379 01.02.23
廃 380 01.02.23
廃 381 96.11.08
廃 382 02.04.10 75
廃 383 01.11.30
廃 384 04.11.05
廃 385 96.07.05
廃 386 96.07.05 76
廃 387 02.06.05
廃 388 02.06.05
廃 389 02.09.02
廃 390 96.09.26
廃 391 03.02.03
廃 392 98.07.01 75
廃 393 96.09.26
廃 394 96.09.26
廃 395 96.06.05
廃 396 98.03.02
廃 397 97.02.18
廃 398 97.02.18
廃 399 00.08.28
廃 400 00.08.28
廃 401 96.08.05
廃 402 96.08.05
廃 403 00.02.22
廃 404 02.04.05
廃 405 96.10.03
廃 406 96.10.03
廃 407 02.10.04
廃 408 97.01.27
廃 409 99.06.23
廃 410 97.04.02
廃 411 97.05.08
廃 412 97.05.08
廃 413 97.05.08
廃 414 97.05.08
廃 415 03.07.02
廃 416 00.10.27
廃 417 96.09.10
廃 418 96.09.10
廃 419 97.05.02
廃 420 97.05.02
廃 421 00.03.06
廃 422 00.03.06
廃 423 97.09.22
廃 424 02.12.18
廃 425 02.07.01
廃 426 02.10.04
廃 427 97.06.16
廃 428 06.05.27
廃 429 99.04.20
廃 430 97.08.02
廃 431 00.05.01
廃 432 00.05.01
廃 433 00.05.01
廃 434 00.05.01
廃 435 97.12.02
廃 436 97.12.02
廃 437 96.08.05
廃 438 96.08.05
廃 439 97.05.02
廃 440 97.05.02
廃 441 02.04.05
廃 442 03.01.21
廃 443 00.12.18
廃 444 04.01.19 76
廃 445 01.04.20
廃 446 01.07.27
廃 447 05.09.21
廃 448 98.07.01
廃 449 98.03.02
廃 450 01.04.20

廃 451 98.05.01
廃 452 05.09.21
廃 453 98.05.01
廃 454 98.03.02
廃 455 99.06.23
廃 456 98.05.01
廃 457 05.09.06
廃 458 98.12.02
廃 459 97.08.29
廃 460 98.05.01
廃 461 01.02.23
廃 462 05.09.06
廃 463 01.03.19
廃 464 97.09.02 77
廃 465 09.10.22
廃 466 02.05.01
廃 467 02.05.30
廃 468 03.01.09
廃 469 02.08.20
廃 470 02.04.25 76
廃 471 03.07.26
廃 472 03.07.26
廃 473 01.06.06
廃 474 01.06.06
廃 475 05.12.14
廃 476 97.06.02
廃 477 01.07.31
廃 478 01.07.31
廃 479 97.11.02
廃 480 97.11.02
廃 481 98.03.02
廃 482 98.03.02
廃 483 99.02.22
廃 484 99.02.22
廃 485 99.04.20
廃 486 99.04.20
廃 487 97.11.02
廃 488 02.09.02
廃 489 97.11.02
廃 490 97.11.02 77
廃 491 96.10.03
廃 492 96.10.03 76
廃 493 03.07.12
廃 494 03.07.12
廃 495 97.06.02
廃 496 97.06.02 77
廃 497 96.09.26
廃 498 96.09.26
廃 499 04.01.19 76

廃 501 06.02.10
廃 502 07.09.10
廃 503 92.07.01
廃 504 97.09.08
廃 505 90.11.09
廃 506 91.01.28
廃 507 90.12.01
廃 508 07.11.17
廃 509 90.10.25
廃 510 94.09.01
廃 511 90.10.16
廃 512 01.06.29
廃 513 04.08.11
廃 514 08.02.23
廃 515 93.06.01
廃 516 05.04.15
廃 517 07.08.25
廃 518 97.09.08
廃 519 02.07.01
廃 520 07.08.30
廃 521 03.07.25
廃 522 95.05.23
廃 523 05.04.22
廃 524 01.07.17
廃 525 94.10.13

廃 526 93.07.01
廃 527 92.12.25
廃 528 90.08.06
廃 529 08.04.01
廃 530 09.01.30
廃 531 06.04.26
廃 532 94.12.01
廃 533 08.04.01
廃 534 06.04.26
廃 535 03.06.25
廃 536 95.09.11
廃 537 93.03.01
廃 538 07.05.30 65
廃 539 95.01.06 66
廃 540 95.05.23
廃 541 03.08.29
廃 542 00.04.03 65
廃 543 91.07.29
廃 544 97.08.10
廃 545 07.09.10
廃 546 08.04.01
廃 547 90.10.16
廃 548 71.03.27
廃 549 99.05.10
廃 550 90.10.16
廃 551 91.10.14
廃 552 02.12.04
廃 553 06.04.28
廃 554 08.12.29
廃 555 02.04.12
廃 556 92.04.02
廃 557 91.09.10
廃 558 94.06.01
廃 559 99.12.06
廃 560 90.05.09
廃 561 01.04.25
廃 562 00.11.06
廃 563 92.04.02
廃 564 91.09.10
廃 565 04.10.29
廃 566 04.04.16
廃 567 09.07.03
廃 568 92.04.02
廃 569 00.09.06
廃 570 90.08.06
廃 571 95.04.05
廃 572 03.07.02
廃 573 04.02.04
廃 574 00.12.18
廃 575 93.10.01
廃 576 05.02.04
廃 577 93.12.01
廃 578 91.04.01
廃 579 94.05.01
廃 580 03.02.12
廃 581 02.07.01
廃 582 90.08.28
廃 583 03.03.03
廃 584 94.12.12
廃 585 08.03.11 66
廃 586 94.06.01
廃 587 05.05.12
廃 588 05.04.13
廃 589 07.08.25 67
廃 590 03.09.12
廃 591 11.05.26 66
廃 592 91.02.25
廃 593 05.02.18
廃 594 90.12.10
廃 595 94.06.01
廃 596 91.09.10
廃 597 04.10.01
廃 598 06.10.31
改 599 87.03.31 クハ105-105
廃 600 95.05.23

廃 601 94.07.05
廃 602 11.10.05
廃 603 04.12.08
廃 604 04.01.05
廃 605 04.02.07
廃 606 03.04.02
廃 607 03.02.03
廃 608 04.03.29
廃 609 11.08.12
廃 610 11.09.05 67
廃 611 94.05.01
廃 612 00.11.20
廃 613 02.08.01
廃 614 04.04.02 66
廃 615 91.06.14
廃 616 11.04.19
廃 617 94.11.15
廃 618 02.12.10
廃 619 02.11.15
廃 620 98.05.29
廃 621 02.12.16
廃 622 03.10.10
廃 623 02.05.01
廃 624 02.11.20
廃 625 03.09.10
廃 626 04.11.05
廃 627 02.05.01
廃 628 02.10.07
廃 629 95.06.09
廃 630 04.05.11
廃 631 03.02.03
廃 632 04.11.05
廃 633 96.07.05
廃 634 03.01.06
廃 635 04.02.18
廃 636 02.07.01
廃 637 04.07.27
廃 638 03.01.07 67

廃 701 98.07.01 78
廃 702 00.04.03 76
廃 703 05.06.22 78
廃 704 05.09.14
廃 705 97.04.02
廃 706 97.04.02
廃 707 97.05.01
廃 708 97.05.01
廃 709 00.04.03
廃 710 01.02.23 76
廃 711 98.07.01 77
廃 712 03.03.26 76
廃 713 05.11.22
廃 714 03.03.03
廃 715 04.01.05
廃 716 00.12.18
廃 717 03.01.06
廃 718 99.06.23
廃 719 98.03.02
廃 720 05.11.22 77
廃 721 00.05.01 78
廃 722 00.05.01 77
廃 723 05.03.10 78
廃 724 98.03.02 77
改 725 95.12.01 3501 78
廃 726 99.04.20 77
廃 727 00.11.06 78
廃 728 01.03.19 77
廃 729 05.04.06
廃 730 05.04.06
廃 731 98.07.01
廃 732 98.07.01
廃 733 00.12.05
廃 734 05.03.10
廃 735 03.03.26
廃 736 05.06.22
廃 737 00.09.25
改 738 95.12.01 3502
廃 739 01.09.26
廃 740 02.07.01
廃 741 01.05.16
廃 742 03.12.26
廃 743 00.02.29
廃 744 99.01.14
廃 745 03.01.21
廃 746 00.12.05
廃 747 02.07.01
廃 748 05.08.30
廃 749 05.03.19
廃 750 00.09.25
廃 751 02.01.30
廃 752 01.09.26
廃 753 02.10.02
廃 754 00.02.29
廃 755 01.09.26
廃 756 00.02.29 78
廃 757 04.02.19 79
廃 758 00.02.29 78
廃 759 02.10.02 79
廃 760 05.03.19 78
廃 761 05.08.30 79
廃 762 03.12.10 78
廃 763 00.09.06 79
廃 764 02.01.30 78
廃 765 02.07.02 79
廃 766 02.10.02 78
廃 767 05.01.19 79
廃 768 02.06.20 78
廃 769 99.01.14
廃 770 04.02.19
廃 771 01.12.21
廃 772 02.10.02
廃 773 99.12.09
廃 774 03.01.06
廃 775 03.03.21
廃 776 05.12.14
廃 777 01.07.27
廃 778 04.02.21
廃 779 99.04.20
廃 780 00.07.03
廃 781 02.06.01
廃 782 99.03.29
廃 783 02.01.30
廃 784 01.12.21
廃 785 02.07.01
廃 786 99.12.09
廃 787 03.12.26
廃 788 03.03.21
廃 789 02.06.20
廃 790 99.04.20
廃 791 03.04.03
廃 792 02.06.01
廃 793 02.10.04
廃 794 03.04.03
廃 795 02.06.01
廃 796 02.01.30
廃 797 18.06.01
廃 798 02.06.01
廃 799 16.09.05
廃 800 17.12.26
廃 801 01.02.05
廃 802 17.11.10
廃 803 02.03.10
廃 804 18.06.01
廃 805 00.07.03
廃 806 17.01.06
廃 807 99.03.11
廃 808 01.02.05 79
廃 809 04.02.21 80
廃 810 99.10.04 79
廃 811 05.07.12 80
廃 812 00.07.03 79
廃 813 04.12.28 80
廃 814 99.03.11 79
廃 815 04.10.01
廃 816 02.07.02
廃 817 01.01.22
廃 818 05.07.12
廃 819 93.04.02
廃 820 04.12.28
廃 821 10.06.21
廃 822 04.10.01
廃 823 16.10.07
廃 824 01.01.22
廃 825 18.01.30
廃 826 01.05.16
廃 827 17.01.23
廃 828 10.06.21
廃 829 18.03.01
廃 830 16.10.07
廃 831 17.03.31
廃 832 18.01.30
廃 833 18.01.22
廃 834 17.01.23
廃 835 17.10.02
廃 836 18.02.05
廃 837 18.02.15
廃 838 17.01.23
廃 839 94.08.10
廃 840 18.02.05
廃 841 17.11.27
廃 842 17.10.02
廃 843 17.11.10
廃 844 17.11.27 80

廃 846 18.02.15 80

廃 848 17.11.27 80

廃 850 18.02.05 80

廃 901 90.08.06
廃 902 91.09.10
廃 903 92.06.01
廃 904 92.06.01 62

廃1001 03.03.03
廃1002 03.03.03
廃1003 03.05.02
廃1004 03.05.02
廃1005 04.01.05
廃1006 04.01.05
廃1007 02.08.01
廃1008 02.08.01
廃1009 03.06.04
廃1010 03.06.04
廃1011 04.03.10
改1012 84.09.07クハ105-6
改1013 84.07.05クハ105-10
改1014 84.08.30クハ105-11
改1015 84.06.19クハ105-2
改1016 84.05.25クハ105-1
改1017 84.08.07クハ105-5
改1018 84.09.28クハ105-4
廃1019 03.05.02
廃1020 03.05.02
改1021 84.09.25クハ105-13
廃1022 04.03.10
改1023 84.11.08クハ105-12
改1024 84.06.15クハ105-3
70
廃1025 04.01.10
廃1026 04.01.10
廃1027 02.07.01
廃1028 04.01.22 71
改1029 84.08.28クハ105-8
改1030 84.09.29クハ105-14
改1031 84.08.22クハ105-9
改1032 84.08.18クハ105-7
70

廃1201 93.04.02 70
廃1202 93.11.01
廃1203 03.07.30 72
廃1204 03.05.07
廃1205 03.05.21 78

廃1501 15.02.22
廃1502 15.02.20
廃1503 16.02.10
廃1504 16.02.05
廃1505 15.12.09
廃1506 15.11.11
廃1507 15.07.01
廃1508 15.06.15
廃1509 15.08.23
廃1510 15.08.22
廃1511 19.03.09
1512 本カラ CSK
1513 本カラ CSK
1514 本カラ CSK
廃1515 17.02.09
廃1516 15.09.30
1517 本カラ CSK
1518 本カラ CSK 82

廃2001 92.03.31 85改
廃2002 92.03.31
廃2003 92.03.31
廃2004 92.03.31 86改

廃2051 91.09.30
廃2052 92.11.30 86改

廃2501 97.04.08
廃2502 97.04.08
廃2503 97.04.08
廃2504 97.04.08 87改

廃2551 06.02.10
廃2552 06.01.20
廃2553 06.03.01 87改

廃3001 04.10.08
廃3002 05.05.25
廃3003 05.10.18
廃3004 03.12.03
廃3005 04.11.13 85改

廃3501 05.04.02
廃3502 05.04.02 95改

サハ103 0

廃 1 04.12.15
廃 2 91.09.10
廃 3 96.05.18
廃 4 92.02.29
廃 5 92.12.25
廃 6 92.03.31
廃 7 95.04.05
廃 8 09.07.03
廃 9 90.10.16
廃 10 92.08.01
廃 11 92.03.31
廃 12 93.08.01
廃 13 92.04.02
廃 14 89.02.16
廃 15 90.12.26
廃 16 90.08.06
廃 17 89.02.16
廃 18 89.02.16
廃 19 89.06.06
廃 20 89.06.06
廃 21 89.07.05
廃 22 89.03.20
廃 23 90.06.15
廃 24 90.07.13
廃 25 92.02.29
廃 26 07.04.08
廃 27 90.08.06
廃 28 90.08.28
廃 29 89.09.26
廃 30 90.02.06
廃 31 89.02.16
廃 32 89.07.05
廃 33 89.03.20
廃 34 90.06.15
廃 35 90.06.02
廃 36 90.06.02
廃 37 90.03.20
廃 38 92.04.02
廃 39 89.03.20
廃 40 89.03.20
廃 41 90.12.11
廃 42 90.11.09
廃 43 92.03.02
廃 44 92.03.02
廃 45 91.02.25
廃 46 92.04.02
廃 47 89.07.05
廃 48 90.10.16
廃 49 91.10.14
廃 50 91.10.14 64
廃 51 03.09.12
廃 52 03.09.12
廃 53 92.04.02
廃 54 90.05.29
廃 55 91.04.01
廃 56 92.08.01
廃 57 89.02.16
廃 58 89.02.16
廃 59 90.12.26
廃 60 89.07.05
廃 61 92.09.01
廃 62 90.07.13
廃 63 90.05.29
廃 64 04.12.15
廃 65 93.06.30
改 66 59.06.29クハ104-601
廃 67 03.07.25
廃 68 92.05.01
廃 69 92.04.02
廃 70 92.03.20
廃 71 92.12.31
廃 72 91.01.23
廃 73 93.03.01
廃 74 90.11.09
廃 75 92.12.01

廃	76	89.03.23	
廃	77	90.10.25	
廃	78	90.10.25	
廃	79	01.04.20	
廃	80	95.09.08	
廃	81	90.10.16	
廃	82	91.04.01	
廃	83	89.02.03	
廃	84	89.08.17	
廃	85	91.04.01	
廃	86	89.06.06	
廃	87	91.07.29	
廃	88	91.09.30	
廃	89	89.03.23	
廃	90	90.08.28	
廃	91	92.04.02	
廃	92	01.07.17	
廃	93	93.09.01	
廃	94	92.03.02	
廃	95	99.12.06	
廃	96	00.04.03	
廃	97	92.03.02	
廃	98	95.01.14	
廃	99	95.01.14	
廃	100	89.06.06	
廃	101	95.11.01	
廃	102	00.12.18	
廃	103	91.10.14	
廃	104	93.04.02	
廃	105	94.04.04	
廃	106	93.06.01	
廃	107	90.10.25	
廃	108	92.09.01	
廃	109	95.09.08	
廃	110	94.08.01	
廃	111	01.04.20	
廃	112	90.10.25	
廃	113	02.04.12	
廃	114	92.12.01	
廃	115	03.02.12	
廃	116	90.08.28	
廃	117	91.04.15	
廃	118	90.10.25	
廃	119	90.10.25	
廃	120	93.09.01	
廃	121	93.09.01	
廃	122	93.06.01	
廃	123	93.08.01	
廃	124	93.11.01	
廃	125	92.07.01	
廃	126	94.09.01	
廃	127	91.12.02	65
廃	128	93.04.02	
廃	129	95.07.03	66
廃	130	93.04.02	65
廃	131	91.07.29	
廃	132	94.04.04	
廃	133	94.09.01	
廃	134	94.09.01	
廃	135	91.04.01	
廃	136	00.09.06	
廃	137	90.10.16	
廃	138	00.07.03	
廃	139	89.02.03	
廃	140	91.09.10	
廃	141	93.11.01	
廃	142	95.09.08	
廃	143	94.08.01	
廃	144	94.12.12	
廃	145	90.10.25	
廃	146	90.10.25	
廃	147	93.12.01	
廃	148	99.05.10	
廃	149	91.04.01	
廃	150	99.05.10	
廃	151	93.09.01	
廃	152	93.10.01	
廃	153	00.11.20	
廃	154	00.10.27	
廃	155	94.09.01	
廃	156	94.02.01	
廃	157	94.12.12	
廃	158	93.11.01	
廃	159	94.12.12	
廃	160	95.11.01	
廃	161	01.04.25	
廃	162	99.06.30	
廃	163	89.02.03	
廃	164	93.07.01	
廃	165	94.02.01	
廃	166	03.12.02	
廃	167	99.06.30	
廃	168	94.09.01	
廃	169	03.03.03	
廃	170	94.10.13	
廃	171	91.04.01	
廃	172	93.12.01	
廃	173	94.04.04	
廃	174	94.08.01	
廃	175	02.12.04	
廃	176	95.05.23	66
廃	177	95.05.23	
廃	178	00.04.03	
廃	179	93.07.01	
廃	180	00.04.03	67
廃	181	00.01.11	
廃	182	02.04.02	66
廃	183	02.12.17	
廃	184	96.06.10	
廃	185	94.05.01	
廃	186	02.07.01	
廃	187	04.11.05	67
廃	188	00.02.29	
廃	189	00.02.29	66
廃	190	02.07.01	
廃	191	89.02.03	
廃	192	99.12.06	
廃	193	94.06.01	
廃	194	01.03.27	
廃	195	03.07.02	
廃	196	00.08.30	
廃	197	94.02.01	
廃	198	00.04.03	
廃	199	95.08.02	
廃	200	95.01.06	
廃	201	04.01.05	67
廃	202	00.07.03	
廃	203	00.09.06	
廃	204	01.09.28	
廃	205	01.10.25	66
廃	206	02.08.01	
廃	207	00.09.06	67
廃	208	00.12.27	
廃	209	00.05.01	
廃	210	04.11.05	
廃	211	95.04.05	66
廃	212	00.08.30	
廃	213	02.07.01	
廃	214	94.08.01	
廃	215	96.05.09	
廃	216	00.07.03	
廃	217	99.12.03	
廃	218	00.02.29	
廃	219	00.02.29	
廃	220	02.08.01	
廃	221	02.05.01	
廃	222	02.12.17	
廃	223	00.04.03	
廃	224	03.05.02	
廃	225	03.05.02	
廃	226	95.06.09	
廃	227	94.11.15	
廃	228	04.04.16	
廃	229	02.11.15	
廃	230	98.03.02	
廃	231	04.02.07	
廃	232	02.11.20	
廃	233	02.06.01	
廃	234	03.01.07	
廃	235	95.09.28	
廃	236	95.09.28	
廃	237	02.10.07	
廃	238	94.11.15	
廃	239	04.03.19	
改	240	87.03.31	
廃	241	03.02.03	
廃	242	95.05.23	
廃	243	04.01.05	
廃	244	03.09.10	
廃	245	02.09.02	
廃	246	04.10.01	
廃	247	04.07.27	67
廃	248	95.07.03	
廃	249	93.12.01	
廃	250	01.06.14	
廃	251	99.12.03	
廃	252	96.10.25	
廃	253	96.10.25	
廃	254	03.05.02	
廃	255	03.05.02	
廃	256	94.06.01	
廃	257	94.06.01	
廃	258	05.09.14	
廃	259	06.05.19	
廃	260	07.08.25	
廃	261	97.05.02	
廃	262	02.06.01	
廃	263	95.05.23	
廃	264	02.08.20	
廃	265	01.06.14	
廃	266	02.10.16	
廃	267	05.09.21	
廃	268	02.06.01	
廃	269	00.05.01	
廃	270	00.02.29	
廃	271	02.07.01	
廃	272	00.02.04	
廃	273	94.04.04	
廃	274	00.02.04	68
廃	275	92.12.25	
廃	276	92.06.01	
改	277	88.10.22 サハ102-5002	
廃	278	00.02.29	
廃	279	03.06.25	
改	280	88.12.21 サハ102-5003	
改	281	89.02.02 サハ102-5004	
廃	282	07.08.07	
廃	283	94.12.01	
廃	284	06.10.31	
廃	285	07.08.25	
改	286	89.01.07 サハ102-5005	
廃	287	00.05.01	
廃	288	92.12.25	
廃	289	94.12.01	69
改	290	89.02.02 サハ102-5006	
廃	291	01.05.07	
廃	292	00.01.11	
廃	293	02.07.01	
廃	294	02.07.01	
廃	295	03.02.03	
廃	296	04.01.05	
廃	297	06.05.19	
廃	298	03.01.09	
廃	299	04.05.11	
廃	300	02.05.01	
廃	301	02.12.16	
廃	302	03.10.10	
廃	303	02.09.02	
廃	304	04.02.28	
廃	305	04.02.19	
廃	306	03.01.09	
廃	307	05.11.22	70
廃	308	94.04.04	
廃	309	00.04.03	
廃	310	07.08.07	
廃	311	01.05.07	
廃	312	01.03.27	
廃	313	04.01.10	
廃	314	04.01.10	
廃	315	04.03.10	
廃	316	04.03.10	
廃	317	08.04.01	
廃	318	06.12.13	
廃	319	08.03.11	
改	320	89.03.06 サハ102-5007	
廃	321	06.12.13	
廃	322	07.05.30	
改	323	89.04.08 サハ102-5008	
			71
廃	324	01.01.09	
廃	325	01.01.09	
廃	326	89.03.23	
廃	327	89.03.23	
廃	328	01.03.27	
廃	329	01.03.27	
廃	330	01.05.23	
廃	331	01.05.23	
廃	332	05.09.14	
廃	333	00.09.25	
廃	334	01.01.22	
廃	335	01.01.22	
廃	336	00.08.01	
廃	337	00.08.01	
廃	338	00.12.27	
廃	339	04.03.19	
廃	340	00.04.03	
廃	341	00.04.03	
廃	342	00.10.11	
廃	343	05.09.21	
廃	344	00.12.18	
廃	345	00.12.18	
廃	346	00.05.01	
廃	347	00.10.11	72
廃	348	08.02.14	
廃	349	08.02.14	
廃	350	05.09.30	
廃	351	05.12.28	
廃	352	05.12.28	
廃	353	08.06.20	
廃	354	08.06.20	
廃	355	11.05.26	
廃	356	11.05.26	
廃	357	06.02.01	
廃	358	96.05.09	
廃	359	95.05.23	
廃	360	11.03.30	
廃	361	04.02.19	
廃	362	11.03.30	
廃	363	11.03.25	
廃	364	06.02.20	
廃	365	08.06.07	
改	366	88.12.14 サハ102-5009	
廃	367	06.02.01	
廃	368	95.06.09	
廃	369	95.06.09	
廃	370	17.11.27	
廃	371	17.10.17	
廃	372	94.10.13	73
廃	373	95.09.28	
廃	374	95.09.28	
廃	375	95.06.09	
廃	376	95.06.09	
廃	377	95.09.28	
廃	378	95.06.09	
廃	379	96.09.26	
廃	380	96.09.26	74
廃	381	06.02.01	
廃	382	96.09.10	
改	383	89.03.04 サハ102-5010	
廃	384	15.11.13	
改	385	89.02.27 サハ102-5001	
改	386	89.02.09 サハ102-5011	
廃	387	08.05.28	
廃	388	97.05.02	
廃	389	06.05.29	
改	390	89.01.09 サハ102-5012	
廃	391	06.04.06	
廃	392	08.12.29	
廃	393	96.07.05	
廃	394	96.07.05	
廃	395	96.07.05	
廃	396	96.07.05	
廃	397	06.04.26	
廃	398	06.04.26	
廃	399	17.01.06	
廃	400	17.10.30	
廃	401	18.02.05	
廃	402	18.02.05	
廃	403	06.05.29	
廃	404	17.01.23	
廃	405	11.04.26	
廃	406	11.04.28	
廃	407	11.07.21	
廃	408	11.07.21	
廃	409	17.01.23	
廃	410	06.05.29	75
廃	411	06.01.20	
廃	412	06.04.26	
廃	413	06.03.14	
廃	414	06.03.14	
廃	415	17.01.06	
改	416	88.11.09 サハ102-5013	
			76
廃	417	98.03.02	
廃	418	96.06.05	
廃	419	96.06.05	
廃	420	97.04.02	75
廃	421	97.04.02	
廃	422	97.02.18	76
廃	423	96.12.12	
廃	424	11.07.21	
廃	425	11.07.21	
廃	426	08.04.01	
廃	427	08.04.01	75
廃	428	97.02.18	
廃	429	03.05.21	
廃	430	03.02.04	
廃	431	97.09.02	
廃	432	97.09.02	76
廃	433	97.08.02	
廃	434	97.08.02	
廃	435	97.11.15	
廃	436	97.11.15	
廃	437	97.05.02	
廃	438	97.05.02	
廃	439	97.05.02	
廃	440	98.01.20	
廃	441	97.10.02	
廃	442	97.10.02	77
廃	443	97.12.02	76
廃	444	97.09.02	
廃	445	98.02.02	
廃	446	98.02.02	77
廃	447	06.05.29	
廃	448	98.04.02	

廃 449 98.01.20
廃 450 98.04.28
廃 451 98.04.28
廃 452 97.09.02
廃 453 99.03.30
廃 454 99.02.25
廃 455 99.02.25
廃 456 98.04.28
廃 457 98.04.28
廃 458 97.11.15
廃 459 97.11.15
廃 460 00.05.08
廃 461 00.05.08
廃 462 98.12.01
廃 463 98.12.01 78
廃 464 99.01.21
廃 465 99.01.21
廃 466 98.10.02
廃 467 98.10.02
廃 468 98.11.20
廃 469 98.11.20
廃 470 98.07.01
廃 471 98.07.01
廃 472 00.07.03
廃 473 99.03.30
廃 474 98.07.01
廃 475 17.11.27
廃 476 06.08.14
廃 477 98.04.28
廃 478 98.04.28
廃 479 00.09.25
廃 480 02.06.01
廃 481 98.07.01
廃 482 11.03.30
廃 483 11.03.30
廃 484 17.10.30
廃 485 08.05.28
廃 486 06.02.01
廃 487 05.12.28
廃 488 99.10.12
廃 489 99.10.12
廃 490 99.01.10
廃 491 99.01.10
廃 492 99.01.04
廃 493 93.02.01
廃 494 99.01.29
廃 495 99.01.29 79
廃 496 05.11.22
廃 497 99.01.04
廃 498 99.03.23
廃 499 99.03.23
廃 500 99.03.03
廃 501 99.03.03
廃 502 06.01.20
廃 503 06.01.20 80

廃 751 94.11.15
廃 752 94.11.15
廃 753 95.04.05
廃 754 94.12.12 72改
廃 755 90.10.01
廃 756 90.10.01
廃 757 97.07.08
廃 758 97.06.23 73改
廃 759 91.06.14
廃 760 93.10.01
廃 761 90.10.25
廃 762 99.09.16
廃 763 99.09.16
廃 764 98.01.14
廃 765 02.10.25 76改
廃 766 92.11.01 77改
廃 767 90.12.01 78改
廃 768 91.06.14
廃 769 91.06.14
廃 770 90.08.06
廃 771 90.08.28
廃 772 91.09.10 80改
廃 773 90.03.20
廃 774 90.07.13
廃 775 91.09.10
廃 776 90.10.01 84改
廃 777 97.12.17
廃 778 96.05.11
廃 779 96.05.11
廃 780 97.12.17 86改

廃 801 03.03.03
廃 802 93.12.01
廃 803 93.12.01
廃 804 03.03.03
廃 805 93.12.01
廃 806 93.11.01 88改

廃2501 92.06.01 89改

廃3001 04.10.08
廃3002 05.05.25
廃3003 05.10.18
廃3004 03.12.03
廃3005 04.11.13 86改

サハ102 0
廃 1 07.04.08
廃 2 06.10.31
廃 3 07.06.10
廃 4 06.04.26
廃 5 06.01.20
廃 6 06.04.06
廃 7 06.04.06
廃 8 06.01.20
廃 9 08.04.23
廃 10 06.04.06
廃 11 07.08.07
廃 12 07.09.16
廃 13 06.04.06 89改

改5001 89.11.15 1
改5002 89.12.01 2
改5003 89.12.04 3
改5004 89.12.15 4
改5005 89.12.21 5
改5006 89.12.29 6
改5007 90.01.13 7
改5008 90.01.30 8
改5009 90.02.01 9
改5010 90.02.15 10
改5011 90.02.19 11
改5012 90.03.01 12
改5013 90.03.07 13 88改

101系

クモハ101 0
廃 130 05.08.01 61
廃 180 02.11.06
廃 188 02.11.06 63

クモハ100 0
廃 145 02.11.06 62
廃 172 05.08.01
廃 186 02.11.06 63

▷101系は
1992年度末まで
在籍した車両を掲載

旧形

84系

クモハ84 0
廃 001 96.03.31
廃 002 96.03.31
廃 003 96.03.31 87改

戦前形旧形国電／西

クモハ42 1
001 中セキ Sw 33
廃 006 01.01.30 34

クモハ40 0
廃 054 06.04.02 青梅
(平妻) 35
廃 074 07.09.10 鉄博
(半流) 35

17m旧形国電／東

クモハ12 1
廃 041 02.02.28 86改

052 都ナハ BSN
廃 053 06.04.02 59改

郵便・荷物用

クモユニ143形／東

クモユニ143 0
廃 1 19.10.15
廃 2 97.06.27
廃 3 18.08.04
廃 4 00.01.05 81

事業用車・試験車

粘着試験車

クヤ497 0
除 1 96.05.13 86改

技術試験車／西

クモヤ223 0
廃9001 19.03.31 04改

クヤ212 0
廃 1 19.03.31 04改

サヤ213 0
廃 1 19.03.31 04改

試験車／東

モヤ209 2
3 都ハエ
4 都ハエ 08改

モヤ208 2
3 都ハエ
4 都ハエ 08改

クヤ209 1
2 都ハエPCSN 08改

クヤ208 1
2 都ハエPCSN 08改

サヤ209 0
廃 8 11.06.30 08改

試験車[水素燃料蓄電池]／東

FV-E991 1
1 都ナハ 21

FV-E990 1
1 都ナハ 21

交直流電気検測車／西

クモヤ443 0
廃 1 03.08.08
廃 2 21.07.15 75

クモヤ442 0
廃 1 03.08.08
廃 2 21.07.15 75

直流電気検測車

クモヤ193 0
廃 1 13.06.10 79

廃 51 98.01.30 86改

クモヤ192 0
廃 1 13.06.10 79

廃 51 98.01.30 86改

交直流高速試験車

クモヤE991 0
廃 1 99.03.27 94

クモヤE990 0
廃 1 99.03.27 94

サヤE991 0
廃 1 99.03.27 94

交流牽引車

クモヤ743 0
廃 1 14.11.08 92改

クモヤ740 0
廃 2 08.12.24 68改

廃 52 01.07.13 69改
廃 53 05.03.16 70改

交直流牽引車

クモヤ441 0
廃 1 06.09.01
廃 2 03.04.15 76改
廃 3 03.07.10
廃 4 06.09.01
廃 5 03.05.13
廃 6 02.04.02
廃 7 98.07.01 77改

クモヤ440 0
廃 1 90.03.16
廃 2 02.03.22 70改

交直流牽引車／東

クモヤE493 2
◆ 1 都オク PPs 20
◆ 2 都オク PPs 23

クモヤE492 2
◆ 1 都オク PPs 20
◆ 2 都オク PPs 23

交直流 電気軌道検測車／東

クモヤE491 1
1 都カツPCPs 01

モヤE490 1
1 都カツPCPs 01

クヤE490 1
1 都カツPCPs 01

直流試験車／東

モハE993　0
廃　1 06.07.14　01

モハE992　0
廃　1 06.07.14　01

クハE993　0
廃　1 06.07.14　01

クハE992　0
廃　1 06.07.14　01

サハE993　0
廃　1 06.07.14　01

直流試験車／東

クモヤE995　0
廃　1 19.12.19

直流牽引車／東・西

クモヤ145　11
改　1 00.03.14 1001
廃　2 99.05.02
改　3 00.01.22 1003
改　4 00.05.15 1004
改　5 87.02.04 51
改　6 01.10.26 1006
改　7 00.09.26 1007
改　8 86.12.27 52　85～
改　9 00.12.14 1009　86改

改　51 00.06.16 1051
改　52 00.10.30 1052　86改

廃 101 09.07.17
改 102 09.01.30 1102
改 103 01.09.08 1103
改 104 00.05.08 1104
改 105 10.08.11 1105
改 106 02.05.31 1106
廃 107 20.02.21
改 108 00.12.04 1108
改 109 00.09.11 1109
廃 110 10.12.09
廃 111 00.03.29
廃 112 08.04.22
廃 113 09.06.06
廃 114 13.03.02
廃 115 09.10.08
廃 116 13.02.19
廃 117 12.11.07
廃 118 09.10.08
廃 119 04.04.17
廃 120 08.06.05
廃 121 08.04.18
廃 122 08.04.21
改 123 98.12.18 1123
改 124 01.10.22 1124
廃 125 04.04.17　81～
改 126 00.06.15 1126　86改

改 201 99.01.29 1201　82改

改 601 88.03.25 クモハ123-601
改 602 88.03.10 クモハ123-602
83改

廃1001 21.08.02
1003 近スイ PSw
廃1004 21.11.02
1006 近モリ PSw
廃1007 21.08.02　99～
1009 近スイ PSw　01改

1051 近スイ PSw
廃1052 21.11.02　00改

廃1102 23.04.03
1103 中セキ Sw
1104 近スイ PSw
1105 中イモ Sw
1106 近キト PSw
1108 近ホシ PSw
1109 近アカ PSw
廃1123 21.07.15
廃1124 23.04.03　00～
廃1126 21.07.15　10改

1201 近キト PSw　98改

クモヤ143　0
廃　1 12.09.28
廃　2 12.09.28
改　3 92.06.23 クモヤ743-1
廃　4 11.04.07　76
廃　5 11.04.07
廃　6 11.04.07
廃　7 08.05.16
廃　8 23.04.04
廃　9 23.04.04
廃　10 08.05.16
廃　11 19.11.07
廃　12 08.06.05　77
廃　13 08.04.26
廃　14 08.06.05
廃　15 13.03.10
廃　16 08.06.05
廃　17 04.05.21
廃　18 04.05.21
廃　19 08.04.26
廃　20 11.10.22
廃　21 13.03.10　79

廃　51 22.09.16
廃　52 22.08.02　86改

クモヤ91　0
廃 001 99.03.31
廃 002 99.03.31　67改

クモヤ90　0
廃 005 94.12.07
廃 014 97.05.20
廃 016 94.12.26　66改

廃 052 95.01.13　69改

廃 102 01.06.29
廃 103 02.10.25
廃 104 01.03.07
廃 105 01.03.02　79改

廃 201 99.03.31
廃 202 99.03.31　79改

廃 801 97.11.04　70改
廃 803 97.11.04　75改
廃 805 93.09.01　77改

配給車／西

クモル145　0
廃　1 93.11.01
廃　2 93.11.01
廃　3 95.11.01
廃　4 99.05.06
廃　5 94.02.01
廃　6 95.11.01
廃　7 02.10.02
廃　8 08.06.05
廃　9 95.11.01
廃　10 95.11.01
廃　11 99.09.16
廃　12 99.09.16
廃　13 99.09.16
改　14 99.03.23 1014
改　15 98.10.08 1015　79～
改　16 99.01.08 1016　81改

廃1014 09.08.18
廃1015 21.11.19
廃1016 09.08.18　98改

クル144　0
廃　1 93.11.01
廃　2 93.11.01
廃　3 95.11.01
廃　4 99.05.06
廃　5 94.02.01
廃　6 95.11.01
廃　7 02.10.02
廃　8 08.06.05
廃　9 95.11.01
廃　10 95.11.01
廃　11 99.09.16
廃　12 99.09.16
廃　13 99.09.16
廃　14 09.08.18
廃　15 21.11.19　79～
廃　16 09.08.18　81改

訓練車

モヤ484　0
廃　1 05.01.06
廃　2 07.07.10　鉄博
90改

クヤ455　0
廃　1 06.11.15　90改

クモヤ115　0
廃　1 16.06.17　00改

クモヤ114　0
廃　1 16.06.17　00改

モヤ115　0
廃　1 99.03.01
廃　2 95.05.23
廃　3 95.05.23
廃　4 95.04.05　90改
廃　5 02.11.12
廃　6 14.01.28　94改

モヤ114　0
廃　1 02.04.20
廃　2 95.04.05　90改

モヤ113　0
廃　1 95.02.22　90改
廃　2 05.05.12　94改

モヤ102　0
廃　1 95.05.23
廃　2 95.05.23　90改
廃　3 00.08.28
廃　4 01.07.17　94改

【西暦・元号早見表】

西暦	元号
1965年	昭和40年
1966年	昭和41年
1967年	昭和42年
1968年	昭和43年
1969年	昭和44年
1970年	昭和45年
1971年	昭和46年
1972年	昭和47年
1973年	昭和48年
1974年	昭和49年
1975年	昭和50年
1976年	昭和51年
1977年	昭和52年
1978年	昭和53年
1979年	昭和54年
1980年	昭和55年
1981年	昭和56年
1982年	昭和57年
1983年	昭和58年
1984年	昭和59年
1985年	昭和60年
1986年	昭和61年
1987年	昭和62年
1988年	昭和63年
1989年	昭和64年
	01.07まで
	01.08から
1989年	平成元年
1990年	平成02年
1991年	平成03年
1992年	平成04年
1993年	平成05年
1994年	平成06年
1995年	平成07年
1996年	平成08年
1997年	平成09年
1998年	平成10年
1999年	平成11年
2000年	平成12年
2001年	平成13年
2002年	平成14年
2003年	平成15年
2004年	平成16年
2005年	平成17年
2006年	平成18年
2007年	平成19年
2008年	平成20年
2009年	平成21年
2010年	平成22年
2011年	平成23年
2012年	平成24年
2013年	平成25年
2014年	平成26年
2015年	平成27年
2016年	平成28年
2017年	平成29年
2018年	平成30年
2019年	平成31年
	04.30まで
	05.01から
2019年	令和元年
2020年	令和02年
2021年	令和03年
2022年	令和04年
2023年	令和05年

西暦表記は下２桁

■2023(令和05)上期　車両動向一覧

新製車両　2023(令和05) 年度上期

北海道旅客鉄道　12両

形式	車号	配置区	製造	落成月日
737系				12両
クモハ737-	8	札幌	日立	23.06.05
	9	〃	〃	23.06.05
	10	〃	〃	23.06.05
	11	〃	〃	23.06.06
	12	〃	〃	23.06.06
	13	〃	〃	23.06.06
ク　ハ737-	8	札幌	日立	23.06.05
	9	〃	〃	23.06.05
	10	〃	〃	23.06.05
	11	〃	〃	23.06.06
	12	〃	〃	23.06.06
	13	〃	〃	23.06.06

東日本旅客鉄道

形式	車号	配置区	製造	落成月日
その他車種				
GV-E197系				12両
GV-E197-	3	ぐんま	新潟ト	23.07.04
GV-E196-	5	〃	新潟ト	23.07.04
	6	〃	〃	23.07.04
	7	〃	〃	23.07.04
	8	〃	〃	23.07.04
GV-E197-	4	〃	新潟ト	23.07.04
GV-E197-	101	ぐんま	新潟ト	23.09.05
GV-E196-	9	〃	新潟ト	23.09.05
	10	〃	〃	23.09.05
	11	〃	〃	23.09.05
	12	〃	〃	23.09.05
GV-E197-	102	〃	新潟ト	23.09.05

※ 新潟トは新潟トランシス

東日本旅客鉄道　①　142両

形式	車号	配置区	製造	落成月日
E235系				90両
モ　ハE235-	1025	鎌倉	JT新津	23.04.19
	1026	〃	〃	23.05.18
	1027	〃	〃	23.06.19
	1028	〃	〃	23.07.13
	1029	〃	〃	23.08.21
	1030	〃	〃	23.09.04
	1122	鎌倉	JT新津	23.04.12
	1123	〃	〃	23.05.10
	1124	〃	〃	23.06.05
	1125	〃	〃	23.07.03
	1126	〃	〃	23.07.26
	1127	〃	〃	23.08.28
	1225	鎌倉	JT新津	23.04.19
	1226	〃	〃	23.05.18
	1227	〃	〃	23.06.19
	1228	〃	〃	23.07.13
	1229	〃	〃	23.08.21
	1230	〃	〃	23.09.04
	1325	鎌倉	JT新津	23.04.19
	1326	〃	〃	23.05.18
	1327	〃	〃	23.06.19
	1328	〃	〃	23.07.13
	1329	〃	〃	23.08.21
	1330	〃	〃	23.09.04
モ　ハE234-	1025	鎌倉	JT新津	23.04.19
	1026	〃	〃	23.05.18
	1027	〃	〃	23.06.19
	1028	〃	〃	23.07.13
	1029	〃	〃	23.08.21
	1030	〃	〃	23.09.04
	1122	鎌倉	JT新津	23.04.12
	1123	〃	〃	23.05.10
	1124	〃	〃	23.06.05
	1125	〃	〃	23.07.03
	1126	〃	〃	23.07.26
	1127	〃	〃	23.08.28
	1225	鎌倉	JT新津	23.04.19
	1226	〃	〃	23.05.18
	1227	〃	〃	23.06.19
	1228	〃	〃	23.07.13
	1229	〃	〃	23.08.21
	1230	〃	〃	23.09.04
	1325	鎌倉	JT新津	23.04.19
	1326	〃	〃	23.05.18
	1327	〃	〃	23.06.19
	1328	〃	〃	23.07.13
	1329	〃	〃	23.08.21
	1330	〃	〃	23.09.04
ク　ハE235-	1025	鎌倉	JT新津	23.04.19
	1026	〃	〃	23.05.18
	1027	〃	〃	23.06.19
	1028	〃	〃	23.07.13
	1029	〃	〃	23.08.21
	1030	〃	〃	23.09.04
	1122	鎌倉	JT新津	23.04.12
	1123	〃	〃	23.05.10
	1124	〃	〃	23.06.05
	1125	〃	〃	23.07.03
	1126	〃	〃	23.07.26
	1127	〃	〃	23.08.28
ク　ハE234-	1025	鎌倉	JT新津	23.04.19
	1026	〃	〃	23.05.18
	1027	〃	〃	23.06.19
	1028	〃	〃	23.07.13
	1029	〃	〃	23.08.21
	1030	〃	〃	23.09.04
	1122	鎌倉	JT新津	23.04.12
	1123	〃	〃	23.05.10
	1124	〃	〃	23.06.05
	1125	〃	〃	23.07.03
	1126	〃	〃	23.07.26
	1127	〃	〃	23.08.28

東日本旅客鉄道　②

形式	車号	配置区	製造	落成月日
サ　ハE235-	1025	鎌倉	JT新津	23.04.19
	1026	〃	〃	23.05.18
	1027	〃	〃	23.06.19
	1028	〃	〃	23.07.13
	1029	〃	〃	23.08.21
	1030	〃	〃	23.09.04
サ　ロE235-	1025	鎌倉	JT新津	23.04.19
	1026	〃	〃	23.05.18
	1027	〃	〃	23.06.19
	1028	〃	〃	23.07.13
	1029	〃	〃	23.08.21
	1030	〃	〃	23.09.04
サ　ロE234-	1025	鎌倉	JT新津	23.04.19
	1026	〃	〃	23.05.18
	1027	〃	〃	23.06.19
	1028	〃	〃	23.07.13
	1029	〃	〃	23.08.21
	1030	〃	〃	23.09.04
E493系				2両
クモヤE493-	2	尾久	新潟ト	23.04.17
クモヤE492-	2	尾久	新潟ト	23.04.17
新幹線E5系				40両
E523-	47	新幹線	川車	23.04.25
	48	〃	〃	23.06.26
	49	〃	日立	23.07.06
	50	〃	〃	23.09.04
E526-	147	新幹線	川車	23.04.25
	148	〃	〃	23.06.26
	149	〃	日立	23.07.06
	150	〃	〃	23.09.04
E525-	47	新幹線	川車	23.04.25
	48	〃	〃	23.06.26
	49	〃	日立	23.07.06
	50	〃	〃	23.09.04
E526-	247	新幹線	川車	23.04.25
	248	〃	〃	23.06.26
	249	〃	日立	23.07.06
	250	〃	〃	23.09.04
E525-	447	新幹線	川車	23.04.25
	448	〃	〃	23.06.26
	449	〃	日立	23.07.06
	450	〃	〃	23.09.04
E526-	347	新幹線	川車	23.04.25
	348	〃	〃	23.06.26
	349	〃	日立	23.07.06
	350	〃	〃	23.09.04
E525-	147	新幹線	川車	23.04.25
	148	〃	〃	23.06.26
	149	〃	日立	23.07.06
	150	〃	〃	23.09.04
E526-	447	新幹線	川車	23.04.25
	448	〃	〃	23.06.26
	449	〃	日立	23.07.06
	450	〃	〃	23.09.04
E515-	47	新幹線	川車	23.04.25
	48	〃	〃	23.06.26
	49	〃	日立	23.07.06
	50	〃	〃	23.09.04
E514-	47	新幹線	川車	23.04.25
	48	〃	〃	23.06.26
	49	〃	日立	23.07.06
	50	〃	〃	23.09.04

東海旅客鉄道　①　112両

形式	車号	配置区	製造	落成月日
315系				80両
モ　ハ315-	27	神領	日車	23.04.06
	28	〃	〃	23.04.06
	29	〃	〃	23.04.20
	30	〃	〃	23.04.20
	31	〃	〃	23.05.18
	32	〃	〃	23.05.18
	33	〃	〃	23.06.01
	34	〃	〃	23.06.01
	35	〃	〃	23.06.15
	36	〃	〃	23.06.15
	37	〃	〃	23.07.13
	38	〃	〃	23.07.13
	39	〃	〃	23.08.03
	40	〃	〃	23.08.03
	41	〃	〃	23.08.24
	42	〃	〃	23.08.24
	43	〃	〃	23.09.07
	44	〃	〃	23.09.07
	45	〃	〃	23.09.21
	46	〃	〃	23.09.21
	527	神領	日車	23.04.06
	528	〃	〃	23.04.06
	529	〃	〃	23.04.20
	530	〃	〃	23.04.20
	531	〃	〃	23.05.18
	532	〃	〃	23.05.18
	533	〃	〃	23.06.01
	534	〃	〃	23.06.01
	535	〃	〃	23.06.15
	536	〃	〃	23.06.15
	537	〃	〃	23.07.13
	538	〃	〃	23.07.13
	539	〃	〃	23.08.03
	540	〃	〃	23.08.03
	541	〃	〃	23.08.24
	542	〃	〃	23.08.24
	543	〃	〃	23.09.07
	544	〃	〃	23.09.07
	545	〃	〃	23.09.21
	546	〃	〃	23.09.21
ク　ハ315-	14	神領	日車	23.04.06
	15	〃	〃	23.04.20
	16	〃	〃	23.05.18
	17	〃	〃	23.06.01
	18	〃	〃	23.06.15
	19	〃	〃	23.07.13
	20	〃	〃	23.08.03
	21	〃	〃	23.08.24
	22	〃	〃	23.09.07
	23	〃	〃	23.09.21
ク　ハ314-	14	神領	日車	23.04.06
	15	〃	〃	23.04.20
	16	〃	〃	23.05.18
	17	〃	〃	23.06.01
	18	〃	〃	23.06.15
	19	〃	〃	23.07.13
	20	〃	〃	23.08.03
	21	〃	〃	23.08.24
	22	〃	〃	23.09.07
	23	〃	〃	23.09.21
サ　ハ315-	14	神領	日車	23.04.06
	15	〃	〃	23.04.20
	16	〃	〃	23.05.18
	17	〃	〃	23.06.01
	18	〃	〃	23.06.15
	19	〃	〃	23.07.13
	20	〃	〃	23.08.03
	21	〃	〃	23.08.24
	22	〃	〃	23.09.07
	23	〃	〃	23.09.21

東海旅客鉄道　②

形式	車号	配置区	製造	落成月日
サ　ハ315-	514	神領	日車	23.04.06
	515	〃	〃	23.04.20
	516	〃	〃	23.05.18
	517	〃	〃	23.06.01
	518	〃	〃	23.06.15
	519	〃	〃	23.07.13
	520	〃	〃	23.08.03
	521	〃	〃	23.08.24
	522	〃	〃	23.09.07
	523	〃	〃	23.09.21
新幹線 N700S				32両
743-	39	東交両	日立	23.04.18
	40	大交両	日車	23.04.05
744-	39	東交両	日立	23.04.18
	40	大交両	日車	23.04.05
745-	39	東交両	日立	23.04.18
	40	大交両	日車	23.04.05
	339	東交両	日立	23.04.18
	340	大交両	日車	23.04.05
	539	東交両	日立	23.04.18
	540	大交両	日車	23.04.05
	639	東交両	日立	23.04.18
	640	大交両	日車	23.04.05
746-	39	東交両	日立	23.04.18
	40	大交両	日車	23.04.05
	239	東交両	日立	23.04.18
	240	大交両	日車	23.04.05
	539	東交両	日立	23.04.18
	540	大交両	日車	23.04.05
	739	東交両	日立	23.04.18
	740	大交両	日車	23.04.05
747-	39	東交両	日立	23.04.18
	40	大交両	日車	23.04.05
	439	東交両	日立	23.04.18
	440	大交両	日車	23.04.05
	539	東交両	日立	23.04.18
	540	大交両	日車	23.04.05
735-	39	東交両	日立	23.04.18
	40	大交両	日車	23.04.05
736-	39	東交両	日立	23.04.18
	40	大交両	日車	23.04.05
737-	39	東交両	日立	23.04.18
	40	大交両	日車	23.04.05

東海旅客鉄道　④

形式	車号	配置区	製造	落成月日
その他車種				
ＨＣ85系				14両
クモハ85-	12	名古屋	日車	23.04.13
	106	名古屋	日車	23.04.13
	107	〃	〃	23.04.13
	108	〃	〃	23.07.06
	109	〃	〃	23.07.06
	110	〃	〃	23.07.06
	206	名古屋	日車	23.04.13
	207	〃	〃	23.04.13
	208	〃	〃	23.07.06
	209	〃	〃	23.07.06
	210	〃	〃	23.07.06
	304	名古屋	日車	23.04.13
モ　ハ84-	12	名古屋	日車	23.04.13
	112	名古屋	日車	23.04.13

西日本旅客鉄道　16両

形式	車号	配置区	製造	落成月日
新幹線 N700S				16両
743-	3003	博多総合	日立	23.07.31
744-	3003	博多総合	日立	23.07.31
745-	3003	博多総合	日立	23.07.31
	3303	博多総合	日立	23.07.31
	3503	博多総合	日立	23.07.31
	3603	博多総合	日立	23.07.31
746-	3003	博多総合	日立	23.07.31
	3203	博多総合	日立	23.07.31
	3503	博多総合	日立	23.07.31
	3703	博多総合	日立	23.07.31
747-	3003	博多総合	日立	23.07.31
	3403	博多総合	日立	23.07.31
	3503	博多総合	日立	23.07.31
735-	3003	博多総合	日立	23.07.31
736-	3003	博多総合	日立	23.07.31
737-	3003	博多総合	日立	23.07.31

九州旅客鉄道　6両

形式	車号	配置区	製造	落成月日
新幹線 N700S				6両
721-	8005	熊本総合	日立	23.10.01
722-	8105	熊本総合	日立	23.10.01
725-	8005	熊本総合	日立	23.10.01
	8105	博多総合	日立	23.10.01
727-	8005	熊本総合	日立	23.10.01
	8105	博多総合	日立	23.10.01

廃車車両　2023(令和05) 年度上期

北海道旅客鉄道　3両

形式	車号	配置区	廃車月日
721系			3両
クモハ721-	3016	札幌	23.07.31
モ　ハ721-	3016	札幌	23.07.31
ク　ハ721-	3016	札幌	23.07.31

北海道旅客鉄道　35両

形式	車号	配置区	廃車月日
その他車種			
ＤＣ			35両
キハ281系			15両
キ　ハ281-	1	函館	23.04.14
	2	〃	23.04.28
	3	〃	23.04.14
	5	〃	23.05.31
	6	〃	23.04.28
	901	〃	23.05.31
キ　ハ280-	1	函館	23.04.14
	2	〃	23.04.28
	3	〃	23.05.31
	105	〃	23.04.28
	109	〃	23.05.31
	110	〃	23.04.28
キ　ロ280-	2	函館	23.04.14
	3	〃	23.04.14
	4	〃	23.05.31
キハ183系			20両
キ　ハ183-	1503	苗穂	23.05.31
	1555	〃	23.05.31
	4558	〃	23.05.31
	4559	〃	23.05.31
	8564	〃	23.05.31
	8565	〃	23.05.31
	8566	〃	23.05.31
	9561	〃	23.05.31
	9562	〃	23.05.31
キ　ハ182-	502	苗穂	23.05.31
	508	〃	23.05.31
	7551	〃	23.05.31
	7554	〃	23.05.31
	7557	〃	23.05.31
	7561	〃	23.05.31
キ　ロ182-	504	苗穂	23.05.31
	505	〃	23.05.31
	7551	〃	23.05.31
	7552	〃	23.05.31
	7553	〃	23.05.31

東日本旅客鉄道　144両

形式	車号	配置区	廃車月日
651系			35両
モ　ハ651-	1003	大宮	23.04.04
	1004	〃	23.05.09
	1005	〃	23.06.17
	1006	〃	23.07.27
	1010	〃	23.09.28
	1103	大宮	23.04.04
	1104	〃	23.05.09
	1105	〃	23.06.17
	1106	〃	23.07.27
	1107	〃	23.09.28
モ　ハ650-	1003	大宮	23.04.04
	1004	〃	23.05.09
	1005	〃	23.06.17
	1006	〃	23.07.27
	1010	〃	23.09.28
	1103	大宮	23.04.04
	1104	〃	23.05.09
	1105	〃	23.06.17
	1106	〃	23.07.27
	1107	〃	23.09.28
ク　ハ651-	1003	大宮	23.04.04
	1004	〃	23.05.09
	1005	〃	23.06.17
	1006	〃	23.07.27
	1007	〃	23.09.28
ク　ハ650-	1003	大宮	23.04.04
	1004	〃	23.05.09
	1005	〃	23.06.17
	1006	〃	23.07.27
	1010	〃	23.09.28
サ　ロ651-	1003	大宮	23.04.04
	1004	〃	23.05.09
	1005	〃	23.06.17
	1006	〃	23.07.27
	1007	〃	23.09.28
E217系			41両
モ　ハE217-	2	鎌倉	23.09.13
	5	〃	23.04.04
	36	〃	23.08.09
	2003	鎌倉	23.09.13
	2009	〃	23.04.04
	2024	〃	23.09.27
	2071	〃	23.08.09
	2072	〃	23.09.27
モ　ハE216-	1002	鎌倉	23.09.13
	1005	〃	23.04.04
	1036	〃	23.08.09
	2003	鎌倉	23.09.13
	2009	〃	23.04.04
	2024	〃	23.09.27
	2071	〃	23.08.09
	2072	〃	23.09.27
ク　ハE217-	2	鎌倉	23.09.13
	5	〃	23.04.04
	36	〃	23.08.09
	2012	鎌倉	23.09.27
	2036	〃	23.09.27
ク　ハE216-	1012	鎌倉	23.09.27
	2017	鎌倉	23.09.27
	2027	〃	23.04.04
	2050	〃	23.08.09
	2063	〃	23.09.13
サ　ハE217-	2	鎌倉	23.09.13
	5	〃	23.04.04
	36	〃	23.08.09
	2003	鎌倉	23.09.13
	2004	〃	23.09.13
	2009	〃	23.04.04
	2010	〃	23.04.04
	2071	〃	23.08.09
	2072	〃	23.08.09

東日本旅客鉄道　②

形式	車号	配置区	廃車月日
サ　ロE217-	2	鎌倉	23.09.13
	5	〃	23.04.04
	36	〃	23.08.09
サ　ロE216-	2	鎌倉	23.09.13
	5	〃	23.04.04
	36	〃	23.08.09
211系			8両
クモハ211-	3003	高崎	23.05.26
	3010	〃	23.07.12
モ　ハ210-	3003	高崎	23.05.26
	3010	〃	23.07.12
ク　ハ210-	3003	高崎	23.05.26
	3010	〃	23.07.12
サ　ハ211-	3005	高崎	23.05.26
	3019	〃	23.07.12
205系			8両
モ　ハ205-	501	国府津	23.04.04
	603	小山	23.04.04
モ　ハ204-	501	国府津	23.04.04
	603	小山	23.04.04
ク　ハ205-	501	国府津	23.04.04
	603	小山	23.04.04
ク　ハ204-	501	国府津	23.04.04
	603	小山	23.04.04
クモヤ143系			2両
クモヤ143-	8	東京	23.04.04
	9	〃	23.04.04
新幹線E2系			50両
E223-	1004	新潟(幹)	23.04.14
	1007	新幹線	23.07.24
	1011	〃	23.08.24
	1012	〃	23.07.03
	1013	〃	23.05.30
E224-	1104	新潟(幹)	23.04.14
	1107	新幹線	23.07.24
	1111	〃	23.08.24
	1112	〃	23.07.03
	1113	〃	23.05.30
E225-	1004	新潟(幹)	23.04.14
	1007	新幹線	23.07.24
	1011	〃	23.08.24
	1012	〃	23.07.03
	1013	〃	23.05.30
	1104	新潟(幹)	23.04.14
	1107	新幹線	23.07.24
	1111	〃	23.08.24
	1112	〃	23.07.03
	1113	〃	23.05.30
	1404	新潟(幹)	23.04.14
	1407	新幹線	23.07.24
	1411	〃	23.08.24
	1412	〃	23.07.03
	1413	〃	23.05.30
E226-	1104	新潟(幹)	23.04.14
	1107	新幹線	23.07.24
	1111	〃	23.08.24
	1112	〃	23.07.03
	1113	〃	23.05.30
	1204	新潟(幹)	23.04.14
	1207	新幹線	23.07.24
	1211	〃	23.08.24
	1212	〃	23.07.03
	1213	〃	23.05.30
	1304	新潟(幹)	23.04.14
	1307	新幹線	23.07.24
	1311	〃	23.08.24
	1312	〃	23.07.03
	1313	〃	23.05.30
	1404	新潟(幹)	23.04.14
	1407	新幹線	23.07.24
	1411	〃	23.08.24
	1412	〃	23.07.03
	1413	〃	23.05.30

東日本旅客鉄道　③

形式	車号	配置区	廃車月日
E215-	1004	新潟(幹)	23.04.14
	1007	新幹線	23.07.24
	1011	〃	23.08.24
	1012	〃	23.07.03
	1013	〃	23.05.30

東日本旅客鉄道　④

形式	車号	配置区	廃車月日
その他車種			
EL			3両
EF58	61	尾久	23.05.31
EF65	1104	尾久	23.04.04
ED75	777	秋田	23.09.20
DL			1両
DE10	1187	秋田	23.05.10
DC			7両
キ　ハ142-	701	盛岡	23.06.20
キサハ144-	701	〃	23.06.20
	702	〃	23.06.20
キ　ハ143-	701	〃	23.06.20
キ　ハ48	517	秋田	23.05.17
	533	〃	23.05.16
	540	〃	23.05.16

東海旅客鉄道　98両

形式	車号	配置区	廃車月日
311系			8両
クモハ311-	7	大垣	23.06.20
	9	〃	23.08.14
モ　ハ310-	7	大垣	23.06.20
	9	〃	23.08.14
ク　ハ310-	7	大垣	23.06.20
	9	〃	23.08.14
サ　ハ311-	7	大垣	23.06.20
	9	〃	23.08.14
211系			42両
クモハ211-	5003	神領	23.07.20
	5007	〃	23.06.28
	5009	〃	23.06.06
	5018	〃	23.07.20
	5020	〃	23.06.06
	5021	〃	23.06.28
	5022	〃	23.09.01
	5034	〃	23.07.27
	5043	〃	23.09.01
	5048	〃	23.08.21
	5604	〃	23.08.21
	5619	〃	23.07.27
モ　ハ210-	5003	神領	23.07.20
	5007	〃	23.06.28
	5009	〃	23.06.06
	5018	〃	23.07.20
	5020	〃	23.06.06
	5021	〃	23.06.28
	5022	〃	23.09.01
	5034	〃	23.07.27
	5043	〃	23.09.01
	5048	〃	23.08.21
	5052	〃	23.08.21
	5067	〃	23.07.27
ク　ハ210-	5003	神領	23.07.20
	5007	〃	23.06.28
	5009	〃	23.06.06
	5018	〃	23.07.20
	5020	〃	23.06.06
	5021	〃	23.06.28
	5304	〃	23.08.21
	5307	〃	23.09.01
	5311	〃	23.07.27
	5314	〃	23.09.01
	5317	〃	23.08.21
	5319	〃	23.07.27
サ　ハ211-	5002	神領	23.07.27
	5007	〃	23.08.21
	5010	〃	23.09.01
	5014	〃	23.07.27
	5017	〃	23.09.01
	5020	〃	23.08.21

東海旅客鉄道　②

形式	車号	配置区	廃車月日
新幹線N700系			48両
783-	2018	大交両	23.04.25
	2020	〃	23.05.25
	2021	東交両	23.07.06
784-	2018	大交両	23.04.25
	2020	〃	23.05.25
	2021	東交両	23.07.06
785-	2018	大交両	23.04.25
	2020	〃	23.05.25
	2021	東交両	23.07.06
	2318	大交両	23.04.25
	2320	〃	23.05.25
	2321	東交両	23.07.06
	2518	大交両	23.04.25
	2520	〃	23.05.25
	2521	東交両	23.07.06
	2618	大交両	23.04.25
	2620	〃	23.05.25
	2621	東交両	23.07.06
786-	2018	大交両	23.04.25
	2020	〃	23.05.25
	2021	東交両	23.07.06
	2218	大交両	23.04.25
	2220	〃	23.05.25
	2221	東交両	23.07.06
	2518	大交両	23.04.25
	2520	〃	23.05.25
	2521	東交両	23.07.06
	2718	大交両	23.04.25
	2720	〃	23.05.25
	2721	東交両	23.07.06
787-	2018	大交両	23.04.25
	2020	〃	23.05.25
	2021	東交両	23.07.06
	2418	大交両	23.04.25
	2420	〃	23.05.25
	2421	東交両	23.07.06
	2518	大交両	23.04.25
	2520	〃	23.05.25
	2521	東交両	23.07.06
775-	2018	大交両	23.04.25
	2020	〃	23.05.25
	2021	東交両	23.07.06
776-	2018	大交両	23.04.25
	2020	〃	23.05.25
	2021	東交両	23.07.06
777-	2018	大交両	23.04.25
	2020	〃	23.05.25
	2021	東交両	23.07.06

東海旅客鉄道　③　4両

形式	車号	配置区	廃車月日
その他車種			
キハ85系			4両
キ　ハ85-	1105	名古屋	23.07.14
	1113	〃	23.07.14
	1209	〃	23.07.14
キ　ハ84-	303	名古屋	23.07.14

西日本旅客鉄道 **73両**

形式	車号	配置区	廃車月日
415系			9両
クモハ415-	807	金沢	23.08.26
	808	〃	23.08.26
	810	〃	23.07.11
モ　ハ414-	807	金沢	23.08.26
	808	〃	23.08.26
	810	〃	23.07.11
ク　ハ415-	807	金沢	23.08.26
	808	〃	23.08.26
	810	〃	23.07.11
413系			3両
クモハ413-	5	金沢	23.07.11
モ　ハ412-	5	金沢	23.07.11
ク　ハ412-	5	金沢	23.07.11
117系			25両
モ　ハ117-	34	岡山	23.09.25
	103	〃	23.08.07
	105	〃	23.08.07
	106	京都	23.04.03
	306	〃	23.09.07
	307	〃	23.04.03
	314	〃	23.09.07
モ　ハ116-	34	岡山	23.09.25
	103	〃	23.08.07
	105	〃	23.08.07
	106	京都	23.04.03
	306	〃	23.09.07
	307	〃	23.04.03
	314	〃	23.09.07
ク　ハ117-	1	京都	23.07.28
	17	岡山	23.09.25
	102	〃	23.08.07
	103	〃	23.08.07
	304	京都	23.04.03
	306	〃	23.09.07
ク　ハ116-	17	岡山	23.09.25
	102	〃	23.08.07
	103	〃	23.08.07
	304	京都	23.04.03
	306	〃	23.09.07
113系			24両
モ　ハ113-	5716	京都	23.06.10
	5717	〃	23.07.15
	5719	〃	23.06.29
	5720	〃	23.06.02
	7703	〃	23.04.14
	7706	〃	23.09.22
モ　ハ112-	5716	京都	23.06.10
	5717	〃	23.07.15
	5719	〃	23.06.29
	5720	〃	23.06.02
	7703	〃	23.04.14
	7706	〃	23.09.22
ク　ハ111-	5703	京都	23.06.10
	5717	〃	23.06.02
	5753	〃	23.06.10
	5767	〃	23.06.02
	7703	〃	23.04.14
	7706	〃	23.06.29
	7707	〃	23.07.15
	7710	〃	23.09.22
	7753	〃	23.04.14
	7756	〃	23.06.29
	7757	〃	23.07.15
	7760	〃	23.09.22
201系			6両
モ　ハ201-	270	奈良	23.05.10
	271	〃	23.05.10
モ　ハ200-	270	奈良	23.05.10
	271	〃	23.05.10
ク　ハ201-	138	奈良	23.05.10
ク　ハ200-	138	奈良	23.05.10

西日本旅客鉄道　②

形式	車号	配置区	廃車月日
105系			4両
クモハ105-	21	下関	23.07.14
	23	〃	23.07.05
	24	〃	23.07.05
	26	〃	23.07.14
事業用			2両
クモヤ145-	1102	広島	23.04.03
	1124	岡山	23.04.03

西日本旅客鉄道　③ **9両**

形式	車号	配置区	廃車月日
その他車種			
ＤＬ			1両
ＤＥ10	1035	富山	23.06.12
ＤＣ			4両
キ　ハ47	65	新山口	23.05.08
	148	〃	23.08.04
	2015	〃	23.05.08
	3004	〃	23.08.04
ＦＣ			4両
チキ5200	5348	金沢	23.06.01
	5349	〃	23.06.01
ホキ800	1266	敦賀	23.05.23
	1691	〃	23.08.17

【参考】
あいの風とやま鉄道 **1両**

形式	車号	配置区	廃車月日
その他車種			
ＤＬ			1両
ＤＥ15	1518	富山	23.04.06

四国旅客鉄道 **2両**

形式	車号	配置区	廃車月日
その他車種			
ＤＬ			1両
ＤＥ10	1139	高松	23.09.30
ＤＣ			1両
キ　ハ40	2143	徳島	23.09.30

九州旅客鉄道 **22両**

形式	車号	配置区	廃車月日
783系			4両
クモハ783-	7	南福岡	23.08.04
モ　ハ783-	107	南福岡	23.08.15
クロハ782-	5	南福岡	23.08.21
サ　ハ783-	5	南福岡	23.08.16
415系			18両
モ　ハ415-	103	大分	23.06.01
	105	〃	23.09.12
	123	〃	23.06.19
	517	鹿児島	23.05.16
モ　ハ414-	103	大分	23.05.27
	105	〃	23.09.04
	123	〃	23.06.14
	514	鹿児島	23.09.29
	517	〃	23.05.09
ク　ハ411-	103	大分	23.06.05
	105	〃	23.09.21
	123	〃	23.06.23
	203	大分	23.05.24
	205	〃	23.09.07
	223	〃	23.06.08
	517	鹿児島	23.05.19
	614	鹿児島	23.09.27
	617	〃	23.04.28

2両

形式	車号	配置区	廃車月日
その他車種			
ＤＣ			2両
キ　ハ66	12	佐世保	23.04.20
キ　ハ67	12	佐世保	23.04.26

転属車両　2023(令和05)年度上期

東日本旅客鉄道

形式	車号	旧区→	新区	配置変更
E653系				
モ　ハE653-	1003	新潟	勝田	23.08.29
	1004	〃	〃	23.08.29
モ　ハE652-	1003	新潟	勝田	23.08.29
	1004	〃	〃	23.08.29
ク　ハE653-	1002	新潟	勝田	23.08.29
ク　ロE652-	1002	新潟	勝田	23.08.29
サ　ハE653-	1002	新潟	勝田	23.08.29
E127系				
クモハE127-	12	新潟	中原	23.05.25
	13	〃	〃	23.08.31
ク　ハE126-	12	新潟	中原	23.05.25
	13	〃	〃	23.08.31
新幹線E7系				
E723-	26	長野(幹)	新潟(幹)	23.05.01
	46	新潟(幹)	長野(幹)	23.05.01
E725-	26	長野(幹)	新潟(幹)	23.05.01
	46	新潟(幹)	長野(幹)	23.05.01
	126	長野(幹)	新潟(幹)	23.05.01
	146	新潟(幹)	長野(幹)	23.05.01
	226	長野(幹)	新潟(幹)	23.05.01
	246	新潟(幹)	長野(幹)	23.05.01
	426	長野(幹)	新潟(幹)	23.05.01
	446	新潟(幹)	長野(幹)	23.05.01
E726-	126	長野(幹)	新潟(幹)	23.05.01
	146	新潟(幹)	長野(幹)	23.05.01
	226	長野(幹)	新潟(幹)	23.05.01
	246	新潟(幹)	長野(幹)	23.05.01
	326	長野(幹)	新潟(幹)	23.05.01
	346	新潟(幹)	長野(幹)	23.05.01
	426	長野(幹)	新潟(幹)	23.05.01
	446	新潟(幹)	長野(幹)	23.05.01
	526	長野(幹)	新潟(幹)	23.05.01
	546	新潟(幹)	長野(幹)	23.05.01
E715-	26	長野(幹)	新潟(幹)	23.05.01
	46	新潟(幹)	長野(幹)	23.05.01
E714-	26	長野(幹)	新潟(幹)	23.05.01
	46	新潟(幹)	長野(幹)	23.05.01

東日本旅客鉄道　②

形式	車号	旧区→	新区	配置変更
その他車種				
HB-E301系				2両
HB-E301-	3	八戸派出	盛岡	23.09.27
HB-E302-	703	八戸派出	盛岡	23.09.27
HB-E210系				16両
HB-E211-	1	小牛田	小牛田派出	23.06.01
	2	〃	〃	23.06.01
	3	〃	〃	23.06.01
	4	〃	〃	23.06.01
	5	〃	〃	23.06.01
	6	〃	〃	23.06.01
	7	〃	〃	23.06.01
	8	〃	〃	23.06.01
HB-E212-	1	小牛田	小牛田派出	23.06.01
	2	〃	〃	23.06.01
	3	〃	〃	23.06.01
	4	〃	〃	23.06.01
	5	〃	〃	23.06.01
	6	〃	〃	23.06.01
	7	〃	〃	23.06.01
	8	〃	〃	23.06.01
キハ110系				42両
キ　ハ110-	103	小牛田	小牛田派出	23.06.01
	104	〃	〃	23.06.01
	106	〃	〃	23.06.01
	107	〃	〃	23.06.01
	123	〃	〃	23.06.01
	124	〃	〃	23.06.01
	125	〃	〃	23.06.01
	126	〃	〃	23.06.01
	127	〃	〃	23.06.01
	237	〃	〃	23.06.01
	238	〃	〃	23.06.01
	239	〃	〃	23.06.01
	240	〃	〃	23.06.01
	241	〃	〃	23.06.01
	242	〃	〃	23.06.01
	243	〃	〃	23.06.01
	244	〃	〃	23.06.01
	245	〃	〃	23.06.01
キ　ハ111-	3	小牛田	小牛田派出	23.06.01
	113	〃	〃	23.06.01
	151	〃	〃	23.06.01
	213	〃	〃	23.06.01
	214	〃	〃	23.06.01
	215	〃	〃	23.06.01
	216	〃	〃	23.06.01
	217	〃	〃	23.06.01
	218	〃	〃	23.06.01
	219	〃	〃	23.06.01
	220	〃	〃	23.06.01
	221	〃	〃	23.06.01
キ　ハ112-	3	小牛田	小牛田派出	23.06.01
	113	〃	〃	23.06.01
	151	〃	〃	23.06.01
	213	〃	〃	23.06.01
	214	〃	〃	23.06.01
	215	〃	〃	23.06.01
	216	〃	〃	23.06.01
	217	〃	〃	23.06.01
	218	〃	〃	23.06.01
	219	〃	〃	23.06.01
	220	〃	〃	23.06.01
	221	〃	〃	23.06.01
キヤE195系				23両
キ　ヤE195-	104	小牛田	小牛田派出	23.06.01
キサヤE194-	104	〃	〃	23.06.01
キ　ヤE194-	108	〃	〃	23.06.01
	107	〃	〃	23.06.01
キ　ヤE194-	304	〃	〃	23.06.01
キサヤE194-	204	〃	〃	23.06.01
キ　ヤE194-	204	〃	〃	23.06.01

東日本旅客鉄道　③

形式	車号	旧区→	新区	配置変更
キ　ヤE194-	8	小牛田	小牛田派出	23.06.01
	7	〃	〃	23.06.01
キサヤE194-	4	〃	〃	23.06.01
キ　ヤE195-	4	〃	〃	23.06.01
キ　ヤE195-	1002	小牛田	小牛田派出	23.06.01
	1102	〃	〃	23.06.01
	1003	〃	〃	23.06.01
	1103	〃	〃	23.06.01
	1004	〃	〃	23.06.01
	1104	〃	〃	23.06.01
	1005	〃	〃	23.06.01
	1106	〃	〃	23.06.01
	1007	〃	〃	23.06.01
	1107	〃	〃	23.06.01

組織変更に伴う車両移動
横浜支社　　鎌倉車両センター　1186両
横浜支社　鎌倉車両センター中原支所　252両
横浜支社　国府津車両センター　913両
八王子支社　三鷹車両センター　650両
八王子支社　豊田車両センター　717両
高崎支社　高崎車両センター　127両
高崎支社　ぐんま車両センター　27両
水戸支社　勝田車両センター　719両
水戸支社　水郡線統括センター　車両のみ 39両
千葉支社　幕張車両センター　401両
千葉支社　幕張車両センター木更津派出所　10両
千葉支社　京葉車両センター　610両
以上　2023.06.22　首都圏本部　に変更
盛岡支社　盛岡車両センター　30両
盛岡支社　盛岡車両センター八戸派出所　32両
盛岡支社　盛岡車両センター一ノ関派出所　23両
以上　2023.06.22　東北本部　に変更

北海道旅客鉄道

形式	車号	旧区→	新区	配置変更
その他車種				
キハ150				
キ　ハ150-	6	旭川	函館	23.07.10
	7	〃	〃	23.08.28

東海旅客鉄道

形式	車号	旧区→	新区	配置変更
313系				
クモハ313-	1003	神領	大垣	23.05.10
モ　ハ313-	1003	神領	大垣	23.05.10
ク　ハ312-	3	神領	大垣	23.05.10
サ　ハ313-	1003	神領	大垣	23.05.10

西日本旅客鉄道

形式	車号	旧区→	新区	配置変更
683系				
クモハ683-	5511	金沢	京都	23.04.15
モ　ハ683-	5011	金沢	京都	23.04.15
	5411	金沢	京都	23.04.15
ク　ロ683-	4511	金沢	京都	23.04.15
サ　ハ682-	4321	金沢	京都	23.04.15
	4322	〃	〃	23.04.15
	4411	金沢	京都	23.04.15
サ　ハ683-	4711	金沢	京都	23.04.15
	4811	金沢	京都	23.04.15

改造車両

2023(令和05) 年度上期

改造後			改造前			施工工場	改造月日	記事
形式	車号	区	形式	車号	区			
九州旅客鉄道								
BEC819系			BEC819系					
クモハBEC819-	5301	直方	クモハBEC819-	301	直方	小倉総合	22.03.04	自動列車運転装置取付
	5302	〃		302	〃	〃	22.01.13	
	5310	〃		310	〃	〃	22.06.24	
	5311	〃		5311	〃	〃	23.08.16	[量産化]
ク　ハBEC818-	5301	直方	ク　ハBEC818-	301	直方	小倉総合	22.03.04	
	5302	〃		302	〃	〃	22.01.13	
	5310	〃		310	〃	〃	22.06.24	
	5311	〃		5311	〃	〃	23.08.16	[量産化]
811系			811系					
クモハ811-	2016	南福岡	クモハ811-	16	南福岡	小倉総合	23.06.30	主要機器変更＋客室照明ＬＥＤ化
	2102	〃		102	〃	〃	23.09.30	
モ　ハ811-	2016	南福岡	モ　ハ811-	16	南福岡	小倉総合	23.06.30	
	2102	〃		102	〃	〃	23.09.30	
ク　ハ810-	1516	南福岡	ク　ハ810-	16	南福岡	小倉総合	23.06.30	
	1602	〃		102	〃	〃	23.09.30	
サ　ハ811-	2016	南福岡	サ　ハ811-	16	南福岡	小倉総合	23.06.30	
	2102	〃		102	〃	〃	23.09.30	

▽BEC819系　改造実績は過年度分を含む

その他車種

改造後			改造前			施工工場	改造月日	記事
形式	車号	区	形式	車号	区			
東日本旅客鉄道								
HB-E301系			HB-E301系					
HB-E301-	3	盛岡	HB-E301-	3	八戸派出	秋田総合	23.09.27	観光列車「ひなび」改造
HB-E302-	703	盛岡	HB-E302-	3	八戸派出	秋田総合	23.09.27	

その他改造　2023(令和05) 年度上期

北海道旅客鉄道

H100 量産化工事

形式	車号	配置区	工場	竣工月日
H100				
H100-	2	苗穂	ＮＨ	23.05.10

キハ150形 一般気動車機器取替工事

形式	車号	配置区	工場	竣工月日
キハ150				
キ　ハ150-	6	旭川	ＮＨ	23.07.07
	7	〃	〃	23.08.24

キハ261系 車イススペース追加工事

形式	車号	配置区	工場	竣工月日
キハ261系				
キ　ハ260-	1104	札幌	ＮＨ	23.04.01
	1105	〃	〃	23.05.01

東日本旅客鉄道

ATS-P取付

形式	車号	配置区	工場	竣工月日
701系				
クモハ701-	3	秋田	ＡＴ	23.07.05
	14	〃	〃	23.06.16
	18	〃	〃	23.07.25
ク　ハ700-	3	秋田	ＡＴ	23.07.05
	14	〃	〃	23.06.16
	18	〃	〃	23.07.25

E531系機器更新

形式	車号	配置区	工場	竣工月日
E531系				
ク　ハE531-	18	勝田	ＫＹ	23.08.07
サ　ハE531-	2007	〃	〃	〃
モ　ハE531-	2018	〃	〃	〃
モ　ハE530-	2018	〃	〃	〃
サ　ハE530-	2017	〃	〃	〃
サ　ロE531-	15	〃	〃	〃
サ　ロE530-	15	〃	〃	〃
モ　ハE531-	1018	〃	〃	〃
モ　ハE530-	18	〃	〃	〃
ク　ハE530-	18	〃	〃	〃
ク　ハE531-	20	勝田	ＡＴ	23.06.23
サ　ハE531-	2009	〃	〃	〃
モ　ハE531-	2020	〃	〃	〃
モ　ハE530-	2020	〃	〃	〃
サ　ハE530-	2020	〃	〃	〃
サ　ロE531-	19	〃	〃	〃
サ　ロE530-	19	〃	〃	〃
モ　ハE531-	1020	〃	〃	〃
モ　ハE530-	20	〃	〃	〃
ク　ハE530-	20	〃	〃	〃
ク　ハE531-	21	勝田	ＫＹ	23.05.09
サ　ハE531-	2010	〃	〃	〃
モ　ハE531-	2021	〃	〃	〃
モ　ハE530-	2021	〃	〃	〃
サ　ハE530-	2021	〃	〃	〃
サ　ロE531-	20	〃	〃	〃
サ　ロE530-	20	〃	〃	〃
モ　ハE531-	1021	〃	〃	〃
モ　ハE530-	21	〃	〃	〃
ク　ハE530-	21	〃	〃	〃
ク　ハE531-	1002	勝田	ＡＴ	23.02.15
サ　ハE531-	4	〃	〃	(戸閉・
モ　ハE531-	2	〃	〃	CI・BCU)
モ　ハE530-	1002	〃	〃	〃
ク　ハE530-	2002	〃	〃	〃
ク　ハE531-	1007	勝田	ＫＹ	23.08.28
サ　ハE531-	14	〃	〃	〃
モ　ハE531-	7	〃	〃	〃
モ　ハE530-	1007	〃	〃	〃
ク　ハE530-	2007	〃	〃	〃

※（ ）内は 記載工事のみ施工

E231系機器更新

形式	車号	配置区	工場	竣工月日
E231系				
ク　ハE231-	801	三鷹	ＡＴ	23.08.18
モ　ハE231-	801	〃	〃	〃
モ　ハE230-	801	〃	〃	〃
サ　ハE231-	801	〃	〃	〃
モ　ハE231-	802	〃	〃	〃
モ　ハE230-	802	〃	〃	〃
サ　ハE231-	802	〃	〃	〃
モ　ハE231-	803	〃	〃	〃
モ　ハE230-	803	〃	〃	〃
ク　ハE230-	801	〃	〃	〃

E233系中央線快速グリーン車導入・普通車トイレ導入・ホームドア導入に伴う改造

形式	車号	配置区	工場	竣工月日
E233系				
ク　ハE233-	22	豊田	ＴＫ	23.06.07
モ　ハE233-	22	〃	〃	〃
モ　ハE232-	22	〃	〃	〃
サ　ハE233-	522	〃	〃	〃
モ　ハE233-	222	〃	〃	〃
モ　ハE232-	222	〃	〃	〃
サ　ハE233-	22	〃	〃	〃
モ　ハE233-	422	〃	〃	〃
モ　ハE232-	422	〃	〃	〃
ク　ハE232-	22	〃	〃	〃
ク　ハE233-	28	豊田	ＯＭ	23.06.01
モ　ハE233-	28	〃	〃	〃
モ　ハE232-	28	〃	〃	〃
サ　ハE233-	528	〃	〃	〃
モ　ハE233-	228	〃	〃	〃
モ　ハE232-	228	〃	〃	〃
サ　ハE233-	28	〃	〃	〃
モ　ハE233-	428	〃	〃	〃
モ　ハE232-	428	〃	〃	〃
ク　ハE232-	28	〃	〃	〃
ク　ハE233-	29	豊田	ＴＫ	23.08.29
モ　ハE233-	29	〃	〃	〃
モ　ハE232-	29	〃	〃	〃
サ　ハE233-	529	〃	〃	〃
モ　ハE233-	229	〃	〃	〃
モ　ハE232-	229	〃	〃	〃
サ　ハE233-	29	〃	〃	〃
モ　ハE233-	429	〃	〃	〃
モ　ハE232-	429	〃	〃	〃
ク　ハE232-	29	〃	〃	〃
ク　ハE233-	31	豊田	ＯＭ	23.09.06
モ　ハE233-	31	〃	〃	〃
モ　ハE232-	31	〃	〃	〃
サ　ハE233-	531	〃	〃	〃
モ　ハE233-	231	〃	〃	〃
モ　ハE232-	231	〃	〃	〃
サ　ハE233-	31	〃	〃	〃
モ　ハE233-	431	〃	〃	〃
モ　ハE232-	431	〃	〃	〃
ク　ハE232-	31	〃	〃	〃
ク　ハE233-	33	豊田	ＮＮ	23.06.05
モ　ハE233-	33	〃	〃	〃
モ　ハE232-	33	〃	〃	〃
サ　ハE233-	533	〃	〃	〃
モ　ハE233-	233	〃	〃	〃
モ　ハE232-	233	〃	〃	〃
サ　ハE233-	33	〃	〃	〃
モ　ハE233-	433	〃	〃	〃
モ　ハE232-	433	〃	〃	〃
ク　ハE232-	33	〃	〃	〃
ク　ハE233-	36	豊田	ＮＮ	23.08.30
モ　ハE233-	36	〃	〃	〃
モ　ハE232-	36	〃	〃	〃
サ　ハE233-	536	〃	〃	〃
モ　ハE233-	236	〃	〃	〃
モ　ハE232-	236	〃	〃	〃
サ　ハE233-	36	〃	〃	〃
モ　ハE233-	436	〃	〃	〃
モ　ハE232-	436	〃	〃	〃
ク　ハE232-	36	〃	〃	〃

E531系ワンマン化工事

形式	車号	配置区	工場	竣工月日
E531系				
ク　ハE531-	1019	勝田	ＡＴ	23.08.03
サ　ハE531-	31	〃	〃	〃
モ　ハE531-	19	〃	〃	〃
モ　ハE530-	1019	〃	〃	〃
ク　ハE530-	2019	〃	〃	〃
ク　ハE531-	1028	勝田	ＫＹ	23.04.17
サ　ハE531-	43	〃	〃	〃
モ　ハE531-	28	〃	〃	〃
モ　ハE530-	1028	〃	〃	〃
ク　ハE530-	2028	〃	〃	〃
ク　ハE531-	1029	勝田	ＫＹ	23.05.29
サ　ハE531-	44	〃	〃	〃
モ　ハE531-	29	〃	〃	〃
モ　ハE530-	1029	〃	〃	〃
ク　ハE530-	2029	〃	〃	〃
ク　ハE531-	1030	勝田	ＫＹ	23.07.11
サ　ハE531-	45	〃	〃	〃
モ　ハE531-	30	〃	〃	〃
モ　ハE530-	1030	〃	〃	〃
ク　ハE530-	2030	〃	〃	〃
ク　ハE531-	1031	勝田	ＫＹ	23.09.07
サ　ハE531-	46	〃	〃	〃
モ　ハE531-	31	〃	〃	〃
モ　ハE530-	1031	〃	〃	〃
ク　ハE530-	2031	〃	〃	〃

常磐緩行線ワンマン運転に伴う車両改造

形式	車号	配置区	工場	竣工月日
E233系				
ク　ハE233-	2003	松戸	ＮＮ	23.08.09
モ　ハE233-	2403	〃	〃	〃
モ　ハE232-	2403	〃	〃	〃
サ　ハE233-	2203	〃	〃	〃
モ　ハE233-	2003	〃	〃	〃
モ　ハE232-	2003	〃	〃	〃
サ　ハE233-	2003	〃	〃	〃
モ　ハE233-	2203	〃	〃	〃
モ　ハE232-	2203	〃	〃	〃
ク　ハE232-	2003	〃	〃	〃
ク　ハE233-	2006	松戸	ＮＮ	23.05.24
モ　ハE233-	2406	〃	〃	〃
モ　ハE232-	2406	〃	〃	〃
サ　ハE233-	2206	〃	〃	〃
モ　ハE233-	2006	〃	〃	〃
モ　ハE232-	2006	〃	〃	〃
サ　ハE233-	2006	〃	〃	〃
モ　ハE233-	2206	〃	〃	〃
モ　ハE232-	2206	〃	〃	〃
ク　ハE232-	2006	〃	〃	〃

その他車種
キハ100・キハ110系延命工事

形式	車号	配置区	工場	竣工月日
キハ110系				
キ　ハ110-	101	郡山	ＫＹ	23.06.19
	111	小海線	ＮＮ	23.04.24
	117	〃	〃	23.06.08
	122	盛岡	ＫＹ	23.05.30
	128	〃	〃	23.08.04
	135	郡山	〃	23.09.15
	203	新潟	〃	23.08.16
	205	〃	〃	23.06.15
	233	長野	ＮＮ	23.07.12
	234	〃	〃	23.06.01
	235	〃	〃	23.08.25
	240	小牛田	ＫＹ	23.06.05
	241	〃	〃	23.09.29
キ　ハ111-	105	郡山	ＫＹ	23.07.31
	116	盛岡	〃	23.07.07
	117	〃	〃	23.09.07
	218	小牛田	〃	23.04.24
	219	〃	〃	23.08.26
	221	〃	〃	23.06.27
キ　ハ112-	105	郡山	ＫＹ	23.07.31
	116	盛岡	〃	23.07.07
	117	〃	〃	23.09.07
	218	小牛田	〃	23.04.24
	219	〃	〃	23.08.26
	221	〃	〃	23.06.27
キハ100				
キ　ハ100-	19	盛岡	ＫＹ	23.07.14

オイルクーラー取付

形式	車号	配置区	工場	竣工月日
キハE120				
キ　ハE120-	1	郡山	ＫＹ	23.07.10
	2	〃	〃	23.07.21
	3	〃	〃	23.07.27
	4	〃	〃	23.08.10
	5	〃	〃	23.08.03
	6	〃	〃	23.08.28
	7	〃	〃	23.09.03
	8	〃	〃	23.09.08

塗装変更(朱色復刻塗装)

形式	車号	配置区	工場	竣工月日
キハ110系				
キ　ハ110-	135	郡山	ＫＹ	23.09.15

塗装変更(イエローハッピートレイン)

形式	車号	配置区	工場	竣工月日
キハE130				
キ　ハE130-	7	水郡線	ＫＹ	22.03.24

塗装変更(オレンジパーシモントレイン)

形式	車号	配置区	工場	竣工月日
キハE130				
キ　ハE130-	13	水郡線	ＫＹ	23.09.15

西日本旅客鉄道
223系リニューアル

形式	車号	配置区	工場	竣工月日
223系				
クモハ223-	103	日根野	ＳＴ	23.05.23
サ　ハ223-	9	〃	〃	〃
モ　ハ223-	2513	〃	〃	〃
ク　ハ222-	103	〃	〃	〃
クモハ223-	1007	網干	ＡＢ	23.07.18
サ　ハ223-	1019	〃	〃	〃
モ　ハ223-	1011	〃	〃	〃
ク　ハ222-	1007	〃	〃	〃

207系体質改善工事

形式	車号	配置区	工場	竣工月日
207系				
クモハ207-	1002	明石	ＡＢ	23.05.16
サ　ハ207-	1102	〃	〃	〃
モ　ハ207-	1004	〃	〃	〃
ク　ハ206-	1002	〃	〃	〃

特　集

凡例

改造工事施工箇所　ＯＹ=大井工場

ＯＭ=大宮工場(大宮総合車両センター)

ＯＦ=大船工場

ＴＫ=東京総合車両センター

ＫＫ=鎌倉総合車両センター

ＮＮ=長野工場(長野総合車両センター)

ＫＹ=郡山工場(郡山総合車両センター)

ＴＺ=土崎工場

ＳＴ=吹田工場(吹田総合車両所)

ＪＲ電車編成表2025冬では、205系 付随車を掲載予定です

◇直流通勤用電車 205系 車歴表

モハ205 - 1～35

国鉄（ＪＲ東日本）

形式番号	製造所 製造年月	新製配置	移動年月 区	移動年月 区	移動年月 区	移動年月 区	移動年月 区	移動年月 区	パンＰＳ33Ｅ	改造年月 廃車年月	備　　考
モハ 205- 1	東急車輛 85.01.31	品川	85.11.01 山手	04.06.01 東京	05.09.20 京葉					11.09.30	
2	東急車輛 85.01.31	品川	85.11.01 山手	04.06.01 東京	05.09.20 京葉					11.09.14	
3	東急車輛 85.01.31	品川	85.11.01 山手	04.06.01 東京	05.09.20 京葉					11.09.14	
4	日立製作 85.02.14	品川	85.11.01 山手	04.06.01 東京	05.09.14 京葉					11.04.01	
5	日立製作 85.02.14	品川	85.11.01 山手	04.06.01 東京	05.09.14 京葉					11.04.01	
6	日立製作 85.02.14	品川	85.11.01 山手	04.06.01 東京	05.09.14 京葉					11.03.17	富士急6001
7	川崎重工 85.02.25	品川	85.11.01 山手	04.06.01 東京	05.10.25 京葉					12.01.11	
8	川崎重工 85.02.25	品川	85.11.01 山手	04.06.01 東京	05.10.25 京葉					12.01.11	
9	川崎重工 85.02.25	品川	85.11.01 山手	04.06.01 東京	05.10.25 京葉					12.01.11	富士急6002
10	日本車輛 85.03.05	品川	85.11.01 山手	04.06.01 東京	05.11.11 京葉					12.02.24	
11	日本車輛 85.03.05	品川	85.11.01 山手	04.06.01 東京	05.11.11 京葉					12.02.24	
12	日本車輛 85.03.05	品川	85.11.01 山手	04.06.01 東京	05.11.11 京葉					12.02.24	富士急6003
13	川崎重工 85.07.09	品川	85.11.01 山手	04.06.01 東京	04.11.26 中原				09.09.03ナハ	15.06.05	
14	川崎重工 85.07.09	品川	85.11.01 山手	04.06.01 東京						04.06.24 郡山工場	改造後 モハ205-3118
15	川崎重工 85.07.09	品川	85.11.01 山手	04.06.01 東京	04.11.26 中原				09.09.03ナハ	15.06.05	
16	近畿車輛 85.07.11	品川	85.11.01 山手	04.03.24 中原					09.10.05ナハ	15.01.10	
17	近畿車輛 85.07.11	品川	85.11.01 山手							03.12.11 土崎工場	改造後 モハ205-3115
18	近畿車輛 85.07.11	品川	85.11.01 山手	04.03.24 中原					09.10.05ナハ	15.01.10	
19	日立製作 85.07.16	品川	85.11.01 山手	04.01.26 中原						09.10.20 郡山総合	改造後 モハ205-3119
20	日立製作 85.07.16	品川	85.11.01 山手							04.03.29 郡山工場	改造後 モハ205-3116
21	日立製作 85.07.16	品川	85.11.01 山手	04.01.26 中原					10.08.27ナハ	15.05.15	
22	東急車輛 85.07.23	品川	85.11.01 山手							03.10.29 大宮工場	改造後 モハ205-3001
23	東急車輛 85.07.23	品川	85.11.01 山手							03.11.27 鎌倉総合	改造後 クモハ205-1003
24	東急車輛 85.07.23	品川	85.11.01 山手							03.08.23 大宮工場	改造後 モハ205-3002
25	川崎重工 85.08.20	品川	85.11.01 山手	04.06.01 東京						04.09.06 秋田総合	改造後 モハ205-3003
26	川崎重工 85.08.20	品川	85.11.01 山手	04.06.01 東京	04.08.10 中原				09.03.16ナハ		
27	川崎重工 85.08.20	品川	85.11.01 山手	04.06.01 東京						04.10.26 東京総合	改造後 モハ205-5026
28	川崎重工 85.08.22	品川	85.11.01 山手	04.02.20 中原					09.08.07ナハ	14.11.11	
29	川崎重工 85.08.22	品川	85.11.01 山手							04.03.31 土崎工場	改造後 モハ205-3117
30	川崎重工 85.08.22	品川	85.11.01 山手	04.02.20 中原					09.08.07ナハ	14.11.11	
31	日立製作 85.08.27	品川	85.11.01 山手	04.06.01 東京						11.01.25	
32	日立製作 85.08.27	品川	85.11.01 山手	04.06.01 東京						11.01.25	
33	日立製作 85.08.27	品川	85.11.01 山手	04.06.01 東京						11.01.25	富士急6501
34	近畿車輛 85.08.29	品川	85.11.01 山手	04.06.01 東京						04.10.29	改造後 モハ205-3003
35	近畿車輛 85.08.29	品川	85.11.01 山手	04.06.01 東京	04.10.26 中原				09.01.14ナハ		

※ パンＰＳ33Ｅ は パンタグラフをシングルアーム式に変更

モハ205 -36～70

国鉄（ＪＲ東日本）

形式番号	製造所 製造年月	新製配置	移動年月 区	移動年月 区	移動年月 区	移動年月 区	移動年月 区	移動年月 区	パンＰＳ33Ｅ	改造年月 廃車年月	備考
モハ 205- 36	近畿車輛 85.08.29	品川	85.11.01 山手	04.06.01 東京						04.10.26 大宮総合	改造後 モハ205-5039
37	東急車輛 85.09.03	品川	85.11.01 山手	04.06.01 東京						05.01.29 秋田総合	改造後 モハ205-3005
38	東急車輛 85.09.03	品川	85.11.01 山手	04.06.01 東京	05.02.08 中原				09.02.24ナハ		
39	東急車輛 85.09.03	品川	85.11.01 山手	04.06.01 東京						05.01.13 大宮総合	改造後 モハ205-5046
40	川崎重工 85.09.05	品川	85.11.01 山手	04.06.01 東京	05.03.18 中原				09.11.09ナハ	 14.11.25	
41	川崎重工 85.09.05	品川	85.11.01 山手	04.06.01 東京	05.04.20 中原				09.02.17ナハ		
42	川崎重工 85.09.05	品川	85.11.01 山手	04.06.01 東京						05.03.26 東京総合	改造後 モハ205-5057
43	川崎重工 85.09.10	品川	85.11.01 山手	02.08.22 京葉	09.04.30 鎌倉				09.10.27クラ	 14.09.15	
44	川崎重工 85.09.10	品川	85.11.01 山手	04.06.01 東京						 09.06.04	
45	川崎重工 85.09.10	品川	85.11.01 山手	02.08.22 京葉	09.04.30 鎌倉				09.10.27クラ	 14.09.15	
46	日立製作 85.09.11	品川	85.11.01 山手	04.06.01 東京	05.03.18 中原				09.11.09ナハ	 14.11.25	
47	日立製作 85.09.11	品川	85.11.01 山手	04.06.01 東京	05.03.31 中原				09.03.03ナハ		
48	日立製作 85.09.11	品川	85.11.01 山手	04.06.01 東京						05.03.26 東京総合	改造後 モハ205-5058
49	東急車輛 85.09.18	品川	85.11.01 山手	02.11.07 川越						 13.12.13	
50	東急車輛 85.09.18	品川	85.11.01 山手	02.11.07 川越						 13.12.13	
51	東急車輛 85.09.18	品川	85.11.01 山手	02.11.07 川越						 13.12.13	
52	近畿車輛 85.09.19	品川	85.11.01 山手	02.10.04 中原					11.12.07ナハ	 15.12.04	
53	近畿車輛 85.09.19	品川	85.11.01 山手							02.10.10 土崎工場	改造後 モハ205-3101
54	近畿車輛 85.09.19	品川	85.11.01 山手	02.10.04 中原					11.12.07ナハ	 15.12.04	
55	近畿車輛 85.09.25	品川	85.11.01 山手	02.09.27 中原					11.11.24ナハ	 15.04.24	
56	近畿車輛 85.09.25	品川	85.11.01 山手							02.10.31 郡山工場	改造後 モハ205-3102
57	近畿車輛 85.09.25	品川	85.11.01 山手	02.09.27 中原					11.11.24ナハ	 15.04.24	
58	日本車輛 85.09.27	品川	85.11.01 山手	02.11.26 中原					11.12.12ナハ	 15.10.30	
59	日本車輛 85.09.27	品川	85.11.01 山手							02.11.09 土崎工場	改造後 モハ205-3103
60	日本車輛 85.09.27	品川	85.11.01 山手	02.11.26 中原					11.12.12ナハ	 15.10.30	
61	川崎重工 86.02.13	山手	02.11.23 中原						12.02.10ナハ	 15.09.11	
62	川崎重工 86.02.13	山手								02.11.27 郡山工場	改造後 モハ205-3104
63	川崎重工 86.02.13	山手	02.11.23 中原						12.02.10ナハ	 15.09.11	
64	近畿車輛 86.02.25	山手	02.12.03 中原						11.12.21ナハ	 15.10.02	
65	近畿車輛 86.02.25	山手								02.12.14 土崎工場	改造後 モハ205-3105
66	近畿車輛 86.02.25	山手	02.12.03 中原						11.12.21ナハ	 15.10.02	
67	日本車輛 85.11.06	山手	02.12.13 中原						12.02.15ナハ	 15.12.11	
68	日本車輛 85.11.06	山手								03.02.02 郡山工場	改造後 モハ205-3106
69	日本車輛 85.11.06	山手	02.12.13 中原						12.02.15ナハ	 15.12.11	
70	川崎重工 85.11.19	山手	03.01.22 中原						12.02.24ナハ	 15.06.19	

モハ205 -71～105

国鉄（ＪＲ東日本・ＪＲ西日本）

形式番号	製造所 製造年月	新製配置	移動年月 区	移動年月 区	移動年月 区	移動年月 区	移動年月 区	移動年月 区	パンＰＳ33Ｅ	改造年月 廃車年月	備　考
モハ 205- 71	川崎重工 85.11.19	山手								03.02.10 土崎工場	改造後 モハ205-3107
72	川崎重工 85.11.19	山手	03.01.22 中原						12.02.24ナハ	 15.06.19	
73	川崎重工 85.12.03	山手	03.01.15 中原						12.02.20ナハ	 15.06.26	
74	川崎重工 85.12.03	山手								03.03.18 郡山工場	改造後 モハ205-3108
75	川崎重工 85.12.03	山手	03.01.15 中原						12.02.20ナハ	 15.06.26	
76	川崎重工 85.12.21	山手	03.03.12 中原						12.01.10ナハ	 15.08.21	
77	川崎重工 85.12.21	山手								03.03.13 土崎工場	改造後 モハ205-3109
78	川崎重工 85.12.21	山手	03.03.12 中原						12.01.10ナハ	 15.08.21	
79	川崎重工 86.01.09	山手	03.03.27 中原						12.03.01ナハ	 15.10.09	
80	川崎重工 86.01.09	山手								03.05.29 郡山工場	改造後 モハ205-3110
81	川崎重工 86.01.09	山手	03.03.27 中原						12.03.01ナハ	 15.10.09	
82	東急車輌 86.01.20	山手	03.07.11 中原						11.11.30ナハ	 15.05.29	
83	東急車輌 86.01.20	山手								03.08.06 土崎工場	改造後 モハ205-3111
84	東急車輌 86.01.20	山手	03.07.11 中原						11.11.30ナハ	 15.05.29	
85	東急車輌 86.02.03	山手	03.07.25 中原							05.06.30 秋田総合	改造後 モハ205-5029
86	東急車輌 86.02.03	山手								03.09.12 郡山工場	改造後 モハ205-3112
87	東急車輌 86.02.03	山手	03.07.25 中原							05.06.30 秋田総合	改造後 モハ205-5030
88	川崎重工 86.02.20	山手	03.07.26 鎌倉						10.10.27クラ	 14.10.24	
89	川崎重工 86.02.20	山手								03.08.29 土崎工場	改造後 モハ205-3113
90	川崎重工 86.02.20	山手	03.07.26 鎌倉						10.10.27クラ	 14.10.24	
91	日本車輌 86.02.24	山手	04.01.07 中原						09.08.03ナハ	 16.01.15	
92	日本車輌 86.02.24	山手								03.11.06 郡山工場	改造後 モハ205-3114
93	日本車輌 86.02.24	山手	04.01.07 中原						09.08.03ナハ	 16.01.15	
94	東急車輌 86.04.15	山手	04.06.01 東京							05.01.07 東京総合	改造後 モハ205-5043
95	東急車輌 86.04.15	山手	04.06.01 東京	05.01.26 中原					09.02.19ナハ		
96	東急車輌 86.04.15	山手	04.06.01 東京							05.01.07 東京総合	改造後 モハ205-5044
97	川崎重工 86.05.13	山手	04.06.01 東京							05.03.10 郡山総合	改造後 モハ205-5047
98	川崎重工 86.05.13	山手	04.06.01 東京							05.03.10 郡山総合	改造後 モハ205-5048
99	川崎重工 86.05.13	山手	04.06.01 東京							05.01.13 大宮総合	改造後 モハ205-5045
100	川崎重工 86.06.10	山手	04.06.01 東京							05.02.16 大宮総合	改造後 モハ205-5049
101	川崎重工 86.06.10	山手	04.06.01 東京							05.02.16 大宮総合	改造後 モハ205-5050
102	川崎重工 86.06.10	山手	04.06.01 東京							05.02.22 東京総合	改造後 モハ205-5052
103	川崎重工 86.08.05	明石	06.02.09 日根野	10.11.24 宮原	13.03.12 日根野	18.07.14 奈良					体質改善=13.02.16ST WAU709=11.12.19ST
104	川崎重工 86.08.05	明石	06.02.09 日根野	10.11.24 宮原	13.03.12 日根野					 18.06.20	体質改善=13.02.16ST WAU709=11.12.19ST
105	日本車輌 86.08.07	明石	06.02.08 日根野	10.12.07 宮原	13.03.22 日根野	18.08.16 奈良					体質改善=12.03.27ST WAU709=09.09.02ST

モハ205 -106～110・121～150

国鉄（ＪＲ西日本）・ＪＲ東日本

形式番号	製造所 製造年月	新製配置	移動年月 区	移動年月 区	移動年月 区	移動年月 区	移動年月 区	移動年月 区	パンＰＳ33Ｅ	改造年月 廃車年月	備考
モハ 205- 106	日本車輌 86.08.07	明石	06.02.08 日根野	10.12.07 宮原	13.03.22 日根野					18.08.31	体質改善=12.03.27ST WAU709=09.09.02ST
107	川崎重工 86.08.21	明石	05.12.22 日根野	10.12.21 宮原	13.03.27 日根野	18.08.31 奈良					体質改善=12.08.02ST WAU709=10.03.31ST
108	川崎重工 86.08.21	明石	05.12.22 日根野	10.12.21 宮原	13.03.27 日根野					18.08.31	体質改善=12.08.02ST WAU709=10.03.31ST
109	川崎重工 86.08.28	明石	05.12.23 日根野	10.12.17 宮原	13.03.20 日根野	18.10.06 奈良					体質改善=12.11.20ST WAU709=11.08.31ST
110	川崎重工 86.08.28	明石	05.12.23 日根野	10.12.17 宮原	13.03.20 日根野					18.10.09	体質改善=12.11.20ST WAU709=11.08.31ST
モハ 205- 121	日立製作 87.12.01	山手	90.05.22 川越							14.01.17	
122	日立製作 87.12.01	山手	90.05.22 川越							14.01.17	
123	日立製作 87.12.01	山手	90.05.22 川越							14.01.17	
124	日立製作 87.12.22	山手	96.02.05 川越							14.01.30	
125	日立製作 87.12.22	山手	96.02.05 川越							14.01.30	
126	日立製作 87.12.22	山手	96.02.05 川越							14.01.30	
127	日立製作 88.01.08	山手	04.06.01 東京							04.07.23 大宮総合	改造後 モハ205-5023
128	日立製作 88.01.08	山手	04.06.01 東京							04.07.23 大宮総合	改造後 モハ205-5024
129	日立製作 88.01.08	山手	04.06.01 東京							04.07.27 東京総合	改造後 モハ205-5025
130	日立製作 88.01.12	山手								03.10.28 大宮工場	改造後 モハ205-5005
131	日立製作 88.01.12	山手								03.10.28 大宮工場	改造後 モハ205-5006
132	日立製作 88.01.12	山手								03.12.26 大宮工場	改造後 モハ205-5009
133	日立製作 88.01.22	山手	04.06.01 東京							04.08.05 東京総合	改造後 モハ205-5027
134	日立製作 88.01.22	山手	04.06.01 東京	04.08.27 中原					09.02.04ナハ		
135	日立製作 88.01.22	山手	04.06.01 東京							04.08.05 東京総合	改造後 モハ205-5028
136	日立製作 88.02.06	山手								03.10.18 大井工場	改造後 モハ205-5007
137	日立製作 88.02.06	山手								03.10.18 大井工場	改造後 モハ205-5008
138	日立製作 88.02.06	山手								03.12.26 大宮工場	改造後 モハ205-5010
139	日立製作 88.02.18	山手								03.12.13 大井工場	改造後 モハ205-5011
140	日立製作 88.02.18	山手								04.02.06 大宮工場	改造後 モハ205-5016
141	日立製作 88.02.18	山手								03.12.13 大井工場	改造後 モハ205-5012
142	日立製作 88.02.27	山手								04.02.14 大井工場	改造後 モハ205-5013
143	日立製作 88.02.27	山手								04.02.14 大井工場	改造後 モハ205-5014
144	日立製作 88.02.27	山手								04.02.06 大宮工場	改造後 モハ205-5015
145	川崎重工 88.02.25	山手								04.03.31 大宮工場	改造後 モハ205-5017
146	川崎重工 88.02.25	山手								04.04.29 大宮工場	改造後 モハ205-5021
147	川崎重工 88.02.25	山手								04.03.31 大宮工場	改造後 モハ205-5018
148	川崎重工 88.03.05	山手								04.04.13 大井工場	改造後 モハ205-5019
149	川崎重工 88.03.05	山手								04.04.13 大井工場	改造後 モハ205-5020
150	川崎重工 88.03.05	山手								04.04.29 大宮工場	改造後 モハ205-5022

形式番号	製造所 製造年月	新製配置	移動年月 区	移動年月 区	移動年月 区	移動年月 区	移動年月 区	移動年月 区	パンＰＳ33E	改造年月 廃車年月	備考
モハ 205- 151	川崎重工 88.03.11	山手	04.06.01 東京							05.03.19 東京総合	改造後 モハ205-5053
152	川崎重工 88.03.11	山手	04.06.01 東京	05.03.29 中原					09.02.23ナハ		
153	川崎重工 88.03.11	山手	04.06.01 東京							05.03.19 東京総合	改造後 モハ205-5054
154	川崎重工 88.03.17	山手	04.06.01 東京							05.06.10 東京総合	改造後 モハ205-5055
155	川崎重工 88.03.17	山手	04.06.01 東京							05.06.10 東京総合	改造後 モハ205-5056
156	川崎重工 88.03.17	山手	04.06.01 東京							05.02.22 東京総合	改造後 モハ205-5051
157	東急車輛 88.03.22	山手	04.06.01 東京							05.03.26 大宮総合	改造後 モハ205-5059
158	東急車輛 88.03.22	山手	04.06.01 東京							05.03.26 大宮総合	改造後 モハ205-5060
159	東急車輛 88.03.22	山手	04.06.01 東京							05.08.30 大宮総合	改造後 モハ205-5063
160	東急車輛 88.03.28	山手	04.06.01 東京	04.08.19 川越						14.02.20	
161	東急車輛 88.03.28	山手	04.06.01 東京	04.08.19 川越						14.02.20	
162	東急車輛 88.03.28	山手	04.06.01 東京	04.08.19 川越						14.02.20	
163	東急車輛 88.03.30	山手	04.06.01 東京							05.07.04 大宮総合	改造後 モハ205-5061
164	東急車輛 88.03.30	山手	04.06.01 東京							05.07.04 大宮総合	改造後 モハ205-5062
165	東急車輛 88.03.30	山手	04.06.01 東京							05.09.05 東京総合	改造後 モハ205-5067
166	東急車輛 88.04.25	山手	04.06.01 東京							05.07.22 東京総合	改造後 モハ205-5065
167	東急車輛 88.04.25	山手	04.06.01 東京							05.07.22 東京総合	改造後 モハ205-5066
168	東急車輛 88.04.25	山手	04.06.01 東京							05.09.05 東京総合	改造後 モハ205-5068
169	東急車輛 88.04.28	山手	04.06.01 東京							04.09.10 大宮総合	改造後 モハ205-5031
170	東急車輛 88.04.28	山手	04.06.01 東京							04.09.10 大宮総合	改造後 モハ205-5032
171	東急車輛 88.04.28	山手	04.06.01 東京							04.10.19 東京総合	改造後 モハ205-5034
172	東急車輛 88.05.26	山手	04.06.01 東京							04.10.08 東京総合	改造後 モハ205-5035
173	東急車輛 88.05.26	山手	04.06.01 東京	04.12.03 中原					09.02.09ナハ		
174	東急車輛 88.05.26	山手	04.06.01 東京							04.10.08 東京総合	改造後 モハ205-5036
175	東急車輛 88.05.27	山手	04.06.01 東京							04.12.28 秋田総合	改造後 モハ205-5037
176	東急車輛 88.05.27	山手	04.06.01 東京							04.12.28 秋田総合	改造後 モハ205-5038
177	東急車輛 88.05.27	山手	04.06.01 東京							04.10.19 東京総合	改造後 モハ205-5033
178	東急車輛 88.06.20	山手	04.06.01 東京							04.12.01 大宮総合	改造後 モハ205-5041
179	東急車輛 88.06.20	山手	04.06.01 東京							04.12.01 大宮総合	改造後 モハ205-5042
180	東急車輛 88.06.20	山手	04.06.01 東京							04.10.26 大宮総合	改造後 モハ205-5040
181	日本車輌 88.09.02	蒲田	96.12.01 大船	00.07.01 鎌倉					10.09.29クラ	14.10.17	
182	日本車輌 88.09.02	蒲田	96.12.01 大船	00.07.01 鎌倉					10.09.29クラ	14.10.17	
183	日本車輌 88.09.07	蒲田	96.12.01 大船	00.07.01 鎌倉					09.09.11クラ	14.09.26	
184	日本車輌 88.09.07	蒲田	96.12.01 大船	00.07.01 鎌倉					09.09.11クラ	14.09.26	
185	日本車輌 88.09.14	蒲田	96.12.01 大船	00.07.01 鎌倉					09.09.28クラ	14.03.03	

モハ205 -186~220

JR東日本

形式番号	製造所 製造年月	新製配置	移動年月 区	移動年月 区	移動年月 区	移動年月 区	移動年月 区	移動年月 区	パンPS33E	改造年月 廃車年月	備考
モハ 205- 186	日本車輌 88.09.14	蒲田	96.12.01 大船	00.07.01 鎌倉					09.09.28クラ	14.03.03	
187	日本車輌 88.09.20	蒲田	96.12.01 大船	00.07.01 鎌倉					10.01.25クラ	14.05.30	
188	日本車輌 88.09.20	蒲田	96.12.01 大船	00.07.01 鎌倉					10.01.25クラ	14.05.30	
189	日本車輌 88.09.26	蒲田	96.12.01 大船	00.07.01 鎌倉					10.01.07クラ	14.05.21	
190	日本車輌 88.09.26	蒲田	96.12.01 大船	00.07.01 鎌倉					10.01.07クラ	14.05.21	
191	日本車輌 88.09.30	蒲田	96.12.01 大船	00.07.01 鎌倉					09.08.24クラ	14.05.23	
192	日本車輌 88.09.30	蒲田	96.12.01 大船	00.07.01 鎌倉					09.08.24クラ	14.05.23	
193	日本車輌 88.10.05	蒲田	96.12.01 大船	00.07.01 鎌倉					09.08.14クラ	14.06.20	
194	日本車輌 88.10.05	蒲田	96.12.01 大船	00.07.01 鎌倉					09.08.14クラ	14.06.20	
195	川崎重工 88.11.07	蒲田	96.12.01 大船	00.07.01 鎌倉					10.09.29クラ	14.10.10	
196	川崎重工 88.11.07	蒲田	96.12.01 大船	00.07.01 鎌倉					10.09.29クラ	14.10.10	
197	川崎重工 88.11.15	蒲田	96.12.01 大船	00.07.01 鎌倉					09.10.05クラ	14.06.27	
198	川崎重工 88.11.15	蒲田	96.12.01 大船	00.07.01 鎌倉					09.10.05クラ	14.06.27	
199	川崎重工 88.11.25	蒲田	96.12.01 大船	00.07.01 鎌倉					10.12.03クラ	14.05.16	
200	川崎重工 88.11.25	蒲田	96.12.01 大船	00.07.01 鎌倉					10.12.03クラ	14.05.16	
201	川崎重工 88.12.02	蒲田	96.12.01 大船	00.07.01 鎌倉					10.08.17クラ	14.08.29	
202	川崎重工 88.12.02	蒲田	96.12.01 大船	00.07.01 鎌倉					10.08.17クラ	14.08.29	
203	近畿車輌 88.12.06	蒲田	96.12.01 大船	00.07.01 鎌倉					10.03.08クラ	14.07.04	
204	近畿車輌 88.12.06	蒲田	96.12.01 大船	00.07.01 鎌倉					10.03.08クラ	14.07.04	
205	川崎重工 88.12.09	蒲田	96.12.01 大船	00.07.01 鎌倉					09.09.25クラ	14.07.18	
206	川崎重工 88.12.09	蒲田	96.12.01 大船	00.07.01 鎌倉					09.09.25クラ	14.07.18	
207	近畿車輌 88.12.12	蒲田	96.12.01 大船	00.07.01 鎌倉					09.10.26クラ	14.08.08	
208	近畿車輌 88.12.12	蒲田	96.12.01 大船	00.07.01 鎌倉					09.10.26クラ	14.08.08	
209	東急車輌 88.12.15	蒲田	96.12.01 大船	00.07.01 鎌倉					10.01.26クラ	14.07.11	
210	東急車輌 88.12.15	蒲田	96.12.01 大船	00.07.01 鎌倉					10.01.26クラ	14.07.11	
211	川崎重工 88.12.21	蒲田	96.12.01 大船	00.07.01 鎌倉					10.11.10クラ	14.05.20	
212	川崎重工 88.12.21	蒲田	96.12.01 大船	00.07.01 鎌倉					10.11.10クラ	14.05.20	
213	川崎重工 89.01.13	蒲田	96.12.01 大船	00.07.01 鎌倉					10.11.05クラ	14.10.03	
214	川崎重工 89.01.13	蒲田	96.12.01 大船	00.07.01 鎌倉					10.11.05クラ	14.10.03	
215	近畿車輌 89.01.17	蒲田	96.12.01 大船	00.07.01 鎌倉					10.12.06クラ	14.08.22	
216	近畿車輌 89.01.17	蒲田	96.12.01 大船	00.07.01 鎌倉					10.12.06クラ	14.08.22	
217	川崎重工 89.01.20	蒲田	96.12.01 大船	00.07.01 鎌倉					10.08.24クラ	14.09.12	
218	川崎重工 89.01.20	蒲田	96.12.01 大船	00.07.01 鎌倉					10.08.24クラ	14.09.12	
219	川崎重工 89.01.24	蒲田	96.12.01 大船	00.07.01 鎌倉					10.03.31クラ	14.04.04	
220	川崎重工 89.01.24	蒲田	96.12.01 大船	00.07.01 鎌倉					10.03.31クラ	14.04.04	

モハ205 -221～255

JR東日本

形式番号	製造所 製造年月	新製配置	移動年月 区	移動年月 区	移動年月 区	移動年月 区	移動年月 区	移動年月 区	パンＰＳ33E	改造年月 廃車年月	備考
モハ 205- 221	東急車輛 89.01.27	蒲田	96.12.01 大船	00.07.01 鎌倉					10.11.26クラ	14.06.13	
222	東急車輛 89.01.27	蒲田	96.12.01 大船	00.07.01 鎌倉					10.11.26クラ	14.06.13	
223	東急車輛 89.01.31	蒲田	96.12.01 大船	00.07.01 鎌倉					09.09.24クラ	14.09.19	
224	東急車輛 89.01.31	蒲田	96.12.01 大船	00.07.01 鎌倉					09.09.24クラ	14.09.19	
225	東急車輛 89.02.17	蒲田	96.12.01 大船	00.07.01 鎌倉					10.02.23クラ	14.08.01	
226	東急車輛 89.02.17	蒲田	96.12.01 大船	00.07.01 鎌倉					10.02.23クラ	14.08.01	
227	東急車輛 89.02.21	蒲田	96.12.01 大船	00.07.01 鎌倉					09.11.20クラ	14.06.06	
228	東急車輛 89.02.21	蒲田	96.12.01 大船	00.07.01 鎌倉					09.11.20クラ	14.06.06	
229	東急車輛 89.03.01	蒲田	96.12.01 大船	00.07.01 鎌倉					10.02.25クラ	14.07.25	
230	大船工場 89.02.15	蒲田	96.12.01 大船	00.07.01 鎌倉					10.02.25クラ	14.07.25	
231	川崎重工 89.02.13	中原							12.02.08ナハ	15.06.10	
232	川崎重工 89.02.13	中原							12.02.08ナハ	15.06.10	
233	川崎重工 89.03.07	中原							10.09.27ナハ	15.11.06	
234	川崎重工 89.03.07	中原							10.09.27ナハ	15.11.06	
235	川崎重工 89.03.08	中原							10.08.27ナハ	15.05.15	
236	川崎重工 89.03.08	中原								10.06.16	
237	川崎重工 89.06.08	川越								13.12.06	
238	川崎重工 89.06.08	川越								13.12.06	
239	川崎重工 89.06.08	川越								13.12.06	
240	川崎重工 89.06.13	川越								13.12.19	
241	川崎重工 89.06.13	川越								13.12.19	
242	川崎重工 89.06.13	川越								13.12.19	
243	川崎重工 89.06.21	川越								13.09.12	
244	川崎重工 89.06.21	川越								13.09.12	
245	川崎重工 89.06.21	川越								13.09.12	
246	川崎重工 89.06.26	川越								13.11.07	
247	川崎重工 89.06.26	川越								13.11.07	
248	川崎重工 89.06.26	川越								13.11.07	
249	川崎重工 89.07.08	川越								13.11.04	
250	川崎重工 89.07.08	川越								13.11.04	
251	川崎重工 89.07.08	川越								13.11.04	
252	川崎重工 89.08.22	川越								13.10.16	
253	川崎重工 89.08.22	川越								13.10.16	
254	川崎重工 89.08.22	川越								13.10.16	
255	川崎重工 89.07.30	三鷹	96.12.04 川越							13.09.26	

モハ205 -256〜290

形式番号	製造所 製造年月	新製配置	移動年月 区	移動年月 区	移動年月 区	移動年月 区	移動年月 区	移動年月 区	パンPS33E	改造年月 廃車年月	備　考
モハ 205- 256	川崎重工 89.07.30	三鷹	96.12.04 川越							13.09.26	
257	川崎重工 89.07.30	三鷹	96.12.04 川越							13.09.26	
258	川崎重工 89.09.02	川越								13.07.18	
259	川崎重工 89.09.02	川越								13.07.18	
260	川崎重工 89.09.02	川越								13.07.18	
261	川崎重工 89.09.08	三鷹	90.05.31 川越							13.11.13	
262	川崎重工 89.09.08	三鷹	90.05.31 川越							13.11.13	
263	川崎重工 89.09.08	三鷹	90.05.31 川越							13.11.13	
264	川崎重工 89.09.19	川越								13.09.26	
265	川崎重工 89.09.19	川越								13.09.26	
266	川崎重工 89.09.19	川越								13.09.26	
267	川崎重工 89.09.22	川越								13.10.04	
268	川崎重工 89.09.22	川越								13.10.04	
269	川崎重工 89.09.22	川越								13.10.04	
270	川崎重工 89.09.27	中原							10.10.20ナハ	19.06.28	
271	川崎重工 89.09.27	中原							10.10.20ナハ	19.06.28	
272	川崎重工 89.09.30	中原							10.09.02ナハ	19.06.28	
273	川崎重工 89.09.30	中原							10.09.02ナハ	19.10.25	
274	川崎重工 89.10.12	中原							10.09.05ナハ	15.07.03	
275	川崎重工 89.10.12	中原							10.09.05ナハ	15.07.03	
276	川崎重工 89.10.20	中原	93.02.17 三鷹	02.03.16 京葉						08.12.17 長野総合	改造後 モハ205-5071
277	川崎重工 89.10.20	中原	93.02.17 三鷹	02.03.16 京葉						13.11.01	
278	川崎重工 89.10.18	浦和	93.03.11 三鷹							02.03.29 大井工場	改造後 モハ205-5001
279	川崎重工 89.10.18	浦和	93.03.11 三鷹							02.03.29 鎌倉総合	改造後 クモハ205-1001
280	川崎重工 89.10.18	浦和	93.03.11 三鷹							02.03.29 大井工場	改造後 モハ205-5002
281	川崎重工 89.10.27	浦和	93.03.31 三鷹							02.03.26 大宮工場	改造後 モハ205-5003
282	川崎重工 89.10.27	浦和	93.03.31 三鷹							02.03.29 鎌倉総合	改造後 クモハ205-1002
283	川崎重工 89.10.27	浦和	93.03.31 三鷹							02.03.26 大宮工場	改造後 モハ205-5004
284	川崎重工 89.11.08	浦和	96.02.05 川越							13.07.30	
285	川崎重工 89.11.08	浦和	96.02.05 川越							13.07.30	
286	川崎重工 89.11.08	浦和	96.02.05 川越							13.07.30	
287	川崎重工 89.11.15	浦和	96.03.01 川越							16.11.09	富士急6502
288	川崎重工 89.11.15	浦和	96.03.01 川越							16.11.11	
289	川崎重工 89.11.15	浦和	96.03.01 川越							16.11.11	
290	川崎重工 89.11.21	京葉								10.09.15	

モハ205 -291～325

JR東日本

形式番号	製造所 製造年月	新製配置	移動年月 区	移動年月 区	移動年月 区	移動年月 区	移動年月 区	移動年月 区		改造年月 廃車年月	備考
モハ 205- 291	川崎重工 89.11.21	京葉								10.09.15	
292	川崎重工 89.11.21	京葉								13.02.01 大宮総合	改造後 モハ205-602
293	川崎重工 89.11.25	京葉								10.11.17	
294	川崎重工 89.11.25	京葉								10.11.17	
295	川崎重工 89.11.25	京葉								13.02.01 大宮総合	改造後 モハ205-601
296	川崎重工 89.12.01	京葉								10.12.18	
297	川崎重工 89.12.01	京葉								10.12.18	
298	川崎重工 89.12.01	京葉								13.03.29 東京総合	改造後 モハ205-604
299	川崎重工 89.12.08	京葉								11.03.10	
300	川崎重工 89.12.08	京葉								11.03.10	
301	川崎重工 89.12.08	京葉								12.11.12 大宮総合	改造後 モハ205-603
302	川崎重工 89.12.15	京葉								10.09.23	
303	川崎重工 89.12.15	京葉								10.09.23	
304	川崎重工 89.12.15	京葉								12.12.10 大宮総合	改造後 モハ205-606
305	川崎重工 89.12.19	京葉								10.10.06	
306	川崎重工 89.12.19	京葉								10.10.06	
307	川崎重工 89.12.19	京葉								13.04.26 大宮総合	改造後 モハ205-605
308	川崎重工 89.12.26	京葉								10.10.27	
309	川崎重工 89.12.26	京葉								10.10.27	
310	川崎重工 89.12.26	京葉								13.03.07 東京総合	改造後 モハ205-608
311	川崎重工 90.01.10	京葉								11.01.17	
312	川崎重工 90.01.10	京葉								11.01.17	
313	川崎重工 90.01.10	京葉								13.03.14 大宮総合	改造後 モハ205-607
314	川崎重工 90.01.19	京葉								11.06.09	
315	川崎重工 90.01.19	京葉								11.06.09	
316	川崎重工 90.01.19	京葉								12.10.31 大宮総合	改造後 モハ205-610
317	川崎重工 90.01.23	京葉								11.07.14	
318	川崎重工 90.01.23	京葉								11.07.14	
319	川崎重工 90.01.23	京葉								13.07.22 大宮総合	改造後 モハ205-609
320	川崎重工 90.01.30	京葉								10.07.24	
321	川崎重工 90.01.30	京葉								10.07.24	
322	川崎重工 90.01.30	京葉								10.07.24	
323	川崎重工 90.02.08	京葉								10.07.13	
324	川崎重工 90.02.08	京葉								10.07.13	
325	川崎重工 90.02.08	京葉								10.07.13	

形式番号	製造所 製造年月	新製配置	移動年月 区	移動年月 区	移動年月 区	移動年月 区	移動年月 区	移動年月 区	パンPS33E	改造年月 廃車年月	備考
モハ 205- 326	川崎重工 90.05.29	川越								13.12.20	
327	川崎重工 90.05.29	川越								13.12.20	
328	川崎重工 90.05.29	川越								13.12.20	
329	川崎重工 90.06.07	川越								13.10.24	
330	川崎重工 90.06.07	川越								13.10.24	
331	川崎重工 90.06.07	川越								13.10.24	
332	川崎重工 90.06.14	川越								13.10.18	
333	川崎重工 90.06.14	川越								13.10.18	
334	川崎重工 90.06.14	川越								13.10.18	
335	川崎重工 90.06.21	川越								13.09.20	
336	川崎重工 90.06.21	川越								13.09.20	
337	川崎重工 90.06.21	川越								13.09.20	
338	川崎重工 90.06.28	川越								14.02.13 大宮総合	改造後 モハ205-612
339	川崎重工 90.06.28	川越								13.10.24	
340	川崎重工 90.06.28	川越								13.10.24	
341	川崎重工 90.07.05	川越								14.03.19 大宮総合	改造後 モハ205-611
342	川崎重工 90.07.05	川越								13.11.22	
343	川崎重工 90.07.05	川越								13.11.22	
344	川崎重工 90.07.12	川越								14.02.07	
345	川崎重工 90.07.12	川越								14.02.07	
346	川崎重工 90.07.12	川越								14.02.07	
347	川崎重工 90.07.19	川越								13.08.09	
348	川崎重工 90.07.19	川越								13.08.09	
349	川崎重工 90.07.19	川越								13.08.09	
350	川崎重工 90.07.26	川越								13.11.29	
351	川崎重工 90.07.26	川越								13.11.29	
352	川崎重工 90.07.26	川越								13.11.29	
353	川崎重工 90.08.02	中原							10.09.13ナハ	15.05.22	
354	川崎重工 90.08.02	中原							10.09.13ナハ	15.05.22	
355	川崎重工 90.08.07	中原							10.09.22ナハ	19.10.25	
356	川崎重工 90.08.07	中原							10.09.22ナハ	19.10.25	
357	川崎重工 90.08.17	中原							10.09.24ナハ	15.07.31	
358	川崎重工 90.08.17	中原							10.09.24ナハ	15.07.31	
359	川崎重工 90.08.23	中原							10.10.14ナハ	15.07.17	
360	川崎重工 90.08.23	中原							10.10.14ナハ	15.07.17	

モハ205 -361～395

形式番号	製造所 製造年月	新製配置	移動年月 区	移動年月 区	移動年月 区	移動年月 区	移動年月 区	移動年月 区	パンＰＳ33Ｅ	改造年月 廃車年月	備　　考
モハ 205- 361	川崎重工 90.08.28	中原							10.08.20ナハ	15.11.20	
362	川崎重工 90.08.28	中原							10.08.20ナハ	15.11.20	
363	川崎重工 90.08.31	中原							10.02.26ナハ	15.08.28	
364	川崎重工 90.08.31	中原							10.02.26ナハ	15.08.28	
365	川崎重工 90.09.04	中原							10.03.05ナハ	15.01.16	
366	川崎重工 90.09.04	中原							10.03.05ナハ	15.01.16	
367	川崎重工 90.09.11	浦和	93.02.11 蒲田	96.12.01 大船	00.07.01 鎌倉				10.10.05クラ	15.01.29	
368	川崎重工 90.09.11	浦和	93.02.01 三鷹	02.03.16 京葉						08.12.05 長野総合	改造後 モハ205-5072
369	川崎重工 90.09.11	浦和	93.02.11 蒲田	96.12.01 大船	00.07.01 鎌倉				10.10.05クラ	15.01.29	
370	川崎重工 90.09.18	浦和	95.10.13 川越							13.11.15	
371	川崎重工 90.09.18	浦和	95.10.13 川越							13.11.15	
372	川崎重工 90.09.18	浦和	95.10.13 川越							13.11.15	
373	川崎重工 90.09.25	中原							10.03.01ナハ	15.02.25	
374	川崎重工 90.09.25	中原							10.03.01ナハ	15.02.25	
375	川崎重工 90.09.27	中原							09.12.17ナハ	14.12.26	
376	川崎重工 90.09.27	中原							09.12.17ナハ	14.12.26	
377	川崎重工 90.11.09	川越								13.08.21	
378	川崎重工 90.11.09	川越								13.08.21	
379	川崎重工 90.11.09	川越								13.08.21	
380	川崎重工 90.11.19	川越								14.02.14	
381	川崎重工 90.11.19	川越								14.02.14	
382	川崎重工 90.11.19	川越								14.02.14	
383	川崎重工 90.11.22	川越								13.11.21	
384	川崎重工 90.11.22	川越								13.11.21	
385	川崎重工 90.11.22	川越								13.11.21	
386	川崎重工 90.12.03	川越								08.06.19	
387	川崎重工 90.12.03	川越								13.11.01	
388	川崎重工 90.12.03	川越								13.11.01	
389	川崎重工 90.12.10	川越								13.10.10	
390	川崎重工 90.12.10	川越								13.10.10	
391	川崎重工 90.12.10	川越								13.10.10	
392	川崎重工 91.09.27	豊田	04.03.13 京葉							05.12.05 東京総合	改造後 モハ205-5069
393	川崎重工 91.10.08	豊田	04.03.13 京葉							05.08.30 大宮総合	改造後 モハ205-5064
394	川崎重工 91.09.27	豊田	04.03.13 京葉							05.12.05 東京総合	改造後 モハ205-5070
395	川崎重工 91.10.08	豊田	04.03.13 京葉							19.08.09	

モハ205-396～406

JR東日本

形式番号	製造所 製造年月	新製配置	移動年月 区	移動年月 区	移動年月 区	移動年月 区	移動年月 区	移動年月 区		改造年月 廃車年月	備考
モハ 205- 396	川崎重工 91.10.08	豊田	04.03.13 京葉							19.08.09	
397	川崎重工 91.10.08	豊田	04.03.13 京葉							19.08.09	
398	川崎重工 91.10.17	豊田	04.03.13 京葉							19.08.23	
399	川崎重工 91.10.17	豊田	04.03.13 京葉							19.08.23	
400	川崎重工 91.10.17	豊田	04.03.13 京葉							19.08.23	
401	川崎重工 91.10.23	豊田	04.03.13 京葉							19.07.12	
402	川崎重工 91.10.23	豊田	04.03.13 京葉							19.07.12	
403	川崎重工 91.10.23	豊田	04.03.13 京葉							19.07.12	
404	川崎重工 91.10.30	豊田	04.03.13 京葉							19.10.04	
405	川崎重工 91.10.30	豊田	04.03.13 京葉							19.10.04	
406	川崎重工 91.10.30	豊田	04.03.13 京葉							19.10.04	

モハ205-501～513

JR東日本

形式番号	製造所 製造年月	新製配置	移動年月 区	移動年月 区	移動年月 区	移動年月 区	移動年月 区	移動年月 区		改造年月 廃車年月	備考
モハ 205- 501	東急車輛 91.01.10	豊田	96.12.01 国府津							23.04.04	
502	東急車輛 91.01.10	豊田	96.12.01 国府津							22.08.20	
503	東急車輛 91.01.17	豊田	96.12.01 国府津							22.04.12	
504	東急車輛 91.01.17	豊田	96.12.01 国府津							22.06.11	
505	東急車輛 91.01.29	豊田	96.12.01 国府津							22.06.11	
506	東急車輛 91.01.29	豊田	96.12.01 国府津							22.07.28	
507	東急車輛 91.02.09	豊田	96.12.01 国府津							22.04.12	
508	東急車輛 91.02.09	豊田	96.12.01 国府津							23.01.26	
509	東急車輛 91.02.16	豊田	96.12.01 国府津							22.07.28	
510	東急車輛 91.02.16	豊田	96.12.01 国府津							22.08.20	
511	東急車輛 91.02.23	豊田	96.12.01 国府津							22.12.09	
512	大船工場 91.03.06	豊田	96.12.01 国府津							22.12.09	
513	大船工場 91.03.06	豊田	96.12.01 国府津							23.01.26	

モハ205-601～612

JR東日本

形式番号	改造所 改造年月	旧形式 車号	改造後 配置	移動年月 区	移動年月 区	移動年月 区	移動年月 区	移動年月 区		改造年月 廃車年月	備考
モハ 205- 601	大宮総合 13.07.01	モハ205- 295	小山							22.04.22	
602	大宮総合 13.02.01	モハ205- 292	小山							22.11.04	
603	大宮総合 12.11.12	モハ205- 301	小山							23.04.04	
604	東京総合 13.03.29	モハ205- 298	小山							22.07.15	
605	大宮総合 13.04.26	モハ205- 307	小山							22.11.04	
606	大宮総合 12.12.10	モハ205- 304	小山							22.11.11	
607	大宮総合 13.03.14	モハ205- 313	小山							22.07.15	
608	東京総合 13.03.07	モハ205- 310	小山							22.08.26	
609	大宮総合 13.07.22	モハ205- 319	小山							22.04.22	
610	大宮総合 12.10.15	モハ205- 316	小山							22.08.26	
611	大宮総合 14.03.19	モハ205- 341	小山							22.11.11	
612	大宮総合 14.02.13	モハ205- 338	小山							22.04.08	

モハ205-1001～1005

JR西日本

形式番号	製造所 製造年月	 新製配置	移動年月 区	移動年月 区	移動年月 区	移動年月 区	移動年月 区	移動年月 区		改造年月 廃車年月	備考
モハ 205- 1001	近畿車輌 88.01.20	日根野	17.10.07 奈良								体質改善=12.07.10ST WAU709=09.03.30ST
1002	近畿車輌 88.01.29	日根野	17.12.13 奈良								体質改善=12.10.18ST WAU709=09.02.24ST
1003	近畿車輌 88.01.29	日根野	奈良								体質改善=13.01.07ST WAU709=09.05.18ST
1004	近畿車輌 88.02.10	日根野	17.10.05 奈良								体質改善=13.03.19ST WAU709=10.03.05ST
1005	近畿車輌 88.02.10	日根野	18.02.03 奈良								体質改善=13.01.23ST WAU709=09.12.11ST

モハ205-3001～3005

JR東日本

形式番号	改造所 改造年月	旧形式 車号	改造後 配置	移動年月 区	移動年月 区	移動年月 区	移動年月 区	移動年月 区	パンＰＳ33Ｃ	改造年月 廃車年月	備考
モハ 205- 3001	大宮工場 03.10.29	モハ205- 22	川越						04.04.16ハエ	18.07.25	富士急6702
3002	大宮工場 03.08.23	モハ205- 24	川越						04.04.23ハエ	18.02.09	
3003	秋田総合 04.09.06	モハ205- 25	川越						04.11.19ハエ	18.07.25	
3004	郡山総合 04.10.29	モハ205- 34	川越						04.11.30ハエ	18.05.13	
3005	秋田総合 05.01.29	モハ205- 37	川越						05.02.07ハエ	18.06.11	富士急6701

※ パンＰＳ33Ｃ は パンタグラフをシングルアーム式に変更

モハ205-3101～3119

JR東日本

形式番号	改造所 改造年月	旧形式 車号	改造後 配置	移動年月 区	移動年月 区	移動年月 区	移動年月 区	移動年月 区	パンPS33C	改造年月 廃車年月	備考
モハ 205- 3101	土崎工場 02.10.10	モハ205- 53	宮城野	03.10.01 仙台					05.03.23		
3102	郡山工場 02.10.31	モハ205- 56	宮城野	03.10.01 仙台					05.09.05		
3103	土崎工場 02.11.09	モハ205- 59	宮城野	03.10.01 仙台					05.03.28		
3104	郡山工場 02.11.27	モハ205- 62	宮城野	03.10.01 仙台					05.03.18		
3105	土崎工場 02.12.14	モハ205- 65	宮城野	03.10.01 仙台					05.03.19		
3106	郡山工場 03.02.02	モハ205- 68	宮城野	03.10.01 仙台					05.03.31		
3107	土崎工場 03.02.10	モハ205- 71	宮城野	03.10.01 仙台					05 年度	14.12.25	東日本大震災
3108	郡山工場 03.03.18	モハ205- 74	宮城野	03.10.01 仙台					05.10.07		
3109	土崎工場 03.03.13	モハ205- 77	宮城野	03.10.01 仙台					05.08.23	11.03.12	東日本大震災
3110	郡山工場 03.05.29	モハ205- 80	宮城野	03.10.01 仙台					05.11.05		
3111	土崎工場 03.08.06	モハ205- 83	宮城野	03.10.01 仙台					05.12.08		
3112	郡山工場 03.09.12	モハ205- 86	宮城野	03.10.01 仙台					05.12.11		
3113	土崎工場 03.08.29	モハ205- 89	宮城野	03.10.01 仙台					05.11.20		
3114	郡山工場 03.11.06	モハ205- 86	仙台						05.11.04		
3115	土崎工場 03.12.11	モハ205- 17	仙台						05.10.06		
3116	郡山工場 04.03.29	モハ205- 20	仙台						05.10.17		
3117	土崎工場 04.03.31	モハ205- 29	仙台						05.12.12		
3118	郡山総合 04.06.24	モハ205- 14	仙台						05.11.23		
3119	郡山総合 09.10.20	モハ205- 14	仙台						09.10.20KY		

※ パンPS33C は パンタグラフをシングルアーム式に変更

モハ205-5001～5014

JR東日本

形式番号	改造所 改造年月	旧形式 車号	改造後 配置	移動年月 区	移動年月 区	移動年月 区	移動年月 区	移動年月 区		改造年月 廃車年月	備考
モハ 205- 5001	大井工場 02.03.29	モハ205- 278	豊田	04.03.13 京葉						19.12.11	
5002	大井工場 02.03.29	モハ205- 280	豊田	04.03.13 京葉						19.12.11	
5003	大宮工場 02.03.26	モハ205- 281	豊田	04.03.13 京葉						20.02.26	
5004	大宮工場 02.03.26	モハ205- 283	豊田	04.03.13 京葉						20.02.26	
5005	大宮工場 03.10.28	モハ205- 130	豊田	04.03.13 京葉						18.03.30	
5006	大宮工場 03.10.28	モハ205- 131	豊田	04.03.13 京葉						18.03.30	
5007	大井工場 03.10.18	モハ205- 136	豊田	04.03.13 京葉						20.09.09	
5008	大井工場 03.10.18	モハ205- 137	豊田	04.03.13 京葉						20.09.09	
5009	大宮工場 03.12.26	モハ205- 132	豊田	04.03.13 京葉						20.10.14	
5010	大宮工場 03.12.26	モハ205- 138	豊田	04.03.13 京葉						20.10.21	
5011	大井工場 03.12.13	モハ205- 139	豊田	04.03.13 京葉						20.08.26	
5012	大井工場 03.12.13	モハ205- 141	豊田	04.03.13 京葉						20.08.26	
5013	大井工場 04.02.14	モハ205- 142	豊田	04.03.13 京葉						18.10.12	
5014	大井工場 04.02.14	モハ205- 143	豊田	04.03.13 京葉						18.10.12	

モハ205-5015～5049

形式番号	改造所 改造年月	旧形式 車号	改造後 配置	移動年月 区	移動年月 区	移動年月 区	移動年月 区	移動年月 区		改造年月 廃車年月	備考
モハ 205- 5015	大宮工場 04.02.06	モハ205- 144	豊田	04.03.13 京葉						20.06.03	
5016	大宮工場 04.02.06	モハ205- 140	豊田	04.03.13 京葉						20.06.03	
5017	大宮工場 04.03.31	モハ205- 145	京葉							18.11.16	
5018	大宮工場 04.03.31	モハ205- 147	京葉							18.11.16	
5019	大井工場 04.04.13	モハ205- 148	京葉							19.03.01	
5020	大井工場 04.04.13	モハ205- 149	京葉							19.03.01	
5021	大宮工場 04.04.29	モハ205- 146	京葉							20.04.08	
5022	大宮工場 04.04.29	モハ205- 150	京葉							20.04.08	
5023	大宮総合 04.07.23	モハ205- 127	京葉							18.11.30	
5024	大宮総合 04.07.23	モハ205- 128	京葉							18.11.30	
5025	東京総合 04.07.27	モハ205- 129	京葉							18.09.14	
5026	東京総合 04.07.27	モハ205- 27	京葉							18.09.14	
5027	東京総合 04.08.05	モハ205- 133	京葉							19.04.26	
5028	東京総合 04.08.05	モハ205- 135	京葉							19.04.26	
5029	秋田総合 05.06.30	モハ205- 85	京葉							18.03.09	
5030	秋田総合 05.06.30	モハ205- 87	京葉							18.03.09	
5031	大宮総合 04.09.10	モハ205- 169	京葉							19.03.20	
5032	大宮総合 04.09.10	モハ205- 170	京葉							19.03.20	
5033	東京総合 04.10.19	モハ205- 177	京葉							20.01.29	
5034	東京総合 04.10.19	モハ205- 171	京葉							20.10.21	
5035	東京総合 04.10.08	モハ205- 172	京葉							19.09.06	
5036	東京総合 04.10.08	モハ205- 174	京葉							19.09.06	
5037	秋田総合 04.12.28	モハ205- 176	京葉							19.11.29	
5038	秋田総合 04.12.28	モハ205- 177	京葉							19.11.29	
5039	大宮総合 04.10.26	モハ205- 36	京葉							20.10.14	
5040	大宮総合 04.10.26	モハ205- 180	京葉							20.01.29	
5041	大宮総合 04.12.01	モハ205- 178	京葉							20.02.12	
5042	大宮総合 04.12.01	モハ205- 179	京葉							20.02.12	
5043	東京総合 05.01.07	モハ205- 94	京葉							20.07.08	
5044	東京総合 05.01.07	モハ205- 96	京葉							20.07.08	
5045	大宮総合 05.01.13	モハ205- 99	京葉							20.07.29	
5046	大宮総合 05.01.13	モハ205- 39	京葉							18.11.02	
5047	郡山総合 05.03.10	モハ205- 97	京葉							18.03.02	
5048	郡山総合 05.03.10	モハ205- 98	京葉							18.03.02	
5049	大宮総合 05.02.16	モハ205- 100	京葉							20.03.11	

モハ205-5050～5072

形式番号	改造所 改造年月	旧形式 車号	改造後 配置	移動年月 区	移動年月 区	移動年月 区	移動年月 区	移動年月 区		改造年月 廃車年月	備考
モハ 205- 5050	大宮総合 05.02.16	モハ205- 101	京葉							20.03.11	
5051	東京総合 05.02.22	モハ205- 156	京葉							18.11.02	
5052	東京総合 05.02.22	モハ205- 102	京葉							20.07.29	
5053	東京総合 05.03.19	モハ205- 151	京葉							19.06.07	
5054	東京総合 05.03.19	モハ205- 153	京葉							19.06.07	
5055	東京総合 05.06.10	モハ205- 154	京葉							19.09.20	
5056	東京総合 05.06.10	モハ205- 155	京葉							19.09.20	
5057	東京総合 05.03.26	モハ205- 42	京葉							18.06.29	
5058	東京総合 05.03.26	モハ205- 48	京葉							18.06.29	
5059	大宮総合 05.03.26	モハ205- 157	京葉							19.07.26	
5060	大宮総合 05.03.26	モハ205- 158	京葉							19.07.26	
5061	大宮総合 05.07.04	モハ205- 163	京葉							20.03.25	
5062	大宮総合 05.07.04	モハ205- 164	京葉							20.03.25	
5063	大宮総合 05.08.30	モハ205- 159	京葉							19.03.29	
5064	大宮総合 05.08.30	モハ205- 393	京葉							19.03.29	
5065	東京総合 05.07.22	モハ205- 166	京葉							20.01.15	
5066	東京総合 05.07.22	モハ205- 167	京葉							20.01.15	
5067	東京総合 05.09.05	モハ205- 165	京葉							19.04.12	
5068	東京総合 05.09.05	モハ205- 168	京葉							19.04.12	
5069	東京総合 05.12.05	モハ205- 392	京葉							19.05.17	
5070	東京総合 05.12.05	モハ205- 394	京葉							19.05.17	
5071	長野総合 08.12.05	モハ205- 276	京葉							18.08.24	
5072	長野総合 08.12.17	モハ205- 368	京葉							18.08.24	

クモハ205-1001～1003

JR東日本

形式番号	改造所 改造年月	旧形式 車号	改造後 配置	移動年月 区	移動年月 区	移動年月 区	移動年月 区	移動年月 区	パンＰＳ33Ｅ	改造年月 廃車年月	備考
クモハ 205- 1001	鎌倉総合 02.03.29	モハ205- 279	中原						09.03.12ナハ		
1002	鎌倉総合 02.03.29	モハ205- 282	中原						09.03.17ナハ		
1003	鎌倉総合 03.11.27	モハ205- 23	中原						09.03.13ナハ		

クモハ204-1001～1003

JR東日本

形式番号	改造所 改造年月	旧形式 車号	改造後 配置	移動年月 区	移動年月 区	移動年月 区	移動年月 区	移動年月 区		改造年月 廃車年月	備考
クモハ 204- 1001	鎌倉総合 02.03.29	モハ204- 279	中原								
1002	鎌倉総合 02.03.29	モハ204- 282	中原								
1003	鎌倉総合 03.11.27	モハ204- 23	中原								

クモハ204-1101～1109

JR東日本

形式番号	改造所 改造年月	旧形式 車号	改造後 配置	移動年月 区	移動年月 区	移動年月 区	移動年月 区	移動年月 区		改造年月 廃車年月	備考
クモハ 204- 1101	鎌倉総合 04.08.10	モハ204- 26	中原								
1102	郡山総合 04.08.27	モハ204- 134	中原								
1103	秋田総合 04.10.26	モハ204- 35	中原								
1104	郡山総合 04.12.03	モハ204- 173	中原								
1105	秋田総合 05.02.08	モハ204- 38	中原								
1106	郡山総合 05.01.26	モハ204- 95	中原								
1107	秋田総合 05.04.20	モハ204- 41	中原								
1108	郡山総合 05.03.29	モハ204- 152	中原								
1109	秋田総合 05.03.31	モハ204- 47	中原								

モハ204-1～35

国鉄(ＪＲ東日本)

形式番号	製造所 製造年月	新製配置	移動年月 区	移動年月 区	移動年月 区	移動年月 区	移動年月 区	移動年月 区		改造年月 廃車年月	備考
モハ 204- 1	東急車輌 85.01.31	品川	85.11.01 山手	04.06.01 東京	05.09.20 京葉					11.09.30	
2	東急車輌 85.01.31	品川	85.11.01 山手	04.06.01 東京	05.09.20 京葉					11.09.14	
3	東急車輌 85.01.31	品川	85.11.01 山手	04.06.01 東京	05.09.20 京葉					11.09.14	
4	日立製作 85.02.14	品川	85.11.01 山手	04.06.01 東京	05.09.14 京葉					11.04.01	
5	日立製作 85.02.14	品川	85.11.01 山手	04.06.01 東京	05.09.14 京葉					11.04.01	
6	日立製作 85.02.14	品川	85.11.01 山手	04.06.01 東京	05.09.14 京葉					11.03.17	富士急6101
7	川崎重工 85.02.25	品川	85.11.01 山手	04.06.01 東京	05.10.25 京葉					12.01.11	
8	川崎重工 85.02.25	品川	85.11.01 山手	04.06.01 東京	05.10.25 京葉					12.01.11	
9	川崎重工 85.02.25	品川	85.11.01 山手	04.06.01 東京	05.10.25 京葉					12.01.11	富士急6102
10	日本車輌 85.03.05	品川	85.11.01 山手	04.06.01 東京	05.11.11 京葉					12.02.24	
11	日本車輌 85.03.05	品川	85.11.01 山手	04.06.01 東京	05.11.11 京葉					12.02.24	
12	日本車輌 85.03.05	品川	85.11.01 山手	04.06.01 東京	05.11.11 京葉					12.02.24	富士急6103
13	川崎重工 85.07.09	品川	85.11.01 山手	04.06.01 東京	04.11.26 中原					15.06.05	
14	川崎重工 85.07.09	品川	85.11.01 山手	04.06.01 東京						04.06.24 郡山工場	改造後 モハ204-3118
15	川崎重工 85.07.09	品川	85.11.01 山手	04.06.01 東京	04.11.26 中原					15.06.05	
16	近畿車輌 85.07.11	品川	85.11.01 山手	04.03.24 中原						15.01.10	
17	近畿車輌 85.07.11	品川	85.11.01 山手							03.12.11 土崎工場	改造後 モハ204-3115
18	近畿車輌 85.07.11	品川	85.11.01 山手	04.03.24 中原						15.01.10	
19	日立製作 85.07.16	品川	85.11.01 山手	04.01.26 中原						09.10.20 郡山総合	改造後 モハ204-3119
20	日立製作 85.07.16	品川	85.11.01 山手							04.03.29 郡山工場	改造後 モハ204-3116
21	日立製作 85.07.16	品川	85.11.01 山手	04.01.26 中原						15.05.15	
22	東急車輌 85.07.23	品川	85.11.01 山手							03.10.29 大宮工場	改造後 モハ204-3001
23	東急車輌 85.07.23	品川	85.11.01 山手							03.11.27 鎌倉総合	改造後 クモハ204-1003
24	東急車輌 85.07.23	品川	85.11.01 山手							03.08.23 大宮工場	改造後 モハ204-3002
25	川崎重工 85.08.20	品川	85.11.01 山手	04.06.01 東京						04.09.06 秋田総合	改造後 モハ204-3003
26	川崎重工 85.08.20	品川	85.11.01 山手	04.06.01 東京						04.08.10 鎌倉総合	改造後 クモハ204-1101
27	川崎重工 85.08.20	品川	85.11.01 山手							04.10.26 東京総合	改造後 モハ204-5026
28	川崎重工 85.08.22	品川	85.11.01 山手	04.02.20 中原						14.11.11	
29	川崎重工 85.08.22	品川	85.11.01 山手							04.03.31 土崎工場	改造後 モハ204-3117
30	川崎重工 85.08.22	品川	85.11.01 山手	04.02.20 中原						14.11.11	
31	日立製作 85.08.27	品川	85.11.01 山手	04.06.01 東京						11.01.25	
32	日立製作 85.08.27	品川	85.11.01 山手	04.06.01 東京						11.01.25	
33	日立製作 85.08.27	品川	85.11.01 山手	04.06.01 東京						11.01.25	富士急6601
34	近畿車輌 85.08.29	品川	85.11.01 山手	04.06.01 東京						04.10.29	改造後 モハ204-3003
35	近畿車輌 85.08.29	品川	85.11.01 山手	04.06.01 東京						04.10.26 秋田総合	改造後 クモハ204-1103

モハ204-36～70

国鉄（ＪＲ東日本）

形式番号	製造所 製造年月	新製配置	移動年月 区	移動年月 区	移動年月 区	移動年月 区	移動年月 区	移動年月 区		改造年月 廃車年月	備考
モハ 204- 36	近畿車輛 85.08.29	品川	85.11.01 山手	04.06.01 東京						04.10.26 大宮総合	改造後 モハ204-5039
37	東急車輛 85.09.03	品川	85.11.01 山手	04.06.01 東京						05.01.29 秋田総合	改造後 モハ204-3005
38	東急車輛 85.09.03	品川	85.11.01 山手	04.06.01 東京						05.02.08 秋田総合	改造後 クモハ204-1105
39	東急車輛 85.09.03	品川	85.11.01 山手	04.06.01 東京						05.01.13 大宮総合	改造後 モハ204-5046
40	川崎重工 85.09.05	品川	85.11.01 山手	04.06.01 東京	05.03.18 中原					14.11.25	
41	川崎重工 85.09.05	品川	85.11.01 山手	04.06.01 東京						05.04.20 秋田総合	改造後 クモハ204-1107
42	川崎重工 85.09.05	品川	85.11.01 山手	04.06.01 東京						05.03.26 東京総合	改造後 モハ204-5057
43	川崎重工 85.09.10	品川	85.11.01 山手	02.08.22 京葉	09.04.30 鎌倉					14.09.15	
44	川崎重工 85.09.10	品川	85.11.01 山手	04.06.01 東京						09.06.04	
45	川崎重工 85.09.10	品川	85.11.01 山手	02.08.22 京葉	09.04.30 鎌倉					14.09.15	
46	日立製作 85.09.11	品川	85.11.01 山手	04.06.01 東京	05.03.18 中原					14.11.25	
47	日立製作 85.09.11	品川	85.11.01 山手	04.06.01 東京						05.03.31 秋田総合	改造後 クモハ204-1109
48	日立製作 85.09.11	品川	85.11.01 山手	04.06.01 東京						05.03.26 東京総合	改造後 モハ204-5058
49	東急車輛 85.09.18	品川	85.11.01 山手	02.11.07 川越						13.12.13	
50	東急車輛 85.09.18	品川	85.11.01 山手	02.11.07 川越						13.12.13	
51	東急車輛 85.09.18	品川	85.11.01 山手	02.11.07 川越						13.12.13	
52	近畿車輛 85.09.19	品川	85.11.01 山手	02.10.04 中原						15.12.04	
53	近畿車輛 85.09.19	品川	85.11.01 山手							02.10.10 土崎工場	改造後 モハ204-3101
54	近畿車輛 85.09.19	品川	85.11.01 山手	02.10.04 中原						15.12.04	
55	近畿車輛 85.09.25	品川	85.11.01 山手	02.09.27 中原						15.04.24	
56	近畿車輛 85.09.25	品川	85.11.01 山手							02.10.31 郡山工場	改造後 モハ204-3102
57	近畿車輛 85.09.25	品川	85.11.01 山手	02.09.27 中原						15.04.24	
58	日本車輌 85.09.27	品川	85.11.01 山手	02.11.26 中原						15.10.30	
59	日本車輌 85.09.27	品川	85.11.01 山手							02.11.09 土崎工場	改造後 モハ204-3103
60	日本車輌 85.09.27	品川	85.11.01 山手	02.11.26 中原						15.10.30	
61	川崎重工 86.02.13	山手	02.11.23 中原							15.09.11	
62	川崎重工 86.02.13	山手								02.11.27 郡山工場	改造後 モハ204-3104
63	川崎重工 86.02.13	山手	02.11.23 中原							15.09.11	
64	近畿車輛 86.02.25	山手	02.12.03 中原							15.10.02	
65	近畿車輛 86.02.25	山手								02.12.14 土崎工場	改造後 モハ204-3105
66	近畿車輛 86.02.25	山手	02.12.03 中原							15.10.02	
67	日本車輌 85.11.06	山手	02.12.13 中原							15.12.11	
68	日本車輌 85.11.06	山手								03.02.02 郡山工場	改造後 モハ204-3106
69	日本車輌 85.11.06	山手	02.12.13 中原							15.12.11	
70	川崎重工 85.11.19	山手	03.01.22 中原							15.06.19	

モハ204-71～105

国鉄(ＪＲ東日本・ＪＲ西日本)

形式番号	製造所 製造年月	新製配置	移動年月 区	移動年月 区	移動年月 区	移動年月 区	移動年月 区	移動年月 区		改造年月 廃車年月	備考
モハ 204- 71	川崎重工 85.11.19	山手								03.02.10 土崎工場	改造後 モハ204-3107
72	川崎重工 85.11.19	山手	03.01.22 中原							15.06.19	
73	川崎重工 85.12.03	山手	03.01.15 中原							15.06.26	
74	川崎重工 85.12.03	山手								03.03.18 郡山工場	改造後 モハ204-3108
75	川崎重工 85.12.03	山手	03.01.15 中原							15.06.26	
76	川崎重工 85.12.21	山手	03.03.12 中原							15.08.21	
77	川崎重工 85.12.21	山手								03.03.13 土崎工場	改造後 モハ204-3109
78	川崎重工 85.12.21	山手	03.03.12 中原							15.08.21	
79	川崎重工 86.01.09	山手	03.03.27 中原							15.10.09	
80	川崎重工 86.01.09	山手								03.05.29 郡山工場	改造後 モハ204-3110
81	川崎重工 86.01.09	山手	03.03.27 中原							15.10.09	
82	東急車輛 86.01.20	山手	03.07.11 中原							15.05.29	
83	東急車輛 86.01.20	山手								03.08.06 土崎工場	改造後 モハ204-3111
84	東急車輛 86.01.20	山手	03.07.11 中原							15.05.29	
85	東急車輛 86.02.03	山手	03.07.25 中原							05.06.30 秋田総合	改造後 モハ204-5029
86	東急車輛 86.02.03	山手								03.09.12 郡山工場	改造後 モハ204-3112
87	東急車輛 86.02.03	山手	03.07.25 中原							05.06.30 秋田総合	改造後 モハ204-5030
88	川崎重工 86.02.20	山手	03.07.26 鎌倉							14.10.24	
89	川崎重工 86.02.20	山手								03.08.29 土崎工場	改造後 モハ204-3113
90	川崎重工 86.02.20	山手	03.07.26 鎌倉							14.10.24	
91	日本車輌 86.02.24	山手	04.01.07 中原							16.01.15	
92	日本車輌 86.02.24	山手								03.11.06 郡山工場	改造後 モハ204-3114
93	日本車輌 86.02.24	山手	04.01.07 中原							16.01.15	
94	東急車輛 86.04.15	山手								05.01.07 東京総合	改造後 モハ204-5043
95	東急車輛 86.04.15	山手	04.06.01 東京							05.01.26 郡山総合	改造後 クモハ204-1106
96	東急車輛 86.04.15	山手	04.06.01 東京							05.01.07 東京総合	改造後 モハ204-5044
97	川崎重工 86.05.13	山手	04.06.01 東京							05.03.10 郡山総合	改造後 モハ204-5047
98	川崎重工 86.05.13	山手	04.06.01 東京							05.03.10 郡山総合	改造後 モハ204-5048
99	川崎重工 86.05.13	山手	04.06.01 東京							05.01.13 大宮総合	改造後 モハ204-5045
100	川崎重工 86.06.10	山手	04.06.01 東京							05.02.16 大宮総合	改造後 モハ204-5049
101	川崎重工 86.06.10	山手	04.06.01 東京							05.02.16 大宮総合	改造後 モハ204-5050
102	川崎重工 86.06.10	山手	04.06.01 東京							05.02.22 東京総合	改造後 モハ204-5052
103	川崎重工 86.08.05	明石	06.02.09 日根野	10.11.24 宮原	13.03.12 日根野	18.07.14 奈良					体質改善=13.02.16ST WAU709=11.12.19ST
104	川崎重工 86.08.05	明石	06.02.09 日根野	10.11.24 宮原	13.03.12 日根野					18.06.20	体質改善=13.02.16ST WAU709=11.12.19ST
105	日本車輌 86.08.07	明石	06.02.08 日根野	10.12.07 宮原	13.03.22 日根野	18.08.16 奈良					体質改善=12.03.27ST WAU709=09.09.02ST

モハ204 -106～110・121～150

国鉄（ＪＲ西日本）・ＪＲ東日本

形式番号	製造所 製造年月	新製配置	移動年月 区	移動年月 区	移動年月 区	移動年月 区	移動年月 区	移動年月 区		改造年月 廃車年月	備考
モハ 204- 106	日本車輌 86.08.07	明石	06.02.08 日根野	10.12.07 宮原	13.03.22 日根野					18.08.31	体質改善=12.03.27ST WAU709=09.09.02ST
107	川崎重工 86.08.21	明石	05.12.22 日根野	10.12.21 宮原	13.03.27 日根野	18.08.31 奈良					体質改善=12.08.02ST WAU709=11.07.12ST
108	川崎重工 86.08.21	明石	05.12.22 日根野	10.12.21 宮原	13.03.27 日根野					18.08.31	体質改善=12.08.02ST WAU709=11.07.12ST
109	川崎重工 86.08.28	明石	05.12.23 日根野	10.12.17 宮原	13.03.20 日根野	18.10.06 奈良					体質改善=12.11.20ST WAU709=11.08.31ST
110	川崎重工 86.08.28	明石	05.12.23 日根野	10.12.17 宮原	13.03.20 日根野					18.10.09	体質改善=12.11.20ST WAU709=11.08.31ST
モハ 204- 121	日立製作 87.12.01	山手	90.05.22 川越							14.01.17	
122	日立製作 87.12.01	山手	90.05.22 川越							14.01.17	
123	日立製作 87.12.01	山手	90.05.22 川越							14.01.17	
124	日立製作 87.12.22	山手	96.02.05 川越							14.01.30	
125	日立製作 87.12.22	山手	96.02.05 川越							14.01.30	
126	日立製作 87.12.22	山手	96.02.05 川越							14.01.30	
127	日立製作 88.01.08	山手	04.06.01 東京							04.07.23 大宮総合	改造後 モハ204-5023
128	日立製作 88.01.08	山手	04.06.01 東京							04.07.23 大宮総合	改造後 モハ204-5024
129	日立製作 88.01.08	山手	04.06.01 東京							04.07.27 東京総合	改造後 モハ204-5025
130	日立製作 88.01.12	山手								03.10.28 大宮工場	改造後 モハ204-5005
131	日立製作 88.01.12	山手								03.10.28 大宮工場	改造後 モハ204-5006
132	日立製作 88.01.12	山手								03.12.26 大宮工場	改造後 モハ204-5009
133	日立製作 88.01.22	山手	04.06.01 東京							04.08.05 東京総合	改造後 モハ204-5027
134	日立製作 88.01.22	山手	04.06.01 東京							04.08.27 郡山総合	改造後 クモハ204-1102
135	日立製作 88.01.22	山手	04.06.01 東京							04.08.05 東京総合	改造後 モハ204-5028
136	日立製作 88.02.06	山手								03.10.18 大井工場	改造後 モハ204-5007
137	日立製作 88.02.06	山手								03.10.18 大井工場	改造後 モハ204-5008
138	日立製作 88.02.06	山手								03.12.26 大宮工場	改造後 モハ204-5010
139	日立製作 88.02.18	山手								03.12.13 大井工場	改造後 モハ204-5011
140	日立製作 88.02.18	山手								04.02.06 大宮工場	改造後 モハ204-5016
141	日立製作 88.02.18	山手								03.12.13 大井工場	改造後 モハ204-5012
142	日立製作 88.02.27	山手								04.02.14 大井工場	改造後 モハ204-5013
143	日立製作 88.02.27	山手								04.02.14 大井工場	改造後 モハ204-5014
144	日立製作 88.02.27	山手								04.02.06 大宮工場	改造後 モハ204-5015
145	川崎重工 88.02.25	山手								04.03.31 大宮工場	改造後 モハ204-5017
146	川崎重工 88.02.25	山手								04.04.29 大宮工場	改造後 モハ204-5021
147	川崎重工 88.02.25	山手								04.03.31 大宮工場	改造後 モハ204-5018
148	川崎重工 88.03.05	山手								04.04.13 大井工場	改造後 モハ204-5019
149	川崎重工 88.03.05	山手								04.04.13 大井工場	改造後 モハ204-5020
150	川崎重工 88.03.05	山手								04.04.29 大宮工場	改造後 モハ204-5022

モハ204 -151～185

形式番号	製造所 製造年月	新製配置	移動年月 区	移動年月 区	移動年月 区	移動年月 区	移動年月 区	移動年月 区		改造年月 廃車年月	備考
モハ 204- 151	川崎重工 88.03.11	山手	04.06.01 東京							05.03.19 東京総合	改造後 モハ204-5053
152	川崎重工 88.03.11	山手	04.06.01 東京							05.03.29 郡山総合	改造後 クモハ204-1108
153	川崎重工 88.03.11	山手	04.06.01 東京							05.03.19 東京総合	改造後 モハ204-5054
154	川崎重工 88.03.17	山手	04.06.01 東京							05.06.10 東京総合	改造後 モハ204-5055
155	川崎重工 88.03.17	山手	04.06.01 東京							05.06.10 東京総合	改造後 モハ204-5056
156	川崎重工 88.03.17	山手	04.06.01 東京							05.02.22 東京総合	改造後 モハ204-5051
157	東急車輛 88.03.22	山手	04.06.01 東京							05.03.26 大宮総合	改造後 モハ204-5059
158	東急車輛 88.03.22	山手	04.06.01 東京							05.03.26 大宮総合	改造後 モハ204-5060
159	東急車輛 88.03.22	山手	04.06.01 東京							05.08.30 大宮総合	改造後 モハ204-5063
160	東急車輛 88.03.28	山手	04.06.01 東京	04.08.19 川越						14.02.20	
161	東急車輛 88.03.28	山手	04.06.01 東京	04.08.19 川越						14.02.20	
162	東急車輛 88.03.28	山手	04.06.01 東京	04.08.19 川越						14.02.20	
163	東急車輛 88.03.30	山手	04.06.01 東京							05.07.04 大宮総合	改造後 モハ204-5061
164	東急車輛 88.03.30	山手	04.06.01 東京							05.07.04 大宮総合	改造後 モハ204-5062
165	東急車輛 88.03.30	山手	04.06.01 東京							05.09.05 東京総合	改造後 モハ204-5067
166	東急車輛 88.04.25	山手	04.06.01 東京							05.07.22 東京総合	改造後 モハ204-5065
167	東急車輛 88.04.25	山手	04.06.01 東京							05.07.22 東京総合	改造後 モハ204-5066
168	東急車輛 88.04.25	山手	04.06.01 東京							05.09.05 東京総合	改造後 モハ204-5068
169	東急車輛 88.04.28	山手	04.06.01 東京							04.09.10 大宮総合	改造後 モハ204-5031
170	東急車輛 88.04.28	山手	04.06.01 東京							04.09.10 大宮総合	改造後 モハ204-5032
171	東急車輛 88.04.28	山手	04.06.01 東京							04.10.19 東京総合	改造後 モハ204-5034
172	東急車輛 88.05.26	山手	04.06.01 東京							04.10.08 東京総合	改造後 モハ204-5035
173	東急車輛 88.05.26	山手	04.06.01 東京							04.12.03 郡山総合	改造後 クモハ204-1104
174	東急車輛 88.05.26	山手	04.06.01 東京							04.10.08 東京総合	改造後 モハ204-5036
175	東急車輛 88.05.27	山手	04.06.01 東京							04.12.28 秋田総合	改造後 モハ204-5037
176	東急車輛 88.05.27	山手	04.06.01 東京							04.12.28 秋田総合	改造後 モハ204-5038
177	東急車輛 88.05.27	山手	04.06.01 東京							04.10.19 東京総合	改造後 モハ204-5033
178	東急車輛 88.06.20	山手	04.06.01 東京							04.12.01 大宮総合	改造後 モハ204-5041
179	東急車輛 88.06.20	山手	04.06.01 東京							04.12.01 大宮総合	改造後 モハ204-5042
180	東急車輛 88.06.20	山手	04.06.01 東京							04.10.26 大宮総合	改造後 モハ204-5040
181	日本車輌 88.09.02	蒲田	96.12.01 大船	00.07.01 鎌倉						14.10.17	
182	日本車輌 88.09.02	蒲田	96.12.01 大船	00.07.01 鎌倉						14.10.17	
183	日本車輌 88.09.07	蒲田	96.12.01 大船	00.07.01 鎌倉						14.09.26	
184	日本車輌 88.09.07	蒲田	96.12.01 大船	00.07.01 鎌倉						14.09.26	
185	日本車輌 88.09.14	蒲田	96.12.01 大船	00.07.01 鎌倉						14.03.03	

モハ204-186～220

形式番号	製 造 所 製造年月	新製配置	移動年月 区	移動年月 区	移動年月 区	移動年月 区	移動年月 区	移動年月 区		改造年月 廃車年月	備 考
モハ 204- 186	日本車輛 88.09.14	蒲田	96.12.01 大船	00.07.01 鎌倉						14.03.03	
187	日本車輛 88.09.20	蒲田	96.12.01 大船	00.07.01 鎌倉						14.05.30	
188	日本車輛 88.09.20	蒲田	96.12.01 大船	00.07.01 鎌倉						14.05.30	
189	日本車輛 88.09.26	蒲田	96.12.01 大船	00.07.01 鎌倉						14.05.21	
190	日本車輛 88.09.26	蒲田	96.12.01 大船	00.07.01 鎌倉						14.05.21	
191	日本車輛 88.09.30	蒲田	96.12.01 大船	00.07.01 鎌倉						14.05.23	
192	日本車輛 88.09.30	蒲田	96.12.01 大船	00.07.01 鎌倉						14.05.23	
193	日本車輛 88.10.05	蒲田	96.12.01 大船	00.07.01 鎌倉						14.06.20	
194	日本車輛 88.10.05	蒲田	96.12.01 大船	00.07.01 鎌倉						14.06.20	
195	川崎重工 88.11.07	蒲田	96.12.01 大船	00.07.01 鎌倉						14.10.10	
196	川崎重工 88.11.07	蒲田	96.12.01 大船	00.07.01 鎌倉						14.10.10	
197	川崎重工 88.11.15	蒲田	96.12.01 大船	00.07.01 鎌倉						14.06.27	
198	川崎重工 88.11.15	蒲田	96.12.01 大船	00.07.01 鎌倉						14.06.27	
199	川崎重工 88.11.25	蒲田	96.12.01 大船	00.07.01 鎌倉						14.05.16	
200	川崎重工 88.11.25	蒲田	96.12.01 大船	00.07.01 鎌倉						14.05.16	
201	川崎重工 88.12.02	蒲田	96.12.01 大船	00.07.01 鎌倉						14.08.29	
202	川崎重工 88.12.02	蒲田	96.12.01 大船	00.07.01 鎌倉						14.08.29	
203	近畿車輛 88.12.06	蒲田	96.12.01 大船	00.07.01 鎌倉						14.07.04	
204	近畿車輛 88.12.06	蒲田	96.12.01 大船	00.07.01 鎌倉						14.07.04	
205	川崎重工 88.12.09	蒲田	96.12.01 大船	00.07.01 鎌倉						14.07.18	
206	川崎重工 88.12.09	蒲田	96.12.01 大船	00.07.01 鎌倉						14.07.18	
207	近畿車輛 88.12.12	蒲田	96.12.01 大船	00.07.01 鎌倉						14.08.08	
208	近畿車輛 88.12.12	蒲田	96.12.01 大船	00.07.01 鎌倉						14.08.08	
209	東急車輛 88.12.15	蒲田	96.12.01 大船	00.07.01 鎌倉						14.07.11	
210	東急車輛 88.12.15	蒲田	96.12.01 大船	00.07.01 鎌倉						14.07.11	
211	川崎重工 88.12.21	蒲田	96.12.01 大船	00.07.01 鎌倉						14.05.20	
212	川崎重工 88.12.21	蒲田	96.12.01 大船	00.07.01 鎌倉						14.05.20	
213	川崎重工 89.01.13	蒲田	96.12.01 大船	00.07.01 鎌倉						14.10.03	
214	川崎重工 89.01.13	蒲田	96.12.01 大船	00.07.01 鎌倉						14.10.03	
215	近畿車輛 89.01.17	蒲田	96.12.01 大船	00.07.01 鎌倉						14.08.22	
216	近畿車輛 89.01.17	蒲田	96.12.01 大船	00.07.01 鎌倉						14.08.22	
217	川崎重工 89.01.20	蒲田	96.12.01 大船	00.07.01 鎌倉						14.09.12	
218	川崎重工 89.01.20	蒲田	96.12.01 大船	00.07.01 鎌倉						14.09.12	
219	川崎重工 89.01.24	蒲田	96.12.01 大船	00.07.01 鎌倉						14.04.04	
220	川崎重工 89.01.24	蒲田	96.12.01 大船	00.07.01 鎌倉						14.04.04	

モハ204 -221～255

形式番号	製造所 製造年月	新製配置	移動年月 区	移動年月 区	移動年月 区	移動年月 区	移動年月 区	移動年月 区		改造年月 廃車年月	備考
モハ 204- 221	東急車輌 89.01.27	蒲田	96.12.01 大船	00.07.01 鎌倉						14.06.13	
222	東急車輌 89.01.27	蒲田	96.12.01 大船	00.07.01 鎌倉						14.06.13	
223	東急車輌 89.01.31	蒲田	96.12.01 大船	00.07.01 鎌倉						14.09.19	
224	東急車輌 89.01.31	蒲田	96.12.01 大船	00.07.01 鎌倉						14.09.19	
225	東急車輌 89.02.17	蒲田	96.12.01 大船	00.07.01 鎌倉						14.08.01	
226	東急車輌 89.02.17	蒲田	96.12.01 大船	00.07.01 鎌倉						14.08.01	
227	東急車輌 89.02.21	蒲田	96.12.01 大船	00.07.01 鎌倉						14.06.06	
228	東急車輌 89.02.21	蒲田	96.12.01 大船	00.07.01 鎌倉						14.06.06	
229	東急車輌 89.03.01	蒲田	96.12.01 大船	00.07.01 鎌倉						14.07.25	
230	大船工場 89.02.15	蒲田	96.12.01 大船	00.07.01 鎌倉						14.07.25	
231	川崎重工 89.02.13	中原								15.06.10	
232	川崎重工 89.02.13	中原								15.06.10	
233	川崎重工 89.03.07	中原								15.11.06	
234	川崎重工 89.03.07	中原								15.11.06	
235	川崎重工 89.03.08	中原								15.05.15	
236	川崎重工 89.03.08	中原								10.06.16	
237	川崎重工 89.06.08	川越								13.12.06	
238	川崎重工 89.06.08	川越								13.12.06	
239	川崎重工 89.06.08	川越								13.12.06	
240	川崎重工 89.06.13	川越								13.12.19	
241	川崎重工 89.06.13	川越								13.12.19	
242	川崎重工 89.06.13	川越								13.12.19	
243	川崎重工 89.06.21	川越								13.09.12	
244	川崎重工 89.06.21	川越								13.09.12	
245	川崎重工 89.06.21	川越								13.09.12	
246	川崎重工 89.06.26	川越								13.11.07	
247	川崎重工 89.06.26	川越								13.11.07	
248	川崎重工 89.06.26	川越								13.11.07	
249	川崎重工 89.07.08	川越								13.11.04	
250	川崎重工 89.07.08	川越								13.11.04	
251	川崎重工 89.07.08	川越								13.11.04	
252	川崎重工 89.08.22	川越								13.10.16	
253	川崎重工 89.08.22	川越								13.10.16	
254	川崎重工 89.08.22	川越								13.10.16	
255	川崎重工 89.07.30	三鷹	96.12.04 川越							13.09.26	

モハ204-256～290

形式番号	製造所 製造年月	新製配置	移動年月 区	移動年月 区	移動年月 区	移動年月 区	移動年月 区	移動年月 区		改造年月 廃車年月	備考
モハ 204- 256	川崎重工 89.07.30	三鷹	96.12.04 川越							13.09.26	
257	川崎重工 89.07.30	三鷹	96.12.04 川越							13.09.26	
258	川崎重工 89.09.02	川越								13.07.18	
259	川崎重工 89.09.02	川越								13.07.18	
260	川崎重工 89.09.02	川越								13.07.18	
261	川崎重工 89.09.08	三鷹	90.05.31 川越							13.11.13	
262	川崎重工 89.09.08	三鷹	90.05.31 川越							13.11.13	
263	川崎重工 89.09.08	三鷹	90.05.31 川越							13.11.13	
264	川崎重工 89.09.19	川越								13.09.26	
265	川崎重工 89.09.19	川越								13.09.26	
266	川崎重工 89.09.19	川越								13.09.26	
267	川崎重工 89.09.22	川越								13.10.04	
268	川崎重工 89.09.22	川越								13.10.04	
269	川崎重工 89.09.22	川越								13.10.04	
270	川崎重工 89.09.27	中原								19.06.28	
271	川崎重工 89.09.27	中原								19.06.28	
272	川崎重工 89.09.30	中原								19.06.28	
273	川崎重工 89.09.30	中原								19.10.25	
274	川崎重工 89.10.12	中原								15.07.03	
275	川崎重工 89.10.12	中原								15.07.03	
276	川崎重工 89.10.20	中原	93.02.17 三鷹							08.12.17 長野総合	改造後 モハ204-5071
277	川崎重工 89.10.20	中原	93.02.17 三鷹							13.11.01	
278	川崎重工 89.10.18	浦和	93.03.11 三鷹							02.03.29 大井工場	改造後 モハ204-5001
279	川崎重工 89.10.18	浦和	93.03.11 三鷹							02.03.29 鎌倉総合	改造後 クモハ204-1001
280	川崎重工 89.10.18	浦和	93.03.11 三鷹							02.03.29 大井工場	改造後 モハ204-5002
281	川崎重工 89.10.27	浦和	93.03.31 三鷹							02.03.26 大宮工場	改造後 モハ204-5003
282	川崎重工 89.10.27	浦和	93.03.31 三鷹							02.03.29 鎌倉総合	改造後 クモハ204-1002
283	川崎重工 89.10.27	浦和	93.03.31 三鷹							02.03.26 大宮工場	改造後 モハ204-5004
284	川崎重工 89.11.08	浦和	96.02.05 川越							13.07.30	
285	川崎重工 89.11.08	浦和	96.02.05 川越							13.07.30	
286	川崎重工 89.11.08	浦和	96.02.05 川越							13.07.30	
287	川崎重工 89.11.15	浦和	96.03.01 川越							16.11.09	富士急6602
288	川崎重工 89.11.15	浦和	96.03.01 川越							16.11.11	
289	川崎重工 89.11.15	浦和	96.03.01 川越							16.11.11	
290	川崎重工 89.11.21	京葉								10.09.15	

モハ204 -291～325

JR東日本

形式番号	製造所 製造年月	新製配置	移動年月 区	移動年月 区	移動年月 区	移動年月 区	移動年月 区	移動年月 区		改造年月 廃車年月	備考
モハ 204- 291	川崎重工 89.11.21	京葉								10.09.15	
292	川崎重工 89.11.21	京葉								13.02.01 大宮総合	改造後 モハ204-602
293	川崎重工 89.11.25	京葉								10.11.17	
294	川崎重工 89.11.25	京葉								10.11.17	
295	川崎重工 89.11.25	京葉								13.02.01 大宮総合	改造後 モハ204-601
296	川崎重工 89.12.01	京葉								10.12.18	
297	川崎重工 89.12.01	京葉								10.12.18	
298	川崎重工 89.12.01	京葉								13.03.29 東京総合	改造後 モハ204-604
299	川崎重工 89.12.08	京葉								11.03.10	
300	川崎重工 89.12.08	京葉								11.03.10	
301	川崎重工 89.12.08	京葉								12.11.12 大宮総合	改造後 モハ204-603
302	川崎重工 89.12.15	京葉								10.09.23	
303	川崎重工 89.12.15	京葉								10.09.23	
304	川崎重工 89.12.15	京葉								12.12.10 大宮総合	改造後 モハ204-606
305	川崎重工 89.12.19	京葉								10.10.06	
306	川崎重工 89.12.19	京葉								10.10.06	
307	川崎重工 89.12.19	京葉								13.04.26 大宮総合	改造後 モハ204-605
308	川崎重工 89.12.26	京葉								10.10.27	
309	川崎重工 89.12.26	京葉								10.10.27	
310	川崎重工 89.12.26	京葉								13.03.07 東京総合	改造後 モハ204-608
311	川崎重工 90.01.10	京葉								11.01.17	
312	川崎重工 90.01.10	京葉								11.01.17	
313	川崎重工 90.01.10	京葉								13.03.14 大宮総合	改造後 モハ204-607
314	川崎重工 90.01.19	京葉								11.06.09	
315	川崎重工 90.01.19	京葉								11.06.09	
316	川崎重工 90.01.19	京葉								12.10.31 大宮総合	改造後 モハ204-610
317	川崎重工 90.01.23	京葉								11.07.14	
318	川崎重工 90.01.23	京葉								11.07.14	
319	川崎重工 90.01.23	京葉								13.07.22 大宮総合	改造後 モハ204-609
320	川崎重工 90.01.30	京葉								10.07.24	
321	川崎重工 90.01.30	京葉								10.07.24	
322	川崎重工 90.01.30	京葉								10.07.24	
323	川崎重工 90.02.08	京葉								10.07.13	
324	川崎重工 90.02.08	京葉								10.07.13	
325	川崎重工 90.02.08	京葉								10.07.13	

形式番号	製造所 製造年月	新製配置	移動年月 区	移動年月 区	移動年月 区	移動年月 区	移動年月 区	移動年月 区		改造年月 廃車年月	備考
モハ 204- 326	川崎重工 90.05.29	川越								13.12.20	
327	川崎重工 90.05.29	川越								13.12.20	
328	川崎重工 90.05.29	川越								13.12.20	
329	川崎重工 90.06.07	川越								13.10.24	
330	川崎重工 90.06.07	川越								13.10.24	
331	川崎重工 90.06.07	川越								13.10.24	
332	川崎重工 90.06.14	川越								13.10.18	
333	川崎重工 90.06.14	川越								13.10.18	
334	川崎重工 90.06.14	川越								13.10.18	
335	川崎重工 90.06.21	川越								13.09.20	
336	川崎重工 90.06.21	川越								13.09.20	
337	川崎重工 90.06.21	川越								13.09.20	
338	川崎重工 90.06.28	川越								14.02.13 大宮総合	改造後 モハ204-612
339	川崎重工 90.06.28	川越								13.10.24	
340	川崎重工 90.06.28	川越								13.10.24	
341	川崎重工 90.07.05	川越								14.03.19 大宮総合	改造後 モハ204-611
342	川崎重工 90.07.05	川越								13.11.22	
343	川崎重工 90.07.05	川越								13.11.22	
344	川崎重工 90.07.12	川越								14.02.07	
345	川崎重工 90.07.12	川越								14.02.07	
346	川崎重工 90.07.12	川越								14.02.07	
347	川崎重工 90.07.19	川越								13.08.09	
348	川崎重工 90.07.19	川越								13.08.09	
349	川崎重工 90.07.19	川越								13.08.09	
350	川崎重工 90.07.26	川越								13.11.29	
351	川崎重工 90.07.26	川越								13.11.29	
352	川崎重工 90.07.26	川越								13.11.29	
353	川崎重工 90.08.02	中原								15.05.22	
354	川崎重工 90.08.02	中原								15.05.22	
355	川崎重工 90.08.07	中原								19.10.25	
356	川崎重工 90.08.07	中原								19.10.25	
357	川崎重工 90.08.17	中原								15.07.31	
358	川崎重工 90.08.17	中原								15.07.31	
359	川崎重工 90.08.23	中原								15.07.17	
360	川崎重工 90.08.23	中原								15.07.17	

モハ204 -361～395

JR東日本

形式番号	製造所 製造年月	新製配置	移動年月 区	移動年月 区	移動年月 区	移動年月 区	移動年月 区	移動年月 区		改造年月 廃車年月	備考
モハ 204- 361	川崎重工 90.08.28	中原								15.11.20	
362	川崎重工 90.08.28	中原								15.11.20	
363	川崎重工 90.08.31	中原								15.08.28	
364	川崎重工 90.08.31	中原								15.08.28	
365	川崎重工 90.09.04	中原								15.01.16	
366	川崎重工 90.09.04	中原								15.01.16	
367	川崎重工 90.09.11	浦和	93.02.11 蒲田	96.12.01 大船	00.07.01 鎌倉					15.01.29	
368	川崎重工 90.09.11	浦和	93.02.01 三鷹							08.12.05 長野総合	改造後 モハ204-5072
369	川崎重工 90.09.11	浦和	93.02.11 蒲田	96.12.01 大船	00.07.01 鎌倉					15.01.29	
370	川崎重工 90.09.18	浦和	95.10.13 川越							13.11.15	
371	川崎重工 90.09.18	浦和	95.10.13 川越							13.11.15	
372	川崎重工 90.09.18	浦和	95.10.13 川越							13.11.15	
373	川崎重工 90.09.25	中原								15.02.25	
374	川崎重工 90.09.25	中原								15.02.25	
375	川崎重工 90.09.27	中原								14.12.26	
376	川崎重工 90.09.27	中原								14.12.26	
377	川崎重工 90.11.09	川越								13.08.21	
378	川崎重工 90.11.09	川越								13.08.21	
379	川崎重工 90.11.09	川越								13.08.21	
380	川崎重工 90.11.19	川越								14.02.14	
381	川崎重工 90.11.19	川越								14.02.14	
382	川崎重工 90.11.19	川越								14.02.14	
383	川崎重工 90.11.22	川越								13.11.21	
384	川崎重工 90.11.22	川越								13.11.21	
385	川崎重工 90.11.22	川越								13.11.21	
386	川崎重工 90.12.03	川越								13.11.01	
387	川崎重工 90.12.03	川越								13.11.01	
388	川崎重工 90.12.03	川越								08.06.19	
389	川崎重工 90.12.10	川越								13.10.10	
390	川崎重工 90.12.10	川越								13.10.10	
391	川崎重工 90.12.10	川越								13.10.10	
392	川崎重工 91.09.27	豊田	04.03.13 京葉							05.08.30 大宮総合	改造後 モハ204-5064
393	川崎重工 91.10.08	豊田	04.03.13 京葉							05.12.05 東京総合	改造後 モハ204-5069
394	川崎重工 91.09.27	豊田	04.03.13 京葉							05.12.05 東京総合	改造後 モハ204-5070
395	川崎重工 91.10.08	豊田	04.03.13 京葉							19.08.09	

モハ204-396～406

JR東日本

形式番号	製造所 製造年月	新製配置	移動年月 区	移動年月 区	移動年月 区	移動年月 区	移動年月 区	移動年月 区		改造年月 廃車年月	備考
モハ 204- 396	川崎重工 91.10.08	豊田	04.03.13 京葉							19.08.09	
397	川崎重工 91.10.08	豊田	04.03.13 京葉							19.08.09	
398	川崎重工 91.10.17	豊田	04.03.13 京葉							19.08.23	
399	川崎重工 91.10.17	豊田	04.03.13 京葉							19.08.23	
400	川崎重工 91.10.17	豊田	04.03.13 京葉							19.08.23	
401	川崎重工 91.10.23	豊田	04.03.13 京葉							19.07.12	
402	川崎重工 91.10.23	豊田	04.03.13 京葉							19.07.12	
403	川崎重工 91.10.23	豊田	04.03.13 京葉							19.07.12	
404	川崎重工 91.10.30	豊田	04.03.13 京葉							19.10.04	
405	川崎重工 91.10.30	豊田	04.03.13 京葉							19.10.04	
406	川崎重工 91.10.30	豊田	04.03.13 京葉							19.10.04	

モハ204-501～513

JR東日本

形式番号	製造所 製造年月	新製配置	移動年月 区	移動年月 区	移動年月 区	移動年月 区	移動年月 区	移動年月 区		改造年月 廃車年月	備考
モハ 204- 501	東急車輛 91.01.10	豊田	96.12.01 国府津							23.04.04	
502	東急車輛 91.01.10	豊田	96.12.01 国府津							22.08.20	
503	東急車輛 91.01.17	豊田	96.12.01 国府津							22.04.12	
504	東急車輛 91.01.17	豊田	96.12.01 国府津							22.06.11	
505	東急車輛 91.01.29	豊田	96.12.01 国府津							22.06.11	
506	東急車輛 91.01.29	豊田	96.12.01 国府津							22.07.28	
507	東急車輛 91.02.09	豊田	96.12.01 国府津							22.04.12	
508	東急車輛 91.02.09	豊田	96.12.01 国府津							23.01.26	
509	東急車輛 91.02.16	豊田	96.12.01 国府津							22.07.28	
510	東急車輛 91.02.16	豊田	96.12.01 国府津							22.08.20	
511	東急車輛 91.02.23	豊田	96.12.01 国府津							22.12.09	
512	大船工場 91.03.06	豊田	96.12.01 国府津							22.12.09	
513	大船工場 91.03.06	豊田	96.12.01 国府津							23.01.26	

モハ204-601～612

JR東日本

形式番号	改造所 改造年月	旧形式 車号	改造後 配置	移動年月 区	移動年月 区	移動年月 区	移動年月 区	移動年月 区		改造年月 廃車年月	備考
モハ 204- 601	大宮総合 13.07.01	モハ204- 295	小山							22.04.22	
602	大宮総合 13.02.01	モハ204- 292	小山							22.11.04	
603	大宮総合 12.11.12	モハ204- 301	小山							23.04.04	
604	東京総合 13.03.29	モハ204- 298	小山							22.07.15	
605	大宮総合 13.04.26	モハ204- 307	小山							22.11.04	
606	大宮総合 12.12.10	モハ204- 304	小山							22.11.11	
607	大宮総合 13.03.14	モハ204- 313	小山							22.07.15	
608	東京総合 13.03.07	モハ204- 310	小山							22.08.26	
609	大宮総合 13.07.22	モハ204- 319	小山							22.04.22	
610	大宮総合 12.10.15	モハ204- 316	小山							22.08.26	
611	大宮総合 14.03.19	モハ204- 341	小山							22.11.11	
612	大宮総合 14.02.13	モハ204- 338	小山							22.04.08	

モハ204-1001～1005

JR西日本

形式番号	製造所 製造年月	新製配置	移動年月 区	移動年月 区	移動年月 区	移動年月 区	移動年月 区	移動年月 区		改造年月 廃車年月	備考
モハ 204- 1001	近畿車輛 88.01.20	日根野	17.10.07 奈良								体質改善=12.07.10ST WAU709=09.03.30ST
1002	近畿車輛 88.01.29	日根野	17.12.13 奈良								体質改善=12.10.18ST WAU709=09.02.24ST
1003	近畿車輛 88.01.29	日根野	18.01.26 奈良								体質改善=13.01.07ST WAU709=09.05.18ST
1004	近畿車輛 88.02.10	日根野	17.10.05 奈良								体質改善=13.03.19ST WAU709=10.03.05ST
1005	近畿車輛 88.02.10	日根野	18.02.03 奈良								体質改善=13.01.23ST WAU709=09.12.11ST

モハ204-3001～3005

JR東日本

形式番号	改造所 改造年月	旧形式 車号	改造後 配置	移動年月 区	移動年月 区	移動年月 区	移動年月 区	移動年月 区		改造年月 廃車年月	備考
モハ 204- 3001	大宮工場 03.10.29	モハ204- 22	川越							18.07.25	富士急6802
3002	大宮工場 03.08.23	モハ204- 24	川越							18.02.09	
3003	秋田総合 04.09.06	モハ204- 25	川越							18.07.25	
3004	郡山総合 04.10.29	モハ204- 34	川越							18.05.13	
3005	秋田総合 05.01.29	モハ204- 37	川越							18.06.11	富士急6801

モハ204 -3101～3119

JR東日本

形式番号	改造所 改造年月	旧形式 車号	改造後 配置	移動年月 区	移動年月 区	移動年月 区	移動年月 区	移動年月 区		改造年月 廃車年月	備考
モハ 204- 3101	土崎工場 02.10.10	モハ204- 53	宮城野	03.10.01 仙台							
3102	郡山工場 02.10.31	モハ204- 56	宮城野	03.10.01 仙台							
3103	土崎工場 02.11.09	モハ204- 59	宮城野	03.10.01 仙台							
3104	郡山工場 02.11.27	モハ204- 62	宮城野	03.10.01 仙台							
3105	土崎工場 02.12.14	モハ204- 65	宮城野	03.10.01 仙台							
3106	郡山工場 03.02.02	モハ204- 68	宮城野	03.10.01 仙台							
3107	土崎工場 03.02.10	モハ204- 71	宮城野	03.10.01 仙台						14.12.25	東日本大震災
3108	郡山工場 03.03.18	モハ204- 74	宮城野	03.10.01 仙台							
3109	土崎工場 03.03.13	モハ204- 77	宮城野	03.10.01 仙台						11.03.12	東日本大震災
3110	郡山工場 03.05.29	モハ204- 80	宮城野	03.10.01 仙台							
3111	土崎工場 03.08.06	モハ204- 83	宮城野	03.10.01 仙台							
3112	郡山工場 03.09.12	モハ204- 86	宮城野	03.10.01 仙台							
3113	土崎工場 03.08.29	モハ204- 89	宮城野	03.10.01 仙台							
3114	郡山工場 03.11.06	モハ204- 86	仙台								
3115	土崎工場 03.12.11	モハ204- 17	仙台								
3116	郡山工場 04.03.29	モハ204- 20	仙台								
3117	土崎工場 04.03.31	モハ204- 29	仙台								
3118	郡山総合 04.06.24	モハ204- 14	仙台								
3119	郡山総合 09.10.20	モハ204- 14	仙台								

モハ204 -5001～5014

JR東日本

形式番号	改造所 改造年月	旧形式 車号	改造後 配置	移動年月 区	移動年月 区	移動年月 区	移動年月 区	移動年月 区		改造年月 廃車年月	備考
モハ 204- 5001	大井工場 02.03.29	モハ204- 278	豊田	04.03.13 京葉						19.12.11	
5002	大井工場 02.03.29	モハ204- 280	豊田	04.03.13 京葉						19.12.11	
5003	大宮工場 02.03.26	モハ204- 281	豊田	04.03.13 京葉						20.02.26	
5004	大宮工場 02.03.26	モハ204- 283	豊田	04.03.13 京葉						20.02.26	
5005	大宮工場 03.10.28	モハ204- 130	豊田	04.03.13 京葉						18.03.30	
5006	大宮工場 03.10.28	モハ204- 131	豊田	04.03.13 京葉						18.03.30	
5007	大井工場 03.10.18	モハ204- 136	豊田	04.03.13 京葉						20.09.09	
5008	大井工場 03.10.18	モハ204- 137	豊田	04.03.13 京葉						20.09.09	
5009	大宮工場 03.12.26	モハ204- 132	豊田	04.03.13 京葉						20.10.14	
5010	大宮工場 03.12.26	モハ204- 138	豊田	04.03.13 京葉						20.10.21	
5011	大井工場 03.12.13	モハ204- 139	豊田	04.03.13 京葉						20.08.26	
5012	大井工場 03.12.13	モハ204- 141	豊田	04.03.13 京葉						20.08.26	
5013	大井工場 04.02.14	モハ204- 142	豊田	04.03.13 京葉						18.10.12	
5014	大井工場 04.02.14	モハ204- 143	豊田	04.03.13 京葉						18.10.12	

モハ204 -5015～5049

形式番号	改造所 改造年月	旧形式 車号	改造後 配置	移動年月 区	移動年月 区	移動年月 区	移動年月 区	移動年月 区		改造年月 廃車年月	備考
モハ 204- 5015	大宮工場 04.02.06	モハ204- 144	豊田	04.03.13 京葉						20.06.03	
5016	大宮工場 04.02.06	モハ204- 140	豊田	04.03.13 京葉						20.06.03	
5017	大宮工場 04.03.31	モハ204- 145	京葉							18.11.16	
5018	大宮工場 04.03.31	モハ204- 147	京葉							18.11.16	
5019	大井工場 04.04.13	モハ204- 148	京葉							19.03.01	
5020	大井工場 04.04.13	モハ204- 149	京葉							19.03.01	
5021	大宮工場 04.04.29	モハ204- 146	京葉							20.04.08	
5022	大宮工場 04.04.29	モハ204- 150	京葉							20.04.08	
5023	大宮総合 04.07.23	モハ204- 127	京葉							18.11.30	
5024	大宮総合 04.07.23	モハ204- 128	京葉							18.11.30	
5025	東京総合 04.07.27	モハ204- 129	京葉							18.09.14	
5026	東京総合 04.07.27	モハ204- 27	京葉							18.09.14	
5027	東京総合 04.08.05	モハ204- 133	京葉							19.04.26	
5028	東京総合 04.08.05	モハ204- 135	京葉							19.04.26	
5029	秋田総合 05.06.30	モハ204- 85	京葉							18.03.09	
5030	秋田総合 05.06.30	モハ204- 87	京葉							18.03.09	
5031	大宮総合 04.09.10	モハ204- 169	京葉							19.03.20	
5032	大宮総合 04.09.10	モハ204- 170	京葉							19.03.20	
5033	東京総合 04.10.19	モハ204- 177	京葉							20.01.29	
5034	東京総合 04.10.19	モハ204- 171	京葉							20.10.21	
5035	東京総合 04.10.08	モハ204- 172	京葉							19.09.06	
5036	東京総合 04.10.08	モハ204- 174	京葉							19.09.06	
5037	秋田総合 04.12.28	モハ204- 176	京葉							19.11.29	
5038	秋田総合 04.12.28	モハ204- 177	京葉							19.11.29	
5039	大宮総合 04.10.26	モハ204- 36	京葉							20.10.14	
5040	大宮総合 04.10.26	モハ204- 180	京葉							20.01.29	
5041	大宮総合 04.12.01	モハ204- 178	京葉							20.02.12	
5042	大宮総合 04.12.01	モハ204- 179	京葉							20.02.12	
5043	東京総合 05.01.07	モハ204- 94	京葉							20.07.08	
5044	東京総合 05.01.07	モハ204- 96	京葉							20.07.08	
5045	大宮総合 05.01.13	モハ204- 99	京葉							20.07.29	
5046	大宮総合 05.01.13	モハ204- 39	京葉							18.11.02	
5047	郡山総合 05.03.10	モハ204- 97	京葉							18.03.02	
5048	郡山総合 05.03.10	モハ204- 98	京葉							18.03.02	
5049	大宮総合 05.02.16	モハ204- 100	京葉							20.03.11	

モハ204 -5050～5072

JR東日本

形式番号	改 造 所 改造年月	旧形式 車号	改造後 配置	移動年月 区	移動年月 区	移動年月 区	移動年月 区	移動年月 区		改造年月 廃車年月	備　　考
モハ 204- 5050	大宮総合 05.02.16	モハ204- 101	京葉							20.03.11	
5051	東京総合 05.02.22	モハ204- 156	京葉							18.11.02	
5052	東京総合 05.02.22	モハ204- 102	京葉							20.07.29	
5053	東京総合 05.03.19	モハ204- 151	京葉							19.06.07	
5054	東京総合 05.03.19	モハ204- 153	京葉							19.06.07	
5055	東京総合 05.06.10	モハ204- 154	京葉							19.09.20	
5056	東京総合 05.06.10	モハ204- 155	京葉							19.09.20	
5057	東京総合 05.03.26	モハ204- 42	京葉							18.06.29	
5058	東京総合 05.03.26	モハ204- 48	京葉							18.06.29	
5059	大宮総合 05.03.26	モハ204- 157	京葉							19.07.26	
5060	大宮総合 05.03.26	モハ204- 158	京葉							19.07.26	
5061	大宮総合 05.07.04	モハ204- 163	京葉							20.03.25	
5062	大宮総合 05.07.04	モハ204- 164	京葉							20.03.25	
5063	大宮総合 05.08.30	モハ204- 159	京葉							19.03.29	
5064	大宮総合 05.08.30	モハ204- 393	京葉							19.03.29	
5065	東京総合 05.07.22	モハ204- 166	京葉							20.01.15	
5066	東京総合 05.07.22	モハ204- 167	京葉							20.01.15	
5067	東京総合 05.09.05	モハ204- 165	京葉							19.04.12	
5068	東京総合 05.09.05	モハ204- 168	京葉							19.04.12	
5069	東京総合 05.12.05	モハ204- 392	京葉							19.05.17	
5070	東京総合 05.12.05	モハ204- 394	京葉							19.05.17	
5071	長野総合 08.12.05	モハ204- 276	京葉							18.08.24	
5072	長野総合 08.12.17	モハ204- 368	京葉							18.08.24	

◇直流通勤用電車 901系車歴表

モハ901- 1～ 6

JR東日本

形式番号	製造所 製造年月	新製配置	移動年月 区	移動年月 区	移動年月 区	移動年月 区	改造年月 廃車年月	改造後 形式車号	改造後 配置区	改造年月 廃車年月	備考
モハ 901- 1	川崎重工 92.03.10	浦和					94.01.18 大井工場	モハ209-901	浦和	08.01.12	
2	川崎重工 92.03.10	浦和					94.01.18 大井工場	モハ209-902	浦和	08.01.12	
3	東急車輛 92.04.23	浦和					92.02.17 大船工場	モハ209-911	浦和	08.01.21	
4	東急車輛 92.04.23	浦和					92.02.17 大船工場	モハ209-912	浦和	08.01.21	
5	川崎重工 92.03.27	浦和					94.03.30 大井工場	モハ209-921	浦和	07.12.22	
6	川崎重工 92.03.27	浦和					94.03.30 大井工場	モハ209-922	浦和	07.12.22	

モハ900- 1～ 6

JR東日本

形式番号	製造所 製造年月	新製配置	移動年月 区	移動年月 区	移動年月 区	移動年月 区	改造年月 廃車年月	改造後 形式車号	改造後 配置区	改造年月 廃車年月	備考
モハ 900- 1	川崎重工 92.03.10	浦和					94.01.18 大井工場	モハ208-901	浦和	08.01.12	
2	川崎重工 92.03.10	浦和					94.01.18 大井工場	モハ208-902	浦和	08.01.12	
3	東急車輛 92.04.23	浦和					92.02.17 大船工場	モハ208-911	浦和	08.01.21	
4	東急車輛 92.04.23	浦和					92.02.17 大船工場	モハ208-912	浦和	08.01.21	
5	川崎重工 92.03.27	浦和					94.03.30 大井工場	モハ208-921	浦和	07.12.22	
6	川崎重工 92.03.27	浦和					94.03.30 大井工場	モハ208-922	浦和	07.12.22	

クハ901- 1～ 3

JR東日本

形式番号	製造所 製造年月	新製配置	移動年月 区	移動年月 区	移動年月 区	移動年月 区	改造年月 廃車年月	改造後 形式車号	改造後 配置区	改造年月 廃車年月	備考
クハ 901- 1	川崎重工 92.03.10	浦和					94.01.18 大井工場	クハ209-901	浦和	保存展示 08.01.12	東京総合車両 センター正門
2	東急車輛 92.04.23	浦和					92.02.17 大船工場	クハ209-911	浦和	08.01.21	
3	川崎重工 92.03.27	浦和					94.03.30 大井工場	クハ209-921	浦和	07.12.22	

クハ900- 1～ 3

JR東日本

形式番号	製造所 製造年月	新製配置	移動年月 区	移動年月 区	移動年月 区	移動年月 区	改造年月 廃車年月	改造後 形式車号	改造後 配置区	改造年月 廃車年月	備考
クハ 900- 1	川崎重工 92.03.10	浦和					94.01.18 大井工場	クハ208-901	浦和	08.01.12	
2	東急車輛 92.04.23	浦和					92.02.17 大船工場	クハ208-911	浦和	08.01.21	
3	川崎重工 92.03.27	浦和					94.03.30 大井工場	クハ208-921	浦和	07.12.22	

サハ901- 1～ 6

JR東日本

形式番号	製造所 製造年月	新製配置	移動年月 区	移動年月 区	移動年月 区	移動年月 区	改造年月 廃車年月	改造後 形式車号	改造後 配置区	改造年月 廃車年月	備考
サハ 901- 1	川崎重工 92.03.10	浦和					94.01.18 大井工場	サハ209-901	浦和	08.01.12	
2	川崎重工 92.03.10	浦和					94.01.18 大井工場	サハ209-902	浦和	08.01.12	
3	川崎重工 92.03.10	浦和					94.01.18 大井工場	サハ209-903	浦和	08.01.12	
4	川崎重工 92.03.10	浦和					94.01.18 大井工場	サハ209-904	浦和	08.01.12	
5	東急車輛 92.04.23	浦和					92.02.17 大船工場	サハ209-911	浦和	08.01.21	
6	東急車輛 92.04.23	浦和					92.02.17 大船工場	サハ209-912	浦和	08.01.21	
7	東急車輛 92.04.23	浦和					92.02.17 大船工場	サハ209-913	浦和	08.01.21	
8	東急車輛 92.04.23	浦和					92.02.17 大船工場	サハ209-914	浦和	08.01.21	
9	川崎重工 92.03.27	浦和					94.03.30 大井工場	サハ209-921	浦和	07.12.22	
10	川崎重工 92.03.27	浦和					94.03.30 大井工場	サハ209-922	浦和	07.12.22	
11	大船工場 92.03.27	浦和					94.03.30 大井工場	サハ209-923	浦和	07.12.22	
12	大船工場 92.03.27	浦和					94.03.30 大井工場	サハ209-924	浦和	07.12.22	

◇直流通勤用電車 107系車歴表

クモハ１０７－１～８

形式番号	製造所 製造年月	新製配置	移動年月 区	移動年月 区	移動年月 区		ＡＴＳ-Ｐ可搬	ＡＴＳ-Ｐ車上	２パン化工事	改造年月 廃車年月	備考
クモハ 107- 1	大船工場 88.05.19	小山					93.03.25ＯＭ	99.03.11ヤマ	98.08.31ＯＭ	13.06.05	ニッコウキスゲ
2	大宮工場 88.05.21	小山					93.04.30ＯＭ	99.03.27ヤマ	98.11.24ＯＭ	13.06.05	神橋
3	大井工場 88.07.01	小山					93.06.08ＯＭ	99.08.27ヤマ	98.10.12ＯＭ	13.06.29	日光街道
4	大船工場 88.08.16	小山					93.10.08ＯＭ	99.03.10ヤマ	落成時搭載	13.06.05	男体山と中禅寺湖
5	大宮工場 88.08.20	小山					93.07.16ＯＭ	99.03.24ヤマ	落成時搭載	13.06.29	華厳の滝
6	大井工場 88.09.19	小山					93.11.17ＯＭ	99.03.26ヤマ	落成時搭載	13.06.29	いろは坂
7	新津車所 88.10.27	小山					93.12.27ＯＭ	99.03.29ヤマ	落成時搭載	13.06.29	眠り猫（日光東照宮）
8	大船工場 88.09.30	小山					93.08.27ＯＭ	99.03.23ヤマ	落成時搭載	13.06.05	三猿（日光東照宮）

▽ＡＴＳ-Ｐ可搬 は 可搬式を搭載。車上装置搭載によって、本工事完了
▽小山電車区は、2004(H16).06.01　小山車両センター　に改称

クモハ１０７－１０１～１１９

形式番号	製造所 製造年月	新製配置	移動年月 区	移動年月 区	移動年月 区	砂撒き装置		ＡＴＳ-Ｐ取付		改造年月 廃車年月	備考
クモハ 107-101	大船工場 88.11.30	新前橋	05.12.10 高崎			07.02.02		93.07.21ＯＭ		17.11.01	
102	大宮工場 88.12.01	新前橋	05.12.10 高崎			07.02.14		93.09.04ＯＭ		16.07.14	
103	大井工場 89.02.01	新前橋	05.12.10 高崎			07.02.21		93.05.12ＯＭ		17.04.21	
104	大宮工場 89.02.28	新前橋	05.12.10 高崎			07.03.25		93.06.21ＯＭ		17.04.21	
105	新津車所 89.03.23	新前橋	05.12.10 高崎			07.04.04		92.04.13ＯＭ		17.04.21	
106	大宮工場 89.09.11	新前橋	05.12.10 高崎			07.03.10		92.05.19ＯＭ		17.06.24	
107	大井工場 89.09.30	新前橋	05.12.10 高崎			07.03.28		92.06.22ＯＭ		17.10.03	
108	新津車所 89.10.20	新前橋	05.12.10 高崎			07.03.18		92.07.24ＯＭ		17.10.03	
109	長野工場 89.10.20	新前橋	05.12.10 高崎			07.03.22		92.09.01ＯＭ		17.04.21	
110	大宮工場 89.11.29	新前橋	05.12.10 高崎			07.04.01		92.10.06ＯＭ		17.06.24	
111	大船工場 89.12.27	新前橋	05.12.10 高崎			07.02.08		92.11.09ＯＭ		17.06.24	
112	大宮工場 90.02.28	新前橋	05.12.10 高崎			07.02.28		92.12.11ＯＭ		16.07.14	
113	大井工場 90.02.23	新前橋	05.12.10 高崎			07.03.15		93.01.23ＯＭ		17.08.23	
114	大船工場 90.03.29	新前橋	05.12.10 高崎			07.02.24		93.02.26ＯＭ		17.08.23	
115	郡山工場 90.03.06	新前橋	05.12.10 高崎			07.03.04		93.04.07ＯＭ		17.10.12	
116	大宮工場 90.09.10	新前橋	05.12.10 高崎			07.03.13		93.10.14ＯＭ		17.10.12	
117	大井工場 90.11.12	新前橋	05.12.10 高崎			07.02.17		93.12.03ＯＭ		17.06.24	
118	新津車所 90.12.26	新前橋	05.12.10 高崎			07.04.18		94.01.21ＯＭ		17.07.14	
119	大宮工場 91.03.27	新前橋	05.12.10 高崎			07.04.10		94.02.18ＯＭ		17.04.14	

▽砂撒き装置はセラジェット式搭載日
▽新前橋電車区は、2005(H17).12.10　高崎車両センター　に改称

クハ106-1～8

形式番号	製造所 製造年月	新製配置	移動年月 区	移動年月 区	移動年月 区		ＡＴＳ-Ｐ可搬	ＡＴＳ-Ｐ車上	２パン化工事	改造年月 廃車年月	備考
クハ 106- 1	大船工場 88.05.19	小山					93.03.25ＯＭ	99.03.11ヤマ	98.08.31ＯＭ	 13.06.05	ニッコウキスゲ
2	大宮工場 88.05.21	小山					93.04.30ＯＭ	99.03.27ヤマ	98.11.24ＯＭ	 13.06.05	神橋
3	大井工場 88.07.01	小山					93.06.08ＯＭ	99.08.27ヤマ	98.10.12ＯＭ	 13.06.29	日光街道
4	大船工場 88.08.16	小山					93.10.08ＯＭ	99.03.10ヤマ	落成時搭載	 13.06.05	男体山と中禅寺湖
5	大宮工場 88.08.20	小山					93.07.16ＯＭ	99.03.24ヤマ	落成時搭載	 13.06.29	華厳の滝
6	大井工場 88.09.19	小山					93.11.17ＯＭ	99.03.26ヤマ	落成時搭載	 13.06.29	いろは坂
7	新津車所 88.10.27	小山					93.12.27ＯＭ	99.03.29ヤマ	落成時搭載	 13.06.29	眠り猫(日光東照宮)
8	大船工場 88.09.30	小山					93.08.27ＯＭ	99.03.23ヤマ	落成時搭載	 13.06.05	三猿(日光東照宮)

▽ＡＴＳ-Ｐ可搬 は 可搬式を搭載。車上装置搭載によって、本工事完了
▽小山電車区は、2004(H16).06.01　小山車両センター　に改称

クハ106-101～119

形式番号	製造所 製造年月	新製配置	移動年月 区	移動年月 区	移動年月 区			ＡＴＳ-Ｐ取付		改造年月 廃車年月	備考
クハ 106-101	大船工場 88.11.30	新前橋	05.12.10 高崎					93.07.21ＯＭ		 17.11.01	
102	大宮工場 88.12.01	新前橋	05.12.10 高崎					93.09.04ＯＭ		 16.07.14	
103	大井工場 89.02.01	新前橋	05.12.10 高崎					93.05.12ＯＭ		 17.04.21	
104	大宮工場 89.02.28	新前橋	05.12.10 高崎					93.06.21ＯＭ		 17.04.21	
105	新津車所 89.03.23	新前橋	05.12.10 高崎					92.04.13ＯＭ		 17.04.21	
106	大宮工場 89.09.11	新前橋	05.12.10 高崎					92.05.19ＯＭ		 17.06.24	
107	大井工場 89.09.30	新前橋	05.12.10 高崎					92.06.22ＯＭ		 17.10.03	
108	新津車所 89.10.20	新前橋	05.12.10 高崎					92.07.24ＯＭ		 17.10.03	
109	長野工場 89.10.20	新前橋	05.12.10 高崎					92.09.01ＯＭ		 17.04.21	
110	大宮工場 89.11.29	新前橋	05.12.10 高崎					92.10.06ＯＭ		 17.06.24	
111	大船工場 89.12.27	新前橋	05.12.10 高崎					92.11.09ＯＭ		 17.06.24	
112	大宮工場 90.02.28	新前橋	05.12.10 高崎					92.12.11ＯＭ		 16.07.14	
113	大井工場 90.02.23	新前橋	05.12.10 高崎					93.01.23ＯＭ		 17.08.23	
114	大船工場 90.03.29	新前橋	05.12.10 高崎					93.02.26ＯＭ		 17.08.23	
115	郡山工場 90.03.06	新前橋	05.12.10 高崎					93.04.07ＯＭ		 17.10.12	
116	大宮工場 90.09.10	新前橋	05.12.10 高崎					93.10.14ＯＭ		 17.10.12	
117	大井工場 90.11.12	新前橋	05.12.10 高崎					93.12.03ＯＭ		 17.06.24	
118	新津車所 90.12.26	新前橋	05.12.10 高崎					94.01.21ＯＭ		 17.07.14	
119	大宮工場 91.03.27	新前橋	05.12.10 高崎					94.02.18ＯＭ		 17.04.14	

▽新前橋電車区は、2005(H17).12.10　高崎車両センター　に改称

■形式別の両数と動向

在来線車両一覧表

EDC方式・交流 特急用	札幌	函館	秋田	尾久	南福岡	大分	2023 10/1 両数	増減	新製	改造	廃車	2023 4/1 両数
EDC方式												
E001形　東												
E001				2			2					2
E001				4			4					4
E001				4			4					4
計				10			10					10
EDC方式				10			10					10
交流 特急用												
885系　九												
クモハ885					11		11					11
モ　ハ885					22		22					22
クロハ884					11		11					11
サ　ハ885					22		22					22
計					66		66					66
883系　九												
クモハ883						8	8					8
モ　ハ883						16	16					16
クロハ882						8	8					8
サ　ハ883						24	24					24
計						56	56					56
789系　北												
モ　ハ789	18						18					18
モ　ハ788	12	2					14					14
ク　ハ789	18	2					20					20
クロハ789	6						6					6
サ　ハ789	6						6					6
サ　ハ788	6						6					6
計	66	4					70					70
787系　九												
クモハ786					13		13					13
クモロ786					1		1					1
モ　ハ787					13	11	24					24
モ　ロ787					1		1					1
モ　ハ786					13	11	24					24
モ　ロ786					1		1					1
ク　ハ787						11	11					11
クモロ787					14		14					14
クロハ786						11	11					11
サ　ハ787					38		38					38
サ　ロ787					1		1					1
サロシ787					1		1					1
計					96	44	140					140
785系　北												
クモハ785	4						4					4
モ　ハ785	2						2					2
ク　ハ784	4						4					4
計	10						10					10
783系　九												
クモハ783					8		8	−1			1	9
モ　ハ783					18		18	−1			1	19
クロハ782					13		13	−1			1	14
ク　ハ783					5		5					5
サ　ハ783					8		8	−1			1	9
計					52		52	−4			4	56
E751系　東												
モ　ハE751			3				3					3
モ　ハE750			3				3					3
ク　ハE751			3				3					3
クロハE750			3				3					3
計			12				12					12
交流　特急	76	4	12	0	214	100	406	−4	0		4	410

交流近郊・通勤用	札幌	函館	盛岡	秋田	仙台	山形	南福岡	直方	佐世保	熊本	大分	鹿児島	2023 10/1 両数	増減	新製	改造	廃車	2023 4/1 両数
821系　九																		
クモハ821										10			10					10
ク　ハ821										10			10					10
サ　ハ821										10			10					10
計										30			30					30
BEC819系　九																		
クモハBEC819								18					18					18
クモハBEC818								18					18					18
計								36					36					36
817系　九																		
クモハ817								14	7	4		31	56					56
モ　ハ817							11						11					11
ク　ハ817							11						11					11
ク　ハ816							11	14	7	4		31	67					67
計							33	28	14	8		62	145					145
815系　九																		
クモハ815										14	12		26					26
ク　ハ814										14	12		26					26
計										28	24		52					52
813系　九																		
クモハ813							57	7					64					64
モ　ハ813							16	2					18					18
ク　ハ813							73	9					82					82
ク　ハ812							16	2					18					18
サ　ハ813							57	7					64					64
計							219	27					246					246
811系　九																		
クモハ810							27						27					27
モ　ハ811							27						27					27
ク　ハ810							27						27					27
サ　ハ811							27						27					27
計							108						108					108
EV-E801系　東																		
EV-E801				6									6					6
EV-E800				6									6					6
計				12									12					12
737系　北																		
モ　ハ737	13												13	6	6			7
ク　ハ737	13												13	6	6			7
計	26												26	12	12			14
735系　北																		
モ　ハ735	2												2					2
ク　ハ735	4												4					4
計	6												6					6
733系　北																		
モ　ハ733	43	4											47					47
ク　ハ733	64	8											72					72
サ　ハ733	22												22					22
計	129	12											141					141
731系　北																		
モ　ハ731	21												21					21
ク　ハ731	42												42					42
計	63												63					63
721系　北																		
クモハ721	19												19	−1			1	20
モ　ハ721	44												44	−1			1	45
ク　ハ721	47												47	−1			1	48
サ　ハ721	22												22					22
計	132												132	−3			3	135
E721系　東																		
クモハE721					65								65					65
モ　ハE721					19								19					19
ク　ハE720					65								65					65
サ　ハE721					19								19					19
計					168								168					168
719系　東																		
クモハ719					1	12							13					13
ク　ハ718					0	12							12					12
ク　シ718					1								1					1
計					2	24							26					26
713系　九																		
クモハ713												4	4					4
ク　ハ712												4	4					4
計												8	8					8
701系　東																		
クモハ701			15	51	34	9							109					109
モ　ハ701					4								4					4
ク　ハ700			15	51	34	9							109					109
サ　ハ701				11									11					11
サ　ハ700					4								4					4
計			30	113	76	18							237					237
交流近郊・通勤用	356	12	30	125	246	42	360	91	14	66	24	70	1436	9	12	0	3	1427

交直流 特急用	秋田	新潟	勝田	高崎	大宮	尾久	東京	金沢	京都	2023 10/1 両数	増減	新製	改造	廃車	2023 4/1 両数
683系　西															
クモハ683								7	18	25					25
モ　ハ683								2	36	38					38
ク　ハ683								1	6	7					7
ク　ハ682								7	6	13					13
ク　ロ683								1	18	19					19
サ　ハ683								7	30	37					37
サ　ハ682								2	48	50					50
計								27	162	189					189
681系　西															
クモハ681								10		10					10
モ　ハ681								17	4	21					21
ク　ハ681								7	4	11					11
ク　ハ680								7	4	11					11
ク　ロ681								10	0	10					10
サ　ハ681								10		10					10
サ　ハ680								20	0	20					20
計								81	12	93					93
E657系　東															
モ　ハE657			57							57					57
モ　ハE656			57							57					57
ク　ハE657			19							19					19
ク　ハE656			19							19					19
サ　ハE657			19							19					19
サ　ロE657			19							19					19
計			190							190					190
E655系　東															
クモロE654						1				1					1
モ　ロE655						2				2					2
モ　ロE654						1				1					1
ク　ロE654						1				1					1
E655							1			1					1
計						5	1			6					6
E653系　東															
モ　ハE653		16	4							20					20
モ　ハE652		16	4							20					20
ク　ハE653		10	2							12					12
ク　ハE652		4								4					4
ク　ロE652		6	2							8					8
サ　ハE653		6	2							8					8
計		58	14							72					72
651系　東															
モ　ハ651					2					2	−10			10	12
モ　ロ651										0					
モ　ハ650					2					2	−10			10	12
ク　ハ651					1					1	−5			5	6
ク　ロ651										0					
ク　ハ650					1					1	−5			5	6
ク　ロ650										0					
サ　ロ651					1					1	−5			5	6
計					7					7	−35			35	42
583系　東															
クハネ583	1									1					1
計	1									1					1
485系　東															
モ　ハ485										0					0
モ　ロ485										0					0
モ　ハ484										0					0
モ　ロ484										0					0
ク　ハ485										0					0
ク　ハ484										0					0
ク　ロ485										0					0
ク　ロ484										0					0
計										0					0
交直流 特急	1	58	204	0	7	5	1	117	165	**558**	−35			35	593

交直流 急行用	金沢	2023 10/1 両数	増減	新製	改造	廃車	2023 4/1 両数
457系 西							
ク ハ455	0	0					0
計	0	0					0
交直流 急行	0	0					0

交直流 近郊 ・通勤用	勝田	金沢	敦賀	南福岡	大分	鹿児島	2023 10/1 両数	増減	新製	改造	廃車	2023 4/1 両数
E531系 東												
モ ハE531	92						92					92
モ ハE530	92						92					92
ク ハE531	65						65					65
ク ハE530	66						66					66
サ ハE531	66						66					66
サ ハE530	26						26					26
サ ロE531	26						26					26
サ ロE530	26						26					26
計	459						459					459
521系 西												
クモハ521		31	21				52					52
ク ハ520		31	21				52					52
計		62	42				104					104
E501系 東												
モ ハE501	12						12					12
モ ハE500	12						12					12
ク ハE501	8						8					8
ク ハE500	8						8					8
サ ハE501	16						16					16
サ ハE500	4						4					4
計	60						60					60
415系 西・九												
クモハ415		0					0	−3			3	3
モ ハ415					27	4	31	−4			4	35
モ ハ414		0			27	3	30	−8			8	38
ク ハ411					54	7	60	−9			9	70
ク ハ415		0					0	−3			3	3
計		0			108	14	122	−27			27	149
413系 西												
クモハ413		0					0	−1			1	1
モ ハ412		0					0	−1			1	1
ク ハ412		0					0	−1			1	1
計		0					0	−3			3	3
交直流 近郊・通勤	519	62	42	0	108	14	745	−30	0		30	775

交流・ 交直流 事業用	勝田	尾久	京都	2023 4/1 両数	増減	新製	改造	廃車	2022 4/1 両数
クモヤE493		2		2	1	1			1
クモヤE492		2		2	1	1			1
クモヤE491	1			1					1
モ ヤE490	1			1					1
ク ヤE490	1			1					1
交流・ 交直流 事業	3	4	0	7	2	2			5

直流　特急用　－1

直流 特急用	幕張	大宮	東京	鎌倉	松本	静岡	神領	大垣	京都	日根野	福知山	出雲	松山	2023 10/1 両数	増減	新製	改造	廃車	2023 4/1 両数
8600系　四																			
8600													7	7					7
8700													3	3					3
8750													4	4					4
8800													3	3					3
計													17	17					17
8000系　四																			
8000													6	6					6
8100													6	6					6
8150													6	6					6
8200													5	5					5
8300													11	11					11
8400													6	6					6
8500													5	5					5
計													45	45					45
383系　海																			
クモハ383							17							17					17
モ　ハ383							21							21					21
ク　ハ383							5							5					5
ク　ロ383							12							12					12
サ　ハ383							21							21					21
計							76							76					76
381系　西																			
クモハ381												7		7					7
モ　ハ381												11		11					11
モ　ハ380												18		18					18
ク　ハ381												9		9					9
ク　ロ381												8		8					8
ク　ロ380												2		2					2
サ　ハ381												7		7					7
計												62		62					62
373系　海																			
クモハ373						14								14					14
ク　ハ372						14								14					14
サ　ハ373						14								14					14
計						42								42					42
E353系　東																			
クモハE353					11									11					11
クモハE352					11									11					11
モ　ハE353					71									71					71
モ　ハE352					40									40					40
ク　ハE353					20									20					20
ク　ハE352					20									20					20
サ　ハE353					20									20					20
サ　ロE353					20									20					20
計					213									213					213
289系　西																			
クモハ289									8		11			19					19
モ　ハ289									5		7			12					12
ク　ハ288									3		4			7					7
クロハ288									5		7			12					12
サ　ハ289									13		4			17					17
サ　ハ288									5		7			12					12
計									39		40			79					79
287系　西																			
クモハ287										11	13			24					24
クモロハ286										6	7			13					13
クモハ286										5	6			11					11
モ　ハ287										6	7			13					13
モ　ハ286										23	13			36					36
計										51	46			97					97
285系　西・海																			
モハネ285								4				6		10					10
クハネ285								4				6		10					10
サハネ285								4				6		10					10
サロハネ285								2				3		5					5
計								14				21		35					35
283系　西																			
モ　ハ283										6				6					6
ク　ハ283										3				3					3
ク　ハ282										2				2					2
ク　ロ283										1				1					1
ク　ロ282										2				2					2
サ　ハ283										4				4					4
計										18				18					18

直流　特急用　－２

直流 特急用	幕張	大宮	東京	鎌倉	松本	静岡	神領	大垣	京都	日根野	福知山	出雲	松山	2023 10/1 両数	増減	新製	改造	廃車	2023 4/1 両数
281系　西																			
クモハ281										3				3					3
モ　ハ281										18				18					18
ク　ハ281										9				9					9
ク　ハ280										3				3					3
ク　ロ280										9				9					9
サ　ハ281										21				21					21
計										63				63					63
271系　西																			
クモハ271										6				6					6
モ　ハ270										6				6					6
クモハ270										6				6					6
計										18				18					18
E261系　東																			
モ　ロE261		6												6					6
モ　ロE260		4												4					4
ク　ロE261		2												2					2
ク　ロE260		2												2					2
サ　シE261		2												2					2
計		16												16					16
E259系　東																			
モ　ハE259				44										44					44
モ　ハE258				44										44					44
ク　ハE258				22										22					22
ク　ロE259				22										22					22
計				132										132					132
E257系　東																			
モ　ハE257	20	66												86					86
モ　ハE256	10	41												51					51
ク　ハE257	10	25												35					35
ク　ハE256	10	25												35					35
サ　ロE257		13												13					13
サロハE257		3												3					3
サ　ハE257		16												16					16
計	50	189												239					239
255系　東																			
モ　ハ255	10													10					10
モ　ハ254	10													10					10
ク　ハ255	5													5					5
ク　ハ254	5													5					5
サ　ハ255	5													5					5
サ　ハ254	5													5					5
サ　ロ255	5													5					5
計	45													45					45
253系　東																			
クモハ252		2												2					2
モ　ハ253		4												4					4
モ　ハ252		2												2					2
ク　ハ253		2												2					2
サ　ハ253		2												2					2
計		12												12					12
185系　東																			
モ　ハ185		4												4					4
モ　ハ184		4												4					4
ク　ハ185		4												4					4
サ　ハ185		0												0					0
サ　ロ185		0												0					0
計		12												12					12
157系　東																			
ク　ロ157			1											1					1
計			1											1					1
直流　特急	95	229	1	132	213	42	76	14	39	150	86	83	62	1222	0			0	1222

直流近郊・通勤用　－1

直流 近郊 ・通勤用	新潟	高崎	京葉	幕張	小山	さいたま	川越	松戸	東京	鎌倉	中原	国府津	三鷹	豊田	松本	長野	静岡	神領	大垣	敦賀	京都	森ノ宮	日根野	日根野 新在家	奈良	福知山	網干	宮原	明石	明石 加古川	下関	広島	岡山	高松	松山	2023 10/1 両数	増減	新製	改造	廃車	2023 4/1 両数
7200系　四																																									
7200																																		19		19					19
7300																																		19		19					19
計																																		38		38					38
7000系　四																																									
7000																																		11	14	25					25
7100																																		5	6	11					11
計																																		16	20	36					36
6000系　四																																									
6000																																		2		2					2
6100																																		2		2					2
6200																																		2		2					2
計																																		6		6					6
5000系　四																																									
5000																																		6		6					6
5100																																		6		6					6
5200																																		6		6					6
計																																		18		18					18
EV－E301系　東																																									
EV－E301					4																															4					4
EV－E300					4																															4					4
計					8																															8					8
323系　西																																									
クモハ323																						22														22					22
クモハ322																						22														22					22
モ　ハ323																						44														44					44
モ　ハ322																						88														88					88
計																						176														176					176
321系　西																																									
クモハ321																													39							39					39
クモハ320																													39							39					39
モ　ハ321																													78							78					78
モ　ハ320																													78							78					78
サ　ハ321																													39							39					39
計																													273							273					273
315系　海																																									
モ　ハ315																		96																		96	40	40			56
ク　ハ315																		25																		25	10	10			15
ク　ハ314																		25																		25	10	10			15
サ　ハ315																		46																		46	20	20			26
計																		192																		192	80	80			112
313系　海																																									
クモハ313																	56	35	92																	183					183
モ　ハ313																	33	3	72																	108					108
ク　ハ312																	56	35	92																	183					183
サ　ハ313																		3	62																	65					65
計																	145	76	318																	539					539
311系　海																																									
クモハ311																			10																	10	-2			2	12
モ　ハ310																			10																	10	-2			2	12
ク　ハ310																			10																	10	-2			2	12
サ　ハ311																			10																	10	-2			2	12
計																			40																	40	-8			8	48
E235系　東																																									
モ　ハE235									150	117																										267	24	24			243
モ　ハE234									150	117																										267	24	24			243
ク　ハE235									50	57																										107	12	12			95
ク　ハE234									50	57																										107	12	12			95
サ　ハE235									100	30																										130	6	6			124
サ　ハE234									50																											50					50
サ　ロE235										30																										30	6	6			24
サ　ロE234										30																										30	6	6			24
計									550	438																										988	90	90			898
E233系　東																																									
モ　ハE233			72		66	246	114	57		56	72	72		208																						963					963
モ　ハE232			72		66	246	114	57		56	72	72		208																						963					963
ク　ハE233			28		34	82	38	19		28	36	38		95																						398					398
ク　ハE232			28		34	82	38	19		28	36	38		95																						398					398
サ　ハE233			40		18	164	76	38		56		21		86																						499					499
サ　ロE233					16							17		2																						35					35
サ　ロE232					16							17		2																						35					35
計			240		250	820	380	190		224	216	275		696																						3291	0	0			3291
E231系　東																																									
モ　ハE231			68		133		6	55	0			118	195																							575					575
モ　ハE230			68		133		6	55	0			118	195																							575					575
ク　ハE231			34		84		6	37	0			76	65																							302					302
ク　ハE230			34		84		6	37	0			76	65																							302					302
サ　ハE231			68		133			91	0			118	130																							540					540
サ　ロE231					49							42																								91					91
サ　ロE230					49							42																								91					91
計			272		665		24	275	0			590	650																							2476					2476
227系　西																																									
クモハ227																								34								106	8			148	0	0			148
クモハ226																								34								106	8			148	0	0			148
モ　ハ226																																64				64					64
計																								68								276	16			360	0	0			360
225系　西																																									
クモハ225																							54				36	8								98	0	0			98
クモハ224																							54				36	8								98	0	0			98
モ　ハ225																							54				50	8								112	0	0			112
モ　ハ224																							76				98	18								192	0	0			192
計																							238				220	42								500	0	0			500

直流近郊・通勤用 －2

直流 近郊 ・通勤用	新潟	高崎	京葉	幕張	小山	さいたま	川越	松戸	東京	鎌倉	中原	国府津	三鷹	豊田	松本	長野	静岡	神領	大垣	敦賀	京都	森ノ宮	日根野	新在家	奈良	福知山	網干	宮原	明石	明石加古川	下関	広島	岡山	高松	松山	2023 10/1 両数	増減	新製	改造	廃車	2023 4/1 両数
223系 西																																									
クモハ223																					24		27			16	110	13					7			197					197
モ ハ223																					24		27				108	13								172					172
モ ハ222																											41									41					41
ク ハ222																					24		27			16	110	13					7			197					197
サ ハ223																					28		27				251	13								319					319
計																					100		108			32	620	52					14			926					926
221系 西																																									
クモハ221																					19				54		8									81					81
クモハ220																									12											12					12
モ ハ221																					19				54		8									81					81
モ ハ220																					4				51		8									63					63
ク ハ221																					19				54		8									81					81
ク ハ220																									12											12					12
サ ハ221																					19				54		8									81					81
サ ハ220																					4				51		8									63					63
計																					84				342		48									474					474
E217系 東																																									
モ ハE217										82																										82	-8			8	90
モ ハE216										81																										81	-8			8	89
ク ハE217										55																										55	-5			5	60
ク ハE216										54																										54	-5			5	59
サ ハE217										81																										81	-9			9	90
サ ロE217										27																										27	-3			3	30
サ ロE216										27																										27	-3			3	30
計										407																										407	-41			41	448
213系 西																																									
クモハ213																			14														11			25					25
クモロ213																																	1			1					1
ク ハ212																			14														12			26					26
ク ロ212																																	1			1					1
サ ハ213																																	3			3					3
計																			28														28			56					56
211系 東・海																																									
クモハ211		34														36	36	14																		120	-14			14	134
モ ハ211																28																				28					28
モ ハ210		34														64	27	14																		139	-14			14	153
ク ハ211																14																				14					14
ク ハ210		34														50	36	14																		134	-14			14	148
サ ハ211		20																14																		34	-8			8	42
計		122														192	99	56																		469	-50			50	519
E131系 東																																									
クモハE131				12	15							12																								39					39
モ ハE131					15																															15					15
モ ハE130												12																								12					12
ク ハE130				12	15							12																								39					39
サ ハE131												12																								12					12
計				24	45							48																								117	0	0			117
E129系 東																																									
クモハE129	61																																			61					61
クモハE128	61																																			61					61
モ ハE129	27																																			27					27
モ ハE128	27																																			27					27
計	176																																			176	0	0			176
E127系 東																																									
クモハE127											2				12																					14					14
ク ハE126											2				12																					14					14
計											4				24																					28					28
125系 西																																									
クモハ125																				14										4						18					18
計																				14										4						18					18
123系 西																																									
クモハ123																															5					5					5
計																															5					5					5
117系 西																																									
モ ハ117																					6												0			6	-7			7	13
モ ハ116																					6												0			6	-7			7	13
ク ハ117																					2												0			2	-6			6	8
ク ハ116																					2												0			2	-5			5	7
ク ロ117																					1															1					1
ク ロ116																					1															1					1
計																					18			0									0			18	-25			25	43
115系 東・西																																									
クモハ115	0	1														0										0					4		39			44					44
クモハ114	0																									0					4		8			12					12
モ ハ115	0	0																													18		12			30					30
モ ハ114	0	0														0															18		43			61					61
ク ハ115	0	0														0															36		55			91					91
計	0	1														0										0					80		157			238	0			0	238
113系 西																																									
クモハ113																							0			6										6					6
クモハ112																							0			6										6					6
モ ハ113																					5												13			18	-6			6	24
モ ハ112																					5												13			18	-6			6	24
ク ハ111																					10												26			36	-12			12	48
計																					20		0			12							52			84	-24			24	108
直流近郊・通勤	176	123	512	24	968	820	404	465	550	1069	220	913	650	696	24	192	244	324	386	14	222	176	346	68	342	44	888	94	273	4	85	276	267	78	20	11957	22	170		148	11935

直流 通勤用	仙台 宮城野	幕張	京葉	小山	川越	国府津	中原	豊田	奈良	網干	明石	明石 加古川	下関	岡山	唐津	2023 10/1 両数	増減	新製	改造	廃車	2023 4/1 両数
305系 九																					
モ ハ305															12	12					12
モ ハ304															12	12					12
ク ハ305															6	6					6
ク ハ304															6	6					6
計															36	36					36
303系 九																					
モ ハ303															6	6					6
モ ハ302															6	6					6
ク ハ303															3	3					3
ク ハ302															3	3					3
計															18	18					18
209系 東																					
モ ハ209		78	24		5			6								113					113
モ ハ208		78	24		5			6								113					113
ク ハ209		63	12		5			2								82					82
ク ハ208		63	12		5			2								82					82
サ ハ209			26					4								30					30
計		282	98		20			20								420					420
207系 西																					
クモハ207											97					97					97
モ ハ207											84					84					84
モ ハ206											22					22					22
ク ハ207											38					38					38
ク ハ206											135					135					135
サ ハ207											97					97					97
計											473					473					473
205系 東・西																					
クモハ205							3									3					3
クモハ204							12									12					12
モ ハ205	17			0		0	9		9							35	−2			2	37
モ ハ204	17			0		0			9							26	−2			2	28
ク ハ205	17			0		0	9		9							35	−2			2	37
ク ハ204	17			0		0			9							26	−2			2	28
サ ハ205																0					0
計	68			0		0	33		36							137	−8			8	145
201系 東・西																					
モ ハ201									20							20	−2			2	22
モ ハ200									20							20	−2			2	22
ク ハ201								1	10							11	−1			1	12
ク ハ200									10							10	−1			1	11
計								1	60							61	−6			6	67
105系 西																					
クモハ105													9	7		16	−4			4	20
ク ハ105																0					0
ク ハ104													9	7		16					16
計													18	14		32	−4			4	36
103系 西・九																					
クモハ103										9		8			3	20					20
クモハ102										9		8			2	19					19
モ ハ103									0		2				2	4					4
モ ハ102									0		2				3	5					5
ク ハ103									0		2				5	7					7
計									0	18	6	16			15	55					55
直流 通勤	68	282	98	0	20	0	33	21	96	18	479	16	18	14	69	**1232**	−18			18	1250

旧　形	中原	下関	2023 10/1 両数	増減	改造	廃車	2023 4/1 両数
戦前形旧形							
クモハ42		1	1				1
計		1	1				1
17m旧形							
クモハ12	1		1				1
計	1		1				1
旧形　計	1	1	**2**				2

直流 貨物用		大井	2023 10/1 両数	増減	改造	廃車	2023 4/1 両数
M250系		42	42				42
荷物・貨物用		42	**42**				42

直流 試験車 事業用	新潟	川越	東京	中原	長野	吹田	京都	森ノ宮	日根野	奈良	福知山	網干	宮原	明石	下関	広島	岡山	出雲	2023 10/1 両数	増減	改造	廃車	2023 4/1 両数
試験車																							
FV－E991				1															1				1
FV－E990				1															1				1
モ　ヤ209		2																	2				2
モ　ヤ208		2																	2				2
ク　ヤ209		1																	1				1
ク　ヤ208		1																	1				1
																			8				8
牽引車																							
クモヤ145						4	2	1	0	0	0	1	0	1	1	0	0	1	11	－2		2	13
クモヤ143	0	0	0		0														0	－2		2	2
																			11	－2		4	15
直流　事業用	0	6	0	2	0	4	2	1	0	0	0	1	0	1	1	0	0	1	**19**	－4		4	**23**

東北・上越・北陸新幹線車両一覧表　東日本旅客鉄道

Ｅ２系

	2023.04.01 両数	新製	廃車	増減	2023.10.01 両数	定員	便所	
Ｅ２２３形								
0代	0				0	55	洋洋男	($T_{1}c$)　東京方先頭車
1000代	17		5	−5	12	54	洋洋男	($T_{1}c$)　東京方先頭車
1100代	0				0	54	洋洋男	($T_{1}c$)　東京方先頭車
Ｅ２２４形								
0代	0				0	64		($T_{2}c$)　長野方先頭車
100代	0				0	64		新青森・新潟方先頭車(分割併合設備装備)
1100代	17		5	−5	12	64		新青森方先頭車(分割併合設備装備)
Ｅ２２５形								
0代	0				0	85	洋洋男	(M_{1})　自動販売機
100代	0				0	85	洋洋男	10両化増備車
400代	0				0	75	洋洋男	(M_{1K})　車販準備室
1000代	17		5	−5	12	85	洋洋男	０代の大窓
1100代	17		5	−5	12	85	洋洋男	100代に対応
1400代	17		5	−5	12	75	洋洋男	400代の大窓
Ｅ２２６形								
100代	0				0	100		(M_{2})
200代	0				0	100		(M_{2})　パンタグラフ装備
300代	0				0	100		(M_{2})　パンタグラフ装備
400代	0				0	100		(M_{2})　10両化増備車
1100代	17		5	−5	12	100		100代の大窓
1200代	17		5	−5	12	100		200代の大窓
1300代	17		5	−5	12	100		300代の大窓
1400代	17		5	−5	12	100		400代に対応
Ｅ２１５形								
0代	0				0	51	洋車男	($M_{1}s$)　グリーン車
1000代	17		5	−5	12	51	洋車男	
営業用車計	170		50	−50	120			

東北・秋田・山形新幹線車両一覧表　東日本旅客鉄道

Ｅ３系

	2023.04.01 両数	新製	廃車	増減	2023.10.01 両数	定員	便所	
Ｅ３１１形								
0代	0				0	23	車男	($M_{1}sc$)　東京・秋田方先頭車　グリーン車　車掌室
1000代	3				3	23	車男	($M_{1}sc$)　東京方先頭車　グリーン車(山形新幹線)　車掌室
2000代	12				12	23	車男	($M_{1}sc$)　東京方先頭車　グリーン車(山形新幹線)　車掌室
Ｅ３２１形								
700代	0		0	0	0		車男	($M_{1}sc$)　福島・越後湯沢方先頭車「観光用」車掌室
Ｅ３２２形								
0代	0				0	56		($M_{2}c$)　盛岡・大曲方先頭車
700代	0		0	0	0			($M_{2}c$)　新庄・新潟方先頭車「観光用」
1000代	3				3	56		($M_{2}c$)　新庄・山形方先頭車(山形新幹線)
2000代	12				12	52		($M_{2}c$)　新庄・山形方先頭車(山形新幹線)
Ｅ３２５形								
0代	0				0	64	洋男	(M_{1})　パンタグラフ装備
700代	0		0	0	0		洋男	(M_{1})「観光用」
1000代	3				3	64	洋男	(M_{1})　(山形新幹線)
2000代	12				12	60	洋男	(M_{1})　(山形新幹線)
Ｅ３２６形								
0代	0				0	67		(M_{2})　パンタグラフ装備
700代	0		0	0	0			(M_{2})「観光用」
1000代	3				3	67		(M_{2})　パンタグラフ装備(山形新幹線)
1100代	3				3	68		(M_{2})　パンタグラフ装備(山形新幹線)
2000代	12				12	67		(M_{2})　パンタグラフ装備(山形新幹線)
2100代	12				12	68		(M_{2})　パンタグラフ装備(山形新幹線)
Ｅ３２９形								
0代	0				0	60	洋男	(T_{1})　自動販売機
700代	0		0	0	0		洋男	(T_{1})「観光用」
1000代	3				3	60	洋男	(T_{1})　自動販売機　(山形新幹線)
2000代	12				12	60	洋男	(T_{1})　自動販売機　(山形新幹線)
Ｅ３２８形								
0代	0				0	68		(T_{2})
700代	0		0	0	0			(T_{2})「観光用」
1000代	3				3	64	洋	(T_{2})　(山形新幹線)
2000代	12				12	64	洋	(T_{2})　(山形新幹線)
営業用車計	105	0	0	−6	105			

東北新幹線車両一覧表　東日本旅客鉄道

Ｅ５系

	2023.04.01 両数	新製	廃車	増減	2023.10.01 両数	定員	便所	
Ｅ５２３形								
0代	46	4		4	50	29	洋洋男	(T_1c)　東京方先頭車
Ｅ５１４形								
0代	46	4		4	50	18		(Tsc)　G(G=グランクラス) 新青森方先頭車(分割併合設備装備)
Ｅ５２５形								
0代	46	4		4	50	85	洋洋男	(M_1)　パンタグラフ装備
100代	46	4		4	50	85	洋洋男	(M_1)　パンタグラフ装備
400代	46	4		4	50	59	洋車男	(M_{1K})　多目的室
Ｅ５２６形								
100代	46	4		4	50	100		(M_2)
200代	46	4		4	50	100		(M_2)
300代	46	4		4	50	100		(M_2)
400代	46	4		4	50	100		(M_2)
Ｅ５１５形								
0代	46	4		4	50	55	洋洋男	(M_1s)　グリーン車
営業用車計	460	40		40	500			

東北・秋田新幹線車両一覧表　東日本旅客鉄道

Ｅ６系

	2023.04.01 両数	新製	廃車	増減	2023.10.01 両数	定員	便所	
Ｅ６１１形								
0代	24				24	23		(M_1sc)　東京・秋田方先頭車　グリーン車　車掌室
Ｅ６２１形								
0代	24				24	32		(M_1c)　盛岡・大曲方先頭車
Ｅ６２５形								
0代	24				24	60	洋男	(M_1)
100代	24				24	60	洋男	(M_1)
Ｅ６２７形								
0代	24				24	68		(M_1)
Ｅ６２８形								
0代	24				24	35	車男	(T_K)　パンタグラフ装備 車掌室　車販準備室
Ｅ６２９形								
0代	24				24	60	洋男	(T)　パンタグラフ装備
営業用車計	168				168			

東北・山形新幹線車両一覧表　東日本旅客鉄道

Ｅ８系

	2023.04.01 両数	新製	廃車	増減	2023.10.01 両数	定員	便所	
Ｅ８１１形								
0代	1	0			1	26		(Msc)　東京方先頭車　グリーン車
Ｅ８２１形								
0代	1	0			1	42		(Mc)　山形・新庄方先頭車
Ｅ８２５形								
0代	1	0			1	66		(M_1)
100代	1	0			1	62	洋男	(M_2)
Ｅ８２７形								
0代	1	0			1	62		(M_3)
Ｅ８２８形								
0代	1	0			1	34	車男	(T1)　パンタグラフ装備　車イス対応設備有
Ｅ８２９形								
0代	1	0			1	58	洋男	(T2)　パンタグラフ装備
営業用車計	7	0			7			

北陸・上越新幹線車両一覧表　東日本旅客鉄道

Ｅ７系

	2023.04.01 両数	新製	廃車	増減	2023.10.01 両数	定員	便所	
Ｅ７２３形								
0代	39	0	0	0	39	50	洋洋男	(T$_1$c)　東京方先頭車
Ｅ７１４形								
0代	39	0	0	0	39	18	洋男	(Tsc)　G(G=グランクラス) 金沢・長野方先頭車
Ｅ７２５形								
0代	39	0	0	0	39	85	洋洋男	(M$_1$)　パンタグラフ装備
100代	39	0	0	0	39	85	洋洋男	(M$_1$)
200代	39	0	0	0	39	85	洋洋男	(M$_1$)
400代	39	0	0	0	39	58	洋車男	(M$_{1K}$)　パンタグラフ装備　多目的室　車販準備室
Ｅ７２６形								
100代	39	0	0	0	39	98		(M$_2$)　荷物置場
200代	39	0	0	0	39	98		(M$_2$)　荷物置場　荷物置場
300代	39	0	0	0	39	88		(M$_2$)　車掌室
400代	39	0	0	0	39	98		(M$_2$)　荷物置場
500代	39	0	0	0	39	98		(M$_2$)　荷物置場
Ｅ７１５形								
0代	39	0	0	0	39	63	車	(M$_1$s)　グリーン車
営業用車計	468	0	0	0	468			

北陸新幹線車両一覧表　西日本旅客鉄道

Ｗ７系

	2023.04.01 両数	新製	廃車	増減	2023.10.01 両数	定員	便所	
Ｗ７２３形								
100代	19	0	0	0	19	50	洋洋男	(T$_1$c)　東京方先頭車
Ｗ７１４形								
500代	19	0	0	0	19	18	洋男	(Tsc)　G(G=グランクラス) 金沢・長野方先頭車
Ｗ７２５形								
100代	19	0	0	0	19	85	洋洋男	(M$_1$)　パンタグラフ装備
200代	19	0	0	0	19	85	洋洋男	(M$_1$)
300代	19	0	0	0	19	58	洋車男	(M$_{1K}$)　パンタグラフ装備　多目的室　車販準備室
400代	19	0	0	0	19	85	洋洋男	(M$_1$)
Ｗ７２６形								
100代	19	0	0	0	19	98		(M$_2$)　荷物置場
200代	19	0	0	0	19	98		(M$_2$)　荷物置場
300代	19	0	0	0	19	88		(M$_2$)　車掌室　荷物置場
400代	19	0	0	0	19	98		(M$_2$)　荷物置場
500代	19	0	0	0	19	98		(M$_2$)　荷物置場
Ｗ７１５形								
500代	19	0	0	0	19	63	車	(M$_1$s)　グリーン車
営業用車計	228	0	0	0	228			

東北・北海道新幹線車両一覧表　北海道旅客鉄道

Ｈ５系

	2023.04.01 両数	新製	廃車	増減	2023.10.01 両数	定員	便所	
Ｈ５２３形								
0代	3	0	0	0	3	29	洋洋男	(T$_1$c)　東京方先頭車
Ｈ５１４形								
0代	3	0	0	0	3	18		(Tsc)　G(G=グランクラス) 新函館北斗方先頭車(分割併合設備装備)
Ｈ５２５形								
0代	3	0	0	0	3	85	洋洋男	(M$_1$)　パンタグラフ装備
100代	3	0	0	0	3	85	洋洋男	(M$_1$)　パンタグラフ装備
400代	3	0	0	0	3	59	洋車男	(M$_{1K}$)　多目的室　車販準備室
Ｈ５２６形								
100代	3	0	0	0	3	100		(M$_2$)
200代	3	0	0	0	3	100		(M$_2$)
300代	3	0	0	0	3	100		(M$_2$)
400代	3	0	0	0	3	100		(M$_2$)
Ｈ５１５形								
0代	3	0	0	0	3	55	洋洋男	(M$_1$s)　グリーン車
営業用車計	30	0	0	0	30			

東海道・山陽新幹線車両一覧表　東海旅客鉄道

N700S

	2023.04.01 両数	新製	廃車	増減	2023.10.01 両数	定員	便所	
７４３形								
0代	38	2		2	40	65	洋洋男	博多・新大阪方先頭車
9000代	1	0		0	1	65	洋洋男	博多・新大阪方先頭車
７４４形								
0代	38	2		2	40	75		東京方先頭車
9000代	1	0		0	1	75		東京方先頭車
７４５形								
0代	38	2		2	40	100		
300代	38	2		2	40	90	洋洋男	パンタグラフ付
500代	38	2		2	40	90	洋洋男	
600代	38	2		2	40	100		パンタグラフ付
9000代	1	0		0	1	100		
9300代	1	0		0	1	90	洋洋男	パンタグラフ付
9500代	1	0		0	1	90	洋洋男	
9600代	1	0		0	1	100		パンタグラフ付
７４６形								
0代	38	2		2	40	100		
200代	38	2		2	40	100		
500代	38	2		2	40	85	洋洋男	
700代	38	2		2	40	63	洋身男	多目的室設置　車椅子対応
9000代	1	0		0	1	100		
9200代	1	0		0	1	100		
9500代	1	0		0	1	85	洋洋男	
9700代	1	0		0	1	63	洋身男	多目的室設置　車椅子対応
７４７形								
0代	38	2		2	40	100		
400代	38	2		2	40	75	洋洋男	
500代	38	2		2	40	80	洋洋男	
9000代	1	0		0	1	100		
9400代	1	0		0	1	75	洋洋男	
9500代	1	0		0	1	80	洋洋男	
７３５形								
0代	38	2		2	40	68		グリーン車　乗務員室
9000代	1	0		0	1	68		グリーン車　乗務員室
７３６形								
0代	38	2		2	40	68		グリーン車　乗務員室
9000代	1	0		0	1	68		グリーン車　乗務員室
７３７形								
0代	38	2		2	40	94	洋洋男	グリーン車
9000代	1	0		0	1	94	洋洋男	グリーン車
営業用車計	624	32	0	32	**656**			

▽9000代は確認試験車

東海道・山陽新幹線車両一覧表　東海旅客鉄道

N700系・N700A・N700ᴀ

	2023.04.01 両数	新製	廃車	増減	2023.10.01 両数	定員	便所	
783形								
	0				0	65	洋洋男	博多・新大阪方先頭車
1000代	51				51	65	洋洋男	N700A
2000代	45		3	−3	42	65	洋洋男	N700ᴀ(N700系改造)
9000代	0				0	65	洋洋男	量産先行車 2014年度-N700ᴀ(N700系改造)
784形								
	0				0	75		東京方先頭車
1000代	51				51	75		N700A
2000代	45		3	−3	42	75		N700ᴀ(N700系改造)
9000代	0				0	75		量産先行車 2014年度-N700ᴀ(N700系改造)
785形								
	0				0	100		100
300代	0				0	90	洋洋男	パンタグラフ付
500代	0				0	90	洋洋男	喫煙室
600代	0				0	100		パンタグラフ付
1000代	51				51	100		N700A
1300代	51				51	90	洋洋男	N700A　パンタグラフ付
1500代	51				51	90	洋洋男	N700A　喫煙室
1600代	51				51	100		N700A　パンタグラフ付
2000代	45		3	−3	42	100		N700ᴀ(N700系改造)
2300代	45		3	−3	42	90	洋洋男	N700ᴀ(N700系改造)　パンタグラフ付
2500代	45		3	−3	42	90	洋洋男	N700ᴀ(N700系改造)　喫煙室
2600代	45		3	−3	42	100		N700ᴀ(N700系改造)　パンタグラフ付
9000代	0				0	100		0代量産先行車 2014年度-N700ᴀ(N700系改造)
9300代	0				0	90	洋洋男	300代量産先行車 2014年度-N700ᴀ(N700系改造)
9500代	0				0	90	洋洋男	500代量産先行車 2014年度-N700ᴀ(N700系改造)
9600代	0				0	100		600代量産先行車 2014年度-N700ᴀ(N700系改造)
786形								
	0				0	100		
200代	0				0	100		
500代	0				0	85	洋洋男	
700代	0				0	63	洋車男	多目的室設置　車椅子対応
1000代	51				51	100		N700A
1200代	51				51	100		N700A
1500代	51				51	85	洋洋男	N700A
1700代	51				51	63	洋車男	N700A　多目的室設置　車椅子対応
2000代	45		3	−3	42	100		N700ᴀ(N700系改造)
2200代	45		3	−3	42	100		N700ᴀ(N700系改造)
2500代	45		3	−3	42	85	洋洋男	N700ᴀ(N700系改造)
2700代	45		3	−3	42	63	洋車男	N700ᴀ(N700系改造)　多目的室設置　車椅子対応
9000代	0				0	100		0代の量産先行車 2014年度-N700ᴀ(N700系改造)
9200代	0				0	100		200代の量産先行車 2014年度-N700ᴀ(N700系改造)
9500代	0				0	90	洋洋男	500代の量産先行車 2014年度-N700ᴀ(N700系改造)
9700代	0				0	63	洋車男	700代の量産先行車 2014年度-N700ᴀ(N700系改造)
787形								
	0				0	100		
400代	0				0	75	洋洋男	
500代	0				0	80	洋洋男	喫煙室
1000代	51				51	100		N700A
1400代	51				51	75	洋洋男	N700A
1500代	51				51	80	洋洋男	N700A　喫煙室
2000代	45		3	−3	42	100		N700ᴀ(N700系改造)
2400代	45		3	−3	42	75	洋洋男	N700ᴀ(N700系改造)
2500代	45		3	−3	42	80	洋洋男	N700ᴀ(N700系改造)　喫煙室
9000代	0				0	100		0代の量産先行車 2014年度-N700ᴀ(N700系改造)
9400代	0				0	75		200代の量産先行車 2014年度-N700ᴀ(N700系改造)
9500代	0				0	75		500代の量産先行車 2014年度-N700ᴀ(N700系改造)
775形								
	0				0	68		グリーン車　乗務員室
1000代	51				51	68		N700A
2000代	45		3	−3	42	68		N700ᴀ(N700系改造)
9000代	0				0	68		量産先行車 2014年度-N700ᴀ(N700系改造)
776形								
	0				0	64	洋洋男	グリーン車
1000代	51				51	64	洋洋男	N700A
2000代	45		3	−3	42	64	洋洋男	N700ᴀ(N700系改造)
9000代	0				0	64	洋洋男	量産先行車 2014年度-N700ᴀ(N700系改造)
777形								
	0				0	68		グリーン車　喫煙室
1000代	51				51	68		N700A
2000代	45		3	−3	42	68		N700ᴀ(N700系改造)
9000代	0				0	68		量産先行車 2014年度-N700ᴀ(N700系改造)
営業用車計	1536	0	48	-48	1488			

東海道・山陽新幹線車両一覧表　西日本旅客鉄道

７００系

	2023.04.01 両数	新製	廃車	増減	2023.10.01 両数	定員	便所	
７２３形								
0代	0				0	65	和洋男	博多・新大阪方先頭車
3000代	0				0	65	和洋男	博多・新大阪方先頭車
7000代	16				16	65	和洋男	８両編成　博多方先頭車
７２４形								
0代	0				0	75		東京方先頭車
3000代	0				0	75		東京方先頭車
7500代	16				16	52		８両編成　新大阪方先頭車
７２５形								
0代	0				0	100		
300代	0				0	90	和洋男	パンタグラフ付
500代	0				0	90	和洋男	
600代	0				0	100		パンタグラフ付
3000代	0				0	100		
3300代	0				0	90	和洋男	パンタグラフ付
3500代	0				0	90	和洋男	
3600代	0				0	100		
7600代	16				16	100		８両編成
7700代	16				16	50	和車男	８両編成　多目的室設置・車椅子対応
７２６形								
0代	0				0	100		
200代	0				0	100		
500代	0				0	85	和洋男	
700代	0				0	63	和車男	多目的室設置　車椅子対応
3000代	0				0	100		
3200代	0				0	100		
3500代	0				0	85	和洋男	
3700代	0				0	63	和車男	多目的室設置　車椅子対応
7000代	16				16	72		８両編成
7500代	16				16	80	和洋男	８両編成
７２７形								
0代	0				0	100		
400代	0				0	75	和洋男	
500代	0				0	80	和洋男	
3000代	0				0	100		
3400代	0				0	75	和洋男	
3500代	0				0	80	和洋男	
7000代	16				16	80		８両編成
7100代	16				16	72	和洋男	８両編成
７１７形								
0代	0				0	68		グリーン車　乗務員室
3000代	0				0	68		グリーン車　乗務員室
７１８形								
0代	0				0	68		グリーン車　乗務員室
3000代	0				0	68		グリーン車　乗務員室
７１９形								
0代	0				0	64	和洋男	64　和洋男　グリーン車
3000代	0				0	64	和洋男	64　和洋男　グリーン車
営業用車計	128		0	0	128			

東海道・山陽・九州新幹線車両一覧表　西日本旅客鉄道

N700系・N700A・N700ᴀ

	2023.04.01 両数	新製	廃車	増減	2023.10.01 両数	定員	便所	
７８３形								
3000代	0				0	65	洋洋男	博多・新大阪方先頭車
4000代	24				24	65	洋洋男	N700A
5000代	16				16	65	洋洋男	N700ᴀ(N700系改造)
７８４形								
3000代	0				0	75		東京方先頭車
4000代	24				24	75		N700A
5000代	16				16	75		N700ᴀ(N700系改造)
７８１形								
7000代	19				19	60	洋洋男	鹿児島中央・博多方先頭車
７８２形								
7000代	19				19	56		新大阪方先頭車
７８５形								
3000代	0				0	100		
3300代	0				0	90	洋洋男	パンタグラフ付
3500代	0				0	90	洋洋男	喫煙室
3600代	0				0	100		パンタグラフ付
4000代	24				24	100		N700A
4300代	24				24	90	洋洋男	N700A　パンタグラフ付
4500代	24				24	90	洋洋男	N700A　喫煙室
4600代	24				24	100		N700A　パンタグラフ付
5000代	16				16	100		N700ᴀ(N700系改造)
5300代	16				16	90	洋洋男	N700ᴀ(N700系改造)　パンタグラフ付
5500代	16				16	90	洋洋男	N700ᴀ(N700系改造)　喫煙室
5600代	16				16	100		N700ᴀ(N700系改造)　パンタグラフ付
７８６形								
3000代	0				0	100		
3200代	0				0	100		
3500代	0				0	85	洋洋男	
3700代	0				0	63	洋車男	多目的室設置　車椅子対応
4000代	24				24	100		N700A
4200代	24				24	100		N700A
4500代	24				24	85	洋洋男	N700A
4700代	24				24	63	洋車男	N700A　多目的室設置　車椅子対応
5000代	16				16	100		N700ᴀ(N700系改造)
5200代	16				16	100		N700ᴀ(N700系改造)
5500代	16				16	85	洋洋男	N700ᴀ(N700系改造)
5700代	16				16	63	洋車男	N700ᴀ(N700系改造)　多目的室設置　車椅子対応
7000代	19				19	80	洋洋男	喫煙室
７８７形								
3000代	0				0	100		
3400代	0				0	75	洋洋男	
3500代	0				0	80	洋洋男	喫煙室
4000代	24				24	100		N700A
4400代	24				24	75	洋洋男	N700A
4500代	24				24	80	洋洋男	N700A　喫煙室
5000代	16				16	100		N700ᴀ(N700系改造)
5400代	16				16	75	洋洋男	N700ᴀ(N700系改造)
5500代	16				16	80	洋洋男	N700ᴀ(N700系改造)　喫煙室
7000代	19				19	80		
7500代	19				19	72	洋洋男	
７８８形								
7000代	19				19	100		パンタグラフ付
7700代	19				19	38	洋車男	パンタグラフ付　多目的室設置　車椅子対応　喫煙室
７７５形								
3000代	0				0	68		グリーン車　乗務員室
4000代	24				24	68		N700A
5000代	16				16	68		N700ᴀ(N700系改造)
７７６形								
3000代	0				0	64	洋洋男	グリーン車
4000代	24				24	64	洋洋男	N700A
5000代	16				16	64	洋洋男	N700ᴀ(N700系改造)
７７７形								
3000代	0				0	68		グリーン車　喫煙室
4000代	24				24	68		N700A
5000代	16				16	68		N700ᴀ(N700系改造)
７６６形								
7000代	19				19	36+20		半室グリーン車20名
営業用車計	792	0		0	792			

東海道・山陽新幹線車両一覧表　西日本旅客鉄道

N700S

	2023.04.01 両数	新製	廃車	増減	2023.10.01 両数	定員	便所	
743形								
3000代	2	1		1	3	65	洋洋男	博多・新大阪方先頭車
744形								
3000代	2	1		1	3	75		東京方先頭車
745形								
3000代	2	1		1	3	100		
3300代	2	1		1	3	90	洋洋男	パンタグラフ付
3500代	2	1		1	3	90	洋洋男	
3600代	2	1		1	3	100		パンタグラフ付
746形								
3000代	2	1		1	3	100		
3200代	2	1		1	3	100		
3500代	2	1		1	3	85	洋洋男	
3700代	2	1		1	3	63	洋身男	多目的室設置　車椅子対応
747形								
3000代	2	1		1	3	100		
3400代	2	1		1	3	75	洋洋男	
3500代	2	1		1	3	80	洋洋男	
735形								
3000代	2	1		1	3	68		グリーン車　乗務員室
736形								
3000代	2	1		1	3	68		グリーン車　乗務員室
737形								
3000代	2	1		1	3	94	洋洋男	グリーン車
営業用車計	32	16		16	48			

山陽新幹線車両一覧表　西日本旅客鉄道

500系

	2023.04.01 両数	新製	廃車	増減	2023.10.01 両数	定員	便所	
521形								
	0				0	53	和洋男	(Mc)　博多方先頭車
7000代	6				6	53	和洋男	(Mc)　博多方先頭車
522形								
	0				0	75		新大阪・東京方先頭車
7000代	6				6	63		新大阪方先頭車
525形								
	0				0	95	和和男	(M)　パンタグラフ付
7000代	6				6	95	和和男	パンタグラフなし
526形								
	0				0	100		(M_1)
7000代	6				6	100		パンタグラフ付
7200代	6				6	68		元グリーン車(516形)　パンタグラフなし
527形								
	0				0	90	和洋男	(Mp)
400代	0				0	75	和洋男	(Mp)　サービスコーナー
700代	0				0	63	和車男	(Mpkh)　サービスコーナー　多目的室
7000代	6				6	78	和洋男	(Mp)
7700代	6				6	51	和車男	(Mpkh)　サービスコーナー　多目的室　パンタグラフ付
528形								
	0				0	100		(M_2)
700代	0				0	100		(M_2)
7000代	6				6	100		(M_2)
515形								
	0				0	64	和洋男	(Ms)　グリーン車
516形								
	0				0	68		(M_1s)　グリーン車　車掌室
518形								
	0				0	68		(M_2s)　グリーン車　車掌室
営業用車計	48				48			

山陽・九州新幹線車両一覧表　九州旅客鉄道

N700系

	2023.04.01 両数	新製	廃車	増減	2023.10.01 両数	定員	便所	
781形								
8000代	11				11	60	洋洋男	鹿児島中央方先頭車
782形								
8000代	11				11	56		博多・新大阪方先頭車
786形								
8000代	11				11	80	洋洋男	喫煙室
787形								
8000代	11				11	80		
8500代	11				11	72	洋洋男	
788形								
8000代	11				11	100		パンタグラフ付
8700代	11				11	38	洋車男	パンタグラフ付　多目的室設置　車椅子対応　喫煙室
766形								
8000代	11				11	36+20		半室グリーン車20名
営業用車計	88				88			

九州新幹線車両一覧表　九州旅客鉄道

800系

	2023.04.01 両数	新製	廃車	増減	2023.10.01 両数	定員	便所	
821形								
0代	5				5	46	車男	鹿児島中央方先頭車
1000代	2				2	46	車男	
2000代	1				1	46	車男	
822形								
100代	5				5	56		博多方先頭車
1100代	2				2	56		
2100代	1				1	56		
826形								
0代	5				5	80		パンタグラフ付
100代	5				5	58	車男	パンタグラフ付　多目的室設置　車椅子対応
1000代	2				2	80		パンタグラフ付
1100代	2				2	58	車男	パンタグラフ付　多目的室設置　車椅子対応
2000代	1				1	80		パンタグラフ付
2100代	1				1	58	車男	パンタグラフ付　多目的室設置　車椅子対応
827形								
0代	5				5	72	和洋男	
100代	5				5	72		車掌室
1000代	2				2	72	和洋男	
1100代	2				2	72		車掌室
2000代	1				1	72	和洋男	
2100代	1				1	72		車掌室
営業用車計	48				48			

西九州新幹線車両一覧表　九州旅客鉄道

N700S

	2023.04.01 両数	新製	廃車	増減	2023.10.01 両数	定員	便所	
721形								
8000代	4	1		1	5	40	洋洋男	長崎方先頭車
722形								
8100代	4	1		1	5	61		武雄温泉方先頭車
725形								
8000代	4	1		1	5	42	洋車	多目的室設置　車椅子対応
8100代	4	1		1	5	86		
727形								
8000代	4	1		1	5	76		パンタグラフ付
8100代	4	1		1	5	86	洋洋男	パンタグラフ付
営業用車計	24	6		6	30			

新幹線配置表　2023(令和05)年10月01日 現在

4982両

営業用車　30＋1368＋2144＋1244＋166＝4952両

北海道旅客鉄道(鉄道事業本部新幹線統括部)

30両

配置区	編成番号	本数	
函館新幹線総合車両所 幹ハコ　30両	H　1・3・4	3	H編成　3本

東日本旅客鉄道(新幹線統括本部)

1368両

配置区	編成番号	本数	
新幹線総合車両センター 幹セシ　620両	J　60・64・66～75	12	J編成　12本
	U　1～50	50	U編成　50本
山形新幹線車両センター 幹カタ　112両	L　53～55・61～72	15	L編成　15本
	G　1	1	G編成　1本
秋田新幹線車両センター 幹アキ　168両	Z　1～24	24	Z編成　24本
新潟新幹線車両センター 幹ニシ　240両	F　20～39	20	F編成　20本
長野新幹線車両センター 幹ナシ　228両	F　3～6・9・11～13・15・17・19・40～47	19	F編成　19本

東海旅客鉄道(新幹線鉄道事業本部)

2144両

配置区	編成番号	本数	
東京交番検査車両所 幹トウ　1072両	X　31・33・35・37・49・51・53・55・57・59・61・63・65・67・69・71・73・75・77・79	20	X編成　20本
	G　1・3・5・7・9・11・13・15・17・19・21・23・25・27・29・31・33・35・37・39・41・43・45・47・49・51	26	G編成　26本
	J　1・3・5・7・9・11・13・15・17・19・21・23・25・27・29・31・33・35・37・39・0	21	J編成　21本
大阪交番検査車両所 幹オサ　1072両	X　30・32・34・36・38・40・42・50・52・54・56・58・60・64・66・68・70・72・74・76・78・80	22	X編成　22本
	G　2・4・6・8・10・12・14・16・18・20・22・24・26・28・30・32・34・36・38・40・42・44・46・48・50	25	G編成　25本
	J　2・4・6・8・10・12・14・16・18・20・22・24・26・28・30・32・34・36・38・40	20	J編成　20本

西日本旅客鉄道(新幹線鉄道事業本部)

1016両

配置区	編成番号	本数	
博多総合車両所 幹ハカ　1016両	H　1～3	3	H編成　3本
	F　1～24	24	F編成　24本
	K　1～16	16	K編成　16本
	S　1～19	19	S編成　19本
	V　2～4・7～9	6	V編成　6本
	E　1～16	16	E編成　16本

西日本旅客鉄道(金沢支社)

228両

配置区	編成番号	本数	
白山総合車両所 金ハク　192両	W　1・3～6・8～14・17～22・24	19	W編成　19本

九州旅客鉄道(鉄道事業本部新幹線部)

166両

配置区	編成番号	本数	
熊本総合車両所 幹クマ　136両	R　1～11	11	R編成　11本
	U　1～4・6～9	8	U編成　8本

配置区	編成番号	本数	
熊本総合車両所 大村車両管理室 幹クマ　30両	Y　1～5	5	Y編成　5本

東海道・山陽・九州新幹線 西九州新幹線		C・B・Z・X・G・N・K・F編成 (16両編成)	V・E・S・R編成 (8両編成)	U編成 (6両編成)	Y編成 (6両編成)	事業用車	計
東京交番検査車両所	幹トウ	X20本　G26本　J21本				7両	1079両
大阪交番検査車両所	幹オサ	X22本　G25本　J20本					1072両
博多総合車両所	幹ハカ	K16本　F24本　H 3本	V6本、E16本、S19本			7両	1023両
熊本総合車両所	幹クマ		R11本	U 8本			136両
熊本総車 大村車両管理室	幹クマ				Y 5本		30両
計		X42本、G51本、J41本 K16本、F24本、H 3本　2832両	V6本、E16本、S19本、R11本 416両	U 8本 48両	Y 5本 30両	14両	3326＋14両 **3340両**

東北・上越・北陸新幹線	U・H編成 (10両編成)	J編成 (10両編成)	F・W編成 (12両編成)			Z編成 (7両編成)	L編成 (7両編成)	G編成 (7両編成)	S編成 事業用車など	計
新幹線総合車両センター	50本	12本							16両	636両
山形新幹線車両センター							15本	1本		112両
秋田新幹線車両センター						24本				168両
新潟新幹線車両センター			20本							240両
長野新幹線車両センター			19本							228両
白山総合車両所			19本							228両
函館新幹線総合車両所	3本									30両
計	53本 530両	12本 120両	58本 696両			24本 168両	15本 105両	1本 7両	16両	1384両＋ 228両＋30両 **1642両**

ＪＲ各社別配置両数表

2023(令和05)年10月01日現在

在来線	北海道	東日本	東海	西日本	四国	九州	貨物	合計
E001形		10						10
ＥＤＣ方式	0	10	0	0	0	0	0	10
885系						66		66
883系						56		56
789系	70							70
787系						140		140
785系	10							10
783系						52		52
E751系		12						12
交流特急	80	12	0	0	0	314	0	406
821系						30		30
BEC819系						36		36
817系						145		145
815系						52		52
813系						246		246
811系						108		108
EV-E801系		12						12
737系	26							26
735系	6							6
733系	141							141
731系	63							63
721系	132							132
E721系		168						168
719系		26						26
713系						8		8
701系		237						237
交流近郊・通勤	368	443	0	0	0	625	0	1436
683系				189				189
681系				93				93
E657系		190						190
E655系		6						6
E653系		72						72
651系		7						7
583系		1						1
485系		0				0		0
交直流特急	0	276	0	282	0	0	0	558
457系				0				0
交直流急行	0	0	0	0	0	0	0	0
E531系		459						459
521系				104				104
E501系		60						60
415系				0		122		122
413系				0				0
交直流近郊・通勤	0	519	0	104	0	122	0	745
8600系					17			17
8000系					45			45
383系			76					76
381系				62				62
373系			42					42
E353系		213						213
289系				79				79
287系				97				97
285系			14	21				35
283系				18				18
281系				63				63
271系				18				18
E261系		16						16
E259系		132						132
E257系		239						239
255系		45						45
253系		12						12
185系		12						12
157系		1						1
直流特急	0	670	132	358	62	0	0	1222
7200系					38			38
7000系					36			36
6000系					6			6
5000系					18			18
EV-E301系		8						8
323系				176				176
321系				273				273
315系			192					192
313系			539					539
311系			40					40
E235系		988						988
E233系		3291						3291
E231系		2476						2476
227系				360				360
225系				500				500
223系				926				926
221系				474				474
E217系		407						407
213系			28	28				56
211系		314	155					469
E131系		117						117
E129系		176						176
E127系		28						28
125系				18				18
123系				5				5
117系				18				18
115系		1		237				238
113系				84	0			84
直流近郊・通勤	0	7806	954	3099	98	0	0	11957

在来線	北海道	東日本	東海	西日本	四国	九州	貨物	合計
305系						36		36
303系						18		18
209系		420						420
207系				473				473
205系		101		36				137
201系		1		60				61
105系				32				32
103系				40		15		55
直流通勤	0	522	0	641	0	69	0	1232
クモハ42				1				1
クモハ12		1						1
旧形	0	1	0	1	0	0	0	2
M250系							42	42
直流荷物系	0	0	0	0	0	0	42	42
交流系事業	0	7	0	0	0	0	0	7
試験		8		0				8
牽引		0		11				11
直流事業	0	8	0	11	0	0	0	19
在来線	448	10274	1086	4496	160	1130	42	17,636

新幹線	北海道	東日本	東海	西日本	四国	九州	貨物	合計
500系				48				48
700系				128				128
N700系				152		88		240
N700 A			672	256				928
N700 A			816	384				1200
N700 S			656	48		30		734
800系						48		48
E 2系		120						120
E 3系		105						105
E 5系		500						500
E 6系		168						168
E 7系		468						468
E 8系		7						7
H 5系	30							30
W 7系				228				228
新幹線営業	30	1368	2144	1244	0	166	0	4952
新幹線事業ほか	0	16	7	7	0	0	0	30
新幹線	30	1384	2151	1251	0	166	0	4982
2023.10.01 両数	478	11658	3237	5747	160	1296	42	22,618
2023年度 増減								
在来線	9	-2	30	-73	0	−22	0	−58
新幹線	0	-10	-16	16	=	6	=	-4
	9	-12	14	-57	0	−16	0	−62
新製								
在来線	12	92	80	0	0	0	0	184
新幹線	0	40	32	16	=	6	=	94
	12	132	112	16	0	6	0	278
入籍								
在来線	0	0	0	0	0	0	0	0
新幹線	0	0	0	0	=	0	=	0
	0	0	0	0	0	0	0	0
廃車								
在来線	3	94	50	73	0	22	0	242
新幹線	0	50	48	0	=	0	=	98
	3	144	98	73	0	22	0	340
2023.04.01 両数	469	11670	3223	5804	160	1312	42	22,680

ＪＲ各電車区別配置両数一覧表

2023（令和05）年10月01日 現在

		新幹線営業用	新幹線事業用	EDC方式	交流特急用	交流近郊・通勤用	交直特急用	交直急行用	交直近郊・通勤用	交直事業用	直流特急用	直流近郊・通勤用	直流通勤用	直流旧形	直流貨物・郵荷用	直流事業用	区所総計
北海道	札幌運転所				76	356											432
	函館運輸所				4	12											16
478	函館新幹線総合車両所	30															30
東日本	新幹線総合車両センター	620	16														636
	山形新幹線車両センター	112				42											154
	秋田新幹線車両センター	168															168
	新潟新幹線車両センター	240															240
	長野新幹線車両センター	228															228
	秋田総合 南秋田センター				12	125	1										138
	盛岡車両センター					30											30
	仙台車両センター					246											246
	仙台車セ 宮城野派出所												68				68
	新潟車両センター						58					176				0	234
	勝田車両センター						204		519	3							726
	幕張車両センター										95	24	282				401
	京葉車両センター											512	98				610
	高崎車両センター						0					123					123
	大宮総合 東大宮センター						7				229						236
	小山車両センター											968					968
	さいたま車両センター											820					820
	川越車両センター											404	20			6	430
	松戸車両センター											465					465
	東京総合車両センター						1				1	550					552
	尾久車両センター			10			5			4							19
	鎌倉車両センター										132	1069					1201
	鎌倉車セ 中原支所											220	33	1		2	256
	国府津車両センター											913					913
	三鷹車両センター											650					650
	豊田車両センター											696	21				717
	松本車両センター										213	24					237
11,658	長野総合車両センター											192				0	192
東海	静岡車両区										42	244					286
	神領車両区										76	324					400
	大垣車両区										14	386					400
	東京 交番検査	1072	7														1079
3,237	大阪 交番検査	1072															1072
西日本	金沢総合車両所						108	0	62								170
	金沢総車 敦賀支所								42			14					56
	吹田総合車両所															4	4
	吹田総車 京都支所						174				39	222				2	437
	吹田総車 森ノ宮支所											176				1	177
	吹田総車 日根野支所										150	346					496
	新在家派出所											68					68
	吹田総車 奈良支所											342	96				438
	吹田総車 福知山支所										86	44					130
	網干総合車両所											888	18			1	907
	網干総車 宮原支所											94					94
	網干総車 明石支所											273	479			1	753
	加古川派出所											4	16				20
	下関総合車両所											85	18	1		1	105
	下関総車 広島支所											276				0	276
	下関総車 岡山電車支所											267	14			0	281
	後藤総車 出雲支所										83					1	84
	白山総合車両所	228															228
5,747	博多総合車両所	1016	7														1023
四国	高松運転所											78					78
160	松山運転所										62	20					82
九州	南福岡車両区				214	360			0								574
	筑豊篠栗 直方車セ					91											91
	佐賀 唐津車セ												69				69
	佐世保車両センター					14											14
	長崎車両センター				100	24			108								232
	大分車両センター					66											66
	熊本車両センター					70			14								84
	鹿児島車両センター	136															136
1,296	熊本総車 大村車両管理室	30															30
貨物 42	大井機関区														42		42
	計	4952	30	10	406	1436	558	0	745	7	1222	11957	1232	2	42	19	22,618

▽車セ は 車両センター。総車 は 総合車両所

取材協力　北海道旅客鉄道㈱
東日本旅客鉄道㈱
東海旅客鉄道㈱
西日本旅客鉄道㈱
四国旅客鉄道㈱
九州旅客鉄道㈱
日本貨物鉄道㈱
青い森鉄道㈱
ＩＧＲいわて銀河鉄道㈱
しなの鉄道㈱
えちごトキめき鉄道㈱
あいの風とやま鉄道㈱
ＩＲいしかわ鉄道㈱

参考資料　『ＪＲ時刻表』2023年10月号

編集担当　坂　正博（ジェー・アール・アール）

写真協力　交通新聞クリエイト（株）

表紙デザイン　早川さよ子（栗八商店）

本書の内容に関するお問合せは，
（有）ジェー・アール・アール までお寄せください。
☎03-6379-0181　／　mail：jrr@home.nifty.jp
ご購読・販売に関するお問合せは，
（株）交通新聞社 出版事業部 までお寄せください。
☎03-6831-6622　／　FAX：03-6831-6624

ＪＲ電車編成表　2024冬

2023年11月17日発行

発 行 人　伊藤　嘉道
編 集 人　太田　浩道
発 行 所　株式会社　交通新聞社
〒101-0062　東京都千代田区神田駿河台２－３－11
☎03-6831-6560（編集）
☎03-6831-6622（販売）
印 刷 所　大日本印刷株式会社

ISBN978-4-330-06423-9